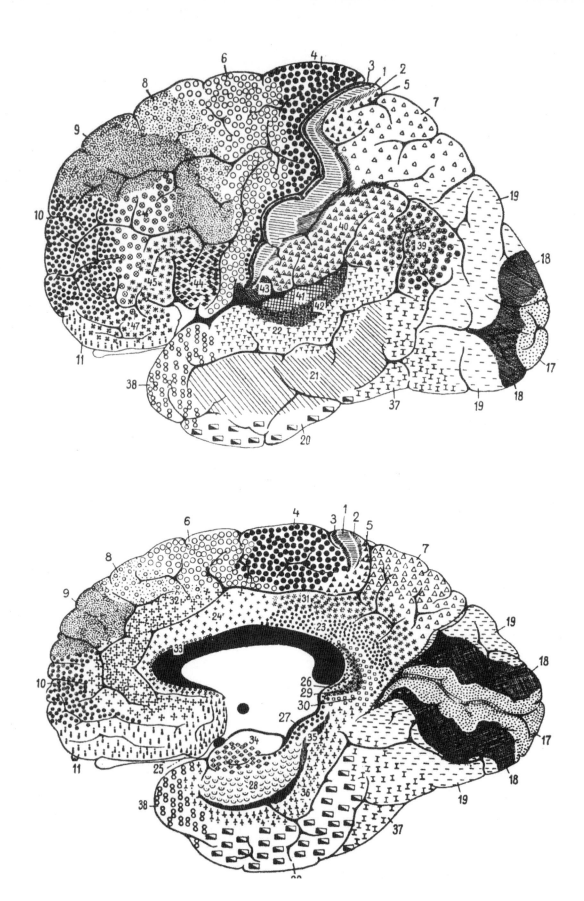

Hans Förstl (Hrsg.)

Frontalhirn

Funktionen und Erkrankungen

2., neu bearbeitete und erweiterte Auflage

Hans Förstl (Hrsg.)

Frontalhirn

Funktionen und Erkrankungen

2., neu bearbeitete und erweiterte Auflage

Mit 68 Abbildungen, davon einige in Farbe
und 28 Tabellen

Prof. Dr. Hans Förstl
Klinik und Poliklinik für Psychiatrie und Psychotherapie
Technische Universität München
Klinikum rechts der Isar
Ismaninger Str. 22
81675 München

ISBN 3-540-20485-7
Springer Medizin Verlag Heidelberg

Bibliografische Information Der Deutschen Bibliothek
Die Deutsche Bibliothek verzeichnet diese Publikation in der Deutschen Nationalbibliografie; detaillierte bibliografische Daten sind im Internet über http://dnb.ddb.de abrufbar.

Dieses Werk ist urheberrechtlich geschützt. Die dadurch begründeten Rechte, insbesondere die der Übersetzung, des Nachdrucks, des Vortrags, der Entnahme von Abbildungen und Tabellen, der Funksendung, der Mikroverfilmung oder der Vervielfältigung auf anderen Wegen und der Speicherung in Datenverarbeitungsanlagen, bleiben, auch bei nur auszugsweiser Verwertung, vorbehalten. Eine Vervielfältigung dieses Werkes oder von Teilen dieses Werkes ist auch im Einzelfall nur in den Grenzen der gesetzlichen Bestimmungen des Urheberrechtsgesetzes der Bundesrepublik Deutschland vom 9. September 1965 in der jeweils geltenden Fassung zulässig. Sie ist grundsätzlich vergütungspflichtig. Zuwiderhandlungen unterliegen den Strafbestimmungen des Urheberrechtsgesetzes.

Springer Medizin Verlag.
Ein Unternehmen von Springer Science+Business Media
springer.de
© Springer Medizin Verlag Heidelberg 2002, 2005
Printed in Germany

Die Wiedergabe von Gebrauchsnamen, Warenbezeichnungen usw. in diesem Werk berechtigt auch ohne besondere Kennzeichnung nicht zu der Annahme, dass solche Namen im Sinne der Warenzeichen- und Markenschutzgesetzgebung als frei zu betrachten wären und daher von jedermann benutzt werden dürften.

Produkthaftung: Für Angaben über Dosierungsanweisungen und Applikationsformen kann vom Verlag keine Gewähr übernommen werden. Derartige Angaben müssen vom jeweiligen Anwender im Einzelfall anhand anderer Literaturstellen auf ihre Richtigkeit überprüft werden.

Planung: Renate Scheddin
Projektmanagement: Gisela Zech-Willenbacher
Lektorat: Miriam Geißler, Neuss
Design: deblik Berlin

SPIN: 10938874
Satz: Fotosatz-Service Köhler GmbH, Würzburg
Druck: Mercedes-Druck, Berlin

Gedruckt auf säurefreiem Papier   26/3160/SM – 5 4 3 2 1 0

Vorwort zur 2. Auflage

Michelangelo malte einen gehirnförmigen Mantel, aus dessen frontaler Konvexität der Schöpfer hinausgreift, um den auf einer kahlen Erde konkav hingelagerten, aus Ackerboden (adamah) geformten Menschen mit Geist zu versehen. Sucht man also nach einer frühen Darstellung (1510–1511) der »Theory of Mind« als bedeutender frontaler Leistung, ist sie in den Deckenfresken der Sixtinischen Kapelle zu finden. Das Frontalhirn unterstellt anderen jenen Geist, dessen Annahme Grundlage jeder sozialen Interaktion, damit jeder Moral und letztlich der höchsten Personifikation jenes sozialen Regelwerks darstellt, die eben auf dem Umschlagbild im Frontalhirn sitzt.

Ähnlich wie andere psychische Probleme ist auch die Philosophie auf den Frontallappen angewiesen. Meilensteine der literarischen Verarbeitung frontaler Leistungen sind etwa die Odyssee (noch nicht aber Ilias; Jaynes 1976), die Meditationen über die erste Philosophie (Descartes 1642) und die Lehre vom Blick der anderen, von Scham und Stolz (Sartre 1943). Kant lieferte in seinen Hauptwerken ausführliche Kritiken von drei prominenten frontalen Regelkreisen.

Da auch die Leser die zentrale Bedeutung des Frontalhirns erkannten und die 1. Auflage dieses Buches rasch aufkauften, fühlten sich Autoren, Verlag und Herausgeber verpflichtet, ihre Beiträge zu aktualisieren und zu erweitern; eine Reihe wichtiger Themen kam hinzu.

Hans Förstl
München, im Sommer 2004

Quellen

Descartes R (1642) Meditationen über die Erste Philosophie, 2. Aufl. Ludwig Elsevier, Amsterdam
Jaynes J (1976) The origins of consciousness in the breakdown of the bicameral mind. Houghton Mifflin, Boston
Sartre JP (1943) L'Etre et le Néant. Librairie Gallimard, Paris

Vorwort zur 1. Auflage

Die »frontale Hauptregion« sei die räumlich bei weitem ausgedehnteste Hauptzone der Großhirnrinde des Menschen; dies stellt Brodmann (1909) in seiner vergleichenden Lokalisationslehre der Großhirnrinde fest. Sie umfasse den ganzen vor dem Sulcus centralis gelegenen Stirnlappen mit Ausnahme der Regio praecentralis (Area gigantopyramidalis) und der Regio praecingularis an der Medianfläche der Hemisphären. Sie zeigt im Verlaufe der evolutionären Neokortikalisation auf dem Weg zum Homo sapiens die stärkste Größenzunahme und umfasst beim Igel weniger als 1%, Kaninchen 2,2%, fliegenden Hund 2,3%, bei der Katze 3,4%, beim Hund 6,9%, Maki 8,3%, Kapuzineraffen 9,2%, Gibbon 11,3%, Schimpansen 17% und beim Menschen 29% (Brodmann 1912). Histologisches Merkmal sei die geschlossene innere Körnerschicht. Diese Hirnregion erhält keine direkten sensorischen Afferenzen, sondern z. T. multimodal vorverarbeitete Informationen; der Großteil der Efferenzen verläuft über mehrere Stationen kurzer, sequenziell verschalteter Assoziationsfasern. Mit solchen hervorgehobenen Eigenschaften – Größe, Komplexität und Entbindung von einfachen sensorischen und motorischen Funktionen – empfiehlt sich diese Hirnregion als ein wesentliches anatomisches Korrelat menschlichen Geistes und damit auch seiner Erkrankungen. Dies belegen die Beiträge zu diesem Buch. Theodor Meynerts Auffassung »Psychiatrie – Klinik der Erkrankungen des Vorderhirns« (1884) – er verstand darunter den Neokortex – kann also noch weiter spezifiziert werden: Tatsächlich sind psychische Erkrankungen und eine Reihe neuropsychologisch definierbarer Störungen ohne eine Beteiligung des Präfrontalkortex nicht denkbar.

Der Herausgeber ist den Autoren, Frau Pommering, Frau Nirschl sowie Frau Scheddin und Frau Zech vom Springer-Verlag, die an der Entstehung dieses Buches mit großem Enthusiasmus beteiligt waren, zu großem Dank verpflichtet.

Hans Förstl
München, im Frühjahr 2002

Literatur

Brodmann K (1909) Vergleichende Lokalisationslehre der Großhirnrinde in ihren Prinzipien dargestellt aufgrund des Zellenbaues, Barth, Leipzig
Brodmann K (1912) Neuere Ergebnisse über die vergleichende histologische Lokalisation der Großhirnrinde mit besonderer Berücksichtigung des Stirnhirns. Anat Anz 41 (Suppl): 157–216
Meynert T (1884) Psychiatrie. Klinik der Erkrankungen des Vorderhirns. Braumüller, Wien

Inhaltsverzeichnis

1 Historische Konzepte der Frontalhirnfunktionen und -erkrankungen 1
H. Förstl

I Grundlagen

2 Neurobiologische Grundlagen 15
O. Gruber, T. Arendt, D. Y. von Cramon

3 Kognitive Neurologie
und Neuropsychologie 41
A. Danek, T. Göhringer

4 Psychopathologie 83
F. M. Reischies

5 Psychosomatische Aspekte am Beispiel
der Alexithymie und chronischer
Schmerzen 103
H. Gündel

6 Neurale Korrelate des Perspektivwechsels
und der sozialen Kognition: vom Selbstbewusstsein zur »Theory of Mind« 129
K. Vogeley, G. Fink

II Klinik

7 Neurodegenerative und verwandte
Erkrankungen 143
H. Förstl

8 Motion und Emotion: Morbus Parkinson
und Depression 177
M. R. Lemke

9 Vaskuläre Erkrankungen 193
R. R. Diehl

10 Schizophrene Erkrankungen 213
B. Bogerts

11 Affektive Störungen 233
F. Schneider; U. Habel, S. Bestmann

12 Angsterkrankungen 267
G. Wiedemann

13 Zwangsstörungen 293
R. Zimmer

14 Borderline- und antisoziale
Persönlichkeitsstörung 321
H. J. Kunert, S. Herpertz, H. Saß

15 Alkoholabhängigkeit 347
A. Heinz, M. N. Smolka, K. Mann

16 Epilepsien 361
S. Noachtar

17 Schädel-Hirn-Trauma 377
C.-W. Wallesch

III Therapeutische Perspektiven

18 Grundsätzliche Überlegungen 387
C.-W. Wallesch

19 Neuropsychologische
Therapieprogramme 395
S. Gauggel

Glossar 417

Farbtafeln 431

Namen- und Sachverzeichnis 437

Autorenverzeichnis

Arendt, Thomas, Prof. Dr.
Paul-Flechsig-Institut für Hirnforschung,
Abt. Neuroanatomie, Jahnallee 59, 04109 Leipzig

Bestmann, Sven, Dipl.-Psych.
Max-Planck-Institut für Biophysikalische Chemie
Göttingen, Am Faßberg 11, 37077 Göttingen

Bogerts, Bernhard, Prof. Dr.
Psychiatrische Klinik, Otto-von Guericke-Universität,
Leipziger Str. 44, 39120 Magdeburg

Cramon, Yves D. von, Prof. Dr.
Max-Planck-Institut für Neurologische Forschung,
Arbeitsbereich Neurologie, Stephanstr. 1a,
04103 Leipzig

Danek, Adrian, Prof. Dr.
Neurologische Klinik und Poliklinik, Klinikum der
LMU Großhadern, Marchioninistr. 15, 81377 München

Diehl, Rolf R., Priv.-Doz. Dr.
Klinik für Neurologie mit Klinischer
Neurophysiologie, Alfried-Krupp-Krankenhaus,
Alfried-Krupp-Str. 21, 45117 Essen-Rüttenscheid

Fink, Gereon R., Prof. Dr.
Institut für Medizin, Forschungszentrum Jülich,
52425 Jülich

Förstl, Hans, Prof. Dr.
Klinik und Poliklinik für Psychiatrie und
Psychotherapie, Technische Universität München,
Klinikum rechts der Isar, Ismaninger Str. 22,
81675 München

Gauggel, Siegfried, Prof. Dr.
Institut für Psychologie, Technische Universität
Chemnitz, Wilhelm-Raabe-Str. 43, 09120 Chemnitz

Göhringer, Thomas
Neurologische Klinik und Poliklinik, Klinikum der
LMU Großhadern, Marchioninistr. 15, 81377 München

Gruber, Oliver, Dr.
Klinik für Psychiatrie und Psychotherapie,
Universitätskliniken des Saarlands,
66421 Homburg/Saar

Gündel, Harald, Priv.-Doz. Dr.
Institut und Poliklinik für Psychosomatische Medizin,
Psychotherapie und Medizinische Psychologie,
Technische Universität München, Klinikum rechts der
Isar, Langerstr. 3/1, 81675 München

Habel, Ute, Dr. Dipl.-Psych.
Klinik und Poliklinik für Psychiatrie und
Psychotherapie, Heinrich-Heine-Universität,
Bergische Landstr. 2, 40629 Düsseldorf

Heinz, Andreas, Prof. Dr.
Klinik und Poliklinik für Psychiatrie und
Psychotherapie, Charité Berlin, Schumannstr. 20–21,
10117 Berlin

Herpertz, Sabine, Prof. Dr.
Klinik und Poliklinik für Psychiatrie und
Psychotherapie am Zentrum für Nervenheilkunde,
Universitätsklinikum Rostock, Gehlsheimer Str. 20,
18147 Rostock

Kunert, Hanns Jürgen, Dr.
Klinik für Psychiatrie und Psychotherapie,
RWTH Aachen, Pauwelsstr. 30, 52075 Aachen

Lemke, Matthias R., Priv.-Doz. Dr.
Rheinische Kliniken Bonn, Kaiser-Karl-Ring 20,
53111 Bonn

Mann, Karl, Prof. Dr.
Zentralinstitut für Seelische Gesundheit, Klinik für
Psychiatrie und Psychotherapie, J 5,
68159 Mannheim

Noachtar, Soheyl, Priv.-Doz. Dr.
Neurologische Klinik und Poliklinik, Klinikum der
LMU Großhadern, Marchioninistr. 15, 81377 München

Reischies, Friedel M., Prof. Dr.
FU Berlin, Klinikum Benjamin Franklin, Psychiatrische Universitätsklinik, Eschenallee 3, 14050 Berlin

Saß, Henning, Prof. Dr.
Klinik für Psychiatrie u. Psychotherapie, Universitätsklinikum der RWTH Aachen, Pauwelsstr. 30, 52074 Aachen

Schneider, Frank, Prof. Dr. Dr.
Klinik für Psychiatrie und Psychotherapie/ Universitätsklinikum der RWTH Aachen, Pauwelsstr. 30, 52074 Aachen

Smolka, Michael N., Dr.
Zentralinstitut für Seelische Gesundheit, Klinik für Psychiatrie und Psychotherapie, J 5, 68159 Mannheim

Vogeley, Kai, Priv.-Doz. Dr. Dr.
Klinik und Poliklinik für Psychiatrie und Psychotherapie, Universitätsklinikum Bonn, Sigmund-Freud-Str. 25, 53105 Bonn

Wallesch, Claus-Werner, Prof. Dr.
Universitätsklinikum Otto-von-Guericke-Universität, Zentrum für Nervenheilkunde, Leipziger Str. 44, 39120 Magdeburg

Wiedemann, Georg, Priv.-Doz. Dr.
Klinikum der Johann-Wolfgang-Goethe-Universität, Zentrum der Psychiatrie und Psychotherapie, Heinrich-Hoffmann-Str. 10, 60528 Frankfurt am Main

Zimmer, Reinhilde, Dr.
Klinik und Poliklinik für Psychiatrie und Psychotherapie, Technische Universität München, Klinikum rechts der Isar, Ismaninger Str. 22, 81675 München

Abkürzungsverzeichnis

ACA	Arteria cerebri anterior	DSM	»Diagnostic and Statistical Manual of Mental Diseases«
ACC	»anterior cingulate cortex«, anteriorer zingulärer Kortex	DTI	»diffusion tensor imaging«
ACI	Arteria carotis interna	ECD	»^{99m}Tc-ethyl cysteinate dimer«
ACM	Arteria cerebri media	EDA	elektrodermale Aktivität
AcomA	Arteria communicans anterior	EEG	Elektroenzephalogramm
AcomP	Arteria communicans posterior	EKT	Elektrokrampftherapie
ACP	Arteria cerebri posterior	EMG	Elektromyogramm
ACTH	adrenokortikotropes Hormon	ESR	»emotional self rating scala«
AD	Alzheimer-Demenz	EXIT	»executive interview«
ADHS	»Attention-deficit-hyperactivity«-Syndrom	FAB	»frontal assessment battery«
APT	Aufmerksamkeits-Prozess-Training	FBI	»frontal behavioral inventory«, frontales Verhaltensinventar
AV	Arteria vertebralis	FDG	Fluordesoxyglukose
AVM	arteriovenöse Malformationen	FE	Frontallappenepilepsie
BA	Brodmann-Area	FEF	»frontal eye field«, frontales Augenfeld
BADS	»behavioural assessment of the dysexecutive syndrome«	FLS	»frontal lobe score«
BPS	Borderline-Persönlichkeitsstörung	fMRT	funktionelle Magnetresonanztomografie
CANTAB	»Cambridge neuropsychological test-automated-battery«	FTD	frontotemporale Degeneration
		GABA	Gamma-Aminobuttersäure
CCT	»cranial computed tomography«, kraniale Computertomographie	GSK3	Glykogen-Synthase-Kinase 3
		HAMD	Hamilton-Depressions-Skala
CET	Cognitive-Estimation-Test	HERA	»hemispheric encoding and retrieval asymmetry«
CMA	»cingular motor area«, zinguläre Motorarea	5-HIAA	5-Hydroxyindolessigsäure
COMT	Catecho-O-Methyl-Transferase	HMPAO	Hexamethylpropylenamine oxime
COWAT	»controlled oral word association test«	ICB	intrazerebrale Blutung
CPT	»continuous performance task«	ICD	International Classification of Diseases
CRF, CRH	Cortisol-releasing-Faktor, Cortisol-releasing-Hormon	IWM	»internal working model«, inneres Arbeitsmodell
CS	»contention scheduling«	LPFC	»lateral prefrontal cortex«, lateraler präfrontaler Kortex
CT	Computertomografie		
DLDH	»dementia lacking distinctive histopathology«, Demenz ohne distinkte Histopathologie	LTP	»long term potentiation«
		MAO	Monoaminoxidase
DLPFC	»dorsolateral prefrontal cortex«, dorsolateraler präfrontaler Kortex	MAP	Mikrotubulus-assoziiertes Protein

MCA	Arteria cerebri media	rTMS	repetitive transkranielle Magnetstimulation
MD	mediodorsal		
MIT	»magnetization transfer imaging«	SAE	subkortikale arteriosklerotische Enzephalopathie
MOFC	»medial orbitofrontal cortex«, medialer orbitofrontaler Kortex	SAS	»supervisory attentional system«
MOG	»myelin oligodendrozyte glycoprotein«	SEF	»supplemental eye field«, supplementäres Augenfeld
MPFC	»medial prefrontal cortex«, medialer präfrontaler Kortex	SHT	Schädel-Hirn-Trauma
		SLP	standardisierte Link'sche Probe
MRS	Magnetresonanzspektroskopie	SMA	supplementär-motorische Area
MRT	Magnetresonanztomografie	SPECT	Single-Photonen-Emissionscomputertomografie
MS	multiple Sklerose		
MST	»magnetic seizure therapy«, Magnetkrampftherapie	SPM	»standard progressive matrices«
		SSMA	supplementär sensomotorisches Areal
NAA	N-Acetyl-Aspartat		
NBTS	»Neurobehavioural-Rating-Scale«	SSRI	»selective serotonin reuptake inhibitor«, selektiver Serotonin-Wiederaufnahmehemmer
NIRS	Nah-Infrarot-Spektroskopie		
NIST	Nucleus interstitialis striae terminalis	TAP	Testbatterie zur Aufmerksamkeitsprüfung
NMDA	N-Methyl-D-Aspartat	TAS	Toronto-Alexithymie-Skala
NPGi	Nucleus paragigantocellularis	TE	Temporallappenepilepsie
OFC	»orbitofrontal cortex«, orbitofrontaler Kortex	TIA	transitorische ischämische Attacke
		TKS	Test zum kognitiven Schätzen
ORT	Object-Reversal-Test	TMS	transkranielle Magnetstimulation
PANDAS	»pediatric autoimmune neuropsychiatric disorders associated with streptococcal infections«	ToM	»theory of mind«
		TOOTS	»time out of the spot«
		VA	ventral-anterior
PET	Positronenemissionstomografie	VBR	»ventricle-to-brain-ratio«
PFC	präfrontaler Kortex	VD	vaskuläre Demenz
pORT	Probability-Object-Reversal-Test	VMPFC	»ventromedial prefrontal cortex«, ventromedialer präfrontaler Kortex
1PP	Erste-Person-Perspektive		
3PP	Dritte-Person-Perspektive		
PTSD	posttraumatische Belastungsstörung	VNS	Vagusnerv-Stimulation
		VT	Verhaltenstherapie
PVN	Nucleus paraventricularis	VTA	ventrales tegmentales Areal
QEEG	quantitatives Elektroenzephalogramm	WCST	Wisconsin-Card-Sorting-Test
		WML	»white matter lesion«
rCBF	»regional cerebral blood flow«, regionaler zerebraler Blutfluss	ZMT	Ziel-Management-Trainingsgruppe
REM	»rapid eye movements«	ZS	Zwangsstörung

Historische Konzepte der Frontalhirnfunktionen und -erkrankungen

H. Förstl

1.1 Frühe Vorstellungen über die Hirnentwicklung – 2
Denkerstirn und Evolution – 2
Terminologie – 2
Kammerdoktrin – 2
Organologie – 3

1.2 Kasuistiken – 5

1.3 Tierexperimente – 6

1.4 Neuro-(»Psycho«-)Chirurgie – 6

1.5 Empirisch gestützte Modelle – 7

1.6 Epistemologie – 10

Literatur – 10

1.1 Frühe Vorstellungen über die Hirnentwicklung

Denkerstirn und Evolution

Götter, Philosophen und Dichter werden in griechischen Skulpturen meist mit besonders ausgeprägter, Arbeiter und Athleten mit eher schmächtig entwickelter Stirn gezeigt (Zanker 1995). Die Denkerstirn als Ausdruck großer Geisteskraft findet sich auch noch später als ikonografisches Merkmal bedeutender, genialer Menschen. Bekannt sind etwa entsprechende Büsten Goethes und Beethovens.

Georges Cuvier (1805), ein Polyhistor, fand eine stetige Zunahme des Camper-Gesichtswinkels (Winkel zwischen den Profillinien Gehörgang – Nasenöffnung und Nasenöffnung – Stirn) vom niedrigen Primaten bis zum weißen Europäer und zog daraus Rückschlüsse auf die geistige Leistungsfähigkeit. 1854 befand Gratiolet, die Größe des Frontallappens unterscheide Mensch und Tier. Ernst Haeckel illustrierte in seiner Entwicklungsgeschichte des Menschen die Beziehung von embryonaler Hirnentwicklung und Stirnbildung (Abb. 1.1).

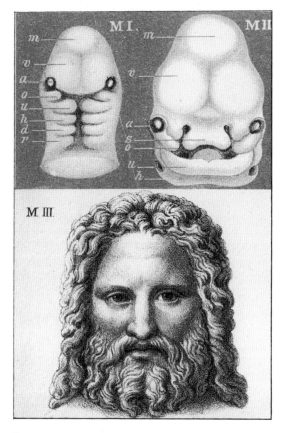

Abb. 1.1. Ernst Haeckels Illustration zur Entwicklung des menschlichen Gesichts findet sich als erste Tafel in der »Anthropogenie oder Entwicklungsgeschichte des Menschen« (1874). Sie zeigt die Beziehung zwischen der Ausbildung des Vorderhirns *(v)* und der Stirn. Die Gestalt entspricht antiken Idealen. (Aus: Haeckel 1874)

Terminologie

Constanzo Varolio (1573) unterschied in den Hemisphären einen vorderen, mittleren und hinteren Anteil (prominentia). Thomas Willis (1664) bezeichnete die durch die Fissura sylvii getrennten Hirnteile als Lobus anterior und Lobus posterior. Francois Chaussier (1807) führte mit der Differenzierung von 4 Hirnlappen den Begriff Lobus frontalis ein. Richard Owen (1868) benützte erstmals den Begriff »Präfrontalkortex«. Luciani und Tamburini (1878) verwendeten den Terminus »präfrontal«, also vor dem Gyrus praecentralis gelegen.

Kammerdoktrin

In der klassischen Ventrikellehre der Kirchenväter wurde die vordere Hirnkammer mit Wahrnehmungsaufgaben in Verbindung gebracht. Von dieser Hirnkammer wurde angenommen, dass sie die engsten Nervenverbindungen zur Außenwelt habe. Hier wohnt das Sensorium commune, während die rationalen Leistungen in der mittleren, Gedächtnis und Bewegung in der hinteren Hirnkammer angesiedelt werden (Clarke u. Dewhurst 1973; Magoun 1957; Abb. 1.2). Dieses Modell orientiert sich am Aufbau griechischer Tempel in denen Gericht gehalten wurde. Dort

1.1 · Frühe Vorstellungen über die Hirnentwicklung

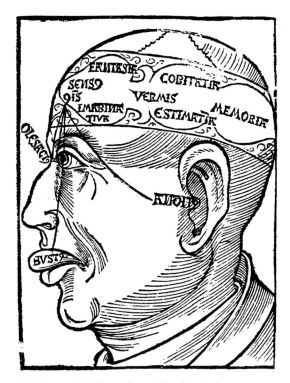

Abb. 1.2. Seit der Antike wurden den Hirnkammern bestimmte Funktionen zugeordnet (Kammerdoktrin). Die vordere Hirnkammer enthält nach dieser Auffassung den »Sensus communis« bzw. das »Sensorium commune«. Dahinter wurden Fantasie, Kognition, Urteilskraft und im letzten Ventrikel das Gedächtnis lokalisiert. Aufgrund der engen räumlichen Beziehungen zu den Sinnesorganen lag es nahe, der vorderen Hirnkammer den Sinn für die Außenwelt zuzuordnen und sie als Zentrum für die Einheit des Erlebens aufzufassen. Die Theorie hatte Bestand bis in die Renaissance und wurde z. T. bis ins Zeitalter der Aufklärung weiterentwickelt. Die Abbildung entstammt der Chirurgie des Hieronymus Brunschwig (1525)

wurden die Information in der ersten Kammer gesammelt, in der zweiten erwogen und in der dritten fiel die Entscheidung. Das Sensorium commune kann gleichzeitig als Ort des Bewusstseins aufgefasst werden, in dem alle Empfindungen zusammenfließen. Varolio erkannte Ende des 16. Jahrhunderts, dass sich in den Hirnkammern nicht Luft (spiritus), sondern Flüssigkeit befand und vermutete, sie diene einer nachgeordneten Aufgabe, nämlich der Entsorgung bei der Denkarbeit sich bildender Abfallstoffe. Aber noch Soemmerring (1796, S. 32f.) glaubte, es lie-

ße »sich wahrscheinlich machen, wo nicht beweisen: Daß dies Sensorium commune in der Feuchtigkeit der Hirnhöhlen (Aqua Ventriculorum Cerebri) bestehe, oder in der Feuchtigkeit der Hirnhöhlen sich finde, oder wenigstens in der Feuchtigkeit der Hirnhöhlen gesucht werden müsse; kurz: daß die Flüssigkeit der Hirnhöhlen das Organ derselben sey.«

Organologie

Emanuel Swedenborg lokalisierte etwa 1740 Denken, Vorstellung und Gedächtnis in den vorderen Hirnanteilen; er betrachtete den Stirnlappen als übergeordnetes Funktionsareal, bei dessen Verletzung der Wille verloren gehe. Nach 1809 formulierten Franz Gall und Johann Spurzheim als Reaktion auf Soemmerring und verwandte Theorien die Grundthesen der Phrenologie. Sie beruhte auf zwei Grundannahmen:
1. Im Gehirn sind differente Organe, zuständig für bestimmte Teilleistungen (Organologie).
2. Die Ausprägung dieser Organe kann an der Schädelform abgelesen werden (Kranioskopie).

Auch sie lokalisierten im Frontallappen die höchsten mentalen Leistungen, etwa Gedächtnis und Sprache. Mitentscheidend war die frühe Beobachtung Galls an einem Mitschüler mit hervortretenden Augen, der ein auffallend gutes Gedächtnis besaß. Spurzheim (1833) vertrat nachhaltig die Ansicht, Geisteskrankheiten seien Gehirnkrankheiten (diese Feststellung wird meist fälschlich Wilhelm Griesinger zugeschrieben), schränkte aber ein, die Bedeutung der Kopfform dürfe weder übersehen noch überschätzt werden (Spurzheim 1833, S. 109). George Combes »System der Phrenologie« (1833) ordnete dem Präfrontalkortex sowohl Gefühle, als auch Denkvermögen und Erkenntnisvermögen zu und lässt damit eine oberflächliche Nähe zur klassischen Kammerdoktrin erkennen (**Abb. 1.3**). Es war sicherlich ein wichtiges Ver-

4 Kapitel 1 · Historische Konzepte der Frontalhirnfunktionen und -erkrankungen

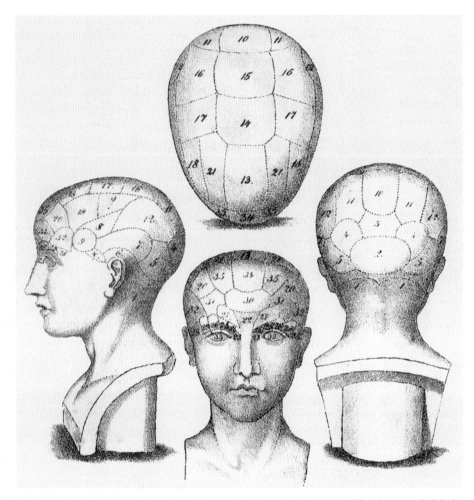

◘ **Abb. 1.3.** George Combe lokalisierte in seinem »System der Phrenologie« (1833) zahlreiche mentale Fakultäten im Frontalhirn, nämlich

Empfindungen

I. Triebe
    8 Erwerbtrieb
    9 Bautrieb

II. Gefühle
    13 Wohlwollen
    18 Wunder (?)
    19 Idealität
    20 Witz, Fröhlichkeit
    21 Nachahmung

Verstand

III. Erkenntnisvermögen
    23 Gestaltsinn
    24 Größensinn
    25 Gewichtssinn
    26 Farbensinn
    27 Ortsinn
    28 Zahlensinn
    29 Ordnungssinn
    30 Thatsachensinn
    31 Zeitsinn

    32 Tonsinn
    33 Sprachsinn

IV. Denkvermögen
    34 Vergleichsvermögen
    35 Schlussvermögen

dienst der Phrenologie, die Hirnsubstanz und nicht die Ventrikel als Substrat intellektueller Leistungen vorzuschlagen. Combe erwähnte in seinem populären Werk (1833; S. 380) eine Kasuistik, in der ein Zusammenhang zwischen neuropathologisch verifizierter links frontolateraler Hirnläsion und motorischer Aphasie belegt wurde. Ähnliche Zusammenhänge wurden später von anderen, z. B. Dax und Broca, mitgeteilt, waren aber schon in den umfangreichen klinisch-neuropathologischen Sammlungen von Abercrombie und Andral enthalten, ohne von diesen selbst gewürdigt zu werden (Förstl 1991). Die Zurückhaltung mancher Autoren in der Zuordnung von Funktion und Lokalisation kann als Gegenbewegung zu den Auswüchsen der Phrenologie aufgefasst werden, die ohne ausreichende empirische Basis eine Unzahl postulierter Partialleistungen in kleinen kortikalen Arealen ansiedelte (◘ Abb. 1.3).

1.2 Kasuistiken

Eine Reihe klinischer Beobachtungen lieferte erste Hinweise auf die Funktion des Frontalhirns. Guido Lanfranchi beobachtete 1315 zwei Soldaten mit Gedächtnisstörungen und anderen intellektuellen Defiziten nach Stirnhirnläsionen. Felix Platter (1614) beschrieb einen Patienten mit apathischer, demenzähnlicher Symptomatik, bei dem sich ein Tumor über dem Corpus callosum im Bereich des Frontallappens fand. Morgagni (1761) untersuchte einen 30-jährigen Mann mit cholerischem Temperament, dessen rechte Augenhöhle mit einem spitzen Degen durchbohrt wurde und welcher danach 3 Tage angeblich ohne körperliche Beschwerden verbrachte. Nach seinem Tod am 4. Tag stellte man mit einer Sonde fest, dass der Knochen in der geraden Richtung des rechten Auges durchbohrt war; der Degen war – ohne das Auge zu verletzen – in das Gehirn eingedrungen und das Ende der Wunde war nur einen Finger breit vom rechten Seitenventrikel entfernt.

Der Anatom Friedrich Burdach (1819–1826) bemerkte einen Zusammenhang zwischen angestrengtem Nachdenken und nachfolgendem frontal betontem Kopfschmerz und zog daraus die entsprechenden funktionell-neuroanatomischen Schlüsse. Zu derartigen Wahrnehmungen meinte Meynert später (1866), es könnten eben nur pathologische, hypochondrische Empfindungen eine solche Wahrnehmung des Ortes der Denkvorgänge vorspiegeln, »nachdem heute die Kenntnis dieses Ortes (des Frontallappens!) eine populäre Vorstellung (!) geworden ist.«

Larrey (1829) beschrieb Patienten mit Aphasien, Gedächtnisstörungen und Verwirrtheitszuständen nach frontalen Hirnläsionen. Bouillaud (1825) brachte den Frontallappen mit Sprachfunktionen in Verbindung. De Nobele (1835; zit. nach Blumer u. Benson 1975) beschrieb den Fall eines vordem verschlossenen, einfältigen 16-Jährigen, der sich mitten in den orbitalen Stirnanteil schoss und erblindete. Er schien danach gleichgültig und sogar läppisch enthemmt. Trousseau (1861) erwähnte einen Offizier, der bei einem Duell im Jahr 1825 mit einem Kopfschuss verletzt wurde, bei welchem die Kugel an einer Schläfe ein-, an der anderen wieder austrat; er überlebte die Verletzung 6 Monate ohne Lähmungen, Sprachstörungen oder sonstige kognitive Beeinträchtigung, obwohl die Kugel angeblich beide Frontallappen »mitten durchschlagen« hatte. 1848 erlitt Phineas Gage mit 25 Jahren eine schwere Sprengverletzung, bei der eine 1 m lange und 3 cm dicke Eisenstange Kiefer und Kalotte durchschlug und dabei mediale Anteile v.a. des linken Frontallappens zerstörte. Er überlebte den Unfall um mehr als 12 Jahre und starb an einem epileptischen Anfall. Sein Verhalten war nach dem Unfall schwer verändert; er war unvernünftig und jähzornig (Harlow 1868).

Am 15. Juni 1886 morgens um 8 Uhr wurde im Marterzimmer der Münchner Residenz die Leiche »weiland seiner Majestät des höchstseligen König Ludwig II. von Bayern« seziert; laut Sektionsprotokoll waren die »ersten, zweiten und dritten Stirnwindungen« atrophisch und »die graue Substanz der Windungen etwas schmal«; die Arachnoidea über dem Frontallappen war verdickt und milchig-weiß getrübt.

Jastrowitz (1888) beobachtete an Patienten mit Stirnhirntumoren eine »bitter-launige« Gemütslage mit einem Hang zum »läppischen Ironiesieren«, den er »Moria« nannte. Oppenheim (1889) bezeichnete diesen inadäquaten Humor als »Witzelsucht«. Leonore Welt (1888) schloss aus eigenen Beobachtungen und der Literatur, dass besonders rechts medioorbitale Läsionen zu Veränderungen des Charakters und verhältnismäßig geringen kognitiven Störungen führen.

1.3 Tierexperimente

Flourens (1824, 1842) vertrat die antilokalisationistische zerebrale Äquipotenztheorie, also die funktionelle Einheitlichkeit der Hemisphären, die er in Tierversuchen zu untermauern versuchte. Fritsch und Hitzig (1870) stellten tierexperimentell fest, der Präfrontalkortex sei nicht elektrisch stimulierbar (◘ Abb. 1.4); seine Exstirpation führte zu keiner sensiblen oder motorischen Lähmung, sondern zu einem Nachlassen der intellektuellen Leistung. Sie schlossen daraus, der Präfrontalkortex sei das Organ für abstraktes Denken, zuständig für Intelligenz und Aufmerksamkeit. Sie wagten also den Schritt von der lokalisatorischen Zuordnung leicht beobachtbarer sensomotorischer Reaktionen hin zu höheren geistigen Leistungen. Hitzig (1874) betonte dabei ausdrücklich die Ähnlichkeiten zwischen Menschen und Schimpansen. Broadbent (1872) argumentierte, gerade jene zwischengeschalteten Nervenzentren, die keine direkten sensorischen Afferenzen erhalten und keine direkten motorischen Efferenzen aussenden, müssten als Sitz der intellektuellen Verarbeitung angesehen werden. David Ferrier (1892) bestätigte die elektrische Unerregbarkeit des Präfrontalkortex. Experimentelle Läsionen an Versuchstieren führten nicht zu fassbaren motorischen Defiziten, jedoch je nach Lokalisation zu Apathie oder Reizbarkeit und Enthemmung von Bewegungsmustern. Er vermutete, das Stirnhirn sei für Aufmerksamkeitsleistungen zuständig. Munk (1877, 1890) meinte, bei Ferriers früheren Beobachtungen an Affen handele es sich v.a. um unspezifische Operationsfolgen. Er teilte in diesem Punkt Goltz' (1877) Auffassung, der Präfrontalkortex diene komplexen motorischen Aufgaben. Bianchi (1894, 1895) behauptete, der Präfrontalkortex verbinde die Wahrnehmungen mit Emotionen und sorge für den »psychischen Tonus«; bei einer Läsion würden somit diese Syntheseleistung und der Antrieb gestört; seine Affen demonstrierten ein »dolce far niente«. Von Franz (1915) konnte in Tierexperimenten mit standardisierten Lernparadigmen eine Beteiligung des Präfrontalkortex an Gedächtnisleistungen belegt werden.

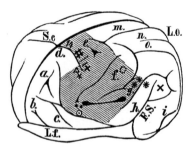

◘ Abb. 1.4. Elektrische Stimulation am Hundehirn (Fritsch 1874). Erregbare Areale, deren Stimulation zu einer beobachtbaren motorischen Reaktion führte, sind *schraffiert* dargestellt. (Aus: Hitzig 1874, S. 79, Abb. 5). *F. S.* Fissura sylvii, *L. f.* Stirnregion, *L. o.* Hinterhauptsregion, *S. c.* Sulcus crucialis, *a–d* Stirnwindungen, *e–h* Scheitelwindungen, *m–o* Hinterhauptswindungen. Reizpunkte: + vordere Extremität, # hintere Extremität, Rumpfmuskeln, Schwanz, Kieferöffnung, *x* Ohrbewegungen

1.4 Neuro-(»Psycho«-)Chirurgie

Burckhardt (1891) führte an mehreren Patienten mit schweren psychischen Erkrankungen Hirnrindenexzisionen im Frontal- und Parietalbereich durch. Egas Moniz (1937) und Freeman und Watts (1942) propagierten in einer Ära, die kaum wirksame Behandlungsverfahren schwerer neuropsychiatrischer Erkrankungen kannte, die Psychochirurgie in den Varianten Leukotomie, Lobotomie oder Topektomie zur Behandlung unterschiedlichster neuropsychiatrischer Störungen von der Epilepsie bis zu Schizophrenie, Zwangskrankheit und Alkoholismus.

Umfangreiche Erfahrungen mit der »selektiven partiellen Ablation des Frontalkortex« bei diversen neurologischen und psychiatrischen Indikationen wurden nach dem 2. Weltkrieg in den USA zusammengetragen; die kritische Auswertung lieferte keine wesentlichen neuen Ergebnisse, weder hinsichtlich der funktionellen Anatomie des Frontalhirns, noch hinsichtlich des therapeutischen Nutzens invasiver Maßnahmen (Mettler 1949).

Penfield und Rasmussen (1950, S. 226) beobachteten, dass Patienten, während große Teile des Präfrontalkortex neurochirurgisch entfernt wurden, weiter sprachen, ohne das Bewusstsein zu verlieren (»unaware of the fact, that he is being deprived of that area which most distinguishes his brain from that of a chimpanzee«) und dass etwaige postablative Defizite hinsichtlich Planen und Initiative vom Patienten oft nicht bemerkt wurden. Daraus schlossen sie, dass der Präfrontalkortex nicht den Sitz des Bewusstseins, sondern die engste Verbindung zur obersten Organisationsebene des Dienzephalons darstellt. Diese Annahme lag auch aufgrund elektrophysiologischer Befunde von Moruzzi und Magoun (1949) nahe. Luria (1969) betrachtete die Störung von Aufmerksamkeit und Konzentration sowie eine Unfähigkeit komplexere Arbeitssequenzen auszuführen als neuropsychologische Charakteristika der Frontallappenläsionen und erklärte damit zum einen die Apathie, zum anderen den Konkretismus der Patienten.

1.5 Empirisch gestützte Modelle

J. H. Jackson (1884a) arrangierte in der zweiten seiner »Croonian Lectures« die Hierarchie der Nervenzentren nach anatomisch-physiologischen Prinzipien:
- von den spinalen Vorderhörnern, deren Motoneuronen einzelne Bewegungselemente re-präsentieren,
- über die mittleren motorischen Zentren (Gyrus praecentralis, Striatum) die re-re-präsentativ sind und zuständig für komplexere Bewegungsabläufe größerer Körperareale,
- hin zum Frontalhirn, das re-re-re-präsentativ und dabei zuständig für die höchst komplexen motorischen Funktionen sei.

Jackson insistiert auf einer rein senso-motorischen Betrachtungsweise zerebraler Funktionen, wobei also die postcentralen Anteile grundsätzlich für Sensorisches, die frontalen für motorische Abläufe verantwortlich seien; einem heuristischen Nutzen der Konzepte Wille, Verstand, Emotion, Gedächtnis kann er in seiner positivistischen Herangehensweise nichts abgewinnen; sie seien künstlich abgegrenzte Aspekte einer einzigen Angelegenheit, nämlich des Bewusstseinszustandes (Jackson 1884b). Jackson integrierte in sein Modell eigene klinische Erfahrung und den Diskussionsstand seiner Zeit.

Flechsig (1896, S. 63) stellt fest, »dass das positive Wissen nicht unmittelbar leidet, wenn das Stirnhirn zerstört wird – wohl aber die zweckmässige Verwertung desselben, indem evtl. eine vollständige Interesselosigkeit, ein Hinwegfall aller persönlichen Antheilnahme an inneren und äusseren Vorgängen sich geltend macht«; er gewann den Eindruck, dass eine Läsion mit einer »Herabsetzung aller persönlicher Bethätigungen, der activen Aufmerksamkeit, des Nachdenkens u.dgl.m. einhergeht (...) sei das frontale Centrum (...) an dem aus sich heraus hemmend und anregend wirkenden ICH betheiligt«. Er hatte die späte Myelinisierung und – im Vergleich zu anderen Teilen des Neokortex – mangelnde Reife des Präfrontalkortex nachgewiesen.

Für Anton und Zingerle (1902, S. 187) repräsentierte das menschliche Stirnhirn ein Aggregat aller Sinnessphären, deren Zusammenarbeit die psychische Leistung ermöglicht; »damit bleibt noch keineswegs ausgeschlossen, dass dem Stirnhirne als Theil der motorischen und Körperfühlsphäre sowie evtl. als Centralstation für einzelne Theile des Kleinhirns eine führende, ordnende Bedeutung für die gesamte Intelligenzleistung zukommt«. Mills und Weisenburg (1906) betrachteten den Präfrontalkortex v.a. der linken Hemisphäre als Sitz höchster mentaler Fähigkeiten und zitieren Beispiele einer besonders hohen morphologischen Entwicklung bei großen Geistern, die sie mit Befunden an psychisch Kranken verglichen.

Karl Kleist (1934) kartierte anhand seiner Erfahrungen bei Hirnverletzten die Funktionen des gesamten Kortex. Er unterschied zwischen dem »eigentlichen Stirnhirn« – hierunter verstand er Außenfläche und mediales Randgebiet – und dem »Innenhirn« bestehend aus Orbitalhirn mit Regio olfactoria, Gyrus cinguli, Retrosplenium und Hippokampus. Innerhalb des »eigentlichen Stirnhirns« unterschied er eine sensorische, motorische und »psychische Zone«; die Konvexitätsläsionen führten zu Antriebs-, Initiativ- und Willenlosigkeit. Als Folge frontoorbitaler Läsionen registrierte er »Störungen am Gemeinschafts- und religiösen Ich, Selbst-Ich, ...« (◘ Abb. 1.5).

Blumer und Benson (1975) bezeichneten die entsprechenden Syndrome als pseudopsychopathisch und als pseudodepressiv (pseudoneurasthenisch).

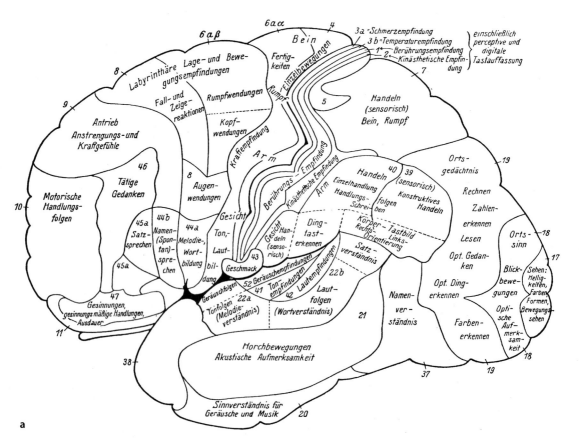

◘ Abb. 1.5a, b. Lokalisation der Funktionen der Großhirnrinde. a Außenseite

1.5 · Empirisch gestützte Modelle

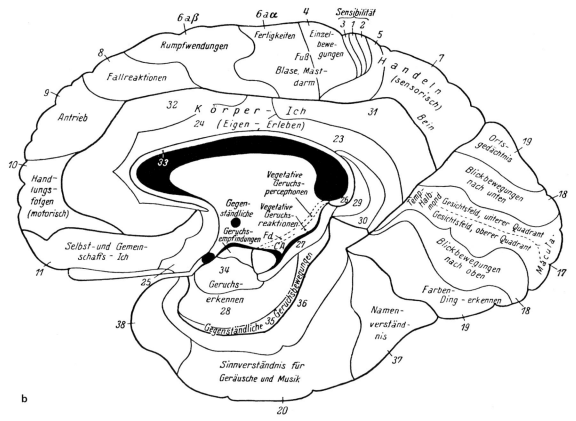

Abb. 1.5b. Innenseite (Kleist 1934)

Holmes (1931) unterschied 3 Syndrome nach Frontallappenläsionen:
1. Apathie und Indifferenz,
2. Depression, intellektuellen Abbau, Inkontinenz und
3. Rastlosigkeit, Reizbarkeit, überbordene Euphorie, kindisch läppisches Gebaren und besonderen Egoismus.

Cummings (1985) differenzierte:
1. das Konvexitätssyndrom mit Apathie, Indifferenz, psychomotorischer Retardierung, Haltlosigkeit und Stimulusabhängigkeit sowie verminderter Abstraktionsfähigkeit,
2. das mediale Frontalhirnsyndrom mit reduzierter Motorik (Mimik, Gestik) und eingeschränkten Sprach- und Gefühlsäußerungen sowie
3. das orbitofrontale Syndrom mit Enthemmung, Ablenkbarkeit, Impulsivität, emotionaler Labilität bei eingeschränkter Einsichts- und Urteilsfähigkeit.

Nauta (1973) untersuchte die Verbindungen des Präfrontalkortex zum limbischen System. Diese Ergebnisse verwendeten Alexander et al. (1990) und v.a. Benson (1994) und seine Schüler, um den 3 vorgeschlagenen klinischen Präfrontalsyndromen bestimmte kortikosubkortikale Regelkreise zuzuordnen:
1. dorsolateraler-präfrontaler Kortex – Caudatum – Globus pallidus, Substantia nigra – Thalamus (ventral anterior und mediodorsal),
2. Gyrus cinguli anterior – Nucleus accumbens – Globus pallidus, Substantia nigra – Thalamus (mediodorsal) und
3. lateral-orbitofrontaler Kortex – Caudatum – Globus pallidus, Substantia nigra – Thalamus (ventral anterior und mediodorsal).

Dieses Modell orientiert sich an den derzeit üblichen Methoden und Konzepten Strukturen und Funktionen zu korrelieren.

1.6 Epistemologie

Von Monakow erläutert die immer noch aktuellen prinzipiellen methodischen und konzeptionellen Schwierigkeiten bei der Analyse frontaler Leistungen:

> Das Schwierigste bei der Erörterung der physiologischen Bedeutung vor allem des Stirnhirns und der Lokalisation der geistigen Vorgänge ist wie bei allen komplizierten wissenschaftlichen Problemen, die richtige Fragestellung; eine solche ist meines Erachtens zurzeit überhaupt noch gar nicht möglich. Der Verstand und die anderen höheren Leistungen des Zentralnervensystems (geistige Konzentration, Gesittung) sind allgemein psychologische Begriffe, die sich (...) weder ins Physiologische und noch vollends ins Anatomische übersetzen lassen, wenigstens heute nicht, wo wir noch nach den Lokalisationsprinzipien für die roheren physiologischen Operationen im Kortex (Sinneswahrnehmung, Fertigkeits- und Ausdrucksbewegungen etc.) ringen (m. E. aber auch in Zukunft nicht). Die Intelligenz ist eine enorm komplizierte Ableitung aus einer Unsumme von Einzelverrichtungen, die durch die Tätigkeit der Sinne und des Muskelapparates im Verlauf des gesamten Vorlebens und insbesondere der Kinderzeit sukzessive erworben werden. Nun sind aber schon die allerersten, an die Tätigkeit eines jeden einzelnen Sinnes unmittelbar sich anknüpfenden psychischen Akte so verwickelte und sicher unter integrierender Mitarbeit des ganzen Kortex sich abspielende Dinge, die man unmöglich vom Gesichtspunkte einer Lokalisation nach Windungen und Rindeninseln betrachten kann (Monakow 1914, S. 879f.).

Ausführliche Darstellungen zur Historie der Erforschung des Frontallappens/Präfrontalkortex etc. finden sich in Feuchtwanger (1923), Finger (1994), Häfner (1957), Markowitsch (1992), Marshall und Magoun (1998) und in vielen der zitierten Arbeiten.

Literatur

Anton G, Zingerle H (1902) Bau, Leistung und Erkrankung des menschlichen Stirnhirnes. Leuschner & Lubenskys, Graz

Alexander GE, Crutcher MD, De Long MR (1990) Basal ganglia – thalamocortical circuits. Parallel substrates for motor, oculomotor, »prefrontal« and »limbic« functions. Prog Brain Res 85: 119–146

Benson DF (1994) The neurology of thinking. Oxford University Press, Oxford

Bianchi L (1894) Über die Funktion der Stirnlappen. Berl Klin Wochenschr 31: 309–310

Bianchi L (1895) The functions of the frontal lobes. Brain 18: 497–530

Blumer D, Benson DF (1975) Personality changes with frontal and temporal lesions. In: Benson DF, Blumer D (eds) Psychiatric aspects of neurologic disease. Grune & Stratton, New York, pp 151–170

Bouillaud JB (1825) Recherches cliniques propres à démontrer que la perte de la parole correspond à la lésion des lobules antérieurs du cerveau. Arch Gen Med (Paris) 8: 25–45

Broadbent WH (1872) On the cerebral mechanisms of speech and thought. Longmans, Green, Reader & Dyer, London

Burdach F (1819–1826) Vom Baue und Leben des Gehirns. Dyk, Leipzig

Burckhardt G (1891) Über Rindenexzisionen als Beitrag zur operativen Therapie der Psychosen. Allg Z Psychiatr Psychiatr-Gerichtl Med 47: 463–548

Chaussier F (1807) Exposition sommaire de la structure et des différentes parties de l'encéphale du cerveau. Barrois, Paris

Clarke E, Dewhurst K (1973) Die Funktionen des Gehirns. Lokalisationslehre von der Antike bis zur Gegenwart. Moos, München

Combe G (1833) System der Phrenologie. Vieweg, Braunschweig (Übers. von Hirschfeld SE)

Cummings JL (1985) Clinical neuropsychiatry. Grune & Stratton, Orlando, pp 57–67

Cuvier G (1805) Lecons d'anatomie comparée, Paris

Ferrier D (1892) Vorlesungen über die Hirnlokalisation. Deuticke, Wien (Übers. von Weiss M)

Literatur

Feuchtwanger E (1923) Die Funktionen des Stirnhirns. Ihre Pathologie und Psychologie. Springer, Berlin

Finger S (1994) Origins of neuroscience. A history of explorations into brain function. Oxford University Press, Oxford

Flechsig P (1896) Die Lokalisation der geistigen Vorgänge insbesondere der Sinnesempfindungen des Menschen. Veit, Leipzig

Flechsig P (1920) Anatomie des menschlichen Gehirns und Rückenmarks auf myelogenetischer Grundlage. Thieme, Leipzig

Flourens MJP (1824) Recherches expérimentales sur les propriétés et les fonctions du système nerveux dans les animaux vertèbres, 1e édn. Ballière, Paris

Flourens MJP (1842) Recherches expérimentales sur les propriétés et les fonctions du système nerveux dans les animaux vertèbres, 2e édn. Ballière, Paris

Förstl H (1991) The dilemma of localizing language: John Abercrombie's unexploited evidence. Brain Lang 40: 145–150

Franz SI (1915) On the functions of the cerebrum. Psychological monographs 19 (I). Psychological Review, Princeton, NJ

Freeman W, Watts JW (1942) Psychosurgery: Intelligence, emotion and social behaviour following prefrontal lobotomy for mental disorders. Thomas, Springfield, IL

Fritsch G: Erwähnt in Hitzig E (1874) Untersuchungen über das Gehirn: Abhandlungen physiologischen und pathologischen Inhalts, Kap I: Über die Erregbarkeit des Grosshirns. August Hirschwald, Berlin

Fritsch G, Hitzig E (1870) Über die elektrische Erregbarkeit des Großhirns. Arch Anat Physiol 3: 300–332

Gall F, Spurzheim J (1809) Untersuchungen ueber die Anatomie des Nervensystems ueberhaupt, und des Gehirns insbesondere. Ein dem franzoesischen Institute ueberreichtes Memoire. Nebst dem Berichte der H.H.Comissaire des Institutes und den Bemerkungen der Verfasser über diesen Bericht. Treuttel und Wuertz, Paris und Strasburg

Gall F, Spurzheim J (1810–1819) Anatomie et physiologie du système nerveux en général, et du cerveau en particulier. Schoell, Paris

Goltz F (1877) Über die Verrichtungen des Großhirns. III. Abhandlung. Pflugers Arch 20: 1–54

Gratiolet P (1854) Memoire sur les plis cérébraux de l'homme et des primates. Bertrand, Paris

Haeckel E (1874) Anthropogenie oder Entwicklungsgeschichte des Menschen. Engelmann, Leipzig

Häfner H (1957) Psychopathologie des Stirnhirns 1939 bis 1955. Fortschr Neurol Psychiatr 4: 205–252

Harlow J (1868) Recovery from the passage of an iron bar through the head. Bull Mass Med Soc 2: 327–347

Hitzig E (1874) Untersuchungen über das Gehirn. Abhandlungen physiologischen und pathologischen Inhalts. Hirschwald, Berlin

Holmes G (1931) Mental symptoms associated with cerebral tumours. Proc R Soc Med 24

Jackson JH (1884a) Evolution and dissolution of the nervous system, II. Lancet:649–652

Jackson JH (1884b) Evolution and dissolution of the nervous system, III. Lancet:739–744

Jastrowitz M (1888) Beiträge zur Lokalisation im Großhirn und über deren praktische Verwerthung. Dtsch Med Wochenschr 14: 81

Kleist K (1934) Gehirnpathologie. Vornehmlich aufgrund der Kriegserfahrungen. Barth, Leipzig

Lanfranchi G (1315) Chirurgia Magna. Marshe, London

Larrey DJ (1829) Clinique chirurgicale, exercée particulièrement dans les camps et les hospitaux militaires, depuis 1792 jusqu'en 1829. Gabon, Paris

Luciani L, Seppilli G (1886) Die Functions-Localisation auf der Großhirnrinde an thierexperimentellen und klinischen Fällen nachgewiesen. Denicke, Leipzig (Übers. von Fraenkel MO)

Luciani L, Tamburini A (1878) Ricerche sperimentali sulle funzioni del cervello. Rivista Fren Med Legale 4: 69–89; 225–280

Luria AR (1969) Frontal lobe syndrome. In: Vinken PJ, Bruyn GW (eds) Handbook of clinical neurology, vol II. Wiley, Amsterdam, pp 725–757

Magoun HW (1957) The waking brain. Thomas, Springfield, IL

Markowitsch H (1992) Intellectual functions of the brain. A historical perspective. Hogrefe & Huber, Seattle

Marshall LH, Magoun HW (1998) Discoveries in the human brain. Neuroscience prehistory, brain structure, and function. Humana, Totowa, NJ

Mettler FA (1949) Selective partial ablation of the frontal cortex. Harpers & Brothers, New York

Meynert T (1886/1892) Ueber die Bedeutung der Stirnentwicklung. In: Sammlung von populärwissenschaftlichen Vorträgen über den Bau und die Leistungen des Gehirns. Wilhelm Braumüller, Wien

Mills CK, Weissenburg TH (1906) The localization of the higher psychic functions, with special reference to the prefrontal lobe. J Am Med Assoc 46: 337–341

Monakow C von (1914) Die Lokalisation im Großhirn und der Abbau der Funktion durch kortikale Herde. Bergmann, Wiesbaden

Moniz E (1937) Prefrontal leucotomy in the treatment of mental disorders. Am J Psychiatry 93: 1379–1385

Morgagni GB (1761/1967) Sitz und Ursachen der Krankheiten – aufgespürt durch die Kunst der Anatomie. Venedig. Übersetzung und Hrsg Michler MM. Huber, Bern

Moruzzi G, Magoun HW (1949) Brain stem reticular formation and activation of the EEG. EEG Clin Neuropysiol 1: 455–473

Munk H (1877) Zur Physiologie der Großhirnrinde. Berl Klin Wochenschr 14: 505–506

Munk H (1890) Über die Funktionen der Großhirnrinde. Gesammelte Mittheilungen mit Anmerkungen, 2. Aufl. Hirschwald, Berlin

Nauta WJH (1973) Connections of the frontal lobes with the limbic system. In: Laitinien LV, Livingston KE (eds) Surgical approaches in psychiatry. University Park Press, Baltimore, pp 303–314

Oppenheim H (1889) Zur Pathologie der Großhirngeschwülste. Arch Psychiatr 21: 560

Owen R (1868) On the anatomy of vertebrates, vol 3: Mammals. Longmans & Green, London

Penfield W, Rasmussen T (1950) The cerebral cortex of man. A clinical study of localization and function. Macmillan, New York

Platter F (1614) Observationum. Libri tres. Koenig, Basel

Soemmerring ST (1796) Über das Organ der Seele (unserm Kant gewidmet). Königsberg (Nachdruck: Bonset, Amsterdam)

Spurzheim JG (1833) Observations on the deranged manifestations of the mind or insanity. Marsh, Capen & Lyon, Boston

Swedenborg E (ca. 1740) In: Tafel L (1882–1887) (ed) The brain, considered anatomically, physiologically, and philosophically. Speirs, London

Trousseau (1861) Clinique Medicale de l'Hotel Dieu de Paris. 2e édn. Bailliere, Paris

Varolio C (1573) Anatomia sie de resolutione corporis humani. Meiettos, Patavii

Welt L (1888) Über Charakterveränderungen des Menschen infolge von Läsionen des Stirnhirns. Dtsch Arch Klin Med 42: 339–390

Willis T (1664) Cerebri anatome: cui accessit nervorum descriptio et usus. Martyn & Allestri, London

Zanker P (1995) Die Maske des Sokrates. Das Bild des Intellektuellen in der antiken Kunst. Beck, München

Neurobiologie und Neuropsychologie des Frontalhirns

2 **Neurobiologische Grundlagen** – 15
O. Gruber, T. Arendt, D. Y. von Cramon

3 **Kognitive Neurologie und Neuropsychologie** – 41
A. Danek, T. Göhringer

4 **Psychopathologie** – 83
F. M. Reischies

5 **Psychosomatische Aspekte am Beispiel der Alexithymie und chronischer Schmerzen** – 103
H. Gündel

6 **Neurale Korrelate des Perspektivwechsels und der sozialen Kognition: vom Selbstbewusstsein zur »Theory of Mind«** – 129
K. Vogeley, G. R. Fink

Neurobiologische Grundlagen

O. Gruber, T. Arendt, D.Y. von Cramon

2.1 Strukturelle Organisation des Stirnhirns – 16
Abgrenzung des präfrontalen Kortex – 16
Zytoarchitektonik – 16
Prinzipien der neuronalen Konnektivität des präfrontalen Kortex – 17
Intrakortikale Verbindungen – 19
Verbindungen mit limbischen Hirnstrukturen – 19
Verbindungen mit Basalganglien und Thalamus – 19
Neurotransmitter – 20

2.2 Funktionelle Organisation des Stirnhirns – 21
Beiträge der Neurophysiologie – 23
Beiträge der funktionellen Bildgebung – 27
Zukunftsperspektiven – 34

Literatur – 35

2.1 Strukturelle Organisation des Stirnhirns

Abgrenzung des präfrontalen Kortex

Der präfrontale Kortex bildet den Kortex des rostralen Pols der Hirnrinde. Die Kriterien seiner Abgrenzung gegenüber anderen neokortikalen Hirnregionen und damit das Verständnis dessen, was dem präfrontalen Kortex zuzurechnen ist, ist historisch mehrfach revidiert worden und somit Ausdruck sich entwickelnder Paradigmen der Stirnhirnfunktion.

Zunächst wurde der präfrontale Kortex nach zytoarchitektonischen Kriterien als der granuläre frontale Kortex abgegrenzt (Brodmann 1909) und galt als ein Spezifikum des Primatenhirns. Spätere Konzepte, die bei seiner Abgrenzung von anderen Kriterien, wie seiner Konnektivität mit dem mediodorsalen Thalamuskern (Rose u. Woolsey 1948), seiner dopaminergen Innervation aus dem ventralen Mesenzephalon (Thierry et al. 1973; Björklund et al. 1978), sowie spezifischen funktionellen Aspekten (Preuss 1995) ausgingen, haben jedoch gezeigt, dass sich ein »präfrontaler« Kortex vom motorischen bzw. prämotorischen Kortex auch im Gehirn von anderen Säugern (Reep 1984; Uylings u. VanEden 1990) abgrenzen lässt und sich homologe Strukturen beispielsweise auch im Gehirn von Vögeln finden (Divac et al. 1987).

Der präfrontale Kortex ist ein Bestandteil des isokortikalen Assoziationskortex, der am Primatengehirn makroskopisch durch den Sulcus arcuatus, die Fissura centralis inferior und den Sulcus cinguli begrenzt wird. Während der Evolution nimmt der präfrontale Kortex relativ stärker als andere Hirnanteile an Größe zu und erreicht seine größte relative Ausdehnung im menschlichen Gehirn. Diese phylogenetisch nachweisbare Größenzunahme ist innerhalb des präfrontalen Kortex jedoch uneinheitlich und spiegelt sich in den zytoarchitektonischen Unterschieden innerhalb des präfrontalen Kortex wieder. So zählen insbesondere die dorsalen und lateralen Anteile des präfrontalen Kortex zu den phylogenetisch jüngsten Hirnregionen.

In ihren Grundzügen ist die zytoarchitektonische ontogenetische Entwicklung am menschlichen Gehirn zum Zeitpunkt der Geburt bereits abgeschlossen. Das dendritische Wachstum sowie die Ausbildung von Synapsen nehmen im Primatengehirn jedoch nach der Geburt weiter zu und erreichen erst im Jugendlichen- bzw. Erwachsenenalter ihre endgültige Ausprägung. In gleicher Weise nimmt die Myelinisierung der im präfrontalen Kortex entspringenden Fasern nach der Geburt zu. Der präfrontale Kortex ist damit eine der Hirnregionen, dessen Myelinisierung als letztes in der ontogenetischen Entwicklung die volle Reife erreicht.

Zytoarchitektonik

Die Charakterisierung einer »regio frontalis« des Frontallappens, einer Region, die etwa seit der Mitte des 20. Jahrhunderts als präfrontaler Kortex bezeichnet wird, basiert auf den klassischen zytoarchitektonischen Arbeiten von Brodmann (1909). Er bezeichnet hiermit ein Gebiet, das sich rostral vom motorischen und prämotorischen Kortex befindet und sich durch die Ausbildung einer granulären Lamina IV von den kaudal gelegenen kortikalen Feldern unterscheidet, denen diese Schicht fehlt, und die daher als »agranulär« bezeichnet werden.

Brodmann (1909) erkannte durch seine vergleichend neuroanatomischen Untersuchungen, dass der granuläre frontale Kortex nur im Gehirn des Menschen und nichtmenschlicher Primaten vorhanden ist. Spätere zytoarchitektonische Untersuchungen am Primatenhirn haben jedoch ergeben, dass einige der von Brodmann (1909) dem granulären Kortex zugerechneten Regionen über keine oder nur eine gering ausgeprägte granuläre Schicht IV verfügen. Beispiele hierfür sind seine Areae 13 sowie 25 (Barbas u. Pandya 1989).

Obgleich sich im Gehirn der meisten Nicht-Primaten keine granuläre Schicht IV nachweisen lässt (Uylings u. VanEden 1990), ist der frontale Kortex dieser Säugetiere in die Realisierung weitgehend vergleichbarer Funktionen involviert und dem präfrontalen Kortex der Primaten homolog.

Der präfrontale Kortex umfasst die Areale 8 bis 12 sowie 44 bis 47 der Regio frontalis nach Brodmann sowie die Areale 24 und 32 der Regio cingularis. Der präfrontale Kortex ist zytoarchitektonisch heterogen, und besteht aus granulären als auch agranulären Anteilen. Die Areale 8 bis 12 und 44 bis 47 besitzen eine deutliche innere granuläre Schicht (Lamina 4) und zählen damit zum granulären Kortex. Demgegenüber ist diese in der Area 24 nicht vorhanden und in der Area 32 nur schwach ausgebildet. Damit besteht der präfrontale Kortex zum größten Teil aus granulären kortikalen Regionen (Area 8 bis 12 und 44 bis 47) sowie aus einer agranulären (Area 24) und einer dysgranulären (Area 32) kortikalen Region. Der granuläre Anteil des präfrontalen Kortex erstreckt sich insbesondere über die lateralen Areale, während der agranuläre Anteil hauptsächlich den medialen präfrontalen Kortex einnimmt. Der granuläre Anteil ist nur im Primatenhirn vorhanden und erreicht im menschlichen Gehirn seine größte Ausdehnung. Innerhalb des granulären Kortex gibt es einen rostrokaudalen Gradienten im Ausprägungsgrad der inneren granulären Schicht, die in den rostralen Anteilen deutlich ausgebildet ist, während sie in den kaudalen Anteilen des präfrontalen Kortex, der bereits Übergänge zum agranulären prämotorischen Kortex bildet, nur eine geringe Ausdehnung erreicht.

In der jüngeren Vergangenheit ist der präfrontale Kortex Gegenstand sehr detaillierter zytoarchitektonischer Untersuchungen gewesen, die bis zu 60 Areale innerhalb des präfrontalen Kortex abgrenzen (Bailey u. von Bonin 1955; Sarkissov et al. 1955; Sanides 1962), im Allgemeinen jedoch eine recht gute Übereinstimmung mit der von Brodmann (1909) vorgenommenen Gliederung zeigen.

Prinzipien der neuronalen Konnektivität des präfrontalen Kortex als Voraussetzung der multimodalen Informationsverarbeitung

Aus Tracerstudien an nichtmenschlichen Primatenhirnen ist bekannt, dass der präfrontale Kortex direkte oder indirekte Verbindungen mit nahezu allen Hirnregionen, mit Ausnahme des primär sensomotorischen Kortex und der subkortikalen sensorischen Relaykerne besitzt (Zilles et al. 1988; Fuster 1989; Stuss u. Benson 1986; Barbas u. Pandya 1991; Pandya u. Yeterian 1990; Goldman-Rakic 1987). So bestehen insbesondere Verbindungen mit
- den heteromodalen kortikalen Assoziationsarealen,
- allen sensorischen Assoziationsarealen,
- den Basalganglien und dem Thalamus,
- den limbischen Hirnstrukturen einschließlich der Amygdala und des Hippokampus,
- dem Hypothalamus,
- der Septalregion und
- dem Hirnstamm.

Nahezu alle Verbindungen mit dem präfrontalen Kortex sind reziprok. Eine Ausnahme hiervon bilden die Basalganglien, die vom präfrontalen Kortex in nichtreziproker Weise innerviert werden (▶ s. unten).

Afferenzen sowie Efferenzen des präfrontalen Kortex zeigen eine topografische Organisation, die insbesondere am Primatenhirn gut ausgebildet ist. So ist der orbitale präfrontale Kortex hauptsächlich mit dem medialen Thalamus, dem Hypothalamus, dem ventromedialen Nucleus caudatus und der Amygdala verschaltet. Demgegenüber besitzt der dorsolaterale präfrontale Kortex Verbindungen zum lateralen Thalamus, zum dorsalen Nucleus caudatus, zum Hippokampus und zum Neokortex. Jede dieser mit dem präfrontalen Kortex in Verbindung stehenden Hirnstrukturen ist wiederum Bestandteil von sich teilweise überlappenden neuronalen

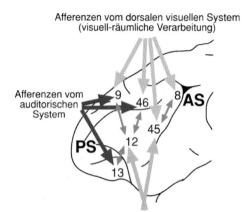

Abb. 2.1. Die integrative Konnektivität des präfrontalen Kortex (Makakenhirn; die *Nummern* beziehen sich auf zytoarchitektonische Rindenfelder nach Brodmann). Einzelne Subregionen des präfrontalen Kortex haben distinkte, jedoch z. T. überlappende Verbindungen mit anderen Hirnregionen. Dabei stehen die mehr posterioren und dorsalen Anteile des lateralen präfrontalen Kortex insbesondere mit Hirnregionen in Verbindung, die an der Verarbeitung visuell-räumlicher und motorischer Information beteiligt sind. Ventrale Regionen zeigen besonders starke Konnektivität mit kortikalen Regionen, die an der Informationsverarbeitung der visuellen Form und Stimulusintensität beteiligt sind. Weiter anterior gelegene Anteile des lateralen präfrontalen Kortex haben enge Verbindungen zu auditorischen Kortizes, und orbitofrontale Anteile stehen insbesondere mit subkortikalen Hirnstrukturen in Verbindung, die in die Verarbeitung »interner« Information einbezogen sind. Neben dieser regionalen Spezifität in der Konnektivität gibt es jedoch eine multimodale Konvergenz in der Verschaltung. So erhalten präfrontale Regionen konvergierende Eingänge von mindestens 2 sensorischen Modalitäten. Außerdem gibt es eine starke intrakortikale Konnektivität innerhalb des präfrontalen Kortex. *AS* arcuate sulcus (Sulcus arcuatus), *PS* principal sulcus (Sulcus principalis). (Mod. nach Miller 2000a)

Netzwerken, die an der Verarbeitung von Informationen unterschiedlicher Modalitäten beteiligt sind. Hierdurch erhält der präfrontale Kortex die Funktion einer übergeordneten Hirnstruktur der multimodalen bzw. supramodalen Informationsverarbeitung (◘ Abb. 2.1).

Der präfrontale Kortex weist eine kolumnäre Organisation auf. Diese Kolumnen haben einen Durchmesser von 300–700 µm, umfassen in diesem Bereich alle kortikalen Schichten und stellen damit eine vertikale Einheit von Neuronen mit spezifischen Input-Output-Beziehungen und intrinsischen synaptischen Verbindungen dar. Kortikale Kolumnen mit ipsilateralen bzw. kontralateralen Projektionsverhältnissen wechseln dabei ab. Es kann angenommen werden, dass die sehr starke Gyrifizierung und die relative Zunahme des präfrontalen Kortex im menschlichen Gehirn mit einer Zunahme der Anzahl kortikaler Kolumnen verbunden sind. Die alternierende Abfolge kortikaler Kolumnen hinsichtlich ihrer Afferentierung gilt in gleichem Maße auch für die Efferenzen. Axonale Endigungen neuronaler Systeme finden sich häufig in den gleichen Kolumnen, in denen auch die Efferenzen zu diesen Systemen entspringen.

Durch diese Segregation der Eingänge und die starke kolumnäre Separation der Konnektivität ist ein moduläres Prinzip der Organisation der Projektionsverhältnisse im präfrontalen Kortex realisiert, das eines seiner wesentlichsten strukturell-funktionellen Organisationsmerkmale darstellt. Entsprechend sind die mit verschiedenen Anteilen des präfrontalen Kortex in Verbindung stehenden Fasersysteme im subkortikalen Bereich, wie auf der Ebene von Basalganglien und Thalamus, relativ isoliert organisiert und funktionell segregiert, und es gibt damit wenig Raum für »Cross-talk« auf dieser Ebene. Die Integration dieser parallel verarbeiteten Information (motorisch, kognitiv, limbisch) erfolgt erst auf der Ebene des präfrontalen Kortex (Rakic 1975; Goldman-Rakic 1987). Es wird gegenwärtig angenommen, dass die Integration von Information aus den Bereichen sensorischer und multimodaler kortikaler Assoziationsareale, limbischer Hirnregionen sowie den Basalganglien auf der Ebene des präfrontalen Kortex durch lokale Interneurone erfolgt, deren dendritische Ausdehnung mehrere kortikale Schichten und kortikale Kolumnen überspannt (Rakic 1975; Goldman-Rakic 1987).

Intrakortikale Verbindungen

Die wesentlichsten kortikalen Afferenzen zum präfrontalen Kortex entspringen in anderen kortikalen Arealen der gleichen (ipsilaterale Assoziationsfasern) sowie kontralateralen Hemisphäre (kalossale Verbindungen). Diese Verbindungen sind reziprok organisiert. Von besonderer Bedeutung ist die reziproke Verschaltung mit den parietalen, temporalen und visuellen Assoziationsarealen. Diese projizieren auf jeweils unterschiedliche, umschriebene präfrontale Areale und sind an der Vermittlung des visuellen, auditorischen und somatosensorischen assoziativen Inputs beteiligt. Die Fasern des parietalen Assoziationskortex terminieren in der Lamina I und IV des präfrontalen Kortex (»feed forward system«, Van Essen u. Maunsell 1983), die reziproken Efferenzen des präfrontalen Kortex afferentieren die Laminae I und V/VI der Assoziationsareale. Durch diese Verschaltung kann der »präfrontale feedback« in den heteromodalen Assoziationsarealen deren kortikale Ausgänge modulieren.

Obgleich alle Formen sensorischer Information letztlich zum präfrontalen Kortex geleitet werden, erreichen ihn diese ausschließlich über die sensorischen kortikalen Assoziationsareale, sodass die gesamte hier konvergierende Information bereits eine assoziative Bewertung erfahren hat.

Zahlreiche neokortikale Regionen entsenden einerseits direkt Fasern zum präfrontalen Kortex und erreichen diesen andererseits indirekt nach Umschaltung über die Basalganglien (▶ s. unten), wo eine »exekutive Informationsbewertung« stattfindet. Es wird daher angenommen, dass diese Möglichkeit der parallelen Informationsverarbeitung eine wesentliche Funktionsgrundlage des präfrontalen Kortex darstellt.

Verbindungen mit limbischen Hirnstrukturen

Der präfrontale Kortex stellt die einzige neokortikale Region dar, in der eine Repräsentation von Information aus limbischen Netzwerken erfolgt (Nauta 1971; McLean 1990). Die anatomische Grundlage hierzu ist durch seine direkten und indirekten Verbindungen zu dem Hippokampus, der Amygdala, dem limbischem Kortex (einschließlich Gyrus cinguli und Gyrus parahippocampalis), den thalamischen Relaykernen (einschließlich Nuclei ventralis anterior, mediodorsalis, anteriomedialis, sowie den intralaminaren Kernen) sowie dem Pulvinar gegeben. Darüber hinaus ist der präfrontale Kortex die einzige neokortikale Hirnregion mit direkter Verbindung zum Hypothalamus. Aus dem posterioren Bereich des parietalen Assoziationskortex sowie dem präfrontalen Kortex entspringen parallele Projektionen zu identischen thalamischen und limbischen Kerngebieten, die möglicherweise für die räumliche Gedächtnisbildung von Bedeutung sind (Goldman-Rakic 1987a, b; ▶ s. unten).

Das Verschaltungsmuster des präfrontalen Kortex mit limbischen Netzwerken ist so organisiert, dass die von ihm ausgehenden Verbindungen sowohl Ein- als auch Ausgänge limbischer Schaltkreise regulieren und damit eine »gating«-Funktion auf limbische Informationen ausüben können. Der Umstand, dass die Mehrzahl dieser Verbindungen reziproker Natur sind, macht deutlich, dass dieses »gating« limbischer Information im Kontext der im präfrontalen Kortex repräsentierten multimodalen Information erfolgt.

Verbindungen mit Basalganglien und Thalamus

Der präfrontale Kortex besitzt wesentliche direkte und indirekte reziproke Verbindungen mit den Basalganglien. Dabei bestehen zum einen direkte Projektionen vom dorsolateralen präfron-

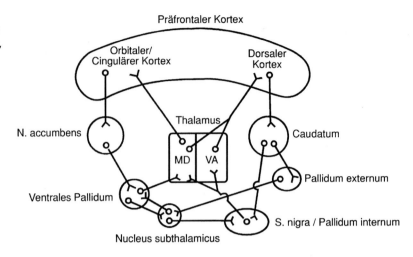

Abb. 2.2. Schematische Darstellung der Verbindungen zwischen präfrontalem Kortex, Basalganglien und Thalamus. *MD* mediodorsal, *VA* ventral anterior (Mod. nach Weinberger 1993)

talen Kortex auf den Nucleus caudatus, das mediale Pallidum, die Substantia nigra sowie den anterioventralen und mediodorsalen Thalamus (Verarbeitung kognitiver Information) und zum anderen vom orbitalen/medialen präfrontalen Kortex auf den Nucleus accumbens (Shell-Region), das ventrale Pallidum und den mediodorsalen Thalamus (Verarbeitung limbischer Information; Alexander et al. 1986, 1990; Gerfen 1992; Abb. 2.2).

Im Unterschied zur Bidirektionalität der Verschaltung des präfrontalen Kortex mit limbischen Netzwerken, bestehen direkte Verbindungen mit den Basalganglien nur im kortikofugalen Bereich. Damit erreicht das Feedback dieser Systeme den präfrontalen Kortex seinerseits nur über thalamokortikale Verbindungen, und damit nur nach einer spezifischen thalamischen Modulation der Information. Der präfrontale Kortex erhält seine hauptsächlichen thalamischen Eingänge aus dem mediodorsalen Kern des Thalamus, wobei der mediale Anteil dieses Kerns zum ventromedialen, der laterale Anteil dieses Kerns zum dorsolateralen Anteil des Präfrontalkortex projiziert.

Diese Projektionen aus dem mediodorsalen Thalamus stellen eine Eigenschaft des präfrontalen Kortex dar, die in der Vergangenheit ebenfalls für seine Abgrenzung herangezogen wurde (▶ s. oben). Ausgehend von der Vorstellung, dass einzelne thalamische Kerne nur mit ganz bestimmten kortikalen Regionen verschaltet sind, führte die Identifikation der mediodorsalen thalamischen Projektion auf den präfrontalen Kortex (Rose u. Woolsey 1948) zunächst zu der Annahme, dass diese Projektionsverhältnisse sich für eine Identifizierung von kortikalen Regionen eignen könnten, die im Gehirn von Nicht-Primaten dem präfrontalen Kortex homolog sind. Spätere detaillierte Tracingstudien (Akert 1964; Goldman-Rakic u. Porrino 1985; Kievit u. Kuypers 1977; Barbas et al. 1991) haben jedoch gezeigt, dass die Verbindungen zwischen präfrontalem Kortex und mediodorsalem Thalamus nicht so spezifisch sind, wie zunächst angenommen. So erhält der präfrontale Kortex zum einen Fasern aus anderen, insbesondere anterioventralen thalamischen Kernen, zum anderen erreichen Projektionen des mediodorsalen Thalamus auch Bereiche des prämotorischen, primär motorischen sowie zingulären Kortex.

Neurotransmitter

Aus dem Bereich des Hirnstamms erreichen den präfrontalen Kortex Fasern dreier monoaminerger Systeme unter Umgehung des Thalamus. Dies sind:

1. noradrenerge Fasern aus dem Locus coeruleus,
2. dopaminerge Fasern aus der Area ventralis tegmentalis sowie
3. serotonerge Fasern aus den Raphe-Kernen.

Die cholinerge Innervation nimmt ihren Ursprung in den Projektionsneuronen des basalen Vorderhirns (Nucleus basalis Meynert) und erreicht den präfrontalen Kortex insbesondere in den Schichten III und VI.

Der präfrontale Kortex ist die einzige kortikale Region mit einer direkten Projektion zu diesen aminergen Projektionsneuronen des Hirnstamms sowie den cholinergen Projektionsneuronen des basalen Vorderhirns (Beckstead 1979; Porrino u. Goldman-Rakic 1982; Arnsten u. Goldman-Rakic 1984; Sesak et al. 1989). Damit verfügt der präfrontale Kortex nicht nur über die Voraussetzungen, seine eigene cholinerge, serotonerge, noradrenerge und dopaminerge Afferentierung zu modulieren, sondern er kann damit auch die aminerge und cholinerge Innervation anderer kortikaler Areale kontrollieren.

Während die den Neokortex erreichenden noradrenergen Fasern diesen diffus innervieren (die höchste Innervationsdichte liegt im Bereich des somatosensorischen Kortex) und die serotonergen Fasern hauptsächlich auf sensorische (insbesondere visuelle) Areale projizieren, erreichen dopaminerge Fasern insbesondere den präfrontalen Kortex. Die dopaminerge Innervation konzentriert sich dabei hauptsächlich auf die tieferen kortikalen Schichten (V und VI). Dieser dopaminerge Eingang aus dem ventralen Mesenzephalon stellt ein weiteres strukturelles Kriterium dar, das von einigen Autoren für die Abgrenzung des präfrontalen Kortex herangezogen wurde (Divac u. Mogenson 1985). Obgleich diese dopaminerge Innervation eine wichtige Voraussetzung für die Funktion des präfrontalen Kortex darstellt, ist sie als Abgrenzungskriterium jedoch wenig geeignet. Dopaminerge Fasern aus diesem Bereich des ventralen Mesenzephalons erreichen insbesondere im Primatenhirn auch den prämotorischen sowie primär motorischen Kortex in einer Dichte, die teilweise sogar höher ist als im präfrontalen Kortex.

Die 3 Aminosäuretransmitter
- Gamma-Aminobuttersäure (GABA),
- Glutamat und
- Aspartat

stellen die Neurotransmitter der intrinsischen Neuronensysteme des präfrontalen Kortex dar. Die Projektion vom frontalen Kortex auf Striatum und Thalamus sind ebenfalls hauptsächlich glutamaterg. Neben den klassischen Neurotransmittern sind im Bereich des präfrontalen Kortex eine Reihe von Neuropeptiden als Neuromodulatoren nachgewiesen worden. Von diesen sind Somatostatin und Substanz P die wichtigsten. Diese können mit GABA koexprimiert werden. Der Neurotransmitterapparat des präfrontalen Kortex entwickelt sich ontogenetisch relativ zeitig und ist im Primaten zum Zeitpunkt der Geburt im Wesentlichen ausgereift. Demgegenüber erreichen die den präfrontalen Kortex innervierenden monoaminergen (Noradrenalin, Dopamin, Serotonin) sowie die cholinergen Fasern den präfrontalen Kortex teilweise erst nach der Geburt.

2.2 Funktionelle Organisation des Stirnhirns

Im Vergleich zu dem Wissen über die Strukturen des Stirnhirns ist das Wissen über seine funktionelle Organisation bislang begrenzt. Entsprechend ist die Funktionalität des Stirnhirns Gegenstand intensiver aktueller Forschungsbemühungen.

Lange Zeit waren direkte Untersuchungen am lebenden, weitgehend unversehrten Gehirn nur im Rahmen von invasiven neurobiologischen Studien an nichtmenschlichen Spezies möglich. Das Wissen über die Funktionen des präfrontalen Kortex beim Menschen konnte sich lediglich auf aus diesen Tierstudien abgeleitete

Analogieschlüsse sowie auf neuropsychologische Untersuchungen von Patienten mit mehr oder weniger umschriebenen Läsionen des präfrontalen Kortex infolge von Unfällen und verschiedenartigen Erkrankungen stützen. Wenngleich die Aussagekraft solcher Studien z. B. durch die mangelnde Kontrollierbarkeit von Reorganisationsprozessen sowie durch eine mögliche Konfundierung durch Diaschisiseffekte eingeschränkt wird, hat sich hieraus eine traditionelle Sichtweise der funktionellen Gliederung des Stirnhirns entwickelt.

Die traditionelle funktionelle Unterteilung des Stirnhirns erfolgt grob in 3 Anteile:
1. einen lateralen frontodorsalen Anteil,
2. einen frontoorbitalen (oder frontobasalen) Anteil sowie
3. einen frontomedialen Anteil (◘ Abb. 2.3).

Schädigungen dieser Unterabschnitte des präfrontalen Kortex gehen mit typischen Symptomen einher. Während bei frontodorsalen Läsionen kognitive Defizite verschiedener Art im Vordergrund stehen, können frontoorbitale Gewebsschädigungen zu emotionalen Störungen mit deutlicher Enthemmung, zu Impulsivität und unkontrolliertem Verhalten führen. Frontomediale Störungen schließlich sind zumeist durch eine Antriebsarmut gekennzeichnet. Von diesen 3 Unterabschnitten des präfrontalen Kortex müssen ferner der prämotorische Kortex des Gyrus praecentralis sowie das Broca-Areal, d. h. die Pars opercularis des Gyrus frontalis inferior funktionell abgegrenzt werden, welche ebenfalls zum Stirnhirn gezählt werden. Vom prämotorischen Kortex nimmt man traditionell an, dass er durch Speicherung motorischer Engramme insbesondere im Dienste komplexer motorischer Aktivitäten steht. Das Broca-Areal hat bekanntermaßen eine besondere Bedeutung für (v.a. motorische) Sprachfunktionen.

Die Entwicklung neuer neurobiologischer Untersuchungsverfahren, wie z. B. der Einzelzellableitung und der funktionellen Bildgebung, hat zu einer Flut an zusätzlichen Informationen geführt, welche die traditionelle Sichtweise bezüglich der Funktionen des Stirnhirns im Wesentlichen bestätigt, aber auch erweitert haben. Während Einzelzellableitungen den großen Vorteil besitzen, die elektrische Aktivität von Nervenzellen in Tierstudien direkt zugänglich zu machen, erlauben moderne funktionell-bildgeben-

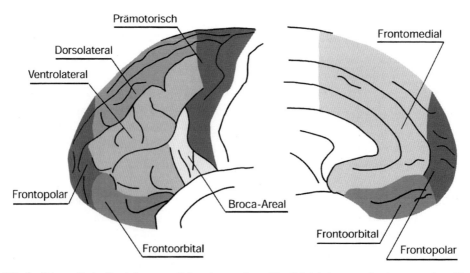

◘ Abb. 2.3a, b. Schematische Darstellung von Subregionen des Stirnhirns. a Lateralansicht, b Medialansicht. Bemerkung: Die vorgenommene Einteilung ist grob-deskriptiv und berücksichtigt nur teilweise unser derzeitiges Wissen über feinere zytoarchitektonische und funktionelle Unterschiede zwischen frontalen Hirnregionen

de Verfahren auch am Menschen eine genauere Untersuchung der Funktionsweise des Gehirns im unversehrten Zustand. Gegenüber neuropsychologischen Untersuchungen von Patienten mit Hirnschädigungen und der Methode der Elektroenzephalografie haben diese Verfahren der Single-Photonen-Emissionscomputertomografie (SPECT), Positronenemissionstomografie (PET) und insbesondere der funktionellen Magnetresonanztomografie (fMRT) den wesentlichen Vorteil einer höheren räumlichen Auflösung, die zumindest prinzipiell eine anatomisch feinere Zuordnung von Funktionen zu Strukturen gestattet. Leider wird dieser Vorteil bislang nur von wenigen Untersuchern tatsächlich genutzt, oft wird er durch eine unpräzise Verwendung der neuroanatomischen Nomenklatur leichtfertig verspielt.

Im Folgenden sollen anhand aktueller Studien aus den Bereichen der Neurophysiologie und der funktionellen Bildgebung einige Prinzipien der Funktionsweise des präfrontalen Kortex verdeutlicht werden. Hierbei wird der laterale präfrontale Kortex eine zentrale Rolle einnehmen, da zu diesem Areal das umfangreichste Datenmaterial vorliegt und sich hieraus bereits ein recht klares Bild hinsichtlich seiner funktionellen Bedeutung entwickeln lässt, wenngleich manche Fragen noch kontrovers diskutiert werden.

Beiträge der Neurophysiologie

Seit etwa 1960 konnte in zahlreichen Studien durch die Messung sensorisch evozierter Potenziale in Oberflächen- und Einzelzellableitungen nachgewiesen werden, dass der präfrontale Kortex auf die Präsentation sensorischer Stimuli sämtlicher Modalitäten reagiert (Fuster 1989). Während manche präfrontalen Neurone nur auf Stimuli aus einer einzigen sensorischen Modalität antworten, reagieren andere auf Stimuli aus verschiedenen Modalitäten. Dabei kommt es z. T. zu gegensätzlichem Antwortverhalten einzelner Neurone, z. B. verminderter Aktivität als Reaktion auf auditorische und verstärkter Aktivität als Reaktion auf visuelle Stimuli. Solche multimodalen Eigenschaften präfrontaler Neurone (▶ s. auch Fuster et al. 2000) legen nahe, dass der präfrontale Kortex eine wesentliche Rolle bei der Integration sensorischer Information spielt, die wiederum eine grundlegende Voraussetzung für ein an die Umwelt angepasstes Verhalten darstellt. Diese Annahme wird u. a. durch Beobachtungen gestützt, dass das Antwortverhalten mancher präfrontaler Neurone maßgeblich von der aktuellen Verhaltensrelevanz der dargebotenen Stimuli bzw. vom situativen Aufgabenkontext abhängt (Rainer et al. 1997; Assad et al. 2000; Freedman et al. 2001, 2002). Eine solche Art von situationsabhängiger Aktivität resultiert aus heutiger Sicht aus einer Modulation präfrontaler Verarbeitungsprozesse durch neuronale Einflüsse, welche in Bezug zu früherer Erfahrung, d. h. Gedächtnisinhalten (Rainer u. Miller 2000; Wallis et al. 2001; Miller et al. 2002), motivationalen Aspekten (Watanabe et al. 2002) und dem inneren Zustand des Organismus (Groenewegen u. Uylings 2000) stehen. Dabei wird dem frontoorbitalen Kortex nicht zuletzt aufgrund seiner engen Verknüpfung mit limbischen Strukturen eine Rolle für die primäre Verhaltenssteuerung anhand motivationaler Informationen (z. B. Belohnungsaussichten) zugeschrieben (Tremblay u. Schultz 2000; Schoenbaum u. Setlow 2001), während der frontolaterale Kortex vermutlich für die Integration motivationaler und kognitiver Aspekte zum Zwecke der Verhaltensoptimierung zuständig ist (Hikosaka u. Watanabe, 2000).

Aktivität präfrontaler Neurone zeigt sich aber nicht nur in Verbindung mit sensorischen Ereignissen, sondern ist auch mit motorischen Äußerungen assoziiert (Fuster 1989). In diesem Kontext wird dem präfrontalen Kortex eine wesentliche Funktion in der Verhaltenssteuerung zugeschrieben. Am besten ist dies für Augen- und Kopfbewegungen untersucht, die durch Neuronenverbände im so genannten frontalen Augenfeld kontrolliert werden. Dies weist auf eine Rolle des präfrontalen Kortex für die Steuerung von Aufmerksamkeitsreaktionen hin (Hasegawa et al. 2000). Der präfrontale Kortex kann somit als Bindeglied zwischen dem Sensorium und dem Verhalten eines Individuums in einem so genannten »Handlungs-Wahrnehmungs-Zyklus« (Arbib 1981) betrachtet werden. Ganz offenbar kann diese Integrationsfunktion auch bis zu einem gewissen Grad zeitübergreifend erfüllt werden, insofern als das Verhalten mit sensorischen Ereignissen der jüngeren Vergangenheit bzw. mit in naher Zukunft erwarteten Ereignissen koordiniert werden kann. Hierdurch wird sequenzielles, zielgerichtetes Verhalten ermöglicht (Fuster 1989, 2000).

«Delayed-response-Tasks»

In welcher Art und Weise der präfrontale Kortex eine solche zeitüberbrückende Integrationsfunktion erfüllt, wurde vorwiegend im Rahmen von Delayed-response-Tasks (»Verzögerte-Antwort-Aufgaben«) untersucht. Solche Aufgaben können unterteilt werden in
- die Phase der Stimuluspräsentation,
- die Verzögerungsphase und
- die Antwortphase.

Die Art des präsentierten Reizes bestimmt, welche Antwort erfolgen muss. Die Möglichkeit zur Antwort wird aber erst nach einigen Sekunden gegeben, und in der Zwischenzeit muss der Stimulus erinnert, d. h. im Arbeitsgedächtnis gehalten werden. Einzelzellableitungen am Primatenhirn während der Durchführung solcher Aufgaben erlauben eine funktionelle Kategorisierung präfrontaler Neurone anhand ihres Antwortverhaltens in den verschiedenen Aufgabenphasen. Hierbei finden sich Neurone, die selektiv entweder nur auf die Präsentation des Stimulus, nur während der Verzögerungsphase oder lediglich im Kontext der motorischen Antwort reagieren, und zwar nicht nur in exzitatorischer, sondern z. T. auch in inhibitorischer Weise. Viele Neurone zeigen jedoch komplexere Antwortmuster, wie z. B. exzitatorische Reaktionen sowohl in der Stimuluspräsentations- als auch in der Antwortphase oder auch tonische Inhibition in der Verzögerungsphase mit phasischer Aktivität unmittelbar nach der Ausführung der motorischen Antwort (◘ Abb. 2.4; Fuster 1989; ► s. auch Funahashi et al. 1989). Es ist sehr wahrscheinlich, dass in diese unterschiedlichen Antwortmuster präfrontaler Neurone auch interaktive Komponenten zwischen einzelnen Neuronen einfließen, worauf z. B. der Befund hinweist, dass exzitatorische (oder inhibitorische) Aktivität mancher Neurone im Verzögerungsintervall abrupt in dem Moment endete, in dem andere Neurone erhöhte Aktivität im unmittelbaren Anschluss an die Antwort zeigten (Goldman-Rakic et al. 1990). Direkte Evidenz für inhibitorische Interaktionen zwischen präfrontalen Neuronen konnte kürzlich in simultanen Nervenzellableitungen gefunden werden (Constantinidis et al. 2002). Für eine intensive Kommuni-

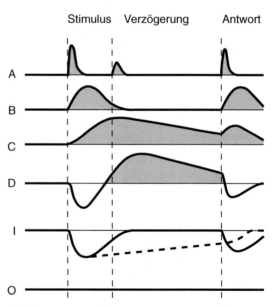

◘ **Abb. 2.4.** Beispiele für verschiedene Antwortformen präfrontaler Neurone (*A–D, I*) im Gehirn nichtmenschlicher Primaten auf die einzelnen Phasen einer Delayed-response-Aufgabe. Dargestellt sind die summativen Abweichungen der neuronalen Entladungsrate von der Spontanaktivität des jeweiligen Neurons, wie sie außerhalb des Aufgabenkontextes auftritt (*O* keine Änderung in der Entladungsrate des Neurons). (Mod. nach Fuster 1989)

kation zwischen Zellen mit verschiedenen Antwortmustern spricht auch, dass diese sich nicht etwa getrennt in verschiedenen Regionen des präfrontalen Kortex befinden, sondern in ein- und denselben Regionen durchmischt sind und in unmittelbarer Nähe zueinander stehen (Fuster 1989). Eine konzertierte Zusammenarbeit dieser Neurone könnte somit der Anpassung des Verhaltens an wechselnde Umweltanforderungen dienen. Eine gewisse funktionelle Segregation scheint allerdings insofern vorzuliegen, als Neurone mit tonischer Aktivität während der Verzögerungsphase im Gehirn nichtmenschlicher Primaten vorzugsweise entlang des Sulcus principalis (d. h. im lateralen präfrontalen Kortex) gefunden werden, während z. B. Nervenzellaktivität in Verbindung mit der Darreichung einer Belohnung nach erfolgreich durchgeführter Aufgabe vorwiegend im frontoorbitalen Kortex beobachtet wird (Fuster 1989).

Wendet man sich speziell den Neuronen mit erhöhter Aktivität in der Verzögerungsphase zu, fällt auf, dass viele dieser Neurone eine direktionale Spezifität unterschiedlichen Ausprägungsgrades zeigen, d. h. sie antworten nur auf Stimuli, die in einem bestimmten, mehr oder minder großen Bereich des Gesichtsfelds präsentiert werden. Dabei wird insgesamt das kontralateral zur jeweiligen Hemisphäre gelegene Gesichtsfeld präferiert (Funahashi et al. 1989). Entsprechendes scheint auch für präfrontale Neurone zu gelten, die auditorische Rauminformation im Arbeitsgedächtnis kodieren (Kikuchi-Yorioka u. Sawaguchi 2000). Es konnte ferner gezeigt werden, dass die tonische Antwort solcher direktional spezifischer Neurone hinsichtlich ihrer Dauer mit der Länge des Verzögerungsintervalls korreliert und in fehlerhaft beantworteten Aufgaben vorzeitig abbricht (Funahashi et al. 1989). Diese Befunde belegen, dass die Aktivität solcher Neurone tatsächlich im Dienste der Aufrechterhaltung einer mnemonischen Stimulusrepräsentation steht und es sich hierbei nicht etwa um unspezifischere Aktivität, z. B. im Rahmen der Vorbereitung der motorischen Antwort handelt.

Modelle der funktionellen Organisation des lateralen präfrontalen Kortex

Während Neurone im dorsal (d. h. superior) zum Sulcus principalis gelegenen Teil des lateralen präfrontalen Kortex bevorzugt auf visuelle Stimuli in einem spezifischen Bereich des peripheren Gesichtsfelds zu antworten scheinen (Funahashi et al. 1989, 1990, 1991; Wilson et al. 1993; Chafee u. Goldman-Rakic 1998), wurde für Neurone in umschriebenen Anteilen der inferioren präfrontalen Konvexität (d. h. unterhalb des Sulcus principalis) eine bevorzugte Responsivität auf Bilder und Objekte beschrieben, die im Zentrum des Gesichtsfelds präsentiert werden (Wilson et al. 1993; O'Scalaidhe et al. 1997, 1999). Diese Beobachtungen haben zur Formulierung der Hypothese einer **domänenspezifischen Organisation** des lateralen präfrontalen Kortex geführt (z. B. Goldman-Rakic 1996). In enger Analogie zur Unterteilung des visuellen Systems in einen dorsalen und einen ventralen Pfad (Ungerleider u. Mishkin 1982) wird angenommen, dass der dorsolaterale präfrontale Kortex für die Verarbeitung räumlicher Informationen und der ventrolaterale präfrontale Kortex für die Verarbeitung von Informationen über die Eigenschaften und die Identität von Objekten im Arbeitsgedächtnis zuständig ist. Diesem Konzept einer funktionellen Gliederung des lateralen präfrontalen Kortex nach Informationsdomänen stehen allerdings andere Modellvorstellungen gegenüber, die davon ausgehen, dass beide Subregionen des lateralen präfrontalen Kortex sowohl räumliche als auch objektbezogene Information (integrativ) verarbeiten, möglicherweise jedoch in unterschiedlicher Art und Weise.

So spricht z. B. Petrides (1996) in seinem **prozessspezifischen Modell** dem ventrolateralen präfrontalen Kortex die Funktion des gezielten Aufrufs situativ relevanter Information in das Arbeitsgedächtnis zu, während der dorsolaterale präfrontale Kortex an der Überwachung und Manipulation dieser Informationen beteiligt sein soll. Nach Goodale und Milner (1992), die sich allerdings direkt nur auf das visuelle System bezogen, könnte man alternativ annehmen, dass der dorsolaterale präfrontale Kortex sensorische Informationen zum Zwecke unmittelbarer Verhaltensantworten verarbeitet, während die Informationsverarbeitung im ventrolateralen präfrontalen Kortex dem primären Ziel der Objektwahrnehmung und -identifikation dient. Für solche Modellvorstellungen sprechen z. B. neurophysiologische Daten, welche die Sensitivität einzelner präfrontaler Neurone sowohl für Objekt- als auch für Rauminformation demonstrieren (Fuster et al. 1982; Rao et al. 1997; Asaad et al. 1998; Rainer et al. 1998; White u. Wise 1999) und die damit die integrativen Leistungen in den Mittelpunkt rücken, die der präfrontale Kortex für eine effiziente, zielgerichtete Verhaltenssteuerung zu erbringen scheint (Nauta 1971). Dies schließt allerdings keinesfalls aus, dass solche integrativen Leistungen mit regionalen Unterschieden in der Verteilung von Neuronen mit unterschiedlichen Sensitivitäten, d. h. einer gewissen funktionellen Segregation koexistieren. Zum Beispiel berichteten Rainer et al. (1998) von der Prädominanz ortsselektiver Neurone in der Umgebung des frontalen Augenfelds, und Wilson et al. (1993) fanden, dass ventrolateral-präfrontal gelegene Neurone in einer Aufgabe, welche die Assoziation von Orts- und Objektinformation erforderte, stärker respondierten als in einer reinen Ortsaufgabe. In dieser Studie blieb allerdings unklar, ob dieses verstärkte Antwortverhalten ventrolateral-präfrontaler Neurone sich auf die Verarbeitung der Objektinformation, die Erstellung der Assoziation zwischen spezifischer Objekt- und Rauminformation oder allgemeiner auf die Anwendung einer assoziativen Regel bezog (z. B. White u. Wise 1999). Unklar blieb somit auch, ob das neuronale Aktivitätsniveau in erster Linie von der zu bearbeitenden Informationsdomäne oder von spezifischen Bearbeitungsprozessen abhing.

Neuerdings wird sowohl den domänen- als auch den prozessspezifischen Modellen von einigen Autoren ein weiteres alternatives Modell gegenübergestellt, welches eine eindeutige Abgrenzbarkeit funktionell spezialisierter präfrontaler Subregionen eher in Zweifel zieht (Duncan 2001; Duncan u. Miller 2002). Dieses Modell stützt sich im Wesentlichen auf die bereits oben erwähnten neurophysiologischen Befunde, die zeigen, dass das Aktivitätsniveau vieler präfrontaler Neurone vom situativen Kontext und der Verhaltensrelevanz von Stimuli abhängt (Rainer et al. 1998; Assad et al. 2000; Freedman et al. 2001, 2002). Auf der Grundlage dieser Befunde betont das »**Adaptive-Coding-Modell**« besonders die Anpassungsfähigkeit des Antwortverhaltens präfrontaler Neurone, die dem Gedanken einer Funktionsspezialisierung vordergründig zu widersprechen scheint. Dieses Modell weist somit auf ein wichtiges und möglicherweise allgemeines Funktionsprinzip präfrontaler Kortizes hin, welches rasche Verhaltensanpassungen an neue Situationen und Anforderungen ermöglicht. Es ist allerdings wichtig anzumerken, dass ein solches allgemeines Funktionsprinzip durchaus mit einer funktionellen Spezialisierung einzelner präfrontaler Hirnregionen vereinbar ist. Für eine solche funktionelle Spezialisierung sprechen v.a. die weiter oben bereits dargestellten Unterschiede zwischen einzelnen präfrontalen Arealen sowohl hinsichtlich ihrer Zytoarchitektonik als auch hinsichtlich ihrer kortikalen und subkortikalen Verbindungsmuster. Und auch aus neueren funktionell-bildgebenden Studien gibt es hinreichend Evidenz für eine funktionelle Heterogenität des präfrontalen Kortex (▶ s. unten).

Zusammenfassend ist festzustellen, dass sich an den hier nur kurz im Überblick dargestellten neurophysiologischen Befunden eine Debatte darüber entzündet hat, ob der laterale präfrontale Kortex nichtmenschlicher Primaten funktionell in einen dorsalen und ventralen Anteil (ober- und unterhalb des Sulcus principalis) untergliedert werden kann und – wenn ja – ob er in einer domänen- oder prozessspezifischen Art und Weise aufgebaut ist (z. B. Goldman-Rakic 1996; Petrides 1996; Rushworth u. Owen 1998; Owen 1997; Miller 2000b; Goldman-Rakic 2000).

Kritisch muss hierbei angemerkt werden, dass die Methode der Einzelzellableitung möglicherweise wenig geeignet ist, eindeutige Hinweise für die Beantwortung dieser Fragen zu liefern. Ein wichtiges Argument hierfür ist die oben kurz angedeutete, wahrscheinliche Interaktion zwischen Neuronen auch unterschiedlicher präfrontaler Regionen (Goldman-Rakic et al. 1990; Constantinidis et al. 2002). Diese hätte zur Folge, dass die Aktivität eines einzelnen Neurons sekundär vermittelt sein könnte, d. h. das Resultat vorhergehender neuronaler Verarbeitungsprozesse wäre. Da diese Verarbeitungsprozesse im Allgemeinen im Dienste der Verhaltenssteuerung stehen, sollte es nicht verwundern, dass auch solche neuronalen Antwortmuster gefunden werden, die den situativen Kontext bzw. die Verhaltensrelevanz von Umweltreizen zu kodieren scheinen und die weder die Objekteigenschaften noch die Raumkoordinaten dargebotener Stimuli repräsentieren.

Klare Evidenz bieten Einzelzellableitungen hingegen für eine tragende Rolle präfrontaler Neurone, insbesondere entlang des Sulcus principalis, für die Informationsaufrechterhaltung über kurze Zeiträume hinweg, in denen die Information nicht mehr über das Sensorium zur Verfügung steht. Die Leistungen dieser Neurone werden dementsprechend mit dem psychologischen Konzept des Arbeitsgedächtnisses (Baddeley u. Hitch 1974) in Verbindung gebracht. Eine solche erhöhte Nervenzellaktivität in Verzögerungsintervallen kommt allerdings – vermutlich ebenfalls aufgrund neuronaler Interaktionen – nicht ausschließlich im präfrontalen Kortex vor, sondern in geringerem Maße auch in multiplen anderen Hirnstrukturen, die mit dem präfrontalen Kortex verknüpft sind. So z. B.

— im posterioren parietalen Kortex (Gnadt u. Andersen 1988),
— in den Basalganglien (Hikosaka u. Wurtz 1983),
— im prämotorischen und primären motorischen Kortex (Tanji et al. 1980; Tanji u. Kurata 1985),
— im inferior-temporalen und perirhinalen Kortex (Fuster u. Jervey 1981; Miyashita u. Chang 1988; Miller u. Desimone 1994) und
— im Hippokampus (Watanabe u. Niki 1985).

Das Arbeitsgedächtnis ist somit (ebenso wie andere kognitive Funktionen) nicht speziell im präfrontalen Kortex anzusiedeln, sondern basiert vielmehr auf den Interaktionen neuronaler Ensembles in weitverzweigten Netzwerken, wie in neuerer Zeit insbesondere durch die Beiträge der funktionellen Bildgebung zunehmend verdeutlicht wurde.

Beiträge der funktionellen Bildgebung

Funktionell-bildgebende Verfahren ermöglichen die indirekte Messung von regionalen neuronalen Aktivitätsveränderungen im menschlichen Gehirn, welche die Durchführung diverser perzeptueller, kognitiver und motorischer Aufgaben begleiten. Insbesondere die Entwicklung der non-invasiven Technik der funktionellen Magnetresonanztomografie (fMRT) hat die psychologische Forschung stärker mit anderen neurowissenschaftlichen Disziplinen zusammengeführt in dem gemeinsamen Bestreben, die neuronalen Grundlagen kognitiver Prozesse zu erfassen. Einleitend sollen hier einige methodische und noch ungelöste konzeptuelle Probleme skizziert werden, die den durch funktionell-bildgebende Studien erbrachten Erkenntniszuwachs hinsichtlich der Funktionen des präfrontalen Kortex bislang noch in gewissen Grenzen halten.

Von großer Bedeutung für die Aussagekraft von Studien, welche sich dieser modernen Verfahren bedienen, ist die Auswahl geeigneter experimenteller Paradigmen. Ein grundlegendes Problem besteht darin, dass viele experimentelle Paradigmen zwar zur Untersuchung einzelner Funktionen entwickelt wurden, in Wirklichkeit aber zugleich auch andere, verwandte Funktionen erfordern und testen. Doch nicht nur die

Auswahl der Aktivierungsaufgabe, sondern auch die der passenden Kontrollaufgabe entscheidet maßgeblich über den Wert einer Studie. Die meisten Studien beruhen nämlich auf der so genannten Subtraktionsmethode, deren sinnvolle Anwendung erfordert, dass die Kontrollaufgabe der Aktivierungsaufgabe in möglichst allen Aspekten gleicht mit Ausnahme desjenigen Prozesses, der Gegenstand der Untersuchung sein soll. In vielen der bislang veröffentlichten bildgebenden Studien waren die Unterschiede zwischen Aktivierungs- und Kontrollaufgaben jedoch leider gravierender, und dies hat zu einer großen Anzahl beobachteter Aktivierungen, insbesondere auch im präfrontalen Kortex, geführt, deren funktionelle Bedeutung letztlich nicht sicher bestimmt werden kann. Es ist daher nicht verwunderlich, dass inzwischen eine fast unüberschaubare Vielzahl von Funktionsbegriffen mit dem präfrontalen Kortex in Verbindung gebracht wird. Hierzu gehören u. a.:

- der Oberbegriff der Exekutivfunktionen,
- Aufgabenwechselprozesse,
- Antizipation,
- strategische Planungsprozesse,
- Problemlösen,
- kognitive Kontrolle,
- selektive Aufmerksamkeit,
- Arbeitsgedächtnis,
- Gedächtnisabruf,
- Sequenzierung (d. h. Verarbeitung in der Zeit und zeitliche Integration),
- Lernen und Imitationsverhalten sowie
- Antrieb,
- Interferenzabwehr,
- soziale und emotionale Selbstregulation und
- integrative Funktionen bei multimodaler Informationsverarbeitung.

Entgegen ursprünglicher Annahmen scheint dabei eine klare Trennung zwischen diesen vermeintlich diskreten, psychologisch definierten Funktionen anhand ihrer neuronalen Korrelate keineswegs einfach zu sein. Vielmehr zeigen die bisherigen Versuche, eindeutige Struktur-Funktions-Beziehungen im Bereich des präfrontalen Kortex herzustellen, dass Einteilungen nach funktionellen Gesichtspunkten, d. h. kognitiven Prozessen, nicht vollständig kompatibel sind mit Gliederungen, die sich nach strukturellen Aspekten, z. B. der Zytoarchitektonik, dem Verlauf kortiko-subkortikaler Schleifen oder dem Windungsfurchenrelief richten. Hierfür gibt es mindestens 2 Gründe:

1. Dieselben Regionen scheinen an verschiedenen kognitiven Funktionen teilzuhaben (LaBar et al. 1999; Duncan u. Owen 2000; Ranganath et al. 2003; Gruber u. Goschke 2004) und
2. vermeintlich diskrete Funktionen lassen sich nicht in einzelnen Arealen lokalisieren, sondern resultieren ganz offenbar aus der Interaktion multipler Hirnareale in weitverzweigten Netzwerken (Goldman-Rakic 1996; Mesulam 1998; Gruber u. von Cramon 2003).

Diese Erkenntnisse legen nahe, dass sich unser alltags- und experimentalpsychologisch geprägtes Vokabular nicht problemlos auf die Funktionsweise des Gehirns anwenden lässt. Möglicherweise handelt es sich bei den der Informationsverarbeitung und Verhaltenssteuerung dienenden einzelnen präfrontalen Gehirnprozessen um sehr abstrakte Berechnungen, die je nach Blickwinkel und Schwerpunkt des Interesses von verschiedenen Autoren mit unterschiedlichen Begriffen belegt werden. Manche Funktionsbegriffe, z. B. die zentrale Exekutive (Baddeley 1992), haben so komplexe Formen angenommen, dass die Frage berechtigt erscheint, ob sie überhaupt durch ein eigenes Korrelat im Gehirn repräsentiert sind oder ob sie nicht vielmehr Emergenzen beschreiben, die aus dem spezifischen Zusammenspiel anderer Gehirnprozesse entstehen. So versucht z. B. Goldman-Rakic (1996) exekutive Phänomene durch die Interaktionen verschiedener Arbeitsgedächtnisprozesse zu erklären. Sie betrachtet damit das Arbeitsgedächtnis als eine zentrale Funktion des präfrontalen Kortex, welche zahlreichen anderen, z. T.

als höher bezeichneten kognitiven Funktionen zugrunde liegt (Goldman-Rakic 1993). Gegenüber anderen Begriffen hat der Funktionsbegriff Arbeitsgedächtnis den Vorteil, im Rahmen der bereits beschriebenen Delayed-response-Aufgaben gut operationalisierbar zu sein. Folglich gehört das Arbeitsgedächtnis bis heute zu den meistuntersuchten Funktionen des präfrontalen Kortex. Zuweilen scheint dieselbe Funktion allerdings mit anderen Begriffen umschrieben zu werden. So rückt z. B. Fuster (1989) bei seinem Versuch, die Funktion des präfrontalen Kortex auf einen einzigen Nenner zu bringen, den zeitlichen Aspekt in den Vordergrund: Der präfrontale Kortex sei maßgeblich verantwortlich für die Organisation zeitlicher Verhaltensstrukturen, insbesondere in neuartigen und komplexen Situationen. Eine entscheidende Rolle spiele hierbei das Überbrücken von kurzen Zeitabschnitten zwischen wahrgenommenen Ereignissen und dem eigenen Antwortverhalten, wenn dieses mit Verzögerung erfolgen muss. Letztlich dürfte es sich hierbei um dieselbe Funktion handeln, welche von anderen Autoren als Arbeitsgedächtnis bezeichnet wird. Zusammenfassend kann man konstatieren, dass die zukünftige Erforschung der neuronalen Grundlagen präfrontaler Funktionen maßgeblich auch von einer konzeptuellen Neuordnung und Anpassung der verwendeten Taxonomien an die biologische Wirklichkeit des Gehirns profitieren könnte. Die bisherigen Beiträge der funktionellen Bildgebung zu unserem aktuellen Verständnis der Funktionen einzelner präfrontaler Subregionen sollen im Folgenden näher beleuchtet werden.

Der frontolaterale Kortex

Ebenso wie neurophysiologische Untersuchungen mit Einzelzellableitungen, haben sich auch neuere funktionell-bildgebende Studien der Frage einer möglichen funktionellen Untergliederung des lateralen präfrontalen Kortex beim Menschen in erster Linie durch die gezielte Untersuchung von Arbeitsgedächtnisfunktionen angenähert. Die Mehrzahl der Autoren präferiert dabei derzeit eine Gliederung nach unterschiedlichen Prozessen (Manipulation vs. reines Aufrechterhalten von Informationen), wie sie durch einige Studien nahegelegt wird (Owen 1997, 2000; Owen et al. 2000; D'Esposito et al. 1998, 1999; Smith et al. 1998; Barde u. Thompson-Schill 2002), wenngleich die Datenlage auch hier nicht eindeutig ist (▶ s. Raye et al. 2002; Glahn et al. 2002). Andere Arbeiten weisen zudem darauf hin, dass sowohl der dorsolaterale als auch der ventrolaterale präfrontale Kortex an multiplen kognitiven Funktionen beteiligt ist, einschließlich der Unterdrückung präpotenter, aber inadäquater Verhaltenstendenzen, Gedächtnisabruffunktionen und dem Erlernen neuartiger Aufgaben (Duncan u. Owen 2000; D'Esposito et al. 2000). Demnach wird eine Unterteilung eines so großen Hirnareals wie des lateralen präfrontalen Kortex in lediglich 2 Subregionen seiner funktionellen Heterogenität wahrscheinlich nicht gerecht. Auch die Versuche, das anhand von Einzelzellableitungen an nichtmenschlichen Primaten vorgeschlagene Prinzip einer domänenspezifischen Organisationen des lateralen präfrontalen Kortex beim Menschen zu bestätigen, erbrachten nur z. T. übereinstimmende (Courtney et al. 1996, 1998; Haxby et al. 2000), häufig jedoch auch inkonsistente Resultate (D'Esposito et al. 2000b; Nystrom et al. 2000; Postle et al. 2000). Zu den möglichen Erklärungen für solche Diskrepanzen zwischen Ergebnissen beim Menschen und bei nichtmenschlichen Primaten zählen u. a. Unterschiede in den verwendeten Methoden und mangelnde Kontrollierbarkeit der zur Aufgabenlösung eingesetzten Strategien der Probanden, aber auch evolutionsgeschichtlich bedingte Unterschiede in der Funktionsweise des nichtmenschlichen und des menschlichen Gehirns.

Einer der wesentlichen Unterschiede zwischen den kognitiven Leistungen von Menschen und nichtmenschlichen Primaten ist die besondere menschliche Sprachfähigkeit. Diesem Unterschied wurde durch die kürzlich formulierte Annahme Rechnung getragen, dass die

Entwicklung von Sprache zu einer anatomischen Verlagerung präfrontaler Hirnareale geführt haben könnte, die raum- und objektbezogenen kognitiven Prozessen zugrunde liegen (Ungerleider et al. 1998). Der zusätzliche dynamische Einfluss, den die Verfügbarkeit von Sprache höchstwahrscheinlich auf Arbeitsgedächtnisprozesse und deren funktionelle Implementierung im menschlichen Gehirn hat, wurde jedoch bislang weitgehend vernachlässigt.

Der möglicherweise beste Weg, menschliche Arbeitsgedächtnisleistungen denen nichtmenschlicher Primaten vergleichbarer zu machen, besteht in der Verwendung der so genannten artikulatorischen Suppression. Hierbei werden die Versuchspersonen aufgefordert, während der Durchführung der Gedächtnisaufgabe zusätzlich irgendwelche Lautäußerungen ohne Bezug zu den zu erinnernden Informationen von sich zu geben. Dadurch wird der Versuchsperson die Möglichkeit genommen, die Gedächtnisinformation innerlich wiederholt aufzusagen, d. h. sie wird ihrer wahrscheinlich artspezifischen verbalen Gedächtnisstrategien beraubt. Folglich wäre zu erwarten, dass Menschen bei der Lösung von Arbeitsgedächtnisaufgaben unter artikulatorischer Suppression auf dieselben oder ganz ähnliche neuronale Mechanismen zurückgreifen wie nichtmenschliche Primaten. Dies konnte kürzlich in einer Reihe von funktionell-kernspintomografischen Experimenten bestätigt werden (Gruber 2000, 2001; Gruber u. von Cramon 2001, 2003).

Bei der Durchführung verbaler Arbeitsgedächtnisaufgaben unter artikulatorischer Suppression können die menschlichen Probanden nicht mehr auf die dem Rehearsal-Prozess, d. h. dem innerlichen Aufsagen, zugrunde liegenden Hirnareale (Broca-Areal, lateraler und medialer prämotorischer sowie posterior-parietaler Kortex) rekurrieren. Stattdessen stützen sich die erbrachten Arbeitsgedächtnisleistungen auf ein Netzwerk präfrontaler und parietaler Hirnregionen, welche offenbar der nonartikulatorischen Aufrechterhaltung phonologischer Information dienen (Gruber 2000, 2001). Dieses Netzwerk zeigte in einer Nachfolgestudie große Ähnlichkeit und Überlappungen mit den an visuellen Arbeitsgedächtnisprozessen beteiligten kortikalen Arealen. Dennoch ließen sich einzelne, offensichtlich domänenspezifische Subregionen voneinander abgrenzen. Insbesondere ergaben sich deutliche Hinweise darauf, dass der präfrontale Kortex entlang anteriorer Anteile des Sulcus frontalis intermedius bevorzugt an phonologischen Arbeitsgedächtnisprozessen beteiligt ist, entlang posteriorer Abschnitte hingegen an visuellen Arbeitsgedächtnisprozessen (◘ Abb. 2.5, ▶ s. Farbtafel; Gruber u. von Cramon 2001). Diese Ergebnisse stimmen sehr gut mit neueren Befunden der Primatenforschung überein, die in ganz ähnlicher Weise eine funktionelle Unterteilung des präfrontalen Kortex in rostrokaudaler Richtung nahelegen: Anteriore Abschnitte des Sulcus principalis sind wahrscheinlich für die mnemonische Verarbeitung auditorischer und artspezifischer phonetischer Information, posteriore Abschnitte dagegen für diejenige visueller Information zuständig (Romanski et al. 1999; Hackett et al. 1999; ▶ s. auch Abb. 2.1).

Somit bieten diese Befunde (Gruber u. von Cramon 2001) Evidenz für die funktionelle Homologie des Sulcus frontalis intermedius beim Menschen mit dem Sulcus principalis beim Affen und sind in diesem Punkte ebenfalls konsistent mit neueren Daten der vergleichenden Zytoarchitektonik (Petrides u. Pandya 1999). Da bisherige funktionell-bildgebende Studien am Menschen stattdessen den Sulcus frontalis inferior als Grenze zwischen dem dorsolateralen und ventrolateralen präfrontalen Kortex ansahen (▶ s. Owen 1997; Rushworth u. Owen 1998), erscheint eine Neubewertung der entsprechenden Daten bezüglich der Frage einer domänen- oder prozessspezifischen Unterscheidung zwischen dorsolateralen und ventrolateralen präfrontalen Regionen unumgänglich. Die beobachtete funktionelle Segregation einzelner präfrontaler Areale entlang einer rostrokaudalen Achse konnte indes in einer Nachfolgestudie zu

2.2 · Funktionelle Organisation des Stirnhirns

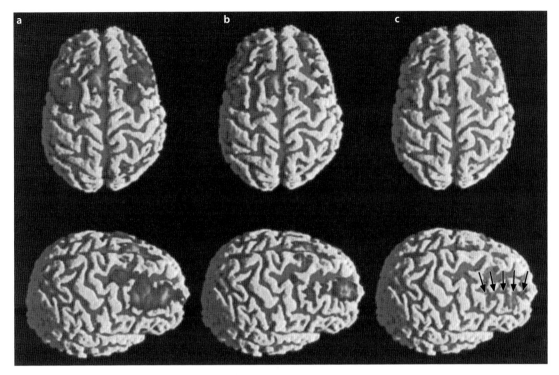

Abb. 2.5a–c. Domänenspezifische funktionelle Gliederung des präfrontalen Kortex entlang des Sulcus frontalis intermedius (markiert durch *schwarze Pfeile* im *rechten unteren* Bildabschnitt). Dargestellt sind in der Ansicht von oben (*obere Bildreihe*) sowie von schräg rechts-oben (*untere Bildreihe*) Aktivierungen fronto-parietaler Netzwerke, welche mit visuellen (a) bzw. phonologischen (b) Arbeitsgedächtnisprozessen unter artikulatorischer Suppression einhergehen. Die rechten Abbildungen (c) verdeutlichen die jeweils signifikanten domänenspezifischen Unterschiede zwischen diesen Netzwerken und zeigen insbesondere eine bevorzugte Aktivierung des Kortex entlang des anterioren Sulcus frontalis intermedius durch phonologische (dargestellt in *gelb/rot*) sowie entlang des posterioren Sulcus frontalis intermedius durch visuelle Arbeitsgedächtnisprozesse (dargestellt in *blau/grün*, s. Farbtafel)

den neuronalen Korrelaten des verbalen und des visuell-räumlichen Arbeitsgedächtnisses unter artikulatorischer Suppression bestätigt werden. Hier zeigte sich, dass klar voneinander unterscheidbare anteriore und posteriore Subregionen des lateralen präfrontalen Kortex zusammen mit anderen, insbesondere parietalen Assoziationskortizes domänenspezifische funktionelle Netzwerke bilden, die jeweils nonartikulatorischen phonologischen bzw. visuell-räumlichen Arbeitsgedächtnisleistungen zugrunde liegen (Gruber u. von Cramon 2003). Die hohe Übereinstimmung dieser mit modernen bildgebenden Verfahren am Menschen erhobenen Befunde mit Ergebnissen der neuroanatomischen und neurophysiologischen Primatenforschung (► s. Goldman-Rakic 1996; Romanski et al. 1999) verdeutlicht, dass die Berücksichtigung evolutionsgeschichtlich bedingter kognitiver Unterschiede zwischen verschiedenen Spezies es ermöglicht, die im Einzelnen jeweils nur an einer Art gewonnenen Ergebnisse über die funktionelle Organisation des lateralen präfrontalen Kortex miteinander in Einklang zu bringen (Gruber 2002).

Zusammengefasst zeigen die soweit dargestellten Befunde, dass der laterale präfrontale Kortex eine funktionell durchaus heterogene neuroanatomische Struktur darstellt. Ein Teil seiner Subregionen, insbesondere entlang des Gyrus frontalis medius, ist zusammen mit posterioren Assoziationsarealen in funktionelle Netzwerke integriert, die im Kontext von Arbeitsgedächtnisaufgaben dem Aufrechterhalten von Information unterschiedlicher Art dienen. Dies impliziert jedoch keineswegs eine strenge domänenspezifische Gliederung des lateralen präfrontalen Kortex. Vielmehr ist zu erwarten, dass verschiedene Informationstypen auch in unterschiedlicher Weise zur Adaptation und Optimierung des Verhaltens beitragen. Daher kann auch angenommen werden, dass die kognitive Verarbeitung dieser verschiedenen Informationsarten auf der neuronalen Ebene unterschiedliche Prozesse beinhaltet (auch dann, wenn wir das Ziel dieser Prozesse einheitlich mit dem Begriff »Aufrechterhalten von Information im Arbeitsgedächtnis« umschreiben). In diesem Sinne schließen domänenspezifische und prozessspezifische Ansätze einander nicht grundsätzlich aus.

Aufgrund der existierenden Datenfülle lässt sich die funktionelle Organisation des lateralen präfrontalen Kortex – wie hier geschehen – wahrscheinlich am besten vor dem Hintergrund des Arbeitsgedächtnis-Konzepts diskutieren. Abschließend soll an dieser Stelle aber nochmals hervorgehoben werden, dass der Begriff Arbeitsgedächtnis nur einen Teilaspekt der Funktionalität des lateralen präfrontalen Kortex beschreibt. In der neueren Literatur finden sich zahlreiche Hinweise, dass einander sehr ähnliche und möglicherweise identische präfronto-parietale und präfronto-temporale Netzwerke sowohl an der temporären Aufrechterhaltung von Information im Arbeitsgedächtnis (Goldman-Rakic 1996; Ungerleider et al. 1998; LaBar et al. 1999; Gruber u. von Cramon 2003) als auch an selektiven Aufmerksamkeitsprozessen im Sinne einer Top-down-Modulation domänenspezifischer sensorischer Assoziationsareale beteiligt sind (LaBar et al. 1999; Kastner u. Ungerleider 2000; Gruber u. Goschke 2004). Diese Beobachtungen legen nahe, dass die Konzepte »Arbeitsgedächtnis«, »selektive Aufmerksamkeit« und »kognitive Kontrolle« hirnphysiologisch sehr eng miteinander zusammenhängen und nur vor dem Hintergrund der Aufgabenkontexte, die sie jeweils beschreiben, klar trennbar erscheinen. Betrachtet man das Gehirn als ein System von dynamisch miteinander interagierenden spezialisierten Arealen, so dürfte der funktionelle Beitrag des lateralen präfrontalen Kortex allgemein formuliert in einer Integration der für das Verhalten aktuell relevanten Informationen (einschließlich derer im Arbeits- und Langzeitgedächtnis) und einer entsprechenden Top-down-Modulation verschiedener posteriorer Assoziationsareale mit dem Ziel der Verhaltensoptimierung bestehen (Gruber u. Goschke 2004; ▶ s. auch einen ähnlichen theoretischen Ansatz in Miller u. Cohen 2001). Je nach situativem Kontext könnte der laterale präfrontale Kortex in dieser Form mit verschiedenen anderen Gehirnregionen interagieren, was seine weitreichende funktionelle Bedeutung für Funktionen wie Arbeitsgedächtnis, Aktualisierung von Langzeitgedächtnisinhalten, Aufmerksamkeits- und Handlungssteuerung erklären würde.

Der frontomediale Kortex

Unter den zum frontomedialen Kortex zu zählenden Hirngebieten ist insbesondere der anteriore zinguläre Kortex (»anterior cingulate cortex«, ACC) in jüngster Zeit in den Blickpunkt funktionell-bildgebender Studien gerückt. Allerdings ist hierzu anzumerken, dass es sich bei genauer Durchsicht der verfügbaren Literatur vielfach nicht um das (agranuläre) Brodmann-Areal 24, sondern zumeist um das angrenzende periallokortikale (dysgranuläre) Feld 32 handelt und sogar Areale der medialen Abschnitte von Area 10, 9 und 8 einbezogen sind. Aktivierungen in dieser anterioren frontomedialen Rindenregion wurden bereits in einer bemerkenswert großen Anzahl von Studien gefunden. Hinsichtlich der Funktion dieser Hirnregion wurden durch neuere, gezielte Untersuchungen verschiedene Hypothesen abgeleitet.

Der posteriore frontomediale Kortex (BA 8) kann als eine Hirnstruktur betrachtet werden, deren Aktivierung mit konkurrierenden Antworttendenzen (»response competition/response conflict«) einhergeht (Ullsperger u. von Cramo, 2001; Gruber u. Goschke 2004). Davon abzugrenzen ist ein Areal im benachbarten Sulcus cinguli, das der rostralen zingulären Zone, dem humanen Homolog der zingulären Motorarea (CMA), entsprechen dürfte. Dessen Aktivierung hat sehr wahrscheinlich mit Fehlerverarbeitung zu tun (Ullsperger u. von Cramon 2003).

Andere Autoren haben gleichfalls vorgeschlagen, dass die frontomediale Wand in die Überwachung der Umwelt auf mögliche Antwortkonflikte und in die Generierung von Triggersignalen für die Mobilisierung von Kontrollprozessen involviert ist (Botvinick et al. 2001; Carter et al. 1998; MacDonald et al. 2000). So verglichen z. B. Carter et al. (2000) zwei Stroop-Varianten, von denen eine hauptsächlich inkongruente Stimuli (z. B. das Wort »rot« in grüner Farbe geschrieben), die andere hauptsächlich kongruente Stimuli (»rot« in roter Farbe) enthielt. Erstere induziert in hohem Maße Kontrollprozesse, was zu geringeren Interferenzeffekten und weniger Konflikt beim Auftreten inkongruenter Stimuli führt. Die stärkste Aktivierung des ACC trat bei der Präsentation inkongruenter Stimuli in derjenigen Bedingung auf, die aufgrund der Seltenheit dieser Stimuli mit einem hohen Antwortkonflikt (und weniger Kontrollprozessen) assoziiert war. Hieraus schlossen die Autoren, dass der ACC für die Überwachung und Detektion von Antwortkonflikten verantwortlich ist. Variiert man das Stroop-Paradigma experimentell so, dass der Interferenzeffekt nicht auf der Ebene der (motorischen) Antwortvorbereitung stattfindet, verschwindet die frontomediale Aktivierung (Zysset et al. 2001).

Eine weitere Funktionalität, an der der posteriore frontomediale Kortex (BA 8) beteiligt ist, und die mit der zuvor beschriebenen zusammenhängen dürfte, betrifft die so genannte external attribuierte, d. h. von uns nicht beeinflussbare Unsicherheit (»Wird es heute noch regnen?«; »Werden die Aktien weiter fallen?«). Lässt man Probanden Vorhersagen unter dieser Art von Unsicherheit treffen, findet sich regelhaft eine Aktivierung der BA 8, die offensichtlich mit dem Grad der Unsicherheit kovariiert. Zugleich beobachtet man Aktivierungen in subkortikalen dopaminergen Hirnorten (Nucleus accumbens, ventrales tegmentales Areal, VTA), die anatomisch bekanntlich mit dem frontomedialen Kortex eng verbunden sind (Volz et al. 2003). Eine anschließende Studie konnte zeigen, dass auch internal attribuierte Unsicherheit, auf die wir prinzipiell Einfluss nehmen können (»Wann wurde Goethe geboren?«) mit einer Beteiligung der BA 8 einhergeht und wiederum scheint die Aktivität im posterioren frontomedialen Kortex mit dem Grad der Unsicherheit zu kovariieren (Volz et al. 2004).

Was die Funktion der weiter anterior gelegenen frontomedialen Kortizes im Bereich der Brodmann-Areale 32, 9m und 10m angeht, so liegen aus ersten funktionell-bildgebenden Studien Hinweise dafür vor, dass diese Rindenregionen mit der Regulierung intrinsischer, d. h. von innen geleiteter und vom handelnden Subjekt zu erbringender Aktivitäten befasst sein könnten. Diese Annahme würde gut mit lange bekannten klinischen Befunden (z. B. bei uni- und bilateralen, isolierten Anteriorinfarkten) übereinstimmen, die neben anderen Symptomen v.a. durch eine Reduktion einzelner oder aller Erscheinungsweisen des Antriebs (Bewegungs-, Sprach-, Willensantrieb) bis zur Extremform des akinetischen Mutismus gekennzeichnet sind. Die Funktionsfähigkeit des anterioren frontomedialen Kortex scheint eine notwendige (wenngleich nicht hinreichende) Voraussetzung dafür zu sein, dass sich ein Ich-Gefühl als Mittelpunkt des eigenen Bewusstseinsraums (»Zentriertheit« und »Perspektivität«) konstituieren kann. Dadurch dass das Subjekt im Erleben und im Handeln ständig wechselnde Beziehungen zu seiner Umwelt und seinen eigenen geistigen Zuständen aufnimmt, entsteht die subjektive Innenperspektive (Metzinger 2001). Letztere scheint im Zustand des akinetischen Mutismus aufgehoben zu sein.

Bildgebende Studien liefern erste Anhaltspunkte dafür, dass der anteriore frontomediale

Kortex mentale (d. h. von der physikalischen Welt entkoppelte) selbst-referenzielle Prozesse unterstützt. Er wird immer dann aktiviert, wenn Personen im Erleben die Ich-Perspektive sowohl auf andere Personen (»theory of mind«) und Dinge in der Welt als auch auf ihre eigenen geistigen Zustände einnehmen. (Ferstl u. von Cramon 2001, 2002; Zysset et al. 2002).

Der frontoorbitale Kortex

Der frontoorbitale Kortex hat in der funktionellen Bildgebung bislang weitaus weniger Beachtung gefunden als der laterale präfrontale und der anteriore zinguläre Kortex. Dies mag z. T. mit messtechnischen Problemen der funktionellen Magnetresonanztomografie zusammenhängen, bei der es aufgrund der räumlichen Nähe zu luftgefüllten Räumen nicht selten zu Signalverlusten in der Frontoorbitalregion kommt.

Aus den bisher wenigen funktionell-bildgebenden Studien zum frontoorbitalen Kortex ergaben sich in guter Übereinstimmung mit neuropsychologischen und neurophysiologischen Befunden Hinweise, dass diese Hirnregion an der Verarbeitung affektiver Komponenten von angenehmer sowie unangenehmer (d. h. schmerzhafter) Berührungsempfindung beteiligt ist (Francis et al. 1999; Rolls et al. 2003b). Ebenso werden Teile des frontoorbitalen Kortex durch gustatorische sensorische Reize aktiviert (Small et al. 1999; O'Doherty et al. 2001b). Sowohl bei Berührungs- als auch bei gustatorischen Reizen handelt es sich um primäre Verstärker (Rolls 2002). Ferner konnte gezeigt werden, dass auch die Präsentation anderer sensorischer, z. B. olfaktorischer und visueller Reize insbesondere in Situationen von positiver oder negativer Verstärkung mit einer erhöhten Aktivität des frontoorbitalen Kortex einhergeht (O'Doherty et al. 2000; Rolls et al. 2003a). Es wird daher angenommen, dass dieser präfrontalen Region eine wesentliche Rolle beim positiven und negativen Verstärkungslernen im Sinne der Bildung von Assoziationen zwischen sensorischen Reizen und ihren Belohnungs- bzw. Bestrafungsaspekten zukommt (Rolls 2000). Auch an der Verarbeitung abstrakter Formen von Belohnung und Bestrafung, wie z. B. dem Gewinn oder dem Verlust von Geld, ist der frontoorbitale Kortex offenbar beteiligt (O'Doherty et al. 2001a; ▶ s. auch Elliott et al. 1997; Lane et al. 1997).

Der frontoorbitale Kortex ist nicht nur in die Evaluation solcher motivationalen und emotionalen Aspekte sensorischer Informationen involviert, sondern auch in die sich hieraus ergebende Steuerung des Verhaltens (Rolls 2002). Während die Aufgabe des lateralen präfrontalen Kortex – wie oben bereits näher ausgeführt – vermutlich in der Integration aller verfügbaren (d. h. kognitiven und motivationalen/emotionalen) Informationen zum Zwecke der Verhaltensoptimierung besteht, ist der frontoorbitale Kortex wahrscheinlich für Verhalten relevant, das sich primär oder ausschließlich an dem unmittelbar zu erwartenden Handlungsergebnis im Sinne einer Belohnung oder Bestrafung orientiert, d. h. wenn motivationale Aspekte bei der Entscheidungsfindung im Vordergrund stehen (Watanabe 2002). Inwieweit dabei verschiedenen Subregionen des frontoorbitalen Kortex unterschiedliche Funktionen zukommen, ist Gegenstand aktueller und zukünftiger Studien. Es ergaben sich erste Hinweise, dass der mediale frontoorbitale Kortex der Bildung von Assoziationen zwischen sensorischen Reizen und belohnten Verhaltensantworten sowie der Auswahl von Verhaltensantworten anhand der antizipierten Belohnung zugrunde liegen könnte, während laterale Teile des frontoorbitalen Kortex möglicherweise eine spezifische Rolle bei der Unterdrückung zuvor belohnter, aber aktuell inadäquater Verhaltenstendenzen spielt (Elliott et al. 2000).

Zukunftsperspektiven

Moderne neurophysiologische und funktionell-bildgebende Verfahren stellen eine wichtige methodische Bereicherung für die Erforschung von

Gehirnfunktionen dar. Die Anwendung dieser Verfahren hat unser Wissen über Funktionen des Stirnhirns bereits maßgeblich erweitert. Die bisherigen Erfahrungen mit funktionell-bildgebenden Verfahren zeigen aber auch auf, dass das Potenzial dieser Methoden noch bei weitem nicht ausgeschöpft ist.

Zukünftige Arbeiten auf diesem Gebiet werden sich verstärkt einer exakten Analyse der an den jeweils verwendeten Aufgabenparadigmen beteiligten perzeptuellen, motorischen und insbesondere kognitiven Komponentenprozesse widmen müssen. Im selben Zuge wird sich zunehmend auch die Frage einer Re-Evaluation von traditionellen, aber mit Hinblick auf die Beschreibung von Gehirnprozessen möglicherweise weniger geeigneten psychologischen Funktionsbegriffen stellen. Ein wichtiges Ziel einer solchen Neukonzeption könnte in der Herausarbeitung von Querbezügen zwischen diesen einzelnen Begriffen bestehen, wofür sich in der Literatur schon einige Ansätze finden (LaBar et al. 1999; Miller u. Cohen 2001; Gruber u. Goschke 2004).

Neuerdings mehren sich die Hinweise auf eine funktionelle Heterogenität auch solcher Hirnregionen, die traditionell und von vielen Untersuchern auch heute noch als funktionell homogen betrachtet werden. Eine Verbesserung der anatomischen Präzision sowohl bei der Anwendung der bildgebenden Verfahren als auch bei der Auswertung und Interpretation der Daten wäre nicht nur aus diesem Grund sicher zu begrüßen. Die derzeitige Form der Verwendung von standardisierten Gehirngrößen und einheitlichen Koordinatensystemen (Talairach u. Tournoux 1988) leistet hierzu einen guten, aber nicht hinreichenden Beitrag.

Die Erkenntnis, dass kognitive Funktionen nicht in einzelnen Hirnregionen lokalisiert sind, sondern von weitverteilten Netzwerken getragen werden, wird zukünftig Fragen in den Blickpunkt rücken, die über die bisherigen, zu eng gefassten Ansätze hinausführen. Zum Beispiel: Wie interagieren verschiedene, anatomisch exakt zu definierende Regionen des präfrontalen Kortex mit multiplen anderen Hirnstrukturen, und in welcher Form tragen sie damit zu kognitiven Prozessen und zur Verhaltenssteuerung bei? Für die Beantwortung solcher Fragen werden Netzwerkanalysen mit der Bestimmung funktioneller und effektiver Konnektivitäten (Friston et al. 1997; Buechel et al. 1999) eine bedeutende Rolle spielen. Auf eine Konvergenz der erzielten Ergebnisse mit den mittels anderer (neuroanatomischer, neuropsychologischer und neurophysiologischer) Methoden gewonnenen Resultaten wird im Sinne einer gegenseitigen Plausibilitätsprüfung besonders zu achten sein.

Auf lange Sicht werden neue Erkenntnisse aus diesen Bereichen der Grundlagenforschung auch an unmittelbarer Relevanz für die klinische Forschung und den klinischen Alltag gewinnen, z. B. insofern als sie unser Verständnis der Entstehung neuropsychiatrischer Symptome grundlegend verbessern werden.

Literatur

Akert K (1964) Comparative anatomy of the frontal cortex and thalamocortical connections. In: Warren JM, Akert K (eds) The frontal granular cortex and behaviour. McGraw-Hill, New York, pp 372–396

Alexander GE, DeLong MR, Strick PL (1986) Parallel organization of functionally segregated circuits linking basal ganglia and cortex. Annu Rev Neurosci 9: 357–381

Alexander GE, Crutcher MD, DeLong MR (1990) Basal gangliothalamocortical circuits: parallel substrates for motor, oculomotor, »prefrontal« and »limbic« functions. In: Uylings HBM, Van Eden CG, De Bruin JPC et al. (eds) Progress in brain research, vol 85, Elsevier, Amsterdam, pp 119–146

Arbib MA (1981) Perceptual structures and distributed motor control. In: Brooks VB (ed) Handbook of physiology; nervous system, Vol. II. American Physiological Society, Bethesda, MD, pp 1448–1480

Arnsten AFT, Goldman-Rakic PS (1984) Selective prefrontal cortical projections to the region of the locus coeruleus and raphe nuclei in the rhesus monkey. Brain Res 306: 6–18

Asaad WF, Rainer G, Miller EK (1998) Neural activity in the primate prefrontal cortex during associative learning. Neuron 21: 1399–1407

Asaad WF, Rainer G, Miller EK (2000) Task-specific neural activity in the primate prefrontal cortex. J Neurophysiol 84(1): 451–459

Baddeley AD (1992) Working memory. Science 255: 556–559

Baddeley AD, Hitch GJ (1974) Working memory. In: Bower G (ed) Recent advances in learning and motivation, vol VIII. Academic Press, New York, pp 47–90

Bailey P, Bonin G von (1951) The isokortex of Man. Univ. Ill. Press, Urbana

Barbas H, Pandya DN (1989) Architecture and intrinsic connections of the prefrontal cortex in the rhesus monkey. J Comp Neurol 286: 353–375

Barbas H, Pandya DN (1991) Patterns of connections of the prefrontal cortex in the rhesus monkey associated with cortical architecture. In: Levin HS, Eisenberg HM, Benton AL (eds) Frontal lobe function and dysfunction. Oxford University Press, New York, pp 35–58

Barbas H, Haswell Henion TH, Dermon CR (1991) Diverse thalamic projections to the prefrontal cortex in the rhesus monkey. J Comp Neurol 313: 65–94

Barde LH, Thompson-Schill SL (2002) Models of functional organization of the lateral prefrontal cortex in verbal working memory: evidence in favor of the process model. J Cogn Neurosi 14(7): 1054–1063

Beckstead RM (1979) An autoradiographic examination of corticocortical and subcortical projections of the mediodorsal-projection (prefrontal) cortex in the rat. I Comp Neurol 184: 43–62

Björklund A, Divac I, Lindvall O (1978) Regional distribution of catecholamines in monkey cerebral cortex. Evidence for a dopaminergic innervation of primate prefrontal cortex. Neurosci Letts 7: 115–199

Botvinick MM, Braver TS, Carter CS, Barch DM, Cohen JC (2001) Conflict monitoring and cognitive control. Psychol Rev 108: 624–652

Brodmann K (1909) Vergleichende Lokalisationslehre der Grosshirnrinde. Barth, Leipzig

Buechel C, Coull JT, Friston, KJ (1999) The predictive value of changes in effective connectivity for human learning. Science 283: 1538–1541

Carter CJ (1982) Topographical distribution of possible glutamatergic pathways from the frontal cortex to the striatum and substantia nigra in rats. Neuropharmacology 21: 379–383

Carter CS, Braver TS, Barch DM, Botvinick MM, Noll DC, Cohen JD (1998) Anterior cingulate cortex, error detection, and the online monitoring of performance. Science 280: 747–749

Carter CS, MacDonald AM, Botvinick M, Ross LL, Stenger A, Noll D, Cohen JD (2000) Parsing executive processes: Strategic vs. evaluative functions of the anterior cingulate cortex. Proceedings of the National Academy of Sciences 97: 1944–1948

Constantinidis C, Williams GV, Goldman-Rakic PS (2002) A role for inhibition in shaping the temporal flow of information in prefrontal cortex. Nat Neurosci 5(2): 175–180

Chafee MV, Goldman-Rakic PS (1998) Matching patterns of activity in primate prefrontal area 8a and parietal area 7ip neurons during a spatial working memory task. J Neurophysiol 79: 2919–2940

Christoff K, Gabrieli JDE (2000) The frontopolar cortex and human cognition: evidence for a rostrocaudal hierarchical organization within the human prefrontal cortex. Psychobiology 28: 168–186

Courtney SM, Ungerleider LG, Keil K, Haxby JV (1996) Object and spatial working memory activate separate neural systems in human cortex. Cereb Cortex 6: 39–49

Courtney SM, Petit L, Maisog JM, Ungerleider LG, Haxby JV (1998) An area specialized for spatial working memory in human frontal cortex. Science 279: 1347–1351

D'Esposito M, Aguirre GK, Zarahn E, Ballard D, Shin RK, Lease J (1998) Functional MRI studies of spatial and nonspatial working memory. Cogn Brain Res 7: 1–13

D'Esposito M, Postle BR, Ballard D, Lease J (1999) Maintenance versus manipulation of information held in working memory: an event-related fMRI study. Brain Cogn 41: 66–86

D'Esposito M, Postle BR, Rypma B. (2000a) Prefrontal cortical contributions to working memory: evidence from event-related fMRI studies. Exp Brain Res 133: 3–11

D'Esposito M, Ballard D, Zarahn E, Aguirre GK (2000b) The role of the prefrontal cortex in sensory memory and motor preparation: an event-related fMRI study. Neuroimage 11: 400–408

Deutch AY, Cameron DS (1992) Pharmacological characterization of dopamine systems in the nucleus accumbens core and shell. Neuroscience 6: 49–56

Divac I, Mogenson J (1985) The prefrontal »cortex« in the pigeon. Catecholamine histofluorescence. Neuroscience 15: 677–682

Divac I, Holst MC, Nelson J, McKenzie JS (1987) Afferents of the frontal cortex in the echidna (Tachyglossus aculeatus). Indication of an outstandingly large prefrontal area. Brain Behav Evol 30: 303–320

Duncan J (2001) An adaptive coding model of neural function in prefrontal cortex. Nat Rev Neurosci 2(11): 820–829

Literatur

Duncan J, Miller EK (2002) Cognitive focus through adaptive neural coding in the primate prefrontal cortex. In: Stuss DT, Knight RT (eds) Frontal lobe function. Oxford University Press, New York, pp 278–291

Duncan J, Owen AM (2000) Common regions of the human frontal lobe recruited by diverse cognitive demands. Trends Cogn Sci 23: 475–483

Elliott R, Frith CD, Dolan RJ (1997) Differential neural response to positive and negative feedback in planning and guessing tasks. Neuropsychologia 35: 1395–1404

Elliott R, Frith CD, Dolan RJ (2000) Dissociable functions in the medial and lateral orbitofrontal cortex: evidence from human neuroimaging studies. Cereb Cortex 10: 308–317

Ferstl EC, Cramon DY von (2001). The role of coherence and cohesion in text comprehension: An event-related fMRI study. Brain Res Cogn Brain Res 11: 325–340

Ferstl EC, Cramon DY von (2002). What does the frontomedian cortex contribute to language processing: Coherence or Theory of Mind? Neuroimage 17: 1599–1612

Francis S, Rolls ET, Bowtell R, McGlone F, O'Doherty J, Browning A, Clare S, Smith E (1999) The representation of pleasant touch in the brain and its relationship with taste and olfactory areas. Neuroreport 10(3): 453–459

Freedman DJ, Riesenhuber M, Poggio T, Miller EK (2001) Categorical representation of visual stimuli in the primate prefrontal cortex. Science 291(5502): 312–316

Freedman DJ, Riesenhuber M, Poggio T, Miller EK (2002) Visual categorization and the primate prefrontal cortex: neurophysiology and behavior. J Neurophysiol 88(2): 929–941

Friston KJ, Buechel C, Fink GR, Morris J, Rolls E, Dolan RJ (1997) Psychophysiological and modulatory interactions in neuroimaging. Neuroimage 6: 218–229

Funahashi S, Bruce CJ, Goldman-Rakic PS (1989) Mnemonic coding of visual space in the monkey's dorsolateral prefrontal cortex. J Neurophysiol 61: 331–349

Funahashi S, Bruce CJ, Goldman-Rakic PS (1990) Visuospatial coding in primate prefrontal neurons revealed by oculomotor paradigms. J Neurophysiol 63: 814–831

Funahashi S, Bruce CJ, Goldman-Rakic PS (1991) Neuronal activity related to saccadic eye movements in the monkey's dorsolateral prefrontal cortex. J Neurophysiol 65: 1464–1483

Fuster JM (1989) The prefrontal cortex: Anatomy, physiology and neuropsychology of the frontal lobe. Raven, New York

Fuster JM (2000) Prefrontal neurons in networks of executive memory. Brain Res Bull 52(5): 331–336

Fuster JM, Jervey JP (1981) Inferotemporal neurons distinguish and retain behaviorally relevant features of visual stimuli. Science 212: 952–955

Fuster JM, Bauer RH, Jervey JP (1982) Cellular discharge in the dorsolateral prefrontal cortex of the monkey in cognitive tasks. Exp Neurol 77: 679–694

Fuster JM, Bodner M, Kroger JK (2000) Cross-modal and cross-temporal association in neurons of frontal cortex. Nature 405(6784): 347–351

Gerfen CR (1992) The neostriatal mosaic: Multiple levels of compartmental organization. Trends Neuosci 15: 133–139

Glahn DC, Kim J, Cohen MS, Poutanen VP, Therman S, Bava S, Van Erp TG, Manninen M, Huttunen M, Lonnqvist J, Standertskjold-Nordenstam CG, Cannon TD (2002) Maintenance and manipulation in spatial working memory: dissociations in the prefrontal cortex. Neuroimage 17(1): 201–213

Gnadt JW, Andersen RA (1988) Memory-related motor planning activity in posterior parietal cortex of macaque. Exp Brain Res 70: 216–220

Goldman-Rakic PS (1987a) Circuitry of primate prefrontal cortex and regulation of behaviour by representational memory. In: Plum F (ed) Handbook of physiology: the nervous system, vol V. American Physiological Society, Bethesda/MD, pp 373–417

Goldman-Rakic PS (1987b) Development of cortical circuitry and cognitive function. Child Dev 58: 601–622

Goldman-Rakic PS (1993) Specification of higher cortical functions. J Head Trauma Rehabil 8(1): 13–23

Goldman-Rakic PS (1996) The prefrontal landscape: Implications of functional architecture for understanding human mentation and the central executive. Philosophical Transactions of the Royal Society of London, Series B 351: 1445–1453

Goldman-Rakic PS (2000) Localization of function all over again. Neuroimage 11: 451–457

Goldman-Rakic PS, Porrino LJ (1985) The primate mediodorsal (MD) nucleus and its projection to the frontal lobe. J Comp Neurol 242: 535–560

Goldman-Rakic PS, Selemon LD, Schwartz ML (1984) Dual pathways connecting the dorsolateral prefrontal cortex with the hippocampal formation and parahippocampal cortex in the rhesus monkey. Neuroscience 12: 719–743

Goldman-Rakic PS, Funahashi S, Bruce CJ (1990) Neocortical memory circuits. Q J Quant Biol 55: 1025–1038

Goodale MA, Milner AD (1992) Separate visual pathways for perception and action. Trends Neurosci 15: 20–25

Groenewegen HJ, Uylings HB (2000) The prefrontal cortex and the integration of sensory, limbic and autonomic information. Prog Brain Res 126: 3–28

Gruber O (2000) Two different brain systems underlie phonological short-term memory in humans. Neuroimage 11 (5): 407

Gruber O (2001) Effects of domain-specific interference on brain activation associated with verbal working memory task performance. Cereb Cortex 11: 1047–1055

Gruber O (2002) The co-evolution of language and working memory capacity in the human brain. In: Stamenov M, Gallese V (eds.) Mirror neurons and the evolution of brain and language. Advances in consciousness research, vol 42 (Series B). John Benjamins, Amsterdam, Philadelphia, pp 77–86

Gruber O, Cramon DY von (2001) Domain-specific distribution of working memory processes along human prefrontal and parietal cortices: a functional magnetic resonance imaging study. Neurosci Letters 297: 29–32

Gruber O, Cramon DY von (2003) The functional neuroanatomy of human working memory revisited – evidence from 3T-fMRI studies using classical domain-specific interference tasks. Neuroimage 19: 797–809

Gruber O, Goschke T (2004) Executive control emerging from dynamic interactions between brain systems mediating language, working memory and attentional processes. Acta Psychologica 115 (2–3): 105–121

Hackett TA, Stepniewska I, Kaas JH (1999) Prefrontal connections of the parabelt auditory cortex in macaque monkeys. Brain Res 817: 45–58

Hasegawa RP, Matsumoto M, Mikami A (2000) Search target selection in monkey prefrontal cortex. J Neurophysiol 84(3): 1692–1696

Haxby JV, Petit L, Ungerleider LG, Courtney SM (2000) Distinguishing the functional roles of multiple regions in distributed neural systems for visual working memory, Neuroimage 11: 380–391

Hikosaka K, Watanabe M (2000) Delay activity of orbital and lateral prefrontal neurons of the monkey varying with different rewards. Cereb Cortex 10(3): 263–271

Hikosaka O, Wurtz RH (1983) Visual oculomotor functions of monkey substantia nigra pars reticulata. III. Memory-contingent visual and saccade responses. J Neurophysiol 49: 1268–1284

Kastner S, Ungerleider LG (2000) Mechanisms of visual attention in the human cortex. Ann Rev Neurosci 23: 315–341

Kievit J, Kuypers HGJM (1977) Organization of the thalamocortical connexions to the frontal lobe in the rhesus monkey. Exp Brain Res 85: 299–322

Kikuchi-Yorioka Y, Sawaguchi T (2000) Parallel visuospatial and audiospatial working memory processes in the monkey dorsolateral prefrontal cortex. Nat Neurosci 3(11): 1075–1076

LaBar KS, Gitelman DR, Parrish TB, Mesulam MM (1999) Neuroanatomic overlap of working memory and spatial attention networks: A functional MRI comparison within subjects. Neuroimage 10: 695–704

Lane et al. (1997) Neuroanatomical correlates of pleasant and unpleasant emotion. Neuropsychologia 11: 1437–1444

MacDonald AW, Cohen JD, Stenger VA, Carter CS (2000) Dissociating the role of the dorsolateral prefrontal and anterior cingulate cortex in cognitive control. Science 288: 1835–1838

McLean PD (1990) The triune brain in evolution: Role in paleocerebral functions. Plenum, New York, pp 519–563

Mesulam M (1998) From sensation to cognition. Brain 121: 1013–1052

Metzinger T (2001) Bewusstsein, Beiträge aus der Gegenwartsphilosophie. Mentis, Paderborn

Miller EK (2000a) The prefrontal cortex and cognitive control. Nature reviews 1: 59–65

Miller EK (2000b) The prefrontal cortex: no simple matter. Neuroimage 11: 447–450

Miller EK, Cohen JD (2001) An integrative theory of prefrontal cortex function. Ann Rev Neurosci 24: 167–202

Miller EK, Desimone R (1994) Parallel neuronal mechanisms for short-term memory. Science 263: 520–522

Miller EK, Freedman DJ, Wallis JD (2002) The prefrontal cortex: categories, concepts and cognition. Philos Trans R Soc Lond B Biol Sci 357(1424): 1123–1136

Miyashita Y, Chang HS (1988) Neuronal correlate of pictorial short-term memory in the primate temporal cortex. Nature 331: 68–70

Nauta WJH (1971) The problem of the frontal lobe: a reinterpretation. J Psychiatr Res 8: 167–187

Nystrom LE, Braver TS, Sabb, FW, Delgado MR, Noll DC, Cohen JD (2000) Working memory for letters, shapes, and locations: fMRI evidence against stimulus-based regional organization in human prefrontal cortex, Neuroimage 11: 424–446

O'Doherty J, Rolls ET, Francis S, Bowtell R, McGlone F, Kobal G, Renner B, Ahne G (2000) Sensory-specific satiety-related olfactory activation of the human orbitofrontal cortex. Neuroreport 11(4): 893–897

O'Doherty J, Kringelbach ML, Rolls ET, Hornak J, Andrews C (2001a) Abstract reward and punishment representations in the human orbitofrontal cortex. Nat Neurosci 4(1): 95–102

O'Doherty J, Rolls ET, Francis S, Bowtell R, McGlone F (2001b) Representation of pleasant and aversive taste in the human brain. J Neurophysiol 85(3): 1315–1321

O'Scalaidhe SP, Wilson FAW, Goldman-Rakic PS (1997) Areal segregation of face-processing neurons in prefrontal cortex. Science 278: 1135–1138

Literatur

O'Scalaidhe SP, Wilson FAW, Goldman-Rakic PS (1999) Face-selective neurons during passive viewing and working memory performance of rhesus monkeys: evidence for intrinsic specialization of neuronal coding. Cereb Cortex 9: 459–475

Owen AM (1997) The functional organization of working memory processes within human lateral frontal cortex: the contribution of functional neuroimaging. Eur J Neurosci 9: 1329–1339

Owen AM (2000) The role of the lateral frontal cortex in mnemonic processing: the contribution of functional neuroimaging. Exp Brain Res 133: 33–43

Owen AM, Lee ACH, Williams, EJ (2000) Dissociating aspects of verbal working memory within the human frontal lobe: further evidence for a »process-specific« model of lateral frontal organization. Psychobiology 28: 146–155

Pandya DN, Yeterian EH (1990) Prefrontal cortex in relation to other cortical areas in rhesus monkey: architecture and connections. In: Uylings HBM, Van Eden CG, DeBraun JPC et al. (eds) Progress in brain research, vol 85. Elsevier, Amsterdam, pp 63–94

Petrides M (1996) Specialized systems for the processing of mnemonic information in the primate prefrontal cortex. Philos Trans R Soc London, Series B 351: 1455–1461

Petrides M, Pandya DN (1999) Dorsolateral prefrontal cortex: comparative cytoarchitectonic analysis in the human and the macaque brain and corticocortical connection patterns. Eur J Neurosci 11: 1011–1036

Porrino LJ, Goldberg-Rakic PS (1982) Brainstem innervation of prefrontal and anterior cingulate cortex in the rhesus monkey revealed by retrograde transport of HRP. J Comp Neurol 205: 63–76

Postle BR, Stern CE, Rosen BR, Corkin S (2000) An fMRI investigation of cortical contributions to spatial and nonspatial visual working memory. Neuroimage 11: 409–423

Preuss TM (1995) Do rats have a prefrontal cortex? The Rose-Woolsey-Akert program reconsidered. J Cog Neurosci 7: 1–24

Rainer G, Asaad WF, Miller EK (1997) Selective representation of relevant information by neurons in the primate prefrontal cortex. Nature 393: 577–579

Rainer G, Miller EK (2000) Effects of visual experience on the representation of objects in the prefrontal cortex. Neuron 27(1): 179–189

Rakic P (1975) Local circuit neurons. Neurosci Res Progr Bull 13: 289–446

Ranganath C, Johnson MK, D'Esposito M (2003) Prefrontal activity associated with working memory and episodic long-term memory. Neuropsychologia 41(3): 378–389

Rao SC, Rainer G, Miller EK (1997) Integration of what and where in the primate prefrontal cortex. Science 276: 821–824

Raye CL, Johnson MK, Mitchell KJ, Reeder JA, Greene EJ (2002) Neuroimaging a single thought: dorsolateral PFC activity associated with refreshing just-activated information. Neuroimage 15(2): 447–453

Reep R (1984) Relationship between prefrontal and limbic cortex: A comparative anatomical review. Brain Behav Evol 25: 5–80

Rolls ET (2000) The orbitofrontal cortex and reward. Cereb Cortex 10: 284–294

Rolls ET (2002) The functions of the orbitofrontal cortex. In: Stuss DT, Knight RT (eds.) Frontal lobe function. Oxford University Press, Oxford, New York, pp 354–375

Rolls ET, Kringelbach ML, De Araujo IE (2003a) Different representations of pleasant and unpleasant odours in the human brain. Eur J Neurosci 18(3): 695–703

Rolls ET, O'Doherty J, Kringelbach ML, Francis S, Bowtell R, McGlone F (2003b) Representations of pleasant and painful touch in the human orbitofrontal and cingulate cortices. Cereb Cortex 13: 308–317

Romanski LM, Tian B, Fritz J, Mishkin M, Goldman-Rakic PS, Rauschecker JP (1999) Dual streams of auditory afferents target multiple domains in the primate prefrontal cortex. Nature Neurosci 2: 1131–1136

Rose JE, Woolsey CN (1948) The orbitofrontal cortex and its connections with the mediodorsal nucleus in rabbit, sheep and cat. Res Pub Ass Res Nerv Ment Dis 27: 210–232

Rushworth MFS, Owen AM (1998) The functional organization of the lateral frontal cortex: conjecture or conjuncture in the electrophysiological literature? Trends Cogn Sci 2: 46–53

Sanides F (1962) Die Architektonik des menschlichen Stirnhirns. Springer, Berlin

Sarkissov SA, Filimonoff IN, Kononowa EP, Proebraschenskaja IS, Kukuew LA (1955) Atlas of the cytoarchitectonics of the human cerebral cortex. Medgiz, Moscow

Schoenbaum G, Setlow B (2001) Integrating orbitofrontal cortex into prefrontal theory: common processing themes across species and subdivisions. Learn Mem 8(3): 134–147

Sesack SR, Deutch AY, Roth RH, Bunney BS (1989) Topographical organization of the efferent projections of the medial prefrontal cortex in the rat: an anterograde tract-tracing study with phaseolus vulgaris leucoagglutinin. J Comp Neurol 290: 213–242

Small DM, Zald DH, Jones-Gotman M, Zatorre RJ, Pardo JV, Frey S, Petrides M (1999) Human cortical gustatory areas: a review of functional neuroimaging data. Neuroreport 10(1): 7–14

Smith EE, Jonides J (1999) Storage and executive processes in the frontal lobes. Science 283: 1657–1661

Smith EE, Jonides J, Marshuetz C, Koeppe RA (1998) Components of verbal working memory: evidence from neuroimaging. Proceedings of the National Academy of Science, USA, 95: 876–882

Stuss DT, Benson DF 1986) The frontal lobes. Raven, New York

Talairach J, Tournoux P (1988) Co-planar stereotaxic atlas of the human brain. Thieme, Stuttgart

Tanji J, Kurata K (1985) Contrasting neuronal activity in supplementary and precentral motor cortex of monkeys. I. Responses to instructions determining motor responses to forthcoming signals of different modalities. J Neurophysiol 53: 129–141

Tanji J, Taniguchi K, Saga T (1980) Supplementary motor area: neuronal response to motor instructions. J Neurophysiol 43: 60–68

Tremblay L, Schultz W (2000) Reward-related neuronal activity during go-nogo task performance in primate orbitofrontal cortex. J Neurophysiol 83(4): 1864–1876

Thierry AM, Blanc G, Sobel A, Stinus L, Glowinski J (1973) Dopaminergic terminals in the rat cortex. Science 182: 499–501

Ullsperger M, Cramon DY von (2001) Subprocesses of performance monitoring: a dissociation of error processing and response competition revealed by event-related fMRI and ERPs. Neuroimage 14: 1387–1401

Ullsperger M, Cramon DY von (2003) Error monitoring using external feedback: specific roles of the habenular complex, the reward system, and the cingulate motor area revealed by functional magnetic resonance imaging. J Neurosci 23(10): 4308–4314

Ungerleider LG, Mishkin M (1982) Two cortical visual systems. In: Ingle J, Goodale MA, Mansfield RJW (eds) Analysis of visual behavior. MIT, Cambridge, MA, pp 549–586

Ungerleider, LG, Courtney, SM, Haxby, JV (1998) A neural system for visual working memory. Proc Natl Acad Sci USA 95: 883–890

Uylings HBM, VanEden CG (1990) Qualitative and quantitative comparison of the prefrontal cortex in rat and in primates, including humans. Prog Brain Res 85: 31–62

Van Essen DC, Maunsell JHR (1983) Hierarchical organization and functional streams in the visual cortex. Trends Neurosci 6: 370–375

Volz KG, Schubotz RI, Cramon DY von (2003) Predicting events of varying probability: uncertainty investigated by fMRI. Neuroimage 19: 271–280

Volz KG, Schubotz RI, Cramon DY von (2004) Why am I unsure? Internal and external causes of uncertainty dissociated by fMRI. Neuroimage (in press)

Wallis JD, Anderson KC, Miller EK (2001) Single neurons in prefrontal cortex encode abstract rules. Nature 411(6840): 953–956

Watanabe M (2002) Integration across multiple cognitive and motivational domains in monkey prefrontal cortex. In: Stuss DT, Knight RT (eds) Frontal lobe function. Oxford University Press, Oxford, New York, pp 326–337

Watanabe M, Hikosaka K, Sakagami M, Shirakawa S (2002) Coding and monitoring of motivational context in the primate prefrontal cortex. J Neurosci 22(6): 2391–2400

Watanabe T, Niki H (1985) Hippocampal unit activity and delayed response in the monkey. Brain Res 325: 241–254

Weinberger DR (1993) A connectionist approach to the prefrontal cortex. J Neuropsychiatry 5: 241–253

White IM, Wise SP (1999) Rule-dependent neuronal activity in the prefrontal cortex. Exp Brain Res 126: 315–335

Wilson FAW, Scalaidhe SPO, Goldman-Rakic PS (1993) Dissociation of object and spatial processing domains in the primate prefrontal cortex. Science 260: 1955–1957

Zilles K, Armstrong E, Schleicher A, Kretzschmann HJ (1988) The pattern of gyrification in the cerebral cortex. Anat Embryol (Berl) 179: 173–179

Zysset S, Müller K, Lohmann G, Cramon DY von (2001) Color-word matching stroop task: Separating interference and response conflict. Neuroimage 13: 29–36

Zysset S, Huber, O, Ferstl E, Cramon, D.Y. von (2002) The anterior frontomedian cortex and evaluative judgement: An fMRI study. Neuroimage 15: 983–991

Kognitive Neurologie und Neuropsychologie

A. Danek, T. Göhringer

3.1 Funktionen des Frontalhirns – 42
Exekutive Funktionen – 42
Problemlösendes Denken – 42
Arbeitsgedächtnis – 43
Belohnung und Strafe, Emotionen, Aggression – 43
Weitere Modelle – 44

3.2 Symptome – 46
Motorik – 46
Sprechen und Sprache – 50
Okulomotorik und Neglect – 51
Gedächtnis, Lernen, Konfabulationen – 52
Komplexe Leistungen – 54
Dysexekutives Syndrom – 62

3.3 Anatomischer Bezug – 63

3.4 Stellenwert von Klinik und Psychometrie – 64
Ein Frontallappen-Score als Hilfsmittel – 66
Gängige psychometrische Verfahren – 69

3.5 Ausblick – 73

Literatur – 74

3.1 Funktionen des Frontalhirns

Zu Recht wird vor »frontaler Lobologie« als »neuer Pseudowissenschaft der Psychiatrie« gewarnt (David 1992), wenn man beobachtet, wie häufig eine Störung im Frontalhirn unterstellt wird, ohne dass strukturelle Nachweise vorliegen (Dubois et al. 2000). Oft werden Symptome auch nur als statistische Effekte bei Patienten mit heterogenen frontalen Läsionen beschrieben, ohne dass angegeben werden kann, wie ein Befund im Einzelfall zu werten ist.

Wenn daher gefordert wird, die »Märchen über den präfrontalen Kortex« endlich durch moderne Arbeitshypothesen und ihre experimentelle Prüfung abzulösen (Grafman et al. 1995), scheint »der mythenreichste der Gehirnteile« (von Mayendorf 1908, zit. nach Markowitsch 1992) heute nur unwesentlich besser verstanden zu sein als vor 100 Jahren. Der Begriff **Frontalhirnsyndrom** sollte mit großer Zurückhaltung verwendet werden, da er **kein einheitliches Krankheitsbild** beschreibt. Bisher fehlt ein Konsens sowohl über mögliche Erklärungen der klinischen Symptome als auch zur kognitiven Architektur der postulierten Konstrukte (Parkin 1998; Grafman 1999). Die folgende Darstellung ist daher eklektisch, wenn sie versucht, die Orientierung im Nebeneinander der Ansätze zu erleichtern (vgl. Perecman 1987; Fuster 1997; Miller u. Cummings 1999; Rabbitt 1997; Wood u. Grafman 2003).

Exekutive Funktionen

Exekutivfunktionen, häufig ein Synonym für frontale Funktionen, gelten als höchste Form menschlichen Verhaltens (Grafman u. Litvan 1999). Sie steuern und modulieren elementare kognitive Prozesse (Logan 1985). In den Demenz-Kriterien des DSM-IV werden sie als abstraktes Denkvermögen und als Fähigkeit zur Planung, Auslösung, Sequenzierung, Überwachung und Beendigung von komplexem Verhalten operationalisiert (American Psychiatric Association 2000).

Steuerung von Verhalten über die Zeit wird als die zentrale Aufgabe der Exekutivfunktionen angesehen (Grafman u. Litvan 1999). Eine zufrieden stellende Systematik fehlt weiterhin. Wichtig ist, sich vor einer simplen Lokalisation und der Gleichsetzung von dysexekutivem Syndrom mit »Frontalhirnsyndrom« zu hüten (Baddeley 1998). Diese ursprünglich zur Fokussierung auf Symptome – unabhängig von der Frage nach ihrem Substrat – eingeführte Begriffstrennung wird oft nicht beachtet (Parkin 1998). Eine aktuelle Übersicht der vorliegenden Befunde belegt, dass exekutive Funktionen auch durch Läsionen außerhalb des Frontallappens beeinträchtigt werden (Andrés 2003).

Problemlösendes Denken

Denkstörungen gelten als charakteristisch für frontale Läsionen. Orientierend lassen sich folgende Komponenten des logisch-analytischen, problemlösenden Denkens unterscheiden:
- Problemidentifikation,
- Problemanalyse,
- lösungsorientierte Hypothesenbildung,
- Strategieauswahl,
- Strategiemodifikation und
- Bewertung der gefundenen Lösung.

Entsprechende Untersuchungsverfahren können hinsichtlich ihrer Eigenschaften als Tests von Abstraktionsvermögen, induktivem Denken, deduktivem Denken sowie der Plausibilitätsprüfung charakterisiert werden (von Cramon u. Matthes-von Cramon 1995). Allerdings ist die Taxonomie der Leistungen (auch hinsichtlich des Zusammenhangs mit exekutiven Funktionen) ebenso wenig abgeschlossen wie die Beschreibung und Diagnostik ihrer Störungen.

Arbeitsgedächtnis

Das Arbeitsgedächtnis, also das **gleichzeitige, multimodale Halten und Verarbeiten von Informationen** wird als Grundvoraussetzung für den reibungslosen Ablauf vieler alltäglicher kognitiver Prozesse wie Sprachverständnis, Lernen, problemlösendes Denken oder Handlungsplanung angenommen. Leistungen wie Kopfrechnen, mentale Vorstellung, das Formulieren eines Satzes oder die Komposition eines Musikstücks erscheinen ohne ein derartiges Gedächtnissystem unmöglich.

Experimentelle Grundlage für das Konzept sind Untersuchungen, bei denen gesunde Probanden Zahlenfolgen behalten sollten, während sie gleichzeitig andere Aufgaben zu lösen hatten. Aufgrund der relativen Unabhängigkeit dieser beiden Leistungen wurde auf unterschiedliche kognitive Komponenten geschlossen, die das ältere Konstrukt des Kurzzeitgedächtnisses abgelöst haben: Zwei Informationsspeicher (akustisch/sprachlich = »phonologische Schleife« und visuell/räumlich = »visuell-räumlicher Notizblock«) bilden zusammen mit der koordinierenden »zentralen Exekutive« das Arbeitsgedächtnis (Baddeley 2003). Der zentralen Exekutive werden Leistungen wie Doppel- oder Mehrfachtätigkeiten (»dual task performance«), Zuwendung und Wechsel bzw. Teilung der Aufmerksamkeit sowie Steuerung beim Abruf aus dem Gedächtnis zugeordnet (Baddeley 1998).

Tierexperimentell bezieht sich das Konstrukt »Arbeitsgedächtnis« auf Aufgaben mit Antwortverzögerung (»**delayed-response-task**«): Von 2 Futternäpfen ist einer gefüllt, und obwohl die Sicht darauf kurzfristig unterbrochen wird, greift sich der Affe gezielt die Belohnung. Diese Fähigkeit ist nach präfrontalen Läsionen gestört (Gazzaniga et al. 1998). Elektrophysiologisch finden sich im Frontallappen Neurone, die auch nach dem Verschwinden eines auslösenden Reizes weiter aktiv bleiben. Dabei scheint eine geordnete Verteilung zu bestehen: Neurone mit Reaktion auf den Ort des Reizes liegen offensichtlich getrennt (dorsolateral) von solchen, die auf seine Eigenschaften reagieren (ventral). Wie eindeutig die Trennung des Arbeitsgedächtnisses in Komponenten ist und ob sie sich auch beim Menschen nachweisen lässt, ist Gegenstand aktueller Forschung (Goldman-Rakic 2000; Müller et al. 2002; Gruber u. von Cramon 2003). Frontale (aber auch temporale) Läsionen beeinträchtigen auch beim Menschen die Leistung in Delayed-response-Aufgaben (Owen et al. 1995).

Andere Neurophysiologen stellen einer engen Lokalisation des Arbeitsgedächtnisses den Netzwerkcharakter des Gehirns gegenüber, gleichfalls aufbauend auf Experimenten mit Antwortverzögerung. Als eine der Hauptfunktionen des Frontalhirns wird die zeitliche Organisation von Verhalten (Handlungsplanung) angesehen: kurzfristiges Behalten (Arbeitsgedächtnis) sei die rückwärts gewandte Komponente, »attentive set« sei die vorausschauende Komponente. Anders formuliert treffen hier das Gedächtnis für vergangene Sinneseindrücke und das Gedächtnis für zukünftige motorische Handlungen zusammen und das Frontalhirn sichert das Überbrücken von Zeitlücken zwischen Perzeption und Aktion (Fuster 2000).

Belohnung und Strafe, Emotionen, Aggression

Ausgangspunkt einer weiteren Serie von Experimenten an Primaten war die **elementare Rolle von Nahrung und Schmerz** (Rolls 2000). Nahrungsmittel und Schmerzreize gelten als typische **ungelernte Verstärker**, die wegen ihres Charakters als Belohnung gesucht oder als Bestrafung gemieden werden. Wenn ursprünglich neutrale Reize in einem Lernprozess mit solchen primären Verstärkern verknüpft wurden und als konditionierter Reiz jetzt auch alleine das Verhalten auslösen, werden sie zu sekundären Verstärkern.

Zwischen Reizen und Handlung steht eine bewertende Dekodierung, die für Nahrungsreize im sekundären Geschmackskortex stattfindet und an der Abnahme der elektrischen Aktivität der Zellen mit Zunahme der Sättigung erkennbar ist. Der orbitofrontale Kortex, innerhalb dessen diese Neurone liegen, soll allgemein die Bewertung von Reizen, nicht nur von Nahrung, vornehmen. Bemerkenswert ist die schnelle Anpassung auf geänderte Stimuluseigenschaften. Ein **Umlernen** (»reversal«), also die Neubewertung des Reizes hinsichtlich seines Appetenz- oder Aversionscharakters, findet im Tierversuch bereits nach kurzer Exposition gegenüber den veränderten »reinforcement contingencies« statt. Parallel dazu verläuft eine Änderung des Feuerungsmusters orbitofrontaler Neurone. Klinische Symptome nach orbitofrontalen Läsionen werden daher auf eine Störung dieses Anpassungsmechanismus zurückgeführt, der die fortlaufende Neubewertung angesichts des fluktuierenden Belohnungs- oder Bestrafungscharakters von Umweltreizen ermöglicht, soziale Reize wie den Gesichtsausdruck der Artgenossen eingeschlossen (Rolls 2000).

Patienten mit orbitofrontalen Läsionen zeigten eine Störung der Fähigkeit zur Reaktionsänderung gegenüber visuellen Reizen, die durch Gewinnpunkte bzw. Punktabzug und einen angenehmen bzw. unangenehmen Ton als sekundäre Verstärker erlernt waren. Bei einigen Patienten fiel besonders der Kontrast auf zwischen der wörtlich formulierten Einsicht in das Prinzip und der gleichzeitigen Unfähigkeit, von der ursprünglichen Reaktionsweise abzulassen (Rolls et al. 1994). Auch das Erkennen von Emotionen in Gesichtsausdruck und Stimme – zentrale sekundäre Verstärker in der zwischenmenschlichen Interaktion – ist bei solchen Patienten gestört. Die Befunde korrelieren mit dem Ausmaß der sozialen Unangepasstheit im Alltag und der Verkennung der Stimmung anderer. Störungen der Emotionswahrnehmung treten bereits bei einseitigen orbitofrontalen oder vorderen zingulären Läsionen auf, **Störungen im Sozialverhalten** erst bei beidseitigen Läsionen (Hornak et al. 2003).

Positive oder negative Emotionen werden in diesem Konzept als Begleiterscheinungen von positiver oder negativer Verstärkung gesehen. Für die Verknüpfung der sekundären mit den primären Verstärkern gilt die im Temporallappen liegende Amygdala als wesentliche Struktur. In diesen Zusammenhang gehören auch die Beobachtungen an Affen mit Klüver-Bucy-Syndrom (beidseitige Temporalpolläsionen, danach veränderte Nahrungspräferenz und aggressionsloses Verhalten; Klüver u. Bucy 1939, 1997).

Auf einige neuere Publikationen zur »erworbenen Soziopathie« und kriminellem Handeln nach frontalen Läsionen sei hier noch hingewiesen (Blair u. Cipolotti 2000; Blair 2001; Burns u. Swerdlow 2003). Nicht zuletzt wegen der politisch-sozialen Implikationen gibt es ein intensives Interesse an den neurobiologischen Grundlagen von Emotionen und Aggression (Filley et al. 2001). Als relevante Struktur neben Orbitofrontalhirn und Amygdala gilt auch der vordere zinguläre Kortex. Impulsives aggressives Verhalten wird als Folge einer Fehlsteuerung in diesem System interpretiert (Davidson et al. 2000; Brower u. Price 2001).

Weitere Modelle

Somatische Marker. Mit den tierexperimentell erarbeiteten Konzepten der »orbitofrontalen Bewertung« von Umweltreizen hinsichtlich Appetenz- oder Aversionswert eng verwandt ist die Hypothese der »somatischen Marker« (Körpersignale, Leibreize). Sie hat durch den Buchtitel »Descartes' Irrtum« eine gewisse Popularität erlangt (Damasio 1995). Ausgangspunkt war die Kasuistik eines Patienten, »EVR«, mit orbitofrontalem Meningeom, bei dem es nach der Operation zu erheblichen Alltagsproblemen mit massiv beeinträchtigter Lebensqualität kam, vergleichbar mit dem historischen Fall des Phineas Gage (Eslinger u. Damasio 1985). EVR konnte keine dauerhafte Anstellung mehr finden und verlor durch geschäftliche Fehleinschätzungen alle Ersparnisse. Seine langjährige Ehe scheiterte ebenso wie eine erneute Partnerschaft. Wieder im elterlichen Haushalt lebend, benötigte er im Tagesablauf mindestens 2 Stunden, um morgens »in die Gänge zu kommen«. EVR war nicht in der Lage, die einfachsten Entscheidungen zu treffen, obwohl er deren Für und Wider umfangreich diskutierte.

Dieses gemeinsame Auftreten von Entscheidungsunfähigkeit und abgeflachter Emotionalität lieferte den Kern zu Damasios Hypothese: Um Entscheidungen treffen zu können reiche es nicht aus, sich Handlungen und ihre Konsequenzen vor Augen zu führen. Eine situationsadäquate Reaktion könne aufgrund der meist unüberschaubaren Möglichkeiten nur durch einen abkürzenden Mechanismus ausgewählt werden. Dieser unbewusste, vorsortierende Mechanismus leiste eine Gewichtung, indem er mögliche Entscheidungen aufgrund der Erfahrungen des Organismus als angenehm, schmerzlich oder indifferent kennzeichne, also »somatisch markiere«. Während die übrigen Teile des Frontalhirns zur Generierung von Szenarien möglicher Entscheidungen und dem Jonglieren mit ihnen beitragen, erlaube der ventromediale Frontallappen den Zugriff auf die angeborenen oder im Heranwachsen erworbenen Verknüpfungen mit aktuellen oder erinnerten Körperzuständen. Diese reichen von Lust bis Schmerz und bahnen den Entscheidungsprozess (Damasio 1995).

CS und SAS. Shallice (1982) diskutierte Störungsbilder nach frontalen Läsionen unter dem Gesichtspunkt der Aufmerksamkeitskontrolle des Verhaltens. Basiseinheit für Kognitionen und Handlungen stellten Schemata dar, welche spezielle gelernte Fähigkeiten (wie den Weg von der Arbeit nach Hause zu finden) kontrollieren könnten. Diese Handlungs- oder Denkschemata würden durch Wahrnehmung von Auslösereizen oder durch andere Schemata aktiviert. Verhaltenssteuerung erfolge durch Auswahl der Schemata innerhalb zweier qualitativ verschiedener Prozesse. Das auf einfachen Regeln beruhende »**Contention Scheduling**« (CS) führe die Routine-Selektion durch. Mehrere gut automatisierte Handlungen (z. B. Auto fahren und sich unterhalten) könnten so gesteuert werden und mögliche Konflikte zwischen den einzelnen Handlungen würden durch CS geregelt. Bedarf es einer Änderung der Handlungsstrategie, ist eine vermehrte Aufmerksamkeitskontrolle erforderlich. In diesem Fall trete zusätzlich das »**Supervisory Attentional System**« (SAS) in Aktion, das die Auswahl außerhalb der Routine-Selektion ermögliche. Frontalhirnläsionen könnten das SAS außer Kraft setzen (Shallice et al. 1989). Die Aktivierung neuer Handlungen und die Modulierung automatisierter Aktivitäten wären nicht mehr möglich. Es komme zu Perseverationen, wenn externe Auslöser ein Schema aktivieren. Eine Unterdrückung des ausgewählten Schemas sei unmöglich. Bei schwachen externen Triggern wäre zur Sicherstellung der geeigneten Selektion zusätzlicher SAS-Input notwendig. Da er ausbleibt, könne kein Schema Aktivationsniveau erreichen, was zu fehlender Spontaneität im Verhalten führe bzw. zu Ablenkbarkeit, wenn ein ungeeignetes Schema zufällig die Oberhand erlangt. Spekulativ wird das »Supervisory Attentional System« mit dem vorderen Gyrus cinguli identifiziert (Gazzaniga et al. 1998).

HERA. Unter diesem Schlagwort (»**H**emispheric **E**ncoding and **R**etrieval **A**symmetry«) werden neue Beobachtungen aus bildgebenden Untersuchungen zusammengefasst. Man hatte beim intensiven Bearbeiten von episodischen Gedächtnisinhalten einen gesteigerten Blutfluss im linken Frontallappen gefunden; bei deren Abruf dagegen ist die Aktivität rechts frontal höher (Gazzaniga et al. 1998). Klinische Daten sprechen eher dafür, dass erst die Kombination einer frontalen Läsionen mit einer temporalen Schädigung den Abruf aus dem Altgedächtnis wesentlich beeinträchtigt und dass die Faserverbindung zwischen den beiden Lobi (Fasciculus uncinatus) möglicherweise von entscheidender Bedeutung ist (Kroll et al. 1997).

Top-down-Kontrolle. Dem Frontalhirn wird auch eine Rolle in der Weichenstellung zwischen alternativen Reiz-Reaktions-Ketten zugeordnet: so ermögliche es, auf das Klingeln eines Telefons je nach Situation unterschiedlich zu reagieren – im eigenen Heim wird man meist rasch abheben, nicht aber ans Telefon gehen, wenn man zu Gast bei anderen ist. Diese übergeordnete Steuerungsfunktion wird auch als Top-down-Kontrolle beschrieben, komplementär zu den Bottom-up-Prozessen der sensorischen Information (Miller 2000).

Grundsätzliches zur Methodik der Forschung. Grafman hat wiederholt auf die Anforderungen hingewiesen, denen eine kognitive Theorie frontaler Funktionen genügen muss (Grafman 1995; Wood u. Grafman 2003). Neben der Notwendigkeit des neuroanatomischen Bezugs müsse eine prinzipielle Ähnlichkeit der Funktionsabläufe im Frontalhirn mit den kognitiven Operationen anderer Hirnregionen bestehen. Es könne sich somit bei den vermeintlich höheren frontalen Leistungen nicht um grundlegend andere Prozesse handeln.

3.2 Symptome

Die Zusammenfassung der Symptome unter Oberbegriffe stellt zwar ein bewährtes Hilfsmittel für die klinische Arbeit dar, ihre Verwendung bedeutet aber keineswegs, dass die zugrunde liegenden kognitiven Mechanismen oder Einheiten wirklich verstanden sind. Beispiele sind die schillernden Begriffe »Kritiklosigkeit«, »gestörte Umstellungsfähigkeit«, »Planungsstörung«, »Disinhibition« oder »motorische Impersistenz«. Zur Erklärung der klinischen Beobachtungen sind jeweils die unterschiedlichsten Mechanismen denkbar.

Bei »frontalen« Symptomen steht meist der Bezug auf den präfrontalen Kortex im Vordergrund – die folgende Auflistung berücksichtigt aber auch die weniger komplexen Befunde nach Schädigung des Frontalhirns, bevor auf »präfrontale Symptome« eingegangen wird.

Motorik

Die Lokalisation des primären Motorkortex im Gyrus praecentralis und seine somatotopische Repräsentation der kontralateralen Körperhälfte ist neurologisches Grundwissen, das neuerdings durch Erkenntnisse über eine Anzahl weiterer, prämotorischer und supplementär-motorischer Areale im Frontallappen ergänzt wurde (Freund u. Hummelsheim 1985; Rizzolatti et al. 1998; Rizzolatti et al. 2002). Im primären motorischen Kortex liegt die Beinrepräsentation an der medialen Fläche des Frontallappens. Eine **beinbetonte Hemiparese mit Blasenstörung** (vgl. Blok et al. 1997) gilt als das klassische Syndrom bei Infarkt im Versorgungsgebiet der Arteria cerebri anterior (medialer Frontallappen), eine **brachiofazial betonte Hemiparese** als typisches Arteria-cerebri-media-Syndrom durch einen lateral gelegenen Infarkt im Frontalhirn. Frontale Läsionen können aber auch mit motorischen Symptomen verbunden sein, ohne dass die klassischen kortikalen Areale betroffen sind: zu unterscheiden sind Defizite bei zielgerichteten Handlungsabläufen und Störungen der spontanen Motorik mit den zwei Ausprägungen der Hypokinese und der Hyperkinese.

Hypokinese. Bei der Hypokinese ist die motorische Aktivität allgemein vermindert. Im extremem Fall eines akuten Infarkts beider Frontallappen kam es zum plötzlichen Koma (Hamann et al. 2002). Vor allem Patienten mit ausgedehnten dorsolateralen Läsionen zeigen eine »frontale Hypokinese« (Heilman u. Watson 1991). Zu den Symptomen gehören Apathie, Mangel an Eigeninitiative und verminderte Reaktionsfähigkeit auf externe Stimuli. Ausprägung und Ausmaß variieren von Aspontaneität (Kleist 1934), die vorwiegend Sprache und soziale Interaktionen betrifft, bis hin zum akinetischen Mutismus (Luria 1980). **Akinetischer Mutismus** wird auch als Abulie im engeren Sinne bezeichnet (Fisher 1983). Es besteht ein völliges Sistieren spontaner Bewegungen und fehlende spontane Sprachäußerungen bei intakten Augenbewegungen auf Außenreize (Blickwendung auf Geräusch, Fixation des Untersuchers, Folgebewegungen). Ursprünglich bei mesodienzephalen Raumforderungen beschrieben, ist der akinetische Mutismus lokalisatorisch vieldeutig. Bei frontaler Läsion, z. B. durch bilaterale Anterior-Infarkte, wird er als Funktionsausfall der supplementärmotorischen Area (SMA) und des benachbarten zingulären Kortex gedeutet (Ackermann u. Ziegler 1995).

Der akinetische Mutismus kann sich zur »**Abulia minor**« zurückbilden. Diese Gruppe von Symptomkonstellationen umfasst Zustände mit fehlender Spontaneität, Bewegungsarmut, Wortkargheit, motorischer und geistiger Verlangsamung, Apathie, Schwerfälligkeit, Trägheit, Indifferenz, Interesselosigkeit, Gedankenarmut, Ausdruckslosigkeit, Energiemangel, Tagträumerei und Ablenkbarkeit. Die Stimme ist monoton, die kargen Antworten kommen mit Latenz (Fisher 1983). Bei verschiedenen subkortikalen Läsionsorten wurden beschrieben: **Athymhormie** (Habib u. Poncet 1988; Luautè u. Saladini 2001), **reine psychische Akinesie** (intakte Motorik, erhaltene Stimulierbarkeit durch äußere Reize, stereotypes Verhalten: Laplane et al. 1984) und **Verlust der psychischen Selbstaktivierung** (Einbuße an Interessen, fehlende Initiative, berichtete geistige Leere: Engelborghs et al. 2000; Laplane u. Dubois 2001). Eine Unterbrechung der Verschaltungsschleifen mit dem Frontallappen ist die bevorzugte Erklärung für diese Beobachtungen. Möglicherweise kommt links-hemisphärischen Läsionen eine besondere Bedeutung zu (Förstl u. Sahakian 1991).

Hyperkinese. Die bei der Hyperkinese auftretende übermäßige und ziellose motorische Aktivität findet sich häufig nach orbitofrontalen Läsionen (Fulton 1951). Die Grundsymptomatik wird normalerweise von Hyperreaktivität und weiteren, typischen Symptomen wie erhöhter Ablenkbarkeit, Hypomanie, mangelnder Impulsunterdrückung und gesteigerter Reizbarkeit begleitet.

Störungen der auf ein Handlungsziel ausgerichteten Motorik treten häufig in Kombination mit allgemeinen motorischen Störungen auf, sind aber nicht dadurch bedingt. Ursache ist vielmehr eine kognitive Dysfunktion, die eine Initiierung und zeitliche Organisation des Handlungsablaufs verhindert. Es machen sich vermehrt automatisierte Verhaltensweisen bemerkbar. Die Patienten neigen zu ausgeprägten **Perseverationen**, v.a. in Situationen, wo angepasstes, gut strukturiertes Verhalten angemessen wäre. Die Perseverationen stellen eine Regression zu einfacheren, eingeschliffenen Verhaltensmustern dar und kommen auch bei kognitiven Testaufgaben vor. Die Patienten sind trotz wiederholter und auch von ihnen eingesehener Fehler nicht in der Lage, ihr Verhalten zu korrigieren und anzupassen (Konow u. Pribram 1970; Heilman u. Watson 1991).

Repetitive Verhaltensmuster. Als eine weitere Art repetitives Verhalten kann man das bei frontalen Läsionen beobachtbare Horten interpretieren: Beispiele insbesondere bei orbitofrontalen Läsionen sind mehrfach gut dokumentiert. Nach Blutung aus einem Arteria-communicans-anterior-Aneurysma begann ein Patient ein wertloses Objekt (Kugeln für eine Spielzeugpistole) zu horten und suchte danach stundenlang die Straßen ab. Weitere neue Gewohnheiten waren das dauernde Abstellen elektrischer Schalter im Haus und das Benennen der Typen vorbeifahrender Autos. Von einem Zwang lässt sich das Verhalten durch den begleitenden positiven Affekt, die Ich-Nähe, das Fehlen von Zwangsgedanken und fehlendes Störungsbewusstsein abgrenzen (Hahm et al. 2001). Nach Reoperation eines Olfaktorius-Meningeoms entwickelte ein Patient einen ausgeprägten Sammeltrieb für ausgesonderte Haushaltsgegenstände wie Tragetaschen, leere Flaschen und Verpackungsmaterial und auch für Geräte wie Kühlschränke, Waschmaschinen und Staubsauger, die er mit konsequenter Planung und Strategie zusammentrug, indem er etwa 35 Fernsehgeräte auf alle Zimmer des Hauses verteilte (Volle et al. 2002).

Applaus-Zeichen. Dieses erst kürzlich von Dubois beschriebene Symptom (»signe de l'applaudissment«) besteht darin, dass manche Patienten unfähig sind, die Aufforderung, 3-mal in die Hände zu klatschen, exakt auszuführen. Statt die Handlung zu beenden, tendieren sie zur Perseveration und klatschen mehr als 3-mal oder hören mit dem Applaudieren überhaupt nicht auf. Die bisherigen Untersuchungen zeigen, dass das Applaus-Zeichen charakteristisch bei frontosubkortikalen Erkrankungen wie progressiver supranukleärer Blickparese auftritt, bei Läsionen des Frontalkortex bisher aber überraschenderweise unauffällig ist (Slachevsky et al. 2002).

Go-NoGo-Paradigma. Mit »Geh' los-Bleib' stehen-Kommandos« wird geprüft, ob eine Aktion ausgelöst und gehemmt werden kann, insbesondere ob man imstande ist, eine vorgebahnte Antworttendenz zu unterdrücken. Dass diese Hemmung nicht immer einfach ist, weiß man von dem Kinderspiel »Alle Vögel fliegen hoch«. Deren Störung zeigt Parallelen zu dem weiter unten beschriebenen anarchischen Verhalten und zum Symptom Perseveration. In einer schwierigeren Variante von Go-NoGo kann man die gewöhnliche Signalbedeutung umkehren und mit »Nein« zur Aktion (z. B. Handbewegung) und mit »Ja« zur Inhibition auffordern (so genanntes konträres Kommando; Malloy u. Richardson 1994). Im formalen Experiment reagierten Patienten mit frontalen Läsionen häufiger auch beim Hemmungssignal (Drewe 1975) und kasuistisch wurde die erhöhte Fehlerrate auf eine rechtsseitige Läsion der SMA bezogen (Verfallie u. Heilman 1987). Bei Kontrollpersonen zeigen sich das vordere Cingulum und der linke präfrontale Kortex in der Bildgebung aktiviert, wenn das Verhalten nach Fehler-Rückmeldung korrigiert wird (Garavan et al. 2002).

Durch Messung der Reaktionszeit auf ein Stopp-Signal (»**Stop Signal Reaction Time**«, SSRT) lassen sich Inhibitionsprozesse genauer untersuchen: sie scheinen vom Gyrus frontalis inferior rechts abhängig zu sein (Aron et al. 2003; Dimitrov et al. 2003). Dass Störungen der Handlungsinitiierung und -hemmung bei frontalen Läsionen der reinen Motorik übergeordnet sind, zeigen Beobachtungen mit Aufgaben zur **Satzvervollständigung** (»Hayling sentence completion task«). Dabei soll das fehlende letzte Wort eines Satzes ergänzt werden: einmal sinnentsprechend, ein anderes Mal mit einem völlig unzusammenhängenden Wort (Burgess u. Shallice 1996). Ein Beispiel wäre: »Die meisten Katzen sehen gut bei… (Nacht… Schnee… Feiertag…)«.

Die **frontale Gangstörung (Gangapraxie, Gangataxie)** ist Leitsymptom des durch Unterbrechung frontosubkortikaler Bahnsysteme gedeuteten Normaldruck-Hydrozephalus (Trias mit Blasenstörung und Demenz; Vanneste 2000) und scheint durch eine beidseitige Funktionsstörung der SMA erklärt (Della Sala et al. 2002). **Gliedkinetische Apraxie** wird als Symptom des prämotorischen Kortex angesehen. Insbesondere der russische Neuropsychologe A.R. Luria hat zur Untersuchung Bewegungsfolgen propagiert, mit denen sich die »Melodie« einer Bewegung erfassen lässt (Luria 1980; Malloy et al. 1985; ◘ Abb. 3.1). Zur Überprüfung sind Aufgaben geeignet, bei denen ein Rhythmus geklopft wird. Ferner verwendete Luria den Test der reziproken Koordination von Oseretzki (beide Hände führen gegenläufig den Faustschluss aus; ◘ Abb. 3.1), den einseitigen Faust-Ring-Test (Wechsel der Armhaltung zwischen Streckung mit geballter Faust und Beugung mit Ringhaltung von Daumen und Zeigefinger) und einen Klaviertest (mehrfache Wiederholung der Bewegungsfolge

3.2 · Symptome

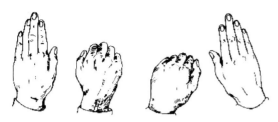

Abb. 3.1. Von Oseretzki (*links*) und Luria (*rechts*) eingeführte Bewegungsfolgen (Luria 1980)

Daumen – Kleinfinger – Daumen – Zeigefinger). Leider sind Lurias Aufgaben nicht gut standardisiert und der Bezug zu Läsionsorten ist unklar. Dasselbe gilt für die so genannten **Primitivreflexe** (Vreeling et al. 1993). Glabella-, Palmomental-, Schnauz- und Saugreflex kommen auch bei gesunden Kontrollpersonen, v. a. im Alter, vor (Jacobs u. Gossman 1980).

Gegenhalten (Oppositionsparatonie) ist die Zunahme des Tonus, wenn ein Körperteil des Patienten vom Untersucher bewegt wird. Ihr gegenübergestellt wird eine Fazilitationsparatonie (Tonusabnahme). Auch für eine spontane Hebung des Armes nach mehrfachem Durchbewegen (Kral-Manöver) ist der Zusammenhang mit frontalen Läsionen unsicher (Beversdorf u. Heilman 1998), ebenso wie für die **motorische Impersistenz**. Hier wird die Fähigkeit beurteilt, die Stellung eines Körperteils während einiger Zeit aufrechtzuerhalten (typischerweise Zunge für 30 s herausstrecken oder Augen geschlossen halten).

Störungen des Greifverhaltens. Charakteristisch für frontomediale Läsionen sind Störungen des Greifverhaltens, insbesondere bei Läsionen der SMA, meist in der kontralateralen Hemisphäre (Hashimoto u. Tanaka 1998). Bei der **Greifreflexprüfung** bestreicht der Untersucher die Handinnenfläche und beurteilt, ob ein Faustschluss ausgelöst wird. »Hakeln« wird hier gelegentlich als deskriptiver Ausdruck verwendet. Am Krankenbett kann man ein hartnäckiges Festhalten von Objekten wie Besteck, Schreibstift und Zahnbürste beobachten oder ein spontanes Fassen und Halten des eigenen Unterarms (Ropper 1982).

Zur Auslösung des Symptoms **Nachgreifen** (Magnetreaktion) genügt das Vorzeigen eines Objekts (De Renzi u. Barbieri 1992). Möglicherweise handelt es sich beim Nachgreifen sogar um ein spezifisches Zeichen bei Läsion des vorderen Gyrus cinguli (Hashimoto u. Tanaka 1998), wo es durch elektrische Reizung ausgelöst werden konnte (Kremer et al. 2001).

Gebrauchsverhalten (»utilisation behaviour«). Dieses ist mit den Störungen des Greifens verwandt und wurde früher als **Hypermetamorphosis** beschrieben (Boccardi et al. 2002). Der Untersucher streicht wortlos längere Zeit Alltagsgegenstände über die Handflächen und entfernt sie dann rasch vom Patienten. Typischerweise greift dieser nun nach dem Objekt und nimmt dann auch andere vorgehaltene Gegenstände in Verwendung. Er nimmt z. B. ein Glas, dann die angebotene Wasserkaraffe, schenkt schließlich ein und trinkt. Angewiesen, die Gegenstände nicht zu gebrauchen, gibt der Patient die Instruktion zwar wieder, hält sich aber nicht daran (Lhermitte 1983). Das Symptom ist nicht durch die Suggestion der Situation erklärt, da auch mit beiläufig vorhandenen Objekten, auf die der Untersucher keine Aufmerksamkeit lenkt, getändelt wird oder diese in längeren Handlungsketten (wie Austeilen von Spielkarten, Anzünden einer Zigarette) verwendet werden (Shallice et al. 1989, Archibald et al. 2001). In einem sehr gut dokumentierten Fall lag isoliert eine bilaterale SMA-Läsion vor. Die Interpretation von Gebrauchsverhalten als beidseitige »anarchische Hand« liegt nahe (Boccardi et al. 2002). **Hyperoralität**, die als Greif- und Gebrauchsverhalten des Mundes anzusehen ist, wird gelegentlich bei frontalen Läsionen beobachtet (Takahashi u. Kawamura 2001).

»Anarchische Hand«. Wie beim Gebrauchsverhalten kommt es hier zu unbeabsichtigten Bewegungen, die dennoch exakt auf ein Ziel hin ausgeführt werden. Anschaulich geschildert wurde die Störung von Kurt Goldstein (1908), dessen Patientin sagte »die Hand ist nicht normal, sie tut was sie selber will« und davon sprach, »dass ein böser Geist in der Hand« sei (Della Sala et al. 1994). Interessanterweise beschreibt die Arbeit, die die Bezeichnung »**alien hand**« (»main étrangère«) geprägt hat, ein anderes Phänomen: nicht eine selbst aktive Hand, sondern ein Fremdheitsgefühl dem Körperteil gegenüber. Diese Patienten erkannten ihre in der Rechten gehaltene linke Hand nicht als die eigene, wenn sie nur Berührungsinformation (Hände hinter dem Rücken oder bei geschlossenen Augen) zur Verfügung hatten (Brion u. Jedynak 1972). Der Begriff »anarchische Hand« für die unwillkürlich bewegte Hand ist daher vorzuziehen. Sowohl die linke als auch die rechte Hand können dieses »Dr.-Seltsam-Zeichen« (nach dem Stanley-Kubrick-Film) bieten, sehr selten aber beide zusammen. Balkenläsionen scheinen die Grundlage der häufigeren reversiblen Befunde zu sein, während bei Persistenz des Symptoms eine zusätzliche kontralaterale frontomediale Läsion anzunehmen ist (Della Sala et al. 1994). Eine »posteriore Variante« des Symptoms unterscheidet sich nicht nur in den Läsionsorten (z. B. Thalamus statt frontomediale Strukturen) sondern auch im Mechanismus (Kombination von gestörter Afferenz und Neglect statt Disinhibition lateraler prämotorischer Areale; Marey-Lopez et al. 2002).

Imitationsverhalten oder **Echopraxie** gilt als Vorstufe von Gebrauchsverhalten (Lhermitte et al. 1986) und sollte beiläufig im Rahmen der klinischen Untersuchung beachtet werden. Formal wird z. B. mit einem unerwarteten Händeklatschen geprüft oder indem der Untersucher die eigene Hand demonstrativ auf- und abbewegt, während der Patient das Handgelenk benennen soll (Royall et al. 1992).

Foix-Chavany-Marie-Syndrom. Zu diesem seltenen Syndrom kommt es durch beidseitige Läsionen am unteren Ende des primären Motorkortex (Operculum-Syndrom). Es besteht eine kortikale Pseudobulbärparalyse mit Anarthrie und Paresen der Kaumuskeln, des Gesichts, des Schlundes und der Zunge. Der stumme Patient imponiert mit ausdruckslosem Gesicht, offen stehendem Mund und Speichelfluss, hat aber ein normales Sprachverständnis und kann sich mit geschriebener Sprache verständigen (Weller 1993).

Sprechen und Sprache

Die Existenz sprachrelevanter Areale im linken Frontalhirn ist gut bekannt. Der Fuß der 3. Stirnhirnwindung gilt traditionell als **Broca-Areal**. Ferner wird ein **supplementäres Sprachareal** im frontomedialen Kortex angenommen.

Broca-Aphasie. Die exakte Lokalisation des Broca-Areals im Gyrus frontalis inferior, die Frage seiner Identität mit der Brodmann-Area-44, deren anatomische Lage, der genaue Zusammenhang mit dem klinischen Syndrom einer Broca-Aphasie (Leitsymptome: nichtflüssige Sprache, Agrammatismus, Telegrammstil) sowie die Rolle des homologen Areals in der rechten Hemisphäre sind weiterhin Gegenstand der Forschung (Alexander et al. 1989; Amunts et al. 1999). Läsionen des linken Gyrus frontalis inferior beeinträchtigen jedenfalls den Sprachfluss in Aufgaben, bei denen zu Substantiven jeweils passende Verben genannt werden sollen (Thompson-Schill et al. 1998). In der Gegend des frontalen Operculums sind auch die für **kortikale Sprechstörungen (Sprechapraxie, Aphemie)** verantwortlichen Läsionen zu suchen (Nagao et al. 1999; Fox et al. 2001; Croot 2002).

Tierexperimente und bildgebende Untersuchungen beim Menschen legen nahe, dass die Brodmann-Area-44 auch Teil eines neu entdeckten »Spiegelsystems« ist, dessen Neurone (»**mirror neurons**«) dann aktiv werden, wenn man anderen bei der Ausführung von Bewegungen zusieht (Wohlschläger u. Bekkering 2002). Möglicherweise handelt es sich um die fundamentale Operation, auf deren Basis sich in der Phylogenese das Sprachvermögen entwickeln konnte (Rizzolatti et al. 2002). Alternativ wird dem »Spiegelsystem« auch eine Rolle für die Fähigkeit zugeschrieben, sich gedanklich in andere versetzen zu können (Gallese u. Goldman 1998).

Transkortikal-motorische Aphasie. Dieses seltene Aphasiesyndrom (Leitsymptome: nichtflüssige Sprache, gutes Sprachverständnis, gutes Nachsprechen) und der Sprachantrieb wird dem medialen Frontallappen zugeordnet (Freedman et al. 1984). Neben einer verminderten Sprachproduktion und Wortkargheit (**Logopenie**) sind auch Sprechstörungen beschrieben (Ziegler et al. 1997). Bei epileptischen Foci wird hier »speech arrest« beobachtet (Wieshmann et al. 1997). Die lokalisatorische Bedeutung ist relativ, da dieses Symptom auch von der Broca-Region ausgelöst werden kann (Lesser et al. 1984). Darüber hinaus sprechen diese Reizversuche, bei denen auch Schreibstörungen auftraten, gegen eine getrennte Lokalisation für das umstrittene **Exner-Schreibareal** (Matsuo et al. 2003).

Störungen im komplexen Gebrauch von Sprache. Frontale Läsionen können den Gebrauch von Sprache als Kommunikationsmittel beeinträchtigen und das Dialog-Verhalten verändern. Hier liegen erste Untersuchungen zum Sprachfluss und zur Entwicklung und Verfolgung eines Gesprächsthemas (**Pragmatik**) vor (Bernicot u. Dardier 2001). Aufgrund solcher subtiler Sprachstörungen können Testverfahren, die den Gebrauch von Sprache bedingen, bei frontalen Läsionen in den Ergebnissen verzerrt sein. Die eigentlich getestete Funktion kann dabei durchaus intakt sein (Wallesch et al. 1983). Deshalb kann es auch zum schlechteren Abschneiden bei Intelligenztests – besonders bei Aufgaben zum verbalen IQ – kommen und vermutlich auch bei Aufgaben zum verbalen Langzeitgedächtnis (Jetter et al. 1986). Die Sprachstörungen sind z. T. als Ausprägungen beeinträchtigter Exekutivfunktionen anzusehen. **Logopenie** und **Echolalie** als prominente Symptome (Kertesz u. Munoz 2003) bei progredienten, neurodegenerativ bedingten Störungen des Sprechens oder der Sprache (Mesulam 2003) und Störungen der **Prosodie**, die auf die rechte Hemisphäre bezogen werden (Alexander et al. 1989), seien noch abschließend erwähnt.

Okulomotorik und Neglect

Zu den frühesten Befunden der tierexperimentellen elektrischen Reizung der Hirnrinde zählt die Auslösung von Augenbewegungen. Im Gegensatz zur traditionellen Identifizierung des **frontalen Augenfelds** (»frontal eye field«, FEF) mit Brodmann-Area-8 (vgl. Kap. 9) lokalisieren neuere Befunde das FEF innerhalb von Area 6 (Paus 1996; Lobel et al. 2001). Anatomisch entspricht das FEF einer durch besondere Chemoarchitektonik ausgezeichneten Region an der Kreuzung der Sulci frontalis superior und praecentralis (Rosano et al. 2003). Als weiteres Augenbewegungsareal wurde das **supplementäre Augenfeld** (SEF) an der medialen Fläche des Frontalhirns, am Sulcus paracentralis, identifiziert (Grosbras et al. 1999). Da sich sowohl rasche Blicksprünge (Sakkaden) als auch langsame Folgebewegungen durch elektrische FEF-Stimulation auslösen lassen (Blanke et al. 2000), ist das FEF wohl als motorische Endstrecke an beiden Bewegungstypen beteiligt. Das SEF scheint übergeordnet, da es mit zunehmender Übung bei Augenbewegungsaufgaben weniger Aktivität zeigt (Tehovnik et al. 2000).

Speziell zur Untersuchung frontaler Augenbewegungsstörungen sind **Anti-Sakkaden-Aufgaben** entwickelt worden, wo in die Gegenrichtung des aufleuchtenden Reizpunktes geblickt werden soll (Milner 1982). Als kritische Region wurde ein **zinguläres Augenfeld** herausgearbeitet (Milea et al. 2003).

»Déviation conjuguée« und okulomotorische Apraxie. Diese beiden Symptome haben keine streng lokalisatorische Bedeutung, da hier neben FEF und SEF weitere Elemente des okulomotorischen Netzwerkes lädiert sein müssen.

Frontaler Neglect. Die Grundlage für Neglect-Symptome bei frontalen Läsionen liegt in der engen Beziehung zwischen den kortikalen Regionen, die für die Steuerung von Augenbewegungen und denjenigen, die für Aufmerksamkeit im Raum zuständig sind (Corbetta 1998). Es handelt sich um ein transientes Phänomen nach einer akuten Läsion und zeigt sich z. B. durch Nichtbeachtung einer Raumhälfte, durch Auslassungen beim Ausstreichen von Mustern auf einem Blatt oder durch Verschiebung der Mitte beim Halbieren einer Linie – mit Rückbildung innerhalb von einigen Wochen (Husain u. Kennard 1996).

Gedächtnis, Lernen, Konfabulationen

»**Basal forebrain amnesia**«. Diese Gedächtnisstörung bei frontalen Läsionen ist am klarsten fassbar (Borsutzky et al. 2000). Die Zugehörigkeit der betroffenen Strukturen des basalen Vorderhirns (Septum verum mit Nuclei septi, Nucleus accumbens, Nuclei des Gyrus diagonalis Broca, Bandeletta diagonalis, Substantia innominata) zum Frontalhirn ist relativ (Nieuwenhuys et al. 1988). Die Symptomatik bedingt eine erhebliche Beeinträchtigung im Alltag (Goldenberg et al. 1999). Kardinalsymptom ist die **anterograde Amnesie**, während eine retrograde Amnesie variabel auftritt (Borsutzky et al. 2000).

Typische Ursache sind Blutungen aus einem Aneurysma der A. communicans anterior bzw. Folgeschäden bei Vasospasmus und operativer Ausschaltung. Didaktisch bietet sich der Begriff **Arteria-communicans-anterior-Syndrom** an (Gedächtnisstörung, Konfabulation und Persönlichkeitsveränderung), auch wenn damit die individuelle Symptomkonstellation übermäßig vereinfacht wird (Böttger et al. 1998). Ihre Komplexität ist aufgrund der engen Nachbarschaft der genannten Strukturen, die unterschiedlichen Schaltkreisen zuzurechnen sind, nicht verwunderlich. Bei etwas ausgedehnteren Läsionen kommt es zusätzlich zu Schäden des limbischen Papez-Schaltkreises (Fornix-Schenkel) und des orbitofrontalen Kortex. Fortschritte in der Fraktionierung und anatomischen Zuordnung des Syndroms sind dennoch erkennbar.

Die für die anterograde Gedächtnisstörung verantwortliche Schädigung wird entweder im Gyrus diagonalis als Quelle cholinerger Innervation des Hippokampus (Abe et al. 1998) oder im dopaminergen Nucleus accumbens gesucht (Goldenberg et al. 1999). Wichtig ist für zukünftige Untersuchungen eine genauere Beachtung der Läsionsätiologie, da z. B. die bisher selten beschriebenen (intra-axialen) Blutungen, die den in der Ventrikelwand verlaufenden Septalvenen zuzuordnen sind (Goldenberg et al. 1999; Hashimoto et al. 2000), ein anderes Läsionsmuster bedingen als die im Subarachnoidalraum stattfindenden (extra-axialen) Aneurysma-Blutungen (Morris et al. 1992; Abe et al. 1998).

Man geht davon aus, dass Störungen von Lern- und Gedächtnisleistungen bei frontalen Läsionen sonst kaum auffallen (Stuss et al. 1994). Die Patienten sind durchaus in der Lage, Informationen aufzunehmen und dauerhaft in das Langzeitgedächtnis zu transferieren. Sie können die gespeicherten Inhalte auch abrufen. Normalerweise treten keine Schwierigkeiten bei Aufgaben zu perzeptuellem oder deklarativem Gedächtnis auf (Tulving 1987; Janowsky et al. 1989; Shimamura et al. 1992). Die Probleme beim Enkodieren oder Abrufen von Items aus dem Langzeitgedächtnis sind eher auf ein Defizit in der Organisation und Kontrolle der Gedächtnisinhalte zurückzuführen (Mangels et al. 1996; Siegert u. Warrington 1996). Ebenso werden auffällige Befunde im »California-Verbal-Learning-Test« als Folge allgemeiner Störungen bei frontalen Läsionen angesehen (ungenügende Strategie, semantische Störung; Baldo u. Delis 2002; Alexander et al. 2003). Einzelne Untersuchungen beschreiben Störungen beim freien oder durch Hinweisreize unterstützten Gedächtnisabruf (Wheeler et al. 1995), z. B. bei der Prüfung des Assoziationslernens von Wort-Wort-, Wort-Bild-, und Bild-Bild-Paaren (Dimitrov et al. 1999). Beeinträchtigungen wurden auch für bedingtes Assoziationslernen berichtet, das aber auch bei temporalen Läsionen gestört sein kann (Milner 1982; Petrides 1985). Eine ausführliche Darstellung frontaler Leistungen bei Gedächtnisfunktionen geben Fletcher und Henson (2001).

Arbeitsgedächtnis. Zahlenspanne und Blockspanne als einfachste Maße des kurzfristigen (verbalen und visuell-räumlichen) Behaltens scheinen bei frontalen Läsionen in der Regel unbeeinträchtigt (Wiegersma et al. 1990; Owen et al. 1990). Störungen des Arbeitsgedächtnisses sind aber im »self-ordered pointing task« nachweisbar. Der Proband wählt hierbei eines von mehreren Objekten (abstrakte Muster, Strichzeichnungen von Alltagsgegenständen, bildhafte oder abstrakte Wörter) auf einem Blatt aus. Er muss dann auf weiteren Vorlagen, die die Elemente in jeweils anderer Anordnung enthalten, immer eines markieren, das bisher noch nicht gewählt wurde. Sowohl bei links- wie bei rechtsfrontalen Läsionen kommt es hier zur Beeinträchtigung, daneben aber auch bei rechtstemporaler Schädigung (Milner 1982; Milner et al. 1985).

Verwandt in der Aufgabenstellung ist der Untertest »spatial working memory« der CANTAB-Batterie (▶ s. unten), wo am Bildschirm eine Reihe von »Schachteln« auf den Inhalt zu untersuchen ist, ohne dass wiederholtes Prüfen erlaubt ist (Owen et al. 1990). In einer Variante ohne konkrete Objekte kann man aus einer vorgegebenen Reihe von Ziffern eine zufällige Folge ohne Wiederholungen bilden lassen. Beispielsweise wäre als Material die Reihe von 1–6 vorgegeben und eine Antwort »4 – 2 – 1 – 3 – 5 – 6« wäre akzeptabel (Wiegersma et al. 1990). Frontale Läsionen beeinträchtigen diese Leistungen (Owen et al. 1990; Wiegersma et al. 1990; Owen et al. 1995). Untersuchungen des Arbeitsgedächtnisses mit einer Doppelaufgabe (Durchstreichen von Mustern auf einem Blatt Papier bei gleichzeitigem Nachsprechen von Zahlen) weisen gleichfalls eine Beeinträchtigung nach (Baddeley et al. 1997).

Implizites Gedächtnis. Dieses ist Grundlage des unbewussten, prozeduralen Lernens von Fertigkeiten und kann bei frontalen Läsionen beeinträchtigt sein, vermutlich aufgrund der engen anatomischen Beziehungen zu den Basalganglien (Gómez Beldarrain et al. 1999; vgl. aber Shimamura et al. 1992).

Übergeordnete Prozesse. Ferner können bei frontalen Läsionen die Leistungen im Erlernen von beziehungslosen Wortpaaren oder schlecht strukturierten Wortlisten vermindert sein (Daum et al. 1995). Hier sind Störungen von **Gedächtnisstrategien** und übergeordneten Kontrollprozessen zu vermuten, die man für den Abruf von Information als planmäßigem Durchsuchen des Gedächtnisspeichers benötigt (Jetter et al. 1986; Stuss et al. 1994). Mit »**Metagedächtnis**« wird das subjektive Wissen um die Fähigkeiten des eigenen Gedächtnisses bezeichnet. Es äußert sich u. a. in dem Gefühl, dass man die richtige Antwort kennt, auch wenn sie gerade nicht aktiv produziert werden kann. Ob dies spezifisch bei Frontalhirnläsionen gestört sein kann, wird kontrovers diskutiert (Stuss et al. 1994; O'Shea et al. 1994; Jurado et al. 1998).

Weitere Aspekte von Gedächtnis. Zu nennen sind das Wissen um den Kontext und die Umstände, unter denen die erinnerte Information erstmals erfahren wurde (»source memory«), und um die zeitliche Ordnung von Gedächtnisinhalten (»order memory«) (Janowsky et al. 1989; Shimamura et al. 1990; Kesner et al. 1994; Thaiss u. Petrides 2003). In diesem Zusammenhang kommt z. B. der **Recency-Test** zur Anwendung, wo in rascher Folge bedruckte Karten aus einer langen Serie vorgelegt werden. Zwischendurch präsentiert man 2 bereits gezeigte Karten und fragt, welche davon zuletzt zu sehen war. Mit Wortmaterial zeigten sich bei Patienten nach linksseitigen Frontalhirnläsionen deutlichere Störungen als nach rechtsseitigen, bei Bildmaterial war der Effekt umgekehrt (Milner 1982; Milner et al. 1985). Eine übergeordnete Fähigkeit mit Beziehung zum Frontallappen wird auch dafür postuliert, dass man die Zahl der präsentierten Gedächtniseinheiten angeben kann (»frequency memory«; Milner et al. 1985).

Konfabulationen. Der Zusammenhang zwischen Konfabulationen und frontalen Läsionen wurde in letzter Zeit genauer analysiert (Demery et al. 2001). Korsakoff umschrieb dieses Phänomen anschaulich als »Erinnerungstäuschungen« (»Pseudoreminiszenzen«). Aufgrund unterschiedlicher Mechanismen lassen sich reaktive Konfabulationen (Fehlantworten) von spontanen Konfabulationen trennen (Schnider et al. 1996). Für letztere wird ein Fehlen der Zeitmarke für aufsteigende Erinnerungen und die Unfähigkeit, gegenwärtig irrelevante Gedächtnisinhalte zurückzuweisen, verantwortlich gemacht. Sie sind auf posteriore orbitofrontale Läsionen zu beziehen. Eine Studie an Gesunden konnte eine Kontrollfunktion des orbitofrontalen Kortex bei der Integration von Gedächtnisinhalten in die aktuelle Realität belegen (Schnider 2003).

Komplexe Leistungen

Die Literatur zeigt ebenso wie die tägliche Praxis, dass viele Alltagsprobleme der Patienten sowohl begrifflich als auch klinisch oder mit formalen Verfahren nur schwer zu erfassen sind. Berichtet wird neben den kognitiven Beeinträchtigungen von Unzuverlässigkeit, gestörten familiären und sozialen Bindungen, Selbstüberschätzung, Verschuldung, Stellenverlust oder ähnlichem. Paradigmatisch wird dabei oft auf den Patienten EVR verwiesen (► s. oben in Abschn. »Somatische Marker«). Seine Schwierigkeiten im Alltag standen in so ausgeprägter Diskrepanz zu den normalen Befunden bei klinischer sowie herkömmlicher neuropsychologischer Untersuchung, dass ein Zusammenhang mit dem orbitofrontalen Meningeom und eine entsprechende sozialmedizinische Versorgung anfänglich verneint wurden (Eslinger u. Damasio 1985). Auch die korrekte verbale Beurteilung von Alltagsentscheidungen und zwischenmenschlichen Beziehungen bei der klinischen Befragung ließen die lebenspraktischen Schwierigkeiten von EVR unglaubhaft erscheinen.

Eine Besonderheit der Situationen, an denen solche Patienten scheitern, ist ihre **prinzipielle Offenheit**. Im Gegensatz zum Labortest sind Alltagssituationen schlecht strukturiert und unvorhersehbar. Es kommt besonders darauf an, sich von Vorgaben zu lösen und das Verhalten aus sich heraus zu generieren. Die Art und Weise, wie ein Problem angegangen wird und wie der Lösungsweg aussieht, kann man mit der **Methode des lauten Denkens** erfassen. In alltagsnahen Aufgabenstellungen (z. B. soll ein Ehepaar einen Finanzierungsplan für seine Zukunft erstellen und dabei u. a. Ausbildungskosten für die Kinder, Kosten für einen Hausbau und Rücklagen für den Ruhestand berücksichtigen; ein Architekt soll einen Plan für einen konkreten Raum erstellen) zeigen Patienten mit frontalen Läsionen Hinweise u. a. für eine beeinträchtigte Strukturierung der Problemsituation, für schlechte Zeiteinteilung und vorzeitigen Abbruch (Goel et al. 1997; Goel u. Grafman 2000).

Planungsstörungen

Dorsolaterale präfrontale Läsionen beeinträchtigen nicht nur das Arbeitsgedächtnis, sondern auch das **prospektive Gedächtnis**. Damit ist nicht nur die Möglichkeit beschränkt, retrospektiv Erfahrungen aus der jüngeren Vergangenheit umzusetzen, sondern auch das »Gedächtnis für die Zukunft« (Ingvar 1985) betroffen. Verminderte Leistungen des prospektiven Gedächtnisses und Schwierigkeiten beim Entwerfen und Umsetzen

3.2 · Symptome

von Handlungsplänen sind eng miteinander verbunden (Meacham u. Leiman 1982).

Die Fähigkeit zum Planen wird gerne mit »**Skripts**« untersucht, wobei aber nicht vergessen werden darf, dass die Alltagsschwierigkeiten der Patienten nur dann vollständig erfasst werden, wenn nicht nur der berichtete Handlungsplan, sondern auch seine davon getrennt störbare praktische Umsetzung untersucht wird (Chevignard et al. 2000). In einer typischen Skript-Situation wird der Proband beispielsweise gefragt: »Was tun Sie, wenn Sie eine Bahnreise ins Ausland vorhaben?«. Die genannten Elemente (Reisegepäck besorgen, Fahrkarten kaufen, Koffer packen, Abfahrtszeit und Bahnsteig feststellen usw.) kann man dann nach Zahl, Abfolge und Zielgerichtetheit charakterisieren. Patienten mit frontalen Läsionen berichten eine verkürzte Aktionskette, vertauschen die Abfolge der Elemente oder schätzen ihre jeweilige Bedeutung für das angestrebte Ziel falsch ein. Auch wenn man ihnen einzelne Elemente zur Beurteilung vorgibt, fällt es ihnen schwer, die korrekte Abfolge herzustellen oder unbedeutende Elemente auszuscheiden (Sirigu et al. 1995). Systematische Ansätze zur Beurteilung der realen Planungs- und Handlungsfähigkeit werden anhand von häufigen Alltagsaufgaben wie dem vom Untersucher genau dokumentierten Bereiten einer Mahlzeit mit den Teilaufgaben Festlegung der Speisenfolge, Durchführung des Einkaufs und Zubereitung des Essens entwickelt (Fortin et al. 2003). Zur besseren Standardisierung wird hier neuerdings auch mit der Präsentation von Szenarien in »virtual reality« experimentiert (Zalla et al. 2001).

Zur Untersuchung der Umsetzung von Handlungsplänen werden im Labor oft **Transformationsaufgaben** verwendet. Sie verlangen eine interne Programmierung neu auszuführender Verhaltensabläufe (Grafman 1995). Transformationsaufgaben gehen von dem 1883 aufgekommenen Unterhaltungsspiel »**Turm von Hanoi**« aus (◘ Abb. 3.2) und beruhen darauf, dass ein Stapel von Spielsteinen unter Befolgung bestimmter Regeln von einem Ort an einen anderen versetzt werden soll. Erfunden hatte das Spiel, das im Original mit 3 Pfosten und 8 Spielsteinen vertrieben wurde, ein französischer Mathematik-Professor: Edouard Lucas (1842–1891) und stieß damit eine Vielzahl theoretisch-mathematischer Überlegungen an.

Beim »**Turm von London**« (Shallice 1982) befinden sich auf einem Spielbrett 3 unterschiedlich lange vertikale Stäbe, auf die 3 Kugeln gleicher Größe und verschiedener Farbe aufgesteckt sind. Von der Startposition ausgehend soll mit möglichst wenigen, nur einzeln erlaubten Zügen ein neues Muster erreicht werden, was je nach Schwierigkeitsgrad der Endposition eine unterschiedliche Zahl von Kugelbewegungen erfordert (Shallice 1982). Der analoge CANTAB-Untertest (▶ s. unten) verwendet »Socken« (»**Stockings of Cambridge**«), in denen die Kugeln anzusammeln sind (Owen et al. 1990). Ein ähnliches Problem stellt der »**Water Jug Task**«, bei der 3 mit Wasser gefüllte Behälter durch Umgießen auf einen vorbestimmten Pegelstand zu bringen sind (Colvin et al. 2001). Patienten mit frontalen Läsionen sind in diesen Aufgaben beeinträchtigt (Shallice 1982; Owen et al. 1990; Carlin et al. 2000; Colvin et al. 2001), aber die theoretische Diskussion über die beteiligten kognitiven Systeme ist nicht abgeschlossen. Bezweifelt wird, ob zur Erklärung der Leistungen tatsächlich Planen im Sinne einer Vorausschau erforderlich ist oder ob sich die Störungsmuster nicht auf bereits bekannte Komponenten reduzieren lassen. Ferner bestehen erhebliche Unterschiede in den Anforderungen der verschiedenen Varianten: beim »Turm von Hanoi« werden im Gegensatz zum »Turm von London« 3 gleich lange Stäbe verwendet (Goel u. Grafman 1995), beim »Turm von Toronto« 3 Stäbe und 4 verschieden farbige Ringe (Saint-Cyr et al. 1988; ◘ Abb. 3.3).

Gestörte Planungsfähigkeit erklärt vermutlich auch die schlechten Ergebnisse bei **Labyrinth-Aufgaben** nach frontalen Läsionen: Hierzu muss beispielsweise mit einem Bleistift der Ausweg aus einem Irrgarten markiert werden (**Por-

Abb. 3.2. Titelblatt des Spiels »Turm von Hanoi«, das 1883 als »echte annamitische Kopfnuss« von Edouard Lucas (1842–1891) auf den Markt gebracht worden war. Als »Mandarin vom Collége de Li-Sou-Stian«, unter dem Scherznamen Claus, tischte der Professor für Mathematik am Lycée Saint Louis in Paris dazu die Geschichte auf, dass das Spiel sich in den Schriften des berühmten Fer-Fer-Tam-Tam gefunden habe. Nach einer Legende versuchten die Brahmanen in Benares einen Heiligen Turm zu versetzen, der aus 64 goldenen, Diamant-besetzten Ebenen bestehe. Wenn das nach den Regeln gelungen sei, zerfalle der Turm zu Staub und das Ende der Welt sei da. Ebenso müsste in dem Spiel ein Turm aus Holzscheiben abgebaut und am Nachbarort wieder aufgebaut werden, wobei nie eine größere Scheibe auf einer kleineren liegen dürfe. Lucas/Claus setzte im Scherz eine Belohnung für das Versetzen eines Turms aus 64 Ebenen aus, wusste aber, dass die dazu erforderlichen 18446744073709551615 Bewegungen nicht ausführbar waren und mehr als 5 Mrd Jahre benötigen würden. In der 1883 vertriebenen Fassung waren 8 Scheiben enthalten. (Digitale Abbildung wurde zur Verfügung gestellt von P.K. Stockmeyer, Department of Computer Science, College of William and Mary, Williamsburg, Virginia: www.cs.wm.edu/~pkstoc)

3.2 · Symptome

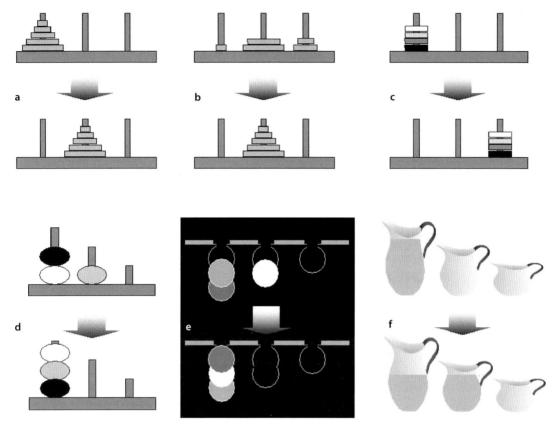

◘ **Abb. 3.3a–f.** Vergleich von einigen der Transformationsaufgaben, die bei frontalen Läsionen zur Beschreibung von Problemlöseverhalten eingesetzt werden. Bei allen Aufgaben geht es darum, von einem Ausgangszustand aus ein Handlungsziel zu erreichen. **a** Beim originalen »Turm von Hanoi« (Edouard Lucas 1883) soll der Stapel von Spielsteinen versetzt werden, wobei nie eine größere Scheibe auf eine kleinere gelegt werden darf, **b** eine von vielen Varianten der Turm-von-Hanoi-Aufgabe (Goel u. Grafman 1995), **c** der »Turm von Toronto« mit 3 Stäben und 4 verschieden farbigen Ringen (Saint-Cyr et al. 1988), **d** der »Turm von London« mit unterschiedlich hohen Pfosten (Shallice 1982), **e** die »stockings of Cambridge«, die in der CANTAB-Computer-Testbatterie verwendet werden (Owen et al. 1990), **f** eine Umschüttaufgabe mit Wasser (»Water Jug Task«; Colvin et al. 2001)

teus-Test; Porteus 1965; Corkin, 1965; Karnath et al. 1991; Karnath u. Wallesch 1992).

Planung und Ausführung des Plans hängen in hohem Maße von **Aufmerksamkeitsprozessen** ab. Derartige Handlungspläne oder Schemata verlangen eine handlungsgerichtete Aufmerksamkeit (Stuss et al. 1995). Sie sind durch konkurrierende Handlungspläne, meist Routineabläufe, störbar; bei frontalen Läsionen besonders durch das Fehlen von Hemmung (Fuster 1995). Es ist schwierig abzuschätzen, in welchem Ausmaß das Scheitern der Patienten bei Planungsaufgaben auf die Unfähigkeit zurückzuführen ist, interne oder externe Interferenz zu unterdrücken (Karnath et al. 1991; Goel u. Grafman 1995; Stuss et al. 1995). In Aufgaben zur selektiven Aufmerksamkeit und zum Aufmerksamkeitswechsel führten rechts frontale Läsionen zu unterdurchschnittlichen Leistungen (Koski u. Petrides 2001).

»Strategy application disorder« und Verhalten in offenen Situationen

Aufgrund der Fortschritte in der Beschreibung der komplexen Symptome nach Frontalhirnschädigung wurde ein eigenständiges Syndrom

(»strategy application disorder«) vorgeschlagen, dessen zentrale Komponente eine Beeinträchtigung der Fähigkeit zum »multi-tasking« sei (Burgess 2000), also der Fähigkeit, mehrere Dinge gleichzeitig zu tun. Der aus dem Computer-Slang übernommene Ausdruck wurde drastisch mit der Situation illustriert, der sich die Kosmonauten an Bord der Raumstation »Mir« ausgesetzt sahen, lässt sich aber genauso, nur weniger spektakulär, am Beispiel der Hausfrau deutlich machen, die eine Gruppe von Gästen geladen hat und sie mit einem mehrgängigen Menü bewirten will. Weitere Alltagsbeispiele wären Kindergeburtstag, Flugreise ins Ausland oder Vorstellungsgespräch.

Burgess (2000) stellt folgende Kennzeichen von Multi-tasking-Situationen heraus:
- Es gibt eine Vielzahl von Aufgaben.
- Die Aufgaben sind vielgestaltig, mit Unterschieden in Priorität, Schweregrad und Dauer.
- Zu einem Zeitpunkt kann nur eine Aufgabe bearbeitet werden.
- Es ist notwendig, ihre Bearbeitung »verschränkend« vorzunehmen.
- Unterbrechungen und unerwartete Verläufe treten ein.
- Unerledigte Aufgaben dürfen nicht vergessen werden (»prospektives Gedächtnis«).
- Die Erfolgskriterien sind vom Träger der Handlung definiert.
- Eine Erfolgsrückmeldung ist nicht unmittelbar erhältlich.

Das umgangssprachliche »etwas auf die Reihe bringen« bringt einen Teil dieser Aspekte zum Ausdruck und ist eine erste, vordergründige Umschreibung für die Schwierigkeiten von Patienten wie EVR. Eine formale Erfassung wurde mit dem »**Multiple-Errands-Test**« versucht, bei dem eine Vielzahl von Erledigungen in einem Einkaufsviertel (das Einhalten von Verabredungen eingeschlossen) abgearbeitet werden muss (Shallice u. Burgess 1991). Eine vereinfachte Version wurde kürzlich vorgelegt, müsste aber zur Verwendung im deutschen Sprachraum noch weiter bearbeitet werden (Alderman et al. 2003). Die Lebensnähe solcher Verfahren erschwert freilich Standardisierung und Wiederholbarkeit, weshalb Laborvarianten wie der »**Six-Elements-Test**« entwickelt wurden. Hier geht es darum, innerhalb von 10 min eine Serie von 3 verschiedenen Aufgaben zu bearbeiten: das schriftliche Lösen einfacher Rechnungen, das schriftliche Benennen von Bildern und eine mündliche Ereignisschilderung unter Verwendung eines Diktiergeräts, wobei jede Aufgabe in 2 getrennten Teilen angegangen werden muss (Wilson et al. 1996; ▶ s. auch unten in Abschn. »BADS«).

Eine Faktorenanalyse legt nahe, die Leistung in verschiedene, möglicherweise sogar anatomisch lokalisierbare Konstrukte – Regelgedächtnis, Planen, Regelbefolgung/prospektives Gedächtnis – zu zerlegen. So sollen Planungsstörungen v.a. mit Läsionen des dorsolateralen präfrontalen Kortex rechts zusammenhängen, Störungen der Regelbefolgung mit dem Frontalpol links (Brodmann-Feld-10; Burgess 2000).

Andere Versuche, die Offenheit von Alltagssituationen im Labor nachzustellen, basieren auf dem **Prinzip des Glücksspiels** (»risk-taking behavior«). Dabei werden bestimmte Reaktionen nicht regelhaft, sondern nur in einer zufälligen Mehrzahl belohnt und dementsprechend werden Gewinnpunkte (»Geld«) angesammelt oder verspielt. Im Ansatz der Arbeitsgruppe von Damasio (»Iowa gambling task«) zieht man Karten aus einem von 4 Stapeln mit unbekanntem Auszahlungsschema. Die Regel dahinter ist, dass es auf Karten aus den Stapeln A und B eine höhere Belohnung gibt, auf C und D weniger. Daneben sind unvorhergesehene Strafgelder nach jeweils 10 gezogenen Karten fällig. Insgesamt hat man nach 10 Zügen nur aus A oder B deutliche Schulden gemacht, während aus C oder D ein Gewinn abfällt. Die Bewertung nach 100 Zügen zeigt, dass Kontrollpersonen erst herumprobieren, dann aber hauptsächlich auf die langfristig profitablen Karten wetten. Ein explizites Wissen über den Kartenwert ist hierzu nicht vorausgesetzt. Im

Gegensatz dazu tendieren Patienten mit frontomedialen Läsionen stets zu den Karten mit der höheren Anfangsauszahlung (A und B). Trotz drohender Zahlungsunfähigkeit berücksichtigen sie nicht das höhere Risiko ihrer Entscheidungen. Dieses Verhalten wurde als **Kurzsichtigkeit für die Zukunft** oder Unempfindlichkeit für Handlungskonsequenzen charakterisiert (Bechara et al. 2000; vgl. Übersicht von Sanfey et al. 2003). Ein ähnlicher Ansatz aus Cambridge untersucht Entscheidungs- und Risikoverhalten mit einer simulierten Wett-Situation, wo zum Erfolg ebenfalls ein intakter orbitofrontaler Kortex erforderlich scheint (Rahman et al. 1999; Mavaddat et al. 2000). Im Vergleich solch verschiedener Glücksspielvarianten zeigte sich nach neueren Daten ein besondere Anfälligkeit der »Iowa task« gegenüber Läsionen des dorsomedialen und dorsolateralen Frontalhirns (Manes et al. 2002), v.a. rechts (Clark et al. 2003).

Deduktives und induktives Denken

Deduktion bezeichnet den Prozess der **Ableitung von Schlussfolgerungen aus Prämissen**, für den logische Syllogismen exemplarisch sind. Die kognitive Psychologie verwendet hier u.a. den »Wason-Selection-Task«, bei dem der Proband aus 4 Karten diejenigen auswählen soll, mit denen er den Wahrheitsgehalt einer Aussage wie »Wenn eine Karte auf der Vorderseite A zeigt, dann steht 4 auf der Rückseite« überprüfen kann. Systematische Studien des neurobiologischen Korrelats solcher Leistungen fehlen bis jetzt (Wharton u. Grafman 1998; Adolphs 1999).

Beim induktiven Denken wird aus einzelnen Tatsachen eine **allgemeine Regel** abgeleitet, die durch die Anwendung auf einen weiteren Fall erkennbar wird, wie z. B. bei analogen Reihen: »A verhält sich zu B wie C zu…«. Klinische Tests verwenden dazu Reihen, die der Proband (mündlich oder schriftlich) fortführen soll, z. B. »1 3 5 7 9 …«, »1 2 4 7 11 …«, »A C E G I K M O …« (Schnider 1997). Auch beim »Münzentest« geht es um das Erkennen einer Regel: Der Untersucher hält in einer Faust eine Münze, fordert den Probanden auf, ihren Ort zu erraten und vertauscht danach die Position der Münze hinter seinem Rücken. Im einfachsten Fall kann man regelmäßig zwischen links und rechts wechseln, eine schwierigere Version wäre »einmal rechts« im Wechsel mit »zweimal links«. Normalerweise sollte nach höchstens 10 Sequenzen die Gesetzmäßigkeit erkannt sein (Schnider 1997). Bei den so genannten Matrizen ist eine Leerstelle auf einem Vorlagenblatt in Analogie zu den anderen Elementen zu füllen. Die **Standard Progressive Matrices von Raven** (SPM) gelten als das klassische Verfahren zur sprachfreien Intelligenzmessung (Raven 2000).

Erste Untersuchungen des deduktiven und analogen Denkens bei frontalen Läsionen und mittels funktioneller Bildgebung bei gesunden Probanden liegen vor (Waltz et al. 1999; Prabhakaran et al. 1997; Goel et al. 2000; Goel u. Dolan 2000).

Gestörtes Abstraktionsvermögen, Konkretismus

Klinisch werden bei Frontalhirnläsionen Schwierigkeiten im Erkennen eines übergeordneten Konzepts und im Erfassen von Zusammenhängen beschrieben (auch der Begriff »thematische Perzeption« wird verwendet). Eine Möglichkeit zur Prüfung stellen **Bildgeschichten** dar, wo ungeordnete Einzelszenen vorgelegt werden und der Proband die richtige Abfolge herstellen soll (Tewes 1991; Royall et al. 1992; Royall 1999). Strenger formalisiert sind verschiedene Aufgaben zur Kategorisierung und zum Sortieren.

Beim »**Halstead-Category-Test**« und seinen Varianten (Vorlage von Testkarten, gegenüber der langwierigen Bildschirm-Originalversion) soll der Proband aus den Reizabfolgen das dahinter stehende Prinzip erschließen (Lezak 1995). **Sortieraufgaben** erfordern die Zusammenstellung von Objekten nach Gemeinsamkeiten, wie z. B. ihrer Farbe. Sie müssen also entsprechend einem übergeordneten Konzept gruppiert werden. Je nach den Objekteigenschaften bestehen mehrere Lösungsmöglichkeiten, die noch gezielt erweitert werden können (Sortieren nach Farbe, Form, Größe, Gewicht, Verwendung, aufgedruckten Mustern oder Wörtern usw.). Beim »**California-Card-Sorting-Test**« können z. B. 6 Karten nach insgesamt 8 möglichen Prinzipien aufgeteilt werden. Drei verschiedene Instruktionen (spontanes Sortieren; Benennen des Prinzips, nach dem der Versuchsleiter sortiert; Sortieren, nachdem das Sortierprinzip erklärt wurde) versuchen eine Trennung von Teilkomponenten der Leistung (Delis et al. 1992). Beim »**Wisconsin-Card-Sorting-Test**« (▶ s. unten Abschn. »Gängige psychometrische Verfahren«) wird zusätzlich durch Rückmeldungen zur Generierung neuer Lösungsvorschläge aufgefordert.

Das traditionelle Verfahren zur Prüfung des abstrakten begrifflichen Denkens ist die Frage nach dem **Oberbegriff eines Wortpaars**, wie etwa: »In welcher Beziehung ähneln sich: eine Banane und eine Orange; ein Tisch und ein Stuhl; eine Tulpe, eine Rose und ein Gänseblümchen?« (Dubois et al. 2000). Gerne wird nach der **Interpretation von Sprichwörtern** gefragt, wobei es um die Erfassung einer übertragenen, metaphorischen Bedeutung geht (Barth u. Küfferle 2001). Die Lösung vom vordergründigen Wortsinn ist auch die wesentliche Voraussetzung für die Fähigkeit, ironische oder sarkastische Bemerkungen zu verstehen, die bei frontalen Läsionen beeinträchtigt sein kann. Formal kann man solche Schwierigkeiten aufdecken, indem man etwa den Ausruf »Was für eine große Portion Essen!« interpretieren lässt – einmal, wenn er im Zusammenhang mit »Du musst ja nicht alles essen« steht, ein anderes Mal, wenn danach »Keine Sorge, es kommt noch mehr« geäußert wird (McDonald u. Pearce 1996).

Beeinträchtigung des kreativen Denkens, Ideenmangel

Zur Erfassung der Kreativität des Denkens werden meist Wortflüssigkeitsaufgaben verwendet. Die **lexikalische Wortflüssigkeit** verlangt, dass innerhalb einer bestimmten Zeit (meist eine Minute) möglichst viele Wörter mit bestimmten Anfangsbuchstaben genannt werden. Der Test ist ursprünglich als »FAS« (nach den am häufigsten verwendeten Buchstaben) oder als »COWAT« (»controlled oral word association test«) bekannt (Benton u. Hamsher 1976; Mitrushina et al. 1999). Der lexikalischen Wortflüssigkeit steht die **semantische Wortflüssigkeit** gegenüber: »Zählen Sie alle Tiere (Lebensmittel, Werkzeuge etc.) auf, die Ihnen einfallen.« Für frontale Störungen könnte relevant sein, dass die erste Variante auch die Anpassung an eine ungewohnte Situation erfordert, da man üblicherweise Wörter nach ihrer Bedeutung auswählt, während man diese Gewohnheit bei der Suche aufgrund von Anfangsbuchstaben unterdrücken soll (Perret 1974). Allerdings scheint die Beeinträchtigung der Wortflüssigkeit kein spezifisches Zeichen bei frontalen Läsionen zu sein (Ettlin et al. 2000). Als standardisiertes Verfahren steht seit kurzem der »**Regensburger Wortflüssigkeits-Test**« (RWT) mit zahlreichen Aufgabenvarianten zur Verfügung (Aschenbrenner et al. 2001).

Zur Untersuchung des Ideenflusses sind verschiedene alternative Verfahren möglich: Auf sprachlichem Gebiet die Interpretation von Anagrammen, also die Ergänzung von Buchstabenfragmenten zu sinnvollen Worten, und die Nennung der unterschiedlichen Bedeutungen für gleich lautende Worte (Warrington 2000).

Man kann Kreativität und Einfall auch beurteilen, indem man unterschiedliche Gesten und Handbewegungen produzieren lässt oder darum bittet, eine Vielzahl von Aktionen mit einem Alltagsgegenstand (»alternate uses«) aufzuzählen. Bei den unterschiedlichen Verwendungen gäbe es für die Zeitung neben »Lesen« die Möglichkeiten »Feuer machen«, »Packpapier« usw. (Eslinger u. Grattan 1993).

Zur Untersuchung des nichtsprachlichen Ideenflusses wurde ursprünglich das Zeichnen von Nonsense-Figuren eingesetzt (Jones-Gotman u. Milner 1977). Beim »**Fünf-Punkte-Test**« soll der Proband auf immer wieder neue Weise 5 wie auf einem Spielwürfel angeordnete Punkte mit 4 Linien verbinden (Regard et al. 1982). Eine Alternative ist der Test von Ruff (Ruff et al. 1994). Zur klinischen Orientierung kann man beliebige Figuren aus 4 Linien produzieren lassen (Royall et al. 1992; Royall et al. 2001).

Ein sehr elegantes Verfahren ist die Generierung von »zufälligen« Zahlenfolgen, da keine Strategie erlernbar ist, die es uns erlaubt, wirklich zufällige Reihen zu produzieren. Die geäußerten Folgen lassen sich mathematisch mit computergenerierten Zufallszahlen vergleichen und erlauben Rückschlüsse auf die verwendete Strategie. Das Festhalten an nur einer Produktionsstrategie könnte für frontale Läsionen typisch sein (Spatt u. Goldenberg 1993).

Als anschauliches Beispiel sei auch noch der »20-Fragen-Test« (Lezak 1995) genannt, der dem Ratespiel »Ich sehe was, was du nicht siehst« entspricht. Der Untersucher gibt an, ob es sich um ein Tier, ein Gemüse oder ein Mineral handelt (oder verwendet eine Vorlage mit verschiedenen Zeichnungen) und antwortet auf die maximal 20 erlaubten Fragen nur mit »ja« oder »nein«. Man beurteilt sowohl die Fähigkeit zur Produktion von Hypothesen und ihre Qualität zur Eingrenzung des Objekts als auch die ökonomische Verwendung der erhaltenen Antworten, indem man auf Fragenwiederholung oder logisch überflüssige Schritte achtet.

Wenn man bei Flüssigkeitsaufgaben die zur Antwort erhaltenen Worte qualitativ charakterisiert, kann man **Seitenunterschiede** feststellen: Nach linkshemisphärischen Läsionen des Frontalhirns wirken die Wortfolgen eher bizarr, während das Antwortmuster nach Läsionen rechts eher konventionell ist (Schwartz u. Baldo 2001). Insgesamt beeinflussen linksseitige Läsionen v.a. die verbale Flüssigkeit, während die Leistungen in nonverbalen Aufgaben sowohl von rechts- wie von linkshemisphärischen Prozessen abhängen (Baldo et al. 2001).

Rigidität

Bei Erkrankungen des Frontalhirns besteht oft ein **Mangel an kognitiver Flexibilität** (Halstead 1947; Luria 1980). Das Störungsbild wird meist bei Aufgaben zum abstraktem Denkvermögen beobachtet, zeigt sich aber auch bei Problemlöseaufgaben oder in Alltagssituationen, am deutlichsten bei zusätzlicher Ermüdung oder Überforderung durch die Aufgabenstellung. Es äußert sich v.a. durch die Verminderung der Fähigkeit, von einem Konzept zum nächsten zu wechseln bzw. durch starres, perseveratives oder stereotypes Verhalten. Das Lernen aus Rückmeldungen fehlt und die Anpassung an Umweltveränderungen ist gestört (fehlende Änderung des Reaktionsverhaltens, obwohl eine Belohnung ausbleibt). Milners Resultate (1964) sprechen für eine besondere Bedeutung von Läsionen des dorsolateralen präfrontalen Kortex.

Als einfaches Untersuchungsverfahren wird das **Zeichnen alternierender Muster** verwendet. Luria (1966) ließ seine Patienten abwechselnd die kyrillischen Buchstaben Λ und Π ohne Absetzen in langen Folgen zeichnen und achtete auf ein Ausbleiben des Wechsels. Varianten verwenden das »m« und »n« der lateinischen Schreibschrift (DSM-IV) oder unverbundene Zeichen wie X und O (Malloy u. Richardson 1994). **Reihen** wie »a 1 b 2 c 3…« (Royall et al. 1992) prüfen ebenfalls die Fähigkeit zum Alternieren (zusätzlich wird die Herstellung einer Analogie verlangt).

Die Verfahren sind dem »**Trail-Making-Test**« verwandt (Reitan 1979; Übersichten in Lezak 1995; Spreen u. Strauss 1998). Eine Variante des Pfadzeichnens eignet sich besonders zur Untersuchung am Krankenbett (▶ s. unten Abschn. 3.4 »Ein Frontallappen-Score als Hilfsmittel«). Beim Trail-Making-Test mit seinen 2 Teilaufgaben (Zahlen verbinden bzw. abwechselnd Zahlen und Buchstaben verbinden) gilt das Verhältnis von Test B zu Test A (B/A) als Maß für kognitive Flexibilität (Arbuthnott u. Frank 2000).

Insgesamt erfreut sich das übergeordnete Paradigma **Aufgabenwechsel** großer Aufmerksamkeit in der Forschung, da es den Indikator **kognitive Kosten** für exekutive Leistungen zu messen erlaubt. Sie äußern sich beim Alternieren zwischen 2 Aufgaben in der Zunahme von Reaktionszeit und Fehlerzahl im Verhältnis zur Durchführung stets derselben Aufgabe und sind höher, je mehr sich die Aufgaben ähneln. Beispielsweise wurden Reaktionszeiten auf nebeneinander stehende einzelne Buchstaben und Zahlen untersucht und die Werte beim Benennen stets desselben Elements mit denen beim Wechsel verglichen. Die kognitiven Kosten waren bei linksfrontalen Läsionen erhöht (Rogers et al. 1998).

Verminderte Plausibilitätskontrolle

Für diese charakteristische Störung des problemlösenden Denkens haben Shallice und Evans den Wert von **Schätzaufgaben** betont (»Cognitive-Estimation-Test«, CET; Shallice u. Evans 1978). Signifikant häufiger als andere Patienten gaben diejenigen mit frontalen Läsionen bizarre, schlecht begründete Antworten auf Fragen wie »Was ist heute der bestbezahlte Beruf in unserem Land?« Als Voraussetzung für eine adäquate Antwort wurde – neben der Generierung und Durchführung eines Lösungsplans auf der Grundlage von bekannten Tatsachen (wie dem eigenen Einkommen und dem im Bekanntenkreis, dem Wissen um den Lebensstandard bei verschiedenen Berufsgruppen und von Zeitungsmeldungen) – die Kontrolle der gefundenen Antwort auf Plausibilität betont. Zeiten schätzen (»Wie alt wird üblicherweise ein Hund?«) ist ein Untertest der »BADS«-Batterie (▶ s. unten Abschn. »Gängige psychometrische Verfahren«). Der auf Deutsch verfügbare »**Test zum kognitiven Schätzen**« (TKS) ist gegenüber dem CET umfassender und berücksichtigt die Dimensionen Größe, Gewicht, Anzahl und Zeit (Brand et al. 2002).

Klinisch-orientierend kann man darum bitten, Preise und andere Eigenschaften von Alltagsobjekten zu schätzen (»Wie lang ist eine Krawatte im Durchschnitt?«). Eine genaue kognitive Analyse und evtl. auch eine anatomische Zuordnung von Störungen bei Schätzaufgaben stehen aus.

Störungen der »Theory of Mind«

In der kognitiven Psychologie ist in den letzten Jahren das Konzept der »Theory of Mind« (ToM) entwickelt worden, das seit kurzem auch an neurologischen und psychiatrischen Patienten untersucht wird. Unter ToM wird das eher kognitive, weniger emotionale Vermögen verstanden, die inneren Zustände anderer zu erkennen, ihr Handeln also auf erschlossene und nicht direkt beobachtbare Beweggründe wie Wünsche, Absichten und Annahmen zu beziehen. Ob bei einem Probanden eine solche »naive psychologische Theorie«, wie man ToM umschreiben könnte, vorhanden und wie stark sie ausgeprägt ist, schließt man aus der Art, wie er auf kurze Szenenschilderungen antwortet.

Die Verwendung von Vokabeln wie »denken, glauben, lügen, wissen« für die Akteure der Handlung wird als Hinweis für intakte ToM gesehen. Neben dem einfacheren »B denkt, dass X der Fall ist« werden auch Rückschlüsse »zweiter Ordnung« (»A denkt, dass B denkt, dass X der Fall ist«) und das sich noch später im Kindesalter entwickelnde Wissen um »faux pas« geprüft. ToM wird als unabhängige kognitive Einheit gedacht. Möglicherweise spielen Strukturen im Frontallappen eine besondere Rolle für dieses psychische Vermögen (Rowe et al. 2001; Stuss et al. 2001; Shallice 2001).

Dysexekutives Syndrom

Pragmatisch wurde vorgeschlagen, ein dysexekutives Syndrom zu diagnostizieren, wenn eines der folgenden Kriterien erfüllt ist (Baddeley et al. 1997):
- Spontan von den Angehörigen berichtete Verhaltensänderung,
- Unfähigkeit des Patienten, selbständig eine längere Alltagsverrichtung durchzuführen (z. B. eine ganze Mahlzeit zu essen oder ein Bad zu nehmen),
- Überwachungsbedürftigkeit aufgrund von Selbst- oder Fremdgefährdung,

- erhebliche Schwierigkeiten in der Interaktion (durch Antriebsstörung, unangemessene Euphorie, sozial inakzeptables Verhalten)
- Perseveration in der Spontansprache, Konfabulationen, Ablenkbarkeit, eingeschränkte Aufmerksamkeit und emotionale Veränderung.

Eine anerkannte operationale Definition gibt es nicht. Zur Abfrage von Symptomen eines dysexekutiven Syndroms kann man sich daher auch an folgender Liste orientieren. Es gibt dabei aber keine obligaten Merkmale und keine Mindestanzahl von Symptomen zur Diagnosestellung (Wilson et al. 1996):
- Probleme im abstrakten Denken,
- Planungsstörung,
- Störung der Impulskontrolle,
- Zwiespalt zwischen Wissen und Tun,
- enthemmtes Verhalten,
- Impulsivität,
- gestörte Reaktionshemmung,
- Aggressivität,
- Rastlosigkeit, motorische Unruhe,
- fehlende Krankheitseinsicht (Anosognosie),
- Missachtung sozialer Regeln,
- Unbekümmertheit,
- Konfabulationen,
- Probleme mit der zeitlichen Ordnung,
- Perseverationen,
- Ablenkbarkeit,
- gestörte Entscheidungsfähigkeit,
- Euphorie,
- Apathie,
- abgeflachte Affekte.

3.3 Anatomischer Bezug

Es wird leicht übersehen, dass selbst die makroskopische Beschreibung des menschlichen Gehirns noch **erhebliche Lücken** aufweist (Petrides u. Pandya 1999; Chiavaras u. Petrides 2000; Petrides u. Pandya 2001; Öngür et al. 2003). Invasive elektrophysiologische Ableitungen vom Frontalhirn werden auch in Zukunft nur in besonderen Ausnahmesituationen erfolgen (Kawasaki et al. 2001).

Trotz Vorbehalten können gegenwärtige anatomische Deutungen von Frontalhirnsymptomen nicht übergangen werden (Miller u. Cummings 1999). Sie beruhen auf tierexperimentell nachgewiesenen parallelen Schaltkreisen, die über jeweils spezifische Anteile des Striatum, des Globus pallidus und des Thalamus zurück zu den frontalen Ausgangsgebieten führen (Alexander et al. 1990). Für den Menschen werden die Verläufe dieser Bahnen im Analogieschluss abgeleitet (Burruss et al. 2000). Ein direkter Nachweis könnte durch neue Magnetresonanz-Techniken, die die unzureichenden Methoden zur Darstellung von Bahnverbindungen ablösen, gelingen (Behrens et al. 2003). Kasuistische Beobachtungen von frontalen Symptomen bei Läsionen des Nucleus caudatus und des Thalamus unterstützen aber die prinzipielle Richtigkeit des Konzepts (Degos et al. 1993; Eslinger et al. 1991).

In Entsprechung zu den angenommenen anatomischen Systemen unterteilt man in Syndrome des orbitalen/ventromedialen Frontallappens, des dorsolateralen Frontallappens und des zingulären Frontallappens und ordnet ihnen (und den spezifischen subkortikalen Schaltstationen) die 3 Störungsbereiche Persönlichkeit, Exekutive und Motivation zu (Cummings 1993). In einem verwandten Ansatz wurde das Syndrom der Pseudopsychopathie auf orbitale, ventromediale Läsionen des Frontallappens und die Pseudodepression auf die Konvexität (dorsolateraler Frontallappen) bezogen (Blumer u. Benson 1975). Vereinfachende Schemata (◘ Tabelle 3.1) können die Orientierung in der Praxis erleichtern, man sollte sich ihrer Vorläufigkeit aber bewusst bleiben. Selbst eine Seitenlokalisation scheint bisher kaum möglich.

Tabelle 3.1. Pragmatische anatomische Interpretation frontaler Symptome. (Nach Grafman u. Litvan 1999)

Frontale Region	Verhaltensbereich	Beispiele
Ventromedial	Sozialverhalten	Macht ein Patient anzügliche Bemerkungen, isst er unmäßig, verletzt er soziale Konventionen?
	Hemmung von Reaktionen	Zeigt er stereotypes Verhalten, z. B. indem er fortlaufend dieselbe Äußerung oder Handlung wiederholt?
	Motivation und Lustgewinn	Hat er noch Vergnügen an früheren Gewohnheiten und Hobbys?
Medial	Aufmerksamkeit	Lenken ihn nebensächliche Reize wie Geräusche oder Seheindrücke ab?
	Handlungsroutinen	Ist er zu Routine-Tätigkeiten wie der Bedienung eines Geldautomaten oder dem Zubereiten von Kaffee fähig?
Frontopolar	Handlungsanpassung	Kann er eine Unterhaltung ohne Hinweise wieder aufnehmen, obwohl ein Telefongespräch dazwischenkommt?
Dorsolateral	Arbeitsgedächtnis	Kann er eine Telefonnummer nach kurzem Intervall wiedergeben?
	Problemlösendes Denken	Kann er die Gemeinsamkeiten zweier Gegenstände wie Tisch und Stuhl angeben? Findet er die Antwort auf eine Rätselfrage? Kann er sich auf unvorhergesehene Anforderungen oder Ereignisse einstellen?

3.4 Stellenwert von Klinik und Psychometrie

Bekanntlich hat die moderne Bildgebung die Rolle von klinischen und psychometrischen Verfahren zur topischen Diagnostik von Hirnläsionen in Frage gestellt und mit der Zunahme von biologischen (oft molekularen) Markern ist eine ähnliche Entwicklung für die Diagnostik neurodegenerativer Erkrankungen zu befürchten. Abgesehen davon, dass die Interpretation bildgebender Verfahren ohne Kenntnis klinischer Befunde höchst fragwürdig ist, sind diese Verfahren bei einigen Erkrankungen, z. B. in der Frühphase oder bei paroxysmalen Störungen, nicht aussagekräftig. Zur Differenzierung degenerativer Erkrankungen ist das molekulardiagnostische Instrumentarium trotz aller Fortschritte noch sehr begrenzt. Umgekehrt ist eine molekulare Forschung derzeit ohne die klinische Definition des untersuchten Phänotyps gar nicht denkbar.

Insgesamt hat daher das klinische Vorgehen der Anamnese- und Befunderhebung weiterhin den Vorrang. Wegen der bei neurodegenerativen Erkrankungen zunehmend erkennbaren differenzialtherapeutischen Konsequenzen sind Verfahren erforderlich, welche die Diagnostik weiter verbessern und z. B. die Trennung der frontotemporalen Demenz (FTD) von der Alzheimer-Demenz (AD) ermöglichen (z. B. Mendez et al. 1998).

Der zur orientierenden Untersuchung beliebte »Mini-Mental-Status-Test« ist weder zur Früherkennung noch zur Differenzialdiagnose demenzieller Erkrankungen oder frontaler Läsionen geeignet. Spezifische Besonderheiten von Patienten mit frontaler Demenz oder mit exekutiver Dysfunktion können vielleicht mit der CANTAB-Batterie (▶ s. unten) erfasst werden (Rahman et al. 1999; De Luca et al. 2003; Scott et al. 2003). Weitere Fortschritte in der Funktionsdiagnostik des Frontalhirns sind aber zweifellos erforderlich.

Klinische Verfahren. Aus der Vielzahl von Verfahren, mit denen man frontale Funktionsstörungen auf den Ebenen der Fremdanamnese, der Verhaltensbeobachtung, der psychopathologischen Exploration und der klinischen Prüfung erfassen kann, sind Untersuchungsbatterien zusammengestellt worden, um Störungen einerseits sensitiv, andererseits aber auch ökonomisch diagnostizieren zu können. Als exemplarisches Beispiel wird im Folgenden der auf Deutsch vorliegende »**Frontallappen-Score**« von Ettlin et al. dargestellt, der zur Diagnostik einer frontalen Läsion eine akzeptable Sensitivität (78%) und Spezifität aufweist (100% gegenüber gesunden Kontrollen, 84% gegenüber Läsionen in anderen Hirnregionen; Ettlin et al. 2000; Wildgruber et al. 2000).

Die Diagnostik bleibt trotz solcher Fortschritte eine Herausforderung und zu Recht wird die Bedeutung von klinischer Erfahrung und Intuition des Untersuchers herausgestellt (Baddeley et al. 1997). Es ist unabdingbar, sich einen Eindruck vom **Alltagsleben** des Patienten zu verschaffen, um eine Funktionsstörung und ihre möglichen Konsequenzen auf den Tagesablauf, das familiäre und soziale Leben (Beziehung zum Partner, zu Eltern, Kindern und Geschwistern, zu Freunden und Kollegen, die Rolle in Vereinen und anderen Interessensgemeinschaften), die Leistungsfähigkeit am Ausbildungs- oder Arbeitsplatz, die Verwaltung von Haushalts-, Geld- und Steuerangelegenheiten und die Planung der eigenen und familiären Zukunft einschätzen zu können. Ein einmaliger Termin mit dem Patienten (wie bei konsiliarischer Vorstellung) ist dazu selten ausreichend. Ein besserer Eindruck ist durch eine ergänzende Fremdanamnese und mehrfache Vorstellungen möglich. Diese lassen auch die Umstände des Kontakts mit dem Patienten genauer beurteilen, d. h. seine Fähigkeit zum Einhalten von Terminen und Absprachen. Auch ein **Hausbesuch** kann hilfreich sein, um weitere Nuancen des Patientenverhaltens auszuloten. Selbst die bewusste Inszenierung unterschiedlichster Lebenssituationen kommt in Frage – absurde Szenen eingeschlossen, in denen der Untersucher selbst gegen soziale Konventionen verstößt, indem er sich wie zur Verabreichung einer Injektion freimacht (Lhermitte 1986) oder wenn er eine Faschingsmaske trägt oder ein Bikini-Oberteil über dem Kittel (Brazzelli et al. 1994).

Die **Beachtung des eigenen Verhaltens** ist auch sonst von Bedeutung: Wenn der Untersucher eine zunehmend aktive Rolle der Führung und Anleitung spielt, kann das auf einen Mangel an Initiative oder an selbst generiertem Verhalten beim Patienten hinweisen. In den quantitativen Tests hat nicht nur die gemessene Leistung oder die Fehleranzahl Bedeutung, was z. B. bei Prüfung der Wortflüssigkeit deutlich wird, wo die Verwendung von vulgärem Wortschatz besonders vermerkt werden sollte.

Dieses Prinzip, auch die **Art einer Problemlösung** zu berücksichtigen, wird in einer exekutiven Variante des Uhrentests angewendet (»CLOX«: Royall et al. 1998; Schillerstrom et al. 2003). Bei CLOX wird dem Abzeichnen eines Zifferblatts mit vorgegebener Uhrzeit eine Phase des freien Zeichnens vorgeschaltet. Während man für Patienten mit AD typischerweise in beiden Untertests Fehler erwartet, fällt Patienten mit FTD tendenziell nur die Phase des freien Entwerfens schwer (Royall et al. 1998).

Allgemeine neurologische Untersuchung. Hier sollten die hinsichtlich einer frontalen Läsion relevanten Befunde **Anosmie** und **Inkontinenz** nicht übersehen werden. Zugleich ergibt sich die Gelegenheit, komplexere Phänomene außerhalb des eigentlichen Neurostatus mit zu erfassen, bei der Gesichtsfeldprüfung z. B. durch Beobachtungen von vermehrter Ablenkbarkeit durch den bewegten Untersucherfinger oder von rigidem Beharren der Fixation auf das Gesicht des Untersuchers. **Pathologisches Lachen** kann ebenfalls Ausdruck einer frontalen Läsion sein (Mendez et al. 1999; Fried et al. 1999).

Zum ersten Erfassen der Symptome eignet sich die Liste aus ◘ Tabelle 3.1. Neben der **Verhaltensbeobachtung** darf das subjektive Erleben des Patienten nicht vernachlässigt werden. Wesentlich ist auch die umfassende psychopathologische Exploration und die Erhebung einer **Fremdanamnese**. Zur standardisierten Beschreibung von Verhalten und Erleben speziell bei Frontalhirnerkrankungen haben mehrere Arbeitsgruppen **Fragebögen** zur Selbst- und Fremdeinschätzung entwickelt (Wilson et al. 1996; Grace et al. 1999; Kertesz et al. 2000: ▶ s. unten).

Ein Frontallappen-Score als Hilfsmittel

Der »Frontal Lobe Score« (FLS; Wildgruber 1997; Ettlin et al. 2000; Wildgruber et al. 2000) setzt sich zusammen aus 12 Leistungstests, einer Einschätzung von Verhaltensauffälligkeiten sowie der Beurteilung der Spontansprache. An Material ist eine Stoppuhr, Papier und Bleistift erforderlich. Der Zeitaufwand liegt zwischen 20 und 45 min.

Die aus dem Fundus klinischer Tests ausgewählten Verfahren beginnen mit der **Siebener-Reihe** (»Serial Sevens«, fortlaufende Subtraktion). Bei diesem traditionellen, wohl auf Kraepelin zurückgehenden Test (Smith 1967) soll der Patient von 100 rückwärts zählen: »100 – 93 – 86 – ???« bis »2«. Für das **Rückwärtsbuchstabieren** (Bender 1979) wurde das Wort »Stich« gewählt, um Schwierigkeiten im Auflösen der geläufigen Lautfolgen »ch« und »st« in die Buchstabenfolgen C–H und S–T und deren Umkehr aufzudecken. Noch mehr als die Siebener-Reihe wird dieser Test und das **Rückwärtsaufzählen** der Wochentage und der Monate als Hinweis auf kognitive Kontrolle gewertet – im Sinne der Unabhängigkeit von gebahnten Antwortmustern und als Fähigkeit zu Flexibilität und Strategiewechsel. Das Reihensprechen vorwärts (1–10 und Alphabet) ist dafür vermutlich zu einfach. Ferner kommt eine (zur Vermeidung eines Lerneffekts hinsichtlich der Standardversion) abgeänderte Form des Trail-Making-Test zum Einsatz. In Teil A müssen die Namen der 7 Wochentage aufsteigend mit einer Linie verbunden werden. Teil B setzt sich aus einer zufälligen Anordnung der Zahlen 101 bis 112 sowie der Monatsnamen zusammen. Hier sollen abwechselnd Namen und Zahlen verbunden werden (Januar – 101 – Februar – 102 – usw.).

Die Untersuchung des **Greifreflexes** wurde bereits beschrieben (▶ s. oben Abschn. »Motorik«), beim **Rhythmus klopfen** sollen 2 vom Untersucher vorgemachte Folgen langer und kurzer Schläge nachgeklopft werden (_.._.._.._ und _..___..___.._). Von den verschiedenen Versionen der **3-stufigen Handsequenz von Luria** verwendet man die folgende: »Faust horizontal – flache Hand horizontal – flache Hand vertikal« und schaltet zur Einübung eine **2-stufige Folge** (»Faust – flache Hand horizontal«) vor. Nur bei frontalen Läsionen benötigten Patienten für die Dreier-Sequenz mehr als einen Versuch, zeigten eine beeinträchtigte Flüssigkeit oder perseverierten. Bei einer **Go-NoGo-Aufgabe** soll der Proband 2-mal klopfen, wenn der Untersucher dies (nicht sichtbar) einmal tut. Wenn der Untersucher 2-mal klopft, soll der Patient nicht reagieren. Diese Aufgabe enthält zudem ein **konträres Kommando**, eine im Widerspruch zur geforderten Aktion stehende Instruktion. Hier achtet man besonders auf Echopraxie. Eine **Wortliste** prüft das Lernen und Behalten von 8 Wörtern. Es folgt das **Zeichnen eines alternierenden Musters** sowie der **5-Punkte-Test**.

Wie bereits angesprochen, richtet man im FLS an den Patienten und seine Angehörigen/

Therapeuten eine Reihe von **Fragen zu Verhalten und Erleben** (angelehnt an die »Neurobehavioural Rating Scale«; Levin et al. 1987) in den folgenden Bereichen:
- Reduzierte Aufmerksamkeit:
  »Haben Sie festgestellt, dass es Ihnen schwer fällt, sich längere Zeit auf etwas zu konzentrieren? Lassen Sie sich schneller ablenken?«
- Emotionale Zurückgezogenheit:
  »Ist Ihre gefühlsmäßige Anteilnahme im Familien- und Freundeskreis geringer geworden?«
- Depressive Stimmungslage:
  »Haben Sie in letzter Zeit häufiger eine niedergeschlagene, pessimistische Stimmung bemerkt?«
- Verminderter Antrieb:
  »Haben Ihre Initiative und Spontaneität nachgelassen?«
- Psychomotorische Verlangsamung:
  »Haben Sie gemerkt, dass Sie Verrichtungen des täglichen Lebens nicht mehr so schnell durchführen können wie zuvor?«
- Verminderte Schwingungsfähigkeit:
  »Haben Sie bei sich eine zunehmende innere Gleichgültigkeit gegenüber freudigen und traurigen Ereignissen bemerkt?«
- Affektlabilität:
  »Haben Sie starke Stimmungsschwankungen bemerkt, ohne dass Ihnen ein entsprechender Anlass bewusst gewesen wäre?«
- Enthemmung:
  »Haben Sie eine stärkere Neigung festgestellt, Dinge, die Ihnen gerade durch den Kopf gehen, sofort auszuführen, ohne sich vorher Gedanken über die Folgen gemacht zu haben? Haben Sie in dem Zusammenhang Handlungen durchgeführt, die bei Ihren Mitmenschen Verwunderung hervorgerufen haben?«
- Gesteigerte Aggressivität:
  »Haben Sie eine verstärkte Streitlust an sich wahrgenommen? Ist es häufiger zu aggressiven Auseinandersetzungen mit Ihren Mitmenschen gekommen?«
- Erregung:
  »Stehen Sie unter einer stärkeren inneren Anspannung als früher? Haben Sie eine leichtere Reizbarkeit festgestellt?«
- Unrealistische Zukunftspläne:
  »Was wollen Sie nach Ihrer Entlassung aus dem Krankenhaus unternehmen?« (Sind diese Ziele erreichbar, ist die aktuelle gesundheitliche Verfassung berücksichtigt?)
- Unrealistische Selbsteinschätzung:
  »Haben Sie den Eindruck, Ihren gegenwärtigen gesundheitlichen und seelischen Zustand gut einschätzen zu können?« (Wie ist das Verhältnis zur Fremdeinschätzung?)

In der **Beurteilung der Spontansprache** achtet man auf:
- gehemmte, verlangsamte Sprachproduktion,
- Distanzverlust gegenüber dem Untersucher,
- Fixierung an einzelnen Details,
- umständlicher Sprachaufbau,
- inkohärente Darstellungen (»roter Faden«?),
- dyschronologe Ereignisschilderungen und
- Tendenzen zur Perseveration.

Für die Verhaltensänderungen werden pro bejahende Antwort 2 Punkte, bei der Spontansprache jeweils 1 Punkt vergeben. Bei der Bewertung der Leistungstests wird für bestimmte Fehlertypen, Überschreiten von Zeitgrenzen oder Unterschreiten einer geforderten Mindestanzahl auch jeweils 1 Punkt vergeben (◘ Tabelle 3.2). Ein Gesamttestwert von 12 oder mehr Punkten lässt auf eine Beteiligung frontaler Funktionen schließen.

Die »**Frontal-Assessment-Battery**« (FAB; Dubois et al. 2000) unterscheidet sich durch die erheblich kürzere Untersuchungszeit und das stärker formalisierte Bewertungssystem. Sie setzt sich aus 6 Untertests zusammen, die ebenfalls **Greifreflex, Go-NoGo-Kommando** und **Luria-Handsequenz** (Faust – Kante – Flach) enthalten, aber abweichend vom FLS auch **Gemeinsamkeiten finden, Wortflüssigkeit** und ein **konträres Kommando** einschließen. Schwach-

◘ **Tabelle 3.2.** Frontallappen-Score (FLS) nach Ettlin und Kischka (pathologisch: =12 Punkte). (Aus: Wildgruber 1997; vgl. Ettlin et al. 2000; Wildgruber et al. 2000)

	Punkte		Punkte
Siebener-Reihe		**Go-/NoGo-Paradigma**	
>2 Fehler	1	>1 Fehler	1
>88 s	1	Fehler jeder Art	1
Fehler jeder Art	1		
		Alternierendes Muster	
Rückwärts Buchstabieren		Alle Fehler	1
>1 Fehler	1		
>6 s	1	**Fünf-Punkte-Test**	
Abbruch	1	<7 korrekt	1
Wochentage rückwärts		**Wortliste**	
>0 Fehler	1	<4 im 1. Versuch	1
>7 s	1	<6 im 2. Versuch	1
		<7 im 3. Versuch	1
Monate rückwärts		<8 im 4. Versuch	1
>1 Fehler	1	<6 bei Spätabruf	1
>24 s	1		
Fehler jeder Art	1		
Trail-Making-Test A			
>0 Fehler	1		
>23 s	1		
Fehler jeder Art	1		
Trail-Making-Test B		**»Neurobehavioural Rating Scale«**	
>1 Fehler	1	Reduzierte Aufmerksamkeit	2
>106 s	1	Emotionale Zurückgezogenheit	2
Fehler jeder Art	1	Depressive Stimmungslage	2
		Verminderter Antrieb	2
Greifreflex		Psychomotorische Verlangsamung	2
Vorhanden Rechte Hand	1	Verminderte Schwingungsfähigkeit	2
Vorhanden Linke Hand	1	Affektlabilität	2
		Enthemmung	2
Rhythmus klopfen		Gesteigerte Aggressivität	2
Abbruch	1	Erregung	2
Fehler jeder Art	2	Unrealistische Zukunftspläne	2
		Unrealistische Selbsteinschätzung	2
Lurias Handsequenz 2-stufig			
Abnehmender Bewegungsfluss	2	**Spontansprache**	
		Gehemmte, langsame Sprachproduktion	1
Lurias Handsequenz 3-stufig		Distanzverlust gegenüber Untersucher	1
>3 Fehler rechts	1	Fixierung an einzelnen Details	1
Abbruch rechts	2	Umständlicher Sprachaufbau	1
>2 Fehler links	1	Inkohärente Darstellungen	1
Abbruch links	2	Dyschronologe Schilderungen	1
Abnehmender Bewegungsfluss	1	Tendenzen zur Perseveration	1

punkt der FAB ist die noch fehlende Evaluation an Patienten mit radiologisch gesicherten Läsionen. Das Verfahren liegt bisher nicht in standardisierter Übersetzung vor.

Für die klinische Durchführung sehr ökonomisch gestaltet ist das relativ umfassende, bisher aber wenig verbreitete »**Executive Interview**« (EXIT-25; Royall et al. 1992; Royall 1999), das speziell für links mediofrontale Läsionen sensitiv scheint (Royall et al. 2001). Untersuchungen an psychiatrischen Patienten bestätigten die Ökonomie und Praktikabilität des Verfahrens für exekutive Störungen (Schillerstrom et al. 2003). Für Arzneimittelprüfungen sind Übersetzungen erfolgt.

Gängige psychometrische Verfahren

Es dürfte aus der bisherigen Darstellung ersichtlich geworden sein, dass es keinen einzigen spezifischen »Frontalhirn-Test« gibt und eine einigermaßen komplette Erfassung von Symptomen bei frontalen Läsionen erst in der Zusammenschau möglich ist von:
- Verhaltensbeobachtung,
- ausführlicher Eigen- und Fremdanamnese,
- neurologischer und psychiatrischer Untersuchung und
- differenzierter neuropsychologischer Diagnostik und Dokumentation.

Zweifellos gehört die Diagnostik der Störungen des problemlösenden Denkens zu den zeitlich aufwändigsten und am meisten erfahrungsabhängigen Untersuchungen in der klinischen Neuropsychologie. Ihre Bedeutung für die Einschätzung des Rehabilitationspotenzials und für die realistische Planung der weiteren Maßnahmen zur sozialen und beruflichen Wiedereingliederung der Betroffenen rechtfertigt nach unserer Auffassung diesen großen zeitlichen Aufwand (von Cramon u. Matthes-von Cramon 1995).

Obwohl eine solche umfassende Sicht angestrebt werden muss, sind in der Praxis meist Kompromisse nötig: Nur wenige Einrichtungen verfügen über die Möglichkeit, im Team einen Patienten über mehrere Wochen zu beobachten und seine Alltagsfähigkeiten abzuschätzen. Andererseits ist zu bezweifeln, dass »mit neuropsychologischen Tests auf relativ einfache Art und Weise gezielt die Funktion bestimmter kortikaler Areale zu untersuchen« seien (vgl. unten, Abschn. 11.4) und man muss für ein umfassenderes Vorgehen als eine isolierte Psychometrie plädieren.

Die im Folgenden dargestellten Verfahren stellen einen Bruchteil aus dem reichhaltigen Angebot an Tests dar (Übersichten in: von Cramon u. Matthes-von Cramon 1995; Lezak 1995; Spreen u. Strauss 1998). Sie wurden wegen der leichten Anwendbarkeit bzw. ihres häufigen Einsatzes (neben den schon genannten Verfahren »Wortflüssigkeit« und »Tower of London«) ausgewählt. Bei ihrer Verwendung steht die Funktionsbeurteilung im Vordergrund, die Lokalisationsdiagnostik im Hintergrund. Auch hier macht man erst langsame Fortschritte in Bezug auf die Frage, was die Messwerte hinsichtlich von Alltagsschwierigkeiten (ökologische Validität) bedeuten.

Frontales Verhaltensinventar (FBI)

Das Frontale Verhaltensinventar (»Frontal Behavioral Inventory«, FBI; Kertesz et al. 2000) ermöglicht eine **Fremdbeurteilung** anhand von 24 Fragen. Vorzugsweise stellt man diese einem Angehörigen, alternativ einer anderen Bezugs- oder Pflegeperson (0–3 Punkte pro Frage, als Cut-off-Wert gelten 30 Punkte). Die deutsche Fassung wird im Folgenden vorgestellt. Der Fragebogen bietet eine ökonomische Möglichkeit, den wichtigen Aspekt von Verhaltensauffälligkeiten bei Frontalhirnstörungen strukturiert zu erfassen und scheint auch zur Differenzialdiagnose geeignet.

Frontales Verhaltensinventar (Kertesz et al. 2000, Übersetzung von Fischer u. Schreinzer 2003)

Das Ausmaß einer Verhaltensauffälligkeit in jedem der angeführten Bereiche wird wie folgt gewichtet: 0 = keine Veränderung, 1 = leichte, gelegentliche Veränderung, 2 = deutliche Veränderung, 3 = schwerwiegende Veränderung, welche die meiste Zeit besteht (Cut-off-Wert: 30 Punkte).

1. Hat der Betroffene das Interesse an Freunden oder Alltagsaktivitäten verloren? (Apathie)
2. Wird er von sich aus aktiv, oder muss er aufgefordert werden? (Aspontaneität)
3. Reagiert er unverändert auf freudige oder traurige Ereignisse, oder hat die emotionale Anteilnahme abgenommen? (Gleichgültigkeit, Teilnahmslosigkeit)
4. Kann er seine Meinungen aus Vernunft ändern oder erscheint sein Denken in letzter Zeit starr oder eigensinnig? (Inflexibilität)
5. Versteht er Gesagtes in vollem Umfang oder versteht er nur die konkrete Bedeutung des Gesagten? (Konkretistisches Denken)
6. Achtet er genau so auf sein Äußeres und seine persönliche Hygiene wie gewöhnlich? (Persönliche Vernachlässigung)
7. Kann er komplexe Aktivitäten planen und organisieren oder ist er leicht ablenkbar, wenig ausdauernd oder unfähig eine Arbeit zu vollenden? (Desorganisation)
8. Kann er Ereignissen aufmerksam folgen oder scheint er unaufmerksam oder kann dem Geschehen überhaupt nicht folgen? (Unaufmerksamkeit)
9. Nimmt er Probleme und Veränderungen wahr oder scheint er diese nicht wahrzunehmen oder verleugnet diese wenn er darauf angesprochen wird? (Verlust der Einsicht)
10. Ist er im gleichen Ausmaß wie früher gesprächig oder hat die Sprachproduktion wesentlich abgenommen? (Logopenie)
11. Spricht er verständlich oder macht er Fehler beim Sprechen? Werden Silben verschliffen oder ist das Sprechen zögerlich? (Verbale Apraxie)
12. Wiederholt oder perseveriert er Handlungen oder Bemerkungen? Gibt es Zwangshandlungen, oder gibt es diesbezüglich keine Änderungen? (Perseverationen, Zwänge)
13. Ist er reizbar und aufbrausend oder reagiert er auf Stress und Frustrationen wie gewöhnlich? (Irritierbarkeit)
14. Hat er in übertriebener oder anstößiger Weise oder zum unpassenden Zeitpunkt gewitzelt oder gescherzt? (Übertriebene Scherzhaftigkeit)
15. War er umsichtig bei Entscheidungen und beim Autofahren oder hat er unverantwortlich, nachlässig oder mit vermindertem Urteilsvermögen gehandelt? (Vermindertes Urteilsvermögen)
16. Hat er soziale Regeln eingehalten oder hat er Dinge gesagt oder getan, die außerhalb der sozialen Akzeptanz lagen? War er unhöflich oder kindisch? (Unangepasstheit)
17. Hat er der Eingebung des Augenblicks folgend gehandelt oder gesprochen ohne zuvor die Konsequenzen zu berücksichtigen? (Impulsivität)
18. War er rastlos oder überaktiv, oder ist das Aktivitätsniveau durchschnittlich? (Rastlosigkeit)
19. Hat er Aggressionen gezeigt, jemanden angeschrieen oder körperlich verletzt? (Aggression)
20. Hat er mehr als gewöhnlich getrunken, übertrieben gegessen, was er bekommen konnte, oder hat er sogar nicht Essbares in den Mund genommen? (Hyperoralität)

▼

21. War das sexuelle Verhalten ungewöhnlich oder hemmungslos übertrieben? (Hypersexualität)
22. Scheint er Gegenstände in Reich- und Sichtweite berühren, fühlen, untersuchen, benutzen oder ergreifen zu müssen? (Zwanghaftes Benutzen von Gegenständen)
23. Hat er eingenässt oder eingekotet? – Ausgenommen wegen körperlicher Krankheiten, wie Harnwegsinfekte oder Immobilität. (Inkontinenz)
24. Hat er Probleme eine Hand zu benützen und stört dies auch den Gebrauch der anderen Hand? – Ausgenommen Arthritis, Verletzungen, Lähmungen etc. (»Alien Hand«)

Behavioural-Assessment-of-the-Dysexecutive-Syndrome (BADS)

Das »Behavioural-Assessment-of-the-Dysexecutive-Syndrome« (Wilson et al. 1996; deutsch: Ufer 2000) stellt mit seinen 6 Untertests eine Möglichkeit dar, exekutives Verhalten standardisiert zu beschreiben. Es enthält neben dem schon geschilderten »**Six-Elements-Test**« (▶ s. oben Abschn. »Strategy application disorder«) eine **Schätzaufgabe**, eine Aufgabe zur **Planung einer Handlungsabfolge** (Gang durch einen Zoo unter Berücksichtigung bestimmter Regeln) und eine **Problemlöseaufgabe** mit praktischer Durchführung (Entfernen eines Korken aus einem Reagenzglas – der Lösungsweg beruht auf der Verwendung von beiläufig auch präsentiertem Wasser). Eine einfache **Go-NoGo-Aufgabe** prüft auf Perseverationen. Geschickt gestaltet ist der **Uhren-Suchtest**, bei dem, wie bei der Suche nach einem verlorenen Wertgegenstand, ein Feld (Blatt Papier) systematisch durchkämmt werden muss (mithilfe eines Bleistifts). Nachdem einmal die richtigen Lösungen erarbeitet wurden, sind Verlaufsuntersuchungen kaum sinnvoll (Jelicic et al. 2001). Parallelversionen des Verfahrens liegen leider nicht vor.

Stroop-Test

Der 1935 erstmals vorgestellte Effekt beruht auf der Interferenz zweier Aufgaben. In der klassischen Fassung von Stroop soll der Proband die **Farbe** von Buchstaben nennen, wobei die Buchstabenfolge als **Wort** aber eine andere Farbe bezeichnet (MacLeod u. MacDonald 2000). Beispielsweise wird man mit »**schwarz**« konfrontiert, und soll gemäß der Regel »**blau**« sagen. Der Test verlangt, das automatische Lesen von »**schwarz**« zugunsten des Farben-Benennens zu unterdrücken. Als psychometrisches Instrument ist der Test gut etabliert: Zeitaufwand und Fehler in der Interferenzaufgabe werden mit den Basis-Leistungen Farbstrich-Benennen und Farbennamen-Lesen (schwarz gedruckte Farbennamen) verglichen (Bäumler 1984).

Stroop-Varianten, wie die Anzahl von Elementen angeben, nicht aber den Symbolwert der Elemente (also die Antwort »4« für Muster wie »5 – 5 – 5 – 5« oder »fünf – fünf – fünf – fünf«), sind in der funktionellen Bildgebung beliebt, wobei sich typischerweise der vordere Anteil des Gyrus cinguli aktiviert zeigt (MacLeod u. MacDonald 2000). In Übereinstimmung mit der Annahme einer wichtigen Rolle dieses relativ kleinen Areals ist die Spezifität des Tests für die Diagnose einer frontalen Läsion hoch (um 95%), seine Sensitivität beträgt aber nur 30% (Wildgruber et al. 2000). Läsionsanalysen bestätigen die Rolle von medialen frontalen Regionen beidseits (Stuss et al. 2001), insbesondere des vorderen Gyrus cinguli (Swick u. Jovanovic 2002).

Wisconsin-Card-Sorting-Test (WCST)

Der »Wisconsin-Card-Sorting-Test« (Grant u. Berg 1948) gilt oft als der prototypische Frontalhirn-Test (Gazzaniga et al. 1998), freilich nicht mit vollem Recht. Untersucht wird das Kategori-

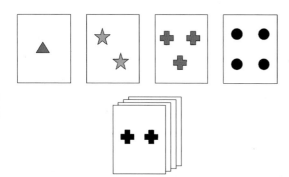

Abb. 3.4. Beim »Wisconsin Card Sorting« werden mit Mustern bedruckte Karten auf 4 platzierte Vorgabe-Karten ähnlich wie in einer Patience »ausgespielt«. Die Zuordnung kann nach den Formen selbst, ihrer Zahl oder ihrer Farbe erfolgen, erschließt sich aber nur aus den Rückmeldungen, die der Untersucher anbietet

sieren von insgesamt 128 Karten mit 3 Sortiermöglichkeiten (Farbe, Form und Anzahl in je 4 Ausprägungen, daher 4×4×4 Karten in jedem der beiden Teilsätze; ◘ Abb. 3.4). Bewertet wird die Zahl der gefundenen Kategorien und die Häufigkeit von perseverativen Fehlern als Ausdruck einer gestörten Umstellfähigkeit auf die »Richtig«- bzw. »Unrichtig«-Rückmeldung des Untersuchers. Es ist seit längerem bekannt (Anderson et al. 1991), dass Beeinträchtigungen keineswegs alleine bei frontalen Läsionen auftreten. Aktuelle Analysen zeigen aber, dass wohl doch ein besonderer Zusammenhang mit dorsolateralen frontalen Läsionen, ohne Seitenpräferenz, besteht (Stuss et al. 2000; Demakis 2003). Sowohl die Sensitivität wie die Spezifität zur Diagnostik einer frontalen Läsion lagen für eine Gruppe von radiologisch dokumentierten Patienten bei etwa 60% (Wildgruber et al. 2000).

Erschwert wird die klassische 128-Karten-Form dadurch, dass Rückmeldungen auftreten können, die nicht eindeutig auf **ein** Sortierprinzip zu beziehen sind und so ein Vorgehen des Probanden verstärkt wird, das gar nicht beabsichtigt war. Grund für die Mehrdeutigkeit der Karten ist ihre hohe Anzahl. Ein damit verbundener weiterer Nachteil ist die relativ lange Bearbeitungsdauer. Daher ist bei Patienten die auf 48 Karten **reduzierte Form von Nelson** vorzuziehen

(so genannter »Modified-Card-Sorting-Test«, MCST; Nelson 1976). Neuerdings gibt es auch eine 64-Karten-Version (WCST-64: Kongs et al. 2000), die aber wie die 128-Karten-Form hinsichtlich ihrer Validität nicht unproblematisch ist und im direkten Vergleich mit der Vollversion zu kontroversen Ergebnissen geführt hat (Greve 2001; Axelrod 2002; Sherer et al. 2003).

Standardisierte Link'sche Probe (SLP)

Es handelt sich hier um ein kurzes, klinisch praktikables Verfahren zur Beurteilung von Problemlösefähigkeit und Handlungsplanung, das von Luria (1980) als »Link's Test« ohne Quellenangabe erwähnt wurde und dessen Namensgeber und Ursprung bisher unbekannt geblieben sind (Metzler 2000). Der Zeitaufwand beträgt etwa 10–15 min und die Aufgabe ist simpel: Aus 27 kleinen Würfeln muss ein großer Würfel von einheitlicher weißer Farbe gebaut werden. Zu diesem Zweck sind die Würfelchen an den Seiten, die außen am großen Würfel sichtbar sein sollen, weiß gefärbt, die anderen Seiten nicht. Das Material wird ungeordnet vorgelegt und das Lösungsverhalten des Probanden anhand vorgegebener Kategorien bewertet (jeweils 0–3 Punkte für Exploration/Sortieren, Teilzielbildung/Planung der Kantenlänge, Handlungsorganisation/geordneter Bauablauf, mentaler räumlicher Bauplan, kontrolliertes Handeln, Korrekturausführung, Kantenlänge, Endzustand des Würfels, Hilfen, Zeitbedarf).

Cambridge-Neuropsychological-Test-Automated-Battery (CANTAB)

Diese **Sammlung von Verfahren** wird zunehmend zur klinischen Diagnostik verwendet. Die einzelnen sprachfreien Tests, bei denen man durch Berührung des Computerbildschirms (»touch-screen«) auf visuelle Reize reagiert, wurden parallel zu tierexperimentellen Untersuchungen entwickelt (Roberts et al. 1993). Insbesondere wurde versucht, die an der komplexen Leistung »Wisconsin Card Sorting« beteiligten Komponenten auseinander zu halten. Dies

3.5 · Ausblick

scheint mit dem Untertest »**ID/ED Shift**« gelungen (Owen et al. 1991). Hier wird im Ablauf zuerst die Kategorisierung und danach der Wechsel des Reaktionsprinzips geprüft, letzteres sowohl intradimensional (ID) – innerhalb einer Gruppeneigenschaft der Reize, in diesem Fall Wechsel auf neue Flächenmuster – als auch extradimensional (ED) – also auf eine zweite, ursprünglich zwar präsente, aber erst jetzt relevante Reizgruppe, nämlich Linienmuster. Untersucht werden können ferner die **räumliche Aufmerksamkeitsspanne** (»spatial span«) und das **räumliche Arbeitsgedächtnis** (»spatial working memory«), entsprechend dem »self-ordered pointing« (▶ s. oben Abschn. »Gedächtnis, Lernen, Konfabulationen; Owen et al. 1995). Dem »Tower of London« analog sind die »**Stockings of Cambridge**« (▶ s. oben Abschn. »Komplexe Leistungen«; Owen 1997). Pro Verfahren werden 4 Parallelversionen angeboten, was die Testbatterie zu einem wertvollen Instrument für Verlaufsuntersuchungen macht.

Details zu weiteren Untertests und Ergebnisse bei Anwendung in psychopharmakologischen Untersuchungen und bei verschiedenen Patientengruppen sind umfangreich publiziert (▶ s. auch http://www.camcog.com). Zunehmend finden sich Studien mit der CANTAB als Diagnoseinstrument für exekutive Störungen, wobei der mögliche Beitrag zur frühzeitigen Diagnose bei frontaler Degeneration von besonderem Interesse ist (Rahman et al. 1999; De Luca et al. 2003; Scott et al. 2003).

Testbatterie zur Aufmerksamkeitsprüfung (TAP)
Bei dieser ebenfalls computergesteuerten Testbatterie erfolgt die Reaktion nicht am Bildschirm, sondern mittels Tastendruck. Auch diese Verfahren sind an Kontrollgruppen gut untersucht, es liegen aber im Verhältnis zur kostspieligeren CANTAB-Batterie weniger Daten zu einzelnen Krankheitsbildern oder Läsionsorten vor. Durch die erweiterten Altersnormen der aktuellen Version 1.7 (auch Kinder und ältere Erwachsene bis 90 Jahre) wurde die klinische Einsatzfähigkeit weiter verbessert (Zimmermann u. Fimm 2002).

In der Diagnostik frontaler Leistungen kommt von den TAP-Untertests u. a. ein »n-back task« zur Prüfung von **Arbeitsgedächtnisleistungen** in Frage: Es werden fortlaufend einzelne Ziffern präsentiert und der Tastendruck soll erfolgen, wenn die gegenwärtige Ziffer mit der vorletzten (also 2-back) identisch war. Dies erfordert eine kontinuierliche Kontrolle des Informationsflusses durch den Kurzzeitspeicher. Die TAP bietet ferner eine Doppelaufgabe (**geteilte Aufmerksamkeit**) mit einer optischen (Erkennen eines Quadrats, das von mehreren auf dem Bildschirm erscheinenden Kreuzen gebildet wird) und einer gleichzeitig akustischen Anforderung (Erkennen einer Unregelmäßigkeit in der abwechselnden Folge eines hohen und eines tiefen Tons) sowie eine **Go-NoGo-Aufgabe** (Reaktion auf x, keine Reaktion auf +). Ferner kann auch die **Reiz-Reaktionsinkompatibilität** als Leistung unter Einfluss kontrollierender, exekutiver Funktionen getestet werden. Links oder rechts eines Fixationspunkts erscheinen nach links bzw. rechts gerichtete Pfeile, auf die je nach Pfeilrichtung mit der rechten oder linken Hand reagiert werden soll, unabhängig von der Seite der Präsentation. Zu nennen ist weiter der Untertest **Reaktionswechsel**, bei dem auf dem Bildschirm immer ein Buchstabe und eine Zahl zu sehen sind. Der Proband soll nun immer im Wechsel zuerst auf der Seite die Taste drücken, auf der der Buchstabe erschienen ist, bei der nächsten Darbietung auf der Seite, wo die Zahl zu sehen war, dann wieder auf der Seite mit dem Buchstabe und so weiter (ausführliche Informationen und Untertests bei http://www.psytest-fimm.com).

3.5 Ausblick

Weitere Fortschritte in der Erfassung und Beschreibung der vielfältigen auf frontale Hirnstrukturen zu beziehenden Symptome und ihre genauere anatomische Zuordnung sind nötig. Sie sind am ehesten von einem Vorgehen zu erwarten, bei dem klar umgrenzte Hirnläsionen mit experimentellen Methoden analysiert werden, die gezielt aufgrund tierexperimenteller oder funktionell-bildgebender Ergebnisse ausgewählt werden.

Beispielsweise zeigte eine Patientin mit kleinem Substanzdefekt nach Resektion eines Glioms im vorderen Gyrus cinguli rechts eine klare Beeinträchtigung in Tests der selektiven und der geteilten Aufmerksamkeit und einer Stroop-Aufgabe, wenn sie die Lösung mit einem Tastendruck angeben musste. Ihre Leistungen in denselben Aufgaben waren aber normal, wenn sie verbal antworten konnte (Übersicht: Paus 2001). Solche Dissoziationen, z. B. auch bei Stroop-Aufgaben (Swick u. Jovanovic 2002) oder auf dem Gebiet des autonomen Nervensystems (Critchley et al. 2003), sprechen für eine **Parzellierung von Funktion auf kleinstem Raum**, die man – ebenso wie in schon besser untersuchten Hirnregionen – auch für das Frontalhirn vermuten muss.

Derartige sorgfältige Analysen, auch nur einzelner Patienten, werden am ehesten sowohl das Verständnis der »kognitiven Architektur« frontaler Funktionen als auch ihrer strukturellen Grundlage vorantreiben.

Literatur

Abe K, Inokawa M, Kashiwagi A, Yanagihara T (1998) Amnesia after a discrete basal forebrain lesion. J Neurol Neurosurg Psychiatry 65: 126–130

Ackermann H, Ziegler W (1995) Akinetischer Mutismus. Fortschr Neurol Psychiat 63: 59–67

Adolphs R (1999) Social cognition and the human brain. Trends Cogn Sci 3: 469–479

Alderman N, Burgess PW, Knight C, Henman C (2003) Ecological validity of a simplified version of the multiple errands shopping test. J Int Neuropsychol Soc 9: 31–44

Alexander GE, Crutcher MD, DeLong MR (1990) Basal ganglia-thalamocortical circuits: parallel substrates for motor, oculomotor, »prefrontal« and »limbic« functions. Prog Brain Res 85: 119–146

Alexander MP, Benson DF, Stuss DT (1989) Frontal lobes and language. Brain Lang 37: 656–691

Alexander MP, Stuss DT, Fansabedian N (2003) California Verbal Learning Test: Performance by patients with focal frontal and non-frontal lesions. Brain 126: 1493–1503

American Psychiatric Association (2000) Diagnostic and statistical manual of mental disorders, 4th edn, Text revision. American Psychiatric Association, Washington, DC

Amunts K, Schleicher A, Bürgel U, Mohlberg H, Uylings HBM, Zilles K (1999) Broca's region revisited: Cytoarchitecture and intersubject variability. J Comp Neurol 412: 319–341

Anderson SW, Damasio H, Jones RD, Tranel D (1991) Wisconsin Card Sorting Test performance as a measure of frontal lobe damage. J Clin Exp Neuropsychol 13: 909–922

Andrés P (2003) Frontal cortex as the central executive of working memory: Time to revise our view. Cortex 39: 871–895

Arbuthnott K, Frank J (2000) Trail Making Test, Part B as a measure of executive control: Validation using a set-switching paradigm. J Clin Exp Psychol 22: 518–528

Archibald SJ, Mateer CA, Kerns KA (2001) Utilization behavior: Clinical manifestations and neurological mechanisms. Neuropsychol Rev 11: 117–130

Aron AR, Fletcher PC, Bullmore ET, Sahakian BJ, Robbins TW (2003) Stop-signal inhibition disrupted by damage to right inferior frontal gyrus in humans. Nature Neurosci 6: 115–116

Aschenbrenner S, Tucha O, Lange KW (2001) Regensburger Wortflüssigkeits-Test (RWT). Hogrefe, Göttingen

Axelrod BN (2002) Are normative data from the 64-card version of the WCST comparable to the full WCST? Clin Neuropsychol 16: 7–11

Baddeley A (1998) The central executive: A concept and some misconceptions. J Int Neuropsychol Soc 4: 523–526

Baddeley A (2003) Working memory: looking back and looking forward. Nat Rev Neurosci 4: 829–839

Baddeley A, Della Sala S, Papagno C, Spinnler H (1997) Dual-task performance in dysexecutive and nondysexecutive patients with a frontal lesion. Neuropsychology 11: 187–194

Baldo JV, Shimamura AP, Delis DC, Kramer J, Kaplan E (2001) Verbal and design fluency in patients with frontal lobe lesions. J Int Neuropsychol Soc 7: 586–596

Baldo JV, Delis D, Kramer J, Shimamura AP (2002) Memory performance on the California Verbal Learning Test-II: findings from patients with focal frontal lesions. J Int Neuropsychol Soc 8: 539–546

Literatur

Barth A, Küfferle B (2001) Die Entwicklung eines Sprichworttests zur Erfassung konkretistischer Denkstörungen bei schizophrenen Patienten. Nervenarzt 72: 853–858

Bäumler G (1984) Farbe-Wort-Interferenztest (FWIT) nach J.R. Stroop. Hogrefe, Göttingen

Bechara A, Damasio H, Damasio AR (2000) Emotion, decision making and the orbitofrontal cortex. Cereb Cortex 10: 295–307

Behrens TE, Johansen-Berg H, Woolrich MW, Smith SM, Wheeler-Kingshott CA, Boulby PA, Barker GJ, Sillery EL, Sheehan K, Ciccarelli O, Thompson AJ, Brady JM, Matthews PM (2003) Non-invasive mapping of connections between human thalamus and cortex using diffusion imaging. Nature Neurosci 6: 750–757

Bernicot J, Dardier V (2001) Communication deficits: assessment of subjects with frontal lobe damage in an interview setting. Int J Lang Commun Disord 36: 245–263

Beversdorf DQ, Heilman KM (1998) Facilitory paratonia and frontal lobe functioning. Neurology 51: 968–971

Blair RJ, Cipolotti L (2000) Impaired social response reversal. A case of 'acquired sociopathy'. Brain 123: 1122–1141

Blair RJR (2001) Neurocognitive models of aggression, the antisocial personality disorders, and psychopathy. J Neurol Neurosurg Psychiatry 71: 727–731

Blanke O, Spinelli L, Thut G, Michel CM, Perrig S, Landis T, Seeck M (2000) Location of the human frontal eye field as defined by electrical cortical stimulation: Anatomical, functional and electrophysiological characteristics. Neuroreport 11: 1907–1913

Blok BF, Willemsen AT, Holstege G (1997) A PET study on brain control of micturition in humans. Brain 120: 111–121

Blumer D, Benson DF (1975) Personality changes with frontal and temporal lobe lesions. In: Benson DF, Blumer D (eds) Psychiatric aspects of neurological disease. Grune & Stratton, New York, pp 151–70

Boccardi E, Della SS, Motto C, Spinnler H (2002) Utilisation behaviour consequent to bilateral SMA softening. Cortex 38: 289–308

Borsutzky S, Brand M, Fujiwara E (2000) Basal forebrain amnesia. Neurocase 6: 377–391

Böttger S, Prosiegel M, Steiger HJ, Yassouridis A (1998) Neurobehavioural disturbances, rehabilitation outcome, and lesion site in patients after rupture and repair of anterior communicating artery aneurysm. J Neurol Neurosurg Psychiatry 65: 93–102

Brand M, Kalbe E, Kessler J (2002) Test zum kognitiven Schätzen (TKS). Beltz Test, Göttingen

Brazzelli M, Colombo N, Della Sala S, Spinnler H (1994) Spared and impaired cognitive abilities after bilateral frontal damage. Cortex 30: 27–51

Brion S, Jedynak C-P (1972) Troubles du transfert interhémisphérique (callosal disconnection). A propos de trois observations de tumeurs du corps calleux. Le signe de la main étrangère. Rev Neurol (Paris) 126: 257–266

Brower MC, Price BH (2001) Neuropsychiatry of frontal lobe dysfunction in violent and criminal behaviour: a critical review. J Neurol Neurosurg Psychiatry 71: 720–726

Burgess PW (2000) Strategy application disorder: the role of the frontal lobes in human multitasking. Psychol Res 63: 279–288

Burgess PW, Shallice T (1996) Response suppression, initiation and strategy use following frontal lobe lesions. Neuropsychologia 34: 263–272

Burns JM, Swerdlow RH (2003) Right orbitofrontal tumor with pedophilia symptom and constructional apraxia sign. Arch Neurol 60: 437–440

Burruss JW, Hurley RA, Taber KH, Rauch RA, Norton RE, Hayman LA (2000) Functional neuroanatomy of the frontal lobe circuits. Radiology 214: 227–230

Carlin D, Bonerba J, Phipps M, Alexander G, Shapiro M, Grafman J (2000) Planning impairments in frontal lobe dementia and frontal lobe lesion patients. Neuropsychologia 38: 655–665

Chevignard M, Pillon B, Pradat-Diehl P, Taillefer C, Rousseau S, Le Bras C, Dubois B (2000) An ecological approach to planning dysfunction: Script execution. Cortex 36: 649–669

Chiavaras MM, Petrides M (2000) Orbitofrontal sulci of the human and macaque monkey brain. J Comp Neurol 422: 35–54

Clark L, Manes F, Antoun N, Sahakian BJ, Robbins TW (2003) The contributions of lesion laterality and lesion volume to decision-making impairment following frontal lobe damage. Neuropsychologia 41: 1474–1483

Colvin MK, Dunbar K, Grafman J (2001) The effects of frontal lobe lesions on goal achievement in the water jug task. J Cogn Neurosci 13: 1129–1147

Corbetta M (1998) Frontoparietal cortical networks for directing attention and the eye to visual locations: identical, independent, or overlapping neural systems? Proc Natl Acad Sci USA 95: 831–838

Corkin S (1965) Tactually-guided maze learning in man: Effects of unilateral cortical excisions and bilateral hippocampal lesions. Neuropsychologia 3: 339–351

Cramon DY von, Matthes-von Cramon G (1995) Problemlösendes Denken. In: Cramon DY von, Mai N, Ziegler W (Hrsg) Neuropsychologische Diagnostik, 2. Aufl. Chapman & Hall, Weinheim, 123–152

Critchley HD, Mathias CJ, Josephs O, O'Doherty J, Zanini S., Dewar K, Cipolotti L, Shallice T, Dolan RJ (2003) Human cingulate cortex and autonomic control: Converging neuroimaging and clinical evidence. Brain 126: 2139–2152

Croot K (2002) Diagnosis of AOS: Definition and criteria. Semin Speech Lang 23: 267–280

Cummings JL (1993) Frontal-subcortical circuits and human behavior. Arch Neurol 50: 873–880

Damasio AR (1995) Descartes' Error. Emotion, reason, and the human brain. Avon Books, New York

Daum I, Schugens MM, Spieker S, Poser U, Schönle PW, Birbaumer N (1995) Memory and skill acquisition in Parkinson's disease and frontal lobe dysfunction. Cortex 31: 413–432

David AS (1992) Frontal lobology – Psychiatry's new pseudoscience. Br J Psychiatry 161: 244–248

Davidson RJ, Putnam KM, Larson CL (2000) Dysfunction in the neural circuitry of emotion regulation – A possible prelude to violence. Science 289: 591–594

De Luca CR, Wood SJ, Anderson V, Buchanan JA, Proffitt TM, Mahony K (2003) Normative data from the CANTAB I: Development of executive function over the lifespan. J Clin Exp Neuropsychol 25: 242–254

De Renzi E, Barbieri C (1992) The incidence of the grasp reflex following hemispheric lesion and its relation to frontal damage. Brain 115: 293–313

Degos JD, da Fonseca N, Gray F, Cesaro P (1993) Severe frontal syndrome associated with infarcts of the left anterior cingulate gyrus and the head of the right caudate nucleus. A clinico-pathological case. Brain 116: 1541–1548

Delis DC, Squire LR, Bihrle A, Massman P (1992) Componential analysis of problem-solving ability: Performance of patients with frontal lobe damage and amnesic patients on a new sorting test. Neuropsychologia 30: 683–697

Della Sala S, Marchetti C, Spinnler H (1994) The anarchic hand: A fronto-mesial sign. In: Grafman J, Boller F (eds) Handbook of Neuropsychology, vol 9. Elsevier, Amsterdam, pp 233–255

Della Sala S, Francescani A, Spinnler H (2002) Gait apraxia after bilateral supplementary motor area lesion. J Neurol Neurosurg Psychiatry 72: 77–85

Demakis GJ (2003) A meta-analytic review of the sensitivity of the Wisconsin Card Sorting Test to frontal and lateralized frontal brain damage. Neuropsychology 17: 255–264

Demery JA, Hanlon RE, Bauer RM (2001) Profound amnesia and confabulation following traumatic brain injury. Neurocase 7: 295–302

Dimitrov M, Granetz J, Peterson M, Hollnagel C, Alexander G, Grafman J (1999) Associative learning impairments in patients with frontal lobe damage. Brain Cogn 41: 213–230

Dimitrov M, Nakic M, Elpern-Waxman J, Granetz J, O'Grady J, Phipps M, Milne E, Logan GD, Hasher L, Grafman J (2003) Inhibitory attentional control in patients with frontal lobe damage. Brain Cogn 52: 258–270

Drewe EA (1975) An experimental investigation of Luria's theory on the effects of frontal lobe lesions in man. Neuropsychologia 13: 421–429

Dubois B, Slachevsky A, Litvan I, Pillon B (2000) The FAB: A frontal assessment battery at bedside. Neurology 55: 1621–1626

Engelborghs S, Marien P, Pickut BA, Verstraeten S, De Deyn PP (2000) Loss of psychic self-activation after paramedian bithalamic infarction. Stroke 31: 1762–1765

Eslinger PJ, Damasio AR (1985) Severe disturbance of higher cognition after bilateral frontal lobe ablation: Patient EVR. Neurology 35: 1731–1741

Eslinger PJ, Grattan LM (1993) Frontal lobe and frontal-striatal substrates for different forms of human cognitive flexibility. Neuropsychologia 31: 17–28

Eslinger PJ, Warner GC, Grattan LM, Easton JD (1991) »Frontal lobe« utilization behavior associated with paramedian thalamic infarction. Neurology 41: 450–452

Ettlin TM, Kischka U, Beckson M, Gaggiotti M, Rauchfleisch U, Benson DF (2000) The frontal lobe score. Part I: Construction of a mental status of frontal systems. Clin Rehab 14: 260–271

Filley CM, Price BH, Nell V, Antoinette T, Morgan AS, Bresnahan JF, Pincus JH, Gelbort MM, Weissberg M, Kelly JP (2001) Toward an understanding of violence: neurobehavioral aspects of unwarranted physical aggression: Aspen Neurobehavioral Conference consensus statement. Neuropsychiatry Neuropsychol Behav Neurol 14: 1–14

Fisher CM (1983) Honored guest presentation: Abulia minor vs. agitated behavior. Clin Neurosurg 31: 9–31

Fletcher PC, Henson RN (2001) Frontal lobes and human memory: Insights from functional neuroimaging. Brain: 124:849–881

Förstl H, Sahakian B (1991) A psychiatric presentation of abulia: Three cases of left frontal lobe ischaemia and atrophy. J Royal Soc Med 84: 89–91

Fortin S, Godbout L, Braun CM (2003) Cognitive structure of executive deficits in frontally lesioned head trauma patients performing activities of daily living. Cortex 39: 273–291

Fox RJ, Kasner SE, Chatterjee A, Chalela JA (2001) Aphemia: an isolated disorder of articulation. Clin Neurol Neurosurg 103: 123–126

Freedman M, Alexander MP, Naeser MA (1984) Anatomic basis of transcortical motor aphasia. Neurology 34: 409–417

Literatur

Freund HJ, Hummelsheim H (1985) Lesions of premotor cortex in man. Brain 108: 697–733
Fried I, Wilson CL, MacDonald KA, Behnke EJ (1998) Electric current stimulates laughter. Nature 391: 650
Fulton JF (1951) Frontal lobotomy and affective behavior. Norton: New York.
Fuster JM (1995) Memory in the cerebral cortex: An empirical approach to neural networks in the human and nonhuman primate. MIT Press: Cambridge MA
Fuster JM (1997) The prefrontal cortex: Anatomy, physiology, and neuropsychology of the frontal lobe, 3rd edn. Lippincott-Raven, Philadelphia
Fuster JM (2000) Prefrontal neurons in networks of executive memory. Brain Res Bull 52: 331–336
Gallese V, Goldman A (1998) Mirror neurons and the simulation theory of mind-reading. Trends Cogn Sci 2: 493–501
Garavan H, Ross TJ, Murphy K, Roche RA, Stein EA (2002) Dissociable executive functions in the dynamic control of behavior: Inhibition, error detection and correction. Neuroimage 17:19820–1829
Gazzaniga MS, Ivry RB, Mangun GR (1998) Cognitive neuroscience. The biology of the mind. Norton, New York
Goel V, Büchel C, Frith C, Dolan RJ (2000) Dissociation of mechanisms underlying syllogistic reasoning. Neuroimage 12: 504–514
Goel V, Dolan RJ (2000) Anatomical segregation of component processes in an inductive inference task. J Cogn Neurosci 12: 110–119
Goel V, Grafman J (1995) Are the frontal lobes implicated in »planning« functions? Interpreting data from the Tower of Hanoi. Neuropsychologia 33: 623–642
Goel V, Grafman J (2000) Role of the right prefrontal cortex in ill-structured planning. Cogn Neuropsychol 17: 415–436
Goel V, Grafman J, Tajik J, Gana S, Danto D (1997) A study of the performance of patients with frontal lobe lesions in a financial planning task. Brain 120: 1805–1822
Goldenberg G, Schuri U, Grömminger O, Arnold U (1999) Basal forebrain amnesia: Does the nucleus accumbens contribute to human memory? J Neurol Neurosurg Psychiatry 67: 163–168
Goldman-Rakic P (2000) Localization of function all over again. Neuroimage 11: 451–457
Gómez Beldarrain M, Grafman J, Pascual-Leone A, Garcia-Monco JC (1999) Procedural learning is impaired in patients with prefrontal lesions. Neurology 52: 1853–1860
Grace J, Stout JC, Malloy PF (1999) Assessing frontal lobe behavioral syndromes with the frontal lobe personality scale. Assessment 6: 269–284
Grafman J (1995) Similarities and distinctions among current models of prefrontal cortical functions. Ann N Y Acad Sci 769: 337–368
Grafman J (1999) Experimental assessment of adult frontal lobe function. In: Miller BL, Cummings JL (eds) The human frontal lobes: Functions and disorders. Guilford, New York, pp 321–344
Grafman J, Litvan I (1999) Importance of deficits in executive functions. Lancet 354: 1921–1923
Grafman J, Partiot A, Hollnagel C (1995) Fables of the prefrontal cortex. Behav Brain Sci 18: 349–358
Grant DA, Berg EA (1948) A behavioral analysis of degree of reinforcement and ease of shifting to new responses in a Weigl-type card-sorting problem. J Exp Psychol 38: 404–411
Greve KW (2001) The WCST-64: A standardized short-form of the Wisconsin Card Sorting Test. Clin Neuropsychol 15: 228–234
Grosbras MH, Lobel E, Moortele PF van de, LeBihan D, Berthoz A (1999) An anatomical landmark for the supplementary eye fields in human revealed with functional magnetic resonance imaging. Cereb Cortex 7: 705–711
Gruber O, von Cramon DY (2003) The functional neuroanatomy of human working memory revisited: Evidence from 3-T fMRI studies using classical domain-specific interference tasks. Neuroimage 19: 797–809
Habib M, Poncet M (1988) Perte de l'élan vital, de l'intérêt et de l'affectivité (syndrome athymhormique) au cours de lésions lacunaires des corps striés. Rev Neurol (Paris) 144: 571–577
Hahm DS, Kang Y, Cheong SS, Na DL (2001) A compulsive collecting behavior following an A-com-aneurysma rapture. Neurology 56:398–400
Halstead WC (1947) Brain and Intelligence: A quantitative study of the frontal lobes. University of Chicago Press, Chicago.
Hamann GF, Eisensehr I, Mayer T, Liebetrau M (2002) Massive four-territories stroke: Bilateral middle and anterior cerebral artery infarctions. Eur Neurol 47: 58–61
Hashimoto R, Tanaka Y (1998) Contribution of the supplementary motor area and anterior cingulate gyrus to pathological grasping phenomena. Eur Neurol 40: 151–158
Hashimoto R, Tanaka Y, Nakano I (2000) Amnesic confabulatory syndrome after focal basal forebrain damage. Neurology 54: 978–980
Heilman KM, Watson RT (1991) Intentional motor disorders. In: Levin HS, Eisenberg HM, Benton AL (eds.) Frontal lobe function and dysfunction. Oxford University Press, New York, pp 199–213
Hornak J, Bramham J, Rolls ET, Morris RG, O'Doherty J, Bullock PR, Polkey CE (2003) Changes in emotion after

circumscribed surgical lesions of the orbitofrontal and cingulate cortices. Brain 126: 1691–1712

Husain M, Kennard C (1996) Visual neglect associated with frontal lobe infarction. J Neurol 243: 652–657

Ingvar DH (1985) »Memory of the future« – An essay on the temporal organization of conscious awareness. Hum Neurobiol 4: 127–136

Jacobs L, Gossman MD (1980) Three primitive reflexes in normal adults. Neurology 30: 184–188

Janowsky JS, Shimamura AP, Squire LR (1989) Source memory impairment in patients with frontal lobe lesions. Neuropsychologia 27: 1043–1056

Jelicic M, Henquet CEC, Derix MMA, Jolles J (2001) Test-retest reliability of the behavioural assessment of the dysexecutive syndrome in a sample of psychiatric patients. Int J Neurosc 110: 73–78

Jetter W, Poser U, Freeman RBJ, Markowitsch HJ (1986) A verbal long term memory deficit in frontal lobe damaged patients. Cortex 22: 229–242

Jones-Gotman M, Milner B (1977) Design fluency: The invention of nonsense drawings after focal cortical lesions. Neuropsychologia 15: 653–674

Jurado MA, Junque C, Vendrell P, Treserras P, Grafman J (1998) Overestimation and unreliability in »feeling-of-doing« judgements about temporal ordering performance: impaired self-awareness following frontal lobe damage. J Clin Exp Neuropsychol 20: 353–364

Karnath HO, Wallesch CW, Zimmermann P (1991) Mental planning and anticipatory processes with acute and chronic frontal lobe lesions: A comparision of maze performance in routine and nonroutine situations. Neuropsychologia 29: 271–290

Karnath HO, Wallesch CW (1992) Inflexibility of mental planning: A characteristic disorder with prefrontal lobe lesions? Neuropsychologia 30: 1011–1016

Kawasaki H, Kaufman O, Damasio H, Damasio AR, Granner M, Bakken H, Hori T, Howard MA, Adolphs R (2001) Single-neuron responses to emotional visual stimuli recorded in human ventral prefrontal cortex. Nature Neurosci 4: 15–16

Kertesz A, Nadkarni N, Davidson W, Thomas AW (2000) The Frontal Behavioral Inventory in the differential diagnosis of frontotemporal dementia. J Int Neuropsychol Soc 6: 460–468

Kertesz A, Munoz DG (2003) Primary progressive aphasia and Pick complex. J Neurol Sci 206: 97–107

Kesner RP, Hopkins RO, Fineman B (1994) Item and order dissociation in humans with prefrontal cortex damage. Neuropsychologia 32: 881–891

Kleist K (1934) Gehirnpathologie. Barth, Leipzig

Klüver H, Bucy PC (1997) Preliminary analysis of functions of the temporal lobes in monkeys. J Neuropsychiatry Clin Neurosci 9: 606–620 (Nachdruck des Originals von 1939)

Kongs SK, Thompson LL, Iverson GL, Heaton RK (2000) The Wisconsin Card Sorting Test-64 (WCST-64). Hogrefe, Göttingen

Konow A, Pribram KH (1970) Error recognition and utilization produced by injury to the frontal cortex of man. Neuropsychologia 8: 489–491

Koski L, Petrides M (2001) Time-related changes in task performance after lesions restricted to the frontal cortex. Neuropsychologia 39: 268–281

Kremer S, Chassagnon S, Hoffmann D, Benabid AL, Kahane P (2001) The cingulate hidden hand. J Neurol Neurosurg Psychiatry 70: 264–265

Kroll NE, Markowitsch HJ, Knight RT, von Cramon DY (1997) Retrieval of old memories: the temporofrontal hypothesis. Brain 120: 1377–1399

Laplane D, Baulac M, Widlöcher D, Dubois B (1984) Pure psychic akinesia with bilateral lesions of basal ganglia. J Neurol Neurosurg Psychiatry 47: 377–385

Laplane D, Dubois B (2001) Auto-activation deficit: A basal ganglia related syndrome. Mov Disord 16: 810–814

Lesser RP, Lueders H, Dinner DS, Hahn J, Cohen L (1984) The location of speech and writing functions in the frontal language area. Results of extraoperative cortical stimulation. Brain 107: 275–291

Levin HS, High WM, Goethe KE, Sisson RA, Overall JE, Rhoades HM, Eisenberg HM, Kalisky Z, Gary HE (1987) The neurobehavioural rating scale: assessment of the behavioural sequelae of head injury by the clinician. J Neurol Neurosurg Psychiatry 50: 183–193

Lezak MD (1995) Neuropsychological Assessment, 3rd edn. Oxford University Press, New York Oxford

Lhermitte F (1983) 'Utilization behaviour' and its relation to lesions of the frontal lobes. Brain 106: 237–255

Lhermitte F (1986) Human autonomy and the frontal lobes. Part II: Patient behavior in complex and social situations: the 'Enviromental dependency syndrome'. Ann Neurol 19: 335–343

Lhermitte F, Pillon B, Serdaru M (1986) Human autonomy and the frontal lobes. Part I: Imitation and utilization behavior: a neuropsychological study of 75 patients. Ann Neurol 19: 326–334

Lobel E, Kahane P, Leonards U, Grosbras M, Lehericy S, Le Bihan D, Berthoz A (2001) Localization of human frontal eye fields: Anatomical and functional findings of functional magnetic resonance imaging and intracerebral electrical stimulation. J Neurosurg 95: 804–815

Logan GD (1985) Executive control of thought and action. Acta Psychol (Amst) 60: 193–210

Literatur

Luauté JP, Saladini O (2001) Le concept français d'athymhormie de 1922 à nos jours. Can J Psychiatry 46: 639–644

Luria AR (1980) Higher cortical functions in man, 2nd edn. Basic Books, New York

MacLeod CM, MacDonald PA (2000) Interdimensional interference in the Stroop effect: uncovering the cognitive and neural anatomy of attention. Trends Cogn Sci 4: 383–391

Malloy PF, Richardson ED (1994) Assessment of frontal lobe functions. J Neuropsychiatry Clin Neurosci 6: 399–410

Malloy PF, Webster JS, Russell W (1985) Tests of Luria's frontal lobe syndromes. Int J Clin Neuropsych 7: 88–95

Manes F, Sahakian B, Clark L, Rogers R, Antoun N, Aitken M, Robbins T (2002) Decision-making processes following damage to the prefrontal cortex. Brain 125: 624–639

Mangels JA, Gershberg FB, Shimamura AP, Knight RT (1996) Impaired retrieval from remote memory in patients with frontal lobe damage. Neuropsychology 10: 32–41

Marey-Lopez J, Rubio-Nazabal E, Alonso-Magdalena L, Lopez-Facal S (2002) Posterior alien hand syndrome after a right thalamic infarct. J Neurol Neurosurg Psychiatry 73: 447–449

Markowitsch HJ (1992) Intellectual functions and the brain. An historical perspective. Hogrefe & Huber, Seattle

Matsuo K, Kato C, Sumiyoshi C, Toma K, Duy Thuy DH, Moriya T, Fukuyama H, Nakai T (2003) Discrimination of Exner's area and the frontal eye field in humans – functional magnetic resonance imaging during language and saccade tasks. Neurosci Lett 340: 13–16

Mavaddat N, Kirkpatrick PJ, Rogers RD, Sahakian BJ (2000) Deficits in decision-making in patients with aneurysms of the anterior communicating artery. Brain 123: 2109–2117

McDonald S, Pearce S (1996) Clinical insights into pragmatic theory: Frontal lobe deficits and sarcasm. Brain Lang 53: 81–104

Meacham JA, Leiman B (1982) Remembering to perform future actions. In: Neisser U (ed) Memory observed: Remembering in natural contexts. W.H. Freeman, San Francisco, pp 327–336

Mendez MF, Doss RC, Cherrier MM (1998) Use of the cognitive estimations test to discriminate frontotemporal dementia from Alzheimer's disease. J Geriatr Psychiatry Neurol 11: 2–6

Mendez MF, Nakawatase TV, Brown CV (1999) Involuntary laughter and inappropriate hilarity. J Neuropsychiatry Clin Neurosci 11: 253–258

Mesulam M-M (2003) Primary progressive aphasia – A language-based dementia. N Engl J Med 349: 1535–1542

Metzler P (2000) Standardisierte Link'sche Probe zur Beurteilung exekutiver Funktionen (SLP). Swets, Frankfurt am Main

Milea D, Lehericy S, Rivaud-Pechoux S, Duffau H, Lobel E, Capelle L, Marsault C, Berthoz A, Pierrot-Deseilligny C (2003) Antisaccade deficit after anterior cingulate cortex resection. NeuroReport 14: 283–287

Miller BL, Cummings JL (eds) (1999) The human frontal lobes: functions and disorders. Guilford, New York

Miller EK (2000) The prefrontal cortex and cognitive control. Nature Rev Neurosci 1: 59–65

Milner B (1964) Some effects of frontal lobectomy in man. In: Warren JM, Akert K (eds) The frontal granular cortex and behavior. McGraw-Hill, New York, pp 313–334

Milner B (1982) Some cognitive effects of frontal-lobe lesions in man. Philos Trans R Soc Lond B Biol Sci 298: 211–226

Milner B, Petrides M, Smith ML (1985) Frontal lobes and the temporal organization of memory. Hum Neurobiol 4: 137–142

Mitrushina MN, Boone KB, D'Elia LF (1999) Handbook of normative data for neuropsychological assessment. Oxford University Press, New York Oxford

Morris MK, Bowers D, Chatterjee A, Heilman KM (1992) Amnesia following a discrete basal forebrain lesion. Brain 115: 1827–1847

Müller NG, Machado L, Knight RT (2002) Contributions of subregions of the prefrontal cortex to working memory: Evidence from brain lesions in humans. J Cogn Neurosci 14: 673–686

Nagao M, Takeda K, Komori T, Isozaki E, Hirai S (1999) Apraxia of speech associated with an infarct in the precentral gyrus of the insula. Neuroradiol 41: 356–357

Nelson HE (1976) A modified card sorting test sensitive to frontal lobe defects. Cortex 12: 313–324

Nieuwenhuys R, Voogd J, Van Huyzen C (1988) The human central nervous system: A synopsis and atlas. Springer, Berlin Heidelberg New York Tokyo

O'Shea MF, Saling MM, Bladin PF (1994) Can metamemory be localized? J Clin Exp Neuropsychol 16: 640–646

Öngür D, Ferry AT, Price JL (2003) Architectonic subdivision of the human orbital and medial prefrontal cortex. J Comp Neurol 460: 425–449

Owen AM (1997) Cognitive planning in humans: neuropsychological, neuroanatomical and neuropharmacological perspectives. Prog Neurobiol 53: 431–450

Owen AM, Downes JJ, Sahakian BJ, Polkey CE, Robbins TW (1990) Planning and spatial working memory following frontal lobe lesions in man. Neuropsychologia 28: 1021–1034

Owen AM, Roberts AC, Polkey CE, Sahakian BJ, Robbins TW (1991) Extra-dimensional versus intra-dimensional set shifting performance following frontal lobe excisions, temporal lobe excisions or amygdalo-hippocampectomy in man. Neuropsychologia 29: 993–1006

Owen AM, Sahakian BJ, Semple J, Polkey CE, Robbins TW (1995) Visuo-spatial short-term recognition memory and learning after temporal lobe excisions, frontal lobe excisions or amygdalo-hippocampectomy in man. Neuropsychologia 33: 1–24

Parkin AJ (1998) The central executive does not exist. J Int Neuropsychol Soc 4: 518–522

Paus T (1996) Location and function of the human frontal eye-field: A selective review. Neuropsychologia 34: 475–483

Paus T (2001) Primate anterior cingulate cortex. Where motor control, drive and cognition interface. Nat Rev Neurosci 2:417–424

Perecman E (ed) (1987) The frontal lobes revisited. IBRN, New York

Perret E (1974) The left frontal lobe of man and the suppression of habitual responses in verbal categorical behaviour. Neuropsychologia 12: 323–330

Petrides M (1985) Deficits on conditional associative-learning tasks after frontal- and temporal-lobe lesions in man. Neuropsychol 23: 601–614

Petrides M, Pandya DN (1999) Dorsolateral prefrontal cortex: comparative cytoarchitectonic analysis in the human and the macaque brain and cortico-cortical connection patterns. Eur J Neurosci 11: 1011–1036

Petrides M, Pandya DN (2001) Comparative cytoarchitectonic analysis of the human and the macaque ventrolateral prefrontal cortex and corticocortical connection patterns in the monkey. Eur J Neurosci 16: 291–310

Porteus SD (1965) Porteus Maze Test. Fifty years application. Pacific Books, Palo Alto

Prabhakaran V, Smith JA, Desmond JE, Glover GH, Gabrieli JD (1997) Neural substrates of fluid reasoning: An fMRI study of neocortical activation during performance of the Raven's Progressive Matrices Test. Cognit Psychol 33: 43–63

Rabbitt P (ed) (1997) Methodology of frontal and executive function. Psychology Press, Hove, East Sussex

Rahman S, Sahakian BJ, Hodges JR, Rogers RD, Robbins TW (1999) Specific cognitive deficits in mild frontal variant frontotemporal dementia. Brain 122: 1469–1493

Raven J (2000) The Raven's Progressive Matrices: Change and stability over culture and time. Cogn Psychol 41: 1–48

Regard M, Strauss E, Knapp P (1982) Children's production on verbal and non-verbal fluency tasks. Percept Mot Skills 55: 839–844

Rizzolatti G, Luppino G, Matelli M (1998) The organization of the cortical motor system: New concepts. Electroencephalogr Clin Neurophysiol 106: 283–296

Rizzolatti G, Fogassi L, Gallese V (2002) Motor and cognitive functions of the ventral premotor cortex. Curr Opin Neurobiol 12: 149–154

Roberts AC, Sahakian BJ (1993) Comparable tests of cognitive function in monkey and man. In: Sahgal A (ed) Behavioural neuroscience: A practical approach. IRL, Oxford, pp 165–184

Rogers RD, Sahakian BJ, Hodges JR, Polkey CE, Kennard C, Robbins T (1998) Dissociating executive mechanisms of task control following frontal lobe damage and Parkinson's disease. Brain 121: 815–842

Rolls ET (2000) The orbitofrontal cortex and reward. Cereb Cortex 10: 284–294

Rolls ET, Hornak J, Wade D, McGrath J (1994) Emotion-related learning in patients with social and emotional changes associated with frontal lobe damage. J Neurol Neurosurg Psychiatry 57: 1518–1524

Ropper AH (1982) Self-grasping: A focal neurological sign. Ann Neurol 12: 575–577

Rosano C, Sweeney JA, Melchitzky DS, Lewis DA (2003) The human precentral sulcus: Chemoarchitecture of a region corresponding to the frontal eye fields. Brain Res 972: 16–30

Rowe AD, Bullock PR, Polkey CE, Morris RG (2001) »Theory of mind« impairments and their relationship to executive functioning following frontal lobe excisions. Brain 124:600–616

Royall DR (1999) EXIT 25 Video. Video, auf Anfrage erhältlich vom Autor (royall@uthscsa.edu)

Royall DR, Cordes JA, Polk M (1998) CLOX: an executive clock drawing task. J Neurol Neurosurg Psychiatry 64: 588–594

Royall DR, Mahurin RK, Gray KF (1992) Bedside assessment of executive cognitive impairment: the executive interview. J Am Geriatr Soc 40: 1221–1226

Royall DR, Rauch R, Roman GC, Cordes JA, Polk MJ (2001) Frontal MRI findings associated with impairment on the Executive Interview (EXIT25). Exp Aging Res 27: 293–308

Ruff RM, Allen CC, Farrow CE, Niemann H, Wylie T (1994) Figural fluency: Differential impairment in patients with left versus right frontal lobe lesions. Arch Clin Neuropsychol 9: 41–55

Saint-Cyr JA, Taylor AE, Lang AE (1988) Procedural learning and neostriatal dysfunction in man. Brain 111: 941–959

Literatur

Sanfey AG, Hastie R, Colvin MK, Grafman J (2003) Phineas gauged: Decision making and the human prefrontal cortex. Neuropsychologia 41: 1218–1229

Schillerstrom JE, Deuter MS, Wyatt R, Stern SL, Royall DR (2003) Prevalence of executive impairment in patients seen by a psychiatry consultation service. Psychosomatics 44: 290–297

Schnider A (1997) Verhaltensneurologie. Die neurologische Seite der Neuropsychologie. Thieme, Stuttgart

Schnider A, Däniken C von, Gutbrod K (1996) The mechanisms of spontaneous and provoked confabulations. Brain 119: 1365–1375

Schnider A (2003) Spontaneous confabulation and the adaptation of thought to ongoing reality. Nat Rev Neurosci 4: 662–671

Schwartz S, Baldo J (2001) Distinct patterns of word retrieval in right and left frontal lobe patients: a multidimensional perspective. Neuropsychologia 39: 1209–1217

Scott RB, Gregory R, Wilson J, Banks S, Turner A, Parkin S, Giladi N, Joint C, Aziz T (2003) Executive cognitive deficits in primary dystonia. Mov Disord 18: 539–550

Shallice T (1982) Specific impairments of planning. Philos Trans R Soc Lond B Biol Sci 298: 199–209

Shallice T, Burgess PW (1991) Deficits in strategy application following frontal lobe damage in man. Brain 114: 727–741

Shallice T, Burgess PW, Schon F, Baxter DM (1989) The origins of utilization behaviour. Brain 112: 1587–1598

Shallice T, Evans ME (1978) The involvement of the frontal lobes in cognitive estimation. Cortex 14: 294–303

Sherer M, Nick TG, Millis SR, Novack TA (2003) Use of the WCST-64 in the assessment of traumatic brain injury. J Clin Exp Neuropsychol 25: 512–520

Shimamura AP, Janowsky JS, Squire LR (1990) Memory for the temporal order of events in patients with frontal lobe lesions and amnesic patients. Neuropsychologia 28: 803–813

Shimamura AP, Gershberg FB, Jurica PJ, Mangels JA, Knight RT (1992) Intact implicit memory in patients with frontal lobe lesions. Neuropsychologia 30: 931–937

Siegert RJ, Warrington EK (1996) Spared retrograde memory with anteriograde amnesia and widespread cognitive deficits. Cortex 32: 177–185

Sirigu A, Zalla T, Pillon B, Grafman J, Dubois B, Agid Y (1995) Planning and script analysis following prefrontal lobe lesions. Ann N Y Acad Sci 769: 277–288

Slachevsky A, Pillon B, Beato R, Villalpando JM, Litvan I, Dubois B (2002) The »signe de l'applaudissement« in PSP. Neurology 58(suppl.3): A480

Smith A (1967) The serial sevens subtraction test. Arch Neurol 17: 78–80

Spatt J, Goldenberg G (1993) Components of random generation by normal subjects and patients with dysexecutive syndrome. Brain Cogn 23: 231–242

Spreen O, Strauss E (1998) A compendium of neuropsychological tests. Oxford University Press, New York Oxford

Stuss DT, Eskes GA, Foster JK (1994) Experimental neuropsychological studies of frontal lobe functions. In: Grafman J, Boller F (eds) Handbook of Neuropsychology, vol 9. Elsevier, Amsterdam, pp 149–185

Stuss DT, Shallice T, Alexander MP, Picton TW (1995) A multidisciplinary approach to anterior attentional functions. In: Grafman J, Holyoak KJ, Boller F (eds) Structure and function of the human prefrontal cortex. New York Academy of Sciences, New York, pp 191–211

Stuss DT, Levine B, Alexander MP, Hong J, Palumbo C, Hamer L, Murphy KJ, Izukawa D (2000) Wisconsin Card Sorting Test performance in patients with focal frontal and posterior brain damage: Effects of lesion location and test structure on separable cognitive processes. Neuropsychologia 38: 388–402.

Stuss DT, Floden D, Alexander MP, Levine B, Katz D (2001) Stroop performance in focal lesion patients: dissociation of processes and frontal lobe lesion location. Neuropsychologia 39: 771–786

Swick D, Jovanovic J (2002) Anterior cingulate cortex and the Stroop task: Neuropsychological evidence for topographic specificity. Neuropsychologia 40: 1240–1253

Takahashi N, Kawamura M (2001) Oral tendency due to frontal lobe lesion. Neurology 57: 739–740

Tehovnik EJ, Sommer MA, Chou IH, Slocum WM, Schiller PH (2000) Eye fields in the frontal lobes of primates. Brain Res Brain Res Rev 32: 413–448

Tewes U (1991) HAWIE-R: Hamburg-Wechsler Intelligenztest für Erwachsene. Huber, Bern

Thaiss L, Petrides M (2003) Source versus content memory in patients with a unilateral frontal cortex or a temporal lobe excision. Brain 126: 1112–1126

Thompson-Schill SL, Swick D, Farah MJ, D'Esposito M, Kan IP, Knight RT (1998) Verb generation in patients with focal frontal lesions: A neuropsychological test of neuroimaging findings. Proc Natl Acad Sci USA 95: 15855–15860

Tulving E (1987) Multiple memory systems and consciousness. Hum Neurobiol 6: 67–80

Turken AU, Swick D (1999) Response selection in the human anterior cingulate cortex. Nature Neurosci 2: 920–924

Ufer K (2000) Behavioural Assessment of the Dysexecutive Syndrome (BADS), Deutsche Version. Hogrefe, Göttingen

Vanneste JA (2000) Diagnosis and management of normal-pressure hydrocephalus. J Neurol 247: 5–14

Verfallie M, Heilman KM (1987) Response preparation and response inhibition after lesions of the medial frontal lobe. Arch Neurol 44: 1265–1271

Volle E, Beato R, Levy R, Dubois B (2002) Forced collectionism after orbitofrontal damage. Neurology 58: 488–490

Vreeling FW, Jolles J, Verhey FR, Houx PJ (1993) Primitive reflexes in healthy, adult volunteers and neurological patients: Methodological issues. J Neurol 240: 495–504

Wallesch CW, Kornhuber HH, Kollner C, Haas HC, Hufnagl JM (1983) Language and cognitive deficits resulting from medial and dorsolateral frontal lobe lesion. Archiv für Psychiatrie und Nervenkrankheiten 233: 279–296

Waltz JA, Knowlton BJ, Holyoak KJ et al. (1999) A system for relational reasoning in human prefrontal cortex. Psychol Sci 10: 119–125

Warrington EK (2000) Homophone meaning generation: A new test of verbal switching for the detection of frontal lobe dysfunction. J Int Neuropsychol Soc 6: 643–648

Weller M (1993) Anterior opercular cortex lesions cause dissociated lower cranial nerve palsies and anarthria but no aphasia: Foix-Chavany-Marie syndrome and »automatic voluntary dissociation« revisited. J Neurol 240: 199–208

Wharton C, Grafman J (1998) Deductive reasoning and the brain. Trends Cogn Sci 2: 54–59

Wheeler MA, Stuss DT, Tulving E (1995) Frontal lobe damage produces episodic memory impairment. J Int Neuropsychol Soc 1: 525–536

Wiegersma S, van der Scheer E, Human R (1990) Subjective ordering, short-term memory, and the frontal lobes. Neuropsychologia 28: 95–98

Wieshmann UC, Niehaus L, Meierkord H (1997) Ictal speech arrest and parasagittal lesions. Eur Neurol 38: 123–127

Wildgruber D (1997) Evaluation und Optimierung eines ökonomischen Testverfahrens zur Erfassung von Funktionsstörungen des Frontalhirns. Med. Dissertation, Universität Heidelberg

Wildgruber D, Kischka U, Fassbender K, Ettlin TM (2000) The Frontal Lobe Score. Part II: Evaluation of its clinical validity. Clin Rehab 14: 272–278

Wilson BA, Alderman N, Burgess PW, Emslie H, Evans JJ (1996) Behavioural assessment of the dysexecutive syndrome. Thames Valley Test Company, Bury St. Edmunds

Wohlschläger A, Bekkering H (2002) Is human imitation based on a mirror-neurone system? Some behavioural evidence. Exp Brain Res 143: 335–341

Wood JN, Grafman J (2003) Human prefrontal cortex: processing and representational perspectives. Nat Rev Neurosci 4: 139–147

Zalla T, Plassiart C, Pillon B, Grafman J, Sirigu A (2001) Action planning in a virtual context after prefrontal cortex damage. Neuropsychologia 39: 759–770

Ziegler W, Kilian B, Deger K (1997) The role of the left mesial frontal cortex in fluent speech: evidence from a case of left supplementary motor area hemorrhage. Neuropsychologia 35: 1197–1208

Zimmermann P, Fimm B (2002) Testbatterie zur Aufmerksamkeitsprüfung (TAP), Version 1.7. Psytest, Freiburg/Breisgau (http://www.psytest-fimm.com)

Psychopathologie

F. M. Reischies

4.1 Einleitung – 84

4.2 Störung der Handlungsinitiierung und -kontrolle – 84
Defizit im Antriebsbereich, Mangel an Eigenantrieb – 85
Disinhibition – 88
Störung der Verhaltensflexibilität – 90

4.3 Wertattribution – 91

4.4 Affekte und Emotionen – 92
Verminderung der Emotionalität und Empathieverlust – 92
Affektkontrolle – 93
Verminderte Anpassungsfähigkeit im affektiven Bereich – 93
Einzelne affektive Syndrome, Euphorie und Depression – 94

4.5 Störung der Informationsverarbeitung von Aspekten der eigenen Person – 95

4.6 Abschließende Bemerkungen – 95

Literatur – 99

4.1 Einleitung

Frühe Fallschilderungen über Patienten mit Frontalhirnläsionen betonen eine Wesensänderung mit Vernachlässigung familiärer und beruflicher Verpflichtungen sowie sozialer Bindungen (pseudopsychopathisches Verhalten, Stuss et al. 1992). Neuropathologische Befunde bei Veränderungen der Persönlichkeit nach Frontalhirnläsionen wiesen auf die Bedeutung des medialen Teils des orbitofrontalen Kortex hin (Welt 1888). Die Erfahrungen des 1. Weltkriegs ermöglichten umfangreiche Studien über Folgen von Frontalhirnverletzungen. Feuchtwanger (1923) beschrieb z. B. Witzelsucht (► s. unten Abschn. »Disinhibition«). Diese tritt zwar nur bei wenigen Patienten mit Frontalhirnschädigungen auf; Feuchtwanger aber charakterisierte sie als frontalhirnspezifisches Symptom, weil sie nicht bei Patienten mit anderen Schädigungslokalisationen beobachtet wurde.

Es mangelte nicht an Versuchen der Vereinfachung der komplexen Symptomatik (Benson 1994). Einzelne Merkmale wurden herausgestellt, unter denen sich die vielfältige psychopathologische Symptomatik bei Frontalhirnläsionen subsummieren ließe. So wurden z. B. 2 große Syndrome herausdifferenziert:
1. Ein apathisch-pseudodepressives Syndrom mit Minderung des Antriebs und
2. ein pseudopsychopathisches Syndrom mit Enthemmung und Kontrollverlust.

Auch wurde eine Trias von Apathie, Euphorie und Irritabilität postuliert. Offenbar aber gelingt es nicht leicht, die Merkmale der verschiedenen Krankheitsbilder nach Frontalhirnläsionen unter wenige zentrale Syndrome zu subsummieren. Immer wieder waren die Untersucher erstaunt über scheinbar widersprüchliche Folgen von Frontalhirnschädigungen wie Depression oder Euphorie, Apathie oder Impulsivität bei Patienten mit ähnlichen neuroanatomischen Läsionen. Daraus konnte nur auf eine allgemeine, unspezifische Involviertheit der frontalen Kortexareale in die Informationsverarbeitung von Affekt bzw. Emotion oder der prämotorischen Integration geschlossen werden.

Bei den Basalganglien, mit denen der präfrontale Kortex eng zusammenarbeitet, ist eine Aufteilung in neurologische, neuropsychologische (kognitive) und psychiatrische Anteile nach ihren Funktionen postuliert worden (Saint-Cyr et al. 1995). Dies dürfte auch für den präfrontalen Kortex zutreffen. Der präfrontale Kortex umfasst Regionen, bei deren Läsion vorwiegend motorische Defizite, kognitive Defizite, z. B. im »working memory«, oder psychiatrische Syndrome wie Apathie und Enthemmung zu beobachten sind. Psychiatrisch relevant scheinen v. a. der orbitofrontale und anteriore zinguläre Kortex zu sein. Besonders der mediale orbitofrontale und Teile des anterioren zingulären Kortex bilden eine Zwischenstation zu Hirnstammkernen, die vegetative und affektive Funktionen erfüllen.

Im Folgenden wird auf 4 große Merkmalskomplexe näher eingegangen. Betrachtet werden die Bereiche
- des Handelns bzw. des aktiven Verhaltens,
- der Konnotation von Werten für das Individuum,
- die Affekte und
- die Aspekte der eigenen Person, des Selbst.

Zunächst werden 3 Störungsdimensionen unterschieden:
1. das Initiieren,
2. die Kontrolle von Handlungen und
3. die umweltkontrollierte Plastizität von Verhaltensweisen.

4.2 Störung der Handlungsinitiierung und -kontrolle

Einen Hauptbereich der Frontalhirnpsychopathologie stellen Störungen der Handlungen bzw. der aktiven Verhaltensweisen dar. Hiermit sind komplexere motorische Aktionen gemeint, deren Störung nicht auf eine Parese oder Apraxie zurückzuführen ist.

Defizit im Antriebsbereich, Mangel an Eigenantrieb

Antrieb soll hier als Eigenantrieb verstanden werden, d. h. die von der Person selbst veranlassten Aktionen, nicht z. B. die Erfüllung von Aufträgen. Bei der Untersuchung wird auf die Häufigkeit unterschiedlicher, selbstinitiierter Handlungen des Patienten geachtet.

Der Extremfall der Antriebsstörung bei Frontalhirnläsion ist das völlige Sistieren spontaner Bewegungen im akinetischen Mutismus. Im Kontrast zum Verlust der spontanen Bewegungen können einfache Anweisungen oft noch ausgeführt werden.

Beispiel: Eine Patientin liegt nach einer vaskulären Läsion im mediodorsalen präfrontalen Kortex wach auf dem Bett und ist stumm. Die Augen sind zeitweilig offen, aber die Patientin schaut nicht in der Umgebung herum. Sie ist in der Lage, auf Anforderung die Augen dem Untersucher zuzuwenden oder die Hand zu geben.

Die internationalen psychiatrischen Klassifikationssysteme sehen den hirnorganischen Stupor vor. Stupor bei Depression und Katatonie ist differenzialdiagnostisch immer zu erwägen.

Die Antriebsminderung ohne depressive Stimmung ist als **Pseudodepression** (Flint et al. 1988) klinisch differenzialdiagnostisch von einer Depressionserkrankung abzugrenzen. Der Begriff **Abulie** (Förstl u. Sahakian 1991; Berrios u. Gili 1995) für den Verlust willkürlicher Motorik bezeichnet das Syndrom des akinetischen Mutismus in leichterer Ausprägung (auch die Begriffe minor abulia und Aspontaneität sind verwendet worden). Der akinetische Mutismus ist oft temporär. Im Verlauf bleibt in vielen Fällen eine Minderung des Eigenantriebs bestehen, eine Abulie. Als Beispiel für eine geringere Ausprägung der Störung soll eine zwar leichte, aber in den Konsequenzen doch folgenschwere Antriebsstörung dienen: Ein Kaufmann stellte sich poliklinisch vor nach Rehabilitation bifrontaler Kontusionsherde aufgrund eines Schädel-Hirn-Traumas. Er war psychiatrisch-neurologisch symptomfrei bis auf den Umstand, dass er über nachlassende Energie bei Verhandlungen berichtete. Dies hatte zu unvorteilhaften Geschäften und deutlichen Verlusten seiner Firma geführt. Testpsychologisch war eine hohe Intelligenz zu bestätigen.

Wie ist die Minderung des Eigenantriebs zu erklären? Eine Störung des Eigenantriebs kann auf verschiedene Arten zustande kommen. Im Folgenden werden 3 Erklärungsansätze besprochen:

1. Zunächst kann die Minderung des Eigenantriebs mit einer Störung im Motivationssystem zu tun haben (▶ s. unten Abschn. 4.3 »Wertattribution«).
2. Weiterhin kann die Rolle des Frontalhirns in der Prämotorik, in der motorischen Planung, Initiierung und Kontrolle betroffen sein, woraus eine Minderung spontanen Verhaltens resultiert.

Im Bereich der Prämotorik ist die Beteiligung des präfrontalen Kortex
- bei willentlicher Aktion (Frith et al. 1991),
- speziell bei der Implementierung von Stimulus-response-Reaktionswegen (»stimulus response channels«, Raffal et al. 1996),
- bei der Antwortselektion (Elliot u. Dolan 1998) und
- bei der Entscheidung unter Risiko (Bechara et al. 1998) beschrieben worden.

Was ist über die Pathophysiologie der Handlungsinitiierung und damit der Antriebsstörung im Frontalhirn bekannt? Neurophysiologische Untersuchungen präfrontaler neuronaler Aktivität können erklären, warum Patienten mit Schädigungen dieser Hirnareale Probleme mit der spontanen Handlungsinitiierung haben.

Orbitofrontale Neurone kodieren Belohnung nach Handlungen (Thorpe et al. 1983; Rolls 1996). Belohnung wird nicht allein im orbitofrontalen Kortex repräsentiert, spezifischer aber ist die neuronale Aktivität orbitofrontaler Neurone auch beim Ausbleiben von Belohnung und hinsichtlich der Relation von Belohnungen verschiedener Wahlobjekte (Thorpe et al. 1983; Tremblay et al. 1999). Es ist geschlossen worden, das im orbitofrontalen Kortex der Aufbau und das Monitoring der Erwartung von Belohnung mit der Kontrolle der eintreffenden oder ausbleibenden Rückmeldung nach Handlungen und damit ein wesentlicher Anteil der Informationsverarbeitung für die Motivation geleistet werden kann. Der orbitofrontale Kortex arbeitet dabei zusammen mit dem ventralen Striatum und der ventralen tegmentalen Area. Neurone des ventralen Tegmentums haben eine Funktion in der Zuschreibung von Erwartung von Belohnung auf ein Ereignis, das Belohnung prädiziert (Schulz et al. 1997).

Die motorische Umsetzung erfolgt offenbar im anterioren Cingulum. Neurone im anterioren Cingulum haben eine Funktion beim Vorbereiten einer konkreten Alternativhandlung speziell nach dem Ausbleiben der Belohnung für die erste Handlung (Shima et al. 1998). Es konnte gezeigt werden, dass dort Neurone zu finden sind, die beim Wechsel auf die Alternativhandlung aktiv sind, die nach Ausbleiben der Belohnung für die erste Handlung gewählt wird. Diese Neurone kodieren nicht einen Handlungswechsel, der passiv auf Aufforderung erfolgt. Die Daten sind als Hinweis für eine Rolle dieser Neurone in der willentlichen Handlungsinitiierung aufgefasst worden.

Der Zusammenhang der genannten Hirnareale ist in den letzten Jahren erforscht worden. Der orbitofrontale Kortex projiziert zum Nucleus accumbens des ventralen Striatums und zur ventralen tegmentalen Area. Der Nucleus accumbens bezieht wiederum die psychiatrisch wichtige dopaminerge Innervation aus dem ventralen Tegmentum. Vom Nucleus accumbens wird die Information auch über das ventrale Pallidum und dem mediodorsalen Thalamus zum Kortex zurück projiziert (nach Art der kortikosubkortikalen Projektionsschleifen, »frontal loops« nach Alexander).

Die neurophysiologischen Daten können erklären, dass aus einer Bedürfnislage heraus, bzw. nach der Information, dass eine Belohnungserwartung nicht befriedigt ist, eine Handlung initiiert wird (◘ Abb. 4.1). Dabei wird zunächst vom orbitofrontalen Kortex, ventralen Tegmentum und Nucleus accumbens aus die Information über die orbitofrontal-ventral-striatalen Projektionsschleifen zu benachbarten Kortexarealen weitergegeben. In der Art von Schraubenwindungen wird so die Information an die nächsten kortikosubkortikalen Projektionsschleifen weitergereicht. Dabei werden dorsolateral präfrontale Loops involviert. Dies geschieht bis zur prämotorischen Vorbereitung im anterioren Cingulum. Die Einbeziehung von Information aus dem Arbeitsgedächtnis und Wissen erfolgt so im Prozess der prämotorischen Integration.

Diese neurophysiologischen Daten und Konzepte können helfen, ein Defizit der Patienten mit präfrontalen Hirnschädigungen in rückmeldungssensitiven Testverfahren zu erklären (»Wisconsin-Card-Sorting-Test«, WCST; »Object-Reversal-Test«, ORT; »Probability-Object-Reversal-Test«, pORT; »Cantab-Shift-Test«). In vielen Fällen wird das Ausbleiben von Handlungen beobachtet, die auf die Befriedigung eigener Bedürfnisse gerichtet ist. Ein Defizit der Patienten in der Initiierung von spontanen Handlungen kann mit den Daten erklärt werden.

Ist die Handlung erst einmal gelernt und wird implizit ausgeführt, dann kann das Ausbleiben von positiver Rückmeldung (oder negativem Feedback) bei gesunden Personen zu einer Erarbeitung einer Verhaltensalternative führen. Dies bleibt nach Schädigung des orbitofrontalen Netzwerkteils aus und kann auch erklären, warum es zur Störung der Verhaltensflexibilität kommt.

Zu den Problemen mit der Initiierung von Handlungen kommen bei Frontalhirnläsionen Störungen in exekutiven Aspekten des Verhaltens hinzu, wie im Bereich der
- Planung und
- Vorbereitung oder Ausführen von »Subgoals« (Vilkki u. Holst 1991; Burgess u. Shallice 1996, ▶ s. Kap. 3).

4.2 · Störung der Handlungsinitiierung und -kontrolle

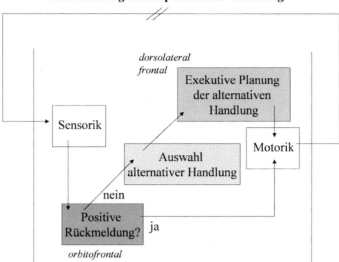

Abb. 4.1. Modell der Initiierung von Handlungsalternativen bei Mismatch der Belohnungserwartung ausgehend vom orbitofrontalen Kortex, der mit dem ventralen Tegmentum und Nucleus accumbens auf die Verletzung der Belohnungserwartung zu reagieren erlaubt. In kortikosubkortikalen Projektionsschleifen (»frontal loops«) werden bildhaft wie in Schraubenwindungen von orbitofrontal aus nacheinander benachbarte Kortexareale aktiviert (jeweils über die »frontal loops«) und damit der dorsolateral präfrontale Kortex, das anteriore Cingulum und die Motorikregion aktiviert. In diesem Vorgang der prämotorischen Planungsphase wird Information in die Handlungsplanung integriert (und die Alternativhandlung ggf. modifiziert oder abgebrochen). Wenn eine derart initiierte Handlung gelernt ist, wird sie ohne die Initiierungsroutine ausgelöst. Nach einer Schädigung des orbitofrontalen Netzwerks kann bei Verletzung der Belohnungserwartung die Handlung dann nicht durch eine Handlungsalternative abgelöst werden

Das Monitoring von Handlungssequenzen ist eine weitere Funktion von Frontalhirnneuronen. In Handlungssequenzen führt ein Aktionsmonitoring einerseits, am Ende von geplanten Vorarbeiten, zum Initiieren der nächsten Bewegung und andererseits, beim Entdecken eines Fehlers, zu Korrekturaktionen.

Störungen des dorsolateralen präfrontalen Kortex mit Defiziten im »working memory« werden an anderem Ort in diesem Band dargestellt. Speziell im zingulären Kortex ist die Informationsverarbeitung für das Monitoring und für die Fehlererkennung nachgewiesen worden (Vogt et al. 1992). Bei einer Störung in diesen Informationsverarbeitungsschritten kommt eine Handlungssequenz zum Versiegen. Der Patient beginnt mit einer einzelnen Handlung einer Handlungssequenz, aber er führt die Handlungssequenz dann nicht weiter, wenn ein neuer Schritt erforderlich wird oder eine Schwierigkeit auftaucht.

Beim 3. Erklärungsansatz zur Minderung des Eigenantriebs bei Frontalhirnschädigungen kommt es zur Minderung der maximal möglichen Anstrengung für die Handlungsdurchführung und die kognitive Anforderung, auf die sich der Proband einlässt (»effort«, »attention to action«, Vogt et al. 1992; Devinsky et al. 1995). Deshalb muss bei der Diagnostik auf die Anstrengung geachtet werden, mit der eine Handlung durchgeführt werden kann. Der Patient führt Aktionen nicht mit der dafür erforderlichen Energie bzw. Mühe durch. Dies führt in einigen Fällen zu schlechteren neuropsychologischen oder testpsychologischen Resultaten, die nicht falsch interpretiert werden dürfen.

Disinhibition

Im Gegensatz zu der eben besprochenen Verminderung der Anzahl von Handlungen tritt nach Frontalhirnläsionen auch eine Vermehrung der Anzahl von Handlungen auf – und zwar unerwünschter Handlungen. Es handelt sich um Handlungen, von denen die Person sagt bzw. weiß, dass sie sie nicht ausführen sollte, weil sie beispielsweise sozial unerwünscht oder mit negativen Konsequenzen behaftet sind. Die Person gibt einer Handlungsdisposition nach, die kontrolliert bzw. unterdrückt werden sollte. Die Person folgt z. B. aggressiven Impulsen oder erzählt unaufhörlich anzügliche Witze, obwohl sie weiß, dass dies nicht sozial angemessen ist und unangenehme Konsequenzen haben kann.

Man spricht von Enthemmungs- oder Disinhibitionsphänomenen. Neurologisch sind enthemmte Primitivreflexe bekannt. Disinhibitionsphänomene, die hier betrachtet werden, betreffen Handlungen aber auch Affekte und weitere Bereiche, die später besprochen werden. Eine lokalisatorische Spezifität der Disinhibition kognitiver und affektiver Phänomene innerhalb des Frontallappens konnte Dias zeigen (Dias et al. 1996). In diesem Abschnitt über Handlungsstörungen werden 3 Bereiche von Disinhibition dargestellt, Enthemmung von:
— Impulsen,
— regelverletzenden Aktionen und
— unintendierten Wiederholungen.

Die letztgenannten werden getrennt dargestellt, weil die zugrunde liegenden Mechanismen dieser Enthemmungsphänomene vermutlich von den ersten zu unterscheiden sind.

Enthemmung von Impulsen

Patienten folgen Impulsen bzw. triebhaften Handlungsintentionen in Situationen, in denen die Aktionen unangemessen sind. Beispielsweise zeigte sich eine Disinhibition von Impulsen bei einem älteren Patienten, der von 2 Personen begleitet stationär aufgenommen wurde. Er verlangte sogleich lautstark sexuellen Kontakt mit den Krankenschwestern. Bei dem Patienten wurde eine frontotemporale Demenz diagnostiziert. Inwieweit die Stärke der internen Beweggründe oder eine Schwäche der Kontrolle die Fehlhandlung verursacht hat, bleibt in den einzelnen Fällen gelegentlich offen. Häufig wird einfach von Impulsivität gesprochen (Miller et al. 1992). Da nicht nur Impulse, »Triebe«, (sexuelle Bedürfnisse etc.) bzw. Affekte disinhibiert sind, sondern auch das einfache Greifen nach Objekten (▶ s. unten), ist bei Frontalhirnläsionen in vielen Fällen eher von einer Impulskontrollstörung als von zu starken Impulsen auszugehen. Die Enthemmung von Impulsen wird zum pseudopsychopathischen Syndrom gerechnet und ist ein Element der organischen Wesensänderung. Die organische Wesensänderung wird vornehmlich nach Frontalhirnläsionen gesehen.

Enthemmung von Impulsen, etwas in den Mund zu stecken. Die Enthemmung von Impulsen, etwas in den Mund zu stecken, stellt einen besonderen Objektbereich von Disinhibition dar. Die Patienten zeigen unkontrolliertes Essen bzw. verstärktes Interesse an Nahrungsmitteln (▶ s. unten). Bei zingulären Läsionen ist Bulimie beobachtet worden. Auch exzessives Rauchen oder Alkohol trinken wird beobachtet. In der letzten Zeit ist die Rolle einer Dysfunktion des präfrontalen Kortex bei Suchterkrankungen diskutiert worden (Volkow u. Fowler 2000). Zuweilen wird sogar eine verstärkte orale Exploration von Objekten gesehen, ein Phänomen, das Beziehungen zu Primitivreflexen aufweist.

Enthemmung des Zugreifens. Diese stellt ein weiteres Disinhibitionsphänomen dar. Ein Patient greift z. B. nach Dingen, die vor ihm auf dem Tisch liegen, betastet sie oder hebt sie auf. Er intendiert jedoch nicht, die Dinge zu bearbeiten oder möchte sie nicht etwa besitzen. Das Zugreifen wird durch Objekte, die ein Patient im Greifraum sieht, veranlasst. In diesem Zusammenhang spricht man von »**utilisation behavior**«. Die

Impulse entstehen offenbar vorwiegend unter sensorischer Kontrolle. Das gesamte Erleben und Verhalten erscheint sensorisch geleitet, sodass der Eindruck entsteht, dass zu wenig oder keine intern generierte Aktivität vorkommt. Da die Patienten eine Störung des Eigenantriebs haben, ist möglicherweise ein Mangel an intern generierten Impulsen die Ursache, sodass ihre Handlungen verstärkt von sensorischen Reizen gelenkt werden. Alternativ ist an eine Störung der frontalen Kontrolle automatisierter Stimulus-Response-Kanäle (in diesem Fall des Zugreifens) gedacht worden.

Enthemmung von regelverletzendem Verhalten. Ein zweiter wichtiger Bereich der Disinhibition ist die Enthemmung von regelverletzendem Verhalten, dem »rule breaking behavior« (pseudoantisoziales Verhalten, Hare et al. 2000; Lapierre et al. 1995).

Ein Beispiel ist ein Patient mit frontalen Kontusionsherden nach Schädel-Hirn-Trauma. Er rühmt sich seiner außerordentlich hohen intellektuellen Fähigkeiten und bringt zum Nachweis ein Referat mit. Bei diesem Referat ist aber offensichtlich, dass es von einer fremden Person stammt, weil der Name dieses Autors auf der letzten Seite steht. Das stört den Patienten aber nicht.

Auch moralisch verwerfliche Handlungen werden vermehrt angetroffen (Anderson et al. 1999). Das Verhalten ist nicht sozial angepasst, so z. B. auch die bereits erwähnte sozial unangemessene Witzelsucht, die auch Moria genannt wird.

Über den Mechanismus der Enthemmungsphänomene ist spekuliert worden (Starkstein u. Robinson 1997; Gorenstein u. Newman 1980), aber die gestörte inhibitorische Kontrolle von mentalen Vorgängen und Handlungen nach frontalen Hirnschädigungen konnte noch nicht ausreichend erklärt werden.

Neue Erkenntnisse betreffen die Disinhibition von Handlungen trotz Kenntnis negativer Konsequenzen, speziell regelverletzendes Handeln. Eine Störung des sozialen Urteilvermögens scheint nicht vorzuliegen (Saver u. Damasio 1991). Offenbar verfügt der präfrontale Kortex aber über die Möglichkeit, motorische Aktionen zu stoppen, wenn in der prämotorischen Integrationsphase Informationen über die Konsequenzen der Handlung aktiviert werden, die diese Handlung nicht ratsam erscheinen lassen. Die Nutzung von Wissen für die Handlungssteuerung ist durch präfrontale Läsionen störbar (Delis et al. 1992; Grafman 1999). In der prämotorischen Integrationsphase könnte eine Störung der Einbeziehung von Informationen oder Wissen in die Handlungskontrolle die entscheidende Rolle bei den Disinhibitionsvorgängen spielen.

Ein weiterer pathophysiologischer Mechanismus geht von älteren Daten aus, die zeigten, dass mediale präfrontale Hirnareale Amygdalaaktivität modulieren können (Morgan et al. 1993). Milad und Quirk (2002) haben nach einer Erklärung für die überdauernde Extinktion von affektiver Reaktion gesucht. Sie diskutieren ein Modell für die Hemmung der Angstreaktion nach der Extinktion. Danach werden Frontalhirnneurone speziell aktiv, wenn das ehemalige Angstsignal erscheint und dabei den basolateralen Nucleus der Amygdala aktivieren.

Das Signal würde zu einer Angstreaktion führen, die aber in der Extinktionsphase unterdrückt wird. Dies wird dadurch erreicht, dass in der Rückprojektion vom frontalen Kortex zur Amygdala der Output-Kern der Amygdala gehemmt wird: Die medial ventral frontalen Neurone aktivieren eine Schicht von Interneuronen der Amygdala, die in der Lage sind, den Output der Amygdala im zentralen Kern zu unterdrücken. In der Hin und Rückprojektion von der Amygdala zum präfrontalen Kortex kann also eine stimulusspezifische Kontrollfunktion erarbeitet werden.

Es handelt sich zunächst um ein Modell aktiver Unterdrückung von affektiven Reaktionen. Diese kann gestört werden, wenn präfrontale Neurone geschädigt werden und z. B. zu einer Angststörung als Hirnschädigungssyndrom führen. Mit diesem pathophysiologischen Modell eines Defizits der präfrontalen Kontrolle subkortikaler limbischer Strukturen kann versucht werden zu erklären, wie durch aktive spezifische Hemmung eine Kontrolle von reflektorisch aktivierten Zuständen erreicht werden kann. Über ein Modell der Angst als Hirnschädigungssymptom hinaus kann das Modell möglicherweise auf andere Affekte und auch instinktive Reaktionen ausgedehnt werden und damit erlauben zu erklären, wie die Kontrolle unvorteilhafter, unangepasster, unerwünschter oder unerlaubter Handlungen im Gehirn organisiert wird.

Enthemmung unpassender Handlungswiederholung. Bei der Handlungswiederholung, die nicht situativ angemessen ist, scheint eine Sondersituation vorzuliegen. Die Handlungswiederholung wird bei präfrontalen Läsionen und bei der frontotemporalen Demenz beobachtet. Es kommt zu Perseveration bzw. Verhaltensstereotypien:
- Schreien, Rufen, Klatschen oder
- Singen wird wiederholt und
- ruheloses Herumgehen ist häufig.

In späten Stadien der frontotemporalen Demenz dominieren Perseverationen. Die Patienten horten auch Gegenstände oder vollführen Rituale. Ein Beispiel ist immer wiederholtes Zählen. In wieweit primär zwanghaftes Verhalten mit Frontalhirndysfunktion in Zusammenhang steht, wird diskutiert, ist jedoch noch nicht geklärt. Bei Cingulumläsionen wurden Zwangsphänomene beobachtet. Differenzialdiagnostisch kann in der Differenzierung gegenüber einer Zwangskrankheit die fehlende Angst vor der Unterlassung der Aktion helfen.

Über den Mechanismus der Symptomatik der Handlungswiederholung bzw. der Perseveration kann man z. Z. nur spekulieren: Das Monitoring von Aktionen ist gestört (Carter et al. 1998). In diesem Rahmen sollte es nach Beendigung einer Handlung, bei der Verarbeitung der sensorischen Rückmeldung, zur Löschung der Efferenzkopie der Handlungsintention kommen. Wenn diese Kontrollfunktionen gestört sind, kann die Intention zur Handlung weiter bestehen bleiben und eine Handlungswiederholung resultieren.

Neben den bereits geschilderten Disinhibitionsphänomenen im Handlungsbereich wird auch eine desorganisierte Hyperaktivität nach orbitofrontalen Läsionen beschrieben (Murad 1999).

Schon länger ist vermutet worden, dass Patienten mit frontalen Läsionen Schwierigkeiten haben, habituelle Aktionen zu unterdrücken (»Stroop-Test«, »Letter Fluency«, Perret 1974). Dies steht in Zusammenhang mit Störung der mentalen Flexibilität, die im Folgenden behandelt wird.

Störung der Verhaltensflexibilität

Die 3. Dimension von Handlungsstörungen bei Frontalhirnschädigungen betrifft die Verhaltensflexibilität, also die Veränderbarkeit von Verhaltensweisen. Man spricht dabei von Störung der »behavioral plasticity« (Verin et al. 1993) oder der mentalen Rigidität bzw. Unflexibilität (Eslinger u. Grattan 1993). Das Defizit besteht darin, Verhaltensschemata oder Reaktionsweisen zu ändern.

Zwei Bereiche sind abgrenzbar:
1. Ein Defizit im Wechsel der Aufmerksamkeit oder der Strategie ist beschrieben worden. Dieses Defizit tritt innerhalb eines Verhaltenskontextes auf. Beispielsweise kann ein Patient im Verlauf eines Spiels die Strategie nicht anpassen. Perzeptuelles- und Aufmerksamkeitsshifting (Meenan u. Miller 1994) sowie »set shifting« (Konishi et al. 1998) sind betroffen. Dieses Merkmal ist neuropsychologisch testbar (▶ s. Kap. 3, ▶ s. Rahman et al. 1999). Hier spielt auch die oben genannte Störung der Verwendbarkeit von Wissen für die Handlungssteuerung eine Rolle (Delis et al. 1992; Grafman 1999).

2. Das Lernen von Verhaltensweisen ist gestört. Es handelt sich also um eine Störung, die über einen einzelnen Verhaltenskontext hinausreicht. Die Anpassung bzw. Formbarkeit von Verhaltensweisen durch Hinweise aus der Umgebung ist vermindert oder aufgehoben. Das Beharren auf einer Verhaltensweise greift über die konkrete Verhaltenssituation hinaus.
Ein Patient mit frontalen Kontusionsherden verharrte z. B. auf seiner Version der Erkrankungsvorgeschichte, die er immer wieder vortrug. Diese enthielt Schuldzuschreibungen, die offenbar unrichtig waren.

Häufig führt dieses Merkmal von Patienten mit Frontalhirnläsionen zur Verzweiflung der Familie oder Pflegepersonen, da keine Hoffnung auf eine Verhaltensänderung bleibt. Die Möglichkeit der Verhaltensformung durch Belohnung ist nicht gegeben.

Wie kann diese Dimension psychopathologischer Symptomatik bei Frontalhirnläsionen erklärt werden? Ein für orbitofrontale Läsionen relativ spezifischer Test des Umlernens ist der »Object-Reversal-Test«, bei dem das Kriterium für eine Auswahlentscheidung erst im Verlauf des Tests über Belohnung und Nicht-Belohnung gelernt wird. Nach der Lernphase wird die Belohnung gewechselt und nun für eine andere Auswahlentscheidung gegeben. In dieser 2. Phase wird das Umlernen erfasst. Sowohl in Tierexperimenten als auch bei Patienten mit ventralofrontalen Hirnläsionen ist eine Störung des Umlernens nachgewiesen worden (Rolls et al. 1994). Als Mechanismus ist eine orbitofrontale Hirnaktivität bei Erwartungs-Mismatch (Nobre et al. 1999) in Zusammenarbeit mit dem ventralen Tegmentum (Schultz et al. 1997) anzunehmen (▶ s. oben und Abb. 4.1). Wenn die Belohnungserwartung sich nicht erfüllt, sollte entweder eine Verhaltensänderung oder bzw. und auch eine Veränderung der Bewertung von Objekten in dem Kontext erfolgen (▶ s. nächsten Abschn.). Die Informationsverarbeitung des Abgleichs von Erwartung und Rückmeldung ist bei Frontalhirnläsionen gestört.

Ein zweiter Befund sollte erwähnt werden. Das Lernen neuer Regeln ist nach präfrontalen Läsionen gestört (Wise et al. 1996). Diese Störung tritt auch nach Basalganglienläsionen auf, wofür eine Dysfunktion in den kortikosubkortikalen Projektionsschleifen (»frontal loops«, Cummings 1993) verantwortlich sein könnte. Als Erklärung wird die mangelnde Veränderbarkeit kontextspezifischer Stimulus-response-Kanäle herangezogen (Wise et al. 1996), wie die Defizite im prozeduralen Lernen nahelegen (Gómez-Bedarrain et al. 1999).

4.3 Wertattribution

Präfrontale Störungen betreffen neben den Handlungen und Affekten (s. unten) auch die Werte, die ein Mensch Personen, Dingen oder Sachverhalten zuordnet, die Attribution von Werten bzw. Wertkonnotation. Beispielsweise verändert sich Art und Ausmaß der Bewertung von Belohnungen oder der Beziehung zu Personen, wie schon die oben erwähnten ersten Beschreibungen von Persönlichkeitsveränderungen nach Frontalhirnläsionen deutlich machen.

Der Bereich der Störung in der Wertattribution hängt mit den Störungen in der Informationsverarbeitung für Motivation, den Eigenantrieb und die Plastizität zusammen. Die Störung im Wertebereich, die bislang weniger Beachtung erfahren hat, zeichnet sich aber möglicherweise durch besondere, grundlegende Bedeutung aus (Rolls 2000). Tiere mit experimentellen orbitofrontalen Läsionen und auch Patienten mit derartigen Läsionen zeigen eine Veränderung der Nahrungsgewohnheiten (Critchley u. Rolls 1996). Beim Menschen ist ein **Gourmand-Syndrom** beschrieben, das Veränderung und Disinhibition von Ernährungsweisen beinhaltet (Regard u. Landis 1997). In den Charakterstörungen bei orbitofrontalen Schädigungen war immer wieder eine Veränderung des persönlichen Wertegefüges beschrieben worden.

Im Bereich der Wertkonnotationen und der Motivierung kann man ebenfalls, wie bei den Handlungsstörungen, von einem Defizit, einer Enthemmung und einer Hypoplastizität ausgehen.

1. Defizit:
Rolls hat aufgrund neurophysiologischer Untersuchungen dem orbitofrontalen Kortex eine Repräsentation bzw. ein Gedächtnis der persönlichen Werte (Rolls 2000) zugeordnet. Bei einer dortigen Läsion ist die Abspeicherung und der Abruf von Wertkonnotationen gestört. Wenn persönliche Wertausprägungen nicht abrufbar sind, resultiert ein Defizit, das eine Beziehung zur Depression hat (organische Verstärkerverlustdepression, Reischies 1999, ▶ s. unten). Bei schwerwiegenden Schädigungen, wenn weder positive noch negative Werte zugänglich sind, kann aber auch eine Affektverflachung resultieren.
Aus neurophysiologischen Untersuchungen über den relativen subjektiven Wert von Objekten wurde geschlossen, dass der orbitofrontale Kortex alle Afferenzen zur Informationsverarbeitung für Motivation erhält, d. h. zur Steuerung der Handlungen nach dem relativ höchsten Wert von verschiedenen Handlungszielen (▶ s. oben, Tremblay u. Schultz 1999; Gallagher et al. 1999).

2. Enthemmung:
Die Motivation wird durch eine Instabilität der Wertezuordnungen beeinträchtigt. Inwieweit die Fluktuation des Interesses bei desorganisierten, hyperaktiven Personen mit orbitofrontalen Läsionen auch als Folge unkontrollierter Wertattributionen und Aktivierung von immer wieder anderen Motivationen anzusehen ist, muss offen bleiben. Hier ergibt sich ein Zusammenhang mit der Ablenkbarkeit der Motivation bei hirnorganischen Syndromen und auch manischen Zuständen.

3. Hypoplastizität:
Besonders wichtig ist eine Hypoplastizität der persönlichen Werte. Wie schon bei der Plastizität des Verhaltens angesprochen, ist nach Wechsel der Belohnungszuordnung im Object-Reversal-Test eine Modifikation der Wertezuordnung notwendig. Dies leitet zur Darstellung affektiv-emotionaler Veränderungen nach präfrontalen Läsionen über.

4.4 Affekte und Emotionen

Die affektiv-emotionale Dimension ist ein weiterer bedeutender Bereich psychopathologischer Störungen bei präfrontalen Hirnschädigungen (Stuss et al. 1992). In diesem Abschnitt werden zunächst Defizite der Aktivierung und später Kontrollaspekte behandelt.

Verminderung der Emotionalität und Empathieverlust

Bei einigen der Patienten mit präfrontalen Hirnläsionen wird eine Verminderung des emotionalen Reaktionsvermögens, des emotionalen »Tiefgangs«, und eine Verminderung der Lebhaftigkeit der spontanen Emotionalität beobachtet. Dieses Symptom ist mit der emotionalen Verflachung verwandt. Ein Beispiel berichtet von einem Patienten mit großem inoperablen Schmetterlingsgliom der Frontallappen: Im Gespräch über die Gefährdung seines Lebens durch den Tumor zeigte er keine emotionale Reaktion, die darauf hinweisen würde, dass er die Bedeutung der Erkrankung für sich emotional verarbeitet hat.

In zwischenmenschlichen Beziehungen ist von emotionaler Distanz gesprochen worden. An dieser Stelle wird deutlich, dass nach präfrontalen Läsionen nicht nur das Verhalten verändert ist. Für die Psychopathologie ist eine Berücksichtigung sowohl des Erlebens als auch des Verhaltens entscheidend notwendig; dabei muss selbstverständlich auf die prämorbide, persönlichkeitsbedingte emotionale Reaktionsweise geachtet werden.

Aus tierexperimentellen Untersuchungen nach Frontalhirnläsionen ist ein sanftes, aggressionsfreies Verhalten bekannt. Ähnliche Verhaltensänderungen treten auch beim Klüver-Bucy-Syndrom, nach Zerstörung der temporopolaren Hirnregionen auf. Bei den frontalen und temporalen Hirnläsionen sind aber vermutlich unterschiedliche Aspekte affektiver Informationsverarbeitung betroffen. Auch das anteriore Cingulum ist beteiligt; die Cingulotomie wurde klinisch zur Erleichterung bei chronischer Depression und Angst angewandt. Hornak et al. (2003) beschreiben eine für emotionale Veränderungen kritische Area im subgenualen anterioren Cingulum.

Ein anderes affektives Defizit ist der Empathieverlust. Die Patienten können sich nicht in einen anderen Menschen einfühlen. Sie nehmen die Empfindlichkeiten anderer Personen nicht wahr. Dies geht bis zu rücksichtslosem Verhalten; häufig wird von pseudosoziopathischem Verhalten gesprochen. Auch egozentrisches pseudonarzisstisches Verhalten kann hiermit in Verbindung gebracht werden. Stone (Stone et al. 1998) zeigte ein Defizit in Beurteilungsexperimenten, in denen die Probanden nach der Darstellung einer sozialen Interaktion über das vermutliche Erleben und die Meinungen von beteiligten Personen Auskunft geben sollen. Die Ergebnisse wiesen nach, dass die Patienten sich gedanklich nicht in die andere Person hineinversetzen und nachvollziehen können, was deren Erleben bzw. deren Meinung in dem speziellen Sachverhalt wäre. Der Empathieverlust kann als sekundär zu diesem Defizit angesehen werden. An dieser Stelle ist auch die Störung der so genannten »**Theory of Mind**« zu erwähnen, der kognitiven Verarbeitung von Annahmen über die Informationsverarbeitung einer anderen Person, d. h. über deren Informationsstand, Annahmen, Überzeugungen und, in weiterem Zusammenhang, auch über deren emotionale Reaktion. Sie werden in letzter Zeit in Zusammenhang mit der Entwicklung von Wahnsymptomatik gebracht, speziell dem Verfolgungswahn.

Bei einem Teil der Patienten mit Frontalhirnschädigungen wird eine Amimie beobachtet.

Affektkontrolle

Der präfrontale Kortex hat eine Rolle in der Affektkontrolle.
1. Bei Patienten mit frontalen Hirnschädigungen kann eine Affektlabilität auftreten. Sie sprechen sowohl schneller als auch bei geringeren Anlässen emotional an – im Vergleich zu der Zeit vor der Hirnschädigung. Es wird auch von Sentimentalität gesprochen. Einige Autoren erwähnen Reizbarkeit bzw. Irritabilität (Berrios u. Gili 1995) in diesem Zusammenhang. Eine »pseudobulbäre« Affektlabilität ist klinisch beschrieben. Die Kontrolle des »emotional motor system« (Holstege et al. 1996) durch den präfrontalen Kortex ist dabei offenbar beeinträchtigt. Weiterhin ist zu erwähnen, dass bei epileptischen Anfällen mit Fokus im Frontallappen pathologisches Lachen vorkommt (»gelastic seizures«, Arroyo et al. 1993).
2. Der unglückliche Begriff Affektinkontinenz bezieht sich auf einen Verlust der Steuerungsfähigkeit des affektiven Ausdrucks. Die Affekte zeigen sich ungenügend gebremst, sowohl in der Intensität als auch in der Dauer. Die Patienten haben z. B. heftige aggressive Durchbrüche, die auch lang anhalten können.

Verminderte Anpassungsfähigkeit im affektiven Bereich

Über die Plastizität des affektiv-emotionalen Systems weiß man noch viel zu wenig. Patienten mit Frontalhirnschädigungen bleiben in ihrer Affektivität unangepasst, was z. B. in dem Symptom der Moria oder Witzelsucht zum Ausdruck kommt (▶ s. oben). Dieser Punkt weist Überschneidungen mit der im letzten Abschnitt besprochenen Störung der Affektkontrolle auf. Hier soll aber mehr auf den Aspekt der fehlenden Situationsanpassung der Affektivität Bezug genommen werden, d. h. ein Defizit der Plastizität und Umweltorientierung.

Einzelne affektive Syndrome, Euphorie und Depression

Euphorie

Euphorie bezeichnet unangemessen heitere oder fröhliche Stimmung mit allgemein gesteigerter positiver Emotionalität, die bei präfrontalen Läsionen auftritt (Belyi 1987; Benson 1994). Inadäquat bzw. flach euphorische Symptomatik ist bei fortgeschrittener multipler Sklerose mit frontalen subkortikalen Marklagerläsionen in Verbindung zu bringen, wofür ein Modell der Diskonnektion der Afferenz von der Amygdala vorgeschlagen wurde (eine Diskonnektion als Defizitmodell der Euphorie, Reischies et al. 1988, 1993). Die Information über negative Emotionalität und negative Rückmeldung, die mit Angst beantwortet werden könnte, erreicht nicht mehr die präfrontalen Hirnareale. Ein derartiges Diskonnektions-Modell wurde als Erklärung auch von spontanen Konfabulationen nach orbitofrontalen Läsionen von Schnider (Schnider et al. 1996) vorgeschlagen. Spontane Konfabulationen sind als Enthemmungsphänomene aufzufassen. Eine gestörte Amygdalaafferenz (▶ s. oben), die in die Informationsverarbeitung des negativen Feedbacks involviert ist, könnte demnach für einige der Disinhibitionsphänomene herangezogen werden.

Depressives Syndrom

Neben einer Antriebsstörung, die mit Apathie ohne deprimierte Stimmung als »pseudodepressives Syndrom« Eingang in die Literatur gefunden hat, tritt bei Patienten mit präfrontalen Läsionen auch ein vollständiges depressives Syndrom auf. Vielfach wird Ängstlichkeit, Suizidalität und depressiver Wahn beobachtet. Hypochondrie und übersteigerte Besorgnisse sind ebenfalls häufig. Differenzialdiagnostisch ist hierbei immer auf eine Auslösung einer der Depressionserkrankungen, besonders eine Auslösung einer reaktiven Form der Depression in der Folge des Ereignisses der Hirnschädigung und deren sozialer Folgen zu achten, wobei Hinweise auf eine Akzentuierung der prämorbiden Persönlichkeit gesucht werden müssen, da sie in vielen Fällen mit der Auslösung der Depression in Zusammenhang stehen.

Die Kernmerkmale der Depression umfassen neben der genannten Antriebsstörung eine Minderung der positiven Emotionalität und eine Verstärkung der negativen Emotionalität. Neuere Befunde haben hier zur Klärung beigetragen. Der orbitofrontale Kortex ist in die Identifikation einer Abweichung von der Erwartung involviert. Die ventrale tegmentale Area ist hierbei speziell aktiv (Schultz et al. 1997). Der orbitofrontale Kortex ist beteiligt, wenn eine positive Abweichung von der Erwartung festgestellt wird, d. h. eine Abweichung, über die sich Personen freuen können. Eine Minderung der positiven Emotionalität durch Diskonnektion des orbitofrontalen Kortex von den subkortikalen Hirnstrukturen, die Belohnungsinformation verarbeiten, eine so genannte organische Verstärkerverlustdepression, ist in der Diskussion (Reischies 1999).

Wenn auch erklärbar ist, warum die positive Emotionalität vermindert ist, bleibt zunächst unklar, warum die Patienten eine bedrückte Stimmung mit Verstärkung von Angst und allgemein negativer Emotionalität empfinden. Die Frage einer lokalisatorischen Spezifität wird z. Z. kontrovers diskutiert (▶ s. Kap. 1). Einerseits wurde eine mehr lateral-präfrontale Läsion für Patienten mit Depression postuliert (Paradiso et al. 1999), wobei die erhaltenen medialen Anteile für die Depressionsfähigkeit verantwortlich gemacht würden. Dies wäre vereinbar mit einer Funktion des anterioren zingulären Kortex bei negativen Empfindungen beispielsweise der Schmerzwahrnehmung und bei Anstrengung, die bei mentalen Aufgaben eingesetzt werden kann (Devinsky et al. 1995). Andererseits aber sind gerade die medialen, anterioren Cingulumareale bei der familiären Depression strukturell geschädigt. Es wurde von glialen Veränderungen berichtet. Drevets (Drevets et al. 1997) beschrieb in Positronenemissionstomografie-(PET-)Studien eine bei einer Depression überaktive Amygdala, die für die persistent negative Emotionalität verantwortlich gemacht wurde. Eine Erklärung der verstärkten negativen Emotionalität im Rahmen eines depressiven Syndroms wäre demnach in einer überaktiven, ungehemmten bzw. unkontrollierten Amygdala-Aktivität zu suchen. Der Grund für diese Überaktivität ist noch nicht aufgeklärt. Neben der Störung der Amygdalakerne selbst kann die Kontrolle der Amygdalaneurone gestört sein. LeDoux (1996) hat auf die Modifizierbarkeit von Amygdalaneuronen durch den orbitofrontalen Kortex hingewiesen. Einen ersten Hinweis kann die oben genannte frontale Kontrolle des Outputs der Amygdala geben. In der Darstellung der Störung des Verhaltens im »Object-Reversal-Test«, d. h. der Störung des Umlernens bei orbitofrontalen Läsionen, wurde bereits auf den Einfluss des orbitofrontalen Kortex auf subkortikale Strukturen hingewiesen, speziell das ventrale Striatum (»extended amygdala«) und die ventrale tegmentale Area. Die orbitofrontalen Neurone könnten direkt oder vermittelt über die ventrale tegmentale Area Einfluss auf die Amygdala oder auf deren efferente Nervenendigungen ausüben (Reischies 1999).

Abschließend kann festgestellt werden, dass ein organisch depressives Syndrom mit einer speziellen Konstellation präfrontaler Dysfunktion erklärt werden kann, wobei aber noch viele Details untersucht werden müssen.

4.5 Störung der Informationsverarbeitung von Aspekten der eigenen Person

Für das Verständnis einiger Symptome der Läsionen des präfrontalen Kortex ist die Störung der auf das Selbst, die eigene Person des Patienten bezogene Informationsverarbeitung anzunehmen (Gallup et al. 2003). Zunächst ist die ausgeprägte Selbst-Vernachlässigung nach präfrontalen Läsionen klinisch auffällig (Boone et al. 1988). Die Patienten pflegen sich nicht und vernachlässigen wichtige Aktivitäten. Dies gilt auch für Aktivitäten, die für ihre Existenz notwendig wären, ohne dass ein vollständiges depressives Syndrom vorläge. Man kann davon ausgehen, dass dabei Aspekte der eigenen Person in der Handlungssteuerung nicht bearbeitet werden. Umgekehrt kommt es zu akzentuiert egozentrischem Verhalten nach Frontalhirnschädigungen.

Die mangelnde Einsicht in die eigene Krankheit bei intakter formaler Intelligenz (Kopelman et al. 1998) ist den Untersuchern immer wieder aufgefallen. Eine Störung der Informationsverarbeitung von Inhalten, die die eigene Person betreffen, stellt eine wahrscheinliche Erklärung der Einsichtsstörung dar, obwohl dieses Symptom, wie alle komplexen Frontalhirnsymptome, verschieden erklärt werden können. Auf diesem Gebiet müssen systematische Studien unternommen werden, um zu einer weiteren Aufklärung zu gelangen.

4.6 Abschließende Bemerkungen

Auf verschiedenen Gebieten der Frontalhirnstörung weiß man derzeit noch viel zu wenig, so beispielsweise über die Zusammenarbeit frontopolarer und medial frontaler Hirnregionen mit der Amygdala, über die Organisation der Informationsverarbeitung in den frontalen kortikosubkortikalen Projektionsschleifen (»frontal loops«, Cummings 1993), die in die prämotorische Integration involviert sind, sowie über die

Tabelle 4.1. Versuch einer Schematisierung der zugrunde liegenden Störung der Informationsverarbeitung und der psychopathologischen Domänen

Psychopathologische Domäne: Art der Störung der Informationsverarbeitung	Handlung	Affekt	Wertattribution	Selbstrepäsentation
Defizit; Vorgänge nicht aktivierbar	Antriebslosigkeit, Mangel der Aktions-Initiierung	Empathieverlust etc., Verlust des affektiven Ausdrucks	Verlust positiver Werte, Verstärkerverlust, Verlust des Aufbaus von Belohnungserwartungen	Verlust der Selbstpflege bzw. der Sorge um eigene Angelegenheiten
Disinhibition; Vorgänge unkontrolliert auslösbar/nicht inaktivierbar; u. a. Störung der Feedbackverarbeitung	Impulsivität, sensorisch veranlasste Reaktion (»utilisation behavior«), Perseveration	Affektlabilität, Affektinkontinenz	Flüchtige, nicht längere Zeit überdauernde Motivationen	Gesteigerte Egozentriertheit
Hypoplastizität; keine Änderung von Stimulus-Response-Schemata bzw. Selektion von Vorgängen möglich	Überdauernd gestörte Verhaltensanpassung (auch »rule breaking behavior«)	Z. B. überdauerndes Defizit in der sozialen Anpassung der Emotionalität	Gestörtes Umlernen nach Veränderung der Belohnungszuordnung, gestörte soziale Anpassung der Motivation	Mangelnde Einsicht, speziell in eigene Fehler bzw. Probleme, in die die Person selbst geraten ist bzw. in die seelische Störung

Interface-Funktion des präfrontalen, speziell orbitofrontalen und zingulären Kortex zu vegetativen Funktionssystemen und zum »emotional motor system«.

Die Frontalhirnsymptome betreffen komplexe Verhaltensebenen und sind damit noch mehr als kognitiv-neuropsychologische Symptome potenziell vielfach determiniert. So kann z. B. bei einem Patienten mit einer Minderung des Eigenantriebs nicht mit Sicherheit entschieden werden, ob

1. eine Störung der motorischen Planung und Initiierung oder
2. der Motivation und maximalen Anstrengung das Krankheitsbild verursacht, oder ob nicht
3. ein residuales Syndrom einer Depressionserkrankung vorliegt.

In manchen Fällen gibt auch jeweils
4. die Primärpersönlichkeit Hinweise auf eine alternative Erklärung eines Krankheitsbildes.

Eine umfassende neurologisch-psychiatrische Diagnostik mit Fremdanamnese ist erforderlich. Auf der engeren neuropsychologisch neurowissenschaftlichen Ebene gibt es ebenfalls Überlappungen, denn die Funktionsbereiche sind neurophysiologisch nicht streng regional repräsentiert (► s. Kap. 2) und Läsionen übergreifen die Grenzen der Repräsentation von Funktionen: Nach Frontalhirnläsionen dürften also verschiedene neurophysiologische Dysfunktionen ihre Auswirkungen haben, die »working memory«, Aufmerksamkeit, Fehler-Monitoring, Plastizität etc. betreffen. Deshalb ist eine einzelne psychopathologische Beobachtung bei einem Patienten meist nicht eindeutig auf ein zugrunde liegendes neurophysiologisches Defizit zu beziehen. Unter anderem darum bleibt die wissenschaftliche Erklärung der Symptome in vielen Fällen im Dunkeln.

Bei der Frontalhirnpsychopathologie handelt es sich um sehr komplexe Verhaltensweisen. Einige Beobachter haben hervorgehoben, dass es nicht einmal einfach ist, das Verhalten der Patienten mit der üblichen Begrifflichkeit zu beschreiben. Die Bereiche Handlungen, Wertkonnotationen und Affekt sowie Aspekte der auf die eigene Person bezogenen Informationsverarbeitung sind dargestellt worden (◘ Tabelle 4.1). Möglich ist jedoch, dass noch andere psychopathologische Bereiche betroffen sind. Für die praktisch-klinische Diagnostik sind Merkmalslisten in der Evaluation (▶ s. folgende Übersicht).

Liste von psychopathologischen Merkmalen, die bei verschiedenen Frontalhirnschädigungen auftreten

Die psychopathologischen Merkmale werden aus Verhaltensbeobachtung und Schilderung des Erlebens diagnostiziert. Es muss jeweils die Frage geklärt werden, ob es sich um eine Veränderung gegenüber der prämorbiden Verhaltens- und Erlebensweise handelt (inklusive Fremdanamnese).

1
- Disinhibition
  - Distanzlosigkeit
  - Regelverletzendes Verhalten
  - Vermehrtes Lügen, Betrügereien, kriminelle Verhaltensweisen
  - Spontane Konfabulationen
- Impulsivität
  - Aggressives Verhalten
- Moria (Witzelsucht)
- Hypersexualität
- Utilisation Behavior
  - Enthemmung von Reflex-Aktionen, z. B. Greifreflex
- Hyperoralität
  - Vergröbertes Essverhalten, vermehrte Nahrungsaufnahme

2
- Irritierbarkeit
- Verminderung der Frustrationstoleranz
- Unruhe, Rastlosigkeit
  - Patient kann nicht auf etwas warten
- Emotionale Verflachung

▼

3
- Abstraktion gestört (bei Sprichwörtern, bei Abstraktionsaufgaben in Tests)
- Konkretistisches Denken im Interview

4
- Planungsstörung und Entscheidungsverhalten gestört
- Störung der Einbeziehung von Wissen in Handlungsplanung (d. h. Entscheidung und Handlung wider besseres Wissen)
- Desorganisation
- Organisation von komplexeren Handlungen gestört
- Unfähigkeit, Fehler zu korrigieren (in Tests)
- Perseveration der Lösungswege
- Wechseln von mentalen Einstellungen (»set shifting«) gestört
- Rigidität im Verhalten (Verhaltensplastizität gestört)
- Gestörte exekutive Kontrolle
- Fehler in der Sequenz von Handlungen

- Gestörte Kontrolle im Antriebsbereich, Desorganisation von multiplen Handlungsinitiierungen und Handlungsdurchführungen

5
- Performanz bei der Arbeit oder in Tests unspezifisch erniedrigt
  - Patient gibt sich nur minimal Mühe (geringes Engagement bei mentalen Anstrengungen und Leistungen)
- Abbruch aufgrund von Versagen der mentalen Einstellung, des Engagements nach kurzer Zeit auch bei Routine-Alltagsaufgaben
- Aufrechterhalten der Konzentration gestört
- Impersistenz
- Unaufmerksamkeit
- Ablenkbarkeit
- Hastige, flüchtige Antworten, »Fahrigkeit«
- Denken: irrelevante Assoziationen

6
- Antriebsmangel, Aspontaneität, Mangel an Initiative
- Verlangsamung der Initiierung von Antwortverhalten
- Desinteresse (Apathie im Sinne von sich nicht interessieren lassen)
- Vernachlässigung persönlicher Belange

7
- Verlust sozialer Wahrnehmung und Einsicht
- Verlust der Empathie und Sympathie
  - Distanziertheit gegenüber den Mitmenschen

8
- Verlust der Einsicht
- Verlust des Urteilsvermögens

9
- Sprache (keine syntaktischen oder phonematischen Fehler)
  - Verlangsamtes Sprechen
  - Vermindertes Sprechen – wortkarg bis zu Mutismus
  - Sprachliche Perseveration, Echolalie, Stereotypie

10
- Motorische Fertigkeiten (keine Apraxie)
  - Perseveration motorischer Handlungen
  - Störung in zeitlichen Aspekten von motorischen Sequenzen
  - Falsch positive Fehler in Bewegungsentscheidungen (z. B. bei Go-NoGo-Problemen)
- (Visuell-räumliche Funktionen ungestört – Fehler beim Zeichnen bzw. bei konstruktiven Aufgaben Folge von Organisierungsdefiziten)

11
- Episodisches Gedächtnis
  - Variabler Abruf (fluktuierendes Leistungsniveau)
  - Idiosynkratische Behaltens- und Abrufleistungen im Alltagsgedächtnis
  - Abruf schlecht organisiert und gestört
  - Abruf steigerbar durch Hinweisreize und deutlich bessere Leistung beim Wiedererkennen

12
- Nahrungspräferenz verändert

Die Therapie frontaler Psychopathologie ist z. Z. noch höchst unbefriedigend, was besonders für die frontalen traumatischen Hirnschädigungen und die frontotemporale Demenz gilt. Dabei ist besonders die Therapie enthemmten Verhaltens hervorzuheben. Eine neurophysiologische, neuropsychologische Aufklärung der Symptomatik kann ermöglichen, gezielt Therapieansätze zu finden und zu überprüfen, sowohl im pharmakologischen und somatisch therapeutischen Bereich als auch im Bereich der Verhaltenstherapie.

Literatur

Anderson SW, Bechara, A, Damasio H, Tranel D, Damasio AR (1999) Impairment of social and moral behavior related to early damage in human prefrontal cortex. Nat Neurosci 2: 1032–1037

Arroyo S, Lesser RP, Gordon B et al. (1993) Mirth, laughter and gelastic seizures. Brain 116: 757–780

Avery TL (1971) Seven cases of frontal tumour with psychiatric presentation. Br J Psychiatry 119: 19–23

Bechara A, Damasio H, Tranel D, Anderson SW (1998) Dissociation of working memory from decision making within the human prefrontal cortex. J Neurosci 18: 428–437

Belyi BI (1987) Mental impairment in unilateral frontal tumours: role of the laterality of the lesion. Int J Neurosci 32: 799–810

Benson DF (1994) The neurology of higer mental control disorders. In: Benson DF (ed) The neurology of thinking. Oxford University Press, New York, pp 208–226

Berrios GE, Gili M (1995) Abulia and impulsiveness revisited: a conceptual history. Acta Psychiatr Scand 92: 161–167

Blumer D, Benson DF (1975) Personality change with frontal and temporal lesions. In: Benson DF, Blumer D (eds) Psychiatric aspects of neurologic disease, vol 2. Grune & Stratton, New York, pp 151–170

Boone KB, Miller BL, Rosenberg L, Durazo A, McIntyre H, Weil M (1988) Neuropsychological and behavioral abnormalities in an adolescent with frontal lobe seizures. Neurology 38: 583–586

Burgess PW, Shallice T (1996) Response suppression, initiation and strategy use following frontal lobe lesions. Neuropsychologia 34: 263–273

Carter CS, Braver TS, Barch DM, Botvinick MM, Noll D, Cohen JD (1998) Anterior cingulate cortex, error detection, and the online monitoring of performance. Science 280: 747–749

Critchley HD, Rolls ET (1996) Hunger and satiety modify the responses of olfactory and visual neurons in the primate orbitofrontal cortex. J Neurophysiol 75: 1673–1686

Cummings JL (1993) Frontal-subcortical circuits and human behavior. Arch Neurol 50: 873–880

Delis DC, Squire LR, Bihrle A, Massman P (1992) Componential analysis of problem-solving ability: performance of patients with frontal lobe damage and amnesic patients on a new sorting test. Neuropsychologia 30: 683–697

Devinsky O, Morrell MJ, Vogt BA (1995) Contribution of anterior cingulate cortex to behavior. Brain 118: 279–306

Dias R, Robbins TW, Roberts AC (1996) Dissociation in prefrontal cortex of affective and attentional shifts. Nature 380: 69–72

Drevets WC, Price JL, Simpson JR Jr, Todd RD, Reich T, Vannier M, Raichle ME (1997) Subgenual prefrontal cortex abnormalities in mood disorders. Nature 386: 24–827

Elliott R, Dolan RJ (1998) Activation of different anterior cingulate foci in association with hypothesis testing and response selection. Neuroimage 8: 17–29

Eslinger PJ (1998) Neurological and neuropsychological bases of empathy. Eur Neurol 39: 193–199

Eslinger PJ, Grattan LM (1993) Frontal lobe and frontal-striatal substrates for different forms of human cognitive flexibility. Neuropsychologia 31: 17–28

Feuchtwanger E (1923) Die Funktionen des Stirnhirns: Ihre Pathologie und Psychologie. Monogr Gesamtgeb Neurol Psychiatr 38: 1–193

Flint AJ, Eastwood MR (1988) Frontal lobe syndrome and depression in old age. J Geriatr Psychiatry Neurol 1: 53–55

Förstl H, Sahakian B (1991) A psychiatric presentation of abulia–three cases of left frontal lobe ischaemia and atrophy. J R Soc Med 84: 89–91

Frith CD, Friston K, Liddle PF, Frackowiak RSJ (1991) Willed action and the prefrontal cortex in man: a study with PET. Proc R Soc London Ser B 244: 241–246

Fuster JM, Bodner M, Kroger JK (2000) Cross-modal and cross-temporal association in neurons of frontal cortex. Nature 405: 347–351

Gallagher M, McMahan RW, Schoenbaum G (1999) Orbitofrontal cortex and representation of incentive value in associative learning. J Neurosci 19: 6610–6614

Gallup BB, Anderson JR, Platek SM, 2003. Self-awareness, social intelligence and schizophrenia. In: Kircher T, David A, (eds) The self in neuroscience and psychiatry. Cambridge Univ. Press, Cambridge

Gómez-Beldarrain M, Grafman J, Pascual-Leone A, Carcia-Monco JC (1999) Procedural learning is impaired in patients with prefrontal lesions. Neurology 52: 1853–1860

Gorenstein EE, Newman JP (1980) Disinhibitory psychopathology: A new perspective and a model for research. Psychol Rev 87: 301–315

Grafman J (1999) Experimental assessment of adult frontal lobe function. In: Miller BL, Cummings JL (eds) The human frontal lobes – Function and disorders. Guilford, New York, pp 321–344

Hare RD (1984) Performance of psychopaths on cognitive tasks related to frontal lobe function. J Abnorm Psychol 93: 141–149

Hare RD, Clark D, Grann M, Thornton D (2000) Psychopathy and the predictive validity of the PCL-R: an international perspective. Behav Sci Law 18: 623–645

Holstege G, Bandler R, Saper CB (1996) The emotional motor system. In: Holstege G, Bandler R, Saper CB (eds) The emotional motor system. Prog Brain Res 197: 3–6

Hornak J, Bramham J, Rolls ET, Morris RG, O'Doherty J, Bullock PR, Polkey CE. 2003 Changes in emotion after circumscribed surgical lesions of the orbitofrontal and cingulate cortices. Brain 126: 1691–1712

Kertesz A, Davidson W, Fox H (1997) Frontal behavioral inventory: diagnostic criteria for frontal lobe dementia. Can J Neurol Sci 24: 29–36

Konishi S, Nakajima K, Uchida I, Kameyama M, Nakahara K, Sekihara K, Miyashita Y (1998) Transient activation of inferior prefrontal cortex during cognitive set shifting. Nat Neurosci 1: 80–84

Kopelman MD, Stanhope N, Guinan E (1998) Subjective memory evaluations in patients with focal frontal, diencephalic, and temporal lobe lesion. Cortex 34: 191–207

Lapierre D, Braun CMJ, Hodgins S (1995) Ventral frontal deficits in psychopathy: Neuropsychological test findings. Neuropsychologia 33: 139–151

LeDoux J (1998) The emotional brain. Schuster, New York

Meenan JP, Miller LA (1994) Perceptual flexibility after frontal or temporal lobectomy. Neuropsychologia 32: 1145–1149

Milad MR, Quirk GJ (2002) Neurons in medial prefrontal cortex signal memory for fear extinction. Nature 420: 70–74

Miller LA (1992) Impulsivity, risk-taking, and the ability to synthesize fragmented information after frontal lobectomy. Neuropsychologia 30: 69–79

Morgan MA, Romanski LM, LeDoux JE (1993) Extinction of emotional learning: contribution of medial prefrontal cortex. Neurosci Lett. 163: 109–113

Murad A (1999) Orbitofrontal syndrome in psychiatry. Encephale 25: 634–637

Nobre AC, Coull JT, Frith CD, Mesulam MM (1999) Orbitofrontal cortex is activated during breaches of expectation in tasks of visual attention. Nat Neurosci 2: 11–12

O'Doherty J, Kringelbach ML, Rolls ET, Hornak J, Andrews C (2001) Abstract reward and punishment representations in the human orbitofrontal cortex. Nat Neurosci. 4: 95–102

Paradiso S, Chemerinski E, Yazici KM, Tartaro A, Robinson RG (1999) Frontal lobe syndrome reassessed: comparison of patients with lateral or medial frontal brain damage. J Neurol Neurosurg Psychiatry 67: 664–667

Perret E (1974) The left frontal lobe of man and the suppression of habitual responses in verbal categorical behavior. Neuropsychologia 12: 323–330

Price JL (1999) Prefrontal cortical networks related to visceral funtion and mood. Ann NY Acad Sci 877: 775–780

Price BH, Daffner KR, Stowe RM, Mesulam MM (1990) The comportmental learning disabilities of early frontal lobe damage. Brain 113: 1383–1393

Rafal R, Gershberg F, Egly R, Ivry R, Kingstone A, Ro T (1996) Response channel activation and the lateral prefrontal cortex. Neuropsychologia 34: 1197–1202

Rahman S, Sahakian BJ, Hodges JR, Rogers RD, Robbins TW (1999) Specific cognitive deficits in mild frontal variant frontotemporal dementia. Brain 122: 1469–1493

Regard M, Landis T (1997) »Gourmand syndrome«: eating passion associated with right anterior lesions. Neurology 48: 1185–1190

Reischies FM (1999) Pattern of disturbance of different ventral frontal functions in organic depression. Ann NY Acad Sci 877: 775–780

Reischies FM, Baum K, Bräu H, Hedde JP, Schwindt G (1988) Cerebral magnetic resonance imaging findings in multiple sclerosis – relation to disturbance of affect, drive, and cognition. Arch Neurol 45: 1114–1116

Reischies FM, Hedde JP, Drochner R (1989) Clinical correlates of cerebral blood flow in depression. Psychiatry Res 29: 323–326

Reischies FM, Baum K, Nehrig C, Schörner W (1993) Psychopathological symptoms and MRI-findings in multiple sclerosis. Biol Psychiatry 33: 676–678

Rogers DD, Owen AM, Middleton HC, Williams EJ, Pickard JD, Sahakian BJ, Robbins TW (1999) Choosing between small, likely rewards and large, unlikely rewards activates inferior and orbital prefrontal cortex. J Neurosci 20: 9029–9038

Rolls ET (1996) The orbitofrontal cortex. Philos Trans R Soc Lond B Biol Sci 351: 1433–1443

Rolls ET (2000) Memory systems in the brain. Ann Rev Psychol 51: 599–630

Literatur

Rolls ET, Hornak J, Wade D, McGrath J (1994) Emotion-related learning in patients with social and emotional changes associated with frontal lobe damage. J Neurol Neurosurg Psychiatry 57: 1518–1524

Saver JL, Damasio AR (1991) Preserved access and processing of social knowledge in a patient with acquired sociopathy due to ventromedial frontal damage. Neuropsychologia 29: 1241–1249

Saint-Cyr JA, Taylor AE, Nicholson K (1995) Behavior and the basal ganglia. In: Weiner WJ, Lang AE (eds) Behavioral neurology of movement disorders, advances in neurology, vol 65. Raven, New York, pp 1–27

Schnider A, von Dänicken C, Gutbrot K (1996) The mechanisms of spontaneous and provoked confabulations. Brain 119: 1365–1375

Schultz W, Dayan P, Montague R (1997) A neural substrate of prediction and reward. Science 275: 1593–1599

Shima K, Tanji J (1998) Role for cingulate motor area cells in voluntary movement selection based on reward. Science 13, 282(5392): 1335–1338

Starkstein SE, Robinson RG (1997) Mechanism of disinhibition after brain lesions. J Nerv Ment Dis 185: 108–114

Stone VE, Baron-Cohen S, Knight RT (1998) Frontal lobe contributions to theory of mind. J Cogn Neurosci 10: 640–656

Stuss DT, Gow CA, Hetherington CR (1992) »No longer Gage«: frontal lobe dysfunction and emotional changes. J Consult Clin Psychol 60: 349–359

Thorpe SJ, Rolls ET, Maddison S (1983) The orbitofrontal cortex: neuronal activity in the behaving monkey. Exp Brain Res 49: 93–115

Tremblay L, Schultz W (1999) Relative reward preference in primate orbitofrontal cortex. Nature 398: 704–708

Vardi J, Finkelstein Y, Zlotogorski Z, Hod I (1994) L'homme qui rit: inappropriate laughter and release phenomena of the frontal subdominant lobe. Behav Med 20: 44–46

Verin M, Partiot A, Pillon B, Malapani C, Agid Y, Dubois B (1993) Delayed response tasks and prefrontal lesions in man – evidence for self generated patterns of behaviour with poor environmental modulation. Neuropsychologia 31: 1379–1396

Vilkki J, Holst P (1991) Mental programming after frontal lobe lesions: results on digit symbol performance with self-selected goals. Cortex 27: 203–211

Vogt BA, Finch DM, Olson CR (1992) Functional heterogeneity in cingulate cortex: The anterior executive and posterior evalutative regions. Cereb Cortex 2: 435–443

Volkow ND, Fowler JS (2000) Addiction, a disease of compulsion and drive: involvement of the orbitofrontal cortex. Cereb Cortex 10: 318–325

Welt L (1888) Über Charakterveränderungen des Menschen infolge von Läsionen des Stirnhirns. Dtsch Arch Klin Med 42: 339–390

Wise SP, Murray EA, Gerfen CR (1996) The frontal cortex-basal ganglia system in primates. Crit Rev Neurobiol 10: 317–356

Psychosomatische Aspekte am Beispiel der Alexithymie und chronischer Schmerzen

H. Gündel

5.1 Einführung – 104

5.2 Theoretische und neurobiologische Grundlagen der Affektentwicklung – 104
Das Konzept einer stufenweise differenzierten »Emotional Awareness« – 104
Neurobiologische Kernkorrelate »unbewusster«, d. h. undifferenzierter Entwicklungsstufen der Emotionalität (Level I und II nach Lane u. Schwartz) – 105
Neurobiologische Kernkorrelate »bewusster«, d. h. differenzierter Entwicklungsstufen der Emotionalität (Level III–V nach Lane u. Schwartz) – 105
Zusammenhang von präfrontaler Aktivierung und somatischer Prozesse – 112

5.3 Entwicklungspsychologische und psychodynamische Grundlagen der Alexithymie – 114
Neurobiologie der Alexithymie – 116

5.4 Chronischer Schmerz, Schmerzwahrnehmung und Frontalhirn – 120

5.5 Schlussfolgerung – 124

Literatur – 125

5.1 Einführung

Dieser Beitrag liefert zunächst ein theoretisches Modell zur Einschätzung der individuellen emotionalen Differenziertheitsstufe aus psychosomatischer Perspektive. Anschließend wird – an dieser Einteilung nach Lane u. Schwartz orientiert – ein Überblick über die neurobiologischen Grundlagen »gesunder« emotionaler zentralnervöser Funktionen (»emotional processing«) gegeben. Im 2. Teil wird der in der psychosomatischen Medizin klinisch häufig anzutreffende Persönlichkeitszug der Alexithymie als Risikofaktor für die Entwicklung einer psychosomatischen Störung in seinen entwicklungspsychologischen Grundlagen erläutert, anschließend werden die entsprechenden neurobiologischen Befunde vorgestellt. Zum Abschluss des Beitrags wird ein weiteres wichtiges klinisches Betätigungsfeld der psychosomatischen Medizin, (chronischer) Schmerz bzw. Somatisierung, näher im Hinblick auf die neurobiologischen Grundlagen psycho-somatischer Wechselwirkungen untersucht.

5.2 Theoretische und neurobiologische Grundlagen der Affektentwicklung

Das Konzept einer stufenweise differenzierten »Emotional Awareness«

Es gibt bis heute keine einheitliche Theorie der Emotionalität. Emotionen bestehen jedoch aus ganz verschiedenen »Bausteinen«, wie z. B. einer biologischen (physiologisch), einer psychologischen (z. B. individuelle subjektive Erfahrung) und einer sozialen (z. B. Mimik, Verhaltensinduktion) Komponente. Merkwürdigerweise bestehen zwischen diesen einzelnen Ebenen, z. B. zwischen selbsteingeschätztem Gefühlszustand (Fragebogen) und physiologischen Parametern, oft nur mäßige Übereinstimmungen.

Lane u. Schwartz (1987) betrachten die Fähigkeit eines Menschen, die eigenen Gefühle wahrzunehmen und zu verbalisieren (»emotional awareness«), als eine emotional-kognitive Fähigkeit, die, ähnlich wie die von Piaget stufenweise definierten sensorisch-kognitiven Fähigkeiten (Piaget 1937), innerhalb eines prinzipiell möglichen Entwicklungsprozesses individuell sehr unterschiedliche »Reifegrade« erreichen kann. Lane u. Schwartz definierten – analog zu Piaget – 5 unterschiedliche Stufen dieser emotionalen Differenziertheit (»**levels of emotional awareness**«; ◘ Abb. 5.1).

Nach dieser Theorie lösen affektive Stimuli auf Stufe I (»Level I«) bei der wahrnehmenden Person lediglich autonom-vegetative oder endokrine Reaktionen ohne wesentliche Innenwahrnehmung aus (»**Reflexantwort**«). Auf Stufe II werden Affekte als »**Tendenz zur Aktion**« ohne bewusste Wahrnehmung von Gefühlen erfahren (»Level II«). Auf Stufe III kann der Affekt neben der somatischen auch zur »**psychischen Erfahrung**« werden, wobei einzelne Gefühle in einer globalen Qualität die gleichzeitige Wahrneh-

Level V	Fähigkeit, auch beim Gegenüber eine differenzierte, von eigenen Empfinden verschiedene Gefühlslage zu erschließen
↑	
Level IV	Mischung eigener unterschiedlicher Gefühle (»Gefühlsambivalenz«)
↑	
Level III	Prinzipielle Fähigkeit zur psychischen Erfahrung i.e.S. (einzelne Gefühle können global wahrgenommen werden, aber nicht gleichzeitige differenzierte Wahrnehmung unterschiedlicher eigener Gefühle)
↑	
Level II	»Tendenz zur Aktion« wird wahrgenommen (Keine bewusste Wahrnehmung von Gefühlen)
↑	
Level I	Mehr oder weniger reine Reflexantwort (affektive Stimuli lösen lediglich autonom-vegetative bzw. endokrine Reaktionen aus)

◘ **Abb. 5.1.** Stufen der individuellen Differenzierung emotionaler Wahrnehmungsfähigkeit (»Levels of emotional awareness«, Lane u. Schwartz 1987)

mung anderer Gefühle ausschließen (»Level III«). Auf Stufe IV wird bereits eine Mischung unterschiedlicher Gefühle, also »Gefühlsambivalenz«, erfahrbar (»Level IV«). Auf Stufe V entsteht die Fähigkeit, auch beim Gegenüber eine »differenzierte, von den eigenen Gefühlen verschiedene innere Lage durch Einfühlung zu erschließen« (»Level V«; Subic-Wrana et al. 2002).

In den beiden niedrigsten Ausprägungsstufen dieses emotionalen Entwicklungsprozesses können Gefühle entweder gar nicht oder nur als diffuse Veränderung des körperlichen Zustands wahrgenommen werden, bleiben also auf einer impliziten oder unbewussten Ebene. Dieser Modus der Wahrnehmung und des Umgangs mit Gefühlen ist nicht selten bei so genannten »psychosomatischen« Patienten im engeren Sinne zu beobachten. Auf den höheren Differenzierungsstufen ist hingegen eine bewusste und immer differenziertere Wahrnehmung eigener und fremder Gefühle möglich.

Neurobiologische Kernkorrelate »unbewusster«, d. h. undifferenzierter Entwicklungsstufen der Emotionalität (Level I und II nach Lane u. Schwartz)

Neurobiologisch werden Emotionen immer innerhalb komplexer Netzwerke generiert und prozessiert. Allerdings lassen sich auf dem heutigen Wissensstand doch einzelne Komponenten dieser Netzwerke unterschiedlichen Stufen des »emotional processing« zuordnen:

Ein Kernbestandteil impliziter, also unbewusst ablaufender emotionaler Reaktionen auf äußere Stimuli sind die **Mandelkerne** (Nuclei amygdalae). Eine Reihe von Studien zeigt, dass eine Aktivierung der Mandelkerne auf emotionale Stimuli auch ohne eine bewusste emotionale Wahrnehmung erfolgen kann. LeDoux hat eine dazugehörige thalamo-amygdaläre Vernetzung beschrieben, innerhalb der externe emotionale Stimuli eine diffuse und unselektive, aber auch oft nicht bewusst wahrgenommene Veränderung körperlicher Zustände induzieren können (1998). Eine Aktivierung der Mandelkerne korreliert nach übereinstimmenden Studienergebnissen stark mit der vegetativ-autonomen Funktionslage, insbesondere mit einem erhöhten sympathikotonen Arousal (natürlicherweise bei Angstreaktionen erhöht; Critchley et al. 2001). LeDoux vertritt dabei die Auffassung, dass solche diffusen, über die Mandelkerne ausgelösten emotionalen Erregungszustände dann bewusst wahrgenommen werden können, wenn eine Einbeziehung von präfrontal-kortikalen Arealen erfolgt (»neokortikal-amygdaläres Netzwerk«, ▶ s. unten).

Im Bereich der **Insel** (rechts mehr als links) fließen – in topografischen Repräsentationen geordnet – alle Informationen über unterschiedlichste, so genannte interozeptive somatische Vorgänge zusammen. Dazu gehören z. B. Informationen über viszerale Vorgänge sowie optische, akustische, sensorische und Geruchs- bzw. Geschmackseindrücke. Nach heutigem Wissen ist die Insel, zusammen mit Anteilen des somatosensorischen Kortex (Damasio 2003), in der Entstehung und Aufrechterhaltung von emotionalen »Basis-« oder »Hintergrund«-Zuständen (also eine Art emotionales »Grundgefühl«), die am Rande der bewussten Wahrnehmung liegen (Damasios so genannte »background-emotions«), aber auch bei der Entstehung unmittelbarer negativer Gefühle bei der unmittelbaren sensorischen Wahrnehmung entsprechender affektauslösender Stimuli – hier: Bilder – beteiligt (Ochsner et al. 2002).

Neurobiologische Kernkorrelate »bewusster«, d. h. differenzierter Entwicklungsstufen der Emotionalität (Level III–V nach Lane u. Schwartz)

Es wird zunehmend deutlich, dass besonders Teile des präfrontalen Kortex (PFC) und des anterioren zingulären Kortex (ACC) eine zentrale

Rolle bei der bewussten Wahrnehmung und Modulation von Gefühlen spielen.

Präfrontaler Kortex

Die Aufgaben einzelner präfrontaler Areale innerhalb der Generierung und Steuerung von Emotionen sind sehr unterschiedlich (Lane u. Garfield, pers. Mitt.).

Prinzipiell erfolgt die Evaluation unterschiedlichster Stimuli auf ihre individuelle emotionale Bedeutung zum einen automatisch, vegetativ-autonom und »unbewusst« (»implizit«) durch die Mandelkerne, zum anderen »bewusst« bei vermutlich stärkerer Beteiligung u. a. durch den medialen orbitofrontalen Kortex (MOFC). Die orbitalen präfrontalen Regionen erhalten sensorische Zuflüsse verschiedenster Sinnesmodalitäten, u. a. visueller, olfaktorischer, akustischer, somatosensorischer und geschmacklicher Natur. Damit im Einklang sind sie an der Erkennung bzw. der Analyse des emotionalen Gehaltes und des »Belohnungswertes« (»reward value«) eines Stimulus, z. B. bei der Gesichts- oder Spracherkennung, beteiligt (Hornak et al. 2003). Der MOFC ist dabei v.a. für die komplexe und variable Einschätzung eines emotionalen Stimulus im Hinblick auf einen sich verändernden sozialen bzw. motivationalen Gesamtzusammenhang und eine adäquate emotionale Reaktion zuständig (Bechara et al. 1997, Ochsner et al. 2002).

Die kognitive Beeinflussung emotionaler Wahrnehmungen und Reaktionen geht demgegenüber nach heutigem Wissensstand besonders vom lateralen präfrontalen Kortex (LPFC) aus (▶ s. auch Abschn. 5.4 »Chronischer Schmerz, Schmerzwahrnehmung und Frontalhirn«): Gerade zielgerichtetes Verhalten mit der dann zeitweise notwendigen Unterdrückung in diesem Sinne »störender« emotionaler Empfindungen werden nach heutigen Wissensstand durch den LPFC gesteuert (Ochsner et al. 2002).

Übereinstimmend mit diesen Annahmen konnten Ochsner et al. in einer fMRT-Studie zeigen, dass die bewusste und effektive kognitive Neu- bzw. Umbewertung einer emotional hochaversiven Situation (ausgelöst durch das Betrachten von negative Emotionen auslösenden Bildern) mit einer Aktivitätszunahme von LPFC (Kurzzeitgedächnis, kognitive Kontrollfunktion) und MPFC (Selbst-Monitoring) und einer Verminderung der Aktivität in Amygdalae und MOFC verbunden ist (Ochsner et al. 2002).

Die umfangreichen neuroanatomischen Verbindungen zwischen den Mandelkernen, die die unmittelbaren, oft nicht bewusst wahrgenommenen (impliziten) physiologischen und verhaltensmäßigen Komponenten von emotionalen Reaktionen auf diesbezügliche äußere Stimuli generieren, und dem präfrontalen Kortex mit seinen übergeordneten Steuerungsfunktionen stellen dabei die Grundlage bei der Integration emotionaler, kognitiver und vegetativ-autonomer Prozesse (Ochsner et al. 2002; Hariri et al. 2003) dar.

Insbesondere bestehen überwiegend direkte anatomische Verbindungen zwischen den Mandelkernen und den orbitofrontalen Kortizes. Allerdings können auch ventrale und dorsale Anteile des Frontalhirns – entweder über reziproke Verbindungen zum orbitofrontalen Kortex (OFC), oder über thalamische bzw. striatale Regelkreise – mit den Mandelkernen kommunizieren.

Im Hinblick auf komplexere kognitiv-behaviorale Anpassungs- und Integrationsaufgaben kommt dem LPFC gegenüber dem OFC die führende Rolle zu (Hariri et al. 2003). Daher hängt die komplexe Modulation kognitiv-emotionaler sowie vegetativ-autonomer Integrationsvorgänge und Anpassungsleistungen vermutlich von der Interaktion der Mandelkerne mit den mehr lateralen PFC-Anteilen zusammen: Die direkten, aus höher gelegenen präfrontalen Schichten stammenden Projektionen zu den Mandelkernen enden überwiegend an **inhibitorischen** amygdalären Interneuronen, während amygdaläre Projektionen in den tiefen Zellschichten des präfrontalen Kortex münden. Daher haben die Mandelkerne direkten Einfluss auf den präfrontalen »Output«, wohingegen die (besonders

5.2 · Theoretische und neurobiologische Grundlagen der Affektentwicklung

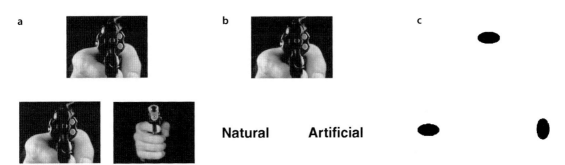

Abb. 5.2a–c. Experimentelles Paradigma: Während der fMRT-Untersuchung absolvierten die Probanden 3 Aufgaben: In jeder experimentellen Bedingung wurden unterschiedliche Abbildungen, die Angst bzw. Furcht auslösen, aus dem »International Affective Picture System« gezeigt, z. B. ein auf den Betrachter gerichteter Pistolenlauf (»künstlicher« Stimulus), oder z. B. das Bild eines Schlangenkopfes (»natürlicher« Stimulus). In der 1. experimentellen Bedingung (**a**; ► s. Farbtafel) mussten die Probanden das angstauslösende Bild mit 2 anderen, ebenfalls angstauslösenden Bildern (z. B. ebenfalls auf den Betrachter gerichtete Pistolenläufe) vergleichen und die 2 jeweils identischen Bilder auf der unmittelbaren Wahrnehmungsebene einander zuordnen (»Match«-Kondition, keine kognitive, sondern sensorische Leistung). Bei der 2. experimentellen Bedingung (**b**) mussten die Probanden entscheiden, welches von 2 Wörtern (»natural« – »natürlich« vs. »artifical« – »künstlich«) den Inhalt des Bildes am besten beschrieb (»Label«-Kondition; kognitive Leistung). Als sensomotorische Kontrollbedingung (**c**) wurde den Probanden eine emotional neutrale ovale Figur gezeigt, die einem der weiter unten abgebildeten Ovale zugeordnet werden musste (Erläuterung ► s. Text)

rechtsseitigen) präfrontalen Kortizes die unmittelbare Reaktion der Mandelkerne (und damit die vegetativ-autonome Funktionslage) auf äußere emotionale Stimuli durch die inhibitorischen Regelkreise modulieren, d. h. auch dämpfen, können (Beauregard et al. 2001; Hariri et al. 2003).

Für diesen modulierenden, dämpfenden Einfluss präfrontaler Aktivität auf die Funktionslage der Mandelkerne gibt es zunehmend experimentelle Belege: In einer ersten Studie konnten Hariri et al. (2000) zeigen, dass das rein sensorische, auf der Wahrnehmungsebene verbleibende Betrachten von Ärger bzw. Angst ausdrückender Gesichter zu einer starken bilateralen Aktivierung der Mandelkerne führt. Allein die Instruktion, diese emotionalen Stimuli zu benennen (»labeling«; kognitive Funktion) führte zu einer Aktivierung des rechtsseitigen ventralen PFC und zu einer gleichzeitig verminderten Aktivierung der Mandelkerne, die ihrerseits mit einer verminderten sympathischen Funktionslage (gemessen anhand der Hautleitfähigkeit) einherging. In einer fMRT-Folgestudie wurden 11 gesunden Probanden Stimuli gezeigt, die Angst bzw. Furcht auslösen, u. a. ein auf den Betrachter gerichteter Pistolenlauf (»künstlicher« Stimulus), oder z. B. das Bild eines Schlangenkopfes (»natürlicher« Stimulus). In der 1. experimentellen Bedingung (◘ Abb. 5.2a; ► s. Farbtafel) mussten die Probanden das angstauslösende Bild mit 2 anderen, ebenfalls angstauslösenden Bildern (z. B. ebenfalls auf den Betrachter gerichtete Pistolenläufe) vergleichen und die 2 identischen Bilder auf der unmittelbaren Wahrnehmungsebene einander zuordnen (»Match«-Kondition, keine kognitive, sondern sensorische Leistung). Bei der 2. experimentellen Bedingung (◘ Abb. 5.2b) mussten die Probanden entscheiden, welches von 2 Wörtern (»Natural« vs. »Artificial«) den Inhalt des Bildes am besten beschrieb (»Label«-Kondition; kognitive Leistung). Als sensomotorische Kontrollbedingung (◘ Abb. 5.2c) wurde den Probanden eine emotional neutrale ovale Figur gezeigt, die einem der weiter unten abgebildeten Ovale zugeordnet werden musste.

Die rein sensorische Testaufgabe (»Match«) führte zu einer starken beidseitigen Aktivierung

»Match« > »Label«   »Label« > »Match«

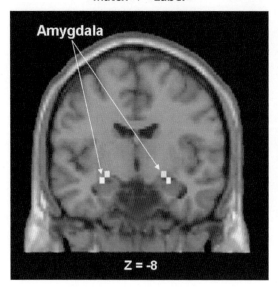 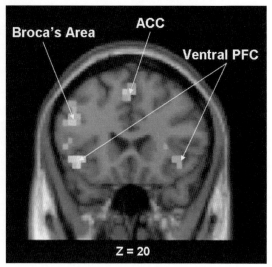

□ Abb. 5.3. Koronares ZNS-Schnittbild (▶ s. Farbtafel) mit erhöhter Amygdala-Aktivität während der rein sensorischen Wahrnehmung angst- und furchtauslösender Bilder (»Match«>«Label«-Kondition; p<.05, korrigiert). Die ausbleibende kognitive Reflexion des subjektiv bedrohlichen Stimulus begünstigt – vermutlich über eine dann nicht stattfindende Aktivierung präfrontal-amygdalärer Projektionen mit nachfolgender Inhibition der Mandelkern-Aktivität – die starke somatische Stressreaktion, die über Mandelkerne und Hypothalamus abläuft und peripher an einer erhöhten phasischen Hautleitfähigkeit verifiziert werden kann

□ Abb. 5.4. Koronares ZNS-Schnittbild (▶ s. Farbtafel) mit relativ erhöhter Aktivierung (p<.05, korrigiert) im bilateralen ventralen präfrontalen Kortex (*Ventral PFC*), anteriorem zingulären Kortex (*ACC*), und Broca Areal (Brodmann-Area-45) während der kognitiven (linguistischen) Evaluation (»Label«>«Match«) von angst- und furchtauslösenden Bildern. Durch die in Bedingung B (»Label«-Kondition) angeregte präfrontale kognitive Aktivität (quasi eine kognitive Distanzierung: »Einen Schritt zurücktreten, die Bedrohung anschauen und reflektieren statt unreflektiert in der Bedrohungssituation zu bleiben«) erfolgt eine Aktivierung inhibitorischer Neuronenpopulationen innerhalb der Mandelkerne, so dass die Aktivität der Mandelkerne im fMRT nicht mehr die Signifikanzschwelle überschreitet. Demzufolge vermindert sich die sympathikotone Stressreaktion, messbar anhand der peripheren Hautleitfähigkeit

der Mandelkerne (□ Abb. 5.3; ▶ s. Farbtafel) und einer erhöhten sympathisch-autonomen Aktivität (gemessen anhand während des Scannens bestimmter Hautleitfähigkeit). Demgegenüber zeigte sich bei der kognitiven Evaluation dieser Stimuli eine bilaterale, rechtsseitig betonte Aktivierung des ventralen PFC (Brodmann-Areal-(BA)-44/45; 47), eine Verminderung der bilateralen Amygdala-Aktivierung sowie eine verminderte sympathikotone Funktionslage (Hautleitfähigkeit). Ebenso zeigte sich während der kognitiven Teilaufgabe (»Label«; □ Abb. 5.4; ▶ s. Farbtafel) ein erhöhter Blutfluss im rechten ACC (BA-32).

Zusammengefasst legt diese Studie nahe, dass Menschen ihre emotionalen Reaktionen und die damit verbundenen Auswirkungen auf somatische, insbesondere vegetativ-autonome Regelkreise durch die **bewusste** Wahrnehmung dieser Emotionen und den (kognitiven) Vergleich mit aus der Vergangenheit stammenden Erfahrungswerten entscheidend beeinflussen können (Lane u. Garfield, zur Publikation eingereicht).

Klinische und Bildgebungsstudien weisen zunehmend darauf hin, dass der dorsolaterale präfrontale Kortex (DLPFC; BA-9 und 46) in das ständige »Monitoring« der Umwelt eingebunden ist (Lorenz et al. 2003) und zu einem wesent-

5.2 · Theoretische und neurobiologische Grundlagen der Affektentwicklung

lichen Teil kognitive, besonders so genannte exekutive Aufgaben im Sinne von Arbeitsgedächtnis und zielorientierter Verhaltenssteuerung erfüllt. Der DLPFC ist vermutlich ein wesentlicher Baustein in der Generierung willentlich gesteuerter Verhaltensweisen (Frith u. Dolan 1996). Dabei kommt dem rechten DLPFC (BA-9/10) aber auch – neben seinen kognitiven Funktionen (▶ s. oben) – zusammen mit dem rechten OFC eine wichtige Rolle in der willentlichen Unterdrückung von individuellen Gefühlen, z. B. sexueller Erregung oder Traurigkeit, zu (Beauregard et al. 2001; Lévesque et al. 2003), was letztlich die (mittelfristige) Zielorientiertheit menschlicher Verhaltensweisen fördert. Aufgrund der Ergebnisse ihrer bisherigen Studien postuliert die Arbeitsgruppe um Lévesque und Beauregard, dass bei der bewussten Unterdrückung emotionaler Empfindungen zugunsten einer anderweitig zielorientierten Verhaltensweise zunächst der DLPFC ein entsprechendes Signal an den rechten OFC (»to become a detached observer«) abgibt. Der OFC übt über seine entsprechenden neuroanatomischen Verbindungen weitreichenden Einfluss auf das vegetativ-autonome Nervensystem, die Insel, die Mandelkerne und die anterioren temporalen Pole aus. Insbesondere wird angenommen, dass der OFC eine wichtige Rolle bei der Kontrolle autonom-vegetativer Begleiterscheinungen während emotionaler Empfindungen spielt (Öngür et al. 1998). Daher könnte der rechte OFC dann die jeweiligen Ausdrucksweisen einer emotionalen Empfindung (autonom-vegetativ, kognitiv, emotional, sichtbares Verhalten) unterdrücken (Levesque et al. 2003). Vieles spricht also dafür, dass der DLPFC tatsächlich das Hirnareal sein könnte, an dem eine letztendliche Integration von emotionalen und kognitiven Impulsen im Hinblick auf eine zielgerichtete Verhaltenssteuerung (»goal-directed behavior«) erfolgt (Gray et al. 2002).

Demgegenüber spielen die orbitalen (BA-10, 11, 12, 25) und medialen (BA-8, 9 und 10) Anteile des PFC eine entscheidende Rolle innerhalb der unmittelbaren zentralnervösen Emotionsverarbeitung (Hornak et al. 2003). Mediale und orbitale Regionen des PFC weisen intensive neuroanatomische Verbindungen auf, insbesondere über den ventromedialen Anteil des PFC. Dennoch lassen gerade intrinsischer Aufbau und die unterschiedlichen neuroanatomischen Verbindungen beider präfrontalen Areale (Öngür u. Price 2000) eine unterschiedliche Rolle innerhalb der Emotionsverarbeitung vermuten.

Die orbitalen Regionen erhalten z. B. sensorische Zuflüsse verschiedenster Sinnesmodalitäten und sind an der Erkennung bzw. der Analyse des emotionalen Gehaltes und des »Belohnungswertes« (»reward value«) eines Stimulus, z. B. bei der Gesichts- oder Spracherkennung, beteiligt (▶ s. oben: Übersicht Hornak et al. 2003).

Demgegenüber zeigten dorsomediale präfrontale Areale eine Aktivierung während der bewussten, kognitiven Wahrnehmung des eigenen emotionalen Empfindens (Gusnard et al. 2001). Dieses und ähnliche Studienergebnisse geben wichtige Hinweise darauf, dass die Fähigkeit der »Mentalisierung«, d. h. des selbstreflexiven Umgangs mit den eigenen emotionalen Wahrnehmungen, ebenso wie die der Mentalisierung kognitiver Vorgänge zu einem wesentlichen Anteil in ventromedialen präfrontalen Arealen erfolgt.

Entscheidende Aufschlüsse über den differenziellen Anteil unterschiedlicher präfrontaler Areale an der Emotionsverarbeitung kommen aus einer Studie, in der 35 Patienten mit Zustand nach neurochirurgischer Exzision unterschiedlicher Anteile des präfrontalen Kortex aufwendig testpsychologisch sowie durch Selbst- und Fremdeinschätzung hinsichtlich der Veränderung emotionaler Funktionen seit der neurochirurgischen Operation untersucht wurden (Hornak et al. 2003). Im Einzelnen wurde die Wahrnehmungsfähigkeit für nichtverbale, emotional getönte Laute (»non-verbal vocal emotional sounds«) und für emotionale Gesichtsausdrücke getestet, ferner die subjektive Wahrnehmung einer evtl. Veränderung der eigenen Emotionalität sowie des Sozialverhaltens (Fremdrating durch enge Freunde oder Verwandte) erfragt.

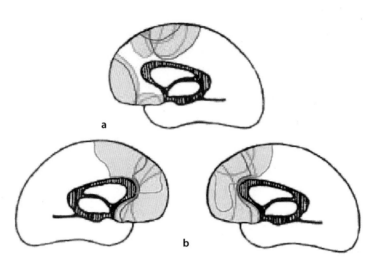

◘ **Abb. 5.5a, b.** Lokalisation präfrontaler Läsionen (▶ s. Farbtafel) bei subjektiver Veränderung der eigenen Emotionalität: **a** Geringere Veränderungen der eigenen Emotionalität (=Wertebereich 0–2) gingen mit Läsionen der farblich hervorgehobenen präfrontalen Hirnregionen einher. Nicht betroffen bei diesen Läsionen war der rostrale Anteil des ACC (der nach Bush so genannte »affektive« Anteil) sowie der unmittelbar ventral davon gelegene, unilaterale mediale präfrontale Kortex (ca. BA-9). Massivere Veränderungen der eigenen Emotionalität (=Wertebereich 2,5–5,5) gingen in jedem Fall mit Läsionen in genau diesem Bereich (rostraler ACC und BA-9) einher. **b** Diese Läsionen sind sowohl bei linkshemisphärischer (n=5) als auch bei rechtshemisphärischer (n=5) Lokalisation für jede Lateralität übereinander gelagert dargestellt

Dabei zeigte sich, dass bei einer subjektiv wahrgenommenen Veränderung der eigenen Emotionalität, aber auch bei einer Veränderung der fremdeingeschätzten Emotionalität, besonders der (einseitige) **rostral-ventrale Anteil des ACC** sowie der **mediale präfrontale Kortex** betroffen waren (◘ Abb. 5.5, ▶ s. Farbtafel, aus Hornak et al. 2003).

Unterschiede bezüglich der Lateralität werden dabei nicht beobachtet. Inhaltlich berichteten die von einer neurochirurgischen Operation Betroffenen überwiegend über eine **Zunahme von Frequenz und Intensität ihres Gefühlserlebens** nach der einseitigen Entfernung eines medial-präfrontalen Areals, sowohl bei positiven als auch negativen Emotionen.

Patienten mit demgegenüber einseitigen bzw. beidseitigen Läsionen im Bereich des orbitofrontalen Kortex waren – in Übereinstimmung zu bisherigen Erkenntnissen zum OFC – erheblich in der Erkennung der nichtverbalen, vokalen emotionalen Töne beeinträchtigt. Patienten mit Zustand nach bilateraler operativer OFC-Schädigung waren in allen getesteten emotionalen Qualitäten beeinträchtigt, wohingegen Patienten mit Schädigung des dorsolateralen orbitofrontalen Kortex in den einzelnen Tests kaum Beeinträchtigungen aufwiesen.

Daraus folgt, dass der orbitofrontale Kortex eine wichtige Rolle in der Emotionsverarbeitung, besonders beim Erkennen des emotionalen Gehalts bestimmter Stimuli spielt, die aber gegenüber der Rolle medialer präfrontaler Areale und des ventral-rostralen Anteils des ACC innerhalb des »emotional processing« nachrangig erscheint.

Für eine besondere Bedeutung des **rechten** präfrontalen Kortex innerhalb der zentralnervösen Emotionsverarbeitung spricht auch eine weitere Studie. Die Arbeitsgruppe um Damasio untersuchte 7 Patienten mit unilateralen Läsionen des ventromedialen präfrontalen Kortex (VMPFC) im Hinblick auf die Beeinträchtigung kognitiver, emotionaler und sozialer Funktionen (Tranel et al. 2002). Dabei erwiesen sich die Patienten mit **rechtsseitigen** VMPFC-Läsionen als sowohl in ihrer Emotionalität, ihrem Sozialverhalten und auch ihrer Entscheidungsfähigkeit (»decision-making«) schwer beeinträchtigt, während Patienten mit linksseitigen Läsionen demgegenüber kaum oder deutlich geringere Beeinträchtigungen erkennen ließen. Tranel et al. (2002) schließen aus ihren Ergebnissen, dass dem rechtsseitigen präfrontalen Kortex eine wesentlich wichtigere Rolle als dem linksseitigen bei der Steuerung besonders von »höheren« emotionalen Funktionen zukomme.

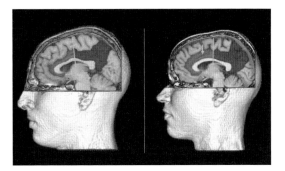

◘ **Abb. 5.6.** Neuroanatomische Lage des anterioren zingulären Kortex (*rot*, ► s. Farbtafel). (Aus: Gündel et al. in Druck)

Zusammengefasst spricht also vieles dafür, dass präfrontale Areale ein wichtiger Bestandteil bei der bewussten Gefühlswahrnehmung und unverzichtbar für selbstreflektiertes emotionales Erleben (»reflective awareness«) sind. Gerade die letztgenannte Fähigkeit ist eine unverzichtbare Voraussetzung für psychodynamische und psychoanalytische Therapieverfahren.

Anteriorer zingulärer Kortex

Generell zeigt die Mehrzahl der funktionell-bildgebenden Studien (PET-und fMRI) zu den neuroanatomischen Grundlagen einzelner Affekte relativ unabhängig von der jeweiligen Untersuchungssituation und dem spezifisch hervorgerufenen Affekt eine Aktivierung umschriebener Areale des **medialen präfrontalen Kortex** (Brodmann-Area-9), z. T. auch speziell des **anterioren zingulären Kortex** (ACC; Brodmann-Area-24 und 32).

Der ACC wurde schon früh als ein wichtiger Baustein der zentralnervösen Affektverarbeitung, insbesondere der bewussten Affektwahrnehmung, beschrieben. Dem ACC kommt generell eine wichtige Rolle bei der Steuerung der bewussten Aufmerksamkeit bezüglich kognitiver und affektiver Vorgänge, Schmerzwahrnehmung, aber auch bei der Prozessierung von vegetativ-autonomen und motorischen Funktionen zu (Bush et al. 2000).

Tatsächlich verbindet insbesondere der ACC mit seinen Projektionsbahnen innerhalb des rostralen limbischen Systems und zu den (supplementär-) motorischen Rindenarealen emotionale und kognitive Systeme und hat dabei u. a. die Funktion, die **bewusste Wahrnehmung** verschiedenster Phänomene (emotional, kognitiv, Schmerz, etc.) zu ermöglichen (◘ Abb. 5.6, ► s. Farbtafel).

Klinische Läsionsstudien und testpsychologische Untersuchungen haben übereinstimmend ergeben, dass der ACC neuroanatomisch in mindestens 2 funktionelle Untereinheiten mit unterschiedlichen Funktionen eingeteilt werden kann. Einen ventral-rostralen Anteil des ACC (Brodmann-Areale-24a–c und 32, ventrale Areale 25 and 33) als essenziellen Bestandteil emotionaler Wahrnehmung, und einen dorsalen Anteil (BA-Areale-24b'–c' und 32'), in dem mehr kognitive Leistungen, u. a. die Steuerung der bewussten Aufmerksamkeit, prozessiert werden (Bush et al. 2000; ◘ Abb. 5.7, ► s. Farbtafel).

Beide Anteile des ACC scheinen eine wichtige, aber unterschiedliche Rolle in der Wahrnehmung und Verarbeitung von Emotionen zu spielen. Während der dorsale Anteil des ACC das direkte, unmittelbare Gefühlserleben ermöglichen soll, scheint der rostral-ventrale Anteil des ACC zusammen mit dem medialen präfrontalen Kortex eine herausgehobene Rolle bei der reflektierten, bewussten Wahrnehmung emotionaler Inhalte zu spielen (»Knowing how one is feeling«, Lane 2000; psychoanalytisch: Fähigkeit zur Ich-Spaltung). Außerdem weist der subgenuale ACC intensive neuroanatomische Efferenzen zu vege-

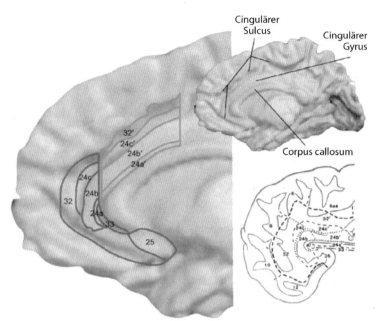

Abb. 5.7. Schematisierte Verteilung der (*nummerierten*) zytoarchitektonischen Areale des ACC. Kognitive Areale sind in *rot* und affektive Areale in *blau* eingezeichnet (*links*, ▶ s. Farbtafel). Diese Darstellung ist zur Verdeutlichung der prinzipiellen Verteilung vereinfacht. Eine ebenfalls schematisierte, aber präzisere Verteilung der einzelnen Areale ist in der Zeichnung *rechts unten* zu finden. *Rechts oben* ist eine rekonstruierte fMRT-Abbildung der medialen Oberfläche einer rechten Hirnhemisphäre zu sehen (anterior=rechts, posterior=links). Die kortikale Oberfläche wurde z. T. »abgeflacht«, damit Gyri und Sulci gleichzeitig sichtbar werden. (Aus: Bush et al. 2000)

tativ-autonomen ZNS-Steuerarealen, insbesondere zum Hypothalamus, auf (Hornak et al. 2003; Öngür u. Price 2000).

Die dichte anatomische Verbindung zwischen rostral-ventralem und dorsalem ACC könnte die neuroanatomische Verbindung zwischen der unmittelbaren Gefühlswahrnehmung und der Fähigkeit zur sprachlichen Repräsentation dieser Wahrnehmung und deren weiterer reflektierender Verarbeitung (z. B. im Rahmen einer Psychotherapie) sein (Lane 2000). Allerdings verbleiben diese Hypothesen zur differenziellen Funktion unterschiedlicher ACC-Regionen innerhalb des »emotional processing« angesichts z. T. widersprüchlicher Studienergebnisse noch spekulativ.

Zusammenhang von präfrontaler Aktivierung und somatischer Prozesse

Ventromedialer präfrontaler Kortex und ACC haben nach heutigen Erkenntnissen eine wichtige Funktion in der bewussten Wahrnehmung von Gefühlen bzw. bei der Selbstreflexion über die aktuelle Gefühlslage (»reflective awareness«). Aber hat eine vergleichsweise differenzierte emotionale Wahrnehmungsfähigkeit auch Auswirkungen auf somatische, z. B. vegetativ-autonome Prozesse, wie z. B. von Fonagy im Sinne einer angenommenen »Moderatorenfunktion« gut entwickelter Mentalisierungsfähigkeit postuliert? Nur sehr wenige Studien geben erste Aufschlüsse zu dieser Frage. Bekannt ist immerhin, dass der dorsomediale präfrontale Kortex und der dorsale ACC direkte neuronale Verbindungen zu den subkortikalen Steuerarealen des vegetativ-autonomen Nervensystems, z. B. dem lateralen Hypothalamus, aufweisen, und über diesen Weg vegetativ-autonome Funktionen beeinflusst werden können. In einer PET-Studie konnte – übereinstimmend mit dieser Hypothese – auch gezeigt werden, dass das Ausmaß der Aktivierung des medialen präfrontalen Kortex negativ mit der Herzfrequenz korreliert (Drevets et al. 1999), und tierexperimentell führt eine Stimulation des medialen präfrontalen Kortex zu einem Abfall von Herzfrequenz und Blutdruck (Buchanan et al. 1985). In einer fMRT-Studie zu den zentralnervösen Aktivierungsmustern bei kognitivem und physischem Stress korrelierte

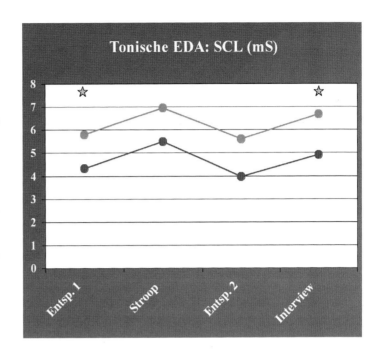

◘ Abb. 5.8. Gruppenmittelwerte und Standardabweichungen der tonischen Hautleitfähigkeit (tonische EDA) in hoch- vs. niedrig-alexithymen Patienten (die *obere* Kurve mit der höheren Hautleitfähigkeit sind die hoch-alexithymen Patienten) mit spasmodischem Tortikollis während verschiedener experimenteller Bedingungen (Entspannung – kognitiver Stress – Entspannung – individualisierter emotionaler Stress). Die zeitliche Reihenfolge der beiden stressinduzierenden Bedingungen (Stroop-Test und Stress-Interview bzw. umgekehrt) wurde über die beiden Untersuchungsgruppen ausbalanciert. (Aus: Gündel et al., im Druck)

die Herzratenvariabilität, die als Parameter für die vegetativ-autonome parasympathische Aktivität gilt, positiv mit der Aktivierung des dorsalen ACC (Critchley et al. 2002). In einer weiteren PET-Studie an Patienten mit Angststörungen korrelierte eine weniger differenzierte emotionale Wahrnehmungsfähigkeit mit einer geringeren Vagusaktivität (Thayer et al. 2000).

Diese ersten Studien sprechen also dafür, dass das bewusste Erleben bzw. Durchleben einer emotionalen Erfahrung (z. B. von negativen Affekten) über die dann verstärkte Aktivierung des ventromedialen präfrontalen Kortex und des ACC zu einer Erhöhung (meist protektiver) parasympathischer Aktivierung und zu einer Inhibition sympathischer Aktivität (»Dauerstress«) führen könnte. Auf psychophysiologischer Ebene ist der Zusammenhang zwischen einem individuell unterdrückendem Umgang mit eigenen Emotionen (»suppression«) und erhöhtem sympathikotonen Arousal (besonders innerhalb des kardiovaskulären Systems, z. B. Blutdruck) bei gesunden Probanden ohnehin gesichert (Gross 2002). Vor kurzem konnte ein erhöhter sympathischer Ruhetonus (gemessen an der Hautleitfähigkeit) auch bei einer klinischen Untersuchungsgruppe (hoch- gegenüber niedrig-alexithyme Patienten mit spasmodischem Tortikollis) nachgewiesen werden (◘ Abb. 5.8; Gündel et al. 2002a).

Als mögliches zentrales diesbezügliches neuronales Substrat kommt nach heutigem Wissensstand eine Interaktion zwischen rechtsseitigem präfrontalen Kortex und ACC einerseits sowie den Mandelkernen andererseits in Frage (Hariri et al. 2003; Kano et al. 2003).

In einer PET-Studie wurden die neuronalen Korrelate einer Biofeedback-Entspannungsübung untersucht (Critchley et al. 2001). Die Autoren beobachteten dabei eine v.a. linksseitige Aktivierung des ACC (BA-24) während der bewusst durchgeführten Entspannungsübung und eine Abnahme der linksseitigen ACC-Aktivierung nach Erreichen des Entspannungszustandes (gemessen anhand der Hautleitfähigkeit). Diese Daten legen nahe, dass der linke ACC eine wichtige Rolle bei der bewussten, kognitiv herbeigeführten Modulation körperlicher Anspannungszustände spielt. Demgegenüber hatte sich in einer zuvor durchgeführten Studie eine rechtsseitige ACC-Aktivierung während einer stressinduzierten Sympathikusaktivierung (Critchley et al. 2000) gezeigt. Insgesamt bemerkenswert ist, dass also auch bei der Regulation des vegetativ-autonomen »Arousals« Hirnareale zentral beteiligt sind, die innerhalb des »emotional processing« und affektiver psychischer Erkrankungen eine wichtige Rolle spielen.

Ebenso wie Studien, die die Rolle des präfrontalen Kortex in der Modulation des vegetativ-autonomen Tonus betonen, zeigen die zitierten Arbeiten, dass auch dem ACC eine wichtige Rolle innerhalb der Steuerung des autonom-vegetativen Nervensystems, gerade im Sinne eines sympathischen Arousals, zukommt (Critchley et al. 2001). Sowohl präfrontaler Kortex als auch ACC sind Hirnareale, die auch eine entscheidende Rolle innerhalb der bewussten Emotionswahrnehmung und -verarbeitung spielen.

Nachdem die neurobiologischen Grundlagen emotionaler Wahrnehmung und Verarbeitung skizziert wurden, wird im Folgenden auf die Neurobiologie im engsten psychosomatischen Sinne gestörter Affektentwicklung am Beispiel der Alexithymie eingegangen werden.

5.3 Entwicklungspsychologische und psychodynamische Grundlagen der Alexithymie

Aus psychoanalytisch-psychosomatischer Sicht wird die **ungenügende bewusste Wahrnehmung von Emotionen** in konflikthaften Lebenssituationen als ein prädisponierender Faktor für die Manifestation somatischer Symptombildungen angesehen. Seit Jahrzehnten wird dieses Phänomen von verschiedenen Autoren mit unterschiedlichen Begriffen beschrieben: Bezeichnungen wie »pensée opératoire« (Marty u. de M'Uzan 1963) oder »Alexithymie« (Sifneos 1972) deuten in die gleiche, von verschiedenen Untersuchern als eine Art **emotionales Analphabetentum** bezeichnete Persönlichkeitsstruktur. Teilweise können die betroffenen Menschen ihre eigenen emotionalen Empfindungen nicht adäquat wahrnehmen und dementsprechend handeln. Dadurch besitzen sie aber auch nur wenig Einfühlungsvermögen für andere und neigen dazu, unbewusst andere die Gefühle von Einsamkeit, Hoffnungslosigkeit und Leere spüren zu lassen, die sie selbst zuvor am eigenen Leibe erlebt und durch die Entwicklung alexithymer Züge in ihrer bewussten Wahrnehmung abgewehrt haben (McDougall 2000).

In der Zusammenschau der relevanten Literatur werden 2 unterschiedliche Entstehungsmodelle des ätiologischen Spektrums der Alexithymie diskutiert. Zum einen die Annahme eines intrapsychischen Abwehrvorgangs nach zuvor schon entwickelter hoher Sensibilität für affektive Empfindungen. Ein davon betroffenes Kind – so die These – stabilisiert sein emotionales Befinden in chronisch-konflikthaften oder traumatisierenden Lebensbezügen durch Verleugnung seiner emotionalen Empfindungen und Wünsche. Häufig ist jedoch auch ein persistierendes Defizit der innerpsychischen Entwicklung – so die Gegenthese – anzunehmen. In diesem letztgenannten Sinne wird die Entstehung der Alexithymie weniger durch eine konflikthafte (neurotische) Dynamik als durch die Folgen einer unzureichenden Ausdifferenzierung bzw. Förderung affektiver Ausdrucksmodi in der Kindheit charakterisiert.

Übereinstimmend wird in beiden Varianten eine schon früh defiziente Mutter-Kind-Beziehung als wichtiger Faktor für die Entwicklung einer Alexithymie angesehen. Wenn das Verbalisieren von Affekten eine lebenswichtige (frühe) Beziehung bedrohen würde, kann die Entwicklung der zunehmenden »Verwörterung« emotionaler Inhalte bzw. der Symbolisierung innerer Zustände mit Hilfe von Worten gestoppt werden. Stattdessen persistieren körperliche Spannungszustände und Missempfindungen, wie sie typischerweise in der Säuglings- und Kleinkindzeit vorkommen (Gündel et al. 2002).

Innerhalb der psychoanalytisch orientierten Entwicklungspsychologie ist gerade den frühen

Beziehungserfahrungen schon immer eine herausgehobene Rolle für die individuelle emotionale Entwicklung zugerechnet worden, da die Beziehung zu den Eltern während der ersten Lebensjahre die hauptsächliche Informationsquelle darüber ist, wie die Umwelt und wer man selber ist. Aktuell postuliert Fonagy (2001), dass den frühen affektiven Interaktionserfahrungen und daraus resultierenden Bindungstypen (sicher vs. unsicher, ablehnend, verstrickt) eine entscheidende »Moderatorenfunktion« in der Interaktion zwischen Umwelteinflüssen und körperlichen Abläufen (z. B. selektiver Genexpression) zukommt.

Sichere Bindung – so die Theorie – kann über die Ausbildung eines adäquaten inneren Repräsentanzensystems zu guter affektiver Wahrnehmungs- und Reflexionsfähigkeit führen und modulierend und regulativ auf psychophysiologische (vegetative, motorische, etc.) und sogar genetische Prozesse einwirken.

Die intrapsychischen Repräsentationen von Beziehungen, z. B. kategorisiert als Bindungstypen, sind aus diesem Blickwinkel also nicht nur eine Funktion der Folge früher Beziehungserfahrungen und genetischer Disposition, sondern dienen innerhalb dieses Erklärungsmodells als »Filter«, der bestimmt, welche Anteile vorhandener genetischer Anlagen tatsächlich im Phänotyp exprimiert werden. So zeigt z. B. die Hypothalamus-Hypophysen-Nebennierenrinden-Achse bei der Geburt eine hohe Reaktivität, die sich im Laufe des 1. Lebensjahres abschwächen kann (Gunnar 1992).

Diese intrapsychisch verankerten Repräsentanzen werden von Fonagy (2001) als »**internal working model**« (IWM; inneres Arbeitsmodell) bezeichnet. Man stellt sich vor, dass der Kern des IWM durch den von Gergely u. Watson (1996) beschriebenen Mechanismus des »psycho-feedback« folgendermaßen angelegt und weiterentwickelt wird. Die empathische Reaktion der Mutter gibt dem Kleinkind ein »feedback« über den eigenen emotionalen Zustand. Gleichzeitig wirkt die Reaktion der Mutter idealerweise mäßigend auf die affektive Lage des Kleinkindes, da sie einerseits den Affekt des Kleinkindes widerspiegelt, andererseits aber auch mit einer individuell-mütterlichen affektiven Note, z. B. Anteilnahme, aber auch Beruhigung, oder auch etwas Ironie, unterlegt ist. Die Reaktion der primären Bezugsperson wird dadurch nicht einfach als unbezogene Äußerung oder unreflektierte Wiedergabe, sondern als vom Sender unterscheidbarer Teil der affektiven Selbstregulation erlebt. Gerade da die Reaktion der Mutter klar vom initialen Ausdrucksverhalten des Kleinkindes unterscheidbar ist, entwickelt das Kleinkind idealerweise sukzessiv eine sekundäre, symbolische Repräsentation der eigenen emotionalen Zustände (»**Mentalisierung**«).

Je nach der Beschaffenheit dieses inneren Repräsentationssystems können dann – so Fonagys Hypothese – lebenslang eigene oder fremde emotionale Impulse mit Hilfe dieses reflektierenden emotionalen »Zwischenraums« besser wahrgenommen, toleriert (»abgefedert«) und interpretiert werden. Bei ungenügender Ausbildung dieses emotionalen symbolischen »Zwischenraums« kann ein Kind die eigentliche Bedeutung seiner Signale jedoch kaum erkennen und interpretiert sie z. B. im Sinne einer körperlichen Störung. So kann man sich vorstellen, dass auf dem Boden einer fehlenden sicheren Bindung negative Affekte oft »ungefiltert«, d. h. impulsiver, wie bei Borderline-Störungen, oder eben direkt körperlich, wie bei Patienten mit Somatisierungsstörungen, erlebt werden (»functional awareness«). Sichere Bindung hingegen kann über die Ausbildung eines adäquaten inneren Repräsentanzensystems zu guter affektiver Wahrnehmungs- und Reflexionsfähigkeit führen und modulierend und regulativ auf psychophysiologische (vegetative, motorische, etc.) Prozesse einwirken.

Eine negative Wahrnehmung der ersten Bezugsperson könnte damit aber nicht nur zu einem gestörten Bindungsverhalten, sondern auch zu einer Unterdrückung der beginnenden Mentalisierungsvorgänge (»theory of mind«) führen.

Auf diesem Wege könnte man erklären, dass ein primär affektives Erleben rein bzw. überwiegend körperlich erlebt, seelisch aber nur eine diffuse, unspezifische »Anspannung« wahrgenommen wird.

Im Bereich der psychodynamisch orientierten Entwicklungspsychologie kann die Bedeutung früher interaktioneller Lebenserfahrungen für die lebenslang bestehende Affektentwicklung und -differenzierung immer präziser benannt und zunehmend durch empirische Daten belegt werden.

Aber inwieweit sind die neurobiologischen Grundlagen einer hier idealtypisch dargestellten, differenzierten Affektwahrnehmung bekannt, und welche Rolle spielt dabei das Frontalhirn?

Neurobiologie der Alexithymie

Seit ca. der Mitte des letzten Jahrhunderts existieren Überlegungen zu den neurobiologischen Grundlagen der Alexithymie. Schon 1928 stellte Walter Cannon die Hypothese auf, dass Gefühle dann bewusst wahrgenommen werden können, wenn emotionale subkortikale Erregungsmuster kortikale Areale erreichen und hier weiter »verarbeitet« werden können. MacLean knüpfte an diese Idee an und vertrat die Auffassung, dass das so genannte »limbische System« (»visceral brain«) auf emotionale Stimuli der Innen- und Außenwelt diffus durch die Veränderung basaler somatischer, insbesondere vegetativ-autonomer Abläufe reagiert und die jeweiligen Stimuli dadurch quasi »interpretiert«. Erst durch die Einbeziehung des Neokortex (den MacLean als »word brain« bezeichnete) könnten diese diffus und primär somatisch wahrgenommenen emotionalen Empfindungen bewusst wahrgenommen und sprachlich in symbolischer Weise benannt werden (MacLean 1949, 1977; Parker u. Taylor 1997). John Nemiah vermutete ebenfalls ein neurophysiologisch fassbares Defizit in Form »fehlender neuronaler Verbindungen« zwischen limbischem System und Neokortex als Grundlage der Alexithymie (Nemiah 1977). In der Folgezeit kam es zu einer Weiterentwicklung von Nemiahs »vertikalem« neurobiologischen Alexithymie-Modell hin zu mehr »horizontalen« Erklärungsversuchen. Hoppe und Bogen beschrieben 1977 Phantasiearmut, Schwierigkeiten in der »Verwörterung« (Beschreibung) von Gefühlen und einen mechanistisch anmutenden Denkstil, also die Kernmerkmale der Alexithymie, bei 12 Split-brain-Patienten, d. h. Patienten mit Zustand nach Commissurotomie bei schwerem Anfallsleiden. Daher vermutete Hoppe eine »funktionelle Commissurotomie« als neurobiologische Grundlage der Alexithymie (1977). Angestoßen durch diese Hypothesen wurden viele weitere Studien zur Neurobiologie der Alexithymie durchgeführt. Dabei wurde entweder die Spezialisierung einer, meist der rechten Hirnhemisphäre für die Gefühlswahrnehmung, oder – in Anlehnung an Hoppe – ein interhemispherisches Transfer-Defizit postuliert (Parker et al. 1999; Gündel et al. in Druck). Lange Zeit wurde also ein »Diskonnektions-Syndrom« als funktionelle Grundlage der Alexithymie vermutet, bei dem Störungen an unterschiedlichen Stellen eines komplexen neuronalen Regelkreises zu einer – insbesondere rechts-/linkshemisphärisch – verminderten Transmission (»emotional information processing«) emotionaler Aktivitätsmuster führen und somit vom betroffenen Individuum weniger oder kaum noch wahrgenommen bzw. verbalisiert werden können. Dieses so genannte »Diskonnektions-Syndrom« der Alexithymie wurde neben umschriebenen neurologisch-strukturellen Schädigungen (▶ s. oben) v.a. auf eine lebenslang verminderte Fazilitierung dieser Regelkreise zurückgeführt.

Im Rahmen dieser Studien zeigte sich aber auch immer mehr, dass die neurobiologische Grundlage der Alexithymie geschlechtsspezifische Unterschiede aufweist. Lumley und Sielky konnten z. B. anhand einer hemisphärenspezifischen taktilen neuropsychologischen Testaufgabe zeigen, dass bei Männern Alexithymie mit einer funktionellen Beeinträchtigung der rechten Hemisphäre bzw. einem verminderten Informationstransfer zwischen rechter und linker Hirnhemisphäre einhergeht. Dieser Zusammenhang ließ sich bei Frauen nicht nachweisen. Die Autoren schlussfolgerten, dass Frauen weniger Hemisphärenasymmetrie aufweisen und »bilateraler« organisiert sind (Lumley u. Sielky 2000).

Die Rolle des Frontalhirns und des anterioren zingulären Kortex in Genese und Aufrechterhaltung der Alexithymie
Lane formulierte die Hypothese, dass Alexithymie aus einer zu geringen bewussten Wahrnehmung von durch entsprechende Stimuli ausgelösten emotionalen Empfindungen resultiert. Im Hinblick auf entsprechende ZNS-Funktionen wird entsprechend angenommen, dass während einer unmittelbar ausgelösten, individuellen gefühlsmäßigen Reaktion (»emotional arousal«) ein ganz umschriebenes Defizit in der Aktivierung des rechten dorsalen ACC (»attention«) besteht. Im Sinne dieser so genannten »Blindfeel«-Hypothese läge der Alexithymie also ein lokalisationsspezifischer Defekt, ähnlich wie bei anderen umschriebenen neurologischen »Werkzeugstörungen«, zugrunde (Lane 1997a).

Anscheinend entscheidet besonders die individuelle und situative Funktionslage des ACC darüber, welchen Signalen unserer Umgebung unsere bewusste Aufmerksamkeit gilt. Lane (1997a) vergleicht die Rolle des ACC deshalb mit der eines »Scheinwerfers« der bewussten Wahrnehmung (»spotlight of consciousness «), der – sinnbildlich – einen Lichtkegel in einem dunklen Raum ausstrahlt und damit jeweils nur einen kleinen Ausschnitt der prinzipiell vorhandenen Informationen (bewusst) erfassen kann.

Innerhalb des ACC selbst existiert dabei eine komplementäre Hemmung zwischen den primär emotions- und primär kognitionsverarbeitenden Anteilen, so dass eine kognitive Aktivität emotionale Erregung reduziert und vice versa (Bush et al. 2000). Dieser neurobiologische Mechanismus lässt daran denken, dass klinisch schon früh (chronisch) traumatisierte Menschen sich durch hohe kognitive Leistungen stabilisieren und später eine **rationalisierende** bzw. **intellektualisierende** Abwehr konflikthafter emotionaler Inhalte manifest werden kann.

Darüber hinaus spricht eine Reihe von Studien für eine zumindest partielle rechtshemisphärische Lateralisierung der Emotionsverarbeitung, insbesondere im Bereich der negativen Affekte (Rolls 1999). So konnte in der oben erwähnten PET-Studie gezeigt werden, dass innerhalb des gesamten ZNS der **rechtsseitige** ACC (BA-32) am stärksten mit einer experimentellen Affektinduktion korrelierte (Lane et al. 1997b). Tatsächlich wurde auch nur bei Patienten mit Zustand nach rechtsseitigem Hirninfarkt eine verminderte Fähigkeit, den emotionalen Gehalt einzelner Gesichtsausdrücke zu erkennen, nachgewiesen (Bowers et al. 1991). Ebenso ist ein rechtsseitiger gegenüber einem linksseitigem Hirninfarkt signifikant häufiger mit einer höheren post-apoplektischen Alexithymieausprägung – gemessen mit der »Toronto-Alexithymie-Skala« (TAS-20) – verbunden (Spalletta et al. 2001). Funktionelle bzw. konversionsneurotische Störungen der Körperfunktion werden wesentlich häufiger links- als rechtsseitig beobachtet (Min u. Lee 1997). Craig vertritt zudem die Auffassung, dass gerade rechtsseitige interozeptive Leitungsbahnen mit dem Endorgan der rechten Insel eine herausgehobene Rolle bei der Entstehung von so genannten »background-emotions« spielen (Craig 2003, Damasio 2003).

Kano et al.(2003) zeigten in einer $H_2^{15}O$-PET-Studie 12 gesunden hoch-alexithymen Probanden (mittlerer TAS-Score 64,2) und 12 gesunden niedrig-alexithymen Probanden (mittlerer TAS-Score 40,5) Computer-bearbeitete Fotos von Menschen mit qualitativ und in der Intensität unterschiedlichen emotionalen Gesichtsausdrücken. Im Unterschied zu der Studie von Berthoz et al. (2002) war es das ausdrückliche Ziel der Autoren, die **implizite, automatische** Emotionsverarbeitung (im Sinne von automatisch mitlaufenden Hintergrundempfindungen für emotionale Stimuli) bei hoch-alexithymen Probanden zu erfassen. Daher lautete die Instruktion an die Versuchspersonen lediglich, das Geschlecht des auf dem jeweiligen Foto abgebildeten Menschen per Tastendruck zu bestimmen. Bei den hochalexithymen Personen zeigte sich im Vergleich zu den niedrig-alexithymen Personen besonders beim Betrachten negative Affekte induzierender Bilder ein verminderter Blutfluss (»regional cerebral blood flow«, rCBF) im Bereich des rechtseitigen Neokortex: Orbitofrontaler Kortex (BA-11), mittlerer frontaler Gyrus (BA-9), inferiorer parietaler Gyrus (BA-40) und Cuneus (BA-19). Die regionale, durch die Fotos induzierte ZNS-Aktivierung differierte je nach gezeigtem Gefühlszustand: Eine negative Korrelation zwischen regionalem Blutfluss und individuellem Ausmaß der Alexithymie wurde nur bei negative Emotionen darstellenden Gesichtsausdrücken (ärgerlich bzw. traurig), aber nicht bei neutralen oder fröhlichen Gesichtsausdrücken beobachtet. Die Autoren weisen in der Bewertung ihrer Befunde darauf hin, dass dem orbitofrontalen Kortex bekanntermaßen eine wichtige Rolle in der Erkennung des emotionalen Gehalts eines Stimulus zukomme (Kano et al. 2003), dessen Wahrnehmung durch reiche anatomische Verbindungen dieser Region mit limbischen und anderen kortikalen Arealen der spezifischen Verhaltenssteuerung diene (Barbas 2000). Eine Minder- bzw. Dysfunktion dieser Hirnregion könnte daher zu der Kernsymptomatik der Alexithymie, nämlich der verminderten Fähigkeit, emotionale Stimuli adäquat zu erkennen, wesentlich beitragen (Kano et al. 2003). Dieser Befund spricht dafür, dass nicht nur der ACC, sondern auch andere kortikale, besonders präfrontale Hirnareale in der Genese der Alexithymie (im Sinne eines Netzwerks) beteiligt sind.

In einer eigenen Studie konnten wir anhand der neuroanatomischen Untersuchung von 100 gesunden Universitäts-Absolventen mittels strukturellem Kernspin zeigen, dass die Ausprägung individueller alexithymer Persönlichkeitsmerkmale bei gesunden Normalpersonen mit der Größe des rechtsseitigen ACC ansteigt, und zwar bei Männern stärker als bei Frauen (Gündel et al. in Druck).

Typische alexithyme Merkmale, wie die Unterdrückung traumatischer Erinnerungen und der damit verbundenen bewussten Wahrnehmung negativer Gefühle, sind auch als wichtiges Merkmal von Patienten mit einer posttraumatischen Belastungsstörung (PTSD) beschrieben worden (Krystal 1971). Eine Untergruppe der so genannten dissoziativen PTSD-Patienten reagiert – im Gegensatz zur typischen PTSD-Reaktion – bei der Reexposition mit Trauma-assoziierten Bildern und dadurch ausgelöster Erinnerung an das Trauma nicht mit einer erhöhten vegetativ-autonomen Aktivierung, z. B. definiert durch einen ausbleibenden Anstieg der Herzfrequenz. Diese Untergruppe von dissoziativen PTSD-Patienten, bei der es zu einem Ausbleiben »emotionalen Arousals« kommt, zeigte in einer funktionellen Bildgebungsstudie eine verstärkte Aktivierung des rechtsseitigen ACC (BA-24 und 32; Lanius et al. 2002). Auch bei anderen dissoziativen Prozessen, z. B. einer Cannabis-induzierten Depersonalisation, wurde ein erhöhter Blutfluss im ACC festgestellt (Mathew et al. 1999). Dissoziation wird als ein individueller Abwehrmechanismus angesehen, bei der es zu einer Desintegration von Bewusstsein, Erinnerung, Wahrnehmung und persönlicher Identität kommt. Mit Hilfe dissoziativer Mechanismen »gelingt« es nicht selten, unerträgliche, Trauma-assoziierte Erinnerungen und Empfindungen (z. B. häufig bei Missbrauchserfahrungen) von der bewussten Wahrnehmung fernzuhalten. Sowohl bei der Dissoziation als auch der Alexithymie haben Menschen oft Schwierigkeiten mit der bewussten Integration von Erinnerungen und dazugehörigen Gefühlen.

Dazu passend konnte vor kurzem gezeigt werden, dass ein zentralnervöser, den ACC beinhaltender, aktiv-inhibitorisch wirksamer Kontrollmechanismus existiert, der den erneuten »Zugriff« auf unangenehme Erinnerungen bei der Konfrontation mit daran erinnernden Stimuli verhindert. Mit zunehmender zeitlicher Dauer und »Verfestigung« dieses spezifischen Verdrängungs- bzw. Verleugnungsmechanismus erhält dieser Vorgang eine zunehmend unbewusste Qualität (Andersen et al. 2001).

Im Hinblick auf die »Blindfeel«-Hypothese untersuchte eine französische Forschergruppe vor kurzem mittels funktioneller Kernspintomografie neuronale Aktivierungsmuster bei 8 alexithymen und 8 nicht-alexithymen Männern und vermutete eine verminderte ACC-Aktivierung während des Betrachtens emotionsauslösender Bilder und damit verbundenem »emotional arousal« (Berthoz et al. 2002). Bei dieser Untersuchung war im Unterschied zu der Studie von Kano et al. (2003) die Aufmerksamkeit der Probanden von vornherein auf den emotionalen Informationsgehalt der Bilder gerichtet. Tatsächlich zeigten die alexithymen Probanden eine verminderte Aktivierung im linksseitigen mediofrontal-parazingulärem Gyrus. Obwohl diese Daten im Hinblick auf Lateralität und exzitatorische vs. inhibitorische Qualität der beobachteten Aktivierung schwer zu interpretieren sind, bestätigen sie einen wichtigen Aspekt der bisherigen Alexithymie-Hypothesen. Die verminderte Aktivierung des mediofrontalen und rostralen anterioren zingulären Kortex während des Betrachtens starke negative Emotionen auslösender Bilder deutet darauf hin, dass bei der Alexithymie besonders die reflektierte Wahrnehmung (»reflective awareness«), d. h. die mentale Repräsentation des aktuellen emotionalen Befindens als Funktion einer gemeinsamen Aktivierung frontal-kortikaler und paralimbischer Strukturen gestört ist.

Daher könnte unser Befund einer positiven Korrelation zwischen individuellem Ausmaß der Alexithymie und der Größe des rechten ACC das neurobiologische Korrelat einer durch den rechten ACC mitgesteuerten, bzgl. der bewussten Wahrnehmung und Verarbeitung emotionaler Stimuli **inhibitorischen** ZNS-Funktion darstellen, besonders bei Männern. Diese Hypothese wird noch zusätzlich gestützt durch die spezifisch signifikante Korrelation zwischen der Größe des rechten ACC und dem Faktor 1 (Schwierigkeit in der **Wahrnehmung** von Gefühlen) der von uns zur Einschätzung alexithymer Persönlichkeitszüge verwandten 20-Item »Toronto-Alexithymie-Skala«.

Ein solcher inhibitorischer Mechanismus in Wahrnehmung und Verarbeitung emotionaler Stimuli mit dem neuroanatomischen Korrelat eines vergrößerten rechtsseitigen ACC könnte sich als individuell sinnvoller affektabwehrender Bewältigungsversuch während einer durch traumatische Erlebnisse gekennzeichneten Kindheit und Jugend entwickeln.

Die Annahme eines die Wahrnehmung, Empfindung und die konsekutive Verbalisierung emotionaler Signale unterdrückenden **inhibitorischen** zentralnervösen Systems könnte plausibel erklären, auf welchem neurobiologischen Wege (chronisch) traumatische Erfahrungen in der Kindheit oder auch im Laufe des späteren Lebens im Dienste des Selbstschutzes zu einer Unterdrückung der bewussten Wahrnehmung subjektiv belastender emotionaler Stimuli und der damit verbundenen Emotionen führen können.

Diese sich abzeichnenden neurobiologischen Befunde stehen im Kern im Einklang mit zentralen Annahmen psychodynamischer bzw. psychoanalytischer Konzepte. Dies gilt insbesondere für die Hypothesen über die Existenz **unbewusster** Ebenen menschlichen Verhaltens, wobei dem Unbewussten hierbei eine wichtige verhaltenssteuernde und potenziell pathogene Wirkung zugeschrieben wird.

Der schon prinzipiell geleistete neurobiologische Nachweis eines affektiven Unbewussten gewinnt durch die nachgewiesene Wechselwirkung zwischen psychischen, sozialen und neurobiologischen Einflussfaktoren (Heim u. Nemeroff 2001) eine besondere Bedeutung. Gerade durch die Konzeptualisierung der Auswirkungen früher Beziehungserfahrungen im Sinne eines zunächst dauerhaften mentalen Repräsentationssystems (»internal working model«) werden aus psychoanalytischer/psychodynamischer Perspektive psychosoziale und neurobiologische Einflussfaktoren miteinander verknüpft (Fonagy 2001).

5.4 Chronischer Schmerz, Schmerzwahrnehmung und Frontalhirn

Die subjektive Schmerzwahrnehmung besteht aus einem mehr sensorischen und einem mehr affektiven Anteil und erfolgt innerhalb eines komplexen zentralnervösen Schmerznetzwerkes (◘ Abb. 5.9).

Sensorischer und affektiver Anteil der Schmerzwahrnehmung sind getrennte und unterscheidbare Dimensionen der letztendlichen Schmerzempfindung, die in unterschiedlicher Relation zum schmerzauslösenden Stimulus stehen und unterschiedlich von psychoreaktiven Faktoren beeinflusst werden (Price 2000).

Neurobiologisch identifizierbare, zentralnervöse Bestandteile des Schmerznetzwerkes sind somatosensorischer und motorischer Kortex, der ACC, parietale und präfrontale kortikale Areale sowie Insel, Thalamus und Zerebellum.

Die (sensorische) Intensität eines Schmerzreizes wird v.a. über den vorderen Anteil der Insel, Teile des somatosensorischen Kortex (SII) und den kontralateralen Thalamus prozessiert (Peyron et al. 1999).

Die affektive »Qualität« eines Schmerzreizes, d. h. Art und Ausmaß der subjektiv empfunde-

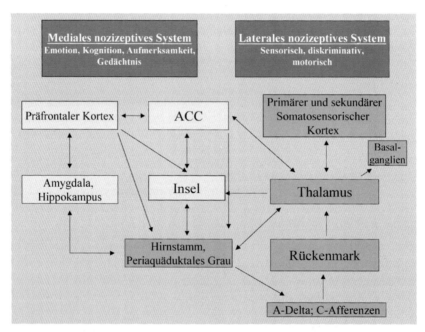

◘ Abb. 5.9. Schematisierter Überblick über wichtige Strukturen des schmerzverarbeitenden neuronalen Systems (nach einer Vortragsvorlage von I. Tracey, Oxford, auf der Jahrestagung der American Psychosomatic Association in Phoenix/USA, 3/2003). Das laterale nozizeptive System kodiert den sensorischen Schmerzcharakter (über periphere A-Delta und C-Fasern, spinale Bahnen, Thalamus und primären sowie sekundären somatosensorischen Kortex). Demgegenüber wird die subjektive Unangenehmheit des Schmerzes, d. h. der »affektive« Schmerzcharakter, u. a. über die Insel, Anteile des ACC, Amygdala und Hippokampus sowie unterschiedliche Anteile des präfrontalen Kortex prozessiert. Insbesondere Insel, ACC, Mandelkerne und ventromediale und orbitofrontale Anteile des präfrontalen Kortex sind auch zentrale Bausteine der zentralnervösen Emotionsverarbeitung, z. B. bei Depression und/oder Angst, so dass hier eine wechselseitige Beeinflussung von jeweils individueller, besonders negativer Stimmungslage und Ausmaß der affektiven Unangenehmheit eines Schmerzreizes anzunehmen ist

nen Unangenehmheit (»grässlich«, »scheußlich«, »quälend«, etc.), wird u. a. über Aktivierungen im dorsalen ACC (BA-24) und der Insel reguliert (Price 2000; Rainville 2002). Aktivierungen in der Region der Insel werden mit der Regulation schmerzbezogener vegetativ-autonomer Vorgänge in Verbindung gebracht. Diese Areale sind auch als Kernbestandteile des affektgenerierenden und -verarbeitenden (»emotional processing«) zentralnervösen Netzwerkes bekannt.

Aufgrund dieser massiven neuroanatomischen Überlappung zwischen Schmerz- und Emotions-relevanten ZNS-Regelkreisen bezeichnet der US-Neurophysiologe Craig »pain as an homeostatic emotion« (◘ Abb. 5.10), vergleichbar mit dem Affekt der Angst oder der Depressivität (Craig 2003).

Zwischen der Ausprägung der affektiven Schmerzdimension (»Unangenehmheit«) und dem Ausmaß psychometrisch gemessenen »Neurotizismus« wurde sowohl bei experimentell induzierten Schmerzen als auch bei Patienten mit chronischen Schmerzen ein positiver Zusammenhang nachgewiesen (Price 2000).

Darüber hinaus haben der dorsale (»kognitive«) Anteil des ACC, der dorsolaterale präfrontale Kortex und der Thalamus auch wichtige Funktionen bei der Prozessierung bewusster Aufmerksamkeit (Peyron et al. 1999).

Klinisch ist schon lange bekannt, dass in Situationen der existenziellen Bedrohung, z. B. während einer Kriegshandlung, auch schwere Verletzungen zunächst subjektiv schmerzfrei bleiben können. Solche Berichte legen nahe, dass durch die Verlagerung der bewussten Aufmerksamkeit von einem Schmerzreiz zu einem anderen Stimulus eine Verringerung subjektiven Schmerzes möglich ist.

In einer Reihe von funktionellen Bildgebungsstudien konnten Rainville et al. zeigen, dass hypnotisch induzierte Variationen im Ausmaß der subjektiven Unangenehmheit eines Schmerzreizes mit signifikanten Veränderungen

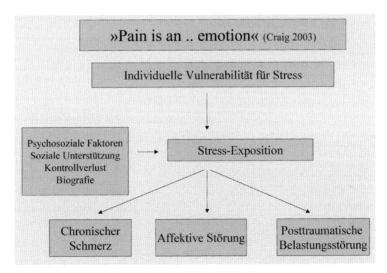

◘ Abb. 5.10. Modellvorstellung zur Funktion (chronischer) Schmerzen als affektiver Ausdrucksmodus: Je nach individueller Veranlagung, (früh-)kindlicher Beziehungserfahrung bzw. Traumatisierung und einer Vielzahl anderer individueller Einflussfaktoren kann es in einer psychischen Belastungssituation zu einer affektiven Störung kommen. Chronischer Schmerz kann dabei die gleiche »seelische«, affektive Ausdrucksqualität wie eine rein depressive Verstimmung oder eine posttraumatische Belastungsstörung haben und ist im Einzelfall oft eben nicht als ein unabhängig vom Seelischen ablaufendes »somatisches« Geschehen zu verstehen. Aus dieser Perspektive ergibt sich die unbedingte Notwendigkeit einer psychotherapeutischen Diagnostik und ggf. Therapie bei Patienten mit chronischen Schmerzen

der Aktivierung im ACC einhergingen (Hofbauer et al. 2001).

Bantick et al. (2002) untersuchten in einer fMRT-Studie die differenzielle funktionelle Neuroanatomie der individuellen Schmerzwahrnehmung bei repetetiver Applikation eines standardisierten, stets gleich-intensiven Hitze-Schmerzreizes mit und ohne kognitive Ablenkung (»counting-Stroop-task«) anhand von 8 gesunden Versuchspersonen. Diese Probanden erlebten die selbst eingeschätzte Schmerz-Intensität durch den standardisierten Hitzeschmerz **während** der kognitiven Ablenkung signifikant geringer als im Zustand **ohne** kognitive Ablenkung. Bantick et al. untersuchten die neuronalen Grundlagen dieses Phänomens, indem sie Hirnareale identifizierten, die während der kognitiven Ablenkungsbedingung (mit geringer eingeschätzter Schmerzintensität) bzw. bei der Schmerzapplikation ohne Ablenkung besonders aktiv waren. Unter der kognitiven Ablenkungsbedingung kam es v.a. zu einer massiven Aktivierung des orbitofrontalen Kortex (BA-10, 11), d. h., wenn Probanden die subjektiv erlebte Schmerzintensität niedriger einschätzen, bestand eine starke Aktivierung des OFC. Dieser fMRT-Befund bestätigt die Ergebnisse früherer Studien, die eine negative Korrelation zwischen experimentell variierter Schmerzintensität und Aktivierung des OFC fanden (Derbyshire et al. 1997). Tierexperimentell konnte schon früher gezeigt werden, dass die elektrische Stimulation von orbitofrontalen und medialen präfrontalen Hirnarealen zu einer Analgesie bei Primaten und Nicht-Primaten führt (Bantick et al. 2002). Parallel zu einer verstärkten OFC-Aktivierung während verminderter Schmerzwahrnehmung kam es auch zu einer Zunahme der Aktivität im ventral-rostralen Anteil des ACC.

Bemerkenswert ist auch, welche Hirnareale unter der kognitiven Ablenkungsbedingung demgegenüber besonders wenig Aktivierung zeigten bzw. gegenüber der Untersuchungsbedingung ohne kognitive Ablenkung besonders stark in ihrer Aktivität nachließen. Dazu zählten:

- die Insel (Wechselwirkung mit dem vegetativ-autonomen Nervensystem),
- mediale thalamische Kerngebiete (wohl Ausdruck einer verminderten sensorischen Prozessierung der Hitze-Schmerzreize),
- der Hippokampus (Ausmaß der Aktivierung korreliert mit der dem Schmerz entgegengebrachten bewussten Aufmerksamkeit; Ploghaus et al. 2000) und, besonders bemerkenswert,
- der dorsale, »kognitive« Anteil des ACC (BA-24b′, 24c′, 32′).

Nach Ansicht von Bantick et al. (2002) wird durch die verstärkte Aktivierung des OFC und des ventral-rostralen ACC der oben beschriebene reziproke Hemm-Mechanismus im ACC aktiviert, es kommt zu einer verminderten Aktivierung des dorsalen ACC und der bewussten Aufmerksamkeit bezüglich des Schmerzreizes, und dadurch zu einer reduzierten subjektiven Schmerzqualität.

Lorenz et al. (2003) stellen aufgrund der Ergebnisse einer an 14 gesunden Männern durchgeführten fMRT-Untersuchung (Applikation von Hitzeschmerz mit bzw. ohne lokale Capsaicin-Vorbehandlung der gereizten Haut) einen unterschiedlichen Einfluss einzelner präfrontaler Areale auf die zentralnervöse Schmerzmodulation fest. Die Aktivierung der bilateralen DLPFC zeigte eine negative Korrelation mit der subjektiv wahrgenommenen Schmerz-Intensität bzw. -Unangenehmheit. Demgegenüber zeigten ventraler und orbitofrontaler präfrontaler Kortex, die bilateralen Inseln, das rechte ventrale Striatum, der perigenuale ACC und mediale Thalamusanteile eine positive Korrelation mit Schmerz-Intensität bzw. -Unangenehmheit. Die Autoren interpretieren ihre Ergebnisse dahingehend, dass sie eine inhibitorische, vom DLPFC deszendierende »Top-down-Kontrolle« der Schmerzverarbeitung auf den aszendierenden »Midbrain-thalamus-cingulate-Weg« der zentralen Schmerzleitung annehmen. Dieser auch in verschiedenen tierexperimentellen Mo-

5.4 · Chronischer Schmerz, Schmerzwahrnehmung und Frontalhirn

dellen gefundene, von präfrontalen Arealen ausgehende, hemmende Einfluss auf aszendierende Schmerzsysteme macht gerade im Hinblick auf den DLPFC viel Sinn. Diese Hirnregion ist zuständig für die Durchführung von zielorientiertem Verhalten und hat aus evolutionärer Sicht wohl gerade auch die Aufgabe, davon ablenkende Stimuli (wie z. B. die Wahrnehmung von akutem Schmerz während einer lebensbedrohlichen Situation) zu unterdrücken (Sakai et al. 2002). Im Unterschied zu den aufgeführten kortikalen Strukturen zeigten sich auf thalamischen oder anderem subkortikalen Niveau keine Unterschiede zwischen den Gruppen. Dieser Befund spricht gegen eine wichtige Rolle spinaler oder peripher-afferenter Anteile des Nervensystems an einer individuell unterschiedlichen Schmerzwahrnehmung. Nach Ansicht der Autoren sind daher mehr »supraspinale«, kognitive (bzw. emotionale, Anmerkung des Autors) Faktoren für die individuell unterschiedliche Schmerzwahrnehmung zentral relevant.

Anhand von 17 gesunden Probanden untersuchten Coghill et al. (2003) mithilfe eines standardisierten Hitzeschmerz-Stimulus, welche neuronalen Korrelate einer interindividuell unterschiedlichen Schmerzempfindlichkeit (die einzelnen Probanden bewerteten die Intensität des identischen Hitzeschmerzreizes anhand einer visuellen Analog-Skala zwischen 1,05/10 und 8,9/10) zugrunde liegen. Die größten Unterschiede zeigten sich dabei im Ausmaß der Aktivierung des ACC, wobei das Muster der ACC-Aktivierungen vom dorsalen, »kognitiven« Anteil bis mehr hin zum rostral-ventralen, »affektiven« Anteil reichte. Alle hoch schmerzempfindlichen (6/6), aber keiner der wenig schmerzempfindlichen Probanden zeigte hier eine statistisch signifikante Aktivierung. Ebenso zeigten die hoch schmerzempfindlichen Probanden eine Mehraktivierung des somatosensorischen Kortex (SI), entsprechend dem Applikationsareal des Hitzeschmerzreizes (nichtdominanter Unterarm). Außerdem kam es zu einem verstärkten Blutfluss im Bereich des ipsilateralen (rechten) präfrontalen Kortex, und zwar in der Nähe des lateralen frontalen Pols (Koordinaten: 30, 64,0; 32,62,-8). Diese Region ist auch für die Prozessierung von »working memory«, Emotionalität und Kognition relevant. Im Unterschied zu den aufgeführten kortikalen Strukturen zeigten sich auf thalamischen oder anderem subkortikalen Niveau keine Unterschiede zwischen den Gruppen. Der Thalamus ist als ein Knotenpunkt der afferenten sensorischen Schmerzleitung bekannt. Der Befund der Coghill-Studie, dass sich hoch- vs. niedrig-schmerzsensible Probanden im Ausmaß ihrer Aktivierung des ACC, somatosensorischen Kortex und präfrontalen Kortex, nicht aber des Thalamus unterscheiden, spricht ebenfalls gegen eine wichtige Rolle spinaler oder peripher-afferenter Anteile des Nervensystems an einer individuell unterschiedlichen Schmerzwahrnehmung.

In einer kürzlich erschienenen fMRT-Studie wurden die neuronalen Korrelate während des subjektiven Gefühls des Ausgeschlossen-Seins aus einem sozialen Beziehungs-Netzwerk untersucht (Eisenberger et al. 2003). Dazu wurden insgesamt 13 gesunde Probanden – jeweils einzeln im fMRT liegend – mittels einer über Videobrille induzierten virtuellen Realität nach und nach von einem in einer Gruppe durchgeführten Ballspiel ausgeschlossen. Während des Erlebnisses des Ausgeschlossen-Werdens zeigten sich bei den Probanden u. a. signifikante Aktivierungen im dorsalen ACC und der vorderen Insel sowie eine negative Korrelation mit rechts ventralen präfrontalen Aktivierungen. Die Autoren interpretieren diesen Befund wie folgt (freie Übersetzung[1]).

---

[1] Original-Textauszug: »In summary, a pattern of activations very similar to those found in studies of physical pain emerged during social exclusion, providing evidence that the experience and regulation of social and physical pain share a common neuroanatomical basis.«... The social attachment system, which keeps young near caregivers, may have piggybacked onto the physical pain system to promote survival«.)

Während des Gefühls des Ausgeschlossen-Werdens aus einer sozialen Gemeinschaft fanden wir ein neuronales Aktivierungsmuster, das demjenigen Aktivierungsmuster während der Wahrnehmung eines körperlichen Schmerzes weitgehend gleicht. Dies spricht für die Hypothese, dass sowohl »körperlicher« als auch »seelischer« Schmerz eine gemeinsame neuroanatomische Basis aufweisen…. Das soziale Beziehungssystem, das u. a. dafür sorgt, dass Kleinkinder bei ihren Eltern bleiben und dadurch überleben können, könnte sich quasi auf das phylogenetisch ältere neuronale Schmerznetzwerk »aufgepfropft« haben, um die Überlebenschancen der Individuen zu verbessern (Eisenberger et al. 2003).

Würde diese Hypothese zutreffen, wäre dies eine potenziell überzeugende Begründung der klinischen psychosomatisch-psychotherapeutischen Beobachtung, dass die Erstmanifestation bzw. die Exazerbation von chronischen Schmerzen häufig in hochakut oder chronisch angespannten Beziehungen oder nach Abbrüchen solcher enger zwischenmenschlicher Beziehungen auftritt. Ebenso wäre die oft zu beobachtende psychosoziale Rückzugs- und Isolationstendenz von Patienten mit chronischen Schmerzen nicht nur eine reaktive Konsequenz dieser Schmerzbeeinträchtigung, sondern würde ihrerseits ätiologisch zu einer verstärkten zentralnervösen Schmerzverarbeitung beitragen.

5.5 Schlussfolgerung

Anhand der neurobiologischen Grundlagen der Emotionalität, besonders aber am Beispiel der Alexithymie und des (chronischen) Schmerzes wird deutlich, dass Descartes »Maschinen-Modell« des menschlichen Körpers und die Leib-Seele-Dichotomie endgültig überholt ist. Es wird ersetzt werden durch ein mehr dem Informationszeitalter entsprechendem Modell des menschlichen Organismus als halboffenes, vernetztes, interaktives System verschiedener Funktionskreisläufe. Einen konzeptuellen Rahmen für biopsychosoziale Interaktionen bildet das so genannte »Dysregulations-Modells« körperlicher Erkrankung (Weiner 1989). Es betont die enge Verbindung der traditionsgemäß als seelisch oder körperlich bezeichneten Abläufe und versteht den menschlichen Organismus als reziprokes, sich selbst regulierendes Zusammenspiel unterschiedlichster Subsysteme, die über das ZNS mit der Außenwelt interagieren. Innerhalb dieses systemtheoretischen Ansatzes können z. B. aus Konflikten entstehende Emotionen als Ausdruck einer Störung des affektregulierenden Subsystems durch Interaktion mit anderen zentralnervös vermittelten Regelkreisläufen zu Veränderungen physiologischer, z. B. vegetativ-autonomer Abläufe und dadurch zu körperlichen Symptomen (Traue et al. 1985) und ggf. zu fassbaren organischen Veränderungen führen (Taylor 1997).

Damit bestätigen sich zunehmend Hypothesen, die im Kern vor vielen Jahren überwiegend auf dem Boden klinischer Erfahrung formuliert wurden:

> Wenn wir von Psychogenie sprechen, so denken wir dabei an physiologische Prozesse, die aus zentralen Erregungsabläufen im zentralen Nervensystem bestehen und die mit psychologischen Modellen untersucht werden können, weil sie subjektiv in Form von Emotionen, Ideen und Wünschen wahrgenommen werden (Alexander 1950).

Eine integrative, die bisherige Leib-Seele-Dichotomie ersetzende Sichtweise innerhalb der Medizin ist aufgrund der sich abzeichnenden neurobiologischen Befunde nicht aufzuhalten. Im Mittelpunkt der nachfolgenden Konsequenzen muss die Umsetzung dieser Befunde in die Versorgungsrealität stehen. Dies bedeutet ein gleichberechtigtes, integratives Nebeneinander von differenzierten somatischen und psychotherapeutischen Interventionsformen zu schaffen, die dosiert und auf den Einzelfall abgestimmt eingesetzt werden. Durch die zunehmenden Hinweise auf die Existenz unbewusster Bewusstseinsinhalte und auf die Entwicklung eines zumindest teilweise unbewussten, potenziell lebenslang persistierenden inneren Repräsentanzensystems früher Beziehungserfahrungen werden grundlegende, im Rahmen klinischer Behandlungsverläufe gewonnene psychoanalytische Annahmen im Kern bestätigt.

Nach 3 Jahrzehnten tierexperimenteller und klinischer Forschung kann mit Hofer die Bedeutung früher Beziehungserfahrungen wie folgt zusammengefasst werden: »Relationships provide an opportunity for the mother to shape both the developing physiology and the behavior of her offspring through her patternd interactions with her infant« (Polan u. Hofer 1999). An diesem Punkt kommen also neurobiologische und entwicklungspsychologische Forschung, somatische und psychosomatische Medizin, zusammen.

Therapeutisch ist bislang wenig über die Veränderbarkeit der inneren Repräsentanzen durch Psychotherapie bekannt. In jedem Fall können diese Erkenntnisse die Notwendigkeit gerade langlaufender psychotherapeutischer Behandlungsangebote für eine Untergruppe von Patienten unterstützen. Die bisherige psychotherapeutische Erfahrung spricht für eine zumindest bei manchen alexithymen Patienten mögliche »Rekonstruktion der Emotionalität« als schöpferischen Lernprozess (Benedetti 2000). Auch andere Psychotherapeuten berichten von ihren kasuistischen Erfahrungen, in denen es gelang, im Zuge einer psychodynamischen Therapie von psychosomatisch erkrankten Patienten insbesondere verleugnetes oder abgespaltenes Affekterleben bewusst zu machen und zu integrieren (Taylor 1993).

Literatur

Alexander F (1971) Psychosomatische Medizin. 2. Aufl. Gruyter, New York, S 32 (amerikanische Originalausgabe: Psychosomatic Medicine, 1950)

Andersen, MC, Green, C (2001) Suppressing unwanted memories by executive control. Nature 410: 366–369

Bantick SJ, Wise RG, Ploghaus A, Clare S, Smith SM, Tracey I (2002) Imaging how attention modulates pain in humans using functional MRI. Brain 125(Pt 2): 310–319

Barbas H (2000) Connections underlying the synthesis of cognition, memory, and emotion in primate prefrontal cortices. Brain Res Bull 52(5): 319–330

Beauregard M, Levesque J, Bourgouin P (2001) Neural correlates of conscious self-regulation of emotion. J Neurosci 21(18), RC165: 1–6

Bechara A, Damasio H, Tranel D, Damasio AR (1997) Deciding advantageously before knowing the advantageous strategy. Science 275(5304): 1293–1295

Benedetti G (2000) Beitrag zum Problem der Alexithymie. Nervenarzt 51: 534–541

Berthoz S, Artiges E, van de Moortele PF, Poline JB, Rouquette S, Consoli SM, Martinot JL (2002) Effect of impaired recognition and expression of emotions on frontocingulate cortices: An fMRI study of men with alexithymia. Am J Psychiatry 159: 961–967

Bowers D, Blonder LX, Feinberg T, Heilman KM (1991) Differential impact of right and left hemisphere lesions on facial emotion and object imagery. Brain 114: 2593–2609

Buchanan SL, Valentine J, Powell DA (19859 Autonomic responses are elicited by electrical stimulation of the medial but not lateral frontal cortex in rabbits. Behav Brain Res 18(1): 51–62

Bush G, Luu P, Posner MI (2000) Cognitive and emotional influences in anterior cingulate cortex. Trends Cogn Sci 4(6): 215–222

Cannon WB (1928) The mechanism of emotional disturbance of bodily functions. NEJM 198: 877–884

Coghill RC, McHaffie JG, Yen YF (2003) Neural correlates of interindividual differences in the subjective experience of pain. Proc Natl Acad Sci 100(14): 8538–8542

Craig AD (2003) Interoception: the sense of the physiological condition of the body. Curr Opin Neurobiol 13(4): 500–505

Critchley HD, Corfield DR, Chandler MP, Mathias CJ, Dolan RJ (2000) Cerebral correlates of autonomic cardiovascular arousal: a functional neuroimaging investigation in humans. J Physiol 523 Pt 1: 259–270

Critchley HD, Melmed RN, Featherstone E, Mathias CJ, Dolan RJ (2001) Brain activity during biofeedback relaxation: a functional neuroimaging investigation. Brain 124: 1003–1012

Damasio AR (2003) Looking for Spinoza: Joy, sorrow, and the feeling brain. Harcourt, Orlando, Florida

Derbyshire SW, Jones AK, Gyulai F, Clark S, Townsend D, Firestone LL (1997) Pain processing during three levels of noxious stimulation produces differential patterns of central activity. Pain 73(3): 431–445

Drevets WC (1999) Prefrontal cortical-amygdalar metabolism in major depression. Ann N Y Acad Sci 877: 614–637

Eisenberger NI, Lieberman MD, Williams KD (2003) Does rejection hurt? An FMRI study of social exclusion. Science 302(5643): 290–292

Fletcher PC, Happe F, Frith U, Baker SC, Dolan RJ, Frackowiak RS, Frith CD (1995) Other minds in the brain: a functional imaging study of »theory of mind« in story comprehension. Cognition 57: 109–128

Fonagy P (2001) The human genome and the representational world: the role of early mother-infant interaction in creating an interpersonal interpretive mechanism. Bull Menninger Clin 65: 427–448

Frith C, Dolan R (1996) The role of the prefrontal cortex in higher cognitive functions. Brain Res Cogn Brain Res 5(1–2): 175–181

Gergely G, Watson JS (1996) The social biofeedback theory of parental affect-mirroring: the development of emotional self-awarness and self-control in infancy. Int J Psychoanal 77: 1181–1212

Gray JR, Braver TS, Raichle ME (2002) Integration of emotion and cognition in the lateral prefrontal cortex. Proc Natl Acad Sci 19;99(6): 4115–4120

Gross JJ (2002) Emotion regulation: affective, cognitive, and social consequences. Psychophysiology 39(3): 281–291

Gündel H, Greiner A, Ceballos-Baumann AO, Rad M von, Förstl H, Jahn T (2002a) Keine Bestätigung der Entkoppelungshypothese bei hoch- versus niedrig-alexithymen Patienten mit spasmodischem Tortikollis. Psychosom Psychother Med Psychol 52: 461–468

Gündel H, Greiner A, Ceballos-Baumann AO, Rad M von (2002b) Aktuelles zu psychodynamischen und neurobiologischen Einflussfaktoren in der Genese der Alexithymie. Psychosom Psychother Med Psychol 52: 479–486

Gündel H, López-Sala A, Ceballos-Baumann AO, Deus J, Cardoner N, Marten-Mittag B, Soriano-Mas C, Pujol J (im Druck) Alexithymia correlates with the size of the right anterior cingulate. Psychosomatic Medicine

Gündel H, Greiner A, Ceballos-Baumann AO., Ladwig KH, Rad M von, Förstl H, Jahn T (im Druck) Alexithymia is no risk factor for exacerbation in spasmodic torticollis patients. Journal of Psychosomatic Research

Gunnar MR (1992) Reactivity of the hypothalamic-pituitary-adrenokortical system to stressors in normal infants and children. Pediatrics 90: 491–497

Gusnard DA, Akbudak E, Shulman GL, Raichle ME (2001) Medial prefrontal cortex and self-referential mental activity: relation to a default mode of brain function. Proc Natl Acad Sci 98(7): 4259–4264

Hariri AR, Bookheimer SY, Mazziotta JC (2000) Modulating emotional responses: effects of a neokortical network on the limbic system. Neuroreport 11(1): 43–48

Hariri AR, Mattay VS, Tessitore A, Fera F, Weinberger DR (2003) Neokortical modulation of the amygdala response to fearful stimuli. Biol Psychiatry 53(6): 494–501

Heim C, Nemeroff CB (2001) The role of childhood trauma in the neurobiology of mood and anxiety disorders: preclinical and clinical studies. Biol Psychiatry 49: 1023–1039

Hofbauer RK, Rainville P, Duncan GH, Bushnell MC (2001) Cortical representation of the sensory dimension of pain. J Neurophysiol 86(1): 402–411

Hoppe KD, Bogen JE (1977) Alexithymia in twelve commissurotomized patients. Psychother Psychosom 28: 148–55

Hornak J, Bramham J, Rolls ET, Morris RG, O'Doherty J, Bullock PR, Polkey CE (2003) Changes in emotion after circumscribed surgical lesions of the orbitofrontal and cingulate cortices. Brain 126: 1691–1712

Kano M, Fukudo S, Gyoba J, Kamachi M, Tagawa M, Mochizuki H, Itoh M, Hongo M, Yanai K (2003) Specific brain processing of facial expressions in people with alexithymia: an H2 15O-PET study. Brain 126 (Pt 6): 1474–1484

Krystal H (1971) Psychic traumatization. Aftereffects in individuals and communities. Review of the findings and implications of this symposium. Int Psychiatry Clin 8: 217–229

Lane RD (2000) Neural correlates of conscious emotional experience. In: Lane RD, Nadel L (eds) Cognitive neuroscience of emotion. Oxford University Press, New York Oxford, p 359

Lane RD, Schwartz GE (1987) Levels of emotional awareness: a cognitive-developmental theory and its application to psychopathology. Am J Psychiatry 144(2): 133–143

Lane RD, Ahern GL, Schwartz GE, Kasznik AW (1997a) Is alexithymia the emotional equivalent of blindsight? Biol Psychiatry 42: 834–844

Literatur

Lane RD, Fink GR, Chan PM, Dolan RJ (1997b) Neural activation during selective attention to subjective emotional responses. Neuroreport 8 (18): 3969–3972

Lane RD, Garfield DAS (submitted) Becoming aware of feelings: Integration of cognitive developmental, neuroscientific and psychoanalytic perspectives

Lanius RA, Williamson PC, Boksman K, Densmore M, Gupta M, Neufeld RW, Gati JS, Menon RS (2002) Brain activation during script-driven imagery induced dissociative responses in PTSD: a functional magnetic resonance imaging investigation. Biol Psychiatry 52: 305–311

LeDoux JE (1998) The emotional brain: The mysterious underpinnings of emotional life. Simon & Schuster, New York

Levesque J, Eugene F, Joanette Y, Paquette V, Mensour B, Beaudoin G, Leroux JM, Bourgouin P, Beauregard M (2003) Neural circuitry underlying voluntary suppression of sadness. Biol Psychiatry 53(6): 502–510

Lorenz J, Minoshima S, Casey KL (2003) Keeping pain out of mind: the role of the dorsolateral prefrontal cortex in pain modulation. Brain 126: 1079–1091

Lumley MA, Sielky K (2000) Alexithymia, gender, and hemispheric functioning. Compr Psychiatry 41: 352–359

MacLean PD (1949) Psychosomatic disease and the »visceral brain«: recent developments bearing on the Papez theory of emotion. Psychosom Med 11: 338–353

MacLean PD (1977) The triune brain in conflict. Psychother Psychosom 28: 207–220

Marty P, de M'Uzan M (1963) La »pensée opératoire«. Rev Franc Psychoanal 27: 345–356

Mathew RJ, Wilson WH, Chiu NY, Turkington TG, Degrado TR, Coleman RE (1999) Regional cerebral blood flow and depersonalization after tetrahydrocannabinol administration. Acta Psychiatr Scand 100: 67–75

Mc Dougall J (2000) Theater des Körpers. Ein psychoanalytischer Ansatz für die psychosomatische Erkrankung. Verlag Internationale Psychoanalyse, Stuttgart

Min SK, Lee BO (1997) Laterality in somatization. Psychosom Med 59: 236–240

Nemiah JC, Sifneos PE, Apfel-Savitz R (1977) A comparison of the oxygen consumption of normal and alexithymic subjects in response to affect-provoking thoughts. Psychother Psychosom 28: 167–171

Ochsner KN, Bunge SA, Gross JJ, Gabrieli JD (2002) Rethinking feelings: an fMRI study of the cognitive regulation of emotion. J Cogn Neurosci 14(8): 1215–1229

Öngür D, An X, Price JL (1998) Prefrontal cortical projections to the hypothalamus in macaque monkeys. J Comp Neurol 401(4): 480–505

Öngür D, Price JL (2000) The organization of networks within the orbital and medial prefrontal cortex of rats, monkeys and humans. Cereb Cortex 10(3): 206–219

Parker J, Taylor G (1997) The neurobiology of emotion, affect regulation, and alexithymia. In: Taylor G, Bagby RM, Parker JDA (eds) Disorders of affect regulation. Cambridge University Press, Cambridge, p 95

Parker JD, Keightley ML, Smith CT, Taylor GJ (1999) Interhemispheric transfer deficit in alexithymia: an experimental study. Psychosom Med 61: 464–468

Peyron R, Garcia-Larrea L, Gregoire MC, Costes N, Convers P, Lavenne F, Mauguiere F, Michel D, Laurent B (1999) Haemodynamic brain responses to acute pain in humans: sensory and attentional networks. Brain 122 (Pt 9): 1765–1780

Ploghaus A, Tracey I, Clare S, Gati JS, Rawlins JN, Matthews PM (2000) Learning about pain: the neural substrate of the prediction error for aversive events. Proc Natl Acad Sci 97(16): 9281–9286

Polan HJ, Hofer MA (1999) Maternally directed orienting behaviors of newborn rats. Dev Psychobiol 34: 269–279

Price DD (2000) Psychological and neural mechanisms of the affective dimension of pain. Science 288(5472): 1769–1772

Rainville P (2002) Brain mechanisms of pain affect and pain modulation. Curr Opin Neurobiol 12(2): 195–204

Rohen JW (2001) Funktionelle Neuroanatomie. Lehrbuch und Atlas. 6. Aufl. Schattauer, Stuttgart, S 160

Rolls ET (1999) The brain and emotion. Oxford University Press, New York, p 257

Sakai K, Rowe JB, Passingham RE (2002) Active maintenance in prefrontal area 46 creates distractor-resistant memory. Nat Neurosci 5(5): 479–484

Schubert C, Schiepek G (2003) Psychoneuroimmunologie und Psychotherapie: Psychosozial induzierte Veränderungen der dynamischen Komplexität von Immunprozessen. In: Schiepek G (Hrsg) Neurobiologie der Psychotherapie. Schattauer, Stuttgart, S 485–508

Sifneos PE (1972) Short-term psychotherapy and emotional crisis. Harvard University Press, Cambridge, MA

Spalletta G, Pasini A, Costa A, De Angelis D, Ramundo N, Paolucci S, Caltagirone C (2001) Alexithymic features in stroke: effects of laterality and gender. Psychosom Med 63: 944–950

Subic-Wrana C, Bruder S, Thomas W, Gaus E, Merkle W, Kohle K (2002) Distribution of alexithymia as a personality-trait in psychosomatically ill in-patients –

measured with TAS 20 and LEAS. Psychother Psychosom Med Psychol 52(11): 454–460

Taylor GJ (1993) Clinical application of a dysregulation model of illness and disease: A case of spasmodic torticollis. Int J Psychoanal 74: 581–595

Taylor GJ, Bagby M, Parker JDA (1997) Disorders of affect regulation. Alexithymia in medical and psychiatric illness. Cambridge University Press, Cambridge

Thayer JF, Lane RD (2000) A model of neurovisceral integration in emotion regulation and dysregulation. J Affect Disord 61(3): 201–216

Tranel D, Bechara A, Denburg NL (2002) Asymmetric functional roles of right and left ventromedial prefrontal cortices in social conduct, decision-making, and emotional processing. Cortex 38(4): 589–612

Traue HC, Gottwald A, Henderson PR, Bakal DA (1985) Nonverbal expressiveness and EMG activity in tension headache sufferers and controls. J Psychosom Res 29: 375–381

Weiner H (1989) The dynamics of the organism: Implications of recent biological thought for psychosomatic theory and research. Psychosom Med 51: 608–635

Neurale Korrelate des Perspektivwechsels und der sozialen Kognition: vom Selbstbewusstsein zur »Theory of Mind«

K. Vogeley, G. R. Fink

6.1 Einleitung – 130

6.2 Selbstbezug und Selbstrepräsentation – 130

6.3 Erste-Person-Perspektive im Raum – 131

6.4 Erste-Person-Perspektive und Handlungen – 134

6.5 Erste-Person-Perspektive in sozialer Interaktion – 135

6.6 Erste-Person-Perspektive und Körperrepräsentation – 136

6.7 Selbst und Welt – 137

6.8 Schlussfolgerungen – 138

Literatur – 139

6.1 Einleitung

Selbstbewusstsein beruht wesentlich auf der Metarepräsentation mentaler und körperlicher Zustände **als** den eigenen mentalen oder körperlichen Zuständen. Notwendig, aber nicht hinreichend ist hierfür die Fähigkeit zur Einnahme einer Ersten-Person-Perspektive (1PP). Zur Zuweisung der 1PP muss der eigene multimodale Erfahrungsraum um die eigene Körperachse zentriert werden, so dass ein egozentrischer Referenzrahmen hergestellt wird. Funktionell-bildgebende Verfahren zeigen, dass der medial präfrontale, der medial parietale und der laterale temporoparietale Kortex wesentliche Hirnregionen für die erfolgreiche Zuschreibung der 1PP sind. Solche empirischen Daten sind in Einklang mit aktuellen Theorien und Konzepten zur neurobiologischen Realisierung menschlichen Selbstbewusstseins, die auf die Beziehung zwischen Subjekt und Umwelt fokussiert sind und im Folgenden näher ausgeführt werden. Die Einnahme der 1PP kann der Einnahme einer Dritten-Person-Perspektive gegenübergestellt werden (3PP), in der eine Überführung der eigenen Perspektive in eine andere Perspektive geleistet werden muss, mithin ein »Hineinversetzen in den Anderen« (»Theory of Mind«).

6.2 Selbstbezug und Selbstrepräsentation

Menschliches Selbstbewusstsein ist ein klassisches und zentrales Thema der Philosophie, insbesondere der Erkenntnistheorie. Die psychologischen und neuralen Grundlagen von Selbstbewusstsein sind aber zunehmend auch Forschungsgegenstand der kognitiven Neurowissenschaft geworden (Gallagher 2000; Vogeley u. Fink 2003; Newen u. Vogeley 2003). Dabei ist Selbstbewusstsein hier nicht – wie in der Alltagsverwendung üblich – als besonders couragiertes Auftreten zu verstehen. Selbstbewusstsein kann definiert werden als die Fähigkeit, sich seiner eigenen mentalen und/oder körperlichen Zustände als der eigenen mentalen und/oder körperlichen Zustände gewahr zu werden. Zu diesen mentalen und/oder körperlichen Zuständen gehören Wahrnehmungen, Einstellungen, Überzeugungen und Handlungsintentionen.

Nach der naturalistischen Auffassung in der aktuellen Debatte innerhalb der Philosophie des Geistes basieren mentale Phänomene (wie Wahrnehmungen, Einstellungen, Überzeugungen, Handlungsintentionen) auf neuralen Prozessen. Nach dieser Annahme muss auch für derartige selbstbewusste Leistungen des Gewahrwerdens eigener mentaler und/oder körperlicher Zustände angenommen werden, dass sie mit bestimmten Hirnprozessen assoziiert sind, die dann als neurale Korrelate der Selbstrepräsentation betrachtet werden können, vorausgesetzt, dass adäquate Operationalisierungen dieser selbstbezüglichen Erfahrungsqualitäten möglich sind. Mit besonderem Bezug zur kognitiven Neurowissenschaft kann die Frage nach der Natur des menschlichen Selbstbewusstseins etwa so umformuliert werden: Welche neuralen Phänomene liegen der spezifischen »subjektiven« Natur solcher mentalen und/oder körperlichen Zustände zugrunde (und sind daher dafür verantwortlich)?

Die adäquate Repräsentation und Integration dieser mentalen und/oder körperlichen Zustände in einen gemeinsamen Bezugsrahmen (Referenzrahmen) erfordert die Einnahme der **Ersten-Person-Perspektive** (1PP), die hier als das Zentrieren des eigenen multimodalen Erfahrungsraumes um die eigene Körperachse gefasst wird. Als solche kann 1PP als ein wesentlicher und unverzichtbarer Bestandteil eines »minimal self« aufgefasst werden. Sprachlich wird die Zuschreibung der 1PP durch den korrekten Gebrauch von Personalpronomina der ersten Person Singular angezeigt (»Ich«, »mich«, »mir«, »mein« etc.; Bermudez 1998; Gallagher 2000). Darüber hinaus ist 1PP oder die Fähigkeit zur Perspektivnahme (»perspectivalness«; Taylor 2001) eine wesentliche Vorbedingung, um unsere Beziehungen zur Umwelt adäquat konzeptualisieren zu können, dies gilt insbesondere für die Bereiche Raumkognition, Handlungsplanung im Raum, soziale Interaktion und Zukunftsplanung.

Andere Eigenschaften, die für menschliches Selbstbewusstsein von zentraler Wichtigkeit sind, umfassen die Erfahrung der Meinigkeit (im Hinblick auf Wahrnehmungen, Urteile etc.; Fink et al. 1999), der Urheberschaft (im Hinblick auf Handlungen, Gedanken etc.; Jeannerod 1994, 2001) und die Erfahrung der Einheit, die ein kohärentes Ganzes unserer Überzeugungen, Wünsche und Meinungen über die Zeit hinweg formt (Vogeley et al. 1999). Insbesondere die Einheitserfahrung ist eingebettet in einen präexistenten autobiografischen Kontext (Fink et al. 1996; Piefke et al. 2003). Diese Erfahrungsqualitäten sind notwendig, aber nicht notwendigerweise hinreichend für die Konstituierung von Selbstbewusstsein.

6.3 Erste-Person-Perspektive im Raum

Im Kontext der Raumkognition bezieht sich 1PP explizit auf die Zentrierung des multidimensionalen und multimodalen Erfahrungsraums um die eigene Körperachse. 1PP kann der Einnahme einer **Dritten-Person-Perspektive** (3PP) gegenübergestellt werden. Während der Einnahme von 3PP müssen mentale und/oder körperliche Zustände anderen zugeschrieben werden. Diese phänomenale oder Erlebnisebene muss von einer dieser »unterliegenden« repräsentationalen oder kognitiven Beschreibungsebene unterschieden werden. Auf der repräsentationalen oder kognitiven Ebene sind verschiedene Referenzrahmen zu differenzieren, die sich im Wesentlichen auf die Repräsentation von Lokalisationen von Objekten (im weitesten Sinn) im Raum beziehen.

Ein Referenzrahmen kann dabei als ein Instrument zur Repräsentierung der Lokalisation von Objekten (im weiteren Sinn) im Raum definiert werden (Klatzky 1998). In einem egozentrischen Referenzrahmen werden Objektlokalisationen im Hinblick auf einen personalen Agenten und auf seine physikalische Konfiguration erfasst. Ein egozentrischer Referenzrahmen bezieht sich damit auf Subjekt-zu-Objekt-Relationen, die adäquat in einem polaren Koordinatensystem beschrieben werden können. Egozentrische Referenzrahmen können darüber hinaus noch weiter differenziert werden, da sie etwa in Bezug auf die Mittellinie des visuellen Feldes, bezüglich des Kopfes, des Rumpfes oder der Längsachse der in die Ausführung einer bestimmten Handlung involvierten Extremität definiert werden können (Behrmann 1999). Im Gegensatz dazu werden im allozentrischen Referenzrahmen Objekt-zu-Objekt-Relationen hergestellt, die unabhängig sind von der Positionen eines personalen Agenten. Ein allozentrischer Referenzrahmen (auch »exozentrisch« oder »geozentrisch«) wird adäquat in einem kartesischen Koordinatensystem abgebildet (Klatzky 1998; Aguirre u. D'Esposito 1999).

Die Leistung des Perspektivwechsels oder der Perspektivnahme in der Raumkognition bezieht sich auf die kognitiven Operationen, die nötig werden, um eine visuell dargestellte Szene adäquat zu repräsentieren, wenn sie von einer anderen als der eigenen Perspektive (1PP) aus dargestellt oder wahrgenommen wird. Es ist hervorzuheben, dass beide Operationen um die Körperachse eines Agenten zentriert sind, die eigene oder die eines anderen. Beide Operationen, nämlich die Einnahme der eigenen Perspektive (1PP) und der eines anderen (3PP), finden daher in einem egozentrischen Referenzrahmen statt, der allerdings im Fall von 3PP »transponiert« werden muss. Hier werden die Ausdrücke der Ersten- (1PP) und der Dritten-Person-Perspektive (3PP) dazu benutzt, um auf einer phänomenalen Beschreibungsebene zwischen diesen beiden Situationen einer ursprünglichen auf die eigene Körperachse bezogenen (1PP) und einer transponierten auf eine andere Person bezogenen Perspektive (3PP) zu differenzieren. Die ent-

Repräsentationale Ebene

allozentrisch

egozentrisch

Phänomenale Ebene

Dritte-Person-Perspektive

Erste-Person-Perspektive

◘ **Abb. 6.1.** Illustration der Referenzrahmen der Ersten- und Dritten-Person-Perspektive (▶ s. Farbtafel). Beide kognitiven Leistungen der Einnahme der Ersten- und Dritten-Person-Perspektive, z. B. beim Blick auf eine Raumszene aus der eigenen Perspektive oder der eines anderen, unterscheiden sich phänomenal voneinander (Erläuterungen ▶ s. Text)

scheidende Differenz ist also, dass 3PP eine Translokation des ursprünglichen egozentrischen Blickpunktes erfordert. Die Begriffe eines egozentrischen und allozentrischen Referenzrahmens beziehen sich hingegen auf die kognitive bzw. neurale Beschreibungsebene, wie sie von einem externen (wissenschaftlichen) Beobachter konzeptualisiert werden können. Alternativ wurden Beobachter-, Umwelt- oder Objektzentrierte Referenzrahmen vorgeschlagen, mit Hilfe derer Raumlokalisationen von Objekten mit Bezug auf den Beobachter, die Umwelt oder das Objekt selbst kodiert werden können (Farah et al. 1990; ◘ Abb. 6.1; ▶ s. Farbtafel)

Eine Vielzahl von Untersuchungen richtet sich auf das Phänomen von Perspektivnahme im Raum. Wie Studien zur Navigation im Raum nahe legen, scheint hier insbesondere der temporoparietale Kortex wesentlich zu sein. Maguire et al. (1998) zeigten die Aktivierung der rechtsseitigen unteren Parietallappenregion bei solchen Raumkognitionsaufgaben, bei denen egozentrische Operationen nötig waren. Diese Aktivierungen traten zusätzlich zu Aktivierungen auf, die hippokampal vermittelten allozentrischen Operationen zugrunde lagen. Bedingungen, in denen eine Eigenbewegung erforderlich war, zeigten außerdem eine Rekrutierung des bilateralen medialen parietalen Kortex (Maguire et al. 1998). Diese Befunde wurden bestätigt durch andere Studien, die ebenfalls die Schlüsselfunktion des medial parietalen, des rechten unteren parietalen, des posterior zingulären Kortex und des Hippokampus für Raumnavigationsaufgaben zeigten (Maguire et al. 1999).

Für weitere Untersuchungen nutzten wir eine einfache Raumkognitionsaufgabe, in der der Perspektivwechsel zwischen 1PP und 3PP systematisch variiert wurde (Vogeley et al. 2003). Im Einzelnen wurden einfache virtuelle Raumszenen präsentiert, in denen ein virtueller Charakter (Avatar) und 1 bis 3 Objekte (Kugeln) sichtbar waren (◘ Abb. 6.2). Die Testpersonen wurden gebeten, die Anzahl der Objekte anzugeben, so wie sie von der eigenen Perspektive (1PP) oder der

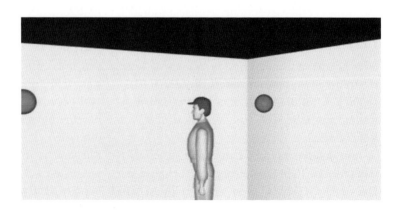

◘ **Abb. 6.2.** Raumkognitionsaufgabe zur Untersuchung des Perspektivwechsels zwischen 1PP und 3PP (nähere Erläuterungen ▶ s. Text)

6.3 · Erste-Person-Perspektive im Raum

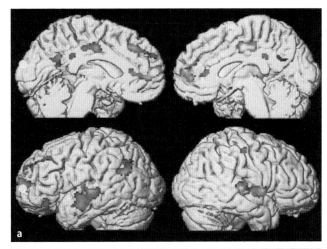

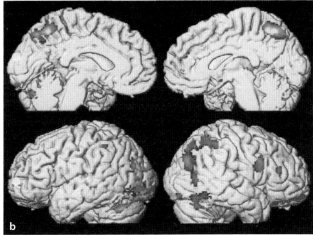

◘ **Abb. 6.3a, b.** Basierend auf einer einfachen Raumkognitionsaufgabe (▶ s. Text) können Perspektivwechsel zwischen Erster-(1PP) und Dritter-Person-Perspektive (3PP) erfolgreich operationalisiert werden. **a** Die neuralen Korrelate von 1PP zeigen Aktivierungen im Wesentlichen in den Bereichen des anterior gelegenen medialen präfrontalen Kortex, des posterior zingulären Kortex, des superior temporalen Kortex beidseits sowie des temporoparietalen Kortex der linken Hirnhälfte. **b** Die neuralen Korrelate von 3PP zeigen ein differenzielles Hirnaktivierungsmuster, das Aktivierungen im Wesentlichen in den Bereichen des medialen parietalen Kortex, des oberen parietalen Kortex rechts und des prämotorischen Kortex rechts umfasst (▶ s. Farbtafel)

des virtuellen Charakters zu sehen waren (3PP). Beide Operationen basieren dabei auf egozentrischen Prozessen, da die Objekte in Relation zu einem personalen Agenten lokalisiert werden müssen, entweder der Testperson oder dem virtuellen Charakter (Avatar). Im Fall von 3PP ist zusätzlich die Anwendung von allozentrischen Prozessen erforderlich, um die egozentrisch relevanten Koordinaten des Agenten zu ermitteln. Eine fMRT-Studie an 11 Probanden zeigte differenzielle Aktivierungen im medial präfrontalen Kortex während 1PP (im Kontrast zu 3PP) und rechtsbetont im oberen parietalen Kortex unter 3PP (im Kontrast zu 1PP; ◘ Abb. 6.3; ▶ s. Farbtafel). Von beiden Bedingungen gemeinsam wurde ein okzipitoparietales Netzwerk aktiviert, einschließlich der Regionen des oberen und unteren Parietallappens und des parietookzipitalen Sulkus beidseits sowie frontaler Regionen. Diese Ergebnisse zeigen, dass sowohl gemeinsame als auch differenzielle Aktivierungen in der Perspektivnahme von 1PP und 3PP nachweisbar sind, d. h. die Perspektivnahme von 1PP und 3PP (beide operierend im egozentrischen Referenzrahmen) nutzen sowohl gemeinsame als auch differenzielle neurale Mechanismen.

Die Relevanz insbesondere des rechten Parietallappens für Raumkognition kann auch aus Studien abgeleitet werden, in denen bei klinisch relevanten Läsionen dieser Hirnregion (z. B. bei Schlaganfall-Patienten) Extinktions- oder Neglectphänomene nachgewiesen werden können (Behrmann 1999; Marshall u. Fink 2001). In einer Studie mit Neglectpatienten nach rechtsseitigen posterior gelegenen kortikalen Läsionen wurde untersucht, wie Patienten auf einen Zielreiz deuten, nachdem sie eine Körperrotation durchgeführt hatten, ohne sich während dessen visuell orientieren zu können. Patienten unterschätzten dabei systematisch den Rotationswinkel, was als ein Defizit im Verfolgen von relevanten Veränderungen im egozentrischen Referenzrahmen gedeutet wurde (Farrell u. Robertson 2000). Andere klinische Syndrome, die bei Läsionen des rechten oberen parietalen Kortex beschrieben werden, umfassen Störungen der Repräsentation relativer Lokalisationen verschiedener Objekte oder Personen zueinander und in Bezug auf den eigenen Körper, was auch als »egocentric disorientation« bezeichnet wurde (Aguirre u. D'Esposito 1999; Farrell u. Robertson 2000).

6.4 Erste-Person-Perspektive und Handlungen

Bereits intuitiv wird im Bereich der Handlung deutlich, welchen erheblichen Unterschied es macht, ob man selbst der Urheber einer Handlung ist, oder ob man eine andere Person als die handelnde erlebt (Vogeley u. Newen 2002). Eine systematische Untersuchung des Perspektivwechsels in einer Aufgabe zur Vorstellung bestimmter motorischer Abläufe wurde von Ruby u. Decety (2001) durchgeführt. Auf der Basis visueller und auditorischer Stimulation wurde systematisch die Übernahme der eigenen Perspektive und der des Experimentators variiert. Die Testpersonen wurden gebeten sich vorzustellen, ob sie selbst oder aber der Experimentator ein bestimmtes Objekt manipulierten. Während der Vorstellung, dass sie selbst das Objekt manipulierten (analog 1PP), zeigten sich Aktivierungen ausschließlich in der linken Hemisphäre, insbesondere im unteren Parietallappen, im Gyrus praecentralis, im Gyrus frontalis superior, im okzipito-temporalen Übergang und in der vorderen Insula-Region. Während der Simulation der betreffenden Handlung durch einen anderen (analog 3PP) wurde dagegen die rechte Hemisphäre aktiviert, im Bereich des unteren parietalen Kortex, des Präkuneus, des hinteren Gyrus cinguli und des frontopolaren Kortex. Möglicherweise reflektieren diese Ergebnisse die besondere Leistungszuordnung der linken Hemisphäre für Handlungen (Liepmann 1905) und der rechten Hemisphäre für Raumkognitionen (Heilman et al. 1997). In einer kürzlich durchgeführten Navigationsstudie konnte gezeigt werden, dass die Zuordnung einer Handlung an jemand anderen als Urheber mit Aktivierung im Bereich des unteren Parietallappens beidseits assoziiert war. Der Aspekt der Lateralisierung einer bestimmten Leistung könnte mit dem tatsächlichen Kontext einer bestimmten Aufgabe wesentlich verbunden sein (Farrer u. Frith 2002). Interessanterweise war eine erhöhte links temporoparietale Aktivierung auch in einer Aufgabe zu finden, in der die Versuchspersonen Links-Rechts-Urteile zu fällen hatten, entweder in Bezug zu sich selbst oder aber in Bezug zu einer anderen, ihnen gegenüberstehenden Figur (Zacks et al. 1999).

Insgesamt zeigen diese empirischen Ergebnisse, dass medial und lateral gelegene parietale Areale in die Perspektivnahme eingebunden sind, auch wenn sich diese auf den Kontext von Handlungsintentionen und Durchführungen von Handlungen richtet.

Im Hinblick auf die zeitliche Domäne von Handlungen wurde ein »Feedforward-Modell« propagiert, wonach sensorische Informationen, die von selbstgenerierten Handlungen stammen, gespeichert und antizipiert werden können, um dann mit propriozeptiven Signalen tatsächlich erfolgter Handlungen verglichen zu werden. Diese so genannten Efferenzkopien tatsächlich erfolgter Handlungen und die antizipierten sensorischen Konsequenzen der geplanten Handlungen können miteinander verglichen werden. Je größer die Übereinstimmung beider Signalgruppen ist, desto größer ist die Wahrscheinlichkeit, dass man selbst der Urheber der Handlung gewesen ist. Dieser Mechanismus erlaubt so die Zuordnung einer Handlung an einen Agenten (Fink et al. 1999; Wolpert et al. 1998; Blakemore u. Decety 2000). Während selbstgenerierte Handlungen üblicherweise korrekt herzuleiten sind (Übereinstimmung von antizipierten sensorischen Konsequenzen und Efferenzkopie-Signalen), sind extern generierte Handlungen nicht mit Efferenzkopie-Signalen korreliert und können daher keine Übereinstimmung mit selbstgenerierten Handlungen aufweisen. Möglicherweise können auf diesem Weg selbst- und fremdgenerierte Handlungen und Handlungsintentionen differenziert werden.

6.5 Erste-Person-Perspektive in sozialer Interaktion

Eng verbunden mit der Fähigkeit zur Zuschreibung und Erhaltung einer Ersten-Person-Perspektive ist die metarepräsentationale Fähigkeit zur Zuschreibung von Meinungen, Wahrnehmungen oder Überzeugungen an andere. Diese Fähigkeit wird häufig auch als »**Theory of Mind**« bezeichnet (Premack u. Woodruff 1978; Baron-Cohen 1995). Bei dieser Fähigkeit handelt es sich um eine für die soziale Interaktion und Kommunikation essenzielle Fähigkeit, die in eigens dafür entwickelten Paradigmen untersucht werden kann, in denen eine Zuschreibung mentaler Zustände an andere Personen erforderlich wird. Eine Reihe von funktionell-bildgebenden Studien haben die hierfür relevanten Hirnregionen darstellen können, d. h. die neuronalen Grundlagen der Fähigkeit des »**Sich-in-Andere-Hineinversetzens**« konnten gezeigt werden (Fletcher et al. 1995; Goel et al. 1995; Happé et al. 1996; Stone et al. 1998; Baron-Cohen et al. 1999; Gallagher et al. 2000; Vogeley et al. 2001): Insbesondere der vordere mediale frontale Kortex zeigt bei Theory-of-Mind-Aufgaben eine Zunahme neuraler Aktivität (Frith u. Frith 1999; Frith 2001; Stuss et al. 2001; Gallagher u. Frith 2003). Diese Ergebnisse konnten von unserer Arbeitsgruppe repliziert werden. Zusätzlich ließ sich eine differenzielle Hirnaktivierung in solchen Fällen zeigen, in denen die Versuchspersonen sich selbst (und nicht nur anderen Personen) mentale Zustände zuschreiben. Die Leistung, 1PP einzunehmen im Rahmen eines solchen Theory-of-Mind-Kontextes führt zu differenziellen Aktivierungen in medial gelegenen Hirnregionen des oberen medialen Parietallappens und des rechtsseitigen temporoparietalen Übergangsbereichs (Vogeley et al. 2001). Die letztgenannte Region ist auch in die Erkennung von biologisch generierten Bewegungsmustern involviert (»biological motion«; Allison et al. 2000), besonders dann, wenn sich Objekte der eigenen Person zu nähern scheinen (Bremmer et al. 2001). Die funktionale Rolle dieser temporoparietalen Übergangsregion ist dabei sicher nicht auf egozentrische kognitive Operationen beschränkt, da die rechtsseitige temporoparietale Region auch bei »klassischen« Theory-of-Mind-Aufgaben aktiviert wird, in denen nicht zwischen 1PP und 3PP differenziert wird (z. B. Gallagher et al. 2000; Frith u. Frith 1999; Frith 2001). Die differenzielle Aktivierung dieser Region bei 1PP-Aufgaben im Vergleich zu 3PP-Aufgaben im Kontext der »Theory of Mind« ist vielmehr ein weiterer Hinweis darauf, dass dieser Region für 1PP eine besondere Bedeutung zukommt. Die Tatsache, dass verschiedene Hirnregionen in Zusammenhang mit Theory-of-Mind-Aufgaben in verschiedenen Hirnlappen aktiviert werden, lässt darüber hinaus vermuten, dass diese rekrutierten Hirnregionen in unterschiedlichen funktionellen Regelkreisen implementiert sind und daher auch wahrscheinlich unterschiedliche kognitive Prozesse anzeigen. In unserer eigenen Untersuchung wurden die 1PP-Zustände durch eine sprachlich vermittelte Aufgabe erzeugt, nämlich durch Personalpronomina der ersten Person Singular. Dies könnte ein Hinweis dafür sein, dass sowohl sprachliche als auch räumlich-visuell vermittelte Leistungen möglicherweise auf das gleiche kognitive Konstrukt zugreifen, das Daten über die dynamische Organisation des eigenen Körpers und seines Verhältnisses zu anderen Körpern oder physikalischen Objekten integriert (Berlucchi u. Agliotti 1997).

6.6 Erste-Person-Perspektive und Körperrepräsentation

Die Einnahme der 1PP als Schlüsselkomponente des menschlichen Selbstbewusstseins ist eng mit der Fähigkeit verknüpft, auf ein intaktes Körperschema bzw. eine intakte Körperrepräsentation zugreifen zu können. Es ist hypothetisch formuliert worden, dass die Einnahme von 1PP buchstäblich ein räumliches Modell unseres eigenen Körpers erzeugt, um welchen herum der Erfahrungsraum zentriert wird (Berlucchi u. Agliotti 1997). Diese Annahme steht im Einklang mit Berichten zu erhöhter neuraler Aktivität im rechten unteren parietalen Kortex während Aufgaben, die eine erhöhte visuell-räumliche Aufmerksamkeit in egozentrischen Koordinatensystemen erforderlich machen, wie z. B. der Abschätzung der subjektiven mitt-sagittalen Ebene (Vallar et al. 1999; Galati et al. 2001). In diesem Zusammenhang sind auch die Ergebnisse eigener Untersuchungen zur Perspektivnahme im Raum einzuordnen, in denen eine egozentrische Zentrierung um die eigene Achse gefordert war (Vogeley et al. im Druck).

Eine weitere Informationsquelle über relevante Körperzustände liefert das Gleichgewichtsorgan, dessen Informationen zentral im vestibulären Kortex verarbeitet werden (Fink et al. 2003). Diese vestibulären Informationen werden vom posterioren parietalen Kortex genutzt, d. h. es existieren direkte Projektionen vom vestibulären zum parietalen Kortex, sodass die Informationen des Vestibularapparates z. B. für die Erkennung von Eigenbewegungen (Andersen et al. 1999) genutzt werden können. Im gleichen Zusammenhang ließ sich eine signifikante Interaktion von in allozentrischen Koordinaten durchgeführten räumlichen Aufgaben (z. B. der Linienhalbierungsaufgabe) mit einer vestibulären Manipulation des egozentrischen Koordinatensystems (mittels galvanischer Stimulation) im rechten inferioren parietalen Kortex zeigen, sodass dem inferioren Parietallappen eine Funktion als Schnittstelle zwischen ego- und allozentrischen Koordinatensystemen zukommt (Fink et al. 2003).

Zusammengefasst belegen diese Untersuchungen, dass besonders der rechtsseitige Parietallappen eine wesentliche Rolle in der Berechnung egozentrischer Referenzrahmen spielt.

Die Relevanz des rechten Parietallappens für die korrekte Zuschreibung von 1PP kann auch aus neuropsychologischen Studien an Hirnverletzten abgeleitet werden, die keine Einsicht zeigen oder sogar Defizite leugnen, die ihre betreffen. Dieses Defizit, auch als »Anosognosie« bezeichnet (Babinski 1914), wird häufig bei Personen mit personalem oder peripersonalem Neglect beschrieben (Behrmann 1999; Marshall u. Fink 2001).

Von einem konzeptuellen Blickwinkel aus betrachtet hat Damasio diese Sicht in seiner »somatic marker hypothesis« umformuliert. Diese Hypothese besagt, dass die Repräsentation des Körperbildes oder Körperschemas die Aktivierung des rechten parietalen und präfrontalen Kortex erfordert, wobei Damasio besonders die ventromedialen Anteile dieser Hirnregionen hervorhebt. Die Hintergrundannahme ist, dass es möglicherweise eine einfache Verbindung zwischen den Dispositionen für einen bestimmten Aspekt einer äußeren Situation und dem Typ einer emotionalen Reaktion geben könnte, der in der Vergangenheit bereits mit dieser Situation assoziiert wurde (Damasio 1996, S. 1415). Anders ausgedrückt bedeutet dies, dass emotionale Spuren früherer Erlebnisse unsere aktuellen Entscheidungen wesentlich mitbeeinflussen können. Diese basieren auf Entscheidungen, die wir in früheren Situationen unter ähnlichen Umständen bereits in ähnlicher Weise getroffen haben. Diese Verbindung dient dabei also der Evaluation aktueller Geschehnisse auf der Basis früherer Erlebnisse und emotionaler Reaktionen auf ähnliche Situationen in der Vergangenheit. Dieser Mechanismus führt – teleologisch gesprochen – schließlich zu einer Einschränkung und Reduktion unseres Entscheidungsraumes.

6.7 Selbst und Welt

Um zu verstehen, wie ein Individuum erfolgreich in seiner Lebenswelt überleben kann, ist eine Konzeptualisierung des »Selbst« erforderlich. Nach der Analyse von Damasio ist hier die Interaktion des Individuums mit seiner Umwelt von entscheidender Bedeutung. Diese Relation, die durch die Beziehung des Subjekts mit seiner Umgebung konstituiert wird, wird von Damasio auch als »Kern-Selbst« (»core self«) bezeichnet (Damasio 1999, S. 16). Damasio postuliert, dass das Kern-Selbst auf transienten Relationen zwischen Subjekt und Umwelt beruht, die von Moment zu Moment re-instantiiert werden müssen. Diese Kern-Selbst-Relationen greifen wiederum ständig auf das so genannte »Proto-Selbst« (»proto self«) zurück, das im Wesentlichen die Aufgabe hat, intern verschiedene Körperzustände zu repräsentieren. Vermutlich werden mediale kortikale Regionen rekrutiert, wenn solch ein »Kern-Selbst-Zustand« erzeugt wird (Damasio 1999, S. 169 ff.). Diese Annahme stimmt gut mit empirischen Befunden dazu überein (Damasio 1999, S. 106 u. S. 264; ◘ Abb. 6.4).

Empirische Evidenz für die Rekrutierung medial kortikaler Regionen während Erfahrungen von Selbstbezüglichkeit wird auch von den Vertretern des so genannten »default mode of the brain« angeführt (Gusnard et al. 2001; Raichle et al. 2001). Diesem Konzept zufolge korrelieren Ruhezustände mit einem bestimmten, in ver-

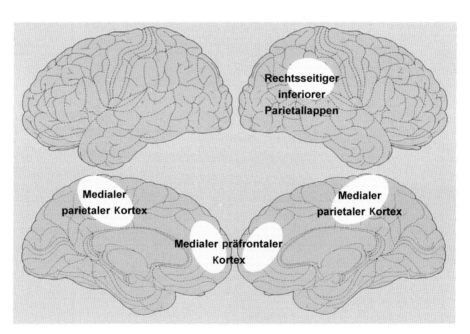

◘ Abb. 6.4. Schematische Darstellung der Regionen, die bei Einnahme der Ersten-Person-Perspektive aktiviert sind: Medial kortikale Regionen, nämlich anterior medial präfrontal gelegene sowie posterior zingulär und medial parietal gelegene Regionen. Es wird postuliert, dass es genau diese Hirnregionen sind, die rekrutiert werden, wenn Kern-Selbst-Zustände eingenommen werden. Der rechte untere Parietallappen wird als Implementierungsort des Körperschemas oder der Körperrepräsentation angesehen. Er ist am ehesten als Region anzusehen, in dem Operationen durchgeführt werden, die in engem Bezug zum egozentrischen Referenzrahmen stehen

schiedenen Studien immer wiederkehrenden Aktivierungsmuster, das den anterioren medialen frontalen Kortex, den medialen parietalen Kortex und den superior temporal gelegenen Kortex bzw. temporoparietalen Übergang beidseits umfasst. Die Autoren leiten daraus folgende Hypothese ab: Immer wenn eine (im Vergleich zum Ruhezustand) aufwendige kognitive Leistung abverlangt wird, wird neurale Aktivierung zu spezifischen Hirnregionen hin »verschoben«, in denen diese gerade geforderten kognitiven Leistungen realisiert sind. Als Folge davon zeigen medial frontale und parietale Regionen entsprechend eine relative »Deaktivierung« (Raichle et al. 2001). Damit kompatibel wurden auch Aktivierungen im hinteren Gyrus cinguli in solchen Situationen beschrieben, in denen Testpersonen nicht von einer spezifischen kognitiven Aufgabe eingenommen waren (Andreasen et al. 1995). Diese andauernde »rein assoziative« Gedankentätigkeit wurde in dem Moment unterdrückt, in dem die Versuchspersonen wieder in eine experimentelle Aufgabe involviert wurden, die spezifische kognitive Operationen erforderte. Ähnlich wurde auch argumentiert, dass die Präkuneus-Region in die »mentale Vorstellung von Bildern« involviert sei (Burgess et al. 2001). So plausibel diese Befunde und Konzepte auch zueinander stehen, so ist doch kritisch anzumerken, dass die Zuordnung von »selbst-nahen« Erfahrungen und Zuständen während der beobachteten »Hirnruhezustände« rein spekulativ ist, da aus diesen Phasen bisher keine systematischen Informationen zur Erfahrungs- oder Erlebnisebene der Probanden während dieser Untersuchungen erhoben wurden. Hier sind systematische Untersuchungen notwendig, die gezielt selbstbezügliche Zustände erzeugen können und sie fremdbezüglichen kognitiven Zuständen gegenüberstellen können.

6.8 Schlussfolgerungen

Zusammenfassend erscheint die Beziehung zwischen dem individuellen Subjekt selbst und seiner Lebensumwelt bzw. Objekten in der äußeren Welt konstitutiv für das so genannte Kern-Selbst, das wiederum von Moment zu Moment neu »erzeugt« werden muss, da es sich in den einzelnen Zuständen von Subjekt-Umwelt-Relationen konstituiert. Dieses Kern-Selbst ist die notwendige Vorbedingung für das autobiografische Selbst, das verschiedene Einzelzustände des Kern-Selbst integriert und so eine individuelle Lebensgeschichte entstehen lässt (Damasio 1999). Möglicherweise lassen diese grundlegenden Eigenschaften repräsentational eine Art »Selbst-Modell« entstehen, dem neural ein episodisch aktives komplexes Aktivierungsmuster entsprechen muss (Metzinger 2000, 2003; Brugger et al. 2000). Dieses Selbst-Modell könnte dann als eine kontinuierliche Quelle dienen, die bestimmte interne Milieu-Informationen über den eigenen Organismus bereitstellt und immer dann aktiviert werden muss, wenn bewusste Erfahrungen wie Meinigkeit, Urheberschaft oder Perspektivität erlebt werden. Mit diesem Verständnis ist die Erste-Person-Perspektive konstitutiv und eine notwendige Vorbedingung für menschliches Selbstbewusstsein. Empirische Daten weisen darauf hin, dass insbesondere medial kortikale Strukturen (anteriorer medialer präfrontaler Kortex, medialer parietaler Kortex, posteriorer zingulärer Kortex) sowie der inferiore laterale parietale Kortex grundlegend an diesen Prozessen beteiligt sind.

Literatur

Aguirre GK, D'Esposito MD (1999) Topographical disorientation: a synthesis and taxonomy. Brain 122: 1613–1628

Allison T, Puce A, McCarthy G (2000) Social perception from visual cues: role of the STS region. Trends Cogn Sci 4: 267–278

Andersen RA, Shenoy KV, Snyder LH, Bradley DC, Crowell JA (1999) The contributions of vestibular signals to the representations of space in posterior parietal cortex. Ann N Y Acad Sci 871: 282–292

Andreasen NC, O'Leary DS, Cizadlo T, Arndt S, Rezai K, Watkins GL, Ponto LL, Hichwa RD (1995) II. PET studies of memory: novel versus practiced free recall of word lists. Neuroimage 2: 296–305

Babinski J (1914) Contribution à l'etude de troubles mentaux dans l'hémiplegie organique cerebrale (Anosognosie). Rev Neurol 27: 845–848

Baron-Cohen S (1995) Mindblindness. MIT Press, Cambridge, MA

Baron-Cohen S. et al. (1999) Social intelligence in the normal and autistic brain: an fMRI study. Eur J Neurosci 11: 1891–1898

Behrmann M (1999) Spatial reference frames and hemispatial neglect. In: Gazzaniga M (ed), The new cognitive neurosciences. MIT Press, Cambridge, MA, pp 651–666

Berlucchi G, Aglioti S (1997) The body in the brain: neural bases of corporeal awareness. Tr Neurosci 20: 560–564

Bermúdez JL (1998) The paradox of self-consciousness. MIT Press, Cambridge, MA

Blakemore SJ, Decety J (2000) From the perception of action to the understanding of intention. Nature Rev 2: 561–567

Bremmer F, Schlack A, Sha NJ, Zafiris O, Kubischik M, Hoffmann K, Zilles K, Fink GR (2001) Polymodal motion processing in posterior parietal and premotor cortex: a human fMRI study strongly implies equivalencies between humans and monkeys. Neuron 29: 287–296

Brugger P, Kollias SS, Muri RM, Crelier G, Hepp-Reymond MC, Regard M (2000) Beyond re-membering: phantom sensations of congenitally absent limbs. Proc Natl Acad Sci U S A 97: 6167–6172

Burgess N, Maguire EA, Spiers HJ, O'Keefe J (2001) A temporoparietal and prefrontal network for retrieving the spatial context of lifelike events. Neuroimage 14: 439–453

Damasio AR (1996) The somatic marker hypothesis and the possible functions of the prefrontal cortex. Philos Trans R Soc Biol Sci 351: 1413–1420

Damasio AR (1999) The feeling of what happens: body and emotion in the making of consciousness. Harcourt Brace, New York

Farah MJ, Brunn JL, Wong AB, Wallace MA, Carpenter PA (1990) Frames of reference for allocating attention to space: evidence from the neglect syndrome. Neuropsychologia 28: 335–347

Farrell MJ, Robertson IH (2000) The automatic updating of egocentric spatial relationships and its impairment due to right posterior cortical lesions. Neuropsychologia 38: 585–595

Farrer C, Frith CD (2002) Experiencing oneself vs another person as being the cause of an action: the neural correlates of the experience of agency. Neuroimage 15: 596–603

Fink GR, Markowitsch HJ, Reinkemeier M, Bruckbauer T, Kessler J, Heiss WD (1996) Cerebral representation of one's own past: neural networks involved in autobiographical memory. J Neurosci 16: 4275–4282

Fink GR, Marshall JC, Halligan PW, Frith CD, Driver J, Frackowiak RS, Dolan RJ (1999) The neural consequences of conflict between intention and the senses. Brain 122: 497–512

Fink GR, Marshall JC, Weiss PH, Stephan T, Grefkes C, Shah NJ, Zilles K, Dieterich M (2003) Performing allocentric visuospatial judgments with induced distortion of the egocentric reference frame: An fMRI study with clinical implications. Neuroimage 20: 1505–1517

Fletcher P, Happé F, Frith U, Baker SC, Dolan RJ, Frackowiak RSJ, Frith CD (1995) Other minds in the brain: a functional imaging study of »theory of mind« in story comprehension. Cognition 57: 109–128

Frith CD, Frith U (1999) Interacting minds – a biological basis. Science 286: 1692–1695

Frith U (2001) Mind blindness and the brain in autism. Neuron 32: 969–979

Galati G, Committeri G, Sanes JN, Pizzamiglio L (2001) Spatial coding of visual and somatic sensory information in body-centred coordinates. Eur J Neurosci 14: 737–746

Gallagher HL, Frith CD (2003) Functional imaging of »theory of mind«. Trends Cogn Sci 7: 77–83

Gallagher HL, Happé F, Brunswick N, Fletcher PC, Frith U, Frith CD (2000) Reading the mind in cartoons and stories: an fMRI study of »theory of mind« in verbal and nonverbal tasks. Neuropsychologia 38: 11–21

Gallagher I (2000) Philosophical conceptions of the self: implications for cognitive science. Trends Cogn Sci 4: 14–21

Goel V, Grafman J, Sadato N, Hallet M (1995). Modelling other minds. Neuroreport 6: 1741–1746

Gusnard DA, Akbudak E, Shulman GL, Raichle ME (2001) Medial prefrontal cortex and self-referential mental activity: relation to a default mode of brain function. Proc Natl Acad Sci USA 98: 4529–4264

Happé F, Ehlers S, Fletcher P, Frith U, Johansson M, Gillberg C, Dolan RJ, Frackowiak R, Frith CD (1996) »Theory of mind« in the brain. Evidence from a PET scan study of Asperger syndrome. Neuroreport 8: 197–201

Heilman KM, Watson RT (1997) Neglect: Clinical and anatomic aspects. In: Feinberg TE, Farah MJ (eds) Behavioral Neurology and Neuropsychology. Mc Graw-Hill, New York, pp 309–317

Jeannerod M (1994) The representing brain: neural correlates of motor intention and imagery. Behav Brain Sci 17: 187–245

Jeannerod M (2001) Neural simulation of action: a unifying mechanism for motor cognition. Neuroimage 14: 103–109

Klatzky RL (1998) Allocentric and egocentric spatial representations: definitions, distinctions, and interconnections. In: Freksa C, Habel C (eds) Spatial Cognition. An interdisciplinary approach to representing and processing spatial knowledge. Springer, Berlin Heidelberg New York Tokio, pp 1–17

Liepmann HK (1905) Die linke Hand und das Handeln. Münch Med Wochenschr 52: 2375–2378

Maguire EA, Burgess N, Donnett JG, Frackowiak RS, Frith CD, O'Keefe J (1998) Knowing where and getting there: a human navigation network. Science 280: 921–924

Maguire EA, Burgess N, O'Keefe J (1999) Human spatial navigation: cognitive maps, sexual dimorphism, and neural substrates. Curr Op Neurobiol 9: 171–177

Marshall JC, Fink GR (2001) Spatial cognition: where we were and where we are. Neuroimage 14: 2–7

Metzinger T (2000) The subjectivity of subjective experience: a representationalist analysis of the first-person-perspective. In Metzinger T (ed) Neural correlates of consciousness. MIT Press, Cambridge, MA

Metzinger T (2003). Being no one. The self-model theory of subjectivity. MIT Press, Cambridge, MA

Newen A, Vogeley K (2003) Self representation: Searching for a neural signature of self consciousness. Consciousness and Cognition 12: 529–543

Piefke M, Weiss PH, Zilles K, Markowitsch HJ, Fink GR (2003) Differential remoteness and emotional tone modulate the neural correlates of autobiographical memory. Brain 126: 650–668

Premack D, Woodruff G (1978) Does the chimpanzee have a theory of mind? Behav Brain Sci 4: 515–526

Raichle ME, MacLeod AM, Snyder AZ, Powers WJ, Gusnard DA, Shulman GL (2001) A default mode of brain function. Proc Natl Acad Sci USA 98: 676–682

Ruby P, Decety J (2001) Effect of subjective perspective taking during simulation of action: a PET investigation of agency. Nature Neurosci 4: 546–550

Stone VE, Mauch MY, Steger KA (1998). Frontal lobe contributions to theory of mind. J Cogn Neurosci 10: 640–656

Stuss DT, Gallup GG Jr, Alexander MP (2001) The frontal lobes are necessary for »theory of mind«. Brain 124: 279–286

Taylor JG (1999) The race for consciousness. MIT Press, Cambridge, MA

Taylor JG (2001) The central role of the parietal lobes in consciousness. Consc Cogn 10: 379–417

Vallar G, Lobel E, Galati G, Berthoz A, Pizzamiglio L, Le Bihan D (1999) A fronto-parietal system for computing the egocentric spatial frame of reference in humans. Exp Brain Res 124: 281–286

Vogeley K, Fink G (2003) Neural correlates of self perspective and its disorders. Tr Cogn Sci 7: 38–42

Vogeley K, Newen A (2002) Mirror neurons and the self construct. In: Stamenov MI, Gallese V (eds) Mirror neurons and the evolution of brain and language. Advances in Consciousness Research 42

Vogeley K, Kurthen M, Falkai P, Maier W (1999) The prefrontal cortex generates the basic constituents of the self. Consc Cogn 8: 343–363

Vogeley K, Bussfeld P, Newen A, Herrmann S, Happé F, Falkai P, Maier W, Shah NJ, Fink GR, Zilles K (2001) Mind reading: Neural mechanisms of theory of mind and self-perspective. Neuroimage 14: 170–181

Vogeley K, May M, Ritzl A, Falkai P, Zilles K, Fink GR (2003) Neural correlates of first-person-perspective as one constituent of human self-consciousness. J Cogn Neurosci (im Druck)

Wolpert DM, Goodbody SJ, Huasin M (1998) Maintaining internal representations: the role of the human superior parietal lobe. Nature Neuroscience 1(6): 529–533

Zacks J, Rypma B, Gabrieli JD, Tversky B, Glover GH (1999) Imagined transformations of bodies: an fMRI investigation. Neuropsychologia 37: 1029–1040

Klinik der Frontalhirnerkrankungen

7 Neurodegenerative und verwandte Erkrankungen – 143
H. Förstl

8 Motion und Emotion: Morbus Parkinson und Depression – 177
M. R. Lemke

9 Vaskuläre Erkrankungen – 193
R. R. Diehl

10 Schizophrene Erkrankungen – 213
B. Bogerts

11 Affektive Störungen – 233
F. Schneider, U. Habel, S. Bestmann

12 Angsterkrankungen – 267
G. Wiedemann

13 Zwangsstörungen – 293
R. Zimmer

14 Borderline- und antisoziale Persönlichkeitsstörung – 321
H. J. Kunert, S. Herpertz, H. Saß

15 Alkoholabhängigkeit – 347
A. Heinz, M. N. Smolka, K. Mann

16 Epilepsien – 361
S. Noachtar

17 Schädel-Hirn-Trauma – 377
C.-W. Wallesch

Neurodegenerative und verwandte Erkrankungen

H. Förstl

7.1 Einleitung – 144

7.2 Klinik und Diagnostik der frontotemporalen Degenerationen – 144
Symptomatik – 144
Klinische Diagnostik – 151
Grundlagen – 154

7.3 Sonderformen und Differenzialdiagnosen – 158
Progrediente Aphasie – 159
Semantische Demenz – 160
Progrediente Soziopathie – rechtsseitige Temporallappenatrophie – 161
Frontotemporale Demenz mit Motoneuronenerkrankung (Mitsuyama-Syndrom) – 161
Progressive subkortikale Gliose – 162
Kortikobasale Degeneration – 162
Pallidopontonigrale Degeneration – 162
Alzheimer-Demenz – 162
Weitere Differenzialdiagnosen – 162

7.4 Therapie – 164

7.5 Zusammenfassung – 167
Funktionelle Neuroanatomie – 167
Symptomatik – 168
Nosologie – 168

Literatur – 168

7.1 Einleitung

1892 beschrieb Arnold Pick einen dementen Patienten mit auffallender Aphasie und betonter linksseitiger Temporalhirnatrophie (Pick 1892). Insgesamt publizierte Pick die klinischen und makropathologischen Befunde von 6 Patienten mit fokal betonter Rindenatrophie; nicht alle zeigten eine Degeneration des Frontalkortex (◘ Tabelle 7.1; Förstl u. Baldwin 1994). Diese Auflistung zeigt, dass Pick mehr daran gelegen war, Zusammenhänge zwischen Herdsymptomen und kortikaler Lokalisation der Hirnveränderungen zu studieren, als eine neue Krankheit zu entdecken. Argyrophile Einschlusskörperchen als ein Substrat fokal betonter Hirnrindenatrophien wurden erstmals von Alois Alzheimer beschrieben (1911). Das Eponym Morbus Pick für neurodegenerativ bedingte Lobäratrophien entspricht keiner scharf definierten Krankheitseinheit (Gans 1923; Onari u. Spatz 1926). Vielmehr sind die frontotemporalen Degenerationen (FTD) eine heterogene Gruppe von Krankheiten mit unterschiedlicher klinischer Symptomatik, verschiedenen morphologischen Grundlagen und uneinheitlicher Genetik. Erst im letzten Jahrzehnt wurden operationalisierte Diagnosekriterien eingefordert und erarbeitet (◘ Tabelle 7.2).

Die Lokalisation des neurodegenerativen Prozesses und sein Fortschreiten determinieren die klinische Symptomatik. Patienten mit einer Betonung des Krankheitsprozesses im dorsolateralen Präfrontalkortex zeigen eine Störung von Antrieb bzw. Willen (Pseudoneurasthenie), während eine frontoorbitale Akzentuierung zu Unruhe und Enthemmtheit führt (Pseudopsychopathie). Temporallappenatrophien der dominanten Hemisphäre beeinträchtigen das lexikalische Wissen (semantische Demenz). Eine linksfrontotemporal betonte Atrophie führt zu einer langsam progredienten Aphasie. Die selten beschriebene rechtstemporal betonte Hirnatrophie kann zu Störungen des Sozialverhaltens beitragen. Bei Beteiligung der Basalganglien werden automatisierte Verhaltensschemata disinhibiert (Rituale, Stereotypien). Eine Reihe weiterer Lokalisationen und Kombinationen etwa mit Motoneuronenerkrankungen (Mitsuyama-Syndrom) wurde beschrieben. Dieser Beitrag beschäftigt sich zunächst mit der häufigsten Form der Lobäratrophien, nämlich den bilateralen, sowohl den Präfrontalkortex, als auch die Frontalpole der Temporallappen betreffenden **frontotemporalen Degenerationen** (FTD). Seltenere Ausformungen der fokal beginnenden Hirnatrophien werden im Anschluss erwähnt.

7.2 Klinik und Diagnostik der frontotemporalen Degenerationen

Symptomatik

Carl Schneider (1927) beschrieb 3 typische Krankheitsstadien einer präfrontal betonten Lobäratrophie, damals als Pick-Krankheit bezeichnet (◘ Tabelle 7.3).
1. Die Symptome beginnen in der Regel schleichend und sind sowohl von Ärzten als auch von nahestehenden Angehörigen nur schwer als Ausdruck einer fortschreitenden Gehirnerkrankung zu erkennen. Im Gegensatz zur Alzheimer-Demenz zeichnet sich die Krankheit initial durch eine Veränderung von Verhalten und Persönlichkeit aus, während neuropsychologische Funktionen – mit Ausnahme der Aufmerksamkeits- und Exekutivfunktionen – längere Zeit erhalten bleiben (Gustafson 1987). Die Symptomatik ist vielgestaltig und kann von Ängstlichkeit, Hypochondrie, enthemmter Emotionalität einerseits bis zu einem zunehmenden Verlust von Interesse und affektiver Beteiligung andererseits reichen. Wie erwähnt, können entweder ungerichtete Überaktivität und Rededrang oder wachsende Apathie das Bild bestimmen. Charakteristisch ist die nachlassende Aufmerksamkeit gegenüber anderen und der Verlust von Selbstkritik und Krankheitseinsicht.

7.2 · Klinik und Diagnostik der frontotemporalen Degenerationen

◘ Tabelle 7.1. Picks Publikationen zu fokal beginnenden Rindenatrophien. (Nach Förstl u. Baldwin 1994)

Patient, Alter (Publikationsjahr)	Symptomatik	Neuropathologischer Befund
August H., 71, (1892)	(vaskuläre?) Demenz, Aphasie, Antriebsmangel	Generalisierte kortikale Hirnatrophie »namentlich im Lobus temporalis sinistra«
Franziska Z., 59, (1901)	Demenz, Aphasie, »gleichgültig und einsilbig«	»Gehirn im Allgemeinen deutlich atrophisch, besonders aber in der linken Hemisphäre und hier wieder besonders im Operculum, im Gyrus angularis, im Gyrus temporalis supremus und Gyrus frontalis inferior und in den Windungen der Insula Reilii«
Josefa V., 58, (1904)	Demenz; amnestische Aphasie, Apathie	»Windungen im ganzen verschmälert; diese Veränderung besonders deutlich in den Stirnwindungen der linken Großhirnhälfte; insbesondere um den aufsteigenden Ast der Sylvischen Spalte der linken Seite, weiter auch der linke Schläfenlappen schmäler als der rechte«
Anna J., 75, (1904)	Agraphie, Alexie, Aphasie	»Atrophie des Gehirns im Allgemeinen, jedoch mäßigen Grades, weiters eine starke Atrophie im Bereich des linken Schläfenlappens
Petronilla V., 38, (1904)	Progressive Paralyse, amnestische Aphasie	»das Gehirn klein, seine Windungen verschmälert, besonders am linken Schläfenlappen die Atrophie sehr stark ausgeprägt... am hinteren Ende der linken Schläfenwindung ein kleinerbsengroßes, abgekapseltes weißliches Gebilde (Cysticercus)«
Josef V., 60, (1906)	Demenz, Apraxie, amnestische Aphasie, Verwahrlosung, Antriebsmangel	»(...) die Hirnwindungen an der Konvexität des Großhirns, im Bereich der beiden Stirnlappen stark, im Bereich des linken Lobulus frontalis parietalis inferior stark, des rechten Lobulus parietalis inferior und die beiden Temporallappen sowie der Okzipitallappen leicht atrophisch...«

Tabelle 7.2. Diagnosekriterien der frontotemporalen Degenerationen (FTD)

	Baldwin u. Förstl 1993, Frontallappendemenz	Brun et al. 1994, Frontotemporale Demenz	Neary et al. 1998, Frontotemporale Lobärdegeneration	Gregory 1999, Frontotemporale Demenz (frontale Variante)
Einschlusskriterien				
Familienanamnese	Positiv[a]	Positiv[a]	Positiv[a]	–
Beginn	In der 6. Dekade[a]	Schleichend; vor 65. Lebensjahr[a]	Schleichend; vor dem 65. Lebensjahr[a]	–
Verlauf	–	Langsam	Langsam	–
Dauer	–	–	–	Mindestens 6 Monate
Verhalten				
Affekt	Atypische Präsentation mit spät beginnender Depression, Manie, Paranoia etc.	Depression, Angst, exzessive Sentimentalität; suizidale und fixe Ideen, flüchtige Wahnideen, Hypochondrie, flüchtige bizarre somatische Vorstellungen, emotionale Indifferenz und Abwesenheit; Amimia, Trägheit, Aspontaneität	Frühe emotionale Abstumpfung	Emotionale Labilität; andere »psychiatrische« Phänomene mit Diagnose vereinbar
Einsicht	–	Früher Verlust	Früher Verlust	Verlust
Selbstwahrnehmung	–	Früher Verlust (Hygiene, Erscheinung)	Nachlassen von Hygiene und Pflege[a]	»Poor self-care«
Sozialverhalten	Gestört und langsame Persönlichkeitsveränderung	Früher Verlust der sozialen Wahrnehmung (Taktlosigkeit, ...); Mangel an Empathie und Sympathie	Frühe Störung des Sozialverhaltens	Verminderte Empathie und Rücksichtslosigkeit, Rückzug
Flexibilität	–	Mentale Rigidität, Inflexibilität	Mentale Rigidität, Inflexibilität[a]	–
Disinhibition	–	Früh: enthemmte Sexualität, Gewalt, Witzeln, ...; Hyperoralität mit Vorlieben für bestimmte Speisen, Fresssucht, exzessivem Rauchen und Alkoholkonsum, orales Untersuchen von Objekten	Hyperoralität und veränderte Nahrungsaufnahme[a]	Disinhibition, Impulsivität; Züge des Klüver-Bucy-Syndroms mit Fresssucht, sexueller Überaktivität

7.2 · Klinik und Diagnostik der frontotemporalen Degenerationen

Tabelle 7.2 (Fortsetzung)

	Baldwin u. Förstl 1993, Frontallappendemenz	Brun et al. 1994, Frontotemporale Demenz	Neary et al. 1998, Frontotemporale Lobärdegeneration	Gregory 1999, Frontotemporale Demenz (frontale Variante)
Verhalten				
Utilisation	–	Ungehemmtes Untersuchen und Benutzen vorhandener Objekte	Utilisation[a]	–
Stereotypien, Perseverationen	–	Wandern, Manierismen wie Klatschen, Singen, Tanzen, ritualisierte Beschäftigung z. B. Horten, Anziehen,…	Perseveration und Stereotypien[a]	Motorisch und verbal
Antrieb	–	Apathie	–	Apathie, Aspontaneität
Kognition				
Global	Beeinträchtigung frontaler Leistungen	Schwerwiegende Defizite bei »Frontallappentests«	Schwerwiegende Beeinträchtigung bei »Frontallappentests«[a]	Neuropsychologische Hinweise auf frontale Defizite
Aufmerksamkeit	–	Ablenkbar, impulsiv, impersistent	Ablenkbar und impersistent[a]	Ablenkbarkeit
Sprechen und Sprache	–	Progrediente Sprachverarmung mit Aspontaneität; sprachliche Stereotypien mit Repetition beschränkten Vokabulars, Phrasen und Themen; Echolalie und Perseverationen; Mutismus	Aspontaneität und reduzierte Sprachproduktion oder Rededrang[a], Stereotypie[a], Perseveration[a], Echolalie[a], Mutismus[a]	Verminderte Sprachproduktion, verbale Stereotypien, Echolalie
Planen	–	–	–	Mangel an Voraussicht und Planen
Parietallappenfunktionen	–	Räumliche Orientierung und Praxis lange erhalten	–	–
Gedächtnis	–	–	–	Anamnestische Hinweise auf erhaltenes episodisches Gedächtnis

Tabelle 7.2 (Fortsetzung)

	Baldwin u. Förstl 1993, Frontallappendemenz	Brun et al. 1994, Frontotemporale Demenz	Neary et al. 1998, Frontotemporale Lobärdegeneration	Gregory 1999, Frontotemporale Demenz (frontale Variante)
Andere				
Körperliche Zeichen	Primitivreflexe, ansonsten normaler neurologischer Untersuchungsbefund	Frühe Primitivreflexe, frühe Inkontinenz; späte Akinesie, Rigor und Tremor, niedriger und labiler Blutdruck, Bulbärparalyse, Muskelschwäche und -atrophie, Faszikulationen (Motoneuronerkrankung)[a]	Bulbärparalyse, Muskelschwäche und -atrophie, Faszikulationen[a], Primitivreflexe, Inkontinenz, Akinesie, Rigor, Tremor, niedriger und labiler Blutdruck[a]	–
Apparative Untersuchungen	Hinweise auf Funktionsstörung des Frontallappens in der funktionellen Bildgebung; normales EEG[a], frontale und frontotemporale Hirnatrophie[a]	Normales EEG bei manifester Demenz; in funktioneller und struktureller Bildgebung dominierende frontale und/oder anterior temporale Veränderungen	Normales EEG bei manimanifester Demenz; in funktioneller und struktureller Bildgebung dominierende frontale und/oder anterior temporale Veränderungen[a]	–
Ausschlusskriterien	Hinweise auf posteriore Defizite in der neuropsychologischen Testung (v.a. visuospatiale Defizite); posteriore oder fleckige Veränderungen in der funktionellen Bildgebung; ausgedehnte unspezifische oder diskrete fokale EEG-Veränderungen; klinisch neurologische Seitenhinweise	Plötzlicher Beginn; Schädel-Hirntrauma am Beginn; frühe, schwere Amnesie; räumliche Desorientierung; logoklonische, zögernde Sprache, Myklonus, kortikospinale Schwäche, zerebelläre Ataxie, Choreoathetose, dominate postzentrale oder multifokale Hirnveränderungen in der Bildgebung; labortechnische Hinweise auf metabolische oder entzündliche Erkrankungen wie multiple Sklerose, Syphilis, Aids, Herpes simplex, Enzephalitis, Alkoholanamnese[a], lang bestehende Hypertension[a], vaskuläre Vorerkrankungen (Angina, Klaudikation)[a]		Schwerwiegendes Schädel-Hirn-Trauma, Hachinski Score von 4 oder mehr (als Hinweis auf zerebrovaskuläre Erkrankungen), Alkoholanamnese, Morbus Parkinson oder ähnliche motorische Erkrankungen

[a] Supportive, nichtobligate Kriterien.

7.2 · Klinik und Diagnostik der frontotemporalen Degenerationen

Tabelle 7.3. Stadieneinteilung der frontotemporalen Degenerationen. (Nach C. Schneider 1927)

Stadium	Symptomatik
Stadium I	Gleichgültigkeit, Kritiklosigkeit, Persönlichkeitsveränderung, Mangel an Aufmerksamkeit und – bei Beteiligung des Temporallappens – Symptom einer amnestischen Aphasie
Stadium II	Verlust der höheren geistigen Leistungen und der feineren Kombinations- und Urteilsfähigkeit bei gleichzeitiger Zunahme verwaschener neuropsychologischer Herdsymptome mit dem Auftreten so genannter »stehender« Symptome (z. B. »Grammophon-Symptom«) und anderer sprachlicher und nichtsprachlicher Manierismen und Stereotypien
Stadium III	Schwere, alle Leistungsbereiche erfassende Demenz

2. Auch im mittleren Krankheitsstadium bleiben Orientierung und Gedächtnis erhalten, wogegen höhere Leistungen, die Kombinations- und Urteilsfähigkeit sowie anhaltende Aufmerksamkeit verlangen, verloren gehen (Neary et al. 1988). In diesem Stadium können sprachliche und nichtsprachliche Manierismen und Stereotypien auftreten, die von Carl Schneider als »stehende Symptome« (im Sinne stehender Redewendungen) bezeichnet wurden.
3. Im dritten Stadium ist das klinische Bild nicht mehr von einer fortgeschrittenen Alzheimer-Demenz zu differenzieren. Die Patienten sind mutistisch, unfähig zu zielgerichteter Aktivität und vollkommen abhängig von der Hilfe anderer (**Tabelle 7.3**).

Carl Schneider (1927, 1929) bezog sich auf Patienten mit so genannter Pick-Krankheit; Gustafson (1987) bezeichnete die Krankheit seiner Patienten als Frontallappendegeneration vom Non-Alzheimer-Typ; und Neary et al. (1988) nannte die Krankheit neutral »Demenz vom Frontallappentyp«. Die wesentlichen früher beschriebenen Merkmale der Störungen bestätigten sich auch bei Patienten, die nach neueren diagnostischen Konzepten untersucht wurden.

Verhalten

Die persönlichen, sozialen, politischen und religiösen Einstellungen eines Patienten können sich grundsätzlich wandeln (Miller et al. 2001). Verhaltensstörungen bestimmen über weite Strecken den Krankheitsverlauf und sind die häufigsten Gründe einer stationären Aufnahme oder Heimeinweisung (Ibach et al. 2003). Die Patienten fallen zunächst am Arbeitsplatz oder in der Familie durch Nachlässigkeit, Rücksichtslosigkeit, läppisches oder auf andere Art inadäquates, sogar kriminelles Verhalten auf, das typischerweise anfangs nicht als Ausdruck einer »wirklichen« Hirnerkrankung erkannt wird (Barber et al. 1995; Hirono et al. 1999; Swartz et al. 1997). Einerseits bestimmen idiorhythmische, stereotype, zwanghaft anmutende Verhaltensweisen den Tag der Patienten, andererseits können bestimmte Schlüsselreize festgelegte Verhaltensschablonen auslösen. Hierbei kann das Verhalten anderer imitiert werden, oder unbelebte Objekte können ohne Hemmung und ohne Zweck benutzt werden (Utilisation; Cummings u. Duchen 1981; Klüver u. Bucy 1939; Lhermitte 1986; Lhermitte et al. 1986). Diese Enthemmung zeigt Ähnlichkeiten zum Klüver-Bucy-Syndrom (Klüver u. Bucy 1939). Viele Patienten steigern ihre Nahrungsaufnahme, entwickeln eine Vorliebe für Süßigkeiten, verlieren ihre Tischmanieren und nehmen an Gewicht zu (Miller et al. 1995; Ikeda et al. 2002). Eine weitere Form der »oralen

Disinhibition« ist die Konfabulation, die mehr aus fehlender (Selbst-)Aufmerksamkeit, denn aus unmittelbar mnestischen Störungen geboren wird (Tallberg 1999). Der sexuelle Antrieb ist meist reduziert, dabei aber weniger kontrolliert. Die zirkadiane Aktivität ist fragmentiert und nach vorne verschoben sowie von anderen Rhythmen, z. B. der Körpertemperatur, entkoppelt (Harper et al. 2001). Patienten mit fortgeschrittener FTD leben ohne zeitliche Dimension im Hier und Jetzt.

Neuropsychologie

Kurze »Demenztests«, die v.a. auf das Erkennen von Gedächtnisstörungen bei typisch verlaufender Alzheimer-Demenz geeicht sind, erweisen sich als ungeeignet zur Erkennung typischer Störungen im frühen Stadium frontotemporaler Hirndegenerationen. Eine anspruchsvolle Untersuchung von Exekutivfunktionen, die ein hohes Maß anhaltender Aufmerksamkeit verlangen, kann typische Defizite zutage fördern. Hierzu gehören Tests, die Folgendes erfordern:
- Planen,
- Problemlösen,
- Urteilen,
- Abstrahieren,
- Sortieren und
- selbständige Produktion etwa von Worten.

Vielverwendete und nützliche Tests zur Feststellung frontaler exekutiver Defizite sind der »Wisconsin-Card-Sorting-Test«, der »Stroop-Test« und die Wortproduktion (»verbal fluency«). Diese Tests sind sensiver zur Detektion dorsolateraler als frontoorbitaler Funktionsstörungen (Hodges 2001). Neuere Untersuchungsverfahren prüfen das Entscheidungsverhalten und zeigen eine erhöhte Risikobereitschaft bei Patienten im Frühstadium einer FTD (Rahman et al. 1999). Einfachere visuokonstruktive praktische, gnostische und Gedächtnisaufgaben sind initial unbeeinträchtigt (Elfgren et al. 1993; Gustafson 1987; Pasquier 1999). Etwa beim Stroop-Test und Wisconsin-Card-Sorting-Test fällt die mangelnde Flexibilität der Patienten auf. Die Verhaltensbeobachtung an den Patienten in der Testsituation kann diagnostisch wegweisend sein. Bei erhaltenem Sprachverständnis und allenfalls mangelnder Aufmerksamkeit und eingeschränkter Kooperationsbereitschaft ist auch im Frühstadium ein repetitives Antwortverhalten mit Neigung zu Echolalien, inhaltlichen und motorischen Perseverationen zu bemerken (Elfgren et al. 1993). Etwaige Sprachstörungen können eher als dysexekutiv, denn als genuin aphasisch aufgefasst werden (Silveri et al. 2003). Ein Teil der Patienten zeigt bei der Untersuchung ein obstinates, nicht abstellbares Imitationsverhalten (Shimamura u. Mori 1998). Gelegentlich können durch eine linksbetonte FTD künstlerische Fähigkeiten im Verlauf der Erkrankung freigesetzt werden (Antérion et al. 2002; Geroldi et al. 2000; Mell et al. 2003; Miller et al. 2000). Die Patienten entwickeln keine »theory of mind«, erscheinen rücksichtslos, mitleidlos und versetzen sich nicht in ihr Gegenüber hinein. In eleganten Tests sind die Defizite im Bereich der Wahrnehmung mimischer sozialer Signale, im Perspektivwechsel vom Selbst zum anderen und im taktvollen Empfinden peinlicher Situationen zu demonstrieren (z. B. »Fauxpas-Test«; Gregory et al. 2002).

Soziale und andere Probleme

Die Verhaltensdefizite und die Unfähigkeit der Patienten zu »wollen« führen im Frühstadium, solange der Krankheitscharakter der Störung noch nicht offensichtlich ist, häufig zu schweren Spannungen am Arbeitsplatz und zu einer extremen Belastung privater Beziehungen. Die instrumentellen Fähigkeiten zur Essensaufnahme, zum Ankleiden und zu anderen Alltagsaktivitäten bleiben erhalten; das Problem ist die fehlende Motivation der Patienten und das mangelnde Engagement in sozialen Beziehungen.

Frontale Enthemmungszeichen wie Palmomental-, Schnauz- und Greifreflex und Gegenhalten sind bereits früh auszulösen. Hypokinese, Rigor und andere extrapyramidalmotorische Zeichen treten in Abhängigkeit von einer Beteiligung der Basalganglien bei bis zu einem Drittel der Patienten früh, mehrheitlich aber spät auf, während Myoklonien und epileptische Anfälle selten berichtet werden (Förstl et al. 1996; Gustafson 1987; Kaye 1998). Kombinationen mit anderen zentral-neurologischen Störungen wie z. B. einer progressiven Hemiparese können in Einzelfällen beobachtet werden (Schmidtke u. Hiersemenzel 1997).

Klinische Diagnostik

Kriterien zur Diagnose einer FTD sind in ◘ Tabelle 7.2 wiedergegeben.

In der »International Classification of Diseases«-(ICD)-10-R (WHO 1994) wird zur Diagnose einer »Demenz bei Pick-Krankheit« gefordert:
— Das Vorliegen eines Demenzsyndroms (wodurch viele Patienten im Frühstadium der Erkrankung ausgeschlossen werden); daneben
— ein langsamer Beginn mit fortschreitendem Abbau;
— das Vorliegen von Frontalhirnsymptomen, nachgewiesen durch zwei oder mehr der folgenden Merkmale:
    — emotionale Verflachung,
    — Vergröberung des Sozialverhaltens,
    — Enthemmung,
    — Apathie oder Ruhelosigkeit,
    — Aphasie,
— der relative Erhalt des Gedächtnisses und der Parietallappenfunktionen in den frühen Stadien der Erkrankung.

Baldwin und Förstl (1993) schlugen operationalisierte Diagnoseverfahren vor, die in den letzten Jahren verschiedene Modifikationen erfuhren (◘ Tabelle 7.2).

Die Lund- und Manchester-Gruppen veröffentlichten klinische und neuropathologische Konsensuskriterien, die umfangreich, aber nicht operationalisiert waren (Brun et al. 1994). Der Konsensus wurde in der Überarbeitung (Neary et al. 1998) auf eine noch breitere Basis gestellt; hierbei wurden obligate und supportive Einschlusskriterien unterschieden und genaue Angaben zur Prüfung und Beurteilung der einzelnen Kriterien mitgeliefert. Die Cambridge-Kriterien von Gregory (1999) sind auf die klinisch wesentlichen Merkmale einer präfrontal betonten FTD konzentriert. Verlässliche Studien zur Epidemiologie, Genetik, Therapie und anderen Aspekten der Krankheit sind erst zu erwarten, wenn reproduzierbare Kriterien einheitlich angewandt werden. McKhann et al. (2001) liefern in ihren klinischen Konsensuskriterien einen vereinfachten Extrakt früherer Vorschläge:
1. Entwicklung von Störungen des Verhaltens oder der Kognition mit entweder
    — früher und progredienter Persönlichkeitsveränderung, mit Schwierigkeiten das Verhalten anzupassen und inadäquaten Reaktionen und Aktivitäten, oder
    — frühen und progredienten Veränderungen der Sprache mit Schwierigkeiten im Ausdruck, beim Benennen und mit der Wortbedeutung.
2. Diese Störungen verursachen signifikante Probleme bei gesellschaftlichen oder beruflichen Anforderungen und stellen einen deutlichen Leistungsverlust dar.
3. Der Verlauf ist durch einen langsamen Beginn und einen kontinuierlichen Leistungsabfall charakterisiert.
4. Die Störungen sind weder durch eine andere neurologische (z. B. zerebrovaskuläre) oder systemische Erkrankung (z. B. Hypothyreose) verursacht, noch substanzinduziert.
5. Die Störungen treten nicht ausschließlich während eines Delirs auf.
6. Die Störungen werden nicht durch eine psychische Erkrankung erklärt (z. B. Depression).

Zweifel müssen angemeldet werden, ob die FTD wirklich – wie in den meisten Kriterien vorgeschlagen – bevorzugt Krankheiten des Präseniums darstellen. Einzelfälle mit Auftreten im höheren Lebensalter wurden berichtet (Gislason et al. 2003; Zachhuber et al. 1999). Generell ist jedoch davon auszugehen, dass die Symptomatik einer FTD im Senium von anderen, klinisch und neuropathologisch leichter identifizierbaren Erkrankungen überlagert wird (M. Alzheimer, vaskuläre Hirnerkrankungen).

Entscheidend zur Diagnose der FTD sind nach allen vorgeschlagenen Kriterien die Störungen des Verhaltens, die im Allgemeinen durch Anamnese und Beobachtung und – im Frühstadium – weit weniger durch eine einfache, formale Testung identifiziert werden. Dennoch ist gerade bei diesen Patienten eine ausführliche neuropsychologische Testung unabdingbar. Einige einfache Skalen eignen sich, um Teilaspekte von kognitiven und Verhaltensänderungen bei Patienten mit FTD zu erfassen: Stereotypien (Shigenobu et al. 2002), Defizite von Sprachverständnis, Konzeptbildung und Sprachproduktion (Dubois et al. 2000), anamnestische und aktuelle Hinweise auf Störungen von Affekt und Selbstkontrolle (Kertesz et al. 1997; Lebert et al. 1998).

Die Verhaltensbeobachtung während der Untersuchung gibt mehr Auskunft über den Patienten als das abstrakte Ergebnis eines Tests oder einer Beobachtungsskala (◘ Tabelle 7.4).

◘ Tabelle 7.4. Hinweise zu einer systematischen Verhaltensbeobachtung während der klinischen Untersuchung (eine Operationalisierung ist möglich)

Verhaltensbereiche		Beispiele
Spontanverhalten	Erscheinung	Gewaschen, gekämmt, gekleidet, ...
	Kontakt	Blickkontakt: keiner ... bohrend; Mimik und Gesten: Rapport ... Autismus
	Sprechen (formal)	Mutistisch ... logorrhoisch; gut moduliert ... schlecht artikuliert
	Sprache (inhaltlich)	Zum Punkt ... tangential; Repertoire: breit ... Grammophon-Symptom
	Körpermotorik	Gehemmt ... ruhelos; gezielt ... stereotyp
Utilisation (diese Gegenstände liegen auf einer ansonsten leeren Platte des Untersuchungstisches in Griffweite des Patienten; der Patient wird nicht aufgefordert, davon Gebrauch zu machen)		Bleistift, Notizblock, Radiergummi, Spitzer, Lineal, Bonbon, Schlüssel, Glas, Wasserflasche, Korkenzieher, Kamm, Zahnbürste, Trillerpfeife, Quietsch-Ente, 1 Euro
Imitation (die Handlungen werden vom Untersucher nebenbei ins Gespräch eingebaut)	Gestisch/Mimisch	Schreiben, Ohrläppchen zupfen, Nase kitzeln, Augen reiben, Finger schnippen
	Verbal	Lachen, staunen (Augen weit öffnen), gähnen, blinzeln, Stirn runzeln; häufiges Nachsprechen ... Echolalie
Gesamtbeurteilung	Kooperationsbereitschaft	Zuwendung, Interesse ... Gleichgültigkeit/Aggressivität
	Anpassungsfähigkeit	Persistenz ... Ablenkbarkeit; Emotionalität, flach ... labil
	Sozialverhalten	Reaktion auf soziale Signale; Takt, Einsicht in die Gesprächssituation und in eigene Probleme

7.2 · Klinik und Diagnostik der frontotemporalen Degenerationen

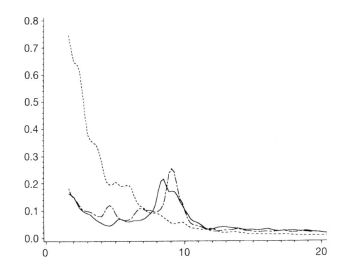

◘ **Abb. 7.1.** EEG-Powerspektren von Patienten mit FTD *(gestrichelt)*, Alzheimer-Demenz *(gepunktet)* und einer altersgleichen Kontrollgruppe. Patienten mit FTD zeigen ein gut ausgeprägtes Alpha-EEG (x-Achse Frequenz in *Hz*; y-Achse log-transformierte Power über *Fz*)

Das **EEG** (Elektroenzephalogramm) zeigt im Frühstadium typischerweise keine krankhaften Veränderungen, jedoch kann eine besonders gut ausgeprägte und regelmäßige Alpha-Aktivität auffallen (Förstl et al. 1996; Lindau et al. 2003; Yener et al. 1996; ◘ Abb. 7.1).

In **SPECT** (Single-Photon-Emissionscomputertomografie) und **PET** (Positronenemissionstomografie) sind je nach Schwerpunkt des degenerativen Prozesses symmetrische oder asymmetrische präfrontale bzw. frontotemporale Defizite von Perfusion und Metabolismus nachzuweisen (Charpentier et al. 2000; Frisoni et al. 1995; Julin et al. 1995; Miller u. Gearhart 1999). Das Ausmaß der Veränderungen ist mit den spezifischen neuropsychologischen Defiziten korreliert (Grimmer et al., 2004).

Grimmer et al. (2004) konnten zeigen, dass im Verlauf von 1–2 Jahren der Hypometabolismus v.a. im Bereich frontoorbitaler und subkortikaler Regionen deutlicher wurde. Rombouts et al. (2003) gelang anhand eines aufwändigen neuropsychologischen Testsatzes der Nachweis subtiler Veränderungen in der funktionellen Kernspintomografie an Patienten ohne eindeutig erkennbare Hirnatrophie. Ein praktischer diagnostischer Nutzen dieses wissenschaftlich interessanten Ergebnisses ist zweifelhaft.

CT (Computertomografie) oder **MRT** (Magnetresonanztomografie) zeigen im Verlauf der Erkrankung meist Atrophien im Bereich des Frontallappens und Temporallappens mit einer Erweiterung der Fissuren und Sulci sowie einer Aufweitung der Vorderhörner und seltener der Temporalhörner (Förstl et al. 1996; Frisoni et al. 1999; Galton et al. 2001; Knopman et al. 1989; Larsson et al. 2000; Miller u. Gearhart 1999), die ebenfalls mit der Schwere der Veränderung korreliert sind (Lavenu et al. 1998). Im Vergleich zu Patienten mit einer Alzheimer-Demenz sind bei der FTD die anterioren Anteile des Corpus callosum stärker atrophiert; diese Veränderung ist nicht nur von potenzieller diagnostischer Bedeutung, sondern von Interesse für das funktionell-neuroanatomische Verständnis der Erkrankung (Kaufer et al. 1997; Yamauchi et al. 2000). In einer umfangreichen Untersuchung an 85-Jährigen aus einer repräsentativen Bevölkerungsstichprobe zeigten 100% der Patienten, die Kriterien einer FTD erfüllten, eine ausgeprägte Frontallappenatrophie, aber auch 93% derjenigen mit einem »Frontallappensyndrom« anderer Genese, ebenso wie 49% (!) der 85-Jährigen ohne klinische Hinweise auf eine frontale Funktionsstörung (Gislason et al. 2003; ◘ Abb. 7.2 und 7.3). Das Fortschreiten der Hirnatrophie erfolgt aufgrund der unterschiedlichen Prototypen frontotemporaler Degenerationen ungleich heterogener als bei der Alzheimer-Demenz (Chan et al. 2001a, b).

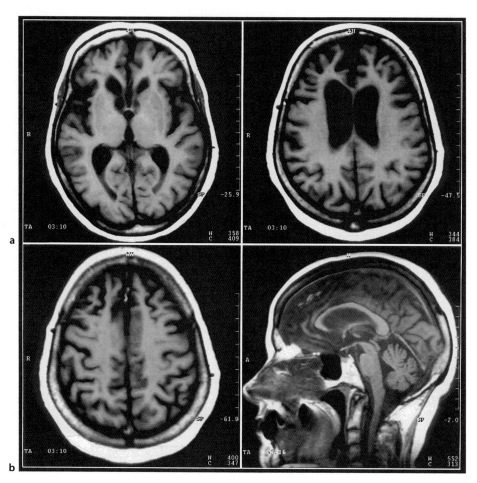

Abb. 7.2a, b. Frontotemporale Degeneration (MRT; 64-jährige Patientin). **a** Horizontale Schichten: Erweiterung von Fissura und Cisterna sylvii und Vorderhorn des Seitenventrikels rechts; plumpe Erweiterung der Zella media, rechts weiter als links, Verschmälerung der Gyri frontales superiores rechts stärker als links; **b** Sagittalschnitt: Rostral schmales Corpus callosum; Nebenbefund: Asymptomatisches Meningeom der rostralen Falx (Prof. Dr. F. Hentschel, Neuroradiologische Abteilung, ZISG, Mannheim)

In der **Zerebrospinalflüssigkeit** ist die Konzentration des Neurofibrillenproteins Tau im Vergleich zu Kontrollpersonen angehoben, die Konzentration von Amyloid-β-A1–42 ist erniedrigt; die Veränderungen sind jedoch nicht so ausgeprägt wie bei einer Alzheimer-Demenz (Riemenschneider et al. 2002a; ◘ Tabelle 7.5). Die Tau- und Phospho-Tau-181-Konzentrationen sind im Liquor von Patienten mit frontotemporalen Degenerationen bei bestimmten Tau-Mutationen auf Chromosom 17q21–22 (P301L und G272 V) nicht signifikant gegenüber Kontrollpersonen erhöht (Rosso et al. 2003b). Im Vergleich zu Patienten mit Alzheimer-Demenz ist die Konzentration der an Threonin 231 phosphorylierten Tau (Phospho-Tau-231) bei FTD signifikant niedriger (Hampel u. Teipel 2004).

Grundlagen

Epidemiologie

In großen Untersuchungsserien spezialisierter Zentren wurde bei 2% (Binetti et al. 2000) bis 5% (Pasquier et al. 1999) der klinischen Stichproben eine FTD diagnostiziert. Schätzungen ergaben

7.2 · Klinik und Diagnostik der frontotemporalen Degenerationen

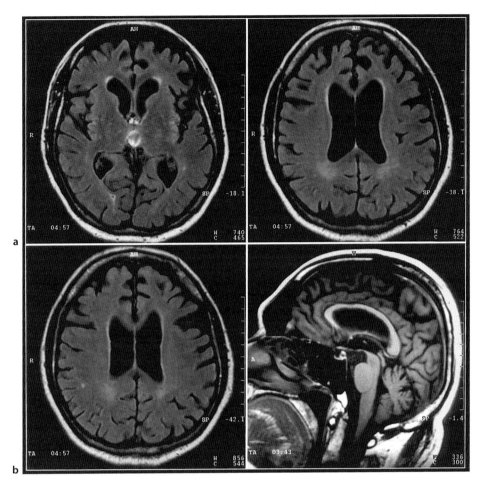

Abb. 7.3a, b. Frontotemporale Degeneration (MRT; 71-jähriger Patient). **a** Horizontal: Plumpe Erweiterung der Vorderhörner der Seitenventrikel, der Fissura und Cisterna sylvii, links weiter als rechts; Verschmälerung der Gyri frontales superiores beidseitig, frontale Akzentuierung des Subarachnoidalraums über der prärolandischen Region beidseitig, links deutlicher als rechts; **b** Sagittalschicht: Schmales Corpus callosum mit umschriebener kraniokaudaler Durchmesserminderung am Isthmus (Prof. Dr. F. Hentschel, Neuroradiologische Abteilung, ZISG, Mannheim)

Tabelle 7.5. Tau, β-Amyloid1–42 im Liquor cerebrospinalis und ApoE4-Allelfrequenz von neuropsychiatrisch gesunden Kontrollpersonen (K), Patienten mit frontotemporaler Degeneration (FTD) und mit Alzheimer-Demenz (AD). (Nach Riemenschneider et al. 2002b)

	K	FTD	AD
Tau (ng/l)	152 (104–190)	282 (218–375)	540 (373–869)
Aβ1–42 (ng/l)	1.076 (941–1231)	835 (666–1.006)	394 (326–504)
ApoE4 Allelfrequenz	0,08	0,10	0,32

eine Prävalenz von 15/100 000 (Ratnavalli et al. 2002) bis nahezu 50/100 000 bei den 45–69-Jährigen (Ibach et al. 2003), mit einem vermuteten Gipfel bei den 60–69-Jährigen (Rosso et al. 2003a). Die FTD kann vor dem 30. Lebensjahr beginnen (Jacob et al. 1999; Stone et al. 2003); das mittlere Erkrankungsalter wird mit etwa 53 (Ratnavalli et al. 2002) bis 58 Jahren angegeben (Diehl u. Kurz 2002; Rosso et al. 2002). Die FTD kann jedoch auch im höheren Lebensalter klinisch festgestellt werden (Zachhuber et al. 1999). Bei nahezu 20% epidemiologisch repräsentativ ausgewählter 85-Jähriger liegt ein Frontallappensyndrom vor, wobei nach üblichen Kriterien bei der überwiegenden Mehrzahl dieser Patienten (87%) andere Demenzformen zu diagnostizieren sind (Alzheimer- und »vaskuläre« Demenz; Gislason et al. 2003); 3% erfüllen Kriterien einer FTD mit frontaler Betonung. Die Angaben zur Geschlechtsverteilung schwanken zwischen 3:4 (Männer:Frauen; Gislason et al. 2003) bis zu 14:3 (Ratnavalli et al. 2002). Die Mehrzahl der Untersuchungen an Patienten unter 65 Jahren zeigt ein Überwiegen des männlichen Geschlechts (z. B. Diehl u. Kurz 2002), wobei Frauen häufiger den Prototyp einer progredienten Aphasie entwickeln können (Pace-Savitsky et al. 2003). Die mittlere Überlebenszeit nach Symptombeginn wurde mit 6, ab Diagnosestellung mit 3 Jahren angegeben; sie ist bei Patienten mit Motoneuronenerkrankung noch kürzer (Catani et al. 2004; Hodges et al. 2003). Die Ergebnisse neuropathologischer Studien divergieren stark: zwischen 3 und 20% autoptisch untersuchter dementer Patienten zeigten die neuropathologischen Korrelate der FTD (Brun et al. 1987; Kurz u. Jellinger 2002).

Neuropathologie

Gemeinsame Eigenschaft der frontotemporalen Degenerationen ist die zu Beginn der Erkrankung fokale Betonung einer kortikalen Hirndegeneration, die an unterschiedlichen Orten – eben meist im frontotemporalen Bereich – beginnen und mit der Veränderung unterschiedlicher subkortikaler Areale assoziiert sein kann, wobei diesen Prozessen diverse histopathologische Veränderungen zugrunde liegen. Histologisch finden sich bei den meisten Patienten unspezifische Hirnveränderungen mit einem Nervenzellverlust in den oberen Rindenschichten: bei einer Teilgruppe sind die erstmals von Alzheimer (1911) beschriebenen argyrophilen Einschlusskörperchen nachzuweisen; seltener finden sich bei Patienten mit der klinischen Diagnose einer FTD Alzheimer- und andere Hirnveränderungen.

Die unspezifischen Neuronenverluste sind v.a. in den oberflächlichen Kortexschichten II und III nachzuweisen und häufig von einer Mikrovakuolisierung und reaktiven Gliose begleitet. Ballonierte Neuronen (so genannte Pick-Zellen) sind diagnostisch unspezifisch und möglicherweise Folge einer retrograden Neurodegeneration (Constantinidis et al. 1974; Zhou et al. 1998). Das Marklager kann durch eine astrozytäre Gliose mitverändert sein; die betroffenen Rindenareale sind teilweise unscharf gegen weniger betroffene Areale abgegrenzt (Brun 1987). Das Striatum ist gelegentlich, die pigmentierten Hirnnervenkerne sind nur selten an den Veränderungen beteiligt (Mann et al. 1993).

Argyrophile (»Silber-liebende«) neuronale Einschlusskörperchen (Pick-Körper) bestehen u. a. aus Ubiquitin, normalem und hyperphosporiliertem Tau. Sie finden sich im frontotemporalen Neokortex, aber auch im Gyrus dentatus. Pick-Körper sind mit einem besonders schwerwiegenden spongiösen Umbau des Neokortex assoziiert, der meist alle Schichten betrifft und von einer ausgeprägten Gliose begleitet wird, die auch das Marklager erfassen kann. Striatum und pigmentierte Hirnnervenkerne, seltener der Nucleus basalis Meynert können von den Veränderungen betroffen sein (Braak et al. 1999; Braak u. Braak 1998; Kosaka et al. 1991; Uhl et al. 1983).

In einer Studie an 40 Patienten waren bei 33% Ubiquitin-positive Einschlüsse nachzuweisen, bei 30% Tauopathien, bei 20% keine charakteristischen histologischen Veränderungen (»DLDH,

○ **Tabelle 7.6.** Neuropathologische Klassifikation der frontotemporalen Degenerationen (Munoz et al. 2003)

1	3-Repeat Tauopathien Pick-Krankheit
2	4-Repeat Tauopathien Kortikobasale Degeneration Progressive supranukleäre Parese Argyrophile Einschlusskörper Krankheit
3	3- und 4-Repeat Tauopathien Neurofibrillen dominierte Demenz
4	Demenz ohne distinkte Histopathologie (DLDH)
5	Demenz mit Motoneuronenerkrankungs-Einschlüssen

dementia lacking distinctive histopathology«) und bei 15% nicht näher definierte »Pick«-Charakteristika (Rosso et al. 2003a).

Die hybride pathologische Klassifikation der frontotemporalen Degenerationen stützt sich derzeit auf eine Kombination histologischer, proteinchemischer sowie genetischer Merkmale (Munoz et al. 2003; ○ Tabelle 7.6).

Neurochemie und Pharmakologie

Die cholinerge Neurotransmission ist bei der FTD in anderer Weise beteiligt als bei der Alzheimer-Demenz, bei welcher eine frühe Neurodegeneration des cholinergen Nucleus basalis Meynert und der benachbarten cholinergen Kerngebiete erfolgt. Die zum Neokortex und Hippokampus projizierenden Kerne des Nucleus basalis Meynert sind bei den FTD-Formen mit und ohne Pick-Körperchen weitgehend erhalten (Mizukami u. Kosaka 1989). Entsprechend ist die Aktivität der Acetylcholin synthetisierenden Cholin-Acetyl-Transferase nahezu unbeeinträchtigt (Francis et al. 1993; Hansen et al. 1988; Wood et al. 1983). Über die Dichte der muskarinergen Acetylcholinrezeptoren liegen abweichende Ergebnisse vor (Reduktion im Temporalkortex: Francis et al. 1993; Hansen et al. 1988; keine Veränderung: Procter et al. 1999). Odawara et al. (2003) konnten zeigen, dass die Dichte der muskarinergen Rezeptoren insgesamt im Temporallappen (nicht aber im Frontallappen!) bei Patienten mit FTD stärker erniedrigt ist, als bei der Alzheimer-Demenz oder in einer Kontrollgruppe. Dabei waren die postsynaptischen M_1-Rezeptoren reduziert, die präsynaptischen M_2-Rezeptoren jedoch erhöht – möglicherweise als Konsequenz der postsynaptischen Rezeptorenreduktion. Dies sind ungünstige Voraussetzungen für eine symptomatische Behandlung mit Cholinesterase-Hemmern.

Die 5-HT_{1A}- und 5-HT_{2A}-Rezeptoren sind im Präfrontalkortex der Patienten mit »Pick-Krankheit« vermindert, Homovanillinmandelsäure ist in der Zerebrospinalflüssigkeit im Vergleich zu Patienten mit Alzheimer-Demenz reduziert (Francis et al. 1993; Procter et al. 1999; Sjögren et al. 1998; Sparks u. Markesbery 1991).

Die Dopamin-Rezeptoren-Bindung im Putamen und Caudatum ist im Mittel um etwa 15% reduziert; das Ausmaß der Reduktion ist korreliert mit der Ausprägung von Rigor und Hypokinese (Rinne et al. 2002).

Ferner ist die Konzentration von Kortikotropin-releasing-Faktor, antidiuretischem Hormon und Somatostatin im Liquor erniedrigt und diese Veränderungen korrelieren möglicherweise mit der Ausprägung von Verhaltensstörungen (Edvinsson et al. 1993; Minthon et al. 1997).

Die Dichte der glutamatergen AMPA- und möglicherweise auch der NMDA-Rezeptoren ist frontotemporal vermindert (Procter et al. 1999). Glutamaterge Pyramidenzellen im Frontal- und Temporalkortex gehen verloren, ebenso wie GABA-erge Interneuronen der oberen Kortexschichten (Ferrer 1999).

Genetik

Die Angaben zu Krankheitsfällen unter den Verwandten 1. Grades schwanken bei Indexpatienten mit FTD zwischen 40 und 50% (Chow et al. 1999; Neary et al. 1988; Stevens et al. 1998). Bisher waren nur bei wenigen Familien mit autosomaldominantem Erbgang einzelne Krankheitsgene zu identifizieren (Chow et al. 1999).

Chromosom 17. In Kopplungsstudien war bei einigen Familien ein Genort im Bereich des Chromosom 17q21–22 wahrscheinlich zu machen (Foster et al. 1997; Lynch et al. 1994). Ein Teil dieser Mutationen liegt im Bereich des Tau-Gens auf dem inzwischen mehr als 25 dominante Mutationen identifiziert wurden (Bird et al. 2003; Hutton et al. 1998; Nasreddine et al. 1999; Nicholl et al. 2003; Rizzu et al. 1999; Spillantini u. Goedert 2000). Durch diese Mutationen werden möglicherweise der Anteil verschiedener Tau-Isoformen und deren chemische Bindungseigenschaften beeinflusst, wodurch die Zellfunktion gestört wird (Dumanchin et al. 1998; Hong et al. 1998; Hutton et al. 1998; Martin 1999).

Die FTD mit Parkinsonismus und Chromosom-17-Mutation (FTDP-17) beginnt im Alter zwischen 40 und 50 Jahren mit
- Persönlichkeitsveränderung,
- Stereotypien,
- Parkinsonismus,
- Dystonie,
- Amnesie,
- Aphasie und
- Apraxie (Bird et al. 1999; Heutink et al. 1997; Spillantini et al. 1998).

Die Träger der Mutationen weisen im Vergleich zu Nicht-Trägern Dekaden vor einer eindeutigen klinischen Manifestation der FTD ein Dysexekutiv-Syndrom auf (Geschwind et al. 2002).

Neben einer frontotemporalen Kortexatrophie mit spongiösem Umbau zeigt sich eine Gliose in Substantia nigra und Striatum mit ausgeprägter Tau-Pathologie (Buee u. Delacourte 1999). Mutationen im Bereich des Chromosom 17q21–22 finden sich auch bei der Pick-Krankheit im engeren Sinne mit argyrophilen Einschlusskörperchen (Pickering-Brown et al. 2000), bei klinischer FTD und auch bei familiären Multisystemerkrankungen, pallidopontonigraler Degeneration und anderen.

Auch ein rezessiver Erbgang bei einer Mutation im Bereich des Tau-Gens mit sehr frühem Beginn, fataler pulmonaler Symptomatik und rascher Progredienz wurde beobachtet (Nicholl et al. 2003).

Chromosom 3. Im Bereich von Chromosom 3S1284–3S1603 wurde bei einer dänischen Familie ein Genort nachgewiesen, der sowohl für eine FTD als auch für eine Dyskalkulie verantwortlich scheint, wobei aufgrund der Antizipation vermutet werden darf, dass eine Trinukleotidexpansion zugrunde liegt (Ashworth et al. 1999; Brown et al. 1995; Gydesen et al. 1987).

Apolipoprotein E. Nur in einer kleinen Studie war ein mehrfach erhöhtes Erkrankungsrisiko für die FTD bei Apo-E4-homozygoten Patienten nachgewiesen (Stevens et al. 1997), während die Mehrzahl der Untersuchungen sowie eigene Daten keinen Hinweis auf einen Zusammenhang mit dem Apo-E-Polymorphismus ergaben (Riemenschneider et al. 2002a, ◘ Tabelle 7.5). Möglicherweise führt ApoE4 zu einer früheren Krankheitsmanifestation mit stärker ausgeprägter, bilateraler Hirnatrophie und zu einem rascheren Krankheitsverlauf (Boccardi et al. 2002; Geschwind et al. 1998; Riemenschneider et al. 2002a; ◘ Tabelle 7.5).

7.3 Sonderformen und Differenzialdiagnosen

Prototypen der fokal-kortikal beginnenden Hirnatrophien können nach ihrer kortikalen Lokalisation und der daraus abzuleitenden Symptomatik (progrediente Aphasie, semantische Demenz, progrediente Soziopathie), nach der Kombination mit subkortikalen Symptomen oder nach histologischen Kriterien beschrieben werden. Ein befriedigendes Ordnungssystem lässt in einer Periode, in der klinisch-pathologische Krankheitsmodelle von genetischen Erkenntnissen umgeformt werden, noch auf sich

7.3 · Sonderformen und Differenzialdiagnosen

◻ Tabelle 7.7. Häufigkeitsverteilung von Prototypen der frontotemporalen Degenerationen (Pace-Savitsky et al. 2003)

	TU München	UC San Francisco
Frontotemporale Degeneration	69%	50%
Progrediente Aphasie	14%	23%
Semantische Demenz	17%	27%

warten. Die Häufigkeitsverteilung von frontotemporaler Degeneration, progredienter Aphasie und semantischer Demenz an 2 spezialisierten Zentren zeigt ◻ Tabelle 7.7.

Progrediente Aphasie

Symptomatik

Die meisten Patienten erkranken nach dem 60. Lebensjahr; damit liegt das Erkrankungsalter höher als bei den anderen Formen der frontotemporalen Degeneration angegeben (Hodges et al. 2003; Pace-Savitsky et al. 2003). Bei dieser Form der fokal beginnenden Hirnatrophie entwickelt sich über viele, manchmal mehr als 10 Jahre eine meist nichtflüssige Aphasie mit erschwerter Sprachproduktion und Wortfindungsstörungen (Anomie), phonematischen Paraphasien und Grammatikfehlern, im Verlauf Telegrammstil und schließlich Mutismus (Snowden et al. 1992; Mesulam 2001; Weintraub et al. 1990). Das Sprachverständnis kann lange Zeit erhalten bleiben. Praktische Fähigkeiten bestehen über viele Jahre fort. Bei intakter Persönlichkeit und vorhandener Krankheitseinsicht sind die Patienten durch ihre Defizite häufig verunsichert und vermeiden Sozialkontakte. Gelegentlich entwickelt sich eine reaktive Depression. Mit Ausnahme einer Sprechapraxie fehlen bei den meisten Patienten in den frühen Krankheitsstadien weitere neuropsychiatrische Störungen (Chow et al. 2002). Erst spät wird die gemeinsame Endstrecke einer FTD mit zusätzlichen Verhaltensstörungen erreicht (Karbe et al. 1993; Kirshner et al. 1987; Mesulam 1982, 2001; Snowden et al. 1992; Weintraub et al. 1990). Zugrunde liegt eine Atrophie im Bereich der anterioren Sprachareale der dominanten Hemisphäre, bei der es sich meist um einen unspezifischen Nervenzellverlust mit Gliose und leichtem spongiformem Umbau der oberen Kortexschichten handelt (Neary et al. 1993; Turner et al. 1996); seltener sind Pick-Zellen und Pick-Körper nachzuweisen (Gydesen et al. 1987) und noch seltener neurodegenerative Alzheimer-Veränderungen (Mesulam 2001; Turner et al. 1996). Bei Mitbeteiligung der Stammganglien kann eine asymmetrische Akinesie oder ein Rigor beobachtet werden.

Das **EEG** ist unverändert. In **SPECT** oder **PET** finden sich links-temporal an der anterioren Inselrinde akzentuierte Veränderungen (Chawluk et al. 1986; Nestor et al. 2003). **CT** und **MRT** zeigen eine linksseitige frontotemporale Hirnatrophie, die initial meist leicht ausgeprägt ist (Kertesz et al. 1994; Snowden et al. 1992; Turner et al. 1996). Drzezga et al. (2002) konnten bei 2 linkshändigen Patienten mit langsam progredienter Aphasie im Positronenemissionstomogram mit dem Tracer Fluordesoxyglukose (FDG-PET) einen rechtsseitigen Hypometabolismus demonstrieren.

Differenzialdiagnosen

Bei **FTD** besteht meist keine ausgeprägte Aphasie, im Verlauf kann sich jedoch eine Sprachverarmung, Anomie und eine leichte Dysarthrie entwickeln. Bei der progredienten Aphasie fehlen andere exekutive Störungen, Apathie oder Disinhibition meist für lange Zeit.

Bei der **Alzheimer-Demenz** ist Sprachproduktion noch erhalten, wenn Gedächtnis, Orientierung und Alltagsbewältigung bereits nachhaltig beeinträchtigt sind. Entwickeln sich aphasische Störungen, handelt es sich meist um eine flüssige, Wernicke-artige Aphasie.

Die Aphasie nach Hirninfarkt, z. B. beim **Gyrus-angularis-Syndrom**, tritt meist schlagartig auf; oft finden sich auch klinische und anamnestische Hinweise auf spezifische Risiken sowie ein klares strukturelles Korrelat in CT oder MRT. Neurorehabilitation führt – im Gegensatz zur progredienten, neurodegenerativ bedingten Aphasie – zu einer messbaren und anhaltenden Leistungsverbesserung.

Selten kann eine **Creutzfeldt-Jakob-Krankheit** mit progredienten Sprachstörungen beginnen, zu denen jedoch rasch andere neurologische Veränderungen treten.

Semantische Demenz

Symptomatik

Die semantische Demenz ist eine progrediente, nachhaltige Störung des Bezeichnens und Begreifens von Objekten und Konzepten bei flüssiger, phonologisch und grammatikalisch korrekter Sprachproduktion und intakter Wahrnehmung (Garrard u. Hodges 2000; Snowden 1999). Dabei kann die Kenntnis um belebte Objekte stärker betroffen sein, als die unbelebter Objekte (von Cramon, persönliche Mitteilung). Bei flüssiger Sprachproduktion sinkt deren Vielfalt und Gehalt. Die Alltagsbewältigung und das Benutzen von Gegenständen können lange Zeit erhalten sein, wenngleich eine statistische Beziehung zwischen dem Verlust des Wissens über die Bezeichnung, die Bedeutung und der korrekten Benutzung von Objekten besteht (Hodges et al. 2000). Diese Patienten entwickeln häufig besondere Vorlieben, z. B. für Süßigkeiten, zeigen vermehrten Appetit, veränderte, zeitweise ritualisierte, im Verlauf degenerierende Essgewohnheiten und schließlich gefährliche Schluckstörungen (eigene Beobachtung; Ikeda et al. 2002).

Im Vergleich zur FTD neigen die Patienten mit semantischer Demenz noch stärker zu Stereotypien und ritualisierten Prozeduren, wie etwa:
- genaues Verfolgen der Uhrzeit,
- feste tägliche Routinen (z. B. bei der Nahrungsaufnahme),
- repetitive oder umgehende Ausführung von Aufgaben,
- Grübelneigung,
- vermehrte Sozialkontakte,
- gesteigerter Gefühlsausdruck und
- erhöhte Schmerzempfindlichkeit (Bozeat et al. 2000; Ikeda et al. 2002; Snowden et al. 2001).

Im Gegensatz zu den Patienten mit Zwangserkrankungen empfinden die Patienten mit semantischer Demenz ihre mangelnde Flexibilität nicht als störend und Ich-fremd.

Patienten verlieren die Angst vor gefährlichen Situationen und scheinen sich nicht länger an die Gefahr zu erinnern; die Krankheitseinsicht bleibt jedoch erhalten.

Die zugrunde liegende Hirnatrophie ist asymmetrisch linksbetont mit einer anterior-akzentuierten Temporallappenveränderung, die Gyrus temporalis medius und inferior, Gyrus fusiformis, Regio entorhinalis und Amygdala betrifft (Chan et al. 2001b). In **CT** oder **MRT** zeigt sich eine Aufweitung der linken Sylvischen Fissur im Krankheitsverlauf (Neary 1999; Snowden 1999). Ein systematischer volumetrischer Vergleich zwischen Patienten mit FTD und solchen mit semantischer Demenz ergab eine bilaterale Atrophie von ventromedialem Frontalkortex, posteriorem Orbitofrontalkortex und Inselrinde sowie des linken anterioren Gyrus cinguli in beiden Gruppen; während bei der FTD der dorsolaterale Frontalkortex und bei der semantischen Demenz beidseits der anteriore Temporalkortex und der Amygdala-Hippokampus-Komplex anterior stärker betroffen waren (Rosen et al. 2002a). Im Vergleich zu Patienten mit einer Alzheimer-Demenz fand sich bei der semantischen Demenz eine geringere Atrophie von linkem Parietallappen, posteriorem Gyrus cinguli und Präkuneus (Boxer et al. 2003). Obwohl morphologisch weitgehend intakt, ist der linke posteriore Gyrus temporalis inferior, eine für phonologisch-lexikalische Aufgaben relevante Struktur, nicht mehr ausreichend aktivierbar (Mummery et al. 1999). Histopathologisch finden sich die bei den anderen Lobäratrophien genannten Veränderungen sowie gelegentlich Ubiquitin-positive, Tau-negative Einschlusskörperchen und Neuriten (Rossor et al. 2000).

Progrediente Soziopathie – rechtsseitige Temporallappenatrophie

Eine Reihe elaborierter sozialer Funktionen wie emotionale Wahrnehmung, Humor, Taktgefühl, Selbstreflexion werden durch die nichtdominante Hemisphäre vermittelt (Rankin et al. 2003). Patienten mit rechts-temporal akzentuierter Hirnatrophie zeigen Veränderungen der Affektlage und des Antriebs. Sie wirken apathisch mit stark reduzierter Mimik. Emotionaler Kontakt ist schwer herzustellen; sie erscheinen uninteressiert, weit distanziert, abgestumpft oder kalt (Rankin et al. 2003). Ebensowenig wie Gefühle mimisch ausgedrückt werden, können die Patienten die Gefühlslage anderer erkennen und sich in sie hineinversetzen. In einer neuropsychologischen Untersuchung (Rosen et al. 2002b) war bei der temporalen Variante der FTD eine enge Beziehung nachzuweisen zwischen den Defiziten in der Wahrnehmung vorwiegend negativer Gesichtsausdrücke (Trauer, Ärger, Angst) einerseits und dem Ausmaß der rechtsseitigen Atrophie von Amygdala und frontoorbitalem Kortex andererseits. Bei einzelnen Patienten sind spezifische Schwierigkeiten bei der Wahrnehmung persönlich bekannter Personen aufgrund von Stimme oder Aussehen nachzuweisen (Gainotti et al. 2003). Angehörige und Helfer werden durch den weitgehenden Mangel an Rapport meist stark entmutigt. Der Arbeitsplatz kann früh verloren gehen. Impulsivität kann sich in aggressiven, manchmal kriminellen Verhaltensweisen, Taktlosigkeiten, sexuellen Entgleisungen oder Fresslust äußern (eigene Beobachtungen; Edwards-Lee et al. 1997; Miller et al. 1993; Mychak et al. 2001; Thompson et al. 2003). Manche Patienten zeigen eine Vorliebe für bizarre Rituale oder Kleidung, andere hängen neuen, fixen, z. B. religiösen Ideen mit großer Überzeugung an, die den bisherigen Interessen und Einstellungen vollkommen widersprechen können. Die Störung erscheint selten und wird – wegen der mangelnden »Eloquenz« der nichtdominanten Hemisphäre – mit Sicherheit noch seltener erkannt. Sie sollte bei im Senium erstmals auftretender wahnhafter Depression, bizarrem Verhalten und Enthemmung prinzipiell erwogen werden und Anlass zu einer Untersuchung mit bildgebenden Verfahren bieten. Bei der formalen Testung sind die Patienten oft wenig zu motivieren und unkooperativ.

Frontotemporale Demenz mit Motoneuronenerkrankung (Mitsuyama-Syndrom)

Wie bei anderen Formen der FTD wird das klinische Bild zunächst von Persönlichkeitsveränderungen geprägt, wobei innerhalb eines Jahres Symptome einer Motoneuronenerkrankung hinzutreten, nämlich Faszikulationen, Muskelschwäche und Atrophie sowie eine Bulbärparalyse (Mitsuyama 1993; Talbot et al. 1995; von Braunmühl 1931). Die Krankheit führt oft innerhalb von 3 Jahren zum Tod, der häufig durch eine Bulbärparalyse verursacht wird (Mitsuyama 1993). Neuropsychologisch stehen eine reduzierte Aufmerksamkeit und Exekutivstörungen im Vordergrund. In der funktionellen Bildgebung zeigen sich Veränderungen über den Vorderlappen einschließlich der Gyri anterioris (Talbot et al. 1995). **CT** und **MRT** (◘ Abb. 7.2 und 7.3) belegen häufig eine frontotemporale Atrophie mit kortikaler Betonung (Morita et al. 1987). Das **EEG** ist meist unauffällig, während im **EMG** Denervierungszeichen nachzuweisen sind. Neuropathologisch finden sich Tau-negative, Ubiquitin-haltige Einschlusskörper in der Lamina II des Kortex sowie die bei FTD beschriebenen unspezifischen Veränderungen, die gelegentlich mit einer Gliose von Marklager und Substantia nigra assoziiert sind (Jackson u. Lowe 1996). Bei starker Beteiligung der Hirnnervenkerne kann der Verlauf rasch progredient sein (Catani et al. 2004). Die grundsätzliche Frage, ob es sich bei diesen Störungen um eine zufällige Koinzidenz unabhängiger Erkrankungen oder das Zutagetreten biologischer Zusammenhänge handelt, ist derzeit noch nicht zu beantworten (Bak u. Hodges 2001).

Progressive subkortikale Gliose

Hierbei steht eine Gliose des Marklagers im Vordergrund mit sekundärer Beteiligung des Neokortex in Form eines spongiösen, gliotischen Umbaus (Morita et al. 1987; Neumann 1949; Neumann u. Cohn 1967). Die Symptomatik entwickelt sich in Abhängigkeit von der Lokalisation des Prozesses und ist klinisch häufig von anderen FTD nicht zu unterscheiden. Vereinzelt waren Mutationen im Bereich des Tau-Gens nachzuweisen (Goedert et al. 1999).

Kortikobasale Degeneration

Die kortikobasale Degeneration ist gekennzeichnet durch eine Kombination von frontotemporaler Hirndegeneration und entsprechenden Verhaltensstörungen mit asymmetrischen motorischen Störungen, nämlich einem rigid-akinetischen Syndrom, einer Gliedapraxie und rascher Demenzentwicklung (Grimes et al. 1999; Litvan et al. 1999). Zugrunde liegt eine Kombination asymmetrischer frontaler und parietaler Hirnatrophie auf der Basis einer neuronalen Atrophie mit Tau-positiven Einschlusskörperchen in der II. Kortexschicht und Mikrovakuolisierung (Litvan et al. 1997b). Auch bei diesem Krankheitsbild werden Überschneidungen mit der FTD und der progredienten Aphasie beschrieben (Kertesz et al. 2000b; Mathuranath et al. 2000).

Pallidopontonigrale Degeneration

Sie ist gekennzeichnet durch eine Persönlichkeitsveränderungen bei Parkinson-Symptomatik mit supranukleärer Blickparese, Dystonie, Pyramidenbahnzeichen und rascher Demenzentwicklung (Litvan et al. 1999). Die Krankheit zeigt einen meist präsenilen Beginn und repräsentiert eine hereditäre Tauopathie mit Mutationen auf Chromosom 17 (Reed et al. 1998; Wijker et al. 1996).

Alzheimer-Demenz

Alzheimer-Plaques und Neurofibrillen sind häufige Hirnveränderungen, die meist im limbischen System beginnen und sich von dort bevorzugt in den temporoparietalen Neokortex ausdehnen. Gelegentlich können die Alzheimer-Veränderungen auch früh den Präfrontalkortex erfassen und klinische Störungen bedingen, die eine FTD vermuten lassen (Johnson et al. 1999).

Weitere Differenzialdiagnosen

Andere Demenzen. Bei der **Alzheimer-Demenz** stehen im Allgemeinen bereits früh Störungen von Neugedächtnis und Orientierung im Vordergrund. Wenngleich die Krankheitseinsicht im weiteren Verlauf ebenfalls verloren geht, bleiben Persönlichkeit und Sozialverhalten sowie implizite Gedächtnisleistungen über längere Zeiträume intakt. Durch die temporoparietalen Veränderungen entwickeln sich rasch visuokonstruktive und sensorisch bzw. transkortikal-aphasische Störungen.

In mehreren vergleichenden Studien zur Differenzialdiagnostik von FTD und Alzheimer-Demenz wurde der Stellenwert folgender Kriterien

7.3 · Sonderformen und Differenzialdiagnosen

für die Abgrenzung der FTD von der Alzheimer-Demenz immer wieder betont:
- Frühe Persönlichkeits- und Verhaltensänderung,
- nachlassende Sprachproduktion,
- Stereotypien (sprachlich und motorisch),
- frühe Gedächtnis-, Orientierungs- und Wahrnehmungsstörungen (Binetti et al. 2000; Duara et al. 1999; Förstl et al. 1996; Miller et al. 1997; Rosen et al. 2002c).

Bathgate et al. (2001) konnten zeigen, dass die folgenden klinischen Verhaltensmerkmale bei Patienten mit FTD signifikant häufiger waren als bei Alzheimer-Demenz und Demenz mit vaskulärer Komponente:
- Verlust des Peinlichkeitsgefühls und der Einsicht,
- Egozentrizität,
- Affektverflachung,
- Interessensverlust,
- Disinhibition und
- Vernachlässigung der Hygiene.

Bei der frontalen Variante der vaskulären Demenz waren dagegen signifikant häufiger als bei FTD (Sjögren et al. 1997):
- plötzlicher Beginn,
- Gedächtnisstörungen,
- Verwirrtheitszustände,
- neurologische Zeichen sowie
- visuospatiale Defizite.

Mit statistischen Methoden kann anhand solcher Merkmalslisten eine zuverlässige Differenzierung zwischen typischer FTD und Alzheimer-Demenz erreicht werden (Miller et al. 1997; Rosen et al. 2002c); stark divergierende Ergebnisse und Diskussionen hinsichtlich einer etwaigen Spezifität und Sensitivität einzelner Charakteristika (Bozeat et al. 2000; Litvan et al. 1997a; Varma et al. 1999) sind für die praktische Anwendung von nachgeordneter Relevanz; dass kein einzelnes Merkmal pathognostische Bedeutung besitzt, ist offensichtlich.

In der folgenden Übersicht ist eine Reihe wichtiger neurologischer Differenzialdiagnosen der frontotemporalen Degenerationen aufgeführt.

Neurologische Differenzialdiagnosen der frontotemporalen Degenerationen. (Nach Godefroy 2003; Gislason et al. 2003)
- Folgen eines Schädel-Hirn-Traumas
- Normaldruckhydrozephalus
- Zerebrale Raumforderung (maligne Tumoren, Abszesse, im Bereich von Frontalkortex, Striatum, Thalamus und 3. Ventrikel)
- Subkortikale arteriosklerotische Enzephalopathie Binswanger (SAE), strategische Infarkte z. B. paramedianer Thalamusinfarkt, Arteria-communicans-anterior-Infarkt oder -blutung; Sinus-sagittalis-superior-Thrombose
- Enzephalomyelitis disseminata, Folgen einer Herpes-Enzephalitis, progressive Paralyse, HIV-Enzephalopathie

Affektive Erkrankungen. Adynamie und Interesselosigkeit, verringerte sprachliche Kommunikation sowie gelegentliche emotionale Instabilität und Hypochondrie können das Bild einer Depression vortäuschen, jedoch fehlen meist weitere Anhaltspunkte für ein somatisch-depressives Syndrom, also vegetative Veränderungen, Appetit-, Schlafstörungen usw. Differenzialdiagnostisch entscheidend ist das vollkommene Fehlen depressiver Denkinhalte wie Selbstzweifel, Schuldgefühle, Suizidgedanken etc. Depressive Patienten blicken zu tief, Patienten mit FTD gar nicht in sich hinein.

Das seltenere, pseudopsychopathisch enthemmte, hyperaktive Bild bei frontoorbital betonter Degeneration kann einer Manie ähneln. Größenideen werden jedoch nicht ausgebaut und vegetative Veränderungen fehlen meist.

Schizophrenie. FTD kann mit Wahn und Halluzinationen einhergehen, meist dominieren aber andere Störungen des Verhaltens. Schwierig kann sich beim vorwiegenden Apathie-Dysexekutiv-Syndrom die Unterscheidung zwischen Simplex-Schizophrenie und FTD mit frontodorsalem Schwerpunkt gestalten. Im Querschnitt können sich die Krankheitsbilder sehr ähneln, selbst CT und MRT können ein ähnliches frontotemporales Atrophiemuster zeigen (Vanderzeypen et al. 2003). Zwar ist ein Beginn der FTD auch vor dem 30. Lebensjahr möglich, doch ist es ein weit selteneres Ereignis als die Manifestation einer Schizophrenie im typischen Erkrankungsalter (Stone et al. 2003). Letztlich gibt aber bei jüngeren Patienten in dieser differenzialdiagnostischen Frage nur der längere Verlauf definitiv Aufschluss (Gregory et al. 1998): Differenzialtherapeutisch weist ein gutes und anhaltendes Ansprechen auf Neuroleptika und rehabilitative Maßnahmen auf eine Schizophrenie hin. Während bei der Schizophrenie im ungünstigen Fall ein Residualsyndrom mit eingeschränktem Leistungsniveau erreicht wird, sind die Defizite bei der FTD im Allgemeinen chronisch progredient.

Eine Reihe weiterer differenzialdiagnostisch bedeutsamer psychischer Erkrankungen und Leitsymptome ist in ◘ Tabelle 7.8 aufgelistet.

◘ **Tabelle 7.8.** Psychiatrische Leitsymptome und Differenzialdiagnosen der frontotemporalen Degenerationen

Leitsymptom	Differenzialdiagnose
Apathie, Alkoholabusus (primär oder sekundär?)	Sucht
Anhedonie	Affektive Erkrankung
Bizarres Verhalten	Schizophrenie, dissoziative Störung
Stereotypien	Zwangskrankheit
Enthemmung	Persönlichkeitsstörung

7.4 Therapie

Grundlage einer befriedigenden Behandlung sind
1. die zuverlässige Diagnostik mit klinischer Arbeitshypothese (»FTD«),
2. die Erfassung der somatischen einschließlich der zerebralen Komorbidität (v.a. hinsichtlich behandelbarer Begleiterkrankungen) und
3. eine klare Definition der Zielsymptome.

Agitierte Patienten erfordern eine andere Behandlung als apathische Patienten mit depressiver Verstimmung, selbst wenn bei beiden die klinische Diagnose einer FTD zu stellen ist. Einheitliche Therapiekonzepte lassen sich aufgrund der Heterogenität der Erkrankungen nicht ableiten. Die Evidenz hinsichtlich empfohlener Behandlungsmethoden stammt weitgehend aus Kasuistiken, kleinen offenen Pilotstudien und Analogien zu vergleichbaren Erkrankungen (Perry u. Miller 2001; Talerico u. Evans 2001; Ikeda et al. 2004).

Sowohl Angehörige als auch professionelle Helfer werden häufig Opfer von 2 Arten systematischer Fehlurteile:
1. Selbst wenn Patienten mit FTD immer wieder zeigen, dass sie über bestimmte instrumentelle Fertigkeiten verfügen »wenn sie nur wollen«, darf nicht daraus geschlossen werden, dass diese Fähigkeiten beliebig zu aktivieren sind. Viele Patienten leiden unter dem Problem »nicht wollen zu können«. Es ist nicht verboten, an den Willen und Stolz der Patienten zu appellieren, im Versuch deren Motivation zu steigern. Unsinnig sind aber jede persönliche Kränkung und Verärgerung sowie aus Frustration geborene Vorwürfe den Patienten gegenüber.
2. FTD sind chronisch progrediente Hirnkrankungen. Um diagnostische Irrtümer zu reduzieren, muss die Diagnose in mindestens jährlichem Abstand überprüft werden. Wird sie im Verlauf bestätigt, darf das nicht dazu

verleiten, alle therapeutischen Bemühungen einzustellen, vielmehr sollte versucht werden, den Funktionszustand sehr lange zu erhalten. Falsch wäre es jedoch, den Patienten Trainingsmaßnahmen aufzuzwingen, die bei nichtprogredienten Hirnläsionen zielführend sein können, bei einer FTD jedoch Patient und Partner einer sinnlosen, unproduktiven Tortur aussetzen.

Verhalten
Grundsätzlich soll angestrebt werden, die **Mobilität** der Patienten möglichst lange zu erhalten. Ferner muss ein möglichst **sicheres Umfeld** hergestellt werden. Die Patienten selbst sind nicht mehr in der Lage, schwierige Situationen valide zu beurteilen. Dies gilt für finanzielle genauso wie für ethische Fragen und die Bewältigung praktischer Aufgaben, etwa im Straßenverkehr. Patienten mit FTD dürfen keine Verantwortung für Schwächere, z. B. Kinder, übernehmen und kein Auto fahren, keine Bank- oder Rechtsgeschäfte ausführen. Die Aufmerksamkeit der Patienten kann nicht mehr geteilt und aufrecht erhalten werden, sondern richtet sich auf eben vorhandene, visuelle, haptische und andere Stimuli, auf Cues, die dann bestimmte Verhaltensroutinen, kurze Stereotypien oder ausführliche Rituale auslösen. Eine effektive und schlichte verhaltenstherapeutische Interventionsstrategie besteht im Präsentieren geeigneter Stimuli am rechten Ort und zur rechten Zeit, z. B. Zahnbürste; Kleidung (richtige Reihenfolge); Essen und Trinken; Spazierstock, etc. Umgekehrt kann durch das Weglassen bestimmter Schlüsselreize problematisches Verhalten verhindert werden, z. B. Entfernen von Autoschlüsseln und Pkw, Verhängen der Haustür bei Fluchttendenz etc. Mit konditionierten und noch konditionierbaren Reaktionen sind auch in fortgeschrittenen Krankheitsstadien noch prozedurale Lernerfolge zu erzielen. Die verbale Kommunikationsfähigkeit der Patienten ist durch die Sprachverarmung eingeschränkt und Aggressivität kann Ausdruck nicht mehr artikulierter Beschwerden sein, vom Hunger bis zu anhaltenden Schmerzen. Rasch auftretende Verhaltensänderungen sind möglicherweise durch medikamenteninduzierte Verwirrtheitszustände hervorgerufen.

Pharmakotherapie
Obwohl genetische Ursachen fokal beginnender Hirndegenerationen teilweise bekannt sind, ist noch ein weiter Weg bis zu kausalen biologischen Therapieverfahren zurückzulegen. Die Medikamentenbehandlung zielt derzeit auf eine symptomatische Besserung und orientiert sich z. T. an Erkenntnissen über die neurochemischen Veränderungen bei FTD.

Aufgrund der vielfältigen und subtilen kortikalen Neurotransmitterveränderungen kommt bei der FTD keine einfache Substitution eines einzelnen Stoffs in Frage, vergleichbar etwa der L-Dopa-Therapie bei M. Parkinson. Bei Patienten mit einer FTD, die gleichzeitig Hypokinese und Rigor zeigen, kann allerdings ein dopaminerger Behandlungsversuch erfolgreich sein (Chow u. Mendez 2002).

Die postsynaptische Serotoninbindung ist im Präfrontalkortex von Patienten mit FTD vermindert. Selektive Serotonin-Wiederaufnahmehemmer (SSRI) können nicht nur zu einer Verbesserung der Stimmungslage, sondern auch des Antriebs, der Impulskontrolle und von zwanghaften Symptomen beitragen (Litvan 2001; Perry u. Miller 2001; Swartz et al. 1997). Wegen einer günstigen dopaminergen Wirkkomponente besitzt Sertralin evtl. einen leichten Vorteil gegenüber den anderen SSRIs. In einer 14-monatigen randomisierten Studie zeigte die Gabe von 20 mg/Tag Paroxetin Vorteile gegenüber der Gabe von 1200 mg/Tag Piracetam hinsichtlich Patientenverhalten und Belastung der Pflegekräfte (Moretti et al. 2003). Ikeda et al. (2004) fanden bei 16 Patienten mit FTD, die 12 Wochen offen mit 5–150 mg Fluvoxamin pro Tag behandelt wurden, eine Verbesserung stereotyper Verhaltensweisen hinsichtlich Essen, Sprechen, Herumlaufen, Tagesrhythmik etc. Die Substanzgruppe ist jedoch nicht frei von Nebenwirkungen und kann gelegentlich Verhaltensstörungen verstärken oder Bewegungsstörungen auslösen.

Mit dem selektiven, reversiblen MAO-A-Inhibitor Moclobemid waren an einer kleinen Patientengruppe mit FTD Verbesserungen hinsichtlich Verhalten (Aggressivität), Sprache und Sprechen (Stereotypien und Perseverationen), Ablenkbarkeit und anderen Parametern zu beobachten (Adler et al. 2003).

Idazoxan, ein a_2-Adrenozeptorantagonist führte in einer Einzelfallstudie zu einer gesteigerten Wortflüssigkeit, verbesserter anhaltender Aufmerksamkeitsleistung und verbessertem Problemlösen (Sahakian et al. 1994). Auch für Bromocriptin, einen D_1- und D_2-Agonisten, wurden günstige Wirkungen auf Perseverationen (Imamura et al. 1998) sowie Aufmerksamkeit, Wortflüssigkeit und Informationsverarbeitungsgeschwindigkeit und Gedächtnis berichtet (Salloway 1994).

Hyperaktivität und Disinhibition und produktiv psychotische Symptome können möglicherweise durch Carbamazepin, Valproat, Trazodon und niedrig dosierte Neuroleptika günstig beeinflusst werden. Die Gabe von Neuroleptika kann bei einem Drittel der Patienten mit FTD extrapyramidalmotorische Störungen und mitunter eine Übersedierung hervorrufen, die verzögert abklingen (Pijnenburg et al. 2003). Möglicherweise liegt eine erhöhte Vulnerabilität für antidopaminerg wirksame Substanzen vor, die daher besonders zurückhaltend eingesetzt werden sollten. Gründe könnten ein Verlust dopaminerger Zellen in der Substantia nigra und eine Veränderung der postsynaptischen Rezeptordichte im Striatum darstellen (Foster et al. 1997; Mann et al. 1993; Rinne et al. 2002). Propranolol kann auch bei FTD zur Behandlung von Agitation und Aggression versucht werden.

Da bei den meisten Patienten mit FTD im Präsenium keine schwerwiegende Veränderung des cholinergen Systems vorliegt und da klinische Untersuchungen zur Wirksamkeit der Acetylcholinesterasehemmer bei der FTD ausstehen, kann ein symptomatischer Behandlungsversuch mit Acetylcholinesterasehemmern nicht generell empfohlen werden. Bei Patienten mit vermindertem Antrieb wäre eine unspezifische Steigerung möglich. Im Senium darf damit gerechnet werden, dass auch bei frontal betonten Defiziten dementer Patienten neurodegenerative Veränderungen des Nucleus basalis Meynert vom Alzheimer- oder Lewy-Körperchen-Typ mit zugrunde liegen. Ein Behandlungsversuch mit cholinerg wirksamen Antidementiva kann unternommen werden.

Aus theoretischen Gründen (Verlust glutamaterger Pyramidenzellen mit Glutamat-Freisetzung und möglicherweise gesteigerter Tau-Expression; Esclaire et al. 1997) erscheint eine Therapiestudie mit dem kompetitiven NMDA-Antagonisten Memantine dringend geboten.

Angehörige

Patienten mit einer FTD verlieren meist früh die Einsicht in ihre Erkrankung, ihre Emotionalität, Vernunft und Persönlichkeit. Dadurch leiden die Angehörigen doppelt, da die Krankheitsbelastung mit dem Partner nicht emotional geteilt werden kann und die Organogenese der Störung schwer zu begreifen bleibt. Nach Ergebnissen einer englischen Studie wird etwa die Hälfte der Patienten 5 Jahre nach Symptombeginn und 1 Jahr nach Diagnosestellung institutionalisiert (Hodges et al. 2003). Die folgenden Hilfen sind nützlich (Diehl et al. 2003; Litvan 2001; Robinson 2001):

— Information, Aufklärung über die Natur der Erkrankung,
— »moralische« Unterstützung in einer Gruppe von Angehörigen mit gleichen oder ähnlichen Schwierigkeiten (z. B. Alzheimer-Angehörigengruppen),
— Anleitung zu ruhigem, deeskalierendem, gewaltfreiem Umgang mit den Patienten,
— praktische häusliche Unterstützung (Haushaltshilfe, Gemeindeschwester, Essen auf Rädern, etc.),
— Vermittlung zeitweiliger Heim- und Krankenhausaufnahmen der Patienten bei geeig-

neter Indikation zur temporären Entlastung der Angehörigen,
– frühzeitiges Erkennen und Behandeln von Erkrankungen Angehöriger (z. B. Überlastungsreaktion, Depression).

Durch die Erkrankung werden soziale Regeln außer Kraft gesetzt. Der Umgang mit den Patienten gestaltet sich emotional v.a. deshalb schwierig, weil investierte Leistungen nicht mehr entgegnet (»reziproziert«) werden und weil die vom Patienten hin und wieder gezeigten Leistungen impersistent sind. Die Angehörigen fühlen sich im Stich gelassen und es fällt ihnen daher schwer den notorisch unzuverlässigen Patienten den notwendigen Respekt entgegen zu bringen. Die Berücksichtigung der folgenden 3 Grundregeln kann bei der Vermeidung schwerwiegender Frustrationen und Fehler helfen (▶ s. folgende Übersicht).

Drei Grundregeln im Umgang mit Patienten mit frontotemporaler Degeneration
1. Respekt ohne Gegenleistung!
2. Jede Gefahr muss im Vorfeld ausgeschaltet werden; Umfeld sichern (Kinder, Partner, Patienten, Passanten, Pkw, etc.)!
3. Alle Verantwortung liegt bei anderen, niemals beim Patienten: Keiner Zusicherung des Patienten darf vertraut werden! (»They don't mind!«)

7.5 Zusammenfassung

Funktionelle Neuroanatomie

Die dargestellten Hirndegenerationen haben 2 gemeinsame Eigenschaften:
1. Es werden die oberen Pyramidenzellschichten des Neokortex betroffen.
2. Diese Prozesse beginnen bevorzugt in den phylogenetisch jüngsten Hirnarealen, dem Präfrontalkortex und den frontalen Anteilen des Temporallappens.

Lamina. Die Schichten II und III enthalten kleine Pyramidenzellen, deren Axone vorwiegend auf Pyramidenzellen der Laminae III und V ipsilateral und via Kommissurenbahnen zur kontralateralen Hemisphäre projizieren. Diese Bahnen sind also verantwortlich für die kortikokortikale Konnektion. Im Gegensatz dazu projizieren die großen Pyramidenzellen der tieferen Schichten v.a. auf subkortikale Strukturen, nämlich aus der Lamina V auf die motorischen Systeme (spinal, bulbär, pontin, Nucleus ruber, Tektum, Striatum) und aus Lamina VI zu den thalamischen Projektionsnuklei, zum Claustrum und zu den damit eng verbundenen Kortexarealen.

Area. Der Präfrontalkortex und die frontalen Anteile der Temporallappen repräsentieren tertiäre Assoziationsareale, deren Efferenzen wiederum bevorzugt in höhere Assoziationsareale projizieren. Erfahrungen an Patienten mit diesen Erkrankungen bestätigen wie andere Läsionsstudien, dass frontodorsale Veränderungen mit einer Verminderung, frontoorbitale mit einer Steigerung des Antriebs verbunden sind. Veränderungen in der nichtdominanten Hemisphäre sind mit einer Störung sozialer Interaktionen assoziiert, linkshemisphärische Funktionsstörungen mit einer Beeinträchtigung verbaler Leistungen, wobei anteriore stärker mit expressiven Störungen, temporale stärker mit einer Beeinträchtigung perzeptiver deklarativer Leistungen einhergehen, einschließlich der Wissensbildung und -erhaltung zum internen Gebrauch. Die verwaschenen Herdsymptome neurodegenerativer Erkrankungen eignen sich bedingt zur Bestätigung neuropsychologischer Denkmodelle und waren deshalb für Arnold Pick von großem Interesse. Sie sind weit weniger geeignet um subtilere kognitive Teilfunktionen aufzulösen.

Symptomatik

Durch die Veränderungen in Lamina II und III entsteht eine Diskonnektion hochrangiger neokortikaler Assoziationsareale, deren Auswirkungen wie folgt zu interpretieren sind:
1. Verlust vulnerabler Verhaltensprogramme, die auf eine subtile Interaktion kortikaler Areale angewiesen sind:
   - Nonverbale soziale Interaktionen,
   - deklarative Leistungen, und als Verbindung aus den beiden erst genannten Funktionsbereichen
   - eine Definition von Selbst, von Persönlichkeit und insgesamt daraus resultierend
   - zukunftsorientiertes, planvolles Handeln.
2. Disinhibition stabiler Reaktionsschleifen zwischen intakten kortikalen Arealen – v.a. den primären und sekundären Assoziationsarealen – und subkortikalen Apparaten; hierzu können sowohl die Freisetzung bisher verstellter künstlerischer Fähigkeiten gerechnet werden als auch die skrupellose akute Reaktion auf Schlüsselreize; einige dieser einfachen Programme können sich selbst verstärken und damit zu pseudozwanghaften Stereotypien führen.

Nosologie

Die kortikalen Hirndegenerationen können auf mehreren Ebenen beschrieben werden:
1. klinische Symptomatik,
2. Lokalisation bzw. kortikaler Schwerpunkt der Neurodegeneration,
3. histopathologische Substrate und
4. genetische Grundlagen.

Symptomatik und kortikale Lokalisation der Prozesse sind eng miteinander verbunden und können klinisch-neuropsychologisch sowie mit bildgebenden Verfahren gut dokumentiert werden. Die histologischen Merkmale (unspezifische Veränderungen ohne oder mit argyrophilen Einschlusskörperchen oder andere Substrate) besitzen keine entscheidende Bedeutung für das Verständnis der klinischen Symptomatik. Die Datenlage über die genetischen Grundlagen ist noch lückenhaft. Eine deskriptiv symptomatisch-lokalisatorische Betrachtung ist dem Kenntnisstand derzeit noch am ehesten angemessen.

Literatur

Adler G, Teufel M, Drach LM (2003) Pharmacological treatment of frontotemporal dementia: treatment response to the MAO-A inhibitor moclobemide. Int J Geriatr Psychiatry 18: 653–655

Alzheimer A (1911) Über eigenartige Krankheitsfälle des späteren Alters. Z Ges Neurol Psychiatrie 4: 356–385

Antérion CT, Honoré-Masson S, Dirson S, Laurent B (2002) Lonely cowbow's thoughts. Neurology 59: 1812–1813

Ashworth A, Lloyd S, Brown J, Bydesen S et al. (1999) Molecular genetic characterisation of frontotemporal dementia on chromosome 3. Dement Geriatr Cogn Disord 10: 93–101

Bak TH, Hodges JR (2001) Motor neurone disease, dementia and aphasia: coincidence, co-occurrence or continuum? J Neurol 248: 260–270

Baldwin B, Förstl H (1993) »Pick's disease« – 101 years on, still there, but in need of reform. Br J Psychiatry 163: 100–104

Barber R, Snowden JS, Craufurd D (1995) Frontotemporal dementia and Alzheimer's disease: retrospective differentiation using information from informants. J Neurol Neurosurg Psychiatry 59: 61–70

Bathgate D, Snowden JS, Varma A et al. (2001) Behaviour in frontotemporal dementia, Alzheimer's disease and vascular dementia. Acta Neurol Scand 103: 367–378

Binetti G, Locascio JJ, Corkin S et al. (2000) Differences between Pick disease and Alzheimer disease in clinical appearance and rate of cognitive decline. Arch Neurol 57: 225–232

Bird T, Knopman D, VanSwieten J et al. (2003) Epidemiology and genetics of frontotemporal dementia/ Pick' disease. Ann Neurol 54 (Suppl 5): 29–31

Bird TD, Nochlin D, Poorkaj P et al. (1999) A clinical pathological comparison of three families with frontotemporal dementia and identical mutations in the tau gene (P301L). Brain 122: 741–746

Boccardi M, Laakso M, Bresciani L, Geroldi D, Beltramello A, Frisoni GB (2002) Clinical characteristics of fron-

Literatur

totemporal patients with symmetric brain atrophy. Eur Arch Psychiatry Clin Neurosci 252: 235–239

Boxer AL, Rankin KP, Miller BL, Schuff N, Weiner M, Gorno-Tempini ML, Rosen HJ (2003) Cinguloparietal atrophy distinguishes Alzheimer disease from semantic dementia. Arch Neurol 60: 949–956

Bozeat S, Gregory CA, Lambon MA et al. (2000) Which neuropsychiatric and behavioural features distinguish frontal and temporal variants of frontotemporal dementia from Alzheimer's disease? J Neurol Neurosurg Psychiatry 69: 178–186

Braak E, Arai K, Braak H (1999) Cerebellar involvement in Pick's disease: Affliction of mossy fibers, monodendritic brush cells, and dentate projection neurons. Exp Neurol 159: 153–163

Braak H, Braak E (1998) Involvement of precerebellar nuclei in Pick's disease. Exp Neurol 153: 351–365

Braunmühl A von (1931) Picksche Krankheit und amyotrophische Lateralsklerose. Zentralbl Neurochir 61: 358

Brown J, Ashworth A, Gydesen S et al. (1995) Familial nonspecific dementia maps to chromosome 3. Hum Mol Genet 4: 1625–1628

Brun A (1987) Frontal lobe degeneration of non-Alzheimer type. I. Neuropathology. Arch Gerontol Geriatr 6: 193–208

Brun A, Englund B, Gustafson L (1994) Clinical and neuropathological criteria for frontotemporal dementia. J Neurol Neurosurg Psychiatry 57: 416–418

Buee L, Delacourte A (1999) Comparative biochemistry of tau in pogressive supranuclear palsy, corticobasal degeneration, FTDP-17 and Pick's disease. Brain Pathol 9: 681–693

Catani M, Piccirilli M, Geloso MC, Cherubini A, Finali G, Pellicioli G, Senin U, Mecocci P (2004) Rapidly progressive aphasic dementia with motor neuron disease: a distinctive clinical entity. Dementia Ger Cog Dis 17: 21–28

Chan D, Fox NC, Jenkins R (2001a) Rates of global and regional cerebral atrophy in AD and frontotemporal dementia. Neurology 57: 1756–1763

Chan D, Fox NC, Scahill R et al. (2001b) Patterns of temporal lobe atrophy in semantic dementia and Alzheimer's disease. Ann Neurol 49: 433–442

Charpentier P, Lavenu I, Defebre L et al. (2000) Alzheimer's disease and frontotemporal dementia are diffentiated by discriminant analysis applied to 99mTC HmPAO SPECT data. J Neurol Neurosurg Psychiatry 69: 661–63

Chawluk JB, Mesulam MM, Hurtig H et al. (1986) Slowly progressive aphasia without generalized dementia: Studies with positron emission tomography. Ann Neurol 19: 68–74

Chow TW, Mendez MF (2002) Goals in symptomatic pharmacologic management of frontotemporal lobar degeneration, Am J Alz Dis oth Dem 17: 267–272

Chow TW, Miller BL, Hayashi VN et al. (1999) Inheritance of frontotemporal dementia. Arch Neurol 56: 817–822

Chow TW, Miller BL, Boone K et al. (2002) Frontotemporal dementia classification and neuropsychiatry. Neurology 8 (4): 263–269

Constantinidis J, Richard J, Tissot R (1974) Pick's disease. Histological and clinical correlations. Eur Neurol 11: 208–217

Cummings JL, Duchen LW (1981) Kluver-Bucy syndrome in Pick disease: Clinical and pathologic correlations. Neurology 31: 1415–1322

Delacourte A, Sergeant N, Wattez A et al. (1998) Vulnerable neuronal subsets in Alzheimer's and Pick's disease are distinguished by their isoform distribution and phosphorylation. Ann Neurol 43: 193–204

Diehl J, Kurz A (2002) Frontotemporal dementia: patient characteristics, cognition, and behaviour. Int J Geriatr Psychiatry 17: 914–918

Diehl J, Mayer T, Kurz A, Förstl H (2003) Die Besonderheiten der frontotemporalen Demenz aus dem Blickwinkel einer speziellen Angehörigengruppe. Der Nervenarzt 74: 445–449

Drzezga A, Grimmer T, Siebner H, Minoshima S, Schwaiger M, Kurz A (2002) Prominent hypometabolism of the right tempoparietal and frontal cortex in two left-handed patients with primary progressive aphasia. J Neurol 249: 1263–1267

Duara R, Barker W, Luis CA (1999) Frontotemporal dementia and Alzheimer's disease: Differential diagnosis. Dement Geriatr Cogn Disord 10: 37–42

Dubois B, Slachevsky A, Litvan I, Pillon B (2000) The frontal assessment battery at bedside. Neurology 55: 1621–1626

Dumanchin C, Camuzat A, Campion D et al. (1998) Segregation of a missense mutation in the microtubule-associated protein tau gene with familial frontotemporal dementia and parkinsonism. Hum Mol Genet 7: 1825–1829

Edvinsson L, Minthon L, Ekman R et al. (1993) Neuropeptides in cerebrospinal fluid of patients with Alzheimer's disease and dementia with frontotemporal lobe degeneration. Dementia 4: 167–171

Edwards-Lee T, Miller BL, Benson DF et al. (1997) The temporal variant of frontotemporal dementia. Brain 120: 1027–1040

Elfgren C, Passant U, Risberg J (1993) Neuropsychological findings in frontal lobe dementia. Dementia 4: 214–219

Esclaire F, Lesort M, Blanchart C, Hugon J (1997) Glutamate toxicity enhances tau gene expression in neuronal cultures. J Neurosci Res 49:309–318

Ferrer J (1999) Neurons and their dendrites in frontotemporal dementia. Dement Geriat Cog Dis 10, Suppl 1: 55–60

Förstl H, Baldwin B (1994) Pick und die fokalen Hirnatrophien. Fortschr Neurol Psychiatr 62: 345–355

Förstl H, Besthorn C, Hentschel F et al. (1996) Frontal lobe degeneration and Alzheimer's disease: A controlled study on clinical findings, volumetric brain changes and quantitative electroencephalography data. Dementia 7: 27–34

Foster NL, Wilhelmsen K, Sima AAF et al. (1997) Frontotemporal dementia and Parkinsonism linked to chromosome 17: A consensus conference. Ann Neurol 41: 706–715

Francis PT, Holmes C, Webster MT et al. (1993) Preliminary neurochemical findings in non-Alzheimer dementia due to lobar atrophy. Dementia 4: 172–177

Frisoni GB, Pizzolato G, Geroldi C et al. (1995) Dementia of the frontal type: neuropsychological and 99Tc-HMPAO SPET features. J Geriatr Psychiatry Neurol 8: 42–48

Frisoni GB, Laaksi MP, Beltramello A et al. (1999) Hippocampal and entorhinal cortex atrophy in frontotemporal dementia and Alzheimer's disease. Neurology 52:91–100

Gainotti G, Barbier A, Marra C (2003) Slowly progressive defect in recognition of familiar people in a patient with right anterior temporal atrophy. Brain 126: 793–803

Galton CJ, Gomez-Anson B, Antoun N (2001) Temporal lobe rating scale: application to Alzheimer's disease and frontotemporal dementia. J Neurol Neurosurg Psychiatry 70: 165–173

Gans A (1923) Betrachtungen über Art und Ausbreitung des krankhaften Prozesses in einem Fall von Pickscher Atrophie des Stirnhirns. Z Ges Neurol Psychiatr 80: 10–28

Garrard P, Hodges JR (2000) Semantic dementia: clinical, radiological and pathological perspectives. J Neurol 247: 409–422

Geroldi C, Metitieri T, Binetti G et al. (2000) Pop music and frontotemporal dementia. Neurology 55: 1935–1936

Geschwind DH, Karrim J, Nelson SF, Miller B (1998) The apolipoprotein E4 allele is not a significant risk factor marker for frontotemporal dementia. Ann Neurol 44: 134–138

Geschwind DH, Robidoux J, Alarcon M, Miller BL, Wilhelmsen KC, Cummings JL, Nasreddine ZS (2001) Dementia and neurodevelopmental predisposition: Cognitive dysfunction in presymptomatic subjects precedes dementia by decades in frontotemporal dementia. Ann Neurol 50: 741–746

Gislason TB, Sjögren M, Larsson L, Skoog I (2003) The prevalence of frontal variant frontotemporal dementia and the frontal lobe syndrome in a population based sample of 85 year olds. J Neurol Neurosurg Psychiatry 74: 867–871

Godefroy O (2003) Frontal syndrome and disorders of executive functions. J Neurol 250: 1–6

Goedert M, Crowther MGSA, Chen SG et al. (1999) gene mutation in familial progressive subcortical gliosis. Nat Med 5: 454–457

Gregory CA (1999) Frontal variant of frontotemporal dementia: a cross-sectional and longitudinal study of neuropsychiatric features. Psychol Med 29: 1205–1217

Gregory CA, McKenna PJ, Hodges JR (1998) Dementia of frontal type and simple schizophrenia: two sides of the same coin? Neurocase 4: 1–6

Gregory CA, Lough S, Stone V, Erzinclioglu S, Martin L, Baron-Cohen S, Hodges JR (2002) Theory of mind in patients with frontal variant frontotemporal dementia and Alzheimer's disease: theoretical and practical implications. Brain 125: 752–764

Grimes DA, Lang AE, Bergeron CB (1999) Dementia as the most common presentation of cortico-basal ganglionic degeneration. Neurology 53: 1969–1974

Grimmer T, Diehl J, Drzezga A et al. (2004) Region specific decline of cerebral glucose metabolism in patients with frontotemporal dementia: a prospective ^{18}F-FDG-PET-study. Dement Geriatr Cogn Disord 18: 32–36

Gustafson L (1987) Frontal lobe degeneration of non-Alzheimer type. II. Clinical picture and differential diagnosis. Arch Gerontol Geriatr 6: 209–223

Gydesen S, Hagen S, Klinken L et al. (1987) Neuropsychiatric studies in a family with presenile dementia different from Alzheimer and Pick disease. Acta Psychiatr Scand 76: 276–284

Hampel H, Teipel S (2004) Total and phosphorylated tau proteins – evaluation as core biomarker candidates in frontotemporal degeneration. Dement Geriatr Cogn Disord 17: 350–354

Hansen LA, Deteresa R, Tobias H et al. (1988) Neocortical morphometry and cholinergic neurochemistry in Pick's disease. Am J Pathol 131: 507–518

Harper DG, Stopa EG, McKee AC, Satlin A, Harlan PC, Goldstein R, Volicer L (2001) Differential circadian rhythm disturbance in men with Alzheimer's disease and frontotemporal degeneration. Arch Gen Psychiatry 58: 353–360

Heutink P, Stevens M, Rizzu P et al. (1997) Hereditary frontotemporal dementia is linked to chromosome

Literatur

17q21–q22: a genetic and clinicopathological study of three Dutch families. Ann Neurol 41: 150–159

Hirono N, Mori E, Tanikukai S et al. (1999) Distinctive neurobehavioral features among neurodegenerative dementias. J Neuropsychiatry Clin Neurosci 11: 498–503

Hodges JR (2001) Frontotemporal dementia (Pick's disease): Clinical features and assessment. Neurology 56 (Suppl 4): 6–10

Hodges JR, Bozeat S, Lambon MA et al. (2000) The role of conceptual knowledge in object use. Evidence from semantic dementia. Brain 123: 1913–1925

Hodges JR, Davies R, Xuereb J et al. (2003) Survival in frontotemporal dementia. Neurology 61: 349–354

Hong N, Zhukareva V, Vogelsberg-Ragaglia V et al. (1998) Mutation-specific functional impairments in distinct tau isoforms of hereditary FTDP-17. Science 282: 1914–1917

Hutton M, Lendon C, Rizzu P et al. (1998) Association of missense and 5¢-splice-site mutations in tau with the inherited dementia FTDP-17. Nature 393: 702–705

Iamamura T, Takanashi M, Hattori N et al. (1998) Bromocriptine treatment for perseveration in demented patients. Alz Dis Assoc Dis 12: 109–113

Ibach B, Koch H, Koller M et al. (2003) Hospital admission circumstances and prevalence of frontotemporal lobar degeneration: a multicenter psychiatric state hospital study in Germany. Dement Geriatr Cogn Disord 16: 253–264.

Ikeda M, Brown J, Holland AJ, Fukuhara R, Hodges JR (2002) Changes in appetite, food preference, and eating habits in frontotemporal dementia and Alzheimer's disease. J Neurol Neurosurg Psychiatry 73: 371–376

Ikeda M, Shigenobu K, Fukuhara R, Hokoishi K, Maki N, Nebu A, Komori K, Tanabe H (2004) Efficacy of fluvoxamine as a treatment for behavioral symptoms in frontotemporal lobar degeneration patients. Dement Geriatr Cogn Disord:117–121

Jackson M, Lowe J (1996) The new neuropathology of degenerative frontotemporal dementias. Acta Neuropathol 91: 127–134

Jacob J, Revesz Z, Thom M, Rossor MN (1999) A case of sporadic Pick disease with onset at 27 years. Arch Neurol 56: 1289–1291

Johnson JK, Head E, Klim R et al. (1999) Clinical and pathological evidence for a frontal variant of Alzheimer disease. Arch Neurol 56: 1233–1239

Julin P, Wahlund LO, Basun H et al. (1995) Clinical diagnosis of frontal lobe dementia and Alzheimer's disease: relation to cerebral perfusion, brain atrophy and electroencephalography. Dementia 6 (Suppl 1): 142–147

Karbe H, Kertesz A, Polk M (1993) Profiles of language impairment in primary progressive aphasia. Arch Neurol 50: 193–201

Kaufer DI, Miller BL, Itti L et al. (1997) Midline cerebral morphometry distinguishes frontotemporal dementia and Alzheimer's disease. Neurology 48: 978–985

Kaye JA (1998) Diagnostic challenges in dementia. Neurology 51: S45–S52

Kertesz A, Hudson L, Mackenzie IRA et al. (1994) The pathology and nosology of primary progressiva aphasia. Neurology 44: 2065–2072

Kertesz A, Davidson W, Fox H (1997) Frontal behavioural inventory: diagnostic category for frontal lobe dementia. Can J Neurol Sci 24: 29–36

Kertesz A, Kawarai T, Gogaeva E et al. (2000a) Familial frontotemporal dementia with ubiquitin-positive, tau-negative inclusions. Neurology 54: 818–827

Kertesz A, Martinez-Lage P, Davidson W et al. (2000b) The corticobasal degeneration syndrome overlaps progressive aphasia and frontotemporal dementia. Neurology 55: 1368–1375

Kirshner HS, Tanridag O, Thurman L et al. (1987) Progressiva aphasia without dementia: two cases with focal spongiform degeneration. Ann Neurol 22: 527–532

Klüver H, Bucy PC (1939) Preliminary analysis of functions of the temporal lobes in monkeys. Arch Neurol Psychiatr 42: 979–1000

Knopman DS, Christensen KJ, Schut LJ et al. (1989) The spectrum of imaging and neuropsychological findings in Pick's disease. Neurology 39: 362–368

Kosaka K, Ikeda K, Kobayashi K et al. (1991) Striatopallidonigral degeneration in Pick's disease: a clinicopathological study of 41 cases. J Neurol 238: 151–160

Kurz A, Jellinger K (2002) Frontotemporale lobäre Degenerationen. In: Beyreuther K, Einhäupl K, Förstl H, Kurz A (Hrsg) Demenzen. Thieme, Stuttgart, S 245–272

Larsson E-M, Passant U, Sundgren PC et al. (2000) Magnetic resonance imaging and histopathology in dementia, clinically of frontotemporal type. Dement Geriatr Cogn Disord 11: 123–134

Lavenu I, Pasquier F, Lebert F (1998) Explicit memory in frontotemporal dementia: The role of medial temporal atrophy. Dement Geriatr Cogn Disord 9: 99–102

Lebert F, Pasquier F, Souliez L, Petit H (1998) Frontotemporal behavioural scale. Alz Dis Assoc Dis 12: 335–339

Lhermitte F (1986) Human autonomy and the frontal lobes. Part II: Patient behavior in complex and social situations:The »environmental dependency syndrome«. Ann Neurol 19: 335–343

Lindau M, Jelic V, Johansson SE, Andersen C, Wahlund LO, Almkvist O (2003) Quantitative EEG abnormalities and cognitive dysfunctions in frontotemporal dementia and Alzheimer's disease. Dement Geriatr Cogn Disord 15: 106–114

Litvan I (2001) Therapy and management of frontal lobe dementia patients. Neurology 56 (Suppl 4): S41–S45

Litvan I, Agid Y, Goetz C, Jankovic J et al. (1997a) Accuracy of the clinical diagnosis of corticobasal degeneration: a clinicopathologic study. Neurology 48: 119–125

Litvan I, Agid Y, Sastri BS et al. (1997b) What are the obstacles for an accurate clinical diagnosis of Pick's disease? Neurology 49: 62–69

Litvan I, Grimes DA, Lang AE et al. (1999) Clinical features differentiating patients with postmortem confirmed progressive supranuclear palsy and corticobasal degeneration. J Neurol 246: 1–5

Litvan I, Dickson DW, Buttner-Ennever JA et al. (2000) Research goals in progressive supranuclear palsy. Mov Disord 15: 446–458

Lynch TS, Sano M, Marder KS (1994) Clinical characteristics of a family with chromosome 17-linked disinhibition-dementia-parkinsonism-amyotrophy-complex (DDPAC). Neurology 44: 1878–1884

Mann DM, South PW, Snowden JS, Neary D (1993) Dementia of frontal lobe type: neuropathology and immunohistochemistry. J Neurol Neurosurg Psychiat 56: 605–614

Martin JB (1999) Molecular basis of the neurodegenerative disorders. N Engl J Med 340: 1970–1980

Mathuranath PS, Xuereb JH, Bak T et al. (2000) Corticobasal ganglionic degeneration and/or frontotemporal dementia? A report of two overlap cases and review of literature. J Neurol Neurosurg Psychiatry 68: 304–312

McKhann GM, Albert MS, Grossman M et al. (2001) Clinical and pathological diagnosis of frontotemporal dementia. Arch Neurol 58:1803–1809

Mell JC, Howard SM, Miller BL (2003) Art and the brain – The influence of frontotemporal dementia on an accomplished artist. Neurology 60: 1707–1710

Mesulam MM (1982) Slowly progressive aphasia without generalized dementia. Ann Neurol 11: 592–598

Mesulam MM (2001) Primary progressive aphasia. Ann Neurol 49: 425–432

Miller B, Boone K, Cummings JL et al. (2000) Functional correlates of musical and visual ability in frontotemporal dementia. Br J Psychiatry 176: 458–463

Miller BL, Gearhart R (1999) Neuroimaging in the diagnosis of frontotemporal dementia. Dement Geriatr Cogn Disord 10: 71–74

Miller BL, Chang L, Mena I et al. (1993) Progressive right frontotemporal degeneration: Clinical, neuropsychological and SPECT characteristics. Dementia 4: 204–213

Miller BL, Darby AL, Swartz JR et al. (1995) Dietary changes, compulsions and sexual behavior in frontotemporal degeneration. Dementia 6: 195–199

Miller BL, Ikonte C, Ponton M et al. (1997) A study of the Lund-Manchester research criteria for frontotemporal dementia: Clinical and single-photon emission CT correlations. Neurology 48: 937–941

Miller BL, Seeley WW, Mychack P et al. (2001) Neuroanatomy of the self. Evidence from patients with frontotemporal dementia. Neurology 57: 817–821

Minthon L, Edvinsson L, Gustafson L (1997) Somatostatic and neuropeptide y in cerebrospinal fluid. Dement Geriat Cog Disord 8: 232–239

Mitsuyama Y (1993) Presenile dementia with motor neuron disease. Dementia 4: 137–142

Mizukami K, Kosaka K (1989) Neuropathological study on the nucleus basalis of Meynert in Pick's disease. Acta Neuropathol 78: 52–56

Moretti R, Torre P, Antonello RM et al. (2003) Frontotemporal dementia: paroxetine as a possible treatment of behaviour symptoms. A randomized, controlled, open 14-month study. Eur Neurol 49 (1): 13–19

Morita K, Kaiya H, Ikeda T, Namba M (1987) Presenile dementia combined with amyotrophy: A review of 34 Japanese cases. Arch Gerontol Geriatr 6: 263–277

Mummery CJ, Patterson K, Wise RJS et al. (1999) Disrupted temporal lobe connections in semantic dementia. Brain 122: 61–73

Munoz DG, Dickson DW, Bergeron C et al. (2003) The neuropathology and biochemistry of frontotemporal dementia. Ann Neurol 54 (Suppl 5): 24–28

Mychack P, Kramer JH, Boone KB et al. (2001) The influence of right frontotemporal dysfunction on social behavior in frontotemporal dementia Neurology 56 (Suppl 4): S12–S15

Nasreddine ZS, Loginow M, Clark LN et al. (1999) From genotype to phenotype: A clinical, pathological, and biochemical investigation of frontotemporal dementia and Parkinsonism (FTDP-17) caused by the P301L tau mutation. Ann Neurol 45: 704–725

Neary D (1999) Overview of frontotemporal dementias and the consensus applied. Dement Geriatr Cogn Disord 10: 6–9

Neary D, Snowden JS, Northen B et al. (1988) Dementia of frontal lobe type. J Neurol Neurosurg 51: 353–361

Neary D, Snowden JS, Mann DMA (1993) The clinical pathological correlates of lobar atrophy. Dementia 4: 154–159

Neary D, Snowden JS, Gustafson L et al. (1998) Frontotemporal lobar degeneration. A consensus on clinical diagnostic criteria. Neurology 51: 1546–1554

Nestor PJ, Graham NL, Fryer TD et al. (2003) Progressive non-fluent aphasia is associated with hypometabo-

Literatur

lism centred on the left anterior insula. Brain 126: 2406–2418

Neumann MA (1949) Pick's disease. J Neuropathol Exp Neurol 8: 255–282

Neumann MA, Cohn R (1967) Progressive subcortical gliosis, a rare form of presenile dementia. Brain 90: 405–417

Nicholl DJ, Greenstone MA, Clark CE, Rizzu P, Crooks D, Crowe A, Trojanowski JQ, Lee VME, Heutink P (2003) An English kindred with a novel recessive tauopathy and respiratory failure. Ann Neurol 54: 682–686

Odawara T, Shiozaki K, Iseki E, Hino H, Kosaka K (2003) Alterations of muscarinic acetylcholine receptors in atypical Pick's disease without Pick bodies. J Neurol Neurosurg Psychiatry 74: 965–967

Onari K, Spatz H (1926) Anatomische Beiträge zur Lehre von der Pickschen umschriebenen Großhirnrinden-Atrophie (»Picksche Krankheit«). Z Ges Neurol Psychiatr 101: 470–511

Pace-Savitsky C, Diehl J, Kohnson J et al. (2003) Proceedings of the 56th annual meeting of the american academy of neurology.

Pasquier F (1999) Early diagnosis of dementia: Neuropsychology. J Neurol 246: 6–15

Pasquier F, Lebert F, Lavenu I, Guillaume B (1999) The clinical picture of frontotemporal dementia: Diagnosis and follow-up. Dement Geriatr Cogn Disord 10: 10–14

Perry RJ, Miller BL (2001) Behavior and treatment in frontotemporal dementia. Neurology 56 (Suppl 4): S46–S51

Pick A (1892) Über die Beziehungen der senilen Hirnatrophie zur Aphasie. Prager Med Wochenschr 17: 165–166

Pickering-Brown S, Baker M, Yen S-H et al. (2000) Pick's disease is associated with mutations in the tau gene. Ann Neurol 48: 859–867

Pijnenburg YAL, Sampson EL, Harvey, Fox NC, Rossor MN (2003) Vulnerability to neuroleptic side effects in frontotemporal lobar degeneration. Int J Geriatr Psychiatry 18: 67–72

Procter AW, Qurne M, Francis PT (1999) Neurochemical features of frontotemporal dementia. Dement Geriatr Cogn Disord 10: 80–84

Rahman S, Sahakian BJ, Hodges JR et al. (1999) Specific cognitive deficits in mild frontal variant frontotemporal dementia. Brain 122: 1469–1493

Rankin KP, Kramer JH, Mychack P, Miller BL (2003) Double dissociation of social functioning in frontotemporal dementia. Neurology 60: 266–271

Ratnavalli E, Brayne C, Dawson K et al. (2002) The prevalence of frontotemporal dementia. Neurology 58: 1615–1621

Reed LA, Schmidt ML, Wszolek ZK et al. (1998) The neuropathology of a chromosome-17-linked autosomal dominant parkinsonism and dementia (»pallido-ponto-nigral degeneration«). J Neuropathol Exp Neurol 57: 588–601

Riemenschneider M, Diehl J, Müller U, Förstl H, Kurz A (2002a) Apolipoprotein E polymorphism in German patients with frontotemporal degeneration. J Neurol Neurosurg Psychiatry 72: 639–641

Riemenschneider M, Wagenpfeil S, Diehl J, Lautenschlager N, Theml T, Heldmann B, Drzezga A, Jahn T, Förstl H, Kurz A (2002b) Tau and Aß42 protein in CSF of patients with frontotemporal degeneration. Neurology 58: 1622–1628

Rinne JO, Laine M, Kaasinen V, Norvasuo-Heilä MK, Nagren K, Helenius H (2002) Striatal dopamine transporter and extrapyramidal symptoms in frontotemporal dementia. Neurology 58: 1489–1493

Rizzu P, van Swieten JC, Joosse M et al. (1999) High prevalence of mutations in the microtubule-associated protein tau in a population study of frontotemporal dementia in the Netherlands. Am J Hum Genet 64: 414–421

Robinson K (2001) Rehabilitation applications in caring for patients with Pick's disease and frontotemporal dementias. Neurology 56 (Suppl 4): S56–S58

Rombouts SARB, van Swieten JC, Pijnenburg YAL, Goekoop R, Barkhof F, Scheltens P (2003) Loss of frontal fMRI activation in early frontotemporal dementia compared to early AD. Neurology 60: 1904–1908

Rosen HJ, Perry RJ, Murphy J, Kramer JH, Mychack P, Schuff N, Weiner M, Levenson RW, Miller BL (2002a) Patterns of brain atrophy in frontotemporal dementia and semantic dementia. Neurology 58: 198–208

Rosen HJ, Gorno-Tempini ML, Goldman WP, Perry RJ, Schuff N, Weiner M, Feiwell R, Kramer JH, Miller BL (2002b) Emotion comprehension in the temporal variant of frontotemporal dementia. Brain 125: 2286–2295

Rosen HJ, Hartikainen KM, Jabust W, Kramer JH, Reed BR, Cummings JL, Boone K, Ellis W, Miller C, Miller BL (2002c) Utility of clinical criteria in differentiating frontotemporal lobar degeneration (FTLD) from AD. Neurology 58: 1608–1615

Rosso SM, Donker Kaat L, Sleegers K et al. (2002) Prevalence estimates from a population-based study of frontotemporal dementia in the Netherlands. Neurobiol Aging 23 (Suppl): 419

Rosso SM, Kaat Donker L, Baks T et al. (2003a) Frontotemporal dementia in the Netherlands: patient characteristics and prevalence estimates from a population-based study. Brain 126: 2016–2022

Rosso SM, Herpen van E, Pijnenburg AL (2003b) Total tau and phosphorylated tau 181 levels in the cerebrospinal fluid of patients with frontotemporal dementia due to P301L and G272 V tau mutations. Arch Neurol 60: 1209–1213

Rossor MN, Revesz T, Lantos PL et al. (2000) Semantic dementia with ubiquitin-positive tau-negative inclusion bodies. Brain 123: 267–276

Sahakian BJ, Coull JJ, Hodges JR (1994) Selective enhancement of executive function by idazoxan in a patient with dementia of the frontal lobe. J Neurol Neurosurg Psychiatry 57: 120–121

Salloway SP (1994) Diagnosis and treatment of patients with »frontal lobe« syndromes. J Neuropsychiatry Clin Neurosci 6: 388–398

Schmidtke K, Hiersemenzel LP (1997) Progressive hemiparesis in frontal lobe degeneration. Eur Neurol 38: 105–112

Schneider C (1927) Über Picksche Krankheit. Monatsschr Psychiatr Neurol 65: 230–275

Schneider C (1929) Weitere Beiträge zur Lehre von der Pickschen Krankheit. Z Ges Neurol Psychiat 120: 340–384

Shigenobu K, Ikeda M, Fukuhara R, Maki N, Hokoishi K, Nebu A, Yasuoka TT, Komori K, Tanabe H (2002) The stereotypy rating inventory for frontotemporal lobar degeneration. Psychiat Res 110: 175–187

Shimamura T, Mori E (1998) Obstinate imitation behavior in differentiation of frontotemporal dementia from Alzheimer's disease. Lancet 352: 623–624

Silveri MC, Salvigni BL, Cappa A et al. (2003) Impairment of verb processing in frontal variant-frontotemporal dementia: a dysexecutive symptom. Dement Geriatr Cogn Disord 16: 296–300

Sjögren M, Wallin A, Edman A (1997) Symptomatological characteristics distinguish between frontotemporal dementia and vascular dementia with a dominant frontal lobe syndrome. Int J Geriat Psychiatry 12: 656–661

Sjögren M, Minthon L, Passant U et al. (1998) Decreased monoamine metabolites in frontotemporal dementia and Alzheimer's disease. Neurobiol Aging 19: 379–384

Snowden JS (1999) Semantic dysfunction in frontotemporal lobar degeneration. Dement Geriatr Cogn Disord 10: 33–36

Snowden JS, Neary D, Mann DMA et al. (1992) Progressive language disorder due to lobar atrophy. Ann Neurol 31: 174–183

Snowden JS, Bathgate D, Varma A et al. (2001) Distinct behavioural profiles in frontotemporal dementia and semantic dementia. J Neurol Neurosurg Psychiatry 70: 323–332

Sparks DL, Markesbery WR (1991) Altered serotonergic and cholinergic synaptic markers in Pick's disease. Arch Neurol 48: 796–799

Spillantini MG, Goedert M (2000) Tau mutations in familial frontotemporal dementia. Brain 123: 857–859

Spillantini MG, Murrell JR, Goedert M et al. (1998) Mutation in the tau gene in familial multiple system tauopathy with presenile dementia. Proc Natl Acad Sci USA 95: 7737–7741

Stevens M, Van-Duijn CM, de-Knijff P et al. (1997) Apolipoprotein E gene and sporadic frontal lobe dementia. Neurology 48: 1526–1529

Stevens M, Van-Duijn CM, Kamphorst W et al. (1998) Familial aggregation in frontotemporal dementia. Neurology 50: 1541–1545

Stone J, Griffiths TD, Rastogi S, Perry RH, Cleland PG (2003) Non-Picks frontotemporal dementia imitating schizophrenia in a 22-year-old man. J Neurol 250: 369–370

Swartz JR, Miller BL, Lesser IM et al. (1997) Behavioral phenomenology in Alzheimer's disease, frontotemporal dementia, and late-life depression: a retrospective analysis. J Geriatr Psychiatry Neurol 10: 67–74

Talbot PR, Goulding PJ, Lloyd JJ, Snowden JS et al. (1995) Inter-relation between »classic« motor neuron disease and frontotemporal dementia: neuropsychological and single photon emission computed tomography study. J Neurol Neurosurg Psychiatry 58: 541–547

Talerico KA, Evans LK (2001) Responding to safety issues in frontotemporal dementias. Neurology 56 (Suppl 4): S52–S55

Tallberg IM (1999) Projection of meaning in fronto-temporal dementia. Discourse Studies Vol 1(4): 455–477

Thompson SA, Patterson K, Hodges JR (2003) Left/right asymmetry of atrophy in semantic dementia. Behavioral-cognitive implications. Neurology 61: 1196–1203

Turner RS, Kenyon C, Trojanowski JQ et al. (1996) Clinical, neuroimaging, and pathologic features of progressive nonfluent aphasia. Ann Neurol 39: 166–173

Uhl GR, Hilt DC, Hedreen JC, Whitehouse PJ et al. (1983) Pick's disease (lobar sclerosis): Depletion of neurons in the nucleus basalis of Meynert. Neurology 33: 1470–1473

Vanderzeypen F, Bier JC, Genevrois C et al. (2003) Frontal dementia or dementia praecox? A case report of a psychotic disorder with a severe decline. Encephale 29 (2): 172–180

Varma AR, Snowden JS, Lloyd JJ et al. (1999) Evaluation of the NINCDS-ADRDA in the differentiation of Alzheimer's disease and frontotemporal dementia. J Neurol Neurosurg Psychiatry 66: 184–188

Literatur

Weintraub S, Rubin NP, Mesulam MM (1990) Primary progressive aphasia. Longitudinal course, neuropsychological profile, and language features. Arch Neurol 47: 1329–1335

WHO (World Health Organization) (1994) ICD-10-R. Huber, Berlin

Wijker M, Wszolek ZK, Wolters ECH et al. (1996) Localization of the gene for rapidly progressive autosomal dominant parkinsonism and dementia with pallido-ponto-nigral degeneration to chromosome 17q21. Hum Mol Genet 5: 151–154

Wood PL, Etienne P, Lal S et al. (1983) A post-mortem comparison of the cortical cholinergic system in Alzheimer's disease and Pick's disease. J Neurol Sci 62: 211–217

Yamauchi H, Fukuyama H, Nagahama Y et al. (2000) Comparison of the pattern of atrophy of the corpus callosum in frontotemporal dementia, progressive supranuclear palsy, and Alzheimer's disease. J Neurol Surg Psychiatry 69: 623–629

Yener GG, Leuchter AF, Jenden D et al. (1996) Quantitative EEG in frontotemporal dementia. Clin Electroencephalogr 27: 62–68

Zachhuber C, Leblhuber F, Bancher Ch et al. (1999) Frontallappen-Demenzen. Klinisch-pathologische Fallberichte. Fortschr Neurol Psychiatr 67: 68–74

Zhou L, Miller BL, McDaniel CH et al. (1998) Frontotemporal dementia: neuropil spheroids and presynaptic terminal degeneration. Ann Neurol 44: 99–109

Motion und Emotion: Morbus Parkinson und Depression

M. R. Lemke

8.1 Einleitung – 178

8.2 Klinische Symptomatik – 178
Motorische Symptome und Depression – 179

8.3 Ätiologie und Pathophysiologie – 180
Motorik – 180
Depression – 180
Biologische Depressionsmarker – 182

8.4 Therapie – 183
Pharmakologische Therapie – 183
Nichtpharmakologische Maßnahmen – 187
Durchführung der antidepressiven Therapie – 188

8.5 Schlussfolgerung – 189

Literatur – 189

8.1 Einleitung

Etwa die Hälfte der Patienten mit Morbus Parkinson (MP) leidet unter depressiven Symptomen. In Deutschland sind damit zum heutigen Zeitpunkt mindestens 100 000 Patienten mit MP betroffen, exakte epidemiologische Daten liegen jedoch nicht vor. Wegen nicht erkannter Parkinson-Krankheit und Depressionen ist wahrscheinlich von einer höheren Zahl auszugehen. Daten zu depressiven Störungen im Rahmen von Parkinson-Erkrankungen deuten auf eine Unterversorgung hin (Richard et al. 1997). Die Ergebnisse lassen vermuten, dass die Patienten sich des Vorhandenseins einer Depression nicht bewusst sind und aus diesem Grund auch keine adäquate Therapie suchen.

Aufgrund demografischer Entwicklungen, d. h. der zu erwartenden Zunahme des Anteils älterer Menschen in der Bevölkerung, ist in der Zukunft eine Zunahme von Parkinson-Erkrankungen und Depressionen zu erwarten. In der 1817 publizierten Erstbeschreibung der Parkinson-Erkrankung »An Essay on the Shaking Palsy« berichtete James Parkinson nicht über die Beeinträchtigung von Sinnen und Intellekt (Parkinson 1817), da seine 6 Fallbeschreibungen auf anamnestischen Daten und visueller Inspektion beruhten, die Parkinson z. T. auf der Straße durchführte; daher blieben Phänomene wie Rigidität und psychopathologische Phänomene unerwähnt. In allen späteren Beschreibungen der Parkinson-Erkrankung tauchen Depressionen jedoch auf. Hinsichtlich der Schwere der Depression erfüllten ca. 50% der depressiven Patienten mit MP die Kriterien für eine mittelschwere bis schwere Depression und ca. 50% für eine leichte Depression oder Dysthymie (Cummings 1992).

8.2 Klinische Symptomatik

Aus der klinischen Perspektive kann die Differenzialdiagnostik schwierig sein. Schlafstörungen, Konzentrationsstörungen oder Erschöpfbarkeit werden auch bei nichtdepressiven Patienten mit MP beobachtet, während Symptome der Depression wie psychomotorische Verlangsamung, mimische Starre u. a. auch durch die neurologischen Defizite der Parkinson-Erkrankung bedingt sein können. Die Diagnose einer Depression bei Patienten mit MP muss daher besonders auf der Erfassung von subjektiv erlebten depressiven Kognitionen und Erleben beruhen wie z. B. Gefühle von Leere und Hoffnungslosigkeit, Reduktion der emotionalen Reagibilität und Verlust der Lebensfreude (Anhedonie). Studien, in denen eine Selbstrating-Skala zur Anhedonie (Franz et al. 1998) eingesetzt wurde, konnten zeigen, dass etwa die Hälfte der Patienten mit MP in fortgeschrittenen Stadien (Hoehn und Yahr II und III) unter dieser Symptomatik leiden (Lemke et al. 2003). Das Profil depressiver Symptome bei Patienten mit MP ist geprägt durch gereizte Traurigkeit mit geringen Schuldgefühlen und einer geringen Rate von Suizidhandlungen trotz häufiger Suizidgedanken.

Es scheint eine Subgruppe depressiver Patienten zu geben, deren klinisches Bild hauptsächlich durch die Beeinträchtigung exekutiver Funktionen wie Planen, Sequenzieren, Organisieren und Abstrahieren geprägt ist (Alexopoulos 2001). Dies betrifft ältere Patienten, bei denen vermehrt psychomotorische Verlangsamung, Apathie und Behinderungen im täglichen Leben auftreten. Für diese Gruppe werden in der Entstehung Störungen striatofrontaler Projektionsbahnen und D_3-Rezeptoren, schlechteres Ansprechen auf Antidepressiva und eine höhere Tendenz zur Chronifizierung diskutiert. Neuere Ansätze in der Depressionstherapie mit neuen Dopaminagonisten, Acetylcholinesterasehemmern und Opiatantagonisten/-agonisten könnten hier zum Einsatz kommen.

Hinsichtlich der Häufigkeit von Depressionen bei dementen und nichtdementen Patienten mit MP scheinen keine Unterschiede zu bestehen. Ein Zusammenhang mit dem Alter besteht nicht. Verschiedene Untersuchungen haben jedoch gezeigt, dass depressive Patienten mit MP mehr neuropsychologische Defizite aufweisen als nichtdepressive. Es konnte gezeigt werden, dass depressive Patienten mit MP bei einer Testung von Funktionen frontaler und frontal-subkortikaler Strukturen schlechter abschnitten.

Es gibt Hinweise darauf, dass Depressions- und Angstsymptome auch als Erstmanifestation der Parkinson-Erkrankung vor der Manifestation neurologischer Symptome auftreten können. Retrospektiv angelegte Untersuchungen deuten darauf hin, dass affektive Symptome bei Patienten mit MP möglicherweise viele Jahre vor der Manifestation motorischer Zeichen auftreten (Shiba et al. 2000).

Die Ähnlichkeiten des klinischen Bildes von Depression und Parkinson-Erkrankung deuten auf eine Beteiligung nigrostriataler dopaminerger Bahnen bei Depressionen hin. Die Reversibilität der motorischen Symptome nach Remission der Depression lässt jedoch eher auf funktionelle als auf strukturelle Dysfunktionen in den Basalganglien schließen (Starkstein et al. 2001). Befunde eigener Untersuchungen deuten ebenfalls darauf hin, dass motorische Symptome bei Patienten mit Depressionen im Rahmen affektiver Störungen häufiger als bei vergleichbaren gesunden Kontrollpersonen sind (Lemke et al. 1999a, b, 2000a, b; Raethjen et al. 2001).

Bei der Analyse kinematischer Parameter des Ganges konnten wir in unserem Labor nachweisen, dass Patienten mit depressiven Störungen ähnliche Veränderungen hinsichtlich statischer und dynamischer Gangfunktionen aufweisen, wie dies bei Patienten mit MP nachgewiesen wurde. Regulationsstörungen der Geschwindigkeitsmodulation, insbesondere der Zusammenhang zwischen Geschwindigkeit und Kadenz, deuten auf Dysfunktionen in den Basalganglien hin (Lemke et al. 2000b).

Motorische Symptome und Depression

Vorliegende Untersuchungen bestätigen nicht die Annahme, dass das Auftreten depressiver Störungen allein als Reaktion auf die Einschränkungen durch neurologische, insbesondere motorische Defizite zu bewerten ist. Es besteht keine lineare Beziehung zwischen Depression und der zunehmenden Schwere der Parkinson-Symptome. Es scheint eher so, dass Depressionen in Anfangs- und Spätstadien häufiger zu finden sind.

Die Inzidenz depressiver Störungen ist bei Patienten mit MP höher als bei anderen vergleichbaren chronischen Erkrankungen. Die Untersuchungen zeigen eine signifikant ausgeprägtere Depressivität bei der Parkinson-Erkrankung im Vergleich zu anderen Behinderungen wie Paraplegie, chronischer Arthritis oder internistischen Erkrankungen. Einen weiteren Hinweis auf die primäre Verbindung zwischen Parkinson-Erkrankung und Depression liefern die Unterschiede im Verlauf bei Parkinson-Subtypen:

— Eine sich früh manifestierende Parkinson-Erkrankung ist gekennzeichnet durch häufigere Depression, häufigeres Auftreten unwillkürlicher Bewegungen und On-Off-Phänomene, während
— Parkinson-Erkrankungen mit späterem Beginn häufiger durch die klassischen Symptome wie Tremor, Rigor und Akinese charakterisiert sind (Starkstein 1998).

Die Befunde deuten darauf hin, dass Depressionen häufiger assoziiert mit Parkinson-Phänomenen auftreten, die auf Dopamin ansprechen, wie Gangstörungen, Akinesie und Rigidität und seltener mit Tremor assoziiert sind, der weniger auf Dopamin anspricht.

Ein deutlicher Zusammenhang zwischen Motorik und Stimmung findet sich bei den On-Off-Phänomenen. Damit sind Fluktuationen motorischer Funktionen gemeint, die bei chronischer L-Dopa-Therapie als End-Dosis Verschlechterungen nach Wirkungsnachlass der letzten Dosis von L-Dopa oder unabhängig von der Medikation als unvorhersehbare Shifts zwischen mobilen, dyskinetischen On-Phasen und akinetischen Off-Phasen auftreten können. Viele Untersuchungen haben eine höhere Frequenz depressiver Störungen bei Patienten mit On-Off-Phänomenen gezeigt, wobei die depressive Symptomatik in den Off-Phasen deutlich ausgeprägter war als in den On-Phasen. Die abrupten Stimmungsänderungen, verbunden mit Dopamin-vermittelten motorischen Fluktuationen, weisen auf eine Bedeutung von Dopamin für die Emotions-Regulation hin.

Die Lebensqualität der Betroffenen wird stärker durch die depressiv gefärbte, subjektive Wahrnehmung der motorisch bedingten Behinderung als durch die tatsächliche Behinderung beeinflusst und durch die Depression unabhängig von der motorischen Symptomatik reduziert (Caap u. Dehlin 2001; Kuopio et al. 2000; Schrag et al. 2000). Die Behandlung der Depression sollte daher unabhängig von der Behandlung der motorischen Symptome angestrebt werden.

8.3 Ätiologie und Pathophysiologie

Motorik

Die den motorischen Symptomen zugrunde liegende Pathologie liegt beim Morbus Parkinson v.a. in der Pars compacta der Substantia nigra, einem Kerngebiet im Mesenzephalon, dessen Neurone überwiegend dopaminerg sind und über den nigrostriatalen Trakt zum Putamen (Striatum) projizieren. Die eosinophilen intrazytoplasmatischen Einschlusskörperchen, so genannte Lewy-Körperchen, in den degenerierenden Nigrazellen sind das wichtigste neuropathologische Kriterium für den Morbus Parkinson. Als Ursache des Zelluntergangs werden genetische Mechanismen und Umweltfaktoren eine Rolle spielen. Als molekularer Mechanismus des Zelluntergangs wird eine vermehrte freie Radikalbildung in der Substantia nigra und der dadurch verursachte oxidative Stress postuliert.

Pathophysiologisch verursacht der Zelluntergang in der Substantia nigra eine Kette von Fehlaktivitäten in den Kernen der Basalganglienschleife (Substantia nigra, Striatum, Nucleus subthalamicus, Globus pallidus, Thalamus und Projektion zum Kortex). Diese Schleife kann als kortikale Feedback-Schleife gesehen werden. Sie erhält Eingänge von verschiedenen kortikalen und auch subkortikalen Arealen und projiziert selbst über den Thalamus zu weiten Teilen des Kortex. Die Eingänge zum Striatum werden einerseits über den direkten Weg ohne Zwischenstation und andererseits über den indirekten Weg über den Nucleus subthalamicus und den Globus pallidus externus zu den Hauptausgangsstrukturen der Basalganglien, dem Globus pallidus internus und der Substantia nigra pars reticularis, weitergeleitet. Diese projizieren über den Thalamus zurück zum Kortex. Die Substantia nigra pars compacta als Ort der Schädigung beim Morbus Parkinson übt hauptsächlich tonische Einflüsse auf das Striatum aus. Zwischen allen Stationen der Basalganglien, des Thalamus und Kortex existieren inzwischen gut definierte exzitatorische und inhibitorische Verbindungen. In der Summe bewirken die Veränderungen eine Zunahme der vom Globus pallidus internus ausgehenden Inhibition des Thalamus und damit eine Reduktion der kortikalen Aktivierung durch den Thalamus, was zu einem Kernsymptom des Morbus Parkinson, der Akinese, führt (Raethjen 2002).

Depression

Pathophysiologisch ist die Depression bei Patienten mit MP am ehesten als primäre Konsequenz neurodegenerativer Veränderungen zu sehen. Bei Patienten mit MP mit komorbiden Depressionen sind ausgeprägtere frontokorti-

8.3 · Ätiologie und Pathophysiologie

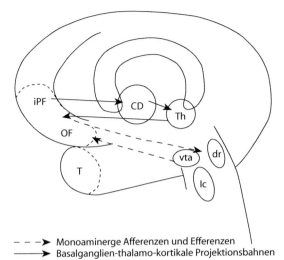

– – –▶ Monoaminerge Afferenzen und Efferenzen
———▶ Basalganglien-thalamo-kortikale Projektionsbahnen

◘ **Abb. 8.1.** Schematische Darstellung gestörter monoaminerger Projektionsbahnen bei depressiven Störungen. *iPF* inferiorer präfrontaler Kortex, *OF* orbital frontaler Kortex, *T* temporaler Kortex, *CD* Caudatum, *Th* Thalamus, *vta* ventrales Tegmentum, *dr* dorsaler Raphe-Kern, *lc* Locus coeruleus. (Mod. nach Mayberg u. Solomon 1995)

kale Dysfunktionen nachzuweisen. Mayberg und Solomon (1995) konnten in PET-Untersuchungen zeigen, dass Patienten mit MP und Depression in orbitofrontalen und inferior präfrontalen Kortexarealen eine niedrigere Metabolisierungsrate aufweisen als Patienten mit MP ohne Depressionen und gesunde Kontrollpersonen. Die Degeneration dopaminerger Neurone mesokortikolimbischer Strukturen könnte eine Dysfunktion im orbitofrontalen Kortex bedingen und so sekundär monoamine Verbindungen der Brückenkerne beeinträchtigen (◘ Abb. 8.1). Diese Arbeitsgruppe konnte auch nachweisen, dass bei depressiven Patienten mit MP ein Hypometabolismus im Nucleus caudatus und im orbitofrontalen Kortex vorliegt, während bei Depressionen im Rahmen affektiver Störungen der dorsolaterale frontale Kortex stärker betroffen ist.

Bei Post-mortem-Untersuchungen fand sich bei depressiven Patienten mit MP ein stärkerer Zelluntergang im Nucleus coeruleus, die hauptsächliche Produktionsstätte für Noradrenalin im Zentralnervensystem. Die Konzentrationen von Serotonin in frontalen und temporalen Polge-

bieten waren bei depressiven Patienten mit MP nicht signifikant reduziert. Andere neuropathologische Untersuchungen fanden depressionsspezifische Veränderungen im ventralen Tegmentum, dem Ursprung mesokortikaler, mediotemporaler und orbitofrontaler dopaminerger Projektionen. Die Befunde deuten auf dopaminerge Mechanismen bei Depressionen im Rahmen von Parkinson-Erkrankungen hin.

Es gibt Hinweise auf die Beteiligung serotonerger Strukturen des Hirnstamms und des basalen limbischen Systems bei depressiven Patienten mit MP. Becker et al. (1997) fanden mittels transkranieller Sonografie eine Beteiligung des Raphe-Kerns bei Patienten mit MP und Depression im Gegensatz zu nichtdepressiven Patienten mit MP. Die Veränderungen ähneln denen, die bei Depressionen im Rahmen affektiver Störungen nachgewiesen wurden, so dass eine Dysfunktion auf- und absteigender aminerger Bahnen des basalen limbischen Systems als relevant für die depressive Symptomatik angesehen werden kann.

Neuroanatomisch erleiden neben der Substantia nigra eine Reihe von extranigralen Komponenten des motorischen Systems, aber auch Zentren der autonomen Regulation und des limbischen Systems schwerwiegende Zerstörungen. Insbesondere sind in diesem Zusammenhang die bisher wenig beachteten pathologischen Veränderungen im Bereich der Hippokampusformation und der Amygdala zu nennen (Braak et al. 2000). Die limbische Schleife (◘ Abb. 8.2) stellt daher eine Struktur dar, die für Regulation von Emotionen und Motorik eine gleichsam bedeutende Rolle einnimmt und deren Zerstörung sich parallel in Veränderungen von Stimmung, Antrieb und motorischen Funktionen äußern kann.

Die morphologischen Veränderungen bei der Parkinson-Erkrankung finden sich in einer Reihe subkortikaler Kernstrukturen einschließlich der Substantia nigra, ventrales Tegmentum, Nucleus basalis, Hypothalamus (laterale und posteriore Kerne), dorsaler Raphe-Kern und Lo-

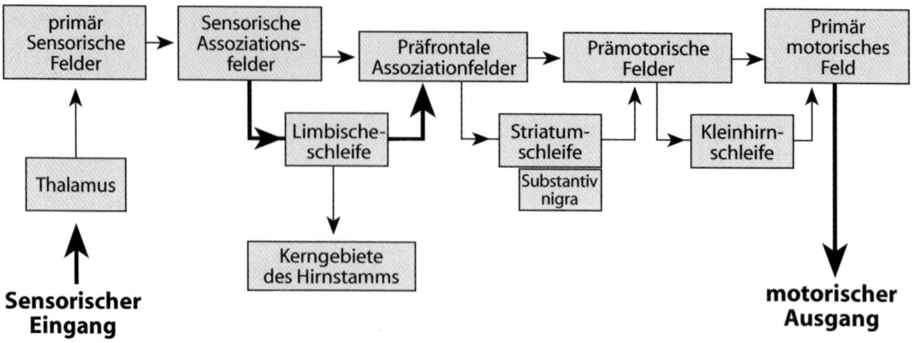

Abb. 8.2. Limbische Schleife: Verarbeitungswege afferenter, sensorischer und efferenter somatomotorischer Informationen unter Einbeziehung des limbischen Systems mit Projektionen zum präfrontalen Neokortex. (Mod. nach Braak et al. 2000)

cus coeruleus. Post-mortem-Untersuchungen zeigten eine hohe Variabilität hinsichtlich der Häufigkeit der betroffenen Gebiete. Diese subkortikalen Strukturen sind die Bildungsstätte verschiedener Neurotransmitter und deren Zerstörung führt zu Transmitterveränderungen in anderen Hirnarealen, in die sie projizieren. Die Dopamin-Depletion in der Substantia nigra und dem ventralen Tegmentum führen so zu einer Depletion im Nucleus caudatus, Putamen, Nucleus accumbens und anderen Arealen. So ist zu erklären, dass es durch die Depletion von Noradrenalin im Locus coeruleus oder von Serotonin im Raphe-Kern zu Transmitterveränderungen in den Kernen ferner Gebiete, wie z. B. im frontalen Kortex, kommen kann.

Die bei der Parkinson-Erkrankung involvierten Transmitterprozesse sind an der Regulation von Belohnungsvorgängen, Motivation und Stress-Antwort beteiligt. Die verminderte Wirksamkeit von Belohnungsmechanismen kann zu Anhedonie, Motivationsverlust und Apathie führen. Diese Systeme spielen eine Schlüsselrolle für Motivation und Antrieb. Dysfunktionen zeigen sich in gesteigerter Abhängigkeit von der Umwelt, in reduziertem Bedürfnis nach sozialen und anderen Aktivitäten, in dem Empfinden, weniger Kontrolle über das eigene Leben zu haben und geringeren Erwartungen und Ansprüchen an die eigenen Handlungen und Aktivitäten. Das Erleben eigener Insuffizienz führt zu dysfunktionalen Copingstrategien im Umgang mit Stress und zu Ärger und dysphorisch gereizter Stimmungslage. Zusammengefasst sind diese Prozesse in **Abb. 8.3** dargestellt.

Die meisten der hier aufgeführten Vorgänge sind Funktionen präfrontaler Dopamin-Systeme zuzuordnen. Eine Reihe von Befunden unterstützt die Hypothese einer stärkeren Beeinträchtigung dieser Systeme bei depressiven im Vergleich zu nichtdepressiven Patienten mit MP.

Depressive Patienten mit MP zeigen
— neuropsychologisch stärkere Beeinträchtigung von Frontallappenfunktionen,
— neurophysiologisch frontalen Hypometabolismus (PET-Untersuchungen),
— klinisch stärkere Beteiligung dopaminerg vermittelter Dysfunktionen von Gang und Haltung,
— neuropathologisch deutliche Beteiligung dopaminerger Projektionen vom ventralen Tegmentum zum präfrontalen Kortex sowie
— stärkere Depressivität in den Dopamin-defizitären Off-Phasen.

Biologische Depressionsmarker

Die Untersuchung möglicher biologischer Marker der Depression liefert bei dem Vergleich von depressiven und nichtdepressiven Patienten mit MP keine einheitlichen Ergebnisse (Cummings

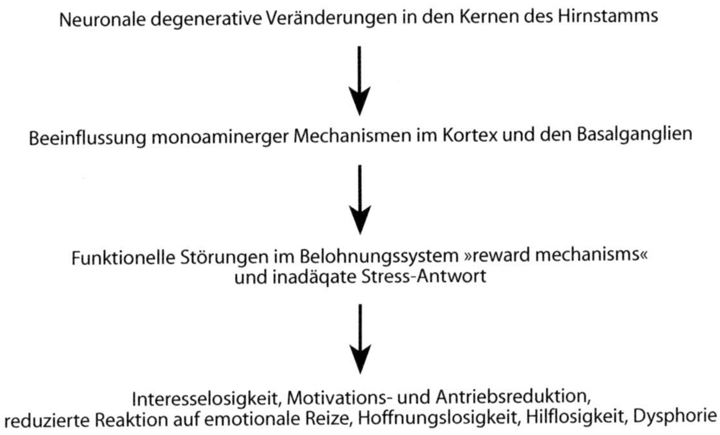

8.4 · Therapie

Abb. 8.3. Pathogenetisches Modell der Depression bei Patienten mit Morbus Parkinson. Hypothetische Beziehung zwischen neuropathologischen, neurochemischen, präfrontalen und psychopathologischen Mechanismen

Neuronale degenerative Veränderungen in den Kernen des Hirnstamms

Beeinflussung monoaminerger Mechanismen im Kortex und den Basalganglien

Funktionelle Störungen im Belohnungssystem »reward mechanisms« und inadäqate Stress-Antwort

Interesselosigkeit, Motivations- und Antriebsreduktion, reduzierte Reaktion auf emotionale Reize, Hoffnungslosigkeit, Hilflosigkeit, Dysphorie

1992, 1999). Der Dexamethason-Suppressionstest ist häufig bei Patienten mit MP verändert, zeigt aber eine geringe Sensitivität und Spezifität für Depressionen bei diesen Patienten. Ebenfalls konnten Thyrotropin-releasing-Hormon und L-Dopa Stimulationstests nicht zwischen Patienten mit MP mit und ohne Depressionen diskriminieren. Untersuchungen im Schlaflabor wiesen bei depressiven Patienten mit MP im Vergleich zu Parkinson-Erkrankten ohne Depression eine kürzere REM-Latenz nach, die typisch für Depressionen im Rahmen affektiver Störungen ist. Im Liquor depressiver Patienten mit MP wurden niedrigere Konzentrationen des Serotonin-Metaboliten 5-Hydroxyindolessigsäure (5-HIAA) nachgewiesen, wobei nicht nur Patienten mit MP mit niedrigen Konzentrationen depressiv waren und die Veränderungen nicht mit der Schwere der Depression korrelierten. Die Liquorkonzentration von 5-HIAA alleine stellt keinen spezifischen Marker für Depressionen bei Patienten mit MP dar. Die Untersuchungen deuten jedoch auf eine wichtige Rolle des Serotonin-Systems hin.

Spezifischer sind dagegen PET-Untersuchungen mit Fluorodeoxyglucose, wo ein niedriger Metabolismus im Nucleus caudatus und orbitofrontalen Kortex bei depressiven Patienten mit MP im Vergleich zu nichtdepressiven gefunden wurde. Die Lokalisation unterschied sich auch von Depressionen bei affektiven Störungen, wo Hypometabolismus im dorsolateralen frontalen Kortex nachgewiesen wurde (Cummings 1992). Wegen geringer Anzahl der Patienten muss die Reproduzierbarkeit dieser Befunde noch gezeigt werden.

8.4 Therapie

Bei der Therapie motorischer und depressiver Symptomatik der Parkinson-Erkrankung müssen grundsätzlich 2 Aspekte berücksichtigt werden:
1. Die Wirkung der Anti-Parkinson-Medikation auf depressive Symptome und
2. die Wirkung der Antidepressiva-Therapie auf motorische Symptome.

Pharmakologische Therapie

Dopamin

Die Anti-Parkinson-Therapie beruht auf der Basis einer Dopamin-Substitution mit L-Dopa oder Dopaminagonisten. Die chronische L-Dopa Monotherapie birgt das Risiko motorischer Wirkungsschwankungen und Dyskinesien (Poewe et al. 1986), weshalb heute bei »jüngeren« Patienten (<50–60 Jahre) zunehmend eine initiale Dopaminagonisten-Monotherapie angestrebt wird. L-Dopa selbst weist keine konsistente antidepressive Wirkung auf (Allain et al. 2000; Lees et al. 1977; Shaw et al. 1980). Klinisch entsteht gelegentlich der Eindruck, dass L-Dopa initial depressiogen wirkt. Patienten mit MP zeigen eine Zunahme von Angst und Depression sowohl während als auch der Akinese (Off-Phase) vorausgehend (Maricle et al. 1995). Es scheint, dass Patienten mit motorischen Fluktuationen z. T. schwere Dyskinesien in Kauf nehmen, weil sie die mit den akinetischen (Off-)Phasen assoziierte Angst bzw. Depression fürchten (Quinn 1998). Selegilin (L-Deprenyl) hat eine leichte L-Dopa-potenzierende Wirkung, ist in gebräuchlicher Dosierung (10 mg/Tag) ein selektiver MAO-B-Inhibitor und lässt in diesem Dosisbereich keine antidepressiven Wirkungen erwarten (Mann et al. 1989). Der Einsatz von Entacapon, das den Abbau von L-Dopa verlangsamt, führt zu länger anhaltenden therapeutischen L-Dopa-Spiegeln und einer Verlängerung der On-Phasen und Reduktion von Off-Phasen und so möglicherweise zu einer Reduktion von Depressions- und Angstsymptomen.

Dopaminagonisten

Zum gegenwärtigen Zeitpunkt sind zur Behandlung des Morbus Parkinson 7 orale Dopaminagonisten zugelassen, die in Ergot-Alkaloide (Bromocriptin, Lisurid, Pergolid, Dihydroergocriptin, Cabergolin) und Nicht-Ergot-Derivate (Ropinirol, Pramipexol) unterschieden werden. Trotz unerwünschter peripherer Effekte spricht für den Einsatz von Dopaminagonisten allerdings gerade bei jungen Patienten das Hinauszögern von Wirkungsschwankungen und Dyskinesien. Eine mögliche antidepressive Wirkung könnte also beim Einsatz eines Dopaminagonisten schon durch eine Reduktion der Off-Phasen entstehen. Dieser Effekt wurde bei Cabergolin dosisabhängig nachgewiesen.

Untersuchungen zeigen, dass etwa 50% der Patienten mit MP unter Anhedonie, einem Kernsymptom der Depression leiden (Reichmann et al. 2002; Lemke et al. 2003). Genau auf diesen subjektiv erlebten Symptomen basiert u. a. die Diagnose der Depression beim Morbus Parkinson (▶ s. oben). Das Erleben von Freude und Genuss basiert auf der Intaktheit dopaminerg vermittelter Belohnungsmechanismen (so genannter Reward-Mechanismen) im limbischen System, welches die Basis für frontokortikale Funktionen wie Motivation und Antrieb darstellt. Beim Morbus Parkinson betrifft der Zelluntergang dopaminerge Neuronen in der Substantia nigra, im limbischen System und anderen Hirnarealen. Diese Prozesse könnten zu einer Beeinträchtigung der dopaminergen Belohnungsmechanismen und damit zu Anhedonie, Motivationsverlust und Apathie führen und einen Ansatz für die Therapie mit Dopaminagonisten darstellen.

Neben der Wirkung am D_2-Rezeptor scheint für einen antidepressiven Effekt von Ropinirol und Pramipexol die Affinität zum D_3-Rezeptor, speziell in frontalen Kortexarealen, eine wichtige Rolle zu spielen. Tierexperimentell wurde in verschiedenen Modellen eine anxiolytische Wirkung von Ropinirol gezeigt (Rogers et al. 2000). In unterschiedlichen Tiermodellen konnte für Pramipexol eine antidepressive (Maj et al. 1997) und eine spezielle antianhedone (Willner et al. 1994) Wirkung nachgewiesen werden. In einer offenen und einer Placebo-kontrollierten Studie war Pramipexol bei Patienten mit schweren depressiven Störungen therapeutisch wirksam (Corrigan et al. 2000; Szegedi et al. 1997). Bei Patienten mit MP führte eine Add-on-Therapie zu L-Dopa mit dem Dopaminagonisten Pramipexol über 9 Wochen zu einer signifikanten Reduktion von depressiven Symptomen und Anhedonie (Lemke et al. 2003). Einen Überblick über experimentelle und klinische Untersuchungen zur Wirkung von Dopaminagonisten bei Depression gibt ◘ Tabelle 8.1.

In der antidepressiven Therapie affektiver Störungen spielen Dopaminagonisten bislang eine untergeordnete Rolle. Einzelberichte geben Hinweise darauf, dass Pramipexol synergistisch mit Citalopram wirkt und effektiv in der Augmentation bei Patienten sein kann, die auf Antidepressiva nicht ansprechen. Aufgrund der bis-

8.4 · Therapie

Tabelle 8.1. Experimentelle und klinische Untersuchungen zur antidepressiven Wirkung von Dopaminagonisten

Autor	Dopaminagonist	Design	Wirkungen
Willner et al. (1994)	Pramipexol	Experimentell	Antianhedon
Maj et al. (1997)	Pramipexol	Experimentell	Antidepressiv
Szegedi et al. (1997)	Pramipexol	Offen, prospektiv, n=26	Antidepressiv bei depressiven Störungen
Rogers et al. (2000)	Ropinirol	Experimentell	Anxiolytisch
Corrigan et al. (2000)	Pramipexol	Doppel-blind, placebokontrolliert, n=174	Antidepressiv, besser als Placebo, vergleichbar mit Fluoxetin bei depressiven Störungen
Perugi et al. (2001)	Pramipexol, Ropinirol	Offen, prospektiv, n=18	Augmentation, antidepressiv bei therapierefraktärer Depression
Ostow (2002)	Pramipexol	Kasuistiken, n=22	Antidepressiv
Rektorova et al. (2002)	Pramipexol Ropinirol	Offen, randomisiert, n=41	Antidepressiv bei Patienten mit MP
Lemke et al. (im Druck)	Pramipexol	Offen, prospektiv, n=657	Antidepressiv und antianhedon bei Patienten mit MP

herigen Befunde ist zu überlegen, ob Dopaminagonisten besonders bei depressiven Patienten wirksam sein könnten, bei denen Störungen motorischer Funktionen nachweisbar sind und die durch besonders starke Einschränkung exekutiver, frontokortikaler Funktionen charakterisiert sind (▶ s. oben).

Selektive Reuptake-Inhibitoren

Selektive Serotonin-Reuptake-Inhibitoren (SSRI). SSRI sind bei der Behandlung depressiver Störungen und verschiedener Formen der Angststörungen sehr gut evaluiert, sie zeigen die gleiche Wirksamkeit wie trizyklische Antidepressiva, jedoch besonders auch für ältere Patienten ein günstigeres Profil bei unerwünschten Wirkungen. Für diese Substanzklasse liegen derzeit keine kontrollierten Studien zu Wirksamkeit und Risiken bei depressiven Patienten mit MP vor. Retrospektive und prospektive offene Untersuchungen bei diesen Patienten deuten auf eine gute Wirksamkeit und Tolerabilität hin. Serotonerge Effekte stehen in engem Zusammenhang mit der Dopaminfreisetzung. Fallberichte, die über eine Verstärkung extrapyramidaler Symptome bei der Therapie von Depressionen bei Patienten mit MP unter Fluoxetin, Paroxetin und Fluvoxamin berichteten, ließen sich in retrospektiven und offenen Studien mit mehreren 100 Patienten ebenso wenig wie ein erhöhtes Suizidrisiko (Caley u. Friedmann 1992) bestätigen (Richard et al. 1999). Im Einzelfall sollte jedoch auf derartige Effekte geachtet werden. Zwei prospektive, offene Studien mit Paroxetin an knapp 100 Patienten mit MP mit Depression konnten eine klinisch relevante antidepressive Wirksamkeit und keine signifikante Verschlechterung motorischer Funktionen nachweisen. Bei einzelnen Patienten wurde über das Auftreten von Tremor berichtet (Ceravolo et al. 2000; Tesei et al. 2000). Kombinationen zwischen SSRI und dem MAO-B-Hemmer Selegilin sollen wegen des Ri-

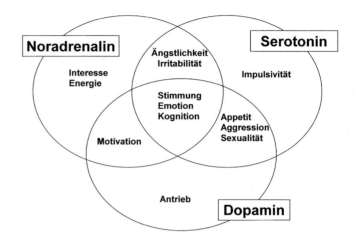

◘ Abb. 8.4. Zusammenhang zwischen monoaminergen Neurotransmittern und psychopathologischen Symptomen. (Mod. nach Healy u. McMonagl 1998)

sikos eines serotonergen Syndroms vermieden werden.

Selektive Noradrenalin-Reuptake-Inhibitoren (SNRI). Reboxetin ist ein SNRI, der bei depressiven Störungen hinsichtlich seiner therapeutischen Wirksamkeit gut untersucht ist. Insbesondere scheint eine Verbesserung sozialer Funktionen im Zusammenhang mit therapeutischer Wirkung auf Motivation und Antrieb zu bestehen, was den noradrenergen Wirkmechanismen zugeschrieben wird (◘ Abb. 8.4). Da es Hinweise auf die Beteiligung noradrenerger Mechanismen bei der Entstehung depressiver Parkinson-Syndrome gibt und Reboxetin bei depressiven Patienten kognitive und psychomotorische Funktionen nur geringfügig beeinflusst, erscheint die Substanz für den Einsatz bei depressiven Patienten mit MP geeignet. Erste Fallbeschreibungen (Lemke 2000) und eine offene, prospektive Studie (Lemke 2002b) konnten eine antidepressive Wirkung ohne klinisch relevante Beeinträchtigung motorischer Funktionen bei Patienten mit MP zeigen.

Trizyklische Antidepressiva
Zu dieser Substanzklasse liegen in der Weltliteratur zum gegenwärtigen Zeitpunkt 3 kontrollierte, doppelblind durchgeführte Studien vor (Anderson et al. 1980; Laitinen 1969; Strang 1965). Imipramin, Nortriptylin und Desipramin zeigen eine gute Wirkung auf die Depression bei Patienten mit MP. Einige Studien fanden sogar eine Reduktion motorischer Zeichen der Erkrankung, was durch die sonst unerwünschten anticholinergen Wirkungen dieser Substanzen erklärt werden könnte, die jedoch auch eines der hauptsächlichen Probleme darstellen, da sie die kognitiven Funktionen der meist älteren Klientel verschlechtern. Es handelt sich hierbei jedoch um eine aus der klinischen Praxis gewonnene Erkenntnis, die m. E. nie in kontrollierten Studien bei depressiven Patienten mit MP untersucht wurde. Auch die Entstehung deliranter Zustände und kardiovaskulärer Komplikationen stellt klinisch eine wichtige Einschränkung der Indikation bei Patienten mit MP dar.

Andere Antidepressiva
In einer randomisierten Studie war eine Kombination von Moclobemid (reversibler MAO-Inhibitor) mit Selegelin wirksamer als eine Monotherapie mit Moclobemid. Wegen erhöhter Risiken, insbesondere der Gefahr hypertensiver Krisen und der Notwendigkeit von Nahrungsmittelrestriktionen, ist der Einsatz von Tranylcypromin heute auf depressive Störungen beschränkt, die sich in mehreren Stufen als therapieresistent gezeigt haben. Bezüglich stimmungsstabilisierender Substanzen (»mood stabilizer«) ist aufgrund der Tremor-induzierenden Wirkung von Lithium aus klinischer Sicht eher

an den Einsatz von Antikonvulsiva zu denken. Für Empfehlungen fehlen diesbezüglich jegliche Daten. Bupropion, ein Dopamin-selektives Antidepressivum, ist in Deutschland nicht zur Behandlung depressiver Störungen zugelassen, sondern wird im Rahmen der Nikotinentwöhnung eingesetzt. Bei depressiven Patienten mit MP scheinen die Einsatzmöglichkeiten zur antidepressiven Therapie wegen des Auftretens unerwünschter Wirkungen limitiert (Lemke u. Reiff 2001). Unter dem Einsatz von Mirtazapin, einem noradrenerg und serotonerg wirksamen Antidepressivum, konnte in 4 Kasuistiken eine Reduktion des Tremors gezeigt werden und eine therapeutische Wirkung bei depressiven Patienten mit MP ist zu erwarten.

Nichtpharmakologische Maßnahmen

Seit einigen Jahren wird für Patienten mit schweren Off-Phasen und L-Dopa-Dyskinesien chronische **Hochfrequenzstimulation** mit stereotaktisch implantierten Elektroden im Nucleus subthalamicus angewendet. In einer Kasuistik wurde dargelegt, dass durch Einschalten eines außerhalb des Nucleus subthalamicus liegenden Pols umgehend eine schwerste Depression ausgelöst wurde, die nach Ausschalten sofort wieder aufhörte (Bejjani et al. 1999). Bei 2 Patienten konnte Euphorie mit inadäquatem Lachen durch Steigerung der Stimulationsamplitude ausgelöst werden (Kumar et al. 1999). Die Befunde zeigen deutlich die Bedeutung der Basalganglien in der Emotionsregulation. Depression und Demenz stellen wegen der Beeinträchtigung frontaler exekutiver Funktionen durch Stimulation des Nucleus subthalamicus bei älteren Patienten eine Kontraindikation dar (Saint-Cyr et al. 2000).

Die **Elektrokrampftherapie** (EKT), die bei therapieresistenten Depressionen eingesetzt wird, führt zu einer großen Anzahl von Veränderungen zentralnervöser Mechanismen einschließlich adrenerger, serotonerger und dopaminerger Transmission, zerebralem Blutfluss, Glukosemetabolismus und möglicherweise zu einer vermehrten Dopaminfreisetzung und zu einer größeren Durchlässigkeit der Blut-Hirn-Schranke für Anti-Parkinson-Medikamente. Die Untersuchungen an kleinen Patientenkollektiven zeigten eine vorübergehende Verbesserung depressiver Symptome ohne die Motorik zu verschlechtern, möglicherweise zu verbessern. In der Regel ist eine mehrwöchige Erhaltungstherapie mit mindestens 2 Elektrokrampftherapien wöchentlich erforderlich (Douyon et al. 1989). In einigen Fällen wurde eine Verstärkung Levodopa-induzierter Dyskinesien verzeichnet. Vorübergehende Einschränkungen von Orientierung, Mnestik und Konzentration können als Komplikation bei depressiven Patienten mit MP häufiger auftreten als bei Depressiven ohne Parkinson-Erkrankung. Bei der transkraniellen Magnetstimulation (TMS) werden nichtinvasiv magnetische Felder zur Stimulation kortikaler Neurone eingesetzt. Es liegen Hinweise vor, dass diese Methode sowohl motorische wie auch depressive Symptome der Parkinson-Erkrankung therapeutisch beeinflussen könnte. Besonders interessant sind in diesem Zusammenhang Befunde über dopaminerge Wirkungen von TMS. Die **Vagusnerv-Stimulation** (VNS) könnte in der Behandlung von Depressionen wirksam sein. Der Vagusnerv scheint dazu prädestiniert zu sein, da er hauptsächlich afferent ist, keine Schmerzfasern führt und Projektionen zu vielen Hirnregionen einschließlich des limbischen Systems hat (Scherrmann et al. 2001). Befunde bei depressiven Patienten mit MP liegen bislang nicht vor. Aufgrund der pathophysiologischen Grundlagen für die Genese depressiver Symptome bei Patienten mit MP (▶ s. oben) besteht bei depressiven Patienten mit MP durchaus ein Rational für den Einsatz der Vagusnerv-Stimulation.

Der totale oder partielle **Schlafentzug** bewirkt bei 50–60% depressiver Störungen im Rahmen affektiver Erkrankungen eine vorübergehende Besserung von Stimmung, Antrieb und kognitiven Fähigkeiten, die jedoch in der Regel nicht länger als 24 Stunden anhält (Berger 2000). Bei Patienten mit MP wurde eine Reduktion von Tremor und Rigidität nach Schlafentzug gefunden (DeMet et al. 1999).

Neben der Pharmakotherapie nehmen **physiotherapeutische Maßnahmen** bei Patienten mit MP einen hohen Stellenwert ein. Allgemein wird angenommen, dass es eine enge Beziehung zwischen Bewegung und Befindlichkeit – «motion and emotion« – gibt. Es existiert jedoch wenig Wissen zur Spezifität oder Effektivität dieser Maßnahmen. Wahrscheinlich ist leichtes Ausdauertraining (z. B. Gehen, Schwimmen) zu empfehlen und eine Überbelastung zu vermeiden, definitive Empfehlungen für oder gegen bestimmte Sportarten lassen sich derzeit nicht ableiten (Straube et al. 2000). Interessant ist der Aspekt, dass körperliche Aktivität die Resorption und die erforderlichen Plasmaspiegel von L-Dopa erhöht und möglicherweise zu einer Verkürzung der On-Phasen bei Patienten mit Fluktuationen führt. Aus Untersuchungen bei Patienten mit Angst- und depressiven Störungen ist bekannt, dass allgemeine körperliche Aktivität einen positiven Einfluss auf Stimmung, Affekt und Antrieb haben kann (Brooks et al. 1998). Insbesondere scheint auch die psychosoziale Integration der Patienten verbessert werden zu können, wenn physiotherapeutische Maßnahmen im Rahmen von Gruppentherapie angeboten werden (Hömberg 1993).

Therapeutische Interventionen auf der **psychologischen Ebene** finden als ärztliche Beratung, Psychoedukation oder Psychotherapie statt. Ellgring et al. (1993) beschrieben, dass motorische Symptome der Parkinson-Erkrankung durch psychischen Stress verstärkt werden. Ein integratives Programm bezieht die Patienten und Angehörigen ein, um die Stressbewältigungsfähigkeiten (Coping) bei den Betroffenen zu verbessern. Oertel und Ellgring (1995) haben hierzu spezifisches Schulungsmaterial für Patienten mit MP und deren Angehörige entwickelt. Die interpersonelle Psychotherapie (IPT, Klerman et al. 1994), eine störungsspezifische Behandlungsform, fokussiert auf interpersonelle Aspekte bei depressiven Patienten, insbesondere z. B. auf Veränderungen sozialer Rollen. Dieser Aspekt spielt wahrscheinlich bei Patienten mit MP eine wichtige Rolle, da es durch die motorischen Beeinträchtigungen nicht selten zum Verlust der Berufstätigkeit, zu Einschränkung der sozialen Aktivitäten und Konflikten in der Partnerschaft kommt.

Durchführung der antidepressiven Therapie

Nicht selten ist die Entstehung einer Therapieresistenz auf inadäquate Durchführung der Behandlung mit Antidepressiva zurückzuführen (zu kurze oder zu lange Behandlungsperioden, zu niedrige Dosierungen). Daher sollten auch bei Patienten mit MP so genannte Stufenpläne oder standardisierte Algorithmen berücksichtigt werden, in denen in festgelegten Intervallen anhand bestimmter Kriterien (z. B. Beurteilungsskalen zur Erfassung der Befindlichkeit) das Ansprechen auf das Antidepressivum und der Wechsel zur nächsten Behandlungsstufe festgelegt wird (Bauer u. Helmchen 2000).

Obwohl kontrollierte Studien fehlen, kann auf dem Boden des heute zur Verfügung stehenden praktischen und theoretischen Wissens folgende Empfehlung zur Durchführung einer antidepressiven Therapie bei Patienten mit MP gegeben werden (Olanow et al. 2001):

1. Optimierung der neurologischen Medikation, Anpassung der Levodopa-Dosis (Vermeidung von Polypharmazie).
2. Psychoedukatives Training zur Verbesserung von Bewältigungsstrategien (Coping) hinsichtlich der Parkinson-Symptome und der damit verbundenen Einschränkungen.
3. Behandlungsbeginn mit neuen Dopaminagonisten (Pramipexol, Ropinirol).
4. Bei unzureichender antidepressiver Wirkung: Beginn einer Behandlung mit SSRI

(z. B. Paroxetin), SNRI oder Moclobemid, evtl. höhere Dosierung, wenn möglich (Wirkungs-/Nebenwirkungsverhältnis).
5. Bei unzureichender antidepressiver Wirkung: Wechsel auf Trizyklika.
6. Bei unzureichender antidepressiver Wirkung: Kombination von Trizyklika, SSRI oder SNRI.
7. Bei unzureichender antidepressive Wirkung: Nichtpharmakologische Maßnahmen wie EKT, TMS, VNS.

8.5 Schlussfolgerung

Depressionen sind mit ca. 45% die häufigsten psychischen Störungen bei der Parkinson-Erkrankung. Bei der Hälfte der depressiven Patienten mit MP manifestieren sich mittelschwere und schwere Formen der Depression unabhängig vom Stadium und der Schwere der Grunderkrankung. Depressionen können als Erstmanifestation der Parkinson-Erkrankung viele Jahre vor den motorischen Symptomen auftreten. Beide Störungen weisen in ihrer klinischen Phänomenologie viele Gemeinsamkeiten auf. Hinsichtlich der Pathogenese gibt es Hinweise auf die Beteiligung serotonerger, noradrenerger und dopaminerger Projektionsbahnen zwischen Kerngebieten des Hirnstamms und frontalem Kortex. Aus diesen Zusammenhängen lassen sich Rationale für die Indikation zu antidepressiven Interventionen ableiten. In der internationalen Literatur existieren nur wenige kontrollierte Studien zu diesem Thema. Als wirksam haben sich traditionelle tri- und tetrazyklische Antidepressiva und neuere selektiv wirksame Antidepressiva wie Serotonin- und Noradrenalin-Wiederaufnahmehemmer gezeigt, die ein günstigeres Profil unerwünschter Arzneimittelwirkungen aufweisen. Es gibt zunehmend Hinweise darauf, dass neue Dopaminagonisten, die in der Behandlung der neurologischen Parkinson-Symptome eingesetzt werden, speziell durch Wirkungen auf kortikofrontale D_3-Rezeptoren therapeutisch auf depressive Symptome wirken, insbesondere auf die bei vielen Patienten bestehende Anhedonie. Bei Mangel an kontrollierten Studien stellen heute aus theoretischen und praktischen Gründen neue Dopaminagonisten wie Pramipexol oder Ropinirol Mittel der ersten Wahl bei depressiven Patienten mit MP dar.

Literatur

Alexopoulos GS (2001) »The depression-executive dysfunction syndrome of late life«: a specific target for D3 agonists? Am J Geriatr Psychiatry 9: 22–29

Allain H, Schuck S, Mauduit N (2000) Depression in Parkinson's disease. BMJ 320: 1287–1288

Andersen J, Aabro E, Gulmann N, Hjelmsted A, Pedersen HE (1980) Anti-depressive treatment in Parkinson's disease. A controlled trial of the effect of nortriptyline in patients with Parkinson's disease treated with L-DOPA. Acta Neurol Scand 62: 210–219

Bauer M, Helmchen H (2000) Allgemeine Behandlungsprinzipien bei depressiven und manischen Störungen. In: Helmchen H, Henn F, Lauter H, Satorius N (Hrsg) Psychiatrie der Gegenwart. Springer, Berlin Heidelberg New York, S 475–493

Becker T, Becker G, Seufert J, Hofmann E, Lange KW, Naumann M, Lindner A, Reichmann H, Riederer P, Beckmann H, Reiners K (1997) Parkinson's disease and depression: evidence for an alteration of the basal limbic system detected by transcranial sonography. J Neurol Neurosurg Psychiatry 63: 590–596

Bejjani BP, Damier P, Arnulf I, Thivard L, Bonnet AM, Dormont D, Cornu P, Pidoux B, Samson Y, Agid Y (1999) Transient acute depression induced by high-frequency deep-brain stimulation. N Engl J Med 340: 1476–1480

Berger M (2000) Psychiatrie und Psychotherapie. Urban & Schwarzenberg, München Wien Baltimore

Braak H, Rub U, Braak E (2000) Neuroanatomie des Morbus Parkinson. Veränderungen des neuronalen Zytoskeletts in nur wenigen für den Krankheitsprozess empfänglichen Nervenzellen führen zur progredienten Zerstörung umschriebener Bereiche des limbischen Systems. Nervenarzt 71: 459–469

Broocks A, Bandelow B, Pekrun G, George A, Meyer T, Bartmann U, Hillmer-Vogel U, Ruther E (1998) Comparison of aerobic exercise, clomipramine, and placebo in the treatment of panic disorder. Am J Psychiatry 155: 603–609

Caap-Ahlgren M, Dehlin O (20019 Insomnia and depressive symptoms in patients with Parkinson's disease. Relationship to health-related quality of life. An interview study of patients living at home. Arch Gerontol Geriatr 32: 23–33

Caley CF, Friedman JH (1992) Does fluoxetine exacerbate Parkinson's disease? J Clin Psychiatry 53: 278–282

Ceravolo R, Nuti A, Piccinni A, Dell'Agnello G, Bellini G, Gambaccini G, Dell'Osso L, Murri L, Bonuccelli U (2000) Paroxetine in Parkinson's disease: effects on motor and depressive symptoms. Neurology 55: 1216–1218

Corrigan MH, Denahan AQ, Wright CE, Ragual RJ, Evans DL (2000) Comparison of pramipexole, fluoxetine, and placebo in patients with major depression. Depress Anxiety 11: 58–65

Cummings JL (1992) Depression and Parkinson's disease: a review. Am J Psychiatry 149: 443–454

Cummings JL, Masterman DL (1999) Depression in patients with Parkinson's disease. Int J Geriatr Psychiatry 14: 711–718

DeMet EM, Chicz-Demet A, Fallon JH, Sokolski KN (1999) Sleep deprivation therapy in depressive illness and Parkinson's disease. Prog Neuropsychopharmacol Biol Psychiatry 23: 753–784

Douyon R, Serby M, Klutchko B, Rotrosen J (1989) ECT and Parkinson's disease revisited: a »naturalistic« study. Am J Psychiatry 146: 1451–1455

Ellgring H, Seiler S, Perleth B, Frings W, Gasser T, Oertel W (1993) Psychosocial aspects of Parkinson's disease. Neurology 43: 41–44

Franz M, Lemke MR, Meyer T, Ulferts J, Puhl P, Snaith RP (1998) German version of the Snaith-Hamilton-Pleasure Scale (SHAPS-D). Anhedonia in schizophrenic and depressive patients. Fortschr Neurol Psychiatr 66: 407–413

Healy D, McMonagle T (1998) The enhancement of social functioning as a therapeutic principle in the management of depression. J Psychopharmacol 11: 25–31

Hömberg V (19939 Motor training in the therapy of Parkinson's disease. Neurology 43: 45–46

Klerman GL, Weissman MM, Rounsaville BJ, Chevron ES (1994) Interpersonal psychotherapy of depression. A brief, focused, specific strategy. Jason Aronson, Northwale New Jersey London

Kumar R, Krack P, Pollak P (1999) Transient acute depression induced by high-frequency deep-brain stimulation. N Engl J Med 341: 1003–1004

Kuopio AM, Marttila RJ, Helenius H, Toivonen M, Rinne UK (2000) The quality of life in Parkinson's disease. Mov Disord 15: 216–223

Laitinen L (1969) Desipramine in treatment of Parkinson's disease. A placebo-controlled study. Acta Neurol Scand 45: 109–113

Lees AJ, Shaw KM, Kohout LJ, Stern GM, Elsworth JD, Sandler M, Youdim MB (1977) Deprenyl in Parkinson's disease. Lancet 2: 791–795

Lemke MR (1999) Motorische Phänomene der Depression. Nervenarzt 70: 600–612

Lemke MR (2000) Reboxetine treatment of depression in Parkinson's disease. J Clin Psychiatry 61: 872–873

Lemke MR (2002a) Depression und Morbus Parkinson: Klinik, Diagnose, Therapie. Uni-Med Verlag, Bremen London Boston

Lemke MR (2002b) Effect of Reboxetine on depression in Parkinson's Disease. J Clin Psychiatry 63: 300–304

Lemke MR, Ceballos-Baumann AO (2002) Depression bei Patienten mit MP. Diagnostische, pharmakologische und psychotherapeutische Aspekte. Dtsch Ärztebl 99: A2625–2631

Lemke MR, Reiff J (2001) Therapie der Depression bei Patienten mit MP. Arzneimitteltherapie 19: 324–330

Lemke MR, Koethe NH, Schleidt M (1999a) Timing of movements in depressed patients and healthy controls. J Affect Disord 56: 209–214

Lemke MR, Puhl P, Koethe N, Winkler T (1999b) Psychomotor retardation and anhedonia in depression. Acta Psychiatr Scand 99: 252–256

Lemke MR, Koethe N, Schleidt M (2000a) Segmentation of behavior and time structure of movements in depressed patients. Psychopathology 33: 131–136

Lemke MR, Wendorff T, Mieth B, Buhl K, Linnemann M (2000b) Spatiotemporal gait patterns during over ground locomotion in major depression compared with healthy controls. J Psychiatr Res 34: 277–283

Lemke MR, Brecht HM, Koester J, Kraus PH, Reichmann H (2003) Anhedonia, depression, and motor functioning in Parkinson's disease during treatment with pramipexole. J Neuropsychiat Clin Neurosciences (im Druck)

Maj J, Rogoz Z, Skuza G, Kolodziejczyk K (1997) Antidepressant effects of pramipexole, a novel dopamine receptor agonist. J Neural Transm 104: 525–533

Mann JJ, Aarons SF, Wilner PJ, Keilp JG, Sweeney JA, Pearlstein T, Frances AJ, Kocsis JH, Brown RP (1989) A controlled study of the antidepressant efficacy and side effects of (l)-deprenyl. A selective monoamine oxidase inhibitor. Arch Gen Psychiatry 46: 45–50

Maricle RA, Nutt JG, Carter JH (1995) Mood and anxiety fluctuations in Parkinsons disease associated with levodopa infusion: preliminary findings. Mov Disord 10: 329–332

Mayberg HS, Solomon DH (1995) Depression in Parkinson's disease: a biochemical and organic viewpoint. Adv Neurol 65: 49–60

Literatur

Oertel WH, Ellgring H (1995) Parkinson's disease–medical education and psychosocial aspects. Patient Educ Couns 26: 71–79

Olanow CW, Watts RL, Koller WC (2001) An algorithm (decision tree) for the management of Parkinson's disease (2001): treatment guidelines. Neurology 56 (11 Suppl 5): 1–88

Ostow M (2002) Pramipexole for depression. Am J Psychiatry 159: 320–321

Parkinson J (1817) An essay on the shaking palsy. Whittingham & Rowland, London

Perugi G, Toni C, Ruffolo G, Frare F, Akiskal H (2001) Adjunctive dopamine agonists in treatment-resistant bipolar II depression: an open case study. Pharmacopsychiatry 34: 137–141

Poewe WH, Lees AJ, Stern GM (1986) Low-dose L-dopa therapy in Parkinson's disease: a 6-year-follow-up study. Neurology 36: 1528–1530

Quinn NP (1998) Classification of fluctuations in patients with Parkinson's disease. Neurology 51: 25–29

Raethjen J (2002) Klinisches Bild und Krankheitsverlauf, Therapie. In: Lemke MR (Hrsg) Depression und Morbus Parkinson: Klinik, Diagnose, Therapie. Uni-Med Verlag, Bremen London Boston

Raethjen J, Lemke MR, Lindemann M, Wenzelburger R, Krack P, Deuschl G (2001) Amitriptyline enhances the central component of physiological tremor. J Neurol Neurosurg Psychiatry 70: 78–82

Rectorova I, Rektor I, Bares M, Dostal V, Ehler E, Fanfrdlova Z, Fiedler J, Klajblova H, Kulistak P, Ressner P, Svatova J, Urbanek K, Veliskova J (2003) Pramipexole and pergolide in the treatment of depression in Parkinson's disease: a multicentre prospective randomized study. Eur J Neurology 10: 399–406

Reichmann H, Brecht HM, Kraus PH, Lemke MR (2002) Pramipexol bei der Parkinson-Krankheit. Nervenarzt 73: 745–750

Richard IH (2000) Depression in Parkinson's Disease. Curr Treat Options Neurol 2: 263–274

Richard IH, Kurlan R (1997) A survey of antidepressant drug use in Parkinson's disease. Parkinson Study Group. Neurology 49: 1168–1170

Richard IH, Maughn A, Kurlan R (1999) Do serotonin reuptake inhibitor antidepressants worsen Parkinson's disease? A retrospective case series. Mov Disord 14: 155–157

Rogers DC, Costall B, Domeney AM, Gerrard PA, Greener M, Kelly ME, Hagan JJ, Hunter AJ (2000) Anxiolytic profile of ropinirole in the rat, mouse and common marmoset. Psychopharmacology (Berl) 151: 91–97

Saint-Cyr JA, Trepanier LL, Kumar R, Lozano AM, Lang AE (2000) Neuropsychological consequences of chronic bilateral stimulation of the subthalamic nucleus in Parkinson's disease. Brain 123: 2091–2108

Scherrmann J, Hoppe C, Kuczaty S, Sassen R, Elger CE (2001) Vagusnerv-Stimulation. Neuer Behandlungsweg therapieresistenter Epilepsien und Depressionen. Dtsch Ärztebl 98: 990

Schrag A, Jahanshahi M, Quinn N (2000) What contributes to quality of life in patients with Parkinson's disease? J Neurol Neurosurg Psychiatry 69: 308–312

Shaw KM, Lees AJ, Stern GM (1980) The impact of treatment with levodopa on Parkinson's disease. Q J Med 49: 283–293

Shiba M, Bower JH, Maraganore DM, McDonnell SK, Peterson BJ, Ahlskog JE, Schaid DJ, Rocca WA (2000) Anxiety disorders and depressive disorders preceding Parkinson's disease: a case-control study. Mov Disord 15: 669–677

Starkstein SE, Petracca G, Chemerinski E, Teson A, Sabe L, Merello M, Leiguarda R (1998) Depression in classic versus akinetic-rigid Parkinson's disease. Mov Disord 13: 29–33

Starkstein SE, Petracca G, Chemerinski E, Merello M (2001) Prevalence and correlates of parkinsonism in patients with primary depression. Neurology 57: 553–555

Strang RR (1965) Imipramine in treatment of Parkinsonism. Br Med J 2: 33–34

Straube A, Reuter I (2000) Parkinson-Syndrom und Sport. Acta Neurologica 27: 326

Szegedi A, Hillert A, Wetzel H, Klieser E, Gaebel W, Benkert O (1997) Pramipexole, a dopamine agonist, in major depression: antidepressant effects and tolerability in an open-label study with multiple doses. Clinical Neuropharmacology 20: 536–545

Tesei S, Antonini A, Canesi M, Zecchinelli A, Mariani CB, Pezzoli G (2000) Tolerability of paroxetine in Parkinson's disease: a prospective study. Mov Disord 15: 986–989

Willner P, Lappas S, Cheeta S, Muscat R (1994) Reversal of stress-induced anhedonia by the dopamine receptor agonist, pramipexole. Psychopharmacology (Berl) 115: 454–462k

Vaskuläre Erkrankungen

R.R. Diehl

9.1   Einleitung   – 194

9.2   Vaskuläre Versorgung des Frontalhirns   – 195

9.3   Funktionelle Anatomie des Frontalhirns   – 196

9.4   Ischämien des Frontalhirns   – 197
Ätiologie der Ischämien   – 197
Embolische Anteriorinfarkte   – 200
Hämodynamische Infarkte   – 202
Lakunäre Infarkte   – 202

9.5   Blutungen und Gefäßmissbildungen   – 203
Aneurysmatische Subarachnoidalblutungen   – 203
Intrazerebrale Blutungen   – 206
Arteriovenöse Malformationen   – 206

9.6   Subkortikale arteriosklerotische Enzephalopathie (SAE)   – 207
Klinische Präsentation der SAE   – 208
Bildgebender Nachweis von White-Matter-Lesions   – 208
Klinische Bedeutung der White-Matter-Lesions   – 209

Literatur   – 211

9.1 Einleitung

Zerebrovaskuläre Erkrankungen zählen zu den häufigsten Ursachen für erworbene kognitive Störungen im Alter. Während die klinische Medizin und die Forschung bis weit in die 2. Hälfte des 20. Jahrhunderts dem Schlaganfall kaum Aufmerksamkeit widmete und die Einstellung »da kann man ohnehin nicht helfen« dominierte, erfuhr die Schlaganfallforschung mit dem Aufkommen der Computertomografie seit 1970 einen rasanten Aufschwung. Jetzt wurde es möglich, zerebrale Ischämien sicher von Blutungen zu differenzieren. Außerdem gelang mit zunehmender Sicherheit die Differenzierung verschiedener Ischämie-Ätiologien (embolischer, hämodynamischer, lakunärer Infarkt), wodurch auch die Therapieforschung vorangetrieben wurde. Ein weiterer Impuls für die Forschung und die Routineversorgung von Schlaganfall-Patienten wurde Ende der 80er Jahre durch die zunehmende Verfügbarkeit der Kernspintomografie gesetzt. Hirninfarkte sind damit nicht nur früher erkennbar (insbesondere durch diffusionsgewichtete Sequenzen), sondern es sind auch andere vaskuläre Schäden wie chronische Marklagerischämien, die mit der Computertomografie nur unzureichend abgebildet werden, darzustellen. Die Überlegenheit der Kernspintomografie besteht ferner im Nachweis von Gefäßmalformationen (Angiome, Aneurysmen, Kavernome) als mögliche Ursachen von subarachnoidalen oder intrazerebralen Blutungen.

Das klinikoradiologische Forschungsinteresse am Frontalhirn galt vorerst Infarkten im posterioren Frontallappen in ihrer Bedeutung für motorische oder sprachliche Dysfunktionen. Die scheinbare Offensichtlichkeit klinisch stumm verlaufender Infarkte im **Präfrontallappen** schien das alte Vorurteil der Hirnpathologie des frühen 20. Jahrhunderts zu bestätigen, dass der Präfrontallappen überwiegend ungenutzt bleibe. Die noch heute zu hörende Behauptung, der Mensch nutze nur 10% seines Gehirns, geht wohl auf dieses Vorurteil zurück. Inzwischen wurden vaskuläre Erkrankungen des Präfrontalkortex mit verfeinerten psychopathologischen und neuropsychologischen Methoden untersucht und es konnten zahlreiche lokalisationsspezifische Syndrome identifiziert werden, die auf unterschiedliche exekutive Funktionsstörungen zurückgeführt werden können. Hier liegt auch der forschungsstrategische Vorteil der Untersuchung von umschriebenen frontalen Hirninfarkten im Vergleich mit andersartigen Läsionen: infarziertes Hirngewebe kann in der Bildgebung klar von den nicht betroffenen Bezirken abgegrenzt werden, so dass eine relativ genaue **Lokalisation** der gestörten Funktion möglich ist. Bei degenerativen oder neoplastischen Erkrankungen des Frontalhirns ist eine solche klare Abgrenzung von krankem und gesundem Hirngewebe oft kaum möglich.

Es kann natürlich bei einem Kapitel über die **vaskulären** Erkrankungen des Frontalhirns nicht ausbleiben, dass es zu Überlappungen mit den Syndromabhandlungen in anderen Kapiteln dieses Buches kommt. Viele Frontalhirnsymptome konnten aber gerade durch das Studium ischämisch bedingter Läsionen erst anatomisch zugeordnet und eingehend untersucht werden und dürfen deshalb in diesem Kapitel nicht fehlen. Im Folgenden werden nach einer Übersicht über die vaskuläre Anatomie und funktionelle Neuroanatomie des Frontalhirns vaskuläre präfrontale Syndrome aber auch die bekannteren posterior-frontalen Syndrome zunächst im Kontext von umschriebenen ischämischen Infarkten beschrieben. Es folgt ein Abschnitt über Blutungen und vaskuläre Malformationen des Frontalhirns. Der letzte Abschnitt ist der subkortikalen arteriosklerotischen Enzephalopathie gewidmet, deren klinische Symptomatik vorwiegend auf die Störung frontaler Schaltkreise zurückzuführen ist.

9.2 Vaskuläre Versorgung des Frontalhirns

Im Normalfall werden der frontale Kortex und das oberflächliche Marklager durch folgende Gefäße gespeist:
- A. cerebri media (ACM; dorsolaterale Konvexität) und
- A. cerebri anterior (ACA; ventrale und mediale Fläche bis 2–3 cm über die Mantelkante nach dorsal reichend).

In das tiefere frontale Marklager penetrieren z. T. kleinere Äste aus dem ACM-Hauptstamm und z. T. aus den pialen Media- und Anterioräsen.

Der ACM-Hauptstamm teilt sich in fast 80% der Fälle nach ca. 2–3 cm in der Inselrinde in 2 **Aa. insulares** (Mediabifurkation) auf, nämlich in
- einen superioren Ast und
- einen inferioren Ast.

In 20% der Fälle finden sich 3 oder mehr Aa. insulares (Mediatrifurkation, -tetrafurkation usw.; Saver u. Biller 1995). Hier soll der Regelfall der Mediabifurkation weiter betrachtet werden. Der superiore Ast der Aa. insulares versorgt den Frontallappen und den anterioren Teil des Parietallappens. Im Frontallappen können oft noch 4 weitere Aufzweigungen von ventrolateral bis dorsolateral anatomisch klassifiziert werden:
- A. orbitofrontalis,
- A. praefrontalis,
- A. praecentralis und
- A. centralis,

wobei auf dieser Verzweigungsebene allerdings schon eine erhebliche interindividuelle Variabilität vorliegt. ◘ Abbildung 9.1 zeigt die Verzweigungen der ACM in Projektion auf den Kortex.

Auch für die weitere ACA-Verzweigung soll nur die häufigste Variante dargestellt werden. Nach dem Hauptstammabschnitt der ACA

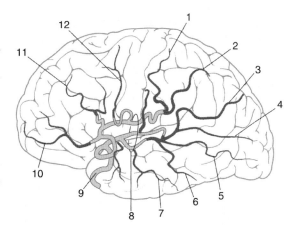

◘ **Abb. 9.1.** A. cerebri media. *1* A. centralis, *2* A. parietalis anterior, *3* A. parietalis posterior, *4* A. temporooccipitalis, *5* A. temporalis posterior, *6* A. temporalis media, *7* A. temporalis anterior, *8* Aa. insulares, *9* Karotissiphon, *10* A. orbitofrontalis, *11* A. praefrontalis, *12* A. praecentralis. (Nach Keyserlingk 1999)

[zwischen dem Abgang aus der A. carotis interna (ACI) und der A. communicans anterior (AcomA)] schmiegt die ACA sich dem Genu und dem Dach des Corpus callosum an und wird im weiteren Verlauf A. pericallosa genannt. Aus dieser gehen nacheinander die
- A. frontobasalis,
- A. frontopolaris und
- A. callosomarginalis

ab, die von ventral bis dorsal die Unter- und Innenfläche des Frontalhirns bis über die Mantelkante versorgen. Im weiteren Verlauf speisen Äste der A. pericallosa den medialen Parietallappen.

Eine häufige Variante der ACA ist das unilaterale Fehlen (Agenesie) eines Hauptstammes. In solchen Fällen wird die A. pericallosa meist von der kontralateralen ACA über die AcomA gespeist. Dies ist hier insofern von Interesse, als bei dieser Variante die mit einer erheblichen Klinik einhergehenden **bilateralen** Anteriorinfarkte durch den Verschluss nur eines ACA-Hauptstammes verursacht werden können. Die Äste der ACA sind in ◘ Abb. 9.2 dargestellt.

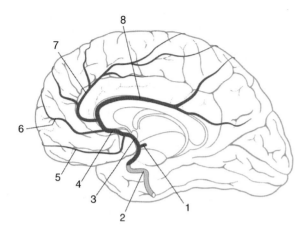

Abb. 9.2. A. cerebri anterior. *1* A. cerebri media, *2* A. carotis interna, *3* A. cerebri anterior, *4* A. pericallosa, *5* A. frontobasalis, *6* A. frontopolaris, *7* A. callosomarginalis, *8* A. pericallosa. (Nach Keyserlingk 1999)

9.3 Funktionelle Anatomie des Frontalhirns

Als Leitlinie für die Abhandlung der vaskulären Frontalhirnsyndrome dient in den folgenden Abschnitten die häufig verwendete funktionell-anatomische Differenzierung in den **präzentralen Kortex,** der die
- motorischen Felder (Area 4, 6 und 8 nach Brodmann) und das
- frontale Augenfeld (Teile von Area 8 und 9) umfasst, sowie in den **präfrontalen Kortex** mit der Einteilung in
- dorsolateralen Kortex (Area 9, 10, 44–46),
- orbitofrontalen (oder ventromedialen) Kortex (Area 11, 12, 25 und 47),
- mesialfrontalen (oder dorsomedialen) Kortex (mediale Anteile Teile von Area 9 und 10, Area 24 und 32).

An dieser Stelle sollen nur kurz die Kernfunktionen dieser 5 Bezirke aufgeführt werden.

Präfrontaler Kortex. Bevor es bei einer Handlung zur Aktivierung der motorischen Zentren im Gehirn kommt, laufen im Präfrontallappen zahlreiche vorbereitende Prozesse ab. Wenn es überhaupt möglich sein sollte, die vielfältigen Aufgaben dieses Hirnbereichs auf einen Nenner zu bekommen, wäre am ehesten der Begriff der **exekutiven Funktionen** hierfür angemessen.

Unter exekutiven Funktionen versteht man diejenigen kognitiven und emotionalen Prozesse,
- die im Vorfeld einer Handlung, Problemlösung oder Entscheidung an der **Situationsbewertung, Zielbestimmung, Hypothesenentwicklung, Handlungsplanung** und **Strategieentwicklung** beteiligt sind und
- die während des Handlungsablaufs die **Handlungsdynamik** bestimmen (**Handlungsinitiierung**, ständige **Modifikation** der schon im Vorfeld abgelaufenen Prozesse entsprechend von Feedback-Signalen, **Handlungsterminierung**).

Aufgrund von Untersuchungen an Patienten mit umschriebenen vaskulären (aber auch anders verursachten) Frontalhirnläsionen ist der dorsolaterale Kortex für die analytischen und planenden Operationen im Vorfeld der Handlung sowie für die adäquaten Modifikationen dieser Operationen im Handlungsverlauf wichtig. Der mesialfrontale Kortex ist für die Handlungsinitiierung und die Handlungskontinuität zuständig, während der orbitofrontale Kortex das emotional-bewertende Monitoring während der Handlung ermöglicht sowie die Signale für die Handlungsbeendigung steuert.

Präzentraler Kortex. Demgegenüber kommt dem präzentralen Kortex die Aufgabe der Umsetzung konkreter **Bewegungsabfolgen** zu, wobei – vereinfacht dargestellt – die supplementärmotorische Area (SMA, Area 8) und der prämotorische Kortex (PMK, Area 6) in enger Kooperation mit den Basalganglien und dem Kleinhirn für den **Bewegungsentwurf** und die **Bewegungsprogrammierung** zuständig sind, während der primäre motorische Kortex (Area 4) als Endglied der motorischen Kette im Kortex das räumlich-zeitliche neuronale Erregungsmuster für die Aktivierung der Einzelmuskeln über seinen Ausgang, die Pyramidenbahn, generiert.

Blickmotorisches System. Über eine eigenständige motorische Organisation verfügt das blickmotorische System, das über 2 kortikale Steuerzentren verfügt:
- das **frontale Augenfeld** (FEF, Teile von Area 8 und 9) und
- das **parietale Augenfeld** (im posterioren Parietallappen).

Hier ist nur das FEF von Interesse, das v. a. für die Programmierung von Sakkaden in das kontralaterale Gesichtsfeld zuständig ist. Seine Neurone projizieren hauptsächlich zum Colliculus superior.

9.4 Ischämien des Frontalhirns

Ätiologie der Ischämien

Von einer zerebralen Ischämie spricht man, wenn die Perfusion in einem Gefäßterritorium unter die für den Funktionsstoffwechsel kritische Grenze von etwa 20 ml/100 g Gewebe/min abfällt (normal: 50–60 ml/100 g/min). Fällt die Perfusion unter 10 ml/100 g/min ab, kommt es zur irreversiblen Infarzierung des Hirngewebes. In der Regel liegt einer Hirnischämie ein vorübergehender oder chronischer Verschluss eines hirnversorgenden Gefäßes zugrunde. Das spezielle Verteilungsmuster einer Ischämie hängt v. a. von der **Lokalisation** des Verschlusses [ACI, A. vertebralis (AV), intrakranieller Hauptastverschluss oder Nebenastverschluss] und von der Güte der **Kollateralversorgung** der intrakraniellen Gefäße (Aa. communicantes im Circulus Willisii, leptomeningeale Anastomosen, Ophthalmicakollateralen) ab.

Verschlüsse oder Stenosen der extrakraniellen Arterien (ACI, AV) sind meistens lokalatherosklerotischer Natur und führen in der Regel **per se** nicht zu Ischämien, wenn über den Circulus Willisii gute Rechts-Links-Verbindungen (AcomA) oder Anterior-Posterior-Verbindungen [A. communicans posterior (AcomP)] angelegt sind. Solche stenosierenden Prozesse können allerdings als Quelle **arterio-arterieller Embolien** zu intrakraniellen Verschlüssen führen, die dann nicht mehr ausreichend durch Kollateralen kompensiert werden können. Auch **kardiale Embolien** führen meistens durch intrakranielle Verschlüsse zu Infarkten.

Bei Patienten mit insuffizienter intrakranieller Kollateralversorgung können extrakranielle Gefäßverschlüsse (oft in Verbindung mit systemischer Hypotension) zu hämodynamischen Infarkten führen, die meist im Bereich der »letzten Wiesen« im Grenzstromgebiet zwischen den MCA-, ACA- und A.-cerebri-posterior-(ACP-)Territorien bzw. an der Grenzzone zwischen penetrierenden Marklagerarterien aus dem Mediahauptstamm und aus den pialen Gefäßen lokalisiert sind.

Lakunäre Infarkte und White-Matter-Lesions

Von den embolischen und den hämodynamischen Infarkten können noch die lakunären Infarkte ätiologisch abgegrenzt werden. Zu solchen Infarkten im frontalen Marklager, in der inneren Kapsel oder in den Basalganglien kommt es, wenn einzelne penetrierende lentikulostriäre Äste aus dem Mediahauptstamm durch lokale Arteriosklerose verschlossen werden (so genannte Mikroangiopathie). Solche Äste versorgen ein kugeliges Gewebsvolumen von bis zu ca. 1,5 cm Durchmesser. Da sie untereinander kein Kollateralnetz ausbilden, infarziert bei einem Gefäßverschluss dieses kleine Gewebsvolumen (so genannte Lakune).

Von den lakunären Infarkten, bei denen wie bei Infarkten anderer Ätiologie ein kompletter Gewebsuntergang vorliegt, muss eine andere Form ischämischer mikroangiopathischer Läsionen abgegrenzt werden: die so genannten White-Matter-Lesions (WML). Diesen liegt wie den Lakunen eine hypertensiv bedingte arteriosklerotische Erkrankung der penetrierenden Arterien (Fibrohyalinose) zugrunde, die jedoch nicht zur vollständigen Infarzierung sondern vorwiegend zur **Degeneration der Myelinscheiden** in der weißen Substanz führt. Entsprechend den Versorgungsgebieten der Penetratoren ist dabei v.a. die periventrikuläre frontale und parietale sowie die pontine weiße Substanz betroffen. Solche Läsionen, die oft bihemisphärisch symmetrisch vorliegen und in konfluierender Form große Raumvolumina einnehmen können, führen nicht unbedingt zu fokalen neurologischen Symptomen wie Hemiparesen oder Wahrnehmungsstörungen. In psychopathologischer und neuropsychologischer Hinsicht sind WML aber vermutlich bedeutsamer als lakunäre Infarkte, da sie, sei es durch Leitungsverzögerung oder Leitungsblockade, den komplexen Informationsaustausch zwischen kortikalen und subkortikalen neuronalen Netzen stören. Beim Vorliegen solcher psychopathologischer und neuropsychologischer Veränderungen durch WML spricht man von einer subkortikalen arteriosklerotischen Enzephalopathie. Dabei kommt den frontal lokalisierten WML eine wesentliche Rolle zu.

Embolische Mediainfarkte

Mediainfarkte können bei einem Mediahauptstammverschluss das komplette frontale, temporale und parietale sowie das subkortikale Versorgungsgebiet betreffen; bei guter leptomeningealer Kollateralisierung kann das Infarktgebiet aber auch deutlich kleiner ausfallen und sogar nur auf subkortikale Strukturen begrenzt sein. Isolierte große Frontalhirninfarkte treten nach Verschluss der superioren A. insularis auf, wobei es zur Infarzierung der gesamten ventro- bis dorsolateralen Konvexität kommt. Verschlüsse eines der 4 Hauptäste (A. orbitofrontalis, A. praefrontalis, A. praecentralis, A. centralis) führen zu topografisch umschriebenen Infarkten; die Darstellung der dabei auftretenden klinischen Symptomatik ist am besten geeignet, um die klinikoanatomischen Zusammenhänge des lateralen Frontalhirns zu verdeutlichen.

Infarkte der A. centralis

Solche Ischämien betreffen im Frontalhirn den primären motorischen Kortex (Area 4) und im Parietalhirn den primären somatosensiblen Kortex (Area 1, 2 und 3) und führen zu dem klinischen Bild einer kontralateralen sensomotorischen Hemiparese mit brachiofazialem Schwerpunkt. Obwohl die A. centralis nicht das Broca-Areal (Area 44 und 45) versorgt, kann es bei linkshemisphärischen Ischämien auch zu einer leichten motorischen Aphasie mit phonematischen Paraphasien kommen.

Infarkte der A. praecentralis

Diese führen hauptsächlich zu Läsionen im motorischen (Area 4), prämotorischen Kortex (Area 6) und im frontalen Augenfeld (Area 8). Klinisch dominiert dabei in der Regel eine leichte brachiofazial betonte kontralaterale Hemiparese, wobei v.a. die Feinmotorik der Hand gestört ist. Liegt der Infarkt in der linken Hemisphäre, kommt es durch die Läsion der für die Bewegungsprogrammierung zuständigen prämotorischen Area zu einer bilateralen ideomotorischen Apraxie (◘ Abb. 9.3). Die Abfolge intendierter Bewegungen (z.B. Imitation einer vorgemachten Bewegungssequenz) ist dabei fehlerhaft, während stark automatisierte Handlungen ungestört bleiben. Prämotorische Infarkte der rechten Hemisphäre (seltener auch der linken Hemisphäre) können zu einem kontralateralen motorischen Neglect führen. Die kontralateralen Extremitäten werden trotz nur leichter oder gar fehlender Parese nicht mehr spontan bewegt. Funktionell ist dabei die Einbindung der kontralateralen Körperrepräsentation in die Bewegungsplanung gestört. Bei Schädigung des frontalen Augenfeldes (FEF) können sakkadierende Augenbewegungen nach kontralateral gestört sein. Bei ausgedehnteren Läsionen kommt es zur Blickdeviation nach

9.4 · Ischämien des Frontalhirns

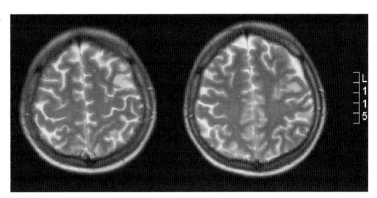

Abb. 9.3. T2-gewichtete Kernspintomografie eines kleinen Infarkts im Versorgungsgebiet der A. praecentralis. Der Infarkt betrifft überwiegend den prämotorischen Kortex (Area 6). Im neurologischen Befund zeigte der 71-jährige Patient eine diskrete Armschwäche rechts, leicht parapraktisch entstellte Bewegungsmuster bei Imitation sowie gelegentliche Wortfindungsstörungen

ipsilateral (»der Patient schaut sich den Herd an«).

Infarkte der A. praefrontalis

Dieser Mediazweig versorgt den dorsolateralen präfrontalen Kortex. Funktionell ist damit die Grenze von den primären und sekundären motorischen Feldern zum **Assoziationskortex**, also in den Bereich der exekutiven Funktionen überschritten. Klinisch stehen bei den präfrontalen Infarkten also nicht mehr Paresen oder Störungen der konkreten Bewegungsprogrammierung im Vordergrund, sondern Veränderungen der mittelfristigen (z. B. Gestaltung des Tagesablaufs) und längerfristigen (z. B. Urlaubs- oder Projektplanung) Handlungsplanung sowie der Strategieentwicklung für Problemlösungen. Bei linksseitigen Infarkten im Bereich der Area 44 und 45 (Broca-Zentrum) kommt es zur motorischen Aphasie mit phonematischen Paraphasien, Telegrammstil und syntaktischen Sprachfehlern.

Die exekutiven Störungen bei A.-praefrontalis-Infarkten entsprechen dem **dorsolateralen präfrontalen Syndrom** nach der Einteilung von Cummings (1993). Als Kernproblem bei dorsolateralen Läsionen betrachten Kimberg u. Farah (1993) eine Störung des **Arbeitsgedächtnisses**, die verhindere, dass es zu einer gleichzeitigen Repräsentation bzw. Integration von Handlungszielen, Kontextinformationen und Vorwissen kommt. Dies führe dazu, dass die Aufmerksamkeit nicht mehr gezielt entsprechend innerer Pläne und äußerer Kontextreize ausgerichtet werden könne. Positive und negative Rückmeldungen über die eigenen Handlungskonsequenzen würden dabei nicht mehr zur Handlungskontrolle genutzt. Dies führe weiterhin zu einer Störung der kognitiven Flexibilität und der Fähigkeit zur Hypothesengenerierung, wodurch schließlich die Organisationsfähigkeit und Strategieplanung beeinträchtigt würden. Im Extremfall kommt es zum Phänomen der **Perseverationen**: Dieselben Handlungselemente werden immer wieder repetiert, obwohl sie nicht mehr situationsadäquat sind. Pierrot-Deseilligny et al. (2003) konnten zeigen, dass auch die Planung willkürlicher Sakkadenfolgen bei Patienten mit ischämischen Läsionen in der Area 46 gestört war. Das FEF war bei diesen Patienten nicht betroffen und reizgetriggerte Sakkaden waren möglich. Bei Aufgaben, die z. B. Sakkaden in die entgegengesetzte Richtung von visuellen Reizen erforderten, schnitten die Patienten aber schlechter ab als Kontrollprobanden.

Allgemein gilt für das dorsolaterale präfrontale Syndrom, wie auch für die anderen Frontalhirnsyndrome, dass die Symptomatik bei bilateralen Läsionen ausgeprägter ausfällt, und dass bei unilateralen Läsionen die Handlungsdefizite oft nur **materialspezifisch** auftreten. Bei linksseitigen Infarkten ist vornehmlich das **sprachliche** Handeln inflexibel (z. B. geringe Sprachproduktion und -flüssigkeit, verbale Perseverationen), bei rechtsseitigen Infarkten sind **raumbezogene** Operationen (z. B. Planung und Durchführung konstruktiver Aktionen) stärker betroffen. Da Mediainfarkte (und auch Anteriorinfarkte) in der Regel nur einseitig auftreten, führt ein Schlaganfall meist nicht zu einer so eindrucksvollen Frontalhirnsymptomatik wie etwa die Pick-Atrophie oder eine bifrontale Hirnkontusion.

Infarkte der A. orbitofrontalis

Die A. orbitofrontalis versorgt den **lateralen** Anteil des orbitofrontalen Kortex; der mediale Anteil wird von der A. frontobasalis aus der ACA gespeist. Läsionen in diesem Gebiet führen zu dem so genannten **orbitofrontalen Syndrom** (»frontale Enthemmung«) nach der Einteilung von Cummings. Mehr noch als für das dorsolaterale präfrontale Syndrom gilt dabei, dass **bilaterale** Läsionen notwendig für das Auftreten von deutlicher klinischer Symptomatik sind. Aufgrund dieser Tatsache und der Doppelversorgung des orbitofrontalen Kortex durch 2 verschiedene Hauptarterien kann das orbitofrontale Syndrom nach Hirnembolien praktisch nie beobachtet werden. Häufiger tritt dieses Syndrom nach Subarachnoidalblutungen aus AcomA-Aneurysmen auf und wird deshalb im Rahmen der Abhandlung dieses Krankenbildes weiter unten besprochen werden.

Embolische Anteriorinfarkte

Isolierte embolische Infarkte der ACA sind insgesamt sehr selten und machen nach verschiedenen Angaben etwa zwischen 0,6% (Kazui et al. 1993) und 3% (Gacs et al. 1983) aller ischämischen Schlaganfälle aus. In einer neueren Studie an 3705 Schlaganfall-Patienten wird der Anteil mit 1,3% beziffert (Kumral et al. 2002). Das seltene Auftreten von Anteriorinfarkten liegt zum einen sicher daran, dass das Anteriorterritorium insgesamt deutlich kleiner ist als das Mediastromgebiet. Andererseits besteht eine Besonderheit des Anteriorstromgebietes darin, dass embolische Verschlüsse im proximalen Anteriorhauptstamm oft gut durch Kollateralperfusion von der ACA der Gegenseite über die AcomA in Äste der A. pericallosa kompensiert werden können.

Territoriale Anteriorinfarkte treten v.a. bei embolischen Verschlüssen im A_2-Segment der ACA auf, das distal von der AcomA liegt (◘ Abb. 9.4). Analog zur Darstellung der frontalen Mediainfarkte sollen aber auch hier aus funktionell-topografischem Grunde nur die Syndrome von **Anterior-Astverschlüssen** aufgeführt werden.

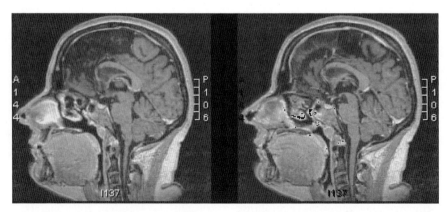

◘ **Abb. 9.4.** T1-gewichtete Kernspintomografie in sagittaler Schichtführung einer 64-jährigen Patientin, die 10 Jahre zuvor einen rechtsseitigen Anteriorinfarkt erlitten hatte. Nahezu das gesamte Versorgungsgebiet der rechten A. callosomarginalis befindet sich in einem chronisch-zystischen Infarktstatus. Die Territorien der Aa. frontopolaris und frontobasalis sind nicht betroffen. Klinisch imponierte bei der Patientin eine linksseitige Beinparese und eine Antriebsminderung

9.4 · Ischämien des Frontalhirns

Infarkte der A. callosomarginalis
Die A. supramarginalis als dorsaler Ast der A. callosomarginalis versorgt u. a. die Beinrepräsentation im primären motorischen Kortex und die SMA. Infarkte verursachen deshalb häufig kontralaterale **beinbetonte Hemiparesen** und führen bei Einschluss der für die Bewegungsinitiierung wesentlichen SMA zum kontralateralen **motorischen Neglect** (v.a. bei rechtseitigen Infarkten) bzw. zum klinischen Bild der **transkortikalen motorischen Aphasie** (linke SMA) mit dem Leitsymptom der stark reduzierten Spontansprache bei normalem Nachsprechen (Kumral et al. 2002). Bilaterale Infarkte der SMA können auch ohne das Vorliegen von Beinparesen zur typischen **frontalen Gangstörung** oder Gangapraxie führen (Della Sala et al. 2002; vgl. dazu auch Abschn. 9.6). Bei einem Patienten mit bilateraler Ischämie in der SMA wurde **Utilisationsverhalten** beschrieben (Boccardi et al. 2002). Bei diesem Symptom hantiert der Patient ohne entsprechend instruiert zu sein wahllos mit Gegenständen, die sich zufällig in Greifnähe befinden. Utilisationsverhalten wurde aber auch bei einem linksseitigen subkortikalen Infarkt im Bereich des Sulcus frontalis superior beobachtet und als Diskonnektionssyndrom der weißen Substanz interpretiert (Ishihara et al. 2002). In seltenen Fällen kann es bei Infarkten der SMA sogar zum halbseitigen kontralateralen **Hemiparkinsonismus** mit dominierendem Tremor kommen, wofür eine Diskonnektion der Schaltkreise zwischen Striatum und SMA verantwortlich gemacht wird (Kim 2001).

Mesialfrontales Syndrom. Größere Infarzierungen der A. callosomarginalis mit Einbeziehung des anterioren Gyrus cinguli und des dorsomedialen Präfrontallappen führen nach der Einteilung von Cummings zum so genannten mesialfrontalen Syndrom. Die grundlegende Störung betrifft dabei die **motivationale** Handlungssteuerung, die sekundär auch die Aufmerksamkeitsprozesse beeinträchtigt. Es fehlen damit die **Startimpulse** des Verhaltens. Der Patient erscheint initiativlos, träge und gleichgültig; wenn er eine Handlung beginnt, versiegt der Handlungsstrom rasch ergebnislos. Der Aufmerksamkeitsfokus schweift ziellos durch das Wahrnehmungsfeld, Reaktionszeiten sind deutlich verlangsamt. Auch dieses Syndrom tritt bei bilateraler Läsion stärker in Erscheinung. Zu bilateralen Infarkten kommt es z. B. bei beidseitiger Versorgung des medialen Frontalhirns durch nur eine A. pericallosa (Orlandi et al. 1998; Boccardi et al. 2002). Ein von Demirkaya et al. (1999) beschriebener Patient erlitt einen bilateralen Anteriorinfarkt während eines Migräneanfalls (»migrainous stroke«). Leider kommt es auch gelegentlich bei Coil-Embolisationen von Aneurysmen der A. communicans anterior iatrogen zu thromb-embolischen Verschlüssen beider A2-Segmente mit bilateralen mesialfrontalen Infarkten.

Abulie-Syndrom und akinetischer Mutismus. Eine leichtere Variante des mesialfrontalen Syndroms bei unilateralem Infarkt nennt man **Abulie-Syndrom**. Verlangsamung und Initiativlosigkeit dominieren dabei. Verrichtungen das alltäglichen Lebens sind aber weiterhin möglich. Zum Abulie-Syndrom kann es auch bei rein subkortikalen Infarkten kommen, wenn z. B. der Nucleus caudatus oder der Thalamus oder deren Verbindungen zum Frontalhirn betroffen sind. Bei ausgedehnter bilateraler mesialfrontaler Schädigung ist mit dem klinischen Bild des **akinetischen Mutismus** zu rechnen (Orlandi et al. 1998; Minagar u. David 1999). Trotz erhaltenem Wachbewusstsein und erhaltener Wahrnehmungs-, Sprach- und Bewegungsfähigkeit werden dabei außer Sakkaden kaum mehr Willkürbewegungen durchgeführt. Der Betroffene liegt wie ein Patient mit Morbus Parkinson in der akinetischen Krise starr im Bett; beim akinetischen Mutismus liegt die Ursache allerdings in einer extremen Unterdrückung der Startimpulse einer Handlung. Kotchoubey et al. (2003) konnten bei einem solchen komplett reaktionsunfähigen Patienten mittels ereigniskorrelierter Potenziale zeigen, dass die semantische Reizverarbeitung tatsächlich erhalten war.

Infarkte der A. frontopolaris

Wie oben schon erwähnt wurde, ist die Anatomie der ACA-Astterritorien sehr variabel. Eine eigenständige Symptomatik von A.-frontopolaris-Infarkten ist nicht bekannt. Infarkte führen wahrscheinlich zum **mesialfrontalen Syndrom** (▶ s. oben) bei stärker medial oder zum **orbitofrontalen Syndrom** (▶ s. Abschn. 9.5) bei mehr ventral liegendem Territorium.

Infarkte der A. frontobasalis

Die A. frontobasalis ist die wichtigste Arterie des orbitofrontalen Kortex. Das orbitofrontale Syndrom nach Cummings, das klinisch nur bei bilateraler Läsion in Erscheinung tritt, wird in Abschn. 9.5 in Zusammenhang mit Blutungen aus AcomA-Aneurysmen behandelt.

Hämodynamische Infarkte

Von den zahlreichen Lokalisationen hämodynamischer Infarkte sind hier der **anteriore Grenzzoneninfarkt** und der **subkortikale Endstrominfarkt** von Interesse. Die frontale Grenzzone zwischen Media- und Anteriorstromgebiet verläuft durch den Motorkortex ungefähr im Bereich der topografischen Abbildung der rumpfnahen Muskulatur, durch die SMA sowie durch die dorsolateralen Areae 9 und 10. Bei anterioren Grenzzoneninfarkten stehen klinisch Paresen der proximalen Armmuskulatur im Vordergrund. Nur bei erheblicher Involvierung der subkortikalen weißen Substanz kommt es auch zur Parese der proximalen Beinmuskulatur (Bougousslavsky u. Moulin 1995). Ausgeprägte dorsolaterale Frontalhirnsymptomatik wird selten beobachtet; bei linksseitigen Infarkten wird aber gelegentlich eine **transkortikale motorische Aphasie** mit Sprachantriebshemmung beschrieben.

Auch der subkortikale Endstrominfarkt manifestiert sich klinisch durch eine Hemiparese, die entsprechend der Ausdehnung und genauen Topografie des Infarktes komplett oder nur brachiofazial betont ausfallen kann.

Lakunäre Infarkte

Isolierte Lakunen im frontalen Marklager bleiben oft klinisch asymptomatisch (◘ Abb. 9.5). Wenn die Pyramidenbahn betroffen ist, resultieren kontralaterale Paresen, die oft nur eine Extremität oder die Gesichtsmuskulatur betreffen (»pure motor strokes«). Andere klassische lakunäre Syndrome (z. B. der »pure sensory stroke« bei isolierten halbseitigen Sensibilitätsstörungen) sind typisch bei isolierten Lakunen im Thalamus oder in der Pons. Nur bei multiplen frontalen Lakunen oder bei ausgedehnten mikroangiopathischen Läsionen der weißen Substanz (»White-Matter-Lesions«), wie sie bei der subkortikalen arteriosklerotischen Enzephalopathie (SAE) vorkommen, können auch Störungen der exekutiven Funktionen auftreten. Diese lassen sich dann durch Diskonnektionen der Verbin-

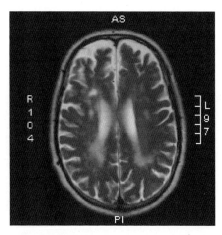

◘ Abb. 9.5. T2-gewichtete Kernspintomografie bei einem 78-jährigen Hypertoniker mit einem lakunären Infarkt im rechten frontalen periventrikulären Marklager sowie bilateralen White-Matter-Lesions. Der Patient bot keine neurologische Symptomatik für diesen Infarkt. Die Bildgebung war zur Abklärung einer linkshemisphärischen transitorischen ischämischen Attacke veranlasst worden

dungen zwischen den präfrontalen Strukturen und subkortikalen Kerngebieten (Basalganglien, Thalamus) erklären.

9.5 Blutungen und Gefäßmissbildungen

Aneurysmatische Subarachnoidalblutungen

Den Subarachnoidalblutungen (SAB) liegt in der Regel die Ruptur eines intrakraniell gelegenen Aneurysmas zugrunde. Die häufigste Lokalisation des Aneurysmas ist die AcomA (Berlit u. Nahser 1999; ◘ Abb. 9.6); bei SAB aus solchen Aneurysmen kommt es besonders häufig zu frontalen Läsionen.

Nicht rupturierte Aneurysmen führen im Allgemeinen nicht zu neurologischen Symptomen. Bei sehr großen AcomA-Aneurysmen (Durchmesser deutlich über einem Zentimeter) kann aber durch Kompressionswirkung auf die Umgebung das Chiasma opticum lädiert werden, was zur bitemporalen Hemianopsie führen kann. Kompressionsbedingte **Frontalhirnsymptomatik** kann aber als Rarität angesehen werden. Normalerweise wird das AcomA-Aneurysma durch eine SAB symptomatisch. Die SAB führt **per se** noch nicht zu neurologischen Ausfällen, sondern zunächst nur zum stechenden Kopfschmerz. Fakultativ kann es auch zu folgenden Symptomen kommen:
- kurze Bewusstseinsstörung,
- Erbrechen,
- Meningismus oder
- Grand-mal-Anfall.

Nur bei zusätzlich intraparenchymatösen Blutungen können auch fokale neurologische Symptome auftreten. Bei der SAB aus einem AcomA-Aneurysma ist der orbitofrontale Kortex hierfür eine Prädilektionsstelle. Die wichtigste Komplikation einer SAB stellt neben der Rezidivblutung aber die Entwicklung von **Vasospasmen** dar, die im Verlauf zu ausgedehnten Hirninfarkten (◘ Abb. 9.7) und zum Tod des Patienten führen können. Im Falle eines AcomA-Aneurysmas sind dabei manchmal nur die basalen Äste der ACA, insbesondere die Aa. frontobasales und frontopolares, betroffen. Bilaterale Infarkte im Bereich dieser Arterien (◘ Abb. 9.8) sind die häufigste Ursache für das dritte der von Cummings beschriebenen Frontalhirnsyndrome, das orbitofrontale Syndrom.

Orbitofrontales Syndrom

Für das klinische Erscheinungsbild dieses Syndroms ist zunächst einmal relevant, ob die Infarkte nur den orbitalen Frontallappen betreffen oder auch das **basale Vorderhirn,** das von penetrierenden Ästen aus der AcomA gespeist wird. Nur in letzterem Fall werden die im Folgenden beschriebenen Verhaltens- und Persönlichkeitsänderungen von einer ausgeprägten retro- und anterograden Amnesie begleitet.

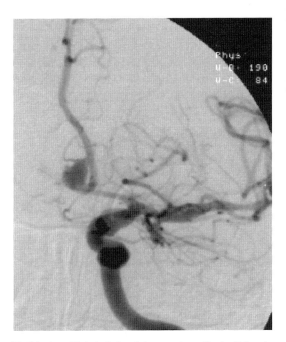

◘ Abb. 9.6. Digitale Subtraktionsangiografie des linksseitigen Karotisterritoriums bei einer 68-jährigen Patientin nach einer Subarachnoidalblutung. Als Blutungsursache kommt ein ca. 1 cm messendes Aneurysma der A. communicans anterior zur Darstellung

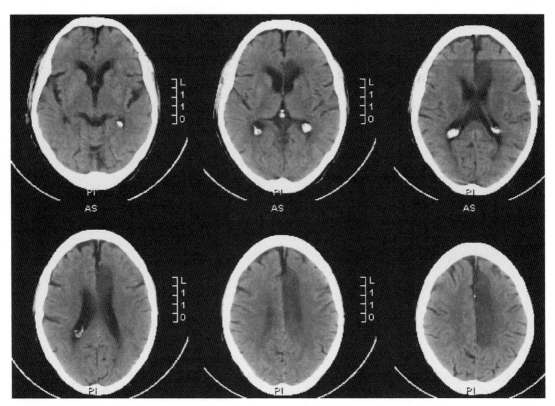

Abb. 9.7. Computertomografische Darstellung eines größeren Anteriorinfarktes in den Versorgungsgebieten der rechten A. callosomarginalis und A. pericallosa ausgelöst durch Vasospasmen in Folge einer Subarachnoidalblutung aus dem in Abb. 9.6 gezeigten Aneurysma

Als manifestes Kernsymptom des **reinen** orbitofrontalen Syndroms gilt die Störung der **Impulskontrolle**. Sowohl positive (z. B. Sympathiebekundung) als auch negative Emotionen (z. B. Wut) werden ungeachtet der sozialen Konsequenzen ungebremst zum Ausdruck gebracht. Die Patienten erscheinen ihrem Umfeld distanzgemindert, taktlos, sexuell enthemmt, oft auch cholerisch und aggressiv. Es scheint so, als könnten die Patienten externes Feedback nicht mehr zur Handlungskorrektur verwenden. Dieses Defizit kommt nicht nur in einem sozialen Kontext zum Tragen, sondern in allen Situationen, in denen ein emotionales Monitoring der eigenen Handlungskonsequenzen für erfolgreiches Agieren und Entscheiden notwendig ist. Die Patienten können nicht mehr aus Fehlern lernen. Das macht sie kurzsichtig für die Zukunft. Das berufliche und soziale Scheitern bis zur völligen Entwurzelung ist bei Betroffenen, die nicht von einer verständnisvollen Familie getragen werden, oft die Folge. Damasio hat Patienten mit orbitofrontalem Syndrom (meist allerdings traumatischer Genese) ausgiebig neuropsychologisch untersucht und festgestellt, dass umschriebene kognitive Fähigkeiten bei ihnen oft ungestört sind (Bechera et al. 2000). Die Patienten durchschauen durchaus ihre Handlungsfehler, korrigieren ihr Verhalten aber gleichwohl nicht. Ein typisches von Damasio eingesetztes Testverfahren ist das standardisierte Glücksspiel, bei dem die Gewinn- und Verlustaussichten von der Anwendung geeigneter Strategien abhängen. Die Patienten verharren oft bei erfolglosen Strategien, obwohl sie die negativen Konsequenzen durchschauen. Zur Erklärung dieses Phänomens

9.5 · Blutungen und Gefäßmissbildungen

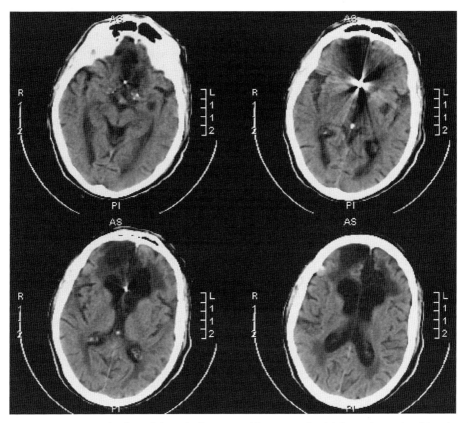

Abb. 9.8. Computertomografie älterer bilateraler frontobasaler Infarkte, die nach Vasospasmen bei einer Subarachnoidalblutung aus einem Aneurysma der A. communicans anterior aufgetreten waren. Das Aneurysma war interventionell-neuroradiologisch mit Coilmaterial verschlossen worden (als hyperdenses Artefakt erkennbar). Bei dem 71-jährigen Patienten war es nach dem Infarkt zu einer ausgeprägten Persönlichkeitsveränderung mit Impulskontrollstörung sowie zu einem amnestischen Syndrom gekommen

hat Damasio die Theorie der **somatischen Marker** entwickelt. Danach ist der orbitale Frontallappen für die rückkoppelnde Einbindung emotionaler Bewertungen in den Handlungsstrom zuständig. Der Begriff der somatischen Marker erklärt sich dabei so, dass Damasio die Wahrnehmung vegetativer und somatosensibler Signale für das Emotionserleben für wesentlich erachtet. Deshalb könne es auch bei Läsionen anderer Areale, in denen Signale aus dem Körper verarbeitet werden (anteriorer Gyrus cinguli oder somatosensibler Kortex), zur Störung der emotionalen Handlungssteuerung kommen. Im Allgemeinen kommt der emotionalen Handlungsbewertung bei Lernprozessen, die auf Verhaltensänderung und Entscheidungsfindung ausgerichtet sind, eine entscheidendere Rolle zu als kognitiven Einsichten, wie aus Konditionierungsexperimenten bekannt ist. Inwieweit diese Erkenntnisse durch ein gezieltes Emotionswahrnehmungstraining beim orbitofrontalen Syndrom rehabilitativ nutzbar gemacht werden können, ist aus Sicht des Autors bislang noch nicht untersucht worden.

Im Kontext der in Abschn. 9.3 aufgeführten **exekutiven Funktionen** kann man sagen, dass beim orbitofrontalen Syndrom aufgrund mangelhaften emotionalen Feedbacks die **Handlungsmodifikation** und **Handlungsterminierung** gestört sind.

Intrazerebrale Blutungen

Etwa die Hälfte bis zwei Drittel aller intrazerebralen Blutungen (ICB) sind auf einen langjährigen arteriellen Hypertonus zurückzuführen, der zu Gefäßwandschädigungen v.a. im Bereich kleiner penetrierender Gefäßäste mit Rupturgefahr führen kann. Die Amyloidangiopathie, bei der im Verlauf multiple ICB auftreten können, gilt als zweithäufigste Blutungsursache (◘ Abb. 9.9). Seltener finden sich als Blutungsursache Gefäßmissbildungen wie
- arteriovenöse Malformationen,
- Cavernome und
- Aneurysmen.

Zu den weiteren Ursachen zählen die Gerinnungsstörungen, die natürlich (z. B. bei Marcumar-Patienten) auch iatrogener Genese sein können. Meist führt die Blutung zur Ausbildung eines intrazerebralen Hämatoms, das eine neu gebildete **Höhle** im Parenchym ausfüllt. Zur neurologischen Symptomatik kommt es dabei durch die Druckwirkung auf das umliegende Gewebe, die bei großen Hämatomen auch die kontralaterale Hemisphäre betreffen kann. Oft ist die dabei aufgetretene Gewebsschädigung irreversibel; nicht selten bildet sich die neurologische Symptomatik mit der Rückbildung des Hämatoms aber gut zurück.

Zu ausgedehnten **subkortikalen frontalen** Einblutungen führen oft Rupturen der lentikulostriären Äste, der häufigsten Prädilektionsstelle der hypertensiven ICB. Die Hämatome gehen dabei von den Basalganglien aus und können in das frontale Marklager manchmal bis zur Hirnrinde vordringen. Klinisch kann bei solchen ICB das gesamte Spektrum an motorischer, aphasischer und exekutiver Symptomatik beobachtet werden, das bereits bei den ischämischen Infarkten und bei der SAB aus AcomA-Aneurysmen beschrieben wurde. Vor allem bei stark raumfordernden Hämatomen, die eine erhebliche Kompressionswirkung auf den kontralateralen mesialen Frontallappen haben, kann es zum ausgeprägten **mesialfrontalen Syndrom** (▶ s. oben) mit Abuliesyndrom oder akinetischem Mutismus kommen.

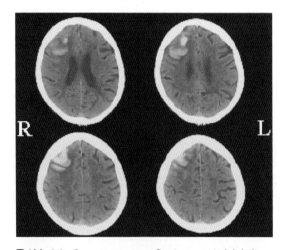

◘ **Abb. 9.9.** Computertomografie einer atypisch lokalisierten Hirnblutung mit perifokalem Ödem im rechten präfrontalen dorsolateralen Frontalhirn bei einer 75-jährigen Patientin. Bei fehlendem angiografischen Nachweis einer Gefäßmissbildung wurde als Ursache eine Amyloidangiopathie angenommen. Die Patientin war ihren Angehörigen durch plötzliche Rat- und Planlosigkeit aufgefallen. Neurologisch bot sie einen motorischen und visuellen Neglect zur linken Seite sowie eine Störung der Handlungsplanung

Arteriovenöse Malformationen

Bei arteriovenösen Malformationen (AVM) des Gehirns handelt es sich um anlagebedingte fokale Störungen der Gefäßdifferenzierung in Arteriolen, Kapillaren und Venen. Es können dabei kleine (Durchmesser <1 cm) bis sehr große (Durchmesser >6 cm) Gefäßkonvolute entstehen, die keinerlei Versorgungsfunktion für das Hirngewebe aufweisen und das sauerstoffreiche Blut in hypertrophierte venöse Gefäße ableiten. Das Hirngewebe ist durch diese Konvolute durchsetzt und funktionsunfähig (Henkes et al. 1999). AVM werden zumeist durch mehrere schädelbasisnahe oder piale Arterien gespeist, die als »Feeder« bezeichnet werden. Bei frontal lokali-

9.6 · Subkortikale arteriosklerotische Enzephalopathie (SAE)

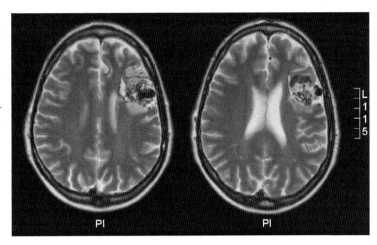

Abb. 9.10. T2-gewichtete Kernspintomografie einer arteriovenösen Malformation im linken dorsolateralen Präfrontallappen. Der 35-jährige Patient war neurologisch und neuropsychologisch unauffällig. Die Malformation war durch primär generalisierte Anfälle symptomatisch geworden

sierten AVM können solche Feeder aus Perforatoren, die aus dem M1-Segment der A. cerebri media abgehen, oder aus Ästen des M2-Segmentes bestehen. Feeder der A. cerebri anterior sind häufig Äste der A. callosomarginalis.

Oben wurde die AVM bereits als mögliche Ursache für eine ICB aufgeführt. AVM können aber auch durch epileptische Anfälle, durch Kopfschmerzen oder durch progrediente neurologische Defizite auffällig werden. Ein erheblicher Anteil von AVM bleibt aber lebenslang asymptomatisch; man findet sie gelegentlich als Zufallsbefund, wenn eine Kernspintomografie beim Vorliegen unspezifischer Beschwerden durchgeführt wird. Selbst sehr große AVM, die eine gesamte Hemisphäre durchsetzen, gehen oft nicht mit Hirnfunktionsstörungen einher, was vermutlich auf eine schon im Embryonalalter beginnende Kompensation durch nicht betroffenes Hirngewebe zurückzuführen ist.

Diese allgemeinen Ausführungen gelten insbesondere auch für frontal lokalisierte AVM (Abb. 9.10). Werden diese durch eine **Epilepsie** symptomatisch, handelt es sich meist um fokale motorische oder um primär oder sekundär generalisierte Anfälle. Das Auftreten primärer Grands maux beim Vorliegen fokaler Läsionen ist ungewöhnlich. Vielleicht handelt es sich dabei doch um »maskierte« sekundäre Grands maux, deren fokale Einleitung z. B. im Präfrontallappen dem Patienten allerdings wegen fehlender motorischer, sensorischer, sprachlicher oder emotionaler Symptomatik entgeht. In den seltenen Fällen, in denen eine frontale AVM mit **neurologischen Defiziten** einher geht, ohne dass eine zuvor stattgehabte Blutung hierfür angeschuldigt werden kann, handelt es sich fast immer um eine kontralaterale halbseitige Schwäche. Typische Präfrontalsymptomatik, Sprachstörungen oder gar demenzielle Entwicklungen kommen dabei so gut wie nicht vor. Es handelt sich dabei meist um sehr ausgedehnte AVM, die auch die Basalganglien durchsetzen. Solche AVM haben eine erhebliche Sogwirkung auf die Durchblutung des benachbarten normalen Hirngewebes (»Steal-Effekt«) und können dort und sogar in der kontralateralen Perfusion die zerebrovaskuläre Autoregulation mindern (Diehl et al. 1994). Ob dieser Steal-Effekt aber tatsächlich die Ursache für progrediente neurologische Defizite darstellt, ist unbewiesen.

9.6 Subkortikale arteriosklerotische Enzephalopathie (SAE)

Von einer **vaskulären Demenz** (VD) spricht man, wenn es auf dem Boden einer ischämischen Hirnerkrankung zu anhaltenden mnestischen und kognitiven Störungen mit Beeinträchtigung der Alltagsfunktionen kommt. In Einzelfällen kann es bereits durch einen einzigen strategisch ungünstig gelegenen Hirninfarkt zu einer vaskulären Demenz kommen (z. B. beim paramedianen Thalamusinfarkt, der zu ausgeprägten Gedächtnis- und Konzentrationsstörungen führen kann). In der Regel sind bei der VD aber multiple ischämische Zonen im Gehirn nachweisbar, wobei die **Multiinfarkt-Demenz** im engeren Sinne (Vorliegen mehrerer hauptsächlich kortikaler Infarkte) von der **subkortikalen arteriosklerotischen Enzephalopathie** (SAE, früher gebräuchlicher: »M. Binswanger«) differenziert werden kann. Bei der SAE handelt es sich um eine generalisierte Form der Mikroangiopathie, also der arteriosklerotischen Erkrankung der kleinen penetrierenden Hirnarterien (vgl. Abschn. 9.4 unter »Lakunäre Infarkte und White-Matter-Lesions«). Bei der SAE finden sich neben ausgedehnten **White-Matter-Lesions** in der Regel auch einzelne oder multiple **lakunäre Infarkte**. Klinisch stehen meist Symptome im Vordergrund, die auf eine Störung frontaler Netzwerke zurückgeführt werden können.

geprägte Amnesien. Es entwickelt sich eher eine allgemeine **Verlangsamung**, eine meist nicht übermäßige Merkstörung und Vergesslichkeit, eine Aufmerksamkeitsminderung. Auffällige Veränderungen zeigen sich auch in den **Exekutivfunktionen**, wobei deren Präsentation selten einem der 3 oben besprochenen Syndromen (dorsolaterales präfrontales, mesialfrontales und orbitofrontales Syndrom) allein zugeordnet werden kann, sondern oft durch ein Mischbild gekennzeichnet ist. Vor allem beobachtet man in variablem Ausmaß Abulie (selten richtigen Mutismus), gestörte Impulskontrolle, Starthemmung, Perseverationen, Interferenzanfälligkeit, Störungen des planenden Denkens. Psychopathologisch fällt neben der Antriebsminderung oft depressive Verstimmung auf. Auf psychovegetativer Ebene kommt es zur Durchschlafstörung und Appetitstörung. Alltägliche Verrichtungen sind durch die subkortikale Demenz meist nur mäßig beeinträchtigt; erheblicher sind die Betroffenen durch ihre Gangstörung (▶ s. unten) behindert. Zu deutlichem Leidensdruck führt auch die Blasenstörung, die bei der SAE oft die Form einer Dranginkontinenz annimmt.

Klinische Präsentation der SAE

Ähnlich wie beim Normaldruckhydrozephalus, für dessen Symptomatologie ja auch periventrikuläre Marklagerschäden verantwortlich gemacht werden, fällt klinisch bei der SAE die **Trias aus subkortikaler Demenz, Gangstörung und Blasenstörung** auf. Anamnestisch finden sich oft mehrere »kleine« Schlaganfälle oder transitorische ischämische Attacken (TIA) sowie vaskuläre Risikofaktoren (v.a. Hypertonus). Fokale neurologische Defizite müssen nicht vorliegen oder sie sind oft nur mäßig ausgeprägt und können die Symptome (Demenz, Gangstörung) nicht erklären. Auch die neuropsychologische Untersuchung ergibt selten Fokalsymptome wie Aphasie, Agraphie, raumanalytische Störungen oder aus-

Bildgebender Nachweis von White-Matter-Lesions

White-Matter-Lesions (WML) konnten erstmals nach der Einführung der Computertomografie (CT) dargestellt werden. Typisch war dabei der Nachweis einer diffusen **Marklagerhypodensität** mit periventrikulärem Schwerpunkt, der in der Anfangszeit der CT oft als Hirnödem fehlgedeutet wurde. Solche Befunde zeigen sich mit zunehmendem Alter häufiger (auch bei neurologisch-psychiatrisch unauffälligen Patienten). Bei dementen Patienten, bei denen eine vaskuläre Genese durch entsprechende Risikofaktoren bzw. eine Schlaganfallanamnese wahrscheinlich ist, findet sich die Marklagerhypodensität sehr häufig. Die hypodensen CT-Zonen zeigen offen-

9.6 · Subkortikale arteriosklerotische Enzephalopathie (SAE)

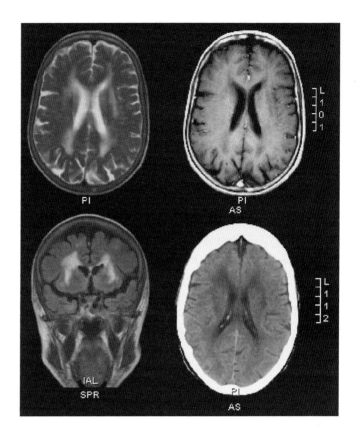

◘ **Abb. 9.11.** Zerebrale Bildgebung bei einer 75-jährigen Patientin mit vaskulärer Demenz bei subkortikaler arteriosklerotischer Enzephalopathie mit periventrikulären White-Matter-Lesions im frontalen und parietalen Marklager. Hyperintense Darstellung in der T2-Wichtung (*A*), blasse hypointense Darstellung in der T1-Wichtung (*B*), scharfer hyperintenser Kontrast in der FLAIR-Wichtung (*C*), wechselnd ausgeprägte Hypodensität in der Computertomografie (*D*)

bar im Vergleich mit der Kernspintomografie (MRT) erst die fortgeschritteneren Stadien ischämischer WML an, da mit der MRT deutlich häufiger und auch ausgedehntere WML demonstriert werden können.

In den T2- und FLAIR-gewichteten MRT-Bildern werden WML als hyperintense Zonen abgebildet, wobei die Signalintensität im T2-Bild zwischen derjenigen des Liquors und des gesunden Hirngewebes liegt (◘ Abb. 9.11, oben links) und im FLAIR-Bild sogar einen scharfen hyperintensen Kontrast zu allen benachbarten anatomischen Strukturen zeigt (◘ Abb. 9.11, unten links). Die Sensitivität der T1-Wichtung (◘ Abb. 9.11, oben rechts), die die WML als hypointenses Areal zeigt, ist deutlich geringer und zeigt, wie die CT (◘ Abb. 9.11, unten rechts), nur ausgeprägtere Marklagerschäden an.

Klinische Bedeutung der White-Matter-Lesions

Unter den Patienten mit WML-Nachweis in der MRT ist ein beträchtlicher Anteil **klinisch unauffällig**. Es stellt sich daher die Frage, ob den WML in der T2-Wichtung überhaupt eine klinische Bedeutung zukommt oder ob sie nur den Status eines Markers für eine Mikroangiopathie haben sollten. Diesbezüglich wurden in den letzten 15 Jahren zahlreiche Studien an gesunden Kollektiven und klinisch diagnostizierten SAE-Patienten durchgeführt, wobei insbesondere die Korrelation zwischen dem Ausmaß der WML und dem kognitiven Befund interessierte.

Kognitiver Befund

Untersuchungen an gesunden älteren Probanden, in denen das quantitative Ausmaß der WML in der MRT mit neuropsychologischen Testergebnissen korreliert wurde, zeigten zumeist keine oder nur geringe und klinisch irrelevante negative Korrelationen mit allgemeiner Intelligenz oder mit Gedächtnisleistungen, räumlichen und sprachlichen Fähigkeiten (Desmond 2002). In solchen Testbatterien sind allerdings spezifische Frontalhirnfunktionen schlecht abgebildet. Wurden auch typische Tests zu Exekutivfunktionen wie planendem Denken, kognitivem Tempo und Aufmerksamkeitssteuerung vorgelegt, wiesen Probanden mit ausgeprägterer WML deutlich schlechtere Leistungen auf als solche mit nur geringem oder ohne Nachweis von WML. Dabei war v.a. das Ausmaß der periventrikulär lokalisierten WML relevant, während subkortikal gelegene WML ohne Einfluss auf die Exekutivfunktionen blieben (Fukui et al. 1994). Da periventrikulär v.a. Assoziationsphasern zwischen weiter entfernten kortikalen Bezirken (z. B. frontoparietale oder frontotemporale Verbindungen) sowie kortikosubkortikale Verbindungen verlaufen, kann vermutet werden, dass die exekutiven Leistungseinbußen in diesen Fällen auf die **Störung des intrahemisphärischen Informationsaustausches** zurückzuführen sind.

Solche gruppenstatistischen Ergebnisse dürfen allerdings nicht darüber hinwegtäuschen, dass im Einzelfall ausgedehnte WML oft Zufallsbefunde sind und auch nach eingehender neuropsychologischer Untersuchung ohne klinisches Korrelat bleiben. Desmond (2002) formuliert deshalb ein **Schwellenmodell der WML**: Erst ab einem bestimmten Gesamtvolumen der WML, das wohl auch interindividuell verschieden sein kann und von der spezifischen Lokalisation abhängt, sind danach Funktionseinbußen zu erwarten.

Gangstörung

Zu den auffälligen Symptomen der SAE zählt neben dem kognitiven Abbau eine Veränderung des Gangbildes. Anamnestisch berichten die Betroffenen eine schwer zu beschreibende **Gangunsicherheit** sowie eine **Sturzneigung**. Es kursieren zahlreiche Begriffe zur Charakterisierung dieser Gangstörung wie »frontale Gangstörung«, »Lower-Body-Parkinsonismus« oder »Gangapraxie«. Der exakte Mechanismus der SAE-Gangstörung ist allerdings noch ungeklärt. Obwohl sich bei der SAE klinisch-neurologisch oft auch pyramidale oder extrapyramidale Zeichen finden, kann die frontale Gangstörung phänomenologisch doch vom hemiparetischen, spastischen oder Parkinson-Gangbild abgegrenzt werden. Bei der visuellen Inspektion des Gangbildes bei Patienten mit SAE ergibt sich oft der Eindruck, als müsste jede Komponente des Gangprozesses mühsam und unter Beanspruchung des Bewusstseins gesteuert werden. Das Gangbild erscheint abgehackt, die Schrittlänge, -frequenz, der Fußabstand und die Doppelstandzeit (Bodenberührung beider Füße) variieren von Schritt zu Schritt erheblich. Normalerweise ist das Gehen ja ein hochautomatisierter, weitgehend unbewusst ablaufender Vorgang, der durch eine große Regelmäßigkeit aufeinanderfolgender Schritte gekennzeichnet ist. Das gilt sogar für den Parkinson-Gang, der zwar kleinschrittig, schlurfend und mit geringer Schrittfrequenz erfolgt, aber eben doch regelmäßig abläuft. Die fehlende Automatisierung des Ganges bei der frontalen Gangstörung und die Beanspruchung der Bewusstseinskapazität sind auch daran erkennbar, dass viele Patienten während des Gehens nicht kommunizieren können oder, wenn dies verlangt wird, stehen bleiben müssen. Dieses Phänomen wurde treffend mit »stops walking when talking« bezeichnet.

Systematisch und in Bezug auf einen Zusammenhang mit WML wurde die frontale Gangstörung bislang kaum untersucht, was wohl mit den rein klinisch schwer fassbaren Eigentümlichkeiten dieses Gangbildes zu tun hat. Bäzner et al. (2000) untersuchten das Gangbild von 119 Patienten mit SAE im Querschnitt und im Verlauf mit einer quantitativen computerdynamografischen Methode zur Erfassung der Fußabrollbewegung, der bipedalen Koordination, der Schrittfrequenz und anderer Parameter. Das Ausmaß von WML wurden mittels T2-gewichteter MRT-Sequenzen bestimmt. Im Unterschied zu gesunden Probanden wiesen SAE-Patienten eine reduzierte Schrittfrequenz, verkürzte Abrollstrecken und erhöhte Bipedalzeiten auf. Die Schritt-zu-Schritt-Variabilität der Abrollstrecken und der bipedalen Koordination waren bei den Patienten deutlich erhöht. Ein aus 6 computerdynamografischen Einzelmaßen berechneter Gesamtscore für die Gangstörung korrelierte im Querschnitt kaum mit der Läsionslast in der MRT. 39 Patienten wurden nach mindestens einem Jahr nachuntersucht. Die Differenzwerte zur Voruntersuchung des Gangscores und der WML-Läsionslast korrelierten jetzt mit r=0,58 erheblich. Leider wurde in dieser Arbeit nicht der Lokalisation der WML Rechnung getragen, sodass eine genauere Aussage zur Bedeutung der frontalen WML nicht möglich war. Immerhin scheint auch diese Arbeit das Schwellenmodell der WML von Desmond (▶ s. oben) zu bestätigen: Es gibt wohl individuelle Schwellenwerte für die Läsionslast, ab denen die WML klinisch in Erscheinung treten. Ab diesem Schwellenwert geht dann auch eine weitere Zunahme der Läsionslast mit einer Verschlechterung der klinischen Parameter einher.

Lakunen versus White-Matter-Lesions

Es ist immer wieder argumentiert worden, dass für die klinische Symptomatik bei der SAE nicht die WML, sondern die zumeist koexistenten lakunären Infarkte verantwortlich seien. Immerhin führen nur lakunäre Infarkte zu einem kompletten Untergang des Gewebes, während WML zwar eine Zustand der chronischen Ischämie darstellen, der aber nicht unbedingt auch einen Funktionsverlust (also Blockade der Weiterleitung von Aktionspotenzialen) der weißen Substanz bedeuten muss. Untersuchungen mit der Positronenemissionstomografie haben die Vermutung bestätigt, dass die **Durchblutung** im Bereich der WML reduziert ist. Die Ergebnisse bezüglich der für die Funktion relevanten Zielgröße, nämlich dem Energiemetabolismus in den WML, sind uneinheitlich und z. T. schwierig zu interpretieren (Mori 2002), da auch bei solchen Studien keine befriedigende Differenzierung von WML und Lakunen erfolgte. Die unmittelbare Rolle der WML für die Ätiopathogenese der SAE-Symptomatik muss vorerst noch offen bleiben.

Literatur

Bäzner H, Oster M, Daffertshofer M, Hennerici M (2000) Assessment of gait in subcortical vascular encephalopathy by computerized analysis: a cross-sectional and longitudinal study. J Neurol 41: 841–849

Bechara A, Damasio H, Damasio AR (2000) Emotion, decision making and the orbitofrontal cortex. Cereb Cortex 10: 295–307

Berlit P, Nahser HC (1999) Subarachnoidalblutung. In: Berlit P (Hrsg) Klinische Neurologie. Springer, Berlin Heidelberg New York Tokio, S 1074–1086

Boccardi E, Della Sala S, Motto C, Spinnler H (2002) Utilisation behaviour consequent to bilateral SMA softening. Cortex 38: 289–308

Bogousslavsky J, Moulin T (1995) Border-zone infarcts. In: Bogousslavsky J, Caplan L (Hrsg) Stroke syndromes. Cambridge University Press, New York, pp 358–365

Cummings JL (1993) Frontal-subcortical circuits and human behavior. Arch Neurol 50: 873–879

Della Sala S, Francescani A, Spinnler H (2002) Gait apraxia after bilateral supplementary motor area lesion. J Neurol Neurosurg Psychiatr 72: 77–85

Demirkaya S, Odabasi Z, Gokcil Z, Ozdag F, Kutukcu Y, Vural O (1999) Migrainous stroke causing bilateral anterior cerebral artery territory infarction. Headache 39: 513–516

Desmond DW (2002) Cognition and white matter lesions. Cerebrovasv Dis 13 (suppl 2): 53–57

Diehl RR, Henkes H, Nahser HC, Kühne D, Berlit P (1994) Blood flow velocity and vasomotor reactivity in patients with arteriovenous malformations: A TCD study. Stroke 25: 1574–1580

Gacs G, Fox AJ, Barnett HJM, Vinuela F (1983) Occurrence and mechanisms of occlusions of the anterior cerebral artery. Stroke 14: 952–959

Fukui T, Sugita K, Sato Y, Takeuchi T, Tsukagoshi H (1994) Cognitive functions in subjects with incidental cerebral hyperintensities. Eur Neurol 34: 272–276

Henkes H, Berg-Dammer E, Kühne D (1999) Arteriovenöse Malformationen. In: Berlit P (Hrsg) Klinische Neurologie. Springer, Berlin Heidelberg New York Tokio, S 1060–1075

Ishihara K, Nishino H, Maki T, Kawamura M, Murayama S (2002) Utilization behavior as a white matter disconnection syndrome. Cortex 38: 379–387

Kazui S, Sawada T, Naritomi H, Kuriyama Y, Yamaguchi T (1993) Angiographic evaluation of brain infarction limited to the anterior cerebral artery territory. Stroke 25: 549–553

Keyserlingk DG (1999) Neuroanatomie. In: Berlit P (Hrsg) Klinische Neurologie. Springer, Berlin Heidelberg New York Tokio, S 3–33

Kim JS (2001) Involuntary movements after anterior cerebral artery territory infarction. Stroke 32: 258–261

Kimberg DY, Farah MJ (1993) A unified account of cognitive impairments following frontal lobe damage: The role of working memory in complex organized behavior. J Exp Psychol 122: 411–428

Kotchoubey B, Schneck M, Lang S, Birbaumer N (2003) Event-related brain potentials in a patient with akinetic mutism. Neurophysiol Clin 33: 23–30

Kumral E, Bayulkem G, Evyapan D, Yunten N (2002) Spectrum of anterior cerebral artery territory infarction: clinical and MRI findings. Eur J Neurol 9: 615–624

Minagar A, David NJ (1999) Bilateral infarction in the territory of the anterior cerebral arteries. Neurology 52: 886–888

Mori E (2002) Impact of subcortical ischemic lesions on behavior and cognition. Ann NY Acad Sci 977: 141–148

Orlandi G, Moretti P, Fioretti C, Puglioli M, Collavoli P, Murri L (1998) Bilateral medial frontal infarction in a case of azygous anterior cerebral artery stenosis. Ital J Neurol Sci 19: 106–108

Pierrot-Deseilligny C, Muri RM, Ploner CJ, Gaymard B, Demeret S, Rivaud-Pechoux S (2003) Decisional role of the dorsolateral prefrontal cortex in ocular motor behaviour. Brain 126: 1460–1473

Saver JL, Biller J (1995) Superficial middle cerebral artery. In: Bogousslavsky J, Caplan L (eds) Stroke syndromes. Cambridge University Press, New York, pp 247–258

Bedeutung der Frontallappen für die Pathophysiologie schizophrener Erkrankungen

B. Bogerts

10.1 Einleitung – 214

10.2 Untersuchungen am Frontalkortex Schizophrener – 215
Struktur- und funktionsbildgebende Verfahren – 215
Neurohistologische und molekularbiologische Befunde im Frontalkortex – 216
Zusammenhang zwischen frontokortikaler Pathologie und schizophrener Symptomatik – 217

10.3 Hirnstrukturelle Veränderungen außerhalb des Frontalhirns – 219
Befunde im limbischen System – 219
Zusammenhänge zwischen frontaler und temporolimbischer Dysfunktion – 220
Interaktion zwischen Thalamus und Frontalkortex – 221

10.4 Hirnentwicklungsstörung oder Atrophie? – 222

10.5 Frontale und temporale Asymmetrie – 224

10.6 Klinische Bedeutung hirnstruktureller Befunde bei Schizophrenen – 224

10.7 Zusammenfassung und Interpretation der Befunde im Frontallappen Schizophrener – 225

Literatur – 226

10.1 Einleitung

Sowohl die neuropathologische Schizophrenieforschung als auch neueste Untersuchungen mit struktur- und funktionsbildgebenden Verfahren haben neben häufig replizierten pathologischen Veränderungen in limbischen Hirnarealen und im Thalamus das Frontalhirn als weiteren Schwerpunkt krankhafter Hirnstruktur und -funktion erkannt (Shenton et al. 2001; Niznikiewicz et al. 2003). Die Erkenntnis, dass höhere kortikale Assoziationsareale, insbesondere der frontale Kortex, wie auch der Thalamus eine bedeutende Rolle in der Pathophysiologie schizophrener Erkrankungen haben ist jedoch nicht neu. Auf der Suche nach hirnbiologischen Substraten schizophrener Erkrankungen wurde schon früh vermutet, dass Veränderungen höherer assoziativer kortikaler Bereiche mit der Erkrankung zusammenhängen. Zytologische Auffälligkeiten im Kortex psychotischer Patienten wurden schon von Alzheimer (1897), Auffälligkeiten kortikaler Gyri in den Assoziationsfeldern bereits von Southard (1915) beschrieben. In der 1. Hälfte des Jahrhunderts richtete sich das neuropathologische Interesse bei Schizophrenien überwiegend auf den Thalamus (Vogt u. Vogt 1948, 1952; Fünfgeld 1925; Fünfgeld 1952; Bäumer 1954; Hempel 1958; Hempel u. Treff 1959) und auf die Basalganglien (Hopf 1954; Buttlar-Brentano 1956), wo mit qualitativen Methoden Nervenzellveränderungen (so genannte »Schwundzellen«) beschrieben wurden. Diese Befunde wurden damals jedoch als unspezifisch oder artifiziell in Frage gestellt (Heyck 1954, Peters 1967).

Andererseits zeigten sich im gleichen Zeitraum durch Anwendung pneumenzephalografischer Untersuchungen hirnstrukturelle Veränderungen in Form erweiterter Ventrikel bei chronisch schizophrenen Anstaltspatienten (Huber 1961). Auch diese Befunde blieben umstritten. Nach Einführung der Computer- und Kernspintomografie wurden die pneumenzephalografischen Befunde über Erweiterungen der inneren und äußeren Liquorräume durch eine Vielzahl von Hirnstrukturvermessungen bestätigt (Johnstone et al. 1976; Nasrallah 1986; Bogerts et al. 1987; Degreef et al. 1992; Raz 1993; Harvey et al. 1993; Andreasen et al. 1994). Über diese Studien liegen mittlerweile mehrere Metaanalysen vor, in denen überzeugend nachgewie-

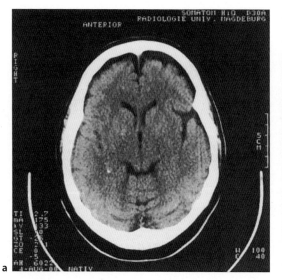 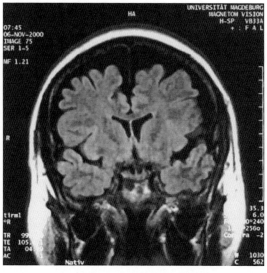

Abb. 10.1a, b. Ausgeprägte Erweiterung der frontalen und temporalen Liquorräume einer 48-jährigen schizophrenen Patientin. **a** Computertomogramm, **b** koronares Kernspintomogramm

◘ **Tabelle 10.1.** Metaanalyse kernspintomografischer Hirnvolumenmessungen bei Schizophrenen. (Aus: Wright et al. 2000). Mittlere Volumenreduktionen des frontalen Kortex, temporalen Kortex, Hippokampus, Gyrus parahippokampalis und des Gesamthirns

Region	Zahl der Studien (n)[a]		Patienten (n)	Kontrollgruppe (n)	Differenz (Kontrollgruppe = 100)	P-Wert[b]
Frontalkortex	Links	13	395	367	– 5%	0,08
	Rechts	13	395	367	– 5%	0,64
Temporalpol	Links	25	693	669	– 2%	0,25
	Rechts	25	693	669	– 3%	0,33
Hippokampus	Links	24	677	621	– 7%	<0,01
	Rechts	24	677	621	– 6%	<0,01
Parahippokampale Rinde	Links	8	185	168	–11%	<0,01
	Rechts	8	185	168	– 8%	0,03
Gesamthirn	–		31	946	921	– 2%	0,25

[a] Dargestellt ist die metaanalytisch ausgewertete Zahl der Studien, die Gesamtzahl (n) aller Patienten und Kontrollfälle, die mittlere Differenz zwischen Patienten und Kontrollgruppe und der Signifikanzgrad.
[b] Signifikante Differenzen fanden sich für Hippokampus und Gyrus parahippokampalis beidseits, ein Trend zur Verminderung im linken Frontalhirn.

sen werden konnte, dass trotz Abweichungen in Einzelergebnissen in computertomografischen Untersuchungen ca. 30–50% der Schizophrenen eine Erweiterung der Seitenventrikel um im Mittel 30%, des 3. Ventrikels und der zerebralen Sulci (Shenton et al. 2001) sowie in kernspintomografischen Studien eine Verminderung des Gesamthirnvolumens (3%), der Temporallappen bilateral (links 6% und rechts 9,5%) und des Amygdala-Hippokampuskomplexes ebenfalls bilateral (ca. 8% beidseits) aufweisen (Lawrie u. Abukmeil 1998; Wright et al. 2000; Niznikiewicz et al. 2003). Ventrikel- und Sulkuserweiterungen sind auch bei qualitativer Befundung im CT oder MRT bei etwa der Hälfte der Patienten erkennbar (Lieberman et al. 1992; ◘ Abb. 10.1; ◘ Tabelle 10.1).

10.2 Untersuchungen am Frontalkortex Schizophrener

Struktur- und funktionsbildgebende Verfahren

Nach dem weitgehenden Erliegen der hirnbiologisch orientierten Psychoseforschung in der Mitte des 20. Jahrhunderts rückte durch den Befund einer »Hypofrontalität« (Ingvar u. Franzen 1974) mittels Messung des hirnregionalen Blutflusses bei chronisch Schizophrenen der Frontallappen in den Vordergrund des Interesses hirnbiologischer Schizophrenieforschung. Dieser Befund wurde durch Anwendung neuer funktionsbildgebender Verfahren (Positronemissionstomografie, SPECT, Funktionskernspintomografie) entweder unter Ruhebedingungen oder unter Anwendung spezieller frontaler Aktivierungsparadigmen (z. B. »Wisconsin-Card-Sorting-Test«)

insbesondere bei solchen schizophrenen Patienten bestätigt, die einen chronischen Krankheitsverlauf oder eine dominierende Negativsymptomatik hatten (Weinberger et al. 1986; McCarley 1996; Volz et al. 1997; Curtis et al. 1999; (Wible et al. 2001; Chermerinski et al. 2002).

Diese Befunde wurden durch neuere kernspinspektroskopische Bewertungen der neuronalen Integrität mittels Bestimmung von N-Acetyl-Aspartat (NAA) unterstützt. Unter mehreren bewerteten Hirnregionen wurden im dorsolateralen frontalen Kortex und im Hippokampus signifikant niedrigere NAA-Konzentrationen gemessen als Hinweis auf eine diskrete neuronale Schädigung (Deiken et al. 1997; Bertolino et al. 1997; Barta et al. 1997; Kegeles et al. 1998; Sauer u. Volz 2000). Dabei fand sich eine inverse Korrelation zwischen präfrontalem NAA-Gehalt und negativen Symptomen (Callicott et al. 2000) wie auch der frontalen Aktivierbarkeit durch Arbeitsgedächtnisaufgaben (Bertolino et al. 2000).

Mehrere Studien beschäftigten sich intensiv mit der Frage, ob es hirnregionale Schwerpunkte der kortikalen Pathologie bei Schizophrenen gibt und ob diese schon zu Beginn der Erkrankung vorliegen. Frontaler und temporaler Kortex sind signifikant stärker betroffen als parietale und okzipitale Kortexregionen (Kuperberg et al. 2003). Unter Anwendung der kürzlich entwickelten MIT-Technik (»magnetization transfer imaging«), die sehr genaue Strukturinformationen über Marklager (weiße Substanz) und kortikales Grau gibt, wurden Schwerpunkte der Pathologie im präfrontalen Kortex, im Inselbereich und im Fasciculus uncinatus, der Frontal- und Temporalhirn miteinander verbindet, beschrieben (Bagary et al. 2003). Frontale Volumenreduktionen korrelieren mit Volumenminderungen des Hippokampus und gehen mit Negativsymptomen (Wible et al. 2001) und schlechterer sozialer Anpassung einher (Chemerinski et al. 2002).

Zunehmend werden Untersuchungen der Zusammenhänge zwischen Genexpression und Hirnstruktur beschrieben. Frontale und temporale Volumenreduktion sind bei Trägern des Interleukin-1-beta- Polymorphismus ausgeprägter (Meisenzahl et al. 2001). Funktionskernspintomografisch konnte ein Zusammenhang zwischen verminderter frontaler Aktivierung und der Genexpression für COMT (Catecho-O-Methyl-Transferase), dem wichtigsten Abbauenzym von Dopamin, nachgewiesen werden (Weinberger et al. 2001).

Neurohistologische und molekularbiologische Befunde im Frontalkortex

Angeregt durch den Befund der »Hypofrontalität« bei Schizophrenen erwachte auch das Interesse an neurohistologischen Untersuchungen dieses Kortexbereichs. Eine Studie von Zelldichte und Kortexdicke im dorsolateralen präfrontalen Kortex ergab eine Gewebsschrumpfung bei erhaltener Zellzahl, was auf einen Verlust des interzellulären Gewebes, des so genannten Neuropils bestehend aus Nervenfasern, Synapsen, Axonen und Dendriten, hinwies (Selemon et al. 1995; Selemon u. Goldman-Rakic 1999). Dies war keine Folge neuroleptischer Behandlung, da Neuroleptika entgegengesetzte Effekte zeigten (Selemon et al. 1999). Weitere Indizien dafür, dass es sich bei den Veränderungen im Frontalkortex nicht um Zellausfälle, wie bei klassischen neurodegenerativen Erkrankungen, sondern um subtilere Alterationen im subzellulären, synaptischen und dendritischen Bereich handelt, wobei hauptsächlich inhibitorische Komponenten und Interneurone betroffen sind, ergaben sich aus folgenden Befunden:

— reduzierte Interneurone (Benes et al. 1991),
— veränderte Expression Parvalbumin-haltiger inhibitorischer Neurone (Davis u. Lewis 1995; Kalus u. Senitz 1996; Beasley u. Reynolds 1997; Woo et al. 1997),
— Verminderung synaptischer Proteine und dendritischer Spines an frontalen Pyramidenzellen (Eastwood et al. 1995; Glanz u. Lewis 1997, 2000),

- Störung der präfrontalen GABAergen Neurotransmission (Lewis et al. 1999; Woo et al. 1998),
- Reduktion des für die Signaltransduktion wichtigen Proteins GSK-3 (Kozlovsky et al. 2000),
- verminderte Expression des GABA-synthetisierenden Enzyms Glutamatdecarboxylase in einer Untergruppe frontaler Interneurone und der Befund eines alterierten Mikrotubulus-assoziierten-Proteins (MAP; Anderson et al. 1996),
- verminderte inhibitorische Axonterminale der so genannten Chandelier-Neurone (Pierry et al. 1999).

Somit kann kein Zweifel daran bestehen, dass zumindest in dem bislang am meisten untersuchten frontalen Bereich, dem dorsolateralen präfrontalen Kortex, Defekte auf histologischer Ebene in dem zwischen den Nervenzellkörpern liegenden neuronalen Schaltelementen, insbesondere inhibitorische Interneurone betreffend, vorliegen.

Studien, die hypothesenfrei DNA- und mRNA-Profile mittels Microarray-Techniken untersuchten, analysierten bei Schizophrenen bisher ausschließlich den frontalen Kortex. Als replizierter Befund konnten Defekte mehrerer Myelinisierungs-relevanter Gene, die an Oligodendrozyten gebunden sind, nachgewiesen werden (Bahn 2002; Hof et al. 2002). Das lässt darauf schließen, dass die Feinstruktur und Funktion der großen markhaltigen intrazerebralen Bahnen beeinträchtigt ist. Mittels DTI (»diffusion tensor imaging«) konnten tatsächlich Alterationen der Fasertrakte, die Frontal- und Temporalhirn verbinden, wiederholt demonstriert werden (Kubicki et al. 2002).

Zusammenhang zwischen frontokortikaler Pathologie und schizophrener Symptomatik

Es gibt viele Argumente und Versuche auch aus theoretischer Sicht den dorsolateralen Arealen des Frontalkortex eine bedeutsame Rolle in der Pathophysiologie schizophrener Symptome zuzusprechen. Diese Kortexregion ist wichtig für die neuronalen Netzwerke, die dem Arbeitsgedächtnis zugrunde liegen, das bei Schizophrenen defizitär ist (Mesulam 1986; Fuster 1989; Goldman-Rakic 1994). Das Stirnhirn gehört zu den am höchsten entwickelten kortikalen Integrationsorganen, dass neben Afferenzen aus dem Thalamus und den aufsteigenden Transmittersystemen Informationen aus allen sensorischen kortikalen Assoziationsbezirken erhält und ausgeprägte bidirektionale Verbindungen zu den zentralen limbischen Schaltstationen im mesialen Temporallappen hat (Stevens et al. 1998; Buckner et al. 1999; Smith u. Jonides 1999; Miller 1999; ◘ Abb. 10.2 und Abb. 10.3). Aus den Abbildungen ist ersichtlich, dass Störungen des Frontalhirns und des limbischen Systems mit einer Desorganisation des gesamten zerebralen Informationsflusses einhergehen.

Die Tatsache, dass das Stirnhirn wie auch das Temporalhirn überwiegend aus polymodalen und supramodalen Assoziationsarealen besteht, erklärt, dass selbst größere Tumore, Infekte, Traumata, vaskuläre Schäden und degenerative Veränderungen im Stirn- und Schläfenlappen ohne motorische oder sensorisch-neurologische Symptome auftreten (Ausnahme: olfaktorische Symptome bei Stirnhirntumoren oder -traumata), dass Stirn- und Schläfenhirnsyndrome aber regelmäßig mit einer Einbuße an höheren kortikalen Funktionen verbunden sind.

Während Läsionen primär sensorischer oder motorischer Hirnareale oder des extrapyramidal motorischen Systems mit Symptomen einhergehen, die in das Gebiet der Neurologie fallen, verursachen Störungen des frontalen Assoziationskortex und des limbischen Systems klini-

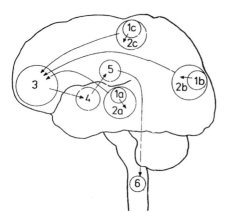

Abb. 10.2. Stark vereinfachtes Schema der anatomischen Schaltstationen der zerebralen Informationsverarbeitung. *1a* primäre Hörrinde, *1b* primäre Sehrinde, *1c* primäre somatosensorische Rinde; *2a–c* unimodale kortikale Assoziationsareale: *a* akustisch, *b* optisch, *c* somatosensorisch; *3* polymodale kortikale Assoziationsareale, in denen Informationen aus mehreren Sinnesmodalitäten konvergieren; *4* temporolimbische Strukturen (Hippokampus, Gyrus parahippokampalis, Mandelkern); *5* Hypothalamus; *6* autonom/vegetative (sympathische, parasympathische) Zentren der Medulla oblongata

Hirnstruktur	Hirnfunktion
Frontalkortex	Höhere Assoziationen, erlernte moralisch-soziale Normen
↓ ↑	↓ ↑
Hippocampus, Amygdala, Orbitalhirn	Neuronale Vermittlung zwischen Kognition und Emotion
↓ ↑	↓ ↑
Hypothalamus, Septum, Hirnstamm	Archaische Programme

Abb. 10.3. Interaktion zwischen Frontalkortex, limbischem System und Hirnstamm auf struktureller und funktioneller Ebene

sche Bilder, die in den Bereich der psychiatrischen Symptomatologie gehören. Läsionen einfacher unimodaler kortikaler Assoziationsareale, die anatomisch und funktionell zwischen dem primären sensorischen oder motorischen Kortex und dem höheren Assoziationskortex liegen, manifestieren sich klinisch in einem neurologisch-psychiatrischen Übergangsbereich, z. B. Agnosien, Aphasien, Apraxien, so genannte Werkzeugstörungen (Mesulam 1986).

Schädigungen des Stirnhirns verursachen unabhängig von der Ätiologie Persönlichkeitsveränderungen, die durch Motivationsverlust, Apathie, Urteilsschwäche, fehlende antizipatorische Fähigkeiten, soziale Enthemmung oder Rückzug sowie psychomotorische Verlangsamung (Mesulam 1986; Fuster 1989) gekennzeichnet sind. Diese Symptome haben eine bemerkenswerte Ähnlichkeit mit schizophrenen Minussymptomen.

Durch mehrere kernspintomografische und computertomografische Arbeiten (Harvey et al. 1993; Raz 1993; Schlaepfer et al. 1994; Ross u. Pearlson 1996) konnte gezeigt werden, dass der heteromodale Assoziationskortex (dorsolateraler präfrontaler Kortex, unterer Parietallappen und obere Temporalwindung), nicht aber die okzipitalen und sensomotorischen kortikalen Volumina bei Schizophrenen um etwa 3–5% verkleinert sind (Barta et al. 1990; Zipurski et al. 1994; Bryant et al. 1999; Gur et al. 2000a).

Eine Volumenreduktion des heteromodalen Assoziationskortex scheint spezifisch für schizophren Kranke zu sein; bei affektiven Psychosen konnten derartige Veränderungen nicht gefunden werden (Schlaepfer et al. 1994; Baumann u. Bogerts 1999). Der Befund unterstützt die Auffassung, dass bei Schizophrenen neben limbischen Funktionen auch die Funktion höherer kortikaler Assoziationsareale gestört ist.

10.3 Hirnstrukturelle Veränderungen außerhalb des Frontalhirns

Befunde im limbischen System

Makroskopische und mikroskopische Veränderungen in Hirnen Schizophrener wurden nicht nur im Frontalhirn sondern auch in temporolimbischen Arealen, im oberen temporalen Kortex im Thalamus, in den Basalganglien und selbst im Kleinhirn beschrieben, dagegen scheinen parietale und okzipitale Hirnregionen kaum oder gar nicht betroffen zu sein (Übersichtsarbeiten: Bogerts 1984, 1999; Bachus u. Kleinman 1996; Lawrie u. Abukmeil 1999; Harrison 1999; Bogerts u. Falkai 2000).

Sowohl mit bildgebenden Verfahren als auch durch neurohistologische postmortale Untersuchungen wurden am häufigsten strukturelle Alterationen im limbischen System, v.a. in den limbischen Schlüsselstrukturen des medialen Temporallappens und dem zum limbischen System gehörenden Gyrus cinguli beschrieben (Bogerts 1997). Auffallend ist auch, dass organische Störungen in zentralen limbischen Arealen besonders häufig mit produktiv psychotischen Störungen einhergehen.

Geringgradigere Läsionen temporolimbischer Strukturen, z. B. Anfangsstadien von Tumoren und Infekten, gehen oft mit einer schizophrenieähnlichen Symptomatik einher. Virale Infekte mit einer hohen Affinität zum medialen Temporallappen wie Herpes-simplex-Enzephalitis oder Rabies verursachen in den Frühstadien schwere emotionale Alterationen verbunden mit:
– Angst,
– Schreckhaftigkeit,
– Überreaktionen,
– Aggressivität oder Apathie,
– abnormen Sexualverhalten,
– Wahn und
– Halluzinationen (Greenwood et al. 1983).

Das gleiche Symptomspektrum kann bei Traumata, Tumoren und Durchblutungsstörungen des medialen Temporallappens auftreten (Mulder u. Daly 1952; Davison u. Bageley 1969; Hillbom 1951; Malamud 1967; Newman et al. 1990; Lewis 1995) sowie bei Temporallappenepilepsie (Slater et al. 1963), insbesondere wenn der Fokus auf der linken Seite liegt und die zugrunde liegende Läsion angeboren ist (Flor-Henry 1969; Perez et al. 1984). In den Frühstadien werden solche Erkrankungen limbischer oder paralimbischer Regionen des Temporalhirns oder Frontalhirns oft als Schizophrenie fehldiagnostiziert. Am häufigsten ist das Frontal- und Temporalhirn betroffen, also die Hirnteile, in denen die ausgedehntesten limbischen und paralimbischen Regionen (Hippokampus, parahippokampale Rinde, Mandelkern, Temporalpol, Gyrus cinguli, Orbitalkortex) liegen.

Seit Mitte der 90er-Jahre wurde eine große Zahl neuropathologischer oder MRT-Studien an limbischen Strukturen publiziert (Übersichtsarbeiten ▶ s. Bachus u. Kleinman 1996; Bogerts 1991, 1997, 1999; Bogerts u. Falkai 2000; Nelson et al. 1998; Wright et al. 2000; Gur et al. 2000b). Bei weitem die meisten dieser Studien beschrieben in limbischen Arealen subtile Strukturdefekte wie Volumenreduktionen, verminderte Zellzahlen, zytoarchitektonische Veränderungen oder Konfigurationsanomalien im Hippokampus, der parahippokampalen Rinde, dem Mandelkern, Gyrus cinguli, im Septum sowie Orbitalhirn (◘ Abb. 10.4)

Aufgrund schizophrenieähnlicher Symptome bei organischen Läsionen des limbischen Systems wird seit langem vermutet, dass bestimmte Hirnfunktionsstörungen Schizophrener in limbischen Strukturen, insbesondere im medialen Temporallappen, zu suchen sind (Bogerts 1997). Dort liegen die in enger Interaktion mit dem Frontalkortex stehenden limbischen Schlüsselstrukturen als zentrale Konvergenzstellen von Informationen aus den höheren kortikalen Assoziationsarealen des Frontal-, Temporal- und Parietalhirns (◘ Abb. 10.2 und 10.3). Sie spielen eine

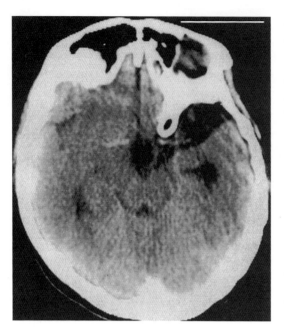

◘ **Abb. 10.4.** Ausgedehnte Arachnoidalzyste als Indikator einer Substanzminderung im paralimbischen Temporalpol und eine deutliche Erweiterung des Temporalhorns des Seitenventrikels als Hinweis auf eine Hypoplasie des Hippokampus und Mandelkerns

entwicklungsbiologisch alten, neuronalen Reaktionsweisen des Septum-Hypothalamus-Hirnstammbereichs ein (◘ Abb. 10.3; Hess 1949; McLean 1952; Millner 1992; Swansen 1983; Goldman-Rakic 1994; Bogerts 1997). Es ist deshalb sehr wohl vorstellbar, dass Struktur- und Funktionsstörungen in temporolimbischen Arealen zu einer Dissoziation zwischen höheren, kognitiven Prozessen und elementaren, emotionalen Reaktionsformen führen. In dieser Entkopplung von Kognition und Emotion liegt eine der Grundstörungen schizophrener Erkrankungen.

Zusammenhänge zwischen frontaler und temporolimbischer Dysfunktion

Da es enge Verbindungen zwischen medialem Temporallappen und Präfrontalkortex gibt (van Hoesen 1982; Goldman-Rakic 1994), ist es nicht überraschend, dass eine präfrontale Dysfunktion und eine hippokampale Pathologie bei den gleichen Patienten beschrieben wurde. Für diskordant erkrankte eineiige Zwillinge konnte nachgewiesen werden, dass bei den erkrankten Zwillingen eine signifikante inverse Korrelation zwischen Hippokampusvolumen und präfrontaler Aktivierbarkeit im »Wisconsin-Card-Sorting-Test« bestand (Weinberger et al. 1994; ◘ Abb. 10.5). Je ausgeprägter die Volumenreduktion des Hippokampus ist, desto geringer ist

zentrale Rolle in der Analyse von situativem Kontext, in der Reizausfilterung und beim Vergleich von vergangener mit gegenwärtiger Erfahrung; diese Strukturen sind als höchste kortikale Integrations- und Assoziationsareale anzusehen und nehmen zugleich eine Vermittlerstellung zwischen neokortikal-kognitiven Aktivitäten und

◘ **Abb. 10.5.** Korrelation zwischen kernspintomografisch gemessenen Hippokampusvolumen und Aktivierbarkeit des präfrontalen Kortex (mittels Wisconsin-Card-Sorting-Test) bei diskordant erkrankten schizophrenen Zwillingen

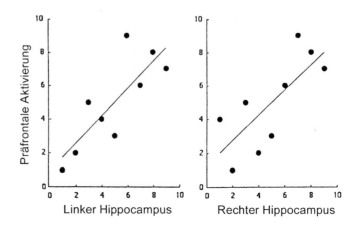

10.3 · Hirnstrukturelle Veränderungen außerhalb des Frontalhirns

die frontale Aktivierbarkeit. Die Daten sind ein Hinweis darauf, dass die so genannte Hypofrontalität Schizophrener ein Sekundäreffekt einer primären Hippokampusschädigung sein könnte (Weinberger et al. 1992). Zudem besteht bei Schizophrenen eine enge Korrelation zwischen exekutiven Frontalhirnfunktionen und Hippokampusvolumen (Bilder et al. 1995). Frontale Strukturveränderungen lassen sich tierexperimentell sekundär nach Hippokampusläsionen feststellen (Bertolino et al. 1997; Bernstein et al. 1999). Auch wurde auf der Basis struktureller und funktioneller Untersuchungen angenommen, dass eine gestörte Konnektivität zwischen temporolimbischem System und Frontalhirn eine wesentliche pathophysiologische Komponente der Erkrankung sei (Woodruff et al. 1997; Erkwoh et al. 1999; Heckers et al. 1999; Bogerts u. Falkai 2000).

Interaktion zwischen Thalamus und Frontalkortex

Neben Befunden im Frontalkortex und limbischen System wurde auch über pathologische Auffälligkeiten in Kernen des Thalamus berichtet, die mit dem frontalen Kortex und limbischen System in enger Beziehung stehen (Pakkenberg 1990, 1992; ◘ Tabelle 10.2).

Insbesondere der Nucleus anterior des Thalamus, der dem limbischen System zuzurechnen ist und zum Gyrus cinguli projiziert, sowie der mediodorsale Thalamuskern, der bidirektional mit dem präfrontalen Kortex verbunden ist, scheinen in den Krankheitsprozess mit einbezogen zu sein. Im vorderen Thalamuskern wurde eine selektive Reduzierung von Parvalbuminhaltigen Neuronen (inhibitorische Projektionsneurone) um 40% nachgewiesen (Danos et al. 1998). Signifikante Zellausfälle wurden schon früher im mediodorsalen Thalamuskern (Hempel 1958; Hempel u. Treff 1959; Pakkenberg 1990, 1992) gefunden.

Weiterhin gelangen Nachweise von Substanzdefekten im periventrikulären Grau des Thalamus (Lesch u. Bogerts 1984) sowie einer verminderten Dichte von Glutamat-(NMDA)-Rezeptoren im Thalamus (Ibrahim et al. 2000). Der Befund einer geringgradigen Volumenreduktion des thalamischen Gesamtvolumens

◘ **Tabelle 10.2.** Neurohistologische Untersuchungen am Thalamus von Schizophrenen

Studie[a]	Untersuchungsobjekt
Fünfgeld (1925)	»Schwundzellen« im Thalamus opticus
Fünfgeld (1925)	Zellzahlreduktion im Nucleus anterior thalami
Vogt u. Vogt (1952)	»Schwundzellen« im Thalamus
Bäumer (1954)	»Schwundzellen« im mediodorsalen Thalamus
Hempel u. Treff (1959)	Zellverlust im mediodorsalen Thalamus
Lesch u. Bogerts (1984)	Reduktion des periventrikulären Graus, keine signifikanten Zellminderungen in den thalamischen Subnuclei
Pakkenberg (1990)	Zellverlust im mediodorsalen Thalamus
Pakkenberg (1992)	Volumenminderung im mediodorsalen Thalamus
Danos et al. (1998)	Minderung von Parvalbuminzellen im vorderen Thalamuskern
Young et al. (2000)	Reduziertes Volumen und Zellzahlen im mediodorsalen und anterioren Nucleus

[a] Zwischen 1958 und 1984 wurden keine derartigen Untersuchungen durchgeführt.

kann mittlerweile auch kernspintomografisch als gesichert gelten (Andreasen et al. 1994; Staal et al. 1998).

Auf funktionskernspintomografischer Ebene konnte unter Anwendung eines Tests für das episodische Gedächtnis ein enger Zusammenhang zwischen thalamischer und präfrontaler Aktivierbarkeit gefunden werden (Heckers et al. 1999).

Neben dem Thalamus richtete sich in letzter Zeit ein vermehrtes Interesse auf das Kleinhirn, wo ebenfalls neurohistologische Befunde erhoben wurden (Katsetos et al.1997). Es wurde die Vermutung geäußert, dass Schizophrenie als eine Art kognitive Dysmetrie interpretiert werden könne, die auf dysfunktionale präfrontal-thalamisch-zerebelläre Schaltkreise zurück zu führen sei (Andreasen et al. 1996).

10.4 Hirnentwicklungsstörung oder Atrophie?

Die meisten Autoren stimmen in der Auffassung überein, dass die Ventrikelerweiterungen und die Volumenreduktion des Hippokampus nicht progredient sind; die Volumenreduktionen weisen keine Korrelation zur Krankheitsdauer auf und erweisen sich in Follow-up-Studien – von normalen Alterseffekten abgesehen – als unverändert. Dadurch werden progressive degenerative Veränderungen in limbischen Strukturen unwahrscheinlich, eine früh erworbene limbische Hypoplasie ist mit diesen Befunden aber vereinbar (Weinberger 1987; Bogerts 1991; McCarley et al. 1996). Dagegen mehren sich Befunde, die dafür sprechen, dass die kortikale Pathologie progressiv ist (Zipurski et al. 1994; DeLisi et al. 1997; Gur et al. 1998). Bei kataton-schizophrenen Patienten konnte sogar eine eindrucksvolle linkshemisphärische Progression temporaler und frontaler Sulkuserweiterungen mit zunehmender Krankheitsdauer festgestellt werden (Northoff et al. 1999).

Zytoarchitektonische Veränderungen in limbischen und präfrontalen kortikalen Regionen sind wichtige Hinweise auf eine frühe Störung der Hirnentwicklung, auch wenn die ersten Berichte von Migrationsstörungen von Zellgruppen in der parahippokampalen Region (Scheibel u. Kovelman 1981; Jakob u. Beckmann 1986; Arnold et al. 1991, 1997) wegen methodischer Probleme kontrovers diskutiert werden (Falkai et al. 1988a, 1988b; Heinsen et al. 1996; Akil u. Lewis 1997; Krimer et al. 1997; Bernstein et al. 1998; ◘ Tabelle 10.3).

◘ Tabelle 10.3. Limbische und kortikale Architektur bei Schizophrenen

Studie	Untersuchungsobjekt
McLardy 1974	Dysplasie des Gyrus dentatus
Scheibel u. Kovelman (1981)	Zelluläre Fehlanordnung im Hippokampus
Jakob u. Beckmann (1986)	Gestörte Zytoarchitektur im entorhinalen Kortex
Benes et al. (1986)	Gestörte Zytoarchitektur im Gyrus cinguli
Christison et al. (1989)	Normale Zellanordnung im Hippokampus
Arnold et al. (1991, 1997)	Gestörte Zytoarchitektur im entorhinalen Kortex
Senitz u. Winkelmann (1991)	Gestörte Konfiguration von Dentriten im Orbitalkortex
Heinsen et al. (1995)	Normale Architektur im entorhinalen Kortex
Akbarian et al. (1996)	Fehlanordnung kortikaler NADPH-Neurone
Krimer et al. (1997)	Normale Architektur im entorhinalen Kortex
Akil u. Lewis (1997)	Normale Architektur im entorhinalen Kortex
Bernstein et al. (1998)	Normale Architektur im entorhinalen Kortex

10.4 · Hirnentwicklungsstörung oder Atrophie?

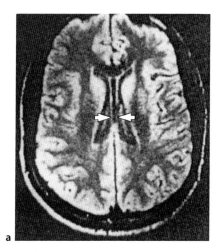 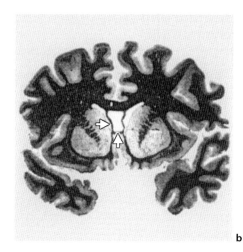

Abb. 10.6a, b. Septumzyste und Cavum vergae im MRT (**a**) und Post-mortem-Schnitt (**b**) bei schizophrenem Patienten

Eine abnorme Anordnung und Verteilung von Nervenzellen im Hippokampus, im zingulären, frontalen und temporalen Kortex und den daran angrenzenden Schichten des subkortikalen Marklagers (Benes u. Bird 1987; Akbarian et al. 1996; Jönsson et al. 1997) passt zu früheren Befunden einer gestörten Zytoarchitektur bei Schizophrenen und ist ebenso wie
- ein gehäuftes Vorkommen eines Cavum septi pellucidi (Degreef et al. 1992a),
- eine Fehlentwicklungen apikaler Dendriten im Orbitalkortex (Senitz u. Winkelmann 1991) sowie
- eine gestörte Gyrifizierung frontaler Windungen und Sulci (Vogeley et al. 2000)
ein weiteres Indiz für eine Hirnentwicklungsstörung.

Schließlich findet sich in den meisten kontrollierten Post-mortem-Studien kein Hinweis auf eine signifikante Gliose (Falkai et al. 1999; Abb. 10.6). Eine erhöhte Dichte von Gliazellen (=Gliose) findet sich bei progredienten Hirnerkrankungen wie der Alzheimer-Krankheit. Veränderungen dieser Art finden sich bei schizophrenen Patienten sicher nicht, aber langsam fortschreitende Enzephalopathien müssen hier differenzialdiagnostisch genannt werden. Zusammengenommen sprechen die strukturellen Befunde am ehesten für eine Hirnentwicklungsstörung, auf die sich möglicherweise im Bereich kortikaler Strukturen ein zweiter progressiver Prozess aufpropft (Woods 1998).

In einer prospektiven Untersuchung an Risikokindern wurde festgestellt, dass das Ausmaß von Veränderungen im Computertomogramm signifikant mit dem genetischen Risiko und dem Vorhandensein von Geburtskomplikationen korrelierte (Cannon et al. 1993). Interessanterweise fand sich zusätzlich, dass beim Ventrikelsystem der Einfluss von Geburtskomplikationen überwog, und bei den kortikalen Sulci sowohl Geburtskomplikationen als auch genetisches Risiko eine Rolle spielen (Cannon et al. 1993).

Frontale Struktur- und Funktionsdefizite sowie Ventrikelerweiterungen und limbische Substanzdefizite sind nicht als Folge der Neuroleptikabehandlung oder als sekundäre Krankheitseffekte anzusehen. In keiner CT-, MRT- oder Post-mortem-Studie konnte bislang ein Zusammenhang zwischen Dosis oder Dauer der Behandlung und Strukturveränderungen in diesen Hirnregionen gefunden werden (Bogerts u. Falkai 2000).

10.5 Frontale und temporale Asymmetrie

In letzter Zeit gewann die Frage an Bedeutung, ob bei Schizophrenen eine aufgehobene oder abgeschwächte Asymmetrie verschiedener Hirnstrukturen vorliegt (Crow 1990, 1993). Mehrfach repliziert wurde der Befund, dass die normale Asymmetrie des Frontallappens (rechts>links) und des Okzipitallappens (links>rechts) bei Schizophrenen aufgehoben ist (Bilder et al. 1994; Falkai et al. 1995b; ◘ Abb. 10.7). Die aufgehobene Strukturasymmetrie des Frontallappens und Okzipitallappens ist möglicherweise schizophreniespezifisch, da sie bei Patienten mit affektiven Erkrankungen und neurotischen Patienten regulär angelegt ist (Falkai et al. 1995b). Ähnliches trifft wahrscheinlich für das Planum temporale zu (Falkai et al. 1995a).

Zu den strukturellen Befunden passt auf funktioneller Ebene eine aufgehobene Asymmetrie der normalen frontalen Aktivierung unter Anwendung des »Continous-performance-Tests« (Fallgatter u. Strick 2000).

Neben einer subtilen Erweiterung der inneren und äußeren Liquorräume sowie Strukturdefekten im Frontalkortex, in temporolimbischen Arealen und im Thalamus hat sich bei chronisch Schizophrenen als weitere Kategorie von Hirnstrukturveränderungen eine aufgehobene Asymmetrie des Frontal- und Okzipitallappens etabliert. Da sich die zerebrale Asymmetrie vor der Geburt entwickelt, ist letzterer Befund wie die zytoarchitektonischen Veränderungen und die fehlende Korrelation zwischen Hirnstrukturveränderungen und Krankheitsdauer als klares Indiz für eine pränatale Hirnentwicklungsstörung als bedeutsame ätiologische Teilkomponente zu werten.

10.6 Klinische Bedeutung hirnstruktureller Befunde bei Schizophrenen

Inwiefern strukturelle Bildgebung bei der Differenzialdiagnose und der Prädiktion von Therapieresponse bzw. -verlauf hilfreich ist, wird in der Literatur kontrovers diskutiert. In einer Metaanalyse über 33 computer- bzw. kernspintomografischen Studien wurde untersucht, inwieweit die Ventricle-to-brain-Ratio (VBR=größte Ausdehnung des Ventrikelsystems), die Weite der Sulci, des 3. Ventrikels oder andere strukturelle Parameter ein kurzfristiges Ansprechen auf Neuroleptika voraussagen können (Raz et al. 1993). Obwohl sich eine bemerkenswerte Heterogenität in der Befundlage ergab, konnte kein Parameter

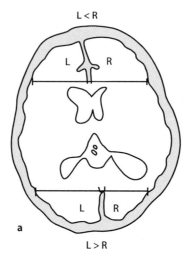
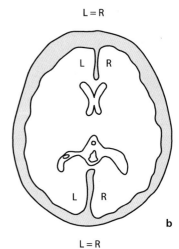

◘ **Abb. 10.7a, b.** Normale kortikale Asymmetrie bei einem gesunden Probanden (**a**), aufgehobene frontale und okzipitale Asymmetrie bei einem schizophrenen Patienten (**b**); Abzeichnung koronarer CTs vergleichbarer Ebenen. (Nach Falkai et al. 1995b). *L* links, *R* rechts

mit prädiktivem Wert ermittelt werden. In einer eigenen Untersuchung konnte die Aussage der Metaanalyse bezüglich der zentralen Liquorräume bestätigt werden, wobei sich aber für den frontalen Interhemisphärenspalt, die temporobasalen Anteile der Inselzisterne, das Unterhorn und die frontale Asymmetrie eine signifikante Differenz zwischen Respondern und Non-Respondern ergab, was aber keine sichere Prädiktion für den Einzelfall erlaubt (Falkai u. Bogerts 2000). Bemerkenswert ist dieser Befund, da es sich hier schwerpunktmäßig um Liquorraum-Erweiterung im Bereich von heteromodalem Assoziationskortex handelt.

Anders als für die kurzfristige Therapieresponse verhält sich der prädiktive Wert von strukturellen Parametern bei der Beurteilung der langfristigen Prognose. So ist die Ventrikelerweiterung ein guter Prädiktor für den langfristigen Behandlungserfolg und den Ausgang der Erkrankung (Lieberman et al. 1992; Raz et al. 1993; van Os et al. 1995); zudem besteht eine hochsignifikante Korrelation zwischen Ventrikelerweiterung und prämorbider sozialer Anpassung (van Os et al. 1995) und Langzeitverlauf der Erkrankung.

10.7 Zusammenfassung und Interpretation der Befunde im Frontallappen Schizophrener

Die strukturellen und funktionellen Befunde in verschiedenen Hirnregionen Schizophrener zeigen, dass die Pathologie des Frontalhirns nur einen Teilaspekt der Pathophysiologie der Erkrankung darstellt. Eine verminderte Aktivierbarkeit sowie wahrscheinlich auch die beschriebenen neurohistologischen Defizite des dorsolateralen Frontalhirns korrelieren mit Negativsymptomen wohingegen eine temporolimbische Dysfunktion eher mit produktiv-schizophrenen Symptomen in Zusammenhang gebracht werden kann.

Einige Befunde können dahingehend interpretiert werden, dass die »Hypofrontalität« und die histologischen Defekte ein Sekundärphänomen nach primärer prä- oder perinatal erworbener temporolimbischer Pathologie ist. Eine Erklärung für die Uneinheitlichkeit der hirnstrukturellen Veränderungen bei Schizophrenen wird auch in der biologischen und klinischen Heterogenität der Erkrankung zu suchen sein.

Erweiterungen der Seitenventrikel und des 3. Ventrikels, der kortikalen Sulci sowie pathomorphologische Befunde im dorsolateralen Frontalkortex und limbischen System sind die am besten dokumentierten morphologischen Alterationen bei Schizophrenen. Subtile Substanzdefizite in kortikalen Assoziationsarealen im Frontallappen und Temporallappen können als gesichert angesehen werden. Strukturveränderungen in heteromodalen kortikalen Assoziationsarealen sowie die aufgehobene Strukturasymmetrie des Frontal- und Okzipitallappens konnten bislang nur bei Schizophrenen, nicht aber bei affektiven Psychosen und neurotischen Patienten gefunden werden. Es scheint hier also eine gewisse Krankheitsspezifität vorzuliegen.

Geht man von den neueren hirnstrukturellen Studien aus, dann sind Schizophrenien Erkrankungen ausgedehnterer Hirnregionen, bei denen aber frontale und limbische Regionen und damit in enger funktioneller Verbindung stehende kortikale Assoziationsareale sowie thalamische Kerne besonders betroffen sind.

Die Mehrzahl der neuropathologischen Befunde sowie der CT- und MRT-Untersuchungen spricht dafür, dass die Ventrikelerweiterungen und limbischen Strukturdefekte Schizophrener statischer Natur sind, d. h. sie sind nicht progressiv. Zudem weisen die Anomalien der kortikalen Architektur auf histologischer und makroskopischer Ebene sowie eine reduzierte frontale und temporale Strukturasymmetrie auf eine pränatale Entwicklungsstörung als einen wichtigen ätiologischen Teilfaktor hin. Andererseits legen Untersuchungen, die einen Zusammenhang zwischen kortikaler Volumenverminderung sowie progressiver kortikaler Sulkuserweiterung und Krankheitsdauer aufzeigen, im frontalen und temporalen Assoziationskortex einen zumindest partiell fortschreitenden Krankheitsprozess nahe.

Literatur

Akbarian S, Kim JJ, Potkin SG, Hetrick WP, Bunney WE, Jones EG (1996) Maldistribution of interstitial neurons in the prefrontal white matter of the brains of schizophrenics. Arch Gen Psychiatry 53: 425–436

Akil M, Lewis DA (1997) Cytoarchitecture of the entorhinal cortex in schizophrenia. Am J Psychiatry 154: 1010–1012

Alzheimer A (1897) Beiträge zur Pathologischen Anatomie der Hirnrinde und zur anatomischen Grundlage der Psychosen. Mschr Psychiat Neurol 2:82–120

Anderson SA, Volk DW, Lewis DA (1996) Increased density of microtobule associated protein 2-immunoreactive neurons in the prefrontal white matter of schizophrenic subjects. Schizophr Res 19:111–119

Andreasen NC, Flashman L, Flaum M, Arndt S Swayze V O`Leary DS et al. (1994) Regional brain abnormalities in schizophrenia measured with magnetic resonance imaging. JAMA 272: 1763–1769

Andreasen NC, O'Leary DS, Cizadlo T, Arndt S, Rezal K, Boles Ponto LL, Watkins GL, Hichwa RD (1996) Schizophrenia and cognitive dysmetria: A positron-emission tomography study of dysfunctional prefrontal-thalamic-cerebellar circuitry. Proc Nat Acad Sci USA 93: 9985–9990

Arnold SE, Hyman BT, VanHösen GW, Damasio AR (1991) Some cytoarchitectural abnormalities of the entorhinal cortex in schizophrenia. Arch Gen Psychiatry 48:625–632

Arnold SE, Ruscheinsky DD, Han LY (1997) Further evidence of abnormal cytoarchitecture of the entorhinal cortex in schizophrenia using spatial point pattern analyses. Biol Psychiatry 42: 639–647

Bachus SE, Kleinman JE (1996) The neuropathology of schizophrenia. J Clin Psychiatry 57 (suppl 11): 72–83

Bagary, MS, Symms MR, Barker GJ, Mutsatsa SH, Joyce EM, Ron MA (2003) Gray and white matter brain abnormalities in first-episode schizophrenia inferred from magnetization transfer imaging. Arch Gen Psychiatry 60: 779–788

Bahn S (2002) Gene expression in bipolar disorder and schizophrenia: new approaches to old problems. Bipolar Disord 4 (Suppl 1): 70–72

Barta PE, Pearlson GD, Powers RE, Richards SS, Tune LE (1990) Reduced volume of superior temporal gyrus in schizophrenia; relationship to auditory hallucinations. Am J Psychiatry 147: 1457–1462

Bartha R, Williamson PC, Drost DJ, Malla A, Carr TJ, Cortese L, et al. (1997) Measurement of glutamat and glutamine in the medial prefrontal cortex of never treated schizophrenic patients and helthy controls by proton magnetic resonance spectroscopy. Arch Gen Psychiatry 54:959–965

Baumann B, Bogerts B (1999) The pathomorphology of schizophrenia and mood disorders: similarities and differences. Schizophr Res 39 141–148

Bäumer H (1954)Veränderungen des Thalamus bei Schizophrenie. J Hirnforsch 1: 157–172

Beasley CL, Reynolds GP (1997) Parvalbumin-immunoreactive neurons are reduced in the prefrontal cortex of schizophrenics. Schizophr Res 24: 349–355

Benes FM (1995) Altered glutamatergic and GABAergic mechanisms in the cingulate cortex of the schizophrenic brain. Arch Gen Psychiatry 52: 1015–1018

Benes FM, Bird ED (1987) An analysis of the arrangement of neurons in the cingulate cortex of schizophrenic patients. Arch Gen Psychiat 44: 608–616

Benes FM, McSparren J, Bird ED, SanGiovanni JP, Vincent SL (1991) Deficits in small interneurons in prefrontal and cingulate cortices of schizophrenic and schizoaffective patients. Arch Gen Psychiatry 48: 996–1001

Bernstein HG, Krell D, Baumann B, Danos P, Falkai P, Diekmann S, Henning H, Bogerts B (1998) Morphometric studies of the entorhinal cortex in neuropsychiatric patients and controls: clusters of heterotopically displaced lamina II neurons are not indicative of schizophrenia. Schizophr Res 33: 125–132

Bernstein HG, Grecksch G, Becker A, Höllt V, Bogerts B (1999) Cellular changes in rat rain areas associated with neonatal hippocampal damage. NeuroReport 10: 2307–2311

Bertolino A, Saunders RC Mattay VS, Bachevalier J, Frank JA, Weinberger DR (1997) Altered development of prefrontal neurons in rhesus monkey with neonatal mesial temporolimbic lesions: a proton magnetic resonance spectroscopic imaging study. Cereb Cortex 7: 740–748

Bertolino A, Esposito G, Callicott JH, Mattay VS, vanHorn JD, Frank JA, Berman KF, Weinberger DR (2000) Specific relationship between prefrontal neuronal N-acetylaspartrate and activation of the working memory cortical network in schizophrenia. Am J Psychiatry 157: 26–33

Bilder RM, Wu H, Bogerts B, Degreef G, Ashtari M, Alvier JM, Snyder P, Lieberman J (1994) Absence of regional

Literatur

hemispheric volume asymmetries in first episode schizophrenia. Am J Psychiatry 151: 1437–1447

Bilder RM, Bogerts B, Ashtari M, Wu H, Alvir JMA, Jody D, Reiter G, Bell L, Lieberman JA (1995) Anterior hippocampal volume reductions predict »frontal lobe« dysfunction in first episode schizophrenia.Schizophr Res 17: 47–58

Bogerts B (1984) Zur Neuropathologie der Schizophrenien. Fortschr Neurol Psychiat 52: 428–437

Bogerts B (1991) The neuropathology of schizophrenia: Pathophysiological and neurodevelopmental implications. In: Mednick SA, Cannon TD, Barr CE (eds) Fetal neural development and adult schizophrenia. Cambridge University Press, Cambridge, pp 153–173

Bogerts B (1997) The temporolimbic system theory of positive schizophrenic symptoms. Schizophr Bull 23: 423–435

Bogerts B (1999) The neuropathology of schizophrenic diseases. Eur Arch Psych Clin Neurosci 249: Suppl 4 IV/2-IV/13

Bogerts B, Falkai P (2000) Neuroanatomische und neuropathologische Grundlagen psychischer Störungen. In: Helmchen H, Henn F, Lauter H, Satorius N (Hrsg.) Psychiatrie der Gegenwart, Bd. 1. Springer, Berlin Heidelberg New York Tokio, S 277–310

Bogerts B, Häntsch J, Herzer M (1983) A morphometric study of the dopamine containing cell groups in the mesencephalon of normals, Parkinson patients and schizophrenics. Biol Psychiat 18: 951–960

Bogerts B, Wurthmann C, Piroth HD (1987) Hirnsubstanzdefizit mit paralimbischem und limbischem Schwerpunkt im CT Schizophrener. Nervenarzt 58: 97–106

Bogerts B, Falkai P, Haupts M, Greve B, Ernst S, Tapernon-Franz U, Heinzmann U (1990) Post-mortem volume measurements of limbic system and basal ganglia structures in chronic schizophrenics. Schizophr Res 3: 295–301

Bryant NL, Buchanan RW, Vladar K, Breier A, Rothman M (1999) Gender differences in temporal structures of patients with schizophrenia: A volumetric MRI study. Am J Psychiatry 156:603–609

Buckner RL, Kelley WM, Petersen SE (1999) Frontal cortex contributes to memory formation. Nature Neurosci 2: 311–314

Buttlar-Brentano K von (1956) Zur weiteren Kenntnis der Veränderungen des Basalkerns bei Schizophrenen. J Hirnforsch 2: 271–291

Callicot JH, Bertolino A, Egan MF, Mattay VS, Langheim FJP, Weinberger D (2000) Selective relationship between prefrontal N-acetylaspartat measures and negative symptoms in schizophrenia Am J Psychiatry 157: 1646–1651

Cannon TD, Mednick SA, Parnas J, Schulsinger F, Praestholm J, Vestergaard A (1993) Developmental brain abnormalities in the offspring of schizophrenic mothers. I. Contribution of genetic and perinatal factors. Arch Gen Psychiatry 50: 551–564

Chemerinski E, Nopoulos PC, Crespo-Facorro B, Andreasen NC, Magnotta V (2002) Morphology of the ventral frontal cortex in schizophrenia: relationship with social dysfunction. Biol Psychiatry 52:, 1–8

Crow TJ (1990) Temporal lobe asymmetries as the key to the etiology of schizophrenia. Schizophr Bull 16(3): 434–443

Crow TJ (1993) Schizophrenia as an anomaly of cerebral asymmetry. In: Maurer K (ed) Imaging of the brain in psychiatry and related fields. Springer, Berlin Heidelberg New York Tokio, pp 2–17

Curtis VA, Bullmore ET, Morris RG, Brammer MJ, Williams SCR, Simmons A, et al. (1999) Attenuated frontal activation in schizophrenia may be task dependent. Schizophr Res 37: 35–44

Danos P, Baumann B, Bernstein HG, Franz M, Stauch R, Northoff G, Krell D, Falkai P, Bogerts B (1998) Schizophrenia and anteroventral nucleus: selective decrease of parvalbumin-immunoreactive thalamocortical projection neurons. Psychiatry Res Neuroimaging 82: 1–10

Davison K, Bagley CR (1969) Schizophrenia-like psychosis associated with organic disorders of the central nervous system. A review of the literature. In: Hertington RN (ed) Current problems in neuropsychiatry. Br J Psychiatry Special Publ 4: 113–187

Daviss SR, Lewis DA (1995) Local circuit neurons of the prefrontal cortex in schizophrenia: selective increase in the density of calbindin-immunoreactive neurons. Psychiatry Res 59: 81–96

Degreef G, Bogerts B, Falkai P, Greve B, Lantos G, Ashtari M, Lieberman J (1992a) Increased prevalence of the cavum septum pellucidum in MRI scans and post-mortem brains of schizophrenic patients. Psychiatr Res Neuroimaging 45: 1–13

Degreef G, Ashtari M, Bogerts B, Bilder RM, Jody DN, Alvir JMJ, Lieberman JA (1992b) Volumes of ventricular system subdivisions measured from magnetic resonance images in first episode schizophrenic patients. Arch Gen Psychiatry 49: 531–537

Deiken RF, Zhou L, Corwin F, Vinogradov S, Weiner MW (1997) Decreased left frontal lobe N-acetylaspartate in schizophrenia. Am J Psychiatry154:688–690

DeLisi LE, Sakuma M, Tew W, Kushner M, Hoff AL, Grimson R (1997) Schizophrenia as a chronic active brain process: a study of progressive brain structural change subsequent to the onset of schizophrenia. Psychiatry Res 76: 131–138

Eastwood SL, Burnet PW, Harrison PJ (1995) Altered synaptophysin expression as a marker of synaptic pathology in schizophrenia. Neuroscience 66: 309–319

Erkwoh R, Sabril O, Willmes K, Steinmeyer EM, Büll U, Saß H (1999) Aspekte zerebraler Konnektivität bei Schizophrenie. Fortschr Neurol Psych 67: 318–326

Falkai P, Bogerts B, Rozumek M (1988a) Cell loss and volume reduction in the entorhinal cortex of schizophrenics. Biol Psychiatry 24: 515–521

Falkai P, Bogerts B, Roberts GW, Crow TJ (1988b) Measurement of the alpha-cell-migration in the entorhinal region: a marker for developmental disturbances in schizophrenia? Schizophr Res 1: 157–158

Falkai P, Bogerts B, Schneider T, Greve B, Pfeiffer U et.al. (1995a) Disturbed planum temporale asymmetry in schizophrenia. A quantitative post-mortem study. Schizophr Res 14: 161–167

Falkai P, Schneider T, Greve B, Klieser E, Bogerts B (1995b) Reduced frontal and occipital lobe asymmetry on CT-scans of schizophrenic patients. Its specifity and clinical significance. J Neural Transm (GenSect) 99: 63–77

Falkai P, Honert WG, David B, Bogerts B, Majtenyi C, Bayer TA (1999) No evidence for astrogliosis in brain of schizophrenic patients. A post-mortem study. Neuropathol Appl Neurobiol 25: 48–53

Fallgatter AJ, Strick WK (2000) Reduced frontal activation asymmetry in schizophrenia during a cued continous performance test assessed with near-infrared spectroscopy. Schizophr Bull 26 (4): 913–919

Flor-Henry P (1969) Psychosis and temporal lobe epilepsy: a controlled investigation. Epilepsia 10: 363–395

Fünfgeld E (1925) Pathologisch-anatomische Untersuchungen bei Dementia praecox mit besonderer Berücksichtigung des Thalamus opticus. Z ges Neurol Psychiat 95: 411–463

Fünfgeld EW (1952) Der Nucleus anterior thalami bei Schizophrenie. J Hirnforsch 1:147–155

Fuster JM (1989) The prefrontal cortex. Raven, New York

Glantz LA, Lewis DA (1997) Reduction of synaptophysin immunoreactivity in the prefrontal cortex of subjects with schizophrenia: regional and diagnostic specifity, Arch Gen Psychiatry 54: 943–952

Glanz LA, Lewis DA (2000) Decreased dendritic spine density on prefrontal cortical pyramidal neurons in schizophrenia. Arch Gen Psychiatry 57:65–73

Goldman-Rakic P (1994) Cerebral cortical mechanisms in schizophrenia. Neuropsychopharmacol 10 (suppl 3): 22–27

Greenwood R, Bhalla A, Gordon A, Roberts J (1983) Behavior disturbances during recovery from herpes simplex encephalitis. J Neurol Neurosurg Psychiatr 46: 809–817

Gur RE, Cowell PE, Turetsky BI, Gallacher F, Cannon T, Bilker WB, Gur RC (1998) A follow-up magnetic resonance imaging study of schizophrenia. Relationsships of neuroanatomical changes to clinical and neurobehavioral measures. Arch Gen Psychiatry 55: 145–152

Gur RE, Cowell PE, Latshaw A, Turetsky BI, Grossmann RI, Arnold S, Bilker WB, Gur RC (2000a) Reduced dorsal and orbital prefrontal gray matter volumes in schizophrenia. Arch Gen Psychiatry 57: 761–768

Gur RE, Turetsky BI, Cowell PE, Finkelman C, Maany V, Grossman RI, Arnold SE, Bilker WB, Gur RC (2000b) Temporolimbic volume reductions in schizophrenia. Arch Gen Psychiatry 57: 769–775

Harrison PJ (1999) The neuropathology of schizophrenia A critical review of the data and their interpretation. Brain 122: 593–624

Harvey I, Ron MA, Du Boulay G, Wicks SW, Lewis SW, Murray RM (1993) Reduction of cortical volume in schizophrenia on magnetic resonance imaging. Psychol Med: 23: 591–604

Heath RG (1982) Psychosis and epilepsy: similarities and differences in the anatomic-physiologic substrate. In: Koella WP, Trimble MR (eds) Temporal lobe epilepsy, mania and schizophrenia and the limbic system. Karger, Basel, pp 106–16

Heckers S, Goff D, Schacter DL, Savage CR, Fischman AJ, Alpert NM, Rauch SL (1999) Functional imaging of memory retrieval in deficit vs. nondeficit schizophrenia. Arch Gen Psychiatry 56: 1117–1123

Heckers S, Curran T, Goff D, Rauch SL, Fischman, Alpert NM, Schacter DL (2000) Abnormalities in the thalamus and prefrontal cortex during episodic object recognition in schizophrenia. Biol Psychiatry 48: 651–657

Heinsen H, Gössmann E, Rüb U, Eisenmenger W, Bauer M, Ulmar G, Bethke B, Schüler M, Schmitt HP, Götz M, Lockemann U, Püshel K (1996) Variability in the human entorhinal region may confound neuropsychiatric diagnoses. Acta Anatomica 157: 226–237

Hempel KJ (1958) Histopathologische Untersuchungen an Supranucleus medio-dorsalis thalami bei Schizophrenie. J Hirnforsch 4: 205–253

Hempel KJ, Treff WM (1959) Über »normale Lücken« und »pathologische Lückenbildungen« in einem subcorticalen Griseum (mediodorsaler Thalamuskern). Beitr pathol Anat 121: 287–300

Hess WR (1949) Das Zwischenhirn. Schwabe, Basel

Heyck H (1954) Kritischer Beitrag zur Frage anatomischer Veränderungen im Thalamus bei Schizophrenie. Mschr Psychiat Neurol 128: 106–128.

Hillbom E (1951) Schizophrenia-like psychoses after brain trauma. Acta Psychiat Neurol Scand 60: 36–47

Literatur

Hoesen GW van (1982) The parahippocampal gyrus. New observations regarding its cortical connections in the monkey. Trends Neurosci 5: 345–350

Hof PR, Haroutunian V, Copland C, Davis KL, Buxbaum JD (2002) Molecular and cellular evidence for an oligodendrocyte abnormality in schizophrenia. Neurochem Res 27: 1193–1200

Hopf A (1954) Orientierende Untersuchungen zur Frage pathoanatomischer Veränderungen im Pallidum und Striatum bei Schizophrenie. J Hirnforsch 1: 97–145

Huber G (1961) Chronische Schizophrenie. Synopsis klinischer und neuroradiologischer Untersuchungen an defektschizophrenen Anstaltspatienten. Einzeldarstellungen aus der theoretischen und klinischen Medizin, Bd. 13. Hüthig, Heidelberg

Ibrahim HM, Hogg AJ, Healy DJ, Haroutunian V, Davis KL, Meador-Woodruff JH (2000) Jonotropic glutamat receptor binding and subunit mRNA expression in thalamic nuclei of schizophrenia. Am J Psychiatry 157: 1811–1823

Ingvar DH, Franzen G (1974) abnormalities of cerebral blood flow distribution in patients with chronic schizophrenia. Acta Psychiatr Scand 50: 425–462

Jakob J, Beckmann H (1986) Prenatal developmental disturbances in the limbic allocortex in schizophrenics. J Neural Transmiss 65: 303–326

Johnstone EC, Crow TJ, Frith CD, Husband J, Kreel L (1976) Cerebral ventricular size and cognitive impairment in chronic schizophrenia. Lancet 2: 924–926

Jones EG, Powell TPS (1970) An anatomical study of converging sensory pathways within the cerebral cortex of the monkey. Brain 93: 793–820

Jönsson SA, Luts A, Guldberg-Kjaer N, Brun A (1997) Hippocampal pyramidal cell disarray correlates negatively to cell number: implications for the pathogenesis of schizophrenia. Eur Arch Psychiatry Clin Neurosci 247: 120–127

Kalus P, Senitz D (1996) Parvalbumin in the human anterior cingulate cortex. morphological heterogeneity of inhibitory interneurons. Brain Res 729: 45–54

Katsetos CD, Hyde TM, Herman MM (1997) Neuropathology of the cerebellum in Schizophrenia – An update: 1996 and future directions. Biol Psychiatry 42: 213–224

Kegeles LS, Humaran TJ, Mann JJ (1998) In vivo neurochemistry of the brain in schizophrenia as revealed by magnetic resonance spectroscopy. Biol Psychiatry 44: 382–398

Kozlovsky N, Belmaker RH, Agam G (2000) Low GSK-3β immunoreactivity in postmortem frontal cortex of schizophrenic patients. Am J Psychiatry 157: 831–833

Krimer LS, Herman MM, Saunders RC, Boyd JC, Hyde TM, Carter JM, Kleinman JE, Weinberger DR (1997) A qualitative and quantitative analysis of the entorhinal cortex in schizophrenia. Cereb Cortex 7: 732–739

Kubicki M, Westin CF, Maier SE, Frumin M, Nestor PG, Salisbury DF, Kikinis R, Jolesz FA, McCarley RW, Shenton ME (2002) Uncinate fasciculus findings in schizophrenia: a magnetic resonance diffusion tensor imaging study. Am J Psychiatry 159: 813–820.

Kuperberg GR, Broome MR, McGuire PK, David AS, Eddy M, Ozawa F, Goff D, West WC, Williams SC, van der Kouwe AJ, Salat DH, Dale A M, Fischl B (2003) Regionally localized thinning of the cerebral cortex in schizophrenia. Arch Gen Psychiatry 60: 878–888

Lawrie SM, Abukmeil SS (1998) Brain abnormality in schizophrenia. Br J Psychiatry 172:110–120

Lawrie SM, Abukmeil SS, Chiswick A, Egan V, Santosh CG, Best JJ (1997) Qualitative cerebral morphology in schizophrenia: a magnetic resonance imaging study and systematic literature review. Schizophrenia Res 25: 155–166

Lawrie SM, Whalley H, Kestelman JN, Abukmeil SS, Byrne M, Hodges A, Rimmington JE, Best JJK, Owens DGC, Johnstone EC (1999) Magnetic resonance imaging of brain in people at high risk of developing schizophrenia. Lancet 353:30–33

Lesch A, Bogerts B (1984) The diencephalon in schizophrenia: Evidence for reduced thickness of periventricular grey matter. Europ Arch Psychiat Neurol Sci 234: 212–219

Lewis DA, Pierry JN, Volk DW, Melchitzky DS, Woo TUW (1999) Altered GABA neurotransmission and prefrontal cortical dysfunction in schizophrenia. Biol Psychiatry 46: 616–626

Lewis SW (1995)The secondary schizophrenias. In: Hirsch S, Weinberger DR (eds) Schizophrenia. Blackwell Science. Oxford, pp 324–340

Lieberman J, Bogerts B, Degreef, G., Ashtari M, Alvir J (1992) Qualitative assessment of brain morphology in acute and chronic schizophrenia. Am J Psychiatry 149: 784–791

Malamud M (1967) Psychiatric disorder with intracranial tumors of the limbic system. Arch Neurol 17: 113–123

McCarley RW, Hsiao JK, Freedman R, Pfefferbaum A, Donchin E (1996) Neuroimaging and the cognitive neuroscience of schizophrenia. Schizophrenia Bull 22: 703–725

McLardy (1974) Hippocampal zinc and structural deficit in brains from chronic alcoholics and some schizophrenics. J Orthomol Psychiatry 4: 32–36

McLean PD (1952) Some psychiatric implications of physiological studies on frontotemporal portion of limbic system (visceral brain). Electroenceph Clin Neurophysiol 4: 407–418

Meisenzahl EM, Rujescu D, Kirner A, Giegling I, Kathmann N, Leinsinger G, Maag K, Hegerl U, Hahn K, Moller HJ (2001) Association of an interleukin-1beta genetic polymorphism with altered brain structure in patients with schizophrenia. Am J Psychiatry 158: 1316–1319

Mesulam MM (1986) Patterns in behavioral neuroanatomy: association areas, the limbic system, and hemispheric specialization. In: Mesulam MM (eds) Principles of behavioral neurology. Davis, Philadelphia, pp 1–70

Miller EK (1999) The prefrontal cortex: complex neural properties for complex behavior. Neuron 22: 15–17

Millner R (1992) Cortico-hippocampal interplay and the representation of contexts in the brain. Springer, Berlin Heidelberg New York Tokio

Mulder DW, Daly D (1952) Psychiatric symptoms associated with lesions of the temporal lobe. JAMA 150: 173–176

Nasrallah HA, Olson SC, McCalley-Witters M, Chapman S, Jacoby CG (1986) Cerebral ventricular enlargement in schizophrenia: A preliminary follow-up study. Arch Gen Psychiatry 43:157–159

Nelson MD, Saykin AJ, Flashman LA, Riordan HJ (1998) Hippocampal volume reduction in schizophrenia as assessed by magnetic resonance imaging. Arch Gen Psychiatry 55:433–440

Newman NJ, Bell IR, McKee AC (1990) Paraneoplastic limbic encephalitis: neuropsychiatric presentation. Biological Psychiatry 27: 529–542

Niznikiewicz MA, Kubicki M, Shenton E (2003) Recent structural and functional imaging findings in schizophrenia. Curr Opin Psychiatry 16: 123–147

Northoff G, Waters H, Mooren I, Schlüter U, Diekmann S, Falkai P, Bogerts B (1999) Cortical sulcal enlargement in catatonic schizophrenia: a planimetric CT study. Psychiatr Res Neuroimag 91: 45–54

Os J van, Fahy A, Jones P, Harvey I, Lewis S, Williams M, Toone B, Murray R (1995) Increased intracerebral cerebrospinal fluid spaces predict unemployment and negative symptoms in psychotic illness – a prospective study. Brit J Psychiatry 166: 750–758

Pakkenberg B (1990) Pronounced reduction of total neuron number in mediodorsal thalamic nucleus and nucleus accumbens in schizophrenics. Arch Gen Psychiatry 47: 1023–1028

Pakkenberg B (1992) The volume of the mediodorsal thalamic nucleus in treated and untreated schizophrenics. Schizophr Res 7: 95–100

Palkovits M, Zaborski L (1979) Neural connections of the hypothalamus. In: Morgane PJ (eds) Anatomy of the hypothalamus. Decker, New York, pp 379–509

Perez MM, Trimble MR, Reider I, Murray M (1984) Epileptic psychosis, a further evaluation of PSE profiles. Br J Psychiatry 146: 155–163

Peters G (1967) Neuropathologie und Psychiatrie. In: Gruhle HW, Jung R, Mayer-Gross W, Müller M (Hrsg) Psychiatrie der Gegenwart, Bd. I/1 A. Springer, Berlin Heidelberg New York, S 286–298

Pierry JN, Chaudry AS, Woo TUW, Lewis DA (1999) Alteations in chandelier neuron axon terminals in the prefrontal cortex of schizophrenic subjects. Am J Psychiatry 156: 1709–1719

Raz S (1993) Structural cerebral pathology in schizophrenia: Regional or diffuse ? J Abnorm Psychol 102: 445–452

Ross CA, Pearlson GD (1996) Schizophrenia, the heteromodal association neocortex and development: potential for a neurogenetic approach. Trends Neurosci 19: 416–417

Sauer H, Volz HP (2000) Functional magnetic resonance imaging and magnetic resonance spectroscopy in schizophrenia. Curr Opin Psychiatry 13: 21–26

Scheibel AB, Kovelman JA (1981) Disorientation of the hippocampal pyramidal cells and its processes in the schizophrenic patient. Biol Psychiat 16: 101–102

Schlaepfer TE, Harris GJ, Tien AY, Peng LW, Lee S, Federman EB, Chase GA, Barta PE, Pearlson GD (1994) Decreased regional cortical gray matter volume in schizophrenia. Am J Psychiatry 151: 842–848

Selemon LD, Godman-Rakic PS (1999) The reduced neuropil hypothesis: A circuit based model of schizophrenia. Biol. Psychiatry 45: 17–25

Selemon LD, Rajkowska PS, Goldman-Rakic PS (1995) Abnormally high neuronal density in the schizophrenic cortex. A morphometric anaysis of prefrontal area 9 and occipital area 17. Arch Gen Psychiatry 52: 805–818

Selemon LD, Lodow MS, Goldman-Rakic PS (1999) Increased volume and glial density in primate prefrontal cortex associated with chronic antipsychotic drug exposure. Biol Psychiatry 46: 161–172

Senitz D, Winkelmann E (1991) Neuronale Struktur-Anomalität im orbitofrontalen Cortex bei Schizophrenie. J Hirnforsch 32: 149–158

Shapiro RM (1993) Regional neuropathology in schizophrenia: Where are we? Where are we going? Schizophr Res 10: 187–239

Shenton ME, Dickey CC, Frumin M, McCarley RW (2001) A review of MRI findings in schizophrenia. Schizophr Res 49: 1–52

Slater E, Beard AW, Glithero E (1963) The schizophrenia-like psychosis of epilepsy. Br J Psychiatry 109: 95–150

Smith EE, Jonides J (1999) Storage and executive processes in the frontal lobes. Science 283: 1657–1661

Literatur

Southard EE (1915) On the topographic distribution of cortex lesions and abnormalities in dementia praecox wih some account of their functional significance Am J Insanity 71: 603–671

Staal WG, Hulshoff Pol HE, Schnack H, Van der Schot AC, Kahn RS (1998) Partial volume decrease of the thalamus in relatives of patients with schizophrenia 155:1784–1786

Stevens AA, Goldmann-Rakic PS, Gore JC, Fulbright RK, Wexler BE (1998) Cortical dysfunction in schizophrenia during auditoy word and tone working memory demonstrated by functional magnetic resonance imaging. Arch Gen Psychiatry 55:1097–1103

Swanson LW (1983) The hippocampus and the concept of limbic system. In: Seifert W (ed) Neurobiology of the hippocampus. Academic Press, London, pp 3–19

Travis MJ, Kerwin R (1997) Schizophrenia – Neuroimaging. Curr Opin Psychiatry 10:16–25

Vita A, Saccetti G, Cazullo CL (1988) Brain morphology in schizophrenia: A 2-to 5-year CT scan follow-up study. Acta Psychiatrica Scan 78:618–621

Vogeley K, Schneider-Axmann T, Pfeiffer U, Tepest R, Bayer T, Bogerts B, Honer W, Falkai P (2000) Disturbed gyrification of the prefrontal region in male schizophrenic patients: a morphometric postmortem study. Am J Psychiatry 157: 34–39

Vogt C, Vogt O (1948) Über anatomische Substrate. Bemerkungen zu pathoanatomischen Befunden bei Schizophrenie. Ärztl Forsch 3: 1–7

Vogt C, Vogt O (1952) Résultats de l´étude anatomique de la schizophrénie et d´autres psychoses dites fontionelles faite a l´institut du cerveau de Neustadt, Schwarzwald. Proc 1st Int Congr Neuropath, vol 1. Rosenberg & Sellier, Turin, pp 515–532

Volk DW, Austin MC, Pierry JN, Sampson AR, Lewis DA (2000) Decreased glutamic acid decarboxylase67 messenger RNA expression in a subset of prefrontal cortical γ-aminobutyric acid neurons in subjects with schizophrenia. Arch Gen Psychiatry 57: 237–245

Volz HP, Gaser C, Hager F, Rzanny R, Mentzel HJ, Kreitschmann-Andermahr I, Kaiser WA, Sauer H (1997) Bain activation during cognitive stimulation with the Wisconson Card Sorting Test: A functional MRI study on healthy volunteers and schizophrenics. Psychiatry Res 31:145–157

Weinberger DR (1987) Implications of normal brain development for the pathogenesis of schizophrenia. Arch Gen Psychiatry 44: 660–669

Weinberger DR, Berman KF, Suddath R, Torrey EF (1992) Evidence of dysfunction of a prefrontal-limbic network in schizophrenia: A magnetic resonance imaging and regional cerebral blood flow study of discordant monocygotic twins. Am J Psychiatry 149: 890–897

Weinberger DR, Berman KF, Zec RF (1986) Physiologic dysfunction of the dorsolateral prefrontal cortex in schizophrenia: I. Regional cerebral blood flow evidence. Arch Gen Psychiatry 43: 114–124

Weinberger DR, Egan MF, Bertolino A, Callicott JH, Mattay VS, Lipska BK, Berman KF, Goldberg TE (2001) Prefrontal neurons and the genetics of schizophrenia. Biol Psychiatry 50: 825–844

Wible CG, Anderson J, Shenton ME, Kricun A, Hirayasu Y, Tanaka S, Levitt JJ, O'Donnell BF, Kikinis R, Jolesz FA, McCarley RW (2001) Prefrontal cortex, negative symptoms, and schizophrenia: an MRI study. Psychiatry Res 108: 65–78

Woo TU, Miller JL, Lewis DA (1997) Schizophrenia and the Parvalbumin-containing class of cortical local circuit neurons. Am J Psychiatry 154: 1013–1015

Woo TU, Whitehead RE, Melchitzky DS, Lewis DA (1998) A subclass of prefrontal gamma-aminobutyric acid axon terminals are seletively altered in schizophrenia. Proc Natl Acad Sci USA 93: 5341–5346

Woodruff PWR, Wright IC, Shuriquie N, Russouw H, Rushe T, Howard RJ, Graves M, Bullmore ET, Murray RM (1997) Structural brain abnormalities in male schizophrenics reflect fronto-temporal dissociation. Psychol Med 27: 1257–1266

Woods BT (1998) Is schizophrenia a progressive neurodevelopmental disorder? Toward a unitary pathogenetic mechanism. Am J Psychiatry 155: 1661–1670

Woods BT Yurgelun-Todd D, Benes FM, Frankenburg FR, Pope HG, MCSparren J (1990) Progressive ventricular enlargement in schizophrenia: Comparison to bipolar affective disorder and correlation with clinical course. Biol Psychiatry 27:341–352

Wright IC, Rabe-Hesketh SR, Woodruff PWR, David AS, Murray RM, Bullmore ET (2000) Meta-analysis of regional brain volumes in schizophrenia. Am J Psychiatry 157: 16–25

Young KA, Manaye KF, Liang CL, Hicks PB, German DC (2000) Reduced number of mediodorsal an anterior thalamic neurons in schizophrenia. Biol Psychiatry 47: 944–953

Zipurski RB, Marsh L, Lim KO, Dement S, Shear PK, Sullivan EV, Murphy GM, Csernansky JG, Pfefferbaum A (1994) Volumetric assessment of temporal lobe structures in schizophrenia. Biol Psychiatry 35: 501–516

Affektive Störungen

F. Schneider, U. Habel, S. Bestmann

11.1 Strukturelle anatomische Befunde – 234
Morphologische Auffälligkeiten – 234
Hinweise aus Läsionsstudien – 237

11.2 Komorbidität mit neuropsychiatrischen Erkrankungen – 238

11.3 Der Beitrag funktioneller Bildgebung – 240
Funktionelle Auffälligkeiten in Ruhe – 240
State- oder Trait-Merkmale der Erkrankung – 242

11.4 Funktionelle Korrelate kognitiver Anforderungen – 247
Neuropsychologische Befunde kognitiver Leistungseinbußen
bei affektiven Störungen – 247
Funktionell-bildgebende Befunde bei kognitiven Aufgabenstellungen – 249
Funktionell-bildgebende Befunde bei emotionalen
Aufgabenstellungen – 250
Modellierung depressiver Zustände mithilfe von Untersuchungen
zur Stimmungsinduktion – 251
Transkranielle Magnetstimulation – 255

11.5 Dysfunktion und Hemisphärenasymmetrie – 256

11.6 Methodologische Aspekte – 256

11.7 Zusammenfassung – 257

Literatur – 258

Die Pathophysiologie affektiver Störungen ist durch ein ungünstiges Zusammenwirken von früheren und aktuellen Lebensstressoren sowie von genetischen Faktoren bestimmt (Risch 1997). Die Entstehung und der Verlauf affektiver Erkrankungen wird dabei durch komplexe neuromodulatorische Prozesse geregelt, wobei besonders frontostriatalen Regelkreisen eine wichtige Funktion zukommt. Läsionsstudien und Befunde aus bildgebenden Verfahren sowie aus neuropsychologischen Untersuchungen deuten darauf hin, dass morphologische und funktionelle Veränderungen des Präfrontalkortex entscheidend zur Symptomatik beitragen und möglicherweise eines von mehreren determinierenden zerebralen Korrelaten affektiver Störungen darstellen.

Die aktuellen Befunde in Bezug zu präfrontalen Dysfunktionen bei diesem Krankheitsbild werden im Folgenden anhand anatomischer, funktionell-bildgebender und neuropsychologischer Untersuchungen zusammengefasst. Morphometrische und funktionell-bildgebende Befunde finden dabei besondere Berücksichtigung, da Untersuchungen depressiver Patienten vor und nach Remission, mit unterschiedlichen nosologischen Subtypen affektiver Erkrankungen und Vergleiche negativ emotionaler Zustände gesunder Probanden mit solchen depressiv Erkrankter in den letzten Jahren ein relativ komplexes Bild frontaler Veränderungen bei affektiven Störungen haben entstehen lassen.

11.1 Strukturelle anatomische Befunde

Morphologische Auffälligkeiten

Die fortwährenden technischen Weiterentwicklungen im Bereich der Bildgebung haben es in den letzten 20 Jahren ermöglicht, mittels der Computertomografie (CT) und der Magnetresonanztomografie (MRT) morphologische Auffälligkeiten bei Patienten mit psychiatrischen Erkrankungen eingehend zu untersuchen. Jacoby und Levy (1980) berichteten erstmals von strukturellen Auffälligkeiten bei depressiven Patienten mittels CT, knapp 3 Jahre später folgte die erste MRT-Studie (Rangel-Guerra et al. 1983). Inzwischen wurde eine große Zahl von Untersuchungen zu strukturellen Auffälligkeiten bei affektiven Störungen vorgelegt, die überzeugende Belege für morphologische Veränderungen sowohl bei unipolaren als auch bipolaren affektiven Erkrankungen erbracht haben.

Dabei scheint es sich nicht um globale zerebrale Volumenveränderungen zu handeln (Soares u. Mann 1997). Vielmehr deuten die strukturellen Veränderungen depressiver Patienten auf eine komplexe Pathophysiologie insbesondere des präfrontalen Kortex, der Basalganglien, des Zerebellums und des Amygdala-Hippokampus-Komplexes hin (Beyer u. Krishnan 2002; ◘ Tabelle 11.1).

Im Einzelnen lassen sich bei unipolarer Depression Volumenreduktionen besonders des Präfrontalkortex sowie bilaterale Volumenreduktionen des Caudatums und Putamens finden, während bei bipolaren Störungen eine Vergrößerung des 3. Ventrikels, des Zerebellums, des Frontallappens und des Temporallappens nachweisbar sind (Soares u. Mann 1997; Beyer u. Krishnan 2002). Neuere Befunde weisen darauf hin, dass hierbei genetische Faktoren eine Rolle spielen. Signifikante Unterschiede in der Ventrikelgröße und dem zerebellären Volumen fielen erst bei familiär gehäuft auftretenden bipolaren Störungen auf, nicht bei solchen ohne familiäre Belastung (Brambilla et al. 2001).

Diese Areale sind in einem frontostriatalen Netzwerk eng miteinander verknüpft (Burruss et al. 2000) und sind u. a. an der Regulierung affektiver Prozesse beteiligt. Das Ausmaß atrophischer Veränderungen zeigt sich besonders bei Patienten mit sich spät im Lebensalter manifestierenden Depressionen (Kumar et al. 2000): Das Volumen des Frontallappens war in einer solchen Stichprobe im Vergleich zu gesunden Kon-

11.1 · Strukturelle anatomische Befunde

Tabelle 11.1. Strukturelle zerebrale Auffälligkeiten bei Patienten mit affektiven Erkrankungen

Autor	Stichprobe	Alter (± SD)	Methode	Ergebnisse
Coffmann et al. (1990)	30 Patienten mit bipolaren Störungen (DSM-III-R) 52 Kontrollen	33,0± 6,2 28,8 ± 7,2	MRT	Patienten zeigen geringere Volumen frontaler Areale
Krishnan et al. (1992)	50 Patienten mit unipolaren Depressionen (DSM-III)	48 ± 17	MRT	Geringere Volumen der Nuclei caudati
Coffey et al. (1993)	48 Patienten mit unipolaren Depressionen (DSM-III) 76 Kontrollen	61,6 ± 16,4 61,6 ± 15,9	MRT	Volumen im Frontalkortex bei Patienten signifikant verringert
Drevets et al. (1997)	10 Patienten mit unipolaren Depressionen (DSM-III-R) 11 Patienten mit bipolaren Depressionen (DSM-III-R) 4 Patienten mit manischen Depressionen (DSM-III-R)	39 ± 7,3 28 ± 7 30 ± 11	PET und MRT	Verringerte Aktivität im subgenualen Kortex bei uni- und bipolar Depressiven, bedingt durch Verringerung des Volumens der grauen Substanz
Kumar et al. (1998)	35 Patienten mit Major Depressionen (DSM-IV) 18 Patienten mit depressiver Verstimmung (DSM-IV) 30 Kontrollen	74,5 ± 6,9 70,8 ± 8,6 69,4 ± 6	MRT	Präfrontaler Volumenverlust korreliert mit Schweregrad der Erkrankung
Strakowski et al. (1999)	24 Patienten mit bipolaren Störungen (DSM-III-R) 22 Kontrollen	18–45	MRT	Volumenvergrößerung der Amygdala bei Patienten
Kumar et al. (2000)	51 Patienten mit unipolaren Depressionen (DSM-IV) 30 Kontrollen	>60 –	MRT	Frontale Volumenabnahme, erhöhtes Läsionsvolumen, korreliert mit Symptomatik
Mervaala et al. (2000)	34 Patienten mit typischen Depressionen (DSM-IV) 17 Kontrollen	42,3 ± 12,2 42,1 ± 14,6	MRT	Hippokampale Volumenreduktion und Volumenasymmetrie in der Amygdala (rechts<links) bei Patienten
Brambilla et al. (2001)	22 Patienten mit bipolaren Störungen (DSM-IV) 22 Kontrollen	36 ±10 38 ± 10	MRT	Keine Unterschiede in den Basalganglien bei beiden Gruppen
Brambilla et al. (2002)	18 Patienten mit unipolaren Depressionen (DSM-IV) 27 Patienten mit bipolaren Störungen (DSM-IV) 38 Kontrollen	42 ± 10 35 ± 11 37 ± 10	MRT	Keine Unterschiede in beiden Gruppen

◘ **Tabelle 11.1** (Fortsetzung)

Autor	Stichprobe	Alter (± SD)	Methode	Ergebnisse
Botteron et al. (2002)	30 junge Frauen mit early-onset MD 8 Kontrollen 18 Frauen mittleren Alters mit wiederkehrender MD 9 Kontrollen	18–23 24–52	MRT	Subgenual präfrontale Volumenreduktion bei beiden Gruppen
Bremner et al. (2002)	15 Patienten mit unipolarer Depression in Remission (DSM-IV) 20 Kontrollen	43 ± 8 45 ± 11	MRT	Volumenreduktionen des orbitofrontalen Kortex
Frodl et al. (2002)	30 Patienten mit Depression (Ersterkrankung) 30 Kontrollen	40,3 ± 12,6 40,6 ± 12,5	MRT	Bilaterale Volumenvergrößerung der Amygdala
Lopez-Larson et al. (2002)	17 Patienten mit bipolaren Störungen 12 Kontrollen	29 ± 8 31 ± 8	MRT	Volumenreduktion präfrontal in spezifischen Unterregionen

MD Major Depression, *MRT* Magnetresonanztomografie, *PET* Positronenemissionstomografie.

trollprobanden signifikant verringert, zudem waren diese Veränderungen bei den Patienten mit der klinischen Symptomatik korreliert.

Die Wahrscheinlichkeit einer bestehenden Depression nimmt signifikant mit einer Abnahme frontalen Volumens und einer Zunahme atrophischer Veränderungen zu. Mittels einer kombinierten MRT und 99mcTc-Exametazin-SPECT-Untersuchung konnten Ebmeier et al. (1998) anhand eines Vergleichs von älteren Patienten mit Depressionen, Patienten mit Demenz und gesunden Kontrollprobanden bestätigen, dass Patienten mit einer spät auftretenden Depression größere strukturelle Veränderungen aufweisen als solche mit einer früh einsetzenden Depression. Alexopoulos et al. (1997) und Krishnan et al. (1997) haben in der Folge von Gaupp (1905) in diesem Zusammenhang den Begriff »vaskuläre Depression« wieder aufgenommen, der der Assoziation oder Komorbidität depressiver Symptome mit vaskulären Veränderungen des Gehirns Rechnung trägt.

Die präfrontalen Volumenreduktionen scheinen um so ausgeprägter zu sein, je schwerer die Patienten erkrankt sind (Kumar et al. 1998). Patienten mit einer spät manifestierenden, jedoch schwächer ausgeprägten Depression zeigen dabei ähnlich auffällige frontale Volumenveränderungen wie solche mit einer typischen Depression, auch wenn die Volumenreduktionen insgesamt geringer sind. Die Befunde waren auch nicht durch potenziell konfundierende Faktoren wie Alter, Geschlecht und medizinischer Allgemeinzustand erklärbar und deuten auf ein gemeinsames neurobiologisches Substrat dieser spät manifestierenden Depressionen.

Die berichteten morphologischen Abweichungen zeigen sich in verschiedenen Hirnregionen, sind aber am stärksten im Frontal- und Temporalkortex beobachtbar. Frontale Volumenveränderungen schwer erkrankter depressiver Patienten wurden wiederholt berichtet (Krishnan et al. 1992; Coffey et al. 1993). Keine Unterschiede im Volumen der grauen Substanz des Frontalkortex fanden sich dagegen bei Patienten mit bipolaren Störungen (Schlaepfer et al. 1994; Strakowski et al. 1999). Innerhalb des frontalen Kortex scheint besonders der subgenuale Präfrontalkortex bei unipolaren depressiven Patienten durch ein verringertes Volumen der grauen Substanz aufzufallen (Drevets et al. 1997; Botteron et al. 2002), doch selbst hier wurden widersprüchliche Ergebnisse bekannt (Brambilla et al. 2002). Auch der orbitofrontale Kortex weist jedoch Volumenreduktionen auf (Bremner et al. 2002; Lai et al. 2000). In diesem Teil des frontalen Kortex waren selbst bei bipolaren Störungen Volumenreduktionen messbar (Lopez-Larson et al. 2002).

Ein reduziertes Volumen findet sich ferner in der grauen Substanz des linken Temporalkortex bei therapieresistenter unipolarer Depression sowie im Hippokampus, was zudem mit verbalen Gedächtnisleistungen in Zusammenhang steht (Shah et al. 1998). Diese Reduktionen scheinen jedoch eine Folge der Krankheitsdauer und -schwere zu sein (Sheline et al. 1999; MacQueen et al. 2003; Rusch et al. 2001). Bezüglich des Amygdala-Hippokampus-Komplexes gibt es widersprüchliche Befunde (Kemmerer et al. 1994; Axelson et al. 1993; Vakili et al. 2000; von Gunten et al. 2000; Mervaala et al. 2000; Steffens et al. 2000; Bremner et al. 2000): Während bei bipolaren affektiven Störungen Volumenvergrößerungen vorliegen (Strakowski et al. 1999), scheinen sich pharmakaresistente depressive Patienten durch Volumenabnahmen im Hippokampus und der Amygdala sowie Volumenasymmetrie in der Amygdala (rechts<links) auszuzeichnen (Sheline et al. 1999; Mervaala et al. 2000). Es werden jedoch auch bilaterale Amygdalavergrößerungen bei depressiven Patienten mit frühem Krankheitsbeginn (Frodl et al. 2002) sowie Patienten mit temporaler Epilepsie und Major Depression beobachtet (van Elst et al. 2000).

Bilaterale Volumenabnahmen finden sich auch in den eng mit dem frontalen Kortex verbundenen Basalganglien, besonders im Nucleus caudatus und Putamen und dies v.a. bei unipolar erkrankten Patienten (Dupont et al. 1995). Bei bipolarer affektiver Störung sind vereinzelt auch Volumenzunahmen des Nucleus caudatus berichtet worden (Aylward et al. 1994; Strakowski et al. 2002; Noga et al. 2001). Im Gegensatz zu unipolaren Depressionen sind bei Patienten mit bipolaren Störungen auch Thalamus-Auffälligkeiten berichtet worden (Strakowski et al. 1999; Dasari et al. 1999).

Bei Patienten mit einer bipolaren affektiven Erkrankung besteht eine uneinheitliche Befundlage bezüglich subkortikaler Veränderungen (Steffens et al. 1998). Dies dürfte v.a. durch die relativ geringere Anzahl struktureller Untersuchungen bei Patienten mit bipolaren Störungen begründet sein.

Zusammenfassend ist festzustellen, dass die teilweise inkonsistente Datenlage durch heterogene Stichproben und unterschiedliches Methodenvorgehen mitverursacht sein kann. Derzeit ist noch unklar, ob diese volumetrischen Veränderungen bei affektiven Erkrankungen eine Ursache oder Folge der Erkrankung darstellen; eine Beantwortung dieser Frage wäre erst nach Durchführung der bislang noch fehlenden entsprechenden Längsschnittstudien bzw. High-Risk-Studien möglich.

Hinweise aus Läsionsstudien

Klinische Beobachtungen nach Hirnläsionen unterstreichen die Bedeutung frontaler Areale für die Pathophysiologie affektiver Störungen. Schädigungen v.a. des linken präfrontalen Kortex sowie der linken Basalganglien führen häufig zu depressiver Symptomatik (Robinson et al. 1988; Soares u. Mann 1997; Byrum 1999; Folstein et al. 1977), wohingegen rechtsseitige präfrontale Läsionen eher mit Euphorie und Manie assoziiert sind (Starkstein et al. 1987; Starkstein et al. 1991).

Linkslateralisierte präfrontale Läsionen haben neben Defiziten exekutiver Funktionen auch apathische Symptome und einen Mangel an zielorientiertem Verhalten zur Folge (Cummings 1995). Befindet sich die Läsion in der Nähe des linken Frontalpols, so steigt die Wahrscheinlichkeit einer depressiven Begleitsymptomatik unmittelbar nach der Läsionsentstehung (Robinson et al. 1988); nach der Akutphase gehen die depressiven Symptome jedoch häufig zurück, und es bleiben hauptsächlich kognitive Defizite und Aufmerksamkeitsprobleme bestehen (Iacobini et al. 1995). Die erhöhte Prävalenz depressiver Erkrankungen nach Läsionen, v.a. des medialen und lateralen inferioren Frontalkortex, deuten auf eine bestimmte Rolle dieser Areale bei der Entstehung von Depressionen hin (Goodwin 1997); man kann annehmen, dass eine gestörte neurobiochemische Interaktion zwischen frontotemporalen Gebieten, Basalganglien und ventralen Hirnstammarealen zugrunde liegt (Kim u. Choi-Kwon 2000). Allerdings bleibt offen, ob depressive Verstimmungen nach Läsionen Bestandteil des entstehenden Syndroms sind oder aber sekundäre Begleiterscheinungen dessen.

Unklarheit besteht auch nach wie vor bezüglich der Lateralisierung der Läsion und dem resultierenden Auftreten affektiver Veränderungen. Linksseitige Läsionen des Präfrontalkortex und der Basalganglien sind zumindest häufiger mit depressiver Symptomatik verknüpft als Läsionen der gegenüber liegenden Hemisphäre (Byrum et al. 1999).

Allein anhand von Läsionsstudien lässt sich die Frage nach der Rolle einer frontalen Auffälligkeit bei affektiven Störungen nicht klären. Allerdings bieten Untersuchungen nach Hirnschädigungen im Gegensatz zu morphometrischen Untersuchungen den Vorteil einer offensichtlicheren Kausalität zwischen klinischer Symptomatik und betroffenem Hirnareal.

Doch weder die morphologischen Auffälligkeiten noch die Befunde aus Läsionsstudien liefern spezifische Hinweise. Zum einen können Läsionen in diesen Regionen neben affektiven Störungen auch weitere Symptomatiken bewirken (▶ s. unten); zum anderen lassen sich Auffälligkeiten in präfrontalen und weiteren kortikalen und subkortikalen Arealen, die bei affektiven Erkrankungen beobachtet wurden, auch bei anderen psychiatrischen und neurologischen Erkrankungen nachweisen.

Die frontalen strukturellen Auffälligkeiten sowie volumetrische Veränderungen der Basalganglien und der Amygdala weisen auf eine strukturelle, frontobasal-limbische Störung als Korrelat affektiver Erkrankungen hin. Diese Vermutung wird durch neuroanatomische Befunde unterstützt (Alexander et al. 1986; Byrum et al. 1999), die starke reziproke Verknüpfungen zwischen Präfrontalkortex, Basalganglien und limbischen Arealen demonstriert haben. Cummings (1993) vermutet, dass eine Störung innerhalb eines dieser Areale zu einer Störung emotionalen Erlebens führen kann, wobei die Ausprägung und Richtung dieser Störung von der Lokalisation innerhalb des frontostriatalen Netzwerkes abhängig ist.

11.2 Komorbidität mit neuropsychiatrischen Erkrankungen

Primär somatische Erkrankungen können das Risiko einer affektiven Störung, einer so genannten sekundären Depression, erhöhen. Einleitend muss jedoch angemerkt werden, dass das Vorhandensein der verschiedenen, z. T. organisch bedingten Symptome es jedoch sehr schwierig macht, eine differenzierte Diagnose einer Depression bei Patienten mit neuropsychiatrischen Erkrankungen zu stellen. Bedingt wird dies z. B. durch gewisse Symptomüberlappungen im klinischen Zustandsbild (z. B. bei Depression und Parkinson-Krankheit sowie beginnender Demenz), sodass die Diagnose schließlich häufig auf den subjektiven Angaben des Patienten beruhen muss. Nicht selten kommt es dadurch auch zu Fehldiagnosen.

Auch der Rückschluss, dass diesen begleitend auftretenden affektiven Störungen und primären Depressionen die gleichen pathophysiologischen Mechanismen zugrunde liegen, ist kaum möglich, da nach Läsionen durchaus andere Dysfunktionen zu depressiven Verstimmungen beitragen können als im Rahmen einer typischen Depression wirksam werden.

Hirninfarkte

Linksseitige frontale Hirninfarkte bzw. linksseitige Infarkte der Basalganglien und des Thalamus zeigen eine höhere Auftretenshäufigkeit von depressiven Symptomen als Hirninfarkte in anderen Arealen. Diese erhöhte Vulnerabilität scheint u.a. durch lateralisierte Kompensationsprozesse vermittelt zu werden (Cummings 1993). So zeigt sich z. B. nach rechtsseitigen, nicht nach linksseitigen frontalen Hirninfarkten ein Anstieg serotonerger Rezeptoren in rechtsparietalen und temporalen Arealen (Mayberg et al. 1988). Die Prävalenz für Depressionen nach einem Hirninfarkt ist nach frontalen Läsionen am höchsten (75%), allerdings zeigt sich keine eindeutige Lateralisierung. Die erhöhte Prävalenz nach Infarkten in frontalen Arealen ist vermutlich auf eine Störung der neurobiochemischen Interaktion zwischen frontotemporalen Gebieten, Basalganglien und ventralen Hirnstammarealen zurückzuführen (Kim u. Choi-Kwon 2000).

Morbus Parkinson

Bei etwa 10% aller Patienten mit Morbus Parkinson finden sich schwere, bei ca. 40% leichte depressive Symptome (Cummings 1992). Ursprüngliche Annahmen, es könnte sich dabei um eine reaktive Depression aufgrund der Krankheit handeln, wurden inzwischen zugunsten der Annahme einer primär neurobiologischen Hirnstörung revidiert (Tandberg et al. 1997). Eine höhere Inzidenz von Depressionen bei späteren Patienten mit Morbus Parkinson im Vergleich zu gesunden Kontrollprobanden (9,2 vs. 4,0%; Leentjens et al. 2003) und verglichen mit anderen chronischen Erkrankungen (Nilsson et al. 2002) unterstützt die Annahme eines biologisch begründeten Risikos für Depressionen bei Morbus Parkinson (Leentjens et al. 2003). Da sich keine eindeutige Korrelation zwischen der Schwere der Depression und der Parkinson-Erkrankung finden ließ und depressive Symptome bereits sehr früh im Verlauf der Krankheit auftreten, kann angenommen werden, dass sie eher einen krankheitsassoziierten Zustand darstellen (Poewe u. Luginger 1999).

Auch bei Patienten mit Morbus Parkinson finden sich morphologische Auffälligkeiten in frontalen Arealen. Im Bereich des Orbitofrontalkortex und des inferioren Präfrontalkortex zeigt sich in funktionellen Untersuchungen ein Hypometabolismus, der mit dem Ausmaß der depressiven Symptomatik korreliert und als Indiz eines frontostriatalen und paralimbischen Defizits interpretiert wird (Mayberg et al. 1992). Vergleicht man funktionell-bildgebende Befunde von Patienten mit Morbus Parkinson, die eine begleitende depressive Störung aufweisen, mit solchen depressiver Patienten, so ergeben sich überlappende Aktivierungsmuster, besonders bilaterale Blutflussminderungen im Bereich des medial-präfrontalen Kortex und des Gyrus cinguli (Ring et al. 1994). Auch hier besteht eine Lateralisierung: Patienten mit unilateraler Parkinson-Symptomatik weisen signifikant häufiger depressive Symptome bei linkshemisphärischer Beeinträchtigung auf (Starkstein et al. 1990).

Morbus Alzheimer

Die Komorbidität von Morbus Alzheimer und Depression schwankt je nach Alter und Krankheitsdauer zwischen 8 und 40%. Die klinische Manifestation depressiver Symptome unterscheidet sich dabei von der bei älteren nicht-dementen Kontrollprobanden (Zubenko et al. 2003). Depressive Symptomatik und kognitiver Abbau könnten bei einem Teil der Patienten mit Alzheimer-Demenz auf einen gemeinsamen neurobiologischen Prozess zurückgehen (Heun et al. 2002). Patienten mit Alzheimer-Demenz und begleitender depressiver Symptomatik zeigen deutlichere kognitive Beeinträchtigungen als Patienten ohne solche Symptome (Wefel et al. 1999). Eine Manie ist bei etwa 3% der Erkrankungen zu beobachten (Lyketsos et al. 1995). Bildgebende Untersuchungen finden vergleichbar zu bereits berichteten Ergebnissen bei anderen neuropsychiatrischen Erkrankungen einen verringerten Glukosemetabolismus im Frontalkortex, der mit der depressiven Symptomatik assoziiert ist. Je depressiver die Patienten, desto geringer der normalisierte Glukosemetabolismus im bilateralen superioren Frontalkortex und im linken anterioren zingulären Kortex (Hirono et al. 1998). Bei vaskulären Demenzen findet sich im Vergleich zu Morbus Alzheimer häufiger eine depressive Symptomatik, v.a. in fortgeschrittenen Krankheitsstadien (Ballard et al. 2000), während Langzeituntersuchungen bei Morbus Alzheimer eine Abnahme depressiver Symptome im Krankheitsverlauf nahelegen (Li et al. 2001).

Multiple Sklerose

Auch hier besteht eine hohe Prävalenz depressiver Symptomatik. Die Lebenszeitprävalenz von Depression bei Patienten mit multipler Sklerose (MS) liegt bei etwa 30% (Patten et al. 2000). Auch eine stark erhöhte Häufigkeit bipolarer Störungen lässt sich bei diesen Patienten finden. Patienten mit MS und depressiver Symptomatik zeigen Hypointensitäten im superioren frontalen und superioren parietalen Kortex. Der Schweregrad der Depression korreliert mit dem Ausmaß der Hypointensitäten im superioren frontalen, superioren parietalen und temporalen Kortex, den Erweiterungen der lateralen und des 3. Ventrikels sowie der frontalen Atrophie (Bakshi et al. 2000). Depression bei MS wird vermutlich, zumindest teilweise, durch eine Atrophie frontaler Areale sowie eine kortikosubkortikale Diskonnektion, entstehend durch frontale und parietale Läsionen der weißen Substanz, vermittelt (Pujol et al. 1997). Neuere Ergebnisse weisen auf die Bedeutung struktureller Veränderungen rechtstemporaler Regionen für die Entwicklung depressiver Symptome bereits in frühen Krankheitsphasen bei MS (di Legge et al. 2003; Zorzon et al. 2002).

Chorea Huntington

Bis zu 40% der Patienten mit Chorea Huntington leiden an Depressionen (Mayberg et al. 1992), wobei die depressiven Symptome den motorischen und kognitiven Symptomen häufig vorausgehen (Shoulson 1990). Depressive Patienten mit Chorea Huntington zeigen, ähnlich den Patienten mit Morbus Parkinson, einen Hypometabolismus im Orbitofrontalkortex und in inferior präfrontalen Arealen (Mayberg et al. 1992). Diese Befunde unterstützen somit die Hypothese einer frontostriatallimbischen Dysfunktion bei Depression.

11.3 Der Beitrag funktioneller Bildgebung

Die starke Verbreitung funktionell-bildgebender Verfahren und ihre Weiterentwicklung haben in den letzten Jahren zu einer spezifischeren Charakterisierung der funktionellen Neuroanatomie der affektiven Störungen geführt. Die Anwendungen von Positronenemissionstomografie (PET), funktioneller Kernspintomografie (fMRT) oder Single-Photon-Emissionscomputertomografie (SPECT) konnten mit ihren Ergebnissen neue Erkenntnisse in der Pathophysiologie depressiver Erkrankungen aufzeigen.

Funktionelle Auffälligkeiten in Ruhe

Die große Mehrheit der frühen funktionellen Bildgebungsstudien haben regionale Aktivierungsmuster der Patienten im Ruhezustand untersucht. Am konsistentesten ließen sich dabei Verringerungen des regionalen zerebralen Blutflusses (rCBF) oder Metabolismus im linken dorsolateralen Präfrontalkortex (DLPFC; Baxter et al. 1989; Bench et al. 1992; Goodwin 1997; Biver et al. 1994) sowie im linken medialen Präfrontalkortex und Gyrus cinguli (Bench et al. 1993), dem linken angulären Gyrus (Drevets et al. 1997) und bilateralen Nucleus caudatus (Baxter et al. 1989), aber auch im rechten präfrontalen Kortex, paralimbischen-amygdaloiden Regionen, bilateral im insulären und temporoparietalen Kortex (Kimbrell et al. 2002) nachweisen, die teilweise mit der Krankheitsschwere assoziiert sind (Kimbrell et al. 2002). Steigerungen im rCBF oder Metabolismus wurden vereinzelt berichtet: Auch diese fanden sich im linken frontalen (Tutus et al. 1998) und orbitofrontalen Kortex (Biver et al. 1994), bilateral im Zerebellum, dem Cuneus, und Hirnstamm (Kimbrell et al. 2002), ferner in der Amygdala und dem linken medialen Thalamus (Drevets et al. 1992; Mayberg et al. 1990). Auch Patienten mit bipolaren Störungen weisen Hypoaktivitäten in präfrontalen, limbischen und paralimbischen Arealen auf (Ito et al. 1996). Manische Patienten zeigen einen verringerten Glukosemetabolismus in frontolimbischen Arealen (Al-Mousawi et al. 1996). Innerhalb der frontalen Areale fällt wiederum der subgenuale Präfrontalkortex bei unipolaren und bipolaren Störungen auf: Neben den berichteten strukturellen Auffälligkeiten lässt er auch funktionelle Veränderungen (Hypoperfusion und Hypometabolismus) erkennen (Kegeles et al. 2003), die teilweise mit den strukturellen Auffälligkeiten korrelieren (Drevets et al. 1997). Berücksichtigt man allerdings bei den funktionellen Befunden die Volumenreduktionen, so lässt sich eher eine erhöhte metabolische Aktivität im subgenualen präfrontalen Kortex feststellen. In Übereinstimmung damit stehen auch Befunde reduzierter metabolischer Aktivität in dieser Region bei unipolaren Depressionen infolge effektiver medikamentöser Therapie (Drevets 1999, 2000a, Drevets et al. 2002a; Mayberg et al. 1999). Reduzierter Blutfluss im subgenualen anterior zingulären Kortex scheint eher bei depressiven Patienten mit psychotischen Symptomen vorzuliegen (Skaf et al. 2002). Die besondere Bedeutung dieses Areals ergibt sich aus den starken reziproken Verbindungen zu Regionen, die besonders bei emotionalem Verhalten und autonomen sowie neuroendokrinen Reaktionen auf Stressoren beteiligt sind, wie z. B. der Amygdala, dem lateralen Hypothalamus, Nucleus accumbens und dem orbitofrontalen Kortex. Aufgrund von Läsionsbefunden bei Ratten kann man annehmen, dass der rechte subgenuale präfrontale Kortex viszerale Reaktionen während emotionaler Verarbeitung steuert, während der linke solche Reaktionen moduliert (Sullivan u. Gratton 1999).

Die erhöhte Aktivität in der linken Amygdala wird sowohl bei akut depressiven als auch remittierten Patienten sichtbar (Drevets et al. 1999). Die Amygdala ist dabei die einzige Struktur, bei der rCBF und Glukosemetabolismus konstant positiv mit dem Schweregrad der Depression korreliert sind (Drevets et al. 1992; Abercrombie et al. 1998). Diese Ergebnisse erhöhter linksseitiger metabolischer Amygdala-Aktivität konnten zwischenzeitlich erneut bestätigt und auch auf bipolare Störungen ausgedehnt werden (Drevets et al. 2002b). Bei diesen bleibt eine erhöhte Aktivität auch im remittierten Zustand bestehen, wenn die Patienten nicht mediziert sind; eine Normalisierung erfolgt nur bei medizierten Patienten.

Die spezifische Bedeutung des Hippokampus für depressive Zustände demonstrierte eine [18]FDG-PET-Untersuchung (Positronenemissionstomografie mit dem Tracer Fluordesoxyglukose) bei unbehandelten depressiven und Zwangspatienten sowie bei Patienten mit beiden Störungen. Der hippokampale Metabolismus war bei depressiven und gemischten Störungen reduziert und korrelierte über alle Gruppen hinweg negativ mit der Schwere der Depression (Saxena et al. 2001). Zudem scheinen die depressiven Symptome der Zwangspatienten von anderen Störungen der Basalganglien und des Thalamus vermittelt zu werden als die bei unipolaren Depressionen. Galynker et al. (1998) untersuchten in einer SPECT-Studie den Zusammenhang von rCBF und Psychopathologie bei depressiven Patienten. Die verringerte Perfusion v.a. linker präfrontaler Areale bei der typischen Depression war dabei mit psychopathologischen Symptomen assoziiert.

Obwohl die Ergebnisse noch keinen endgültigen Schluss über die Richtung der Abweichung (Hypo- oder Hyperaktivität) erlauben, weisen die funktionellen Auffälligkeiten doch darauf hin, dass ein Netzwerk betroffen ist, das ähnlich und in Übereinstimmung mit den strukturellen Befunden hauptsächlich kortikal-thalamisch-limbische Regelkreise und damit Regionen wie die Amygdala, den medialen Thalamus, orbitale und medial präfrontale Areale umfasst sowie limbisch-kortikal-striatal-pallidothalamische Regelkreise, die zusätzlich Teile des Striatums und Pallidums mit einschließen (Drevets 2000b; ◘ Tabelle 11.2). Die Bedeutung dieser Areale für emotionales Verhalten und Erleben wurde sowohl tierexperimentell (Price 1999) als auch in Humanstudien mit funktioneller Bildgebung (Drevets et al. 1997; Paradiso et al. 1999) demonstriert, sodass man annehmen kann, dass diese Aktivierungen mit affektiven Prozessen in Verbindung stehen.

Möglicherweise könnte die Hypoperfusion dorsolateral-präfrontaler Areale eher ein Ausdruck eines spezifischen Symptoms sein als eine nosologisch spezifische Auffälligkeit im Rahmen der Depression: Depressive und schizophrene Patienten zeigen gleichermaßen einen reduzierten rCBF im dorsolateralen präfrontalen Kortex und bei beiden Patientengruppen dieser Untersuchung liegt eine psychomotorische Verlangsamung vor (Dolan et al. 1993).

Unbeantwortet ist bislang die Frage, ob funktionelle Auffälligkeiten eine Folge der beobachteten strukturellen Veränderungen darstellen oder umgekehrt. Auch eine Interaktion beider Prozesse ist nicht unwahrscheinlich. Hinweise darauf, dass Veränderungen der Aktivität bestimmter Areale funktionelle Korrelate der bereits beschriebenen strukturellen Defizite widerspiegeln können, geben Korrelationen zwischen strukturellen und funktionellen Auffälligkeiten, z. B. im Bereich des subgenualen Präfrontalkortex (Drevets et al. 1997).

Die Hauptkritik der Untersuchungen im Ruhezustand liegt jedoch darin begründet, dass Kontrollbedingungen fehlen und keine reliablen Aussagen darüber getroffen werden können, welchen kognitiven Prozess eine gemessene Aktivität widerspiegelt. Veränderungen der Aufmerksamkeit und andere Einflussfaktoren (Einschlafen, Tagträumen, Angst usw.) stellen konfundierende Variablen dar, die die Interpretation der Ergebnisse erschweren. Diese und andere Faktoren tragen zumindest teilweise zu der Variabilität der Befunde aus Ruheuntersuchungen bei. Dem kann durch Aktivierungsuntersuchungen mit Verwendung spezifischer Tests im Scanner bzw. Tomografen begegnet werden (Habel et al. 2001; Schneider et al. 1996a).

State- oder Trait-Merkmale der Erkrankung

Der häufig phasenweise Verlauf depressiver Erkrankungen ermöglicht es, Patienten in symptomatischen und symptomfreien Intervallen mit funktionell-bildgebenden Verfahren zu untersuchen. Patienten mit einer akuten typischen Depression zeichnen sich im Vergleich zu nicht näher spezifizierten Depressiven und Gesunden durch einen in beiden Hemisphären signifikant geringeren rCBF aus (Iidaka et al. 1997).

Weiteren Aufschluss über den Einfluss der Symptomatik auf die berichteten funktionellen Auffälligkeiten erbringen Vergleiche der Aktivierungsmuster von akuten und remittierten depressiven Patienten. Hypometabolismus ist dabei mit einer gesteigerten Depressivität bei akut Depressiven assoziiert. Remittierte Patienten weisen eine Normalisierung des rCBF links superiorfrontaler, bilateral parietaler, rechtstemporaler (Ogura et al. 1998) sowie links dorsolateraler und medial präfrontaler Areale (Bench et al. 1995) auf und unterscheiden sich dabei nicht mehr signifikant von gesunden Kontrollprobanden. Die Befunde, dass remittierte Patienten kaum noch Auffälligkeiten des rCBF zeigen, le-

11.3 · Der Beitrag funktioneller Bildgebung

Tabelle 11.2. Zusammenfassung von einzelnen Ergebnissen funktionell-bildgebender Untersuchungen

Autor	Stichprobe	Alter (± SD)	Methode	Ergebnisse
Baxter et al. (1989)	10 Patienten mit unipolaren Depressionen (DSM-III)	34,0 ± 11,5	FDG-PET	Linker dorsoanterolateraler präfrontaler Hypometabolismus im Vergleich zu Kontrollen bei primärer Depression; dort Aktivitätszunahme nach Medikation
	10 Patienten mit bipolaren Störungen (DSM-III)	38,4 ± 14	–	
	6 Patienten mit Manie (DSM-III)	36,8 ± 18,6	–	
	10 Patienten mit »obsessive compulsive disorder« + Patienten mit Depressionen (DSM-III)	35,8 ± 9,6	–	
	12 Kontrollen	31,0 ± 4,2	–	
Martinot et al. (1990)	10 Patienten mit Depressionen (DSM-III)	49 ± 15	FDG-PET	Links-rechts-Asymmetrie des rCBF während depressiven Zustands, Normalisierung nach Behandlung; Hypofrontalität und allgemein Hypometabolismus bei Depressiven
	10 Kontrollen	38 ± 11		
Bench et al. (1993)	40 Patienten mit Depressionen (DSM-III)	56,80 ± 12,8	$C^{15}O_2$-PET	Verringerter rCBF im linken DLPFC und linken anterioren zingulären Kortex
	23 Kontrollen	63,40 ± 11,6		
Biver et al. (1994)	12 Patienten mit Depressionen (DSM-III-R)	37,60 ± 13,2	FDG-PET	Erhöhter Metabolismus im orbitalen Teil des Frontalpols und verringerter Metabolismus im DLPFC bei Patienten
	12 Kontrollen	31,08 ± 5,4		
Bench et al. (1995)	25 Patienten mit Depressionen	Ausschluss >75	$HC^{15}O_2$ PET	Erhöhter rCBF im linken DLPFC und medialen präfrontalen Kortex nach Remission
Ito et al. (1996)	11 Patienten mit unipolaren Depressionen (DMS-III-R)	66,60 ± 7,1	SPECT	Reduktion des rCBF präfrontal, limbisch und paralimbisch in beiden Gruppen
	6 Patienten mit bipolaren Störungen (DMS-III-R)	66,7 ± 5,8		
	9 Kontrollen	65,7 ± 10,5		
Elliott et al. (1997)	6 Patienten mit unipolaren Depressionen (DSM-IV)	21–48 (M=34,7)	$H_2^{15}O$-PET	Fehlende Aktivierung des anterioren zingulären Kortex und des Striatums, verringerte Aktivierung im Präfrontalkortex bei Patienten während komplexer Planungsaufgabe
	6 Kontrollen	18–55 (M=31)		
Abercrombie et al. (1998)	Experiment 1: 10 Patienten mit typischen Depressionen (DMS-IV)	31,1 ± 10,7	1,5 T fMRT	Aktivierung der rechten Amygdala ist positiv Mit negativem Affekt korreliert
	11 Kontrollen	38,0 ± 14,0	FDG-PET	

◘ **Tabelle 11.2** (Fortsetzung)

Autor	Stichprobe	Alter (± SD)	Methode	Ergebnisse
	Experiment 2: 17 Patienten mit typischen Depressionen (DMS-IV) 13 Kontrollen	34,6 ± 9,9 34,3 ± 11,6	– –	
Beauregard et al. (1998)	7 Patienten mit Depressionen (DSM-IV) 7 Kontrollen	27–53 (M=42) 31–58 (M=45)	1,5 T fMRT und Stimmungsinduktion per Videoclip	Erhöhter rCBF im medialen PFK, inferioren PFK, mittleren Temporalkortex und Zerebellum bei Kontrollen und Depressiven während Traurigkeit; links medial präfrontal und rechts anterior zingulär erhöhte Aktivierung bei Depressiven während Traurigkeit im Vergleich zu Kontrollen
Galynker et al. (1998)	11 Patienten mit Depressionen (DSM-IV) 15 Kontrollen	–	SPECT	Bilateral reduzierter rCBF im DLPFC, rechten OFK und rechten zingulären Gyrus
Tutus et al. (1998)	10 Patienten mit unipolaren Depressionen (DSM-III-R) 7 Patienten mit bipolaren Störungen (DSM-III-R) 9 Kontrollen	43,7 ± 11,25 – –	SPECT – –	Erhöhter linksfrontaler rCBF der unipolar Depressiven; keine Unterschiede nach Emission
Blumberg et al. (1999)	5 Patienten mit Manie (DSM-IV) 6 Probanden mit Euthymie (DSM-IV)	34,2 ± 12,2 32,5 ± 11	$[^{15}O]H_2O$-PET	Rechte rostrale und orbitofrontale Dysfunktion bei Manie
Mayberg et al. (1999)	Experiment 1: 8 Gesunde Experiment 2: 8 Patienten mit typischer Depression (DSM-IV)	36 ± 6 44 ± 8	$[^{15}O]H_2O$-PET und FDG	Trauer führt zu Erhöhung des Blutflusses in paralimbischen und einer Verringerung in neokortikalen Arealen, besonders subgenualen Gyrus cinguli und rechtem DLPFC. Bei Depressiven in Remission umgekehrtes Muster
Larisch et al. (2001)	12 Patienten mit remittierter MD 12 Kontrollen	42±13 42±13	F-18-Altanserin-PET	Reduziertes Bindungspotenzial
Sheline et al. (2001)	11 Patienten mit MD (DSM-IV) 11 Kontrollen	18–55 20–55	fMRT	Überreaktion der Amygdala auf maskierte emotionale Gesichtsausdrücke; Normalisierung nach Remission

◻ **Tabelle 11.2** (Fortsetzung)

Autor	Stichprobe	Alter (± SD)	Methode	Ergebnisse
Drevets et al. (2002b)	12 Patienten mit Depression 7 Patienten mit bipolaren Störungen 12 Kontrollen	36±8,7 37±9 35±9,8	PET	Erhöhter linksseitiger Metabolismus in Amygdala bei beiden Gruppen
Davidson et al. (2003)	12 Patienten mit MD 5 Kontrollen	38,17± 9,3 27,8 ± 10,4	fMRT	Stärkere Aktivität im anterioren zingulären Kortex bei negativ emotionalen Reizen ist ein Prädiktor der Therapieresponse
Elliott et al. (2003)	10 Patienten mit MD (DSM-IV) 11 Kontrollen	42,2 ± 8,3 37,6 ± 9,7	fMRT	Abweichende Reaktionen auf emotionale Reize im lateralen orbitofrontalen Kortex
Mitterschiffthaler et al. (2003)	7 depressive anhedonische Patientinnen 7 Kontrollen	46,3 ± 8,1 48,3 ± 10,1	fMRT	Reduzierte Aktivität medial präfrontal und erhöhte Aktivität inferior frontal, anterior zingulär, Thalamus, Putamen, Insula
Okada et al. (2003)	10 Patienten mit MD 10 Kontrollen	46,6 ± 7,9 46,1 ± 8,9	fMRT	Abgeschwächte Aktivierung präfrontal und keine Aktivität im anterioren zingulären Kortex während einer Wortflüssigkeitsaufgabe

DLPFC dorsolateraler Präfrontalkortex, *[18]FDG-PET* Positronenemissionstomografie mit dem Tracer Fluordesoxyglukose, *fMRT* funktionelle Kernspintomografie (oder funktionelle Magnetresonanztomografie), *1,5 T MRT* 1,5 Tesla Magnetresonanztomografie (Kernspintomografie), *MD* Major Depression, *PET* Positronenemissionstomografie, *rCBF* regionaler zerebraler Blutfluss, *rTMS* repetitive transkranielle Magnetstimulation, *SPECT* Single-Photon-Emissionscomputertomografie.

gen nahe, dass es sich bei den gefundenen Abweichungen um zustandsabhängige Korrelate der Erkrankung handelt. Prädiktiven Wert für einen positiven Therapieerfolg haben dabei medial präfrontale Regionen und die Amygdala: Ein höherer Glukosemetabolismus im medialen präfrontalen Kortex und geringerer Metabolismus in der Amygdala waren mit stärkeren Symptomverbesserungen korreliert (Saxena et al. 2003).

Besonders präfrontale Auffälligkeiten scheinen direkt mit der depressiven Symptomatik zu korrelieren. Remittierte Patienten weisen demnach eine Normalisierung der Hirnaktivität in diesen Arealen auf. Dieser Effekt scheint zumindest teilweise durch die medikamentöse Therapie bewirkt zu werden, denn die Behandlung mit trizyklischen Antidepressiva und/oder Monoaminoxidasehemmer (MAOH) zieht eine signifikante Erhöhung des regionalen Glukosemetabolismus im linken anterolateralen Präfrontalkortex nach sich (Baxter et al. 1985, 1989). In einer Untersuchung von Buchsbaum et al. (1997) wurde die metabolische Aktivität durch ^{18}FDG-PET vor und nach 10-wöchiger Gabe eines selektiven Serotonin-Wiederaufnahmehemmers (Sertralin) oder eines Placebos an Patienten mit typischer Depression untersucht. Eine Normalisierung verringerter metabolischer Aktivität wurde dabei bilateral im medialen Frontalkortex, Gyrus cinguli und Thalamus beschrieben, sodass sie sich von der Kontrollgruppe nicht mehr unterschied. Zudem war die Sertralin-Applikation mit einer Erhöhung der relativen metabolischen Aktivität im rechten Parietallappen sowie einer Aktivitätsverringerung im rechten okzipitalen Kortex verbunden. Weitere Studien bestätigen das Abklingen speziell des linksseitigen, frontalen Hypometabolismus nach medikamentöser Behandlung bzw. Remission (Passero et al. 1995; Martinot et al. 1990). Wurden dagegen Hyperfrontalitäten gefunden, so konnten auch hier im Verlauf der Symptomverbesserung Normalisierungen des rCBF beobachtet werden (Tutus et al. 1998). Interessante vorläufige SPECT und MRT-Befunde zu differenziellen Therapieeffekten berichteten Martin et al. (2001) bei 28 depressiven Patienten, die entweder einstündige wöchentliche Psychotherapie (interpersonelle Therapie) erhielten (n=13) oder mit einer täglichen Dosis von 75 mg Venlafaxin behandelt wurden (n=15). Beide Gruppen zeigten Symptomverbesserungen, die bei der medikamentösen Behandlung stärker ausgeprägt waren und beide wiesen keinerlei strukturelle zerebrale Auffälligkeiten auf. Aktivitätssteigerungen in den Basalganglien fanden sich ebenfalls in beiden Gruppen, jedoch nur bei der Psychotherapie-Gruppe traten auch limbische Aktivierungen im rechten posterioren zingulären Kortex auf, bei der Venlafaxin-Gruppe war eine Aktivierung im rechten posterioren temporalen Kortex messbar. Einschränkend muss man jedoch feststellen, dass eine Kontrollgruppe fehlte und symptombezogen unterschiedliche Therapieeffekte erzielt wurden. Unter der medikamentösen Behandlung mit Venlafaxin fanden sich jedoch auch Abnahmen der Durchblutung im bilateralen temporalen Kortex, ferner im okzipitalen Kortex und dem rechten Zerebellum sowie Aktivitätssteigerung im Thalamus (Davies et al. 2003). Ein weiterer Vergleich von medikamentöser Behandlung (mit Paroxetin) mit interpersoneller Therapie zeigte wiederum stärkeren Symptomrückgang infolge medikamentöser Behandlung, jedoch vergleichbaren Rückgang vorher bestehender regionaler metabolischer Auffälligkeiten in beiden Gruppen (Brody et al. 2001). Es ist jedoch darauf hinzuweisen, dass für die Beantwortung des Zusammenhangs zwischen medikamentöser Behandlung und Normalisierung der Hypoperfusion weitere Langzeitstudien und Messwiederholungen nötig sind.

Neben medikamentöser Therapie zeigt auch Schlafentzug eine ähnliche Wirkung, allerdings nur bei Therapierespondern: Diese (unmedizierten) Patienten zeigten eine signifikante Abnahme der Hyperaktivität im Bereich des medialen frontalen Kortex und frontalen Pols (Wu et al. 1999). Responder wiesen im Vorfeld der Therapie eine höhere relative metabolische Aktivität im medialen Präfrontalkortex auf als Nichtresponder. Die Ergebnisse deuten darauf hin, dass eine hohe metabolische Aktivität im Bereich des medialen Präfrontalkortex vor Therapiebeginn und eine Abnahme dieser Aktivität unter einer erfolgreich verlaufenden Behandlung möglicherweise eine Untergruppe depressiver Patienten charakterisiert, die positiv auf Schlafdeprivation, evtl. auch auf andere antidepressive Behandlung, reagieren. Nicht alle Studien kommen jedoch zu dem Schluss, dass funktionelle frontale Auffälligkeiten nur einen akuten Krankheitszustand kennzeichnen.

Bei bipolaren affektiven Störungen zeigen temporale Dysfunktionen State-Abhängigkeit. Die während depressiver oder manischer Phasen beobachteten Auffälligkeiten des zerebralen Blutflusses und des Rezeptorbindungsverhaltens nivellierten sich, wenn die Patienten sich in einem gesunden Stimmungszustand befanden (Gyulai et al. 1997). Während euthymer Phasen normalisiert sich auch der Kreatininmetabolismus im linken Frontalkortex bei Patienten mit bipolaren Störungen, der während depressiver Phasen verringert war (Hamakawa et al. 1999).

Allgemein zeigen bei Depressiven jene Areale die stärkste Aktivitätszunahme im Verlauf der Remission, die die größten funktionellen Auffälligkeiten aufweisen. Dies deutet auf mögliche State-Marker hin. Mit PET konnten jedoch auch Trait-Marker identifiziert werden (Larisch et al. 2001): Das Bindungspotenzial für F-18-Altanserin war bei 12 remittierten Patienten mit einer familiär gehäuft auftretenden Depression reduziert, was – wie eine multiple Regressionsanalyse zeigte – hauptsächlich durch die Depression und weniger durch die Medikation verursacht war.

11.4 Funktionelle Korrelate kognitiver Anforderungen

Depressive Syndrome sind v.a. gekennzeichnet durch Beeinträchtigungen:
- im Affekt und Belohnungserleben,
- der motorischen Aktivität sowie
- kognitiver und vegetativer Funktionen.

Kognitive und emotionale Beeinträchtigungen zählen zu den ausgeprägtesten Symptomen bei affektiven Erkrankungen (Kennedy et al. 1997). Manische Patienten zeigen in den gleichen Dimensionen charakteristische eigene Auffälligkeiten. Die Anwendung von neuropsychologischen Testverfahren, die spezifisch präfrontale Aktivität implizieren, erlauben es, Defizite bzw. Auffälligkeiten in diesen Hirnarealen darzustellen. Hierbei lassen sich spezifische Testverfahren [z. B. Wisconsin-Card-Sorting-Test (WCST), Trail-Making-Test-A und -B, Farb-Wort-Interferenztest (Stroop), Wortflüssigkeitstest, Wechsler-Memory-Scale (WMS-R)] separat oder aber in Kombination mit bildgebenden Verfahren anwenden. Durch die Verbesserung von Testverfahren mit Hilfe verfeinerter Modelle neuropsychologischer Funktion (z. B. Shallice 1988) können differenzierte Aussagen über Funktion und Aktivierung spezifischer Areale während kontrollierter aktivierender Prozesse getroffen werden.

Neuropsychologische Befunde kognitiver Leistungseinbußen bei affektiven Störungen

Es zeigt sich, dass depressive Patienten im Vergleich zu Gesunden in speziell ausgewählten Testbatterien Auffälligkeiten besonders bei solchen Aufgaben zeigen, die auf einer Beteiligung bilateral frontaler und rechtsparietaler Areale beruhen (Abrams u. Taylor 1987). Rogers et al. (1998) vermuten dabei eine stärkere linkshemisphärische Beteiligung mit einer besonderen Rolle des dorsolateralen Präfrontalkortex.

Diese Vermutung wird zwar durch eine Anzahl von Studien belegt, bezüglich der genauen funktionellen Defizite finden sich jedoch häufig widersprüchliche Ergebnisse. Channon (1996) zeigten eine Störung des Kurzzeitgedächtnisses gegenüber anderen zentralen exekutiven Funktionen, während Franke et al. (1993) bei unipolaren Patienten genau gegenteilige Befunde berichteten. Des Weiteren ließen sich auch bei depressiven Patienten Defizite bei der Bearbeitungsgeschwindigkeit auffinden, jedoch nicht bei höheren kognitiven Leistungen, wodurch die Hypothese einer globalen frontalen Dysfunktion in Frage gestellt und eine verringerte Effizienz und Geschwindigkeit frontostriataler Funktion nahe gelegt wird (Goodwin 1997).

Auch die Leistungsminderungen in frontalhirnspezifischen Tests (z. B. WCST) und Tests zur räumlichen Wahrnehmung bei depressiven Patienten wurden nicht immer bestätigt (George et al. 1994). Bei jugendlichen und jungen depressiven Patienten traten keine Beeinträchtigungen bei kognitiven Funktionen auf (Korhonen et al. 2002; Grant et al. 2001); lediglich schlechtere Leistungen im WCST wurden bei unmedizierten ambulanten jungen erwachsenen Depressiven berichtet, allerdings korrelierten die Symptomausprägung und das Alter bei Krankheitsbeginn mit schlechteren Leistungen in einigen kognitiven Funktionstests (Grant et al. 2001). Die Einteilung in melancholische und nichtmelancholische depressive Patienten mit Hilfe verschiedener Skalen ergab Beeinträchtigungen in Gedächtnistests, einfachen Reaktionszeitaufgaben sowie deutlich schlechtere Leistungen beim WCST und einem Zahlensymboltest nur bei melancholisch depressiven Patienten (Austin et al. 1999). Dieser Unterschied könnte darauf zurückzuführen sein, dass melancholische Patienten neben emotionalen Defiziten, die u. a. mit dem anterioren zingulären Kortex assoziiert sind, zudem Dysfunktionen im Bereich des orbitofrontalen Kortex und subkortikaler Areale aufweisen. Darüber hinaus machen die Ergebnisse deutlich, dass die inkonsistenten Befunde bezüglich präfrontaler Defizite bei der typischen Depression auf inhomogenen Stichproben beruhen könnten und eine genauere Klassifizierung möglicher Untergruppen depressiver Erkrankungen bei derartigen Untersuchungsansätzen notwendig ist, da auch bezüglich der kognitiven Defizite Unterschiede zwischen diesen Gruppen bestehen.

Ein präfrontales Defizit lässt sich dennoch annehmen: Depressive Patienten zeigen eine reduzierte Daueraufmerksamkeitsleistung (Liu et al. 2002), Perseverationen in Aufmerksamkeitstests und Defizite des räumlichen Gedächtnisses (Freedman 1994). Die beobachtete verzögerte Reaktion bei nicht auffällig erhöhter Fehlerrate im Bereich der Wortflüssigkeit und der grafischen Produktivität (»Design-Fluency-Test«) lassen v.a. auf eine Dysfunktion des DLPFC (Apathie, psychomotorische Verlangsamung, Perseveration, Verlust des Abstraktionsvermögens) schließen. Beeinträchtigungen orbitofrontaler Funktionen sollten andere Charakteristika (Disinhibition, verringertes Urteilsvermögen, Impulsivität) aufweisen (Crowe 1996).

Weitere Untersuchungen (Purcell et al. 1997; Elliott et al. 1996) unterstreichen die Hypothese einer Dysfunktion im Bereich des DLPFC, während orbitofrontale Funktionen bei der Depression weitestgehend unbeeinträchtigt zu sein scheinen. Besonders ältere Patienten weisen Defizite in kognitiven Leistungstests (CANTAB, »Cambridge-Neuropsychological-Test-Automated-Battery«) auf, die sensitiv für frontostriatale Dysfunktionen sind. Die Leistung korreliert sowohl mit der Anzahl depressiver Episoden als auch mit der ventrikulären Größe (Beats et al. 1996). Mit dem Alter sind auch exekutive Funktionen (Lockwood et al. 2002) bei depressiven Patienten stärker beeinträchtigt; andererseits haben exekutive Funktionen und zunehmendes Alter unterschiedlichen Einfluss auch auf Gedächtnisfunktionen der Patienten (Fossati et al. 2002).

Insgesamt müssen die kognitiven Beeinträchtigungen jedoch als nosologisch unspezifisch betrachtet werden (Schneider 1992). Schizophrene Patienten lassen ein generell ähnliches, wenngleich etwas stärkeres Defizit erkennen (Fossati et al. 1999; Martinez-Aran et al. 2002). Defizite in frontostriatalen Leistungstests lassen sich besonders auch bei Morbus Parkinson, Morbus Alzheimer oder infolge frontaler Hirnschädigungen nachweisen und spiegeln vermutlich ein relativ globales kognitives Defizit bei allen diesen Erkrankungen wider. Das Ausmaß der Beeinträchtigungen fällt bei den meisten depressiven Patienten quantitativ jedoch geringer aus als bei Patienten mit frontalen Hirnschädigungen oder Schädigungen der Basalganglien (Beats et al. 1996) und weist auch qualitative Differenzen auf. So zeigen sich u. a. bei affektiven Störungen Gedächtnisdefizite, die eher nach Temporallappendysfunktionen auftreten und nicht charakteristisch für Störungen der Basalganglien oder frontale Schädigungen sind (Robbins et al. 1992). Dies legt nahe, dass frontostriatale Störungen die kognitiven Defizite bei Depressiven nicht hinreichend erklären können.

In einer Metaanalyse, die Untersuchungen seit 1975 berücksichtigt, kommt Veiel (1997) zu dem Ergebnis, dass den Beeinträchtigungen in Reaktionszeittests depressiver Patienten globaldiffuse Beeinträchtigungen der Hirnfunktion unter besonderer Beteiligung des Frontalkortex zugrunde liegen. Schweregrad und Charakteristika dieser Beeinträchtigungen sind dabei denen moderater traumatischer Hirnverletzungen ähnlich. Dies wird dadurch unterstützt, dass die deutlichsten Unterschiede zwischen Depressiven und Gesunden in solchen Bereichen manifest werden, die durch diffuse Hirnschädigungen die stärksten Beeinträchtigungen aufweisen: Kognitive Flexibilität und Reaktionszeitdefizite. Bei etwa 50% der Patienten sind in einigen Tests Abweichungen in der Größenordnung von 2 Standardabweichungen oder mehr zu verzeichnen, während sich bei etwa 15% der Patienten spezifische Defizite in Gedächtnisfunktionen, visuomotorischen und visuell-räumlichen Funktionen sowie Wortflüssigkeit finden lassen, wohingegen die Aufmerksamkeitsleistung bei Depressiven nicht unbedingt von der gesunder Probanden abweicht.

Patienten mit einer bipolaren affektiven Erkrankung zeigen ebenfalls eine diffuse kognitive Dysfunktion, v.a. während der akuten Phasen der Erkrankung (Quraishi u. Frangou 2002) und unabhängig von der manischen oder depressiven Symptomatologie (Basso et al. 2002). Hierbei sind Wort- und Gedankenflüssigkeit, Lernen und Gedächtnis sowie Aufmerksamkeit am stärksten beeinträchtigt und deuten ebenfalls auf präfrontale kortikale Defizite hin (Martinez-Aran et al. 2000). Diese Defizite sind mit einer Reduktion mittlerer sagittaler Hirnstrukturen korreliert (Coffman et al. 1990). Exekutive Funktionen, die präfrontale Aktivierung erfordern, sind in der akuten Phase bei manischen Patienten besonders beeinträchtigt und schwächen sich teilweise nach Symptomverbesserung wieder ab (McGrath et al. 1997; Rubinsztein et al. 2000). Auch das visuelle Gedächtnis kann bei remittierten Patienten noch beeinträchtigt sein. Demnach ist eine Wiederherstellung frontaler Funktionen eher möglich als die der mehr posterioren temporalen Funktionen. Auf Trait-Merkmale verweisen die in der Remission persistierenden Defizite in der Daueraufmerksamkeit und im verbalen Gedächtnis (Quraishi u. Frangou 2002).

Zusammenfassend ist es möglich, mit Hilfe neuropsychologischer Tests auf relativ einfache Art und Weise gezielt die Funktion bestimmter kortikaler Areale zu untersuchen. Wenngleich die Befunde nicht konsistent sind, so zeichnet sich doch das Bild einer diffusen frontalen Dysfunktion ab, die v.a. linkspräfrontale Areale beinhaltet. Unipolare und bipolare Störungen weisen dabei ähnliche Defizite auf, die sich z. T. nach einer Remission abschwächen oder verschwinden (Neu et al. 2001; Martinez-Aran et al. 2002).

Funktionell-bildgebende Befunde bei kognitiven Aufgabenstellungen

Zunächst lässt sich demonstrieren, dass depressive Patienten je nach Aufgabentyp stark unterschiedliche Aktivierungsmuster aufweisen. Korrelationen des Ausmaßes von kognitivem Leistungsabfall und verringertem rCBF in frontomedialen und frontopolaren Arealen wurden beschrieben (Dolan et al. 1994).

Diese Befunde stimmen mit denen von Elliott et al. (1997) überein, die bei Patienten mit unipolarer Depression eine verringerte Leistung der Planungsfähigkeit (»Tower-of-London-Test«) zeigten. Dabei weisen Depressive im Vergleich zu gesunden Kontrollprobanden eine verringerte Aktivität präfrontaler und posteriorer kortikaler Areale auf sowie eine fehlende Aktivierung des anterioren zingulären Kortex und des Striatums. Mit zunehmender Aufgabenschwierigkeit fehlt der bei Gesunden normalerweise verzeichnete Anstieg der Aktivierung im Präfrontalkortex, anterioren zingulären Kortex und Caudatum. Ähnliches konnte auch für die verringerte Leistung bei Wortflüssigkeitsaufgaben demonstriert werden: Die Aktivität war linkspräfrontal abgeschwächt und fehlte im anterior zingulären Kortex (Okada et al. 2003), ein Befund, der sich mit der Nah-Infrarot-Spektroskopie (NIRS) für den frontalen Kortex bestätigen ließ und auch bei Patienten mit einer bipolaren Störung auftrat (Matsuo et al. 2002).

Manische Patienten demonstrieren einen verringerten rCBF im rechten rostralen und orbitofrontalen Kortex während einer Wortgenerierungsaufgabe sowie eine verringerte Aktivität im orbitofrontalen Kortex im Ruhezustand, ein Befund, der durch Läsionsstudien unterstützt wird (Blumberg et al. 1999). Aufmerksamkeitsdefizite (»Continuous-Performance-Test«) von Patienten mit bipolarer Störung sind signifikant mit der Verringerung präfrontaler Volumen korreliert (Sax et al. 1999).

Problematisch ist die Interpretation der frontalen Dysfunktionen und ihrer Auswirkungen: Sie könnten stressabhängige autonome und neuroendokrine Reaktionen und belohnungsbezogene, mesolimbisch dopaminerge Funktionen beeinflussen und den bei Patienten mit unipolaren und bipolaren affektiven Störungen auffälligen anhedonischen, motivationalen und autonomen Reaktionen zugrunde liegen (Drevets et al. 1998). Dabei können Auffälligkeiten im regionalen Blutfluss und Metabolismus bei depressiven Patienten entweder physiologische Änderungen widerspiegeln, die Prädispositionen für depressive Episoden sein können oder physiologische Begleiterscheinungen darstellen, die mit Symptomen und depressiven Anzeichen einhergehen. Es könnte sich auch um kompensatorische Mechanismen handeln, die pathologische Prozesse modulieren oder hemmen oder auf Regionen hinweisen, die während emotionaler Prozesse deaktiviert sind (Drevets et al. 1998).

Funktionell-bildgebende Befunde bei emotionalen Aufgabenstellungen

Auch bei emotionaler Verarbeitung ergaben sich mit der fMRT funktionelle Auffälligkeiten bei depressiven Patienten, bereits bei Erkrankungen im Kindesalter. Während gesunde Kinder eine erhöhte Aktivierung der Amygdala bei Präsentation furchtsamer Gesichter demonstrierten, ist diese bei depressiven Kindern deutlich verringert (Thomas et al. 2001), wobei sich eine Lateralisierung der Effekte zeigen ließ: Erhöhte Aktivität in der Amygdala war v. a. rechtsseitig lokalisiert, wohingegen verringerte Antworten bei depressiven Kindern linksseitig lateralisiert waren. Eine verstärkte Aktivität linksseitig findet man dagegen bei erwachsenen Patienten (Sheline et al. 2001). Werden emotionale Gesichter nur sehr kurz (30–40 ms) präsentiert, gefolgt von einem anderen Stimulus und damit maskiert, so werden sie nicht bewusst wahrgenommen. Bei gesunden Probanden konnte die Bedeutung der Amygdala in diesem Zusammenhang demonstriert werden (Whalen et al. 1998). Depressive Patienten zeigten eine Überreaktion der linken Amygdala bei emotionalen, besonders furchtsamen maskierten Gesichtsausdrücken, welche ein Ausdruck ihrer Hypersensitivität auf emotionale Reize sein könnte, die sich bereits in einem frühen vorbewussten Verarbeitungsstadium manifestiert (Sheline et al. 2001). Keine unterschiedliche Amygdalareaktionen berichtete Davidson et al. (2003) bei negativen im Vergleich zu neutralen Reizen. Depressive Patienten zeigten lediglich eine stärkere Aktivität im visuellen Kortex und geringere Aktivität im linken lateralen präfrontalen Kortex. Solche abgeschwächten neuralen Reaktionen auf emotionale vs. neutrale Reize im ventralen zingulären und posterioren orbitofrontalen Kortex konnten auch Elliott et al. (2002) bei der Detektion von Zielreizen unter einer Reihe von Distraktoren feststellen. Gleichzeitig waren die Aktivierungen bei traurigen Zielreizen in Regionen des rostralen anterior zingulären und anterior medialen präfrontalen Kortex erhöht. Im Gegensatz zu Gesunden trat eine erhöhte Aktivität im Orbitofrontalkortex auch bei emotionalen (besonders traurigen) Distraktionsreizen auf. Da keine Unterschiede in den Verhaltensdaten zwischen Patienten und Gesunden gefunden wurden, deuten die Ergebnisse darauf hin, dass emotional negative Distraktoren einen höheren kognitiven Aufwand von den Patienten erfordern, um die notwendige Inhibition falscher Antworten zu ermöglichen.

Stabilität kognitiver Defizite

Bezüglich der Frage, ob die Leistungsdefizite von Patienten nach Remission der Symptome nachlassen, untersuchten Trichard et al. (1995) den Einfluss einer Pharmakotherapie auf präfrontale Funktionen depressiver Patienten. Dies wurde anhand der Leistung im Wortflüssigkeitstest und Stroop-Farb-Wort-Interferenztest gemessen, von denen angenommen wird, dass sie verschiedene Aspekte v.a. linkspräfrontaler Funktionen widerspiegeln. Während die Defizite im Verbal-Fluency-Test nach erfolgreicher Pharmakotherapie nachließen und auf eine State-Abhängigkeit hindeuten, persistierten sie im Stroop-Farb-Wort-Test. Sie repräsentieren demnach möglicherweise stabile Aufmerksamkeitdefizite im Sinne von Trait-Merkmalen. Trait-Merkmale stellen vermutlich auch die motorisch verlangsamten Reaktionen älterer depressiver Patienten dar, die in Tests frontostriataler Funktion auffällig sind und sich mit der Remission nicht wesentlich zurückbilden. Die Beeinträchtigung in neuropsychologischen Testbatterien korreliert dabei mit der Anzahl depressiver Episoden (Beats et al. 1996). Als nicht stabil erwies sich auch die beschriebene auffällig verstärkte Amygdala-Aktivität auf maskierte emotionale Gesichtsausdrücke: Nach 8-wöchiger Behandlung mit einem selektiven Serotonin-Wiederaufnahmehemmer war eine Normalisierung der Aktivierung zu verzeichnen (Sheline et al. 2001). Eine Behandlung führte auch in einer weiteren fMRI-Untersuchung zu einer veränderten Hirnaktivierung bei negativ emotionaler Verarbeitung (Davidson et al. 2003): Wesentlich für einen positiven Behandlungseffekt mit Venlafaxin war eine erhöhte anterior zinguläre Aktivität bei negativen im Vergleich zu neutralen Reizen vor der Behandlung.

Modellierung depressiver Zustände mithilfe von Untersuchungen zur Stimmungsinduktion

Experimentelle Induktionen von Emotionen können dazu dienen, die neurobiologischen Substrate negativer Stimmung bei gesunden Probanden abzubilden. Ein Vergleich der Aktivierungsmuster während depressiver Zustände von Patienten und experimentell induzierter Trauer bei Gesunden könnte die Differenzierung und den Vergleich der zugrunde liegenden zerebralen Korrelate einer depressiven Symptomatik bei Patienten und depressionsähnlicher Zustände bei Gesunden ermöglichen. Die Stimmungsinduktion kann dabei direkt oder indirekt erfolgen, wobei viele verschiedene Methoden im Einsatz sind, z. B. Induktion mittels entsprechender emotionaler visueller oder verbaler Vorgaben oder anhand der Erinnerung an autobiografische emotionale Ereignisse (vgl. Schneider u. Weiss 1999).

Mittlerweile existieren einige Untersuchungen zu den funktionell-zerebralen Korrelaten von Stimmungen bei gesunden Probanden, da Emotionen, ein lange vernachlässigtes Forschungsfeld, zunehmend zum Ziel systematischer Untersuchungen mit funktionellen Bildgebungsmethoden werden. In den ersten Untersuchungen zum emotionalen Erleben konnte während Zuständen selbstinduzierter Trauer in der PET bilaterale inferiore und orbitofrontale kortikale Aktivität beobachtet werden (Pardo et al. 1993) sowie diffuse Blutflussänderungen in limbischen und paralimbischen Bereichen (George et al. 1995). Neuere Studien zeigten die Beteiligung des mittleren und posterioren temporalen Kortex, des Zerebellums, des Mittelhirns sowie des Caudatums und des Putamens (Lane et al. 1997). Der Abruf autobiografischer trauriger Ereignisse (Gemar et al. 1996) führte dagegen zu einer Reduktion des Blutflusses im linken dorsolateralen, medialen frontalen und temporalen Kortex. Die z. T. unterschiedlichen Befunde könnten auf unterschiedliche Stimmungsinduktionsmethoden zurückzuführen sein. Lane et al. (1997) fanden z. B. unterschiedliche rCBF-Veränderungen in Abhängigkeit vom Reizmaterial: Es resultierten jeweils andere, spezifische rCBF-Veränderungen bei der Verwendung von Filmen zur Stimmungsinduktion (Amygdala) und der mittels Erinnerungen hervorgerufenen Emotionen (anteriore Insel). Möglicherweise sind unterschiedliche Hirnregionen, in Abhängigkeit von extern und intern stimulierten Emotionen, beteiligt (Reiman et al. 1997).

Mayberg et al. (1999) führten erstmals den direkten Vergleich zwischen depressiven Patienten und gesunden Probanden bei experimentell induzierten Stimmungen durch und zeigten mittels PET, dass die Induktion trauriger Stimmung durch Abruf autobiografischer Ereignisse bei gesunden Probanden zu einem Anstieg des rCBF im subgenualen zingulären Kortex und der anterioren Insel sowie zu einer Abnahme in kortikalen Regionen (rechter DLPFC, dorsaler anteriorer und posteriorer zingulärer Kortex, inferiorer parietaler Kortex) führt. Nach Remission untersuchte depressive Patienten zeigten eine Zunahme des Glukosemetabolismus in denselben dorsalen kortikalen Regionen sowie eine Abnahme im zingulären Kortex und anterioren Inselbereich. Es zeigen sich also gegenläufige Aktivierungsmuster zwischen subgenual zingulären und rechtspräfrontalen Arealen sowohl während temporärer (experimentelle Stimmungsinduktion) als auch im Rahmen zeitlich überdauernder (Depression) Veränderungen der Stimmung. Nach Meinung der Autoren spiegelt diese limbisch-kortikale Interaktion den Zusammenhang von emotionalen und kognitiven Prozessen beim Erleben negativer Stimmung wider. Pathologische Veränderungen emotionalen Erlebens resultieren entsprechend in abnormen Aktivierungsmustern innerhalb dieser Netzwerke. Neuere Befunde deuten darauf hin, dass die willentliche Selbstregulation und Unterdrückung negativ emotionaler Zustände eine entscheidende Rolle bei der Entstehung einer Depression spielen könnten und im Bereich des dorsolateralen und orbitofrontalen Kortex lokalisiert sein könnten (Levesque et al. 2003). Im Gegensatz zu einer traurigen Stimmungsinduktion war in der Bedingung einer Unterdrückung emotionaler Reaktionen bei denselben Stimuli eine Aktivierung im Bereich des rechten dorsolateralen präfrontalen und des rechten orbitofrontalen Kortex sichtbar, die auch mit den Selbsteinschätzungen einer traurigen Stimmung korreliert waren.

Experimentelle Stimmungsinduktion kann natürlich auch bei den Patienten selbst eingesetzt werden: Depressive Patienten weisen während trauriger Stimmung einen erhöhten rCBF im medialen und inferioren Präfrontalkortex, medialen Temporalkortex, Zerebellum und Caudatum auf, der sich nicht von dem gesunder Probanden unterschied. Dies unterstreicht die Bedeutung präfrontal-limbischer Areale für emotionale Prozesse. Patienten haben jedoch auch eine erhöhte Aktivierung im linken frontalen Kortex und dem rechten anterioren zingulären Kortex während neutraler Stimmung (Beauregard et al. 1998). Im Gegensatz zu Mayberg et al. (1999) zeigte sich in dieser Studie eine linkspräfrontale Hyperaktivität in einem neutralen emotionalen Zustand bzw. nach Remission. Auf positiv emotionale Stimuli reagieren depressive anhedonische Patientinnen mit reduzierter Aktivierung im medialen präfrontalen Kortex und erhöhter Aktivität im inferioren frontalen Kortex, dem anterioren zingulären Kortex, Thalamus, Putamen und insulären Kortex (Mitterschiffthaler et al. 2003).

Experimentelle Stimmungsinduktion

In einer fMRT-Studie wird die zerebrale Aktivität von 4 depressiven Patienten und ebenso vielen Gesunden während einer standardisierten Emotionsinduktion untersucht. Hierbei werden für jeweils mehrere Minuten unter standardisierten Bedingungen aufgenommene fröhliche bzw. traurige Gesichtsporträts gezeigt, mit der Instruktion, »alles zu versuchen, um selbst fröhlich [traurig] zu sein« (Schneider et al. 1994a).

11.4 · Funktionelle Korrelate kognitiver Anforderungen

Abhängige Variable ist die von den Probanden selbst eingeschätzte Emotionalität. Die Validität dieses Verfahrens konnte inzwischen wiederholt nachgewiesen werden, so z. B. anhand des Gesichtsausdrucks der Probanden (Weiss et al. 1999) oder an peripher-physiologischen Parametern (Schneider et al. 1994b, 1995). Ferner haben auch zahlreiche bildgebende Untersuchungen die erfolgreiche Anwendbarkeit bei Gesunden und schizophrenen Patienten gezeigt: Der Test wurde in einer ^{133}Xe-Untersuchung eingesetzt (Schneider et al. 1994b), anschließend in einer Studie mit H$_2$^{15}O-PET (Schneider et al. 1995) bzw. mehrfach mit der fMRT (Schneider et al. 1997, 1998, 2000; Schneider u. Weiss 1998).

Es wurden Messungen nach experimenteller Stimmungsinduktion in einem 1,5-Tesla-MRT mit den folgenden Spezifikationen durchgeführt: 30 Schichten, 108 Messungen, TR 4 s (Repetitionszeit), TE 66 ms (Echozeit), Schichtdicke 3 mm, a 90°, 64×64 Matrix, FOV 200 mm.

Während die Versuchspersonen die Emotionsinduktionsaufgabe durchführten, wurden die Messungen nach experimenteller Stimmungsinduktion vorgenommen und unmittelbar anschließend der emotionale Zustand der Versuchspersonen mittels standardisierter Fragebögen erfragt. Die Anwendung bei depressiven Patienten ergab bei vergleichbarem subjektiven Stimmungsinduktionseffekt in der Trauerbedingung eine geringer ausgeprägte präfrontale Aktivität bei den Patienten (◘ Abb. 11.1). Dieser Unterschied war auch in einer nichtemotionalen kognitiven Kontrollaufgabe (Geschlechterdiskrimination) vorhanden, wenngleich weniger stark ausgeprägt. Ferner konnte eine bei Gesunden wiederholt nachgewiesene Amygdala-Aktivie-

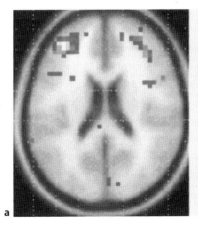
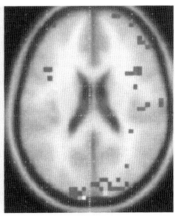

◘ **Abb. 11.1a, b.** **a** Frontale Aktivierung von 4 Patienten mit typischer Depression (*rechts*) und 4 gesunden Probanden (*links*) während des Erlebens induzierter Trauer. **b** Ergebnisse der emotionalen Selbsteinschätzung, ESR-(»Emotional Self Rating«)Skala, für die Bedingungen Freude, Trauer und Geschlechterdifferenzierung (Kontrolle)

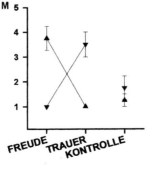
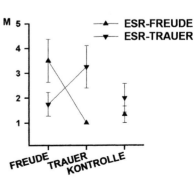

rung während trauriger Stimmung auch bei depressiven Patienten beobachtet werden.

Gelernte Hilflosigkeit

Die Induktion gelernter Hilflosigkeit stellt eine indirekte Methode der Stimmungsinduktion dar und ist häufig als ein Modell unipolarer Depression verwendet worden, um bei Gesunden zerebrale Korrelate negativer Emotionen zu untersuchen (Seligman 1972). Der Zustand der gelernten Hilflosigkeit kann experimentell auf verschiedene Weise herbeigeführt werden. Sie tritt dann auf, wenn Tiere und Menschen unkontrollierbaren negativen Ereignissen ausgesetzt sind. Charakteristische motivationale, kognitive und emotionale Veränderungen, wie z. B. Passivität, kognitive Beeinträchtigungen und depressive Symptome, sind die Folge.

Die Anwendung eines solchen Hilflosigkeitsparadigmas in der PET zeigte charakteristische regionale Aktivierungen (Schneider et al. 1996b): Mithilfe der Präsentation unlösbarer Anagramme wurden gesunde Probanden in einen Zustand gelernter Hilflosigkeit versetzt, während ihr rCBF gemessen wurde. Ein Vergleich fand durch eine Bedingung lösbarer Anagramme statt. Neben einem Blutflussanstieg in temporalen und frontalen Arealen in beiden Anagramm-Bedingungen trat bei unlösbaren Anagrammen im Vergleich zu einer Baseline-Bedingung eine Aktivierung in den Mamillarkörpern und der Amygdala auf, bei einer gleichzeitigen Verringerung des Blutflusses im Hippokampus. Lösbare Anagramme bewirkten dagegen ein umgekehrtes Aktivierungsmuster mit Blutflussanstiegen im Hippokampus und gleichzeitiger Reduktion in den Mamillarkörpern. Dies bestätigt zum einen die Beteiligung des limbischen Systems bei der Kontrolle negativer Emotionen und unterstützt zum anderen die Vermutung, dass präfrontale, limbische und striatale Areale in einer wechselseitigen Beziehung an der Modulation von emotionalen Prozessen beteiligt sind.

Trotz der unterschiedlichen Ergebnisse und Vorgehensweisen bei experimentellen Untersuchungen zur negativen Stimmungsinduktion lässt sich doch schlussfolgern, dass sich bei gesunden Probanden vornehmlich Aktivierungen im medialen und inferioren Präfrontalkortex, medialen Temporalkortex und den Basalganglien finden lassen. Trauerinduktion führt zudem bei Gesunden zu einer Erhöhung des rCBF der linken und einer Reduktion des rCBF der rechten Amygdala (Schneider et al. 1995). Diese Aktivierungsmuster korrelieren mit dem Erleben eines negativen Affekts. Interessanterweise ist dieser Befund an das frontotemporale Aktivierungsmuster gekoppelt: Die Empfindung eines negativen Affekts korreliert mit einer linkshemisphärischen Aktivität. Dieser Befund verdeutlicht die limbische Beteiligung, v.a. der Amygdala, an der Regulation emotionaler Zustände und legt einen reziproken Zusammenhang subkortikaler und frontotemporaler Areale bei der Regulierung emotionalen Erlebens nahe.

Bei depressiven Patienten ist eine stärkere Aktivierung im linken Präfrontalkortex und rechten anterioren zingulären Kortex zu beobachten. Zudem findet sich ein Anstieg des Metabolismus im Bereich des orbitofrontalen Kortex, anterioren zingulären Kortex und der Amygdala (Drevets 1999).

Problematisch ist bei diesen Studien allerdings der Schluss von neurobiologischen Korrelaten experimentell induzierter Emotion auf die komplex veränderte Hirnfunktion im Rahmen einer klinisch manifesten Depression. Auch das subjektive Erleben der Depression besitzt eine andere emotionale Qualität als traurige oder negative Stimmungszustände bei Gesunden. Die Induktion negativer emotionaler Zustände ermöglicht somit die Untersuchung von vergleichbaren Stimmungszuständen. Sie können den klinisch relevanten depressiven Zuständen jedoch keinesfalls gleichgesetzt werden.

Transkranielle Magnetstimulation

Mithilfe der transkraniellen Magnetstimulation (TMS) ist es möglich, nichtinvasiv die Hirnfunktion temporär und reversibel zu beeinflussen (Cracco et al. 1999). TMS wird mehr und mehr in klinischen Studien eingesetzt, die die therapeutische Wirksamkeit dieser Methode bei affektiven Erkrankungen untersuchen. Bei depressiven Patienten konnten auffällig verringerte bilaterale, mit dem Schweregrad der Erkrankung korrelierte Blutflussänderungen v.a. in limbischen und linken präfrontalen Arealen mit rTMS (»repetitive TMS«) bei Respondern erfolgreich behandelt werden (Teneback et al. 1999). So konnte mit der rTMS innerhalb einer Stunde nach Stimulation eine Aktivierungssteigerung in anterior zingulären Arealen und erhöhte funktionelle Konnektivität während einer Wortflüssigkeitsaufgabe demonstriert werden (Shajahan et al. 2002). Mit der SPECT konnte vor der über 2 Wochen durchgeführten rTMS (10 Hz)-Behandlung des DLPFC eine rechtsseitige Hemisphärenasymmetrie festgestellt werden, die sich infolge der Stimulation umkehrte. Daneben war der rCBF in limbischen Regionen negativ mit dem Therapieeffekt (gemessen mit der »Hamilton-Depressions-Skala«, HAMD) korreliert, der rCBF in neokortikalen Arealen dagegen positiv (Mottaghy et al. 2002). Klein et al. (1999) demonstrierten einen Rückgang depressiver Symptomatik nach niederfrequenter rTMS (1 Hz) über dem rechten DLPFC. Diese Ergebnisse wurden repliziert und unterstützen die Hypothese, dass inhibitorisch wirkende niederfrequente rTMS (1 Hz) über dem rechten DLPFC oder exzitatorische hochfrequente rTMS über dem linken DPLFC zu einer – allerdings häufig klinisch irrelevanten – Verbesserung depressiver Symptome führen (Gershon et al. 2003). So setzt der positive Effekt der Stimulation bereits nach 1–2 Wochen Behandlungsdauer ein, klingt aber häufig innerhalb weniger Wochen wieder ab (Lisanby u. Sackheim 1999).

Neuere Ergebnisse legen nahe, dass mit der Elektrokrampftherapie und der rTMS eine ähnliche antidepressive Wirkung erzielt werden kann (Dannon et al. 2002; Grunhaus et al. 2003). Padberg et al. (1999) bestätigen zwar die Sicherheit der rTMS, fanden jedoch bezüglich der therapeutischen Effektivität widersprüchliche Ergebnisse. Bei Patienten mit bipolaren Störungen konnte kein Effekt auf die depressive Symptomatik festgestellt werden (Nahas et al. 2003). Ein langfristiger Vorteil der Behandlung gegenüber den etablierten therapeutischen Maßnahmen muss daher noch demonstriert werden, bevor die TMS als standardisierte Behandlungsmethode bei Patienten mit psychischen Störungen Eingang finden kann. Zudem besteht kein Konsens bezüglich der effektiven Stimulationsparameter, des optimalen Stimulationsortes oder der Langzeitfolgen entsprechender Stimulationsprotokolle (Schlaepfer et al. 2003; Padberg u. Möller 2003). Ein alternativer Ansatz ist die »Magnetic Seizure Therapy« (MST), bei der durch hochfrequente und starke Reizserien generalisierte Anfälle erzeugt werden und somit im Vergleich zur Elektrokrampftherapie eine bessere Kontrolle über die Lokalisation des Anfalls und das Ausmaß der kortikalen Stimulation möglich ist (Lisanby et al. 2001). Derzeit fehlen jedoch für beide Ansätze kontrollierte Multicenterstudien, die eine valide Beurteilung des Behandlungspotenzials magnetischer Kortexstimulation bei Depressiven erlauben.

Die therapeutische Wirksamkeit der TMS führte zu der These einer beeinträchtigten kortikalen Erregbarkeit bei depressiven Patienten (Shajahan et al. 1999; Reid et al. 2002). Ergebnisse zur Erregbarkeit des primärmotorischen Kortex bestätigen diese Annahme: nach Übung einer Fingerbewegung bewirken TMS-Stimulationen bei depressiven Patienten im Vergleich zu Kontrollen keine vergleichbar erhöhten (im Vergleich zum ungeübten Zustand) motorevozierten Potenziale; statt dessen lassen die Patienten signifikant verringerte Potenziale erkennen. Obgleich eine direkte Untersuchung kortikaler Erregbarkeit nur für primärmotorische und visuelle Areale möglich ist, legt dieser Befund eine

Beeinträchtigung der Modulation kortikaler Aktivität bei Depressiven nahe.

In der Studie von Habel et al. (2001) wurden in einer Placebo-kontrollierten Doppelblindstudie unlösbare Anagramme zur Induktion gelernter Hilflosigkeit bei 18 gesunden Probanden vorgegeben, um den angenommenen positiven Effekt einer frontal applizierten TMS auf negativen Affekt bei gesunden Probanden zu untersuchen. Die Stimulation erfolgte mit je 60 Stimuli bei 60 Hz rechts- bzw. linksfrontal sowie über dem okzipitalen Kortex als Kontrollareal. Anhand der subjektiven Stimmungsangaben der Probanden ließ sich kein Hinweis auf eine positive, stimmungsaufhellende Wirkung der TMS nach frontaler Stimulation finden, obwohl zuvor die Induktion dysphorischer Verstimmung erfolgreich mittels unlösbarer Anagramme gelang. Dieser Befund verdeutlicht einmal mehr die Unterschiede zwischen experimentell induzierter Dysphorie und klinischer Depression. Weiterhin verweist er auf den Bedarf der Spezifikation des therapeutischen Wirkungsspektrums der TMS.

Obwohl die differenzielle therapeutische Effektivität weiterer Überprüfung bedarf, weisen die Befunde der TMS-Applikation direkt oder indirekt erneut auf präfrontale Defizite der Depression, die auch hier State-Charakter aufweisen.

11.5 Dysfunktion und Hemisphärenasymmetrie

Die Befundlage bezüglich der Lateralisierung präfrontaler Auffälligkeiten affektiver Störungen aus funktionell-bildgebenden Studien ist eindeutiger als jene struktureller Studien. Berichtete Hypoaktivität im linken dorsolateralen Präfrontalkortex (Drevets et al. 1992; Bench et al. 1993; Joseph 1999), anterior medialen Präfrontalkortex (Bench et al. 1993; Dolan et al. 1994), zingulären Gyrus (Bench et al. 1992; Galynker et al. 1998) sowie Hyperaktivität der Amygdala (Drevets et al. 1992, 1999, 2002a,b) deuten auf eine stärkere Beteiligung der linken Hemisphäre hin und decken sich u. a. mit Ergebnissen neuropsychologischer Untersuchungen und von Läsionsstudien. Bei ungestörter emotionaler Verarbeitung führen positive Emotionen zu mehr linkspräfrontaler und negative Emotionen zu stärkerer rechtspräfrontaler Aktivität (Davidson et al. 1990). Der emotionale Zustand bei Depressiven ist daher mit einer Verringerung linkspräfrontaler Aktivität in Einklang zu bringen. Allerdings ist die Lateralisierung emotionalen Erlebens sehr komplex und mag im kortikalen Bereich und subkortikalen Bereich reziprok sein (Schneider et al. 1995). Die mittels PET gemessene zerebrale metabolische Ruheaktivität ist bei Depressiven in der rechten Amygdala erhöht und korreliert positiv mit negativem Affekt (Abercrombie et al. 1998). Drevets et al. (1992) hingegen fanden bei den Patienten eine signifikante Zunahme linkshemisphärischer Amygdala-Aktivität zusammen mit einem Anstieg des rCBF im linken ventrolateralen und medial präfrontalen Kortex. Die Präsentation freudiger Gesichter führt im fMRT bei Gesunden zu einem Anstieg der metabolischen Aktivität im linken anterioren Gyrus cinguli, bilateralen posterioren Gyrus cinguli, medialen Frontalkortex und rechten supramarginalen Gyrus (Phillips et al. 1998).

Die bei Depressiven häufig berichtete Hypoaktivität in diesen Arealen ist möglicherweise ein zerebrales Substrat dysphorischer Verstimmung.

11.6 Methodologische Aspekte

Eine Vielzahl methodologischer Schwierigkeiten macht die Planung und Interpretation von Studien zu präfrontalen Defiziten bei affektiven Störungen problematisch. Besonders strukturelle Veränderungen sind stark alterskorreliert und lassen sich zudem bei einer großen Zahl psychiatrisch-neurologischer Erkrankungen finden (Videbech 1997). Die Prävalenzrate depressiver Erkrankungen steigt mit zunehmendem Alter an. Gerade bei älteren Patienten findet sich ein erhöhtes Auftreten depressiver Symptome, etwa bei 15%. Eine typische Depression tritt bei 2–3% auf. Faktoren wie Alkoholmissbrauch bzw. -abhängigkeit, Pharmaka, somatische Erkrankungen etc. tragen zur Entstehung affektiver Symptomatik bei (Mulsant u. Ganguli 1999). Viele dieser Erkrankungen sind auch durch Reduktionen des Glukosemetabolismus und Blutflusses gekennzeichnet (Lesser et al. 1994), die sich sowohl in neokortikalen als auch subkortikalen Regionen finden lassen (Kumar et al. 1993). Gleiches gilt für Leistungen in kognitiven neuropsychologischen Tests, auch hier korrelieren verringerte Leistung und Alter stark.

Eine Reihe von Studien (Rogers et al. 1998; Videbech et al. 2000) machen auf Unterschiede zwischen unipolaren und bipolaren Störungen sowie melancholischen und nichtmelancholischen Patienten aufmerksam. Diese Befunde weisen darauf hin, dass eine exakte Klassifizierung des Patientenkollektivs wichtig ist und möglichst homogene Subgruppen untersucht werden müssen. Zudem erscheint es wichtig, das Ersterkrankungsalter und den Verlauf der Erkrankung zu erfassen. Ein weiteres Problem ergibt sich aus der Tatsache, dass Patienten in einer akuten Krankheitsepisode üblicherweise mediziert sind und Patienten einer Stichprobe zudem häufig unterschiedliche Medikamente erhalten. Es ist jedoch unklar, ob und welche Auswirkungen verschiedene Medikamente auf präfrontale Funktionen haben (Cavedini et al. 1998).

Präfrontale Dysfunktionen besitzen zudem keine nosologische Spezifität, sind also nicht auf affektive Störungen im engeren Sinne beschränkt. Besonders bei Erkrankungen wie
- Schizophrenie,
- Zwang,
- Morbus Parkinson und
- bestimmten Demenzformen
lassen sich präfrontale Defizite nachweisen, die wiederum häufig denen der Depression ähneln. Die hohe Komorbidität zwischen Depression und Zwang, Parkinson oder Schizophrenie sowie die erhöhte Inzidenz depressiver Episoden nach Hirninfarkten im Frontallappen sind weitere Variablen, die eine kontrollierte Untersuchung präfrontaler Defizite erschweren.

11.7 Zusammenfassung

Der Präfrontalkortex besitzt reziproke Verbindungen mit limbischen, dienzephalen und anderen neokortikalen Strukturen, erhält afferente Projektionen aus hypothalamischen, subthalamischen, mesenzephalen und limbischen Strukturen und sendet efferente Projektionen u. a. in die Basalganglien, von denen er jedoch keinen direkten Input erhält (Fuster 1997). Die Beeinträchtigungen der Aufmerksamkeit, des Gedächtnisses und exekutiver Funktionen bei Patienten mit affektiven Störungen deuten auf eine Beteiligung präfrontaler Areale hin.

Strukturelle wie auch funktionell-bildgebende Befunde untermauern die Hypothese eines Defizits in diesem Bereich, aber auch in weiteren Regionen, so im anterioren zingulären Kortex, den Basalganglien und der Amygdala, die zusammen in einem kortiko-limbisch-thalamisch-striatalen Netzwerk verschaltet sind. Somit sind affektive Erkrankungen mit strukturellen und funktionellen Auffälligkeiten jener Regionen assoziiert, die für die Regulierung von Kognitionen und Emotionen große Bedeutung besitzen.

Die linke Hemisphäre scheint dabei eine größere Rolle zu spielen, was auf struktureller Ebene v.a. durch Läsionsstudien und auf funktioneller Ebene durch Untersuchungen des regionalen Metabolismus und Blutflusses bestätigt wird. Auch die berichtete Lateralisierung emotionaler Prozesse, die eine linkshemisphärische Dominanz frontaler Areale bei positiven Emotionen nahelegen, steht in Übereinstimmung mit diesen Überlegungen. Die bei Depressiven gezeigte zerebrale Atrophie ist im Bereich des Präfrontalkortex zwar am deutlichsten, jedoch keineswegs auf diesen beschränkt (Kumar u. Miller 1997;

Coffey al. 1993). Ebenso wenig lassen sich die berichteten funktionellen Abweichungen ausschließlich für präfrontale Areale aufzeigen.

Zusätzliche Validierung erfahren die Befunde durch Emotionsinduktionsstudien, bei denen gesunde Probanden in einen negativen bzw. traurigen emotionalen Zustand versetzt werden und dabei regionale, funktionelle Aktivierungen betrachtet werden. Es zeigen sich bei diesen Probanden ähnliche Aktivierungsmuster wie bei depressiven Patienten in Ruhe, was unterstreicht, dass diese Auffälligkeiten mit emotional negativen Prozessen in Verbindung stehen.

Gerade linksseitige präfrontale Dysfunktionen bei depressiven Patienten scheinen sich mit einer Symptomverbesserung zu normalisieren. Damit handelt es sich möglicherweise um zustandsabhängige Merkmale der Erkrankung. Allerdings ist die Befundlage diesbezüglich nicht ganz ausreichend und z. T. durch eine Reihe schwer zu kontrollierender Einflussfaktoren schwierig zu interpretieren. Hinzu kommt die nosologische Unspezifität frontaler Auffälligkeiten.

Literatur

Abercrombie HC, Schaefer SM, Larson CL et al. (1998) Metabolic rate in the right amygdala predicts negative affect in depressed patients. NeuroReport 9: 3301-3307

Abrams R, Taylor MA (1987) Cognitive dysfunction in melancholia. Psychol Med 17: 359-362

Alexander GE, DeLong MR, Strick PL (1986) Parallel organization of functionally segregated circuits linking basal ganglia and cortex. Annu Rev Neurosci 9: 357-381

Alexopoulos GS, Meyers BS, Young RC, Campbell S, Silbersweig D, Charlson M (1997) 'Vascular depression' hypothesis. Arch Gen Psychiatry 54: 915-922

Al-Mousawi AH, Evans N, Ebmeier KP, Roeda D, Chaloner F, Ashcroft GW (1996) Limbic dysfunction in schizophrenia and mania. A study using 18F-labelled fluorodeoxyglucose and positron emission tomography. Br J Psychiatry 169: 509-516

Austin MP, Mitchell P, Wilhelm K, Parker G, Hickie I, Brodaty H, Chan J, Eyers K, Milic M, Hadzi-Pavlovic D (1999) Cognitive function in depression: a distinct pattern of frontal impairment in melancholia? Psychol Med 29: 73-85

Axelson DA, Doraiswamy PM, McDonald WM et al. (1993) Hypercortisolemia and hippocampal changes in depression. Psychiatry Res 47: 163-173

Aylward EH, Roberts-Twillie JV, Barta PE, Kumar AJ, Harris GJ, Geer M, Peyser CE, Pearlson GD (1994) Basal ganglia volumes and white matter hyperintensities in patients with bipolar disorder. Am J Psychiatry 151: 687-693

Bakshi R, Czarnecki D, Shaikh ZA, Priore RL, Janardhan V, Kaliszky Z, Kinkel PR (2000) Brain MRI lesions and atrophy are related to depression in multiple sclerosis. NeuroReport 11: 1153-1158

Ballard C, Neill D, O'Brien J, McKeith IG, Ince P, Perry R (2000) Anxiety, depression and psychosis in vascular dementia: prevalence and associations. J Affect Disord 59: 97-106

Basso MR, Lowery N, Neel J, Purdie R, Bornstein RA (2002) Neuropsychological impairment among manic, depressed, and mixed-episode inpatients with bipolar disorder. Neuropsychology 16: 84-91

Baxter LR Jr, Phelps ME, Mazziotta JC, Schwartz JM, Gerner RH, Selin CE, Sumida RM (1985) Cerebral metabolic rates for glucose in mood disorders. Studies with positron emission tomography and fluorodeoxyglucose F 18. Arch Gen Psychiatry 42: 441-447

Baxter LR Jr, Schwartz JM, Phelps ME et al. (1989) Reduction of prefrontal cortex glucose metabolism common to three types of depression. Arch Gen Psychiatry 46: 243-250

Beats BC, Sahakian BJ, Levy R (1996) Cognitive performance in tests sensitive to frontal lobe dysfunction in the elderly depressed. Psychol Med 26: 591-603

Beauregard M, Leroux JM, Bergman S, Arzoumanian Y, Beaudoin G, Bourgouin P, Stip E (1998) The functional neuroanatomy of major depression: an fMRI study using an emotional activation paradigm. NeuroReport 9: 3253-3258

Bench CJ, Friston KJ, Brown RG, Scott LC, Frackowiak RS, Dolan RJ (1992) The anatomy of melancholia: focal abnormalities of cerebral blood flow in major depression. Psychol Med 22: 607-615

Bench CJ, Friston KJ, Brown RG, Frackowiak RS, Dolan RJ (1993) Regional cerebral blood flow in depression measured by positron emission tomography: the relationship with clinical dimensions. Psychol Med 23: 579-590

Bench CJ, Frackowiak RS, Dolan RJ (1995) Changes in regional cerebral blood flow on recovery from depression. Psychol Med 25: 247-261

Literatur

Beyer JL, Krishnan KR (2002) Volumetric brain imaging findings in mood disorders. Bipolar Disord 4: 89–104

Biver F, Goldman S, Delvenne V et al. (1994) Frontal and parietal metabolic disturbances in unipolar depression. Biol Psychiatry 36: 381–388

Blumberg HP, Stern E, Ricketts S et al. (1999) Rostral and orbital prefrontal cortex dysfunction in the manic state of bipolar disorder. Am J Psychiatry 156: 1986–1988

Botteron KN, Raichle ME, Drevets WC, Heath AC, Todd RD (2002) Volumetric reduction in left subgenual prefrontal cortex in early onset depression. Biol Psychiatry 51: 342–344

Brambilla P, Harenski K, Nicoletti MA, Mallinger AG, Frank E, Kupfer DJ, Keshavan MS, Soares JC (2001) Anatomical MRI study of basal ganglia in bipolar disorder patients. Psychiatry Res 106: 65–80

Brambilla P, Nicoletti MA, Harenski K, Sassi RB, Mallinger AG, Frank E, Kupfer DJ, Keshavan MS, Soares JC (2002) Anatomical MRI study of subgenual prefrontal cortex in bipolar and unipolar subjects. Neuropsychopharmacology 27: 792–799

Bremner JD, Narayan M, Anderson ER, Staib LH, Miller HL, Charney DS (2000) Hippocampal volume reduction in major depression. Am J Psychiatry 57: 115–118

Bremner JD, Vythilingam M, Vermetten E, Nazeer A, Adil J, Khan S, Staib LH, Charney DS (2002) Reduced volume of orbitofrontal cortex in major depression. Biol Psychiatry 51: 273–279

Brody AL, Saxena S, Stoessel P, Gillies LA, Fairbanks LA, Alborzian S, Phelps ME, Huang SC, Wu HM, Ho ML, Ho MK, Au SC, Maidment K, Baxter LR Jr (2001) Regional brain metabolic changes in patients with major depression treated with either paroxetine or interpersonal therapy: preliminary findings. Arch Gen Psychiatry 58: 631–640

Buchsbaum MS, Wu J, Siegel BV, Hackett E, Trenary M, Abel L, Reynolds C (1997) Effect of sertraline on regional metabolic rate in patients with affective disorder. Biol Psychiatry 41: 15–22

Burruss JW, Hurley RA, Taber KH, Rauch RA, Norton RE, Hayman LA (2000) Functional neuroanatomy of the frontal lobe circuits. Radiology 214: 227–230

Byrum CE, Ahearn EP, Krishnan KR (1999) A neuroanatomic model for depression. Prog Neuropsychopharmacol Biol Psychiatry 23: 175–193

Cavedini P, Ferri S, Scarone S, Bellodi L (1998) Frontal lobe dysfunction in obsessive-compulsive disorder and major depression: a clinical-neuropsychological study. Psychiatry Res 78: 21–28

Channon S (1996) Executive dysfunction in depression: the Wisconsin Card Sorting Test. J Affect Disord 39: 107–114

Coffey CE, Wilkinson WE, Weiner RD et al. (1993) Quantitative cerebral anatomy in depression. A controlled magnetic resonance imaging study. Arch Gen Psychiatry 50: 7–16

Coffman JA, Bornstein RA, Olson SC, Schwarzkopf SB, Nasrallah HA (1990) Cognitive impairment and cerebral structure by MRI in bipolar disorder. Biol Psychiatry 27: 1188–1196

Cracco RQ, Cracco JB, Maccabee PJ, Amassian VE (1999) Cerebral function revealed by transcranial magnetic stimulation. J Neurosci Methods 86: 209–219

Crowe SF (1996) The performance of schizophrenic and depressed subjects on tests of fluency support for a compromise in dorsolateral prefrontal functioning. Aust Psychol 31: 204–209

Cummings JL (1992) Depression and Parkinson's disease: a review. Am J Psychiatry 149: 443–454

Cummings JL (1993) The neuroanatomy of depression. J Clin Psychiatry 54: 14–20

Cummings JL (1995) Anatomic and behavioral aspects of frontal-subcortical circuits. Ann N Y Acad Sci 769: 1–13

Dannon PN, Dolberg OT, Schreiber S, Grunhaus L (2002) Three and six-month outcome following courses of either ECT or rTMS in a population of severely depressed individuals–preliminary report. Biol Psychiatry 51: 687–690

Dasari M, Friedman L, Jesberger J, Stuve TA, Findling RL, Swales TP, Schulz SC (1999) A magnetic resonance imaging study of thalamic area in adolescent patients with either schizophrenia or bipolar disorder as compared to healthy controls. Psychiatry Res 91: 155–162

Davidson RJ, Ekman P, Saron CD, Senulis JA, Friesen WV (1990) Approach-withdrawal and cerebral asymmetry: emotional expression and brain physiology, I. J Pers Soc Psychol 58: 330–341

Davidson RJ, Irwin W, Anderle MJ, Kalin NH (2003) The neural substrates of affective processing in depressed patients treated with venlafaxine. Am J Psychiatry 160: 64–75

Davies J, Lloyd KR, Jones IK, Barnes A, Pilowsky LS (2003) Changes in regional cerebral blood flow with venlafaxine in the treatment of major depression. Am J Psychiatry 160: 374–376

Di Legge S, Piattella MC, Pozzilli C, Pantano P, Caramia F, Pestalozza IF, Paolillo A, Lenzi GL (2003) Longitudinal evaluation of depression and anxiety in patients with clinically isolated syndrome at high risk of developing early multiple sclerosis. Mult Scler 9: 302–306

Dolan RJ, Bench CJ, Liddle PF, Friston KJ, Frith CD, Grasby PM, Frackowiak RS (1993) Dorsolateral prefrontal cortex dysfunction in the major psychoses symptom or disease specificity? J Neurol Neurosurg Psychiatry 56: 1290–1294

Dolan RJ, Bench CJ, Brown RG, LC Frackowiak RS (1994) Neuropsychological dysfunction in depression: the relationship to regional cerebral blood flow. Psychol Med 24: 849–857

Drevets WC (1999) Prefrontal cortical-amygdalar metabolism in major depression. Ann N Y Acad Sci 877: 614–637

Drevets WC (2000a) Functional anatomical abnormalities in limbic and prefrontal cortical structures in major depression. Prog Brain Res 126: 413–431.

Drevets WC (2000b) Neuroimaging studies of mood disorders. Biol Psychiatry 48: 813–829

Drevets WC, Videen TO, Price JL, Preskorn SH, Carmichael ST, Raichle ME (1992) A functional anatomical study of unipolar depression. J Neurosci 12: 3628–3641

Drevets WC, Price JL, Simpson JR Jr, Todd RD, Reich T, Vannier M, Raichle ME (1997) Subgenual prefrontal cortex abnormalities in mood disorders. Nature 386: 824–827

Drevets WC, Ongur D, Price JL (1998) Neuroimaging abnormalities in the subgenual prefrontal cortex: implications for the pathophysiology of familial mood disorders. Mol Psychiatry 3: 220–226

Drevets WC, Bogers W, Raichle ME (2002a) Functional anatomical correlates of antidepressant drug treatment assessed using PET measures of regional glucose metabolism. Eur Neuropsychopharmacol 12: 527–44

Drevets WC, Price JL, Bardgett ME, Reich T, Todd RD, Raichle ME (2002b) Glucose metabolism in the amygdala in depression: relationship to diagnostic subtype and plasma cortisol levels. Pharmacol Biochem Behav 71: 431–47

Dupont RM, Butters N, Schafer K, Wilson T, Hesselink J, Gillin JC (1995) Diagnostic specificity of focal white matter abnormalities in bipolar and unipolar mood disorder. Biol Psychiatry 38: 482–486

Ebmeier KP, Glabus MF, Prentice N, Ryman A, Goodwin GM (1998) A voxel-based analysis of cerebral perfusion in dementia and depression of old age. Neuroimage 7: 199–208

Elliott R, Baker SC, Rogers RD et al. (1997) Prefrontal dysfunction in depressed patients performing a complex planning task: a study using positron emission tomography. Psychol Med 27: 931–942

Elliott R, Rubinsztein JS, Sahakian BJ, Dolan RJ (2003) The neural basis of mood-congruent processing biases in depression. Arch Gen Psychiatry 59: 597–604

Elliott R, Sahakian BJ, McKay AP, Herrod JJ, Robbins TW, Paykel ES (1996) Neuropsychological impairments in unipolar depression: the influence of perceived failure on subsequent performance. Psychol Med 26: 975–989

Folstein MF, Maiberger R, McHugh PR (1977) Mood disorder as a specific complication of stroke. J Neurol Neurosurg Psychiatry 40: 1018–1020

Fossati P, Amar G, Raoux N, Ergis AM, Allilaire JF (1999) Executive functioning and verbal memory in young patients with unipolar depression and schizophrenia. Psychiatry Res 89: 171–187

Fossati P, Coyette F, Ergis AM, Allilaire JF (2002) Influence of age and executive functioning on verbal memory of inpatients with depression. J Affect Disord 68: 261–271

Franke P, Maier W, Hardt J, Frieboes R, Lichtermann D, Hain C (1993) Assessment of frontal lobe functioning in schizophrenia and unipolar major depression. Psychopathology 26: 76–84

Freedman M (1994) Frontal and parietal lobe dysfunction in depression: delayed alternation and tactile learning deficits. Neuropsychologia 32: 1015–1025

Frodl T, Meisenzahl E, Zetzsche T, Bottlender R, Born C, Groll C, Jager M, Leinsinger G, Hahn K, Moller HJ (2002) Enlargement of the amygdala in patients with a first episode of major depression. Biol Psychiatry 51: 708–714

Fuster JM (1997) The prefrontal cortex: anatomy, physiology, and neuropsychology of the frontal lobe. Lippincott, Philadelphia

Galynker II, Cai J, Ongseng F, Finestone H, Dutta E, Serseni D (1998) Hypofrontality and negative symptoms in major depressive disorder. J Nucl Med 39: 608–612

Gaupp R (1905) Die Depressionszustände des höheren Lebensalters. Münch Med Wochenschr 32: 1531–1537

Gemar MC, Kapur S, Segal ZV, Brown GM, Houle S (1996) Effects of self-generated sad mood on regional cerebral activity: a PET study in normal subjects. Depression 4: 81–88

George MS, Ketter TA, Post RM (1994) Prefrontal cortex dysfunction in clinical depression. Depression 2: 59–72

George MS, Ketter TA, Parekh PI, Horwitz B, Herscovitch P, Post RM (1995) Brain activity during transient sadness and happiness in healthy women. Am J Psychiatry 152: 341–351

Gershon AA, Dannon PN, Grunhaus L (2003) Transcranial magnetic stimulation in the treatment of depression. Am J Psychiatry 160: 835–845

Goodwin GM (1997) Neuropsychological and neuroimaging evidence for the involvement of the frontal lobes in depression. J Psychopharmacol 11: 115–122

Grant MM, Thase ME, Sweeney JA (2001) Cognitive disturbance in outpatient depressed younger adults: evidence of modest impairment. Biol Psychiatry 50: 35–43

Literatur

Grunhaus L, Schreiber S, Dolberg OT, Polak D, Dannon PN (2003) A randomized controlled comparison of electroconvulsive therapy and repetitive transcranial magnetic stimulation in severe and resistant nonpsychotic major depression. Biol Psychiatry 53: 324–331

Gyulai L, Alavi A, Broich K, Reilley J, Ball WB, Whybrow PC (1997) I-123 iofetamine single-photon computed emission tomography in rapid cycling bipolar disorder: a clinical study. Biol Psychiatry 41: 152–161

Habel U, Wild B, Topka H, Kircher T, Salloum JB, Schneider F (2001) Transcranial magnetic stimulation: No effect on mood with single pulse during learned helplessness. Progr Neuropsychopharmacol Biol Psychiatry 25: 497–506

Hamakawa H, Kato T, Shioiri T, Inubushi T, Kato N (1999) Quantitative proton magnetic resonance spectroscopy of the bilateral frontal lobes in patients with bipolar disorder. Psychol Med 29: 639–644

Heun R, Kockler M, Ptok U (2002) Depression in Alzheimer's disease: is there a temporal relationship between the onset of depression and the onset of dementia? Eur Psychiatry 17: 254–258

Hirono N, Mori E, Ishii K et al. (1998) Frontal lobe hypometabolism and depression in Alzheimer's disease. Neurology 50: 380–383

Iacobini M, Padovani A, DiPiero V, Lenzi GL (1995) Poststroke depression: relationships with morphological damage and cognition over time. Ital J Neurol Sci 16: 209–216

Iidaka T, Nakajima T, Suzuki Y, Okazaki A, Maehara T, Shiraishi H (1997) Quantitative regional cerebral flow measured by Tc-99 M HMPAO SPECT in mood disorder. Psychiatry Res 68: 143–154

Ito H, Kawashima R, Awata S, Ono S, Sato K, Goto R, Koyama M, Sato M, Fukuda H (1996) Hypoperfusion in the limbic system and prefrontal cortex in depression: SPECT with anatomic standardization technique. J Nucl Med 37: 410–414

Jacoby RJ, Levy R (1980) Computed tomography in the elderly, 3. Affective disorder. Br J Psychiatry 136: 270–275

Joseph R (1999) Frontal lobe psychopathology: mania, depression, confabulation, catatonia, perseveration, obsessive compulsions, and schizophrenia. Psychiatry 62: 138–172

Kegeles LS, Malone KM, Slifstein M, Ellis SP, Xanthopoulos E, Keilp JG, Campbell C, Oquendo M, Van Heertum RL, Mann JJ (2003) Response of cortical metabolic deficits to serotonergic challenge in familial mood disorders. Am J Psychiatry 160: 76–82

Kemmerer M, Nasrallah HA, Sharma S, Olson SC, Martin R, Lynn MB (1994) Increased hippocampal volume in bipolar disorder. Biol Psychiatry 35: 626

Kennedy SH, Javanmard M, Vaccarino FJ (1997) A review of functional neuroimaging in mood disorders: positron emission tomography and depression. Can J Psychiatry 42: 467–475

Kim JS, Choi-Kwon S (2000) Poststroke depression and emotional incontinence: correlation with lesion location. Neurology 54: 1805–1810

Kimbrell TA, Dunn RT, George MS, Danielson AL, Willis MW, Repella JD, Benson BE, Herscovitch P, Post RM, Wassermann EM (2002) Left prefrontal-repetitive transcranial magnetic stimulation (rTMS) and regional cerebral glucose metabolism in normal volunteers. Psychiatry Res 115: 101–113

Klein E, Kreinin I, Chistyakov A et al. (1999) Therapeutic efficacy of right prefrontal slow repetitive transcranial magnetic stimulation in major depression: a double-blind controlled study. Arch Gen Psychiatry 56: 315–320

Korhonen V, Laukkanen E, Antikainen R, Peiponen S, Lehtonen J, Viinamaki H (2002) Effect of major depression on cognitive performance among treatment-seeking adolescents. Nord J Psychiatry 56: 187–193

Krishnan KR, Hays JC, Blazer DG (1997) MRI-defined vascular depression. Am J Psychiatry 154: 497–501

Krishnan KR, McDonald WM, Escalona PR et al. (1992) Magnetic resonance imaging of the caudate nuclei in depression. Preliminary observations. Arch Gen Psychiatry 49: 553–557

Kumar A, Miller D (1997) Neuroimaging in late-life mood disorders. Clin Neurosci 4: 8–15

Kumar A, Newberg A, Alavi A, Berlin J, Smith R, Reivich M (1993) Regional cerebral glucose metabolism in late-life depression and Alzheimer disease: a preliminary positron emission tomography study. Proc Natl Acad Sci USA 90: 7019–7023

Kumar A, Jin Z, Bilker W, Udupa J, Gottlieb G (1998) Late-onset minor and major depression: early evidence for common neuroanatomical substrates detected by using MRI. Proc Natl Acad Sci USA 95: 7654–7658

Kumar A, Bilker W, Jin Z, Udupa J (2000) Atrophy and high intensity lesions: complementary neurobiological mechanisms in late-life major depression. Neuropsychopharmacol 22: 264–274

Lai T, Payne ME, Byrum CE, Steffens DC, Krishnan KR (2000) Reduction of orbital frontal cortex volume in geriatric depression. Biol Psychiatry 48: 971–975

Lane RD, Reiman EM, Ahern GL, Schwartz GE, Davidson RJ (1997) Neuroanatomical correlates of happiness, sadness, and disgust. Am J Psychiatry 154: 926–933

Larisch R, Klimke A, Mayoral F, Hamacher K, Herzog HR, Vosberg H, Tosch M, Gaebel W, Rivas F, Coenen HH, Müller-Gärtner HW (2001) Disturbance of serotonin

5HT2 receptors in remitted patients suffering from hereditary depressive disorder. Nuklearmedizin 40: 129–134

Leentjens AF, Van Den Akker M, Metsemakers JF, Lousberg R, Verhey FR (2003) Higher incidence of depression preceding the onset of Parkinson's disease: A register study. Mov Disord 18: 414–418

Lesser IM, Mena I, Boone KB, Miller BL, Mehringer CM, Wohl M (1994) Reduction of cerebral blood flow in older depressed patients. Arch Gen Psychiatry 51: 677–686

Levesque J, Eugene F, Joanette Y, Paquette V, Mensour B, Beaudoin G, Leroux JM, Bourgouin P, Beauregard M (2003) Neural circuitry underlying voluntary suppression of sadness. Biol Psychiatry 53: 502–510

Li YS, Meyer JS, Thornby J (2001) Longitudinal follow-up of depressive symptoms among normal versus cognitively impaired elderly. Int J Geriatr Psychiatry 16: 718–727

Lisanby SH, Sackheim HA (1999) TMS in major depression. In: George MS, Belmaker RH (eds) Transcranial magnetic stimulation in neuropsychiatry. American Press, Washington, DC

Lisanby SH, Schlaepfer TE, Fisch HU, Sackeim HA (2001) Magnetic seizure therapy of major depression. Arch Gen Psychiatry 58: 303–305

Liu SK, Chiu CH, Chang CJ, Hwang TJ, Hwu HG, Chen WJ (2002) Deficits in sustained attention in schizophrenia and affective disorders: stable versus state-dependent markers. Am J Psychiatry 159: 975–982

Lockwood KA, Alexopoulos GS, van Gorp WG (2002) Executive dysfunction in geriatric depression. Am J Psychiatry 159: 1119–1126

Lopez-Larson MP, DelBello MP, Zimmerman ME, Schwiers ML, Strakowski SM (2002) Regional prefrontal gray and white matter abnormalities in bipolar disorder. Biol Psychiatry 52: 93–100

Lyketsos CG, Corazzini K, Steele C (1995) Mania in Alzheimer's disease. J Neuropsychiatry Clin Neurosci 7: 350–352

MacQueen GM, Campbell S, McEwen BS, Macdonald K, Amano S, Joffe RT, Nahmias C, Young LT (2003) Course of illness, hippocampal function, and hippocampal volume in major depression. Proc Natl Acad Sci U S A 100: 1387–1392

Martin SD, Martin E, Rai SS, Richardson MA, Royall R (2001) Brain blood flow changes in depressed patients treated with interpersonal psychotherapy or venlafaxine hydrochloride: preliminary findings. Arch Gen Psychiatry 58: 641–648

Martinez-Aran A, Vieta E, Colom F, Reinares M, Benabarre A, Gasto C, Salamero M (2000) Cognitive dysfunctions in bipolar disorder: evidence of neuropsychological disturbances. Psychother Psychosom 69: 2–18

Martinez-Aran A, Penades R, Vieta E, Colom F, Reinares M, Benabarre A, Salamero M, Gasto C (2002) Executive function in patients with remitted bipolar disorder and schizophrenia and its relationship with functional outcome. Psychother Psychosom 71: 39–46

Martinot JL, Hardy P, Feline A et al. (1990) Left prefrontal glucose hypometabolism in the depressed state: a confirmation. Am J Psychiatry 147: 1313–1317

Matsuo K, Kato N, Kato T (2002) Decreased cerebral haemodynamic response to cognitive and physiological tasks in mood disorders as shown by near-infrared spectroscopy. Psychol Med 32: 1029–37

Mayberg HS, Robinson RG, Wong DF et al. (1988) PET imaging of cortical S2 serotonin receptors after stroke: lateralized changes and relation. Am J Psychiatry 145: 937–943

Mayberg HS, Starkstein SE, Sadzot B et al. (1990) Selective hypometabolism in the inferior frontal lobe in depressed patients with Parkinson's disease. Ann Neurol 28: 57–64

Mayberg HS, Starkstein SE, Peyser CE, Brandt J, Dannals RF, Folstein SE (1992) Paralimbic frontal lobe hypometabolism in depression associated with Huntington's disease. Neurology 42: 1791–1797

Mayberg HS, Liotti M, Brannan SK, McGinnis S, Mahurin RK, Jerabek PA, Silva JA, Tekell JL, Martin CC, Lancaster JL, Fox PT (1999) Reciprocal limbic-cortical function and negative mood: converging PET findings in depression and normal sadness. Am J Psychiatry 156: 675–682

McGrath J, Scheldt S, Welham J, Clair A (1997) Performance on tests sensitive to impaired executive ability in schizophrenia, mania and well controls: acute and subacute phases. Schizophr Res 26: 127–137

Mervaala E, Föhr J, Könönen M et al. (2000) Quantitative MRI of the hippocampus and amygdala in severe depression. Psychol Med 30: 117–125

Mitterschiffthaler MT, Kumari V, Malhi GS, Brown RG, Giampietro VP, Brammer MJ, Suckling J, Poon L, Simmons A, Andrew C, Sharma T (2003) Neural response to pleasant stimuli in anhedonia: an fMRI study. Neuroreport 14: 177–82

Mottaghy FM, Keller CE, Gangitano M, Ly J, Thall M, Parker JA, Pascual-Leone A (2002) Correlation of cerebral blood flow and treatment effects of repetitive transcranial magnetic stimulation in depressed patients. Psychiatry Res 115: 1–14

Mulsant BH, Ganguli M (1999) Epidemiology and diagnosis of depression in late life. J Clin Psychiatry 60 20: 9–15

Nahas Z, Kozel FA, Li X, Anderson B, George MS (2003) Left prefrontal transcranial magnetic stimulation (TMS) treatment of depression in bipolar affective disorder:

Literatur

a pilot study of acute safety and efficacy. Bipolar Disord 5: 40–47

Neu P, Kiesslinger U, Schlattmann P, Reischies FM (2001) Time-related cognitive deficiency in four different types of depression. Psychiatry Res 103: 237–247

Nilsson FM, Kessing LV, Sorensen TM, Andersen PK, Bolwig TG (2002) Major depressive disorder in Parkinson's disease: a register-based study. Acta Psychiatr Scand 106: 202–211

Noga JT, Vladar K, Torrey EF (2001) A volumetric magnetic resonance imaging study of monozygotic twins discordant for bipolar disorder. Psychiatry Res 106: 25–34

Ogura A, Morinobu S, Kawakatsu S, Totsuka S, Komatani A (1998) Changes in regional brain activity in major depression after successful treatment with antidepressant drugs. Acta Psychiatr Scand 98: 54–59

Okada G, Okamoto Y, Morinobu S, Yamawaki S, Yokota N (2003) Attenuated left prefrontal activation during a verbal fluency task in patients with depression. Neuropsychobiology 47: 21–26

Padberg F, Moller HJ (2003) Repetitive transcranial magnetic stimulation: does it have potential in the treatment of depression? CNS Drugs 17: 383–403

Padberg F, Zwanzger P, Thoma H et al. (1999) Repetitive transcranial magnetic stimulation (rTMS) in pharmacotherapy-refractory major depression: comparative study of fast, slow and sham rTMS. Psychiatry Res 88: 163–171

Paradiso S, Johnson DL, Andreasen NC, O'Leary DS, Watkins GL, Ponto LL, Hichwa RD (1999) Cerebral blood flow changes associated with attribution of emotional valence to pleasant, unpleasant, and neutral visual stimuli in a PET study of normal subjects. Am J Psychiatry 156: 1618–1629

Pardo JV, Pardo PJ, Raichle ME (1993) Neural correlates of self-induced dysphoria. Am J Psychiatry 150: 713–719

Passero S, Nardini M, Battistini N (1995) Regional cerebral blood flow changes following chronic administration of antidepressant drugs. Prog Neuropsychopharmacol Biol Psychiatry 19: 627–636

Patten SB, Metz LM, Reimer MA (2000) Biopsychosocial correlates of lifetime major depression in a multiple sclerosis population. Mult Scler 6: 115–120

Phillips ML, Bullmore ET, Howard R et al. (1998) Investigation of facial recognition memory and happy and sad facial expression perception: an fMRI study. Psychiatry Res Neuroimaging 83: 127–138

Poewe W, Luginger E (1999) Depression in Parkinson's disease: impediments to recognition and treatment options. Neurology 52: 2–6

Price JL (1999) Prefrontal cortical networks related to visceral function and mood. Ann N Y Acad Sci 877: 383–396

Pujol J, Bello J, Deus J, Marti-Vilalta JL, Capdevila A (1997) Lesions in the left arcuate fasciculus region and depressive symptoms in multiple sclerosis. Neurology 49: 1105–1110

Purcell R, Maruff P, Kyrios M, Pantelis C (1997) Neuropsychological function in young patients with unipolar major depression. Psychol Med 27: 1277–1285

Quraishi S, Frangou S (2002) Neuropsychology of bipolar disorder: a review. J Affect Disord 72: 209–226

Rangel-Guerra RA, Perez-Payan H, Minkoff L, Todd LE (1983) Nuclear magnetic resonance in bipolar affective disorders. Am J Neuroradiol 4: 229–231

Reid PD, Daniels B, Rybak M, Turnier-Shea Y, Pridmore S (2002) Cortical excitability of psychiatric disorders: reduced post-exercise facilitation in depression compared to schizophrenia and controls. Aust N Z J Psychiatry 36: 669–673

Reiman EM, Lane RD, Ahern GL et al. (1997) Neuroanatomical correlates of externally and internally generated human emotion. Am J Psychiatry 154: 918–925

Ring HA, Bench CJ, Trimble MR, Brooks DJ, Frackowiak RS, Dolan RJ (1994) Depression in Parkinson's disease. A positron emission study. Br J Psychiatry 165: 333–339

Risch SC (1997) Recent advances in depression research. From stress to molecular biology and brain imaging. J Clin Psychiatry 58: 3–6

Robbins TW, James, M, Lange, W, Owen, AM, Quinn, NP, Marsden CD (1992) Cognitive performance in multiple system atrophy. Brain 115: 271–291

Robinson RG, Starkstein SE, Price TR (1988) Post-stroke depression and lesion location. Stroke 19: 125–126

Rogers MA, Bradshaw JL, Pantelis C, Phillips JG (1998) Frontostriatal deficits in unipolar major depression. Brain Res Bull 47: 297–310

Rubinsztein JS, Michael A, Paykel ES, Sahakian BJ (2000) Cognitive impairment in remission in bipolar affective disorder. Psychol Med 30: 1025–1036

Rusch BD, Abercrombie HC, Oakes TR, Schaefer SM, Davidson RJ. (2001) Hippocampal morphometry in depressed patients and control subjects: relations to anxiety symptoms. Biol Psychiatry 50: 960–964

Sax KW, Strakowski SM, Zimmerman ME, DelBello MP, Keck PE Jr, Hawkins JM (1999) Frontosubcortical neuroanatomy and the continuous performance test in mania. Am J Psychiatry 156: 139–141

Saxena S, Brody AL, Ho ML, Alborzian S, Ho MK, Maidment KM, Huang SC, Wu HM, Au SC, Baxter LR Jr (2001) Cerebral metabolism in major depression and obsessive-compulsive disorder occurring separately and concurrently. Biol Psychiatry 50: 159–170

Saxena S, Brody AL, Ho ML, Zohrabi N, Maidment KM, Baxter LR Jr (2003) Differential brain metabolic predictors of response to paroxetine in obsessive-compulsive disorder versus major depression. Am J Psychiatry 160: 522–532

Schlaepfer TE, Harris GJ, Tien AY et al. (1994) Decreased regional cortical gray matter volume in schizophrenia. Am J Psychiatry 151: 842–848

Schlaepfer TE, Kosel M, Nemeroff CB (2003) Efficacy of repetitive transcranial magnetic stimulation (rTMS) in the treatment of affective disorders. Neuropsychopharmacology 28: 201–205

Schneider F (1992) Psychophysiologische Unspezifität schizophrener Erkrankungen. Stuttgart: Fischer

Schneider F, Weiss U (1998) Neurobehavioural substrates of mood induction. In: Ebert D, Ebmeier K (Hrsg) New models for depression. Advances in Biological Psychiatry, Vol 19. Karger, Basel, S 34–48

Schneider F, Weiss U (1999) Experimentelle Induktion von Emotionen. In: Bräunig P (Hrsg) Motorische Störungen bei schizophrenen Psychosen. Schattauer, Stuttgart, S 151–160

Schneider F, Gur RC, Gur RE, Muenz LR (1994a) Standardized mood induction with happy and sad facial expressions. Psychiatry Res 51: 19–31

Schneider F, Gur RC, Jaggi JL, Gur RE (1994b) Differential effects of mood on cortical cerebral blood flow: a ^{133}Xenon clearance study. Psychiatry Res 52: 215–236

Schneider F, Gur RE, Mozley LH, Smith RJ, Mozley PD, Censits DM, Alavi A, Gur RC (1995) Mood effects on limbic blood flow correlate with emotional self-rating: a PET study with oxygen-15 labeled water. Psychiatry Res Neuroimaging 61: 265–283

Schneider F, Grodd W, Machulla HJ (1996a) Untersuchung psychischer Funktionen durch funktionelle Bildgebung mit Positronenemissionstomographie und Kernspintomographie. Nervenarzt 67: 721–729

Schneider F, Gur RE, Alavi A, Seligman ME, Mozley LH, Smith RJ, Mozley PD, Gur RC (1996b) Cerebral blood flow changes in limbic regions induced by unsolvable anagram tasks. Am J Psychiatry 153: 206–212

Schneider F, Grodd W, Weiss U, Klose U, Mayer KR, Nägele T, Gur RC (1997) Functional MRI reveals left amygdala activation during emotion. Psychiatry Res Neuroimage 76: 75–82

Schneider F, Weiss U, Kessler C, Salloum JB, Posse S, Grodd W, Müller-Gärtner H-W (1998) Differential amygdala activation in schizophrenia during sadness. Schizophr Res 34: 133–142

Schneider F, Habel U, Kessler C, Salloum JB, Posse S (2000) Gender differences in regional cerebral activity during sadness. Hum Brain Mapp 9: 226–238 Erratum: Hum Brain Mapp (2001) 13: 124

Seligman ME (1972) Learned helplessness. Annu Rev Med 23: 407–412

Shah PJ, Ebmeier KP, Glabus MF, Goodwin GM (1998) Cortical grey matter reductions associated with treatment-resistant chronic unipolar depression. Controlled magnetic resonance imaging study. Br J Psychiatry 172: 527–532

Shajahan PM, Glabus MF, Gooding PA, Shah PJ, Ebmeier KP (1999) Reduced cortical excitability in depression. Impaired post-exercise motor facilitation with transcranial magnetic stimulation. Br J Psychiatry 174: 449–454

Shajahan PM, Glabus MF, Steele JD, Doris AB, Anderson K, Jenkins JA, Gooding PA, Ebmeier KP (2002) Left dorsolateral repetitive transcranial magnetic stimulation affects cortical excitability and functional connectivity, but does not impair cognition in major depression. Prog Neuropsychopharmacol Biol Psychiatry 26: 945–954

Shallice T (1988) From neuropsychology to mental structure. Cambridge University Press, Cambridge

Sheline YI, Sanghavi M, Mintun MA, Gado MH (1999) Depression duration but not age predicts hippocampal volume loss in medically healthy women with recurrent major depression. J Neurosci 19: 5034–5043

Sheline YI, Barch DM, Donnelly JM, Ollinger JM, Snyder AZ, Mintun MA (2001) Increased amygdala response to masked emotional faces in depressed subjects resolves with antidepressant treatment: an fMRI study. Biol Psychiatry 50: 651–658

Shoulson I (1990) Huntington's disease: cognitive and psychiatric features. Neuropsychiatry Neuropsychol Behav Neurol 3: 15–222

Skaf CR, Yamada A, Garrido GE, Buchpiguel CA, Akamine S, Castro CC, Busatto GF (2002) Psychotic symptoms in major depressive disorder are associated with reduced regional cerebral blood flow in the subgenual anterior cingulate cortex: a voxel-based single photon emission computed tomography (SPECT) study. J Affect Disord 68: 295–305

Soares JC, Mann JJ (1997) The anatomy of mood disorders: review of structural neuroimaging studies. Biol Psychiatry 41: 86–106

Starkstein SE, Pearlson GD, Boston J, Robinson RG (1987) Mania after brain injury. A controlled study of causative factors. Arch Neurol 44: 1069–1073

Starkstein SE, Preziosi TJ, Bolduc PL, Robinson RG (1990) Depression in Parkinson's disease. J Nerv Ment Dis 178: 27–31

Starkstein SE, Fedoroff P, Berthier ML, Robinson RG (1991) Manic-depressive and pure manic states after brain lesions. Biol Psychiatry 29: 149–158

Steffens DC, Byrum CE, McQuoid DR, Greenberg DL, Payne ME, Blitchington TF, MacFall JR, Krishnan KR (2000)

Hippocampal volume in geriatric depression. Biol Psychiatry 48: 301–309
Steffens DC, Krishnan KRR (1998) Structural neuroimaging and mood disorders: recent findings, implications for classification, and future directions. Biol Psychiatry 43: 705–712
Strakowski SM, DelBello MP, Sax KW, Zimmerman ME, Shear PK, Hawkins JM, Larson ER (1999) Brain magnetic resonance imaging of structural abnormalities in bipolar disorder. Arch Gen Psychiatry 56: 254–260
Strakowski SM, Adler CM, DelBello MP (2002) Volumetric MRI studies of mood disorders: do they distinguish unipolar and bipolar disorder? Bipolar Disord 4: 80–88
Sullivan RM, Gratton A (1999) Lateralized effects of medial prefrontal cortex lesions on neuroendocrine and autonomic stress responses in rats. J Neurosci 19: 2834–2840
Tandberg E, Larsen JP, Aarsland D, Laake K, Cummings JL (1997) Risk factors for depression in Parkinson disease. Arch Neurol 54: 625–630
Teneback CC, Nahas Z, Speer AM et al. (1999) Changes in prefrontal cortex and paralimbic activity in depression following two weeks of daily left prefrontal TMS. J Neuropsychiatry Clin Neurosci 11: 426–435
Thomas KM, Drevets WC, Dahl RE, Ryan ND, Birmaher B, Eccard CH, Axelson D, Whalen PJ, Casey BJ (2001) Amygdala response to fearful faces in anxious and depressed children. Arch Gen Psychiatry 58(11): 1057–1063
Trichard C, Martinot JL, Alagille M, Masure MC, Hardy P, Ginestet D, Feline A (1995) Time course of prefrontal lobe dysfunction in severely depressed in-patients: a longitudinal neuropsychological study. Psychol Med 25: 79–85
Tutus A, Simsek A, Sofuoglu S, Nardali M, Kugu N, Karaaslan F, Gonul AS (1998) Changes in regional cerebral blood flow demonstrated by single photon emission computed tomography in depressive disorders: comparison of unipolar vs. bipolar subtypes. Psychiatry Res Neuroimag 83: 169–177
Vakili K, Pillay SS, Lafer B, Fava M, Renshaw PF, Bonello-Cintron CM, Yurgelun-Todd DA (2000) Hippocampal volume in primary unipolar major depression: a magnetic resonance imaging study. Biol Psychiatry 47: 1087–1090
van Elst LT, Woermann FG, Lemieux L, Thompson PJ, Trimble MR (2000) Affective aggression in patients with temporal lobe epilepsy: a quantitative MRI study of the amygdala. Brain 123: 234–243
Veiel HO (1997) A preliminary profile of neuropsychological deficits associated with major depression. J Clin Exp Neuropsychol 19: 587–603
Videbech P (1997) MRI findings in patients with affective disorder: a meta-analysis. Acta Psychiatr Scand 96: 157–168
Videbech P (2000) PET measurements of brain glucose metabolism and blood flow in major depressive disorder: a critical review. Acta Psychiatr Scand 101: 11–20
von Gunten A, Fox NC, Cipolotti L, Ron MA (2000) A volumetric study of hippocampus and amygdala in depressed patients with subjective memory problems. J Neuropsychiatry Clin Neurosci 12: 493–498
Wefel JS, Hoyt BD, Massma PJ (1999) Neuropsychological functioning in depressed versus nondepressed participants with Alzheimer's disease. Clin Neuropsychol 13: 249–257
Weiss U, Salloum JB, Schneider F (1999) Correspondence of emotional self-rating with facial expression. Psychiatry Res 86: 175–184
Whalen PJ, Rauch SL, Etcoff NL, McInerney SC, Lee MB, Jenike MA (1998) Masked presentations of emotional facial expressions modulate amygdala activity without explicit knowledge. J Neurosci 18: 411–418
Wu J, Buchsbaum MS, Gillin JC et al. (1999) Prediction of antidepressant effects of sleep deprivation by metabolic rates in the ventral anterior cingulate and medial prefrontal cortex. Am J Psychiatry 156: 1149–1158
Zorzon M, Zivadinov R, Nasuelli D, Ukmar M, Bratina A, Tommasi MA, Mucelli RP, Brnabic-Razmilic O, Grop A, Bonfigli L, Cazzato G (2002) Depressive symptoms and MRI changes in multiple sclerosis. Eur J Neurol 9: 491–496
Zubenko GS, Zubenko WN, McPherson S, Spoor E, Marin DB, Farlow MR, Smith GE, Geda YE, Cummings JL, Petersen RC, Sunderland T (2003) A collaborative study of the emergence and clinical features of the major depressive syndrome of Alzheimer's disease. Am J Psychiatry 160: 857–866

Angsterkrankungen

G. Wiedemann

12.1 Einleitung – 268

12.2 Panikstörung – 268
Computertomografische Befunde – 269
Frontale Hirnasymmetrie – 269
Veränderungen in der Funktion der Benzodiazepinrezeptoren – 272
Funktionelle Bildgebung während experimentell induzierter
Angstzustände – 272
Spezifität der Befunde – 273
Zusammenfassung – 273
Neurobiologische Hypothesen – 273

12.3 Spezifische Phobie – 275

12.4 Soziale Phobie – 278

12.5 Generalisierte Angststörung – 279

12.6 Posttraumatische Belastungsstörung – 280

12.7 Gemeinsame funktionelle Neuroanatomie unterschiedlicher
Angststörungen – 286

12.8 Interaktion zwischen limbischen Strukturen
und Frontalhirn – 286

12.9 Frontalhirn, emotionale Bewertung und Angst – 287

12.10 Psychotherapie, Psychopharmakologie
und Neuroplastizität – 288

Literatur – 288

12.1 Einleitung

In der Allgemeinbevölkerung ist die einfache Phobie, bei Behandlungssuchenden die Panikstörung am häufigsten.

Die charakteristischen Merkmale der Angsterkrankungen stellen Angstsymptome und/oder Vermeidungsverhalten dar. Sowohl bei der reinen Panikstörung als auch bei der generalisierten Angststörung steht das Empfinden der Angst im Vordergrund der Symptomatik. Bei der Panikstörung mit Agoraphobie herrscht dagegen ein häufig ausgeprägtes Vermeidungsverhalten vor. Bei den phobischen Störungen wiederum treten Ängste nur dann auf, wenn die Patienten der angstauslösenden Situation oder dem Objekt ausgesetzt sind. Vermeidungsverhalten ist hier die Regel.

Bei der posttraumatischen Belastungsstörung (PTSD) stellt das Wiedererleben eines Traumas und ein generell erhöhtes Erregungsniveau die dominierende Symptomatik dar, auch wenn Angstsymptome und Vermeidungsverhalten häufig auftreten.

Bei der Zwangsstörung tritt Angst bei dem Versuch auf, den Zwangsgedanken oder -handlungen zu widerstehen, d. h. sie zu unterlassen. Diese Störung wird hier ausgeklammert. In diesem Kapitel wird daher auf folgende Punkte eingegangen:
— Panikstörung,
— einfache und soziale Phobie,
— generalisierte Angststörung,
— posttraumatische Belastungsstörung und
— mögliche Gemeinsamkeiten in der funktionellen Neuroanatomie von mehreren Angststörungen.

12.2 Panikstörung

Hauptmerkmal der Panikstörung ohne (ICD-10 F41.0, DSM-IV 300.01, ▶ s. unten) oder mit Agoraphobie (ICD-10 F40.01, DSM-IV 300.21, ▶ s. unten) sind wiederkehrende schwere Panikattacken, d. h. abgrenzbare Episoden intensiver Angst, die gemeinsam mit Symptomen wie Atemnot, beschleunigter Herzschlag, Zittern oder Furcht zu sterben auftreten, und zumindest zu Beginn der Störung meist unerwartet sind. Die meisten klinischen Fälle zeigen auch agoraphobische Symptome. Diese bestehen in der Angst, sich in Situationen oder an Orten aufzuhalten, in denen eine Flucht nur schwer möglich oder beim Auftreten einer Panikattacke keine Hilfe verfügbar wäre wie z. B. Bus, Zug oder Auto zu fahren.

Die diagnostische Einteilung von Panikstörung und Agoraphobie ist in den beiden gängigen Diagnoseschemata ICD-10 und DSM-IV unterschiedlich gelöst und kann daher zu Verwirrungen führen. In der ICD-10 wird unter der Kategorie »phobische Störungen« (ICD-10 F 40) von der Agoraphobie (ICD-10 F 40.0) ausgegangen, die ohne oder mit Panikstörung kodiert wird (ICD-10 F 40.00 oder ICD-10 F 40.01). Die reine Panikstörung (ICD-10 F 41.0) wird separat unter »sonstige Angststörungen« (ICD-10 F 41) subsumiert. Im DSM-IV dagegen stellt die Panikstörung die primäre Störung dar, die ohne (DSM-IV 300.01) oder mit (DSM-IV 300.21) Agoraphobie kodiert wird. Das alleinige Auftreten einer Agoraphobie wird als Agoraphobie ohne Panikstörung in der Vorgeschichte bezeichnet (DSM-IV 300.22). Im ICD-10 wird von der Agoraphobie als primärer Störung ausgegangen, im DSM-IV von der Panikstörung. Die meisten hier referierten Studien beziehen sich primär auf das DSM-IV und stellen damit die Panikstörung in den Mittelpunkt.

Im Folgenden werden kurz Befunde mit der CCT (kraniale Computertomografie) dargestellt. Danach erfolgt ein Überblick über Studien, die auf eine spezifische funktionelle frontale Hirnasymmetrie sowohl in der funktionellen Bildgebung, als auch im Spontan-EEG hinweisen. Ein weiterer Abschnitt befasst sich mit der Verteilung der Benzodiazepinrezeptoren im Frontalhirn. Dann wird auf Provokationsstudien unter funktioneller Bildgebung eingegangen. Schließlich wird dargestellt, wie der Frontallappen in die neurobiologischen Modellvorstellungen zur Ätiologie der Panikstörung integriert ist. Zusammenfassend sind die einzelnen Studien mit einem Befund im Frontallappen in ◘ Tabelle 12.1 dargestellt.

Computertomografische Befunde

Wurthmann et al. (1997) erfassten computertomografisch die Hirnmorphologie von 21 Patienten mit einer Panikstörung und 21 gesunden Kontrollpersonen. Die Patienten wiesen im Vergleich zu den Gesunden bilaterale Erweiterungen der frontalen Liquorräume auf.

Frontale Hirnasymmetrie

Reiman et al. (1989) konnten in einer Reihe von PET-Studien zeigen, dass Hypokapnie bei laktatsensitiven Patienten mit einer Panikstörung insbesondere mit einer verstärkten Asymmetrie des zerebralen Blutflusses im parahippokampalen Gyrus (rechts höher als links) assoziiert ist. Mithilfe von Deoxyglukose-PET konnten Nordahl et al. (1990) diese Verstärkung der parahippokampalen Asymmetrie bei unmedizierten Patienten mit einer Panikstörung bestätigen. Zusätzlich fanden sie einen erhöhten Metabolismus im medialen orbitofrontalen Kortex (Trend) bei Patienten mit einer Panikstörung im Vergleich zu den gesunden Kontrollpersonen.

In einer weiteren Studie untersuchten Nordahl et al. (1998) Patienten mit einer Panikstörung unter Gabe von Imipramin mit PET. Sie wollten in einer unabhängigen Stichprobe überprüfen, ob sich die oben genannten Befunde unter medikamentöser Therapie normalisieren. Sie erwarteten eine ähnliche Normalisierung der Befunde wie in analogen Untersuchungen bei Patienten mit einer Zwangsstörung unter Gabe von Clomipramin (Nordahl et al. 1989; Benkelfat et al. 1990; Baxter et al. 1992; Schwartz et al. 1996). Die Autoren fanden die gleiche Asymmetrie (rechts höher als links) im Hippokampus und im posterioren inferioren präfrontalen Kortex bei den mit Imipramin behandelten Patienten wie bei den unmedizierten Patienten mit einer Panikstörung. Daher nehmen die Autoren an, dass es sich bei dieser Asymmetrie um eine Trait-Variable handeln könnte.

Zusätzlich fanden sie eine Abnahme des regionalen Metabolismus im posterioren orbitofrontalen Kortex bei den medizierten Patienten im Vergleich zu den unmedizierten. Dieser Unterschied ähnelt analogen Veränderungen im ZNS bei Patienten mit einer Zwangsstörung, die mit Clomipramin behandelt wurden (Baxter et al. 1992; Schwartz et al. 1996). Dieser Effekt könnte also auf die Imipramin-Medikation zurückzuführen sein.

In einer SPECT-Untersuchung fanden de Cristofaro et al. (1993) bei laktatsensitiven Patienten mit einer Panikstörung bilaterale hippokampale Minderperfusion und eine verstärkte Asymmetrie des Blutflusses (rechts höher als links) im inferioren frontalen Kortex. SPECT-Studien mit dem Benzodiazepinantagonist ^{123}I-Iomazenil zeigten bei Patienten mit einer Panikstörung im Vergleich zu gesunden Kontrollpersonen eine verstärkte Asymmetrie der Ligandenbindung (rechts höher als links) im inferioren und mittleren präfrontalen Kortex (Kuikka et al. 1995).

Diese Asymmetrie mit rechts erhöhtem Blutfluss im Vergleich zu links kann auch bei Gesunden beobachtet werden. Das offenbar generelle Muster einer Verstärkung dieser Asymmetrie bei Patienten mit einer Panikstörung, insbesondere solchen mit Laktatsensitivität, bedarf weiterer Erforschung. Es muss in Zusammenhang mit Studien gesehen werden, die anzeigen, dass negative Affekte durch den rechtspräfrontalen Kortex vermittelt werden.

Eine EEG-Studie von Wiedemann et al. (1999) konnte zeigen, dass Patienten mit einer Panikstörung durch eine Asymmetrie in der frontalen Hirnaktivität (rechts höher als links) charakteri-

Tabelle 12.1. Frontallappen und Panikstörung

Studie	Methode	Population	Ergebnisse
Morphologische Studien			
Wurthmann et al. (1997)	CCT	Patienten mit einer Panikstörung	Bilaterale Erweiterung der frontalen Liquorräume
Funktionsuntersuchungen (Asymmetrie)			
Nordahl et al. (1990)	Deoxyglukose-PET	Unmedizierte Patienten mit einer Panikstörung	Verstärkte Asymmetrie im präfrontalen Kortex (Trend), Zunahme des Metabolismus im orbitofrontalen Kortex
Nordahl et al. (1998)	Deoxyglukose-PET	Medizierte Patienten mit einer Panikstörung (Imipramin)	Verstärkte Asymmetrie im posterioren inferioren präfrontalen Kortex, Abnahme des Metabolismus im posterioren orbitofrontalen Kortex
De Cristofaro et al. (1993)	HMPAO-SPECT	Laktatsensitive Patienten mit einer Panikstörung	Verstärkte Asymmetrie im inferioren frontalen Kortex
Kuikka et al. (1995)	^{123}I-Iomazenil-SPECT	Patienten mit einer Panikstörung	Verstärkte Asymmetrie im inferioren und mittleren präfrontalen Kortex
Wiedemann et al. (1999)	Spontan-EEG (Alpha-Band)	Patienten mit einer Panikstörung	Frontale Asymmetrie
Shiori et al. (1996)	^{31}P-MRS	Patienten mit einer Panikstörung	Phosphokreatinkonzentration im linken Frontallappen höher als rechts
Benzodiazepinrezeptorstudien			
Schlegel et al. (1994)	^{11}C-Flumazenil-PET	Patienten mit einer Panikstörung	Verminderte Benzodiazepinrezeptorbindung frontal
Kaschka et al. (1995)	^{123}I-Iomazenil-PET	Patienten mit einer Panikstörung mit Depression	Verminderte Benzodiazepinrezeptorbindung im inferioren Frontallappen
Malizia et al. (1998)	^{11}C-Flumazenil-PET	Patienten mit einer Panikstörung	Verminderte Benzodiazepinrezeptorbindung rechts präfrontal
Bremner et al. (2000b)	^{123}I-Iomazenil-PET	Patienten mit einer Panikstörung während einer Panikattacke	Verminderte Benzodiazepinrezeptorbindung im präfrontalen Kortex
Provokationsuntersuchungen			
Stewart et al. (1988)	SPECT mit ^{133}Xe-Inhalation	Patienten mit einer Panikstörung unter Laktatinfusion	Verminderter Blutfluss im Frontallappen nur bei laktatsensitiven Patienten
Woods et al. (1988)	HMPAO-SPECT	Patienten mit einer Panikstörung unter Yohimbin	Verminderter Blutfluss im frontalen Kortex

EEG Elektroenzephalografie, *HMPAO* hexamethylpropylenamine oxime, *MRS* Magnetresonanzspektroskopie, *PET* Positronenemissionstomografie, *SPECT* Single-Photon-Emissioncomputertomografie.

siert sind, die als Hinweis auf ein überaktives Vermeidungs-Rückzugs-System verstanden werden kann. Die Asymmetrie war von depressiven Symptomen unabhängig, jedoch durch spezifische Reizsituationen zu beeinflussen. Die Asymmetrie zeigt sich spezifisch in der Alpha-Aktivität.

Die Alpha-Power ist umgekehrt proportional zur mentalen Aktivität und wird daher als indirektes Maß für die Hirnaktivität angesehen. Eine anstehende Forschungsfrage ist, ob und wie und mit welchen Strukturen die Alpha-Power im EEG mit weiteren zentralnervösen Strukturen zusammenhängt. Eine erste Studie in dieser Richtung stellt die PET-Studie von Larson et al. dar (1998). Tierexperimentelle Studien legen nahe, dass der kortikale Alpha-Rhythmus mit Alpha-Rhythmen im Thalamus korreliert. Larson et al. zeigten, dass die Alpha-Power über 28 Elektroden bei 27 Teilnehmern über einen Zeitraum von einer halben Stunde umgekehrt proportional zum Glukosemetabolismus im Thalamus war.

Heller et al. (1995, 1997) stellten die Hypothese auf, dass die Art der Angst bei einer jeweiligen Angststörung die globale und insbesondere regionale Gehirnaktivität beeinflusst. Insbesondere die regionale Gehirnaktivität sollte für Panik (»panic«) und Besorgnis (»worry«) unterschiedlich sein. Diese beiden Angstzustände unterscheiden sich in ihren psychologischen und physiologischen Komponenten. Panik wird durch somatische Symptome wie Veränderungen in der Herzfrequenz, der Hautleitfähigkeit und der elektromyografischen Aktivität charakterisiert, während Sorge typischerweise durch kognitive Variablen wie unkontrollierbare Gedanken, die sich häufig auf Bedenken hinsichtlich der Zukunft konzentrieren, spezifiziert wird (Barlow 1991). In der Weiterentwicklung dieses Konzepts schlagen die Autoren die Unterscheidung zwischen ängstlicher Erregung (»anxious arousal«) und ängstlicher Vorstellung (»anxious apprehension«) vor. Ängstliche Erregung beinhaltet physiologische Erregung und somatische Anspannung wie z. B. bei Panikattacken. Ängstliche Vorstellung umfasst Besorgnis (»worry«) und Grübeln (»rumination«) über v.a. zukünftige Ereignisse wie bei Zwangsstörung oder generalisierter Angststörung. Der Literaturüberblick von Heller et al. über Gehirnaktivität bei Angststörungen ergab, dass die Studien mit größerer rechtsseitiger Aktivität sich insbesondere mit Panik befassten und solche mit größerer linksseitiger Aktivität insbesondere mit Sorge.

Die Studie von Bruder et al. (1997) fand bei depressiven Patienten mit einer Angststörung eine höhere Hirnaktivität über den rechten frontalen und parietalen Hirnregionen im Vergleich zu links. Die insbesondere posteriore Asymmetrie konnte jedoch bisher nicht bestätigt werden und bedarf noch differenzierterer Untersuchungen, während die frontale Asymmetrie inzwischen besser belegt zu sein scheint.

Die Magnetresonanzspektroskopie stellt eine nichtinvasive Untersuchung der Biochemie des Gehirns und damit unter den bildgebenden Verfahren eine Alternative zu PET und SPECT dar. Damit können die unterschiedlichen MR-detektierbaren chemischen Substanzen getrennt werden (Duncan 1996). Shioiri et al. (1996) untersuchten den Phosphormetabolismus im Gehirn mit Hilfe von Phosphor-31-Magnetresonanzspektroskopie (^{31}P-MRS) bei 18 Patienten mit einer Panikstörung und 18 gesunden Kontrollpersonen. Der Phosphormetabolismus im gesamten Frontallappen unterschied sich nicht zwischen den beiden Gruppen. Es ergab sich jedoch eine Asymmetrie der Phosphokreatinkonzentration im Frontallappen der Patienten mit einer Panikstörung (links höher als rechts). Dies legt einen abnormalen Phosphormetabolismus im Frontallappen der Patienten mit einer Panikstörung nahe. Zwei Patienten erlitten eine Panikattacke während der Untersuchung. Sie hatten einen höheren intrazellulären pH-Wert im Frontallappen als die anderen Patienten und die gesunden Kontrollpersonen.

Veränderungen in der Funktion der Benzodiazepinrezeptoren

In Tiermodellen für Angststörungen zeigten sich Symptome, die auch bei pathologischer Angst beim Menschen auftreten. Diese Tiere entwickelten gleichzeitig eine verminderte Benzodiazepinrezeptorbindung im frontalen Kortex (Lippa et al. 1978; Weizman et al. 1989) und Hippokampus (Drugan et al. 1989; Weizman et al. 1989; Weizman et al. 1990) um 20–30%. Diese Studien legen nahe, dass eine verminderte Benzodiazepinrezeptorbindung im frontalen Kortex und Hippokampus in der Pathophysiologie von Angststörungen eine wichtige Rolle spielt.

Iomazenil bindet an den Benzodiazepinrezeptor mit hoher Affinität und kann daher zur Darstellung dieses Rezeptors entweder mit ^{11}C-Flumazenil und PET oder ^{125}I-Iomazenil und SPECT verwendet werden.

Einige ältere SPECT-Studien fanden eine Verminderung in der ^{125}I-Iomazenilaufnahme im frontalen (Kaschka et al. 1995; Kuikka et al. 1995; Schlegel et al. 1994), temporalen (Kaschka et al. 1995; Schlegel et al. 1994) und auch okzipitalen (Schlegel et al. 1994) Kortex bei Patienten mit einer Panikstörung im Vergleich zu Gesunden. In einer PET-Studie mit ^{11}C-Flumazenil fanden Malizia et al. (1998) eine globale Verminderung der Benzodiazepinrezeptorbindung bei Patienten mit einer Panikstörung, die im rechtspräfrontalen Kortex und in der Insel am ausgeprägtesten war.

Die jüngste SPECT-Studie (Bremner et al. 2000b) fand eine verminderte Benzodiazepinrezeptorbindung im linken Hippokampus und im Präkuneus bei Patienten mit einer Panikstörung im Vergleich zu gesunden Kontrollpersonen. Patienten mit einer Panikstörung, die während der Ableitung eine Panikattacke hatten, zeigten im Vergleich zu solchen Patienten ohne Panikattacke zusätzlich eine verminderte Benzodiazepinrezeptorbindung im präfrontalen Kortex. Benzodiazepinrezeptoren im präfrontalen Kortex scheint also eine wichtige Funktion bei der Entwicklung einer akuten Panikattacke zuzukommen.

Funktionelle Bildgebung während experimentell induzierter Angstzustände

Stewart et al. (1988) untersuchten Patienten mit einer Panikstörung mit SPECT während einer Laktatinfusion. Sie fanden einen erhöhten regionalen Blutfluss im Okzipital- und einen verminderten Blutfluss im Frontallappen bei den Patienten mit einer Panikstörung, die eine Panikattacke hatten. Sie fanden diese jedoch nicht bei den Patienten mit einer Panikstörung, die nicht laktatsensitiv waren, und auch nicht bei den gesunden Kontrollpersonen.

Patienten zeigen vermehrt Angstsymptome, wenn sie den a_2-Antagonisten Yohimbin bekommen haben. Dieser stimuliert die Ausschüttung von Noradrenalin im Gehirn. In präklinischen Studien waren hohe Noradrenalinausschüttungen nach Yohimbingabe mit einem verminderten Metabolismus im Neokortex und Caudatum verbunden, während niedrige Noradrenalinausschüttungen einen erhöhten Metabolismus in diesen Regionen nach sich zog.

Woods et al. (1988) provozierten Patienten mit einer Panikstörung und Kontrollpersonen mit Yohimbin und maßen den regionalen Blutfluss mit SPECT. Sie fanden eine Verminderung des Blutflusses im frontalen Kortex bei Patienten mit einer Panikstörung, die unter der Provokation alle erhöhte Angst empfanden. Die gesunden Kontrollpersonen, von denen nur einer erhöhte Angstwerte angab, zeigten dagegen einen erhöhten Blutfluss im Frontallappen.

Maddock et al. (2003) ließen 6 Patienten nach Panik und 8 Gesunde während einer fMRI-Untersuchung angstrelevante und neutrale Wörter beurteilen. Beide Gruppen zeigten eine Aktivierung im linken mittleren frontalen Kortex während der Darbietung der angstrelevanten Wörter. Die Aktivität war jedoch in der Panik-

Gruppe signifikant höher als bei den gesunden. Diese erhöhte Reaktivität im dorsolateralen präfrontalen Kortex weist darauf hin, dass Patienten mit Panik extensivere Gedächtnisprozesse bei Angststimuli aufweisen.

Spezifität der Befunde

Fischer et al. (1998) konnten mit Hilfe der PET bei einer gesunden Frau eine unerwartete Panikattacke beobachten, die unter einer Stimulierung mit elektrischen Reizen auftrat. Diese waren individuell so angepasst, dass sie Unbehagen, aber keinen Schmerz verursachten. Die Panikattacke ging mit einem verminderten regionalen Blutfluss im rechten orbitofrontalen Kortex, in prälimbischen Arealen, im anterioren Cingulum und im anterioren temporalen Kortex einher. Areale, die bisher in Studien mit panikspezifischer Symptomprovokation bei Angstpatienten, wie z. B. Laktatinfusion, verändert waren, scheinen also auch bei Gesunden ohne panikspezifische Symptomprovokation während Panikzuständen involviert zu sein.

Zusammenfassung

Die Daten weisen darauf hin, dass eine erhöhte frontale Hirnaktivität, insbesondere auf der rechten Seite, bei einer großen Anzahl von Patienten mit einer Panikstörung vorkommt. Zusätzlich scheinen Patienten mit einer Panikstörung, insbesondere solche mit Laktatsensitivität, eine abnormale Hirnaktivität in hippokampalen Regionen, insbesondere rechts, aufzuweisen. Panikattacken selbst scheinen mit einer Abnahme der Hirnaktivität, insbesondere im frontalen Kortex, einherzugehen.

Neurobiologische Hypothesen

Eine Überaktivierung der Amygdala scheint nach heutigen Modellvorstellungen die zentrale Bedeutung bei der Entstehung der Panikstörung innezuhaben. Spontane Panikattacken können durch folgende Mechanismen ausgelöst werden:
- durch überempfindliche viszerosensorische Kerngebiete im Hirnstamm wie dem Nucleus tractus solitarii,
- durch ein Ungleichgewicht noradrenerger und serotonerger Neurone (Goddard u. Charney 1997; Grove et al. 1997) oder
- durch eine Störung der Informationsverarbeitung der afferenten und/oder efferenten viszerosensorischen Projektionen in der Amygdala selbst.

Dabei wird die antizipatorische Angst limbischen Strukturen zugeordnet, während die phobischen Komponenten kortikalen, insbesondere präfrontalen Hirnregionen zugeschrieben werden (Gorman et al. 1989).

Ebenso werden die therapeutischen Wirkungen unterschiedlichen Gebieten zugeordnet: Serotonerge und noradrenerge Medikamente sollen die Kerngebiete stabilisieren, während Psychotherapie, insbesondere die kognitiv-behaviorale Therapie, in der präfrontalen Hirnrinde modifizierend eingreifen soll. Die Psychotherapie soll dort angstbezogene Lernprozesse beeinflussen. Dies scheint über die Langzeitpotenzierung (»long-term potentiation«) mit stressbezogener Genexpression und Proteinsynthese möglich zu sein (Goddard u. Charney 1997; Kandel 1999). Wie neuere Untersuchungen zeigen, kann perinataler Stress eine chronisch erhöhte Kortikotropin-releasing-Hormon-(CRH)-Aktivierung auslösen, die ihrerseits langfristig zu einer erhöhten Empfindlichkeit auf interne und externe Reize führen kann.

Zusammenfassend betrachtet sind die neurobiologischen Korrelate des Netzwerkmodells der Pathogenese der Panikstörung folgende (Krystal et al. 1996):

- Der Locus coeruleus wird als ein Alarmsystem verstanden, das das Individuum auf kritische und gefährliche Reize aufmerksam macht.
- Die Amygdala und der Interstitialkern der Stria terminalis (Nucleus interstitialis striae terminalis, NIST) sind in die Entwicklung von konditionierten (Amygdala) und kontextuellen (NIST) Furchtzuständen eingebunden.
- Der orbitofrontale Kortex wird als »kortikale Erweiterung« des limbischen Systems gesehen und steht in enger funktioneller Kooperation mit diesem.
- Der Hippokampus wird als bestimmend in der Unterdrückung von Furchtreaktionen auf Stress betrachtet.
- Der Thalamus soll für die sensorischen Verzerrungen verantwortlich sein, die bei schwerer Angst auftreten.

Eine anstehende Forschungsfrage besteht darin, zu klären, auf welche Art und Weise der präfrontale Kortex Funktionen der Amygdala moduliert. Wenn eine rechtsseitige Überaktivität insbesondere im medialen präfrontalen oder orbitofrontalen Kortex vorhanden ist, dann könnte ein ausgeprägter direkter glutamaterger Einfluss auf die Amygdala ihre ipsilaterale Aktivierung bewirken. Alternativ könnte eine verminderte Fähigkeit der linksseitigen präfrontalen kortikalen Neurone, inhibitorische GABAerge Interneurone zu aktivieren, zu einer Desinhibierung der Zügelung der linksseitigen Amygdala führen (Coplan et al. 1998).

Gorman et al. (2000) haben jüngst ihr neuroanatomisches Modell der Panikstörung von 1989 modifiziert und ergänzt. Die Panikstörung beim Menschen soll demnach über die gleichen Strukturen entstehen wie konditionierte Furcht bei Tieren. Im Wesentlichen sind dies der zentrale Kern der Amygdala und seine afferenten und efferenten Projektionen (◘ Abb. 12.1). Der Panikstörung soll ein über die Maßen sensitives neuronales Netzwerk für Angstmechanismen zu eigen sein. Dieses umfasst neben der Amygdala als Zentrum
- den präfrontalen Kortex,
- die Insel,
- den Thalamus,
- den Hippokampus und
- die amygdalären Projektionen zum Hypothalamus, zum periaquäduktalen Grau, zum Locus coeruleus und zu weiteren Hirnstammkernen (Gorman et al. 2000).

Sensorische Afferenzen gehen über den anterioren Thalamus zum lateralen Kern der Amygdala und werden von dort auf den zentralen Kern transferiert. Der zentrale Kern der Amygdala stellt die zentrale Relaisstation dar, von der aus die Informationen zur Koordination von autonomen und Verhaltensreaktionen ausgesendet werden. Diese Efferenzen des zentralen Kerns der Amygdala projizieren
- zum parabrachialen Kern, der eine Erhöhung der Atemfrequenz bewirkt,
- zum lateralen Kern des Hypothalamus, der das sympathische Nervensystem aktiviert und autonome und sympathische Erregung bewirkt,
- zum Locus coeruleus, der für die erhöhte Noradrenalinausschüttung und erhöhten Blutdruck, Herzfrequenz und Furchtverhalten verantwortlich ist,
- zum paraventrikulären Kern des Hypothalamus, der eine erhöhte Ausschüttung von Adrenokortikoiden bewirkt (Aktivierung der Hypothalamus-Hypophysen-Nebennierenrinden-Achse, HPA-Achse), und
- zum periaquäduktalen Grau, das für zusätzliche Verhaltensreaktionen wie Abwehrverhalten, Schreckstarre oder Vermeidungsverhalten zuständig ist.

Weitere reziproke Verbindungen bestehen zwischen der Amygdala und dem präfrontalen Kortex, der Insel und dem primären somatosensorischen Kortex.

12.3 · Spezifische Phobie

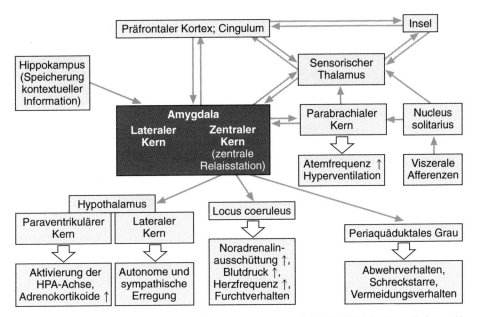

Abb. 12.1. Funktionelle Neuroanatomie von Furcht und Angst. (Mod. nach Le Doux et al. 1988; Davis 1992; Gorman et al. 2000). *HPA-Achse* Hypothalamus-Hypophysen-Nebennierenrinden-Achse

Eine Störung in der Verteilungs- und Koordinationsfunktion der Amygdala zwischen den (kortikalen) Afferenzen und den (Hirnstamm-) Efferenzen soll eine erhöhte Aktivität in der Amygdala bewirken, die eine angststörungsrelevante Aktivierung auslöst.

Medikamente wie selektive Serotonin-Wiederaufnahmehemmer (SSRI) sollen die Aktivität der Amygdala vermindern, indem sie ihre stimulierenden Projektionen zu Hypothalamus und zum Hirnstamm verändern und damit Panikattacken reduzieren. Psychotherapie soll einerseits phobisches Vermeidungsverhalten vermindern, indem sie kontextuelle Furcht, die auf Hippokampusebene erlernt wurde, dekonditioniert, und andererseits kognitive Fehlattributionen und abnormale emotionale Reaktionen reduzieren, indem die Fähigkeit des medialen präfrontalen Kortex, die Amygdala zu inhibieren, gestärkt wird.

Dieses Panikmodell stützt sich zwar im Gegensatz zum alten Modell zusätzlich zu klinischen Daten auch auf Daten aus der Grundlagenforschung, beinhaltet jedoch nach wie vor eine Reihe von Hypothesen, die es zu überprüfen gilt. Insofern kann es als hypothesengenerierend angesehen werden.

12.3 Spezifische Phobie

Die spezifische Phobie (ICD-10 F 40.2, DSM-IV 300.29), die bisher auch einfache (im DSM-III-R) bzw. isolierte (im ICD-9) Phobie genannt wurde, ist auf umschriebene Situationen oder Objekte beschränkt. Das Objekt oder die Situation werden vermieden oder nur unter intensiver Angst durchgestanden. Eine Diagnose wird nur gestellt, wenn die Angst bzw. das Vermeidungsverhalten den normalen Tagesablauf oder die üblichen sozialen Aktivitäten beeinträchtigt oder erhebliches Leiden verursacht. Das Ausmaß der eintretenden Behinderung hängt davon ab, wie leicht die phobische Situation vermieden werden kann. Die betroffene Person erkennt, dass ihre Angst bzw. Vermeidung übertrieben und unvernünftig ist.

Die häufigste spezifische Phobie in der Allgemeinbevölkerung stellt die Furcht vor Tieren wie Hunden, Schlangen oder Insekten dar. Weitere spezifische Phobien sind solche vor Höhen (Akrophobie), geschlossenen Räumen (Klaustrophobie), dem Fliegen oder vor Blut und Verletzungen. Die Angst variiert mit der Änderung des Abstands oder der Größe des phobischen Stimulus wie z. B. der Nähe einer Spinne, der Größe eines Hundes oder der Höhe eines Gebäudes. Es tritt ausgeprägte Erwartungsangst auf, wenn sich die betroffene Person in die phobische Situation begeben soll. Daher ist eine Exposition mit der Angst in experimentellen Situationen möglich.

Die einzelnen Studien mit einem Befund im Frontallappen bei spezifischer und sozialer Phobie werden zusammenfassend in ◘ Tabelle 12.2 aufgeführt.

Wik et al. (1993) untersuchten Patienten mit einer Schlangenphobie mit der PET während visueller Exposition gegenüber dem phobischen Stimulus (Video einer Schlange), einem aversiven, aber nichtphobischen Stimulus (Video mit authentischen Kriegsszenen und einer Exekution) und einem neutralen Stimulus (Video von Leuten, die in einem Park spazieren gehen). Der relative regionale Blutfluss war nur während des phobischen Reizes im sekundären visuellen Kortex erhöht und im Hippokampus, dem präfrontalen Kortex, dem orbitofrontalen Kortex, dem temporopolaren Kortex und dem posterioren Cingulum erniedrigt. Fredrikson et al. (1993) verwendeten im Wesentlichen die gleichen experi-

◘ **Tabelle 12.2.** Frontallappen und spezifische oder soziale Phobie

Studie	Methode	Population	Ergebnisse
Spezifische Phobie			
Wik et al. (1993)	PET	Schlangenphobie	Blutflusserniedrigung im präfrontalen und orbitofrontalen Kortex
Fredrikson et al. (1993)	PET	Schlangenphobie	Keine Veränderungen im Frontallappen
Rauch et al. (1995)	PET	Tier- und Insektenphobie	Blutflusserhöhung im linken posterioren und medialen orbitofrontalen Kortex
Johanson et al. (1998)	^{133}Xe-Inhalation	Spinnenphobie mit und ohne Panikattacke während Exposition	Mit Panikattacke: Blutflusserniedrigung im rechten Frontallappen; ohne Panikattacke, aber mit Furcht: Blutflusserhöhung im rechten Frontallappen
Soziale Phobie			
Malizia et al. (1997)	^{15}O-PET	Soziale Phobie	Blutflusserhöhung im rechten dorsolateralen präfrontalen Kortex
Davidson et al. (2000)	EEG (Alpha-1)	Soziale Phobie	Verstärkte Asymmetrie im lateral präfrontalen Kortex

EEG Elektroenzephalografie, *PET* Positronenemissionstomografie.

12.3 · Spezifische Phobie

mentellen Techniken und Methoden wie Wik et al. und fanden ebenfalls einen erhöhten regionalen Blutfluss im sekundären visuellen Kortex, jedoch keine Veränderungen im Frontallappen.

Rauch et al. (1995) untersuchten Patienten mit Tier- bzw. Insektenphobie vor und nach der Exposition mit dem gefürchteten Objekt mit der PET. Fast alle Patienten wurden nicht mit einem Bild oder Video, sondern mit dem realen lebendigen Objekt konfrontiert, deren Behältnisse z. T. berührt wurden. Der regionale Blutfluss war während der Exposition in folgenden Bereichen erhöht:

- im linksseitigen posterioren und medialen orbitofrontalen Kortex,
- in der linken Insel,
- im linken Thalamus,
- im rechten anterioren temporalen Kortex,
- im anterioren Cingulum und
- im linken somatosensorischen Kortex.

Diese Ergebnisse unterscheiden sich von den bisher referierten Befunden. Im Gegensatz zu Wik et al. und Fredrikson et al. ergaben sich keine Veränderungen im visuellen Assoziationskortex, jedoch im somatosensorischen Kortex. Dieser Unterschied wurde dahingehend interpretiert, als er die unterschiedlichen sensorischen Modalitäten (visuell vs. taktil oder in Vorstellung) repräsentieren würde, mit denen die Reize dargeboten, aufgenommen und verarbeitet wurden. Zumindest teilweise können die Unterschiede damit erklärt werden, dass die Teilnehmer in der Studie von Rauch et al. (1995) mit geöffneten Augen untersucht wurden, während sie in den Studien von Wik et al. (1993) und Fredrikson et al. (1993) die Augen geschlossen hatten.

Der erhöhte Blutfluss in paralimbischen Strukturen und im orbitofrontalen Kortex steht sowohl im Widerspruch zu Wik et al., die einen erniedrigten Blutfluss im Hippokampus, dem präfrontalen und orbitofrontalen Kortex fanden, als auch zu Fredrikson et al., deren Studie keine Veränderungen im Frontallappen aufwies.

Diese Befunde würden zu sehr unterschiedlichen Interpretationen hinsichtlich der Funktion frontaler und paralimbischer Strukturen bei phobischen Störungen führen. Eine Studie mit Patienten mit einer Zwangsstörung (Zohar et al. 1989) zeigte jedoch entgegengesetzte Blutflusswerte, je nachdem, ob die Objekte in der Vorstellung oder in vivo präsentiert wurden. Damit würden Unterschiede in der Reizdarbietung substanzielle Unterschiede bewirken, deren Ursache noch nicht geklärt ist.

Eine Studie von Johanson et al. (1998) untersuchte 16 Frauen mit Spinnenphobie mit der nichtinvasiven Methode der ^{133}Xe-Inhalation, die Informationen über den Blutfluss in oberflächlichen Gebieten des Gehirn geben kann. Die Teilnehmer unterzogen sich 3 Reizbedingungen:

- einer Ruhephase,
- einem Video mit Naturszenen und
- einem Video mit lebenden Spinnen.

Acht Teilnehmer hatten während der Konfrontation mit dem Spinnenvideo eine Panikattacke und eine ausgeprägte Verminderung des Blutflusses im Frontallappen, insbesondere in der rechten Hemisphäre. Die restlichen 8 Teilnehmer erlitten keine Panikattacke, zeigten jedoch Furcht während des Spinnenvideos. Sie wiesen eine Zunahme des regionalen Blutflusses im rechten Frontallappen auf.

Diejenigen Patienten, die ihre Frucht kontrollieren konnten, zeigten einen Anstieg im regionalen Blutfluss im rechten Frontallappen, während diejenigen mit Panikangst einen Abfall des Blutflusses im rechten Frontallappen aufwiesen. Dies steht in Übereinstimmung mit den Befunden von Gur et al. (1987, 1988), die bei gesunden Teilnehmern bei der Induktion von mittelstarker Angst einen Anstieg des Blutflusses fanden, während bei geringer und bei hoher Angst ein Abfall des Blutflusses zu verzeichnen war. Im Gegensatz zu der üblichen positiven Korrelation zwischen Angst und autonomer Erregung besteht zwischen Angst und kortikaler Aktivität ein kurvilinearer Zusammenhang (umgekehrtes U). Dieser kurvilineare Zusammenhang zeigte sich auch zwischen Angst und Leistungsfähigkeit in verbalen Analogieaufgaben.

12.4 Soziale Phobie

Die soziale Phobie (ICD-10 F 40.1, DSM-IV 300.23) ähnelt den spezifischen Phobien. Sie bezieht sich jedoch auf Situationen, in denen die Person im Mittelpunkt der Aufmerksamkeit anderer steht und befürchtet, etwas für sie Demütigendes oder Peinliches zu tun wie z. B. in einer Gruppe zu sprechen und etwas Lächerliches zu sagen oder nicht antworten zu können, oder beim Schreiben vor anderen zu zittern. Es treten dann Schwitzen, Herzklopfen, Atemnot und Panikgefühl auf. Schließlich entwickelt die Person antizipatorische Angst, die in Untersuchungssituationen mit peripheren und zentralnervösen Parametern gemessen werden kann.

Einige wenige Studien mit bildgebenden Verfahren zeigten u. a. Veränderungen im frontalen Kortex.

In der ^{15}O-PET-Studie von Malizia et al. (1997) wurde Patienten mit sozialer Phobie ein autobiografisches Skript vorgespielt, dessen Inhalt Angst auslöste. Dieses Angsterleben induzierte eine Zunahme des Blutflusses
- im Thalamus,
- in der rechten Insel,
- im lateralen frontalen Kortex,
- im linken parietalen Kortex und
- im rechten Kleinhirn.

Weiterhin bewirkte es eine Abnahme des Blutflusses
- in der linken Amygdala und
- im linken posterioren mittleren Temporallappen.

Dieses Netzwerk entspricht teilweise den Aktivierungen, die man bei konditionierter antizipatorischer Angst bei gesunden Probanden finden kann (Malizia 1997). Die beiden Netzwerken gemeinsamen Areale stellen vermutlich Aktivierungsmuster dar, die unabhängig von ihrer jeweiligen Ätiologie bei jeder Form von Angst auftreten. Daher kann geschlossen werden, dass es sich bei den Gebieten, die allein während der Erfahrung von Angst bei sozialer Phobie auftreten, um den rechten dorsolateralen präfrontalen und den linksparietalen Kortex handelt. Höhere Aktivitäten in diesen Regionen können mit der Planung von affektiven Reaktionen zusammenhängen. Patienten mit sozialer Phobie sind übermäßig mit ihrem möglichen, als peinlich und emotional beschämend antizipierten Verhalten in der Öffentlichkeit befasst.

Diese Hypothesen können jedoch bisher nicht als gesichert angesehen werden.

Die Bedeutung des Frontallappens bei soziophobischen Patienten wird durch eine quantitative EEG-Studie unter Provokationsbedingungen von Davidson et al. (2000) gestützt. Sie berichteten über eine erhöhte rechtsseitige Hirnaktivität, gemessen mit dem EEG (alpha-1), in anterior temporalen und lateral präfrontalen Hirnregionen bei Patienten mit einer sozialen Phobie im Vergleich zu gesunden Kontrollpersonen. Dieses Aktivitätsmuster trat sowohl während der Antizipation einer Rede vor Publikum auf, als auch während der Vorbereitungsphase auf diese Rede. Während dieser Abschnitte wurden auch deutlich erhöhte Angstwerte und eine erhöhte Herzrate gemessen. In Ruhe trat die geschilderte Hirnsymmetrie jedoch nicht auf.

Veit et al. (2002) untersuchten 5 Patienten mit Psychopathien, die keine antizipatorische Angst empfinden (können), Sozialphobiker, für die exzessive Ängste paradigmatisch sind und gesunde Kontrollpersonen. Es wurden unkonditionierte Reize (Druckschmerz) und konditionierte Reize (ursprünglich neutrale Gesichter) verwendet. Die Psychopathie-Gruppe zeigte eine kurze Amygdala-Aktivierung, jedoch keine weitere Aktivierung im Gehirn. Die Sozialphobiker hatten schon während der Habituationsphase eine erhöhte Aktivität in Amygdala und orbitofrontalem Kortex. Folglich könnte ein hypoaktiver frontolimbischer Schaltkreis das neurobiologische Korrelat von psychopathischem Verhalten darstellen, während ein überaktives frontolimbisches System sozialer Angst zugrunde liegen könnte.

Klinisch können 2 Formen von sozialer Phobie unterschieden werden:
1. die spezifische soziale Phobie und
2. die generalisierte soziale Phobie.

Die spezifische soziale Phobie bezieht sich nur auf umschriebene Situationen (z. B. öffentliche Rede), während die generalisierte soziale Phobie eine durchdringende Angst vor einer breiten Palette von Situationen und Interaktionen darstellt. Diese beiden Unterformen könnten auch unterschiedliche zentralnervöse Reaktionen aufweisen, sodass deren klinische Unterscheidung für neurobiologische Untersuchungen des Zentralnervensystems wichtig wäre.

Insgesamt müssen die Befunde aufgrund der geringen Zahl und methodischer Vorbehalte als vorläufig angesehen werden. So fehlt meist die Unterscheidung in spezifische oder generalisierte soziale Phobie und/oder es wird kaum auf die häufigen Komorbiditäten eingegangen (mit Panikstörung, Depression, Substanzmissbrauch etc.). Auch auf die Natur der von den Patienten typischerweise erlebten Symptome (z. B. mit oder ohne Panikattacken) könnte differenzierter eingegangen werden und dies könnte sinnvolle Unterscheidungen notwendig machen. Es ist bisher noch keine definierte zentralnervöse Abnormalität bekannt, die für die soziale Phobie typisch oder spezifisch wäre.

12.5 Generalisierte Angststörung

Das wesentliche Symptom einer generalisierten Angststörung (ICD-10 F41.1, DSM-IV 300.02) besteht in einer unrealistischen und übertriebenen Sorge und Angst hinsichtlich oft mehrerer Lebensbereiche wie ständige und schwere Besorgnis, dem eigenen Kind, das nicht in Gefahr ist, könnte jederzeit etwas zustoßen, und weitere angstbesetzte Vorahnungen. Der Patient beschäftigt sich damit die überwiegende Zeit über Monate und Jahre hinweg. In der Regel bestehen mehrere Anzeichen von
- motorischer Anspannung wie
  - Zittern oder
  - Spannungskopfschmerz,
- vegetativer Übererregbarkeit wie
  - Schwitzen oder
  - beschleunigter Herzschlag,
- Überwachheit wie
  - übermäßige Schreckhaftigkeit,
  - Reizbarkeit und
  - häufiges Überprüfen der Umwelt.

Wu et al. (1991) untersuchten 18 Patienten mit generalisierter Angststörung und 15 gesunde Kontrollpersonen während Ruhe und einer Vigilanzaufgabe mit Deoxyglukose-PET. Der relative zerebrale Glukosemetabolismus war während Ruhe bei den Patienten im Kleinhirn, Okzipitallappen, rechten posterioren Temporallappen und rechten Frontallappen erhöht. Unter der Vigilanzaufgabe war der relative Metabolismus in den Basalganglien und im rechten Parietallappen erhöht.

Johanson et al. (1992) fanden bei 16 Patienten mit einer generalisierten Angststörung in der linken frontotemporalen Region des Kortex während der Aktivierung von Angst einen Anstieg des Blutflusses.

Tiihonen et al. (1997) untersuchten 10 medikamentennaive Frauen mit generalisierter Angststörung und 10 Kontrollpersonen mit Magnetresonanztomografie (MRT) und SPECT mit dem Benzodiazepinrezeptorradioliganden ^{123}I-NNC 13-8241. Die Rezeptorbindung war bei den Angstpatienten im Vergleich zu den Kontrollpersonen im linken Temporallappen signifikant reduziert. Diese Hemisphärenasymmetrie wurde mit einer Fraktalanalyse der SPECT-Bilder weiter untersucht. Die Fraktaldimension der linkshemisphärischen Benzodiazepinrezeptorbindung war bei Angstpatienten signifikant höher als bei den Kontrollpersonen. Bei Angstpatienten fand sich eine homogene zerebrale Verteilung in der Dichte der Benzodiazepinrezeptoren. Dieser Befund ist mit der Hypothese vereinbar, dass eine hohe regionale Heterogenität der Perfusion, des Metabolismus und der Rezeptorendichte für die Fähigkeit zu Adaptionsleistungen eines Organismus notwendig ist.

12.6 Posttraumatische Belastungsstörung

Patienten mit einer posttraumatischen Belastungsstörung (PTSD; ICD10 F43.1, DSM-IV 309.81) entwickeln nach einem belastenden Ereignis, das außerhalb der üblichen menschlichen Erfahrung liegt, charakteristische Symptome wie
- Wiedererleben des traumatischen Ereignisses,
- Vermeidung von Stimuli, die mit dem Ereignis in Zusammenhang stehen,
- Erstarren der allgemeinen Reagibilität und
- ein generalisiert erhöhtes Erregungsniveau.

Die häufigsten Traumata sind eine ernsthafte Bedrohung der körperlichen Unversehrtheit bzw. des eigenen Lebens oder von nahen Angehörigen und Freunden, abrupte Zerstörung der persönlichen Umwelt wie des eigenen Zuhauses und ähnliches. Dazu gehören
- Vergewaltigung,
- Überfälle,
- militärische Gefechte,
- Naturkatastrophen,
- Autounfälle,
- Großbrände oder
- Folterungen.

Manche Stressoren wie Folterungen erzeugen die Störung sehr häufig, andere wie Autounfälle oder Naturkatastrophen seltener. Generell scheint die Störung schwerer zu sein, wenn der Stressor auf Handlungen von Menschen zurückzuführen ist. Die typischen Symptome und körperlichen Reaktionen werden häufig ausgelöst oder verstärkt, wenn eine Konfrontation mit Situationen eintritt, die dem ursprünglichen Trauma ähneln oder es symbolisieren.

Daher kann PTSD als eine Erkrankung angesehen werden, der ein pathologisches emotionales Netzwerk im Gehirn zugrunde liegt, das charakteristische Wiedererinnerungsphänomene produziert. Dieses Netzwerk sollte aktiviert werden können, wenn die Patienten internen oder externen Reizen ausgesetzt werden, die Aspekte der traumatischen Erfahrung symbolisieren oder repräsentieren.

Da sich aufdrängende Erinnerungen, sich ständig wiederholende Träume und Flashbacks des traumatischen Ereignisses als typische Symptome der PTSD Veränderungen im Verarbeiten von Erinnerungen mit emotional traumatischem Material darstellen, liegt es nahe, neuroanatomische Gebiete zu untersuchen, die mit Gedächtnis und Erinnerung sowie emotionaler Verarbeitung in Zusammenhang stehen. Das so genannte limbische System wird seit langem mit Gedächtnis und Emotionen in Verbindung gebracht. Ein breites Verständnis von diesem System beinhaltet folgende Strukturen:
- Amygdala,
- Hippokampus,
- Hypothalamus,
- Thalamus und
- paralimbischer Kortex wie
  - anteriorer zingulärer Kortex,
  - orbitofrontaler Kortex und
  - temporaler Pol (Mesulam 1985; Nauta u. Domesick 1982).

Auf diese Regionen wurde daher in den folgenden Studien das Hauptaugenmerk gelegt.

Zusammenfassend sind die einzelnen Studien zum Thema Frontallappen und PTSD in ◘ Tabelle 12.3 dargestellt.

Semple et al. (1993) untersuchten 6 Kriegsveteranen mit PTSD und 7 gesunde Kontrollperso-

12.6 · Posttraumatische Belastungsstörung

Tabelle 12.3. Frontallappen und posttraumatische Belastungsstörung (PTSD)

Studie	Methode	Population	Ergebnisse
Semple et al. (1993)	PET	Kriegsveteranen mit PTSD und Komorbidität Substanzmissbrauch	Blutflusserhöhung im orbitofrontalen Kortex während kognitiver Aufgaben
Rauch et al. (1996)	PET	PTSD-Patienten unterschiedlicher Genese, keine Kontrollgruppe	Blutflusserhöhung im rechten posterioren mittleren orbitofrontalen Kortex, Blutflusserniedrigung im linken inferioren frontalen Kortex
Bremner et al. (1997)	^{18}F-Deoxyglukose-(FDG)-PET nach Yohimbingabe vs. Placebo	Kriegsveteranen mit PTSD und gesunde Kontrollpersonen	Verminderter Metabolismus (d. h. erhöhte Noradrenalinausschüttung) im präfrontalen und orbitofrontalen Kortex bei PTSD-Patienten nach Yohimbingabe
Shin et al. (1997)	PET	Kriegsveteranen mit und ohne PTSD (=Kontrollgruppe)	Blutflusserniedrigung im linken inferioren frontalen Kortex bei PTSD-Patienten; Blutflusserhöhung im orbitofrontalen Kortex bei den Kontrollpersonen (=Kriegsveteranen ohne PTSD)
Shin et al. (1999)	PET	Frauen mit sexuellen Missbrauchserlebnissen mit und ohne PTSD	Größerer Anstieg des Blutflusses im orbitofrontalen Kortex bei PTSD-Patienten; größere Abnahme des Blutflusses in anterioren frontalen Regionen bei PTSD-Patienten; Abnahme des Blutflusses im linken inferioren Frontallappen nur bei PTSD-Patienten
Zubieta et al. (1999)	^{99m}Tc-HMPAO-SPECT	Kriegsveteranen mit und ohne PTSD, gesunde Kontrollgruppe	Blutflusserhöhung im medialen präfrontalen Kortex bei PTSD-Patienten
Liberzon et al. (1999)	^{99m}Tc-HMPAO-SPECT	Kriegsveteranen mit und ohne PTSD, gesunde Kontrollgruppe	Blutflusserhöhung im mittleren präfrontalen Kortex bei allen 3 Gruppen
Bremner et al. (1999)	PET	Kriegsveteranen mit und ohne PTSD	Blutflusserniedrigung im medialen präfrontalen Kortex bei PTSD-Patienten
Bremner et al. (2000a)	^{123}I-Iomazenil-SPECT	Kriegsveteranen mit PTSD und gesunde Kontrollpersonen	Verminderte Benzodiazepinrezeptorenbindung im medialen präfrontalen Kortex bei PTSD-Patienten

HMPAO Hexamethylpropylenamine oxime, *PET* Positronenemissionstomografie, *SPECT* Single-Photon-Emissionscomputertomografie.

nen aus der Allgemeinbevölkerung mit PET. Fünf der 6 Patienten mit einer PTSD hatten zusätzlich einen Substanzmissbrauch oder eine -abhängigkeit. Der Blutfluss wurde während Ruhe und während der Durchführung einer Wortgenerierungsaufgabe sowie einer auditorischen »continuous performance task« (CPT), die eine Diskriminierungsaufgabe beinhaltete, gemessen. Die Patienten mit einer PTSD zeigten während beider Aufgaben einen höheren Blutfluss im orbitofrontalen Kortex als die Kontrollpersonen. Außerdem zeigte sich ein Trend zu einer Asymmetrie im Blutfluss des Hippokampus (rechts stärker als links) nur bei den Patienten bei der Wortgenerierungsaufgabe. Die Interpretation dieser Befunde wird jedoch durch die Konfundierung mit Substanzmissbrauch oder -abhängigkeit beeinträchtigt. Weiterhin sind diese Daten wegen eines signifikanten Altersunterschieds zwischen den Gruppen und der geringen Gruppengröße nur vorsichtig zu interpretieren.

Rauch et al. (1996) untersuchten Patienten mit posttraumatischer Belastungsstörung mit PET während unterschiedlicher Bedingungen. Zwei Kategorien von Skripts von vergangenen persönlichen Ereignissen der Patienten wurden angefertigt:
— Traumaskripts (z. B. vom Unfall) und
— neutrale Skripts wie Zähneputzen o.ä.

Diese wurden auf Tonband aufgenommen und den Patienten in der Untersuchung vorgespielt. Im Gegensatz zu den neutralen Skripts sollten die Skripts mit den traumatischen Erlebnissen die genannten emotionalen Netzwerke aktivieren. Es handelte sich um Patienten mit einer PTSD mit unterschiedlichen Traumata in der Genese:
— kindlicher sexueller und physischer Missbrauch,
— Opfer häuslicher Gewalt,
— Autounfall mit Tod eines Kindes,
— Feuerwehrmann, der Opfer verbrennen sah,
— Opfer sexueller Gewalt oder
— Kriegsveteran.

Die Autoren fanden im Vergleich zu den neutralen Kontrollbedingungen während der traumatischen Skripts erhöhte Blutflusswerte in rechtsseitigen limbischen und paralimbischen Gebieten (posteriorer mittlerer orbitofrontaler, insulärer anterior temporaler, medial temporaler und anteriorer zingulärer Kortex sowie Amygdala). Ebenso gab es Erhöhungen im sekundären visuellen Kortex. Ein verminderter Blutfluss wurde im linken inferioren frontalen und mittleren temporalen Kortex gemessen.

Die rechtsseitigen Befunde legen es nahe, eine funktionelle Asymmetrie in der Neuroanatomie derjenigen Strukturen anzunehmen, die die symptomatischen Zustände bei der PTSD vermitteln. Dies steht in Übereinstimmung mit derjenigen Literatur, die die rechte Hemisphäre bei Angstzuständen und anderen negativen Emotionen betont. In dieser Studie gab es jedoch keine Kontrollgruppe, sodass es nicht möglich ist, zu entscheiden, inwieweit die Veränderungen für die PTSD spezifisch sind. Es bleibt die Frage: Gibt es ähnliche Aktivierungsmuster auch bei solchen Individuen, die zwar einem gleichwertigen Trauma ausgesetzt waren, aber keine posttraumatische Belastungsstörung entwickelten?

Bremner et al. (1997) untersuchten mit Hilfe von PET und Fluorodeoxyglukose F18 den zerebralen Metabolismus bei Vietnamkriegsveteranen mit PTSD im Vergleich zu altersgematchten gesunden Kontrollpersonen nach Gabe von Yohimbin oder Placebo in einem randomisierten, doppelblinden Untersuchungsdesign. Yohimbin bewirkte eine signifikante Verstärkung der Ängste bei den Patienten mit einer PTSD, hatte jedoch keinen Effekt bei den gesunden Kontrollpersonen. Der zerebrale Metabolismus verringerte sich bei den Patienten mit einer PTSD und erhöhte sich bei den gesunden Kontrollpersonen nach Gabe von Yohimbin. Der Unterschied trat insbesondere im präfrontalen, temporalen, parietalen und orbitofrontalen Kortex auf. Der verminderte Metabolismus in den Hirnregionen der Patienten mit einer PTSD ist mit der Hypothese einer ansonsten höheren Noradrenalinausschüttung in diesen Regionen bei Patienten mit PTSD vereinbar. Diese Befunde werden als Hinweis auf eine pathologische überschießende Reaktion auf diese noradrenerge Substanz bei Patienten mit einer PTSD interpretiert.

Eine weitere PET-Studie untersuchte Vietnamkriegsveteranen mit einer posttraumatischen Belastungsstörung (Shin et al. 1997). Eine gleich große Gruppe an Vietnamkriegsveteranen ohne eine PTSD fungierte als Kontrollgruppe. Die Teilnehmer sollten sich neutrale, negative und kriegsbezogene Bilder vorstellen. In einem weiteren Durchgang bekamen sie real entsprechende Bilder präsentiert. Die Vorstellungssequenz wurde deswegen mit aufgenommen, da bei Patienten mit einer PTSD die Vorstellung beim Hauptsymptom der Erkrankung, nämlich dem Wiedererinnern der traumatischen Situation, eine wichtige Rolle spielt.

Die Autoren fanden während der Vorstellung der Kriegsszenen bei den Teilnehmern mit einer PTSD einen im Vergleich zu den Kontrollpersonen erhöhten Blutfluss im ventralen anteriorem Cingulum (»anterior cingulate cortex«, ACC) und in der rechten Amygdala. Bei der realen Betrachtung von entsprechenden Bildern konnten diese Befunde jedoch nicht gefunden werden. Während der Betrachtung von Kriegsbildern zeigte sich ein verminderter Blutfluss im Broca-Areal (linker inferiorer frontaler Kortex).

Andere paralimbische Areale waren in der Kontrollgruppe verändert. So wurde bei den Kontrollpersonen ein erhöhter Blutfluss im linken Hippocampus während der Betrachtung von Kriegsszenen gefunden. Bei 6 der 7 Kontrollpersonen fand sich auch ein erhöhter Blutfluss im orbitofrontalen Kortex während der Vorstellung von Kriegsszenen. Rauch et al. (1996) hatten im orbitofrontalen Kortex einen erhöhten Blutfluss bei Patienten mit einer PTSD gefunden. Der Befund von Shin et al. bei Kontrollpersonen ist dagegen schwer zu erklären. Auch die Autoren selbst lassen die Interpretation offen.

Der verminderte Blutfluss im Broca-Areal bei Patienten mit einer PTSD während der Betrachtung der Kriegsszenen steht zwar in Einklang mit dem ebenfalls verminderten Blutfluss im linken inferioren frontalen Kortex bei Patienten mit einer PTSD in der Studie von Rauch et al. (1996) während der Vorstellung von Traumata, kann jedoch nur spekulativ interpretiert werden. Angesichts der Rolle der Broca-Region hinsichtlich der Sprache könnte der verminderte Blutfluss bedeuten, dass die linguistische Verarbeitung während des Betrachtens und Verarbeitens von Kriegsszenen bei Patienten mit einer PTSD herabgesetzt ist (Shin et al. 1999).

Diese Daten unterstützen zwar die Hypothese, dass limbische Strukturen in der Symptomgenerierung von Patienten mit einer PTSD beteiligt sind, es bleiben aber Fragen hinsichtlich des Ausmaßes dieser Beteiligung, der diagnostischen Spezifität und der funktionalen Rolle dieser Befunde. Insbesondere der Unterschied zwischen der Vorstellung entsprechender Kriegsszenen und der realen bildlichen Präsentation solcher Szenen bleibt interpretationsbedürftig und ist bisher nur sehr schwer zu erklären.

In einer weiteren Studie untersuchten Shin et al. (1999) 16 Frauen mit einem sexuellen Missbrauchserlebnis in der Kindheit mit PET. Die eine Hälfte der Frauen litt an einer aktuellen PTSD, die andere Hälfte war gesund. Die Frauen bekamen Skripts autobiografischer traumatischer Erlebnisse und neutraler Ereignisse präsentiert. Die Erinnerung und Vorstellung der traumatischen Ereignisse war im Vergleich zu den neutralen bei beiden Untersuchungsgruppen mit einer Zunahme des Blutflusses in anterioren paralimbischen Regionen verbunden. Die PTSD-Gruppe zeigte jedoch einen größeren Anstieg im orbitofrontalen Kortex und anterioren temporalen Pol, während die Kontrollgruppe größere Anstiege im anterioren Cingulum aufwies.

Bei beiden Gruppen nahm der Blutfluss in anterioren frontalen Regionen ab. Diese Abnahme war jedoch in der PTSD-Gruppe im Vergleich zur Kontrollgruppe größer. Weiterhin zeigte nur die PTSD-Gruppe eine regionale Abnahme des zerebralen Blutflusses im linken inferioren Frontallappen.

Die Ergebnisse legen nahe, dass bei Personen mit entsprechenden Traumata in der Genese die Erinnerung an und die Vorstellung von diesem traumatischem Material von einem erhöhten Blutfluss in anterioren paralimbischen Regionen des Gehirns begleitet wird. Dies gilt zwar sowohl für solche, die eine PTSD entwickelten, als auch für Personen mit Trauma ohne PTSD, das Aktivierungsmuster in diesen paralimbischen Regionen scheint sich jedoch zwischen diesen beiden Gruppen zu unterscheiden. Inwiefern sich diese Muster von solchen bei Menschen ohne jegliches Trauma unterscheiden, bleibt nach diesen Studien noch offen.

Die folgenden beiden Studien stellen insofern eine Erweiterung dar, als sie 2 verschiedene Kontrollgruppen verwendeten: nämlich Veteranen ohne PTSD und gesunde Personen aus der Allgemeinbevölkerung.

Studien an gesunden Probanden zeigen, dass die Aktivität des medialen präfrontalen Kortex (»medial prefrontal cortex«, MPFC) mit der Verarbeitung von emotionalem Material zusammenhängt. Dies gilt für intern generierte (George et al. 1995) wie auch für intern und extern z. B. über Filmstreifen (Reiman et al. 1997) induzierte Emotionen. Daher nahmen Zubieta et al. (1999) eine differenzielle Aktivierung des MPFC bei Patienten mit einer PTSD an. Sie untersuchten 12 Kriegsveteranen mit einer PTSD, 11 altersgematchte Kriegsveteranen ohne PTSD und 12 gesunde Kontrollpersonen mit SPECT und dem Blutflusstracer ^{99m}Tc-HMPAO. Die Teilnehmer wurden Kriegsgeräuschen und weißem Rauschen ausgesetzt. Patienten mit einer PTSD zeigten eine signifikante Zunahme des Blutflusses im medialen präfrontalen Kortex bei Kriegsgeräuschen, die bei den Kontrollgruppen nicht gefunden werden konnte.

Ein erhöhter zerebraler Blutfluss im MPFC wurde auch bei gesunden Probanden unter Yohimbingabe gefunden, der mit dem Angstempfinden dieser Probanden korrelierte (Cameron et al. 2000).

In der Studie von Zubieta et al. (1999) wurde ebenfalls eine erhöhte Aktivierung des MPFC gefunden, der mit dem Angstempfinden korrelierte, aber nur bei den Patienten mit einer PTSD und nicht bei den gesunden Kontrollpersonen. Allerdings hatten diese Teilnehmer auch keine Stimulierung der Noradrenalinfreisetzung im ZNS durch Yohimbin erhalten. Wenn die Aktivierung des MPFC, die mit der Angst korreliert, durch die zentrale Noradrenalinaktivität moduliert wird, dann sind die Daten der Studie gemäß den Autoren mit der Hypothese vereinbar, dass Patienten mit einer PTSD einen hyperadrenergen Zustand aufweisen (Kosten et al. 1987).

In einer weiteren SPECT-Studie mit ähnlichem Design untersuchten Liberzon et al. (1999) 14 Vietnamveteranen mit PTSD, 11 Veteranen ohne PTSD und 14 gesunde Kontrollpersonen. Eine Sitzung fand nach Kriegsgeräuschen, eine weitere nach weißem Rauschen statt. Die Patienten mit einer PTSD hatten im Vergleich zu beiden Kontrollgruppen in der linken Amygdala und im Nucleus accumbens erhöhte Blutflusswerte. Alle 3 Gruppen wiesen jedoch erhöhte Aktivierungen im anterioren Cingulum und mittleren präfrontalen Kortex auf. Außerdem fanden sich in allen 3 Gruppen Deaktivierungen in der linken retrosplenalen Region. Dies legt nahe, dass diese Reaktionen nicht für Patienten mit einer PTSD spezifisch sind. Allerdings wurden hier im Gegensatz zu anderen Studien (Rauch et al. 1996) 2 Kontrollgruppen verwendet, sodass die Befunde hinsichtlich der Amygdala spezifisch zu sein scheinen. Dennoch fanden 2 Studien (Rauch et al. 1996; Shin et al. 1997) Aktivierungen in der rechten Amygdala, während hier die linke erhöht aktiv war.

Bremner et al. (1999) untersuchten 10 ehemalige Vietnamsoldaten mit und 10 ohne einer PTSD mit PET während des Zeigens neutraler Bilder und Geräusche sowie solcher aus dem Krieg. In der Expositionssituation mit dem traumatischen Material fanden sie eine Verminderung des Blutflusses im medialen präfrontalen Kortex. Diese Region soll die Reaktivität der Amygdala bei emotionaler Verarbeitung hemmen.

Wenn Tiere Stress ausgesetzt werden, dann zeigt sich bei ihnen eine verminderte Bindung an Benzodiazepinrezeptoren im frontalen Kortex. Daher untersuchten Bremner et al. (2000a) 13 Vietnamkriegsveteranen, die eine PTSD erlitten hatten, mit ^{123}I-Iomazenil-SPECT, um das Verteilungsvolumen der Benzodiazepinrezeptorbindung zu erfassen. 13 gesunde Kontrollpersonen fungierten als Vergleichsgruppe zu den Patienten mit einer PTSD. Die Autoren fanden im Vergleich zu gesunden Kontrollpersonen verminderte Verteilungsvolumina im präfrontalen Kortex der Patienten mit einer PTSD. Diese Werte weisen auf weniger Benzodiazepinrezeptoren und/oder eine verringerte Affinität der Rezeptorenbindung im medialen präfrontalen Kortex bei Patienten mit einer PTSD hin. Allerdings wurde dieser Befund ebenfalls bei Patienten mit einer Panikstörung gefunden (► s. Abschn. »Veränderungen in der Funktion der Benzodiazepinrezeptoren« oben, Bremner et al. 2000b), sodass es sich möglicherweise eher um einen angst- und weniger einen störungsspezifischen Faktor handelt.

Die Studien zeigen eine Aktivierung der Amygdala und der medialen frontalen Regionen als Korrelat des Wiedererlebens des traumatischen Ereignisses (Rauch et al. 1996; Shin et al. 1997). Auch im Vergleich zu Kontrollpersonen weisen Patienten mit einer PTSD eine erhöhte Aktivierung in der Amygdala (Liberzon et al. 1999; Shin et al. 1997), jedoch eine verminderte Reaktion im medialen frontalen Kortex auf (Bremner et al. 1999; Shin et al. 1999). Daraus kann man ein Modell der PTSD ableiten, in dem die Amygdala auf bedrohliche Reize überreagiert, während mit ihr verbundene Regionen wie der Frontallappen eine nur ungenügende Top-down-Hemmung dieser amygdalären Reaktion ausüben.

Allerdings sind diese Befunde nicht konsistent in allen Studien gefunden worden. So gibt es auch Befunde mit erhöhtem Blutfluss im Frontallappen.

Die Studien über PTSD mit funktioneller Bildgebung stimmen jedoch darin überein, dass sie dem medialen präfrontalen Kortex eine wichtige Funktion in der Pathophysiologie der posttraumatischen Belastungsstörung zuerkennen (Bremner et al. 1999).

Hull veröffentlichte 2002 ein systematisches Review über Befunde der Bildgebung bei PTSD. Der konsistenteste Befund in der strukturellen Bildgebung bestand in einer Volumenverminderung des Hippokampus. Dieser Befund könnte eine angemessene Beurteilung und Kategorisierung von Erfahrungen bei diesen Patienten beeinträchtigen. Die häufigsten Befunde in der funktionellen Bildgebung waren eine erhöhte Aktivität der Amygdala nach Symptomprovokation und eine gleichzeitige Verminderung der Aktivität in der Broca-Region. Das erste könnte für Schwierigkeiten im emotionalen Gedächtnis, das zweite für die Probleme der Patienten beim Benennen ihrer Erlebnisse verantwortlich sein.

Die häufig erhöhte automatische Reaktivität der Amygdala auf Reize wurde von einer verringerten Aktivität des präfrontalen Kortex begleitet. Die verringerte Benzodiazepinrezeptorbindung im präfrontalen Kortex könnte als Indiz gewertet werden, dass im Rahmen der PTSD eine Herabregulierung der Benzodiazepinrezeptorbindung erfolgt. Eine alternative Interpretation lautet, dass eine primär reduzierte präfrontalkortikale Benzodiazepinrezeptorbindung das Risiko, nach einem schweren Trauma an einer PTSD zu erkranken, erhöht.

Insgesamt wird ausgeführt, dass weitere Studien nötig sind, um Therapien zu finden, welche die gefundenen strukturellen und funktionellen Veränderungen im Gehirn wieder rückgängig machen könnten. Dies wäre eine sehr glaubhafte Bestätigung der Befunde aus der Bildgebung.

12.7 Gemeinsame funktionelle Neuroanatomie unterschiedlicher Angststörungen

Die bisherigen Studien mit bildgebenden Verfahren versuchten, die neuronalen Korrelate von spezifischen Angststörungen aufzudecken. Einige neuere Studien versuchten nun, die gemeinsame Neuroanatomie verschiedener Angststörungen aufzuzeigen. Pathologische Angstzustände können einerseits durch neuronale Systeme vermittelt werden, die für jede Störung spezifisch und einzigartig sind. Andererseits kann auch die Hypothese formuliert werden, dass ein Kernsystem neuronaler Strukturen Angst unspezifisch über verschiedene Angststörungen hinweg vermittelt. Dieser Hypothese sind Rauch et al. (1997) und Lucey et al. (1997) nachgegangen.

So untersuchten Rauch et al. (1997) den relativen regionalen Blutfluss von 23 Patienten mit Hilfe der PET unter einer jeweils spezifischen Symptomprovokation:
- 8 Patienten mit einer Zwangsstörung,
- 7 Patienten mit einer einfachen Phobie und
- 8 Patienten mit einer posttraumatischen Belastungsstörung.

Die Analyse der zusammengefassten Daten ergab Aktivierungen während der symptomatischen Situation im Vergleich zur Kontrollsituation im rechten
- inferioren frontalen Kortex,
- posterioren Kortex und
- medialen orbitofrontalen Kortex sowie bilateral im
- insulären Kortex,
- Linsenkern und
- Hirnstamm.

Die Autoren schließen, dass Elemente in paralimbischen Gebieten zusammen mit dem rechtsseitigen inferioren Frontallappen und subkortikalen Kernen Symptome vermitteln, die verschiedenen Angststörungen gemein sind. Es bleibt die Frage, ob diese gleichen Hirnareale auch normales Angsterleben vermitteln.

Lucey et al. (1997) verglichen den regionalen zerebralen Blutfluss mithilfe von ^{99m}TcHMPAO-(^{99m}Technetium Hexamethyl-propyl-aminoxim-)SPECT (»single photon emission tomography«) bei 3 Gruppen von Angststörungen (n=46) und gesunden Teilnehmern (n=15): 15 Patienten mit Zwangsstörung, 15 mit Panikstörung und 16 mit posttraumatischer Belastungsstörung. Die Perfusion im rechten Caudatum und bilateral im superioren frontalen Kortex war bei Patienten mit einer Zwangsstörung und bei Patienten mit einer posttraumatischen Belastungsstörung im Vergleich zu Patienten mit einer Panikstörung und gesunden Kontrollpersonen reduziert. Obwohl in allen 3 Störungsgruppen hohe Angstwerte festgestellt wurden, ergab sich keine Hypoperfusion im Caudatum bei Patienten mit einer Panikstörung. Die nur den beiden oben genannten Störungen gemeinsamen neuronalen Veränderungen könnten auf klinische Charakteristika zurückgeführt werden, die nur ihnen gemeinsam sind wie zwanghaftes Denken, wiederkehrende sich aufdrängende Vorstellungen und/oder psychischer Widerstand. Andere Charakteristika, die allen 3 Störungen gemein sind, wie antizipatorische Angst, müssten ihre neuronale Grundlage in anderen Bezirken haben.

12.8 Interaktion zwischen limbischen Strukturen und Frontalhirn

In einer PET-Studie fanden Mayberg et al. (1999) bei der Induktion von Trauer, dass die Aktivität in limbischen und paralimbischen Gebieten des ZNS zunimmt, während gleichzeitig die Aktivität in der rechten präfrontalen Hirnrinde abnimmt. Solche Befunde weisen auf Wechselwirkungen zwischen limbischen Strukturen und dem Frontalhirn bei der Verarbeitung von Emotionen hin. Dies scheint ein generelles Phänomen zu sein, das nicht auf Angststörungen begrenzt ist.

12.9 Frontalhirn, emotionale Bewertung und Angst

Die orbitofrontale Hirnrinde hat generell bei emotionalen Bewertungsvorgängen eine wichtige Funktion, auch wenn diese von verschiedenen Autoren unterschiedlich gesehen wird. Einerseits soll sie über ihre Zuflüsse zu Hypothalamus und Amygdala zwischen kognitiven Vorstellungen und körperlichen Zustandsänderungen, die eine Bewertung beinhalten, vermitteln (Damasio et al. 1999), andererseits soll sie für die Veränderung von Verhalten unter wechselnden Belohnungskontingenten verantwortlich sein (Rolls 1999). Lerntheoretisch ausgedrückt heißt dies, dass die orbitofrontale Hirnrinde notwendig ist, um ein Verhalten einer geänderten Umwelt anzupassen, in der sich die Maßstäbe für früher als richtig und falsch Gelerntes geändert haben. Die orbitofrontale Hirnrinde ist also für die Effektivität des Verhaltens eines Individuums verantwortlich. Sie vermittelt die Fähigkeit, spezifisches Verhalten angesichts sich verändernder Umweltbedingungen wie z. B. bei einer Bedrohung zu unterdrücken und/oder zu verändern.

Den orbitofrontalen Kortex innervieren dopaminerge Neurone von ventralen tegmentalen Gebieten und der Substantia nigra, serotonerge Neurone des dorsalen Raphe-Kerns und noradrenerge Neurone des Locus coeruleus. Weiterhin erhält er Zuflüsse vom visuellen, auditorischen und somatosensorischen Kortex. Außerdem gehen Projektionen von der Amygdala, dem entorhinalen Kortex, dem Cingulum und dem mediodorsalen Kern des Thalamus zum orbitofrontalen Kortex (◘ Abb. 12.2).

Die efferenten Projektionen des orbitofrontalen Kortex bestehen in Verbindungen zu anderen kortikalen Gebieten wie
— dem prälimbischen und anterioren zingulären Kortex,
— dem ventralen Striatum einschließlich
— dem Nucleus accumbens,
— dem basolateralen Komplex der Amygdala,
— dem paraventrikulären Kern des Thalamus,
— dem lateralen Hypothalamus und
— dem Hirnstamm, insbesondere
— dem mesenzephalen ventralen tegmentalen Gebiet,
— den dorsalen und medialen Raphe-Kernen und
— dem Locus coeruleus (Charney et al. 1996).

Damit beinhalten die afferenten und efferenten Projektionen zum und vom orbitofrontalen Kortex Hirnregionen, die autonome, neuroendokrine und motorische Funktionen regulieren.

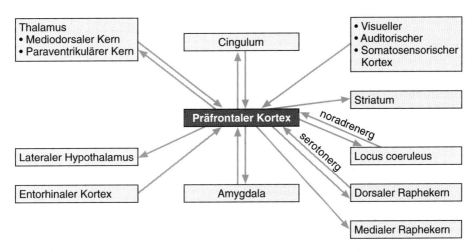

◘ Abb. 12.2. Neuroanatomie der Angst: Afferente und efferente Projektionen des präfrontalen Kortex

Die reziproken Verbindungen zwischen den subkortikalen limbischen Strukturen und dem orbitofrontalen Kortex interagieren beim Lernen und Verlernen der Bedeutung von fruchtinduzierenden sensorischen Ereignissen und in der Auswahl und Implementierung von Verhaltensweisen, die für das Überleben Bedeutung haben. Damit hilft der orbitofrontale Kortex, die Bedeutung von Signalen hinsichtlich ihres beängstigenden und fruchteinflößenden Charakters zu erfassen und zu bestimmen und aufgrund früherer Erfahrungen Reaktionen einzuleiten, die für eine sinnvolle Antwort auf die Bedrohung notwendig sind.

12.10 Psychotherapie, Psychopharmakologie und Neuroplastizität

Die Behandlung jeder einzelnen der aufgeführten Störungen hat größere Aussichten auf Erfolg, wenn es gelingt, an den fundamentalen pathologischen Prozessen anzusetzen, die der jeweiligen Erkrankung zugrunde liegen. Das Studium psychophysischer Interaktionen auf der Ebene der Grundlagenwissenschaften wie der klinischen Anwendung hat hierbei ein großes Potenzial letztlich zu zielgerichteteren Interventionen als bisher zu führen.

Dabei dürfte der Frontallappen eine entscheidende Rolle spielen. Die oben ausgeführten Studien tragen zur Aufklärung solcher zentralnervöser Prozesse und ihrer jeweiligen Korrelate im Verhalten und Erleben bei und können damit die Entwicklung aussichtsreicherer Therapieformen befördern. Diese spezifischeren Therapien können neue Medikamente oder entsprechend modifizierte Psychotherapien oder eine Kombination aus unterschiedlichen Therapieformen für verschiedene Phasen einer Erkrankung darstellen. Erste Befunde weisen darauf hin, dass bei einer Reihe von Erkrankungen wirksame Psychopharmaka wie effektive Psychotherapieformen eine gemeinsame zentralnervöse Endstrecke aufweisen. Hier maßgeschneiderte Therapieformen zur Linderung von Leiden zu finden, stellt letztlich das Ziel der Forschungsbemühungen dar. Insbesondere die Effektivität psychotherapeutischer Behandlungsformen, in denen ein »Wiedererlernen« von kognitiven Abläufen und eine Veränderung des Verhaltens in Stresssituationen angezielt sind, weist darauf hin, dass Veränderungen im präfrontalen Kortex und seinen Verbindungen zu Hippokampus und Amygdala für Angststörungen mit entscheidend sind (Coplan et al. 1998).

Literatur

Barlow DH (1991) Disorders of emotion. Psychol Inq 2: 58–71

Baxter LR, Schwartz JM, Bergman KS et al. (1992) Caudate glucose metabolic rate changes with both drug and behavior therapy for obsessive-compulsive disorder. Arch Gen Psychiatry 49/9: 681–689

Benkelfat C, Nordahl TE, Semple WE, King AC, Murphy DL, Cohen RM (1990) Local cerebral glucose metabolic rates in obsessive-compulsive disorder. Patients treated with clomipramine. Arch Gen Psychiatry 47(9): 840–848

Bremner JD, Innis RB, Ng CK et al. (1997) Positron emission tomography measurement of cerebral metabolic correlates of yohimbine administration in combat-related posttraumatic stress disorder. Arch Gen Psychiatry 54(3): 246–254

Bremner JD, Staib LH, Kaloupek D, Southwick SM, Soufer R, Charney DS (1999) Neural correlates of exposure to traumatic pictures and sound in Vietnam combat veterans with and without posttraumatic stress disorder: A positron emission tomography study. Biol Psychiatry 45: 806–816

Bremner JD, Innis RB, Southwick SM, Staib L, Zoghbi S, Charney DS (2000a) Decreased benzodiazepine receptor binding in prefrontal cortex in combat-related posttraumatic stress disorder. Am J Psychiatry 157(7): 1120–1126

Bremner JD, Innis RB, White T, Fujita M et al. (2000b) SPECT (I-123) iomazenil measurement of the Benzodiazepine receptor in panic disorder. Biol Psychiatry 47: 96–106

Bruder GE, Fong R, Tenke CE et al. (1997) Regional brain asymmetries in major depression with or without an

anxiety disorder: a quantitative electroencephalographic study. Biol Psychiatry 41: 939–948
Cameron OG, Zubieta JK, Grunhaus L, Minoshima S (2000) Effects of yohimbine on cerebral blood flow, symptoms, and physiological functions in humans. Psychosom Med 62/4: 549–559
Charney DS, Deutch A (1996) A functional neuroanatomy of anxiety and fear: implications for the pathophysiology and treatment of anxiety disorders. Crit Rev Neurobiol 10/3–4: 419–446
Coplan JD, Lydiard RB (1998) The neurobiology of anxiety disorders. Brain circuits in panic disorder. Biol Psychiatry 44: 1264–1276
Damasio AR, Grabowski TJ, Bechara A, Damasio H, Ponto LLB, Parvizi J, Hichwa RD (1999) The contribution of subcortical nuclei to processing of emotion and feeling. Neuroimage 9: 359
Davidson RJ, Marshall JR, Tomarken AJ, Henriques JB (2000) While a phobic waits: Regional brain electrical and autonomic activity in social phobics during anticipation of public speaking. Biol Psychiatry 47: 85–95
Davis M (1992) The role of the amygdala in fear and anxiety. Annu Rev Neurosci 15: 353–375
De Cristofaro MTR, Sessarego A, Pupi A, Biondi F, Faravelli C (1993) Brain perfusion abnormalities in drug naive, lactate-sensitive panic patients: A SPECT study. Biol Psychiatry 33: 505–512
Drugan JN, Morrow AL, Weizman R, Weizman A, Deutsch SI, Crawley JN, Paul SM (1989) Stress-induced behavioral depression in the rat is associated with a decrease in GABA receptor-mediated chloride ion flux and brain benzodiazepine receptor occupancy. Brain Res 487: 45–51
Duncan JS (1996) Magnetic resonance spectroscopy. Epilepsia 37: 598–605
Fischer H, Andersson JLR, Fumark T, Fredrikson M (1998) Brain correlates of an unexpected panic attack: a human positron emission tomographic study. Neurosci Lett 251: 137–140
Fredrikson M, Wik G, Greitz T, Eriksson L, Stone Elander S, Ericson K, Sedvall G (1993) Regional cerebral blood flow during experimental phobic fear. Psychophysiology 30: 126–130
George MS, Ketter TA, Parekh PI, Horwitz B, Herscovitch P, Post RM (1995) Brain activity during transient sadness and happiness in healthy women. Am J Psychiatry 152(3): 341–351
Goddard AW, Charney DS (1997) Toward an integrated neurobiology of panic disorder. J Clin Psychiatry 58 (Suppl 2): 4–11
Gorman JM, Liebowitz MR, Fyer AJ, Stein J (1989) A neuroanatomical hypotheses for panic disorder. Am J Psychiatry 146: 148–161
Gorman JM, Kent JM, Sullivan GM, Coplan JD (2000) Neuroanatomical hypothesis of panic disorder, revised. Am J Psychiatry 157(4): 493–505
Grove G, Coplan JD, Hollander E (1997) The neuroanatomy of 5-HT dysregulation and panic disorder. J Neuropsychiatry Clin Neurosci 9: 198–207
Gur RC, Gur RE, Resnick SM, Skolnick BE, Alavi A, Reivich M (1987) The effect of anxiety on cortical cerebral blood flow and metabolism. J Cereb Blood Flow Metab 7/2: 173–177
Gur RC, Gur RE, Skolnick BE et al. (1988) Effects of task difficulty on regional cerebral blood flow: Relationships with anxiety and performance. Psychophysiology 25(4): 392–399
Heller W, Etienne MA, Miller GA (1995) Patterns of perceptual asymmetry in depression and anxiety: Implications for neuropsychological models of emotion and psychopathology. J Abnorm Psychol 104: 327–333
Heller W, Nitschke JB, Etienne MA, Miller GA (1997) Patterns of regional brain activity differentiate types of anxiety. J Abnorm Psychol 106: 376–385
Hull, AM (2002) Neuroimaging findings in post-traumatic stress disorder. Br J Psychiatry 181: 102–110
Johanson A, Smith G, Risberg J, Silverskiöld P, Tucker D (1992) Left orbital frontal activation in pathological anxiety. Anxiety Stress Cop 5: 313–328
Johanson A, Gustafson L, Passant U, Risberg J, Smith G, Warkentin S, Tucker D (1998) Brain function in spider phobia. Psychiatry Res Neuroimag 84: 101–111
Kandel ER (1999) Biology and the future of psychoanalysis: A new intellectual framework for psychiatry revisited. Am J Psychiatry 156: 505–524
Kaschka W, Feistel H, Ebert D (1995) Reduced benzodiazepine receptor binding in panic disorders measured by iomazenil SPECT. Psychiatry Res 29: 427–434
Kosten TR, Mason JW, Giller EL, Ostroff RB, Harkness L (1987) Sustained urinary norepinephrine and epinephrine elevation in post-traumatic stress disorder. Psychoneuroendocrinology 12(1): 13–20
Krystal JH, Deutsch DN, Charney DS (1996) The biological basis of panic disorder. J Clin Psychiatry 57 (Suppl 10): 23–31
Kuikka JT, Pitkanen A, Lepola U et al. (1995) Abnormal regional benzodiazepine receptor uptake in the prefrontal cortex in patients with panic disorder. Nucl Med Commun 16/4: 273–280
Larson CL, Davidson RJ, Abercrombie HC et al. (1998) Relations between PET-derived measures of thalamic glucose metabolism and EEG alpha power. Psychophysiology 35(2): 162–169
LeDoux JE, Iwata J, Cicchetti P, Reis DJ (1988) Different projections of the central amygdaloid nucleus mediate

autonomic and behavioral correlates of conditioned fear. J Neurosci 8: 2517–2529

Liberzon I, Taylor ST, Amdur R et al. (1999) Brain activation in PTSD in response to trauma-related stimuli. Biol Psychiatry 45: 817–826

Lippa AS, Klepner CA, Yunger L, Sano MC, Smith WV, Beer B (1978) Relationship between benzodiazepine receptors and experimental anxiety in rats. Pharmacol Biochem Behav 9/6: 853–856

Lucey JV, Costa DC, Adshead G et al. (1997) Brain blood flow in anxiety disorders, OCD, panic disorder with agoraphobia, and post-traumatic stress disorder on ^{99m}TcHMPAO single photon emission tomography (SPECT) Br J Psychiatry 171: 346–350

Maddock RJ, Buonocore MH, Kile SJ, Garrett AS (2003) Brain regions showing increased activation by threat-related words in panic disorder. Neuroreport 14: 325–328

Malizia AL (1997) PET studies in experimental and pathological anxiety. J Psychopharmacol 11/3: A88

Malizia AL, Wilson SJ, Bell CM, Nutt DJ, Grasby PM (1997) Neural correlates of anxiety provocation in Social Phobia. Neuroimage 5(4, part 2): S301

Malizia AL, Cunningham VJ, Bell CM, Liddle PF, Jones T, Nutt DJ (1998) Decreased brain $GABA_A$ benzodiazepine receptor binding in panic disorder: preliminary results from a quantitative PET study. Arch Gen Psychiatry 55: 715–720

Mayberg HS, Liotti M, Brannan SK et al. (1999) Reciprocal limbic-cortical function and negative mood: Convergin PET findings in depression and normal sadness. Am J Psychiatry 156(5): 675–682

Mesulam MM (1985) Patterns in behavioral neuroanatomy: Association areas, the limbic system, and hemispheric specialization. In: Mesulam MM (ed) Principles of behavioral neurology. Davis, Philadelphia, pp 1–70

Nauta WJH, Domesick VB (1982) Neural associations of the limbic system. In: Beckman AL (ed) The neural basis of behavior. SP Medical and Scientific Books, New York, pp 175–206

Nordahl TE, Benkelfat C, Semple WE, Gross M, King AC, Cohen RM (1989) Cerebral glucose metabolic rates in obsessive compulsive disorder. Neuropsychopharmacology 2/1: 23–28

Nordahl TE, Semple WE, Gross M et al. (1990) Cerebral glucose metabolic differences in patients with panic disorder. Neuropsychopharmacology 3(4): 261–272

Nordahl TE, Stein MB, Benkelfat C et al. (1998) Regional cerebral metabolic asymmetries replicated in an independent group of patients with panic disorders. Biol Psychiatry 44(10): 998–1006

Rauch SL, Shin LM (1997) Functional neuroimaging studies in posttraumatic stress disorder. Ann N Y Acad Sci 821: 83–98

Rauch SL, Savage CR, Alpert NM et al. (1995) A positron emission tomographic study of simple phobic symptom provocation. Arch Gen Psychiatry 52: 20–28

Rauch SL, van der Kolk BA, Fisler RE et al. (1996) A symptom provocation study of posttraumatic stress disorder using positron emission tomography and script-driven imagery. Arch Gen Psychiatry 53: 380–387

Rauch SL, Savage CR, Alpert NM, Fischman AJ, Jenike MA (1997) The functional neuroanatomy of anxiety: a study of three disorders using positron emission tomography and symptom provocation. Biol Psychiatry 42/6: 446–452

Reiman ER, Raichle ME, Robins E et al. (1989) Neuroanatomical correlates of a lactate-induced anxiety attack. Arch Gen Psychiatry 46: 493–500

Reiman EM, Lane RD, Ahern GL et al. (1997) Neuroanatomical correlates of externally and internally generated human emotion. Am J Psychiatry 154/7: 918–925

Rolls ET (1999) The brain and emotion. Oxford University Press, Oxford

Schlegel S, Steinert H, Bockisch A, Hahn K, Schloesser R, Benkert O (1994) Decreased benzodiazepine receptor binding in panic disorder measured by IOMAZENIL-SPECT. Eur Arch Psychiatry Clin Neurosci 244: 49–51

Schwartz JM, Stoessel PW, Baxter-LR J, Martin KM, Phelps ME (1996) Systematic changes in cerebral glucose metabolic rate after successful behavior modification treatment of obsessive-compulsive disorder. Arch Gen Psychiatry 53/2: 109–113

Semple WE, Goyer P, McCormick R et al. (1993) Preliminary report: brain blood flow using PET in patients with posttraumatic stress disorder and substance-abuse histories. Biol Psychiatry 34/1–2: 115–118

Shin LM, Kosslyn SM, McNally RJ et al. (1997) Visual imagery and perception in posttraumatic stress disorder. A positron emission tomographic investigation. Arch Gen Psychiatry 54: 233–241

Shin LM, McNally RJ, Kosslyn SM et al. (1999) Regional cerebral blood flow during script-driven imagery in childhood sexual abuse-related PTSD: A PET investigation. Am J Psychiatry 156(4): 575–584

Shioiri T, Kato T, Murashita J, Hamakawa H, Inubushi T, Takahashi S (1996) High-energy phosphate metabolism in the frontal lobes of patients with panic disorder detected by phase-encoded 31P-MRS. Biol Psychiatry 40(8): 785–793

Literatur

Stewart RS, Devous MD, Rush AJ, Lane L, Bonte FJ (1988) Cerebral blood flow changes during sodium-lactate-induced panic attacks. Am J Psychiatry 145: 442–449

Tiihonen J, Kuikka J, Bergstrom K, Lepola U, Koponen H, Leinonen E (1997) Dopamine reuptake site densities in patients with social phobia. Am J Psychiatry 154/2: 239–242

Veit R, Flor H, Erb M, Hermann C, Lotze M, Grodd W, Birbaumer N (2002) Brain circuits involved in emotional learning in antisocial behavior and social phobia in humans. Neurosci Lett 328: 233–236

Weizman R, Weizman A, Kook KA, Vocci F, Deutsch SI, Paul SM (1989) Repeated swim stress alters brain benzodiazepine receptors measured in vivo. J Pharmacol Exp Ther 249: 701–707

Weizman A, Weizman R, Kook KA, Vocci F, Deutsch SI, Paul SM (1990) Adrenalectomy prevents the stress-induced decrease in in vivo [^{3}H]Ro 15–1788 binding to $GABA_A$ benzodiazepine receptors in the mouse. Brain Res 519: 347–350

Wiedemann G, Pauli P, Dengler W, Lutzenberger W, Birbaumer N, Buchkremer G (1999) Frontal brain asymmetry as a biological substrate of emotions in patients with panic disorders. Arch Gen Psychiatry 56(1): 78–84

Wik G, Frederikson M, Ericson K, Eriksson L, Stone ES, Greitz T (1993) A functional cerebral response to frightening visual stimulation. Psychiatry Res 50: 15–24

Woods SW, Koster K, Krystal JK, Smith EO, Zubal IG, Hoffer PB, Charney DS (1988) Yohimbine alters regional cerebral blood flow in panic disorder (letter). Lancet 2: 678

Wu JC, Buchsbaum MS, Hershey TG, Hazlett E (1991) PET in generalized anxiety disorder. Biol Psychiatry 29: 1181–1199

Wurthmann C, Bogerts B, Gregor J, Baumann B, Effenberger O, Döhring W (1997) Frontal CSF enlargement in panic disorder: a qualitative CT-scan study. Psychiatry Res Neuroimag 76: 83–87

Zohar J, Insel TR, Berman KF, Foa EB, Hill JL, Weinberger DR (1989) Anxiety and cerebral blood flow during behavioral challenge. Arch Gen Psychiatry 46: 505–510

Zubieta JK, Chinitz JA, Lombardi U, Fig LM, Cameron OG, Liberzon I (1999) Medial frontal cortex involvement in PTSD symptoms: a SPECT study. J Psychiatr Res 33/3: 259–264

Zwangsstörungen

R. Zimmer

13.1 Einleitung – 294

13.2 Klinische Hinweise für eine Beteiligung frontaler bzw. striataler Strukturen – 294
Läsionsstudien – 294
Neurochirurgische Interventionen – 295
Basalganglien-Erkrankungen – 296

13.3 Studien mit bildgebenden Verfahren und frontostriatale Regelkreise – 296
CCT- und MRT-Befunde – 296
PET- und SPECT-Befunde – 297
Aktivierungsstudien: PET, SPECT und funktionelles MRT – 299

13.4 Neuropsychologie und frontostriatale Funktionskreise – 301
Intelligenz, Sprache, Gedächtnis und exekutive Funktionen – 301
Inhibition – 301
Implizites Lernen – 302

13.5 Klinische Heterogenität – Basis für die ätiologische Forschung – 302
Potenzielle Subtypen – 302
Komorbidität – 303
Zwangsspektrum-Störungen – 304

13.6 Kortikostriatales Modell der Zwangsstörung – 305
Anatomische und physiologische Grundlagen – 305
Kortikostriatales Modell der Zwangsstörung – 306

13.7 Ätiologische Modelle – 308
Transmittersysteme – 308
Andere ätiologische Modelle – 311

13.8 Ausblick – 313

Literatur – 313

Bei dem innigen Zusammenhang zwischen den Dingen, die wir als körperlich und seelisch scheiden, darf man vorhersehen, dass der Tag kommen wird, an dem sich Wege der Erkenntnis und hoffentlich auch der Beeinflussung von der Biologie der Organe und von der Chemie zu dem Erscheinungsbild der Neurosen eröffnen wird (Freud 1926, 1959).

13.1 Einleitung

Über Jahrzehnte waren analytisch orientierte Erklärungsmodelle der Zwangsstörung das wegweisende Krankheitskonzept der Zwangskrankheit. Unter einem lerntheoretisch-experimentellen Ansatz entwickelten sich in den letzten 30 Jahren verhaltenstherapeutische und kognitive Modelle der Zwangsstörung, die einen wesentlichen therapeutischen Fortschritt darstellten. Dabei schien fast in Vergessenheit geraten zu sein, dass Freud bereits 1926, gegen Ende seines beruflichen Schaffens, die Aufklärung der organischen Grundlage neurotischer Phänomene als Zukunftsvision formuliert hatte (Freud 1926/1959, S. 231). Unter dem Einfluss neuer Techniken wie den bildgebenden Verfahren, mittels derer sich gezielt sowohl anatomische Strukturen als auch physiologische Funktionen bestimmen lassen, beginnt jedoch die Vision Freuds Kontur zu gewinnen. Auf der Grundlage von spezifischen klinischen Merkmalen, Vergleichen mit den neurologischen Basalganglien-Erkrankungen und Stoffwechselbefunden am Gehirn gilt heute eine neuronale Dysfunktion bei der Zwangsstörung als bewiesen. Zu den betroffenen Strukturen gehören der orbitofrontale Kortex, die Basalganglien und Teile des limbischen Systems. Im Folgenden wird versucht, anhand anatomisch-funktioneller und neuropsychologischer Befunde die heutigen neurobiologischen Modelle der Zwangsstörung darzustellen.

13.2 Klinische Hinweise für eine Beteiligung frontaler bzw. striataler Strukturen

Läsionsstudien

Auf die Bedeutung der frontalen Hirnareale für Zwangssymptome wurde bereits 1940 durch die Auslösung von repetitiven Vokalisationen und motorischer Perseverationen unter intraoperativer Elektrostimulation der präfrontalen Hirnareale und des Gyrus cinguli anterior hingewiesen (Brickner 1940; Talairach et al. 1975). Auf einen möglichen Zusammenhang von geschlossenen Schädel-Hirn-Traumata und Zwangssymptomen machten Hillbom (1960) und McKreon et al. (1984) aufmerksam. Der Letztgenannte beschrieb 4 Patienten, die 24 Stunden nach einem Schädel-Hirn-Trauma Zwangssymptome entwickelten. Keiner dieser Berichte enthielt jedoch genaue lokalisatorische Hinweise. Erst neuere Läsionsstudien unter Einbeziehung von CCT, MRT, PET und standardisierten Untersuchungsinstrumenten erlaubten genauere fokale Beschreibungen. So konnte kürzlich das Auftreten einer Zwangsstörung im höheren Lebensalter infolge eines umschriebenen Infarkts, der auf den mittleren Anteil des linken orbitofrontalen Kortex einschließlich des linken Gyrus rectus und des linken medialen orbitalen Gyrus begrenzt war, mithilfe der MRT belegt werden (Kim u. Lee 2002). Der Patient wies keine wesentlichen kognitiven, neurologischen oder anderen klinischen Symptome auf. Die Autoren interpretierten die Entstehung der Zwangsstörung als Folge einer Enthemmung des linken frontoorbitalen Kortex infolge der Läsion. Hendler et al. (1999) berichteten von einem Patienten mit einem bilateralen präfrontalen Trauma und einer unmittelbar posttraumatisch aufgetretenen Zwangsstörung. Die MRT zeigte im Untersuchungszeitraum von einigen Monaten nach dem Trauma Veränderungen in den präfrontalen und vorderen temporalen Regionen. Fast zeitgleich fanden sich im SPECT frontotemporale Perfusionsdefizite und eine asymmetrisch erhöhte Durchblutungsrate im vorderen Striatum. Sechs Monate nach klinischer Besserung zeigte das SPECT v.a. eine Normalisierung der Durchblutung im Striatum. Hier zeigt sich anhand der Analyse von traumatischen Läsionen deutlich die »Fernwirkung« auf das Striatum, so schlossen die Autoren aus der Assoziation von Änderungen der Symptomausprägung und Hirnperfusion v.a. im Kopf des Nucleus caudatus auf eine Bedeutung des Striatums für die Genese der Zwangsstörung.

Auch isolierte traumatische Läsionen der Basalganglien sind mehrfach als Ursache einer Zwangsstörung beschrieben worden. Zu einer klassischen Zwangsstörung mit einer Affektverarmung kam es nach bilateralen Läsionen des Nucleus pallidus infolge eines Infarkts (Escalona et al. 1997). Eine isolierte Läsion des Nucleus lentiformis infolge Kohlenstoffmonoxidvergiftung induzierte alle Aspekte einer Zwangsstörung (Laplane et al. 1988). In den übrigen beschriebenen Fällen einer isolierten oder mehr globalen Schädigung der Basalganglien dominieren häufig untypische Zwangssymptome neben Antriebsverlust, Depressivität oder hebephrenieähnlichen Bildern, letzteres ist ein Hinweis auf die Vielfalt von durch die Basalganglien vermittelten Verhaltensweisen (Laplane et al. 1989; Chacko et al. 2000). In einer vergleichenden psychopathologischen Untersuchung zwischen Patienten mit traumatisch erworbener und idiopathischer Zwangsstörung konnte die Ähnlichkeit klinischer und psychopathologischer Merkmale in beiden Gruppen belegt werden (Berthier et al. 1996; Berthier et al. 2001).

Neurochirurgische Interventionen

Eine Vielzahl neurochirurgischer Methoden wurde entwickelt, um Patienten mit schweren therapieresistenten Zwangsstörungen zu helfen. Die Techniken, die sich seit den 60er-Jahren durchgesetzt haben, umfassen:

- Subcaudatus-Traktotomie,
- anteriore Capsulotomie,
- anteriore Cingulotomie und
- limbische Leukotomie.

Diese Methoden bewirken eine Unterbrechung der Projektionsbahnen zwischen orbitomedialen und/oder dorsolateralen Arealen des Frontalhirns und limbischen und/oder Basalganglien-Strukturen (Mindus u. Jenike 1992). Durch die vordere Cingulotomie werden die Verbindungen zum Gyrus cinguli anterior, durch die vordere Capsulotomie und die Subcaudatus-Traktomie die frontothalamischen Fasern frontal bzw. basal unterbrochen. Die limbische Leukotomie führt sowohl zu Läsionen des Gyrus cinguli anterior als auch zu einer Durchtrennung der frontothalamischen Fasern. Es werden also topografisch ganz unterschiedliche Unterbrechungen der frontostriatalen Regelkreise therapeutisch genutzt. Sieht man von variierenden Risiken und Nebenwirkungen dieser verschiedenen Methoden ab, so sind ihre Erfolgsraten in etwa gleich (Dougherty et al. 2002). Es werden Symptomreduktionen bis zu 30% beschrieben (Jenike 1998; Dougherty et al. 2002). Die Frage, wie die Unterbrechung der verschiedenen Bahnen im limbischen System oder im Gyrus cinguli die Hyperaktivität im frontostriatalen Funktionskreis (▶ s. Abschn. 13.7) normalisieren, ist bisher nicht geklärt. Bedeutsam für das Verständnis der Wirksamkeit der Methode dürfte die in der MRT nachgewiesene Atrophie des Nucleus caudatus 6 Monate nach Cingulotomie sein (Rauch et al. 2000). Diese Untersuchungen belegen die funktionelle Verbindung vom Gyrus cinguli mit subkortikalen Kernen. Klinische Beobachtungen zeigen, dass sich Zwangssymptome nicht direkt nach neurochirurgischen Eingriffen bessern, sondern erst Wochen oder Monate später (Cosgrove et al. 2003). Es wird daher angenommen, dass die neuronale Degeneration oder metabolische Veränderungen in nachgeschalteten Gehirnarealen am therapeutischen Effekt beteiligt sind.

Basalganglien-Erkrankungen

Auffallend ist, dass eine Reihe neurologischer Erkrankungen, die eine bekannte Pathophysiologie der Basalganglien aufweisen, relativ häufig mit einer Zwangssymptomatik einhergehen. Die früheste Beobachtung einer Verbindung zwischen postenzephalitischem Parkinsonismus und Zwangssymptomen bei striatalen Läsionen war die Encephalitis lethargica »von Economo« (Schilder 1938). Auch bei der Chorea Huntington, einer Erkrankung der Basalganglien, vorwiegend des Nucleus caudatus, werden Zwangshandlungen beobachtet (Cummings u. Cunningham 1992).

Ein besonders enger Zusammenhang scheint zwischen der Zwangsstörung und dem **Gilles-de-la-Tourette-Syndrom** zu bestehen. Das typische Merkmal dieser Erkrankung sind motorische und vokale Tics. Diese sind zwar überwiegend unwillkürlich, teilweise aber auch unter Willkürkontrolle. Es werden bei dieser Erkrankung auch komplexe Bewegungsmuster durchgeführt, die phänomenologisch schwer von Zwangssymptomatik zu unterscheiden sind. Zwangssymptome treten in 55–75% der Fälle auf, sodass eine gemeinsame biologische Basis beider Erkrankungen angenommen wird (Pauls et al. 1986). Phänomenologische, genetische und neurobiologische Beziehungen zwischen Gilles-de-la-Tourette-Syndrom und Zwangsstörung lassen annehmen, dass beide Störungen möglicherweise zu einer Krankheitseinheit gehören.

Eine besondere forschungsstrategische Bedeutung kommt heute der **Chorea-minor-Sydenham** zu. Diese Erkrankung entwickeln einige Kinder nach einer A-β-hämolytischen Streptokokkeninfektion im Rahmen eines rheumatischen Fiebers. Sie stellt eine immunologische Sekundärerkrankung dar (Harrison u. Isselbacher 1994). Es kommt dabei zu einer Autoantikörperbildung gegen Teile der Basalganglien, die zu reversiblen Läsionen führen. Die Entzündungsreaktionen in den Basalganglien verursachen die Symptome der Chorea-minor-Sydenham (Garvey et al. 1998). Klinisch sind choreatiforme Bewegungsstörungen, ein ADH-(»attention-deficit-hyperactivity«)Syndrom, emotionale Labilität (Marques-Dias et al. 1997; Garvey et al. 1997) und bei etwa einem Drittel der Betroffenen Zwangssymptome wie Wasch- oder Zählzwang (Husby et al. 1976; Swedo et al. 1989a) beschrieben. Ein Teil der Bewegungsstörungen ähnelt Tics. Auffallenderweise besteht eine enge Korrelation zwischen Beginn und Besserung der Bewegungsstörungen und der Zwangssymptome.

Zusammenfassend belegen die Läsionsstudien, dass sowohl isolierte Läsionen im frontoorbitalen Kortex als auch in den verschiedenen basalen Kernen zu vergleichbaren Zwangsstörungen führen. Sowohl nach frontalen traumatischen Läsionen als auch nach psychochirurgischen Eingriffen wurden Funktions- bzw. Volumenänderungen im Nucleus caudatus beobachtet, die auf die Existenz von frontostriatalen Regelkreisen hinweisen. Die Assoziationen von neurologischen und Zwangssymptomatik bestärkten die Hypothese, dass Basalganglien möglicherweise primär für die Pathologie von Zwangssymptomen verantwortlich sein könnten.

13.3 Studien mit bildgebenden Verfahren und frontostriatale Regelkreise

CCT- und MRT-Befunde

Die ersten Studien zu strukturellen Hirnveränderungen bei Zwangsstörungen zeigten keine konsistenten Befunde. Unter verbesserter Bildauflösung fanden Behar et al. (1984) eine signifikante Ventrikelerweiterung bei Manifestation der Zwangsstörung in der Kindheit. Ein bilateral vermindertes Volumen des Nucleus caudatus bei Patienten mit Zwangsstörungen war der erste Hinweis auf eine mögliche fokale Degeneration (Luxenberg 1988). Spätere Einzelfallberichte deuteten auf eine Verminderung des Volumens des Nucleus caudatus unter Verwendung der Magnetresonanztomografie (MRT) hin. Von 8 systematischen MRT-Studien fand sich in 3 Studien kein morphologischer Unterschied zwischen Patienten mit Zwangsstörungen und Kontrollen; in den übrigen Studien zeigten sich Veränderungen in der weißen Substanz des Frontalhirns und vorwiegend Vergrößerungen oder Verkleinerungen im Bereich der Köpfe des Nucleus caudatus (Cottreau u. Gerard 1998). Jenike et al. (1996) beschrieben bei zwangskranken Frauen insgesamt eine verringerte weiße Gehirnsubstanz bei insgesamt erhöhter grauer Substanz, die als möglicher Hinweis auf eine Störung der Apoptose in der Gehirnentwicklung interpretiert wurde. Aber auch orbitofrontale und Amygdala-Volumenreduktionen wurden gefunden (Szesko et al. 1999). Die Bestimmung des N-Acetyl-Aspartat-Gehalts im ZNS als Indikator einer möglichen Neuronendegeneration, eines Neuronenverlustes oder einer neuronalen Fehlentwicklung ergab Hinweise für verminderte Konzentration im Striatum (Ebert et al. 1996; Bartha et al. 1998) und auch im Gyrus cinguli (Ebert et al. 1996). Diese Befunde belegen auf morphologischer Grundlage die Bedeutung des Striatums, aber auch frontoorbitaler Strukturen für die Zwangsstörung.

PET- und SPECT-Befunde

Einen deutlichen Fortschritt brachte die Anwendung funktioneller Methoden. Die ersten wegweisenden Studien mit der Positronenemissionstomografie (PET) bei Patienten mit Zwangsstörungen erfolgten im unbeeinflussten Zustand (◘ Tabelle 13.1). Baxter et al. (1987a) untersuchten erstmals Patienten mit Zwangsstörungen mittels ^{18}FDG-(Fluordesoxyglukose-)PET im Vergleich mit unipolar depressiven Patienten und Kontrollpersonen. Bei Patienten mit Zwangsstörungen waren die metabolischen Raten signifikant im linken orbitalen Gyrus und bilateral im Nucleus caudatus im Vergleich zu Patienten mit unipolarer Depression und zur Kontrollgruppe erhöht. Darüber hinaus fand sich im rechten orbitalen Gyrus tendenziell ein erhöhter und im linken orbitalen Gyrus ein signifikant erhöhter Metabolismus gegenüber Kontrollen und depressiven Patienten. Die weiteren Studien bestätigten überwiegend, wenn auch nicht durchgehend, einen erhöhten Metabolismus im orbitofrontalen Kortex, im vorderen zingulären Kortex und weniger ausgeprägt im Nucleus caudatus. Im Vergleich zu Kontrollen fanden sich folgende Aktivitätsmuster wie erhöhte Aktivität in der orbitofrontalen und verminderte Aktivität in der parietalen Region (Nordahl et al. 1989), erhöhte Aktivität orbitofrontal, präfrontal, und im Gyrus cinguli anterior (Swedo et al. 1989b), gesteigerte Aktivität orbitofrontal, prämotorisch und im mittleren frontalen Kortex (Sawle et al. 1991) und erhöhte Aktivität im vorderen Gyrus cinguli, im Nucleus lenticularis und in Thalamusregionen (Perani et al. 1995). Eindeutig negativ war das Ergebnis von Martinot et al. (1990), die eine verminderte präfrontale Aktivität bei Patienten mit Zwangsstörungen im Vergleich zu Kontrollen beobachteten.

Die Ergebnisse aus Untersuchungen mit der Single-Photon-Emissionscomputertomografie (SPECT) zeigten insgesamt eine größere Variabilität als die PET-Befunde. So beschrieben Machlin et al. (1991) bei Patienten mit Zwangsstörungen im Vergleich zu Kontrollen eine höhere Perfusionsrate der frontomedialen Region im Vergleich zum übrigen Kortex. Die Perfusionsrate im mediofrontalen Kortex korrelierte nicht mit dem Schweregrad der Zwangsstörung, jedoch mit dem Ausmaß der Angst. Nicht bestätigt wurden diese Befunde mit ^{133}XeSPECT, jedoch mit ^{99m}TcSPECT (Rubin et al. 1992). Eine asymmetrische oder bilateral verminderte Durchblutung der Basalganglien fanden Adams et al. (1993) bzw. Edmonstone et al. (1994). Die Steigerung der frontalen Durchblutung wurde in Folgeuntersuchungen bestätigt (Harris et al. 1994), jedoch einmal sogar als Minderperfusion beschrieben (Lucey et al. 1995). Insgesamt zeigte

◘ Tabelle 13.1. Funktionelle PET-Studien bei Zwangsstörung (ZS) im unbeeinflussten Zustand (Baseline)

Autoren	n pro Gruppe	Tracer	Ergebnisse
PET-Studien			
Baxter et al. (1987a)	14 Patienten mit ZS (9 mit Depression) 14 Patienten mit Depression 14 Kontrollpersonen	[^{18}F]FDG-PET	Erhöhte Aktivität in den Gyri orbitalis und im Nucleus caudatus bei ZS vs. Kontrollen
Baxter et al. (1988)	10 Patienten mit ZS 10 Kontrollpersonen	[^{18}F]FDG-PET	Erhöhte Aktivität in den Gyri orbitalis und im Nucleus caudatus bei ZS vs. Kontrollen
Nordahl et al. (1989)	8 Patienten mit ZS 30 Kontrollpersonen	[^{18}F]FDG-PET	Erhöhte Aktivität in der orbitofrontalen Region, verminderte Aktivität in der parietalen Region bei ZS vs. Kontrollen
Swedo et al. (1989b)	18 Patienten mit ZS (Beginn in Kindheit) 18 Kontrollpersonen	[^{18}F]FDG-PET	Erhöhte Aktivität orbitofrontal, präfrontal und im vorderen zingulären Kortex
Martinot et al. (1990)	16 Patienten mit ZS 8 Kontrollpersonen	[^{18}F]FDG-PET	Abnahme der lateralen präfrontalen Aktivität bei ZS vs. Kontrollen
Sawle et al. (1991)	6 Patienten mit ZS und zwanghafter Langsamkeit	[^{15}O]H$_2$O-PET	Erhöhte Aktivität orbitofrontal, prämotorisch und medialer frontaler Kortex bei ZS vs. Kontrollen
Perani et al. (1995)	11 Patienten mit ZS 15 Kontrollpersonen	[^{18}F]FDG-PET	Erhöhte Aktivität im vorderen Cingulum, in der lentikulären und thalamischen Region bei ZS vs. Kontrollen
ZS mit und ohne Depression			
Baxter et al. (1990)	14 Patienten mit ZS ohne Depression 10 Patienten mit ZS mit Depression 10 unipolar Depressive 10 bipolar Depressive	[^{18}F]FDG-PET	ZS mit Depression: Verminderte Aktivität im linken vorderen dorsolateralen präfrontalen Kortex (wie bei bipolarer und unipolarer Depression) verglichen mit allen nichtdepressiven Gruppen

[^{18}F]FDG-PET (Fluordesoxyglukose-) Positronenemissionstomografie.

sich jedoch der gleiche Trend wie in den PET-Studien.

Aktivierungsstudien: PET, SPECT und funktionelles MRT

Methoden der Symptomprovokation wurden in Verbindung mit funktionell-bildgebenden Verfahren angewandt (◘ Tabelle 13.2), um die Hypothese zu testen, ob Hirnregionen, die Veränderungen im Aktivitätszustand bei Patienten mit Zwangsstörungen zeigen, unter »Zwangsexposition« eine weitere Verstärkung ihres Aktivitätszustandes erfahren.

Unter Anwendung der SPECT-Methode kam es während In-vivo-Exposition mit Zwangsreizen zu einer Abnahme des regionalen Blutflusses (rCBF) in den parietookzipitalen Regionen. Unter Zwangsreizen, die sich die Patienten vorstellten, kam es dagegen zu einer temporalen Durchblutungssteigerung (Zohar et al. 1989). Unter dem pharmakologischen Stimulus Metachlorophenylpiperazin, einer Substanz, mit der eine Verschlimmerung von Zwangssymptomen ausgelöst werden kann, wurde eine signifikante Erhöhung der frontalen rCBF beobachtet (Hollander et al. 1991). Allerdings konnte dieser Befund nach 5 Jahren von der gleichen Arbeitsgruppe nicht mit der gleichen Aussagekraft repliziert werden.

In einer PET-Studie mit individuellen Zwangsstimuli zeigte sich ein statistisch signifikanter Anstieg der relativen rCBF im rechten Nucleus caudatus, im linken vorderen zingulären und im bilateralen orbitofrontalen Kortex im Vergleich zwischen Ruhezustand und Aktivierung (Rauch et al. 1994). Im linken Thalamus war eine Tendenz in der Durchblutungszunahme zu erkennen. Dieses Ergebnis bestätigte die bekannten PET-Muster im Ruhezustand. Bei einer weiteren mit PET untersuchten Gruppe von Patienten mit Zwangsstörungen fand sich eine positive Korrelation zwischen dem Ausmaß der induzierten Zwangsimpulse und der rCBF im rechten Gyrus frontalis inferior und hinteren Gyrus cinguli sowie Nucleus caudatus, Putamen, Globus pallidus, Thalamus und linken Hippokampus (McGuire et al. 1994). Unter dem Einfluss von forcierten intrusiven Zwangsgedanken konnte eine positive Korrelation zwischen rCBF, hochtemporal und orbitofrontal, und der Reizstärke beobachtet werden (Cottreaux et al. 1996).

Die Aktivierungsstudien unter Anwendung der MRT bestätigten im Wesentlichen die oben beschriebenen PET-Befunde (Breiter et al. 1996).

Um auszuschließen, dass diese Befunde z. T. oder auch allein durch die bekannten Begleiterscheinungen der Angst bei Zwangsstörungen beeinflusst sind, wurden Vergleiche mit den Aktivitätsmustern bei Angststörungen herangezogen. Symptomprovokationen bei posttraumatischen Belastungsstörungen und spezifischen Phobien haben mehrfach eine Aktivierung im vorderen zingulären Kortex und anderen vorderen paralimbischen Regionen gezeigt. Dagegen scheint die Beteiligung des Nucleus caudatus und des anterolateralen orbitofrontalen Kortex mehr spezifisch für die Zwangsstörung zu sein (Rauch et al. 1995; Rauch et al. 1996). Die pharmakologische Auslösung von Panikstörungen bei gesunden Personen war mit Aktivitätssteigerungen in der vorderen paralimbischen Region, aber nicht im anterolateralen orbitofrontalen Kortex oder im Nucleus caudatus korreliert (Benkelfat et al. 1995).

Zusammenfassend dokumentieren die Studien mit funktionell-bildgebenden Verfahren trotz aller Limitationen einen Fortschritt in den Bemühungen um eine Pathophysiologie der Zwangsstörung. Die PET-Studien weisen auf Dysfunktionen eines Regelkreises hin, der v.a. die orbitofrontalen Regionen und auch die Basalganglien, besonders die Köpfe des Nucleus caudatus, umfasst. Die SPECT-Befunde dagegen sind inkonsistenter, in der Richtung belegen sie eine höhere Perfusion in frontalen Strukturen bei Patienten mit Zwangsstörungen.

Tabelle 13.2. Aktivierungsstudien (PET, SPECT, fMRT) bei Zwangsstörung (ZS)

Autoren	n pro Gruppe	Tracer	Ergebnisse
Symptomprovokation über Umgebungsreize			
Zohar et al. (1989)	10 Patienten mit ZS	[^{133}Xe]-SPECT	Erhöhte Durchblutung bei Flooding (VT) mit Zwangsvorstellungen, Verminderung im seitlichen Kortex bei In-vivo-Exposition
McGuire et al. (1994)	4 Patienten mit ZS	[^{15}O]H$_2$O-PET	Erhöhte Aktivität im inferioren frontalen Kortex, Cingulum, Hippokampus, Striatum, Pallidum, Thalamus; verminderte Aktivität im dorsalen präfrontalen, parietotemporalen Kortex unter Provokation
Rauch et al. (1996)	8 Patienten mit ZS 8 gesunde Kontrollpersonen	[^{11}C]CO$_2$-PET	Erhöhte Aktivität im Nucleus caudatus, vorderen Cingulum, Thalamus und in der frontoorbitalen- und dorsolateralen Region unter Provokation bei ZS vs. Kontrollen
Breiter et al. (1996)	10 Patienten mit ZS 5 gesunde Kontrollpersonen	fMRT	Aktivierung von medialen orbitalen, lateralen frontalen, vorderen temporalen, zingulären und insulärem Kortex; Aktivierung des Nucleus caudatus, lenticularis, Putamen/Pallidum und der Amygdala bei ZS und nicht bei gesunden Kontrollen unter Provokation
Cottreaux et al. (1996)	10 Patienten mit ZS 10 gesunde Kontrollpersonen	[^{15}O]H$_2$O-PET	Erhöhte Perfusion des bilateralen Kortex unter Provokation. Größere Anstiege im Thalamus und Putamen bei gesunden Kontrollen als bei ZS
Symptomprovokation über Zwang steigernde Substanzen			
Hollander et al. (1995)	14 Patienten mit ZS unter mCPP[a]	[^{133}Xe]-SPECT	Erhöhte kortikale Perfusion unter Verschlechterung der Zwangssymptomatik nach Substanzgabe
Neurokognitive Provokation			
Rauch et al. (1997b)	9 Patienten mit ZS 9 gesunde Kontrollpersonen	[^{11}C]CO$_2$-PET	Implizites Lernen: Kontrollpersonen hatten eine erhöhte Perfusion des unteren Striatum. Patienten mit ZS hatten eine größere Perfusion des medialen Temporallappens
Lucey et al. (1997)	19 Patienten mit ZS 19 Kontrollpersonen	[^{99m}Tc] HMPAO	Wisconsin-Card-Sorting-Test: Perseverationsfehler korrelieren positiv mit Durchflusssteigerung im linken unteren Kortex und Caudatum und mit dem Schweregrad der ZS

[a] mCCP ist ein Metabolit von Trazodon (atypisches Antidepressivum).
fMRT funktionelle Magnetresonanztomografie, *[^{99m}Tc] HMPAO* hexamethylpropylenamine oxime, *[^{133}Xe] SPECT* Single-Photon-Emissionscomputertomografie mit ^{133}Xe-Inhalation, *VT* Verhaltenstherapie.

13.4 Neuropsychologie und frontostriatale Regelkreise

Die Zwangsstörung ist klinisch durch Zwangsgedanken, die sich immer wieder aufdrängen und meistens als sinnlos empfunden werden, und/oder Zwangshandlungen in Form von wiederholten stereotypen Handlungen charakterisiert (American Psychiatric Association 1994). In den letzten Jahren haben sich auch durch neuropsychologische Untersuchungen Hinweise dafür ergeben, dass diese Symptome Folgen einer Hirnfunktionsstörung sind und mit einem bestimmten Muster kognitiver Defizite korrelieren.

Intelligenz, Sprache, Gedächtnis und exekutive Funktionen

Als unbeeinträchtigte neuropsychologische Funktionen bei der Zwangsstörung gelten die allgemeine Intelligenz, die Sprache und das verbale Gedächtnis. Nachgewiesen wurden selektive Störungen des nichtverbalen Gedächtnisses, der visuoräumlichen Fähigkeiten, der visuellen Aufmerksamkeit und der exekutiven Funktionen (Savage et al. 1999). Der konsistenteste Befund ist dabei die Störung des nichtverbalen Gedächtnisses (Alcaron et al. 1994). Diese Störungen sind schwer mit spezifischen Gehirnstrukturen in Verbindung zu bringen. Savage (1998) prüften die Hypothese, inwieweit sie mit einer Dysfunktion des frontostriatalen Regelkreises zusammenhängen könnten. Aus neurologischen Untersuchungen an Patienten mit Läsionen des Frontallapppens oder Störungen des frontostriatalen Funktionskreises (z. B. Parkinson-Krankheit, Chorea Huntington) geht hervor, dass Planen und organisatorische Strategien, die für das effiziente Enkodieren und die Abrufung von Gedächtnisinhalten erforderlich sind, gestört waren. Diese Strategien werden auch als so genannte »exekutive« Funktionen des Gedächtnisses bezeichnet (Bondi et al. 1993). In verschiedenen Studien konnten auch für Patienten mit Zwangsstörungen Defizite in den organisatorischen Strategien des nonverbalen, visuellen Gedächtnisses nachgewiesen werden (Boone et al. 1991; Savage 1998).

Die Untersuchung der allgemeinen, nicht mit dem Gedächtnis assoziierten exekutiven Funktionen bei Patienten mit Zwangsstörungen zeigten ein selektives Störungsmuster. Es fanden sich weder im »Wisconsin-Card-Sorting-Test« (Lucey et al. 1997) noch im »Tower of London« (Purcell et al. 1998) deutliche Defizite, also Tests, die vorwiegend den dorsolateralen frontalen Kortex, der bei Patienten mit Zwangsstörungen nicht betroffen ist, präsentieren. Dagegen konnten im »Object-Alternation-Test«, einem für orbitofrontale Läsionen sensitiven Test, signifikante Einbußen bei Patienten mit Zwangsstörungen nachgewiesen werden (Abbruzzese et al. 1997). Es wird heute daher angenommen, dass die Störung selektiver exekutiver Funktionen, insbesondere des visuellen Gedächtnisses, zu dem Phänomen des wiederholten Zweifelns und Überprüfens bei Zwangsstörungen beitragen (Savage et al. 1999).

Eine andere Ursache des Zweifelns bei Patienten mit Zwangsstörungen könnte in einem Defizit der Entscheidungsfähigkeit bestehen. Tatsächlich gelang der neuropsychologische Nachweis, dass der ventromediale präfrontale Kortex an den menschlichen Entscheidungsprozessen beteiligt ist (Damasio 1994). Erste Untersuchungen an Patienten mit Zwangsstörungen haben auf ein mögliches selektives Defizit im Prozess des »decision making« hingewiesen (Cavedini et al. 2002).

Inhibition

Inhibitorische Defizite wurden wiederholt als Folge von Läsionen des frontoorbitalen Kortex beschrieben (Stuss u. Benson 1986). Die Hypothese einer Dysfunktion (Überaktivität) des orbitofrontalen Kortex bei Patienten mit Zwangsstörungen impliziert eine mangelnde Hemmung irrelevanter Reize. Ein theoretischer Ansatz zum Verständnis der Zwangsstörung im Sinne einer mangelnden Hemmung ist die Abschwächung des Negative-Priming-Phänomens. Darunter versteht man den Effekt, dass ein Zielreiz langsamer und/oder weniger verarbeitet wird, wenn vorher dieser Reiz gehemmt werden musste, weil er irrelevant war und die Unterdrückung einer Reaktion erforderte (Fox 1995). Diese Arbeitshypothese wurde erstmals von Enright u. Beech (1993) bei Patienten mit Zwangsstörungen, jedoch nicht bei Patienten mit Angststörungen bestätigt. Folgeuntersuchungen mit der Antisakkadenaufgabe fanden bei Patienten mit Zwangsstörungen fehlende Unterdrückung reflexiver Sakkaden. Die inhibitorischen Defizite bei Patienten mit Zwangsstörungen sind also in mehreren Studien gut belegt (Kathmann 1998).

Implizites Lernen

Unter dem Aspekt der frontostriatalen Hypothese der Zwangskrankheit wurden auch die kognitiven Funktionen der Basalganglien bei Patienten mit Zwangsstörungen untersucht. Über die Basalganglien, insbesondere den Nucleus caudatus, wird implizites (prozedurales) Lernen vermittelt. Dabei geht es um das Erlernen von vorwiegend motorischen Fähigkeiten oder Automatismen, die durch Übung gelernt werden, ohne dass die zugrunde liegenden Regeln bewusst werden müssen (Mishkin et al. 1984). In kognitiven Aktivierungsstudien zur Prüfung des striatothalamischen Regelkreises mittels impliziten »sequence learning tasks« wird implizites Lernen normalerweise über den kortikostriatothalamischen Regelkreis vermittelt und diese Funktion ist rechtsbetont (Rauch 2003). Dieses prozedurale Lernen ist bei Läsionen der Basalganglien (Dubois et al. 1995) und bei neurologischen Erkrankungen (Chorea Huntington, progressive supranukleäre Lähmung) gestört (Heindl et al. 1988; Knopmann u. Nissen 1991). Patienten mit Zwangsstörungen konnten wie normale Personen eine solche Aufgabe lernen, aber das rechte Striatum nicht in einer normalen Weise aktivieren (Rauch et al. 1997b). Sie zeigten dagegen eine abweichende bilaterale mediale temporale Aktivierung, die bei gesunden Personen nicht beobachtet wird. Das Muster ist aber mit dem gesunder Personen vergleichbar und zwar, wenn diese Informationen bewusst lernen (Rauch et al. 1997b; Schacter et al. 1996). Diese replizierten Befunde scheinen zu zeigen, dass Patienten mit Zwangsstörungen das Striatum im Dienste des thalamischen Gating nicht aktivieren können (Rauch et al. 1998). Dies könnte erklären, weshalb Patienten mit Zwangsstörungen sich ins Bewusstsein drängende Informationen haben, die normalerweise von gesunden Personen unbewusst abgewickelt werden.

Unter der Annahme einer Störung der frontostriatalen Regelkreise bei der Zwangsstörung können sich aufdrängende Ereignisse wie Gedanken und Impulse als wesentliche Merkmale der Zwangsstörung interpretiert werden. Dies deutet auf eine gestörte Filterfunktion des Thalamus hin (Rauch et al. 1998).

Insgesamt betrachtet beginnt sich ein einheitliches topografisch orientiertes kognitives Konzept der Zwangsstörung abzuzeichnen, was v.a. durch die kognitiven Aktivierungsstudien mittels PET gefördert wurde. Die bei Patienten mit Zwangsstörungen nachgewiesenen Störungen des visuellen und handlungsbezogenen Gedächtnisses, der inhibitorischen Funktionen und des prozeduralen Lernens stützen jedoch das Modell einer frontostriatalen Dysfunktion.

13.5 Klinische Heterogenität – Basis für die ätiologische Forschung

Potenzielle Subtypen

Nach dem derzeitigen klinischen Kenntnisstand ist die Zwangsstörung eine heterogene Krankheitsgruppe mit verschiedenen ätiologischen Ursachen (Lochner u. Stein 2003). Als Marker für potenzielle klinische Subtypen werden heute v.a. klinisch-phänomenologische und genetische Merkmale sowie Merkmale der Komorbidität mit dem Ziel untersucht, Anhaltspunkte für ätiologische Subformen zu finden und damit eine klinische Grundlage für genetische Studien der Zwangsstörung zu schaffen.

Klinisch-phänomenologische Marker

Krankheitseinsicht. In den DSM-IV-Kriterien wurde ein Subtyp der Zwangsstörung mit dem Merkmal »geringe Krankheitseinsicht« definiert (American Psychiatric Association 1994). Dieser Subtyp soll gehäuftes Horten, einen früheren Krankheitsbeginn und eine höhere Komorbidität mit psychiatrischen Störungen aufweisen (Lochner u. Stein 2003).

Manifestationsalter. Das Typisierungsmerkmal »früher Beginn der Zwangstörung in der Kindheit« deutet auf einen phänomenologisch und möglicherweise auch ätiologisch eigenen Subtyp hin. Dieser ist möglicherweise mit einer genetischen Beziehung zu den Tic-Störungen assoziiert (Eichstedt u. Arnold 2001).

Neurologische »soft signs«. Patienten mit Zwangsstörung unterscheiden sich im Ausmaß und der Lokalisation von neurologischen »soft signs«, die ein sensitiver und spezifischer Indikator für Organizität sind. Insgesamt wurden bei Zwangsstörungen neurologische »soft signs« mit überdurchschnittlicher Häufigkeit nachgewiesen (Hollander et al. 1990; Stein et al. 1993). Patienten mit zwanghafter Langsamkeit hatten konsistent häufiger »soft signs« im Vergleich zu Kontrollen (Stein et al. 1993). Eine Erklärung für das häufigere Auftreten von neurologischen »soft signs« könnten Geburtstraumata sein (Capstick u. Seldrup 1977).

EEG. Eine Subgruppe von Patienten mit Zwangsstörungen hat ein abnormes EEG (Stein et al. 1994). Einige Untersuchungen an verschiedenen Kollektiven von Zwangskranken zeigten keine EEG-Veränderungen, andere Auffälligkeiten bei bis zu 65% der Patienten (Kettle u. Marks 1986). Auch in quantitativen elektroenzephalografischen Messungen (QEEG) bestätigte sich bei Patienten mit Zwangsstörungen im Vergleich zu Kontrollen eine temporofrontale Dysfunktion in Form häufigerer langsamer Wellen und seltenerer Alpha-Aktivität, vorwiegend in der linken Hemisphäre (Tot et al. 2002). (Näheres zu klinisch-genetischen Aspekten ▶ s. Abschn. 13.7).

Komorbidität

Patienten mit Zwangsstörung haben eine hohe Komorbidität bezogen auf psychiatrische Störungen wie Major Depression und Angststörung sowie den so genannten Zwangsspektrum-Störungen. In der Rangliste der Komorbiditätshäufigkeiten zwischen Zwangsstörungen und psychiatrischen Achse-I-Störungen stehen die Major Depression (55%), gefolgt von sozialen (23%) und einfachen (21%) Phobien und generalisierten Angststörungen (20%) an erster Stelle (Eisen et al. 1999).

Major Depression. 60–80% der Patienten mit Zwangsstörung entwickeln während ihres Lebens eine Depression und etwa 30% weisen im Querschnitt eine Depression auf (Weismann et al. 1994). Umgekehrt finden sich bei 22% bzw. 38% der Patienten mit einer depressiven Episode Zwangssymptome (Gittelson 1966). Ein signifikant häufigeres Vorkommen von Major Depression wurde bei Familienangehörigen von Patienten mit Zwangsstörungen gefunden (Nestadt et al. 2000). Saxena et al. (2003) beschrieben, dass depressive Episoden bei Patienten mit Zwangsstörungen zu anderen Störungen im Basalganglien-Thalamus-Bereich führen als bei Patienten mit alleiniger Major Depression. Sowohl die Zwangsstörung als auch die Major Depression sprechen auf Serotonin-Wiederaufnahmehemmer an, jedoch ist bei beiden Krankheiten die zerebrale Lokalisation der Therapieresponse eine andere. Bei der Zwangsstörung findet sich eine erhöhte Aktivität im rechten Nucleus caudatus als Marker für Therapieresponse und bei der Depression eine erniedrigte Aktivität in der Amygdala und eine höhere mediale präfrontale Aktivität (Saxena et al. 2003).

Angststörung. Insgesamt zeigen Angststörungen eine erhöhte Lebenszeit-Komorbidität mit Zwangsstörungen. In Familienuntersuchungen an Angehörigen 1. Grades von Patienten mit Zwangsstörungen zeigte sich, dass sich die verschiedenen Angststörungen unterschiedlich zuordnen lassen (Nestadt et al. 2003). Die Autoren beschrieben 2 Subtypen der Zwangsstörung:
- Zum 1. Subtyp gehören Tic- und Panikstörung bzw. Agoraphobie,
- zum 2. Subtyp generalisierte Angststörung und rezidivierende Major Depression mit jeweils einer der anderen Zwangsspektrum-Störungen (▶ s. unten).

Schizophrenie. Das Vorkommen von Zwangsstörungen bei Schizophrenie wurde häufig unterbewertet. In neueren Studien fand sich bei 8% bis maximal 24% schizophrener Patienten eine Komorbidität mit Zwangssymptomen (Berman et al. 1995; Eisen et al. 1997). Tibbo et al.(2000) zeigten, dass schizophrene Patienten mit der Diagnose Zwangsstörung mehr Parkinson-Symptome und einen ungünstigeren Verlauf haben.

Zwangsspektrum-Störungen

Das Konzept der Zwangsspektrum-Störungen (Hollander et al. 1993; Hollander u. Benzquen 1997) basiert auf der Hypothese, dass den verschiedenen klinischen Manifestationen der Zwangsspektrum-Erkrankungen pathogenetisch eine unterschiedliche Topografie der Dysfunktion im Striatum zugrunde liegt. Als Verwandtschaftskriterien innerhalb der Spektrum-Erkrankungen werden phänomenologische Ähnlichkeit, Komorbidität, Vererbungsmodus, neurobiologische Merkmale und Therapieresponse herangezogen (Klein 1993). Das Vorhandensein mehrerer ähnlicher Merkmale deutet auf eine Verwandtschaft hin.

Zu den wichtigsten Zwangsspektrum-Störungen zählen
- körperdysmorphe Störung,
- Hypochondrie,
- Anorexia nervosa,
- wahnhafte Zwangsstörung,
- Gilles-de-la-Tourette-Syndrom,
- Tic-Störungen sowie
- andere neurologische Basalganglien-Erkrankungen und Impulsstörungen wie z. B. selbstverletzendes Verhalten oder Kleptomanie.

Es wird postuliert, dass sich die Erkrankungen als Ausprägungen eines Spektrums zwischen den Polen Zwanghaftigkeit und Impulsivität darstellen (Hollander et al. 1993). Der extreme Pol Zwanghaftigkeit wird dabei durch die Zwangsstörung und der extreme Pol Impulsivität durch die Borderline-Störung repräsentiert. In einer Studie von du Toi et al. (2001) erfüllten 57% von 85 Patienten mit der Diagnose Zwangsstörung zum Untersuchungszeitpunkt die Kriterien von mindestens einer Zwangsspektrum-Störung und 67% hatten in der Vorgeschichte eine Zwangsspektrum-Störung. Das häufigere Vorkommen von Zwangsspektrum-Störungen bei Angehörigen von Patienten mit Zwangsstörungen ist ein Nachweis für eine ätiologische Beziehung.

Bei der **körperdysmorphen Störung** wurde eine signifikante Lebenszeit-Komorbidität mit Zwangsstörung nachgewiesen (Bienvenu et al. 2000; Gunstad u. Phillip 2003). In Familienuntersuchungen von Patienten mit Zwangsstörungen stand die körperdysmorphe Störung mit an erster Stelle unter den familiär auftretenden Erkrankungen (Bienvenue et al. 2000). Ebenso wie bei der Zwangsstörung liegt bei der körperdysmorphen Störung eine selektive Wirksamkeit von Serotonin-Wiederaufnahmehemmern vor (Phillips u. Naijar 2003). Das Auftreten von körperdysmorpher Störung nach frontotemporalen Läsionen (Gabbay et al. 2003) und Funktionsstörungen des Nucleus caudatus (Rauch et al. 2003b) ist ein erster Hinweise für mögliche Dysfunktionen der frontostriatalen Regelkreise bei der körperdysmorphen Störung.

Für die **Hypochondrie** ist die Datenlage weniger konsistent. Allerdings findet sich bei dieser Störung auch eine Ansprechbarkeit auf Serotonin-Wiederaufnahmehemmer (Fallon et al. 2000).

Essstörungen (Anorexie/Bulimie) wurden als mögliche Zwangsspektrum-Störungen eingestuft. Das Vorkommen von Essstörungen (Anorexie) war bei Angehörigen 1. Grades von Patienten mit Zwangsstörungen im Vergleich zu Kontrollpersonen signifikant erhöht (Bienvenu et al. 2000). Umgekehrt war auch das Morbiditätsrisiko für Zwangsstörungen bei Patienten mit Anorexie erhöht (Bellodi et al. 2001), so dass v.a. die Anorexie derzeit als wahrscheinliche Zwangsspektrum-Störung betrachtet wird. Hierfür spricht auch die gute Ansprechbarkeit auf Serotonin-Wiederaufnahmehemmer.

Unter den **Impulsstörungen** wurden in den Familienstudien von Bienvenue et al. (2000) die Trichotillomanie, psychogene Exkoriationen und das Nägelkauen untersucht. Lediglich für psychogene Exkoriationen fand sich eine signifikante Komorbidität mit Zwangsstörungen bei Angehörigen 1. Grades. Bei der Kleptomanie bestehen sowohl enge Beziehungen zu affektiven Störungen als auch zu Zwangsstörungen. Zwanghaftes Kaufen und Essstörungen vom Typ »binge eating« sind Teil des so genannten »Spektrums affektiver Störungen« (McElroy et al. 1995) und die Kleptomanie mit ihrem impulsiven Verhalten weist enge Beziehungen zu Zwangsstörungen auf. Entsprechend dieser Heterogenität spricht die Erkrankung auf unterschiedliche Antidepressiva und auch Phasenprophylaktika an (Marazziti et al. 2003).

Die **Tic-Störungen** werden als eine alternative Manifestation des familiären Phänotyps der Zwangsstörung eingestuft und es wird vermutet, dass einige Formen der Zwangsstörung genetisch mit der Tic-Störung zusammenhängen (Eichstedt u. Arnold 2001). Das Gilles-de-la-Tourette-Syndrom weist eine hohe Komorbidität mit der Zwangsstörung auf, zwischen 30% und 65% der Patienten leiden an Zwangsstörungen (▶ s. Riederer et al. 2002), wobei komplexe motorische Tics schwer von Zwangshandlungen zu unterscheiden sind. Es wird angenommen, dass beim Gilles-de-la-Tourette-Syndrom ein ähnlicher genetischer Modus wie bei den Zwangsstörungen vorliegt.

Zusammenfassend weist das gehäufte gleichzeitige Auftreten von Zwangsstörungen in Verbindung mit Depression, Angststörung oder Schizophrenie auf eine Überschneidung der beiden Krankheitsbilder hin. Die Zwangsspektrum-Störungen betreffen Erkrankungsformen, die klinisch-genetische Verbindungen zu Zwangsstörungen aufweisen. Pathogenetisch wird angenommen, dass eng beieinander liegende topografische Lokalisationen im frontostriatalen Regelkreis vorliegen.

13.6 Kortikostriatales Modell der Zwangsstörung

Anatomische und physiologische Grundlagen

Die kortikostriatothalamischen Regelkreise wurden vor fast 30 Jahren beschrieben (Alexander 1986, 1990). Bei der Zwangsstörung ist innerhalb des präfrontalen Kortex der orbitofrontale Kortex betroffen. Dieser zerfällt in 2 funktionelle Subgebiete, den posteromedialen orbitofrontalen Kortex, der bei Affektmodulation und Motivation beteiligt ist und den anterolateralen orbitofrontalen Kortex, der Reaktionsinhibition und Regulation von Sozialverhalten steuert. Der posteromediale orbitofrontale Kortex ist neben dem Gyrus cinguli und der Insel Teil des paralimbischen Kortex. Befunde aus Tierexperimenten und PET-Studien am Menschen haben gezeigt, dass dem paralimbischen System eine entscheidende Funktion in der Vermittlung intensiver Emotionen zukommt, insbesondere der Angst (Rauch et al. 1997a). Im Striatum, das sich aus Nucleus caudatus, Putamen und Nucleus accumbens zusammensetzt, werden motorische Funktionen, Affekte und kognitive Prozesse moduliert. Das Striatum besteht aus Modulen, die netzwerkartige Zellverbände, so genannte Striosome, darstellen und von einer Matrix umgeben sind (Graybiel 1990). Die Striosomen erhalten Zuflüsse vom limbischen System, dem orbitofrontalen Kortex und dem Gyrus cinguli anterior.

Die einzelnen Regelkreise unterscheiden sich durch unterschiedliche Projektionsfelder innerhalb des Kortex, Striatum und Thalamus. Jeder Regelkreis besitzt 2 Hauptarme:
— die kortikothalamische, reziproke, monosynaptische Verbindung, die bewusst initiierte Efferenzen und dem Bewusstsein zugänglichen Informationsfluss vermittelt,
— die kollaterale kortikostriatothalamische Verbindung, die die Transmission auf thalamischer Ebene moduliert. Dadurch wird eine automatische Informationsverarbeitung ohne Bewusstseinsrepräsentation ermöglicht. Das Striatum ist beteiligt an stereotypen, regelhaft ablaufenden Prozessen, die kein hohes Maß an Aufmerksamkeit erfordern (Graybiel 1995; Houk et al. 1995).

Die kortikostriatothalamischen Kollateralen setzen sich aus 2 Schleifen zusammen, einer direkten und einer indirekten, denen eine besondere Bedeutung bei der Zwangsstörung zukommt. Die direkte Schleife besteht aus Projektionen vom Striatum über den Globus pallidus internus zum Thalamus und wirkt exzitatorisch auf den Thalamus. Die indirekte Schleife verläuft vom Striatum über den Globus pallidus externus zum Globus pallidus internus und endet inhibitorisch beim Thalamus. Beide Systeme arbeiten parallel und wirken auf Ebene des Thalamus entgegengesetzt. Dabei stellen sie ein Gleichgewicht der beiden Schleifen her.

Kortikostriatales Modell der Zwangsstörung

Baxter et al. (1990) schlugen ein neurobiologisches Modell der Zwangsstörung vor. Die Autoren gingen von der Annahme aus, dass bei der Zwangskrankheit ein Defekt in der frontalen Hemmung vorliegt. Sie vermuteten, dass infolge dieses Defekts im Zusammenspiel von Striatum, orbitofrontalem Kortex und Gyrus cinguli zwanghafte Impulse und Zwangsgedanken entstehen. Durch den Wegfall der frontalen Hemmung könne das Striatum, das normalerweise Gedanken, Gefühle und Handlungen ohne Beteiligung der kortikalen Strukturen unterdrücke, diese Funktion nicht mehr ausüben. Dadurch komme es zur Perseveration von repetitiven Phänomenen. Diese würden somit durch »eine Störung im frontalen Kortex« initiiert.

Aufgrund der Fortschritte in bildgebenden Verfahren und den daraus resultierenden Befunden erweiterten Brody und Saxena (1996) die Hypothese derart, dass sie bei der Zwangsstörung von einem Ungleichgewicht der oben beschriebenen direkten und indirekten Regelkreise ausgingen (Abb. 13.1).

Der **direkte Regelkreis**, dessen Fasern vom Kortex zum Striatum verlaufen und dann zum Globus pallidus und Thalamus, bevor sie zum Kortex zurücklaufen, und der eine positive Rückkopplungsschleife darstellt, soll nach diesem Modell zur Vermittlung der repetitiven Gedanken bzw. Zwangsgedanken beitragen.

Der **indirekte Regelkreis**, der vom Kortex zum Striatum projiziert, dann weiter vom Striatum über ein externes Segment des Globus pallidus zu einem subthalamischen Kern, bevor er über den Globus pallidus, den Thalamus zum Kortex zurückkehrt, ist eine negative Rückkopp-

13.6 · Kortikostriatales Modell der Zwangsstörung

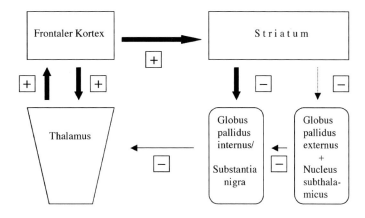

Abb. 13.1. Pathophysiologisches Modell der Zwangsstörung. (In Anlehnung an Brody u. Saxena 1996)

lungsschleife, die das repetitive Verhalten, das durch die direkte Faserverbindung aufrecht erhalten wird, hemmt.

Bei Gesunden herrscht ein Gleichgewicht zwischen direkten und indirekten kortikostriatothalamischen Regelkreisen, welches die Aktivität des Thalamus moduliert. Bei Zwangskranken scheint den PET-Befunden zufolge ein hochregulierter kortikothalamischer Regelkreis vorzuliegen (Modell 1989; Baxter et al. 1990). Es besteht eine Imbalanz zwischen direkten und indirekten Regelkreisen zugunsten des direkten Systems. Das Ungleichgewicht bewirkt eine Exzitation oder Disinhibition des Thalamus, die wiederum zu der Hochregulation der kortikothalamischen Verbindung führt (Saxena et al. 1998). Hiervon ist die Hypothese abzuleiten, dass positive Rückkopplungsschleifen zwischen Kortex und Thalamus repetitive Zwangsgedanken vermitteln, während das Striatum dabei repetitive Handlungsmuster im Sinne von Zwangsritualen auslöst (Baxter et al. 1992a; Rauch u. Jenike 1993). Es wird heute vermutet, dass die Ausführung stark ritualisierter Gedanken oder Handlungen, die benachbarte intakte striatothalamische Netzwerke aktivieren, eine adaptive Leistung des Patienten darstellen. Diese aktive Leistung könnte zu einer Modulation des Thalamus und zu einer Kompensation der striatalen Dysfunktion führen. So verstanden wären Zwangsrituale eine adaptive, wenn auch ineffiziente Methode, die Aktivierung unkontrolliert stimulierter kortikothalamischer Regelkreise zu unterdrücken.

Angst und Zwang

Bei Patienten mit Zwangsstörungen ist die angstreduzierende Funktion der Zwangshandlungen bekannt. Wie mittels PET-Studien nachgewiesen wurde, wird die Angst über das paralimbische System (posteromedialer frontoorbitaler frontaler Kortex) vermittelt. Das paralimbische System projiziert zu den Amygdala, diese wiederum weisen Efferenzen zum orbitofrontalen und präfrontalen Kortex, Striatum, Thalamus und Hippokampus auf. Obwohl die Zwangsstörung eine Krankheit des Menschen ist, konnte in Tierexperimenten bei Ratten repetitives Verhalten als Antwort auf durch Gefahrenmomente ausgelöste Furcht beobachtet und experimentell überprüft werden (LeDoux 1996). Die Untersucher kamen zu der Schlussfolgerung, dass das angstreduzierende Verhalten des Menschen bei der Zwangsstörung im Sinne des operanten Lernens verstärkt und letztlich zur Gewohnheit wird.

Kurz zusammengefasst liegt bei Patienten mit Zwangsstörungen eine Störung in den frontostriatalen Regelkreisen vor. Bei Gesunden herrscht ein Gleichgewicht innerhalb der kortikostriatothalamischen kollateralen Bahnen, die aus direkter und indirekter Schleife bestehen und die Aktivität des Thalamus regulieren. Das Ungleichgewicht bewirkt eine Exzitation des Thalamus, die wiederum zu einer Hochregulation der kortikothalamischen Verbindungen führt. Das bei der Zwangsstörung zu beobachtende angstreduzierende Verhalten wird heute im Sinne des operanten Konditionierens als gelerntes und zur Gewohnheit gewordenes Verhalten interpretiert.

13.7 Ätiologische Modelle

Transmittersysteme

Serotoninhypothese

Klinisch-pharmakologische Befunde. Die Serotoninhypothese stellt die älteste Hypothese der Zwangsstörung dar.

Die Einführung von Clomipramin in den 60er-Jahren war die erste pharmakologische Behandlungsstrategie, die sich bei Zwangsstörungen als wirksam erwies. Ein wichtiger Hinweis war die Spezifität der Therapie, die es ermöglichte, die Zwangsstörung von den Angststörungen aufgrund des spezifischen Ansprechens auf Substanzen mit einem serotonergen Profil zu differenzieren. Von diesen ersten klinischen Befunden wurde in der Tat die serotonerge Hypothese der Zwangsstörung abgeleitet. Clomipramin und andere selektive Serotonin-Wiederaufnahmehemmer (SSRI) waren nicht nur dem Placebo sondern auch anderen Antidepressiva, einschließlich dem noradrenergen trizyklischen Antidepressivum Desipramin und anderen Antidepressiva wie Nortriptylin und Imipramin überlegen. In 2 Untersuchungen von Stern et al. (1980) und Insel et al. (1985) zeigte sich, dass die Reduktion der Zwangssymptomatik mit dem Plasmaspiegel von Clomipramin und nicht mit dem Plasmaspiegel von Desmethyl-Clomipramin, einem Metabolit von Clomipramin mit Noradrenalin-Wiederaufnahme-hemmenden Eigenschaften korreliert. Außerdem war die Reduktion der Zwangssymptomatik unabhängig von der Besserung einer sekundären Depression, d. h. es kam auch bei Patienten ohne sekundäre Depression zu einer signifikanten Besserung der Zwangssymptome unter Clomipramin (Zohar et al. 1987). Untersuchungen mit neu entwickelten SSRI konnten in einer Vielzahl kontrollierter Studien ebenfalls eine spezifische Wirksamkeit dieser Substanzgruppe auf die Zwangssymptomatik zeigen. Auch die Gabe von Buspiron, einem 5-HT-1A-partial-Agonisten, führte zu einer vergleichbaren Besserung der Zwangssymptome wie unter Clomipramin (Pato et al. 1991).

Challenge-Studien zur Überprüfung der Serotoninhypothese. Um die Natur des Defizits im Serotoninsystem, über das die SSRI ihre therapeutischen Wirkungen entfalten, zu untersuchen, wurden Studien mit Serotoninagonisten und -antagonisten durchgeführt (pharmakologisches »Challenge-Paradigma«, Goodman et al. 1995). Unter L-Tryptophanentleerung zeigte sich bei Patienten, die gut auf SSRI angesprochen hatten, keine Effekte auf die Zwangssymptome. Unter Einbeziehung einer depressiven Kontrollgruppe, die ebenfalls auf SSRI angesprochen hatte, zeigten sich bei Trypophanentleerung keine Effekte auf die Zwangssymptome, aber die Depressivität der Patienten nahm signifikant zu. Dieser überraschende Befund zeigt, dass bei Zwangsstörungen und Depression unterschiedliche serotonerge Mechanismen vorliegen (Barr et al. 1994). Unter dem Serotoninagonisten Fenfluramin fand sich ebenfalls keine Verstärkung der Zwangssymptome. Der einzige serotonerge Agonist, der eine flüchtige Exazerbation von Zwangssymptomen verbunden mit Angst und depressiven Symptomen hervorrief, ist »mCCP«, ein Metabolit von Trazodon, das ein atypisches Antidepressivum darstellt (Zohar et al. 1987; Hollander et al. 1992). Einige der Autoren nehmen wegen dieser geringen Effekte an, dass Patienten mit einer Zwangsstörung an einer durch ihr krankhaftes Verhalten induzierten Serotonin-Hypersensitivität, die mit einer neuroendokrinen Hyposensitivität einhergeht, leiden.

Periphere Marker. Verschiedene Parameter des Serotoninsystems (5-Hydroxytryptamin, 5-HT) wurden bei Patienten mit Zwangsstörungen gemessen. Dies betrifft 5-Hydroxyindolessigsäure (Hauptmetabolit von Serotonin), 5-HT-Konzentrationen im Blut, den 5-HT Gehalt von Thrombozyten, und die Bindung von Imipramin als Indikator der 5-HT-Aufnahme. Die Ergebnisse sind insgesamt nicht konsistent, sie deuten aber darauf hin, dass eine 5-HT-Dysfunktion bei der Zwangsstörung von Bedeutung ist. Welche serotonergen Rezeptoren im Einzelnen beteiligt sind, ist bisher nicht bekannt (Hollander et al. 2002).

Die Auswirkung positiver Therapieeffekte auf den Glukosestoffwechsel bzw. die Hirndurchblutung. Eine weitere Form, die Serotoninhypothese der Zwangsstörung zu belegen, sind Studien, welche die zerebrale Durchblutung oder metabolische Aktivität vor und nach psychologischer bzw. pharmakologischer Therapie der Zwangsstörung untersuchen. In einer ersten Studie wurden die Effekte des tetrazyklischen Antidepressivums Trazodonhydrochlorid in einer Gruppe von 10 Patienten mit Zwangsstörungen, von denen ein Teil auch zusätzlich MAO-Hemmer erhielten, untersucht (Baxter et al. 1987b). Bei Patienten mit Symptombesserung wurde ein erhöhter Metabolismus in den Köpfen der beiden Kerne des Nucleus caudatus beobachtet. Unter den klassischen Serotonin-Wiederaufnahmehemmern bzw. unter Verhaltenstherapie ergab sich ein völlig anderes Stoffwechselmuster. Hier korrelierte die Symptomverminderung mit einer Abnahme des Glukosestoffwechsels, d. h. Therapieresponder zeigten im ^{18}FDG-PET eine relative Aktivitätsabnahme im Kopf des Nucleus caudatus im Vergleich zur ipsilateralen Hemisphäre (Baxter et al. 1992b). In einer weiteren Studie unter Clomipraminbehandlung fand sich bei Respondern sowohl ein verminderter Glukosestoffwechsel im orbitofrontalen Kortex als auch im linken Nucleus caudatus (Benkelfat 1990). Dieser Befund wurde unter Clomipramin oder Fluoxetin von Swedo et al. (1992) vollständig bestätigt. Lediglich andere Varianten dieser Verminderung des Glukosehypermetabolismus in verschiedenen Bereichen der frontostriatalen Regelkreise stellen folgende Stoffwechselmuster dar:
- verminderte Hyperfrontalität unter Fluoxetinrespondern (Hoehn-Saric et al. 1991),
- verminderter Glukosemetabolismus im Thalamus, Gyrus cinguli und Putamen-Pallidum unter SSRI (Schwartz et al. 1996) sowie
- Verminderung des Glukosestoffwechsels unter Verhaltenstherapie bilateral im Nucleus caudatus (Perani et al. 1995; ◘ Tabelle 13.3).

In PET-Studien stellt also der Hypermetabolismus im Frontallappen und in den Basalganglien einen State-Marker dar, der nach erfolgreicher pharmakologischer oder Verhaltenstherapie reversibel ist. Serotonerge Antidepressiva vermindern den Stoffwechsel sowohl in orbitofrontalen Regionen als auch in den Basalganglien.

Neueren Untersuchungsergebnissen zufolge beruht der Therapieeffekt auf der Down-Regulation präsynaptischer $5-HT_{1D}$-Autorezeptoren im orbitofrontalen Kortex. Diese Autorezeptoren befinden sich auch in der Substantia nigra und im Striatum. Die orbitofrontalen Serotoninsysteme scheinen aber bei der klassischen Zwangsstörung eine größere Bedeutung zu haben.

Dopaminsystem

Das dopaminerge System wird bei ätiologischen Diskussionen meistens vernachlässigt, obwohl es Hinweise für eine mögliche Mitbeteiligung bei der Genese der Zwangsstörung gibt. In den Basalganglien interagieren sowohl dopaminerge als auch serotonerge Transmittersysteme. Für das Tourette-Syndrom, eine Basalganglien-Erkrankung, die als Zwangsspektrum-Störung mit einer genetischen Beziehung zur Zwangsstörung gilt, wird aufgrund der guten therapeutischen Wirksamkeit von Haldol und Dopaminantagonisten eine dopaminerge Genese diskutiert (Shapiro et al. 1983). Schließlich gibt es indirekte Hinweise durch klinische pharmakologische Beobachtungen. In mehreren Fallberichten wurde das Neuauftreten von Zwangssymptomen unter der

Tabelle 13.3. Einfluss der Therapie (Prä- und post-Design) auf den zerebralen Stoffwechsel im PET bei Zwangsstörung (ZS)

Autoren	n pro Gruppe	Tracer	Ergebnisse
Benkelfat et al. (1990; Folgestudie Nordahl et al. 1989)	8 Patienten mit ZS, Clomipramin für 6 Wochen	[^{18}F]FDG-PET	Erniedrigte Aktivität im linken Caudatum und 3 orbitofrontalen Regionen nach Behandlung im Vergleich zu früheren Werten
Hoehn-Saric et al. (1991; Folgestudie Machlin et al. 1991)	6 Patienten mit ZS, Fluoxetin	[^{99m}Tc] HMPAO	Verminderter Durchfluss im medialen frontalen Kortex bezogen auf den gesamten Kortex, verglichen mit früheren Werten
Swedo et al. (1992; Folgestudie von Swedo et al. 1989b)	13 Patienten mit ZS, 8 Clomipramin, 2 Fluoxetin und 3 ohne Medikation	[^{18}F]FDG-PET	Abnahme der bilateralen orbitofrontalen Aktivität nach Behandlung
Baxter et al. (1992), Baxter (1992)	9 Patienten mit ZS mit Fluoxetin 9 Patienten mit ZS mit VT, behandelt 10 Wochen 12 Kontrollpersonen und 12 unipolar Depressive, 4 Kontrollpersonen nachuntersucht nach 10 Wochen	[^{18}F]FDG-PET	Verminderte Aktivität im rechten Nucleus caudatus in beiden Behandlungsgruppen, nach erfolgreicher Behandlung, aber nicht in Nonrespondern und Kontrollen. Pathologische Veränderungen zum Baseline-Zeitpunkt in orbitalen und thalamischen Regionen sowie dem Nucleus caudatus vor Behandlung, nicht beobachtet nach Behandlung oder bei Kontrollen
Perani et al. (1995)	4 Patienten mit ZS mit Fluvoxamin, 2 ZS mit Fluoxetin, 3 ZS mit Clomipramin	[^{18}F]FDG-PET	Verminderte Aktivität in Cingulumregionen nach Behandlung
Rubin et al. (1995; Folgestudie von Rubin et al. 1992)	10 Patienten mit ZS mit Clomipramin ca. 7 Monate	[^{99m}Tc] HMPAO SPECT und [^{133}Xe]	Nach der medikamentösen Therapie nahm die HMPAO-Akkumulation in den orbitalen Regionen ab und war noch niedriger in den Nuclei caudati
Schwartz et al. (1996; Folgestudie von Rubin et al. 1992)	9 Patienten mit ZS mit VT, 10 Wochen, 9 Patienten mit ZS mit VT von Baxter et al. (1992)	[^{18}F]FDG-PET	Verminderte Aktivität im rechten Caudatum nach erfolgreicher Behandlung; Korrelation zwischen der Aktivitätsabnahme im linken Orbitalbereich und Therapieerfolg
Brody et al. (1998; Folgestudie von Baxter et al. 1992)	18 Patienten mit ZS mit VT, 9 mit Fluoxetin für 10 Wochen; 10 unipolar Depressive 10 gesunde Kontrollpersonen	[^{18}F]FDG-PET	Patienten, die auf eine der Behandlungen ansprachen, hatten vor der Behandlung signifikante Korrelationen zwischen orbitalem Kortex, Caudatum und Thalamus, während Nonresponder und Kontrollen das nicht hatten
Saxena et al. (1998)	20 Patienten mit ZS, vor und nach Paroxetin	[^{18}F]FDG-PET	Behandlungsresponder hatten verminderte Aktivität rechts orbital und im rechten Nucleus caudatus

[^{18}F]FDG-PET (Fluordesoxyglukose-) Positronenemissionstomografie, *HMPAO* hexamethylpropylenamine oxime, *VT* Verhaltenstherapie.

13.7 · Ätiologische Modelle

Behandlung mit neueren Neuroleptika (Clozapin) beschrieben (Ghaemi et al. 1995). Auch kann die Wirkung von Serotonin-Wiederaufnahmehemmern durch Neuroleptika potenziert werden (Mc Dougle et al. 1994). Dieses differenzielle Muster der Ansprechbarkeit auf SSRI und/oder Neuroleptika könnte ein Hinweis auf eine mehr frontal bzw. mehr striatal betonte Störung sein.

Somit kann zusammenfassend festgestellt werden, dass die Serotoninhypothese v.a. durch das selektive Ansprechen von Zwangssymptomen auf das pharmakologische Wirkprinzip der Serotonin-Wiederaufnahmehemmung begründet ist und dass das serotonerge System einen wichtigen Neuromodulator in der Diskussion um die Pathogenese der Zwangsstörung darstellt. Die Auswirkungen positiver Therapieeffekte auf den Glukosestoffwechsel bzw. die Hirndurchblutung sind durch bildgebende Verfahren belegt. Die fehlende Verstärkung der Zwangssymptome unter Serotonin-Agonisten führte zu der Annahme, dass das krankhafte Verhalten per se eine Serotonin-Hypersensitivität auslöst. Die Beteiligung serotonerger orbitofrontaler Systeme wird v.a. für die Zwangsstörung postuliert, während dopaminerge Systeme eher bei den Basalganglien-Störungen wie dem Gilles-de-la-Tourette-Syndrom eine Rolle spielen.

Andere ätiologische Modelle

Modell der Entwicklungsstörung

Dieses Modell basiert ebenfalls auf dem kortikostriatalen Modell der Zwangsstörung. Es wird angenommen, dass eine altersabhängige Entwicklungsstörung in diesem Funktionskreis ätiologisch für die Pathogenese der Zwangsstörung verantwortlich ist (Rosenberg u. Keshavan 1998). 80% der Zwangserkrankungen haben ihren Beginn in der Kindheit und in der Adoleszenz. Eine Reorganisation der menschlichen Gehirnanatomie und -funktion, insbesondere des präfrontalen Kortex, spielt sich in der Kindheit und Adoleszenz ab. Es konnte nachgewiesen werden, dass in dieser Lebensperiode eine Reduzierung der kortikalen Synapsen erfolgt (Feinberg 1983). Abnormalitäten in der normalen Entwicklung des Frontalhirns im kritischen Alter über 8 Jahren führen zu Störungen in der Kognition und möglicherweise auch zu Zwangssyndromen.

Genetisches Modell

Die Heterogenität der Zwangsstörung erschwert die Bestimmung von Genorten bzw. Kandidatengenen. Bereits früh haben Zwillingsstudien gezeigt, dass die Konkordanz für Zwangsstörungen bei monozygoten Zwillingen 80%–87% im Vergleich zu 47%–50% bei dizygoten Zwillingspaaren beträgt (Carey u. Gottesmann 1981). Ebenfalls sprechen die Ergebnisse von neueren kontrollierten Familienstudien mit zeitgemäßen diagnostischen Kriterien zum überwiegenden Teil für eine höhere familiäre Belastung bei Angehörigen von Patienten mit Zwangsstörungen. Black et al. (1992) konnten eine heriditäre Genese der Zwangskrankheit nicht bestätigen. In einer späteren Studie fanden Pauls et al. (1995) ein höheres Morbiditätsrisiko für Zwangsstörungen bei Angehörigen 1. Grades im Vergleich zu Angehörigen 1. Grades von psychiatrisch unauffälligen Kontrollen (10% vs. 1,9%). Zu einem ähnlichen Ergebnis kamen Nestadt et al. (2000), die zeigen konnten, dass Angehörige 1. Grades von Patienten mit Zwangsstörungen eine 5fach höhere Lebenszeitprävalenz für Zwangsstörungen hatten. Ein früheres Manifestationsalter deutete auf eine stärker ausgeprägte familiäre Subgruppe hin. Wenn die Probanden älter als 17 Jahre waren, wiesen die Angehörigen der Betroffenen keine Zwangsstörungen mehr auf.

Cavallini et al. (1999) betonten, dass der Phänotyp der Zwangsstörung einen höheren Grad an genetischer Heterogenität als das Tourette-Syndrom zeigt. Besonderes Interesse findet derzeit ein mit Tics einhergehender Subtyp der Zwangsstörung mit Manifestation in der Kindheit (Zwangsspektrum-Störung). Dieser Subtyp war signifikant häufiger unter Verwandten

1. Grades von Patienten mit Zwangsstörungen als unter Kontrollen (9,7% vs. 0,0%; Bellodi et al. 2001). Er wird abgegrenzt von der Zwangsstörung im Erwachsenenalter.

Die Untersuchung des Zusammenhangs von Zwangsstörung und Tourette-Syndrom bei Kindern mit primärer Zwangsstörung ergab bei 60% eine Lebenszeitprävalenz von Tics. 25% dieser Kinder erfüllten die Kriterien des Tourette-Syndroms. In einer komplexen Segregationsanalyse bei Patienten mit Essstörungen zeigte sich in den Familien sowohl für Ess- als auch Zwangsstörungen eine dominante Vererbung. Die Autoren folgerten, dass diesen Krankheiten eine gemeinsame genetische Vulnerabilität zugrunde liegt (Cavallini et al. 2000).

Kandidatengenstudien zur Klärung des molekularen Mechanismus der Zwangsstörung haben bisher kaum konsistente Befunde erbracht. Dies betrifft COMT-L, GABA-A-γ2 und Monoaminoxidase-A. Auch die Suche nach Kandidatengenen in Serotonin- und Dopaminregionen waren negativ.

Autoimmunologisches Modell
Wie oben dargestellt wurde trotz offensichtlicher genetischer Hinweise bisher kein spezifischer genetischer Faktor schlüssig identifiziert. Aus diesem Grund richtete sich das Interesse der Forscher auf Umweltfaktoren, die sich bei Vorliegen einer genetischen Veranlagung als pathogen erweisen könnten. Eine denkbare Interaktion ist eine mögliche Beziehung zwischen der Streptokokkeninfektion und der Entwicklung von Zwangs- und Tic-Störungen bei Kindern. Es wird dabei angenommen, dass die Zwangsstörung durch eine Autoimmunantwort bei Streptokokkeninfektion hervorgerufen wird, einem ähnlichen Mechanismus wie bei Chorea-Sydenham. Der Terminus PANDAS (»Pediatric autoimmune neuropsychiatric disorders associated with streptococcal infections«) wird für eine Subgruppe von Kindern mit Zwangsstörung und/oder Tic-Störungen benutzt. Neben diesen Symptomen sind die Kriterien

- Symptombeginn vor der Pubertät,
- plötzlicher Beginn oder episodischer Verlauf,
- zeitlicher Zusammenhang zwischen Streptokokkeninfektion und Auftreten der Zwangs- und/oder Tic-Symptome und
- andere »minor« neurologische Symptome für die Diagnose PANDAS erforderlich.

Bei dieser Erkrankung (PANDAS) sind erhöhte neuronale Antikörper gegen Basalganglien beschrieben worden (Garvey et al. 1998), wie sie ebenfalls bei Chorea-Sydenham und dem Tourette-Syndrom nachgewiesen wurden. Studien mit bildgebenden Verfahren haben eine Vergrößerung des Basalganglien-Volumens gezeigt bei PANDAS (Peterson et al. 2000). Voraussetzung für das Auftreten der Erkrankung scheint eine genetische Disposition zu sein. Erhöhte Spiegel von D8/17-Antikörpern werden als Marker der Vulnerabilität für PANDAS diskutiert. Kennedy et al. (2001) untersuchten kürzlich das »Myelin oligodendrozyte glykoprotein« (MOG)-Gen, das u. a. auch bei autoimmunologischen neuropsychiatrischen Störungen infolge Streptokokkeninfektionen (PANDAS, Subtyp der Zwangsstörung) beteiligt sein soll. Erste Ergebnisse deuten auf eine Assoziation mit MOG-4 aber nicht MOG-2 hin (Kennedy et al. 2001). Sollten sich diese Befunde bestätigen, so wäre die erste Brücke zwischen Genetik und Autoimmunprozessen für einen Subtyp der Zwangsstörung geschlagen.

Zusammengefasst betrachtet werden neben der Serotoninhypothese bei der Zwangsstörung v.a. Entwicklungsstörungen, genetische Defekte und Autoimmunstörungen diskutiert. Die frühe Manifestation der Zwangskrankheiten in der Kindheit bzw. Adoleszenz haben zu der Hypothese beigetragen, dass eine Entwicklungsstörung in der Organisation der präfrontalen Strukturen in diesen Lebensphasen stattfindet.

Eine genetische Störung bei der Zwangskrankheit ist für Subgruppen mit einem Manifestationsalter unter 17 Jahren bestätigt. Die Suche nach Kandidatengenen im Serotonin- und Dopaminstoffwechsel war bisher nicht erfolgreich.

Bei einer Subgruppe der Zwangsstörungen, den so genannten PANDAS-Störungen, die bei Kindern mit Zwangssyndrom und/oder Tics auftreten, fanden sich Hinweise für autoimmunologische Prozesse an den Basalganglien bei möglicherweise genetischer Disposition.

13.8 Ausblick

Die pathogenetischen Vorstellungen von der Zwangsstörung haben durch die funktionell-bildgebenden Verfahren in Verbindung mit Symptomprovokation und gezielter neuropsychologischer Aktivierung in den letzten Jahren einen bedeutenden Wissenszuwachs erfahren. Basierend auf dem Konzept der Heterogenität der Zwangsstörung wird es die Aufgabe der nächsten Jahre sein, die Subtypisierung der Zwangsstörung phänomenologisch weiter zu sichern. Eine sichere Abgrenzung von Subtypen der Zwangsstörung könnte eine valide klinische Grundlage molekulargenetischer Untersuchungen werden.

Eine Verbesserung der Kenntnisse der spezifischen neuropsychologischen Störungen bei Zwangskrankheiten könnten differenziertere und spezifischere Therapiestrategien und Prognosekriterien eröffnen. Nicht zuletzt können neurobiologische Pathogenese-Modelle zu einem natürlicheren Verständnis der Erkrankung sowohl beim Arzt als auch beim Patienten beitragen. In einem solchen Modell sollten Zwangssymptome keine »Bedeutung« an sich haben, sondern höchstens eine intrapsychische oder interpersonelle Funktionalität.

Literatur

Abbruzzese M, Ferri S, Scarone S (1997) The selective break down of frontal functions in patients with obsessive compulsive disorder and in patients with schizophrenia: A double association experimental finding. Neuropsychologia 35: 907–912

Adams BL, Warneke LB, McEvan AJ, Fraser BA (1993) Single photon emission computerized tomography in obsessive compulsive disorder: A preliminary study. J Psychiatry Neurosci 18: 109–112

Alarcon RD, Libb JW, Boll TJ (1994) Neuropsychological testing in obsessive compulsive disorder: A clinical review. J Neuropsychiat Clin Neurosci 6: 217–228

Alexander GE, Crutcher MD (1990) Functional architecture of basal ganglia circuits: neural substrates of parallel processing. TINS 13: 266–271

Alexander GE, DeLong MR, Strick PL (1986) Parallel organization of functionally segregated circuits linking basal ganglia and cortex. Ann Rev Neurosci 9: 357–381

American Psychiatric Association (1994) Diagnostic and statistical manual of mental disorders, 4th ed. American Psychiatric Association, Washington DC

Barr LC, Goodman WK, McDougle CJ, Delgado PL, Henninger GR, Charney DS, Price LH (1994) Tryptophan depletion in patients with obsessive-compulsive disorder, who respond to serotonin reuptake inhibitors. Arch Gen Psychiat 51: 309–317

Bartha R, Stein MB, Williamson PC, Drost DJ, Neufeld AW, Carr TJ, Cancran G, Densmore M, Anderson G, Siddiqui AR (1998) A short echo IH spectroscopy and volumetric MRI study of the corpus striatum in patients with obsessive compulsive disorder and comparison subjects. Am J Psychiatry 155: 1584–1591

Baxter LR Jr (1992) Neuroimaging studies of obsessive compulsive disorder. Psychiat Clin North Am 15: 871–884

Baxter L, Phelps M, Mazziota J, Guze B, Schwartz J, Selin C (1987a) Local cerebral glucose metabolic rates in obsessive-compulsive disorder. Arch Gen Psychiatry 44: 211–218

Baxter LR, Thompson JM, Schwartz JM, Guze BH, Phelps ME, Mazziotta JC, Selin CE, Moss L (1987b) Trazodone treatment response in obsessive-compulsive disorder – correlated with shifts in glucose metabolism in the caudate nuclei. Psychopathology 20 (Suppl.1): 114–122

Baxter LR Jr., Schwartz JM, Mazziotta JC, Phelps ME, Pahl JJ, Guze BH, Fairbanks L (1988) Cerebral glucose metabolic rates in nondepressed patients with obsessive-compulsive disorder. Am J Psychiatry 145: 1560–1563

Baxter LR, Schwartz JM, Guze BH, Bergman, K, Szuba MP (1990) Neuroimaging in OCD: seeking the mediating neuroanatomy. In: Jenike MA, Baer L, Minichiello WE (eds) Obsessive-compulsive disorder: Theory and management, 2nd ed. Mosby, Chicago

Baxter I, Schwartz J, Bergmann K, Szuba M, Guze B, Mazziota J, Alazraki A, Selin C, Huan-Quang F, Munford P, Phelps M (1992) Caudate glucose metabolic rate changes with both drug and behavior therapy for obsessive compulsive disorder. Arch Gen Psychiat 49: 681–689

Behar D, Rapoport JL, Berg CJ, Denkla MB, Mann L, Cox C, Fedio P, Zahn T, Wolfman MG (1984) Computerized tomography and neuropsychological test measures in adolescents with obsessive compulsive disorder. Am J Psychiatry 47: 840–848

Bellodi L, Cavallini MC, Bertelli S, Chiapparino D, Riboldi C, Smeraldi E (2001) Morbidity risk for obsessive-compulsive spectrum disorders in first-degree relatives of patients with eating disorders. Am J Psychiatry 158: 563–569

Benkelfat C, Nordhal T, Semple W, King C, Murphy D, Cohen R (1990) Local cerebral glucose metabolic rates in obsessive-compulsive disorder. Arch Gen Psychiat 47: 840–848

Benkelfat C, Bradwejn J, Meyer E, Ellenbogen M, Milot S, Gjedde A, Evans A (1995) Functional neuroanatomy of CCK4-induced anxiety in normal healthy volunteers. Am J Psychiat 152: 1180–1184

Berman, I, Kalinowski A, Berman SM, Lengua J, Green AI (1995) Obsessive and compulsive symptoms in chronic schizophrenia. Comprehensive Psychiatry 36: 6–10

Berthier ML, Kulisevsky J, Gironell A, Heras JA (1996) Obsessive-compulsive disorder associated with brain lesions: clinical phenomenology, cognitive function, and anatomic correlates. Neurology 47: 353–361

Berthier ML, Kulisevsky JJ, Gironell A, Lopez OL (2001) Obsessive compulsive disorder and traumatic brain injury: behavioural, cognitive, and neuroimaging findings. Neuropsychiat Neuropsychol Behav Neurol 14: 23–31

Bienvenu OS, Samuels JF, Riddle MA, Hoehn-Saric R, Liang KY, Cullen BA, Grados MA, Nestadt G (2000) The relationship of obsessive-compulsive disorder to possible spectrum disorders: results from a family study. Biol Psychiatry 48: 287–293

Black DW, Noyes R Jr, Golddtein RB, Blum N (1992) A familiy study of obsessive compulsive disorder. Gen Psychiatry 49: 362–368

Bondi MW, Kasniak AW, Bayles KA, Vance KT (1993) Contributions of frontal system dysfunction to memory and perceptual abilities in Parkinson´s disease. Neuropsychologia 7: 89–112

Boone KB, Ananth J, Philpot I, Kaur A, Djenderedjian A (1991) Neuropsychological characteristics of non-depressed adults with obsessive-compulsive disorder. Neuropsychiat Neuropsychol Behav Neurol 4: 96–109

Breiter HC, Rauch SL, Kwong KK, et al. (1996) Functional magnetic resonance imaging of symptom provocation in obsessive compulsive disorder. Arch Gen Psychiatry 49: 595–606

Brickner RM (1940) A human cortical area producing repetitive phenomena when stimulated. J Neurophysiol 3: 128–130

Brody AL, Saxena S (1996) Brain imaging in obsessive-compulsive disorder: Evidence for the involvement of frontal subcortical circuitry in the mediation of symptomatology. CNS Spectrums 1: 27–41

Brody AL, Syxena S, Schwartz JM, Stoessel PW, Maidment K, Phellps ME, Baxter LR Jr. (1998) FDG-PET predictors of response to behavioral therapy and pharmacotherapy in obsessive compulsive disorder. Psychiatry Res 9: 1–6

Capstick N, Seldrup J (1977) Obsessional states. Acta Psychiat Scand 56: 427–431

Carey G, Gotttesmann II (1981) Twin and familiy studies of anxiety, phobic, and obsessive disorder. In: Klein DF, Radkin J (eds) Anxiety: New research and changing concepts. Raven, New York, pp 117–135

Cavallini MC, Pasquale L, Bellodi L, Smeraldi E (1999) Complex segregation analysis of obsessive compulsive disorders and related disorders. Am J Med Genetics 88: 38–43

Cavallini MC, Bertelli S, Chiapparino D, Riboldi S, Bellodi L (2000) Complex segregation analysis of obsessive compulsive disorder in 141 families of eating disorders probands, with and without of obsessive compulsive disorders. Am J Med Genetics 96: 384–391

Cavedini P, Riboldi G, D´Annucci A, Belotti P, Cisima M, Bellodi L (2002) Decision-making heterogeneity in obsessive-compulsive disorder: ventromedial prefrontal cortex function predicts different treatment outcomes. Neuropsychologia 40: 205–251

Chacko RC, Corbin MA, Harper RG (2000) Acquired obsessive-compulsive disorder associated with basal ganglia lesions. J Neuropsychiatry Clin Neurosci 12: 269–272

Cosgrove GR, Rauch SL (2003) Stereotactic cingulotomy. Neurosurg Clin N Am 14: 225–235

Cottreaux J, Gerard D, Cinotti L, Froment JC, Deiber MP, Le Bars D, Galy G, Millet P, Labb C, Lavenne F, Bouvard M, Mauguiere F (1996) A controlled PET scan study of neutral and obsessive auditory stimulations in obsessive-compulsive disorder. Psychiat Res 60: 101–112

Cottreaux J, Gerard D (1998) Neuroimaging and neuroanatomical issues in obsessive-compulsive disorder. In: Swinson RP, Antony MM, Rachman S, Richter MA (eds) Obsessive-compulsive disorder. Theory, research and treatment. Guilford, New York London, pp 154–180

Cummings JL, Cunningham K (1992) Obsessive-compulsive disorder in Huntington´s disease. Biol Psychiatry 31: 263–270

Damasio AR (1994) Decartes´Error: Emotion. Reason and the Human Brain. Grosset Putnam, New York

Dougherty DD, Baer L, Cosgrove GR, Cassem EH, Price BH, Nierenberg AA, Jenike MA, Rauch SL (2002) Prospective long-term follow-up of 44 patients who received cingulotomy for treatment-refractory obsessive compulsive disorder. Am J Psychiatry 159: 269–275

Dubois B, Defontaines B, Deweer B, Malapani C, Pillon B (1995) Cognitive and behavioral changes in patients with focal lesions of the basal ganglia. In: Weiner WJ, Lang AE (eds) Behavioral neurology of movement disorders. Advances in neurology, vol. 65. Raven, New York, pp 29–41

Ebert D, Speck O, König, Berger M, Hennig J, Hohagen F (1996) H-Magnetic resonance spectroscopy in obsessive compulsive disorder: evidence for neuronal loss in the cingulate gyrus and the right striatum. Psychiat Res Neuroimaging 74: 173–176

Edmonstone Y, Austin MP, Prentice M, Dougall N, Freeman CP, Ebmeier KP, Goodwin GM (1994) Uptake of [^{99m}Tc]hexametazime shown by single photon emission computerized tomography in obsessive compulsive disorder compared with major depression and normal controls. Acta Psychiat Scand 90: 298–303

Eichstedt JA, Arnold SL (2001) Childhood obsessive-compulsive disorder: a tic-related subtype of OCD. Clin Psychol Rev 21: 137–157

Eisen JL, Beer DA, Pato MT, Venditto TA, Rasmussen SA (1997) Obsessive- compulsive disorder in patients with schizophrenia or schizoaffective psychosis. Am J Psychiatry 154: 271–273

Eisen, JL, Goodman WK, Keller MB, Warshaw MG, DeMarco LM, Luce DD, Rasmussen SA (1999) Patterns of remission and relapse in obsessive-compulsive disorder: a 2 year prospective study. J Clin Psychiatry 60: 346–351

Enright SJ, Beech AR (1993) Reduced cognitive inhibition in obsessive-compulsive disorder. Br J Clin Psychol 32: 67–74

Escalona PR, Adair JC, Roberts BB, Graeber DA (1997) Obsessive compulsive disorder following bilateral globus pallidus infarction. Biol Psychiatry 42: 410–412

Fallon BA, Qureshi AI, Laje G, Klein B (2000) Hypochondriasis and its relationship to obsessive-compulsive disorder. Psychiatr Clin North Am 23: 605–616

Feinberg I (1983) Schizophrenia: Caused by a fault in programmed synaptic elimination during adolescence? J Psychiat Res 17: 319–334

Fox E (1995) Negative priming from ignored distractors in visual selection: A review. Psychonom Bull Res 2: 145–173

Freud S (1959) The question of lay analysis. In: Strachey J (ed., trans.) The standard edition of the complete psychological works of Sigmund Freud. vol 20. Hogarth, London, pp 177–258 (Original work published 1926)

Gabbay V, Asnis GM, Bello JA, Allonso CM, Serras JS, O´Dowd MA (2003) New onset of body dysmmorphic disorder following frontotemporal lesion. Neurology 61: 123–125

Garvey MA, Swedo SE (1997) Sydenham´s chorea. Clinical and therapeutic update. Adv Exp Med Biol 418: 115–120

Garvey MA, Gied J, Swedo S (1998) PANDAS: the search for environmental triggers of pediatric neuropsychiatric disorders. Lessons from rheumatic fever. J Child Neurol 13: 413–423

Geller DA, Biederman J, Faraone S, Agranat A, Cradock K, Hagermoser L, Kim G, Frazier J, Coffrey BJ (2001) Developmental aspects of obsessive compulsive disorder: findings in children, adolescents and adults. Intern Ment Dis 189: 471–477

Gittelson NL (1966) Depressive psychosis in the obsessional neurotic. Br J Psychiatry 112: 153–159

Goodman WK, McDougle CJ, Price LH, Barr LC, Hillis OF, Caplik JF, Charney DS, Henninger GR (1995) m-Chlorophenylpiperazine in patients with obsessive-compulsive disorder: Absence of symptom exacerbation. Biol Psychiat 38: 138–149

Ghaemi SN, Zarate CA, Jr, Popli AP, Pillay SS, Cole JO (1995) Is there a relationship between clozapine and obsessive-compulsive disorder? A retrospective chart review. Comprehensive Psychiat 36: 267–270

Graybiel AM (1990) Neurotransmitters and neuromodulaters in the basal ganglia. TINS 13: 244–254

Graybiel AM (1995) Building action repertoires: memory and learning functions of the basal ganglia. Curr Opin Neurobiol 5: 733–741

Gunstad J, Phillips KA (2003) Axis 1 comorbidity in body dysmorphic disorder. Compr Psychiatry 44: 270–276

Harris GJ, Hoehn-Saric R, Lewis R, Pearlson RL, Streeter C (1994) Mapping SPECT cerebral perfusion abnormalities in obsessive-compulsive disorder. Hum Brain Mapping 2: 237–248

Harrison TR, Isselbacher KJ (1994) Harrison´s principles of internal medicine, 13th ed. Mc Graw Hill, New York, p 1048

Heindl WC, Butters N, Salmon DP (1888) Impaired learning of a motor skill in patients with Huntington´s disease. Behav Neurosci 102: 141–147

Hendler T, Goshen E, Tadmor R, Lustig M, Zwas ST, Zohar J (1999) Evidence for striatal modulation in the presence of fixed cortical injury in obsessive-compulsive disorder (OCD). Eur Neuropsycho-pharmacol 9: 371–376

Hillbom E (1960) After-effects of brain injuries. Acta Psychiat Neurol Scand 35: (Suppl 142) 1–195

Hoehn-Saric R, Pearlson G, Harris G, Machlin S, Camargo E (1991) Effects of fluoxetine on regional cerebral blood flow in obsessive-compulsive patients. Am J Psychiat 148: 1243–1245

Hollander E, Benzaquen SD (1997) The obsessive compulsive spectrum disorders. Int Rev Psychiatry 9: 99–109

Hollander E, Phillips KA (1993) Body image and experience disorders. In: Hollander E (ed) Obsessive compulsive disorders. American Psychiatric Press

Hollander E, Schiffmann E, Cohen B, Rivera-Stein MA, Rosen W, Gorman JM, Fyer AJ, Papp L, Liebowitz MR (1990) Signs of central nervous system dysfunction in OCD. Arch Gen Psychiatry 47: 27–32

Hollander E, De Caria C, Saoud J, Trungold S, Stein D, Liebowitz M, Prohovnik I (1991) m-CPP activated regional cerebral blood flow in obsessive-compulsive disorder. Biol Psychiatry 29: 170A

Hollander E, Decaria CM, Nitescu A, Gully R, Suckow R, Cooper T, Gorman J, Klein D, Liebowitz M (1992) Serotonergic function in obsessive compulsive disorder: Behavioral and neuroendocrine responses to oral m-chlorophenyl-piperazine and fenfluramine in patients and health volunteers. Arch Gen Psychiat 49: 21–28

Hollander E, Bienstock CA, Koran LM, Pallanti S, Marazziti D, Rasmussen SA, Ravizza L, Benkelfat C, Saxena S, Greenberg BD, Sasson Y, Zohar J (2002) Refractory obsessive-compulsive disorder: state-of-the-art treatment. J Clin Psychiatry 63: Suppl 6: 20–29

Houk JC, Davis JL, Beiser DG (1995);(eds) Model of information processing in basal ganglia. MIT, Cambridge

Husby G, van de Rijn, Zabriskie JB, Abdin ZH, Williams RC Jr (1976) Antibodies reacting with cytoplasm of subthalamic and caudate nucleus neurons in chorea and acute rheumatic fever. J Exp Med 144: 1094–1100

Insel TR (1986) Obsessive compulsive disorder with psychotic features: a phenomenologic analysis. Am J Psychiatry 143: 1527–1533

Insel TR (1992) Toward a neuroanatomy of abessive compulsive disorder. Arch Gen Psychiatryy 49: 739–744

Insel TR, Mueller EA, Altermann I, Linnoila M, Murphy DL (1985) Obsessive-compulsive disorder and serotonin: Is there a connection? Biologic Psychiatry 20: 739–744

Jenike MA (1984) Obsessive compulsive disorder a question of neurologic lesion. Compr Psychiatr 25: 298–304

Jenike MA (1998) Neurosurgical treatment of obsessive-compulsive disorder. Brit J Psychiatry 173 (Suppl 35): 79–90

Jenike MA, Breiter HC, Baer L, Kennedy DN, Savage CR, Olivares MJ, O´Sullivan RL, Shera DM, Rauch SL, Keuthen N, Rosen BA, Caviness VS, Filipek PA (1996) Cerebral structural abnormalities in obsessive compulsive disorder: A quantitative morphometric magnetic resonance imaging study. Arch Gen Psychiatry 53: 624–632

Kathmann N (1998) Neuropsychologie der Zwangserkrankung. Psychotherapie 3: 249–257

Kennedy JL, Bezchlibnyk J, Barr CL et al. (2001) Investigation of the myelin/oligodentrocyte glycoprotein (MGO) and HLA region CA repeat loci in obsessive compulsive disorder. Presented at the 5th International Obsessive compulsive Disorder Conference: March 29-April 1, 2002; Sardinia, Italy

Kettle PA, Marks IM (1986) Neurological factors in OCD: two case reports and a review of the literature. Brit J Psychiat 149: 315–319

Kim KW, Lee DY (2002) Obsessive-compulsive disorder associated with a left orbitofrontal infarct. J Neuropsychiatry Clin Neurosci 14: 88–89

Klein DF (1993) Forword in: Hollander E (ed) Obsessive-compulsive related disorders. American Psychiatric Press

Knopman D, Nissen MJ (1991) Procedural learning is impaired in Huntington´s disease: Evidence from the serial reaction time task. Neuropsychologia 29: 245–254

Kordon A, Hohagen F (2000) Neurobiologische Aspekte zur Ätiologie und Pathophysiologie der Zwangsstörung. Psychother Psychosom Med Psychol 50: 428–434

Laplane D, Boulliat J, Baron JC, Pillon B, Baulac M (1988) Obsessive-compulsive behavior caused by bilateral lesions of the lenticular nuclei. A new case. Encephale 14: 27–32

Laplane D, Levasseur M, Pillon P, Dubois B, Baulac M, Mazoyer B, Tran Dinh S, Sette G, Danze F (1989) Obsessive-compulsive and other behavioral changes with bilateral basal ganglia lesion. A neurpsychological, magnetic resonance imaging and positron tomography study. Brain 112: 699–725

LeDoux JE (1996) The emotional brain. Simon & Schuster, New York

Leonard H, Swedo S, Lenane M, Rettew D, Cheslow D, Hamburger S, Rapoport J (1991) A double blind desipramine substitution during long-term clomipramine treatment in children and adolescents with obsessive-compulsive disorder. Arch Gen Psychiat 48: 922–927

Lochner MA, Stein DJ (2003) Heterogenity of obsessive compulsive disorder: A literature review. Harv Rev Psyciatry 11: 113–132

Lucey JV, Costa DC, Blanes T, Busatto GF, Pilowsky LS, Takei N, Marks IM, Ell PJ, Kerwin RW (1995) Regional cerebral blood flow in obsessive-compulsive disordered patients at rest: Differential correlates with obsessive-compulsive and anxious avoidance dimensions. Brit J Psychiat 167: 629–634

Lucey JV, Burness CE, Costa DC, Gacinovic S, Pilowsky LS, Ell PJ, Marks JM, Kerwin RW (1997) Wisconsin card sorting task (WCST) errors and cerebral blood flow in obsessive compulsive disorder (OCD). Br J Med Psychol 70: 403–411

Luxenberg JS, Swede SE, Flamant MF (1988) Neuroanatomical abnormalities in obsessive-compulsive disorder determined with quantitative X-ray computed tomography. Am J Psychiatry 145 : 1089–1093

Machlin S, Harris G, Pearlson G, Hoehn-Saric R, Jeffery P, Camargo E (1991) Elevated medial-frontal cerebral blood flow in obsessive-compulsive patients: A SPECT study. Am J Psychiat 148: 1240–1242

Marazziti D, Mungai F, Giannotti D, Pfanner C, Presta S (2003) Kleptomania in impulsive control disorders, obsessive-compulsive disorder, and bipolar spectrum disorder: Clinical and therapeutic implications. Current Psychiatry Reports 5: 36–40

Marques-Dias M, Mercadante MT, Tucker D, Lombroso P (1997) Sydenhams Chorea. Psychiatr Clin North Am 20: 809–820

Martinot JL, Allilaire JE, Mazoyer B, Hantouche E, Huret JD, Legaut-Demare F, Deslauriers A, Hardy P, Pappata S, Baron JC, Syrota E (1990) Obsessive-compulsive disorder: A clinical, neuropsychological and positron emission tomography study. Acta Psychiat Scand 82: 233–242

McElroy SL, Keck PE, Phillips KA (1995) Kleptomania, compulsive buying, and binge-eating disorder. J Clin Psychiatry 56 (suppl.): 14–26

McDougle CJ, Goodman WK, Price LH (1994) Dopamine antagonists in tic-related and psychotic spectrum obsessive compulsive disorder. A double-blind, placebo-controlled study in patients with and without tics. J Clin Psychiatry 55 (suppl): 24–31

McGuire PK, Bench CD, Marks IM, Frackowiak RSJ, Dolan RJ (1994) Graded activation of symptoms in obsessive compulsive disorder. Brit J Psychiat 164: 459–468

Mc Kreon J, McGuffin P, Robinson P (1984) Obsessive-compulsive neurosis following head injury. Brit J Psychiat 144: 190–192

Mindus P, Jenike MA (1992) Neurosurgical treatment of malignant obsessive-compulsive disorder. Psych Clin North Am 15: 871–884

Mishkin M, Malamut V, Bachevalier J (1984) Memories and habits: Two neural systems. In: Lynch G, Mc Gaugh JL, Weinberger NM (eds) Neurobiology of learning and memory. Guilford, New York

Modell J, Mountz J, Curtis G, Greden JF (1989) Neurophysiologic dysfunction in basal ganglia/limbic striatal and thalamocortcial circuits as a pathogenetic mechanism of OCD. J Neuropsychiatry 1: 27–36

Nestadt G, Samuels J, Riddle M, Bienvenu OJ III, Liang KY, La Buda M, Walkup J, Grados M, Hoehn-Saric R (2000) A family study of obsessive-compulsive disorder. Arch Gen Psychiatry 57: 358–363

Nestadt G, Addington A, Samuels J, Liang KY, Bienvenu OJ, Riddle M, Grados M, Hoehn-Saric R, Cullen B (2003) The identification of OCD-related subgroups based on comorbidity. Biol Psychiatry 53: 914–920

Nordahl T, Benkelfat C, Semple W, Gross M, King A, Cohen M (1989) Cerebral glucose metabolic rates in obsessive compulsive disorder. Neuropsychopharmacology 2: 1–7

Pato MT, Pigott TA, Hill JL, Grover GN, Bernstein S, Murphy DL (1991) Controlled comparison of buspirone and clomipramine in obsessive-compulsive disorder. Am J Psychiatry 148: 127–129

Pauls LP, Towbin KE, Leckmann JF (1986) GTS and OCD. Arch Gen Psychiat 43: 1180–1182

Pauls DL, Alsobrook JP, Goodman W, Rasmusssen S, Leckman JF (1995) A familiy study of obsessive compulsive disorder. Am J Psychiatry 152: 76–84

Perani D, Colombo C, Bressi A, Bonfanti A, Grassi F, Scarone E, Bellodi L, Smeraldi E, Fazio F (1995) ^{18}FDG PET in obsessive compulsive disorder: A clinical-metabolic correlation study after tretment. Brit J Psychiat 166: 244–250

Peterson BS, Leckmann JF, Tucker D, Scahill L, Staib L, Zhang G, King R, Cohen DJ, Gore JC, Lombrosio P (2000) Preliminary findings of antistreptococcal antibody titres and basal ganglia volumes in tic, obsessive compulsive, and attention-deficit/hyperactivity disorders. Arch Gen Psychiatry 57: 364–372

Phillips KA, Naijar F (2003) An open-label study of Citalopram in body dysmorphic disorder. J Clin Psychiatry 64: 715–720

Presta S, Marazziti D, Dell´Osso I, Pfanner C, Pallanti S, Cassano GB (2002) Kleptomania: clinical features and comorbidity in an italian sample. Compr Psychiatry 43: 7–12

Purcell R, Maruff P, Kyrios M, Pantelis C (1998) Cognitive deficits in obsessive-compulsive disorder on tests of fronto-striatal function. Biol Psychiatry 43: 348–357

Rapoport J (1989) Cerebral glucose metabolism in childhood-onset obsessive-compulsive disorder. Arch Gen Psciatry 46: 518–523

Rauch SL (2003) Neuroimaging and neurocircuitry models pertaining to the neurosurgical treatment of psychiatric disorders. Neurosurg Clin N Am 14: 213–223

Rauch SL, Jenike MA (1993) Neurobiological models of obsessive-compulsive disorder. Psychosomatics 34: 20–32

Rauch SL, Jenike M, Alpert N, Baer L, Breiter H, Savage C, Fischmann A (1994) Regional cerebral blood flow measured during symptom provocation in obsessive compulsive disorder using oxygen.15 labeled carbon-dioxide and positron emission tomography. Arch Gen Psychiat 51: 62–70

Rauch SL, Savage CR, Alpert NM, Miguel EC, Baer L, Breiter HC, Fischmann AJ (1995) A positron emission tomographic study of simple phobic symptom provocation. Arch Gen Psychiat 52: 20–28

Rauch SL, van der Kolk BA, Fisler RE, Alpert MN, Orr SP, Savage CR, Fischmann AJ, Jenke MA, Pitman RK (1996) A symptom provocation study of post traumatic stress disorder using positron emission tomography and script-driven imagery. Arch Gen Psychiat 53: 380–387

Rauch SL, Savage CR, Alpert NM, Fischmann AJ, Jenike MA (1997a) The functional neuroanatomy of anxiety: a study of three disorders using PET and symptom provocation. Biol Psychiatry 2: 446–452

Rauch SL, Savage CR, Alpert NM, Dougherty D, Kendrick A, Curran T, Brown HD, Manzo R, Fischmann AJ, Jenike MA (1997b) Probing striatal function in obsessive compulsive disorder: a PET study of implicit sequence learning. J Neuropsychiatry Clin Neurosci 9: 568–573

Rauch SL, Paul JW, Dougherty D, Jenike MA (1998) Neurobiologic models of OCD. In: Jenike MA, Baer L, Minichiello WE (eds) Obsessive-compulsive disorder. Theory and management, 3rd ed. Mosby, Chicago

Rauch SL, Phillips KA, Segal E, Makris N, Shin LM, Whalen PJ, Jenike MA, Caviness VS Jr, Kennedy DN (2003) A preliminary morphometric magnetic resonance imaging study of regional brain volumes in body dysmorphic disorder. Psychiatry Res 20: 13–19

Riederer F, Stamenkovic M, Schindler SD, Kasper S (2002) Das Tourette-Syndrom. Nervenarzt 73: 805–819

Rubin RT, Villanueva-Meyer J, Ananth J, Trajmar PG, Mena I (1992) Regional Xenon-133 cerebral blood flow and technetium [^{99m}] HMPAO-uptake in unmedicated patients with obsessive-compulsive disorder and normal control subjects. Arch Gen Psychiat 52: 393–398

Rosenberg DR, Keshavan MS (1998) Toward a neurodevelopmental model of obsessive-compulsive disorder. Biol Psychiat 43: 623–640

Savage CR (1998) Neuropsychology of obsessive disorder: Research findings and treatment implication. In: Jenike MA, Baer L, Minichiello WE (eds) Obsessive compulsive disorder: Theory and management, 3rd ed. Mosby, Chicago

Savage CR, Baer L, Keuthen NJ, Brown HD, Rauch SL, Jenike MA (1999) Organizational strategies mediate nonverbal memory impairment in obsessive-compulsive disorder. Biol Psychiatry 45: 905–916

Saxena S, Brody AL, Schwartz JM, Baxter LR (1998) Neuroimaging and frontal-subcortical circuitry in obsessive-compulsive disorder. Br J Psychiatry 173 (Suppl 35): 26–37

Saxena S, Brody AL, Ho ML, Alborzian S, Ho MK, Maidment KM, Huang SC, Wu HM, Au SC, Baxter LR Jr (2003) Cerebral metabolism in major depression and obsessive-compulsive disorder occurring separately and concurrently. Biol Psychiatr 50: 159–170

Sawle G, Hymas N, Lees A, Frackowiak R (1991) Obsessional slowness: Functional studies with positron emission tomography. Brain 114: 2191–2202

Schacter DL, Alpert NM, Savage CR, Rauch SL, Albert MS (1996) Conscious recollection and the human hippocampal formation: evidence from positron emission tomography. Proc Natl Acad Sci USA 93: 321–325

Schilder P (1938) The organic background of obsessions and compulsions. Am J Psychiatry 94: 1397–1414

Schmidke K, Schorb A, Winkelmann G, Hohagen F (1998) Cognitive frontal lobe function in obsessive-compulsive disorder. Biol Psychiatry 43: 666–673

Schwartz JM, Stoessel PW, Baxter LR, Martin KM, Phelps ME (1996) Systematic changes in cerebral glucose metabolic rate after successful behavior modification treatment of obsessive-compulsive disorder. Arch Gen Psychiat 53: 109–113

Shapiro AK, Shapiro E, Eisenkraft GJ (1983) Treatment of Gilles de la Tourette syndrom with pimozide. Am J Psychiatry 140: 1183–1186

Stein DJ, Hollander E, Chan S Delaria CM, Hilal S, Liebowitz MR, Klein DF (1993) Computed tomography and neurological soft signs in OCD. Psychiat Res Neuroimaging 5: 143–150

Stein DJ, Hollander E, Simeon D, Cohen L, Islam MN, Aronowitz B (1994) Neurological soft signs in female trichotillomania patients, obsessive compulsive disorder patients and healthy control subjects. J Neuropsychiatry Clin Neurosci 6: 184–187

Steingard R, Dillon-Stout D (1992) Tourette's syndrome and OCD. Clinical aspects. Psych Clin North America 15: 849–860

Stern RS, Marks IM, Wright J, Luscome DK (1980) Clomipramin: Plasma levels, side-effects and outcome in obsessive compulsive neurosis. Postgraduate Med J 56: 134–139

Stuss DT, Benson DF (1986) The frontal lobes. Raven, New York

Swedo SE (1994) Sydenhams Chorea: a model for childhood autoimmune neuroposychiatric disorders. JAM 272: 1788–1781

Swedo SE, Rapoport JL, Cheslow DL, Leonard HL, Ayoub EM, Hosier DM, Wald ER (1989a) High prevalence of obsessive-compulsive symptoms in patients with Sydenham's chorea. Am J Psychiatry; 146: 246–249

Swedo SE, Schapiro M, Grady C, Cheslow D, Leonard H, Kumar A, Friedland R, Rapoport SI, Rapoport J (1989b) Cerebral glucose metabolism in childhood-onset obsessive-compulsive disorder. Arch Gen Psychiatry 46: 518–523

Literatur

Swedo SE, Pietrini E, Leonard HL, Shapiro MB, Rettew DC, Goldberger EI, Rapoport SI, Rapoport JL (1992) Cerebral glucose metabolism in childhood-onset obsessive compulsive disorder: Revisualization during pharmacotherapy. Arch Gen Psychiat 49: 690–694

Szeszko PR, Robinson D, Alvir JM, Bilder RM, Lencz T, Ashtari M, Wu H, Bogerts B (1999) Orbital frontal and amygdala volume reductions in obsessive compulsive disorder. Arch Gen Psychiatry 56: 913–919

Talairach J, Bancaud J, Geir S et al. (1975) The cingulate gyrus and human behavior. Electroencephalogr Clin Neurophysiol 34: 415–452

Tibbo P, Kroetsch M, Chue P, Warneke L (2000) Obsessive compulsive disorder in schizophrenia. J Psychiatric Res 34: 139–146

Toi du PL, van Kradenburg J, Niehaus D, Stein DJ (2001) Comparison of obsessive compulsive disorder patients with and without comorbid putative obsessive compulsive spectrum disorders using a structural clinical interview. Compr Psychiatry 42: 291–300

Tonkonogy J, Barreira P (1989) Obsessive-compulsive disorder and caudate-frontal lesion. Neuropsychiatr Neuropsychol Behav Neurol 2: 203–209

Tot S, Özge A, Cömelekoglu Ü, Yazici K, Bal N (2002) Association of QEEG findings with clinical characteristics of OCD: Evidence of left frontotemporal dysfunction. Can J Psychiatry 47: 538–545

Weissman MM, Bland RC, Canino GJ, Greenwald S, Hwu HG, Lee CK, Newman SC, Oakley-Browne MA, Rubio-Shipec H, Wickramaatne PJ et al. (1994) The Cross National Collaborative Group. The Cross National Epidemiology of Obsessive-Compulsive Disorder. J Clin Pychiatry 55 (suppl 3): 5–10

Zohar J, Mueller EA, Insel TR, Zohar-Kadouch RC, Murphy DL (1987) Serotonergic role in obsessive-compulsive disorder. In Belmaker RH, Sandler M, Dahlström A (eds) Progress in catecholamine research: Part C. Clinical aspects. Liss, New York, pp 385–391

Zohar J, Insel T, Foa E, Steketee G, Berman K, Weinberger D, Kozak M, Cohen R (1989) Physiological and psychological changes during in vivo exposure and imaginal flodding of obsessive compulsive disorder patients. Arch Gen Psychiatry 46: 505–510

Borderline- und antisoziale Persönlichkeitsstörung

H. J. Kunert, S. Herpertz, H. Saß

14.1 Einleitung – 322

14.2 Bedeutung frontaler Strukturen für die Ausbildung von Persönlichkeitsmerkmalen sowie für die Entwicklung von Persönlichkeitsstörungen – 323
Modellannahmen zur funktionellen Anatomie des frontalen Kortex – 323
Persönlichkeitsveränderungen nach Schädigungen des frontalen Kortex – 323

14.3 Frontale Korrelate bei der Borderline- und antisozialen Persönlichkeitsstörung – 329
Hinweise auf frontale Dysfunktionen bei der Borderline-Persönlichkeitsstörung – 329
Hinweise auf frontale Dysfunktionen bei der antisozialen Persönlichkeitsstörung – 333

14.4 Methodische Probleme der Klassifikation von Persönlichkeitsstörungen – 338
Einschluss- und Ausschlusskriterien – 338
Klassifikation nach Krankheitsentitäten – 339

14.5 Ausblick – 340

Literatur – 341

14.1 Einleitung

Der durch die amerikanische Psychiatrie geprägte Begriff der **Persönlichkeitsstörung** bezieht sich auf definierte Veränderungen des Charakters bzw. Wesenszüge eines Menschen. Diese machen sich durch Auffälligkeiten in den Bereichen Denken, Affektivität, Beziehungsgestaltung oder Impulskontrolle bemerkbar. Eine Persönlichkeitsstörung wird nach den Kriterien der modernen operationalisierten Diagnosesysteme (DSM-IV oder ICD-10) dann diagnostiziert, wenn ein andauerndes Muster von innerem Erleben und Verhalten erkennbar ist, das merklich von den Erwartungen der soziokulturellen Umgebung abweicht und zu Beeinträchtigungen in sozialen, beruflichen oder anderen wichtigen Funktionsbereichen führt. Die in Frage stehenden Persönlichkeitszüge müssen zudem seit dem frühen Erwachsenenalter in Erscheinung getreten sein. Abgegrenzt werden Persönlichkeitsstörungen von Manifestationen oder Folgeerscheinungen einer anderen psychischen Störung (z. B. affektiven Störungen), situativen Belastungen oder vorübergehenden psychischen Zuständen. Auch die direkte körperliche Wirkung einer Substanz (z. B. Droge, Medikament) oder eines medizinischen Krankheitsfaktors (z. B. Schädel-Hirn-Trauma) darf nicht ursächlich mit der Diagnose einer Persönlichkeitsstörung in Zusammenhang stehen.

Die im DSM-IV beschriebenen Persönlichkeitsstörungen werden in 3 Kategorien (Cluster) zusammengefasst:

1. Cluster A beinhaltet die paranoide, schizoide und schizotypische Persönlichkeitsstörung. Diese Personen sind vornehmlich durch sonderbare und exzentrische Verhaltenszüge gekennzeichnet.
2. Cluster B beinhaltet die antisoziale, Borderline-, histrionische und narzisstische Persönlichkeitsstörung. Personen mit diesen Störungen erscheinen oft als dramatisch, emotional instabil oder launisch.
3. Cluster C beinhaltet die vermeidend-selbstunsichere, die dependente und die zwanghafte Persönlichkeitsstörung. Personen mit Persönlichkeitsstörungen aus diesem Cluster erscheinen oft ängstlich oder furchtsam.

In den letzten Jahren kam es zu einer deutlichen Zunahme an wissenschaftlichen Publikationen im Bereich der biologischen Persönlichkeitsforschung (Hennig u. Rammsayer 2000). Zahlreiche neurobiologische Befunde belegen inzwischen, dass die Ausprägung grundlegender Dimensionen oder Temperamente der Persönlichkeit (z. B. Vermeidung von Unlust, Streben nach Sicherheit oder Suche nach Anregung) mit der Aktivität bestimmter Neurotransmittersysteme in Zusammenhang steht (Gerra et al. 1999, 2000; Mulder 1992). Beispielsweise findet sich eine Korrelation des Serotoninstoffwechsels mit Aggressivität, Suizidalität, Impulsivität oder Unlustvermeidung wohingegen der Noradrenalin- und Dopaminstoffwechsel mit der Suche nach Anregung, Belohnung und Abenteuerlust in Zusammenhang gebracht wird. Bei der Borderline- und antisozialen Persönlichkeitsstörung liegen seit einigen Jahren zudem Forschungsergebnisse vor, die Dysfunktionen im Bereich des frontalen Kortex vermuten lassen. Diese neueren Forschungsergebnisse lassen einen vielschichtigen neurobiologischen Ursachenkomplex vermuten, der in seiner störungsbezogenen Spezifität aber immer noch viele Fragen offen lässt.

So werden neuerdings auch bei der schizotypischen Persönlichkeitsstörung, bei der sich ein Muster von
- starkem Unbehagen in nahen Beziehungen,
- von Verzerrungen des Denkens und der Wahrnehmung und
- von Eigentümlichkeiten des Verhaltens findet,

funktionelle und strukturelle Dysfunktionen im Bereich des frontalen Kortex angenommen (Buchsbaum et al. 1997; Diforio et al. 2000; Farmer et al. 2000; Lenzenweger u. Korfine 1994; Raine et al. 1992; Voglmeier et al. 1997).

14.2 Bedeutung frontaler Strukturen für die Ausbildung von Persönlichkeitsmerkmalen sowie für die Entwicklung von Persönlichkeitsstörungen

Modellannahmen zur funktionellen Anatomie des frontalen Kortex

Der Frontallappen des Menschen umfasst Gebiete, die anatomisch betrachtet nicht homogen sind. Dennoch sind einige Areale sowohl funktional als auch anatomisch eindeutig abgrenzbar. Von besonderer Bedeutung sind die Verbindungen des frontalen Kortex zu anderen kortikalen oder subkortikalen Strukturen. Die bisher überwiegend an Affen festgestellten Verschaltungsprinzipien weisen hier ein sehr hohes Maß an Komplexität auf. Im Gegensatz zu den sensorischen Arealen (bei denen ein hierarchisches System vorliegt) fand man z. B. beim Frontallappen zahlreiche parallele und reziproke Verschaltungsmuster. Von besonderer Bedeutung sind hier die Verbindungen zu den auditorischen und visuellen Assoziationsgebieten, spezifischen Thalamuskernen, der Amygdala, dem Nucleus caudatus, dem Hypothalamus und dem Hirnstamm. Insgesamt tragen zweifellos die Komplexität und die Vielfalt der Verbindungen des frontalen Kortex zu der verwirrenden Fülle von Verhaltensänderungen bei Patienten mit Läsionen oder Dysfunktionen in diesem Hirnbereich bei. So haben limbische, paralimbische und neokortikale frontale Strukturen eine herausragende Bedeutung für emotionale, motivationale, kognitive und motorische Verarbeitungsprozesse. Auch die Fähigkeit zur sozialen und emotionalen Selbstregulation wird dem ungestörten Zusammenwirken spezifischer frontaler und limbischer Areale zugesprochen. Es überrascht daher nicht, dass Dysfunktionen oder Schädigungen in bestimmten Bereichen des frontalen Kortex Einfluss auf unterschiedliche Bereiche des psychischen Erlebens und Empfindens bzw. auf unterschiedliche Bereiche der Persönlichkeit nehmen können, auch wenn diese häufig nur subtil in Erscheinung treten (Burns et al. 1994; Russel u. Roxanas 1994; Tucker et al. 1995). So steht gegenwärtig die den frontalen Kortex einschließende Netzwerkarchitektur kortikaler und subkortikaler Strukturen mit ihren komplexen Verschaltungsprinzipien im Mittelpunkt des Forschungsinteresses, insbesondere bei der Suche nach den hirnorganischen Korrelaten von Persönlichkeitsstörungen (Joseph 1999; Tucker et al. 1995).

Persönlichkeitsveränderungen nach Schädigungen des frontalen Kortex

Karl Kleist beschrieb im Jahre 1934, dass Läsionen in unterschiedlichen Bereichen des frontalen Kortex zu unterscheidbaren psychopathologischen Auffälligkeiten führen können. So sei das orbitale Frontalhirn einschließlich seiner spezifischen Verbindungen mit anderen Hirnarealen besonders wichtig für die Einheit der Person sowie ihrer Fähigkeit zur Selbstbestimmung. Bei Schädigungen in diesem Bereich fand er sozial deviantes Verhalten sowie euphorische und dysphorische Verstimmungen. Läsionen der frontalen Konvexität seien demgegenüber mit Denkstörungen sowie mit Minderungen der psychischen und motorischen Initiative assoziiert.

Aufgrund zahlreicher Untersuchungen an Patienten mit Frontalhirnschädigungen konnten folgende Symptome in Abhängigkeit vom Läsionsort und auch der jeweils betroffenen Hemisphäre festgestellt werden:
- Störungen der Motorik (z. B. Einschränkungen im Bereich der Bewegungsprogrammierung),
- Beeinträchtigungen des divergenten Denkens sowie prozessualer Fähigkeiten (z. B.

exekutive Dysfunktionen, mangelnde Spontaneität),
- Störungen der Verhaltenskontrolle (z. B. Impulsivität, Risikobereitschaft, Regelverstoß),
- Störungen im Bereich der räumlichen Orientierung,
- Einschränkungen im Sozial- und Sexualverhalten sowie
- Beeinträchtigung der olfaktorischen Unterscheidungsfähigkeit.

Aufgrund der komplexen neuronalen Verschaltungen ist eine einheitliche Charakterisierung der Frontalhirnsymptome derzeit wohl nicht möglich. Eine grobe Einteilung dieser Syndrombilder nach Cummings (1985) sieht wie folgt aus:
- Das **orbitofrontale Syndrom** soll durch Enthemmung, Ablenkung, Impulsivität, emotionale Labilität, mangelnde Einsichts- und Urteilsfähigkeit gekennzeichnet sein.
- Bei dem **frontalen Konvexitätssyndrom** stehen demgegenüber Apathie, Indifferenz, psychomotorische Retardierung, psychische Haltlosigkeit, Reizabhängigkeit und Einschränkungen der Abstraktions- und Kategorisierungsfähigkeit im Mittelpunkt.
- Das **mediale Frontalhirnsyndrom** sei durch Minderungen der spontanen Gefühlsäußerungen aus dem Bereich der Gestik und Mimik gekennzeichnet, wobei auch weitergehende Einschränkungen von Bewegungsabläufen und der spontanen Sprachproduktion

festzustellen seien. Weitere Aufteilungen anhand der Symptomatologie wurden z. B. von Fuster (1989) und von Stuss und Benson (1986) vorgeschlagen. Für den psychiatrischen Bereich ist weiterhin die Typisierung der Persönlichkeitsänderungen nach Frontalhirnläsionen von Benson und Blumer (1975) hervorzuheben, die allerdings nur zwischen pseudodepressiven und pseudopsychopathischen Symptomen unterscheiden (◻ Tabelle 14.1). Zu kritisieren ist an diesen immer wieder zitierten symptomorientierten Einteilungen, dass sie sich ausschließlich auf den Zusammenhang zwischen Struktur und Verhalten beziehen und die komplexen Wechselwirkungen sowohl auf hirnorganischer als auch auf Verhaltensebene weitgehend negieren.

Exekutive Dysfunktionen

Die wohl am häufigsten beobachtete Eigenschaft von Patienten mit Frontalhirnschädigungen besteht in ihren Schwierigkeiten, Informationen aus der Umwelt zur Kontrolle und Steuerung des Verhaltens zu verwenden. Sie können sich insbesondere durch rigide Verhaltensweisen bei Aufgaben auszeichnen, bei denen flexible Reaktionen verlangt werden. Angesprochen wird hier der so genannte exekutive Funktionsbereich (Denckla 1996; Grafman u. Litvan 1999), mit dem unterschiedliche metakognitive Prozesse bezeichnet werden. Auf unterer Ebene ist der Pro-

◻ **Tabelle 14.1.** Einteilung der Persönlichkeitsänderungen infolge Frontalhirnläsionen. (Nach Benson u. Blumer 1975)

	Symptome	Läsionsorte
Pseudodepression	Apathie, Initiativlosigkeit, Indifferenz	Präfrontale Konvexität und subkortikale Strukturen
Pseudopsychopathie	Taktlosigkeit, antisoziales Verhalten, Irritierbarkeit, Hyperkinese, kindliches Verhalten	Orbitofrontaler Kortex oder Läsion der Verbindungen zum limbischen System

zess des Vergleichens und Kombinierens von Informationen sowie die Handhabung von Vorwissen in neuen Situationen gemeint. Auf höherer (Handlungs-)Ebene stehen dann folgende Aspekte im Mittelpunkt:
- Problemidentifikation,
- Hypothesengenerierung (z. B. zur Auswahl von Lösungsschritten und zur Problembewältigung) sowie
- Bewertung der Effizienz einzelner Handlungsschritte zur Zielerreichung.

Probleme bei der Initiierung von Handlungsschritten, Konfusionen bei der Handlungsplanung, sowie Schwierigkeiten, sich auf wechselnde Aufgaben flexibel einzustellen, können auf beobachtbarer Verhaltensebene Indikatoren von exekutiven Dysfunktionen sein. Neuerdings gibt es erste Ansätze, diese metakognitiven Dysfunktionen auch im Hinblick auf ihre Bedeutung für die symptomatische Ausgestaltung bei impulsiven oder emotional instabilen Persönlichkeitsstörungen verstärkt in den Fokus therapeutischer Strategien in der multimodalen Behandlungsplanung zu stellen (Fogel u. Ratey 1995).

Zu den offenkundigsten und bemerkenswertesten Veränderungen von Personen mit Frontallappenschäden zählt – neben den eher im kognitiven Bereich anzusiedelnden exekutiven Dysfunktionen – die Veränderung ihrer Persönlichkeit und ihres Sozialverhaltens. Der Fall Phineas Gage, über den Harlow im Jahre 1868 berichtete, ist sicherlich das am häufigsten zitierte Beispiel einer Persönlichkeitsveränderung nach Frontallappenläsionen. Auch gegenwärtig wird immer noch Bezug auf diesen Fall genommen (Damasio et al. 1994; Stuss et al. 1992). Gage erlitt als Arbeiter bei einer versehentlichen Dynamit-Explosion eine umschriebene Frontalhirnläsion. Eine ca. 1 m lange und 3 cm breite Eisenstange drang durch den Oberkiefer in das mittlere Vorderhirn ein und zerstörte insbesondere ventromediale Anteile des Frontallappens. Diese Verletzung blieb ohne gröbere intellektuelle Ausfälle, aber während Phineas Gage zuvor als ein verantwortungsvoller, verträglicher und sympathischer Mann galt, begann er nach dem Unfall seine Mitmenschen zu provozieren, sich über alle sozialen Konventionen hinwegzusetzen und schließlich unstet herumzuwandern. »Mr. Gage was no longer Mr. Gage« (Harlow 1868). Dieser häufig zitierte Fall des Phineas Gage stellt aber keinen Einzelfall zu den oft dramatischen Persönlichkeitsveränderungen nach frontalen Schädigungen dar. Aus dem deutschsprachigen Raum sind die Fallbeschreibungen der Schweizer Ärztin Leonore Welt aus dem Jahre 1888 zu nennen, die ebenfalls gravierende Änderungen des sozialen und emotionalen Verhaltens nach Frontalhirnschädigungen beschrieb, obwohl diese Patienten in elementaren kognitiven Funktionsbereichen (Sprache, Gedächtnis und Wahrnehmung) unbeeinträchtigt zu sein schienen. Auch die in der Folge an Patienten mit unterschiedlicher Ätiologie durchgeführten Untersuchungen (z. B. Tumore, zerebrovaskuläre Erkrankungen, Kriegsopfer, Schädel-Hirn-Trauma, degenerative und entzündliche Prozesse, psychochirurgische Eingriffe) belegten spezifische Änderungen der Emotionalität, der Motivation, des Sozialverhaltens und der Persönlichkeit (zur historischen Übersicht ▶ s. Markowitsch 1992). Hervorzuheben sind insbesondere Persönlichkeitsveränderungen aufgrund eines Schädel-Hirn-Traumas (Prigatano 1992; Streeter et al. 1995). Hier werden speziell Schädigungen oder Dysfunktionen im Bereich des temporalen Pols und des orbitofrontalen Kortex eine besondere Bedeutung zugesprochen. Nicht unerheblich sind zudem diffuse Verletzungen der weißen Substanz, was sowohl neuropathologisch als auch mittels MRT festgestellt wurde (Blumberg et al. 1989; Gentry et al. 1988). Diese Strukturen stellen die am häufigsten von Kontusionen betroffenen Hirnbereiche dar und sind in wichtigen neuronalen Regelkreisen zur Steuerung unterschiedlicher psychischer Funktionen eingebettet (Boller et al. 1995; Damasio 1995; Mesulam 1985). Die Persönlichkeitsauffälligkeiten und psychiatrischen Störungen (z. B. affektive Störungen, Minderung des Einsichtsvermögens und der Urteilsfähigkeit, Einschränkungen der Selbstkontrolle) in der Folge eines Schädel-Hirn-Traumas mit Schädigung des orbitofrontalen Bereichs können nach Besserung des kognitiven Leistungsvermögens sogar in den Vordergrund treten und zu erheblichen sozialen und beruflichen Integrationsproblemen führen (Benson u. Blumer 1975; Jacobson u. White 1991; Silver et al. 1993), obwohl sekundäre Hirnschädigungen durch Hirnödem, Subarachnoidalblutungen, intrakraniale Hämatome, Infektionen, Hydrozephalus, Hypoxie und Hypotension ebenfalls von Bedeutung sind und auch nicht zwingend neuroanatomische Korrelate der Verhaltensänderungen (z. B. Substanzminderungen) infolge eines Schädel-Hirn-Traumas erkennbar sein müssen (Levin u. Grossman 1978).

Bedeutung psychochirurgischer Eingriffe

Wichtige Impulse zum Verständnis frontalhirnbezogener Persönlichkeitsänderungen kamen auch aus dem Bereich der Psychochirurgie. Moniz führte zwar im Jahre 1937 die präfrontale Lobektomie zur Behandlung psychischer Erkrankungen ein und erhielt dafür den Nobelpreis, aber schon Ende des 19. Jahrhunderts hatte der Schweizer Psychiater Gottlieb Burkhart versucht, psychotische Patienten durch psychochirurgische Eingriffe zu behandeln. Auf die psychotischen Symptome (Wahn, Halluzination und Denkstörungen) hatten diese Eingriffe zwar keinen Einfluss, doch waren die Patienten nach den – häufig sukzessiv durchgeführten – psychochirurgischen Eingriffen emotional und auch in ihrer Persönlichkeit verändert. Schon damals wurden für nicht wenige psychiatrische Erkrankungen Störungen im Bereich des Frontalhirns angenommen, was schließlich zur häufig unkritischen Anwendung psychochirurgischer Eingriffe und zur so genannten »Blütezeit der Psychochirurgie« bis in die 60er- und 70er-Jahre des 20. Jahrhunderts, die anfangs auch von viel Euphorie und Optimismus getragen war, führte. Psychochirurgische Eingriffe im Bereich des frontalen Kortex (Lobotomie und Leukotomie) wurden nicht nur zur Behandlung der Schizophrenie sondern auch bei Tics, zwanghaften Störungen, Depressionen, kriminellen Verhaltensweisen, neurotischen Störungen, Ängsten, Alkoholismus etc. durchgeführt. Erst gegen Ende ihrer Blütezeit fanden kritische Diskussionen über ihren klinischen Nutzen statt (zur kritischen Übersicht ▶ s. Valenstein 1990). Dennoch konnten anhand zahlreicher Fallbeschreibungen der psychochirurgisch operierten Patienten die Auswirkungen dieser Eingriffe dokumentiert werden (z. B. Affektverflachung, Reizbarkeit, Impulskontrollstörungen, Triebstörungen, Kritik- und Distanzlosigkeit, Selbstzufriedenheit, Apathie, Minderung geistiger Interessen, Verlust der Erlebnisfähigkeit sowie Einschränkungen planerischer und vorausschauender Fähigkeiten), wozu letztlich auch die Untersuchungen an Patienten mit penetrierenden Hirnverletzungen aufgrund von Kriegseinflüssen beitrugen (Grafman et al. 1986; Luria 1973).

Ungeachtet dieses historischen Hintergrunds wird der Fall des Phineas Gage aber immer noch als Synonym für gravierende Persönlichkeitsänderungen infolge einer Frontalhirnläsion angesehen, auf den auch gegenwärtig immer wieder Bezug genommen wird. Eslinger und Damasio (1985) beschrieben einen ähnlichen Fall (Patient EVR) mit einer schwer wiegenden Persönlichkeitsveränderung infolge eines orbitofrontalen Meningioms, der ventrale Regionen der rechten und linken Hemisphäre involvierte. Aufgrund der umfangreichen Tumorresektion waren große Bereiche des orbitalen und medialen frontalen Kortex entfernt worden. Mit Ausnahme seiner planerischen und sozialen Fähigkeiten waren die intellektuellen und anderen kognitiven Funktionsbereiche nicht wesentlich beeinträchtigt, lagen sogar in überdurchschnittlichen Leistungsbereichen (IQ>130). Die Autoren vermuten, dass die großvolumige Läsion des ventromedialen Bereichs, der nach gegenwärtigen

14.2 · Bedeutung frontaler Strukturen

neurowissenschaftlichen Modellannahmen für die Steuerung des Sozialverhaltens, der planerischen Fähigkeiten sowie der Urteilsbildung von Bedeutung ist, zu dieser »aquired sociopathy« geführt habe (▶ s. auch Tranel 1994).

In einer weitergehenden Studie untersuchten Damasio et al. (1990) psychophysiologische Prozesse (Hautwiderstandsmessungen) bei Patienten mit einer »aquired sociopathy« infolge bilateraler Schädigungen ventromedialer Bereiche im Vergleich zu einer hirnorganischen (Läsionen außerhalb des ventromedialen Bereichs) und normalen Kontrollgruppe. Sie fanden ähnliche Auffälligkeiten wie sie in zahlreichen Studien zur antisozialen Persönlichkeit gefunden wurden. Im Gegensatz zu Eslinger und Damasio beschrieben Meyers et al. (1992) ähnliche dramatische Persönlichkeitsveränderungen bei ihrem Patienten JZ schon nach unilateraler Läsion des linken orbitofrontalen Kortex (Areal 12 und 11), ebenfalls aufgrund einer Tumorresektion.

Unter Berücksichtigung der zytoarchitektonischen Nomenklatur nach Brodmann zählt die Arbeitsgruppe um Damasio folgende Areale zum ventromedialen Bereich:
1. die orbitale Region [mit den lateral (Area 11) sowie medial gelegene Sektoren (Area 12)];
2. die medialen Bereiche einschließlich Teile der Areale 32, 10 und 9;
3. anliegende Regionen wie Area 25, posteriore Anteile des orbitofrontalen Kortex sowie der anteriore Abschnitt des Gyrus cinguli (Area 24). Diese ventromediale Region erhält direkte oder indirekte Projektionen von allen sensorischen Modalitäten und projiziert selbst zu dem autonomen Kontrollsystem. Weiterhin bestehen ausgeprägte bidirektionale Verbindungen zum Hippokampus und zur Amygdala, die für kognitive und emotionale Verarbeitungsprozesse von besonderer Bedeutung sind. Damasio (1989) beschreibt aufgrund der neuronalen Verbindungen der ventromedialen Region diese auch als eine **Konvergenzzone neuronaler Informationsverarbeitungsprozesse**, in der sowohl externale als auch internale Stimuli parallel verarbeitet würden. Strukturelle Schädigungen sollten dieser Modellannahme entsprechend »automatisch« und »unbewusst« ablaufende Verarbeitungsprozesse aus unterschiedlichen neuronalen Informationskanälen behindern. Kompensationsprozesse würden dann auf mehr oder weniger »bewusste« (d. h. auch verbale) Strategien zurückgreifen, in der Folge aber mit einer Überlastung der kognitiven Ressourcen z. B. im Bereich des Arbeitsgedächtnisses assoziiert sein. Dies würde sich dann im Alltag oder aber bei gezielter neuropsychologischer Untersuchung als Verlangsamung und/oder fehlerhafter Informationsverarbeitung bei erhöhten Ansprüchen an die kognitive Flexibilität zeigen. Wiederholt konnte gezeigt werden, dass eine Stimulation des orbitofrontalen und ventromedialen frontalen Kortex mit einer Inhibition aggressiver Verhaltensweisen assoziiert ist, wohingegen neurodegenerative, neoplastische oder traumatische Prozesse bzw. Läsionen zu einer entsprechenden Verhaltensdisinhibition führen sowie mit Störungen sozialkognitiver Entscheidungsprozesse assoziiert sein können (Damasio et al. 1990; Elliott 1990; Grafman et al. 1996; Lapierre et al. 1995).

»Sozial-exekutive« Dysfunktionen

Aber nicht nur umschriebene Substanzschädigungen frontaler Strukturen können erhebliche Persönlichkeitsveränderungen verursachen. Neben Tumoren und Rupturen der anterioren kommunizierenden Arterie mit starken intrakraniellen Einblutungen können auch neurotoxische Prozesse und degenerative Erkrankungen (sofern sie direkt oder indirekt den frontalen Kortex betreffen) zu Störungen im Bereich der Emotionalität und Affektkontrolle sowie darüber hinaus zu weitreichenden Persönlichkeitsänderungen führen. Allerdings sind hier ätiologische Unterschiede zu beachten. Im Gegensatz zum raumfordernden Charakter des Tumorwachstums, das auch im zeitlichen Verlauf nicht zwingend mit einer neuronalen Schädigung assoziiert sein muss, ist im Falle eines zerebralen Insults über die abrupte Unterbrechung der Blutversorgung in den arteriellen Versorgungsgebieten eine unmittelbare neuronale Schädigung zwingend (Anderson et al. 1990). Weiterhin lassen neuere Forschungsergebnisse sogar vermuten, dass chronischer Stress oder sogar erhebliche Verwahrlosungserlebnisse in der Kindheit zu Beeinträchtigungen neurobiologischer Reifungsprozesse mit damit assoziierten kognitiven und emotionalen Störungen führen können. Eine erhöhte Vulnerabilität auf eine stressbedingte erhöhte Glukokortikoidausschüttung wird dabei folgenden Regionen zugewiesen: Hippokampus, Amygdala, präfrontaler Kortex und Corpus callosum (Pynos et al. 1997; Teicher et al. 1997). Die ersten klinischen Studien belegen die Bedeutung des Lebensalters für die Entwicklung unterschiedlicher hirnorganischer Dysfunktionen oder Fehlentwicklungen auch im Bereich des frontalen Kortex infolge psychischer Traumatisierungen in der Kindheit oder Jugend (DeBellis et al. 1999; Teicher et al. 1993, 1997). Dass die Hirnentwicklung in der Pubertät nicht zum Abschluss kommt, vielmehr weit in die Adoleszenz hineinreicht, belegen ebenfalls zahlreiche Studien (z. B. Sowell et al. 1999; Thatcher 1987). Dolan (1999) hat sogar vermutet, dass mediale präfrontale Läsionen in der Kindheit zu überdauernden Störungen der Entwicklung von Moralvorstellungen führen können. Nach Auffassung Dolans würden entsprechende Läsionen die notwendige Verknüpfung zwischen Gefühl und Verhalten verhindern, d. h. betroffene Individuen seien nicht in der Lage, den Bedeutungsgehalt von Situationen in Bezug auf Belohnung oder Bestrafung adäquat zu erfassen. Diese Unfähigkeit könnte beispielsweise mit der mangelnden Angst vor Strafe bei antisozialen Persönlichkeiten in Zusammenhang gebracht werden. Schon zuvor haben Price et al. (1990) sowie Eslinger et al. (1992) darauf hingewiesen, dass frühe Schädigungen im Bereich des Frontalhirns zu markanten sozialen Auffälligkeiten im Erwachsenenalter führen können. Im Einzelnen beschrieben sie Veränderungen in folgenden Bereichen:

- Einsichtsfähigkeit,
- Einschätzung bzw. intuitive Erfassung zwichenmenschlicher Interaktionsabläufe,
- Einfühlungsvermögen,
- soziales Urteilsvermögen und soziales Gespür,
- Geschick im Kontaktverhalten,
- Selbregulation (d. h. Handhabung und Steuerung eigener Bedürfnisse und Motive gegen soziale Widerstände),
- Selbstkritik,
- Empathie und
- schlussfolgerndes Denken im sozialen Kontext.

In Anlehnung an den Begriff »exekutive Dysfunktion« für die typischen kognitiven Störungen nach Frontalhirnschädigungen beschreiben Eslinger et al. (1995) die Auffälligkeiten im Bereich der Emotionalität, der Affektkontrolle und des Sozialverhaltens infolge einer Frontalhirnläsion als äquivalente Störungen im Bereich **sozial-exekutiver** Funktionen. Die wenigen bisher dokumentierten Einzelfallbeschreibungen lassen vermuten, dass, im Gegensatz zum kognitiven Funktionsbereich, diese sozialen und interpersonellen Auffälligkeiten bis ins Erwachsenenalter hinein nachweisbar bleiben (Eslinger et al. 1997). Diese Auffälligkeiten können sich zudem erst zeitlich verzögert zeigen, wofür auch tierexperimentelle Belege vorliegen. So haben Goldman-Rakic et al. (1983) festgestellt, dass neurale Strukturen nicht über alle Altersstufen hinweg ein bestimmtes Verhalten steuern. Untersuchungen mit Rhesusaffen haben gezeigt, dass Affen, deren präfrontaler Kortex pränatal entfernt wurde, die klassischen Frontalhirntests (z. B. »delayed reactions tasks«) trotzdem beherrschten, aber nur bis zur Adoleszenz. Erst mit Beginn des Erwachsenenalters entwickelten diese Tiere die frontaltypischen Defizite (Goldman

u. Galkin 1978; vgl. für den Humanbereich auch Teuber u. Rudel 1962).

Derzeit werden im Hinblick auf die Entwicklung so genannter »frontaler Funktionen« im Kindes- und Jugendalter zeitlich unterschiedliche Entwicklungsprozesse bei einzelnen kognitiven Subfunktionen diskutiert (Smith et al. 1991). Leider fehlen bisher für die Persönlichkeitsentwicklung im Allgemeinen entsprechende Forschungsdaten. Unklar ist beispielsweise, welche Bedeutung unilaterale frontale Schädigungen für die weitere Persönlichkeitsentwicklung haben. Marlowe (1992) vermutet, dass bei seinem Patienten PL, der im Alter von 4 Jahren eine Schädigung des rechten dorsolateralen frontalen Kortex erlitt, von intakten »linkshemisphärischen Funktionen« (z. B. sprachgestützte Analyse- und Kontrollprozesse) profitierte und soziale Verhaltensauffälligkeiten deshalb nicht so dominant in Erscheinung traten. Eslinger et al. (1997) nehmen in diesem Zusammenhang aufgrund eigener Untersuchungen an, dass linksfrontale Schädigungen zu größeren Beeinträchtigungen der psychosozialen Entwicklung führen können als rechtsfrontale, obwohl die Mehrzahl von Kindern und Jugendlichen mit markanten kognitiven und sozialen Störungen infolge einer Frontalhirnschädigung bilaterale Läsionen aufweisen. Aber nicht nur direkte frontale Schädigungen, auch Läsionen von Strukturen, die mit dem frontalen Kortex in Verbindung stehen, können zu diesen Verhaltensauffälligkeiten führen. Beschrieben ist dies für den Nucleus dentatus des Kleinhirns sowie für den anterioren Thalamus. Dennoch können die vorliegenden Befunde auf bisher wenig beachtete vulnerable neurobiologische Entwicklungsphasen (zur Übersicht ► s. Krasnegor et al. 1997) verweisen und weiterhin für Forschungen im Bereich der Persönlichkeitsstörungen von großer Bedeutung sein. Über die generelle Bedeutung von Hirnschädigungen in juvenilen Entwicklungsphasen bemerkte denn auch Benton (1991), dass im Gegensatz zu Erwachsenen, die infolge einer Hirnschädigung Einbußen in zuvor erworbenen Fähigkeitsbereichen erleiden, Kinder oder Jugendliche im **Erwerb** solcher Fähigkeiten gehindert würden, was zu schwer wiegenderen Anpassungsstörungen führen könne.

14.3 Frontale Korrelate bei der Borderline- und antisozialen Persönlichkeitsstörung

Einzelne Symptome einer Frontalhirnschädigung erinnern in hohem Maße an Persönlichkeitsauffälligkeiten, wie sie bei der Borderline- und antisozialen Persönlichkeitsstörung festzustellen sind. Der gegenwärtige neurowissenschaftliche Forschungsstand gibt unabhängig von dieser symptomorientierten Betrachtung weiterhin Hinweise auf noch näher zu spezifizierende frontale Dysfunktionen bei diesen beiden Störungsgruppen. Im Folgenden sollen die wichtigsten bisher vorliegenden Studienergebnisse zusammenfassend dargestellt und kritisch gewürdigt werden. Die Forschungsergebnisse zu der Borderline- und antisozialen Persönlichkeitsstörung werden getrennt behandelt, doch konnten vereinzelt Überschneidungen nicht verhindert werden. Es soll auch noch Erwähnung finden, dass die neurowissenschaftliche Forschung in dem Bereich der Persönlichkeitsstörungen erst am Anfang steht. Dies mag ein Grund dafür sein, dass aufgrund fehlender oder nicht spezifizierter Forschungshypothesen der methodische Zugang zur Borderline- und antisozialen Persönlichkeitsstörung bisher unterschiedlich ausgefallen ist (z. B. im Bereich der bildgebenden oder funktionell-bildgebenden Verfahren sowie der neuropsychologischen Untersuchungen).

Hinweise auf frontale Dysfunktionen bei der Borderline-Persönlichkeitsstörung

Auf dem Gebiet der Borderline-Persönlichkeitsstörung (BPS) liegen bisher nur wenige und, was den Aspekt frontaler Dysfunktionen betrifft, zudem widersprüchliche neuropsychologische Studien vor. Dass möglicherweise hirnorganische Faktoren an dem klinischen Erscheinungsbild der BPS beteiligt sind, legen die Studienergebnisse von Van Reekum et al. (1993, 1996), Judd und Ruff (1993) und O'Leary et al. (1991) nahe. Insbesondere Van Reekum et al. beschäftigten sich mit der störungs- und symptomspezifischen Binnenvarianz der BPS und untersuchten in ihrer Studie die immer wieder geäußerte Vermutung, dass eine Untergruppe von Patienten mit Borderline-Persönlichkeitsstörung Hirnreifungsstörungen oder aber erworbene Hirnschädigungen aufweisen und dass diese hirnorganischen Faktoren mit dem Ausmaß und dem Schweregrad dieser Persönlichkeitsstörung im Zusammenhang stehen. Hier wurde von ihnen insbesondere die Frage nach einer möglichen »frontalen Dysfunktion« aufgeworfen und mit entsprechenden neuropsychologischen Testverfahren untersucht. Ihre Ergebnisse belegen, dass 13 von 24 der von ihnen untersuchten Patienten Hirnschädigungen in der Vorgeschichte aufwiesen. Allerdings waren diese Hirnschäden sehr unterschiedlich und nicht nur auf frontale Bereiche beschränkt. Zwischen der klinischen Einschätzung des Ausmaßes dieser Hirnschädigungen und einem strukturierten Interview zur Einschätzung Borderline-bezogener Störungssymptome ergaben sich aber signifikante korrelative Zusammenhänge in Höhe von $r = 0,47$. Patienten mit Borderline-Persönlichkeitsstörung mit hirnorganischen Schädigungen wiesen im Vergleich zu Borderline-Patienten ohne hirnorganische Schädigungen signifikant schlechtere kognitive Leistungswerte in neuropsychologischen Tests auf. Die Autoren vermuten bei der BPS unterschiedliche ätiologische Faktoren, die zu mehr oder weniger ähnlichen Symptomkonstellationen führen würden, worauf auch eine EEG-Studie von Ogiso et al. (1993) hinweist. Zuvor wurden von Snyder und Pitts (1984) ebenfalls in einer EEG-Studie Auffälligkeiten im Bereich des Temporallappens (»slow waves«) beschrieben, die sie als Indiz gestörter limbisch-inhibitorischer Mechanismen interpretierten. Auf die Bedeutung eines Schädel-Hirn-Traumas für die Ausbildung einer BPS verwiesen Streeter et al. (1995) sowie Prigatano (1992).

Im Hinblick auf die Bedeutung von Schädigungen des orbitofrontalen Kortex zur Ausbildung von Persönlichkeitsveränderungen wird beispielsweise vermutet, dass das hypothetisch angenommene frontale Monitoringsystem vom limbischen Input getrennt wird, was, gemäß dieser Modellannahme, Disinhibition, emotionale Labilität und antisoziale Handlungen zur Folge haben könnte – Symptome, die häufig bei einer BPS anzutreffen sind. Auch temporale Läsionen können mit Aggressionen, Angstzuständen und Impulsivität assoziiert sein – ebenfalls Symptome einer BPS. Da nun aber nicht alle Patienten als Folge eines Schädel-Hirn-Traumas eine Borderline-Symptomatik entwickeln, müssen selbstverständlich noch andere Faktoren am Entstehen dieser Persönlichkeitsstörungen beteiligt sein. Angenommen wird, dass bestimmte prämorbide Persönlichkeitszüge wie z. B. Impulsivität, Affektlabilität und erhöhte Reizbarkeit für die Ausbildung einer BPS infolge eines Schädel-Hirn-Traumas prädisponieren können. Unabhängig von der BPS ist bekannt, dass ein Schädel-Hirn-Trauma zu einer Überzeichnung von Persönlichkeitseigenschaften führen kann (Lishman 1973). Nicht zu vergessen sind auch Einflüsse, die von kritischen psychosozialen Entwicklungsprozessen ausgehen und zusätzliche Risikofaktoren darstellen.

Forschungsergebnisse aus neuropsychologischen und bildgebenden Verfahren

In einer eigenen neuropsychologischen Studie an 23 Patientinnen mit BPS fokussierten wir auf die Prüfung frontal gesteuerter kognitiver Verarbeitungsprozesse, wobei wir einen Schwerpunkt auf unterschiedliche Aufmerksamkeitsprozesse legten (Kunert et al. 2003). Die Testung gegenüber 23 weiblichen, in Alter und Bildung vergleichbaren Kontrollpersonen schloss verschiedene Subtests einer computergestützten Testbatterie zur Aufmerksamkeitsprüfung (TAP-UntertestsAlertness, Geteilte Aufmerksamkeit, Go/NoGo, Intermodaler Vergleich, Arbeitsgedächtnis, Visuelles Scanning, Reaktionswechsel; Zimmermann u. Fimm 1992) sowie den »Stroop-Test«, den »Turm von Hanoi«, »Selective Reminding« sowie ausgewählte Untertests des »HAWIE-R« (Allgemeines Wissen, Gemeinsamkeiten finden, Bilder ergänzen, Mosaik-Test) ein. Unsere Untersuchungsergebnisse ergaben keine Hinweise auf kognitive Defizite bei der BPS. Weiterhin fanden wir im Vergleich zur Kontrollgruppe normgerechte Aufmerksamkeitsprozesse bei den Patientinnen mit Borderline-Persönlichkeitsstörung. Gestützt werden diese Befunde auch durch Untersuchungsergebnisse von Sprock et al. (2000), die in ihrer neuropsychologischen Studie ebenfalls keine frontalen Dysfunktionen bei Patientinnen mit Borderline-Persönlichkeitsstörung fanden. Interessanterweise zeigten sich die von den Autoren geprüften kognitiven Funktionsbereiche auch nicht durch interferierende und spezifisch Borderline-typische Emotionen im Rahmen eines Emotionsinduktionsexperiments beeinträchtigt.

Was Bildgebungsbefunde bei der BPS betrifft berichteten Lyoo et al. (1998) ein um 6,2% geringeres frontales Hirnvolumen bei Patienten mit Borderline-Persönlichkeitsstörung als bei Kontrollen. Allerdings wurden diese Daten nicht gegenüber der Gesamt-Hirngröße kontrolliert. Daten aus 3 funktionellen, i.e. Positronenemissionstomografie-(PET)-Studien verwiesen auf einen frontalen Hypometabolismus, sowohl dorsolateral als auch orbitofrontal lokalisiert (Goyer et al. 1994; de la Fuente et al. 1997; Soloff et al. 2000), während eine Studie von Siever et al. (1999) einen negativen Befund ergab. In einer spektroskopischen Untersuchung, die ein Maß der neuronalen Funktion darstellt, fanden Tebartz van Elst et al. (2000) eine Reduktion der absoluten N-Acetyl-Aspartat-Konzentration im linken dorsolateralen präfrontalen Kortex um 19%. Zwei PET-Studien fokussierten auf die Hypothese einer reduzierten, frontal betonten zentralen serotonergen Funktion bei Patienten mit BPS. Sowohl Siever et al. (1999) als auch Soloff et al. (2000) stellten eine reduzierte Antwort auf D-Fenfluramin im orbitofrontalen Kortex fest, Siever et al. zusätzlich auch im dorsolateralen präfrontalen Kortex. Allerdings handelt es sich erst um vorläufige Befunde, da alle Studien an kleinen Patientenzahlen durchgeführt wurden. Eine kürzlich publizierte PET-Studie benutzte Alpha-Methyl-L-Tryptophan, eine Vorstufe von Alpha-Methylserotonin als Indikator der Serotoninsynthese in Verbindung mit einem neuropsychologischen Inhibitions-Paradigma, der »Go/No task« (Leyton et al. 2001). Diese Autoren fanden bei 13 Patienten mit BPS eine negative Korrelation zwischen der Alpha-Methyl-L-Tryptophan-Konzentration orbitofrontal und im anterioren Cingulum und der Fehlerrate als Impulsivitätsmaß.

Ein Nachteil der meisten neuropsychologischen Studien bei neuropsychiatrischen Fragestellungen ist ihre »Kognitionslastigkeit«. Emotionale Faktoren oder sogar Wechselwirkungen zwischen kognitiven und emotionalen Prozessen sind seltener untersucht worden. Eine Ausnahme bildet, neben der oben genannten Untersuchung von Sprock et al., die Studie von Levine et al. (1997). Auf die vermuteten emotionalen Regulationsstörungen von Patienten mit BPS bezogen untersuchten die Autoren bei 30 Patienten unterschiedliche emotionale Subprozesse (z. B. Reaktionsintensität auf negative Emotionen, Erkennen unterschiedlicher Emotionen auch im Hinblick auf die Ausdrucksstärke sowie Fähigkeit, Emotionen anhand des Gesichtsausdrucks zu erkennen). Die Autoren fanden insgesamt signifikant schlechtere Leistungen der untersuchten Patienten mit BPS im Vergleich zu einer nichtklinischen Kontrollgruppe. Diese Ergebnisse geben somit Hinweise darauf, dass unterschiedliche emotionale Verarbeitungsprozesse (z. B. Erkennen und Bewerten von Emotionen) bei der BPS dysfunktional ausfallen. In einem

»Directed-forgetting-Paradigma« berichteten Patientinnen mit BPS einen Gedächtnisbias für negative Eigenschaftsworte, d. h. sie erinnerten signifikant mehr negative Stimuli unter der Instruktion »zu vergessen« als unter der Instruktion »zu erinnern«, wohingegen Kontrollprobanden generell weniger »zu vergessende« Items erinnerten (Korfine u. Hooley 2000). Dieses Ergebnis legt eine mangelnde Fähigkeit nahe, negative Worte aus dem Arbeitsgedächtnis zu löschen.

Präfrontale kortikale und subkortikale Strukturen sind aufgrund ihrer komplexen Verschaltungen an emotionalen Verarbeitungsprozessen beteiligt (Halgren u. Marinkovic 1995). Orbitofrontale, ventromediale und dorsolaterale Bereiche des frontalen Kortex erfüllen gegenwärtigen emotionstheoretischen Modellannahmen entsprechend unterschiedliche Aufgaben (z. B. emotionales Arbeitsgedächtnis, Verarbeitung emotionaler Zustände, Evaluierung von Zielzuständen, auf die Emotionen ausgerichtet sind). Hervorzuheben ist noch die Funktion der Amygdala in diesem Netzwerk, die in der sensorisch-affektiven Assoziationen liegt, d. h. externalen Ereignissen werden unter Bezugnahme auf Gedächtnisinhalte emotionale Bedeutungen zugemessen. Die Amygdala steht auch in reziproker Beziehung zu orbitalen und medialen Anteilen des präfrontalen Kortex. Während mediale präfrontale Areale (z. B. Brodman-Areale 9 und 10) für die kognitive Bedeutungszuweisung an emotionale Stimuli verantwortlich sind, wird angenommen, dass orbitale Areale (z. B. Area 47) an der Modulierung bzw. Hemmung Amygdala-vermittelter emotionaler Verarbeitungsprozesse beteiligt sind (Drevets 1999).

Wechselseitige Einflüsse der limbischen und frontalen kortikalen Systeme bilden die Grundlage für aktuelle Modelle der Selbstregulation (Derryberry u. Tucker 1994), die für die Borderline-Persönlichkeitsstörung große Relevanz haben könnten. Diese Systeme regulieren in gemeinsamer Abstimmung das Verhalten, und jedes System übt unter bestimmten Bedingungen einen inhibitorischen Einfluss auf das andere aus (»Bottom-up- vs. Control-down-Regulation«). So werden bedrohliche Umweltreize via Thalamus und Amygdala prompt und in erster Präferenz verarbeitet; werden bedeutsame »inputs« identifiziert, so aktiviert die Amygdala spezifische Hirnstammmechanismen, die der Bereitstellung notwendiger motorischer und autonomer Funktionen und damit adaptiven Verhaltensreaktionen (z. B. der Vermeidung) dienen. Über Amygdala-kortikale Verbindungen wird die selektive Aufmerksamkeit für die bedrohlichen Reize erhöht. Umgekehrt stellen kortikale Regelkreise Feedback-Verbindungen zu motivationalen, limbischen Regelkreisen her, um die Aufmerksamkeit von nicht-adaptiven Emotionen abzulenken. Emotionen können als Distraktoren wirken, indem sie zu einer »Bottom-up-Unterbrechung« von laufenden mentalen Prozessen führen und auf diese Weise die Funktion z. B. des Arbeitsgedächtnisses stören oder aber eine situativ erforderliche Verhaltensinitiierung verhindern (Nigg 2000). Von Bedeutung sind auch Einschränkungen in der Flexibilität, also die Aufmerksamkeit von emotionalen Reizen abzulenken, um sich Informationen zuzuwenden, die wichtig für Sicherheit und Problemlöseverhalten sein könnten. Defizitäre inhibitorische Leistungen könnten bei der BPS von großer Relevanz sein, da sich diese durch eine ausgesprochene emotionale Hyperreagibilität gegenüber aversiven emotionalen Reizen auszeichnet.

Obwohl der Zusammenhang von motivationalen und attentionalen Prozessen bei der BPS bisher nicht untersucht wurde, sind in diesem Zusammenhang Arbeiten zu Aufmerksamkeitsstörungen bei Individuen mit hohem Neurotizismus erwähnenswert. Neurotizismus umfasst neben emotionaler Labilität insbesondere erhöhte Stressanfälligkeit und verringerte Angsttoleranz, also Symptome, die kennzeichnend für die BPS sind. So nahmen bereits Eysenck und Eysenck (1985) an, dass die basale Persönlichkeitsdimension Neurotizismus Schwellenunterschiede widerspiegelt, bei denen kortikale Systeme erfolgreich das limbische System kontrollieren bzw. inhibieren. Gesichert ist, dass ein hohes Maß an Stress mit schlechtem Abschneiden in Aufgaben der selektiven Aufmerksamkeit korreliert (Yee u. Vaughan 1996). Weiterhin wissen wir, dass Angst als stressauslösendem Faktor eine wichtige Bedeutung als Distraktor in kognitiven Interferenzaufgaben zukommt (Eysenck u. Calvo 1992). Eine Modellannahme ist, dass Angst im hohen Ausmaß begrenzte Ressourcen für sich in Anspruch nimmt, die dann für effiziente Prozesse des Arbeitsgedächtnisses bei kontrollierten Aufgaben nicht mehr zur Verfügung stehen. Als Folge sei dann eine herabgesetzte Kontrolle mentaler Interferenz festzustellen (Nigg 2000).

Zusammenfassung

Fasst man die bisher vorliegenden Forschungsergebnisse zur BPS unter Berücksichtigung gegenwärtig akzeptierter Modellannahmen zur hirnorganischen Repräsentation kognitiver und affektiver Funktionsbereiche zusammen, so ergeben sich trotz Unterschiede und Mängel im Forschungsdesign der verschiedenen Arbeitsgruppen zumindest Hinweise auf frontale Dysfunktionen in einer noch näher zu definierenden Untergruppe von Patienten mit einer BPS. Aber auch dieses Fazit ist nicht neu. Schon im Jahre 1980 nahmen Andrulonis et al. (1980, 1982) an, dass sich die BPS in 3 unterschiedliche Subkategorien unterteilen lassen könnte:
- BPS ohne Hinweise auf hirnorganische Dysfunktionen,
- BPS mit erworbenen hirnorganischen Schädigungen und neurologischen Ausfällen sowie
- BPS mit Entwicklungsstörungen (z. B. Aufmerksamkeitsdefizitsyndrom oder Lernstörungen).

Swirsky-Sacchetti et al. (1993) identifizierten mit einer umfangreichen neuropsychologischen Testbatterie ebenfalls eine Untergruppe ihrer Borderline-Gruppe, die Hinweise auf subtile hirnorganische Dysfunktionen gab. Zur Klärung dieser Fragen auch unter Einbeziehung therapeutischer und prognostischer Aspekte könnte u. a. eine differenzierte symptomorientierte Forschungsstrategie (▶ s. Abschn. 14.4) hilfreich sein.

Hinweise auf frontale Dysfunktionen bei der antisozialen Persönlichkeitsstörung

Neuropsychologische Befunde

Während die neurowissenschaftliche Forschung bei der BPS noch ganz am Anfang steht, wurden kognitive Dysfunktionen bei Psychopathen schon länger untersucht, wobei immer wieder frontale Dysfunktionen vermutet (Gorenstein 1982; Kandel u. Freed 1989) und in den letzten Jahren auch wiederholt unterschiedliche neurobiologische Korrelate bei dieser Persönlichkeitsstörung festgestellt wurden (Dolan 1994). Im Mittelpunkt des Forschungsinteresses stand insbesondere die Impulsivität, also ein Symptom, das die antisoziale Persönlichkeitsstörung mit der Borderline-Persönlichkeitsstörung teilt. Nach Kagan et al. (1966) sowie Barratt (1985, 1994, 1997) ist ein hohes Tempo von Denkprozessen das zentrale kognitive Merkmal von impulsiven Persönlichkeiten. Impulsive Persönlichkeiten erzielten insbesondere bei solchen Aufgaben schlechte Ergebnisse, die aufgrund ihres hohen Komplexitätsgrades einen systematischen, sequenziellen Vergleich von visuellen Details erforderten (Dickman u. Meyer 1988). Diese Aufgabenstellung erfordert die Fähigkeit zu einem flexiblen Wechseln zwischen Antworten und Abwarten, die möglicherweise von impulsiven Persönlichkeiten nicht geleistet werden kann und auch zu deren Schwierigkeiten beitragen könnte, auf naheliegende Ziele zugunsten zukünftiger Belohnungsreize verzichten zu können (»**delay of gratification**«, vgl. Gorenstein u. Newman 1980).

Andere Untersuchungsverfahren bei Probanden mit antisozialer Persönlichkeitsstörung fokussierten speziell auf die Fähigkeit, kognitive Antworten zu unterdrücken oder zwischen verschiedenen kognitiven Lösungswegen zu wechseln. White et al. (1994) fanden bei impulsiven Jugendlichen Beeinträchtigungen bei verschiedenen kognitiven Aufgabenstellungen, die sowohl die Fähigkeit zum flexiblen Wechsel des Aufmerksamkeitsfokus als auch die Unterdrückung bestimmter gelernter Antworten zugunsten der Initiierung neuer Lösungswege erfordern. Diese Befunde stützen Logan und Cowan (1984) mit ihrer Theorie der Kontrolle kognitiver Prozesse, die besagt, dass eine adäquate Aufgabenlösung die Fähigkeit erfordert, laufende Gedanken stoppen und sie ggf. durch neue Denkwege auswechseln zu können.

Da sowohl bei der antisozialen als auch bei der Borderline-Persönlichkeitsstörung frontale Dysfunktionen angenommen werden, überraschen die ähnlichen neuropsychologischen Leistungsprofile beider Gruppen in den wenigen bisher vorliegenden Untersuchungen nicht. ◘ Tabelle 14.2 gibt eine vergleichende Übersicht über die typischen klinischen Symptome der antisozialen und Borderline-Persönlichkeitsstörung. Dabei zeigen sich beispielsweise Übereinstimmungen hinsichtlich der Impulsivität, andererseits aber auch Gegensätze im Bereich der Emotionalität. Hier ist insbesondere die pathologische Angstfreiheit und emotionale Hyporeagibilität als ein wesentliches Merkmal der antisozialen Persönlichkeit hervorzuheben (Saß 1988; Herpertz et al. 2001b). Beide Störungsgruppen weisen aber Verhaltensmerkmale auf, die sehr häufig bei Patienten mit frontalen Schädigungen festgestellt werden können. Dies mag ein Grund dafür sein, dass einige Forscher zwischen diesen Persönlichkeitsstörungen nicht differenzieren. Burgess (1992) untersuchte das neuropsychologische Leistungsprofil von 37 Patienten mit Persönlichkeitsstörungen aus dem dramatischen und emotional instabilen Cluster des DSM-III-R (histrionische, narzisstische, Borderline- und antisoziale Persönlichkeitsstörung) im Vergleich zu 40 alters- und geschlechtskontrollierten Normalprobanden. Die Gruppe der Persönlichkeitsgestörten wies deutliche Defizite in Aufgaben aus unterschiedlichen kognitiven Funktionsbereichen auf, sofern komplexe kognitive Verarbeitungsprozesse (z. B. Umstellfähigkeit, Flexibilität, planerische und strategische Problemlösefähigkeiten) gefordert waren. Minderleistungen in diesen Bereichen sind häufig nach frontalen Schädigungen festzustellen.

Befunde aus funktionell-bildgebenden Verfahren

Aber nicht nur neuropsychologische, sondern auch strukturelle und neuerdings auch funktionelle Befunde aus der Bildgebung geben Hinweise auf eine verminderte präfrontale Aktivität bei der Borderline- und antisozialen Persönlichkeitsstörung. So fanden Goyer et al. (1994) einen verringerten Glukosemetabolismus präfrontal

◘ **Tabelle 14.2.** Merkmale der antisozialen und Borderline-Persönlichkeitsstörung

Antisoziale Persönlichkeitsstörung	Borderline-Persönlichkeitsstörung
Aggressives, gewalttätiges Verhalten	Selbstschädigendes Verhalten
Impulsivität	Impulsivität
Mangelnde Problemlösestrategien	Mangelnde Problemlösestrategien
Unstetigkeit	Identitätsstörung
Andauernde Reizbarkeit	Ärger- und Gewaltausbrüche
Gefühlsarmut, mangelnde Empathie	Erhöhte emotionale Reagibilität
Pathologische Angstfreiheit	Verminderte Angsttoleranz
Erniedrigtes Arousal	Wechselndes Arousal

beidseits bei der antisozialen und Borderline-Persönlichkeitsstörung mit aggressivem Verhalten in der Vorgeschichte. Raine et al. (1994) stellten einen verringerten Glukosemetabolismus präfrontal beidseits (lateral und medial) während einer kognitiven Stimulationsaufgabe im FDG-PET (Positronenemissionstomografie mit dem Tracer Fluordesoxyglukose) bei Straftätern, die einen versuchten oder vollendeten Mord begingen, fest. Auch die Arbeitsgruppe um Volkow (1995) fand einen verringerten Glukosemetabolismus präfrontal (links>rechts) und mediotemporal beidseits im FDG-PET bei Straftätern mit impulsiven Gewaltdelikten. Neuerdings beschrieben Raine et al. (2000) strukturelle Veränderungen der grauen Substanz (11% Volumenminderung) des präfrontalen Kortex, die mit einer reduzierten autonomen Aktivität bei Patienten mit einer antisozialen Persönlichkeitsstörung korrelierte. Dass dem präfrontalen Kortex für die Ausbildung antisozialer Persönlichkeitszüge eine wichtige Bedeutung zugesprochen werden muss, wurde kürzlich durch eine Einzelfallbeschreibung von Bigler (2001) gestützt. Verlaufsstudien geben darüber hinaus auch Hinweise auf neurobiologische Reifungsstörungen des psychophysiologischen und neuroendokrinologischen Systems bei Kindern- und Jugendlichen mit einer später diagnostizierten antisozialen Persönlichkeitsstörung oder anderen expansiven Verhaltensstörungen in der Entwicklung (McBurnett u. Lahey 1994).

Bisher widmete sich erst eine Studie der erschwerten Verarbeitung emotionaler Informationen bei Psychopathen, also bei antisozialen Persönlichkeiten, die sich durch besondere charakterliche Mängel wie mangelnde Empathie, fehlende Schuldgefühle, pathologische Angstfreiheit und Egozentrismus auszeichnen. In einer SPECT-Untersuchung fanden Intrator et al. (1997) differierende regionale Blutflüsse zwischen Psychopathen und Nicht-Psychopathen während der Lösung einer lexikalischen Entscheidungsaufgabe, bei der zwischen emotionalen und nichtemotionalen Worten unterschieden werden musste. Die Psychopathen zeigten eine erhöhte frontotemporale Aktivität, die mit den erhöhten Anstrengungen der Psychopathen bei der erfolgreichen Lösung der Aufgabe in Zusammenhang gebracht wurde. Während einer affektiven Gedächtnisaufgabe fanden Kiehl et al. (2001) in einer Studie mittels der funktionellen Magnetresonanztomographie (fMRT) bei psychopathischen gegenüber nichtpsychopathischen Straftätern eine verminderte Aktivität in Amygdala und Hippokampus, aber auch im anterioren und posterioren Cingulum, während sich im inferioren lateralen präfrontalen Kortex eine stärkere Aktivität bei den Psychopathen fand. Die Autoren schlussfolgerten, dass die psychopathischen Individuen alternative kognitive Verarbeitungsmechanismen bei emotionalem Material benutzen, um den defizitären limbischen »input« zu kompensieren.

Zukünftig darf nicht auf eine globale präfrontale Dysfunktion fokussiert werden (vgl. auch Lapiere et al. 1995), sondern bezogen auf die antisoziale Persönlichkeit finden sich Leistungseinbußen insbesondere in neuropsychologischen Tests, die **orbitofrontale und ventromediale** Funktionsbereiche prüfen (z. B. mit Go-NoGo-Aufgaben, dem »Porteus-Maze-Test« und einer olfaktorischen Diskriminationsaufgabe). Die Untersuchungsergebnisse mit dem »Wisconsin-Card-Sorting-Test«, der den **frontodorsolateralen** Funktionsbereich erfasst, in seiner diesbezüglichen Spezifität aber umstritten ist (Anderson et al. 1991), sowie einer Aufgabe aus dem Bereich des räumlichen Denkens (mentale Rotation), die die Funktionsfähigkeit **posterorolandischer** Bereiche erfasst, ergaben gegenüber einer Kontrollgruppe keine signifikanten Leistungsunterschiede. Im Gegensatz zur dorsolateralen frontalen Region, die Afferenzen von multimodalen kortikalen Strukturen erhält und primär mit den damit verbundenen Informationsverarbeitungsprozessen sowie der zeitlichen Integration von Verhalten in Verbindung gebracht wird (Milner u. Petrides 1984; Nauta 1971), enthält das orbitofrontale und ventromediale System stärkere Verbindungen zur limbischen Region (Rosvold 1972). Diesem orbitofrontalen und ventromedialen System wird eine wichtige Rolle bei der Inhibition motivational stark geprägter Handlungstendenzen zugesprochen (Fuster 1989: Rosvold 1972). Weiterhin hat es eine große Bedeutung bei der Kontrolle von aggressiven Verhaltensimpulsen sowie bei autonomen Reaktionen, die Indikatoren der emotionalen Befindlichkeit darstellen (Fuster 1989).

Bedeutung des orbitofrontalen und ventromedialen Systems

Auf die Bedeutung des orbitofrontalen Systems zur Kontrolle aggressiver Verhaltensimpulse bei Normalprobanden verweist eine PET-Studie aus der Arbeitsgruppe um Pietrini (Pietrini et al. 2000). 15 Probanden (8 Männer und 7 Frauen), bei denen zuvor psychiatrische oder neurologische Erkrankungen ausgeschlossen werden konnten, wurden unterschiedliche Szenarien geschildert, die sie sich während der Messungen des regionalen zerebralen Blutflusses (rCBF) im PET vorzustellen hatten. In einer emotional neutralen Situation wurden sie angehalten sich vorzustellen, mit ihrer Mutter und 2 weiteren Männern in einem Aufzug zu fahren. In Abwandlungen dieser Grundsituation wurden dann 3 unterschiedliche Muster eines reaktiven Aggressionsverhaltens auf Vorstellungsebene provoziert:

— Unter der Zielbedingung einer kognitiven Unterdrückung aggressiver Handlungen hatten sich die Probanden vorzustellen, wie die beiden im Fahrstuhl anwesenden Männer ihre Mutter plötzlich angreifen würden. Hier war ihre Aufgabe lediglich, die Situation zu beobachten.
— Unter der 2. Bedingung sollten sie sich vorstellen, einen der Angreifer körperlich attackieren zu wollen, wobei sie aber von einem der Männer festgehalten würden (Bedingung: physische Unterdrückung aggressiver Impulse).
— Unter der 3. Bedingung sollten sie sich schließlich vorstellen, mit all ihrer körperlichen Kraft sowie ihrer Wut den Angriff der beiden Männer ohne Einschränkungen erfolgreich abzuwehren (Bedingung: uneingeschränkte Aggressionshandlungen).

Unter jeder Untersuchungsbedingung wurden zudem als physiologische Korrelate emotionaler Prozesse der Blutdruck und die Herzrate gemessen. Die Autoren fanden unter allen 3 Experimentalbedingungen im Vergleich zur neutralen Kontrollsituation (Fahren im Aufzug) eine signifikante **Abnahme** des rCBF im medialen orbitofrontalen Kortex, wobei sich die größte Abnahme unter der Bedingung von vorgestellten uneingeschränkten Aggressionshandlungen zeigte. Die deutlichsten Effekte zeigten sich aber in den Brodman-Arealen 10 und 11 – insbesondere im Vergleich zur Bedingung kognitiv kontrollierter Aggressionsimpulse. Die Autoren nehmen daher an, dass die Inhibition aggressiver Verhaltensimpulse insbesondere von diesen beiden Arealen gesteuert wird. Einen statistisch signifikanten Anstieg des rCBF fanden die Autoren in limbischen Regionen, im Zerebellum sowie im visuellen Kortex. Weiterhin zeigte sich in der Versuchsbedingung vorgestellter uneingeschränkter Aggressionsimpulse sowohl der diastolische Blutdruck als auch die Herzrate im Vergleich zu den anderen Versuchsbedingungen z. T. signifikant erhöht. Zuvor fanden Grafman et al. (1996), dass Vietnamveteranen mit Läsionen im ventromedialen Kortex im Vergleich zu einer Gruppe mit Läsionen in anderen Hirnregionen und einer Kontrollgruppe signifikant höhere Skalenwerte in Fragebögen zur Selbsteinschätzung aggressiver Verhaltensweisen erzielten. Insgesamt verweisen diese Ergebnisse auf die besondere Bedeutung medialer Bereiche des orbitofrontalen Kortex für die Steuerung aggressiver Verhaltensimpulse selbst auf Vorstellungsebene. Unter Zugrundelegung dieser und anderer Ergebnisse wird angenommen, dass bei Individuen mit einer ausgeprägten Aggressionsneigung ein funktionelles »shut down« orbitofrontaler Regionen vorliegt (Grafman u. Litvan 1999).

Dem orbitofrontalen und ventromedialen System wird ebenfalls eine wichtige Rolle für die Selbstwahrnehmung und Einschätzung sozialer Situationen zugesprochen (Tucker et al. 1995). Ein frontodorsolaterales Syndrom ist demgegenüber durch Apathie, Aspontaneität und eine reduzierte intellektuelle Kapazität gekennzeichnet (Stuss u. Benson 1986). Die bisherigen neuropsychologischen Befunde zur antisozialen Persönlichkeit verweisen auf Schwierigkeiten, Informationen aus der Umwelt zur Kontrolle, flexiblen Veränderung und Regelung eigenen Verhaltens zu verwenden, sowie im Sinne der Aufmerksamkeitsfokussierung auf Umweltinformationen ein adäquates Arousalniveau zu mobilisieren und aufrechtzuerhalten. Mit einer orbitofrontalen Dysfunktion wird die verminderte autonome Reagibilität in Zusammenhang gebracht, die sowohl bei antisozialen Erwachsenen (Herpertz et al. 2001b) als auch bereits bei Jungen mit Störungen des Sozialverhaltens wiederholt aufgezeigt werden konnte (Herpertz et al. 2001a, 2003). Nach Damasios »Somatic-marker-Hypothese« (1998) kommt es, repräsentiert im orbitofrontalen Kortex, in Entscheidungsprozessen in Abhängigkeit von den erfahrungsgemäß zu erwartenden Konsequenzen zur automatischen Auslösung von Emotionen und somatischen Reaktionen, wie z. B. Herzschlagbeschleunigung und Schweißdrüsensekretion. Diese autonomen Reaktionen dienen z. B. bei drohender Bestrafung als automatisiertes und damit wenig störanfälliges Warnsignal, das aktives Vermeidungsverhalten einleitet. Eine Störung könnte die mangelnde Antizipation von aversiven Verhaltenskonsequenzen der Bestrafung bei antisozialen Persönlichkeiten erklären.

Bedeutung der Intelligenz für die Entwicklung antisozialer Verhaltensweisen

Insgesamt geben die zahlreichen neuropsychologischen Studien zur antisozialen Persönlichkeitsstörung deutliche Hinweise auf Auffälligkeiten in unterschiedlichen kognitiven Funktionsbereichen. Foster et al. (1993) fanden beispielsweise einen Zusammenhang zwischen umschriebenen neuropsychologischen Defiziten und der Häufigkeit aggressiv-impulsiver Verhaltensweisen in einer forensischen Population. Immer wieder wurden auch Korrelationen zwischen dem delinquentem Verhalten und der Intelligenz in Höhe von r=0,20 und r=0,30 festgestellt. Kandel und Mednick (1988) vermuteten sogar, dass der Intelligenz eine protektive Wirkung zur Verhinderung von antisozialen Verhaltensweisen zugesprochen werden kann. Dieser allerdings nur mäßige Zusammenhang blieb aber selbst nach Kontrolle von wichtigen Einflussgrößen, wie z. B. dem sozioökonomischen Status, der Bildung oder Testmotivation, in unterschiedlichen Studien statistisch stabil und belegt, dass trotz der uneinheitlichen Delinquenzdefinitionen die Intelligenz für die Entwicklung krimineller Verhaltensweisen von Bedeutung ist. Dies konnte insbesondere im Hinblick auf das Alter zum Zeitpunkt des Erstdeliktes sowie in Bezug auf die Schwere des delinquenten Verhaltens festgestellt werden. So wurden im statistischen Mittel sehr geringe Intelligenztestleistungen bei gewalttätigen Wiederholungstätern festgestellt. Da diese Zusammenhänge nicht nur bei rechtskräftig Verurteilten sondern sogar auch bei Delinquenten, deren Straftaten nicht entdeckt wurden, gefunden worden sind, können methodische Einwände, die auf mögliche Stichprobenartefakte fokussieren, zurückgewiesen werden. In einer sorgfältig geplanten Längsschnittstudie aus Schweden fanden Stattin u. Klackenberg-Larsson (1993) an einer zwischen 1955 und 1958 geborenen Kohorte, dass die Intelligenz schon in einem sehr jungen Lebensalter (3. Lebensjahr) als wichtiger prognostischer Faktor für ein späteres kriminelles Verhalten in der Adoleszenz angesehen werden kann. Bemerkenswerterweise zeigten sich hier insbesondere die sprachbezogenen Leistungen gegenüber den handlungspraktischen intellektuellen Teilleistungen deutlich leistungsgemindert, was schon zuvor bei Erwachsenen mit einer antisozialen Persönlichkeitsstörung beschrieben wurde und Anlass zu zahlreichen Spekulationen über die mögliche ätiologische Bedeutung der geringen sprachintellektuellen Fähigkeiten gab (zur Übersicht ▶ s. Moffitt u. Lynam 1994). Schon Wechsler verwies im Jahre 1944 auf die diagnostische Brauchbarkeit der Leistungsdifferenz zwischen dem Verbal- und Handlungs-IQ des Wechsler-Intelligenztests zur Identifikation von Delinquenten. In der Folge wurden unterschiedliche Theorien zur Erklärung dieser Auffälligkeiten gebildet. Dabei wurden vorwiegend sprachintellektuelle Fähigkeiten mit der Selbstkontrolle des Verhaltens in Verbindung gebracht, was insbesondere Marlowe (1992) sowie die Arbeitsgruppe um Eslinger (1997), wie oben ausführlich dargestellt, betonen. Es wurde auch angenommen, dass das Verhältnis zwischen diesen beiden Intelligenzbereichen generell Hinweise auf eine Dysfunktion der linken Hemisphäre gebe und von ätiologischer Bedeutung für die Ausbildung antisozialer Verhaltensweisen sei, was sich empirisch allerdings nicht bestätigen ließ (Yeudall et al. 1981). Neuerdings fanden allerdings Deckel et al. (1996), dass sich bei hohen EEG-Aktivitätsmuster im linken frontalen Bereich die Wahrscheinlichkeit reduziere, eine antisoziale Persönlichkeitsstörung zu entwickeln.

14.4 Methodische Probleme der Klassifikation von Persönlichkeitsstörungen

Der neurowissenschaftlichen Forschung steht derzeit ein umfangreiches Untersuchungsinstrumentarium zur Analyse kognitiver und emotionaler Funktionsbereiche zur Verfügung. Diese Untersuchungsdaten werden in der Regel als abhängige Variablen betrachtet, wohingegen beispielsweise die Definition und Einteilung von Persönlichkeitsstörungen den Bereich der unabhängigen Variablen darstellen. Entscheidend ist somit, dass die Art und Weise der Definition von Persönlichkeitsstörungen unmittelbar Einfluss auf die Ergebnisse der Messungen von Verhaltensdaten nimmt. Den meisten bisher veröffentlichten Studien zu den hirnorganischen und verhaltensbezogenen Korrelaten von Persönlichkeitsstörungen wurden die operationalisierten Klassifikationssysteme DSM oder ICD zugrunde gelegt. Mit der Entwicklung dieser Klassifikationssysteme konnte zweifelsfrei ein entscheidender Fortschritt in der Diagnostik und Therapie psychischer Störungen erreicht werden. Dennoch wurden die wissenschaftstheoretischen Grundannahmen dieser Diagnosesysteme im Hinblick auf die praktische Forschungstätigkeit kaum hinterfragt (Schwartz 1991). Fraglich aufgrund neuerer Forschungsdaten erscheint auch die Grunddefinition der Persönlichkeitsstörungen, die einen Ausschluss hirnorganischer Störungen fordert. Dabei stellt sich natürlich die Frage, wie eine hirnorganische Störung oder eine hirnorganische Dysfunktion definiert wird.

Einschluss- und Ausschlusskriterien

Ein anderer wichtiger Aspekt betrifft den Gebrauch von Einschluss- und Ausschlusskriterien anhand idealtypischer Beschreibungen der jeweiligen Persönlichkeitsstörungen, die ebenfalls nicht verhindern, dass heterogene Störungsgruppen gebildet werden (Saß et al. 2000). So ist derzeit noch ungeklärt, ob sich nicht möglicherweise innerhalb einer Störungsgruppe unterschiedliche Cluster von Kriterienkombinationen verbergen, die sich im Hinblick auf pathogenetische Faktoren und neuropsychologische Defizite voneinander unterscheiden. Auch bestehen zwischen den beiden modernen Klassifikationssystemen ICD-10 und DSM-IV konzeptionelle, terminologische und kriterielle Unterschiede (z. B. Auflistung von delinquenten Verhaltensstilen vs. Beschreibung von Charaktermerkmalen), was ebenfalls eine Vergleichbarkeit von Studien erschwert. Nicht vernachlässigt werden sollten weiterhin die Beziehungen der Persönlichkeitsstörungen zu anderen klinischen Störungsgrup-

14.4 · Methodische Probleme der Klassifikation von Persönlichkeitsstörung

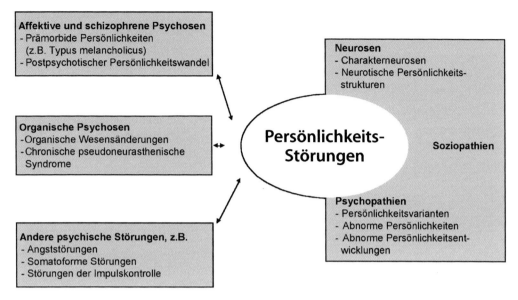

◘ Abb. 14.1. Klinische Beziehungen der Persönlichkeitsstörungen

pen, zumal hier zahlreiche Studien zu den unterschiedlichen kognitiven und/oder emotionalen Störungsprofilen vorliegen. Wie ◘ Abb. 14.1 zeigt, fungiert der Terminus Persönlichkeitsstörung als Oberbegriff, in dem frühere Konzepte von Neurosen einschließlich Charakterneurosen und neurotischen Persönlichkeitsstörungen enthalten sind. Weiterhin sind aber auch die Soziopathien und dissozialen Persönlichkeiten sowie die unter dem früheren Psychopathiebegriff versammelten Persönlichkeitsvarianten einschließlich der Triebstörungen dem Konstrukt Persönlichkeitsstörungen zuzuordnen.

Dieses von Saß et al. vorgestellte Modell veranschaulicht die Überlappungsbereiche, Wirkrichtungen und dynamischen Entwicklungsprozesse zwischen Persönlichkeitsstörungen, psychotischen Erkrankungen und prämorbiden Persönlichkeitszügen, das ggf. durch einen (entwicklungs)biologischen Faktor noch ergänzt werden könnte, wenn in zukünftigen Studien diskriminierbare Muster hirnorganischer Auffälligkeiten bei unterschiedlichen Persönlichkeitsstörungen deutlicher gezeigt werden können. Bemerkenswert erscheint hier v.a., dass Patienten mit **unterschiedlichen** organischen Risikofaktoren ähnliche psychopathologische Symptomkonstellationen z. B. im Sinne einer BPS aufweisen wie Patienten ohne organische bzw. neurologische Befunde (vgl. Streeter et al. 1995). Hier wird auch die Frage aufgeworfen, ob die mit den Termini der z. B. »acquired sociopathy« (Tranel 1994) oder der »pseudo-psychopathy« (Benson u. Blumer 1975) bezeichneten Persönlichkeitsstörungen andere Merkmalskombinationen aufweisen als die nach DSM oder ICD klassifizierten. Der so genannten »erworbenen« Soziopathie wird aufgrund des vermuteten positiven Einflusses prämorbider Lebensumstände und Persönlichkeitszüge eine eher benigne klinische Symptomatik zugesprochen, d. h. ihnen soll eine bessere Kompensation der erworbenen kognitiven und affektiven Störungen möglich sein (Tranel 1994).

Klassifikation nach Krankheitsentitäten

Demgegenüber gehen die gegenwärtigen Klassifikationssysteme auf ein Krankheitsverständnis zurück, in dessen Mittelpunkt voneinander abgrenzbare Krankheitsentitäten stehen. Solche klaren Abgrenzungen erscheinen unter der Zugrundelegung neuerer Erkenntnisse zumindest fraglich. Alternative Ansätze aus dem Bereich der differentiellen Psychologie werden seit einigen Jahren verstärkt in die Forschung einbezogen und fokussieren auf den Aspekt, dass zwischen Normalität und Persönlichkeitsstörung keine kategorialen Unterschiede, sondern fließende Grenzen bestehen; Unterschiede könnten sich beispielsweise im Hinblick auf den Ausprägungsgrad oder auch bezogen auf die spezielle Merkmalskonstellation zeigen. Erste vielversprechende Forschungsergebnisse der Arbeitsgruppe um Livesley (1998) belegen genau die Annahme, dass Persönlichkeitsstörungen nicht qualitativ von den normalen Persönlichkeitsausformungen zu unterscheiden sind, sondern lediglich als maladaptative Extremvarianten der allgemeinen Persönlichkeitszüge aufgefasst werden können. Dennoch erfordert auch das dimensionale Vorgehen – insbesondere im Zusammenhang mit psychischen Störungen und deren Klassifizierung – eine Abgrenzung zwischen normaler und pathologischer Merkmalsausprägung. Eine Grenzziehung sollte sowohl theoretisch als auch empirisch begründet und operationalisiert sein, wirft aber immer wieder Diskussionen auf (Herpertz et al. 1997). Inwieweit es zu einer Synthese zwischen dem kategorialen und dem dimensionalen Ansatz auch unter Berücksichtigung ätiologischer Faktoren kommt, werden zukünftige Forschungsergebnisse zeigen.

Dass diese Überlegungen nicht nur theoretischer Natur sind, belegen einige wenige neuropsychologische Studien mit einer diagnosenübergreifenden, d. h. symptomorientierten Forschungsstrategie aus dem schizophrenen Störungskreis (Kremen et al. 1994; McGuire et al. 1998). So konnten beispielsweise Kremen et al. zeigen (1994), dass qualitative Merkmale des Wahns (z. B. elaboriert vs. einfach) unabhängig von der diagnostischen Einteilung nach DSM-III-R mit neuropsychologischen Leistungsminderungen in Zusammenhang standen. Je mehr Symptome einer schizophrenen Erkrankung auf einem gedachten Kontinuum Schizophrenie vs. wahnhafte Störung vorhanden waren, desto ausgeprägter waren die kognitiven Störungen. Wurden diese Patienten ausschließlich nach DSM-Kriterien klassifiziert, waren keine neuropsychologischen Leistungsunterschiede zwischen den Gruppen festzustellen. In diesem Zusammenhang sind für das Persönlichkeitskonstrukt der Impulsivität auch die Untersuchungsergebnisse von Ising (2000) interessant. Er fand, dass die Intensitätsabhängigkeit evozierter Potenziale im EEG, welche zuvor als ein wichtiger zentralnervöser Indikator einer nach außen gerichteten Persönlichkeit im Sinne von Stimulationssuche, Extraversion oder Impulsivität angesehen wurde, von der Fähigkeit zur Verhaltensadaptivität in Abhängigkeit von dem situativen Kontext moduliert wird. Zuvor wurde schon aufgrund anderer Untersuchungsergebnisse in Zweifel gezogen, dass Impulsivität als ein situationsinvariantes Persönlichkeitsmerkmal betrachtet werden kann (Dickman 1993). Weitere vergleichbare Studien für den Bereich der Persönlichkeitsstörungen liegen bisher nicht vor. Wesentliche Fortschritte für die Konzeption der Persönlichkeitsstörungen und deren Binnenvarianzen werden in der Zukunft aber am ehesten aus einer Verknüpfung von neurowissenschaftlichen wie entwicklungspsychologischen Pathogenesestudien einerseits und dimensionalen Beschreibungsmodellen andererseits zu erwarten sein.

14.5 Ausblick

Fasst man die bisher vorliegenden Studien zu den kognitiven und emotionalen Auffälligkeiten der Borderline- und antisozialen Persönlichkeitsstörung zusammen, ergeben sich zunächst einige Hinweise auf frontale Dysfunktionen bei diesen Persönlichkeitsstörungen. Weiterhin liegen bisher nur orientierende neurowissenschaftlich fundierte und den frontalen Kortex fokussierende theoretische Modellannahmen für spezifische Aspekte von Persönlichkeitsstörungen vor (z. B. Tucker et al. 1995). Im Hinblick auf eine darüber hinausgehende Spezifikation unterscheidbarer frontaler Teilprozesse haben die derzeit vorliegenden Forschungsergebnisse aber nur einen hinweisenden und hypothesengenerierenden Charakter. Grundsätzlich betrifft dies aber alle neurowissenschaftlichen Studien, die sich mit der Identifikation von hirnorganischen Korrelaten kognitiver oder emotionaler Funktionen beschäftigen. Zur Klärung dieser Fragen ist in der Zukunft unter forschungsmethodischen Gesichtspunkten eine Kombination neurowissenschaftlicher Untersuchungsstrategien erforderlich (Spitzer u. Kammer 1996), wobei verstärkt Wechselwirkungen zwischen emotionalen und kognitiven Verarbeitungsprozessen untersucht werden sollten, was für den Bereich der Persönlichkeitsstörungen auch angemessener wäre. Dies stellt wiederum besonders hohe Ansprüche an die Forschungsmethodik. Auf die Schwierigkeit, emotionale und kognitive Verarbeitungsprozesse in ihrer Interaktion zu untersuchen, und zwar nicht nur in Form von diffusen und unspezifischen Einflüssen emotionaler Zustände auf das kognitive System, verweisen Gray et al. (2002). Die Autoren konnten kürzlich mittels fMRT eine Region im lateralen präfrontalen Kortex identifizieren, die, bei einer Arbeitsgedächtnisaufgabe, ausschließlich in Wechselwirkung mit einem Emotionsinduktionsparadigma eine Aktivierung zeigte. Letztlich muss gegenwärtig auch die Frage aufgeworfen werden, inwieweit eine diagnosenübergreifende Forschungsstrategie mehr Erfolg zur Aufklärung der störungsbezogenen Binnenvarianz von Persönlichkeitsstörungen verspricht als die konventionelle Orientierung an den gängigen Klassifikationsverfahren DSM und ICD. Erste vielversprechende Studien mit einem symptomorientierten Ansatz liegen inzwischen vor.

Literatur

Anderson SW, Damasio H, Tranel D (1990) Neuropsychological impairments associated with lesions caused by tumor or stroke. Arch Neurol 47: 397–405

Anderson SW, Damasio H, Jones RD, Tranel D (1991) Wisconsin Card Sorting Test performance as a measure of frontal lobe damage. J Clin Exp Neuropsychol 13: 909–922

Andrulonis PA, Glueck BC, Stroebel CF, Vogel NG, Shapiro AL, Aldridge DM (1980) Organic brain dysfunction and the borderline syndrome. Psychiatr Clin North Am 4: 47–66

Andrulonis PA, Glueck BC, Stroebel CF, Vogel NG (1982) Borderline personality subcategories. J Nerv Ment Dis 170: 670–679

Barratt ES (1985) Impulsiveness subtraits: arousal and information processing. In: Spence JT, Izard CE (eds) Motivation, emotion, and personality. Elsevier Science, North-Holland, pp 137–146

Barratt ES (1994) Impulsiveness and aggression. In: Monahan J, Stedman H (eds) Violence and mental disorder: developments in risk assessment. University of Chicago Press, Chicago, pp 61–80

Barratt ES, Stanford MS, Kent TA, Felthous A (1997) Neuropsychological and cognitive psychophysiological substrates of impulsive aggression. Biol Psychiatry 41: 1045–1061

Benson DF, Blumer D (1975) Psychiatric aspects of neurologic disease. Grune & Stratton, New York

Benton AL (1991) Prefrontal injury and behavior in children. Dev Neuropsychol 7: 275–281

Bigler ED (2001) Frontal lobe pathology and antisocial personality disorder. Arch Gen Psychiatry 58: 609–611

Blumberg PC, Jones NR, North JB (1989) Diffuse axonal injury in head trauma. J Neurol Neurosurg Psychiatry 52: 838–841

Boller F, Traykov L, Dao-Castellana MH, Fontaine-Dabernard A, Zilbovicius M, Rancurel G, Pappatà S, Samson Y (1995) Cognitive functioning in »diffuse« pathology. Role of prefrontal and limbic structures. Ann NY Acad Sci 769: 23–39

Buchsbaum MS, Trestman RL, Hazlett E, Siegel BV Jr, Schaefer CH, Luu-Hsia C, Tang C, Herrera S, Solimando AC, Losonczy M, Serby M, Silverman J, Siever LJ (1997) Regional cerebral blood flow during the Wisconsin Card Sort Test in schizotypal personality disorder. Schizophr Res 27: 21–28

Burgess JW (1992) Neurocognitive impairment in dramatic personalities: histrionic, narcissistic, borderline, and antisocial disorders. Psychiatry Res 42: 283–290

Burns S, Kappenberg R, McKenna A, Wood C (1994) Brain injury: personality, psychopathology and neuropsychology. Brain Inj 8: 413–427

Cummings JL (1985) Clinical neuropsychiatry. Grune & Stratton, New York

Damasio AR (1989) The brain binds entities and events by multiregional activation from convergence zones. Neural Comput 1: 123–32

Damasio AR (1995) On some functions of the human prefrontal cortex. Ann NY Acad Sci 769: 241–251

Damasio AR (1998) The somatic marker hypothesis and the possible functions of the prefrontal cortex. In: Roberts AC, Robbins TW, Weiskrantz L (eds) The prefrontal cortex: Executive and cognitive functions. Oxford University Press, New York

Damasio AR, Tranel D, Damasio H (1990) Individuals with sociopathic behavior caused by frontal damage fail to respond autonomically to social stimuli. Behav Brain Res 41: 81–94

Damasio H, Grabowski T, Frank R, Galaburda AM, Damasio AR (1994) The return of Phineas Gage: clues about the brain from the skull of a famous patient. Science 264: 1102–1105

De Bellis MD, Keshavan MS, Clark DB, Casey BJ, Giedd JN, Boring AM, Frustaci K, Ryan ND (1999) Developmental Traumatology Part II: Brain development. Biol Psychiatry 45: 1271–1284

Deckel AW, Hesselbrock V, Bauer L (1996) Antisocial personality disorder, childhood delinquency, and frontal brain functioning: EEG and neuropsychological findings. J Clin Psychol 52: 639–650

De la Fuente JM, Goldmann S, Stanus E, Vizete C, Morlan I, Bobes J, Mendlewicz J (1997) Brain glucose metabolism in borderline personality disorder. J Psychiatric Research 31: 531–541

Denckla MB (1996) A theory and model of executive function from a neuropsychological perspective. In: Lyon GR, Krasnegor NA (eds) Attention, memory, and executive function. PH Brooke, Baltimore, pp 263–278

Derryberry D, Tucker DM (1994) Motivating the focus of attention. In: Niedenthal P, Kiayama S (eds) The heart's eye: Emotional influences on perception and attention. Academic Press, San Diego, pp 167–196

Dickman SJ (1993) Impulsivity and information processing. In: McCown WG, Johnson JL, Shure MB (eds) The impulsive client. Theory, research, and treatment. American Psychological Association, Washington, pp 151–184

Dickman SJ, Meyer DE (1988) Impulsivity and speed-accuracy tradeoffs in information processing. J Pers Soc Psychol 54: 274–290

Diforio D, Walker EF, Kestler LP (2000) Executive functions in adolescents with schizotypal personality disorder. Schizophr Res 42: 125–134

Dolan M (1994) Psychopathy – a neurobiological perspective. Br J Psychiatry 165: 151–159

Dolan RJ (1999) On the neurology of morals. Nature neuroscience 2: 927–929

Drevets WC (1999) Prefrontal cortical-amygdalar metabolism in major depression. Ann NY Acad Sci 877: 614–637

Eysenck HJ, Eysenck MW (1985) Personality and individual differences: A natural science approach. Plenum, New York

Eysenck MW, Calvo MG (1992) Anxiety and performance: The processing efficiency theory. Cogn Emot 6: 409–447

Elliott FA (1990) Neurology of aggression and episodic dyscontrol. Semin Neurol 10: 303–312

Eslinger PJ, Damasio AR (1985) Severe disturbance of higher cognition after bilateral frontal lobe ablation: Patient EVR. Neurology 35: 1731–1741

Eslinger PJ, Grattan LM, Damasio H, Damasio AR (1992) Developmental consequences of childhood frontal lobe damage. Arch Neurol 49: 764–769

Eslinger PJ, Grattan LM, Geder L (1995) Impact of frontal lobe lesions on rehabilitation and recovery from acute brain injury. NeuroRehabilitation 5: 161–182

Eslinger PJ, Biddle KR, Grattan LM (1997) Cognitive and social development in children with prefrontal cortex lesions. In: Krasnegor NA, Lyon GR, Goldman-Rakic PS (eds) Development of the prefrontal cortex. Evolution, Neurobiology, and Behavior. Brooks, Baltimore, pp 295–335

Farmer CM, O'Donnell BF, Niznikiewicz MA, Voglmaier MM, McCarley RW, Shenton ME (2000) Visual perception and working memory in schizotypal personality disorder. Am J Psychiatry 157: 781–788

Fogel BS, Ratey JJ (1995) Neuropsychiatric approach to personality and behavior. In: Ratey JJ, Fogel BS (eds) Neuropsychiatry of personality disorders. Blackwell, Cambridge MA, pp 1–17

Foster HG, Hillbrand M, Silverstein M (1993) Neuropsychological deficit and aggressive behavior: a prospective study. Prog Neuropsychopharmacol Biol Psychiat 17: 939–946

Fuster JM (1989) The prefrontal cortex. Raven, New York

Gentry LR, Godersky JC, Thompson B (1988) MR imaging of head trauma: review of the distribution and radiopathologic features of traumatic lesions. AJNR 9: 101–110

Gerra G, Avanzini P, Zaimovic A, Sartori R, Bocchi C, Timpano M, Zambelli U, Delsignore R, Gardini F, Talarico E, Brambilla F (1999) Neurotransmitters, neuroendo-

Literatur

crine correlates of sensation-seeking temperament in normal humans. Neuropsychobiology 39: 207–213

Gerra G, Zaimovic A, Timpano M, Zambelli U, Delsignore R, Brambilla F (2000) Neuroendocrine correlates of temperamental traits in humans. Psychoneuroendocrinology 25: 479–496

Gorenstein EE (1982) Frontal lobe functions in psychopaths. J Abnorm Psychol 91: 368–379

Gorenstein EE, Newman JP (1980) Disinhibitory psychopathology: a new perspective and a model for research. J Abnorm Psychol 87: 301–315

Goldman PS, Galkin TW (1978) Prenatal removal of frontal association cortex in the fetal rhesus monkey: anatomical and functional consequences in postnatal life. Brain Res 152: 451–485

Goldman-Rakic PS, Isserhoff A, Schwartz ML, Bugbee NM (1983) The neurobiology of cognitive development. In: Mussen PH (ed) Handbook of child psychology. Band II, Infancy and developmental psychobiology. Wiley, New York, pp 281–344

Goyer PF, Andreason PJ, Semple WE, Clayton AH, King AC, Compton-Toth BA, Schulz SC, Cohen RM (1994) Positron-emission tomography and personality disorders. Neuropsychopharmacology 10: 21–28

Grafman J, Litvan I (1999) Importance of deficits in executive functions. Lancet 354: 1921–1923

Grafman J, Vance SC, Weingartner H, Salazar AM, Amin D (1986) The effects of lateralized frontal lesions on mood regulation. Brain 109: 1127–1148

Grafman J, Schwab K, Warden D, Pridgen A, Brown HR, Salazar AM (1996) Frontal lobe injuries, violence, and aggression: a report of the Vietnam Head Injury Study. Neurology 46: 1231–1238

Gray JR, Braver TS, Raichle ME (2002) Integration of emotion and cognition in the lateral prefrontal cortex. PNAS 99: 4115–4120

Halgren E, Marinkovic K (1995) Neurophysiologic networks integrating human emotions. In: Gazzaniga MS (ed) The cognitive neurosciences. MIT, Cambridge, MA, pp 1137–1151

Harlow JM (1868) Recovery after severe injury to the head. Publication of the Massachusetts Medical Society 2: 327–346

Hennig J, Rammsayer T (2000) Biologische Persönlichkeitsforschung: Standortbestimmung und Perspektiven. Z Diff Diagn Psychol 21: 187–190

Herpertz S, Steinmeyer EM, Pukrop R, Woschnik M, Saß H (1997) Persönlichkeit und Persönlichkeitsstörungen. Eine facettentheoretische Analyse der Ähnlichkeitsbeziehungen. Z Klin Psychol 26: 109–117

Herpertz SC, Wenning B, Mueller B, Qunaibi M, Sass H, Herpertz-Dahlmann B (2001a) Psychophysiological responses in ADHD children with and without conduct disorder – implications for adult antisocial behavior. J Am Acad Child Adolesc Psychiatry 40(10): 1222–1230

Herpertz SC, Werth U, Lukas G, Qunaibi BS, Schuerkens A, Sass H (2001b) Emotion in criminal offenders with psychopathy and borderline personality disorder. Arch Gen Psychiatry 58: 737–745

Herpertz SC, Mueller B, Wenning B, Qunaibi M, Lichterfeld C, Herpertz-Dahlmann B (2003): Autonomic responses in boys with externalizing disorders. J Neural Transmission 110(10): 1181–1195

Intrator J, Hare R, Stritzke P, Brichtswein K, Dorfman D, Harpur T, Bernstein D, Handelsman L, Schaefer C, Keilp J, Rosen J, Machac J. (1997) A brain imaging (single photon emission computerized tomography) study of semantic and affective processing in psychopaths. Biol Psychiatry 42: 96–103

Ising M (2000) Intensitätsabhängigkeit evozierter Potenziale im EEG: Sind impulsive Personen Augmenter oder Reducer? Z Diff Diagn Psychol 21: 208–217

Jacobson RR, White REB (1991) The neuropsychiatry of head injury. Curr Opin Psychiatry 4: 116–122

Joseph R (1999) Frontal lobe psychopathology: mania, depression, confabulation, catatonia, perseveration, obsessive compulsions, and schizophrenia. Psychiatry 62: 138–172

Judd PH, Ruff RM (1993) Neuropsychological dysfunction in borderline personality disorder. J Pers Dis 7: 275–84

Kagan J, Pearson L, Welch L (1966) Modification of an impulsive tempo. J Edu Psychol 57: 359–365

Kandel E, Freed D (1989) Frontal-lobe dysfunction and antisocial behavior: a review. J Clin Psych 45: 404–413

Kandel E, Mednick SA (1988) IQ as a protective factor for subjects at high risk for antisocial behavior. J Consult Clin Psychol 56: 224–226

Kiehl KA, Smith AM, Hare RD, Mendrek A, Forster BB, Brink J, Liddle PF (2001) Limbic abnormalities in affective processing by criminal psychopaths as revealed by functional magnetic resonance imaging. Bio Psychiatry 50(9): 677–684

Kleist K (1934) Gehirnpathologie. Barth, Leipzig

Korfine L, Hooley JM (2000) Directed forgetting of emotional stimuli in borderline personality disorder. J Abnorm Psychology 109(2): 214–221

Krasnegor NA, Lyon GR, Goldman-Rakic PS (1997) Development of the prefrontal cortex. Evolution, Neurobiology, and Behavior. Brooks, Baltimore

Kremen S, Seidman LJ, Goldstein JM, Faraone SV, Tsuang MT (1994) Systematized delusions and neuropsychological function in paranoid and nonparanoid schizophrenia. Schizophr Res 12: 223–236

Kunert HJ, Druecke HW, Sass H, Herpertz SC (2003) Frontal lobe dysfunctions in borderline personality disorder? Neuropsychological findings. J Pers Dis (im Druck)

Lapierre D, Braun CMJ, Hodgins S (1995) Ventral frontal deficits in psychopathy: neuropsychological test findings. Neuropsychologia 33: 139–151

Lenzenweger MF, Korfine L (1994) Perceptual aberrations, schizotypy, and the Wisconsin Card Sorting Test. Schizophr Bull 20: 345–347

Levin HS, Grossman RG (1978) Behavioral sequelae of closed head injury. Arch Neurol 35: 720–727

Levine D, Marziali E, Hood J (1997) Emotion processing in borderline personality disorders. J Nerv Ment Dis 185: 240–346

Leyton, M., Okazawa, H. (2001) Brain Regional alpha-[11C]Methyl-L-Tryptophan trapping in impulsive subjects with borderline personality disorder. Am J Psychiatry 158: 775–782

Lishman WA (1973) The psychiatric sequelae of head injury: A review. Psychol Med 3: 304–318

Livesley W, Jang KL, Vernon PA (1998) Phenotypic and genetic structure of traits delineating personality disorder. Arch Gen Psychiatry 55

Logan GD, Cowan WB (1984) On the ability to inhibit thought and action: a theory of an act of control. Psychol Rev 91: 295–327

Luria AR (1973) The frontal lobes and the regulation of behavior. In: Pribram KH, Luria AR (eds) Psychophysiology of the frontal lobes. Academic Press, New York, pp 3–26

Lyoo IK, Han MH, Cho Dy (1998) A brain MRI study in subjects with borderline personality disorder. J Affect disorders 50: 235–243

Markowitsch HJ (1992) Intellectual functions and the brain. An historical perspective. Hogrefe & Huber, Seattle

Marlowe W (1992) The impact of right prefrontal lesion on the developing brain. Brain Cogn 20: 205–213

McBurnett K, Lahey BB (1994) Psychophysiological and neuroendocrine correlates of conduct disorder and antisocial behavior in children and adolescents. Progr Exp Pers Psychopathol Res, pp 199–231

McGuire PK, Quested DJ, Spence SA, Murray RM, Frith CD, Liddle PF (1998) Pathophysiology of »positive« thought disorder in schizophrenia. Br J Psychiatry 168: 231–235

Mesulam MM (1985) Patterns in behavioral neuroanatomy: Association areas, the limbic system and hemispheric specialization. In: Mesulam MM (ed) Principals of behavioral neurology. FA Davis, Philadelphia, pp 1–58

Meyers CA, Berman SA, Scheibel RS, Hayman A (1992) Case report: Acquired antisocial personality disorder associated with unilateral left orbital frontal lobe damage. J Psychiatr Neurosci 17: 121–125

Milner B, Petrides M (1984) Behavioral effects of frontal-lobe lesions in man. Trends Neurosci 7: 403–406

Mulder R (1992) The biology of personality. Aust NZJ Psychiatry 26: 364–376

Moffitt TE, Lynam D (1994) The neuropsychology of conduct disorder and delinquency: implications for understanding antisocial behavior. Progr Exp Pers Psychopathol Res 199–231

Nauta WJH (1971) The problem of the frontal lobe: A reinterpretation. J Psych Res 8: 167–187

Nestor PG (1992) Neuropsychological and clinical correlates of murder and other forms of extreme violence in a forensic psychiatric population. J Nerv Ment Dis 180: 418–423

Nigg JT (2000): On inhibition/disinhibition in developmental psychopathology: Views from cognitive and personality psychology and a working inhibition taxonomy. Psychol Bull 126: 220–246

Ogiso Y, Moriya N, Ikuta N, Maher-Nishizhono A, Takase M, Miyake Y, Minakawa K (1993) Relationship between clinical symptoms and EEG findings in borderline personality disorder. Jpn J Psychiatr Neurol 47: 37–46

O'Leary KM, Brouwers P, Gardner DL, Cowdry RW (1991) Neuropsychological testing of patients with borderline personality disorder. Am J Psychiatry 148: 106–111

Paris J, Zelkowitz P, Guzder J, Joseph S, Feldman R (1999) Neuropsychological factors associated with borderline pathology in children. J Am Acad Child Adolesc Psychiatry 38: 770–774

Pietrini P, Guazzelli M, Basso G, Jaffe K, Grafman J (2000) Neural correlates of imaginal aggressive behavior assessed by positron emission tomography in healthy subjects. Am J Psychiatry 157: 1772–1781

Price BH, Daffner KR, Stowe RM, Mesulam MM (1990) The comportmental learning disabilities of early frontal lobe damage. Brain 113: 1383–1393

Prigatano GP (1992) Personality disturbances associated with traumatic brain injury. J Consult Clin Psychol 60: 360–368

Pynoos RS, Steinberg AM, Ornitz EM, Goenjian AK (1997) Issues in the developmental neurobiology of traumatic stress. Ann NY Acad Sci 821: 176–193

Raine A, Sheard C, Reynolds GP, Lencz T (1992) Prefrontal structural and functional deficits associated with individual differences in schizotypal personality. Schizophr Res 7: 237–247

Raine A, Buchsbaum MS, Stanley J, Lottenberg S, Abel L, Stoddard J (1994) Selective reductions in prefrontal glucose metabolism in murderers. Biol Psychiatry 36: 365–373

Raine A, Lencz T, Bihrle S, LaCasse L, Colletti P (2000) Reduced prefrontal gray matter volume and reduced autonomic activity in antisocial personality disorder. Arch Gen Psychiatry 57: 119–127

Rosvold HE (1972) The frontal lobe system: Cortical-subcortical interrelationships. Acta Neurobiol Exp 32: 439–460

Russel JD, Roxanas MG (1994) Psychiatry and the frontal lobes. Aust N Z J Psychiatry 24: 113–132

Saß H (1988) Angst und Angstfreiheit bei Persönlichkeitsstörungen. In: Hippius H (Hrsg) Angst – Leitsymptom psychiatrischer Erkrankungen. Springer, Berlin Heidelberg New York Tokio

Saß H, Jünemann K, Houben I (2000) Zur Klassifizierung der Persönlichkeitsstörungen – gegenwärtiger Stand und Perspektiven im neuen Jahrtausend. Persönlichkeitsstörungen 4: 43–58

Schwartz MA (1991) The nature and classification of the personality disorders: a reecamination of pasic premises. J Pers Disorders 5: 25–30

Silver JM, Yudofsky SC, Hales RE (1993) Neuropsychiatrische Aspekte traumatischer Gehirnverletzungen. In: Hales RE, Yudofsky SC (Hrsg) Handbuch der Neuropsychiatrie, Kap. 10. Psychologie Verlags Union, Weinheim, S 229–224

Smith ML, Kates MH, Vriezen ER (1991) The development of frontal-lobe functions. In: Segalowitz SJ, Rapin I (eds) Handbook of Neuropsychology, vol 7: Child Neuropsychology. Elsevier, Amsterdam, pp 309–330

Siever LJ, Buchsbaum MS (1999) d,l-fenfluramine response in impulsive personality disorder assessed with [18F]fluorodeoxyglucose positron emission tomography. Neuropsychopharmacology 20: 413–423

Snyder S, Pitts WM (1984) Electroencephalography of DSM-III borderline personality disorder. Acta Psychiatr Scand 69: 129–134

Soloff PH, Meltzer CC, Greer PJ, Constantine D, Kelly TM (2000) A fenfluramine-activated FDG-PET study of borderline personality disorder. Biol Psychiatry 47: 540–547

Sowell ER, Thompson PM, Homes CJ, Jernigan TL, Toga AW (1999) In vivo evidence for post-adolescent brain maturation in frontal and striatal regions. Nature neuroscience 2: 859–863

Spitzer M, Kammer T (1996) Combining neuroscience research methods in psychopathology. Curr Opin Psychiatry 9: 352–363

Sprock J, Rader TJ, Kendall JP, Yoder CY (2000) Neuropsychological functioning in patients with borderline personality disorder. J Clin Psychol 56: 1587–1600

Stattin H, Klackenberg-Larsson I (1993) Early language and intelligence development and their relationship to future criminal behavior. J Abnorm Psychol 102: 369–378

Streeter CC, Van Reekum R, Shorr RI, Bachman DL (1995) Prior head injury in male veterans with borderline personality disorder. J Nerv Ment Dis 183: 577–581

Stuss DT, Benson DF (1986) The frontal lobes. Raven, New York

Stuss DT, Gow CA, Hetherington CR (1992) »No longer gage«: Frontal lobe dysfunction and emotional changes. J Consult Clin Psychol 60: 349–359

Swirsky-Sacchetti T, Gorton G, Samuel S, Sobel R, Genetta-Wadley A, Burleigh B (1993) Neuropsychological function in borderline personality disorder. J Clin Psychol 49: 385–396

Tebartz van Elst L, Thiel T (2001) Subtle prefrontal neuropathology in a pilot magnetic resonance spectroscopy study in patients with borderline personality disorder. J Neuropsychiatry Clin Neurosci 13: 511–514

Teicher MH, Glod CA, Surrey J, Swett C Jr. (1993) Early childhood abuse and limbic system ratings in adult psychiatric outpatients. J Neuropsychiatry Clin Neurosci 5: 301–306

Teicher MH, Ito Y, Glod CA, Andersen SL, Dumont N, Ackerman E (1997) Preliminary evidence for abnormal cortical development in physically and sexually abused children using EEG coherence and MRI. Ann NY Acad Sci 821: 160–175

Teuber HL, Rudel RG (1962) Behaviour after cerebral lesions in children and adults. Dev Med Child Neurol 4: 3–20

Thatcher RW, Walker RA, Guidice S (1987) Human cerebral hemispheres develop at different rates and ages. Science 236: 1110–1113

Tranel D (1994) »Acquired sociopathy«: The development of sociopathic behavior following focal brain damage. Progr Exp Pers Psychopathol Res 17: 285–311

Tucker DM, Luu P, Pribram KH (1995) Social and emotional self-regulation. Ann NY Acad Sci 769: 213–239

Valenstein ES (1990) The prefrontal area and psychosurgery. In: Uylings HBM, van Enden CG, de Bruin JPC, Corner MA, Feenstra MGP (eds) The prefrontal cortex. Its structure, function and pathology (Progress in Brain Research, vol 85). Elsevier, Amsterdam, pp 539–554

Van Reekum R (1993) Acquired and developmental brain dysfunction in borderline personality disorder. Can J Psychiatry 38: 4–10

Van Reekum R, Conway CA, Gansler D, White R, Bachman DL (1993) Neurobehavioral study of Borderline personality disorder. J Psychiatr Neurosci 18: 121–129

Van Reekum R, Links PS, Finlayson MA, Boyle M, Boiago I, Ostrander LA, Moustacalis E (1996) Repeat neurobehavioral study of borderline personality disorder. J Psychiatry Neurosci 21: 13–20

Voglmaier MM, Seidman LJ, Salisbury D, McCarley RW (1997) Neuropsychological dysfunction in schizotypal personality disorder: a profile analysis. Biol Psychiatry 41: 530–540

Volkow ND, Tancredi LR, Grant C, Gillespie H, Valentine A, Mullani N, Wang GJ, Hollister L (1995) Brain glucose metabolism in violent psychiatric patients: a preliminary study. Psychiatry Res 61: 243–253

Wechsler D (1944) Measurement of adult intelligence. Williams & Wilkins, Baltimore

White JL, Moffitt TE, Caspi A, Bartusch DJ, Needles DJ, Stouthamer-Loeber M (1994) Measuring impulsivity and examining its relationship to delinquency. J Abnorm Psychol 103: 192–205

Yee PL, Vaughan J (1996) Integrating cognitive, personality, and social approaches to cognitive interference and distractibility. In: Sarason IG, Pierce GR, Sarason BR (eds) Cognitive interference: Theories, methods, and findings. Erlbaum, NJ, pp 77–97

Yeudall LT, Fedora O, Fedora S, Wardell D (1981) Neurosocial perspective on the assessment and etiology of persistent criminality. Australian J Forensic Sci 13: 131–159

Zimmermann P, Fimm B (1996) Testbatterie zur Aufmerksamkeitsprüfung. Version 2.0c. Psytest, Würselen

Alkoholabhängigkeit

A. Heinz, M. N. Smolka, K. Mann

15.1 Frontale Hirnatrophie bei alkoholabhängigen Männern und Frauen – 348
Hinweise auf neuronale Regeneration in der Abstinenz – 348

15.2 Psychopathologische Korrelate der frontalen Hirnatrophie – 350
Frontale Atrophie, dopaminerge Dysfunktion
und Negativsymptomatik – 351
Störungen des orbitofrontalen Kortex und verminderte
Verhaltenskontrolle – 353
Serotonerge Dysfunktion, orbitofrontale Störung und zwanghafter
Alkoholkonsum – 353

15.3 Zusammenfassung – 354

15.4 Ausblick – 355

Literatur – 357

15.1 Frontale Hirnatrophie bei alkoholabhängigen Männern und Frauen

Etwa 50–70% aller Alkoholabhängigen weisen zerebrale Störungen wie Erweiterungen der Ventrikel und Sulkusverbreitung auf (Carlen et al. 1978; Schroth et al. 1988; Mann et al. 1995). Neuropathologen beschreiben diesen Befund als Hirnatrophie (Harper u. Kril 1988). Dabei wurden verschiedene Methoden der Atrophiemessung erprobt, die von der ursprünglichen Verwendung qualitativer Schätzskalen (Schroth u. Mann 1989) zur computergestützten, pixelweisen Berechnung des Gesamtvolumens der Liquorräume (Mann et al. 1995) reichen. Vordringliche Ursache dieser Hirnatrophie ist die direkte neurotoxische Wirkung der chronischen Alkoholzufuhr. Bei bestimmten Erkrankungen wie der Wernicke-Enzephalopathie spielt auch eine Fehlernährung mit Vitaminmangel eine Rolle (Estruch et al. 1998). Bezüglich einer möglichen genetischen Vulnerabilität zeigte sich kein Unterschied im Ausmaß der Hirnatrophie bei Patienten mit und ohne familiäre Belastung (Mann 1992).

Die alkoholassoziierte Hirnatrophie betrifft unterschiedliche Hirnareale. Besonders ausgeprägt ist sie im Bereich der grauen und weißen Substanz des Frontalhirns (Kril et al. 1997). Etwa 30% aller alkoholabhängigen Patienten zeigen eine solche frontale Hirnatrophie (Estruch et al. 1998). Volumendefizite wurden auch im anterioren Hippocampus und Zerebellum alkoholabhängiger Patienten gefunden, die nicht an einem Korsakow-Syndrom erkrankt waren und keine spezifischen Gedächtnisstörungen zeigten (Sullivan et al. 1995; Shear et al. 1996). In einer kontrollierten Studie über 5 Jahre beobachteten Pfefferbaum et al. (1998) einen vermehrten Verlust der grauen Substanz im vorderen oberen Temporallappen bei Alkoholabhängigen mit fortgesetztem Alkoholkonsum im Vergleich zu abstinenten Patienten und gleichaltrigen Kontrollpersonen. Verschiedene Befunde weisen auf eine spezielle Vulnerabilität alkoholabhängiger Frauen (Mann et al. 1992) und älterer Patienten (Pfefferbaum et al. 1993) hin. Bei geringerer Trinkmenge zeigten Frauen eine ebenso ausgeprägte Hirnatrophie wie Männer mit deutlich höherem chronischen Alkoholkonsum (Mann et al. 1992; Hommer et al. 2001). Bei vergleichbarer Trinkmenge zeigten alkoholabhängige Frauen im Vergleich zu alkoholabhängigen Männern und gesunden Kontrollpersonen eine ausgeprägte Atrophie des linken Hippocampus (Agartz et al. 1999) und des Balkens (Hommer et al. 1996).

In mehreren Studien zeigte sich eine teilweise Rückbildung der Hirnatrophie im Verlauf der Alkoholabstinenz (Muuronen et al. 1989; Shear et al. 1994). Dabei kommt es zu einem signifikanten Rückgang des Liquorvolumens in den ersten 3 Monaten der Abstinenz sowie zu einer Ausdehnung der weißen und der grauen Substanz (Shear et al. 1994; Pfefferbaum et al. 1995). Bisher ist weder die genaue Pathogenese der Hirnatrophie bekannt noch ist geklärt, ob es bei der Rückbildung der Atrophie in der Abstinenz nur zu einer Rehydratation oder zu regenerativen Veränderungen der Nervenzellen kommt (Mann u. Widmann 1995; Kril u. Halliday 1999).

Hinweise auf neuronale Regeneration in der Abstinenz

Die Frage der Rückbildung atrophischer Veränderungen kann mittels Magnetresonanztomografie (MRT) bezüglich der Volumenzunahme (Besson et al. 1981; Chick et al. 1989) und mittels Magnetresonanzspektroskopie (MRS) im Hinblick auf die Neuroregeneration (Fein et al. 1994) untersucht werden. In früheren Studien wurde versucht, den Hydratationsgrad über die Messung der Relaxationszeiten T1 und T2 zu bestimmen (MacDonald et al. 1986; Fu et al. 1990). Diese Untersuchungen führten allerdings bei Alkoholabhängigen zu widersprüchlichen Ergebnissen. So beobachteten Besson et al. (1981, 1989) sowie Smith et al. (1985, 1988) eine Zunahme der T1-Zeiten zu Beginn der Abstinenz, die auf Rehydratationsvorgänge zurückzuführen sein könnte. Zwei weitere Studien fanden jedoch keine Unterschiede in den T1- und T2-Zeiten bei kurzfristig abstinenten Alkoholabhängigen (Agartz et al. 1991; Mann et al. 1993a). Innerhalb eines 6-wöchigen Behandlungsverlaufs kam es zu einer Zunahme des Hirnvolumens mit Abnahme der inneren und äußeren Liquorräume, ohne dass eine auf vermehrte Hydratation hinweisende signifikante Verlängerung der T1-Relaxationszeiten auftrat (Mann et al. 1993a). Auch in einer kontrollierten, computertomografischen Verlaufsstudie fand sich keine Abnahme der Dichte des Hirngewebes und damit kein Hinweis auf Rehydratation bei alkoholabhängigen Patienten (Mann et al. 1993b). Trabert et al. (1995) beobachteten eine Abnahme der Liquorräume und eine Zunahme des Hirnvolumens und der Dichte des Hirngewebes in den ersten 3 Wochen der Abstinenz. Eine Autopsiestudie (Harper u. Kril 1988) fand ebenfalls keine Hinweise darauf, dass die Hirnatrophie alkoholabhängiger Patienten durch Änderungen des Wassergehalts verursacht wird. Diese Arbeiten sprechen gegen reine Rehydratationsvorgänge, ohne dass die Alternativhypothese einer Beteiligung neuroregenerativer Prozesse bei der Abnahme der Hirnatrophie bisher hinreichend belegt wurde.

Für die pathogenetische Bedeutung alkoholassoziierter neurodegenerativer Vorgänge bei der Entstehung der Hirnatrophie sprechen Untersuchungen mittels MRS. Die ¹H-MRS ist eine nichtinvasive Methode zum Studium von Veränderungen in der Metabolitenzusammensetzung im Hirngewebe. Ausgangspunkt der Spektrenauswertung ist die Peakflächenbestimmung von Metaboliten wie dem N-Azetylaspartat (NAA) als unspezifischem Indikator neurogener Strukturen (Ross u. Michaelis 1994; Vion-Dury et al. 1994), dem Kreatin und Phosphokreatin (Cr) sowie cholinhaltiger Substanzen (Ch). Zu intra- und interindividuellen Vergleichen wird ein Quotient aus dem jeweils zu bestimmenden Metaboliten (z. B. NAA) und der Peakfläche des Kreatins gebildet (NAA/Cr). Kreatin wird dabei als interner Standard gewählt, da die Kreatinresonanz bei unterschiedlichen Erkrankungen relativ konstant ist (Miller 1991; Stoll et al. 1995). Die absolute Stabilität des Kreatinsignals ist jedoch nicht erwiesen und es kann aus Metabolitenverhältnissen nie eindeutig bestimmt werden, welcher Metabolit sich in welche Richtung verändert hat. Daher ist es erstrebenswert, zusätzlich zu Metabolitenverhältnissen, die absolute Konzentration der Metaboliten zu bestimmen, insbesondere, wenn interindividuelle Vergleiche angestrebt werden.

Mit MRS-Verfahren wurde ein verminderter NAA/Cr-Quotient im frontalen Kortex (Fein et al. 1994) alkoholabhängiger Patienten gegenüber gleichaltrigen Kontrollpersonen beobachtet. MRS-Untersuchungen im Bereich des Kleinhirns zeigten einen verminderten NAA/Cr-Quotienten als Hinweis auf den Verlust neuronalen Gewebes (Jagannathan et al. 1996; Seitz et al. 1999). Weiter fand man einen verminderten Ch/Cr-Quotienten, der auf Änderungen der Zellmembran oder des Myelingehalts beruhen könnte (Seitz et al. 1999). Diese Arbeiten verweisen auf die Möglichkeit, die Regeneration neuronalen Gewebes mittels MRS in Verlaufsuntersuchungen zu erfassen (Mann u. Widmann 1995). Tatsächlich beobachteten Martin et al. (1995) in einer Verlaufsstudie einen signifikanten Anstieg des Quotienten aus cholinhaltigen Substanzen und NAA, den sie auf einen Anstieg der cholinhaltigen Membranbestandteile in der Abstinenz zurückführten. Wahrscheinlich ist die rasche Erholung kognitiver Defizite in der Abstinenz (Mann et al. 1999) mit der neuronalen Regeneration und der Rückbildung der kortikalen Atrophie verbunden.

15.2 Psychopathologische Korrelate der frontalen Hirnatrophie

Die Frage der Hirnatrophie und ihrer partiellen Rückbildung in der Abstinenz erscheint besonders wichtig angesichts der Bedeutung eines impulsiven, auf kurzfristige Belohnung abzielenden Verhaltens für die Entstehung und Aufrechterhaltung der Abhängigkeitserkrankungen (Patterson u. Newman 1994; Higley u. Linnoila 1997). Denn eine frontale Hirnatrophie könnte die handlungsplanenden zentralen Kontrollfunktionen und das Arbeitsgedächtnis beeinträchtigen (D'Esposito et al. 1995). Als Folge kann eine mangelnde längerfristige Handlungsplanung und fehlende Inhibition kurzfristig belohnender Handlungen wie eines erneuten Alkoholkonsums auftreten (Watanabe 1996; Bardenhagen u. Bowden 1998; London et al. 2000). Reversible Störungen im Arbeitsgedächtnis alkoholabhängiger Patienten wurden bereits 1979 mittels des »Wisconsin-Card-Sorting-Test« (WCST) von Jenkins und Parsons beschrieben und korrelierten in einer PET-Studie mit einem verminderten frontalen Glukoseumsatz (Adams et al. 1993). In einer volumetrischen Studie war die frontale Atrophie mit Störungen des Arbeitsgedächtnisses verbunden (Nicolas et al. 1997).

Zur Störung des Arbeitsgedächtnisses und der zentralen Handlungsplanung kann eine zentrale dopaminerge Funktionsstörung beitragen, die bei Alkoholabhängigen wiederholt beobachtet wurde (Heinz et al. 1995; Laine et al. 1999). Die dopaminerge Innervation des dorsolateralen präfrontalen Kortex (Weinberger 1987) trägt entscheidend zur Funktionsfähigkeit des Arbeitsgedächtnisses (»working memory«) bei. Diesem Arbeitsgedächtnis kommt eine zentrale Rolle beim Erlernen zeitverzögerter operanter Verhaltensweisen zu (Williams u. Goldman-Rakic 1995). Die Rolle des Arbeitsgedächtnisses wurde vorwiegend im Rahmen von Konditionierungsversuchen untersucht, bei denen das Versuchssubjekt auf die Präsentation eines konditionierten Stimulus nach einer gewissen Zeitverzögerung mit einer entsprechenden motorischen Antwort reagieren muss (Desimone 1995). Beispielsweise musste ein Affe auf die Darbietung eines visuellen Reizes auf einem Monitor nach mehreren Sekunden mit der Berührung der Stelle auf dem Monitor reagieren, an der der visuelle Reiz zuvor erschienen war (Williams u. Goldman-Rakic 1995). Williams und Goldman-Rakic (1995) beobachteten, dass bestimmte präfrontale Neurone während der Zeitverzögerung kontinuierlich feuern und so die Information bezüglich der Lage des konditionierten Stimulus im Arbeitsgedächtnis aufrechterhalten. Die Lokalisation der aktivierten präfrontalen Neurone ist direkt von der Art des präsentierten Stimulus abhängig, sodass Williams und Goldman-Rakic (1995) von einem Gedächtnisfeld im präfrontalen Kortex sprechen, das einen bestimmten Reiz repräsentiert. Die Aktivität dieser präfrontalen Neurone wird dabei durch die Stimulierung von Dopamin-D_1- und -D_2-Rezeptoren reguliert (Abb. 15.1). Bei Blockade des D_2-Rezeptors zeigte sich eine Verschlechterung der Leistungen des Arbeitsgedächtnisses (Williams u. Goldman-Rakic 1995), während sie bei gesunden Versuchspersonen durch Gabe von Dopamin-D_2-Rezeptoragonisten verbessert werden konnte (Luciana et al. 1992). Demgegenüber führt die Stimulation der D_1-Rezeptoren offenbar nur in einem bestimmten Bereich zur Verbesserung der Leistung des Arbeitsgedächtnisses, während eine exzessive Aktivierung ebenso wie eine Blockade dieser Rezeptoren das Gedächtnisfeld und die Leistung der Versuchstiere vermindern (Williams u. Goldman-Rakic 1995).

Der optimalen Stimulation der D_1-Rezeptoren scheint demnach eine entscheidende Rolle bei der Regulation des Arbeitsgedächtnisses zuzukommen, während sowohl Überstimulation unter Stress oder verminderte dopaminerge Transmission im Alter die Leistung des Arbeitsgedächtnisses beeinträchtigen können (Desimone 1995). Demgegenüber führt die Blockade der Dopamin-D_2-Rezeptoren regelhaft zu einer Ver-

15.2 · Psychopathologische Korrelate der frontalen Hirnatrophie

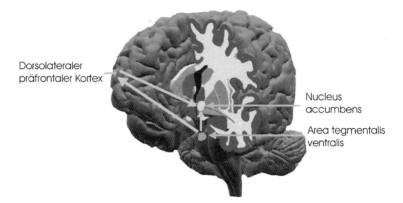

Abb. 15.1. Die aufsteigenden dopaminergen Bahnen aus dem ventralen Tegmentum aktivieren den dorsolateralen präfrontalen Kortex and modulieren über Dopamin-D_1- und -D_2-Rezeptoren die Funktion des Arbeitsgedächtnisses (Williams u. Goldman-Rakic 1995)

schlechterung der Leistung des Arbeitsgedächtnisses (Williams u. Goldman-Rakic 1995). Bei alkoholabhängigen Patienten konnte eine verminderte Stimulierbarkeit zentraler D_2-Rezeptoren in der frühen Abstinenz nachgewiesen werden (Heinz et al. 1996; Volkow et al. 1996), die sich im weiteren Verlauf der Abstinenz langsam zurückbildete (Heinz et al. 1995; Laine et al. 1999). Diese dopaminerge Dysfunktion, die sich im Bereich des Striatums und Hypothalamus nachweisen ließ (Heinz et al. 1995; Volkow et al. 1996; Volkow et al. 2002; Heinz et al. im Druck), betrifft wahrscheinlich auch die Innervation des präfrontalen Kortex und könnte so zur verminderten Leistung des Arbeitsgedächtnisses alkoholabhängiger Patienten beitragen (Adams et al. 1993; Giancola u. Moss 1998). Damit können sowohl die alkoholassoziierte Atrophie des frontalen Kortex als auch die dopaminerge Funktionsstörung die Leistungen des Arbeitsgedächtnisses beeinträchtigen.

Frontale Atrophie, dopaminerge Dysfunktion und Negativsymptomatik

In einer Studie war die frontale Hirnatrophie alkoholabhängiger Patienten mit Motivationsstörungen und anderen so genannten negativen Symptomen verbunden (Rosse et al. 1997). Auch zu diesen Symptomen könnte eine verminderte dopaminerge Innervation des präfrontalen Kortex beitragen. Motivationsstörungen und andere Negativsymptome werden meist einer dopaminergen Dysfunktion im Bereich des ventralen Striatums zugeschrieben: der Kerngruppe des so genannten Verstärkungs- oder Belohnungssystems. Primäre Verstärker wie Nahrungsaufnahme, Sexualität oder wichtige soziale Interaktionen, aber auch Drogen mit Abhängigkeitspotenzial, aktivieren die Dopaminfreisetzung im Belohnungssystem (Heinz 2000). Diese Dopaminfreisetzung ist offenbar subjektiv belohnend, löst das Verlangen nach erneuter Aktivierung aus und verstärkt so jene Verhaltensweisen, die zur Dopaminfreisetzung geführt haben (Robbins u. Everitt 1996). Umgekehrt führt die Blockade striärer D_2-Rezeptoren zu Motivationsstörungen und anderen negativen Symptomen (Heinz et al. 1998a). Die Verbindung zwischen der dopaminergen Innervation des präfrontalen Kortex und dem subkortikalen dopaminergen Verstärkungssystem ergibt sich auf zweierlei Weise: Zum einen enkodieren präfrontale Neurone nicht nur Informationen über die Lokalisation von Stimuli, auf die zeitverzögert mit einer entsprechenden operanten Handlung geantwortet werden muss, sondern auch die Art der zu erwartenden Belohnung (Watanabe 1996). Dass die neuronalen Substrate des Arbeitsgedächtnisses die Art der anstehenden Belohnung enkodieren, weist auf die Beteiligung des frontalen Kortex beim Erlernen verstärkter Verhaltensweisen hin. Dementsprechend beobachteten Schultz et al. (1993) während des Erlernens einer verzögerten

Reaktion eine Aktivierung von dopaminergen Neuronen mit Ursprung im ventralen Tegmentum, die sowohl in das Striatum als auch in den frontalen Kortex projizieren. Die Innervation des ventralen Striatums mag dabei eher die verhaltensaktivierenden bzw. motivationalen Aspekte des konditionierten Stimulus repräsentieren, während die Innervation des frontalen Kortex spezifische Informationen über die Art der zu erwartenden Belohnung sowie über die temporospatialen Eigenschaften des konditionierten Stimulus enthält, die für die richtige Ausführung der zeitverzögerten motorischen Reaktion unabdingbar sind (Williams u. Goldman-Rakic 1995; Watanabe 1996). Diese Beobachtungen unterstreichen die Bedeutung des Arbeitsgedächtnisses im präfrontalen Kortex (PFC), das als »zentrales Exekutivsystem« Aufmerksamkeit und Informationsfluss zwischen verschiedenen Kurzzeitspeichern reguliert (D'Esposito et al. 1995) und so zielgerichtetes Verhalten ermöglicht (Watanabe 1996).

Zum anderen beeinflusst die präfrontale Dopaminfreisetzung die subkortikale dopaminerge Transmission. So führt eine dopaminerge Stimulation des präfrontalen Kortex zur Hemmung der subkortikalen Dopaminfreisetzung im Striatum (Kolachana et al. 1995). Dieser Effekt wird wahrscheinlich über eine dopaminerge Stimulation GABAerger Interneurone im präfrontalen Kortex vermittelt (Lewis u. Anderson 1995), die die glutamaterge Stimulation der subkortikalen Dopaminfreisetzung inhibieren (Imperato et al. 1990; Taber et al. 1995). An der dopaminergen Neurotransmission im präfrontalen Kortex sind neben Dopamin-D_1- und D_2-Rezeptoren auch Dopamin-D_4-Rezeptoren beteiligt (Sibley u. Monsma 1992). Dopamin-D_4-Rezeptoren gehören zur so genannten D_2-Rezeptorfamilie und haben wie D_2-Rezeptoren eine inhibitorische Wirkung auf die Adenylatzyklase (Sibley u. Monsma 1992). Im Unterschied zum D_3-Rezeptor, der sich v.a. im limbischen System nachweisen lässt (Kilts 1991), finden sich Dopamin-D_4-Rezeptoren

- im frontalen Kortex,
- in der Amygdala,
- im Mittelhirn und
- in der Medulla oblongata (Sibley u. Monsma 1992).

Da die Dichte der frontalen D_2-Rezeptoren relativ niedrig ist, könnte die präfrontale Kontrolle der subkortikalen Dopaminfreisetzung weitgehend über die dopaminerge Stimulation frontaler D_1-oder D_4-Rezeptoren vermittelt sein (Williams u. Goldman-Rakic 1995). Möglicherweise trägt die frontale Hirnatrophie dazu bei, dass die frontale Kontrolle über die subkortikale Dopaminfreisetzung vermindert ist und es zu einer Sensitivierung der striären Dopaminfreisetzung kommt. Eine solche Sensitivierung kann zur erhöhten Dopaminfreisetzung beim Alkoholrückfall führen und so das Verlangen nach erneutem Alkoholkonsum verstärken (Hunt u. Lands 1992; Robinson u. Berridge 1993). Da auch konditionierte Reize die Dopaminfreisetzung aktivieren (Schultz et al. 1993), könnte eine solche Sensitivierung die Wirkung alkoholassoziierter Reize verstärken. Dann könnte ein alkoholassoziierter Reiz wie der Anblick des Lieblingsgetränks oder eine typische Stresssituation, in der früher regelhaft getrunken wurde, als Schlüsselreiz fungieren und eine Dopaminfreisetzung auslösen, die zum weiteren Alkoholkonsum motiviert (Grüsser et al. 2000). Untersuchungen mit funktioneller Kernspintomografie (fMRI) konnten inzwischen nachweisen, dass die Präsentation von solchen Schlüsselreizen bei Alkoholabhängigen tatsächlich zu Aktivierungen im ventralen Striatum und Frontalhirn führen (Braus et al. 2001; George et al. 2001). Interessanterweise war eine starke reizinduzierte Aktivierung des ventralen Striatums mit einem hohen Rückfallrisiko assoziiert (Grüsser et al. im Druck). Hieraus kann gefolgert werden, dass das Ausmaß der funktionellen Veränderungen im mesolimbisch-mesokortikalen Belohnungssystems ein Prädiktor für den weiteren Verlauf darstellt. Ergänzend konnte inzwischen eine Assoziation von niedriger D_2-Rezeptor-Verfügbarkeit im ventralen Striatum mit dem reizinduzierten Alkoholverlangen sowie der reizinduzierten Aktivierung frontokortikaler und limbischer Regelkreise nachgewiesen werden (Heinz et al. im Druck). Untersuchungen zur Interaktion der frontalen Atrophie mit der Dopaminfreisetzung im Verstärkungssystem stehen derzeit noch aus.

Störungen des orbitofrontalen Kortex und verminderte Verhaltenskontrolle

Während Störungen des dorsolateralen präfrontalen Kortex mit Beeinträchtigungen der Handlungsplanung in Verbindung gebracht werden (D'Esposito et al. 1995), sollen Funktionsminderungen des orbitofrontalen Kortex mit einer fehlerhaften emotionalen Handlungsbewertung und mit stereotypen Verhaltensweisen verbunden sein (Alexander et al. 1986; Cummings 1993). Orbitofrontale Läsionen führen zu einer verminderten emotionalen Reaktion auf belohnende oder bestrafende Konsequenzen einer Handlung. Dies resultiert in einer unflexiblen Wiederholung einmal gewählter Verhaltensstrategien, die in Testsituationen durch Belohnung oder Bestrafung kaum beeinflusst werden können (Thorpe et al. 1983; Elliot et al. 1997). Dementsprechend ist der orbitofrontale Kortex beim so genannten Reversal-Lernen, bei dem zuvor belohnte Handlungen plötzlich bestraft werden, entscheidend involviert (Rolls 2000). Chronischer Alkoholkonsum führt zum verminderten Glukoseumsatz im orbitofrontalen Kortex (Volkow et al. 1992; Volkow et al. 1997). Eine derartige alkoholassoziierte Minderfunktion des orbitofrontalen Kortex könnte also die Verhaltensbewertung alkoholabhängiger Patienten soweit beeinträchtigen, dass die negativen Konsequenzen des fortgesetzten Alkoholkonsums wenig Beachtung finden und kaum verhaltensrelevant wirksam werden.

Serotonerge Dysfunktion, orbitofrontale Störung und zwanghafter Alkoholkonsum

Nach der Entgiftung zeigten alkoholabhängige Patienten eine Zunahme des Glukoseumsatzes im Bereich des frontalen Kortex (Volkow et al. 1994). Dies könnte als Zeichen einer Regeneration der neuronalen Funktion gewertet werden. Allerdings war ein verminderter Serotoninumsatz, wie er sich häufig bei alkoholabhängigen Patienten mit frühem Beginn der Erkrankung findet (Fils-Aime et al. 1996), mit einer Aktivierung im Bereich des orbitofrontalen Kortex, des Thalamus und des Caudatuskopfes verbunden (Heinz et al. 2000). Eine Aktivierung des orbitofrontalen Kortex, Nucleus caudatus und Thalamus findet sich auch bei Patienten mit einer Zwangsstörung (Baxter et al. 1992; Mc Guire et al. 1994; Perani et al. 1995). Dabei wurde postuliert, dass es zu einer pathologischen Übererregung in diesem Regelkreis kommt, weil ein Filtermechanismus zwischen Caudatuskopf und orbitofrontalem Kortex versagt (Baxter et al. 1992). Die Erregung des orbitofrontalen Kortex soll dabei mit Gefühlen der Angst und Unsicherheit verbunden sein und zur Aktivierung des Nucleus caudatus führen, der stereotyp inadäquate Verhaltensmuster freisetzt und über den Thalamus wiederum den orbitofrontalen Kortex stimuliert, sodass es zu kreisenden Aktivierungsmustern mit repetitiver Freisetzung situationsinadäquater Verhaltensschablonen kommt (Heinz 1999a; ◘ Abb. 15.2).

Die Bedeutung der serotonergen Funktionsstörung liegt nun zum einen in der Enthemmung dieses Regelkreises, zum anderen in der möglichen Interaktion mit der striären dopaminergen Neurotransmission, die zur Freisetzung stereotyper Verhaltensweisen beiträgt (Heinz et al. 1998b). Bei abstinenten alkoholabhängigen Patienten war eine serotonerge Funktionsstörung nachweisbar (Fils-Aime et al. 1996; Heinz et al. 1998c), die mit der Aktivierung desselben Regelkreises verbunden zu sein scheint, der auch bei

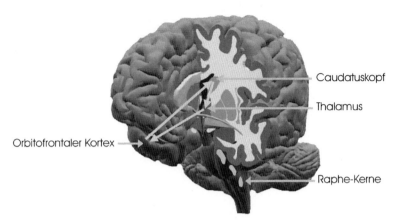

Abb. 15.2. Zerebraler Regelkreis, der bei alkoholabhängigen Patienten mit serotonerger Dysfunktion enthemmt (Heinz et al. 2000) und der auch bei Patienten mit Zwangsstörungen aktiviert wird (Baxter et al. 1992). Die Aktivierung umfasst den orbitofrontalen Kortex, den Thalamus und den Caudatuskopf

Zwangspatienten enthemmt ist (Heinz et al. 2000). Allerdings ist diese Aktivierung bei alkoholabhängigen Patienten deutlich schwächer ausgeprägt als bei Zwangspatienten. Möglicherweise ist die orbitofrontostriatothalamische Aktivierung bei serotonerger Dysfunktion auf ein vermindertes Ansprechen gegenüber GABAerger Inhibition zurückzuführen (Volkow et al. 1993, 1997; Doudet et al. 1995). Das psychopathologische Korrelat dieser Aktivierung könnte im zwanghaften Verlangen nach Alkohol gegeben sein, wie es z. B. in der »Obsessive-Compulsive-Drinking-Scale« erfasst wird, die aus der »Yale-Brown-Obsessive-Compulsive-Scale« entwickelt wurde (Anton et al. 1995) und schon von ihrer Herkunft her die Verwandtschaft von Zwangshandlungen und einem »zwanghaften« Verlangen nach Alkoholkonsum nahelegt (Verheul et al. 1999). Empirische Untersuchungen dieser Hypothese stehen allerdings noch aus. Immerhin korreliert auch bei alkoholpräferierenden Primaten ein erhöhter orbitofrontaler Glukoseumsatz mit einem verminderten Serotoninumsatz, gemessen als erniedrigte Konzentration des Serotoninmetaboliten 5-Hydroxyindolessigsäure (5-HIAA) im Liquor (Doudet et al. 1995). Diese Beobachtung ist deshalb besonders interessant, weil es sich bei diesen Primaten um Tiere handelte, die unter der Stressbedingung sozialer Isolation aufwuchsen, eine erhöhte Reizbarkeit und Aggressivität zeigten und möglicherweise deshalb mehr Alkohol konsumierten, weil seine sedierende Wirkung ihre negativen Emotionen verminderte (Heinz 1999b). Es ist also möglich, dass die Regeneration der orbitofrontalen Funktion in der frühen Abstinenz (Volkow et al. 1994) bei einigen alkoholabhängigen Patienten nicht unproblematisch verläuft; zumindest bei den Patienten, die unter einer serotonergen Dysfunktion leiden, könnte es zur Enthemmung eines Regelkreises kommen, der Bereiche des Caudatuskopfes und des Thalamus beinhaltet und mit zwanghaften Aspekten des Alkoholverlangens und der Beschäftigung mit dem Alkohol verbunden ist.

15.3 Zusammenfassung

Hirnatrophische Veränderungen sind häufige Folge chronischen Alkoholkonsums. Störungen des frontalen Kortex und seiner Assoziationsbahnen können die zentralen Kontrollfunktionen und das Arbeitsgedächtnis beeinträchtigen und so zur verminderten Handlungskontrolle und Impulsivität beitragen. Störungen des Arbeitsgedächtnisses und der zentralen Handlungsplanung werden dabei mit einer Beeinträchtigung des dorsolateralen präfrontalen Kortex in Verbindung gebracht, während Störungen der Handlungsbewertung und Impulskontrolle sowie zwanghaftes Denken an Alkohol und stereotyper Alkoholkonsum mit einer Funktionsstörung des orbitofrontalen Kortex verbunden sind. Eine dopaminerge Dysfunktion könnte dabei v.a. die Handlungsplanung beeinträchtigen, während eine alkoholassoziierte serotonerge Funktionsstörung mit der Handlungsbewertung durch den orbitofrontalen Kortex interferiert. Die frontale Hirnatrophie bildet sich im Verlauf der Abstinenz partiell zurück. Es ist bisher nicht bekannt, ob sich auch die genannten psychopathologischen Auffälligkeiten mit der Rückbildung der frontalen Atrophie erholen.

15.4 Ausblick

Frontale Funktionsstörungen alkoholabhängiger Patienten betreffen dieselben frontostriatothalamischen Regelkreise (Alexander et al. 1986), die auch bei anderen neuropsychiatrischen Krankheitsbildern affiziert werden können. Störungen des dorsolateralen präfrontalen Kortex sind dabei mit einer Beeinträchtigung des Arbeitsgedächtnisses und der zentralen Handlungsplanung verbunden (Adams et al. 1993; Nicolas et al. 1997), während sich orbitofrontale Funktionsminderungen am ehesten auf die emotionale Handlungsbewertung auswirken und insbesondere die Fähigkeit beeinträchtigen können, einmal gelernte Reaktionsweisen durch neue Verhaltensstrategien zu ersetzen (Elliot et al. 1997; Rolls 2000; ▶ s. nachfolgende Übersicht).

Frontale Funktionsstörungen bei Alkoholabhängigen

1. Neurotoxische Wirkungen des chronischen Alkoholkonsums: Frontale Hirnatrophie
   - Dysfunktion des dorsolateralen präfrontalen Kortex:
     - Beeinträchtigung des Arbeitsgedächtnisses und der exekutiven Handlungskontrolle (Adams et al. 1993; Nicolas et al. 1997).
     ▼
     - Verminderte frontale Kontrolle (Kolachana et al. 1997) über die subkortikale Dopaminfreisetzung?
   - Dysfunktion des orbitofrontalen Kortex:
     - Beeinträchtigung der emotionalen Verhaltensbewertung und der Flexibilität zielgerichteter Handlungsstrategien (Elliot et al. 1997; Rolls 2000)
2. Alkoholinduzierte Dysfunktion monoaminerger Neurotransmittersysteme: Inadäquate Modulation der frontalen Hirnfunktionen
   - Dysfunktion der dopaminergen Modulation des dorsolateralen präfrontalen Kortex:
     - Verminderte Aktivierung des präfrontalen Gedächtnisfeldes und damit des Arbeitsgedächtnisses (Williams u. Goldman-Rakic 1995).
   - Dysfunktion der serotonergen Modulation eines orbitofrontostriatothalamischen Regelkreises (Volkow et al. 1993; 1997; Doudet et al. 1995; Heinz et al. 2000):
     - Zwanghafte Beschäftigung mit der Suchtsubstanz (Verheul et al. 1999).

Die Bedeutung dieser Beeinträchtigungen für die Aufrechterhaltung der Alkoholabhängigkeit ist evident. Da ein wesentlicher Teil des Suchtmittelkonsums automatisiert abläuft (Tiffany 1990) und durch subkortikale Prozesse z. B. im dopaminergen Verstärkungssystem motiviert wird (Robinson u. Berridge 1993), kommt der bewussten Handlungsplanung und Bewertung eine besondere Rolle für die Aufrechterhaltung der Abstinenz zu. Ist diese Handlungsplanung und Bewertung jedoch beeinträchtigt oder kommt es gar zur zwanghaften Beschäftigung mit dem Suchtstoff, dann kann sich das Alkoholverlangen, ausgelöst durch alkoholassoziierte Situationen oder Reize, um so stärker auswirken, zum Alkoholkonsum motivieren und den bewussten Abstinenzvorsatz überwinden. Einem sensitivierten dopaminergen Belohnungssystem, das verstärkt auf alkoholassoziierte Reize reagiert (Robinson u. Berridge 1993; Heinz 2000), steht dann eine verminderte Kapazität zur bewussten Verhaltenskontrolle gegenüber. Möglicherweise ist die Rückfallrate zu Beginn der Abstinenz nicht nur deshalb so hoch, weil sich eine dopaminerge Funktionsstörung nur verzögert zurückbildet (Heinz et al. 1995), sondern auch aufgrund der zu diesem Zeitpunkt noch ausgeprägten frontalen Funktionsminderung, die sich im Lauf der ersten Wochen der Abstinenz deutlich zurückbildet (Mann et al. 1995). Allerdings fehlen derzeit noch aussagekräftige Studien zur Korrelation der frontalen Hirnatrophie mit einer spezifischen Beeinträchtigung der Handlungsplanung und dem Rückfallrisiko.

Eine medikamentöse Beeinflussung der frontalen neuronalen Regeneration ist derzeit nicht möglich. Auch die Gabe von Substanzen, die direkt mit dem dopaminergen Belohnungssystem interagieren, erscheint wenig erfolgversprechend (Schmidt et al. 2002). Denn eine weitere Stimulation dieses durch Alkohol bereits sensitivierten Systems würde Prozesse wie das reizinduzierte Alkoholverlangen eher verstärken, während eine Blockade dieses Systems auch die Fähigkeit beeinträchtigen würde, auf neue Situationen zu reagieren (Schultz et al. 1997) und z. B. an anderen Vergnügungen als dem Alkoholkonsum selbst Freude zu finden. So führt das Antipsychotikum Flupenthixol sogar zu einer Zunahme des Rückfallrisikos von Alkoholabhängigen (Wiesbeck et al. 2001). Demgegenüber reduzierte die Gabe von Naltrexon und Acamprosat das Rückfallrisiko in der frühen Abstinenz (O'Malley et al. 1992; Sass et al. 1996). Naltrexon bindet an μ-Opiatrezeptoren und blockiert damit die Stimulation des körpereigenen Opioidsystem durch Alkohol, die klinisch mit subjektiv angenehmen Gefühlen verbunden ist (Volpicelli et al. 1995). Beim Rückfall wird der Alkoholkonsum dann als weniger belohnend erlebt und kann ggf. eher unterbrochen werden. Acamprosat interagiert dagegen mit glutamatergen N-Methyl-D-Aspartat-(NMDA-)Rezeptoren, deren Funktion durch Alkohol beeinträchtigt wird und die kompensatorisch hochreguliert werden (Tsai et al. 1995). NMDA-Rezeptoren tragen mittels des Mechanismus der so genannten »Long Term Potentiation« (LTP) zur Gedächtnisfunktion bei (Bliss u. Collingridge 1993) und können im Bereich des ventralen Striatums eine Dopaminfreisetzung auslösen (Taber et al. 1995). Acamprosat wirkt möglicherweise auf das Rückfallgeschehen alkoholabhängiger Patienten ein, weil es mit dem konditionierten Alkoholverlangen und der Dopaminfreisetzung durch alkoholassoziierte Reize interferiert (Kalivas u. Stewart 1991). Beiden rückfallreduzierenden Medikamenten ist gemein, dass sie auf das subkortikale Belohnungssystem einwirken und automatisierte Prozesse des Alkoholverlangens und Konsums (Tiffany 1990) zu Beginn der Abstinenz und damit zu einem Zeitpunkt vermindern könnten, zu dem die bewusste Kontrolle über die Handlungsplanung nur unzureichend ausgebildet ist. Wird ein früher Rückfall vermieden, bildet sich die frontale Hirnatrophie ebenso wie die meisten kognitiven Funktionseinschränkungen zurück (Kril u. Halliday 1999; Mann et al. 1999). Die rückfallreduzierenden Medikamente haben also eine besondere Bedeutung in der frühen Abstinenz, in der monoaminerge Funktionsstörungen fortbestehen und sich die frontale Funktionsstörung erst langsam erholt.

Literatur

Adams KM, Gilman S, Koeppe RA et al. (1993) Neuropsychological deficits are correlated with frontal hypometabolism in positron emission tomography studies of older alcoholic patients. Alcohol Clin Exp Res 17: 205–218

Agartz I, Saaf J, Wahlund LO, Wetterberg L (1991) T1 and T2 relaxation time estimates and brain measures during withdrawal in alcoholic men. Drug Alcohol Depend 29: 157–169

Agartz I, Moneman R, Rawlings RR, Kerich MJ, Homer DW (1999) Hippocampal volume in patients with alcohol dependence. Arch Gen Psychiatry 56: 356–363

Alexander GE, De Long MR, Strick PL (1986) Parallel organization of functionally segregated circuits linking basal ganglia and cortex. Annu Rev Neurosci 9: 357–381

Anton RF, Moak DH, Latham P (1995) The obsessive compulsive drinking scale: a self-rated instrument for the quantification of thoughts about alcohol and drinking behavior. Alcohol Clin Exp Res 19: 92–99

Bardenhagen FJ, Bowden SC (1998) Cognitive components in perseverative and nonperseverative errors on the object alternation task. Brain Cogn 37: 224–236

Baxter LR, Phleps ME, Mazziotta JC, Guze BH, Schwartz JM, Selin CE (1987) Local cerebral glucose metabolic rates in obsessive-compulsive disorder. Arch Gen Psychiatry 44: 211–218

Baxter LR, Schwartz JM, Bergman KS et al. (1992) Caudate glucose metabolic rate changes with both drug and behavior therapy for obsessive-compulsive disorder. Arch Gen Psychiatry 49/9: 681–689

Besson JAO, Geln AIM, Foreman EI et al. (1981) Nuclear magnetic resonance observations in alcoholic cerebral disorder and the role of vasopression. Lancet 11: 923–924

Besson JAO, Crawford JR, Parker DM, Smith FW (1989) Magnetic resonance imaging in Alzheimer's disease, multi-infarct dementia, alcoholic dementia and Korsakow's psychosis. Acta Psychiatry Scand 80: 451–458

Bliss TVP, Collingridge GL (1993) A synaptic model of memory: long-term potentiation in the hippocampus. Nature 361: 31–39

Braus DF, Wrase J, Grusser S, Hermann D, Ruf M, Flor H, Mann K, Heinz A (2001) Alcohol-associated stimuli activate the ventral striatum in abstinent alcoholics. J Neural Transm 108:887–894

Carlen PL, Wortzman G, Holgate RC, Wilkinson DA, Rankin JG (1978) Reversible cerebral atrophy in recently abstinent chronic alcoholics measured by computed tomography scans. Science 200: 1076–1078

Chick JD, Smith MA, Engleman HM, Kean DM, Mander AJ, Douglas RHB, Best JJK (1989) Magnetic resonance imaging of the brain in alcoholics: cerebral atrophy, lifetime alcohol consumption and cognitive deficits. Alcohol Clin Exp Res 13: 512–518

Cummings JL (1993) Frontal-subcortical circuits and human behavior. Arch Neurol 50: 873–880

Desimone R (1995) Is dopamine a missing link? Nature 376: 549–550

D'Esposito M, Detre JA, Alsop DC, Shin RK, Atlas S, Grossman M (1995) The neural basis of the central executive system of working memory. Nature 378: 279–281

Doudet D, Hommer D, Higley JD, Andreason PJ, Moneman R, Suomi SS, Linnoila M (1995) Cerebral glucose metabolism, CSF 5-HIAA levels, and aggressive behavior in rhesus monkeys. Am J Psychiatry 152: 1782–1787

Elliot R, Frith CD, Dolan RJ (1997) Differential response to positive and negative feedback in planning and guessing tasks. Neuropsychologia 35: 1395–1404

Estruch R, Bono G, Laine P, Antunez E, Petrucci A, Morocutti C, Hillborn M (1998) Brain imaging in alcoholism. Eur J Neurol 5: 119–135

Fein G, Meyerhoff DJ, Di Scafalani V et al. (1994) ^{1}H magnetic resonance spectroscopic imaging separates neuronal from glial changes in alcohol-related brain atrophy. In: Hunt WA, Nixon SJ (eds) Alcohol and glial cells research monography, vol 27. National Institutes of Health, Bethesda, MD, pp 227–241

Fils-Aime ML, Eckhardt MJ, George DT, Brown GL, Mefford I, Linnoila M (1996) Early-onset alcoholics have lower cerebrospinal fluid 5-hydroxyindoleacetic acid levels than late-onset alcoholics. Arch Gen Psychiatry 53: 211–216

Fu Y, Tanaka K, Nishimura S (1990) Evaluation of brain edema using magnetic resonance proton relaxation times. In: Long D (ed) Advances in neurology. Brain edema, vol 52. Raven, New York, pp 165–176

Giancola PR, Moss HB (1998) Executive cognitive functioning in alcohol use disorders. Rec Dev Alcoholism 14: 227–251

George MS, Anton RF, Bloomer C, Teneback C, Drobes DJ, Lorberbaum JP, Nahas Z, Vincent DJ (2001) Activation of prefrontal cortex and anterior thalamus in alcoholic subjects on exposure to alcohol-specific cues. Arch Gen Psychiatry 58:345–352

Grüsser SM, Heinz A, Flor H (2000) Standardized cues to assess drug craving and drug memory in addicts. J Neural Transm 107: 715–720

Grüsser SM, Wrase J, Klein S, Hermann D, Smolka MN, Ruf M, Weber-Fahr W, Flor H, Mann K, Braus DF, Heinz A (im Druck) Cue-induced activation of the striatum and medial prefrontal cortex is associated with subsequent relapse in abstinent alcoholics. Psychopharmacology (Berl)

Harper CG, Kril JJ (1988) Brain atrophy in chronic alcoholic patients: A quantitative pathological study. J Neurol Neurosurg Psychiatry 48: 211–217

Harper CG, Kril JJ (1989) Patterns of neuronal loss in the cerebral cortex in chronic alcoholic patients. J Neurol Sci 92: 81–89

Heinz A (1999a) Neurobiological and anthropological aspects of compulsions and rituals. Pharmacopsychiatry 32: 223–299

Heinz A (1999b) Serotonerge Dysfunktion als Folge sozialer Isolation – Bedeutung für die Entstehung von Aggression und Alkoholabhängigkeit. Nervenarzt 70: 780–789

Heinz A (2000) Das dopaminerge Verstärkungssystem. Funktion, Interaktion mit anderen Neurotransmittersystemen und psychopathologische Korrelate. In: Hippius H, Saß H, Sauer H (Hrsg) Monographien aus dem Gesamtgebiete der Psychiatrie, Bd 100. Steinkopff, Darmstadt

Heinz A, Lichtenberg-Kraag B, Sällström Baum S, Gräf K, Krüger F, Dettling M, Rommelspacher H (1995) Evidence for prolonged recovery of dopaminergic transmission in alcoholics with poor treatment outcome. J Neural Transm 102: 149–158

Heinz A, Dufeu P, Kuhn S et al. (1996) Psychopathological and behavioral correlates of dopaminergic sensitivity in alcohol-dependent patients. Arch Gen Psychiatry 53: 1123–1128

Heinz A, Knable MB, Coppola R, Gorey JG, Jones DW, Lee KS, Weinberger DR (1998a) Psychomotor slowing, negative symptoms and dopamine receptor availability – an IBZM study in neuroleptic-treated and drug-free schizophrenic patients. Schizophr Res 31: 19–26

Heinz A, Wolf SS, Jones DW, Knable MB, Gorey JG, Hyde TM, Weinberger DR (1998b) I-123 b-CIT SPECT correlates of vocal tic severity. Neurology 51: 1069–1074

Heinz A, Ragan P, Jones DW et al. (1998c) Reduced serotonin transporters in alcoholism. Am J Psychiatry 155: 1544–1549

Heinz A, Williams W, Kerich M, Linnoila M, Hommer D (2000) FDG-PET shows orbitofrontal activation in alcoholics with low serotonin turnover. J Nucl Med 41 (Suppl): 204

Heinz A, Siessmeier T, Wrase J, Hermann D, Klein S, Grüsser SM, Flor H, Braus DF, Buchholz HG, Gründer G, Schreckenberger M, Smolka MN, Rösch F, Mann K, Bartenstein P (im Druck) Dopamine D_2 receptors in the ventral striatum correlate with central processing of alcohol cues and craving. Am J Psychiatry

Higley JD, Linnoila M (1997) A nonhuman primate model of excessive alcohol intake. Personality and neurobiological parallels of type I- and type II-like alcoholism. In: Galanter M (ed) Recent developments in alcoholism, vol 13: Alcoholism and violence. Plenum, New York, pp 191–219

Hommer D, Momenan R, Kaiser E, Rawlings R (2001) Evidence for a gender-related effect of alcoholism on brain volumes. Am J Psychiatry 158: 198–204

Hommer D, Monoman R, Rawlings R, Ragan P, Williams W, Rio D, Eckardt M (1996) Decreased corpus callosum size among alcoholic women. Arch Neurol 53: 359–363

Hunt WA, Lands WEM (1992) A role for the behavioral sensitization in uncontrolled ethanol intake. Alcohol 9: 327–328

Imperato A, Honoré T, Jensen LH (1990) Dopamine release in the nucleus caudatus and in the nucleus accumbens is under glutamatergic control through non-NMDA receptors: a study in freely moving rats. Brain Res 530: 223–228

Jagannathan NR, Desai NG, Raghanathan P (1996) Brain metabolic changes in alcoholism: an in vivo proton magnetic resonance spectroscopy (MRS) study. Magn Res Imaging 14: 553–557

Kalivas PW, Stewart J (1991) Dopamine transmission in the initiation and expression of drug- and stress-induced sensitization of motor activity. Brain Res Rev 16: 223–244

Kilts CD (1991) The dopamine receptor family and schizophrenia. Curr Opin Neursci 4: 81–85

Kolachana BS, Saunders RC, Weinberger DR (1995) Augmentation of prefrontal cortical monoaminergic activity inhibits dopamine release in the caudate nucleus: an in vivo neurochemical assessment in the rhesus monkey. Neuroscience 69: 859–868

Kril JJ, Halliday GM (1999) Brain shrinkage in alcoholics: a decade on and what have we learnt? Prog Neurobiol 58: 381–387

Kril JJ, Halliday GM, Svoboda MD, Cartwright H (1997) The cerebral cortex is damaged in chronic alcoholics. Neuroscience 79: 983–998

Laine TP, Ahonen A, Torniainen P et al. (1999) Dopamine transporters increase in human brain after alcohol withdrawal. Mol Psychiatry 4: 189–191

Lewis DA, Anderson SA (1995) The functional architecture of the prefrontal cortex and schizophrenia. Psychol Med 25: 887–894

London ED, Ernst M, Grant S, Bonson K, Weinstein A (2000) Orbitofrontal cortex and human drug abuse: functional imaging. Cereb Cortex 10: 334–342

Luciana M, Depue RA, Arbisi P, Leon A (1992) Facilitation of working memory in humans by a D_2 dopamine receptor agonist. J Cogn Neurosci 4: 58–68

Literatur

MacDonald HL, Bell BA, Smith MA et al. (1986) Correlation of human MR T1 values measured in vivo and brain water content. Br J Radiol 59: 355–357

Mann K (1992) Alkohol und Gehirn – über strukturelle und funktionelle Verbesserungen nach erfolgreicher Therapie. In: Hippius H, Janzarik W, Müller C (Hrsg) Monographien aus dem Gesamtgebiete der Psychiatrie. Bd 71. Springer, Berlin Heidelberg New York Tokio

Mann K, Widmann U (1995) Zur Neurobiologie der Alkoholabhängigkeit. Fortschr Neurol Psychiatry 63: 238–247

Mann K, Batra A, Günther A, Schroth G (1992) Do women develop alcoholic brain damage more readily than men? Alcohol Clin Exp Res 16: 1052–1056

Mann K, Dengler W, Klose U, Nägele T, Petersen D, Schmid H, Schroth G (1993a) Liquorvolumetrie und spektroskopische T1-Messungen - eine MR-Verlaufsstudie bei Alkoholabhängigen. In: Fleischhacker WW, Gaebel W, Laux G, Möller HJ, Saletu B, Woggon B (Hrsg) Biologische Psychiatrie der Gegenwart. Springer, Berlin Heidelberg New York Tokio, S 547–550

Mann K, Mundle G, Langle G, Petersen D (1993b) The reversibility of alcoholic brain damage is not due to rehydration: a CT study. Addiction 88: 649–653

Mann K, Mundle G, Strayle M, Wakat P (1995) Neuroimaging in alcoholism: CT and MRI results and clinical correlates. J Neural Transm (Gen Sect) 99: 145–155

Mann K, Günther A, Stetter F, Ackermann K (1999) Rapid recovery from cognitive deficits in abstinent alcoholics: a controlled test-retest study. Alcohol Alcohol 34: 567–574

Martin PR, Gibbs SJ, Nimmerrichter AA, Riddle WA, Welch LW; Willcott MR (1995) Brain proton magnetic resonance spectroscopy studies in recently abstinent alcoholics. Alcohol Clin Exp Res 19: 1078–1082

Mc Guire PK, Bench CJ, Frith CD, Marks IM, Franckowiak RS, Dolan RJ (1994) Functional anatomy of obsessive-compulsive phenomena. Br J Psychiatry 164: 459–468

Miller BL (1991) A review of chemical issues in ^{1}H MR spectroscopy: N-Acetyl-L-aspartate, creatine and choline. MR in Biomed 4: 47–52

Muuronen A, Bergman H, Hindmarsh T, Telakivi T (1989) Influence of improved drinking habits on brain atrophy and cognitive performance in alcoholic patients: a 5-year follow-up study. Alcohol Clin Exp Res 13: 137–141

Nicolas JM, Estruch R, Salamero M, Orteu N, Fernandez-Sola J, Sacanella E, Urbano-Marquez A (1997) Brain impairment in well-nourished chronic alcoholics is related to ethanol intake. Ann Neurol 41: 590–598

O'Malley SS, Jaffe AJ, Chang G, Schottenfeld RS, Meyer RE, Rounsaville B (1992) Naltrexone and coping skills therapy for alcohol dependence. A controlled study. Arch Gen Psychiatry 49: 881–887

Patterson CM, Newman JP (1994) Reflexivity and learning from aversive events: towards a psychological mechanism for the syndromes of disinhibition. Psychol Rev 4: 716–736

Perani D, Colombo C, Bressi S et al. (1995) [18F]FDG PET study in obsessive-compulsive disorder. A clinical/metabolic correlation study after treatment. Br J Psychiatry 166: 244–250

Pfefferbaum A, Sullivan EV, Rosenbloom MJ, Shear PK, Mathalon DH, Lim KO (1993) Increase in brain cerebrospinal fluid is greater in older than in younger alcoholic patients: a replication study and CT/MRI comparison. Psychiatry Res 50: 257–274

Pfefferbaum A, Sullivan EV, Mathalon DH, Shear PK, Rosenbloom MJ (1995) Longitudinal changes in magnetic resonance imaging brain volumes in abstinent and relapsed alcoholics. Alcohol Clin Exp Res 19: 1177–1191

Pfefferbaum A, Sullivan EV, Rosenbloom MJ, Mathalon DH, Lim KO (1998) A controlled study of cortical gray matter and ventricular changes in alcoholic men over a 5-year interval. Arch Gen Psychiatry 55: 905–912

Robbins TW, Everitt BJ (1996) Neurobehavioral mechanisms of reward and motivation. Curr Opin Neurobiol 6: 228–236

Robinson TE, Berridge KC (1993) The neural basis of drug craving: an incentive-sensitization theory of addiction. Brain Res Rev 18: 247–291

Rolls ET (2000) The orbitofrontal cortex and reward. Cereb Cortex 10: 284–294

Ross B, Michaelis T (1994) Clinical applications of magnetic resonance spectroscopy. Magn Resonance Quart 10: 191–247

Rosse RB, Riggs RL, Dietrich AM, Schwartz BL, Deutsch SI (1997) Frontal cortical atrophy and negative symptoms in patients with chronic alcohol dependence. J Neuropsychiatry Clin Neurosci 9: 280–282

Sass H, Soyka M, Mann K, Zieglgänsberger W (1996) Relapse prevention by acamprosate: results from a placebo-controlled study on alcohol dependence. Arch Gen Psychiatry 53: 673–680

Schmidt LG, Kuhn S, Smolka M, Schmidt K, Rommelspacher H (2002) Lisuride, a dopamine D2 receptor agonist, and anticraving drug expectancy as modifiers of relapse in alcohol dependence. Prog Neuropsychopharmacol Biol Psychiatry 26: 209–217

Schroth G, Mann K (1989) Computertomographie und Kernspintomographie in der klinischen Diagnostik und Erforschung der Alkoholkrankheit. In: Schied HW, Heimann H, Mayer K (Hrsg) Der chronische Alkoholismus. Fischer, Stuttgart, S 121–140

Schroth G, Naegele T, Klose U, Mann K, Petersen D (1988) Reversible brain shrinkage in abstinent alcoholics, measured by MRI. Neuroradiology 30: 121–126

Schultz W, Apicella P, Ljungberg T (1993) Responses of monkey dopamine neurons to reward and conditioned stimuli during successive steps of learning a delayed response task. J Neurosci 13: 900–913

Schultz W, Dayan P, Montague PR (1997) A neural substrate of prediction and reward. Science 275: 1593–1599

Seitz D, Widmann U, Seeger U, Naegele T, Klose U, Mann K, Grodd W (1999) Localized proton magnetic resonance spectroscopy of the cerebellum in detoxifying alcoholics. Alcohol Clin Exp Res 23: 158–163

Shear PK, Jernigan TL, Butters N (1994) Volumetric magnetic resonance imaging quantification of longitudinal brain changes in abstinent alcoholics. Alcohol Clin Exp Res 18: 172–176

Shear PK, Sullivan EV, Lane B, Pfefferbaum A (1996) Mammillary body and cerebellar shrinkage in chronic alcoholics with and without amnesia. Alcohol Clin Exp Res 20: 1489–1495

Sibley DR, Monsma FJ (1992) Molecular biology of dopamine receptors. TIPS Rev 13: 61–69

Smith MA, Chick J, Kean DM, Douglas RHB, Singer A, Kendell R, Best JJK (1985) Brain water in chronic alcoholic patients measured by magnetic resonance imaging. Lancet 1: 1273–1274

Smith MA, Chick JD, Engleman HM, Kean DM, Mander AJ, Douglas RHB (1988) Brain hydration during alcohol withdrawal in alcoholics measured by magnetic resonance imaging. Drug Alcohol Depend 21: 25–28

Stoll AL, Renshaw PF, De Micheli E, Wurtman R, Pillay SS, Cohen BM (1995) Choline ingestion increases the resonance of choline-containing compounds in human brain: an in vivo proton magnetic resonance study. Biol Psychiatry 37: 170–174

Sullivan EV, Marsh L, Mathalon DH, Lim KO, Pfefferbaum A (1995) Anterior hippocampal volume deficits in non-amnesic, aging chronic alcoholics. Alcohol Clin Exp Res 19: 110–122

Taber MT, Das S, Fibiger HC (1995) Cortical regulation of dopamine release: mediation via the ventral tegmental area. J Neurochem 65: 1407–1410

Thorpe SJ, Rolls ET, Maddison S (1983) The orbitofrontal cortex: neuronal activity in the behaving monkey. Exp Brain Res 49: 93–115

Tiffany ST (1990) A cognitive model of drug urges and drug-use behavior: role of automatic and nonautomatic processes. Psychol Rev 2: 147–168

Trabert W, Betz T, Niewald M, Huber G (1995) Significant reversibility of alcoholic brain shrinkage within 3 weeks of abstinence. Acta Psychiatr Scand 92: 87–90

Tsai G, Gastfriend DR, Coyle JT (1995) The glutamatergic basis of human alcoholism. Am J Psychiatry 152: 332–340

Verheul R, Van den Brink W, Geerlings P (1999) A three-pathway psychobiological model of craving for alcohol. Alcohol Alcohol 34: 197–222

Vion-Dury J, Meyerhoff DJ, Cozzone PJ, Weiner MW (1994) What might be the impact on neurology of the analysis of brain metabolism by in vivo magnetic resonance spectroscopy? J Neurol 241: 354–371

Volkow ND, Hitzemann R, Wang GJ et al. (1992) Decreased brain metabolism in neurologically intact healthy alcoholics. Am J Psychiatry 149: 1016–1022

Volkow ND, Wang GJ, Hitzemann R et al. (1993) Decreased cerebral response to inhibitory neurotransmission in alcoholics. Am J Psychiatry 150: 417–422

Volkow ND, Wang GJ, Hitzemann R, Fowler JS, Overall JE, Burr G, Wolf AP (1994) Recovery of brain glucose metabolism in detoxified alcoholics. Am J Psychiatry 151: 178–183

Volkow ND, Wang GJ, Fowler JS et al. (1996) Decreases in dopamine receptors but not in dopamine transporters in alcoholics. Alcohol Clin Exp Res 20: 1594–1598

Volkow ND, Wang GJ, Overall JE et al. (1997) Regional brain metabolic response to lorazepam in alcoholics during early and late alcohol detoxification. Alcohol Clin Exp Res 21: 1278–1284

Volkow ND, Wang GJ, Maynard L, Fowler JS, Jayne B, Telang F, Logan J, Ding YS, Gatley SJ, Hitzemann R, Wong C, Pappas N (2002) Effects of alcohol detoxification on dopamine D2 receptors in alcoholics: a preliminary study. Psychiatry Res 116:163–172

Volpicelli JR, Watson NT, King AC, Sherman CE, O'Brien CP (1995) Effect of naltrexone on alcohol »high« in alcoholics. Am J Psychiatry 152: 613–615

Watanabe M (1996) Reward expectancy in primate prefrontal neurons. Nature 382: 629–632

Weinberger DR (1987) Implications of normal brain development for the pathogenesis of schizophrenia. Arch Gen Psychiatry 44: 660–669

Williams GV, Goldman-Rakic PS (1995) Modulation of memory fields by dopamine D_1 receptors in prefrontal cortex. Nature 376: 572–575

Wiesbeck GA, Weijers HG, Lesch OM, Glaser T, Toennes PJ, Boening J (2001) Flupenthixol decanoate and relapse prevention in alcoholics: results from a placebo-controlled study. Alcohol Alcohol 36:329–334

Epilepsien

S. Noachtar

16.1 Anfallssemiologie – 362

16.2 Untergruppen – 365

16.3 Ätiologie – 366

16.4 Diagnostik – 367
Anamnese und körperlicher Befund – 367
Elektroenzephalografie – 367
Magnetresonanztomografie – 369
Positronenemissionstomografie – 369
Single-Photonen-Emissionscomputertomografie – 370
Neuropsychologie – 370

16.5 Therapie – 371
Medikamentöse Therapie – 371
Chirurgische Therapie – 372

Literatur – 373

Der Frontallappen ist der größte Hirnlappen und kann anatomisch und funktionell in verschiedene Kompartements unterteilt werden. Er enthält nach den mesialen Temporalhirnstrukturen (Hippokampus, Amygdala etc.) besonders epileptogene Regionen (sensomotorischer Kortex). Mit epileptogener Region sind jene Kortexareale gemeint, von denen epileptische Anfälle ausgehen.

Epileptische Anfälle sind das Leitsymptom der Epilepsien, wobei je nach Epilepsiesyndrom noch andere Symptome hinzukommen können. Bei Epilepsien, die vom Frontallappen ausgehen, wären dies in Abhängigkeit der Lokalisation der epileptogenen Zone z. B. neuropsychologische oder motorische Defizite. Die Symptomatologie der Anfälle hängt von der Lokalisation der epileptischen Erregung im Frontallappen ab. Die Funktionen des Frontallappens, insbesondere die neuropsychologischen Aspekte und deren Lokalisation sind bisher nur teilweise bekannt. Am besten untersucht sind die motorischen Funktionen.

Die Frontallappenepilepsie (FE) ist zum einen charakterisiert durch Anfallsformen, wie klonische Anfälle, deren hohe lateralisierende und lokalisierende Bedeutung bereits früh erkannt wurde (Jackson 1890), zum anderen aber auch durch z. T. bizarr anmutende Anfallsformen, deren epileptische Genese erst vor wenigen Jahren mit Hilfe simultaner EEG- und Video-Aufzeichnungen nachgewiesen wurde (Morris et al. 1988; Williamson et al. 1985). Leicht werden solche Anfallsformen als nichtepileptisch bzw. psychogen verkannt (Kanner et al. 1990; Noachtar 1995).

Die Ursachen der FE sind ebenso vielfältig wie bei anderen fokalen Epilepsien, und reichen von seltenen genetischen Störungen (Scheffer et al. 1995) bis hin zu posttraumatischen oder postinfektiösen Ursachen. Nach der Temporallappenepilepsie (TE) ist sie die häufigste fokale Epilepsie im Erwachsenenalter, die epilepsiechirurgisch behandelt wird (Rasmussen 1982; Noachtar et al. 1998b). Die Unterscheidung zwischen FE und TE ist daher von großer praktischer Bedeutung in der epilepsiechirurgischen Diagnostik. Die Möglichkeit einer chirurgischen Therapie hängt bei FE entscheidend von der Lokalisation des Anfallsursprungs ab. Epilepsiechirurgische Eingriffe können nur Kortexareale umfassen, deren Resektion ohne oder nur mit geringen postoperativen Defiziten behaftet sind. So genannte eloquente Kortexregionen wie z. B. die Sprachregion (Broca-Area) oder der primär sensomotorische Kortex müssen geschont werden. Für die medikamentöse Behandlung fokaler Epilepsien spielt es derzeit keine Rolle, von welcher Kortexregion epileptische Anfälle ausgehen.

Im folgenden Kapitel werden:
- die Anfallssemiologie der FE dargestellt,
- Untergruppen der FE vorgestellt,
- die diagnostischen Verfahren abgewogen
- und die therapeutischen Optionen besprochen.

16.1 Anfallssemiologie

Epileptische Anfälle folgen charakteristischen Abläufen. Die Beschreibung von Anfällen durch laienhafte Beobachter ist manchmal geprägt von der Variabilität der Einzelheiten. Der abstrahierte Anfallsverlauf ist jedoch bei epileptischen Anfällen sehr stereotyp und für einzelne Anfallsformen charakteristisch. Videobänder oder CD-ROM mit charakterstischen Beispielen sind veröffentlich worden (Lüders u. Noachtar 1995, 2000, 2001). Die lokalisatorische Bedeutung von Anfällen basiert zum einen auf Läsionsstudien, zum anderen auf Ergebnissen der elektrischen Stimulation des Kortex (Lüders u. Awad 1992; Penfield u. Jasper 1954). Es gibt eine Reihe von Anfallsformen, die für Patienten mit FE mehr oder weniger typisch sind (Noachtar et al. 1998c) und im Folgenden erläutert werden.

Eine der ersten paradigmatischen Erkenntnisse über Hirnlokalisation und Anfallssemiologie wird Hughlings Jackson verdankt, der er-

16.1 · Anfallssemiologie

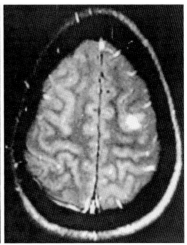

Abb. 16.1a, b. Bilateral asymmetrischer tonischer Anfall einer Patientin mit linksseitiger SSMA Epilepsie (a). Die Patientin litt an einem niedriggradigen Tumor im Gyrus frontalis medius links (b). Der Anfallsursprung wurde mittels subduraler Elektroden im lateralen Anteil des Gyrus frontalis superior und medius und im mesialen Aspekt des Gyrus frontalis superior lokalisiert. Resektion des Tumors und der Anfallsursprungszone führte seit mehreren Jahren zu Anfallsfreiheit

kannte, dass Läsionen im primärmotorischen Kortex zu klonischen Anfällen der kontralateralen Körperseite führen können (Jackson 1890). Eine Ausbreitung der klonischen Zuckungen über den Körper reflektiert die Ausbreitung der epileptischen Erregung über dem zentralen Kortex (Homunkulus; Noachtar u. Arnold 2000). Der großen kortikalen Repräsentation und vermutlich auch einer niedrigeren Schwelle für epileptische Erregbarkeit wegen betreffen klonische Anfälle zumeist das Gesicht und die Hand (Lüders u. Noachtar 1995). Klonische Anfälle treten recht selten initial im Bein auf, dies aber fast ausschließlich bei FE (Noachtar u. Arnold 2000). Tonische Anfälle, die im Gegensatz zu den klonischen Anfällen eher bilateral auftreten, sind ebenfalls häufig bei FE anzutreffen (Manford et al. 1996; Abb. 16.1). Diese Anfallsform geht oft mit Bewusstseinverlust einher und führt zum Sturz, wenn die axiale Rumpfmuskulatur stark genug betroffen ist. Unilateral auftretende tonische Anfälle lateralisieren recht zuverlässig (Werhahn et al. 2000).

Anfälle, die durch orale und manuelle Automatismen charakterisiert sind, sind zwar typisch für Temporallappenepilepsien, treten jedoch seltener (ca. 25%) auch bei FE auf (Noachtar 1998). Eine einzelne Anfallsform kann somit nicht direkt einem fokalen Epilepsiesyndrom zugeordnet werden. Dies liegt im Wesentlichen daran, dass epileptische Anfälle zur Ausbreitung neigen und benachbarte oder durch Assoziationsbahnen verbundene Areale rasch aktivieren können. Die Semiologie des Anfallsgeschehens reflektiert die jeweilige epileptische Erregung der symptomatogenen Kortexregion, z.B. des sensomotorischen Kortex (Lüders u. Awad 1992). Ein Anfall kann in dieser symptomatogenen Region begonnen haben, es besteht aber auch die Möglichkeit, dass der Anfall in einer klinisch »stummen« Region seinen Ursprung nahm, die Symptomatologie jedoch von der Ausbreitung in eine symptomatogene Region bestimmt wird (Lüders u. Noachtar 1995). So kann z.B. ein Anfall in der Amygdala beginnen und sich über limbische Verbindungen in den Frontallappen ausbreiten. In diesem Fall kann die iktale Symptomatologie mit Anfällen identisch sein, die im Frontallappen beginnen (z.B. hypermotorische

Anfälle; Lüders u. Noachtar 1995; Noachtar et al. 1998c). Ein wichtiges Kriterium für die Unterscheidung fokaler Epilepsien ist die Anfallsevolution, d.h. die Sequenz, in der die verschiedenen Anfallsformen aufeinanderfolgen (Noachtar et al. 1998c). Die Anfallsevolution reflektiert die Ausbreitung der epileptischen Aktivität über dem Kortex (Lüders u. Awad 1992; Lüders u. Noachtar 1995). Bei FE treten z.B. im Gegensatz zu TE oroalimentäre und manuelle Automatismen selten zu Anfallsbeginn auf, sondern zumeist erst nach tonischen oder klonischen Anfällen (Noachtar 1998). Aus dem Auftreten einzelner Anfallsformen kann nicht zwangsläufig auf ein bestimmtes Epilepsiesyndrom geschlossen werden.

Eine Besonderheit der FE ist, dass eine Anfallsform mit sehr heftigen, bizarr anmutenden Bewegungabläufen einhergeht (Lüders u. Noachtar 1995; Noachtar et al. 1998c; Noachtar 1999). Die motorischen Entäußerungen bei diesen Anfällen ähneln nichtepileptischen psychogenen Anfällen und manchmal bleibt das Bewusstsein bei bilateralen heftigen Körperbewegungen erhalten (Lüders u. Noachtar 1995). Die Automatismen bevorzugen die proximale stammnahe Muskulatur. Kürzlich wurde vorgeschlagen, diese sehr charakteristische Anfallsform »hypermotorischer Anfall« zu nennen, um sie von anderen Anfallsformen abzugrenzen (Lüders u. Noachtar 1995; Noachtar et al. 1998c). Das Bewusstsein kann im Anfall trotz bilateraler Körperbewegungen erhalten bleiben, wenn die epileptische Erregung des Kortex auf das supplementär sensomotorische Areal (SSMA) einer Hemisphäre beschränkt bleibt (Lüders u. Noachtar 1995). Diese Region liegt im mesialen frontalen Kortex, d.h. im Interhemisphärenspalt. Fälschlicherweise wurde oft behauptet, bilaterale heftige Körperbewegungen würden für eine bilaterale Anfallaktivität sprechen und zwangsläufig mit einer Bewusstseinsstörung einhergehen. Die Unkenntnis der Pathophysiologie der SSMA, die Ähnlichkeit der Bewegungsmuster zu nicht-epileptischen psychogenen Anfällen und das oftmals zumindest teilweise erhaltene Bewusstsein haben sicherlich dazu beigetragen, dass solche Anfälle fehldiagnostiziert wurden (Kanner et al. 1990).

Eine andere ungewöhnliche Anfallsform, die als »frontale Absencen« oder auch »Pseudoabsencen« bezeichnet wurde, ist bei FE-Patienten ebenfalls beschrieben worden (Bancaud et al. 1974; Noachtar et al. 2000). Diese Anfälle ähneln den kurzen Absencen der Patienten mit Absence-Epilepsien und sind klinisch hiervon kaum zu unterscheiden. Mittels elektrischer Stimulation des Frontallappens über invasive EEG-Elektroden konnten solche »frontalen Absencen« ausgelöst werden (Bancaud et al. 1974). Es kann bei diesen Patienten sogar an der Schädeloberfläche zu generalisierten epilepsietypischen Potenzialen kommen, ein Phänomen, das bilaterale sekundäre Synchronie genannt wird (Tükel u. Jasper 1952) und auch tierexperimentell nachvollzogen werden kann (Ralston 1961).

Bilaterale sekundäre Synchronie. Damit ist Folgendes gemeint: Zumeist von einem im medialen Frontallappen gelegenen Anfallsfokus treten fokale epilepsietypische Potenziale auf, die sich danach durch rasche Überleitung über den Balken (ca. 10 ms) an der Schädeloberfläche generalisiert darstellen, d.h. beide Frontalregionen umfassen.

Als weitere seltene Anfallsformen bei FE gibt es ein mehr oder weniger plötzliches Nachlassen des Muskeltonus oder Aussetzen von vorbestehenden Bewegungen bei erhaltenem Bewusstsein. Diese Anfälle werden auch negativmotorische Anfälle genannt.

Negativ-motorische Anfälle. Hierbei muss man 2 klinisch und pathophysiologisch verschiedene Formen unterscheiden:
1. Es gibt es akinetische (atonische) Anfälle einer umschriebenen Körperregion bei erhaltenem Bewusstsein, bei denen die Bewegungsunfähigkeit mehrere Sekunden bis

wenige Minuten dauert (Noachtar u. Lüders 1999).
2. Davon abzugrenzen ist der negative epileptische Myoklonus, der durch ein plötzliches ca. 50–400 ms dauerndes Aussetzen des Muskeltonus charakterisiert ist.

Diese letztgenannten Anfälle werden erst bei motorischer Aktion sichtbar und sind durch bloße Beobachtung kaum von myoklonischen Anfällen zu unterscheiden, da der plötzlich wiedereinsetzende Muskeltonus zu einer ähnlichen ruckartigen Bewegung führt (Noachtar et al. 1997; Werhahn u. Noachtar 2000). Simultane Ableitungen von EEG und Elektromyogramm (EMG) der betroffenen Muskulatur helfen hier diagnostisch weiter. Negativ-myoklonische Anfälle können beide oder nur einzelne Extremitäten einer Körperseite betreffen und ähneln der bei Enzephalopathien bekannten Asterixis (Guerrini et al. 1993).

Zusammenfassend gelten folgende Charakteristika als typisch für FE (Morris 1991):
- häufige Anfälle,
- kurze Anfallsdauer (< 60 s),
- abrupter Beginn und Ende der Anfälle,
- Neigung zu Status epilepticus,
- rasche postiktale Reorientierung,
- initialtonische Anfallssymptomatik,
- komplexe, heftige, stammnahe Automatismen (»Fahrradfahren«),
- Ähnlichkeit zu psychogenen (nichtepileptischen) Anfällen,
- komplexe Vokalisationen,
- unspezifische Auren.

Folgende Auren sollen gegen eine FE sprechen (Morris 1991):
- olfaktorische Aura,
- Déjà-vu- oder Jamais-vu-Sensationen (psychische Aura),
- visuelle oder auditorische Auraphänomene und
- ausgeprägte Angst oder Furcht im Anfall (psychische Aura).

16.2 Untergruppen

Unter anatomischen bzw. funktionellen und nicht zuletzt epilepsiechirurgischen Aspekten ist eine weitere Unterteilung des größten Hirnlappens in verschiedene Kompartimente sinnvoll und erforderlich. Die derzeit gültige Empfehlung der Internationalen Liga gegen Epilepsie (Commission on Classification and Terminology of the International League Against Epilepsy 1989) unterteilt die FE in 6 Syndrome:
1. primär motorisch,
2. supplementär sensomotorisch,
3. cingulär,
4. anterior frontal (frontopolar),
5. orbitofrontal,
6. dorsolateral.

Diese FE-Subklassifizierung basiert auf invasiven EEG-Ableitungen bzw. epilepsiechirurgischen Eingriffen mit entsprechend langer Nachbeobachtung. Ohne dies kann eine Unterklassifizierung kaum erfolgen. Es wurde auch versucht, unterschiedliche Anfallsformen verschiedenen Frontalhirnkompartimenten zuzuordnen, was allerdings nur eingeschränkt sinnvoll und möglich ist, da es durch rasche und sehr variable Ausbreitung epileptischer Aktivität im Frontallappen zu Überlappungen der Anfallssemiologie kommt (Morris 1991; Noachtar 1998). Deswegen haben andere Autoren eine Einteilung der FE nach prädominanter Anfallssemiologie in lediglich 3 funktionelle Untergruppen empfohlen (Salanova et al. 1995):
1. sensomotorische supplementär-motorische Region,
2. fokal motorische Anfälle und
3. komplex motorische Anfälle.

Diese Einteilung ist inkonsistent, da einmal eine anatomische Region und für die beiden anderen jedoch die Anfallssemiologie die Grundlage bildet. Derzeit arbeitet eine Arbeitsgruppe der Internationalen Liga gegen Epilepsie an einer

Revision der 1989 vorgestellten Epilepsie-Syndrom-Klassifikation (Commission on Classification and Terminology of the International League Against Epilepsy 1989). Bei Epilepsiesyndromen erscheint es sinnvoll, der Systematik der Neurologie folgend, anatomische Untergruppen zu definieren, wobei derzeit wohl am besten abgegrenzt werden können:
— supplementär-sensomotorische Epilepsie,
— parazentrale Epilepsie und
— orbitofrontale Epilepsie.

Die supplementär-sensomotorische Epilepsie ist eine in den letzten Jahren relativ gut definierte Unterform der FE (Morris et al. 1988). Von diesen Patienten werden tonische und/oder hypermotorische Anfälle berichtet, die in fokale klonische Anfälle und generalisierte tonisch-klonische Anfälle übergehen können. Die Anfälle dieser Patienten wurden folgendermaßen charakterisiert:
— plötzlicher Beginn,
— kurze Dauer (10–20 s),
— bilaterale Einbeziehung der proximalen Muskulatur (u. U. kontralaterales Überwiegen),
— oft erhaltenes Bewusstsein und
— bevorzugtes Auftreten aus dem Schlaf.

Die Version von Augen, Kopf und Körper sowie klonische Anfälle vor einer sekundären Generalisierung sprechen für einen Anfallsursprung kontralateral zur Version bzw. den Kloni (Noachtar 1998). Wie oben erwähnt, werden nicht selten die Anfälle dieser Patienten als nichtepileptisch, zumeist »psychogen« verkannt (Kanner et al. 1990; Noachtar 1995).

Vom Gyrus praecentralis ausgehende Epilepsien sind charakterisiert durch klonische Anfälle einer Körperseite oder -region. Allerdings ist epileptische Ausbreitung in postzentralen Strukturen so rasch und häufig, dass in der Zentralregion keine scharfe epileptologische Trennung zwischen prä- und postzentralem Kortex getroffen werden kann. Daher erscheint es sinnvoll, eine parazentrale oder perirolandische Epilepsie als eigenständiges Syndrom abzugrenzen.

Die frontoorbitale Epilepsie geht mit iktalen Automatismen einher, wobei im Unterschied zu z. B. den Temporallappenepilepsien, die Automatismen heftiger erscheinen und sich nicht unbedingt auf periorale und manuelle Automatismen beschränken (Chang et al. 1991; Tharp 1972). Es ist bislang nicht ganz klar, welche Strukturen zu Automatismen führen. Automatismen sind durch elektrische Stimulation des Kortex nur sehr selten zu erzielen. Manche Autoren vertraten die Ansicht, dass erst die Ausbreitung von Anfällen über limbische Verbindungen in die Schläfenlappenstrukturen zu Automatismen führen würden. Es ist aber auch beschrieben worden, dass epileptische Erregung des Gyrus cinguli und damit im Frontallappen beginnende Anfälle zu repetitiven Automatismen führen können (Geier et al. 1977; Quesney 1992).

16.3 Ätiologie

Alle Ursachen, die zu Epilepsien führen können, treffen auch für die FE zu (▶ s. nachfolgende Übersicht). Die seit Alters her benutzte und in der derzeit gültigen Internationalen Klassifikation epileptischer Syndrome (Commission on Classification and Terminology of the International League Against Epilepsy 1989) aufgeführte Kategorie **idiopathisch** ist heutzutage problematisch geworden, da sie weitgehend mit dem Begriff **genetisch** überlappt. Man kann bei einem nachgewiesenen Gendefekt, der zu FE führt schlecht von einer idiopathischen Genese sprechen. Eine besondere Entdeckung der letzten wenigen Jahre ist die genetische Determinierung einer autosomal-dominant verlaufenden FE, bei der Anfälle fast ausschließlich im Schlaf auftreten (Scheffer et al. 1995). Linkageanalysen haben die Region 20q13.3 identifiziert. In einer dieser Familien konnte die molekulare Ursache festgestellt werden (Steinlein et al. 1995). Es zeigte sich eine Mutation, die zu einem Austausch einer Aminosäure (Ser248Phe) in der zweiten transmembranen Domäne der neuronalen Nikotin-Azetylcholin-Rezeptor-α4-Untereinheit führte (Steinlein et al. 1995). Diese Entdeckung war der erste Nachweis eines molekularen Defekts bei einer humanen idiopathischen Epilepsie und ließ sich inzwischen bei anderen Familien wiederfinden (Steinlein et al. 2000). Eine nachgewiesene Ursache wird somit eher der Kategorie **symptomatisch** zugeordnet werden müssen.

Ätiologien der FE

1	Symptomatisch
1.1	Neoplasmatisch
1.2	Vaskulär
1.3	Traumatisch
1.4	Kongenitale Malformation
1.5	Infektiös
1.6	Neurodegenerativ
1.7	Toxisch
1.8	Entzündlich
1.9	Metabolisch
1.10	Andere oder unbekannt
2	Idiopathisch
3	Unbekannt, ob symptomatisch oder idiopathisch

Wie häufig die einzelnen Ätiologien bei FE auftreten, ist nicht gut bekannt. Diesbezügliche Studien sind abhängig von Selektionskriterien z. B. epilepsiechirurgische Kollektive oder Verfügbarkeit moderner bildgebender Verfahren [Magnetresonanztomografie (MRT), Positronenemissionstomografie (PET)].

16.4 Diagnostik

Die Fokuslokalisation bei fokalen Epilepsien basiert auf der Übereinstimmung der Befunde, die mit verschiedenen Methoden erhoben werden (Noachtar et al. 1998b). Es wird gefordert, dass zusätzlich zur Anfallssemiologie und Anamnese mehrere der im Folgenden beschriebenen Methoden auf den gleichen einen Fokus weisen. Diskrepanzen weisen darauf hin, dass der vermutete Anfallsursprung entweder verfehlt wurde oder ausgedehnt ist und mehrere Hirnlappen betrifft.

Anamnese und körperlicher Befund

Die Anamnese bietet eine Fülle von Informationen, die für die Diagnostik wesentlich sind. Es ist z. B. von entscheidender Bedeutung, die ersten Anfallssymptome zu erfahren. Die von Patienten **bewusst** wahrgenommene Version zu Beginn von Anfällen weist mit hoher Wahrscheinlichkeit auf einen Anfallsursprung in der Nähe des frontalen Augenfeldes hin. Ein weiteres Beispiel sind unilaterale klonische Anfälle bei erhaltenem Bewusstsein, die für einen Anfallsursprung in der Nähe des primär sensomotorischen Kortex sprechen. Unilaterale tonische Anfälle lateralisieren relativ verlässlich auf einen kontralateralen Anfallsursprung (Werhahn et al. 2000). Allerdings muss bedacht werden, dass Ausbreitung epileptischer Aktivität aus »stummen« Kortexregionen in Frontalhirnstrukturen zur initialen Symptomatik führen kann (Lüders u. Awad 1992). Eine postiktale, anamnestisch erfahrbare Hemiparese (Todd-Parese) hat eine hohe lateralisierende Bedeutung und ist bei FE vermutlich eher anzutreffen, als bei anderen fokalen Epilepsien. Kürzlich wurde beschrieben, dass iktales Sprechen eher für einen Anfallsursprung im linken Frontallappen spricht (Janszky et al. 2000).

Elektroenzephalografie

Die spezifische Methode zur Diagnostik der Epilepsie ist das EEG. Das interiktal, d. h. im Anfallsintervall abgeleitete EEG zeigt bei

Epilepsien anfänglich in ca. 50 % und bei wiederholten Untersuchungen in 92 % epilepsietypische Potenziale (Salinsky et al. 1987). Interiktale epilepsietypische Aktivität hilft in der Unterscheidung zwischen FE und anderen fokalen Epilepsien. Allerdings findet man nicht allzu selten bei Patienten mit FE auch epilepsietypische Potenziale in anderen Hirnregionen, v. a. im Schläfenlappen (Lüders u. Noachtar 1994). Umgekehrt haben Patienten mit Temporalhirnepilepsien selten epilepsietypische Potenziale in den Frontalhirnregionen.

Die Koppelung des EEG mit zeitsynchron laufendem Video stellt eine moderne Erweiterung des EEG dar und erlaubt die detaillierte Analyse epileptischer Anfälle (Lüders u. Noachtar 1995). Dies ist eine wertvolle Methode zur Lokalisation des Anfallsursprungs, der i. d. R. eine kleinere Kortexzone umfasst als die Region, die im Anfallsintervall (»interiktal«) epilepsietypische Potenziale generiert (Lüders u. Awad 1992; ◘ Abb. 16.2). Allerdings ist die Untersuchung aufwändig und erfordert eine kontinuierliche Ableitung über mehrere Tage und Nächte unter stationären Bedingungen (Noachtar et al. 1998).

Nur bei wenigen FE-Patienten kann ein epilepsiechirurgischer Eingriff ohne invasive EEG-Diagnostik erfolgen (Winkler et al. 2000). Eine invasive EEG-Ableitung ist erforderlich, wenn sich auf der Grundlage der nichtinvasiven Befunde [MRT, EEG-Videomonitoring, PET, Single-Photon-Emissionscomputertomografie (SPECT)] begründete Hinweise auf einen resezierbaren Fokus ergeben (Noachtar et al. 1998 a, b). Invasive Elektroden werden zumeist entweder subdural auf den Kortex oder mittels stereotaktischer Methoden in das zu untersuchende Hirnparenchym platziert. In ◘ Abb. 16.3 sieht man das Beispiel einer Patientin mit FE aufgrund eines sinugenen Abszesses, bei dem der Anfallsursprung im linken Frontallappen von der Sprachregion und dem primär sensomotorischen Kortex abgrenzbar war. Eine weniger

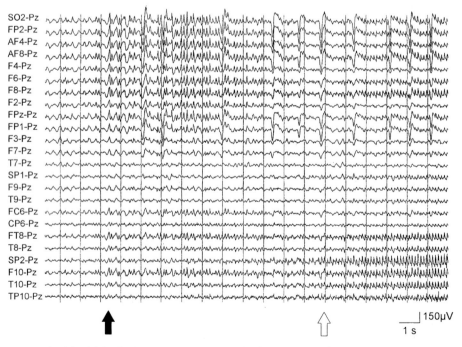

◘ **Abb. 16.2.** Von der Schädeloberfläche abgeleitetes iktales EEG mit einem rechts frontalen Anfallsmuster (*schwarzer Pfeil*), das sich nach einigen Sekunden in der gleichseitigen Schläfenregion (*weißer Pfeil*) darstellt. Dies reflektiert die Ausbreitung der epileptischen Erregung

16.4 · Diagnostik

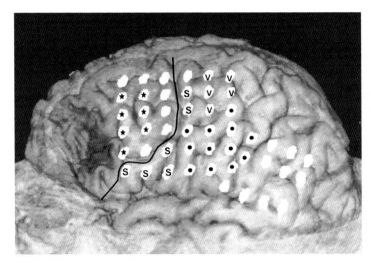

Abb. 16.3. 3-dimensionale Darstellung subduraler Elektroden auf dem linken Frontal- und Parietallappen. Bei dieser 20-jährigen Patienten mit einer Frontallappenepilepsie links wegen eines sinugenen Abszesses konnte der Anfallsursprung im invasiven EEG mit subduralen Elektroden dokumentiert werden. Der Anfallsursprung ist deutlich abgrenzbar von der Sprachregion und dem primär sensomotorischen Gesichtsareal. Die schwarze Linie zeigt die Resektionslinie der Frontallappenteilresektion links. Die Patientin ist seit 3 Jahren anfallsfrei

invasive Methode zur Fokuseingrenzung bietet sich mit epiduralen Elektroden (Noachtar et al. 1993; Noachtar 2001). Die Risiken der invasiven Methoden (Blutung, Infektion) müssen gegen die Chance, mit Hilfe der invasiven Untersuchung einen resezierbaren Anfallsfokus zu identifizieren, abgewogen werden (Noachtar et al. 1998).

Magnetresonanztomografie

Die Magnetresonanztomografie (MRT) spielt eine wichtige Rolle in der Diagnostik der FE, da sie Läsionen zeigt, die der Computertomografie entgehen. Hierzu zählen z. B. niedriggradige Astrozytome, kortikale Dysplasien (◘ Abb. 16.4) und Kavernome, die häufig epileptische Anfälle auslösen und ansonsten oft symptomlos bleiben. Es ist wichtig zu berücksichtigen, dass die MRT-Technologie sich rasch fortentwickelt und leistungsstarke Geräte unter Nutzung so genannter hochauflösender Aufnahmen mit dünnen Schichten und speziellen Sequenzen (»Inversion-Recovery«, MPRAGE, FLASH, FLAIR) erforderlich sind, um die MRT optimal zu nutzen.

Die 3-dimensionale Darstellung der Kortexoberfläche im MRT mit Überlagerung der subduralen Elektroden und Darstellung der Venenzeichnung verbessert die Lokalisation der eloquenten Kortexareale im Verhältnis zu epileptogenen Zone und die chirurgische Planung der Eingriffe (Winkler et al. 2000; ◘ Abb. 16.3).

Positronenemissionstomografie

Der hohe diagnostische Wert der Positronenemissionstomografie (PET) mit dem Tracer 2-^{18}F-fluoro-2-desoxy-D-glucose (FDG) ist bei TE gut belegt. Im Anfallsintervall zeigt sich bei ca. 80–90% der TE-Patienten ein regionaler Hypometabolismus. Allerdings ist die hypometabole Zone in der Regel größer als der Anfallsursprungsort (Duncan 1997). Die Sensitivität der FDG-PET ist bei FE allerdings deutlich schlechter als bei TE (Duncan et al. 1997).

Mit dem ^{11}C-Flumazenil, einem Benzodiazepinrezeptorantagonisten, steht ein weiterer

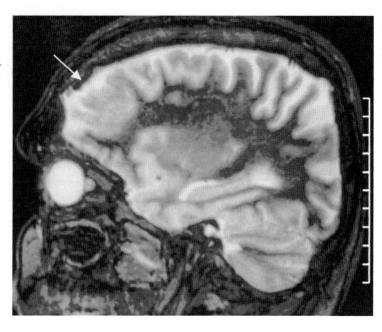

Abb. 16.4. Sagittale MRT mit einer rechtsfrontalen fokalen kortikalen Dysplasie (*Pfeil*). Die medikamentöse Behandlung blieb erfolglos. Resektion der Dysplasie und des umgebenden Kortex führte zur Anfallsfreiheit

Tracer zur Verfügung, der bei medialen TE sensitiver und spezifischer ist als FDG (Duncan et al. 1997). Erste Ergebnisse mit ^{11}C-Flumazenil bei FE bestätigen diese Befunde und zeigen auch, dass die Reduktion der GABA-A-Rezeptorendichte in postoperativen Autoradiografien mit der mittels invasiver EEG-Elektroden identifizierten Anfallsursprungszone korreliert (Arnold et al. 2000).

Single-Photon-Emissionscomputertomografie

Die im Anfallsintervall durchgeführte interiktale SPECT ist für diagnostische Belange zu wenig sensitiv (Duncan 1997). Allerdings bietet sich mit der SPECT die Möglichkeit, einen über mehrere Stunden stabilen Tracer (^{99m}Tc-ethyl cysteinate dimer = ECD) im Anfall intravenös zu injizieren. Ca. 1–2 h nach dem Anfall wird die SPECT-Aufzeichnung durchgeführt (◘ Abb. 16.5). Das iktale SPECT ist dem interiktalen SPECT deutlich überlegen und zeigt bei TE relativ häufig (ca. 80–90%) im Anfall eine regionale Steigerung der Blutflussrate im anfallsgenerierenden Schläfenlappen (Duncan et al. 1997). Die Ergebnisse bei FE sind nur etwas schlechter, was vermutlich damit zusammenhängt, dass sich die Anfallserregung schneller ausbreitet (Noachtar et al. 1998a).

Neuropsychologie

Eine Reihe von neuropsychologischen Testverfahren wurde zur Einschätzung frontaler Hirnleistungen entwickelt. Diese Testverfahren werden zur präoperativen Leistungseinschätzung und Fokuslokalisation eingesetzt (Jones-Gotman 1991). Die präoperative Einschätzung der Leitungsfähigkeit des verbleibenden Frontallappen ist insbesondere wichtig im Hinblick auf die Gefahr eines postoperativen Frontalhirnsyndroms. In chronisch epileptogenen Zonen sind die physiologischerweise lokalisierten Funktionen oftmals nicht mehr intakt, sodass auf epileptisch erkrankte Areale begrenzte Resektionen nicht zu Defiziten führen. Je größer die funktionellen oder strukurellen Störungen der Frontalhirnstrukturen sind, desto eher kommt es zu neuropsychologischen Defiziten

16.5 · Therapie

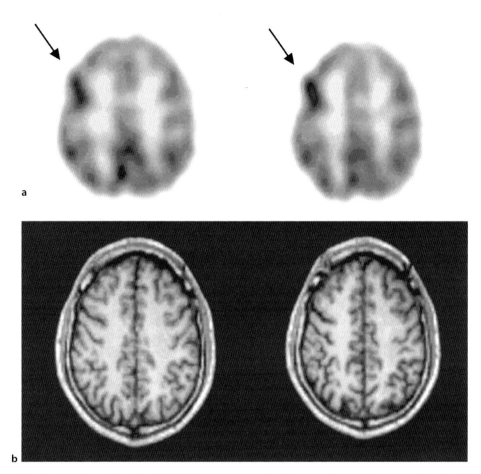

Abb. 16.5a, b. Aufnahmen in axialer Schichtführung eines 36-jährigen Patienten mit pharmakoresistenter rechtsseitiger Frontallappenepilepsie seit dem 7. Lebensjahr. Epilepsiechirurgische Frontalhirnteilresektion rechts unter Schonung des primär sensomotorischen Kortex führte zu Anfallsfreiheit. Die MRT (**b**) ist unauffällig. In der iktalen SPECT (**a**) sieht man eine rechts frontale Hyperperfusion (*Pfeil*)

bis hin zum Vollbild des Frontallappensyndroms, das zumeist bei bilateralen Läsionen auftritt.

Der intrakarotidale Amobarbital-Test (Wada-Test) dient bei FE zur Bestimmung der Sprachdominanz. Bei manchen Epilepsiepatienten kommt es zu einer Verlagerung der Sprachdominanz, die mit Hilfe des Wada-Tests ermittelt werden kann.

16.5 Therapie

Medikamentöse Therapie

Die medikamentöse Behandlung der FE folgt den Empfehlungen, die für fokale Epilepsien gelten. An erster Stelle steht Carbamazepin, gefolgt von Valproinsäure, Phenytoin und Lamotrigin in Monotherapie (Hufnagel u. Noachtar 1998). Die Dosis sollte bei Anfallsrezidiven so lange erhöht werden, wie sie vertragen wird. Bei ersten Nebenwirkungen und fortbestehenden Anfällen ist die Pharmakoresistenz für die betreffende Substanz belegt und eine weitere Gabe nicht sinnvoll. Man wird dann schrittweise auf ein anderes Mittel der ersten Wahl in Monotherapie umstellen. Ist in der Umstellungsphase die Kombination der Mittel erfolgreich und nebenwirkungsfrei, sollte man die Kombination weiterführen. Allerdings sind Kombinationen von Antiepileptika normalerweise nebenwirkungsträchtiger als Monotherapien.

Neue Antiepileptika (Lamotrigin, Vigabatrin, Gabapentin, Tiagabin, Topiramat, Oxcarbazepin, Levetiracetam) können in Zukunft die Rangfolge der Mittel erster Wahl noch beeinflussen. Altbewährte Substanzen (z. B. Phenobarbital) sollten jedoch nicht tabuisiert werden. Unter Berücksichtigung der typischen Nebenwirkungen kann mit verträglichen Dosen manchen Patienten geholfen werden, die auf andere Antiepileptika nicht gut angesprochen haben (Hermanns et al. 1996).

Die Chance durch eine medikamentöse Behandlung Anfallsfreiheit zu erzielen, hängt vermutlich von der Ätiologie der FE ab, wobei keine speziellen Untersuchungsdaten vorliegen. Für chronische fokale Epilepsien i. A. liegt die Chance auf Anfallsfreiheit bzw. ausreichende Anfallskontrolle bei ca. 40–70 %. Sobald eine Epilepsie jedoch über mehr als ca. 10 Jahre besteht und 2–3 Antiepileptika der ersten Wahl in maximal tolerablen Dosen nicht zu Anfallskontrolle geführt haben, sinkt die Chance auf eine erfolgreiche Behandlung mit anderen Antiepileptika auf ca. 10 %. Langfristige Antiepileptikaeinnahme kann kognitive Defizite und andere Komplikationen (z. B. Leukopenie, Gingivahyperplasie, Osteoporose, Hepatopathie) verursachen. Bei Frauen im gebärfähigen Alter ist ein Teratogenitätsrisiko (Neuralrohrdefekte) von ca. 0,5–2 % für einige Substanzen (Valproinsäure, Carbamazepin) zu beachten.

Chirurgische Therapie

Die chirurgische Behandlung hängt im Wesentlichen von der Lokalisation des Anfallsursprungs ab (Noachtar et al. 1998b). Die prächirurgische Diagnostik muss den Anfallsursprung so genau wie möglich definieren. Hierzu sind in der Frontalregion oftmals invasive EEG-Ableitungen erforderlich. Umgekehrt kann bei Patienten mit TE typischerweise die Entscheidung zu einem epilepsiechirurgischem Eingriff ohne aufwändige invasive EEG-Diagnostik getroffen werden (Noachtar et al. 1998b; Winkler et al. 1999). Die invasiven Methoden dienen einerseits dazu, den Anfallsursprung zu identifizieren, andererseits wird mit Hilfe der z. B. subduralen Elektroden durch elektrische Stimulation die Lokalisation funktioneller Kortexareale bestimmt. Die physiologische Anatomie kann durch z. B. fokale kortikale Dysplasien erheblich verändert sein. Die individuelle Abgrenzung des Anfallsursprungs von funktionell zu schonendem Kortex (z. B. Sprachregion) ist ein entscheidender Aspekt der Untersuchung (◘ Abb. 16.4). Im operativ günstigen Fall liegt der Anfallsursprung in resezierbarem Kortex (z. B. frontopolar oder frontomesial) und im ungünstigen Fall in funktionell-essenziellem Kortex. Kortexareale, die unbedingt geschont werden müssen, umfassen die Broca-Sprachregion, die typischerweise im Gyrus frontalis inferior liegt und den primär sensomotorischen Kortex im Gyrus praecentralis. Das motorische Gesichtsareal im Gyrus praecentralis kann ohne bleibende Defizite reseziert werden, da eine bilaterale kortikale Repräsentation besteht (Penfield u. Jasper 1954). Die Resektionslinien bei FE werden individuell bestimmt (◘ Abb. 16.4) und sind nicht standardisierbar, wie bei den Temporalhirnteilresektionen (Noachtar et al. 1998b).

Die Ergebnisse der Epilepsiechirurgie bei FE hängen entscheidend von der präoperativen Befundkonstellation ab. Die Chance auf ein exzellentes postoperatives Anfallsergebnis liegt bei ca. 55–68% (Laskowitz et al. 1995; Rasmussen 1975). Die Risiken (Hemiparese, Aphasie) epilepsiechirurgischer Eingriffe am Frontallappen hängen von der Lokalisation der epileptogenen Zone ab und liegen bei ca. 1–5% (Pilcher et al. 1993).

Eine weitere chirurgische Therapieoption besteht in der elektrischen Stimulation des linken N. vagus. Sie führt langfristig bei ca. 30–50% der Patienten zu einer Anfallsreduktion um mindestens 50% bzw. zu einer signifikanten Steigerung der anfallsfreien Tage (Ben Menachem et al. 1994; Clarke et al. 2000). Die Wirkungsweise der Methode ist bislang nicht bekannt. Einige Hypothesen bestehen, etwa dass über synaptische Reorganisationen Effekte erzielt würden. Ein interessanter Aspekt ist, dass positive Effekte auch noch nach 6–12 Monaten zu erwarten sind. Die Methode muss als ein palliatives Verfahren angesehen werden, das deutlich schlechtere Ergebnisse erbringt als die resektive epilepsiechirurgische Behandlung und somit erst dann eingesetzt wird, wenn eine resektive Behandlung nicht infrage kommt.

Die elektrische Stimulation von tiefen Hirnstrukturen (Thalamuskerne, Nucleus subthalamicus) erfährt derzeit eine Renaissance in der Behandlung von Patienten mit medikamentös refraktären Epilepsien (Velasco et al. 1993). Es liegen derzeit entweder nur unsystematische Einzelfallberichte vor, oder die älteren Ergebnisse werden kontrovers diskutiert, sodass dies zum jetzigen Zeitpunkt nicht als etablierte Behandlungsmethode angesehen werden kann und speziellen Zentren für Studienzwecke vorbehalten bleiben soll.

Danksagung
Wir danken den Kollegen Prof. Dr. K. Tatsch (SPECT) (Nuklearmedizinische Klinik, Klinikum Großhadern, Ludwig-Maximilians-Universität München) und PD Dr. T. Yousry (MRT) (Abt. für Neuroradiologie, Klinikum Großhadern, Universität München) für die bildgebenden Untersuchungen sowie den MTA R. Grossmann, O. Klein, E. Scherbaum, R. Schüssler und E. Sincini der Epilepsie-Monitoring-Einheit (Neurologische Klinik, Klinikum Großhadern der Universität München) für die intensive Zusammenarbeit.

Literatur

Arnold S, Berthele A, Drzezga A et al. (2000) Reduction of benzodiazepine receptor binding is related to the seizure onset zone in extratemporal focal cortical dysplasia. Epilepsia 41: 818–824

Bancaud J, Talairach J, Morel P et al. (1974) »Generalized« epileptic seizures elicited by electrical stimulation of the frontal lobe in man. Electroencephalogr Clin Neurophysiol 37: 275–282

Ben Menachem E, Manon ER, Ristanovic R et al. (1994) Vagus nerve stimulation for treatment of partial seizures: 1. A controlled study of effect on seizures. First International Vagus Nerve Stimulation Study Group. Epilepsia 35: 616–626

Chang CN, Ojemann LM, Ojemann GA et al. (1991) Seizures of fronto-orbital origin: a proven case. Epilepsia 32: 487–491

Clarke BM, Griffin H, Fitzpatrick D et al. (2000) Seizure control after stimulation of the vagus nerve: Clinical outcome measures. Can J Neurol Sci 24: 222–225

Commission on Classification and Terminology of the International League Against Epilepsy (1989) A revised proposal for the classification of epilepsy and epileptic syndromes. Epilepsia 30: 389–399

Duncan JS (1997) Imaging and epilepsy. Brain 120: 339–377

Duncan R, Biraben A, Patterson J et al. (1997) Ictal single photon emission computed tomography in occipital lobe seizures. Epilepsia 38: 839–843

Geier S, Bancaud J, Talairach J et al. (1977) The seizures of frontal lobe epilepsy. A study of clinical manifestations. Neurology 27: 951–958

Guerrini R, Dravet C, Genton P et al. (1993) Epileptic negative myoclonus. Neurology 43: 1078–1083

Hermanns G, Noachtar S, Tuxhorn I et al. (1996) Systematic testing of medical intractability for carbamazepine, phenytoin, and phenobarbital or primidone in monotherapy for patients considered for epilepsy surgery. Epilepsia 37: 675–679

Hufnagel A, Noachtar S (1998) Epilepsien und ihre medikamentöse Behandlung. In: Brandt T, Dichgans J, Diener J (Hrsg) Therapie neurologischer Erkrankungen. Kohlhammer, München

Jackson JH (1890) The Lumleian lectures on convulsive seizures. Br Med J 1: 821–827

Janszky J, Fogarasi A, Jokeit H et al. (2000) Are ictal vocalisations related to the lateralisation of frontal lobe epilepsy? J Neurol Neurosurg Psychiatry 69: 244–247

Jones-Gotman M (1991) Presurgical neuropsychological evaluation for localization and lateralization of seizure focus. In: Lüders HO (ed) Epilepsy surgery. Raven, New York

Kanner AM, Morris HH, Luders H et al. (1990) Supplementary motor seizures mimicking pseudoseizures: some clinical differences. Neurology 40/9: 1404–1407

Laskowitz DT, Sperling MR, French JA et al. (1995) The syndrome of frontal lobe epilepsy: characteristics and surgical management. Neurology 45/4: 780–787

Lüders HO, Awad IA (1992) Conceptual considerations. In: Lüders HO (ed) Epilepsy surgery. Raven, New York

Lüders HO, Noachtar S (1994) Atlas und Klassifikation der Elektroenzephalografie. Ciba-Geigy, Wehr/Baden

Lüders HO, Noachtar S (1995) Atlas und Video epileptischer Anfälle und Syndrome. Ciba-Geigy, Wehr/Baden

Lüders HO, Noachtar S (2000) Epileptic seizures: pathophysiology and clinical semiology. In: Lüders HO, Noachtar S (eds) Churchill Livingstone, New York

Lüders HO, Noachtar S (2000) Atlas of epileptic seizures and syndromes. Saunders, Philadelphia

Manford M, Fish DR, Shorvon SD (1996) An analysis of clinical seizure patterns and their localizing value in frontal and temporal lobe epilepsies. Brain 119: 17–40

Morris HH (1991) Frontal lobe epilepsies. In: Lüders HO (ed) Epilepsy surgery. Raven, New York

Morris HH, Dinner DS, Luders H et al. (1988) Supplementary motor seizures: clinical and electroencephalographic findings. Neurology 3: 1075–1082

Noachtar S (1995) Fokale Epilepsie mit Anfällen aus der supplementär sensomotorischen Region: Fehldeutung als spinale Erkrankung. Nervenarzt 66: 140–143

Noachtar S (1998) Die Bedeutung der Semiologischen Anfallsklassifikation für die Lateralisation des Anfallsursprunges und die Syndromunterscheidung bei Patienten mit Temporal- und Frontallappenepilepsien: eine Analyse von Video-EEG dokumentierten epileptischen Anfällen. Habilitationsschrift, Medizinische Fakultät der Universität München

Noachtar S (1999) Klinik und Therapie der Frontallappenepilepsie. Dtsch Med Wochenschr 124/17: 529–533

Noachtar S (2001) Epidural electrodes. In: Lüders HO, Comair Y (eds) Epilepsy surgery, 2nd edn. Lippincott Williams & Wilkins, Philadelphia, pp 585–591

Noachtar S, Arnold S (2000) Clonic seizures. In: Lüders HO, Noachtar S (eds) Epileptic seizures: pathophysiology and clinical semiology. Churchill Livingstone, New York

Noachtar S, Lüders HO (1999) Focal akinetic seizures as documented by EEG-video recordings. Neurology 53: 427–429

Noachtar S, Holthausen H, Sakamoto A et al. (1993) Semiinvasive Elektroden in der epilepsiechirurgischen Diagnostik. In: Stefan H (Hrsg) Epilepsie 92. Deutsche Sektion der Internationalen Liga gegen Epilepsie. Wissenschaftliche Gesellschaft, Berlin

Noachtar S, Holthausen H, Lüders HO (1997) Epileptic negative myoclonus: Subdural EEG-video recordings indicate a postcentral generator. Neurology 49: 1534–1537

Noachtar S, Arnold S, Yousry TA et al. (1998a) Ictal technetium-99 m ethyl cysteinate dimer single-photon emission computed tomography findings and propagation of epileptic seizure activity in patients with extratemporal epilepsies. Eur J Nucl Med 25: 166–172

Noachtar S, Hufnagel A, Winkler PA (1998b) Chirurgische Behandlung der Epilepsien. In: Brandt T, Dichgans J, Diener J (Hrsg) Therapie neurologischer Erkrankungen. Kohlhammer, München

Noachtar S, Rosenow F, Arnold S et al. (1998c) Die semiologische Klassifikation epileptischer Anfälle. Nervenarzt 69: 117–126

Noachtar S, Desudchits T und Lüders HO (2000) Dialeptic seizures. In: Lüders HO, Noachtar S (eds) Epileptic seizures: pathophysiology and clinical semiology. Churchill & Livingstone, New York

Penfield W, Jasper H (1954) Epilepsy and the functional anatomy of the human brain. Brown & Little, Boston

Pilcher WH, Roberts DW, Flanigin HF et al. (1993) Complications of epilepsy surgery. In: Engel J jr, Pedley TA (eds) Surgical treatment of epilepsy, 2nd edn. Raven, New York

Quesney LF (1992) Presurgical EEG investigation in frontal lobe epilepsy. Epilepsy Res Suppl 5: 55–75

Ralston BL (1961) Cingulate epilepsy and secondary bilateral synchrony. Electroencephalogr Clin Neurophysiol 13: 591–598

Rasmussen T (1975) Surgery of frontal lobe epilepsy. In: Purpura DP, Perry JK, Walter RD (eds) Advances in Neurology, vol 8. Raven, New York

Rasmussen T (1982) Localizational aspects of epileptic seizure phenomena. In: Thompson RA, Green JR (eds) New perspectives in cerebral localization. Raven, New York

Salanova V, Morris HH, Van Ness P et al. (1995) Frontal lobe seizures: electroclinical syndromes. Epilepsia 36: 16–24

Salinsky M, Kanter R, Dasheiff RM (1987) Effectiveness of multiple EEGs in supporting the diagnosis of epilepsy: an operational curve. Epilepsia 28: 331–334

Scheffer I, Bhatia KP, Lopez-Cendes I et al. (1995) Autosomal dominant nocturnal frontal lobe epilepsy. A distinctive clinical disorder. Brain 17: 61–73

Literatur

Steinlein OK, Mulley JC, Propping P et al. (1995) A missense mutation in the neuronal nicotinic acetylcholine receptor alpha 4 subunit is associated with autosomal dominant nocturnal frontal lobe epilepsy. Nat Genet 11: 201–203

Steinlein OK, Stoodt J, Mulley J et al. (2000) Independent occurrence of the CHRNA4 Ser248Phe mutation in a Norwegian family with nocturnal frontal lobe epilepsy. Epilepsia 41: 529–535

Tharp BR (1972) Orbital frontal seizures. An unique electroencephalographic and clinical syndrome. Epilepsia 13: 627–642

Tükel K, Jasper H (1952) The electroencephalogram in parasagittal lesions. Electroencephalogr Clin Neurophysiol 4: 481–494

Velasco F, Velasco M, Velasco AL et al. (1993) Effect of chronic electrical stimulation of the centromedian thalamic nuclei on various intractable seizure patterns: I. Clinical seizures and paroxysmal EEG activity. Epilepsia 34: 1052–1064

Werhahn KJ, Noachtar S (2000) Epileptic negative myoclonus. In: Lüders HO, Noachtar S (eds) Epileptic seizures: pathophysiology and clinical semiology. Churchill & Livingstone, New York

Werhahn KJ, Noachtar S, Arnold S et al. (2000) Tonic seizures: Their significance for lateralization and frequency in different focal epileptic syndromes. Epilepsia 41: 1153–1161

Williamson PD, Spencer DD, Spencer SS et al. (1985) Complex partial seizures of frontal lobe origin. Ann Neurol 18: 497–504

Winkler PA, Herzog C, Henkel A et al. (1999) Nicht-invasives Protokoll für die epilepsiechirurgische Behandlung fokaler Epilepsien. Nervenarzt 70: 1088–1093

Winkler PA, Vollmar C, Krishnan KG et al. (2000) Usefulness of 3-D reconstructed images of the human cerebral cortex for localization of subdural electrodes in epilepsy surgery. Epilepsy Res 41: 169–178

Schädel-Hirn-Trauma

C.-W. Wallesch

17.1 Einleitung – 378

17.2 Schädigungsmechanismen und ihr Korrelat in der Bildgebung – 378

17.3 Die neuropsychologische Symptomatik in der Postakutphase nach Schädel-Hirn-Trauma – 380

17.4 Die neuropsychologische Symptomatik in der chronischen Phase nach Schädel-Hirn-Trauma – 381

17.5 Fazit und Ausblick – 382

Literatur – 383

17.1 Einleitung

Jährlich erleiden in Deutschland etwa 200000 Menschen ein Schädel-Trauma mit Hirnbeteiligung, meist als Commotio cerebri mit transienter Bewusstseinsstörung und/oder amnestischer Lücke. Wegen der sich meist rasch rückbildenden Symptomatik erfolgt in der Akutversorgung häufig keine fachneurologische oder -neurochirurgische Versorgung, obwohl auch nach leichten Schädel-Hirn-Traumen (SHT) anhaltende neuropsychologische Defizite auftreten können (Rimel et al. 1981).

Bei schwereren SHT mit substanzieller Hirnschädigung (Contusio cerebri) gehören neben Aufmerksamkeits- und Gedächtnisstörungen frontalexekutive Defizite und – in der Tradition von Kleist (1934) auf orbitofrontale Läsionen zurückgeführte – Verhaltensauffälligkeiten zu den häufigsten neuropsychologischen Residuen. Nach Mazaux et al. (1997) tragen v.a.:
- Ermüdbarkeit,
- Verlangsamung,
- Gedächtnisdefizite und
- Störungen exekutiver Funktionen

zur Prognose hinsichtlich Unterstützungsbedarf und sozialer Reintegration nach SHT bei. Eine methodisch anders angelegte Analyse von Ashley et al. (1997) ergab, dass langfristig v. a. Störungen emotionaler und sozialer Fähigkeiten und Fertigkeiten die soziale Wiedereingliederung beeinträchtigen.

17.2 Schädigungsmechanismen und ihr Korrelat in der Bildgebung

Fokale Kontusionen nach gedecktem SHT weisen Prädilektionsorte im orbitofrontalen und temporobasalen Kortex auf (Gurdijan u. Gurdijan 1976). Für Patienten mit einem entsprechenden Befund der Bildgebung schienen die neuropsychologischen Defizite somit bei allerdings großer interindividueller Varianz hinreichend erklärt. Für die mangelnde Übereinstimmung zwischen den Befunden der bildgebenden Diagnostik und den erheblichen neuropsychologischen Defiziten vieler Patienten nach SHT, die keine oder in anderen Regionen lokalisierte Kontusionen aufwiesen, gab es bis vor wenigen Jahren keine theoretische Grundlage. Heute wird, wenn auch nicht unwidersprochen, angenommen, dass die Symptomatik und die Folgen gedeckter SHT auf mindestens 3 pathophysiologischen Mechanismen beruhen:
1. der fokalen, durch »Coup« und »Contrecoup« verursachten Schädigung,
2. einer diffusen traumatischen Schädigung, die v.a. durch Rotationsbeschleunigungen und daraus resultierenden Scherkräften an physikalisch definierten Grenzen auftritt (Gennarelli 1994),
3. Sekundärschäden durch Ödem, Hirndruck und Raumforderung (z. B. infolge intrakranieller Hämatome).

Die diffuse traumatische Schädigung beruht nach neuropathologischen Untersuchungen auf folgender Schädigungskaskade (Gennarelli 1994):
1. Einem traumatischen axonalen Membrandefekt an Grenzen der Gliaumscheidung mit daraus folgendem Kalzium- und Wassereinstrom sowie lokaler Axonschwellung. Der Kalziumeinstrom aktiviert Proteasen, die zu einer lokalen Degeneration des Zytoskeletts führen.
2. Einer lokalen Depolarisation, die am Soma eine exzitotoxische Schädigung begünstigt.
3. Einer Aktivierung der Apoptosekaskade oder, bei ausreichenden Kompensationsmechanismen, einer Regeneration mit Wiederaufbau des geschädigten Axons.

Wegen der vorwiegend axonalen Pathologie wird in der internationalen Literatur überwiegend der Terminus »diffuse axonale Schädigung« verwendet, der allerdings kritisiert wird (Meythaler et al. 2001). Es wird mittlerweile angenommen, dass die diffuse traumatische Schädigung auch beim leichten bis mittelschweren SHT eine Rolle spielt (Mittl et al. 1994). Die Schädigung ist v.a. bei geringer Ausprägung nicht prinzipiell irreversibel, geht jedoch mit einem initialen Funktionsverlust einher. Povlishock und Christman (1995) weisen neben der Möglichkeit der Regeneration auf die umfangreichen Kompensationsmöglichkeiten bei leichterer Schädigung hin. Bei den meist umschriebenen, jedoch multiplen Schädigungen seien unterhalb einer Schwelle Reorganisationen eher möglich als bei Schäden größeren Volumens.

Genarelli et al. (1982) definierten 3 Schwergrade der diffusen axonalen Schädigung:
1. fokale Marklagerzerreißungen an der Mark-Rinden-Grenze,
2. Balkenläsionen und
3. rostrale Hirnstammläsionen.

Balkenläsionen und Hirnstammläsionen führen zu Koma von mehr als 24 h und zu einer insgesamt ungünstigen Prognose. Diese beiden Schädigungsmechanismen sollen hier nicht weiter betrachtet werden, da bei den betroffenen Patienten die Frontalhirnsymptomatik nicht im Vordergrund steht.

Die fokalen Marklagerzerreißungen mit Prädilektionsort an der Mark-Rinden-Grenze der Großhirnhemisphären sind für unsere Betrachtung jedoch von erheblicher Bedeutung, da sie wie die fokalen Kontusionen hauptsächlich die Frontal- und Temporallappen betreffen (Gentry et al. 1988). Sie stellen sich im MRT, wenn dieses zeitnah zum Schädigungszeitpunkt durchgeführt wird, als multiple anisodense Läsionen mit einem Durchmesser von weniger als 15 mm im Marklager der Großhirnhemisphären, bevorzugt an der Mark-Rinden-Grenze, dar (Gentry et al. 1988). Sie lassen sich von vorbestehenden Läsionen dadurch unterscheiden, dass sie – in einer MRT-Kontrolle – einer zeitlichen Dynamik unterliegen.

Aus verschiedenen Gründen (Kooperation, Überwachungsaufwand, Vorhaltung, Kosten) ist eine Routine-MRT in der Frühphase nach SHT derzeit nicht praktikabel (es ist allerdings zu diskutieren, ob eine Routine-MRT in der Postakutphase zumindest bei Patienten, die zu bestimmende klinische Kriterien erfüllen, zum klinischen Standard erhoben werden sollte). Bei vielen Patienten können die Zeichen der diffusen axonalen Schädigung auch in der Computertomografie (CT) als hypo- und hyperdense (bei Einblutung, ◘ Abb. 17.1) Läsionen im Bereich der Mark-Rinden-Grenze erkannt werden, wobei hypodense Läsionen aufgrund des geringeren Kontrastes schwerer zu erkennen sind. Mittl et al. (1994) fanden jedoch, dass die MRT bei 30% der Patienten mit leichtem SHT und unauffälligem CT Zeichen einer traumatischen Hirnschädigung, meist einer diffusen axonalen Schädigung, darstellt, die MRT also eine größere Sensitivität aufweist. Allerdings wird aus klinischer Indikation das CT meist zum frühestmöglichen Zeitpunkt nach Trauma durchgeführt, während die charakteristischen Läsionen der diffusen axonalen Schädigung sich erst nach bis zu 12 h entwickeln (Povlishock u. Christman 1995). Vermutlich wäre also die Sensitivität des CT größer, wenn auf die Untersuchung in der Akutsituation ein frühes postakutes CT (etwa nach 12 h) folgen und die Auswertung durch entsprechend geschulte (Neuro-)Radiologen erfolgen würde.

Wenn in der Akutphase nach SHT sich die bildgebende Diagnostik auf ein CT bei Aufnahme beschränkt hat, bestehen bei späterer Begutachtung große Probleme, eine substanzielle Hirnschädigung zu erfassen, obwohl Anamnese und neuropsychologische Diagnostik sie nahelegen. Auch MRT-Standardsequenzen stellen Monate und Jahre nach Trauma die Läsionen der diffusen traumatischen Schädigung häufig nicht mehr dar. Die Arbeitsgruppe von von Cramon hat kürzlich eine T2*-Sequenz beschrieben, die eine deutlich höhere Sensitivität aufweist und der zukünftig in der Begutachtung nach SHT voraussichtlich erhebliche Bedeutung zukommen wird (Scheid et al. 2003; ◘ Abb. 17.2).

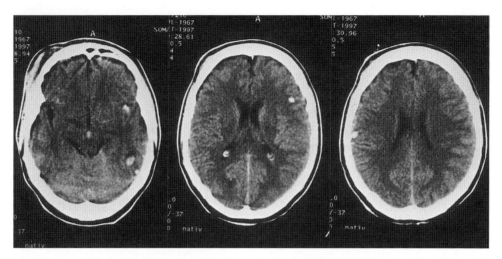

◘ **Abb. 17.1.** Routine-CT eines 30-jährigen Patienten 6 h nach SHT. Multiple kleine Einblutungen mit Prädilektionsort an der Mark-Rinden-Grenze als Ausdruck einer diffusen axonalen Schädigung. (Das CT wurde von der Klinik für Diagnostische Radiologie der Otto-von-Guericke-Universität, Direktor Prof. Dr. W. Döhring, erstellt, der ich für die Überlassung danke)

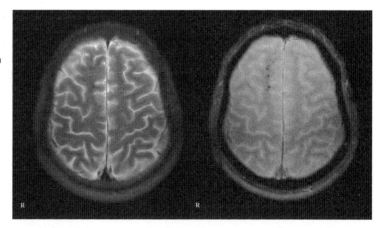

◘ **Abb. 17.2.** Darstellung der Residuen multipler kleinster Einblutungen nach diffuser traumatischer Schädigung im chronischen Stadium mittels T2*-gewichteter Gradienten-Echo-Sequenz in einer 3 Tesla-MRT (*rechts*), *links* konventionelle T2. (Aus Scheid et al. 2003)

17.3 Die neuropsychologische Symptomatik in der Postakutphase nach Schädel-Hirn-Trauma

Die psychometrische Erfassung von Störungen exekutiver Funktionen nach SHT ist im Einzelfall schwierig, da die verwendeten Testverfahren (Problemlöse-, Abstraktions- und Kategorisierungsaufgaben) intelligenzabhängig eine große interindividuelle Varianz aufweisen. Außerdem besteht eine Interferenz mit Aufmerksamkeitsfunktionen und dem Arbeitsgedächtnis. Der Untersuchungsaufwand für die neuropsychologische Erfassung von frontalexekutiven Defiziten ist sehr hoch. Es wurden daher klinische Skalen entwickelt, die mit vertretbarem Aufwand und akzeptablen Testgütekriterien als Screening-Verfahren für das Vorliegen einer Frontalhirnsymptomatik dienen können.

Die »Neurobehavioural-Rating-Scale« (NBRS, Levin et al. 1987) bildet 27 Symptome des posttraumatischen Psychosyndroms auf 7-stufigen Skalen ab (derzeit verwenden die Autoren 4-stufige Skalen, die Revision ist allerdings noch nicht international publiziert). Das Verfahren setzt einen trainierten Untersucher voraus.

In einer eigenen Untersuchung an 22 Patienten mit fokalen Kontusionen fanden sich innerhalb des ersten Monats nach SHT in der NBRS folgende Symptome besonders oft (in Klammern ist die Häufigkeit eindeutig als pathologisch gewerteter Befunde in Prozent aufgeführt):
- Gedächtnisdefizite (50%),
- mangelnde Störungseinsicht (45%),
- psychomotorische Verlangsamung (45%),
- Aufmerksamkeitsdefizite (41%),
- Planungsstörung (36%) und
- Desorientiertheit (36%).

Allerdings fand man auch für die NBRS-Gesamtscores signifikante Interaktionen mit Alter und Schulbildung.

Teile der NBRS wurden in den Frontallappen-Score (FLS) von Ettlin und Kischka (1999) integriert (vgl. Kap. 3). Die Autoren des FLS wählten ein einfacheres und robusteres (binäres) Bewertungssystem, das geringere Anforderungen an den Untersucher stellt.

Wallesch et al. (2001a) untersuchten bei 68 Patienten mit klinisch leichtem bis mittelschwerem SHT die neuropsychologische und psychopathologische Symptomatik in der 2. und 3. Woche nach Trauma. Nach dem CT-Verlauf wurde bei 7 Patienten eine diffuse axonale Schädigung, bei 10 eine frontale und bei 9 eine temporale Kontusion festgestellt. Das Vorliegen einer diffusen traumatischen Schädigung, nicht jedoch einer Kontusion war mit niedrigen initialen »Glasgow-Coma-Scores« (Teasdale u. Jennett 1974) assoziiert. Die diffuse Schädigung ging mit Störungen der Interferenzkontrolle (»Go-NoGo-Aufgaben«, »Stroop-Test«), der Wortflüssigkeit und der Konzeptbildung als charakteristischen frontalhirnbezogenen Defiziten einher. Patienten mit fokalen frontalen und temporalen Kontusionen wiesen ebenfalls Defizite in der Wortflüssigkeit und Konzeptbildung sowie frontalhirnassoziierte Verhaltensauffälligkeiten auf, Patienten mit frontalen Kontusionen außerdem Defizite im Mosaiktest.

17.4 Die neuropsychologische Symptomatik in der chronischen Phase nach Schädel-Hirn-Trauma

Monate und Jahre nach SHT dominieren als neuropsychologische Defizite Störungen des Gedächtnisses, von Aufmerksamkeitsfunktionen, Antrieb und psychomotorischr Geschwindigkeit (Mazaux et al. 1997). An psychiatrischen Diagnosen sind Depressionen und Angststörungen besonders häufig (Deb et al. 1999b), im engeren Sinne frontalhirnbezogene Störungen wie soziale Disinhibition sind hingegen selten (Deb et al. 1999a). Schwere orbito- und mediofrontale Verletzungen ziehen oft erhebliche Störungen des Sozialverhaltens und der Impulskontrolle mit Aggressivität und Gewalttätigkeit nach sich (Grafman et al. 1996).

Blair und Cipolotti (2000) stellten eine eindrucksvolle neuropsychologische Analyse eines Patienten nach bilateraler orbitofrontaler und links temporobasaler Kontusion vor, der posttraumatisch schwere Verhaltensauffälligkeiten mit Aggressivität, inadäquatem Verhalten und Gewalttätigkeit ohne Bedauern oder Reue (»acquired sociopathy«, Damasio et al. 1990) aufwies. Die Autoren konnten die Symptomatik darauf zurückführen, dass der Patient keine Theorien über den emotional-affektiven Zustand seiner Sozialpartner generieren und sein Verhalten daher auch nicht entsprechend steuern konnte, da er emotionale Signale nicht wahrnahm oder falsch interpretierte. Blair und Cipolotti interpretierten die Symptomatik vor dem Hintergrund der Literatur als Folge der rechts orbitofrontalen Schädigung.

Neuropsychologisch finden sich auch bei Patienten mit insgesamt geringen Defiziten noch Aufmerksamkeitsstörungen, v.a. in Form einer vermehrten Interferenzanfälligkeit (Stuss et al. 1985). Levin et al. (1991) fanden nach SHT v. a. Auffälligkeiten im »Wisconsin-Card-Sorting-Test« (einer Kategorisierungsaufgabe mit sich ändernden Regeln), im »Turm von London« (einer Planungsaufgabe), in Wortproduktionsaufgaben (»Wortflüssigkeit«) und im »Mosaiktest« sowohl bei Patienten mit als auch bei solchen ohne fokale frontale Kontusion. Die 3 erst genannten Verfahren sind typische Frontalhirntests und auch die Leistungen im Mosaiktest sind bei Frontalhirnschädigungen häufig beeinträchtigt (Wallesch et al. 1983). Auch frontalhirnassoziierte Verhaltensauffälligkeiten sind bei Patienten nach SHT ohne Bildgebungsnachweis einer frontalen Kontusion häufig (Levin et al. 1987).

In einer Längsschnittstudie von Wallesch et al. fanden sich 5–10 Monate nach einem SHT bei Patienten mit diffuser axonaler Schädigung weiterhin Defizite der Interferenzkontrolle, bei Patienten mit fokalen frontalen Kontusionen weiterhin signifikant höhere Werte in der NBRS (Wallesch et al. 2001b). Die häufigsten als pathologisch gewerteten Items der NBRS bei Kontusionspatienten waren »emotionaler Rückzug« und »depressive Stimmung« (jeweils 18%, vgl. Deb et al. 1999b) und »Gedächtnisstörung«, »vermehrte Ermüdbarkeit« und »Antriebsstörung« (je 14%, unveröffentlichte eigene Ergebnisse). Interessant war, dass es in der Gruppe der Patienten mit diffusen axonalen Schädigungen zu deutlichen Leistungsverbesserungen im Vergleich zur Untersuchung innerhalb eines Monats nach Trauma kam, während die Veränderungen bei den Kontusionspatienten geringer waren (Wallesch et al. 2001b).

17.5 Fazit und Ausblick

Neben Störungen von Aufmerksamkeits- und Gedächtnisfunktionen dominieren frontalhirnassoziierte Defizite die neuropsychologische und psychopathologische Früh- und Spätsymptomatik nach SHT. Nach derzeitigem Kenntnisstand liegen ihnen v. a. 2 Schädigungsmechanismen zugrunde, nämlich die
- fokale Kontusion und
- die diffuse traumatische Schädigung.

Beide Mechanismen betreffen v. a. den Frontal- und basalen Temporallappen. Ergebnisse einer eigenen Untersuchung (Wallesch et al. 2001a, b) weisen darauf hin, dass die resultierenden Frontalhirnsyndrome sich neuropsychologisch partiell unterscheiden und dass die aus der diffusen traumatischen Schädigung resultierende Symptomatik bei den untersuchten Patienten mit leichten bis mittelschweren SHT eine günstigere Prognose aufweist. Die diffuse traumatische Schädigung geht mit einer schweren Initialsymptomatik (niedrige »Glasgow-Coma-Scores«) einher. Wie bereits ausgeführt, kann der Pathomechanismus der diffusen axonalen Schädigung zu einer nur transienten Funktionsstörung führen (Gennarelli 1994). Povlishock und Christman (1995) wiesen zudem darauf hin, dass der Schädigungstyp der multilokulären räumlich begrenzten Läsionen unterhalb einer Schwelle günstige Voraussetzungen für eine Kompensation auftretender Defizite in sich birgt.

Klinische Skalen wie die NBRS oder auch der »Frontallappen-Score« (»Frontal-Lobe-Score«, Ettlin u. Kischka 1999) scheinen geeignet, Patienten mit potenziell rehabilitationspflichtigen (oder auch entschädigungsrelevanten) neuropsychologischen und psychopathologischen Defiziten mit vertretbarem Aufwand zu identifizieren und weiterer Diagnostik bzw. Rehabilitation zuzuweisen. Angesichts der erheblichen sozialmedizinischen Folgen posttraumatischer neuropsychologischer Defizite sollten derartige einfache Instrumente in der klinischen Routine eingesetzt werden.

Die Möglichkeiten des Nachweises einer diffusen axonalen Schädigung mit bildgebenden Verfahren sind derzeit unbefriedigend. Eine frühe Magnetresonanztomografie erfordert einen hohen Aufwand, im CT sind die Läsionen häufig nur zu identifizieren, wenn eine zweite Untersuchung innerhalb der ersten Tage nach Trauma durchgeführt wird. Sowohl für das CT (Mittl et al. 1994) als auch für die MRT (Ruff et al. 1994) wird die Sensitivität der Methode in Frage gestellt. Möglicherweise stellen Serummarker einer Hirnschädigung (Herrmann et al. 1999) ein einfacheres und sensitiveres Screening-Instrument als Grundlage weiterer diagnostischer Entscheidungsbäume dar.

Spezielle MRT-Sequenzen (T2*) können die Läsionen der diffusen traumatischen Schädigung vermutlich auch noch im chronischen Stadium nachweisen, was für die neurologische Begutachtung von erheblicher Bedeutung sein dürfte.

Literatur

Ashley MJ, Persel CS, Clark MC, Krych DK (1997) Long-term follow-up of post-acute traumatic brain injury rehabilitation: a statistical analysis to test for stability and predictability of outcome. Brain Inj 11: 677–690

Blair RJR, Cipolotti L (2000) Impaired social response reversal: a case of »acquired sociopathy«. Brain 123: 1122–1141

Damasio AR, Tranel D, Damasio H (1990) Individuals with sociopathic behavior caused by frontal damage fail to respond autonomically to social stimuli. Behav Brain Res 41: 81–94

Deb S, Lyons I, Koutzoukis C (1999a) Neurobehavioural symptoms one year after a head injury. Br J Psychiatry 174: 360–365

Deb S, Lyons I, Koutzoukis C, Ali I, McCarthy G (1999b) Rate of psychiatric illness 1 year after traumatic brain injury. Am J Psychiatry 156: 374–378

Ettlin T, Kischka U (1999) Bedside frontal lobe testing: the »Frontal Lobe Score«. In: Miller BL, Cummings JL (eds) The human frontal lobes. Grune & Stratton, New York, pp 233–246

Gennarelli TA (1994) Cerebral concussion and diffuse brain injuries. In: Cooper PR (ed) Head injury, 3rd edn. Williams & Wilkins, Baltimore, pp 137–158

Gennarelli TA, Thibault LE, Adams JH, Graham DI, Thompson CJ, Marcincin RP (1982) Diffuse axonal injury and traumatic coma in the primate. Ann Neurol 12: 564–574

Gentry JR, Godersky JC, Thompson B (1988) MR imaging of head trauma: review of the distribution and radiographic features of traumatic brain lesions. AJR 150: 663–672

Grafman J, Schwab K, Warden D, Pridgen BS, Brown HR, Salazar AM (1996) Frontal lobe injuries, violence and aggression: a report of the Vietnam Head Injury Study. Neurology 46: 1231–1238

Gurdijan ES, Grudijan ES (1976) Cerebral contusions: re-evaluation of the mechanism of their development. J Trauma 16: 35–51

Herrmann M, Curio N, Jost S, Wunderlich MT, Synowitz H, Wallesch CW (1999) Protein S-100B and neuron specific enolase as early biochemical markers of the severity of traumatic brain injury. Restor Neurol Neurosci 14: 109–114

Levin HS, High WM, Goethe KE et al. (1987) The neurobehavioural rating scale: assessment of the behavioural sequelae of head injury by the clinician. J Neurol Neurosurg Psychiat 50: 183–193

Levin HS, Goldstein FC, Williams DH, Eisenberg HM (1991) The contributions of frontal lobe lesions to the neurobehavioral outcome of closed head injury. In: Levin HS, Eisenberg HM, Benton AL (eds) Frontal lobe function and dysfunction. Oxford University Press, New York, pp 318–338

Mazaux JM, Masson F, Levin HS, Alaoui P, Maurette P, Barat M (1997) Long-term neuropsychological outcome and loss of social autonomy after traumatic brain injury. Arch Phys Med Rehabil 78: 1316–1320

Meythaler JN, Peduzzi JD, Eleftherion E et al. (2001) Current concepts: Diffuse axonal injury – associated traumatic brain injury. Arch Phys Med Rehabil 82: 1461–1471

Mittl RL, Grossman RI, Hiehle JF, Hurst RW, Kauder DR, Gennarelli TA, Alburger GW (1994) Prevalence of MR evidence of diffuse axonal injury in patients with mild head injury and normal head CT findings. Am J Neuro radiology 15: 1583–1589

Povlishock JT, Christman CW (1995) The pathobiology of traumatically induced axonal injury in animals and humans: a review of current thoughts. J Neurotrauma 12: 555–564

Rimel RW, Giordani B, Barth JT, Boll TJ, Jane JA (1981) Disability caused by minor head injury. Neurosurgery 9: 221–228

Ruff RM, Crouch JA, Troster AI, Marshall LF, Buchsbaum MS, Lottenberg S, Somers LM (1994) Selected cases of poor outcome following a minor brain trauma: comparing neuropsychological and positron emission tomography assessment. Brain Inj 8: 297–308

Scheid R, Preul C, Gruber O, Wiggins C, von Cramon DY (2003) Diffuse axonal injury associated with chronic traumatic brain injury: Evidence from T2*-weighted gradient-echo imaging at 3 T. Am J Neuroradiol 24: 1049–1056

Stuss DT, Ely P, Hugenholtz D (1985) Subtle neuropsychological deficits in patients with good recovery after closed head injury. Neurosurgery 17: 41–47

Teasdale G, Jennett B (1974) Assessment of coma and impaired consciousness: a practice scale. Lancet 2: 81–84

Wallesch CW, Kornhuber HH, Köllner C, Haas JC, Hufnagl JM (1983) Language and cognitive deficits resulting from medial and dorsolateral frontal lobe lesions. Eur Arch Psychiat Neurol Sci 233: 279–296

Wallesch CW, Curio N, Galazky I, Jost S, Synowitz H (2001a) The neuropsychology of blunt head injury in the early postacute stage – effects of focal lesions and diffuse axonal injury. J Neurotrauma 18: 11–20

Wallesch CW, Curio N, Kutz S, Jost S, Bartels C, Synowitz H (2001b) Outcome after mild to moderate blunt head injury – effects of focal lesions and diffuse axonal injury. Brain Inj 15: 401–412

Therapeutische Perspektiven

18 Grundsätzliche Überlegungen – 387
C.-W. Wallesch

19 Neuropsychologische Therapieprogramme – 395
S. Gauggel

Grundsätzliche Überlegungen

C.-W. Wallesch

18.1 Einleitung – 388

18.2 Frontalexekutive Störungen – 389

18.3 Pharmakologische Therapie – 390

18.4 Neuropsychologische Therapie – 390

18.5 Zusammenfassung und Ausblick – 391

Literatur – 392

18.1 Einleitung

Frontalhirnläsionen können u. a. zu Verhaltensänderungen, Störungen von Aufmerksamkeits- und Gedächtnisfunktionen sowie zu Störungen von Problemlösefähigkeiten (Abstrahieren und Kategorisieren) und von exekutiven Funktionen führen. Diese Defizite sind einer neuropsychologischen/verhaltensneurologischen Therapie zugänglich, verlässliche Daten über die differenzielle Indikation, Effizienz und Effektivität der einzelnen Behandlungsstrategien fehlen jedoch noch. Die weitaus meisten Patienten, bei denen gestörte Exekutivfunktionen im Fokus der Rehabilitation stehen, haben ein Schädel-Hirn-Trauma (SHT) erlitten (Bartels u. Wallesch 2000). Mazaux et al. (1997) konnten zeigen, dass Defiziten exekutiver Funktionen für die Rehabilitationsprognose nach SHT entscheidende Bedeutung zukommt.

Die Beziehungen zwischen Frontalhirn und exekutiven Funktionen sowie zwischen Frontalhirnläsionen und »frontalexekutiven« Störungen sind nicht eineindeutig:

> Exekutivfunktionen sind mentale Prozesse höherer Ordnung, die ein komplexes Nervennetzwerk benötigen, das sowohl kortikale als auch subkortikale Komponenten umfasst. Die höchste Wahrscheinlichkeit für das Auftreten exekutiver Dysfunktionen haben demzufolge diffuse/disseminierte zerebrale Gewebeschäden (Matthes-von Cramon u. von Cramon 2000).

Wallesch et al. (2001) konnten zeigen, dass die diffuse axonale Schädigung nach SHT und fokale Kontusionen zu unterschiedlichen Mustern neuropsychologischer frontalhirnbezogener Defizite führen (diffuse Schädigung: Verhaltensauffälligkeiten und vermehrte Interferenzanfälligkeit; frontale Kontusionen: Verhaltensauffälligkeiten und Störungen der Konzeptbildung). Obwohl sie nicht zum engeren Bereich der Exekutivfunktionen gehören, sind die genannten Defizite sowie Störungen
- der Problemlösung,
- der Aufmerksamkeit,
- des Gedächtnisses und
- des Antriebs

für die individuelle Symptomatik und Therapie der Störungen von Exekutivfunktionen von großer Bedeutung. Außerdem können sich hinter Verhaltensauffälligkeiten Störungen von Exekutivfunktionen verbergen: Blair und Cipolotti (2000) konnten bei einem nach bilateraler orbitofrontaler Läsion massiv soziopathischen Patienten zeigen, dass seine inadäquate Aggressivität Ausdruck einer Störung der Theorienbildung über die emotionalen und aggressiven Reaktionen anderer war.

Bedeutsam für die Rehabilitationspraxis ist außerdem, dass Patienten mit frontalen und diffusen Hirnschäden häufig erhebliche Defizite in der Selbst- und Störungswahrnehmung aufweisen (Prigatano 1991; Port et al. 2002). Wegen der Häufigkeit von SHT und der Komplexität ihrer neuropsychologischen und psychosozialen Folgen verfolgen die meisten an Patientengruppen evaluierten Therapieverfahren einen »holistischen« Ansatz, der exekutive Funktionen zwar einbezieht, sie aber nicht isoliert therapiert (z. B. Prigatano et al. 1984).

Das Programm von Prigatano et al. (1984) enthielt als Zielsymptome u. a. Störungen der Defizitwahrnehmung, emotionale und motivationale Störungen und kognitive, darunter auch exekutive Defizite. Es sollte den Patienten zu Unabhängigkeit und realistischer beruflicher Planung verhelfen. Bei insgesamt kleinen Patientenzahlen ergaben sich gegenüber Kontrollen, bei denen aus einer Vielzahl von Gründen die Therapie nicht durchgeführt werden konnte, signifikante Unterschiede in neuropsychologischen Tests, aber nur ein nichtsignifikanter Trend hinsichtlich beruflicher und sozialer Reintegration. Darüber hinaus kann ein Selektionsbias nicht ausgeschlossen werden.

18.2 Frontalexekutive Störungen

Eine Definition »exekutiver Funktionen« ist schwierig. Lezak (1983) ordnete ihnen 4 Primärfunktionen zu:
1. Formulierung von Handlungszielen,
2. Handlungsplanung und Erarbeitung von Lösungsansätzen für antizipierte Probleme,
3. Handlungsausführung,
4. Sicherstellung der Effizienz der Handlung.

Matthes-von Cramon und von Cramon (2000) beschreiben Exekutivfunktionen als »mentale Prozesse höherer Ordnung, denen in der Literatur Begriffe wie Antizipation, Planung, Handlungsinitiierung, kognitive Flexibilität/Umstellungsfähigkeit (»switching«), Koordinierung von Information/Prozessen, Sequenzierung und Zielüberwachung zugeordnet werden. Exekutivfunktionen kommen immer dann ins Spiel, wenn wir Handlungen planen oder Absichten/Ziele über mehrere Schritte (und Hindernisse) hinweg verfolgen«. Sie sind v.a. in Situationen mit mehreren Freiheitsgraden von Bedeutung, in denen mehrere Handlungsalternativen hinsichtlich ihrer Konsequenzen miteinander verglichen und Hypothesen über die Folgen des eigenen Handelns gegeneinander abgewogen werden müssen. Entsprechend haben Patienten mit Störungen von Exekutivfunktionen wenig Probleme, Situationen mit wenigen Freiheitsgraden (z. B. neuropsychologische Untersuchung, Stationsalltag) und Routinesituationen zu bewältigen, während sie in Situationen mit vielen Freiheitsgraden (Sozial- und Arbeitsleben) und außerhalb überlernter Handlungsroutinen scheitern. Wichtig an der Definition von Matthes-von Cramon und von Cramon ist außerdem, dass sie das Monitoring der Handlung beinhaltet. Handeln in Situationen mit multiplen Freiheitsgraden ist oft vorläufiges, probierendes Handeln. Die Handlungskontrolle eröffnet die Möglichkeit der Adaptation und Korrektur der laufenden Handlung.

Ein brauchbares Modell für die zugrunde liegenden psychologischen Prozesse haben Norman und Shallice (1980, internes Papier; 1986) bzw. Shallice und Burgess (1991) vorgestellt. Danach unterliegt die Handlungssteuerung 2 Instanzen:
- einem Inventar überlernter Handlungsprogramme (»contention scheduling«) und
- einem übergeordneten »supervisory attentional system«, das in Nicht-Routine-Situationen eine bewusste Kontrolle und Handlungsplanung sicherstellt.

In diesem Modell entsprechen Störungen von Exekutivfunktionen einem Defizit im »supervisory-attentional-system«.

Klinische Analysen legen allerdings nahe, dass Störungen von Exekutivfunktionen auf Defiziten einer Reihe von zugrunde liegenden kognitiven Leistungen und Prozessen beruhen können (Smith u. Jonides 1999), u. a.:
- Aufmerksamkeitsfokussierung,
- Inhibition von Handlungsimpulsen,
- Planung und Organisation komplexer Handlungen,
- Monitoring des Handlungsstandes und Abgleich mit Erwartungen.

Diese setzen intakte Aufmerksamkeits- und Arbeitsgedächtnisfunktionen voraus.

Abgesehen davon, dass Patienten mit Frontalhirn- und diffusen Schädigungen häufig ein irreguläres Testverhalten aufweisen, ist in vielen neuropsychologischen Tests die Zahl der Handlungsalternativen begrenzt, sodass exekutive Störungen in der Testsituation nicht voll zum Tragen kommen. Eine Übersicht über neuropsychologische Testverfahren, die zur Aufdeckung exekutiver Störungen geeignet sind (jedoch alle eine eingeschränkte Sensitivität und Spezifität aufweisen) geben Matthes-von Cramon und von Cramon (2000). Als Beispiele seien hier genannt:
- Tests des sprachlogischen Denkens (Gemeinsamkeiten finden, Analogien, Anagramme, Reihenergänzung),
- Flüssigkeitsaufgaben (Produktion von Wörtern einer semantischen Kategorie oder ei-

nes Anfangsbuchstabens bzw. von unterschiedlichen Figuren durch Liniensetzung auf einer Punktmatrix),
- Tests zur Konzeptbildung und -änderung (»Wisconsin-Card-Sorting-Test«), zum Planen und Problemlösen (»Turm von Hanoi«), Labyrinthtests, Schätzaufgaben, und
- Aufgaben mit Interferenz zwischen Reaktionsalternativen (»Go-NoGo-Aufgaben«, »Stroop-Test«/Farbe-Wort-Interferenz).

Da exekutive Störungen testpsychologisch schwer und oft nur unvollständig zu erfassen sind, wurden Fremdrating-Skalen entwickelt, so z. B. die »Neurobehavioural-Rating-Scale« (Levin et al. 1987), der »Frontal-Lobe-Score« (Ettlin u. Kischka 1999) und der »Dysexecutive Questionnaire« (Wilson et al. 1996). Mit diesen Instrumenten wurden in der Diagnostik von Patienten nach SHT gute Erfahrungen gemacht (Wallesch et al. 2001). Im Rahmen der Therapieplanung und -kontrolle räumen Matthes-von Cramon und von Cramon (2000) der Verhaltensanalyse einen hohen Stellenwert ein. Letztlich müssen neuropsychologische Therapiestrategien eine externe Validierung im Alltag des Patienten nachweisen. Dies konnte in Einzelfällen für die Behandlung exekutiver Störungen gezeigt werden (Sohlberg u. Mateer 1989).

Exekutive Funktionen werden eingesetzt, um Ziele zu realisieren. Aus neurobiologischer Sicht ist Zielerreichung ein somatischer Zustand der Befriedigung, der zu einem früheren oder späteren Zeitpunkt erreicht wird. Er stützt sich auf eine erlernte Verknüpfung zwischen Situation, Handlungsoptionen und bioregulatorischen Zuständen (»somatic markers«, Bechara et al. 2000), die sich in Emotionen manifestieren. Diese Verknüpfungen beeinflussen Ziele und Strategien von Handlungen. Sie sind in einem anatomischen System repräsentiert, das den ventromedialen frontalen Kortex, Amygdala, somatosensorischen Kortex und Insel umfasst (Bechara et al. 2000). Läsionen dieses Systems führen durch Veränderungen interner »Belohnungen« zu gravierenden Defiziten auf Verhaltensebene und auch in somatischen Korrelaten, z. B. der Risikobereitschaft. Die Entwicklung von Substanzabhängigkeit wurde auf Störungen dieses Systems bezogen (Bechara u. Damasio 2002). Die Somatic-marker-Hypothese vermag eine Reihe von Verhaltensauffälligkeiten von Patienten mit Frontalhirnläsionen, die über exekutive Defizite hinausgehen, zu erklären und dürfte in Zukunft für die Entwicklung von Therapiestrategien eine Rolle spielen.

18.3 Pharmakologische Therapie

Bei Patienten nach SHT konnten Leistungsverbesserungen in neuropsychologischen Tests zur Erfassung exekutiver Funktionen nach Behandlung mit Dopaminergika (Bromocriptin, McDowell et al. 1998), nicht jedoch mit Amantadin (Schneider et al. 1999) gezeigt werden. Den Effekt der verwendeten niedrigen Bromocriptindosen diskutieren die Autoren als Ausdruck eines D_2-Rezeptoragonismus im präfrontalen Kortex oder im Striatum, alternativ als Ausdruck eines D_1-Antagonismus (in der verwendeten Dosierung). Für beide Hypothesen lassen sich Hinweise aus der experimentellen Literatur finden.

18.4 Neuropsychologische Therapie

Da die Muster exekutiver Störungen, die neuropsychologische Begleitsymptomatik, erlernte dysfunktionale Verhaltensweisen und die Therapieziele individuell unterschiedlich sind, ist die Therapie einzelfallbezogen zu planen. Entsprechend schwierig gestaltet sich der Wirksamkeitsnachweis neuropsychologischer Therapie. Die meisten Berichte beziehen sich auf einzelne oder wenige Patienten, wobei allerdings meist statistische Verfahren für die Signifikanzprüfung der Ergebnisse von Einzelfallinterventionen zur Anwendung kamen. Eine Übersicht über die Literatur geben Kawski und Bodenburg (1998) sowie Gauggel (▶ s. Kap. 19) in diesem Band.

In einer neuen Übersichtsarbeit nennen Matthes-von Cramon und von Cramon (2000) folgende Therapieansätze:
- Verhaltenstherapie, wobei das kognitive Niveau und evtl. bestehende neuropsychologische Defizite (in Aufmerksamkeits-, Gedächtnis- und Arbeitsgedächtnisbereichen) zu berücksichtigen sind. In Betracht kommen operante Methoden (z. B. »Token Economy«, »Response-Cost«),
- kognitives Training,
- Problemlösetraining,
- Selbstinstruktionstraining mit offener Verbalisation und Selbstanleitung (Cicerone u. Wood 1987),
- Aufbau domänenspezifischer Handlungsschemata.

Therapieziel kann die zunehmend häufigere und sicherere Bewältigung bestimmter Alltagssituationen (durch kognitives Training, Selbstinstruktionstraining oder Aufbau von Handlungsschemata) oder die Zunahme erwünschter bzw. Abnahme unerwünschter Verhaltensweisen sein (Wood 1987).

Verhaltenstherapeutisch orientierte Verhaltensmodifikationen beinhalten selten ausschließlich positive Verstärkung (wegen der Gefahr des Motivationsverlustes; Levine u. Fasnacht 1973). Häufiger wird negative Verstärkung (»Time-Out«, z. B. Burgess u. Alderman 1990) verwendet, meist werden operante Methoden gewählt. Bei der Response-cost-Strategie wird unerwünschtes Verhalten unmittelbar durch den Verlust von etwas Wertvollem (z. B. »Token«, die nach der Therapie in Zigaretten, Schokolade etc. umgesetzt werden können) bestraft. Alderman und Burgess (1990) konnten zeigen, dass Response-cost-Programme alltagsrelevante Verhaltensänderungen auch nach Scheitern einer Time-out-Strategie erzielen können.

Das Therapieprogramm von Sohlberg und Mateer (1989) stützt sich auf ein dreidimensionales Modell exekutiver Funktionen. Die Dimensionen sind:
1. Auswahl und Durchführung kognitiver Pläne:
   - Wissen um die notwendigen und angemessenen Handlungsschritte, ihre Reihenfolge, Initiierung und ggf. Modifizierung.
2. Zeitmanagement:
   - Schätzung des Zeitbedarfs, Erstellung eines Zeitplans, Abarbeitung innerhalb der geplanten Zeit, ggf. Modifizierung des Zeitplans.
3. »Selbstregulation«:
   - Verhaltensbeurteilung, Kontextanpassung, Impulskontrolle, Unterdrückung von Außenreizabhängigkeit und Perseveration.

Die Defizite eines Patienten werden von einem erfahrenen Beurteiler auf einer »Rating-Skala« bewertet und der Therapieverlauf an Veränderungen auf dieser Skala abgebildet. Die Autorinnen geben eine Reihe von Strategien für die gezielte Behandlung von Defiziten in den genannten Funktionen an, z. B. zur Erstellung von Zeitplänen und der Beurteilung eigenen Verhaltens. Wichtig ist die Einbindung des Trainings in Alltagsaktivitäten und soziale Situationen. Da Methoden und Inhalte einzelfallbezogen zu gestalten sind, fehlen Interventionsstudien an Patientenkollektiven.

Eine wichtige Neuentwicklung scheint das Ziel-Management-Training zu sein, in dem Handlungsplan und -initiative aus dem Handlungsziel unter Verstärkung/Belohnung der Zielerreichung entwickelt werden (Levine et al. 2000).

18.5 Zusammenfassung und Ausblick

Relativ gut untersucht sind Interventionen an Patienten nach SHT, bei denen Defizite exekutiver Funktionen in Kombination mit Störungen von Aufmerksamkeits- und Gedächtnisfunktionen, des Antriebs, der Impulskontrolle und der Einsichtsfähigkeit sowie Persönlichkeitsveränderungen vorliegen. Hier konnte in Gruppenstudien ein Einfluss auf die Alltagskompetenz nachgewiesen werden, wobei sich der Anteil der Besserung exekutiver Funktionen am Rehabilitationsergebnis allerdings nicht isolieren lässt. Modellgeleitete Interventionen im Sinne der kognitiven Neuropsychologie wurden bislang nur in Einzelfallstudien überprüft. Ein allgemein akzeptiertes kognitives Modell exekutiver Funktionen fehlt bislang.

Auch schizophrene Patienten weisen einen kognitiven Störungsschwerpunkt im Bereich exekutiver Funktionen auf (Evans et al. 1997; Poole et al. 1999). Auch auf diese Patientengruppe wurden neuropsychologische Therapieansätze angewendet (Spaulding et al. 1999). Die Ergebnisse sind vielversprechend (Kurtz et al. 2001), der Ansatz hat auch in Deutschland Eingang gefunden (Vauth et al. 2000).

Sowohl aus dem Blickwinkel der Neurologie als auch aus dem der Psychiatrie erscheint die Überprüfung und Weiterentwicklung kognitiver Modelle exekutiver (z. B. Norman u. Shallice 1986) und volitional-emotionaler Funktionen (z. B. Bechara et al. 2000) in Kooperation mit kognitiver Psychologie und Neurobiologie als Grundlage einer theoriegeleiteten Therapieforschung ein wichtiges Forschungsziel.

Literatur

Alderman N, Burgess PW (1990) Integrating cognition and behaviour: a pragmatic approach to brain injury rehabilitation. In: Wood RL, Fussey I (eds) Cognitive rehabilitation in perspective. Taylor & Francis, London, pp 204–228

Bartels C, Wallesch CW (2000) Neuropsychologische Defizite nach Schädel-Hirntrauma. In: Sturm W, Herrmann M, Wallesch CW (Hrsg) Lehrbuch der Klinischen Neuropsychologie. Swets & Zeitlinger, Lisse, S 603–609

Bechara A, Damasio H (2002) Decision-making and addiction (part I): impaired activation of somatic states in substance dependent individuals when pondering decisions with negative consequences. Neuropsychologia 40: 1675–1689

Bechara A, Damasio H, Damasio AR (2000) Emotion, decision making and the orbitofrontal cortex. Cereb Cortex 10: 295–307

Blair RJR, Cipolotti L (2000) Impaired social response reversal. A case of »acquired sociopathy«. Brain 123: 1122–1141

Burgess PW, Alderman N (1990) Rehabilitation of dyscontrol syndromes following frontal lobe damage: a cognitive neuropsychological approach. In: Wood RL, Fussey I (eds) Cognitive rehabilitation in perspective. Taylor & Francis, London, pp 183–203

Cicerone KD, Wood JC (1987) Planning disorder after closed head injury: a case study. Arch Phys Med Rehab 68: 111–115

Von Cramon DY, Matthes-von Cramon G (1990) Frontal lobe dysfunction in patients: therapeutical approaches. In: Wood RL, Fussey I (eds) Cognitive rehabilitation in perspective. Taylor & Francis, London, pp 164–179

Ettlin T, Kischka U (1999) Bedside frontal lobe testing: The »Frontal Lobe Score«. In: Miller BL, Cummings JL (eds) The human frontal lobes. Grune & Stratton, New York, pp 233–246

Evans JJ, Chua SE, McKenna PJ, Wilson BA (1997) Assessment of the dysexecutive syndrome in schizophrenia. Psychol Med 27: 635–646

Kawski S, Bodenburg S (1998) Die Behandlung von Störungen des Planens und Handelns. In: Kasten E, Schmid G, Eder R (Hrsg) Effektive neuropsychologische Behandlungsmethoden. Deutscher Psychologen Verlag, Bonn, S 186–201

Kurtz MM, Moberg PJ, Gur RC, Gur RE (2001) Approaches to cognitive remediation of neuropsychological deficits in schizophrenia. Neuropsychol Rev 11: 197–210

Levin HS, High WM, Goethe KE et al. (1987) The neurobehavioural rating scale: assessment of the behavioural sequelae of head injury by the clinician. J Neurol Neurosurg Psychiatr 50: 183–193

Levine B, Robertson IH, Clare L et al. (2000) Rehabilitation of executive functioning: an experimental-clinical validation of goal management training. J Int Neuropsychol Soc 6: 299–312

Levine FM, Fasnacht G (1973) Token rewards may lead to token learning. Am Psychol 29: 816–821

Lezak MD (1983) Neuropsychological assessment, 2nd edn. Oxford University Press, New York

Matthes-von Cramon G, Cramon DY von (2000) Störungen exekutiver Funktionen. In: Sturm W, Herrmann M, Wallesch CW (Hrsg) Lehrbuch der Klinischen Neuropsychologie. Swets & Zeitlinger, Lisse, S 392–410

Literatur

Mazaux JM, Masson F, Levin HS, Alaoui P, Maurette P, Barat M (1997) Long-term neuropsychological outcome and loss of social autonomy after traumatic brain injury. Arch Phys Med Rehabil 78: 1316–1320

McDowell S, Whyte J, D'Esposito M (1998) Differential effects of a dopaminergic agonist on prefrontal functions in traumatic brain injury patients. Brain 121: 1155–1164

Norman D, Shallice T (1986) Attention to action: Willed and automatic control of behaviour. Internal Report. Reprinted in revised form. In: Davidson RJ, Schwartz GE, Shapiro D (eds) Consciousness and self-regulation, vol 4. Plenum, New York

Poole JH, Ober BA, Shenaut GK, Vinogradov S (1999) Independent frontal-system deficits in schizophrenia: cognitive, clinical, and adaptive implications. Psychiatry Res 85: 161–176

Port A, Willmott C, Charlton J (2002) Self-awareness following traumatic brain injury and implications for rehabilitation. Brain Inj 16: 277–289

Prigatano GP (1991) The relationship of frontal lobe damage to diminished awareness: Studies in rehabilitation. In: Levin HS, Eisenberg HM, Benton AL (eds) Frontal lobe function and dysfunction. Oxford University Press, New York, pp 381–397

Prigatano GP, Fordyce DJ, Zeiner HK, Roueche JR, Pepping M, Wood BC (1984) Neuropsychological rehabilitation after closed head injury in young adults. J Neurol Neurosurg Psychiatr 47: 505–513

Schneider WN, Drew-Cates J, Wong TM, Dombovy ML (1999) Cognitive and behavioural efficacy of amantadine in acute traumatic brain injury: an initial double-blind placebo-controlled study. Brain Inj 13: 863–872

Shallice T, Burgess P (1991) Higher-order cognitive impairments and frontal lobe lesions in man. In: Levin HS, Eisenberg HM, Benton AL (eds) Frontal lobe function and dysfunction. Oxford University Press, New York, pp 125–138

Smith EE, Jonides J (1999) Storage and executive processes in the frontal lobes. Science 283: 1657–1660

Sohlberg MM, Mateer CA (1989) Introduction to cognitive rehabilitation. Guilford, New York

Spaulding WD, Reed D, Sullivan M, Richardson C, Weiler M (1999) Effects of cognitive treatment in psychiatric rehabilitation. Schizophr Bull 25: 657–676

Vauth R, Stieglitz RD, Olbrich HM (2000) Kognitive Remediation. Eine neue Chance in der Rehabilitation schizophrener Störungen? Nervenarzt 71: 19–29

Wallesch CW, Curio N, Galazky I, Jost S, Synowitz H (2001) The neuropsychology of blunt head injury in the early postacute stage: effects of focal lesions and diffuse axonal injury. J Neurotrauma 18: 11–20

Wood RL (1987) Brain injury rehabilitation – a neurobehavioral approach. Aspen, Rockville

Neuropsychologische Therapieprogramme

S. Gauggel

19.1 Das »Frontalhirnsyndrom« – 396
Bausteine neuropsychologischer Interventionen – 398

19.2 Spezifische neuropsychologische Interventionen bei Störungen exekutiver Funktionen – 403
Störungsbewusstsein – 403
Initiierung und Sequenzierung von Handlungen – 406
Inhibition von unangemessenen Handlungen – 408
Planen und Problemlösen – 410

19.3 Ausblick – 412

Literatur – 412

19.1 Das »Frontalhirnsyndrom«

Dieses Kapitel beschäftigt sich mit der neuropsychologischen Behandlung von hirngeschädigten Patienten, die eine Störung exekutiver Funktionen aufweisen. Patienten mit solchen Störungen können häufig ihr Leben nicht mehr zielgerichtet organisieren und kontrollieren. Sie sind nicht mehr in der Lage zu entscheiden, welche Handlungen zum Erreichen eines bestimmten Ziels notwendig und zweckmäßig sind (Channon u. Crawford 1999). Sie haben Schwierigkeiten beim Planen und Problemlösen (Goel et al. 1997), es fehlt ihnen an Voraussicht und Einsicht in die vorhandenen Defizite (Jurado et al. 1998; Sherer et al. 1998). Zusammenhänge zwischen längerfristigen Zielen und Schritten, die zum Erreichen dieser Ziele notwendig sind, werden nicht mehr erfasst (Channon u. Crawford 2000). Dadurch gelingt auch eine realistische Planung der Zukunft nicht mehr. Sie erscheinen in ihrem Denken eingeengt, es mangelt ihnen an Ideen. Sie lernen nicht aus den gemachten Erfahrungen und Fehlern, die sie wiederum nur noch selten entdecken und meistens auch nicht korrigieren (Hart et al. 1998). Dadurch erscheinen die Patienten in ihrem Verhalten rigide und uneinsichtig. Verstärkt wird dieser Eindruck noch dadurch, dass die Patienten zwar richtig angeben können, was in einer bestimmten Situation getan werden muss, sich aber bei der Ausführung nicht an die genannten Schritte halten. Besonders gravierend ist der Umstand, dass ein Teil der betroffenen Patienten Aussagen anderer Personen nicht kritisch hinterfragt und dadurch leicht beeinflusst und gelenkt werden kann. In extremen Fällen reagieren die Patienten vorschnell und unüberlegt auf irrelevante Ereignisse oder Geschehnisse in der Umgebung (Lhermitte 1986; Lhermitte et al. 1986; Shallice et al. 1989). In vielen Fällen sind die Betroffenen auch in ihrem emotionalen Erleben verändert (Prigatano 1992; Stuss et al. 1992). Ihre emotionale Beteiligung ist verringert oder Emotionen sind nicht situationsangemessen. Teilweise sind sie gleichbleibend freundlich, ja geradezu euphorisch. Vereinzelt neigen sie aber auch zu aggressiven Handlungen (Blair u. Cipolotti 2000), sind schnell aufbrausend und können sexuell enthemmt sein (Grafman et al. 1996; Hawkins u. Trobst 2000; Simpson et al. 1999).

Taxonomie exekutiver Funktionen. In der klinischen Praxis wurde für dieses Spektrum an Störungen der Begriff »Frontalhirnsyndrom« geprägt, weil insbesondere Patienten mit frontalen Hirnschädigungen solche Störungen aufweisen (z. B. Rommel et al. 1999). Wie in dem Beitrag von Wallesch (Kap. 18 in diesem Buch) erläutert wird, ist die Begriffswahl »Frontalhirnsyndrom« aber irreführend, da nicht bei allen Patienten mit einer frontalen Schädigung eine Störung exekutiver Funktion vorhanden ist und auch Patienten mit Schädigungen nichtfrontaler Hirngebiete solche Beeinträchtigungen aufweisen können. Hinzu kommt, dass die Ausprägung und Schwere der Symptomatik sowie die Art der vorliegenden Beeinträchtigungen von Patient zu Patient sehr unterschiedlich sein kann und deshalb schwerlich von einem Syndrom gesprochen werden kann. Aufgrund dieser Kritikpunkte sollte für entsprechende Störungen der Begriff »exekutive Dysfunktionen« bzw. der Begriff »Dysexekutive Störung« verwendet werden. Allerdings gilt es bei der Verwendung des Begriffs »Dysexekutive Störung« zu beachten, dass exekutive Funktionen in ganz unterschiedliche Aspekte und Komponenten untergliedert werden und die Theoriebildung in diesem Bereich noch unscharf und empirisch noch nicht gut fundiert ist (◘ Tabelle 19.1).

Die Behandlung von Patienten mit den geschilderten Störungen ist schwierig, da zentrale Aspekte des Denkens, Fühlens und Handelns betroffen sind und vielfach die Patienten aufgrund der verminderten Einsicht nur bedingt in eine Therapie miteinbezogen werden können. Bisher gibt es erst wenige Untersuchungen, die den Nutzen und die Effektivität von neuropsychologi-

Tabelle 19.1. Beispiele für Taxonomien exekutiver Funktionen

Autoren, Publikationsjahr	Exekutive Funktionen
Lezak 1982	»Goal formulation« »Planning« »Carrying out goal-directed plans« »Effective performance«
Stuss u. Benson 1984	»Separation of action from knowlege« »Ability to handle sequential behavior« »Ability to establish or change a set« »Ability to resist interference« »Ability to monitor personal behavior« »Attitudes of concern and awareness«
Logan 1985	»Choice among different strategies« »Construction or instantiation of a chosen strategy« »Execution and maintenance of a strategy to perform the task« »Inhibition or disablement of a strategy in response to changes in goals or changes in the task environment«
Stuss et al. 1995	»Energizing schemata« »Inhibiting schemata« »Adjusting contention scheduling« »Monitoring the level of activity in schemata« »Control of »if-then« logical processes«
Baddeley 1996	»Capacity to timeshare« »Capacity to switch retrieval plans« »Capacity to attend selectively« »Capacity for temporary activation of long-term memory«

schen oder pharmakologischen Behandlungen bei Patienten mit exekutiven Störungen untersucht haben (Alderman u. Ward 1991; Cicerone u. Giacino 1992; Karli et al. 1999; Kraus u. Maki 1997; Powell et al. 1996; Sohlberg et al. 1988). Der Großteil der Literatur beschränkt sich auf eine genaue klinische Beschreibung der vorhandenen Störungen. Solche Fallberichte sind zahlreich und wurden schon Mitte des letzten Jahrhunderts publiziert (Welt 1888).

Nach Durchsicht der relevanten Literatur muss leider festgestellt werden, dass es momentan keine medikamentöse oder neuropsychologische Therapie gibt, mit dem das ganze Spektrum exekutiver Defizite wirkungsvoll behandelt werden kann. Lediglich einzelne Symptome scheinen durch Therapiemaßnahmen günstig beeinflussbar zu sein.

Bevor nun verschiedene neuropsychologische Interventionen zur Behandlung von Patienten mit einer dysexekutiven Störung vorgestellt werden, sollen die konzeptuellen Grundlagen dieser Behandlungsverfahren nochmals verdeutlicht werden (Gauggel 2003a). Eine solche Darstellung erscheint wichtig, weil leider noch all zu häufig eine neuropsychologische Behandlung mit einer einfachen Trainingsmaßnahme oder einer schulisch-pädagogischen Hilfestellung gleichgesetzt wird, ohne die unterschiedlichen Ansatzpunkte sowie komplexen Wirkmechanismen einer neuropsychologischen Behandlung zur Kenntnis zu nehmen.

Bausteine neuropsychologischer Interventionen

Restitution

Ziel einer neuropsychologischen Behandlung ist es, die vorhandenen kognitiven, emotionalen, motivationalen Störungen sowie die daraus resultierenden oder damit einhergehenden psychosozialen Beeinträchtigungen und Aktivitätseinschränkungen eines Patienten zu beseitigen oder falls dies nicht möglich sein sollte, diese so weit wie möglich zu verringern. Die betroffenen Patienten sollen durch die Therapie ein möglichst hohes Funktionsniveau im Alltag wiedererlangen und soziale, berufliche und/oder schulische Anforderungen möglichst wieder alleine bewältigen können. Um diese Ziele zu erreichen, werden Behandlungsmethoden und -programme eingesetzt, bei denen durch eine intensive und repetitive Stimulation der beeinträchtigten Funktion geschädigte neuronale Netzwerke teilweise oder vollständig wieder reaktiviert (restituiert) werden sollen.

Erfahrungsabhängige synaptische Veränderungen im Gehirn. Die biologische Grundlage für diese Reaktivierung (Restitution) einer Funktion stellt die Plastizität des Gehirns dar (Robertson u. Murre 1999). In zahlreichen Forschungsstudien konnte in den letzten Jahrzehnten gezeigt werden, dass das Gehirn nicht aus einer Ansammlung fest verdrahteter Nervenzellen besteht, sondern ein dynamisches Geflecht bildet, das sich in Abhängigkeit von alltäglichen Erfahrungen oder Aktivitäten kontinuierlich verändert (z. B. Bailey u. Kandel 1993; Nudo et al. 1996). In neueren Studien konnte ferner gezeigt werden, dass in bestimmten Hirnarealen (z. B. Nucleus dentatus des Hippokampus) Nervenzellen neu entstehen können und dass diese Neurogenese durch eine spezifische Aktivierung (z. B. assoziatives Lernen) des entsprechenden Hirnareals beeinflussbar ist (Gould et al. 1999).

Hinweise auf erfahrungsabhängige synaptische Veränderungen im Zentralnervensystem gibt es schon seit langer Zeit. Bereits Hebb (1949) hat argumentiert, dass es zu einer Stärkung synaptischer Verbindungen kommt, wenn prä- und postsynaptische Neurone gleichzeitig aktiv sind (»Hebbsche Regel«). Diese erfahrungsabhängige neuronale Plastizität bietet einen Ansatzpunkt, um eine auf Restitution ausgerichtete neuropsychologische Behandlung zu begründen und entsprechende therapeutische Maßnahmen zu entwickeln. Durch gezielte sensorische, motorische und kognitive Stimulationen können die synaptischen Verbindungen des geschädigten neuronalen Netzwerks neu geformt und somit die Funktion dieses Netzwerks teilweise oder vollständig wiederhergestellt werden.

Grenzen einer auf Restitution ausgerichteten Behandlung. Voraussetzung ist allerdings, dass die Schädigung nicht zu umfangreich und die Erkrankung nicht progredient ist. Ein neuronales Netzwerk, das weitgehend zerstört ist, lässt sich auch durch gezielte Stimulation nicht wieder herstellen, da für eine »Neuverdrahtung« (Reaktivierung) kein biologisches Substrat mehr vorhanden ist. Aus diesem Grund wird eine auf Restitution ausgerichtete Behandlung bei sehr schweren Störungen, bei denen eine umfangreiche Schädigung des entsprechenden neuronalen Netzwerks angenommen werden kann, nur von geringem therapeutischen Nutzen sein. Auch dürfte die Art der Implementierung der betroffenen kognitiven Funktion in die funktionelle Architektur des Gehirns bei der Restitution ebenfalls von Bedeutung sein. Es macht sicherlich einen Unterschied, ob durch die Schädigung ein hochspezialisiertes und umschriebenes neuronales Netzwerk (z. B. das Netzwerk des episodischen Gedächtnisses) betroffen ist oder aber ein global arbeitendes und weit verzweigtes neuronales System (z. B. das Netzwerk für die intrinsische oder phasische Aufmerksamkeit).

19.1 · Das »Frontalhirnsyndrom«

Komponenten einer restitutiven Therapie

Robertson und Murre (1999) leiten aus ihrem Modell verschiedene Ansätze zur restitutiven Therapie hirngeschädigter Patienten ab (◘ Tabelle 19.2). Es handelt sich hierbei um

1. unspezifische Stimulation,
2. perzeptionsgesteuerte Stimulation (»bottom-up targeted stimulation«),
3. konzeptgesteuerte Stimulation (»top-down targeted stimulation«)
4. Beeinflussung inhibitorischer Prozesse und
5. Beeinflussung von Arousal-Mechanismen.

Unspezifische Stimulation. Bei einer **unspezifischen Stimulation** werden allgemeine und nicht zielgerichtete sensorische und motorische Anregungen gegeben, um die Aktivierung und Ansprechbarkeit eines Patienten zu verbessern oder um bei Verhaltensstörungen beruhigend auf den Patienten einzuwirken. Die unspezifische Stimulation kann durch Angehörige, Pflegekräfte, aber auch durch Tiere oder technische Apparate erfolgen (Praag et al. 2000). Beispielsweise ist es in zahlreichen Kliniken üblich, Radios oder Fernseher zur unspezifischen sensorischen Stimulation von Wachkoma-Patienten einzusetzen. Sicherlich gehört auch das »Snoezelen«, bei dem eine Stimulation vor allem mit Hilfe von Licht, Geräuschen, Gerüchen sowie dem Geschmacks- und Tastsinn erfolgt, zur unspezifischen Stimulation.

Perzeptionsgesteuerte Stimulation. Bei einer perzeptionsgesteuerten Stimulation werden mit dem Patienten spezifische wahrnehmungsgebundene Aufgaben durchgeführt. Um eine Restitution des geschädigten Systems zu erreichen, müssen dabei solche Aufgaben und Anforderungen ausgewählt und über einen längeren Zeitraum intensiv durchgeführt werden, die das gestörte neuronale System aktivieren bzw. dessen Aktivierung hervorrufen.

Ein Beispiel für eine solche perzeptionsgesteuerte Therapie stellt das Aufmerksamkeits-Prozess-Training von Sohlberg et al. (2000) dar. 14 Patienten mit einem Schädel-Hirn-Trauma, die Defizite in der Aufmerksamkeit aufwiesen, wurden in einem Cross-over-Design über einen Zeitraum von 20 Wochen behandelt. Während die Hälfte der Patienten am Anfang 10 Wochen lang eine insgesamt 10 Therapiestunden umfas-

◘ Tabelle 19.2. Ansatzpunkte zur restitutiven Behandlung hirngeschädigter Patienten

Therapiekomponente	Beispiele
Unspezifische Stimulation	Stimulation durch Radio und/oder Fernseher, Besuch von Angehörigen, Spiele
Wahrnehmungsgesteuerte Stimulation (»bottom-up targeted stimulation«)	Computergestütztes Aufmerksamkeits- und Gedächtnistraining (intensives repetitives Vorgehen ohne Strategievermittlung)
Konzeptgesteuerte Stimulation (»top-down targeted stimulation«)	Mentales Training von Bewegungsabläufen bei Patienten mit Paresen, Antizipation von Handlungskonsequenzen
Beeinflussung inhibitorischer Prozesse	Kontralaterale Muskelaktivierung bei Patienten mit Neglect, Fixierung intakter Gliedmaßen
Beeinflussung von Arousal-Mechanismen	Erhöhung der Selbstaufmerksamkeit durch Anwesenheit anderer Personen oder durch Gebrauch von Spiegeln, Gabe von Methylphenidat

sende Placebo-Behandlung bestehend aus Informationen über die Erkrankung und unterstützenden Gesprächen erhielt, wurde mit den anderen Patienten über 10 Wochen ein insgesamt 24 Therapiestunden umfassendes Aufmerksamkeits-Prozess-Training (APT) durchgeführt. Nach 10 Wochen wechselte die Art der Behandlung. Patienten der Placebo-Therapie erhielten nun ein APT und Patienten des APT eine Placebo-Therapie. Das APT bestand aus einer Gruppe hierarchisch organisierter Aufgaben, die in aufsteigendem Schwierigkeitsgrad computergestützt dargeboten wurden und für deren Bearbeitung verschiedene Komponenten der Aufmerksamkeit (selektive und geteilte Aufmerksamkeit, Aufmerksamkeitswechsel, Daueraufmerksamkeit), aber auch Arbeitsgedächtnisleistungen notwendig sind. Bei der Behandlung kamen bei jedem Patienten jene APT-Aufgaben zum Einsatz, die spezifisch für sein Störungsprofil waren. Die Auswertung der erhobenen Daten (subjektive Berichte der Patienten, Aufmerksamkeitstests) machte deutlich, dass das APT nicht nur in Aufmerksamkeitsleistungen, sondern auch in exekutiven Funktionen zu einer deutlichen Leistungsverbesserung führte und der Wirkung der Placebo-Behandlung überlegen war. Insbesondere exekutive Funktionen verbesserten sich, weniger dagegen die selektive Aufmerksamkeit und die Vigilanz. Auch zeigten schwer beeinträchtigte Patienten eine größere Verbesserung der Aufmerksamkeitsleistungen als leicht beeinträchtigte Patienten.

Ob perzeptionsgesteuerte Therapien bei allen kognitiven, insbesondere aber bei exekutiven Funktionsstörungen eingesetzt werden können oder nur bei bestimmten, kann momentan nicht befriedigend beantwortet werden. Es gibt Hinweise, dass insbesondere Aufmerksamkeitsleistungen und Wahrnehmungsleistungen durch solche Behandlungsverfahren verbessert werden können. Bei Gedächtnis- und exekutiven Funktionsstörungen scheint dagegen ein solcher Therapieansatz nur bedingt erfolgversprechend zu sein. Dies könnte evtl. daran liegen, dass diese neuronalen Systeme sehr empfindlich auf eine Erkrankung oder Schädigung reagieren und daher für eine Reaktivierung nicht mehr genügend Nervenzellen vorhanden sind. Es könnte aber auch sein, dass diese neuronalen Systeme über eine perzeptionsgesteuerte Stimulation nicht zielgerichtet aktiviert werden können oder momentan noch keine geeigneten Aufgaben für eine perzeptionsgesteuerte Stimulation zur Verfügung stehen.

Konzeptgesteuerte Stimulation. Neuropsychologen gehen davon aus, dass neuronale Systeme nicht nur unmittelbar durch sensorische Reize stimulierbar sind, sondern dass auch eine »interne« Aktivierung, eine so genannte konzeptgesteuerte Stimulation, möglich ist. Bei diesem Ansatz wird davon ausgegangen, dass ein kognitives System nicht nur mit Eintreffen externer Reize seine Tätigkeit beginnt, sondern dass auch durch interne Prozesse (z. B. Aufmerksamkeit) die Verarbeitung von Informationen in primären wie auch sekundären sensorischen Gebieten gelenkt werden kann. Als Beleg für diese Annahme kann die Arbeit von Drevets et al. (1995) gelten, in der die Autoren zeigen konnten, dass sich der Blutfluss im primären sensorischen Kortex durch Manipulation der Aufmerksamkeit bzw. durch unterschiedliche Erwartungen der Versuchsperson beeinflussen lässt. Genauso reicht die mentale Vorstellung einfacher Fingerbewegungen aus, um den Bereich des motorischen Kortex zu verändern, der bei der Durchführung der Bewegungen aktiviert wird (Pascual-Leone et al. 1995). Eine Reihe von Studien zeigen ferner, dass mentale Vorstellungen in Verbindung mit praktischen Übungen helfen, die Enkodierung von Informationen zu erleichtern und das Erlernen von Fertigkeiten zu verbessern (Page 2001).

Für die Behandlung hirngeschädigter Patienten bedeutet dies, dass Therapiestrategien (z. B. Strategien zur Aufmerksamkeitsfokussierung und -lenkung, mentale Vorstellungsaufgaben, Imagination) entwickelt und eingesetzt werden können, um die betroffenen neuronalen Systeme zielgerichtet zu reaktivieren. Hierbei gilt es zu bedenken, dass vermutlich nicht alle neuronalen Systeme an einer solchen konzeptgesteuerten Verarbeitung beteiligt sind, sondern nur bestimmte, zu ganz bestimmten Zeitpunkten. »Frontalen« Systemen scheint hier eine besondere Bedeutung zuzukommen.

Beeinflussung inhibitorischer Prozesse. Ein 4. Behandlungsansatz besteht in der systematischen Beeinflussung inhibitorischer Prozesse. Verschiedene Studien haben gezeigt, dass geschädigte neuronale Systeme noch zusätzlich in ihrer Funktion durch den inhibitorischen Wettbewerb mit intakten neuronalen Systemen behindert werden. Vermutlich kann der wiederholt berichtete »positive« Effekt einer zweiten Läsion dadurch erklärt werden, dass der störende Einfluss eines anderen neuronalen Systems wegfällt und das ursprünglich unter seinem tatsächlichen Leistungsvermögen funktionierende geschädigte neuronale System nach Wegfall der Inhibition nun besser funktionieren kann (Kapur 1996). Erste Studien weisen auf die positive Wirkung inhibitionsreduzierender Interventionen hin (z. B. Robertson u. North 1994).

Beeinflussung von Arousal-Mechanismen. Der 5. und letzte Ansatz zur restitutiven Behandlung hirngeschädigter Patienten besteht in einer gezielten Veränderung des Arousals. In verschiedenen Forschungsarbeiten konnte gezeigt werden, dass durch ein entsprechendes Arousal die synaptische Plastizität beeinflusst werden kann. Ein angemessenes Arousal, das durch pharmakologische, behaviorale oder eine Kombination beider Interventionen erreicht werden kann, unterstützt die synaptische Plastizität und kann den Prozess der Funktionswiederherstellung positiv beeinflussen (z. B. Robertson et al. 1998).

Die konzeptuellen Überlegungen von Robertson und Murre (1999) eröffnen für die Behandlung hirngeschädigter Patienten interessante Perspektiven und Behandlungsmöglichkeiten, die momentan sicherlich noch nicht vollständig ausgeschöpft sind. Eine auf Restitution ausgerichtete Behandlung kann durchaus zu einer mehr oder weniger umfangreichen Wiederherstellung geschädigter Systeme führen. Voraussetzung hierfür ist allerdings, dass das betroffene neuronale System nicht zu sehr geschädigt ist (»minimal residual structure«, Sabel 1997, S. 63) und eine adäquate restitutive Therapie möglichst unmittelbar nach dem Ereignis begonnen wird.

Bei der Durchführung einer Funktionstherapie gilt es aber zu bedenken, dass eine Reaktivierung gestörter Funktion – trotz der Plastizität des Nervensystems – nicht mit einigen wenigen kurzen Stimulationen zu erreichen ist. Auch können durch Übungen und Stimulationen die natürlichen physiologischen Grenzen nicht außer Kraft gesetzt werden.

Ohne Frage ist der restitutive Behandlungsansatz gerade in der Akutphase der Erkrankung und auch bei Kindern von großer Bedeutung, da zu diesem Zeitpunkt bzw. bei dieser Personengruppe ein besonderes therapeutisches Fenster zu bestehen scheint. Restitutive Therapien können aber auch zur Erhaltung eines aktuellen Funktionsniveaus eingesetzt werden oder helfen, den weiteren kognitiven Abbau zu verzögern. Sie sind aber auch deshalb im klinischen Kontext notwendig, weil das wiederholte Stimulieren und Üben einer gestörten Funktion für Patienten und Angehörige intuitiv ist und geradezu als Therapiemaßnahme erwartet und gefordert wird.

Kompensation

In der aktuellen Hirnforschung wird davon ausgegangen, dass Funktionsverbesserungen nach einer Hirnschädigung auf allgemeinen Erholungsprozessen (z. B. Rückbildung der Diaschisis) und v.a. aber auf restitutiven Mechanismen beruhen (◘ Tabelle 19.3). Sind durch diese Mechanismen und Behandlungsstrategien keine weiteren Verbesserungen zu erreichen, kommt dem auf Kompensation ausgerichteten Behandlungsansatz eine tragende Bedeutung zu.

◻ **Tabelle 19.3.** Restitution und Kompensation als grundlegende Mechanismen für das gezielte Erreichen von Funktionsverbesserungen nach einer Hirnschädigung

Betrachtungsebene	Restitution	Kompensation
Physiologie	Synaptische Verbindungen des geschädigten neuronalen Systems werden neu geformt und herausgebildet (Restitution)	Intakte neuronale Systeme übernehmen die Funktion des geschädigten Systems (funktionelle Reorganisation)
Verhalten	Spezifische und/oder unspezifische Stimulation des geschädigten Systems	Das Ausbalancieren eines objektiven oder wahrgenommenen Ungleichgewichts zwischen verfügbaren Fähigkeiten und Umweltanforderungen
Interventionsstrategien	Die Restitution kann dabei durch a) unspezifische Stimulation b) perzeptionsgesteuerte Stimulation (»bottom-up targeted stimulation«) c) konzeptgesteuerte Stimulation (»top-down targeted stimulation«) d) die Beeinflussung inhibitorischer Prozesse und e) die Beeinflussung von Arousal-Mechanismen erfolgen	Die Kompensation kann dabei durch a) die Investition von mehr Zeit und Energie (Anstrengung) b) die Substitution einer latenten Fähigkeit c) die Entwicklung einer neuen Fähigkeit d) die Veränderung der Erwartungen und der Ziele und e) die Wahl einer alternativen Nische oder eines alternativen Ziels erfolgen

Bei einer auf Kompensation ausgerichteten Behandlung wird davon ausgegangen, dass auf neuronaler Ebene eine Funktionsverbesserung dadurch möglich wird, dass intakt gebliebene Systeme dazu gebracht werden, Aufgaben geschädigter Systeme zu übernehmen. Dieser Mechanismus, der auch als funktionelle Reorganisation oder funktionelle Adaptation bezeichnet wird, bedeutet für die Behandlung, dass die Patienten in der Therapie v.a. lernen, ihre eigenen Stärken und Schwächen zu erkennen, realistische Ziele zu setzen und angemessene Erwartungen zu entwickeln sowie Alltagsanforderungen mit noch vorhandenen und intakten Fähigkeiten zu bewältigen (z. B. Lesen von Texten über Braille-Schrift; Merken von Terminen durch Gebrauch eines Terminkalenders; Erlernen einer Zeichensprache). Beispielsweise können bei Patienten mit einem verminderten Antrieb Kompensationshilfen in Form von Hinweisreizen eingesetzt werden, die diesen eine äußere Struktur vorgeben, um die Initiierung und Sequenzierung einer Handlung zu erleichtern. Beispiele für Hinweisreize sind dabei Checklisten, mit denen schrittweise Handlungssequenzen abgearbeitet werden können und das Verwenden von Aufschriften und/oder elektronischen Signal- oder Kommandogebern (z. B. Kassettenrekorder, Wecker).

Zur Kompensation gehören aber auch die Optimierung des Verhaltens und die bewusste Auswahl (Selektion) von Aktivitäten und Lebenszielen (Baltes 1997). Für Baltes (1997) stellen Selektion, Optimierung und Kompensation zentrale Aspekte einer erfolgreichen Entwicklung und Anpassung im Alter dar. Aber nicht nur für ein erfolgreiches Altern, sondern auch für eine erfolgreiche Bewältigung einer Erkrankung oder Verletzung, die mit bleibenden Behinderungen verbunden sein kann, ist dieses Modell der Selektion, Optimierung und Kompensation von großer Relevanz (Gauggel 2003a).

Luria (1963) hat die funktionelle Reorganisation als zentrale Grundlage für jede Funktionsverbesserung bei hirngeschädigten Patienten angesehen. Empirische Studien konnten die Bedeutung der Kompensation zum Ausgleich von kognitiven, motorischen und sensorischen Defiziten bestätigen (Bäckman u. Dixon 1992). Zentral für das Konzept der Kompensation ist dabei, dass nicht mehr – wie bei der Restitution – von einer Wiederherstellung der Funktion geschädigter Systeme ausgegangen wird. Vielmehr wird angenommen, dass eine Verbesserung nur noch durch die Aktivierung und den Einsatz intakt gebliebener Fähig- und Fertigkeiten möglich ist. Patienten werden ermutigt, auf diese intakten Fähigkeiten zurückzugreifen und erlernen während der Behandlung spezifische Kompensationsstrategien oder -hilfen oder erhalten Unterstützung bei der Anpassung von Erwartungen und Zielen (Gauggel et al. 1998). Der Schweregrad der Störung und die Einsicht in die Notwendigkeit der Anwendung von Kompensationsstrategien und -hilfen sowie andere Faktoren bestimmen dabei die Art und das Ausmaß an Strukturierung und an therapeutischen Hilfen (Dirette 2002).

19.2 Spezifische neuropsychologische Interventionen bei Störungen exekutiver Funktionen

In den folgenden Abschnitten werden nun psychologische Interventionen zur Behandlung von Störungen exekutiver Funktionen vorgestellt. Es handelt sich hierbei um ausgewählte Interventionen zur Verbesserung
- des Störungsbewusstseins,
- des Planens und Problemlösens,
- der Inhibition unangemessener Handlungen sowie
- der Initiierung und Sequenzierung von Handlungen (◘ Tabelle 19.4).

Den Anfang bilden dabei Interventionen, die auf eine Verbesserung des Störungsbewusstseins abzielen. Eine Verbesserung des Störungsbewusstseins ist von grundlegender Bedeutung für die Planung und Durchführung von Rehabilitationsmaßnahmen bei hirngeschädigten Patienten, da bei einem fehlenden oder nicht adäquaten Störungsbewusstsein die Patienten meistens keine ausreichende Behandlungsmotivation aufweisen, somit auch nicht aktiv an funktionellen Therapieprogrammen teilnehmen und auch keine Kompensationsstrategien aktiv einsetzen (Eslinger et al. 1995; Ezrachi et al. 1991).

Störungsbewusstsein

Eine Reihe von Autoren haben psychologische Interventionen für die Behandlung von Patienten mit einem verminderten Störungsbewusstsein, einem bei Patienten mit einer dysexekutiven Störung häufig vorkommendem Problem, entwickelt. Chittum et al. (1996) haben beispielsweise ein individualisiertes Trainingspaket entwickelt und in einer Einzelfallstudie mit 3 Schädel-Hirn-Traumata-(SHT)-Patienten evaluiert. Alle 3 Patienten wiesen dabei Störungen des Gedächtnisses, der Aufmerksamkeit sowie Störungen exekutiver Funktionen (Defizite beim Problemlösen, bei der Inhibition und beim Antrieb) auf.

Das Therapieprogramm war im Format eines Therapiespiels gehalten, um das Lernen zu einem verstärkenden Ereignis zu machen, eine entspannte Therapieatmosphäre zu schaffen und um Wiederholungen zu ermöglichen. Das Therapiespiel bestand aus 3 Komplexitätsstufen und verlangte, dass die einzelnen Teilnehmer eine Figur in Abhängigkeit der gewürfelten Augenzahl entlang eines Parcours bewegten. Beim Erreichen bestimmter Felder mussten Fragen beantwortet werden. Jede richtige Antwort wur-

Tabelle 19.4. Ausgewählte neuropsychologische Interventionen zur Behandlung von Störungen exekutiver Funktionen bei hirngeschädigten Patienten

Gestörte Funktion	Neuropsychologische Interventionen
Störungsbewusstsein	Vermittlung von Informationen (Edukation der Patienten und/oder der Angehörigen) Realitätsüberprüfung (Leistungseinschätzungen und -abgleich mit Feedback-Interventionen durch Therapeut, Gruppe, Video) Perspektivenwechsel Operante Verstärkung realitätsnaher und situationsangemessener Handlungen
Planen und Problemlösen	Vermittlung von Problemlöseheuristiken (z. B. Zwischenzielbildung, Vereinfachung und Visualisierung) Einbezug externer Hilfen (z. B. Nutzung externe Ratgeber)
Handlungsinhibition	Token-economy-Systeme »Time out of the spot« (TOOTS) Response-cost-Programm Selbstbeobachtung Aufbau alternativer Verhaltensweisen durch Rollenspiele
Initiierung und Sequenzierung von Handlungen	Cueing-Techniken Selbstkontroll- und Selbstbeobachtungstechniken (z. B. Selbstinstruktionen) Ziel-Management-Training Zielsetzungen und -vorgaben durch externe Personen

de dabei mit Pokerchips belohnt, die später in kleine Geldbeträge oder in sonstige Verstärker umgetauscht werden konnten.

1. Komplexitätsstufe. Bei der 1. Komplexitätsstufe (»knowledge level«) soll das Störungswissen der Patienten verbessert werden. Entsprechend wurden Fragen zur Erkrankung gestellt (z. B. »Was sind die Folgen eines Schädel-Hirn-Traumas?«, »Was versteht man unter Impulsivität?«), wobei alle Informationen, die zur Beantwortung der Fragen notwendig waren, vor Beginn des Therapiespiels in einer 20-minütigen Einführung gegeben wurden.

2. Komplexitätsstufe. Bei der 2. Komplexitätsstufe (»comprehension level«) wurden Verständnisfragen gestellt (z. B. »Wie haben sich die Probleme beim Problemlösen auf Ihr Leben ausgewirkt? Geben Sie hierfür ein aktuelles Beispiel.«, »Welche Schwierigkeiten hat Peter, wenn er mit 30 Euro in einen Supermarkt geht und 20 Euro für Süßigkeiten ausgibt?«). Ziel dieser Stufe war es, nicht nur Fakten zu vermitteln, sondern auch das Verständnis für Zusammenhänge zu verbessern. Dies sollte beispielsweise dadurch erfolgen, dass Begriffe mit eigenen Worten erklärt werden oder Beispiele aus der aktuellen Lebenssituation gegeben werden sollten.

3. Komplexitätsstufe. Bei der 3. Schwierigkeitsstufe (»application level«) wurde die Anwendung des bisher Gelernten verlangt. Fragen auf dieser Stufe verlangten meistens das Üben in Rollenspielen, in denen eigene Strategien oder Defizite vorgespielt werden mussten. Eine Beispielaufgabe lautet »Stellen Sie sich vor, ich wäre Ihr Arbeitgeber und würde Sie ermahnen, weil Sie eine Aufgabe noch nicht erledigt haben, mit der ich Sie schon vor einigen Tagen betraut habe.« Aufgabe des Patienten war es nun, in einem Rollenspiel eine angemessene Erklärung für das Versäumnis zu geben und eine Strategie zu nennen, wie zukünftig ein solches Problem vermieden werden kann. In einem Multiple-baseline-Design wurde anhand von Verhaltensbeurteilungen die Effektivität der Therapie untersucht. Alle 3 Patienten konnten eine zunehmend größere Anzahl von Fragen richtig beantworten und wiesen diese Verbesserung auch noch 2 Monate nach Ende der Therapie auf. Obwohl sich die Patienten in unterschiedlichem Ausmaß verbesserten, zeigten sie sowohl im Verhalten als auch im Wissen Verbesserungen, wobei die Autoren insbesondere die Bedeutung der eingesetzten Verstärker betonten. Diese sorgten nämlich für eine ausreichende Motivation der Patienten.

Aufgabenbearbeit mit Zielsetzung und Feedback. Youngjohn and Altman (1989) nutzten Zielsetzungen und Feedback, um das Störungsbewusstsein bei 17 hirngeschädigten Patienten zu verbessern. Alle Patienten wiesen nach Ansicht des Rehabilitationsteams ein vermindertes Störungsbewusstsein auf. Sie mussten anfangs eine Rechenaufgabe und eine Listenlernaufgabe bearbeiten und anschließend eine möglichst genaue Vorhersage (Zielsetzung) darüber abgeben, welche Leistung sie bei einer nochmaligen Bearbeitung der Aufgabe erzielen würden. Nach der Vorhersage wurde die Aufgabe wiederholt und die Ergebnisse mit der Vorhersage verglichen. Diskrepanzen zwischen Vorhersage und erreichter Leistung wurden an einer Tafel visualisiert und diskutiert (▶ s. auch Gauggel u. Hoop 2003). Im Anschluss daran wurde das gesamte Prozedere mit 2 neuen Aufgaben durchgeführt, wobei sich eine deutliche Verbesserung in der Selbsteinschätzung zeigte. Die Patienten machten jetzt durchgehend bei beiden Aufgaben eine vorsichtigere Leistungsvorhersage. Auch eine nochmalige Untersuchung der Patienten nach einer Woche ergab, dass die Patienten weiterhin vorsichtigere Leistungsvorhersagen machten.

Auch Schacter et al. (1990) benutzten einen feedbackorientierten Therapieansatz, um das Störungsbewusstsein bei einem Patienten mit Gedächtnisdefiziten zu verbessern. Hier musste der Patient zunächst seine Leistungen in einem Gedächtnistest vorhersagen. Außerdem nahm er Selbsteinschätzungen seiner Gedächtnisleistungen über 3 Tage vor. Nach einem Monat wurde dieses Vorgehen über 5 Tage hinweg wiederholt, wobei der Patient eine verbesserte Einschätzung seiner Gedächtnisleistungen zeigte. Allerdings war diese Einschätzung nicht konsistent und entsprach auch noch nicht dem tatsächlichen Ausmaß der Gedächtnisprobleme.

Awareness-Training. Abschließend sei noch die Studie von Fordyce und Roueche (1986) erwähnt, die ihr Awareness-Training mit 28 hirngeschädigten Patienten evaluierten. Wichtige Bestandteile des Therapieprogramms waren
- Edukation,
- Gruppendiskussionen und
- Einsatz positiver Verstärker.

Die Einschätzung der Patienten wurde vor Beginn der Therapie und am Ende mit den Beurteilungen des Pflegepersonals und der Angehörigen verglichen. Hier zeigte sich, dass das Therapieprogramm nur bei einem Teil der Patienten zu einer Verbesserung führte. Überraschenderweise berichtete die Gruppe, die sich nicht in der Einsichtsfähigkeit verbessert hatte, einen größeren emotionalen Stress.

Es bleibt festzuhalten, dass alle geschilderten Therapieansätze eine kontinuierliche Realitätstestung und -überprüfung verlangen. Alle Patienten mussten eine konkrete Aufgabe bearbeiten und zwischen den einzelnen Durchgängen Einschätzungen der eigenen Leistung (Zielsetzungen) abgeben (Fordyce u. Roueche 1986;

Rebman u. Hannon 1995; Schacter et al. 1990; Youngjohn u. Altman 1989). Nach Beendigung der Aufgabe wurde die Einschätzung mit der erzielten Leistung verglichen (Feedback) und Abweichungen thematisiert. Videoaufnahmen, Rollenspiele in der Gruppe sowie ein besonderes therapeutisches Milieu erleichtern dabei das Vorgehen, bzw. werden von einigen Autoren als essenziell für die Behandlung von hirngeschädigten Patienten angesehen (Ben-Yishay 1996; Ben-Yishay u. Prigatano 1990).

Bei schweren Formen der Störung muss allerdings damit gerechnet werden, dass alle Interventionen erfolglos bleiben. Hier bleibt nur die Instruktion der Angehörigen und eine externe Kompensation durch Umweltmodifikationen (Fluharty u. Wallat 1997). Die engsten Bezugspersonen werden in solchen Fällen zum wichtigsten Ansprechpartner für den Therapeuten. Im Vordergrund steht dann nicht mehr das Ziel, dem Patienten eine größtmögliche Einsicht in die eigenen Defizite zu vermitteln, sondern für alle Beteiligten negative Konsequenzen möglichst gering zu halten.

Initiierung und Sequenzierung von Handlungen

Störungen bei der Initiierung und Sequenzierung von Handlungen können behandelt werden durch
- Stichwort-Techniken (»cueing techniques«),
- Training aufgabenspezifischer Routinen und
- eine Reihe von Selbstkontroll- und Selbstbeobachtungstechniken (Mateer 1999).

Externe Hinweisreize werden in der Therapie v.a. dann eingesetzt, wenn Patienten Schwierigkeiten mit der Initiierung einer intendierten Handlung haben. Allerdings gibt es auch Patienten, denen nicht nur die Initiierung Probleme bereitet, sondern denen generell der Handlungswunsch fehlt. Bei diesen Fällen muss natürlich zuerst versucht werden, einfache Handlungsziele zu vermitteln, um sukzessive die Intensität und Persistenz des Verhaltens zu erhöhen (Gauggel 2003b; Gauggel u. Hoop 2003).

Ziel-Management-Training

Liegt eine Störung bei der Sequenzierung von Handlungen vor, scheint ein Ziel-Management-Training eine mögliche Behandlungsoption zu sein. Levine et al. (2000) haben die Effektivität eines solchen Ziel-Management-Trainings (»goal management training«) untersucht. Die Autoren gehen davon aus, dass ein Großteil des menschlichen Verhaltens durch Ziele bzw. hierarchische Listen von Haupt- und Unterzielen kontrolliert wird, die in Reaktion auf interne Bedürfnisse sowie in Interaktion mit der Umwelt gebildet werden (Locke u. Latham 1990; Gauggel u. Hoop 2003). Aufgrund einer Hirnschädigung (insbesondere der Schädigung frontaler Hirnstrukturen) kann es zu einer fehlerhaften Konstruktion oder einem falschen Gebrauch individueller Ziellisten kommen.

Die Therapie der betroffenen Patienten besteht darin, diese explizit im Management von Zielen zu trainieren und dadurch die neuronalen Systeme zu reaktivieren, die für die Zielbildung, das Planen und Problemlösen sowie das strategische Denken verantwortlich sind:
1. Zu Beginn des Trainingsprogramms lernen die Patienten die aktuelle Problemsituation zu analysieren und ihre Aufmerksamkeit auf die relevanten Ziele zu richten.
2. Im Anschluss wird ihnen die Notwendigkeit der Auswahl eines zentralen Handlungsziels verdeutlicht.
3. Hierbei lernen die Patienten, das primäre Handlungsziel in Teilziele zu untergliedern.
4. Die Patienten üben das Enkodieren und den Gedächtnisabruf der einzelnen Ziele sowie der Strategien, die zur Erreichung der Ziele eingesetzt werden müssen.
5. Die Kontrolle und Überwachung eigener Handlungen und auch der kontinuierliche Abgleich des Handlungsergebnisses mit dem zu erreichenden Ziel wird im 5. und letzten

19.2 · Spezifische neuropsychologische Interventionen

Schritt geübt. Sollte es hierbei zu einer Diskrepanz zwischen Handlungsergebnis und gesetztem Ziel kommen, werden die verschiedenen Schritte wiederholt.

Zur Evaluation des 5-stufigen Therapieprogramms wurden 30 Patienten nach Schädel-Hirn-Trauma, bei denen das Ereignis 3–4 Jahre zurücklag, zufällig einer Ziel-Management-Trainingsgruppe (ZMT) und einer Trainingsgruppe zur Verbesserung motorischer Fähigkeiten zugeteilt. Während in der ZMT-Gruppe das oben beschriebene Ziel-Management-Training durchgeführt wurde, mussten die Patienten der Motorik-Gruppe (MT-Gruppe) einfache Aufgabenstellungen (Spiegelschrift lesen, unter Spiegelsicht schreiben, Korrekturlesen) bearbeiten. Insgesamt dauerte das gesamte Training für jeden Patienten nur etwa eine Stunde. Vor Beginn und am Ende des Trainings wurden dabei verschiedene neuropsychologische Tests (»Trail-Making-Test«, »Stroop-Test«, Zahlensymboltest aus der »Wechsler-Adult-Intelligence-Scale – Revision«) sowie verschiedene Planungs- und Organisationsaufgaben (Korrekturlesen, Gruppierungsaufgabe usw.) durchgeführt. Die ZMT-Gruppe verbesserte sich gegenüber der MT-Gruppe in den Planungs- und Organisationsaufgaben und nahm sich auch mehr Zeit bei der Bearbeitung der Aufgaben.

Obwohl das Training nur sehr kurz war, zeigten sich positive Effekte des ZMT. Kritisch muss aber angemerkt werden, dass die Autoren bei der Auswahl der Patienten nicht darauf geachtet haben, dass die Patienten überhaupt exekutive Störungen aufwiesen. Zwar waren beide Patientengruppen in den Planungstests schlechter als eine entsprechende Kontrollgruppe, es könnte aber durchaus sein, dass in der ZMT-Gruppe nur diejenigen Patienten von dem Training profitiert haben, die keine exekutiven Störungen aufwiesen. Eine Fallstudie, die ebenfalls von den Autoren berichtet wird, relativiert allerdings diesen Einwand. Die Autoren schildern hier die erfolgreiche Durchführung des ZMT bei einer 35 Jahre alten Patientin mit massiven exekutiven Störungen infolge einer Meningoenzephalitis. Das Training führte nicht nur unmittelbar zu einer deutlichen Verbesserung des Planens und Problemlösens, sondern es generalisierte auch auf alltägliche Anforderungen (Mahlzeit zubereiten), wobei die Verbesserungen auch noch nach 6 Monaten feststellbar waren.

Voraussetzung für dieses ZMT ist allerdings, dass Patienten über ein gewisses Störungsbewusstsein verfügen und für ein solches Training motiviert sind. Die Patienten dürfen darüber hinaus auch keine schwerwiegenden Gedächtnisdefizite aufweisen, da verschiedene Programmschritte im Gedächtnis behalten werden müssen. Unklar an dem Training ist, welcher Aspekt des Trainings bzw. welche Stufe des Therapieprogramms tatsächlich für die gezeigten Verbesserungen verantwortlich war.

Selbstkontroll- und Selbstbeobachtungstechniken

Eine weitere Möglichkeit zur Behandlung von Patienten mit Störungen bei der Initiierung und Sequenzierung von Handlungen beinhaltet die Anwendung von Selbstkontroll- und Selbstbeobachtungstechniken (metakognitive Strategien). Eine dieser Techniken ist die Selbstinstruktionstechnik, die auf der Beobachtung basiert, dass Patienten ihr Verhalten besser kontrollieren können, wenn sie einzelne Handlungsschritte verbalisieren (Meichenbaum 1993; Stuss et al. 1987). Cicerone und Wood (1987) beschreiben die Anwendung dieser Technik bei der ambulanten Behandlung eines 20-jährigen Patienten, der nach einem schweren Schädel-Hirn-Trauma 4 Jahre nach dem Ereignis noch eine Störung des Planens sowie eine schlechte Selbstkontrolle aufwies. Die 8-wöchige Therapie, die 2-mal pro Woche einstündig durchgeführt wurde, bestand in der Vermittlung der Selbstinstruktionstechnik, bei der der Patient lernen sollte, vor und während der Aufgabenbearbeitung sein Verhalten durch verbale Äußerungen zu kontrollieren. Anfangs musste der Patient jeden einzelnen Handlungsschritt laut vorsagen, dann nur noch wispern und anschließend durfte er sich die Instruktionen nur noch in Gedanken vorgeben. Als Trainingsaufgabe wurde eine modifizierte Form der Turm-von-London-Aufgabe verwendet (Shallice 1982), bei der es im Verlauf der Therapie zu einer deutlichen Reduktion fehlerhafter Züge (91% Reduktion) kam. Auch 4 Monate nach Ende der Therapie konnte die Aufgabe noch fast fehlerfrei bearbeitet werden, und es zeigten sich darüber hinaus noch Transfereffekte des Trainings bei der Bearbeitung anderer Planungsaufgaben (»WISC-R mazes« und »Tinkertoy-Test«). Auch das Alltagsverhalten des Patienten wurde von den Therapeuten und den Familienangehörigen nach 4 Monaten noch als selbstkontrollierter und organisierter beschrieben. Die bisherigen Studien, in denen Patienten mit Störungen bei der Initiierung und Sequenzierung von Handlungen behandelt wurden, sind ermutigend und weisen auf die große Bedeutung von Zielsetzungen für die Regulation des Verhaltens hin (Locke u. Latham 1990; Gauggel u. Hoop 2003). Grundlagenstudien zeigen ebenfalls, dass das Verhalten hirngeschädigter Patienten durch spezifische Zielsetzungen systematisch beeinflusst werden kann (Gauggel u. Fischer 2001; Gauggel et al. 2001). Eine Übersicht über die Anwendung von Zielsetzungstechniken zur Steigerung der Leistung hirngeschädigten Patienten geben Gauggel und Hoop (2003).

Inhibition von unangemessenen Handlungen

Impulsives und enthemmtes Verhalten ist ein weiteres Problem, das hirngeschädigte Patienten mit einer dysexekutiven Störung aufweisen können (Hart u. Jacobs 1993). Zur Behandlung dieser Verhaltensstörungen werden v.a. operante Methoden eingesetzt (Jacobs 1993).

Alderman et al. (1995) berichten über die Behandlung einer 21 Jahre alten Patientin, die nach einer Herpes-simplex-Enzephalitis noch eine motorische Unruhe, sexuelle Enthemmung, verbale Aggressionen und einen konstanten übermäßig lauten Redefluss aufwies. Da die Anwendung eines »Token-economy-Systems« und auch eines »time out on the spot« (TOOTS) zu keiner Verbesserung führte, wurde von den Autoren ein »Response-cost-Programm« und später noch zusätzlich ein Selbstbeobachtungstraining implementiert (▶ s. Gauggel u. Schoof-Tams 2000 für eine Übersicht über die Anwendung operanter Methoden bei hirngeschädigten Patienten).

Bei dem »Response-cost-Programm« musste die Patientin während der täglich stattfindenden Gruppensitzung immer dann eine Münze von einer vorher ausgegebenen Anzahl an Münzen abgeben, wenn sie unaufgefordert zu reden anfing. Gleichzeitig musste sie den Grund für die Abgabe der Münze nennen. Konnte sie keinen Grund angeben, wurde sie vom Therapeuten auf ihr problematisches Verhalten hingewiesen (Aufmerksamkeitsfokussierung auf das Problemverhalten). Die Patientin erhielt eine kleine Belohnung sowie einen Token, wenn nach 15 min die verbliebenen Münzen noch in einer vorher vereinbarten Anzahl vorhanden waren. Nach weiteren 15 min wurde die Gruppensitzung beendet und wieder erhielt die Patientin eine kleine Belohnung sowie einen Token, wenn noch eine bestimmte Anzahl an Münzen vorhanden war. Sie erhielt eine weitere Belohnung sowie einen Sammelpunkt, wenn sie am Ende der Gruppensitzung 2 Token vorweisen konnte. Für 5 solcher Tokenpunkte gab es eine besondere Verstärkung (z. B. Besuch eines Kinos oder des Krankenhaus-Cafés). Alderman et al. (1995) konnten in einem ABAB-Design zeigen, dass die Einführung des Response-cost-Programms zu einer deutlichen Abnahme des Redeflusses führte. Der Therapieeffekt war auch 8 Wochen nach Beendigung des Programms noch nachweisbar. Das Response-cost-Programm hat also dazu geführt, dass die Patientin eine größere inhibitorische Kontrolle über ihren Redefluss ausüben kann. Allerdings hat sich auch gezeigt, dass die Kontrolle an die spezifische Situation auf der Station gebunden war. Außerhalb der Station (z. B. beim Einkaufen in der Stadt) war der Redefluss nach wie vor überschießend und erhöht. Aus diesem Grund wurde eine weitere Intervention durchgeführt, in der eine unmittelbare Kontingenz zu dem Zielverhalten hergestellt wurde und die Patientin eine verbale und motorische Reaktion in Reaktion auf diese Kontingenz zeigen sowie die Selbstaufmerksamkeit erhöht werden sollte. Zu diesem Zweck wurde ein Selbstbeobachtungstraining durchgeführt, das aus 5 Stufen bestand:

1. Hier wurde eine Baseline des Problemverhaltens erhoben.
2. Die Patientin musste bei jedem Spaziergang mit Hilfe eines Zählers alle unangemessenen verbalen Äußerungen registrieren (spontane Selbstbeobachtung). Die Registrierung der Patientin wurde anschließend mit der Registrierung des Therapeuten verglichen.
3. Der Therapeut half bei der Selbstbeobachtung (»prompted self-monitoring«), d. h. die Patientin wurde auf jede verbale Äußerung, die nicht von ihr registriert wurde, aufmerksam gemacht.
4. Die externen Hilfen wurden reduziert und die Genauigkeit der Selbstbeobachtung belohnt. Die Patientin wurde dabei immer dann zum Krankenhaus-Café geführt, wenn ihre Registrierung in einem bestimmten Umfang mit der Registrierung des Therapeuten übereinstimmte.
5. Ziel der letzten Stufe war es, durch die verbesserte Selbstbeobachtung eine größere Kontrolle über den Redefluss zu bekommen. Hierzu wurde mit der Patientin eine maximale Anzahl von Äußerungen während eines Spaziergangs vereinbart und diese Anzahl auf dem Registriergerät gut sichtbar angebracht. Hatte sie diese maximale Anzahl am Ende eines Spaziergangs nicht überschritten, erhielt sie einen Verstärker. Über die Zeit wurde die maximale Anzahl der verbalen Äußerungen langsam verringert (von 170 auf 30 Äußerungen).

Das Selbstbeobachtungstraining wurde über einen Zeitraum von 92 Tagen durchgeführt und führte zu einer zunehmenden Verbesserung der Übereinstimmung. Obwohl sich am Anfang die Registrierung der Patientin und des Therapeuten noch deutlich unterschieden, zeigte sich schon in der 3. Phase des Trainings eine größere Übereinstimmung (ca. 77%) und auch eine größere Stabilität der Beurteilung. Auch der Redefluss nahm deutlich ab. Im letzten Abschnitt des Therapieprogramms, aber auch noch 2 Wochen nach Ende der Therapie war die maximale Anzahl von verbalen Äußerungen deutlich reduziert. Dies wurde auch vom Pflegepersonal bestätigt, das zusätzlich auch noch auf eine positive Veränderung der Lautstärke, der Dauer und der Inhalte hinwies.

Burke et al. (1991) präsentieren verschiedene Einzelfallstudien, in denen sie bei 6 Patienten unterschiedliche exekutive Störungen (Probleme bei der Entwicklung von Plänen und dem Wechsel zwischen den Plänen, mangelnde Initiative und Selbstkontrolle) behandelten. In einem Fall wurde bei einem 38 Jahre alten Patienten nach Schädel-Hirn-Trauma mit einer Störung des Kurzzeitgedächtnisses, des Planens und Problemlösens sowie einer Störung des Sozialverhaltens die Entwicklung von Plänen und der Wechsel zwischen den Plänen mit Hilfe von Checklisten, denen eine Aufgabenanalyse zugrunde lag, trainiert. Unter Anleitung eines Therapeuten und v.a. unter Zuhilfenahme einer entsprechenden Checkliste wurden verschiedene einfache Aufgaben (z. B. Formen für Bildschirme erstellen) so lange bearbeitet bis klar war, dass der Patient sie prinzipiell bearbeiten konnte. Danach wurde die Checkliste entfernt und die Aufgaben zu einer Problemlöseaufgabe umgestaltet (z. B. durch Verstecken von Werkzeugen, Änderungen der Ausstattung). Mit Hilfe der Checkliste konnte der Patient zunehmend mehr Aufgaben korrekt bewältigen, wobei die Leistung nicht schlechter wurde als bei den Aufgaben, die ohne Checkliste bearbeitet werden mussten. Auch bei der Einführung von Problemen sank die Leistung nur geringfügig ab.

Bei 3 weiteren hirngeschädigten Patienten mit exekutiven Störungen wurde versucht die Eigeninitiative zu verbessern. Die Therapie bestand in der Einführung einer Checkliste zum Abhaken verschiedener festgelegter Aktivitäten und einer anfänglichen Modellvorgabe durch einen Job-Trainer. Insgesamt dauerte die Therapie 2 Wochen und erbrachte bei allen 3 Patienten deutliche Verbesserungen. Mit Hilfe der Checklisten konnten die Patienten verschiedene Arbeitsaufgaben in einer beschützten Werkstatt durchführen, ohne dass die Therapeuten sie an die Aufgaben erinnern mussten.

Sexuelle Inhibitionsprobleme wurden bei 2 anderen Patienten behandelt. Hierzu erhielt eine Patientin nach Schädel-Hirn-Trauma über einen mehrwöchigen Zeitraum unmittelbar nach Interaktionen mit Männern ein Feedback darüber, ob ihr Verhalten angemessen oder nicht angemessen war. Das Feedback wurde nach 25 Tagen reduziert und für weitere 2 Monate nur noch am Ende eines Tages gegeben. Mit Einführung des Feedbacks kam es zu einer deutlichen Reduktion unangemessener Verhaltensweisen. Auch bei dem männlichen Patienten führte die Therapie zu einer Reduktion exhibitionistischer Verhaltensweisen. Allerdings bestand die Therapie bei diesem Patienten hier nicht nur aus einer Feedback-Intervention, sondern auch aus dem Selbstbeobachten und -registrieren von exhibitionistischen Verhaltensweisen sowie Rollenspielen, in denen soziale Interaktionen mit dem anderen Geschlecht geübt wurden.

Die Darstellung und Beschreibung der verschiedenen Therapieprogramme macht deutlich, dass eine größere inhibitorische Kontrolle durch die Implementierung eines operanten Therapieprogramms und eines Selbstbeobachtungstrainings erreicht werden kann. Eine größere Kontrolle könnte vermutlich auch durch externe Restriktionen und Zwangsmaßnahmen erfolgen, dies hätte aber den Nachteil, dass die betroffenen Patienten nicht unabhängig von anderen Personen oder institutionellen Rahmenbedingungen werden würden.

Bei der Behandlung von Patienten mit exekutiven Störungen gilt es zu beachten, dass eine Verbesserung der Selbstwahrnehmung nicht notwendigerweise zu einer Symptomabnahme führt. So wurde wiederholt beschrieben, dass Patienten mit exekutiven Störungen das Problem zwar benennen können (»error recognition«), sie ihr Verhalten aber dennoch nicht verändern (»error utilization«). Auch bei Alderman et al. (1995) führte erst die Einführung eines differenziellen Verstärkerplans, mit dem das Unterlassen von verbalen Äußerungen verstärkt wurde, zu einem deutlichen Therapieeffekt.

Die Therapiestudie von Alderman et al. (1995) hat auch gezeigt, dass sich sowohl ein Response-cost- als auch ein Selbstbeobachtungsprogramm für die Behandlung von Patienten mit Inhibitionsstörung eignet. Das Response-cost-Programm ist dabei gegenüber dem Selbstbeobachtungsprogramm einfacher und schneller durchzuführen und führt auch zu schnelleren Therapieeffekten (Alderman 1996). Allerdings scheint das Ausmaß der Generalisierung der Therapieeffekte bei dem Selbstbeobachtungsprogramm größer zu sein (Alderman et al. 1995).

Planen und Problemlösen

Ein Großteil der Probleme, die uns im Alltag begegnen, sind entweder hinreichend genau oder ungenau definiert. Zur Lösung dieser Probleme benötigt man effektive Lösungsstrategien in Form von Algorithmen oder Heuristiken. Algorithmen sind präzise und klare Strategien, die eine komplette Lösung eines Problems ermöglichen. Sie sind besonders bei genau definierten Problemen optimal. Heuristiken sind dagegen Faustregeln für das Problemlösen, die kleine Schritte in Richtung der Lösung ermöglichen (vgl. Allen u. Allen 1995).

Heuristiken sind zwar keine optimalen Strategien, dafür aber sehr ökonomisch und universell einsetzbar und können auch bei ungenau definierten Problemstellungen oft noch eine gute Lösung liefern. Beispiele für häufig verwendete Heuristiken sind Zwischenzielbildung, Vereinfachung und Visualisierung.

Von Cramon et al. (1991) haben ein Therapieprogramm zur Behandlung von Patienten mit Störungen des Problemlösens und Planens entwickelt, das die Vermittlung einer Problemlöseheuristik in den Mittelpunkt stellt (von Cramon u. Matthes-von Cramon 1992). Hauptziel des Programms ist es, den Patienten Strategien zu vermitteln, mit denen komplexe Problemstellungen in kleinere und leichter lösbare Aufgabenstellungen zergliedert werden können. Ein langsames und kontrolliertes Verarbeiten von gegebenen Problemen soll das spontane und häufig unüberlegte Verhalten der Patienten ablösen. Das von Cramon und Matthes-von Cramon (1992) entwickelte Training wurde von 2 Therapeuten über 6 Wochen (25 Therapiesitzungen) in einstündigen Gruppensitzungen durchgeführt. Jeweils 3 Patienten bildeten ein Team und übten schrittweise eine Heuristik zum Problemlösen ein. Folgende Schritte wurden dabei durchlaufen:

1. Als erstes wurde das Erkennen von Problemen (Problemorientierung) geübt.
2. Anschließend mussten die Patienten die vorgegebenen Probleme mit eigenen Worten formulieren und so ein konzeptuelles Verständnis des Problems entwickeln (Problemdefinition und -formulierung).
3. Anschließend galt es eine große Anzahl von potenziellen Lösungen für das Problem zu sammeln.
4. In einem weiteren Schritt wurden dann das Pro und Kontra jeder Lösung diskutiert und die beste Lösung ausgewählt (Entscheidungsfindung)
5. Der letzte Schritt bestand darin zu kontrollieren, ob die Lösung zu dem gewünschten Ziel geführt hat. Insbesondere sollten die Patienten in diesem Programmschritt für das Erkennen von Fehlern sensibilisiert werden.

Während des Trainings gaben die Therapeuten, wenn notwendig, Hilfestellungen, wobei diese am Anfang sehr allgemein gehalten waren und dann immer spezifischer (»saturated cueing«) wurden. Zeigten die Patienten Fortschritte, wurden die Hilfen langsam schrittweise reduziert (»fading out«), um einen Übergang von einer externen zu einer internen Kontrolle zu fördern. In der Terminologie von Robertson und Murre (1999) stellt dies einen Übergang von der perzeptionsgesteuerten zu der konzeptgesteuerten Stimulation dar.

Effektivität der Behandlung. Die Überprüfung der Effektivität des Problemlösetrainings erfolgte in einem Prä-Post-Design, bei dem 37 hirngeschädigte Patienten mit Problemen beim Problemlösen alternierend auf eine Problemlösegruppe oder eine Gedächtnistrainingsgruppe aufgeteilt wurden (von Cramon u. Matthes-von Cramon 1992). Nach Ende der Therapie zeigten die Patienten des Problemlösetrainings gegenüber den Patienten des Gedächtnistrainings signifikante Verbesserungen beim Problemlösen. Auch die Verhaltensbeurteilung ergab eine deutliche Verbesserung, die auch das Störungsbewusstsein betraf. Keine Aussagen können allerdings über die Problemlösefähigkeit im Alltag und die Stabilität der Therapieeffekte gemacht werden, da diese Aspekte in der Studie nicht untersucht wurden. Es gibt aber Hinweise aus anderen Studien auf eine unzureichende und mangelnde Generalisierung der Therapieeffekte. Aus diesem Grund ist es ratsam, die Therapie von Störungen des Problemlösens und Planens möglichst im alltäglichen Umfeld der Patienten durchzuführen und den Transfer systematisch in das Therapieprogramm zu implementieren (Gauggel 2000).

19.3 Ausblick

Die Darstellung verschiedener Therapieprogramme zur Behandlung von Patienten mit Störungen exekutiver Störungen macht deutlich, dass dieses Forschungsgebiet noch in den Kinderschuhen steckt und eine systematische Therapieforschung sich momentan erst langsam herauszubilden beginnt (z. B. Prigatano 1999). Es fehlt insbesondere eine empirisch gut fundierte Theorie der Handlungsregulation (▶ s. aber Kimberg u. Farah 1993; Muraven u. Baumeister 2000) und ein gesichertes Wissen darüber, welche grundlegenden kognitiven Prozesse bei hirngeschädigten Patienten mit Defiziten exekutiver Funktionen beeinträchtigt sind. Auch fehlt es an gut kontrollierten Therapiestudien, in denen die Effektivität verschiedener psychologischer Interventionen methodisch sauber untersucht wurde.

Trotz dieser offensichtlichen Schwierigkeiten gibt es allerdings erste ermutigende Hinweise auf die Effektivität von operanten und Selbstmanagementtechniken (z. B. Feedback-Interventionen, Zielsetzungstechniken, Selbstbeobachtungen, Response-cost-Methoden). Hinzu kommt, dass die konzeptuellen Überlegungen von Robertson und Murre (1999) zahlreiche Ansatzpunkte zur Entwicklung weiterer Interventionen bieten. Aufgrund der Natur exekutiver Störungen werden bei einem auf Restitution abzielenden Behandlungsprogramm v.a. konzeptgesteuerte Stimulationstechniken und Interventionen zur gezielten Veränderung des Arousal von besonderer Bedeutung sein. Erst bei einem ausreichenden Störungsbewusstsein können auch auf Kompensation ausgerichtete Therapieprogramme zum Einsatz kommen.

Literatur

Allen RE, Allen SD (1995) Winnie-the-Pooh on problem solving. Methuen, London

Alderman N (1996) Central executive deficit and response to operant conditioning methods. Neuropsychol Rehabil 6: 161–186

Alderman N, Ward A (1991) Behavioural treatment of the dysexekutive syndrome: A comparison of response cost and a new programme of self-monitoring training. Neuropsychol Rehabil 5: 193–221

Alderman N, Fry RK, Youngson HA (1995) Improvement of self-monotoring skills, reduction of behaviour disturbance and the dysexecutive syndrome: comparison of response cost and a new programme of self-monitoring training. Neuropsychol Rehabil 5 (3): 193–221

Bailey CH, Kandel ER (1993) Structural changes accompanying memory storage. Ann Rev Physiol 55: 397–426

Bäckmann L, Dixon RA (1992) Psychological compensation: A theoretical framework. Psychol Bull 112: 259–283

Baddeley A (1996) Exploring the central executive. Q J Exp Psychol Hum Exp Psychol 49: 5–28

Baltes PB (1997) On the incomplete architecture of human ontogeny. Selection, optimization, and compensation as foundation of developmental theory. American Psychol 52: 366–380

Ben-Yishay Y (1996) Reflections on the evolution of the therapeutic millieu concept. Neuropsychol Rehabil 6 (4): 327–343

Ben-Yishay Y, Prigatano GP (1990) Cognitive remediation. In: Rosenthal M, Griffith ER, Bond MR, Miller JD (eds) Rehabilitation of the adult and child with traumatic brain injury, 2nd edn. Davis, Philadelphia, pp 393–409

Blair RJR, Cipolotti L (2000) Impaired social response reversal – A case of »acquired sociopathy«. Brain 123: 1122–1141

Burke WH, Zencius AH, Wesolowski MD, Doubleday IF (1991) Improving executive function disorders in brain-injured clients. Brain Inj 5 (3): 241–252

Channon S, Crawford S (1999) Problem-solving in real-life-type situations: the effects of anterior and posterior lesions on performance. Neuropsychologia 37: 757–770

Channon S, Crawford S (2000) The effects of anterior lesions on performance on a story comprehension test: left anterior impairment on a theory of mind-type task. Neuropsychologia 38: 1006–1017

Chittum WR, Johnson K, Chittum JM, Guercio JM, McMorrow MJ (1996) Road to awareness: an individualized training package for increasing knowledge and com-

Literatur

prehension of personal deficits in persons with acquired brain injury. Brain Inj 10: 763–776

Cicerone KD, Giacino JT (1992) Remediation of executive function deficits after traumatic brain injury. Neuropsychol Rehabil 2: 12–22

Cicerone KD, Wood J (1987) Planning disorder after closed head injury: A case study. Arch Phys Med Rehabil 68: 111–115

Cramon DY von, Matthes-von Cramon G (1992) Reflections on the treatment of brain-injured patients suffering from problem-solving disorders. Neuropsychol Rehabil 2: 207–229

Cramon DY von, Matthes-von Cramon G, Mai N (1991) Problem-solving deficits in brain-injured patients. A therapeutic approach. Neuropsychol Rehabil 1: 45–64

Dirette DK (2002) The development of awareness and the use of compensatory strategies for cognitive deficits. Brain Injury 16: 861–871

Drevets WC, Burton H, Videen TO, Snyder AZ, Simpson JR, Raichle ME (1995) Blood flow changes in human somatosensory cortex during anticipated stimulation. Nature 373: 249–252

Eslinger PJ, Grattan LM, Geder L (1995) Impact of frontal lobe lesions on rehabilitation and recovery from acute brain injury. Neurorehabilitation 5: 161–182

Ezrachi O, Ben-Yishay Y, Kay T, Diller L, Rattock J (1991) Predicting employment status in traumatic brain injury following neuropsychological rehabilitation. J Head Trauma Rehabil 6: 71–84

Fluharty G, Wallat Ch (1997) Modifying the enviroment to optimize outcome for people with behavior disorders associated with anosognosia. Neurorehabilitation 9: 221–225

Fordyce DJ, Roueche JR (1986) Changes in perspectives of disability among patients, staff and relatives during rehabilitation of brain injury. Rehabil Psychol 31: 217–229

Gauggel S (2000) Organisationsformen und Therapiekonzepte für die ambulante Behandlung hirngeschädigter Patienten – Eine neuropsychologische Sichtweise. In: Fries W, Wendel C (Hrsg) Ambulante Komplex-Behandlung von Hirnverletzten Patienten. Zuckschwerdt, München, S 1–11

Gauggel S (2003a) Grundlagen und Empirie der Neuropsychologischen Therapie. Z Neuropsychol 14: 217–232

Gauggel S (2003b) Neuropsychologie der Motivation. In: Lautenbacher S, Gauggel S (Hrsg) Neuropsychologie psychischer Störungen. Springer, Berlin Heidelberg New York Tokio, S 67–89

Gauggel S, Fischer S (2001) The effect of goal setting on motor performance and motor learning in brain-damaged patients. Neuropsychol Rehabil 11: 33–44

Gauggel S, Hoop M (2003) Goal setting as a motivational technique for neurorehabilitation. In: Cox WM, Klinger E (eds) Handbook of motivational counseling: Motivating people for change. Wiley, New York, pp 439–455

Gauggel S, Schoof-Tams K (2000) Psychotherapeutische Interventionen bei Patienten mit Erkrankungen oder Verletzungen des Zentralnervensystems. In: Sturm W, Herrmann M, Wallesch C-W (Hrsg) Lehrbuch der Klinischen Neuropsychologie. Swets & Zeitlinger, Frankfurt, S 677–694

Gauggel S, Konrad K, Wietasch A-K (1998) Neuropsychologische Rehabilitation. Psychologie Verlags Union, Weinheim

Gauggel S, Leinberger R, Richardt M (2001) Goal setting and reaction time performance in patients with a brain injury. J Clin Exp Neuropsychol 23: 351–361

Goel V, Grafman J, Tajik J, Gana S, Danto D (1997) A study of the performance of patients with frontal lobe lesions in a financial planning task. Brain 120: 1805–1822

Gould E, Beylin A, Tanapat P, Reeves A, Shors TJ (1999) Learning enhances adult neurogenesis in the hippocampal formation. Nature Neuroscience 2: 260–265

Grafman J, Schwab K, Warden D, Pridgen A, Brown HR, Salazar AM (1996) Frontal lobe injuries, violence, and aggression. Neurology 46: 1231–1238

Hart T, Jacobs HE (1993) Rehabilitation and management of behavioral disturbances following frontal lobe injury. J Head Trauma Rehabil 8: 1–12

Hart T, Giovannetti T, Montgomery MW, Schwartz MF (1998) Awareness of errors in naturalistic action after traumatic brain injury. J Head Trauma Rehabil 13: 16–28

Hawkins KA, Trobst KK (2000) Frontal lobe dysfunction and aggression: Conceptual issues and research findings. Aggres Viol Behav 5: 147–157

Hebb DO (1949) The organization of behaviour: A neuropsychological theory. Wiley, New York

Jacobs HE (1993) Behavior analysis guidelines and brain injury rehabilitation. Aspen, Gaithersburg, Maryland

Jurado MA, Junque C, Vendrell P, Treserras P, Grafman J (1998) Overestimation and unreliability in »feeling-of-doing« judgements about temporal ordering performance: impaired self-awareness following frontal lobe damage. J Clin Exp Neuropsychol 20: 353–364

Kapur N (1996) Paradoxical functional facilitation in brain-behavior research: A critical review. Brain 19: 1775–1790

Karli DC, Burke DT, Kim HJ et al. (1999) Effects of dopaminergic combination therapy for frontal lobe dysfunction in traumatic brain injury rehabilitation. Brain Inj 13: 63–68

Kimberg DY, Farah MJ (1993) A unified account of cognitive impairments following frontal lobe damage: the role of working memory in complex, organized behavior. J Exp Psychol Gener 122: 411–428

Kraus MF, Maki PM (1997) Effect of amantadine hydrochloride on symptoms of frontal lobe dysfunction in brain injury: case studies and review. J Neuropsychiatry Clin Neurosci 9: 22–230

Levine B, Robertson IH, Clare L et al. (2000) Rehabilitation of executive functioning: An experimental – clinical validation of goal management training. J Int Neuropsychol Soc 6: 299–312

Lezak MD (1982) The problem of assessing executive functions. Int J Psychol 17: 281–297

Lhermitte F (1986) Human autonomy and the frontal lobes. Part II: Patient behavior in complex and social situations: The environmental dependency syndrome. Ann Neurol 19: 335–343

Lhermitte F, Pillon B, Serdaru M (1986) Human autonomy and the frontal lobes. Part I: Imitation and utilization behavior: A neuropsychological study of 75 patients. Ann Neurol 19: 326–334

Locke EA, Latham GP (1990) A theory of goal-setting and task performance. Prentice-Hall, Englewood Cliffs/NJ

Logan GD (1985) Executive control of thought and action. Special Issue: Action, attention and automaticity. Acta Psychol 60: 193–210

Luria AR (1963) Restoration of function after brain injury. Pergamon, Oxford

Mateer CA (1999) The rehabilitation of executive disorders. In: Stuss DT, Winocur G, Robertson IH (eds) Cognitive neurorehabilitation. Cambridge University Press, Cambridge, pp 314–332

Meichenbaum D (1993) The potential contributions of cognitive behavior modification to the rehabilitation of individuals with traumatic brain injury. Semin Speech Lang 14 (1): 18–31

Muraven M, Baumeister RF (2000) Self-regulation and depletion of limited resources: does self-control resemble a muscle? Psychol Bull 126: 247–259

Nudo RJ, Milliken GW, Jenkins WM, Merzenich MM (1996) Use-dependent alterations of movement representations in primary motor cortex of adult squirrel monkeys. J Neurosci 16: 785–807

Page SJ (2001) Mental practice: A promising restorative technique in stroke rehabilitation. Topics in Stroke Rehabil 8: 54–63

Pascual-Leone A, Dang N, Cohen LG, Brasilneto JP, Cammarota A, Hallett M (1995) Modulation of muscle responses evoked by transcranial magnetic stimulation during the acquisition of new fine motor skills. J Neurophysiol 74: 1037–1045

Powell JH, al-Adawi S, Morgan J, Greenwood RJ (1996) Motivational deficits after brain injury: effects of bromocriptine in 11 patients. J Neurol Neurosurg Psychiatry 60: 416–421

Praag H, Kempermann G, Gage FH (2000) Neural consequences of environmental enrichment. Nature Review Neurosciences 1: 191–198

Prigatano GP (1992) Personality disturbances associated with traumatic brain injury. J Consult Clin Psychol 60: 360–368

Prigatano GP (1999) Principles of neuropsychological rehabilitation. Oxford University Press, New York

Rebman MJ, Hannon R (1995) Treatment of unawareness of memory deficits in adults with brain injury: Three case studies. Rehabil Psychol 40: 279–287

Robertson IH, Murre JMJ (1999) Rehabilitation of brain damage: Brain plasticity and principles of guided recovery. Psychol Bull 125: 544–575

Robertson IH, North N (1994) One hand is better than two: Motor extinction of left hand advantage in unilateral neglect. Neuropsychologia 32: 1–11

Robertson IH, Mattingley JB, Rorden C, Driver J (1998) Phasic alerting of neglect patients overcomes their spatial deficit in visual awareness. Nature 395: 169–172

Rommel O, Widdig W, Mehrtens S, Tegenthoff M, Malin J-P (1999) »Frontalhirnsyndrom« nach Schädel-Hirn-Trauma oder zerebrovaskulären Erkrankungen. Nervenarzt 70: 530–538

Sabel BA (1997) Unrecognized potential of surviving neurons: Within-systems plasticity, recovery of function and the hypothesis of minimal residual structure. Neuroscientist 3: 366–370

Schacter DL, Glisky EL, McGlynn SM (1990) Impact of memory disorder on everyday life: Awareness of deficits and return to work. In: Tupper D, Cicerone K (eds) The neuropsychology of everyday life, vol 1. Nijhoff, Boston, pp 231–258

Shallice T (1982) Specific impairment of planning. Philosophical transactions of the Royal Society of London. Biol Sci 298: 199–209

Shallice T, Burgess PW, Schon F, Baxter DM (1989) The origins of utilization behaviour. Brain 112: 1587–1598

Sherer M, Bergloff P, Levin E, High WM Jr, Oden KE, Nick TG (1998) Impaired awareness and employment outcome after traumatic brain injury. J Head Trauma Rehabil 13: 52–61

Simpson G, Blaszczynski A, Hodgkinson A (1999) Sex offending as a psychosocial sequela of traumatic brain injury. J Head Trauma Rehabil 14: 567–580

Sohlberg MM, Sprunk H, Metzelaar K (1988) Efficacy of an external cuing system in an individual with severe frontal lobe damage. Cogn Rehabil 6: 36–41

Literatur

Sohlberg MM, McLaughlin KA, Pavese A, Heidrich A, Posner MI (2000) Evaluation of attention process training and brain injury education in persons with acquired brain injury. J Clin Exp Neuropsychol 22: 656–676

Stuss DT, Benson DF (1984) Neuropsychological studies of the frontal lobes. Psychol Bull 95: 3–28

Stuss DT, Delgado M, Guzman DA (1987) Verbal regulation in the control of motor impersistence: a proposed rehabilitation procedure. J Neurol Rehabil 1: 19–24

Stuss DT, Gow CA, Hetherington CR (1992) »No longer Gage«: frontal lobe dysfunction and emotional changes. J Consult Clin Psychol 60: 349–359

Stuss DT, Shallice T, Alexander MP, Picton TW (1995) A multidisciplinary approach to anterior attentional functions. Ann NY Acad Sci 769: 191–212

Welt L (1888) Über Charakterveränderungen des Menschen infolge von Läsionen des Stirnhirns. Dtsch Arch Klin Med 42: 339–390

Youngjohn JR, Altmann IM (1989) A performance-based group approach to the treatment of anosognosia and denial. Rehabil Psychol 34: 217–222

Glossar

Abulie. Pathologische Verminderung der Willensfunktionen. Es kann dabei sowohl ein Verlust von Verhaltenszielen bestehen, d.h. die Person gibt keine Bedürfnisse, Wünsche oder Intentionen an oder auch nur eine Verminderung der Antriebsfunktionen, einen Wunsch in die Realität umzusetzen. Die Person gibt Wünsche an, startet aber keine Aktivität, das Ziel zu erreichen bzw. gibt bei ersten Schwierigkeiten auf.

Adaptive-Coding-Modell. Modell der funktionellen Organisation des Stirnhirns, demzufolge verschiedene Teile des Stirnhirns aufgrund einer besonderen Anpassungsfähigkeit dort vorhandener Neurone flexibel und kontextabhängig verschiedene Informationen repräsentieren können. Vordergründig widerspricht dieses Modell somit einer funktionellen Spezialisierung präfrontaler Gehirnareale, wie sie in domänenspezifischen oder prozessspezifischen Modellen der funktionellen Organisation des Stirnhirns angenommen wird.

Adrenokortikotropes Hormon (Corticotropin, ACTH). Wird in der Hypophyse ausgeschüttet und führt zur Ausschüttung von Kortisol aus der Nebennierenrinde.

Äquipotenztheorie. Auffassung von der funktionellen Einheitlichkeit der Großhirnhemisphären, die z. B. Flourens in bewusstem Gegensatz zur Phrenologie vorgetragen wurde.

Afferenz. Nervenbahn, die zu einem Gebiet hin führt (im Gegensatz zur Efferenz, die von einem Gebiet weg führt).

Akinese. Kernsymptom des Parkinson-Syndroms. Damit wird die Abwesenheit oder Armut der Bewegung beschrieben.

Akinetischer Mutismus. Vollbild des mesiofrontalen Syndroms mit Verlust der Bewegungen aus einem Eigenantrieb heraus – bei vollem Bewusstsein. Der Patient liegt meist im Bett, spricht nichts und bewegt sich nicht. Einfachen Aufforderungen jedoch kann er Folge leisten (Augen schließen oder Hand heben). Ohne Anweisungen erfolgt keine spontane Bewegung. Differenzialdiagnostisch von Stuporformen bei depressiver oder schizophrener Psychose abzugrenzen.

Akrophobie. Höhenphobie.

Alexithymie. Verminderte Fähigkeit, eigene bzw. fremde Emotionen/emotionale Signale bewusst wahrzunehmen und/oder sie verbal auszudrücken (»verwörtern«) sowie von körperlichen Folgen einer akuten oder chronischen Stress- bzw. Belastungssituation zu unterscheiden: »Das Wort wiederholt nur, was die Hand tut«.

Ammonshorn. S. Hippokampus.

Amygdala (Corpus amygdaloideum). Teil des limbischen Systems im Gehirn, der direkt dem Hippokampus anliegt und zahlreiche Funktionen im Bereich der Angstauslösung hat.

Anhedonie. Verlust der Lebensfreude, Unfähigkeit, Freude zu empfinden oder genießen zu können; zentrales Symptom depressiver und anderer psychiatrischer Störungen.

Anosmie. Fehlendes Riechvermögen, das häufig nach Schädel-Hirn-Trauma beobachtet wird und meist auf einem Abriss der Riechfasern an der Schädelbasis oder auf direkten Verletzungen der Unterfläche des Frontallappens beruht.

Anosognosie. Fehlende Einsicht in eine Funktionsstörung (z. B. Gesichtsfeldausfall); Anosognosie wird häufig bei Personen mit personalem oder peripersonalem Neglect beschrieben.

Anteriorer zingulärer Kortex (ACC). Vorderer Anteil des Gyrus cinguli, der an der medialen Hemisphärenwand oberhalb des Balkens liegt. Gehört in Abgrenzung zum Neokortex zum so genannten Archikortex bzw. paralimbischen System. Nimmt eine Vielzahl von kognitiven und emotionalen Funktionen wahr, u. a. wohl Steuerung der bewussten Aufmerksamkeit für kognitive und emotionale Stimuli.

Antisoziale Persönlichkeitsstörung. Das Hauptmerkmal dieser Persönlichkeitsstörung ist ein tiefgreifendes Muster von Missachtung und Verletzung der Rechte anderer, das in der Kindheit oder frühen Adoleszenz beginnt und bis in das Erwachsenenalter fortdauert.

Aphasie. Störung des Sprachvermögens. Die individuelle Ausprägung eines aphasischen Syndroms ist variabel und betrifft in unterschiedlichem Ausmaß rezeptive, expressive und schriftsprachliche Leistungen. Die typischen Aphasie-Syndrome sind klinische Prägnanztypen der Symptomausprägung, die in Bezug zu relativ konstanten Mustern der Gefäßversorgung des Gehirns stehen: Die Hirnläsion bei einer Broca-Aphasie lässt sich dem Versorgungsgebiet von vorderen Ästen der Arteria cerebri media (Gyrus frontalis inferior), eine transkortikal-motorische Aphasie der Arteria cerebri anterior (Gyrus frontalis superior) zuordnen.

Apraxie. Störung zielgerichteter Handlungen, die nicht durch elementare Störungen wie Lähmung, beeinträchtigtes Sprach- und Instruktionsverständnis oder gestörte Wahrnehmung erklärbar ist. Die Taxonomie der Apraxien ist nicht abgeschlossen, üblicherweise werden gliedkinetische, ideomotorische und ideatorische Apraxien unterschieden. Eine isolierte Apraxie der linken Körperhälfte (der linken Hand) wird bei Läsionen der frontalen Anteile des Corpus callosum (Balken) beobachtet.

Arbeitsgedächtnis. Bezeichnung für die aktive Aufrechterhaltung und Manipulation Aufgabenrelevanter Information. Die neurophysiologische Grundlage des Arbeitsgedächtnisses bilden vermutlich Neurone im lateralen präfrontalen Kortex, die Aufgaben-relevante Reize, antizipierte Reaktionen sowie Reiz-Reaktions-Regeln kodieren und ihre Aktivität auch in Abwesenheit der entsprechenden sensorischen Reize aufrechterhalten können.

Area entorhinalis (Regio entorhinalis). Im vorderen Gyrus hippocampi gelegen; Teil des limbischen Systems mit Bedeutung für den Neuerwerb von Gedächtnisinhalten.

Arteriovenöse Malformation. Anlagebedingte Gefäßmissbildung; besteht aus Konvolut arteriovenöser Kurzschlüsse ohne zwischengeschaltetes Kapillarbett.

»Background emotions« (»Hintergrundsempfindungen«). Von Damasio (2003) geprägter Begriff: »Background emotions« seien im Laufe der Evolution aus Hintergrundzuständen des Körpers und nicht aus Gefühlszuständen entstanden. Bezeichnet eine Art ständig präsentes individuelles emotionales Grundgefühl, das oft gar nicht bewusst wahrgenommen wird, sich aber bei diesbezüglicher bewusster Aufmerksamkeit dem Beobachter z. B. aus der Sprachmelodie, der Mimik, Gestik des Gegenübers intuitiv erschließt.

Belohnungssystem. Mesolimbisch-mesokortikales dopaminerges System, das zentral für die suchtinduzierende Wirkung psychotroper Substanzen ist. Die dopaminerge Leitungsbahn entspringt in der ventralen tegmentalen Area des Mittelhirns und ist mit dem Frontalhirn einschließlich des präfrontalen Kortex und mit Teilen des limbischen Systems wie dem Subiculum, der Amygdala und dem Nucleus accumbens/ventralen Striatum verbunden. Funktionell gesehen ist das dopaminerge Belohnungssystem eine Struktur, die Verstärkung vermittelt, der Prädiktion von potenziellen Verstärkern dient und relevante Stimuli in der Umwelt hervorhebt. Das Belohnungssystem ist ein entwicklungsgeschichtlich altes System, das durch so genannte »primäre Verstärker« wie Essen, Trinken, sexuelle Aktivität und elterliches Fürsorgeverhalten aktiviert wird und dadurch entsprechendes Verhalten verstärkt. Es ist somit für die Selbst- und Arterhaltung essenziell.

Biologische Depressionsmarker. Biologische Funktionen, die bei depressiven Patienten häufiger verändert sind als bei Gesunden (z. B. Dexamethason-Suppressionstest, kürzere REM-Latenz).

Borderline-Persönlichkeitsstörung. Das Hauptmerkmal dieser Persönlichkeitsstörung ist ein tiefgreifendes Muster von Instabilität in zwischenmenschlichen Beziehungen, im Selbstbild und in den Affekten sowie von deutlicher Impulsivität.

Bottom-up-Prozesse. Prozesse der Aufnahme und Organisation von Informationen aus der Umgebung, also Daten-geleitete Verarbeitung (s. auch Top-down-Prozesse).

Chandelier-Neurone (Kandelaber-Neurone). Subtyp intrakortikaler GABAerger inhibitorischer Interneurone mit Kerzenleuchter-ähnlichen Aufzweigungen der Axone, die das abgehende Axon der Pyramidenzellen innervieren.

Clomipramin. Trizyklisches Antidepressivum, das auch bei Zwangsstörungen wirksam ist.

»Cortisol-Releasing-Hormone« (»Cortisol-Releasing-Factor« CRF). Substanz, die im Hypothalamus ausgeschüttet wird und in der Hypophyse zur Ausschüttung von ACTH führt.

»Dementia lacking distinctive histopathology« (DLDH). Demenz ohne spezifische histologische und molekulare (Tau, Ubiquitin) Merkmale, aber mit Nervenzell-Reduktion in den neokortikalen Laminae II und III.

Dendritische Spines. Zahlreiche, an der Dendritenmembran vorkommende postsynaptische Ausstülpungen als Bestandteile exzitatorischer Synapsen.

Dependente Persönlichkeitsstörung. Hauptmerkmal ist ein tiefgreifendes und überstarkes Bedürfnis nach Fürsorge, das zu unterwürfigem und anklammerndem Verhalten und Trennungsängsten führt. Die abhängigen und unterwürfigen Verhaltensweisen sind darauf angelegt, Fürsorge hervorzurufen und resultieren aus der Selbstwahrnehmung, ohne die Hilfe anderer nicht lebensfähig zu sein.

Deviation conjuguée. Forcierte Wendung des Blicks, die meist bei akuten Gehirnläsionen (Blutung oder Infarkt) auftritt. Bei Läsionen des Endhirns »sieht der Kranke seinen Herd an«, da steuernde Bewegungsregionen einer Hirnhälfte ausgefallen sind und die Augen jetzt nur von der geschädigten Hirnhälfte gesteuert werden – mit einem Bewegungsimpuls von der gesunden Seite weg. Typischerweise kommt eine forcierte Blickwendung bei ausgedehnten Gewebsschäden vor, die Augenbewegungsregionen sowohl im Frontalhirn als auch im Parietallappen betreffen.

»Diagnostic and Statistical Manual for Mental Diseases« (DSM). Psychiatrisches Klassifikationssystem der American Psychiatric Association.

Diffuse axonale/traumatische Schädigung. Schädigung intrazerebraler Strukturen durch Rotationsbeschleunigung, v.a. an physikalischen Grenzflächen wie der Mark-Rinden-Grenze. Ob der angenommene Mechanismus auch traumatische Balken- und Mittelhirn/Hirnstammschädigungen erklärt, ist umstritten.

Disinhibition. Enthemmung von Aktionen, die in der Situation, in der sie ausgeführt werden, unpassend sind. Es kann sich um Routinereaktionen, Reflexhandlungen oder emotional- bzw. »triebgesteuerte« Handlungen und Ausdrucksverhalten handeln. Zugrunde liegt ein Verlust von Kontrollfunktionen.

»Diskonnektions-Syndrom« der Alexithymie. Störungen an unterschiedlichen Stellen eines komplexen neuronalen Regelkreises führen zu einer – insbesondere rechts-/linkshemisphärisch – verminderten Weiterleitung emotionaler Aktivitätsmuster (wobei aufgrund der linkshemisphärischen Lokalisation des Sprachzentrums eine Transmission eher rechtsseitig generierter negativer emotionaler Erregungsmuster in die linke Hemisphäre zur konsekutiven »Verwörterung« dieser negativen Empfindungen als notwendig erachtet wird).

Domänenspezifisches Modell der funktionellen Organisation des Stirnhirns. Konzept einer funktionellen Gliederung des lateralen präfrontalen Kortex nach Informationsdomänen, wobei angenommen wird, dass der dorsolaterale präfrontale Kortex für die Verarbeitung von Informationen über die Eigenschaften und die Identität von Objekten im Arbeitsgedächtnis zuständig ist.

Dorsolaterales präfrontales Syndrom. Störung der Planung komplexer Handlungen und ihrer situationsgerechten Modifizierung durch unzureichende Repräsentation der Handlungserfordernisse im Arbeitsgedächtnis.

Dysexekutives Syndrom. Nicht verbindlich definierter Arbeitsbegriff, der zuweilen synonym mit »Frontalhirnsyndrom« verwendet wird und auf Störungen der ebenfalls unscharf definierten Exekutivfunktionen (s. dort) Bezug nimmt. Vorschläge für Kriterien zur operationalen Diagnose eines dysexekutiven Syndroms liegen von verschiedenen Arbeitsgruppen vor.

Dyskinesien/L-Dopa-Dyskinesien. Unwillkürliche Muskelbewegungen, die bei Morbus Parkinson im Zusammenhang mit der L-Dopa-Therapie oder z. B. als Nebenwirkung von Neuroleptika auftreten können.

Efferenz. Nervenbahn, die von einem Gebiet wegführt (im Gegensatz zur Afferenz, die zu einem Gebiet hinführt).

Elektrokrampftherapie. Methode, die bei therapieresistenten Depressionen eingesetzt wird und zu Veränderungen zentralnervöser Mechanismen führen kann, z. B. zu einer größeren Durchlässigkeit der Blut-Hirn-Schranke für Medikamente, Verstärkung exzitatorischer Neurotransmitter u. a.

»Emotional processing«. Gesamtheit der emotionalem Empfinden und ggf. »Verwörtern« zugrunde liegender neuronaler Prozesse.

»Emotional awareness«. Fähigkeit, eigene Emotionen bewusst bei sich selbst und bei anderen mehr oder weniger differenziert wahrzunehmen. Obwohl breite Überlappungen zum Alexithymie-Begriff bestehen, wird »emotional awareness« mithilfe des projektiven LEAS-Verfahrens gemessen, das nicht mit dem Selbsteinschätzungsinstrument TAS-20 (bisher übliches Instrument zur Erfassung der Alexithymie) korreliert.

Epileptogene Regionen. Kortexareale, von denen epileptische Anfälle ausgehen (z. B. sensomotorischer Kortex).

Euphorie. Die positive Emotionalität so wie z. B. Heiterkeit, Freude, gehobene Stimmung, Sorglosigkeit oder Vorfreude ist der objektiven Situation nicht angemessen.

Exekutive Funktionen. Der Begriff »Exekutive Funktionen« bezieht sich auf kognitive Funktionen, mit denen eine adaptive Steuerung kognitiver Verarbeitungsprozesse ermöglicht wird, das kognitive System auf die zielgerichtete Reizverarbeitung und Handlungssteuerung vorbereiten wird oder auf Prozesse, die zusätzlich zu den eigentlichen Informationsverarbeitungsprozessen ablaufen und auf diese kontrollierend und steuernd einwirken. Solche Prozesse kommen ins Spiel, wenn das informationsverarbeitende System kurzfristig von einer kognitiven Anforderung auf eine andere umgestellt werden muss, wenn Prozesse der Wahrnehmung oder der Handlungskontrolle vorzubereiten sind, wenn habituelle Verhaltensantworten auf Stimuli unterdrückt werden müssen oder wenn bereits eingeleitete Verhaltensantworten modifiziert bzw. abgebrochen werden sollen. Exekutive Funktionen werden auch dann relevant, wenn kognitive Operationen selegiert oder koordiniert werden müssen, wie etwa bei der Bewältigung zeitgleicher oder zeitlich überlappender kognitiver Anforderungen.

»Explicit emotional processing«. Hier im Sinne von bewusster Wahrnehmung emotionaler Empfindungen sowie eines emotionalen Bedeutungsgehaltes auch primär somatischer Phänomene (»Bauchgrummeln«).

Flumacenil. Marker für PET-Untersuchungen zur Darstellung von Benzodiazepinrezeptoren.

Frontale Gangstörung. Kleinschrittiges, unsicheres Gangbild mit Störung der automatisierten Bewegungsabfolge; wird auch Gangapraxie genannt.

Frontallappenepilepsie. Charakteristische fokale Anfallsform (z. B. klonische Anfälle), deren Anfallsursprung im Frontallappen liegt. Die Anfälle gehen mit sehr heftigen, bizarr anmutenden Bewegungsabläufen einher.

Gammaaminobuttersäure (GABA). Inhibitorischer Neurotransmitter, der an vielen Vorgängen im Gehirn beteiligt ist. Die angstlösende Wirkung von Benzodiazepinen wird über GABA vermittelt.

Gedächtnis. Die Fähigkeit, gelernte Informationen oder Erfahrungen zu speichern. In der kognitiven Psychologie werden verschiedene »Gedächtnissysteme« unterschieden, insbesondere episodisches Gedächtnis (Erinnerung an Erlebnisse), semantisches Gedächtnis (Bedeutungs- oder Weltwissen), prozedurales Gedächtnis (Handlungswissen), »source memory« (Wissen um die Quelle der Erinnerung), prospektives Gedächtnis (Gedächtnis für zukünftige Handlungen/Ereignisse) und Arbeitsgedächtnis (»working memory«).

Grammophon-Syndrom. Ständige Wiederholung von »stehenden« Redewendungen und Verhaltensweisen bei stark eingeschränktem Repertoire im Rahmen einer frontotemporalen Degeneration.

Hippokampus (cornu ammonis: Ammonshorn). Teil des limbischen Systems, der bei der Auslösung von Angstreaktionen im Kontext von Stressereignissen beteiligt ist und Speicher- und Abrufvorgänge im Gedächtnis durchführt.

Histrionische Persönlichkeitsstörung. Tiefgreifende und übertriebene Emotionalität sowie ein übermäßiges Streben nach Aufmerksamkeit.

Hypermetamorphosis. Von den Breslauern Psychiatern Neumann und Wernicke im 19. Jahrhundert eingeführter Begriff, der in der Beschreibung des Klüver-Bucy-Syndroms wieder aufgenommen wurde. Er bezeichnet eine »übermäßige Tendenz jeglichen visuellen Reiz zu registrieren, zu beachten und auf ihn zu reagieren« und ist in etwa mit dem Konzept »environmental dependency« gleich zu setzen.

Hypothalamus. Steuerzentrum vegetativer Prozesse (Atmung, Kreislauf, Sexualfunktionen etc.).

Impersistenz. Unfähigkeit, eine Aktion aufrecht zu erhalten, wie das Ausstrecken der Arme, das

Stehen auf einem Fuß (ohne dass Gleichgewichtsstörungen die Ursache wären), das Herausstrecken der Zunge etc.

Implizite Emotionalität. Hier im Sinne von sich unbewusst manifestierenden/sich abspielenden emotionalen Empfindungen. Physiologische bzw. somatische Phänomene wie z. B. Muskelverspannungen werden zwar als solche wahrgenommen, der Informationsgehalt bzgl. eines möglicherweise zugrunde liegenden emotionalen Empfindens erschließt sich der/dem Betreffenden aber nicht. Sie/er kann diese emotionale Information nicht bewusst wahrnehmen, z. B. durch selbst diesbezüglich bewusst fokussierte Aufmerksamkeit.

Implizites Lernen. Erlernen von vorwiegend motorischen Fähigkeiten oder Automatismen, die durch Übung gelernt werden, ohne dass die zugrunde liegenden Regeln bewusst werden müssen (auch prozedurales Lernen). Implizites Lernen ist u. a. bei Läsionen der Basalganglien gestört.

Inhibition. Hemmung: Die inhibitorischen Defizite bei der Zwangsstörung werden als Folge von Läsionen im frontoorbitalen Kortex beschrieben. Es kommt zu einer mangelnden Hemmung irrelevanter Reize bei Patienten mit Zwangsstörungen.

«International Classification of Diseases« (ICD). Klassifikationssystem der Weltgesundheitsorganisation (WHO) für alle Krankheiten.

Interstitialkern der Stria terminalis (nucleus interstitialis striae terminalis, NIST). Kern in der Nähe der Amygdala, der bei der antizipatorischen Angst eine Rolle spielt und an der Steuerung der HPA-Achse beteiligt ist.

Intrakarotidaler Amybarbital-Test (Wada-Test). Verfahren zur Bestimmung der Sprachdominanz (z.B. vor Epilepsie-chirurgischen Eingriffen).

Invasive EEG-Ableitung. Verfahren zur Identifikation des Anfallsursprungs bei Epilepsie. Dazu wird mithilfe subduraler Elektroden durch elektrische Stimulation die Lokalisation funktioneller Kortexareale bestimmt.

Iomazenil. Marker für SPECT-Untersuchungen zur Darstellung von Benzodiazepinrezeptoren.

Katecholamine. Biogene Amine (Noradrenalin, Adrenalin, Serotonin, Dopamin etc.).

Kern-Selbst. Bezeichnet die Beziehung zwischen dem individuellen Subjekt selbst und seiner Lebensumwelt bzw. Objekten in der äußeren Welt, die durch die Interaktion des Individuums mit seiner Umwelt entsteht (nach Damasio: »core self«). Dieses Kern-Selbst ist die notwendige Vorbedingung für das autobiografische Selbst, das verschiedene Einzelzustände des Kern-Selbst integriert und so eine individuelle Lebensgeschichte entstehen lässt.

Klaustrophobie. Angst vor geschlossenen Räumen.

Kollateralversorgung. Arterielle Verbindungen zwischen Territorien verschiedener Hauptarterien, die auch im Falle von proximalen Gefäßverschlüssen die Parenchymperfusion sicher stellen können.

Kompensation. Der Begriff »Kompensation« beschreibt einen Mechanismus (z. B. Verhalten), mit dem ein Mangel oder ein Defizit verringert wird. Aus psychologischer Sicht wird von Kompensation gesprochen, wenn ein objektives oder wahrgenommenes Ungleichgewicht zwischen verfügbaren Fähigkeiten und Umweltanforderungen ausbalanciert wird.

Konzeptgesteuerte Stimulation. Der Weg vom allgemeinen Wissen zur konkreten Information wird in der kognitiven Psychologie als »absteigende Informationsverarbeitung« (»top-down processing«) bezeichnet. Datengesteuerte vs. konzeptgesteuerte Informationsverarbeitung sind weitere Bezeichnungen für die gleichen Sachverhalte. Die Stimulation erfolgt bei einer konzeptgesteuerten Stimulation nicht unmittelbar durch sensorische Reize, sondern durch innere Vorstellungen und Überlegungen.

Kortex. Rinde (graue Substanz) des Gehirns.

Kortikostriatales Modell der Zwangsstörung. Es wird heute angenommen, dass bei der Zwangskrankheit Störungen im frontostriatalen Regelkreis vorliegen, wobei es zu Ungleichgewichten in diesem komplexen Regelsystem kommt.

Laktat. S. Natriumlaktat.

Lakunärer Infarkt. Kugelförmig infarziertes Hirngewebe mit einem Durchmesser bis 1 cm im Territorium einer verschlossenen Arteriole.

Limbisches System. Besteht aus Amygdala, Hippokampus, Indusium griseum, entorhinalem Kortex, Gyrus cinguli, Area septalis, Thalamus und Hypothalamus. Es kontrolliert das vegetative System, emotionales Verhalten, »Bewusstsein«, Gedächtnis und weitere Funktionen.

Locus coeruleus. Kern im dorsolateralen Tegmentum des Pons, der etwa die Hälfte aller noradrenergen Neuronen des Gehirns enthält.

Magnetic-Seizure-Therapy (MST). Therapiemethode, bei der ein intensives magnetisches Feld im darunter liegenden Hirngewebe induziert wird (ähnlich der Elektrokrampftherapie, EKT).

Mandelkernkomplex (Corpus amygdaloideum). Scheint bei allen Säugern eine wesentliche Vermittlerrolle zwischen Sinneswelt und emotional tingierten Verhaltensweisen zu spielen. Hat bei Primaten praktisch funktionelle Beziehungen zu allen wichtigen Kerngebieten des ZNS, Assoziationskortex, präfrontalem Kortex sowie zu Hypothalamus und Hirnstamm. Versieht u. a. kognitive und sensorische Inhalte mit einer »affektiven Färbung«. Oft werden dabei auch vegetative und endokrine Reaktionen ausgelöst.

Mentalisierung (»Theory of Mind«). Fähigkeit, mentale Zustände anderer zu modellieren/sich einzufühlen sowie die Fähigkeit zur Bezugnahme auf eigene mentale Zustände (Selbstperspektive). Im Sinne von Fonagy: Selbstreflexiver Umgang gerade mit den eigenen emotionalen Wahrnehmungen.

Mesiofrontales Syndrom. Störung der Handlungsinitiierung, s. Abulie.

Mitsuyama-Syndrom. Kombination von frontotemporaler Degeneration und amyotropher Lateralsklerose mit Ubiquitin-positiven (aber Tau- und Synuklein-negativen) Einschlüssen.

Moria (»Witzelsucht«). Albernes, kindisch-kritikloses Verhalten nach Frontalhirnläsion.

Narzisstische Persönlichkeitsstörung. Tiefgreifend gestörtes Muster von Großartigkeit, dem Bedürfnis nach Bewunderung und Mangel an Einfühlungsvermögen.

Negativ-motorische Anfälle. Seltene Anfallsform bei Frontallappenepilepsie, die durch ein plötzliches Nachlassen des Muskeltonus oder dem Aussetzen von vorher bestehenden Bewegungen bei erhaltenem Bewusstsein charakterisiert ist.

Neglect. Vernachlässigung der Exploration einer Raum- oder Objekthälfte mit verminderter Aufmerksamkeitszuwendung. Es handelt sich um eine in den zugrunde liegenden Mechanismen vermutlich heterogene Ansammlung unterschiedlicher klinischer Phänomene. Neglect kann auch den eigenen Körper betreffen und motorische Aspekte haben. Aufgrund der fehlenden Beachtung von Raum und/oder Körper und von Verletzungsgefahr bildet ein Neglect-Syndrom oft ein erhebliches Hindernis in der Rehabilitation nach Hirnschädigung.

Nucleus paragigantocellularis (NPGi). Kern in der rostralen ventrolateralen Medulla oblongata, der viszerosensorische Informationen über glutamaterge Rezeptoren an den Locus coeruleus sendet.

Nucleus tractus solitarii (Nucleus solitarius). Kern in der kaudalen Medulla oblongata, von dem aus über den Nucleus paragigantocellularis viszerosensorische Informationen an den Locus coeruleus weitergeleitet werden.

Oligodendrozyten. Subklasse von Gliazellen, die für die Markscheidenbildung im Gehirn zuständig ist.

On-Off-Phänomene. Fluktuationen motorischer Funktionen, die (1) bei chronischer L-Dopa-Therapie als End-Dosis-Verschlechterungen nach Wirkungsnachlass der letzten Dosis von L-Dopa oder (2) unabhängig von der Medikation als unvorhersehbare Shifts zwischen mobilen, dyskinetischen On-Phasen und akinetischen Off-Phasen auftreten können.

Orbitofrontales Syndrom. Störung der situationsgerechten Handlungsmodifikation und -terminierung durch unzureichende Verwertung emotionaler Signale.

Panikogen. Substanz, die bei Patienten mit Panik, nicht aber bei gesunden Personen oder Patienten mit anderen Krankheiten, Panikattacken auslöst.

Parabrachialer Kern (Nucleus parabrachialis). Atmungsregulationszentrum im Pons.

Paralimbische Regionen. Kortikale Assoziationsareale, die in enger funktionaler Verbindung zu Hippokampus und Mandelkern stehen.

Paranoide Persönlichkeitsstörung. Das Hauptmerkmal dieser Persönlichkeitsstörung ist ein Muster tiefgreifenden Misstrauens und Argwohns gegenüber anderen Menschen, deren Motive als böswillig ausgelegt werden.

Paraventrikulärer Kern (Nucleus paraventricularis, PVN). Teil des Hypothalamus; in einem Teil des PVN werden Vasopressin (Adiuretin) und Oxytozin gebildet, im anderen CRH produziert.

Pathologisches Lachen. Lachen, das ohne adäquaten Auslöser (keine »lustige« Situation) und ohne adäquate begleitende Emotion auftritt. Es kann ebenso wie sein Gegenstück pathologisches Weinen bei einer Vielzahl unterschiedlich lokalisierter Gehirnschäden auftreten.

Periaquäduktales Grau (Griseum centrale mesencephali). Zentrales Höhlengrau; an der Auslösung von Panikattacken beteiligte Gehirnstruktur.

Persönlichkeitsstörungen. Definierte Veränderungen von Charakter- bzw. Wesenszügen eines Menschen. Diese machen sich durch Auffälligkeiten in den Bereichen Denken, Affektivität, Beziehungsgestaltung oder Impulskontrolle bemerkbar. Eine Persönlichkeitsstörung wird nach den Kriterien der modernen operationalisierten Diagnosesysteme (DSM-IV oder ICD-10) dann diagnostiziert, wenn ein andauerndes Muster von innerem Erleben und Verhalten erkennbar ist, das merklich von den Erwartungen der soziokulturellen Umgebung abweicht und zu Beeinträchtigungen in sozialen, beruflichen oder anderen wichtigen Funktionsbereichen führt.

Persönlichkeitsstörungen, Hauptgruppen. Anhand des im Vordergrund stehenden klinischen Erscheinungsbildes werden Persönlichkeitsstörungen im DSM-IV in 3 Hauptgruppen, den so genannten Cluster zusammengefasst. Cluster A beinhaltet die paranoide, schizoide und schizotypische Persönlichkeitsstörung. Diese Personen sind vornehmlich durch sonderbare und exzentrische Verhaltenszüge gekennzeichnet. Cluster B beinhaltet die antisoziale, Borderline, histrionische und narzisstische Persönlichkeitsstörung. Personen mit diesen Störungen erscheinen oft als dramatisch, emotional instabil oder launisch. Cluster C beinhaltet die vermeidend-selbstunsichere, die dependente und die zwanghafte Persönlichkeitsstörung. Personen mit Persönlichkeitsstörungen aus diesem Cluster erscheinen oft ängstlich oder furchtsam.

Perspektivnahme (»perspectivalness«). Die Fähigkeit zur Perspektivnahme oder die Einnahme der Ersten-Person-Perspektive kann als das Zentrieren des eigenen multimodalen Erfahrungsraumes um die eigene Körperachse aufgefasst werden. Sie dient als wesentliche Voraussetzung, um unsere Beziehungen zur Umwelt adäquat einnehmen zu können, wie z. B. die Raumkognition, soziale Interaktionen oder die Zukunftsplanung.

Pick-Krankheit. Unscharf definierte Teilgruppe der frontotemporalen Degenerationen mit ausgeprägter Hirnatrophie, Pick-Körperchen und -zellen sowie – nach neuer Definition – Tau-Einschlüssen mit 3 Repeats.

Pick-Zellen. Ballonierte Neuronen bei »Pick-Krankheit«.

Placebo. Scheinmedikament.

Positronenemissionstomografie (PET). Bildgebendes Verfahren zur quantitativen Messung von Hirnvolumen, Durchblutung und Stoffwechsel.

Pneumenzephalografie. Frühere röntgenologische Methode zur Darstellung der Hirnventrikel mittels Luftfüllung. Die Methode wurde durch die Computertomografie ersetzt.

Prozessspezifisches Modell der funktionellen Organisation des Stirnhirns. Konzept einer funktionellen Gliederung des lateralen präfrontalen Kortex nach Verarbeitungsprozessen, wobei dem ventrolateralen präfrontalen Kortex die Funktion des gezielten Aufrufs situativ relevanter Information in das Arbeitsgedächtnis zugeschrieben wird und dem dorsolateralen präfrontalen die Überwachung und Manipulation dieser Informationen.

Pseudoneurasthenie. Erschöpfungssyndrom auf zerebraler Grundlage, z. B. bei frontodorsaler Funktionsstörung (im Gegensatz zur rein funktionell bedingten Neurasthenie).

Pseudopsychopathie. Lang anhaltende Verhaltensabweichung meist mit Enthemmung, z. B. bei Veränderungen des frontoorbitalen Kortex.

Psychoedukation. Therapeutische Verfahren, die durch Information und Aufklärung von Angehörigen und Betroffenen besonders bei chronischen Krankheiten einen besseren Umgang mit den Einschränkungen der Erkrankung, eine Verbesserung von Bewältigungsstrategien sowie eine bessere Compliance zum Ziel haben (z. B. psychoedukative Maßnahmen bei Parkinson-Erkrankten).

Psychosomatische Störungen im engeren Sinne. Untergruppe von Störungen mit manifesten, biologisch nachweisbaren körperlichen Erkrankungen (z. B. Autoimmunerkrankungen), die gleichzeitig (chronifizierte) intrapsychische Konflikte aufweisen und bei denen, z. B. über die zeitliche Korrelation von Auslösesituation und Erstmanifestation bzw. Exazerbation der körperlichen Erkrankung, ein Zusammenhang zwischen psychosozialer Belastung und körperlicher Erkrankung angenommen wird.

Raphe-Kerne (Nuclei raphes). Serotonerges Kerngebiet im Hirnstamm.

Raumkognition. Kognitive Leistungen, die räumliche Operationen erfordern, die z. B. benötigt werden, um von der Ersten-Person-Perspektive aus einen Perspektivwechsel zu anderen Personen vorzunehmen. Insbesondere der rechte Parietallappen scheint für Raumkognitionsaufgaben relevant zu sein.

«Reflective awareness». Hier: Fähigkeit zur Selbstreflexion emotionalen Erlebens.

Restitution. Die spontane oder zielgerichtete Wiederherstellung ursprünglicher Verhältnisse (z. B. die Wiederherstellung von kognitiven Funktionen).

Schizoide Persönlichkeitsstörung. Das Hauptmerkmal dieser Persönlichkeitsstörung ist ein tiefgreifendes Muster von Zurückhaltung gegenüber sozialen Beziehungen und einer eingeschränkten Bandbreite des Gefühlsausdrucks in zwischenmenschlichen Situationen.

Schizotypische Persönlichkeitsstörung. Das Hauptmerkmal dieser Persönlichkeitsstörung ist ein tiefgreifendes Muster sozialer und zwischenmenschlicher Defizite, das durch akutes Unbehagen in und mangelnde Fähigkeit zu engen Beziehungen sowie durch Verzerrungen des Denkens und Wahrnehmens und eigentümliches Verhalten gekennzeichnet ist.

Schlafentzug/Wachtherapie. Nichtpharmakologische Methode zur Behandlung depressiver Störungen, die zu einer vorübergehenden (24 h) Besserung der Symptomatik und möglicherweise zu einer Verstärkung der Wirkung von Antidepressiva beiträgt.

Selbstbewusstsein. Fähigkeit, sich seiner eigenen mentalen und/oder körperlichen Zustände als der eigenen mentalen und/oder körperlichen Zustände gewahr zu werden. Dazu gehören z. B. Wahrnehmungen, Einstellungen, Überzeugungen und Handlungsintentionen.

Sensitivierung. Zunahme der durch eine psychotrope Substanz ausgelösten Effekte (neurochemisch und/oder behavioral) nach mehrfacher Einnahme dieser Substanz.

Sensorium commune. Nach Galen, Avicenna, Thomas von Aquin jene in der vorderen Hirnkammer lokalisierte Instanz, in welcher Wahrnehmungen aus den Sinnesorganen integriert werden.

Serotoninhypothese. Störungen im serotonergen Neurotransmittersystem gelten als eine der wichtigsten Ursachen der Zwangsstörungen. Die Serotoninhypothese wird belegt durch das sehr gute Ansprechen bzw. die Reduktion von Zwangssymptomen unter Behandlung mit Serotonin-Wiederaufnahmehmmern.

Single-Photon-Emissions-Computertomografie (SPECT). Bildgebendes Verfahren zur qualitativen und semiquantitativen Messung des Stoffwechsels und Blutflusses in Hirnregionen.

Somatic-marker-Hypothese. Es wird angenommen, dass Handlungen vor dem Hintergrund erlernter Verknüpfungen zwischen Situation, Handlungsoptionen und zu erreichenden, mit Emotionen verbundenen, bioregulatorischen Zuständen (»somatic marker«) initiiert werden. Die Verknüpfungen sind in einem funktionalanatomischen System repräsentiert, das den ventromedialen frontalen Kortex, Amygdala, somatosensorischen Kortex und Insel umfasst. Die Hypothese erklärt willensgesteuerte Handlungen bzw. deren Störung oder Inadäquatheit bei v.a. orbitofrontalen Läsionen.

Soziopathie, langsam progrediente. Progrediente Beeinträchtigung der sozialen Interaktionen bei degenerativen frontoorbitotemporalen Veränderungen v.a. der nichtdominanten Hemisphäre.

Störungsbewusstsein. Fähigkeit eines Patienten vorhandene kognitive, motorische oder andere

Beeinträchtigungen angemessen wahrzunehmen und die Folgen dieser Beeinträchtigungen für das eigene Leben realistisch einschätzen zu können.

Subkortikale arteriosklerotische Enzephalopathie (SAE). Unterform der vaskulären Demenz, bei der kognitive und andere neurologische Defizite durch ischämische Marklagerläsionen und lakunäre Infarkte verursacht werden.

»Supervisory attentional system«. Eine auf der Grundlage von kognitionspsychologischen und klinischen Daten postulierte Instanz, die in Nichtroutinesituationen eine bewusste Kontrolle und Handlungsplanung sicher stellt. Nebengeordnet ist eine weitere Komponente, der »contention scheduler«, der überlernte, automatisierte Handlungsprogramme realisiert. Die »Somatic-marker-Hypothese« (s. dort) ergänzt das Modell der Handlungssteuerung durch Einbeziehung volitionaler und emotionaler Motive.

Tachykardie. Herzfrequenzanstieg über 100 Herzschläge pro Minute.

Tauopathien. Neurodegenerative Krankheiten mit unlöslichen intraneuralen Einschlüssen des Mikrotubuli-assoziierten Tau-Proteins, das 3 Repeats (Pick-Krankheit), 4 Repeats (kortikobasale Degeneration, progressive supranukleäre Parese) oder eine Mischung aus 3 und 4 Repeats aufweisen kann (auch Alzheimer-Demenz, Neurofibrillen-dominierte Demenz).

Temporallappen. Schläfenlappen.

Temporolimbische Areale. Mittlere Teile des Schläfenlappens, in denen zentrale limbische Schlüsselstrukturen liegen, das sind Hippokampus, Mandelkern und parahippokampale Rinde.

Thalamus. Relaisstation für sensorische Informationen, bevor sie zum Großhirn gelangen.

Theory of Mind. S. Mentalisierung.

Top-down-Prozesse. Prozesse, die die Auswahl, Interpretation oder Organisation von Sinnesdaten beeinflussen, also einer Hypothesen-geleiteten Verarbeitung entsprechen. Dazu zählen Kontrolle von abstraktem Denken, vorhandenem Wissen, Glaubens- und Wertsystemen sowie von anderen Aspekten höherer geistiger Prozesse (s. auch Bottom-up-Prozesse).

Transkranielle Magnetstimulation (TMS). Nichtinvasives neurophysiologisches Verfahren zur Erregung von Hirnregionen mittels extern applizierter Magnetimpulse.

Vermeidend-selbstunsichere Persönlichkeitsstörung. Das Hauptmerkmal dieser Persönlichkeitsstörung ist durch ein tiefgreifendes Muster von sozialer Gehemmtheit, Insuffizienzgefühlen und Überempfindlichkeit gegenüber negativer Beurteilung geprägt.

Wahrnehmungsgesteuerte Stimulation. Der Weg von der konkreten sensorischen Information zum abstrakten Allgemeinwissen wird in der kognitiven Psychologie meist als »aufsteigende oder wahrnehmungsgesteuerte Informationsverarbeitung« (»bottom-up processing«) bezeichnet. Die Stimulation erfolgt bei einer wahrnehmungsgesteuerten Stimulation durch kontinuierlich präsentierte sensorische Reize.

White-Matter-Lesion (WML). Degeneration der weißen Substanz durch chronische Minderperfusion in perforierenden Marklagerarterien.

»Working memory« (Arbeitsgedächnis). Voraussetzung für Sprachverständnis, Lernen und Denken im Sinne der Fähigkeit, bestimmte kognitive Inhalte kurzfristig »zu behalten«.

Yohimbin. Panikogene Substanz.

Zwanghafte Persönlichkeitsstörung. Hauptmerkmal ist die starke Beschäftigung mit Ordnung, Perfektion sowie psychischer und zwischenmenschlicher Kontrolle, dies auf Kosten von Flexibilität, Aufgeschlossenheit und Effizienz.

Zwangsspektrum-Störungen. Diese Störungen betreffen Erkrankungsformen, für die sowohl klinisch als auch genetisch Ähnlichkeiten mit der Zwangsstörung vermutet werden. Pathogenetisch wird angenommen, dass eng beieinander liegende topografische Lokalisationen im frontostriatalen Regelkreis von Störungen betroffen sind. Zu den Zwangsspektrum-Störungen zählen u. a. körperdysmorphe Störung, Hypochondrie, Anorexia nervosa, wahnhafte Zwangsstörung, Gilles-de-la-Tourette-Syndrom, Tic-Störungen sowie andere neurologische Basalganglien-Erkrankungen und Impulsstörungen wie z. B. selbstverletzendes Verhalten.

Farbtafeln

Farbtafeln

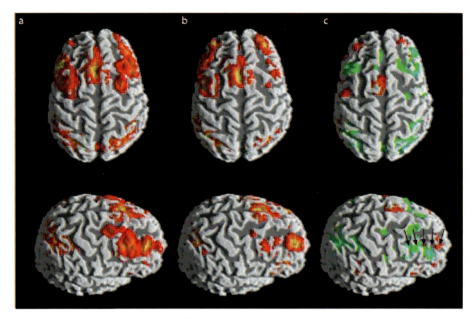

Abb. 2.5a–c. Domänenspezifische funktionelle Gliederung des präfrontalen Kortex entlang des Sulcus frontalis intermedius (markiert durch *schwarze Pfeile* im *rechten unteren* Bildabschnitt). Dargestellt sind in der Ansicht von oben (*obere Bildreihe*) sowie von schräg rechts-oben (*untere Bildreihe*) Aktivierungen fronto-parietaler Netzwerke, welche mit visuellen (**a**) bzw. phonologischen (**b**) Arbeitsgedächtnisprozessen unter artikulatorischer Suppression einhergehen. Die rechten Abbildungen (**c**) verdeutlichen die jeweils signifikanten domänenspezifischen Unterschiede zwischen diesen Netzwerken und zeigen insbesondere eine bevorzugte Aktivierung des Kortex entlang des anterioren Sulcus frontalis intermedius durch phonologische (dargestellt in *gelb/rot*) sowie entlang des posterioren Sulcus frontalis intermedius durch visuelle Arbeitsgedächtnisprozesse (dargestellt in *blau/grün*)

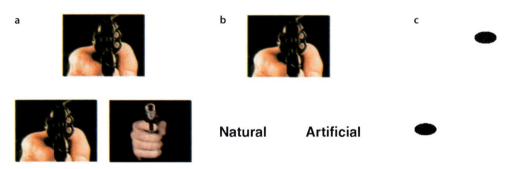

Abb. 5.2a–c. Experimentelles Paradigma: Während der fMRT-Untersuchung absolvierten die Probanden 3 Aufgaben: In jeder experimentellen Bedingung wurden unterschiedliche Abbildungen, die Angst bzw. Furcht auslösen, aus dem »International Affective Picture System« gezeigt, z. B. ein auf den Betrachter gerichteter Pistolenlauf (»künstlicher« Stimulus), oder z. B. das Bild eines Schlangenkopfes (»natürlicher« Stimulus). In der 1. experimentellen Bedingung (**a**) mussten die Probanden das angstauslösende Bild mit 2 anderen, ebenfalls angstauslösenden Bildern (z. B. ebenfalls auf den Betrachter gerichtete Pistolenläufe) vergleichen und die 2 jeweils identischen Bilder auf der unmittelbaren Wahrnehmungsebene einander zuordnen (»Match«-Kondition, keine kognitive, sondern sensorische Leistung). Bei der 2. experimentellen Bedingung (**b**) mussten die Probanden entscheiden, welches von 2 Wörtern (»natural« – »natürlich« vs. »artificial« – »künstlich«) den Inhalt des Bildes am besten beschrieb (»Label«-Kondition; kognitive Leistung). Als sensomotorische Kontrollbedingung (**c**) wurde den Probanden eine emotional neutrale ovale Figur gezeigt, die einem der weiter unten abgebildeten Ovale zugeordnet werden musste (Erläuterung ▶ s. Text)

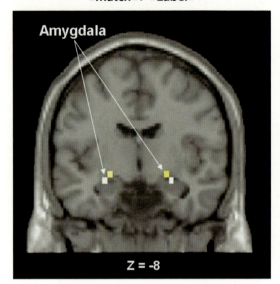
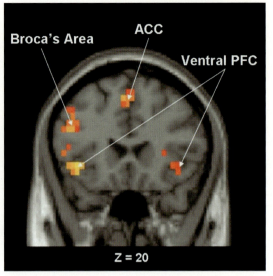

◘ **Abb. 5.3.** Koronares ZNS-Schnittbild (s. Farbtafel) mit erhöhter Amygdala-Aktivität während der rein sensorischen Wahrnehmung angst- und furchtauslösender Bilder (»Match«>«Label«-Kondition; p<.05, korrigiert). Die ausbleibende kognitive Reflexion des subjektiv bedrohlichen Stimulus begünstigt – vermutlich über eine dann nicht stattfindende Aktivierung präfrontal-amygdalärer Projektionen mit nachfolgender Inhibition der Mandelkern-Aktivität – die starke somatische Stressreaktion, die über Mandelkerne und Hypothalamus abläuft und peripher an einer erhöhten phasischen Hautleitfähigkeit verifiziert werden kann

◘ **Abb. 5.4.** Koronares ZNS-Schnittbild (s. Farbtafel) mit relativ erhöhter Aktivierung (p<.05, korrigiert) im bilateralen ventralen präfrontalen Kortex (*Ventral PFC*), anteriorem zingulären Kortex (*ACC*), und Broca Areal (Brodmann-Area-45) während der kognitiven (linguistischen) Evaluation (»Label«>«Match«) von angst- und furchtauslösenden Bildern. Durch die in Bedingung B (»Label«-Kondition) angeregte präfrontale kognitive Aktivität (quasi eine kognitive Distanzierung: »Einen Schritt zurücktreten, die Bedrohung anschauen und reflektieren statt unreflektiert in der Bedrohungssituation zu bleiben«) erfolgt eine Aktivierung inhibitorischer Neuronenpopulationen innerhalb der Mandelkerne, sodass die Aktivität der Mandelkerne im fMRT nicht mehr die Signifikanzschwelle überschreitet. Demzufolge vermindert sich die sympathikotone Stressreaktion, messbar anhand der peripheren Hautleitfähigkeit

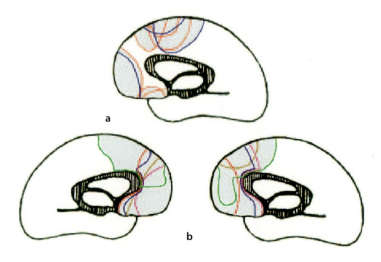

Farbtafeln

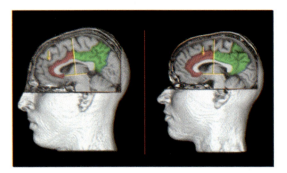

◘ **Abb. 5.6.** Neuroanatomische Lage des anterioren zingulären Kortex (*rot*, ▶ s. Farbtafel). (Aus: Gündel et al. in Druck)

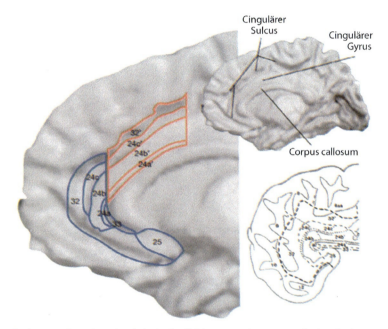

◘ **Abb. 5.7.** Schematisierte Verteilung der (*nummerierten*) zytoarchitektonischen Areale des ACC . Kognitive Areale sind in *rot* und affektive Areale in *blau* eingezeichnet (*links*, s. Farbtafel). Diese Darstellung ist zur Verdeutlichung der prinzipiellen Verteilung vereinfacht. Eine ebenfalls schematisierte, aber präzisere Verteilung der einzelnen Areale ist in der Zeichnung *rechts unten* zu finden. *Rechts oben* ist eine rekonstruierte fMRT-Abbildung der medialen Oberfläche einer rechten Hirnhemisphäre zu sehen (anterior=rechts, posterior=links). Die kortikale Oberfläche wurde z. T. »abgeflacht«, damit Gyri und Sulci gleichzeitig sichtbar werden. (Aus: Bush et al. 2000)

◘ **Abb. 5.5a, b.** Lokalisation präfrontaler Läsionen (▶ s. Farbtafel) bei subjektiver Veränderung der eigenen Emotionalität: **a** Geringere Veränderungen der eigenen Emotionalität (=Wertebereich 0–2) gingen mit Läsionen der farblich hervorgehobenen präfrontalen Hirnregionen einher. Nicht betroffen bei diesen Läsionen war der rostrale Anteil des ACC (der nach Bush so genannte »affektive« Anteil) sowie der unmittelbar ventral davon gelegene, uni-laterale mediale präfrontale Kortex (ca. BA-9). Massivere Veränderungen der eigenen Emotionalität (=Wertebereich 2,5–5,5) gingen in jedem Fall mit Läsionen in genau diesem Bereich (rostraler ACC und BA-9) einher. **b** Diese Läsionen sind sowohl bei linkshemisphärischer (n=5) als auch bei rechtshemisphärischer (n=5) Lokalisation für jede Lateralität übereinander gelagert dargestellt

Repräsentationale Ebene

allozentrisch

egozentrisch

Abb. 6.1. Illustration der Referenzrahmen der Ersten- und Dritten-Person-Perspektive (▶ s. Farbtafel). Beide kognitiven Leistungen der Einnahme der Ersten- und Dritten-Person-Perspektive, z. B. beim Blick auf eine Raumszene aus der eigenen Perspektive oder der eines anderen, unterscheiden sich phänomenal voneinander (Erläuterungen ▶ s. Text)

Phänomenale Ebene

Dritte-Person-Perspektive

Erste-Person-Perspektive

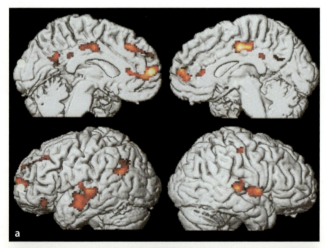

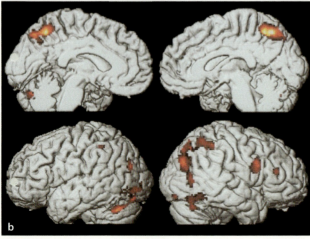

Abb. 6.3a, b. Basierend auf einer einfachen Raumkognitionsaufgabe (▶ s. Text) können Perspektivwechsel zwischen Erster-(1PP) und Dritter-Person-Perspektive (3PP) erfolgreich operationalisiert werden. **a** Die neuralen Korrelate von 1PP zeigen Aktivierungen im Wesentlichen in den Bereichen des anterior gelegenen medialen präfrontalen Kortex, des posterior zingulären Kortex, des superior temporalen Kortex beidseits sowie des temporoparietalen Kortex der linken Hirnhälfte. **b** Die neuralen Korrelate von 3PP zeigen ein differenzielles Hirnaktivierungsmuster, das Aktivierungen im Wesentlichen in den Bereichen des medialen parietalen Kortex, des oberen parietalen Kortex rechts und des prämotorischen Kortex rechts umfasst

Namen- und Sachverzeichnis

A

Abercrombie 5
Ablenkbarkeit (s. auch
 Aufmerksamkeitsstörung) 66,
 152
Absence, frontale 364
Abstraktionsvermögen, gestörtes
 59
Abszess, sinugener 368
Abulia minor 47, 85
Abulie 85, 201, 208
Abwehrverhalten 274
Acetylcholinesterasehemmer
 157, 166, 178
Acetylcholinrezeptoren 157
Adaptive-Coding-Modell 26
ADH-Syndrom 296
Adynamie 163
Affekt 92–94
Affektentwicklung 104–113
Affektinkontinenz 96
affektives Syndrom 94, 163
affektive Störung 233–257
– anatomische Befunde
 234–237
– Chorea Huntington 240
– funktionelle Bildgebung
 240–242, 249
– Hemisphärenasymmetrie 256
– Hirninfarkt 239
– Morbus Parkinson 239
– multiple Sklerose 240
– neuropsychologische Befunde
 247, 248
Affektkontrolle 93
Affektlabilität 67, 93, 96
Affektverflachung 163
Aggressivität 67, 70, 97, 161,
 219, 336
– Schädel-Hirn-Trauma 381
Agoraphobie 268, 304
Agrammatismus 50
Agraphie 208
Akinese 179
Akinesie, psychische 47
Akrophobie 276

Aktion, habituelle 90
Alexander 9
Alexithymie 114–119
– Genese 118
Algorithmus 410
Alkoholabhängigkeit 7,
 347–356
Alltagskompetenz 392
Alltagsverhalten 408
Alpha-Aktivität 153
Alpha-Rhythmus 270
Alzheimer, Alois 144, 214
Alzheimer-Demenz 64, 144,
 150, 152–157, 159, 162, 163,
 239, 240
Amantadin 390
Amnesie 158
– anterograde 52, 203
– ausgeprägte 208
– Schädel-Hirn-Trauma 378
amnestisches Syndrom 205
Amobarbital-Test 371
Amygdala 19, 120
– Afferenz 94
– Aktivierung 250, 251, 254,
 285, 434
– Aktivität 89, 95, 106, 107
– Aktivitätsverminderung 275
– Asymmetrie 237
– Epilepsie 363
– Hyperaktivität 256
– Überaktivierung 273
– Überreaktion 244
– Volumenvergrößerung 235,
 236
Amygdala-Hippokampus-
 Komplex 215
Amyloid-β-A1–42 154
Amyloidangiopathie 206
Analphabetentum, emotionales
 114
Andral 5
Aneurysma 194
Anfall (s. auch Epilepsie)
– akinetischer 364
– atonischer 364
– fokal-motorischer 365
– Grand mal 203, 207

– hypermotorischer 363, 364,
 366
– klonischer 362
– komplex-motorischer 365
– negativ-motorischer 364
– negativ-myoklonischer 365
Anfallsevolution 364
Angehörigenbetreuung 166,
 167
Angiom 194
Angst 107
– bei epileptischem Anfall 365
– experimentell induzierte
 272
– bei Zwangsstörungen 299,
 304, 307
Angstfreiheit, pathologische
 334
Angststörung 267–288
– generalisierte 279, 303
– Neuroanatomie 286
– Schädel-Hirn-Trauma 381
– Therapie 288
Anhedonie 178, 184, 252
Anomie 159
Anorexia nervosa 304, 305
Anosmie 65
Anosognosie 136
Anpassungsfähigkeit 152
– verminderte 93
Anteriorinfarkt 33, 200
Antidepressiva 178
– trizyklische 185, 186, 245
antidiuretisches Hormon 157
Antiepileptika 372
Antikonvulsiva 187
Antisakkadenaufgabe 51, 302
Antizipation 28, 389
Anton 8
Antrieb 28
Antriebskontrolle, gestörte 98
Antriebsmangel 67, 96, 98
Antriebsstörung 63, 64, 85, 96,
 98, 382
Antwortselektion 85
Apathie 47, 70, 161, 219
apathisch-pseudodepressives
 Syndrom 84

Aphasie 158, 208
- progrediente 144, 158, 159, 162
- transkortikale motorische 51, 201, 202
- Wernicke-artige 160
Aphemie 50
Apolipoprotein E 158
Apoptosekaskade 373
Applaus-Zeichen 48
Apraxie 158
- gliedkinetische 48, 162
- ideomotorische 198
- okulomotorische 51, 52
- verbale 70
Äquipotenztheorie 6
Arachnoidalzyste 220
Arbeitsgedächtnis 24, 27, 31, 32, 43, 53, 109, 123, 350
- Aktivierbarkeit 216
- Defizit 84, 87
- Leistung 73
- neuronale Netzwerke 217
- räumliches 73
- Störung 199
Arbeitsmodell, inneres 115, 119
Area
- supplementär-motorische 47, 364
- ventralis tegmentalis 21
Ärger 107
Arousal 105
- emotionaler 117–119
- sympathikotoner 113
- vegetativ-autonomer 114
- Mechanismus 401
Arteria
- callosomarginalis 195, 196, 200, 201, 207
- carotis interna 196, 197
- centralis 195, 198
- cerebri anterior 195, 196, 207
- cerebri media 195–197, 207
- communicans anterior 197, 200, 201, 205
- frontobasalis 195, 196, 202, 203

- frontopolaris 195, 196, 202, 203
- insularis 195, 198
- orbitofrontalis 195, 198, 200
- pericallosa 195, 196, 200, 201
- praecentralis 195, 198
- praefrontalis 195, 198, 199
- supramarginalis 201
Arteria-communicans-anterior-Syndrom 47, 52
Aspartat 21
Aspontaneität 70, 85, 98
Assoziationskortex 199, 217, 218
Asterixis 365
Astrozytom 369
Athymhormie 47
Aufgabenwechsel 61
Aufmerksamkeit
- geteilte 73
- intrinsische 398
- reduzierte 67, 381
- selektive 28, 32, 400
Aufmerksamkeitsdefizit 67, 381
Aufmerksamkeitsfokussierung 408
Aufmerksamkeitskontrolle 45
Aufmerksamkeits-Prozess-Training 399
Aufmerksamkeitsprüfung 331
- Testbatterie 73
Aufmerksamkeitsspanne, räumliche 73
Aufmerksamkeitssteuerung 24
Aufmerksamkeitsstörung 90, 150, 199, 201, 238
- Schädel-Hirn-Trauma 382
Aufmerksamkeitswechsel 43, 400
Augenfeld
- frontales 23, 51, 197, 198
- parietales 197
- supplementäres 51
- zinguläres 51
Aura, olfaktorische 365
Ausdauertraining 188

Ausgeschlossen-Werden 124
Autismus 152
Automatismus 364–366
Awareness-Training 405

B

Babinski 136
Balkenläsion 379
Bandeletta diagonalis 523
Basalganglien 257
- Volumenvergrößerung 312
Basalganglienerkrankung 296
Basalganglienläsion 91
Behavioural-Assessment-of-the-Dysexecutive-Syndrome 71
Belastungsstörung, posttraumatische 118, 280–285
Belohnung 43, 44, 85, 184, 322
Belohnungssystem 351, 352, 356, 390
Belohnungswert 106, 109
Benson 8
Benzodiazepinrezeptor 268, 270, 272, 285
Bewusstsein, Lokalisation 3
Bianchi 6
Bildgebung, funktionelle 27, 28
Bildgeschichte 59
Bindungstyp 115
Biofeedback 113
Blasenstörung 208
Blickdeviation 198
Blickkontakt 152, 197
Blickparese, progressive supranukleäre 48
Blind-feel-Hypothese 117, 119
Blumer 8
Blutung
- intrazerebrale 206
- subarachnoidale 194, 203–205
Borderline-Störung 115, 304, 321–340
Bouillaud 5
Braille-Schrift 402

Broca 5
Broca-Aphasie 50
Broca-Areal 22, 30, 50, 199, 283, 285, 362, 372, 434
Bromocriptin 390
Brunschwigk 3
Bulbärparese 161
Bulimie 88, 305
Bupropion 187
Burckhardt 6
Burdach 5
Buspiron 308
Buttlar-Brentano 214

C

Cabergolin 184
California-Card-Sorting-Test 60
California-Verbal-Learning-Test 52
Camper-Gesichtswinkel 2
Cannon 116
CANTAB 55, 57, 72, 248
Capsulotomie, anteriore 295
Carbamazepin 166, 371
Caudatum 286
Cavum septi pellucidi 223
Chandelier-Neurone 217
Chaussier 2
Chiasma opticum 203
Cholin-Acetyl-Transferase 157
Cholinesterase-Hemmer 157
Chorea
– Huntington 240, 296, 300, 302
– Sydenham 296, 312
Chromosom 17 158
Chromosom 3 158
Cingulotomie 93
– anteriore 295
Cingulum 275
– anteriores 87
Circulus Willisii 197
Clomipramin 269, 308, 310, 311
Cognitive-Estimation-Test 62

Combe 3–5
Commotio cerebri 378
contention scheduling 45
Continuous-Performance-Test 224, 250
Contre-coup 373
Contusio cerebri 373
Cortex s. Kortex
Coup 373
COWAT (controlled oral word association test) 60
Creutzfeldt-Jakob-Krankheit 160
Cummings 9
Cuneus 241
Cuvier 2
Cystercus 145

D

Dauerstress 113
Dax 5
de Nobele 5
Degeneration
– frontotemporale s. Frontallappendegeneration
– kortikobasale 157, 162
– pallidopontonigrale 158, 162
Déjà-vu-Sensation 365
Delayed-Response-Task 24, 43
Delir 151, 165
Demenz (s. auch Alzheimer-Demenz)
– ohne distinkte Histopathologie 157
– frontale 64
– frontotemporale 90, 146–148, 159, 161
– mit Motoneuronenerkrankung 161
– semantische 144, 158, 160
– subkortikale 208
– vaskuläre 145, 156, 163, 207, 208, 240
Denken
– deduktives 59
– induktives 59

– konkretistisches s. Konkretismus
– kreatives 60
– lautes 54
– sprachlogisches 389
Denkerstirn 2
Depersonalisierung 118
Depression 67, 92, 94
– major 303
– Parkinson-Krankheit 179–183
– reaktive 159
– Schädel-Hirn-Trauma 381
– sekundäre 238
– unipolare 310
– vaskuläre 236
– Verstärkerverlust 92, 94
Descartes 124
Design-Fluency-Test 248
Desipramin 308
Desorganisation 70
Desorientiertheit 381
Déviation conjuguée 51
Diaschisis 22, 401
Disinhibition 46, 67, 88–90, 92, 96, 97, 163
– Therapie 166
– orale 149, 150
Diskonnektion 168
Diskonnektions-Syndrom 116
Distanzverlust 67
Dopamin 179, 183–186, 309, 350
Dopaminagonist 178, 183, 184
Dopamindepletion 182
Dopaminfreisetzung 352, 356
Dopaminrezeptoren 157
dorsolaterales präfrontales Syndrom 199
Dr.-Seltsam-Zeichen 50
Dranginkontinenz 208
Dritte-Person-Perspektive 130, 131, 133, 435, 436
Durchschlafstörung 208
Dysexekutiv-Syndrom 42, 62, 63, 158, 396
Dysfunktion, serotonerge 353, 354
Dyskinesie
– Levodopa-induzierte 187

– Therapie 183, 184
Dysmetrie, kognitive 222
Dysplasie, kortikale 369, 370, 372
Dysthymie 178
Dystonie 158, 162

E

Echolalie 51, 150, 152
Echopraxie 50
Efferenzkopie 135
Egozentrismus 95, 131, 163
Eigenantrieb, Mangel 85
Einschlusskörperchen, argyrophile 156–158
Einsicht
– Mangel 96
– Verlust 70
Elektroenzephalografie 153, 303
Elektrokrampftherapie 187, 255
Elektrostimulation 6, 187
– intraoperative 294
Emotion 92–94
emotional awareness 104
emotional processing 104, 105, 110, 120
Emotionalität, Verminderung 92
Emotional-Self-Rating-Skala 253
Emotionsinduktion 252, 253
Emotionsverarbeitung, implizite 117
Emotionswahrnehmungstraining 205
Empathieverlust 92, 96
Encephalitis lethargica 296
Endstrominfarkt, subkortikaler 202
Entacapon 184
Enthemmung s. Disinhibition
Entscheidungsfähigkeit 111
Entscheidungsverhalten, Prüfung 150

Entspannungsübung 113
Enzephalopathie
– subkortikale arteriosklerotische 198, 202, 207–211
– Wernicke 348
Epilepsie 7, 207, 219
– s. auch Anfall
– s. auch Frontallappenepilepsie
– Chirurgie 372, 373
– orbitofrontale 366
– parazentrale 366
– perirolandische 366
– supplementär-sensomotorische 365
– temporale 237
Epistemologie 10
Ereignisschilderung, dyschronologe 67
Erfahrung, psychische 104
Ergot-Alkaloide 184
Erinnerungstäuschung 54
Erregung 67
Erste-Person-Perspektive 130–136, 435, 436
Erwartungsangst 276
Erwartungs-Mismatch 91
Essstörungen 88, 305, 311
Euphorie 94, 237
Evolution 2, 16
Exekutive, zentrale 28
Exhibitionismus 410
Exkoriation, psychogene 305
Exner-Schreibareal 51
Extinktionsphänomen 133

F

Farb-Wort-Interferenztest 247, 251
Faser
– dopaminerge 21
– serotonerge 21
– noradrenerge 21
Faszikulation 161
Faust-Ring-Test 48
Fauxpas-Test 150

Fazilitationsparatonie 49
Feedback, präfrontaler 19
Feedforward-Modell 134
Fehlantwort 54
Fenfluramin 308
Ferrier 6
Feuchtwanger 84
Fibrohyalinose 198
Fissura sylvii 2
Fixierung 67
Flechsig 7
Flexibilität, kognitive 61
Flourens 6
Flumazenil 369
Fluoxetin 185, 309
Fluvoxamin 165, 310
Foix-Chavany-Marie-Syndrom 50
Fornix-Schenkel 52
20-Fragen-Test 61
Franz 6
Freeman 6
Fremdanamnese 66
Freud 294
Fritsch 6
Frontal-Assessment-Battery 67
frontales Verhaltensinventar 69–71
Frontalhirn
– Angst 287
– emotionale Bewertung 287
– funktionelle Anatomie 196
– Funktionen 42–45, 103–124
– Interaktion mit limbischen Strukturen 286
– Interaktion mit Thalamus 221
– Ischämie 197–202
– Psychopathologie 83–98
– sprachrelevante Areale 50
– Symptome 46–62, 63, 64
– vaskuläre Versorgung 195
Frontalhirnerkrankungen
– Neuropsychologie 395–412
– Therapie 385–412
– vaskuläre 193–211

Frontalhirnschädigung
- Kompensation 401, 40
- psychopathologische Merkmale 97, 98

Frontalhirnsyndrom 42, 396–402
- mediales 9

Frontallappen
- Asymmetrie 224
- funktionale Organisation 21–34
- Schizophrenie 213–225
- strukturelle Organisation 16–20
- Subregionen 22

Frontallappendegeneration 143–168
- Diagnostik 151
- Epidemiologie 154
- funktionelle Neuroanatomie 167
- Genetik 157
- Klinik 144–150
- Neurochemie 157
- Neuropathologie 156
- Neuropsychologie 150
- Non-Alzheimer-Typ 149
- Nosologie 168
- Pharmakologie 157
- Sonderformen 158–163
- Symptomatik 144–149, 168
- Therapie 164–166
- Verhalten 149

Frontallappendemenz 146–148

Frontallappenepilepsie 361–372

Frontallappenfunktionen, neurobiologische Grundlagen 15–34

Frontallappenschaden 325

Frontallappen-Score 65, 66, 68, 382, 390

functional awareness 115

Fünf-Punkte-Test 60, 66

Furcht (s. auch Angst) 107
- kontextuelle 275

G

Gage 5
Gall 3
Gamma-Aminobuttersäure 21
Gangapraxie 48, 210
Gangataxie 48
Gangstörung 208, 210
- frontale 48, 201
Gating 19
Gaupp 236
Gebrauchsverhalten s. Utilisation
Gebrauchsverhalten 49
Geburtstrauma 303
Gedächtnis
- s. auch Arbeitsgedächtnis
- s. auch Kurzzeitgedächtnis
- s. auch Langzeitgedächtnis
- deklaratives 52
- implizites 53
- persönliche Werte 92
- prospektives 54, 58
Gedächtnisabruf 28
Gedächtnisstörungen 52–54, 98
Gedächtnisstrategie 53
Gefäßmissbildungen 203, 206, 207
Gefühlsambivalenz 104, 105
Gegenhalten 150
Geozentrismus 131
Gesamthirnvolumen 215
Gesichtsausdruck 117, 251, 253
- maskierter 250
Gesichtsfeldprüfung 66
Gilles-de-la-Tourette-Syndrom 296, 304, 305, 309, 311
Glabellareflex 49
Glasgow-Coma-Score 382
Gleichgültigkeit 70
Gliedapraxie 48, 162
Gliose 158, 162, 223
- progressive subkortikale 162
Globus pallidus externus 180
Glücksspiel 58, 204
Glutamat 21

Glutamatdecarboxylase 217
Goltz 6
Go-NoGo-Aufgabe 66, 67, 71, 73, 381
Go-NoGo-Paradigma 48
Gourmand-Syndrom 91
Grammophon-Syndrom 152
Grand-mal-Anfall 203, 207
Gratiolet 2
Greifreflex 66, 67, 150
- Prüfung 49
Greifverhalten, gestörtes 49
Grenzzoneninfarkt, anteriorer 202
Großhirnrindenfunktionen, Lokalisation 8, 9
Grübelneigung 160
Grundgefühl, emotionales 105
Gyrifizierung 223
Gyrus
- cinguli 19, 49, 205, 219, 221, 222, 366
- dentatus 222
- frontalis inferior 22, 372
- parahippocampalis 19
- praecentralis 372

H

Haeckel 2
Hakeln 49
Halluzination 219
Halstead-Catagory-Test 59
Hämatom
- intrakranielles 373
- intrazerebrales 206
Hand, anarchische 49, 50
Handlung, stereotype s. Stereotypie
Handlungsabfolge, Planung 71
Handlungsinitiierung, Störung 84–90
Handlungskontrolle, Störung 84–90
Handlungsmodifikation 205
Handlungsplanung 43, 199

Handlungssequenzierung
- gestörte 97
- Verbesserung 403, 406
Handlungsterminierung 205
Handlungs-Wahrnehmungs-Zyklus 24
Harlow 5
Hautleitfähigkeit 107, 113, 270
Hebbsche Regel 398
Hebephrenie 295
Hemiparese
- beinbetonte 46, 201
- brachiofazial betonte 46
Hemiparkinsonismus 201, 256
hemispheric encoding and retrieval asymmetry 45
Herpes-simplex-Enzephalitis 219
Heuristik 410, 411
Hilflosigkeit, gelernte 254
Hippokampus 19, 132
- Benzodiazepinrezeptorbindung 272
- erniedrigter Blutfluss 277
- Veränderungen 181
- Volumen 220
- Volumenreduktion 222, 285
Hirnasymmetrie 268, 270
Hirnatrophie 222
- frontale 348, 351
Hirnentwicklung
- embryonale 2
- frühe Vorstellungen 2–4
- Störung 222
Hirninfarkt (s. auch Infarkt) 239
Hirnkammer 3
Hirnstammläsion, rostrale 379
Hitzeschmerz 122
Hitzig 6
Hochfrequenzstimulation 187
Holmes 8
Homovanillinmandelsäure 157
Homunkulus 363
Hormon
- antidiuretisches 157
- Kortikotropin-releasing 157, 273
5-Hydroxyindolessigsäure 183
Hydrozephalus, Normaldruck 48

Hyperaktivität 90
- Therapie 166
Hyperkinese 47
Hypermetamorphosis 49
Hyperoralität 49, 70, 88
Hypersexualität 71, 97
Hypochondrie 163, 304, 305
Hypofrontalität 215, 216, 225, 243
Hypokapnie 268
Hypokinese 46, 150
- frontale 46
Hypoplasie, limbische 222
Hypoplastizität 92, 96
Hyporeagibilität, emotionale 334
Hypothalamus 241, 274
- Dysfunktion 351
Hypothalamus-Hypophysen-Nebennierenrinden-Achse 115, 274
Hypothyreose 151

I

Ich-Perspektive 34
Ich-Spaltung 111
Ideenmangel 60
Identitätsstörung 334
Imipramin 269, 308
Imitationsverhalten 50, 152
Impersistenz, motorische 46, 49
Impulsenthemmung 88, 89
Impulsivität 70, 97, 248, 304, 334
Impulskontrolle 391
- gestörte 88, 204, 208
Infarkt
- hämodynamischer 20
- lakunärer 197, 202, 208, 211
Inflexibilität 70
Informationsbewertung, exekutive 19
Informationsverarbeitung
- multimodale 17, 28
- Störungen 95

Inhibition, sexuelle 408, 410
Inkontinenz 65, 71, 208
Innervation, cholinerge 21
Insektenphobie 276
Insel 105, 120, 122
Intelligenz, antisoziales Verhalten 337
Interessensverlust 163
Interferenzabwehr 28
Interferenzanfälligkeit 208, 382, 388
Interferenzeffekt 33
Interferenzkontrolle 381
Interleukin-Polymorphismus 216
International Affective Picture System 433
Interneurone
- GABAerge 157, 274, 352
- reduzierte 216
Iowa Task 58, 59
Irritierbarkeit (s. auch Erregung) 70, 97
Ischämie 197–202
- zerebrale 194

J

Jackson 7, 362, 363
Jamais-vu-Sensation 365
Jastrowitz 6

K

Kadenz 179
Karotissiphon 195
Katatonie 85
Kavernom 194, 369
Kern-Selbst 136
Klaustrophobie 276
Klaviertest 48
Kleist 8, 323, 378
Kleptomanie 304
Klüver-Bucy-Syndrom 44, 93, 149

Kognition, räumliche 132, 133
Kollumne, kortikale 18
Koma 379
Kommando, konträres 66, 67
Kommissurotomie, funktionelle 116
Konditionierung, operante 308
Konfabulation 54, 94, 150
Konkretismus 59, 70, 97
Konnektivität 17, 18
Kontrolle, kognitive 28, 32
Kontusion, temporale 381
Konvergenz, multimodale 18
Konvexitätssyndrom 9
Koodinatensystem, egozentrisches 136, 137
Kooperationsbereitschaft 152
Koordination
– bipedale 210
– reziproke 48
körperdysmorphe Störung 304
Körperrepräsentation 136
Korsakow-Syndrom 348
Kortex
– anteriorer zingulärer 32, 105, 110–112
– dorsolateraler präfrontaler 108
– entorhinaler 222
– frontolateraler 29–32
– frontoorbitaler 23, 34
– granulärer frontaler 16
– lateraler präfrontaler 106
– medialer orbitofrontaler 106
– medialer präfrontaler 110, 111, 283
– orbitofrontaler 84, 87, 94, 106, 110, 122, 274
– präfrontaler 2, 16–19, 105–111, 196, 242, 286, 276
– präzentraler 196
– rezesierbarer 372
– somatosensorischer 277
– ventromedialer präfrontaler 110
Kortikotropin-releasing-Hormon 157, 273
Kral-Manöver 49

Kranioskopie 3
Krankheitseinsicht 303
Kreatinin 246
Kriminalität s. Verhalten, kriminelles
Krise, akinetische 201
Kritiklosigkeit 46
Kurzzeitgedächtnis 43, 106
– Störung 247

L

Labyrinth-Aufgabe 55
Lachen, pathologisches 66, 93
Lähmung, progressive supranukleäre 157, 302
Laktatsensitivität 269
Lamotrigin 371, 372
Lanfranchi 5
Langsamkeit, zwanghafte 303
Larrey 5
Läsionsstudien 237, 238, 294
LeDoux 95, 105
Lernen, implizites 302
Lernstörungen 52–54
Leukotomie 7
– limbische 295
Levetiracetam 372
Lewy-Körperchen 166, 180
Lezak 389, 397
Liepmann 134
Linksche Probe 72
Liquoruntersuchung 154, 155
Lithium 186
Lobärdegeneration, frontotemporale 146–148
Lobologie 42
Lobotomie 7
Lobus frontalis 2
Locus coeruleus 21
Logopenie 51, 70
Logorrhö 152
Long Term Potentiation 356
Lower-Body-Parkinsonismus 210
Lucas 56, 57
Luciani 2

Ludwig II 5
Luria 7, 403
Luria-Handsequenz 67

M

MacLean 116
Magnetreaktion 49
Magnetstimulation, transkranielle 187, 255
Magoun 7
Major-Depression 303
Malformation, arteriovenöse s. Gefäßmissbildungen
Mandelkerne 105
Manie 163, 237
– Alzheimer-Demenz 240
MAO-Hemmer 166, 184
Marklagerhypodensität 208
Marklagerischämie 194
Marklagerläsion 94
Marklagerzerreißung 379
Mediainfarkt 198, 199
Mediatrifurkation 195
Melancholie 248, 257
Memantine 166
Membrandefekt, axonaler 373
Meningismus 203
Mentalisierung 109, 115
mesiofrontales Syndrom 201, 206
Metachlropheynalpiperazin 299
Metagedächtnis 53
Methylphenidat 399
Meynert 5
Migäneanfall 201
Migratioonsstörung 222
Mikroangiopathie 197, 202, 209
Mikrovakuolisierung 162
Missbrauch, sexueller 283
Mitsuyama-Syndrom s. Motoneuronenerkrankung
Moclobemid 166, 186, 189
Monakow, von 10
Moniz 6

Monoaminooxidasehemmer 245
Morbus Alzheimer s. Alzheimer-Demenz
Morbus Binswanger 208
Morbus Parkinson (s. auch Parkinsonismus) 177–189, 239, 257
- affektive Störungen 239
- Ätiologie 180–182
- Depression 179–183
- Klinik 178, 179
- Pathophysiologie 180–182
- Therapie 183–189
Morbus Pick 144, 145, 151
Morgagni 5
Moria s. Witzelsucht
Moruzzi 7
Mosaiktest 381, 382
Motivationsstörung 85, 96
Motivationsverlust 184, 218
Motoneuronenerkrankung 144, 156, 157, 161
Multiinfarkt-Demenz 208
multiple Sklerose 94
- affektive Störungen 240
Multiple-Errands-Test 58
Multi-Tasking-Fähigkeit 58
Munk 6
Muster, alternierende 61, 66
Mutismus 98, 149, 152, 159
- akinetischer 33, 47, 85, 201
Myelinisierung 16
Myelinscheide, Degeneration 198
Myoklonie 151, 365

N

Nachgreifen 49
Nägelkauen 305
Naltrexon 356
Nauta 9
Navigationsstudie 132, 134
Negativsymptome 216, 225
Neglect 133, 134
- frontaler 52

- motorischer 198
- Muskelaktivierung 399
Nemiah 116
Netzwerk, neokortikal-amygdaläres 105
- neuronales 398
Neurobehavioural-Rating-Scale 67, 380, 390
Neurobiologie 15–34
- Grundlagen der Stirnhirnfunktionen 15–34
Neurochirurgie, Geschichte 6, 7
Neurofibrillen 162
Neurofibrillenprotein 154
Neurogenese 398
Neuroleptika 216, 224
Neurologie, kognitive 41–73
Neurone
- ballonierte 156
- dopaminerge 21, 287
- Netzwerk 398
- noradrenerge 21, 273, 287
- orbitofrontale 44
- serotenerge 21, 273
Neuropeptide 21
Neurophysiologie 23, 24
Neuropil 216
Neuroplastizität 288
Neuropsychologie 41–73, 395–412
Neurosen 339
Neurotizismus 121
Neurotransmitter 20, 21
- GABAerge 217
- monoaminerge 186
Noradrenalin 181, 182, 186
Noradrenalin-Wiederaufnahmehemmer, selektive 186
Normaldruck-Hydrozephalus 48
Nortriptylin 308
Nucleus
- accumbens 20, 33, 52, 86, 87, 241, 287
- amygdalae 105
- anterior thalami 221
- basalis Maynert 21, 156, 157, 166

- caudatus 182, 237, 295, 297
- coeruleus 181
- dentatus 398
- interstitialis striae 274
- solitarius 275
- subthalamicus 180, 187, 372, 3783
- tractus solitarii 273
- vagus 373

O

Oberbegriff 60
Object-Alternation-Test 301
Object-Reversal-Test 86, 91, 95
Obsessive-Compulsive-Drinking-Scale 354
Okulomotorik, Störungen 51
Oligodendrozyt 217
On-Off-Phänomen 179
Operculum-Syndrom 50
Opiatantagonist 178
Orbitalhirn 8
orbitofrontales Syndrom 9, 353
Organologie 3
Owen 2
Oxcarbamazepin 372

P

Pallidum 20
Palmomentalreflex 49, 150
Panikattacke (s. auch Angststörung) 268–273, 273, 276, 304
Papez-Schaltkreis 523
Paraphasie, phonematische 159, 198
Parese, progressive supranukleäre 157, 302
Parietallappen 136, 137
Parkinsonismus (s. auch Morbus Parkinson) 158, 162
- postenzephalitischer 296

Paroxetin   165, 185, 189, 246, 310
Pars opercularis   22
Parvalbumin   216, 221
Peinlichkeitsgefühl   163
Penfield   7
Pergolid   184
Persevation   208
Perseveration   47, 63, 67, 70, 90, 97, 150, 199, 208
– motorische   294
– Zwangsstörung   306
Persönlichkeitsstörung (s. auch Borderline-Störung)
– antisoziale   321–34
– schizotypische   322
Perspektivnahme   130
Perspektivwechsel   129–138, 404, 436
Phenobarbital   372
Phenytoin   371
Phobie (s. auch Angststörungen)   275–278, 303
– soziale   278
Phospho-Tau   154
Phrenologie   3–5
Physiotherapie   188
Pick-Körper s. Einschlusskörperchen, argyrophile
Pick-Krankheit s. Morbus Pick
Pick-Zellen   156, 159
Piracetam   165
Planum temporale   224
Planungsaufgabe   408
Planungsfähigkeit, verringerte   249
Planungsprozess   28
Planungsstörung   46, 54
Plaque   162
Plastizität, synaptische   401
Platter   5
Plausibilitätskontrolle, verminderte   62
Porteus-Test   55, 57
posttraumatische Belastungsstörung   118, 280–285

Präfrontalkortex s. Kortex, präfrontaler
Pragmatik   51
Präkuneus   138
Pramipexol   184, 185, 188
Primitivreflexe   49, 87
Probability-Object-Reversal-Test   86
Problemanalyse   42
Problemidentifikation   42
Problemlöseaufgabe   71
Problemlösen   28, 42, 65, 199
Problemlösetraining   391, 411
Projektionsneurone, inhibitorische   221
Propranolol   166
Prosodie   51
Proto-Selbst   137
Pseudoabsence   364
Pseudobulbärparalyse, kortikale   50
Pseudodepression   85, 324
Pseudoneurasthenie   144
Pseudopsychopathie   84, 144, 324
Pseudoreminiszenz   54
Psychochirurgie   6, 7, 326
Psychoeduktion   188
Psychometrie   64–73
– Methoden   69–73
Psychopathie   339
Psychopharmakologie   288
Psychose
– affektive   339
– organische   339
– schizophrene   339
Psychotherapie   288
Putamen   245, 251, 252
Pyramidenbahnzeichen   162
Pyramidenzellen, glatamaterge   157

Q

Quellengedächtnis   53

R

Raphe   21
Raphe-Kern   181, 182, 287
Rasmussen   7
Rastlosigkeit   70
Raumkognition   132, 133
Reaktionswechsel   73
Reaktionszeit, verlangsamte   201
Recency-Test   53
Referenzrahmen, egozentrischer   136, 137
reflective awareness   111, 119
Reflexantwort   104
Regensburger Wortflüssigkeits-Test   60
Rehearsal-Prozess   30
Reizbarkeit   93
– ausdauernde   334
Reiz-Reaktionsinkompatibilität   73
Relaykerne, thalamische   19
Reorganisation, funktionelle   402
Residual-Syndrom   96, 164
Reversal-Lernen   353
rigid-akinetisches Syndrom   162
Rigidität   61, 90, 97
Rigor   150, 179
Risikobereitschaft   150
Ritual   144, 160, 161
– zwanghaftes   307
Rollenspiel   404, 406, 410
Ropinirol   184, 185, 188
Rücksichtslosigkeit   150
Rückwärtsaufzählen   66
Rückwärtsbuchstabieren   66
Rückzug, emotionaler   382

S

Sammeltrieb   48
Saugreflex   49
Schädel-Hirn-Trauma   294, 377–382

Schätzaufgabe 62, 71
Scherzhaftigkeit, übertriebene 70
Schizophrenie 7, 164
- Frontalkortex 213–225
- Zwangsstörung 304
- Zytoarchitektur 223
Schlafentzug 187, 246, 194
Schlangenphobie 276
Schmerz
- chronischer 120–124
- Funktionen 121
Schmerzwahrnehmung 120–124
Schnauzreflex 49, 150
Schreckhaftigkeit 219
Schreckstarre 274
Schreibareal 51
Schrittfrequenz, reduzierte 211
Schuldgefühl 163
Schwundzellen 214, 221
Seitenunterschied 61
Seitenventrikel, Erweiterung 215
Selbst 137
Selbstaktivierung, psychische 47
Selbstaufmerksamkeit 399
Selbstbeobachtungstechnik 404, 406, 407, 412
Selbstbeobachtungstraining 408, 409
Selbstbezug 130
Selbsteinschätzung, unrealistische 67
Selbstinstruktionstraining 391
Selbstkontrolltechnik 407
Selbstmodell 138
Selbstmonitoring 106
Selbstregulation 28, 252, 332, 391
Selbstrepräsentation 96, 130
Selbstverletzung 304
Selbstvernachlässigung 70, 95, 96, 163
Selegilin 184, 185, 186
selektive Serotonin-Wiederaufnahmehemmer 165, 185, 246, 275, 303–305, 308

Sensorium commune 2
Septum verum 52
Sequenzierung 28, 389
- gestörte 97
- Verbesserung 403
serotonerge Dysfunktion 353, 354
serotonerges Syndrom 186
Serotonin 181, 182, 308
Serotoninhypersensitivität 308
Serotoninstoffwechsel 322
Sertralin 246
Sic-Elements-Test 58
Sich-in-Andere-Hineinversetzen 135
Siebener-Reihe 66
Simplex-Schizophrenie 164
Six-Elements-Test 71
Skript 55, 282, 283
Snoezelen 399
Somatostatin 21, 157
Sommerring 3
Sortieraufgabe 59
Sozialverhalten 152
- gestörtes 44
Soziopathie
- erworbene 44
- progrediente 158, 161
Spielneurone 50
Spinnenphobie 277
Split-brain-Patient 116
Spontansprache 67
Spontanverhalten 152
Sprachapraxie 159
Sprachareal, supplementäres 50
Sprachstörungen 50, 51
Sprechapraxie 50
Sprechstörungen 50, 51
Sprichwörter, Interpretation 60
Spurzheim 2
Starthemmung 201, 208
Steal-Effekt 207
Stereotypie 98, 144, 158, 160, 163, 301
Stichwort-Technik 406
Stimulation, konzeptgesteuerte 400

Stirnhirn s. Frontallappen
Störung
- affektive s. affektive Störungen
- körperdysmorphe 304
- orbitofrontale 353, 354
Störungsbewusstsein 403, 404, 407
Strategieauswahl 42
Strategiemodifikation 42
Streptokokkeninfektion 296, 312
Stressbewältigungsfähigkeit 188
Stress-Interview 113
Striatum
- Dysfunktion 351
- ventrales 287
- ventrales 95
Striosom 306
Stroop-Test 71, 90, 113, 122, 251, 381, 407
Stupor 85
Sturzneigung 210
Subarachnoidalblutung 194, 200, 203–205
Subcaudatus-Traktotomie 295
Substantia
- innominata 52
- nigra 20, 180, 181, 287
Substanz P 21
Suchterkrankungen 88
Suizidalität 322
Sulcus
- arcuatus 18
- frontalis intermedius 433
- principalis 18
supervisory attentional system 45
Swedenborg 3
Symptome
- negative 216, 25
- präfrontale 46–62
Synchronie, bilaterale sekundäre 364
Syndrom
- affektives 94, 163
- amnestisches 205
- apathisch-psychodepressives 84
- depressives 94

Syndrom
- dorsolaterales präfrontales 199
- dysexekutives 42, 62, 63
- mesiofrontales 201, 206
- orbitofrontales 9
- pseudopsychopathisches 84
- residuales 96, 164
- rigid-akinetes 162
- serotonergees 186
System
- laterales nozizeptives 120
- mediales nozizeptives 120

T

Tamburini 2
Tau 154, 156, 158
Tauopathie 156, 157
Tauopathie 162
Tegumentum, ventrales 181, 182
Teilnahmslosigkeit 70
Telegrammstil 50, 159
Temporallappenatrophie, rechtsseitige 161
Temporallappenepilepsie 219
Test, zum kognitiven Schätzen 62
Thalamus 20, 120
- Elektrostimulation 373
- Filterfunktion 302
- Interaktion mit Frontalkortex 221
- mediodorsaler Kern 287
- paraventrikulärer Kern 287
- sensorischer 275
- sensorische Verzerrungen 274
Thalamusinfarkt 208
Theory of mind 51, 62, 93, 104, 109, 115, 130, 135, 150
Tiagabin 372

Tic 303–305, 312
- vokaler 296
Tierphobie 276
Todd-Parese 367
Top-down-Kontrolle 46
Topiramat 372
Toronto-Alexithymie-Skala 117, 119
Tortikollis, spasmodischer 113
Tower of London s. Turm von London
Trail-Making-Test 61, 66, 247, 407
Transferdefizit, interhemisphärisches 116
Transformationsaufgabe 55
transitorische ischämische Attacke 208
Translokation 132
Tranylcypromin 186
Traumaskript 282
Trazodon 166, 300, 308, 309
Tremor 179
Trichotillomanie 305
Trinukleotidexpansion 158
Turm von Hanoi 55–57
Turm von London 55, 57, 301, 382
Turm von Toronto 57

U

Ubiquitin 156, 161, 162
Uhren-Suchtest 71
Umlernen 44
Umstellungsfähigkeit, gestörte 46
Unangepasstheit 70
Unaufmerksamkeit 70
Unterdrückung 34
Urteilsvermögen, vermindertes 70, 248
Utilisation 49, 71, 149, 152, 165, 201

V

Vagusnerv-Stimulation 187
Valproinsäure 166, 371
Varolio 2, 3
Venlafaxin 246, 251
Ventrikelerweiterung 222, 223
Verbal-Fluency-Test 251
Verhalten
- delinquentes 337
- deviantes 323
- egozentrisches 95
- exhibitionistisches 410
- kriminelles 149, 161, 337
- pseudoantisoziales 89
- pseudopsychopathisches 84
- pseudosoziopathisches 93
- regelverletzendes 89, 96
Verhaltensbeobachtung 66, 152
Verhaltensinventar, frontales 69–71
Verhaltensmuster, repetitives 47
Verhaltenssteuerung, zielgerichtete 109
Verhaltenstherapie 300, 391
Verlangsamung 378, 381
- allgemeine 208
- psychomotorische 67
Vermeidungs-Rückzugs-System 270
Vermeidungsverhalten 274
Vernachlässigung, persönliche 70, 95, 96, 163
Verstärker 85
- ungelernter 43
Verstärkerverlustdepression 92, 94
Verstärkungslernen 34
Verwirrtheit 165
Verwörterung 114, 116
Vestibularapparat 136
Vigabatrin 372
Vigilanz 400
Visualisierung 411
Vokalisation, repetitive 294
Vorderhirn, basales 203

W

Wachkoma 399
Wada-Test 371
Wahn 219
Wahrnehmung, bewusste 108, 111
Wason-Selection-Task 59
Water Jug Task 55, 57
Watts 6
Wechsler-Memory-Scale 247
Welt 6, 397
Werkzeugstörung 117, 218
Wernicke-Enzephalopathie 348
Wertattribution 91, 96
White-Matter-Läsion 197, 211, 202, 208
Willis 2
Wisconsin-Card-Sorting-Test 60, 71, 72, 86, 220, 300, 301, 350, 382, 390
Witzelsucht 6, 84, 89, 93, 97
Wortflüssigkeit 67
– lexikalische 60
– semantische 60
Wortflüssigkeitsstörung 381
Wortflüssigkeitstest 247, 251, 389
Wortliste 66

Y

Yale-Brown-Obsessive-Compulsive-Scale 354
Yohimbin 272, 281, 284

Z

Zahlensymboltest 248, 407
Zeit-Management-Training 404
zentrale Exekutive 43
Zerebrospinalflüssigkeit 154
Ziel-Management-Training 406, 407
Zielsetzungstechnik 412
Zingerle 8
Zukunftspläne, unrealistische 67
Zurückgezogenheit, emotionale 67
Zwang 47, 70, 90, 149, 160, 257
Zwangsexposition 299
Zwangskrankheit (s. auch Zwangsstörung) 7
Zwangsritual 307
Zwangsspektrum-Störung 303–305
Zwangsstörung 268, 269, 277, 286, 293–313
– Alkoholismus 354, 355
– Ätiologie 308–312
– bildgebende Verfahren 296–300
– Klinik 302–304
– kortikostriatales Modell 305–307
– Läsionsstudien 294
– neurochirurgische Intervention 295
– Neuropsychologie 301, 302
– wahnhafte 304
Zwischenzielbildung 411
Zytoarchitektonik 16–18

Printed by Printforce, the Netherlands